CÓDIGO DE ACCESO:
GEP-AB2012-LG

Número y forma son los pilares sobre los cuales se ha construido el enorme edificio de la Matemática. Sobre aquél se erigieron la Aritmética y el Álgebra; sobre éste, la Geometría y la Trigonometría. En plena Edad Moderna, ambos pilares se unifican en maravillosa simbiosis para sentar la base del análisis. Del número —en su forma concreta y particular— surgió la Aritmética, primera etapa en la historia de la Matemática. Más tarde, cuando el hombre dominó el concepto de número y lo hizó de manera abstracta y general, dio un paso adelante en el desarrollo del pensamiento matemático, así nació el Álgebra.

Los griegos han dejado una estela maravillosa de su singular ingenio en casi todas las manifestaciones culturales. De manera que en las formas concretas lograron elaborar un insuperable plástica y en las formas puras nos legaron las corrientes perennes de su filosofía y las bases teóricas de la Matemática ulterior. Nuestra cultura y civilización son una constante recurrencia a lo griego. Por ello, no podemos ignorar la contribución de los pueblos helénicos al desarrollo de la Matemática. El cuerpo de las doctrinas matemáticas que establecieron los griegos tiene sus aristas más sobresalientes en Euclides, Arquímedes y Diáfano.

Con Arquímedes —hombre griego— se inicia la lista de matemáticos modernos. Hierón, rey de Siracusa, ante la amenaza de las tropas romanas a las órdenes de Marcelo, solicita a Arquímedes llevar a cabo la aplicación de esta ciencia. De manera que él diseña y prepara los artefactos de guerra que detienen por tres años al impetuoso general romano. En la guarda se puede observar cómo las enormes piedras de más de un cuarto de tonelada de peso, lanzadas por catapultas, rechazaban a los ejércitos romanos y cómo los espejos ustorios convenientemente dispuestos incendian la poderosa flota. Al caer Megara y verse bloqueado, Siracusa se rinde (212 a. C.). Marcelo, asombrado ante el saber de quien casi lo había puesto en fuga con sus ingeniosidades, requiere su presencia. Ante la negación de Arquímedes de prestar sus servicios al soberbio general vencedor de su Patria, un soldado romano le da muerte con su espada.

Nuestra portada

A los árabes se debe el desarrollo de una de las más importantes ramas de la Matemática: el Álgebra. Al-Juarismi, el más grande matemático musulmán, dio forma a esta disciplina, la cual después iba a ser clásica. Nació en la ciudad persa de Huwarizmi, hoy Khiwa, a fines del siglo VIII. Murió hacia el 844 (230 de la Hégira). En la biblioteca del califa Al-Mamún compuso en el 825 (210 de la Hégira) su obra *Kitab al-muhtasar fi hisab al-gabr wa-al-muqabala*", de la que se deriva el nombre de esta ciencia. Al-gabr significa ecuación o restauración, al-muqabala son términos que hay que agregar o quitar para que la igualdad no se altere. Por esto, en rigor, el Álgebra no es más que una teoría de las ecuaciones.

ÁLGEBRA

DR. AURELIO BALDOR

Fundador, Director y Jefe de la
Cátedra de Matemáticas
del Colegio Baldor,
La Habana, Cuba.

Jefe de la Cátedra de Matemáticas,
Stevens Academy, Hoboken,
New-Jersey, U.S.A.

Profesor de Matemáticas,
Saint Peter's College, Jersey City,
New-Jersey.

Con gráficos y 6,523 ejercicios y problemas con respuestas.

SÉPTIMA REIMPRESIÓN 2014

Para establecer comunicación con nosotros puede hacerlo por:

correo:
Renacimiento 180, Col. San Juan Tlihuaca, Azcapotzalco, 02400, México, D.F.

fax pedidos:
(01 55) 5354 9109 • 5354 9102

e-mail:
info@editorialpatria.com.mx

home page:
www.editorialpatria.com.mx

Dirección editorial: Javier Enrique Callejas
Coordinación editorial: Alma Sámano Castillo
Revisión técnica: Alex Polo Velázquez
Diseño: Juan Bernardo Rosado Solís
Ilustración: José Luis Mendoza Monroy
Diagramación: Seditograf / Carlos Sánchez

Álgebra

Miembro de la Cámara Nacional de la Industria Editorial Mexicana
Registro Núm. 43

ISBN: 978-970-817-000-0 (segunda edición)
ISBN: 978-24-0779-6 (primera edición)

Impreso en México
Printed in Mexico

Primera edición: Publicaciones Cultural, S.A. de C.V.: 1983
Primera edición: Grupo Patria Cultural, S.A. de C.V.: 2005
Segunda edición: Grupo Editorial Patria, S.A. de C.V.: 2007

Sexta reimpresión: 2013
Séptima reimpresión: 2014

Esta obra se terminó de imprimir en agosto de 2014
en los talleres de Compañía Editorial Ultra, S.A. de C.V.
Centeno 162-2, Col. Granjas Esmeralda, C.P. 09810, México, D.F.

Dr. Aurelio Baldor (breve semblanza)

Aurelio Baldor nació en La Habana, Cuba, el 22 de octubre de 1906. Fue un gran hombre dedicado a la educación y la enseñanza de las matemáticas. En su tierra natal fue el fundador y director del Colegio Baldor durante las décadas de los años cuarenta y cincuenta. Tras el establecimiento del gobierno de Fidel Castro, en 1960 se trasladó junto con su familia a México y, finalmente, a Estados Unidos, donde vivió en las ciudades de Nueva Orleans y Nueva York, lugar en el que impartió clases de matemáticas. Falleció en la ciudad de Miami el 3 de abril de 1978.

Introducción

Es una gran satisfacción para nosotros participar en esta nueva edición del libro más importante en enseñanza del álgebra en idioma español, *Álgebra* de Baldor.

Realizar la nueva edición de un libro tan conocido y exitoso ha sido a la vez un reto y un gran gozo para nosotros. Las opiniones para tomar muchas de las decisiones que se hicieron en esta edición provinieron de gente experta en el tema, así como la pedagogía, la edición y el diseño.

Antes de hacer cualquier modificación nos dimos a la tarea de indagar por qué ha sido tan exitoso este libro y conocer de forma detallada sus virtudes, que son muchas, por ello estamos manteniendo y destacando las mismas, para garantizar a los estudiantes y profesores la gran calidad autoral de Aurelio Baldor y la experiencia de Grupo Editorial Patria.

Por otra parte, haciendo eco a las sugerencias que nos hicieron preparamos esta edición que entre sus características importantes incluye:

I. La revisión exhaustiva del contenido técnico y por ello, por mencionar algunos aspectos, se actualizaron las definiciones de función, exponente y los ejemplos y ejercicios, en particular tomando en cuenta el lenguaje moderno y la actualización de terminología, tipos de cambio y monedas utilizadas en Latinoamérica.

II. En cuanto a la pedagogía y el diseño, se revaloró la importancia de las secciones y temas así como de la forma en que la edición anterior presenta la información a los estudiantes. Como resultado, en esta edición presentamos un diseño moderno y atractivo en el que incluimos nuevos gráficos e ilustraciones que facilitarán su comprensión.

III. Un aspecto moderno y especialmente útil es la adición de un CD diseñado para ser un gran apoyo para los alumnos y profesores en el proceso de enseñanza y aprendizaje del tema. Este CD no sustituye al libro o al profesor, pues su uso está ligado al libro a través de las secciones que lo integran y es un obsequio que para su uso requiere que el lector se registre inicialmente a través de nuestra página de Internet así como su equipo, y después de ello no requiere estar conectado ya que se le enviará un *password* a todos los compradores de nuestra edición.

   El CD requiere de gran interactividad con el alumno y se compone de:

   a. Videos con las aplicaciones del Álgebra a la vida cotidiana.
   b. Claros y útiles ejemplos paso a paso, que los alumnos podrán repetir un sinnúmero de veces.
   c. Banco con cientos de ejercicios y secciones con datos de interés.
   d. Una sección de autoevaluación por tema en la que se podrá ejercitar el avance y conocimiento adquirido; este material se puede imprimir y enviar a través de Internet a los profesores o correos marcados.
   e. Herramientas como glosario de términos clave y otras más.

Esperamos que te guste esta edición tanto como a nosotros,

Los editores

Nota de los editores a la primera edición

Para responder a la gentil deferencia que han tenido con esta obra los profesores y alumnos de América Latina, hemos introducido, en la presente edición, una serie de mejoras que tienden a que este libro sea más eficaz e interesante.

Hemos procurado que la presentación constituya por sí sola una poderosa fuente de motivación para el trabajo escolar. El contenido ha sido cuidadosamente revisado y se han introducido diversos cuadros y tablas para un aprendizaje más vital y efectivo. El uso del color, en su doble aspecto estético y funcional, hace de esta obra, sin lugar a dudas, el Álgebra más pedagógica y novedosa de las publicadas hasta hoy en idioma español.

Los editores estimamos oportuno introducir algunos añadidos que contribuyan a completar el contenido de los programas vigentes. Tales añadidos son, por citar sólo algunos, las notas sobre el concepto de número; nota sobre las cantidades complejas e imaginarias y el cuadro de los tipos básicos de descomposición factorial.

Esperamos que el profesorado de Hispanoamérica sepa aquilatar el ingente esfuerzo rendido por todos los técnicos que han intervenido en la confección de esta obra. Sólo nos queda reiterar nuestro más profundo agradecimiento por la acogida que le han dispensado siempre.

Los editores

Con acendrada devoción y justo orgullo, dedico este esfuerzo editorial, a la inolvidable memoria de mi madre, Profesora Ana Luisa Serrano y Poncet, que fuera Presidenta de esta Empresa de 1921 a 1926.

Dr. José A. López Serrano

Concepto de número en los pueblos primitivos (25000-5000 a. C.). Medir y contar fueron las primeras actividades matemáticas del hombre primitivo. Haciendo marcas en los troncos de los árboles lograban, estos primeros pueblos, la medición del tiempo y el conteo del número de animales que poseían; así surgió la Aritmética. El origen del Álgebra fue posterior. Pasaron cientos de siglos para que el hombre alcanzara un concepto abstracto del número, base indispensable para la formación de la ciencia algebraica.

PRELIMINARES

ÁLGEBRA es la rama de la Matemática que estudia la cantidad considerada del modo más general posible. 1

CARÁCTER DEL ÁLGEBRA Y SU DIFERENCIA CON LA ARITMÉTICA 2

El concepto de la cantidad en Álgebra es mucho más amplio que en Aritmética.

En Aritmética las cantidades se representan por **números** y éstos expresan valores **determinados.** Así, 20 expresa un solo valor: **veinte;** para expresar un valor mayor o menor que éste habrá que escribir un número distinto de 20.

En Álgebra, para lograr la **generalización,** las cantidades se representan por medio de **letras,** las cuales pueden **representar todos los valores.** Así, *a* representa el **valor que nosotros le asignemos,** y por tanto puede representar 20 o más de 20 o menos de 20, a nuestra elección, aunque conviene advertir que cuando en un problema asignamos a una letra un valor determinado, ésta no puede representar, en el mismo problema, otro valor distinto del que le hemos asignado.

NOTACIÓN ALGEBRAICA 3

Los **símbolos** usados en Álgebra para representar las cantidades son los **números** y las **letras.**

Los **números** se emplean para representar cantidades conocidas y determinadas.

Las **letras** se emplean para representar toda clase de cantidades, ya sean conocidas o desconocidas.

Las **cantidades conocidas** se expresan por las primeras letras del alfabeto: $a, b, c, d, ...$

Las **cantidades desconocidas** se representan por las últimas letras del alfabeto: u, v, w, x, y, z.

Una misma letra puede representar distintos valores diferenciándolos por medio de comillas; por ejemplo: a', a'', a''', que se leen ***a* prima, *a* segunda, *a* tercera,** o también por medio de subíndices; por ejemplo: a_1, a_2, a_3, que se leen ***a* subuno, *a* subdós, *a* subtrés.**

4 FÓRMULAS

Consecuencia de la generalización que implica la representación de las cantidades por medio de letras son las **fórmulas algebraicas.**

Fórmula algebraica es la representación, por medio de letras, de una regla o de un principio general.

Así, la Geometría enseña que el área de un rectángulo es igual al producto de su base por su altura; luego, llamando A al área del rectángulo, b a la base y h a la altura, la fórmula

$$A = b \times h$$

representará de un modo general el área de **cualquier rectángulo,** pues el área de un rectángulo dado se obtendrá con sólo sustituir b y h en la fórmula anterior por sus valores en el caso dado. Así, si la base de un rectángulo es 3 m y su altura 2 m, su área será:

$$A = b \times h = 3 \text{ m} \times 2 \text{ m} = 6 \text{ m}^2$$

El área de otro rectángulo cuya base fuera 8 m y su altura $3\frac{1}{2}$ m sería:

$$A = b \times h = 8 \text{ m} \times 3\frac{1}{2} \text{ m} = 28 \text{ m}^{2\,(*)}$$

5 SIGNOS DEL ÁLGEBRA

Los signos empleados en Álgebra son de tres clases: signos de operación, signos de relación y signos de agrupación.

6 SIGNOS DE OPERACIÓN

En Álgebra se verifican con las cantidades las mismas operaciones que en Aritmética: suma, resta, multiplicación, división, elevación a potencias y extracción de raíces, que se indican con los signos siguientes:

(*) En el capítulo XVIII, página 270, se estudia ampliamente todo lo relacionado con las fórmulas algebraicas.

El **signo de la suma** es $+$, que se lee **más.** Así $a + b$ se lee "a más b".

El **signo de la resta** es $-$, que se lee **menos.** Así, $a - b$ se lee "a menos b".

El **signo de la multiplicación** es $\times$, que se lee **multiplicado por.** Así, $a \times b$ se lee "a multiplicado por b".

En lugar del signo $\times$ suele emplearse **un punto** entre los factores y también se indica la multiplicación colocando los factores entre paréntesis. Así, $a \cdot b$ y $(a)(b)$ equivalen a $a \times b$.

Entre factores literales o entre un factor numérico y uno literal el signo de multiplicación **suele omitirse.** Así abc equivale a $a \times b \times c$; $5xy$ equivale a $5 \times x \times y$.

El **signo de la división** es $\div$, que se lee **dividido entre.** Así, $a \div b$ se lee "a dividido entre b". También se indica la división separando el dividendo y el divisor por una raya horizontal. Así, $\frac{m}{n}$ equivale a $m \div n$.

El **signo de la elevación a potencia** es **el exponente,** que es un número pequeño colocado arriba y a la derecha de una cantidad, el cual indica las veces que dicha cantidad, llamada **base,** se toma como factor. Así,

$$a^3 = aaa;\ b^5 = bbbbb$$

Cuando una letra **no tiene exponente,** su exponente es **la unidad.** Así, a equivale a a^1; mnx equivale a $m^1n^1x^1$.

El **signo de raíz** es $\sqrt{\ }$, llamado **signo radical,** y bajo este signo se coloca la cantidad a la cual se le extrae la raíz. Así, $\sqrt{a}$ equivale a **raíz cuadrada** de a, o sea, la cantidad que elevada al cuadrado reproduce la cantidad a; $\sqrt[3]{b}$ equivale a **raíz cúbica** de b, o sea la cantidad que elevada al cubo reproduce la cantidad b.

COEFICIENTE

En el producto de dos factores, cualquiera de los factores es llamado **coeficiente** del otro factor.

Así, en el producto $3a$ el factor 3 es coeficiente del factor a e indica que el factor a se toma como sumando tres veces, o sea $3a = a + a + a$; en el producto $5b$, el factor 5 es coeficiente de b e indica que $5b = b + b + b + b + b$. Éstos son **coeficientes numéricos.**

En el producto ab, el factor a es coeficiente del factor b, e indica que el factor b se toma como sumando a veces, o sea $ab = b + b + b + b + \ldots + a$ veces. Éste es un **coeficiente literal.**

En el producto de más de dos factores, uno o varios de ellos son el coeficiente de los restantes. Así, en el producto $abcd$, a es el coeficiente de bcd; ab es el coeficiente de cd; abc es el coeficiente de d.

Cuando una cantidad **no tiene coeficiente numérico,** su coeficiente es la **unidad.** Así, b equivale a $1b$; abc equivale a $1abc$.

8 SIGNOS DE RELACIÓN

Se emplean estos signos para indicar la relación que existe entre dos cantidades. Los principales son:

$=$, que se lee **igual a.** Así, $a = b$ se lee "a igual a b".

$>$, que se lee **mayor que.** Así, $x + y > m$ se lee "$x + y$ mayor que m".

$<$, que se lee **menor que.** Así, $a < b + c$ se lee "a menor que $b + c$".

9 SIGNOS DE AGRUPACIÓN

Los **signos de agrupación** son: el **paréntesis ordinario** ( ), el **paréntesis angular o corchete** [ ], las **llaves** { } y la **barra o vínculo** ———.

Estos signos indican que la operación colocada entre ellos debe efectuarse primero. Así, $(a + b)c$ indica que el resultado de la suma de a y b debe multiplicarse por c; $[a - b]m$ indica que la diferencia entre a y b debe multiplicarse por m; $\{a + b\} \div \{c - d\}$ indica que la suma de a y b debe dividirse entre la diferencia de c y d.

10 MODO DE RESOLVER LOS PROBLEMAS EN ARITMÉTICA Y ÁLGEBRA

Exponemos a continuación un ejemplo para hacer notar la diferencia entre el método aritmético y el algebraico en la resolución de problemas, fundado este último en la **notación** algebraica y en la **generalización** que ésta implica.

Las edades de *A* y *B* suman 48 años. Si la edad de *B* es 5 veces la edad de *A*, ¿qué edad tiene cada uno?

MÉTODO ARITMÉTICO

Edad de A más edad de $B = 48$ años.

Como la edad de B es 5 veces la edad de A, tendremos:

Edad de A más 5 veces la edad de $A = 48$ años.

O sea, 6 veces la edad de $A = 48$ años;

luego, Edad de $A = 8$ años **R.**

Edad de $B = 8$ años $\times 5 = 40$ años **R.**

MÉTODO ALGEBRAICO

Como la edad de A es una cantidad desconocida la represento por x.

Sea $x =$ edad de A

Entonces $5x =$ edad de B

Como ambas edades suman 48 años, tendremos:

$$x + 5x = 48 \text{ años}$$

o sea, $6x = 48$ años

Si 6 veces x equivale a 48 años, x valdrá la sexta parte de 48 años,

o sea, $x = 8$ años, edad de A **R.**

Entonces $5x = 8$ años $\times 5 = 40$ años, edad de B **R.**

CANTIDADES POSITIVAS Y NEGATIVAS 11

En Álgebra, cuando se estudian cantidades que pueden tomarse en **dos sentidos opuestos** o que son de **condición o de modo de ser opuestos,** se expresa el sentido, condición o modo de ser (valor relativo) de la cantidad por medio de los **signos** + y **–**, anteponiendo el **signo** + a las cantidades tomadas en un sentido determinado (**cantidades positivas**) y anteponiendo el **signo** – a las cantidades tomadas en **sentido opuesto** al anterior (**cantidades negativas**).

Así, el **haber** se designa con el signo + y las **deudas** con el signo –. Para expresar que una persona tiene \$100 de haber, diremos que tiene +\$100, y para expresar que debe \$100, diremos que **tiene** –\$100.

Los **grados sobre cero** del termómetro se designan con el signo + y los **grados bajo cero** con el signo –. Así, para indicar que el termómetro marca 10° sobre cero escribiremos +10° y para indicar que marca 8° bajo cero escribiremos –8°.

El camino recorrido a la **derecha o hacia arriba de un punto** se designa con el signo + y el camino recorrido a la **izquierda o hacia abajo de un punto** se representa con el signo –. Así, si hemos recorrido 200 m a la derecha de un punto dado, diremos que hemos recorrido +200 m, y si recorremos 300 m a la izquierda de un punto escribiremos –300 m.

El tiempo transcurrido **después de Cristo** se considera positivo y el tiempo transcurrido **antes de Cristo,** negativo. Así, +150 años significa 150 años d. C. y –78 años significa 78 años a. C.

En un poste introducido en el suelo, representamos con el signo + la porción que se halla del suelo **hacia arriba** y con el signo – la porción que se halla del suelo **hacia abajo.** Así, para expresar que la longitud del poste que se halla del suelo hacia arriba mide 15 m, escribiremos +15 m, y si la porción introducida en el suelo es de 8 m, escribiremos –8 m.

La **latitud norte** se designa con el signo + y la **latitud sur** con el signo –; la **longitud este** se considera positiva y la **longitud oeste,** negativa. Por lo tanto, un punto de la Tierra cuya situación geográfica sea: +45° de longitud y –15° de latitud se hallará a 45° al este del primer meridiano y a 15° bajo el Ecuador.

ELECCIÓN DEL SENTIDO POSITIVO 12

La fijación del sentido **positivo** en cantidades que pueden tomarse en dos sentidos opuestos es arbitraria, depende de nuestra voluntad; es decir, que podemos tomar como sentido positivo el que queramos; pero una vez fijado el sentido positivo, el **sentido opuesto** a éste será el negativo.

Así, si tomamos como sentido **positivo** el camino recorrido a la **derecha** de un punto, el camino recorrido a la **izquierda** de ese punto será **negativo,** pero nada nos impide tomar como **positivo** el camino recorrido a la **izquierda** del punto y entonces el camino recorrido a la **derecha** del punto sería negativo.

Así, si sobre el segmento *AB* tomamos como **positivo** el sentido de *A* hacia *B,* el sentido de *B* hacia *A* sería **negativo,** pero si fijamos como sentido **positivo** de *B* hacia *A,* el sentido de *A* hacia *B* sería **negativo.**

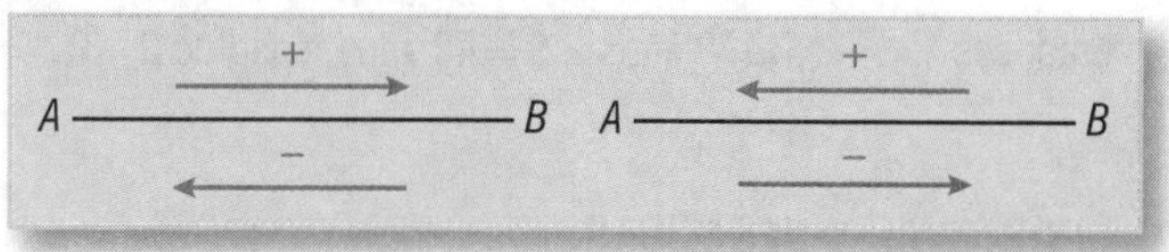

No obstante, en la práctica se aceptan generalmente los sentidos positivos de que se trató en el número anterior.

13 **CERO** es la ausencia de cantidad. Así, representar el estado económico de una persona por 0 equivale a decir que no tiene haber ni deudas.

Las cantidades positivas son **mayores que 0** y las negativas **menores que cero:** Así, +3 es una cantidad que es tres unidades **mayor** que 0; +5 es una cantidad que es cinco unidades **mayor** que 0, mientras que –3 es una cantidad que es tres unidades **menor** que 0 y –5 es una cantidad que es cinco unidades **menor** que 0.

De dos cantidades positivas, es mayor la de mayor valor absoluto; así, +5 es mayor que +3, mientras que **de dos cantidades negativas es mayor la de menor valor absoluto:** –3 es mayor que –5; –9 es menor que –4.

Ejercicios sobre cantidades positivas y negativas

1) **Un hombre cobra $130. Paga una deuda de $80 y luego hace compras por valor de $95. ¿Cuánto tiene?**

Teniendo $130, pagó $80; luego, se quedó con $50. Después hace un gasto de $95 y como sólo tiene $50 incurre en una deuda de $45. Por tanto, **tiene** actualmente **–$45**. **R.**

Ejercicio 1

1. Pedro debía 60,000 bolívares y recibió 320,000. Expresar su estado económico.
2. Un hombre que tenía 11,700,000 sucres, hizo una compra por valor de 15,150,000. Expresar su estado económico.
3. Tenía $200. Cobré $56 y pagué deudas por $189. ¿Cuánto tengo?
4. Compro ropas con valor de 665 nuevos soles y alimentos por 1,178. Si después recibo 2,280, ¿cuál es mi estado económico?

5. Tenía \$20. Pagué \$15 que debía, después cobré \$40 y luego hice gastos por \$75. ¿Cuánto tengo?
6. Enrique hace una compra por \$67; después recibe \$72; luego hace otra compra por \$16 y después recibe \$2. Expresar su estado económico.
7. Después de recibir 20,000 colones hago tres gastos por 7,800, 8,100 y 9,300. Recibo entonces 4,100 y luego hago un nuevo gasto por 5,900. ¿Cuánto tengo?
8. Pedro tenía tres deudas de \$45, \$66 y \$79, respectivamente. Entonces recibe \$200 y hace un gasto de \$10. ¿Cuánto tiene?

2) A las 6 a.m. el termómetro marca –4°. A las 9 a.m. ha subido 7° y desde esta hora hasta las 5 p.m. ha bajado 11°. Expresar la temperatura a las 5 p.m.

A las 6 a.m. marca –4°. Como a las 9 a.m. ha subido 7°, contamos siete divisiones de la escala desde –4° hacia arriba y tendremos 3° sobre cero (+3°); como desde esta hora hasta las 5 p.m. ha bajado 11°, contando 11 divisiones de la escala desde +3° hacia abajo llegaremos a –8°. Luego, a las 5 p.m. la temperatura es de **–8°**. **R.**

Ejercicio 2

1. A las 9 a.m. el termómetro marca +12° y de esta hora a las 8 p.m. ha bajado 15°. Expresar la temperatura a las 8 p.m.
2. A las 6 a.m. el termómetro marca –3°. A las 10 a.m. la temperatura es 8° más alta y desde esta hora hasta las 9 p.m. ha bajado 6°. Expresar la temperatura a las 9 p.m.
3. A la 1 p.m. el termómetro marca +15° y a las 10 p.m. marca –3°. ¿Cuántos grados ha bajado la temperatura?
4. A las 3 a.m. el termómetro marca –8° y al mediodía +5°. ¿Cuántos grados ha subido la temperatura?
5. A las 8 a.m. el termómetro marca –4°; a las 9 a.m. ha subido 7°; a las 4 p.m. ha subido 2° más y a las 11 p.m. ha bajado 11°. Expresar la temperatura a las 11 p.m.
6. A las 6 a.m. el termómetro marca –8°. De las 6 a.m. a las 11 a.m. sube a razón de 4° por hora. Expresar la temperatura a las 7 a.m., a las 8 a.m. y a las 11 a.m.
7. A las 8 a.m. el termómetro marca –1°. De las 8 a.m. a las 11 a.m. baja a razón de 2° por hora y de 11 a.m. a 2 p.m. sube a razón de 3° por hora. Expresar la temperatura a las 10 a.m., a las 11 a.m., a las 12 a.m. y a las 2 p.m.
8. El día 10 de diciembre un barco se halla a 56° al oeste del primer meridiano. Del día 10 al 18 recorre 7° hacia el este. Expresar su longitud este día.
9. El día primero de febrero la situación de un barco es: 71° de longitud oeste y 15° de latitud sur. Del día primero al 26 ha recorrido 5° hacia el este y su latitud es entonces de 5° más al sur. Expresar su situación el día 26.

10. El día 5 de mayo la situación de un viajero es 18° de longitud este y 65° de latitud norte. Del día 5 al 31 ha recorrido 3° hacia el este y se ha acercado 4° al Ecuador. Expresar su situación el día 31.

11. Una ciudad fundada el año 75 a. C. fue destruida 135 años después. Expresar la fecha de su destrucción.

3) **Un móvil recorre 40 m en línea recta a la derecha de un punto *A* y luego retrocede en la misma dirección a razón de 15 m por segundo. Expresar a qué distancia se halla del punto *A* al cabo del 1$^{er.}$, 2$^{o.}$, 3$^{er.}$ y 4$^{o.}$ segundos.**

El móvil ha recorrido 40 m a la derecha del punto *A*; luego, su posición es + 40 m, tomando como positivo el sentido de izquierda a derecha.

Entonces empieza a moverse de la derecha hacia la izquierda (sentido negativo) a razón de 15 m por segundo; luego, en el primer segundo se acerca 15 m al punto *A* y como estaba a 40 m de este punto, se halla a 40 – 15 = 25 m a la derecha de *A;* luego, su posición es **+25 m**. **R.**

En el 2$^{o.}$ segundo se acerca otros 15 m al punto *A*; luego, se hallará a 25 – 15 = 10 m a la derecha de *A;* su posición ahora es **+10 m**. **R.**

En el 3$^{er.}$ segundo recorre otros 15 m hacia *A*, y como estaba a 10 m a la derecha de *A*, habrá llegado al punto *A* (con 10 m) y recorrido 5 m a la izquierda de *A*, es decir, 10 – 15 = –5 m. Su posición ahora es **–5 m**. **R.**

En el 4$^{o.}$ segundo recorre otros 15 m más hacia la izquierda y como ya estaba a 5 m a la izquierda de *A*, se hallará al cabo del 4$^{o.}$ segundo a 20 m a la izquierda de *A,* o sea – 5 – 15 = –20 m; luego, su posición ahora es **–20 m**. **R.**

Ejercicio 3

(SENTIDO POSITIVO: DE IZQUIERDA A DERECHA Y DE ABAJO A ARRIBA)

1. Expresar que un móvil se halla a 32 m a la derecha del punto *A;* a 16 m a la izquierda de *A*.
2. Expresar que la parte de un poste que sobresale del suelo es 10 m y tiene enterrados 4 m.
3. Después de caminar 50 m a la derecha del punto *A* recorro 85 m en sentido contrario. ¿A qué distancia me hallo ahora de *A*?
4. Si corro a la izquierda del punto *B* a razón de 6 m por segundo, ¿a qué distancia de *B* me hallaré al cabo de 11 s?
5. Dos corredores parten del punto *A* en sentidos opuestos. El que corre hacia la izquierda de *A* va a 8 m por s y el que corre hacia la derecha va a 9 m por s. Expresar sus distancias del punto *A* al cabo de 6 s.
6. Partiendo de la línea de salida hacia la derecha un corredor da dos vueltas a una pista de 400 m de longitud. Si yo parto del mismo punto y doy 3 vueltas a la pista en sentido contrario, ¿qué distancia hemos recorrido?
7. Un poste de 40 pies de longitud tenía 15 pies sobre el suelo. Días después se introdujeron 3 pies más. Expresar la parte que sobresale y la enterrada.

8. Un móvil recorre 55 m a la derecha del punto *A* y luego en la misma dirección retrocede 52 m. ¿A qué distancia se halla de *A*?

9. Un móvil recorre 32 m a la izquierda del punto *A* y luego retrocede en la misma dirección 15 m. ¿A qué distancia se halla de *A*?

10. Un móvil recorre 35 m a la derecha de *B* y luego retrocede en la misma dirección 47 m. ¿A qué distancia se halla de *B*?

11. Un móvil recorre 39 m a la izquierda de *M* y luego retrocede en la misma dirección 56 m. ¿A qué distancia se halla de *M*?

12. A partir del punto *B* una persona recorre 90 m a la derecha y retrocede, en la misma dirección, primero 58 m y luego 36 m. ¿A qué distancia se halla de *B*?

13. Un móvil recorre 72 m a la derecha de *A* y entonces empieza a retroceder en la misma dirección, a razón de 30 m por s. Expresar su distancia del punto *A* al cabo del 1er, 2°, 3er y 4° s.

14. Un auto recorre 120 km a la izquierda del punto *M* y luego retrocede a razón de 60 km por hora. ¿A qué distancia se halla del punto *M* al cabo de la 1er, 2^{a}, 3er y 4ª hora?

VALOR ABSOLUTO Y VALOR RELATIVO 14

Valor absoluto de una cantidad es el número que representa la cantidad prescindiendo del **signo** o **sentido** de la cantidad, y **valor relativo** es el **sentido** de la cantidad, representado por el signo.

Así, el valor absoluto de +\$8 es \$8, y el valor relativo **haber,** expresado por el signo +; el valor absoluto de –\$20 es \$20, y el valor relativo **deuda,** expresado por el signo –.

Las cantidades +7° y –7° tienen el mismo valor absoluto, pero su valor relativo es opuesto, pues el primero expresa grados sobre cero y el segundo bajo cero; –8° y –11° tienen el mismo valor relativo (grados bajo cero) y distinto valor absoluto.

El valor absoluto de una cantidad algebraica cualquiera se representa colocando el número que corresponda a dicho valor entre dos líneas verticales. Así, el valor absoluto de +8 se representa $|8|$.

CANTIDADES ARITMÉTICAS Y ALGEBRAICAS 15

De lo expuesto anteriormente se deduce la diferencia entre cantidades **aritméticas y algebraicas.**

Cantidades aritméticas son las que expresan solamente el **valor absoluto** de las cantidades representado por los números, pero no nos dicen el **sentido** o **valor relativo** de las cantidades.

Así, cuando en Aritmética escribimos que una persona tiene \$5, tenemos solamente la idea del **valor absoluto** \$5 de esta cantidad, pero con esto no sabemos si la persona tiene \$5 de haber o de deuda. Escribiendo que el termómetro marca 8°, no sabemos si son sobre cero o bajo cero.

Cantidades algebraicas son las que expresan el valor absoluto de las cantidades y además su **sentido** o **valor relativo** por medio del **signo.**

Así, escribiendo que una persona tiene +$5 expresamos el valor absoluto $5 y el sentido o valor relativo (haber) expresado por el signo +; escribiendo –$8 expresamos el valor absoluto $8 y el sentido o valor relativo (deuda) expresado por el signo –; escribiendo que el termómetro marca +8° tenemos el valor absoluto 8° y el valor relativo (sobre cero) expresado por el signo +, y escribiendo –9° tenemos el valor absoluto 9° y el valor relativo (bajo cero) expresado por el signo –.

Los **signos** + y – tienen en Álgebra **dos aplicaciones:** una, indicar las **operaciones de suma y resta,** y otra, indicar **el sentido** o **condición** de las cantidades.

Esta doble aplicación se distingue porque cuando los signos + o – tienen la significación de suma o resta, van entre términos o expresiones incluidas en paréntesis, como por ejemplo en (+8) + (–4) y en (–7) – (+6). Cuando van precediendo a un término, ya sea literal o numérico, expresan el sentido positivo o negativo, como por ejemplo en $-a$, $+b$, +7, –8.

16 REPRESENTACIÓN GRÁFICA DE LA SERIE ALGEBRAICA DE LOS NÚMEROS

Teniendo en cuenta que el 0 en Álgebra es la ausencia de la cantidad, que las cantidades positivas son mayores que 0 y las negativas menores que 0, y que las distancias medidas hacia la **derecha** o hacia **arriba** de un punto se consideran positivas y hacia la **izquierda** o hacia **abajo** de un punto **negativas**, la serie algebraica de los números se puede representar de este modo:

$$\cdots -5 \quad -4 \quad -3 \quad -2 \quad -1 \quad 0 \quad +1 \quad +2 \quad +3 \quad +4 \quad +5 \cdots$$

NOMENCLATURA ALGEBRAICA

17 **EXPRESIÓN ALGEBRAICA** es la representación de un símbolo algebraico o de una o más operaciones algebraicas.

Ejemplos

$$a,\ 5x,\ \sqrt{4a},\ (a+b)c,\ \frac{(5x-3y)a}{x^2}$$

18 **TÉRMINO** es una expresión algebraica que consta de un solo símbolo o de varios símbolos **no separados entre sí por el signo + o –** . Así, a, $3b$, $2xy$, $\frac{4a}{3x}$, son términos.

Los **elementos de un término** son cuatro: el signo, el coeficiente, la parte literal y el grado.

Por **el signo,** son **términos positivos** los que van precedidos del signo + y **negativos** los que van precedidos del signo –. Así, $+a$, $+8x$, $+9ab$ son términos positivos y $-x$, $-5bc$ y $-\frac{3a}{2b}$ son **términos negativos.**

El signo + suele omitirse delante de los términos positivos. Así, a equivale a $+a$; $3ab$ equivale a $+3ab$.

Por tanto, **cuando un término no va precedido de ningún signo es positivo.**

El **coeficiente,** como se dijo antes, es uno cualquiera, generalmente el primero, de los factores del término. Así, en el término $5a$ el coeficiente es 5; en $-3a^2x^3$ el coeficiente es –3.

La **parte literal** la constituyen las **letras** que haya en el término. Así, en $5xy$ la parte literal es xy; en $\frac{3x^3y^4}{2ab}$ la parte literal es $\frac{x^3y^4}{ab}$.

EL GRADO DE UN TÉRMINO puede ser de dos clases: **absoluto y con relación a una letra.** 19

Grado absoluto de un término es **la suma de los exponentes de sus factores literales.** Así, el término $4a$ es de **primer grado** porque el exponente del factor literal a es 1; el término ab es de **segundo grado** porque la suma de los exponentes de sus factores literales es $1 + 1 = 2$; el término a^2b es de **tercer grado** porque la suma de los exponentes de sus factores literales es $2 + 1 = 3$; $5a^4b^3c^2$ es de **noveno grado** porque la suma de los exponentes de sus factores literales es $4 + 3 + 2 = 9$.

El **grado** de un término **con relación a una letra** es el exponente de dicha letra. Así el término bx^3 es de **primer grado** con relación a b y de **tercer grado** con relación a x; $4x^2y^4$ es de **segundo grado** con relación a x y de **cuarto grado** con relación a y.

CLASES DE TÉRMINOS 20

Término **entero** es el que no tiene denominador literal como $5a$, $6a^4b^3$, $\frac{2a}{5}$.

Término **fraccionario** es el que tiene denominador literal como $\frac{3a}{b}$.

Término **racional** es el que no tiene radical, como los ejemplos anteriores, e **irracional** el que tiene radical, como $\sqrt{ab}$, $\frac{3b}{\sqrt[3]{2a}}$.

Términos **homogéneos** son los que tienen el mismo grado absoluto.

Así, $4x^4y$ y $6x^2y^3$ son homogéneos porque ambos son de quinto grado absoluto.

Términos **heterogéneos** son los de distinto grado absoluto, como $5a$, que es de primer grado, y $3a^2$, que es de segundo grado.

Ejercicio 4

1. Dígase qué clase de términos son los siguientes atendiendo al signo, si tienen o no denominador y si tienen o no radical:

$$5a^2, -4a^3b, \frac{2a}{3}, -\frac{5b^2}{6}, \sqrt{a}, -\sqrt[3]{5b^2}, \frac{\sqrt{a}}{6}, -\frac{4a^2b^3}{\sqrt{6a}}.$$

2. Dígase el grado absoluto de los términos siguientes:

$$5a, -6a^2b, a^2b^2, -5a^3b^4c, 8x^5y^6, 4m^2n^3, -xyz^5$$

3. Dígase el grado de los términos siguientes respecto a cada uno de sus factores literales:

$$-a^3b^2, -5x^4y^3, 6a^2bx^3, -4abcy^2, 10m^2n^3b^4c^5$$

4. De los términos siguientes escoger cuatro que sean homogéneos y tres heterogéneos:

$$-4a^3b^2, 6ab^3, -x^5, 6x^4y, -2a^3x^4, -ab^5, 4abcx^2, -2ac$$

5. Escribir tres términos enteros; dos fraccionarios; dos positivos, enteros y racionales; tres negativos, fraccionarios e irracionales.
6. Escribir un término de cada uno de los grados absolutos siguientes: de tercer grado, de quinto grado, de undécimo grado, de décimo quinto grado, de vigésimo grado.
7. Escribir un término de dos factores literales que sea de cuarto grado con relación a la x; otro de cuatro factores literales que sea de séptimo grado con relación a la y; otro de cinco factores literales que sea de décimo grado con relación a la b.

CLASIFICACIÓN DE LAS EXPRESIONES ALGEBRAICAS

21 **MONOMIO** es una expresión algebraica que consta de un solo término, como:

$$3a, -5b, \frac{x^2y}{4n^3}$$

22 **POLINOMIO** es una expresión algebraica que consta de más de un término como $a + b$, $a + x - y$, $x^3 + 2x^2 + x + 7$.

Binomio es un polinomio que consta de dos términos, como:

$$a + b, x - y, \frac{a^2}{3} - \frac{5mx^4}{6b^2}$$

Trinomio es un polinomio que consta de tres términos, como:

$$a + b + c, x^2 - 5x + 6, 5x^2 - 6y^3 + \frac{a^2}{3}$$

23 **EL GRADO** de un polinomio puede ser **absoluto** y **con relación a una letra**.

Grado absoluto de un polinomio es el grado de su término de mayor grado. Así, en el polinomio $x^4 - 5x^3 + x^2 - 3x$ el primer término es de cuarto grado; el segundo, de tercer grado; el tercero, de segundo grado, y el último, de primer grado; luego, el **grado absoluto del polinomio** es el **cuarto.**

Grado de un polinomio **con relación a una letra** es el mayor exponente de dicha letra en el polinomio. Así, el polinomio $a^6 + a^4x^2 - a^2x^4$ es de **sexto grado** con relación a la a y de **cuarto grado** con relación a la x.

Ejercicio 5

1. Dígase el grado absoluto de los siguientes polinomios:
   a) $x^3 + x^2 + x$
   b) $5a - 3a^2 + 4a^4 - 6$
   c) $a^3b - a^2b^2 + ab^3 - b^4$
   d) $x^5 - 6x^4y^3 - 4a^2b + x^2y^4 - 3y^6$

2. Dígase el grado de los siguientes polinomios con relación a cada una de sus letras:
   a) $a^3 + a^2 - ab^3$
   b) $x^4 + 4x^3 - 6x^2y^4 - 4xy^5$
   c) $6a^4b^7 - 4a^2x + ab^9 - 5a^3b^8x^6$
   d) $m^4n^2 - mn^6 + mx^4y^3 - x^8 + y^{15} - m^{11}$

CLASES DE POLINOMIOS 24

Un polinomio es **entero** cuando ninguno de sus términos tiene denominador literal como $x^2 + 5x - 6$; $\frac{x^2}{2} - \frac{x}{3} + \frac{1}{5}$; **fraccionario** cuando alguno de sus términos tiene letras en el denominador como $\frac{a^2}{b} + \frac{b}{c} - 8$; **racional** cuando no contiene radicales, como en los ejemplos anteriores; **irracional** cuando contiene radical, como $\sqrt{a} + \sqrt{b} - \sqrt{c} - \sqrt{abc}$; **homogéneo** cuando todos sus términos son del mismo grado absoluto, como $4a^3 + 5a^2b + 6ab^2 + b^3$, y **heterogéneo** cuando sus términos no son del mismo grado, como $x^3 + x^2 + x - 6$.

Polinomio **completo** con relación a una letra es el que contiene todos los exponentes sucesivos de dicha letra, desde el más alto al más bajo que tenga dicha letra en el polinomio. Así, el polinomio $x^5 + x^4 - x^3 + x^2 - 3x$ es completo respecto de la x, porque contiene todos los exponentes sucesivos de la x desde el más alto 5, hasta el más bajo 1, o sea 5, 4, 3, 2, 1; el polinomio $a^4 - a^3b + a^2b^2 - ab^3 + b^4$ es completo respecto de a y b.

Polinomio **ordenado** con respecto a una letra es un polinomio en el cual los exponentes de una letra escogida, llamada **letra ordenatriz,** van aumentando o disminuyendo.

Así, el polinomio $x^4 - 4x^3 + 2x^2 - 5x + 8$ está ordenado de manera **descendente** con relación a la letra ordenatriz x; el polinomio $a^5 - 2a^4b + 6a^3b^2 - 5a^2b^3 + 3ab^4 - b^5$ está ordenado de manera **descendente** respecto de la letra ordenatriz a y en orden **ascendente** respecto a la letra ordenatriz b.

ORDENAR UN POLINOMIO es escribir sus términos de modo que los exponentes de una letra escogida como letra ordenatriz queden en orden descendente o ascendente. Así, ordenar el polinomio $-5x^3 + x^5 - 3x + x^4 - x^2 + 6$ en orden descendente con relación a x será escribir: $x^5 + x^4 - 5x^3 - x^2 - 3x + 6$. 25

Ordenar el polinomio $x^4y - 7x^2y^3 - 5x^5 + 6xy^4 + y^5 - x^3y^2$ en orden ascendente con relación a x será escribirlo:

$$y^5 + 6xy^4 - 7x^2y^3 - x^3y^2 + x^4y - 5x^5$$

26 **TÉRMINO INDEPENDIENTE DE UN POLINOMIO CON RELACIÓN A UNA LETRA** es el término que no tiene dicha letra.

Así, en el polinomio $a^3 - a^2 + 3a - 5$ el término independiente con relación a la a es 5 porque no tiene a; en $x^4 - 6x^3 + 8x^2 - 9x + 20$ el término independiente es 20; en $a^3 - a^2b + 3ab^2 + b^3$ el término independiente con relación a la a es b^3, y el término independiente con relación a la b es a^3. El término independiente con relación a una letra puede considerarse que tiene esa letra con exponente cero, porque como se verá más adelante, toda cantidad elevada a cero equivale a 1.

Así, en el primer ejemplo anterior, -5 equivale a $-5a^0$, y en el último ejemplo, b^3 equivale a a^0b^3.

Ejercicio 6

1. Atendiendo a si tienen o no denominador literal y a si tienen o no radical, dígase de qué clase son los polinomios siguientes:
   a) $a^3 + 2a^2 - 3a$
   b) $\frac{a^4}{2} - \frac{a^3}{3} + \frac{a^2}{2} - a$
   c) $\sqrt{a} + \sqrt{b} - 2c + \sqrt{d}$
   d) $4a + \frac{\sqrt{a}}{2} - 6b + 4$
2. Escribir un polinomio de tercer grado absoluto; de quinto grado absoluto; de octavo grado absoluto; de decimoquinto grado absoluto.
3. Escribir un trinomio de segundo grado respecto de la x; un polinomio de quinto grado respecto de la a; un polinomio de noveno grado respecto de la m.
4. De los siguientes polinomios:
   a) $3a^2b + 4a^3 - 5b^3$
   b) $a^4 - a^3b + a^2b^2 + ab^3$
   c) $x^5 - bx^4 + abx^3 + ab^3x^2$
   d) $4a - 5b + 6c^2 - 8d^3 - 6$
   e) $y^5 - ay^4 + a^2y^3 - a^3y^2 - a^4y + y^5$
   f) $-6a^3b^4 - 5a^6b + 8a^2b^5 - b^7$

   escoger dos que sean homogéneos y dos heterogéneos.
5. De los siguientes polinomios:
   a) $a^4 - a^2 + a - a^3$
   b) $5x^4 - 8x^2 + x - 6$
   c) $x^4y - x^3y^2 + x^2y^3 - y^4$
   d) $m^5 - m^4 + m^3 - m + 5$
   e) $y^5 - by^4 + b^2y^3 - b^3y^2 + b^4y$

   dígase cuáles son completos y respecto de cuáles letras.
6. Escribir tres polinomios homogéneos de tercer grado absoluto; cuatro de quinto grado absoluto; dos polinomios completos.
7. Ordenar los siguientes polinomios respecto de cualquier letra en orden descendente:
   a) $m^2 + 6m - m^3 + m^4$
   b) $6ax^2 - 5a^3 + 2a^2x + x^3$
   c) $-a^2b^3 + a^4b + a^3b^2 - ab^4$
   d) $a^4 - 5a + 6a^3 - 9a^2 + 6$
   e) $-x^8y^2 + x^{10} + 3x^4y^6 - x^6y^4 + x^2y^8$
   f) $-3m^{15}n^2 + 4m^{12}n^3 - 8m^6n^5 - 10m^3n^6 + n^7 - 7m^9n^4 + m^{18}n$
8. Ordenar los siguientes polinomios respecto de cualquier letra en orden ascendente:
   a) $a^2 - 5a^3 + 6a$
   b) $x - 5x^3 + 6x^2 + 9x^4$
   c) $2y^4 + 4y^5 - 6y + 2y^2 + 5y^3$
   d) $a^2b^4 + a^4b^3 - a^6b^2 + a^8b + b^5$
   e) $y^{12} - x^9y^6 + x^{12}y^4 - x^3y^{10}$

TÉRMINOS SEMEJANTES 27

Dos o más términos son semejantes cuando tienen **la misma parte literal,** o sea, cuando tienen **iguales letras** afectadas de **iguales exponentes.**

Ejemplos

$2a$ y a; $-2b$ y $8b$; $-5a^3b^2$ y $-8a^3b^2$; x^{m+1} y $3x^{m+1}$

Los términos $4ab$ y $-6a^2b$ no son semejantes, porque aunque tienen iguales letras, éstas no tienen los mismos exponentes, ya que la a del primero tiene de exponente 1 y la a del segundo tiene de exponente 2.

Los términos $-bx^4$ y ab^4 no son semejantes, porque aunque tienen los mismos exponentes, las letras no son iguales.

REDUCCIÓN DE TÉRMINOS SEMEJANTES es una operación que tiene por objeto convertir en un solo término dos o más semejantes. 28

En la reducción de términos semejantes pueden ocurrir los tres casos siguientes:

1) **Reducción de dos o más términos semejantes del mismo signo.**

REGLA

Se suman los coeficientes, poniendo delante de esta suma el mismo signo que tienen todos y a continuación se escribe la parte literal.

Ejemplos

1) $3a+2a=5a$ **R.**

2) $-5b-7b=-12b$ **R.**

3) $-a^2-9a^2=-10a^2$ **R.**

4) $3a^{x-2}+5a^{x-2}=8a^{x-2}$ **R.**

5) $-4a^{m+1}-7a^{m+1}=-11a^{m+1}$ **R.**

6) $\frac{1}{2}ab+\frac{2}{3}ab=\frac{7}{6}ab$ **R.**

7) $-\frac{1}{3}xy-\frac{2}{3}xy=-xy$ **R.**

8) $5x+x+2x=8x$ **R.**

9) $-m-3m-6m-5m=-15m$ **R.**

10) $\frac{1}{2}x^2y+\frac{1}{4}x^2y+\frac{1}{8}x^2y=\frac{7}{8}x^2y$ **R.**

Ejercicio 7

Reducir:

1. $x+2x$
2. $8a+9a$
3. $11b+9b$
4. $-b-5b$
5. $-8m-m$
6. $-9m-7m$
7. $4a^x+5a^x$
8. $6a^{x+1}+8a^{x+1}$
9. $-m^{x+1}-5m^{x+1}$
10. $-3a^{x-2}-a^{x-2}$
11. $\frac{1}{2}a+\frac{1}{2}a$
12. $\frac{3}{5}ab+\frac{1}{10}ab$
13. $\frac{1}{3}xy+\frac{1}{6}xy$
14. $-\frac{1}{5}xy-\frac{4}{5}xy$
15. $-\frac{5}{6}a^2b-\frac{1}{8}a^2b$
16. $-a-\frac{7}{8}a$

17. $8a + 9a + 6a$
18. $15x + 20x + x$
19. $-7m - 8m - 9m$
20. $-a^2b - a^2b - 3a^2b$
21. $a^x + 3a^x + 8a^x$
22. $-5a^{x+1} - 3a^{x+1} - 5a^{x+1}$
23. $a+\frac{1}{2}a+\frac{2}{3}a$
24. $-x-\frac{2}{3}x-\frac{1}{6}x$
25. $\frac{1}{5}ax+\frac{3}{10}ax+ax$
26. $-\frac{3}{4}a^2x-\frac{5}{6}a^2x-a^2x$
27. $11a + 8a + 9a + 11a$
28. $m^{x+1} + 3m^{x+1} + 4m^{x+1} + 6m^{x+1}$
29. $-x^2y - 8x^2y - 9x^2y - 20x^2y$
30. $-3a^m - 5a^m - 6a^m - 9a^m$
31. $\frac{1}{2}a+\frac{1}{4}a+\frac{1}{8}a+a$
32. $\frac{2}{5}ax+\frac{1}{2}ax+\frac{1}{10}ax+\frac{1}{20}ax$
33. $0.5m + 0.6m + 0.7m + 0.8m$
34. $-\frac{1}{7}ab-\frac{1}{14}ab-\frac{1}{28}ab-ab$
35. $-\frac{2}{3}x^3y-\frac{1}{6}x^3y-\frac{1}{9}x^3y-\frac{1}{12}x^3y$
36. $ab^2 + ab^2 + 7ab^2 + 9ab^2 + 21ab^2$
37. $-m - m - 8m - 7m - 3m$
38. $-x^{a+1} - 8x^{a+1} - 4x^{a+1} - 5x^{a+1} - x^{a+1}$
39. $\frac{1}{2}a+\frac{1}{3}a+\frac{1}{4}a+\frac{1}{5}a+\frac{1}{6}a$
40. $-\frac{1}{3}ab-\frac{1}{6}ab-\frac{1}{2}ab-\frac{1}{12}ab-\frac{1}{9}ab$

2) Reducción de dos términos semejantes de distinto signo.

REGLA

Se restan los coeficientes, poniendo delante de esta diferencia el signo del mayor y a continuación se escribe la parte literal.

Ejemplos

1) $2a - 3a = -a$ **R.**
2) $18x - 11x = 7x$ **R.**
3) $-20ab + 11ab = -9ab$ **R.**
4) $-8a^x + 13a^x = 5a^x$ **R.**
5) $25a^{x+1} - 54a^{x+1} = -29a^{x+1}$ **R.**
6) $\frac{1}{2}a-\frac{2}{3}a=-\frac{1}{6}a$ **R.**
7) $-\frac{3}{7}a^2b+a^2b=\frac{4}{7}a^2b$ **R.**
8) $-\frac{5}{6}a^{x+1}+\frac{3}{4}a^{x+1}=-\frac{1}{12}a^{x+1}$ **R.**

De la regla anterior se deduce que *dos términos semejantes de iguales coeficientes y de signo contrario se anulan.*

Así: $-8ab + 8ab = 0$ **R.**

$\frac{2}{5}x^2y-\frac{2}{5}x^2y=0$ **R.**

Ejercicio 8

Reducir:

1. $8a - 6a$
2. $6a - 8a$
3. $9ab - 15ab$
4. $15ab - 9ab$
5. $2a - 2a$
6. $-7b + 7b$
7. $-14xy + 32xy$
8. $-25x^2y + 32x^2y$
9. $40x^3y - 51x^3y$
10. $-m^2n + 6m^2n$
11. $-15xy + 40xy$
12. $55a^3b^2 - 81a^3b^2$

13. $-x^2y+x^2y$
14. $-9ab^2+9ab^2$
15. $7x^2y-7x^2y$
16. $-101mn+118mn$
17. $502ab-405ab$
18. $-1024x+1018x$
19. $-15ab+15ab$
20. $\frac{1}{2}a-\frac{3}{4}a$
21. $\frac{3}{4}a-\frac{1}{2}a$
22. $\frac{5}{6}a^2b-\frac{5}{12}a^2b$
23. $-\frac{4}{7}x^2y+\frac{9}{14}x^2y$
24. $\frac{3}{8}am-\frac{5}{4}am$
25. $-am+\frac{3}{5}am$
26. $\frac{5}{6}mn-\frac{7}{8}mn$
27. $-a^2b+\frac{3}{11}a^2b$
28. $3.4a^4b^3-5.6a^4b^3$
29. $-1.2yz+3.4yz$
30. $4a^x-2a^x$
31. $-8a^{x+1}+8a^{x+1}$
32. $25m^{a-1}-32m^{a-1}$
33. $-x^{a+1}+x^{a+1}$
34. $-\frac{1}{4}a^{m-2}+\frac{1}{2}a^{m-2}$
35. $\frac{5}{6}a^{m+1}-\frac{7}{12}a^{m+1}$
36. $4a^2-\frac{1}{3}a^2$
37. $-5mn+\frac{3}{4}mn$
38. $8a^{x+2}b^{x+3}-25a^{x+2}b^{x+3}$
39. $-\frac{7}{8}a^mb^n+a^mb^n$
40. $0.85mxy-\frac{1}{2}mxy$

3) Reducción de más de dos términos semejantes de signos distintos.

REGLA

Se reducen a un solo término todos los positivos, se reducen a un solo término todos los negativos y a los dos resultados obtenidos se aplica la regla del caso anterior.

Ejemplos

1) Reducir $5a-8a+a-6a+21a$.
Reduciendo los positivos: $5a+a+21a=27a$
Reduciendo los negativos: $-8a-6a=-14a$
Aplicando a estos resultados obtenidos, $27a$ y $-14a$, la regla del caso anterior, se tiene:
$27a-14a=13a$ **R.**
Esta reducción también suele hacerse **término a término,** de esta manera:
$5a-8a=-3a$; $-3a+a=-2a$; $-2a-6a=-8a$; $-8a+21a=13a$ **R.**

2) Reducir $-\frac{2}{5}bx^2+\frac{1}{5}bx^2+\frac{3}{4}bx^2-4bx^2+bx^2$.
Reduciendo los positivos: $\frac{1}{5}bx^2+\frac{3}{4}bx^2+bx^2=\frac{39}{20}bx^2$
Reduciendo los negativos: $-\frac{2}{5}bx^2-4bx^2=-\frac{22}{5}bx^2$
Tendremos: $\frac{39}{20}bx^2-\frac{22}{5}bx^2=-\frac{49}{20}bx^2$ **R.**

Ejercicio 9

Reducir:

1. $9a-3a+5a$
2. $-8x+9x-x$
3. $12mn-23mn-5mn$
4. $-x+19x-18x$
5. $19m-10m+6m$
6. $-11ab-15ab+26ab$
7. $-5a^x+9a^x-35a^x$
8. $-24a^{x+2}-15a^{x+2}+39a^{x+2}$
9. $\frac{2}{3}y+\frac{1}{3}y-y$
10. $-\frac{3}{5}m+\frac{1}{4}m-\frac{1}{2}m$

11. $\frac{3}{8}a^2b+\frac{1}{4}a^2b-a^2b$
12. $-a+8a+9a-15a$
13. $7ab-11ab+20ab-31ab$
14. $25x^2-50x^2+11x^2+14x^2$
15. $-xy-8xy-19xy+40xy$
16. $7ab+21ab-ab-80ab$
17. $-25xy^2+11xy^2+60xy^2-82xy^2$
18. $-72ax+87ax-101ax+243ax$
19. $-82bx-71bx-53bx+206bx$
20. $105a^3-464a^3+58a^3+301a^3$
21. $\frac{1}{2}x-\frac{1}{3}x+\frac{1}{4}x-\frac{1}{5}x$
22. $\frac{1}{3}y-\frac{1}{3}y+\frac{1}{6}y-\frac{1}{12}y$
23. $\frac{3}{5}a^2b-\frac{1}{6}a^2b+\frac{1}{3}a^2b-a^2b$
24. $-\frac{5}{6}ab^2-\frac{1}{6}ab^2+ab^2-\frac{3}{8}ab^2$
25. $-a+8a-11a+15a-75a$
26. $-7c+21c+14c-30c+82c$
27. $-mn+14mn-31mn-mn+20mn$
28. $a^2y-7a^2y-93a^2y+51a^2y+48a^2y$
29. $-a+a-a+a-3a+6a$
30. $\frac{1}{2}x+\frac{2}{3}x-\frac{7}{6}x+\frac{1}{2}x-x$
31. $-2x+\frac{3}{4}x+\frac{1}{4}x+x-\frac{5}{6}x$
32. $7a^x-30a^x-41a^x-9a^x+73a^x$
33. $-a^{x+1}+7a^{x+1}-11a^{x+1}-20a^{x+1}+26a^{x+1}$
34. $a+6a-20a+150a-80a+31a$
35. $-9b-11b-17b-81b-b+110b$
36. $-a^2b+15a^2b+a^2b-85a^2b-131a^2b+39a^2b$
37. $84m^2x-501m^2x-604m^2x-715m^2x+231m^2x+165m^2x$
38. $\frac{5}{6}a^3b^2+\frac{2}{3}a^3b^2-\frac{1}{4}a^3b^2-\frac{5}{8}a^3b^2+4a^3b^2$
39. $40a-81a+130a+41a-83a-91a+16a$
40. $-21ab+52ab-60ab+84ab-31ab-ab-23ab$

29 REDUCCIÓN DE UN POLINOMIO QUE CONTENGA TÉRMINOS SEMEJANTES DE DIVERSAS CLASES

Ejemplos

1) Reducir el polinomio $5a-6b+8c+9a-20c-b+6b-c$.
Se reducen por separado los de cada clase:

$$5a+9a=14a$$
$$-6b-b+6b=-b$$
$$8c-20c-c=-13c$$

Tendremos: $14a-b-13c$ **R.**

2) Reducir el polinomio
$8a^3b^2+4a^4b^3+6a^3b^2-a^3b^2-9a^4b^3-15-5ab^5+8-6ab^5$.

Se reducen por separado los de cada clase:

$$4a^4b^3-9a^4b^3=-5a^4b^3$$
$$8a^3b^2+6a^3b^2-a^3b^2=13a^3b^2$$
$$-5ab^5-6ab^5=-11ab^5$$
$$-15+8=-7$$

Tendremos: $-5a^4b^3+13a^3b^2-11ab^5-7$ **R.**

3) Reducir el polinomio $\frac{2}{5}x^4-\frac{1}{2}x^3y+3x^4-y^4+\frac{5}{6}y^4-0.3x^4-\frac{3}{5}x^3y-6+x^3y-14+2\frac{1}{3}y^4$.

Tendremos:

$$\frac{2}{5}x^4+3x^4-0.3x^4=3\frac{1}{10}x^4$$
$$x^3y-\frac{1}{2}x^3y-\frac{3}{5}x^3y=-\frac{1}{10}x^3y$$
$$2\frac{1}{3}y^4+\frac{5}{6}y^4-y^4=2\frac{1}{6}y^4$$
$$-6-14=-20$$

$$3\frac{1}{10}x^4-\frac{1}{10}x^3y+2\frac{1}{6}y^4-20 \quad \textbf{R.}$$

Ejercicio 10

Reducir los polinomios siguientes:

1. $7a-9b+6a-4b$
2. $a+b-c-b-c+2c-a$
3. $5x-11y-9+20x-1-y$
4. $-6m+8n+5-m-n-6m-11$
5. $-a+b+2b-2c+3a+2c-3b$
6. $-81x+19y-30z+6y+80x+x-25y$
7. $15a^2-6ab-8a^2+20-5ab-31+a^2-ab$
8. $-3a+4b-6a+81b-114b+31a-a-b$
9. $-71a^3b-84a^4b^2+50a^3b+84a^4b^2-45a^3b+18a^3b$
10. $-a+b-c+8+2a+2b-19-2c-3a-3-3b+3c$
11. $m^2+71mn-14m^2-65mn+m^3-m^2-115m^2+6m^3$
12. $x^4y-x^3y^2+x^2y-8x^4y-x^2y-10+x^3y^2-7x^3y^2-9+21x^4y-y^3+50$
13. $5a^{x+1}-3b^{x+2}-8c^{x+3}-5a^{x+1}-50+4b^{x+2}-65-b^{x+2}+90+c^{x+3}+7c^{x+3}$
14. $a^{m+2}-x^{m+3}-5+8-3a^{m+2}+5x^{m+3}-6+a^{m+2}-5x^{m+3}$
15. $0.3a+0.4b+0.5c-0.6a-0.7b-0.9c+3a-3b-3c$
16. $\frac{1}{2}a+\frac{1}{3}b+2a-3b-\frac{3}{4}a-\frac{1}{6}b+\frac{3}{4}-\frac{1}{2}$
17. $\frac{3}{5}m^2-2mn+\frac{1}{10}m^2-\frac{1}{3}mn+2mn-2m^2$
18. $-\frac{3}{4}a^2+\frac{1}{2}ab-\frac{5}{6}b^2+2\frac{1}{3}a^2-\frac{3}{4}ab+\frac{1}{6}b^2-\frac{1}{3}b^2-2ab$
19. $0.4x^2y+31+\frac{3}{8}xy^2-0.6y^3-\frac{2}{5}x^2y-0.2xy^2+\frac{1}{4}y^3-6$
20. $\frac{3}{25}a^{m-1}-\frac{7}{50}b^{m-2}+\frac{3}{5}a^{m-1}-\frac{1}{25}b^{m-2}-0.2a^{m-1}+\frac{1}{5}b^{m-2}$

VALOR NUMÉRICO

Valor numérico de una expresión algebraica es el resultado que se obtiene al sustituir las letras por valores numéricos dados y efectuar después las operaciones indicadas.

30 VALOR NUMÉRICO DE EXPRESIONES SIMPLES

Ejemplos

1) Hallar el valor numérico de $5ab$ para $a = 1$, $b = 2$.
Sustituimos la a por su valor 1, y la b por 2, y tendremos:

$$5ab = 5 \times 1 \times 2 = 10 \quad \textbf{R.}$$

2) Valor numérico de $a^2b^3c^4$ para $a = 2$, $b = 3$, $c = \frac{1}{2}$.

$$a^2b^3c^4 = 2^2 \times 3^3 \times \left(\frac{1}{2}\right)^4 = 4 \times 27 \times \frac{1}{16} = \frac{27}{4} = 6\frac{3}{4} \quad \textbf{R.}$$

3) Valor numérico de $3ac\sqrt{2ab}$ para $a = 2$, $b = 9$, $c = \frac{1}{3}$.

$$3ac\sqrt{2ab} = 3 \times 2 \times \frac{1}{3} \times \sqrt{2 \times 2 \times 9} = 2 \times \sqrt{36} = 2 \times 6 = 12 \quad \textbf{R.}$$

4) Valor numérico de $\frac{4a^2b^3}{5cd}$ para $a = \frac{1}{2}$, $b = \frac{1}{3}$, $c = 2$, $d = 3$.

$$\frac{4a^2b^3}{5cd} = \frac{4 \times \left(\frac{1}{2}\right)^2 \times \left(\frac{1}{3}\right)^3}{5 \times 2 \times 3} = \frac{4 \times \frac{1}{4} \times \frac{1}{27}}{30} = \frac{\frac{1}{27}}{30} = \frac{1}{810} \quad \textbf{R.}$$

Ejercicio 11

Hallar el valor numérico de las expresiones siguientes para:

$$a = 1,\ b = 2,\ c = 3,\ m = \frac{1}{2},\ n = \frac{1}{3},\ p = \frac{1}{4}$$

1. $3ab$
2. $5a^2b^3c$
3. b^2mn
4. $24m^2n^3p$
5. $\frac{2}{3}a^4b^2m^3$
6. $\frac{7}{12}c^3p^2m$
7. $m^bn^cp^a$
8. $\frac{5}{6}a^{b-1}m^{c-2}$
9. $\sqrt{2bc^2}$
10. $4m\sqrt[3]{12bc^2}$
11. $mn\sqrt{8a^4b^3}$
12. $\frac{4a}{3bc}$
13. $\frac{5b^2m^2}{np}$
14. $\dfrac{\frac{3}{4}b^3}{\frac{2}{3}c^2}$
15. $\frac{2m}{\sqrt{n^2}}$
16. $\frac{24mn}{2\sqrt{n^2p^2}}$
17. $\frac{3\sqrt[3]{64b^3c^6}}{2m}$
18. $\dfrac{\frac{3}{5}\sqrt{apb^2}}{\frac{3}{2}\sqrt[3]{125bm}}$

31 VALOR NUMÉRICO DE EXPRESIONES COMPUESTAS

Ejemplos

1) Hallar el valor numérico de $a^2 - 5ab + 3b^3$ para $a = 3$, $b = 4$.

$$a^2 - 5ab + 3b^3 = 3^2 - 5 \times 3 \times 4 + 3 \times 4^3 = 9 - 60 + 192 = 141 \quad \textbf{R.}$$

2) Valor numérico de $\frac{3a^2}{4} - \frac{5ab}{x} + \frac{b}{ax}$ para $a = 2$, $b = \frac{1}{3}$, $x = \frac{1}{6}$.

$$\frac{3a^2}{4}-\frac{5ab}{x}+\frac{b}{ax}=\frac{3\times 2^2}{4}-\frac{5\times 2\times \frac{1}{3}}{\frac{1}{6}}+\frac{\frac{1}{3}}{2\times \frac{1}{6}}=3-\frac{\frac{10}{3}}{\frac{1}{6}}+\frac{\frac{1}{3}}{\frac{1}{3}}$$

$$=3-20+1=-16 \quad \textbf{R.}$$

Ejercicio 12

Hallar el valor numérico de las expresiones siguientes para:

$$a=3,\ b=4,\ c=\frac{1}{3},\ d=\frac{1}{2},\ m=6,\ n=\frac{1}{4}$$

1. $a^2-2ab+b^2$
2. $c^2+2cd+d^2$
3. $\frac{a}{c}+\frac{b}{d}$
4. $\frac{c}{d}-\frac{m}{n}+2$
5. $\frac{a^2}{3}-\frac{b^2}{2}+\frac{m^2}{6}$
6. $\frac{3}{5}c-\frac{1}{2}b+2d$
7. $\frac{ab}{n}+\frac{ac}{d}-\frac{bd}{m}$
8. $\sqrt{b}+\sqrt{n}+\sqrt{6m}$
9. $c\sqrt{3a}-d\sqrt{16b^2}+n\sqrt{8d}$
10. $\frac{m^a}{d^b}$
11. $\frac{3c^2}{4}+\frac{4n^2}{m}$
12. $\frac{4d^2}{2}+\frac{16n^2}{2}-1$
13. $\frac{a+b}{c}-\frac{b+m}{d}$
14. $\frac{b-a}{n}+\frac{m-b}{d}+5a$
15. $\frac{12c-a}{2b}-\frac{16n-a}{m}+\frac{1}{d}$
16. $\sqrt{4b}+\frac{\sqrt{3a}}{3}-\frac{\sqrt{6m}}{6}$
17. $\frac{\sqrt{b}+\sqrt{2d}}{2}-\frac{\sqrt{3c}+\sqrt{8d}}{4}$
18. $\frac{2\sqrt{a^2b^2}}{3}+\frac{3\sqrt{2+d^2}}{4}-a\sqrt{n}$

3) Valor numérico de $2(2a-b)(x^2+y)-(a^2+b)(b-a)$ para:

$$a=2,\ b=3,\ x=4,\ y=\frac{1}{2}$$

Las operaciones indicadas dentro de los paréntesis deben efectuarse antes de ninguna otra, así:

$$2(2a-b)=2\times(2\times 2-3)=2\times(4-3)=2\times 1=2$$
$$x^2+y=4^2+\frac{1}{2}=16+\frac{1}{2}=16\frac{1}{2}$$
$$a^2+b=2^2+3=4+3=7$$
$$b-a=3-2=1$$

Tendremos:

$$2(2a-b)(x^2+y)-(a^2+b)(b-a)=2\times 16\frac{1}{2}-7\times 1=2\times\frac{33}{2}-7=33-7=26 \quad \textbf{R.}$$

Ejercicio 13

Hallar el valor numérico de las expresiones siguientes para:

$$a=1,\ b=2,\ c=3,\ d=4,\ m=\frac{1}{2},\ n=\frac{2}{3},\ p=\frac{1}{4},\ x=0$$

1. $(a+b)c-d$
2. $(a+b)(b-a)$
3. $(b-m)(c-n)+4a^2$
4. $(2m+3n)(4p+b^2)$
5. $(4m+8p)(a^2+b^2)(6n-d)$
6. $(c-b)(d-c)(b-a)(m-p)$
7. $b^2(c+d)-a^2(m+n)+2x$
8. $2mx+6(b^2+c^2)-4d^2$
9. $\left(\frac{8m}{9n}+\frac{16p}{b}\right)a$
10. $x+m(a^b+d^c-c^a)$
11. $\frac{4(m+p)}{a}\div\frac{a^2+b^2}{c^2}$
12. $(2m+3n+4p)(8p+6n-4m)(9n+20p)$

13. $c^2(m+n)-d^2(m+p)+b^2(n+p)$

14. $\left(\frac{\sqrt{c^2+d^2}}{a}\div\frac{2}{\sqrt{d}}\right)m$

15. $(4p+2b)(18n-24p)+2(8m+2)(40p+a)$

16. $\frac{a+\frac{d}{b}}{d-b}\times\frac{5+\frac{2}{m^2}}{p^2}$

17. $(a+b)\sqrt{c^2+8b}-m\sqrt{n^2}$

18. $\left(\frac{\sqrt{a+c}}{2}+\frac{\sqrt{6n}}{b}\right)\div[(c+d)\sqrt{p}]$

19. $3(c-b)\sqrt{32m}-2(d-a)\sqrt{16p}-\frac{2}{n}$

20. $\frac{\sqrt{6abc}}{2\sqrt{8b}}+\frac{\sqrt{3mn}}{2(b-a)}-\frac{cdnp}{abc}$

21. $\frac{a^2+b^2}{b^2-a^2}+3(a+b)(2a+3b)$

22. $b^2+\left(\frac{1}{a}+\frac{1}{b}\right)\left(\frac{1}{b}+\frac{1}{c}\right)+\left(\frac{1}{n}+\frac{1}{m}\right)^2$

23. $(2m+3n)(4p+2c)-4m^2n^2$

24. $\frac{b^2-\frac{c}{3}}{2ab-m}-\frac{n}{b-m}$

32 EJERCICIOS SOBRE NOTACIÓN ALGEBRAICA

Con las cantidades algebraicas, representadas por letras, pueden hacerse las mismas operaciones que con los números aritméticos. Como la representación de cantidades por medio de símbolos o letras suele ofrecer dificultades a los alumnos, ofrecemos a continuación algunos ejemplos.

Ejemplos

1) Escríbase la suma del cuadrado de a con el cubo de b.

a^2+b^3 **R.**

2) Un hombre tenía $\$a$; luego recibió \$8 y después pagó una cuenta de $\$c$. ¿Cuánto le queda?

Teniendo $\$a$ recibió \$8 luego tenía $\$(a+8)$. Si entonces gasta $\$c$ le quedan $\$(a+8-c)$. **R.**

3) Compré 3 libros a $\$a$ cada uno; 6 sombreros a $\$b$ cada uno y m trajes a $\$x$ cada uno. ¿Cuánto he gastado?

3 libros a $\$a$ importan $\$3a$

6 sombreros a $\$b$ importan $\$6b$

m trajes a $\$x$ importan $\$mx$

Luego el gasto total ha sido de $\$(3a+6b+mx)$ **R.**

4) Compro x libros iguales por $\$m$. ¿Cuánto me ha costado cada uno?

Cada libro ha costado $\$\frac{m}{x}$ **R.**

5) Tenía \$9 y gasté $\$x$. ¿Cuánto me queda?

Me quedan $\$(9-x)$ **R.**

Ejercicio 14

1. Escríbase la suma de a, b y m.
2. Escríbase la suma del cuadrado de m, el cubo de b y la cuarta potencia de x.
3. Siendo a un número entero, escríbanse los dos números enteros consecutivos posteriores a a.

4. Siendo x un número entero, escríbanse los dos números consecutivos anteriores a x.
5. Siendo y un número entero par, escríbanse los tres números pares consecutivos posteriores a y.
6. Pedro tenía $\$a$, cobró $\$x$ y le regalaron $\$m$. ¿Cuánto tiene Pedro?
7. Escríbase la diferencia entre m y n.
8. Debía x bolívares y pagué 6,000. ¿Cuánto debo ahora?
9. De una jornada de x km ya se han recorrido m km. ¿Cuánto falta por andar?
10. Recibo $\$x$ y después $\$a$. Si gasto $\$m$, ¿cuánto me queda?
11. Tengo que recorrer m km. El lunes ando a km, el martes b km y el miércoles c km. ¿Cuánto me falta por andar?
12. Al vender una casa en $\$n$ gano \$300,000. ¿Cuánto me costó la casa?
13. Si han transcurrido x días de un año, ¿cuántos días faltan por transcurrir?
14. Si un sombrero cuesta $\$a$, ¿cuánto importarán 8 sombreros; 15 sombreros; m sombreros?
15. Escríbase la suma del doble de a con el triple de b y la mitad de c.
16. Expresar la superficie de una sala rectangular que mide a m de largo y b m de ancho.
17. Una extensión rectangular de 23 m de largo mide n m de ancho. Expresar su superficie.
18. ¿Cuál será la superficie de un cuadrado de x m de lado?
19. Si un sombrero cuesta $\$a$ y un traje $\$b$, ¿cuánto importarán 3 sombreros y 6 trajes?, ¿x sombreros y m trajes?
20. Escríbase el producto de $a + b$ por $x + y$.
21. Vendo $(x + 6)$ trajes a \$8 cada uno. ¿Cuánto importa la venta?
22. Compro $(a - 8)$ caballos a $(x + 4)$ bolívares cada uno. ¿Cuánto importa la compra?
23. Si x lápices cuestan 750,000 sucres; ¿cuánto cuesta un lápiz?
24. Si por $\$a$ compro m kilos de azúcar, ¿cuánto importa un kilo?
25. Se compran $(n - 1)$ caballos por 300,000 colones. ¿Cuál es el valor de cada caballo?
26. Compré a sombreros por x nuevos soles. ¿A cómo habría salido cada sombrero si hubiera comprado 3 menos por el mismo precio?
27. La superficie de un campo rectangular es m m^2 y el largo mide 14 m. Expresar el ancho.
28. Si un tren ha recorrido $x + 1$ km en a horas, ¿cuál es su velocidad por hora?
29. Tenía $\$a$ y cobré $\$b$. Si el dinero que tengo lo empleo todo en comprar $(m - 2)$ libros, ¿a cómo sale cada libro?
30. En el piso bajo de un hotel hay x habitaciones. En el segundo piso hay doble número de habitaciones que en el primero; en el tercero la mitad de las que hay en el primero. ¿Cuántas habitaciones tiene el hotel?
31. Pedro tiene a sucres, Juan tiene la tercera parte de lo de Pedro, Enrique la cuarta parte del doble de lo de Pedro. La suma de lo que tienen los tres es menor que 10,000,000 sucres. ¿Cuánto falta a esta suma para ser igual a 10,000,000 sucres?

NOTAS SOBRE EL CONCEPTO DE NÚMERO

El concepto de número natural (véase Aritmética Teórico-Práctica, **33**), que satisface las exigencias de la Aritmética elemental no responde a la generalización y abstracción características de la operatoria algebraica.

En Álgebra se desarrolla un cálculo de validez general aplicable a cualquier tipo especial de número. Conviene pues, considerar cómo se ha ampliado el campo de los números por la introducción de nuevos entes, que satisfacen las leyes que regulan las operaciones fundamentales, ya que, como veremos más adelante, el número natural[1] no nos sirve para efectuar la resta y la división en todos los casos. Baste por el momento, dado el nivel matemático que alcanzaremos a lo largo de este texto, explicar cómo se ha llegado al concepto de **número real.**

Para hacer más comprensible la ampliación del campo de los números, adoptaremos un doble criterio. Por un lado, un criterio histórico que nos haga conocer la gradual aparición de las distintas clases de números; por otro, un criterio intuitivo que nos ponga de manifiesto cómo ciertas necesidades materiales han obligado a los matemáticos a introducir nuevos entes numéricos. Este doble criterio, justificable por la índole didáctica de este libro, permitirá al principiante alcanzar una comprensión clara del concepto formal (abstracto) de los números reales.

NÚMERO ENTERO Y NÚMERO FRACCIONARIO

Mucho antes de que los griegos (Eudoxio, Euclides, Apolonio, etc.) realizaran la sistematización de los conocimientos matemáticos, los babilonios (según muestran las tablillas cuneiformes que datan de 2000-1800 a. C.) y los egipcios (como se ve en el papiro de Rhind) conocían las fracciones.

La necesidad de medir magnitudes continuas tales como la longitud, el volumen, el peso, etc., llevó al hombre a introducir los números fraccionarios.

Cuando tomamos una unidad cualquiera, por ejemplo, la vara, para medir una magnitud continua (magnitud escalar o lineal), puede ocurrir una de estas dos cosas: que la unidad esté contenida un número entero de veces, o que no esté contenida un número entero de veces.[2] En el primer caso, representamos el resultado de la medición con un número entero. En el segundo caso, tendremos que **fraccionar** la unidad elegida en dos, en tres, o en cuatro partes iguales; de este modo, hallaremos una fracción de la unidad que esté contenida en la magnitud que tratamos de medir. El resultado de esta última medición lo expresamos con un par de números enteros, distintos de cero, llamados respectivamente numerador y denominador. El denominador nos dará el número de partes en que hemos dividido la unidad, y el numerador, el número de subunidades contenidas en la magnitud que acabamos de medir. Surgen de este modo los números fraccionarios. Son números fraccionarios 1/2, 1/3, 3/5, etcétera.

Podemos decir también, que son números fraccionarios los que nos permiten expresar el cociente de una división inexacta, o lo que es lo mismo, una división en la cual el dividendo no es múltiplo del divisor.

[1] **P. L. G. Dirichlet** (alemán, 1805-1859), sostuvo que no es necesariamente indispensable ampliar el concepto de número natural, ya que —según él— cualquier principio de la más alta matemática puede demostrarse por medio de los números naturales.

[2] En la práctica y hablando con rigor, ninguna medida resulta exacta, en razón de lo imperfecto de nuestros instrumentos de medida y de nuestros sentidos.

Como se ve, en oposición a los números fraccionarios tenemos los números enteros, que podemos definir como aquellos que expresan el cociente de una división exacta, como por ejemplo, 1, 2, 3, etcétera.

$$\begin{array}{ll} 5 & \underline{|5} \\ 0 & 1 \end{array} \qquad \begin{array}{ll} 8 & \underline{|4} \\ 0 & 2 \end{array} \qquad 6 \div 2 = 3$$ [(1)]

NÚMERO RACIONAL Y NÚMERO IRRACIONAL

Siguiendo el orden histórico que nos hemos trazado, vamos a ver ahora cuándo y cómo surgieron los números **irracionales.**

Es indudable que fueron los griegos quienes conocieron primero los números irracionales. Los historiadores de la matemática, están de acuerdo en atribuir a Pitágoras de Samos (540 a. C.), el descubrimiento de estos números, al establecer la relación entre el lado de un cuadrado y la diagonal del mismo. Más tarde, Teodoro de Cirene (400 a. C.), matemático de la escuela pitagórica, demostró geométricamente que $\sqrt{2}$, $\sqrt{3}$, $\sqrt{5}$, $\sqrt{7}$, etc., son irracionales. Euclides (300 a.C.), estudió en el Libro X de sus "Elementos", ciertas magnitudes que al ser medidas no encontramos ningún número entero ni fraccionario que las exprese. Estas magnitudes se llaman inconmensurables, y los números que se originan al medir tales magnitudes se llaman **irracionales.**[(2)] Ejemplos de tales magnitudes son la relación del lado de un cuadrado con la diagonal del mismo, que se expresa con el número irracional $\sqrt{a^2+b^2}$ y la relación de la circunferencia, al diámetro que se expresa con la letra $\pi = 3.141592...$

Figura 1

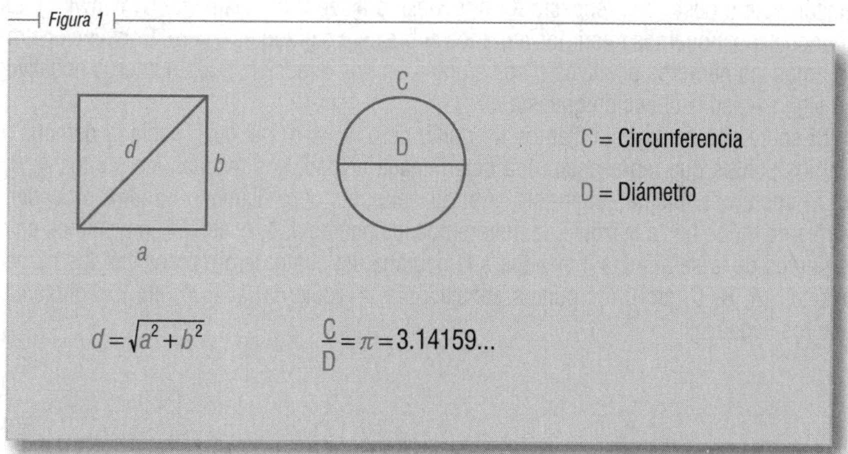

(1) En los ejercicios de la división se usa la notación:

$$\begin{array}{l|l} \text{Dividendo} & \underline{\text{Divisor}} \\ \text{Residuo} & \text{Cociente} \end{array} \quad \text{que equivale a la notación} \quad \begin{array}{r} \text{Cociente} \\ \text{Divisor} \overline{)\text{Dividendo}} \\ \text{Residuo} \end{array}$$

(2) Al exponer sistemáticamente los números irracionales, Euclides los llamó *asymmetros*, y a los racionales los llamó ***symmetros***, palabras que significan sin medida y con medida. Para señalar el hecho de que estos números (los irracionales) no tenían expresión los designaba con la voz *alogos*. Boecio (475-554 d. C.), al traducir empleó *commensurabilis* e *incommensurabilis.* Sin embargo, Gerardo de Cremona (1114-1187), en una traducción de un comentario árabe sobre Euclides, utilizó erróneamente *rationalis* e *irrationalis*, al tomar *logos* y *alogos* como **razón** y no en la acepción de **palabra** (*verbum*), usada por Euclides. Este error se difundió a lo largo de toda la Edad Media, prevaleciendo en nuestros días el nombre de números irracionales.

Como consecuencia de la introducción de los números irracionales, consideramos **racionales** el conjunto de los números fraccionarios y el conjunto de los números enteros. Definimos el número racional como aquel número que puede expresarse como cociente de dos enteros. Y el número irracional como aquel número real que no puede expresarse como el cociente de dos enteros.

Llamamos **números reales** al conjunto de los números racionales e irracionales.

NÚMEROS POSITIVOS Y NEGATIVOS

Los números negativos no fueron conocidos por los matemáticos de la antigüedad, salvo en el caso de Diofanto (siglo III d. C.?), que en su Aritmética, al explicar el producto de dos diferencias, introduce un número con signo +. En el siglo VI, los hindúes Brahmagupta y Bháskara usan los números negativos de un modo práctico, sin llegar a dar una definición de ellos. Durante la Edad Media y el Renacimiento los matemáticos rehuyeron usar los números negativos, y fue Newton el primero en comprender la verdadera naturaleza de estos números. Posteriormente Harriot (1560-1621) introdujo los signos + y – para caracterizar los **números positivos y negativos.**

La significación de los **números relativos o con signos** (positivos y negativos) se comprende claramente, cuando los utilizamos para representar el resultado de medir magnitudes relativas, es decir, magnitudes cuyas cantidades pueden tomarse en sentidos opuestos, tal como sucede cuando tratamos de medir la longitud geográfica de una región determinada; o de expresar el grado de temperatura de un lugar dado. En el primer caso, podemos hablar de longitud este u oeste con respecto a un meridiano fijado arbitrariamente (Greenwich). En el segundo caso, podemos referirnos a grados sobre cero o grado bajo cero. Convencionalmente fijamos los números positivos o con signo + en una dirección, y los números negativos o con signo –, en la dirección opuesta.

Si sobre una semirrecta fijamos un punto cero, a partir del cual, hacia la derecha, señalamos puntos que representan una determinada unidad, nos resultan los puntos *A*, *B*, *C*, etc. Si sobre esa misma semirrecta, a partir del punto cero (llamado origen), procedemos del mismo modo hacia la izquierda, tendremos los puntos *a*, *b*, *c*, etc. Si convenimos en que los puntos de la semirrecta indicados a la derecha del punto cero representan los números positivos (*A*, *B*, *C*, etc.); los puntos señalados a la izquierda (*a*, *b*, *c*, etc.), representarán números negativos.

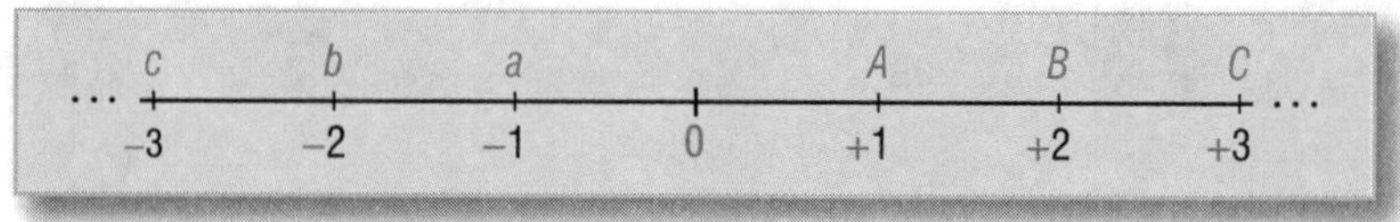

Históricamente, los números negativos surgen para hacer posible la resta en todos los casos. De este modo, la resta se convierte en una operación inversa de la suma, y se hace posible restarle a un minuendo menor un sustraendo mayor.

Los números y símbolos literales negativos se distinguen por el signo – que llevan antepuesto. Los números positivos y su representación literal llevan el signo +, siempre que no inicien una expresión algebraica.

El **número cero**. Cuando tratamos de aprehender el concepto de número natural, vemos cómo éste surge de la comparación de conjuntos equivalentes o coordinables entre sí. Por extensión llamamos conjunto al que tiene un solo elemento y que se representa por el número 1. Ahora, consideramos el número cero como expresión de un conjunto nulo o vacío, es decir, un conjunto que carece de elementos.

Por otra parte, el cero representa un elemento de separación entre los números negativos y positivos, de modo que el cero es mayor que cualquier número negativo y menor que cualquier número positivo.

El siguiente diagrama nos aclarará las distintas clases de números con los cuales vamos a trabajar:

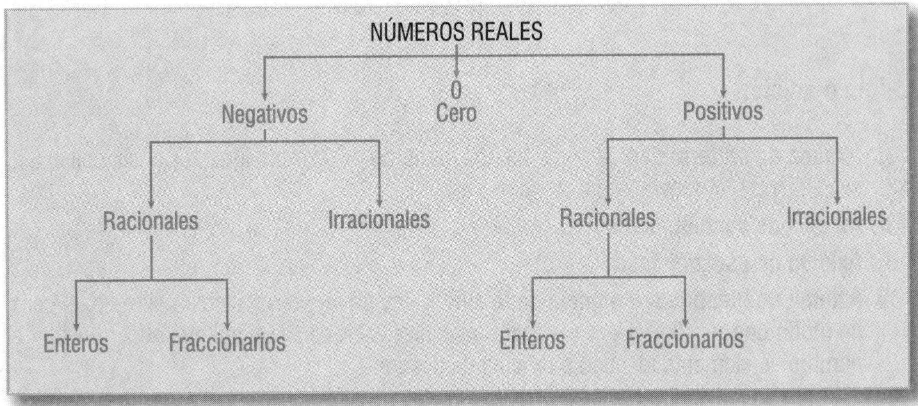

LEYES FORMALES DE LAS OPERACIONES FUNDAMENTALES CON NÚMEROS REALES

Hemos visto sumariamente cómo a través del curso de la historia de las matemáticas, se ha ido ampliando sucesivamente el campo de los números, hasta llegar al concepto de número real. El camino recorrido ha sido, unas veces, el geométrico, que siempre desemboca en la Aritmética pura, formal; otras veces, el camino puro, formal ha iniciado el recorrido para desembocar en lo intuitivo, en lo geométrico. Como ejemplos del primer caso, tenemos los números irracionales, introducidos como razón de dos segmentos con el propósito de representar magnitudes inconmensurables, y que hacen posible la expresión del resultado de la radicación inexacta. Y también, los números fraccionarios que surgen para expresar el resultado de medir magnitudes conmensurables, y que hacen posible la división inexacta. Como ejemplo del segundo caso, están los números negativos que aparecen por primera vez como raíces de ecuaciones, y hacen posible la resta en todos los casos, ya que cuando el minuendo es menor que el sustraendo esta operación carece de sentido cuando trabajamos con números naturales. Más tarde, estos números negativos (relativos) servirán para expresar los puntos a uno y otro lado de una recta indefinida.

Sin pretensiones de profundizar prematuramente en el campo numérico, vamos a exponer las leyes formales (esto es, que no toman en cuenta la naturaleza de los números) de la suma y de la multiplicación, ya que las demás operaciones fundamentales pueden explicarse como inversas de éstas, así, la resta, la división, la potenciación, la logaritmación y la radicación. Conviene ir adaptando la mentalidad del principiante al carácter formal (abstracto) de estas leyes, pues ello contribuirá a la comprensión de los problemas que ulteriormente le plantearán las matemáticas superiores. Por otra parte, el conjunto de estas leyes formales constituirá una definición indirecta de los números reales y de las operaciones fundamentales. Estas leyes que no requieren demostración, pues son de aprehensión inmediata, se llaman axiomas.

Igualdad

I. **Axioma de identidad:** $a = a$.
II. **Axioma de reciprocidad:** si $a = b$, tenemos que $b = a$.
III. **Axioma de transitividad:** si $a = b$ y $b = c$, tenemos que $a = c$.

Suma o adición

I. **Axioma de uniformidad:** la suma de dos números es siempre igual, es decir, única; así, si $a = b$ y $c = d$, tenemos que $a + c = b + d$.
II. **Axioma de conmutatividad:** $a + b = b + a$.
III. **Axioma de asociatividad:** $(a + b) + c = a + (b + c)$.
IV. **Axioma de identidad, o módulo de la suma:** hay un número y sólo un número, el cero, de modo que $a + 0 = 0 + a = a$, para cualquier valor de a. De ahí que el cero reciba el nombre de elemento idéntico o módulo de la suma.

Multiplicación

I. **Axioma de uniformidad:** el producto de dos números es siempre igual, es decir, único, así si $a = b$ y $c = d$, tenemos que $ac = bd$.
II. **Axioma de conmutatividad:** $ab = ba$.
III. **Axioma de asociatividad:** $(ab)c = a(bc)$.
IV. **Axioma de distributividad:** con respecto a la suma tenemos que $a(b + c) = ab + ac$.
V. **Axioma de identidad, o módulo del producto:** hay un número y sólo un número, el uno (1), de modo que $a \cdot 1 = 1 \cdot a = a$, para cualquier valor de a.
VI. **Axioma de existencia del inverso:** para todo número real $a \neq 0$ (a distinto de cero) corresponde un número real, y sólo uno, x, de modo que $ax = 1$. Este número x se llama inverso o recíproco de a, y se representa por $1/a$.

Axiomas de orden

I. **Tricotomía:** si tenemos dos números reales a y b sólo puede haber una relación, y sólo una, entre ambos, que $a > b$; $a = b$ o $a < b$.
II. **Monotonía de la suma:** si $a > b$ tenemos que $a + c > b + c$.
III. **Monotonía de la multiplicación:** si $a > b$ y $c > 0$ tenemos que $ac > bc$.

Axioma de continuidad

I. Si tenemos dos conjuntos de números reales A y B, de modo que todo número de A es menor que cualquier número de B, existirá siempre un número real c con el que se verifique $a \leqq c \leqq b$, en que a es un número que está dentro del conjunto A, y b es un número que está dentro del conjunto B.

OPERACIONES FUNDAMENTALES CON LOS NÚMEROS RELATIVOS

Suma de números relativos

En la suma o adición de números relativos podemos considerar cuatro casos: sumar dos números positivos; sumar dos números negativos; sumar un positivo con otro negativo, y sumar el cero con un número positivo o negativo.

1) Suma de dos números positivos.

REGLA

Para sumar dos números positivos se procede a la suma aritmética de los valores absolutos de ambos números, y al resultado obtenido se le antepone el signo +. Así tenemos:

$$(+4) + (+2) = +6$$

Podemos representar la suma de dos números positivos del siguiente modo:

Figura 2

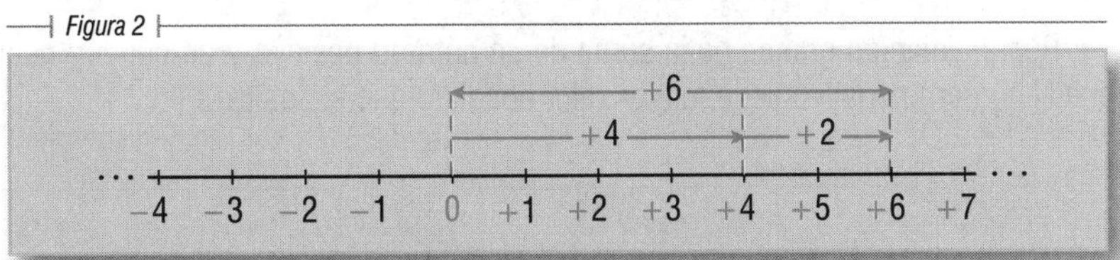

2) Suma de dos números negativos.

REGLA

Para sumar dos números negativos se procede a la suma aritmética de los valores absolutos de ambos, y al resultado obtenido se le antepone el signo −. Así tenemos:

$$(-4) + (-2) = -6$$

Podemos representar la suma de dos números negativos del siguiente modo:

Figura 3

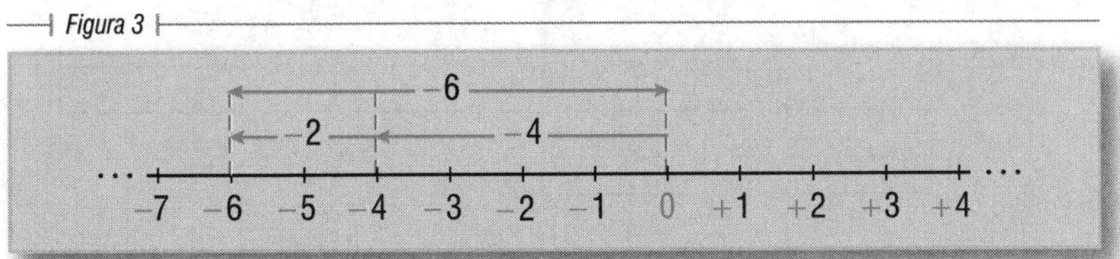

3) Suma de un número positivo y otro negativo.

REGLA

Para sumar un número positivo y un número negativo se procede a hallar la diferencia aritmética de los valores absolutos de ambos números, y al resultado obtenido se le antepone el signo del número mayor. Cuando los dos números tienen igual valor absoluto y signos distintos la suma es cero. Así tenemos:

$$(+6) + (-2) = +4$$
$$(-6) + (+2) = -4$$
$$(-6) + (+6) = 0$$
$$(+6) + (-6) = 0$$

Podemos representar la suma de un número positivo y otro negativo de los siguientes modos:

Representación gráfica de la suma de un número positivo y un número negativo, en que el número positivo tiene mayor valor absoluto que el negativo:

Figura 4

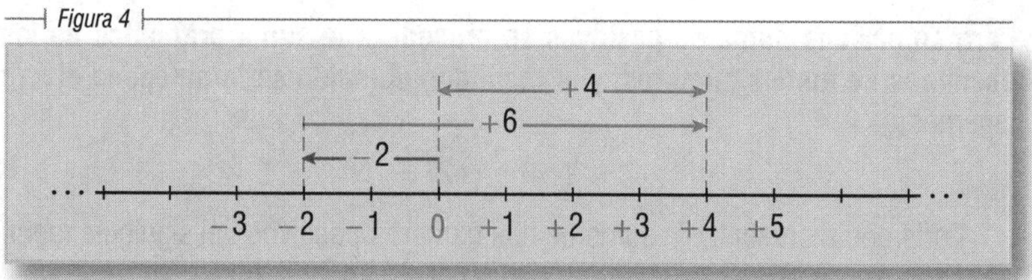

Representación gráfica de la suma de un número positivo y un número negativo, en que el número negativo tiene mayor valor absoluto que el positivo:

Figura 5

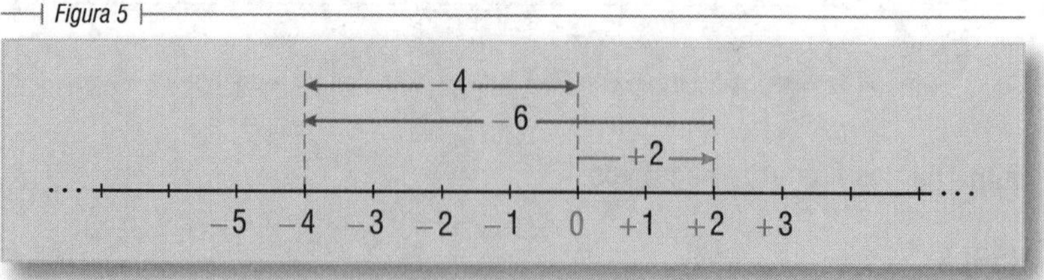

Representación gráfica de la suma de un número positivo y un número negativo, en que el valor absoluto de ambos números es igual.

Figura 6

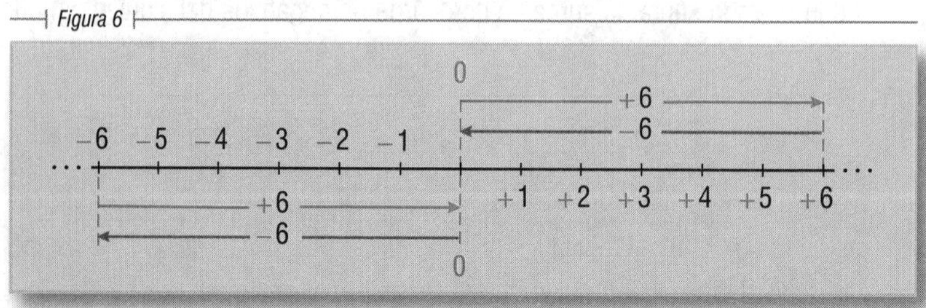

4) Suma de cero y un número positivo o negativo.

REGLA

La suma de cero con cualquier número positivo o negativo nos dará el mismo número positivo o negativo.

Así tenemos: $\begin{cases} (+4)+0=+4 \\ (-4)+0=-4 \end{cases}$

En general: $\{ a+0=0+a=a$

En que a puede ser positivo, negativo o nulo.

Sustracción de números relativos

Llamamos opuesto de un número al mismo número con signo contrario. Así, decimos que $-m$ es opuesto de $+m$. Ya vimos en un caso de la suma que:

$$(+m)+(-m)=0$$

La sustracción es una operación inversa de la suma que consiste en hallar un número x (llamado diferencia), tal que, sumado con un número dado m, dé un resultado igual a otro número n, de modo que se verifique:

$$x+m=n \quad \textbf{(1)}$$

Llamando m' al opuesto de m, podemos determinar la diferencia x, sumando en ambos miembros de la igualdad (1), el número m'; en efecto:

$$x+m+m'=n+m' \quad \textbf{(2)}$$

Si observamos el primer miembro de esta igualdad (2), veremos que aplicando el axioma de asociatividad tenemos: $m+m'=0$, y como $x+0=x$, tendremos:

$$x=n+m' \quad \textbf{(3)}$$

que es lo que queríamos demostrar, es decir, que para hallar la diferencia entre n y m basta sumarle a n el opuesto de m (m'). Y como hemos visto que para hallar el opuesto de un número basta cambiarle el signo, podemos enunciar la siguiente

REGLA

Para hallar la diferencia entre dos números relativos se suma al minuendo el sustraendo, cambiándole el signo.

Así:

$$\begin{aligned} (+8)-(+4)&=(+8)+(-4)=+4 \\ (+8)-(-4)&=(+8)+(+4)=+12 \\ (-8)-(+4)&=(-8)+(-4)=-12 \\ (-8)-(-4)&=(-8)+(+4)=-4 \end{aligned}$$

Representación gráfica de la sustracción de números relativos

Por medio de la interpretación geométrica de la sustracción de números relativos, podemos expresar la distancia, en unidades, que hay entre el punto que representa al minuendo y el punto que representa al sustraendo, así como el sentido (negativo o positivo) de esa distancia.

Para expresar la diferencia $(+4) - (-8) = +12$, tendremos:

Figura 7

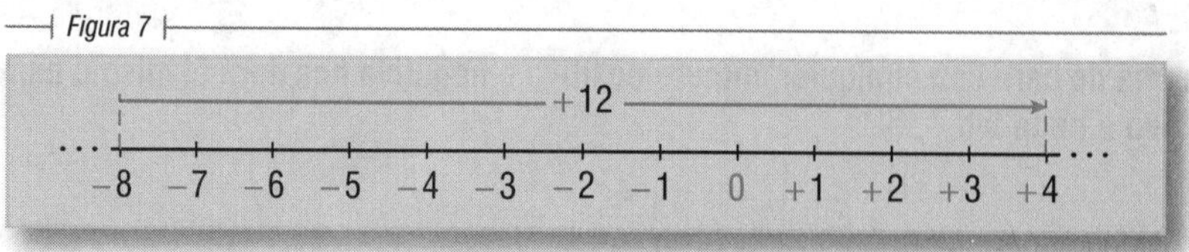

Para expresar la diferencia $(-8) - (+4) = -12$, tendremos:

Figura 8

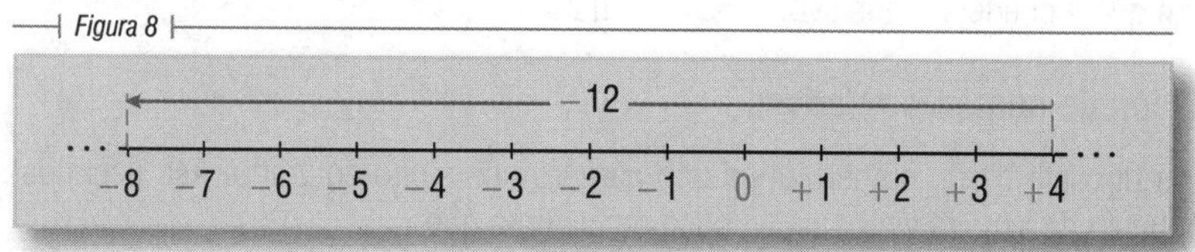

Multiplicación de números relativos

REGLA

El producto de dos números relativos se halla multiplicando los valores absolutos de ambos. El producto hallado llevará signo positivo (+), si los signos de ambos factores son iguales; llevará signo negativo (−), si los factores tienen signos distintos. Si uno de los factores es 0 el producto será 0.

Cuando operamos con símbolos literales el producto es siempre indicado, bien en la forma $a \times b$; bien en la forma $a \cdot b$; y más usualmente ab.

Así:

$$(+2)(+3) = +6 \qquad (0)(+3) = 0$$
$$(-2)(-3) = +6 \qquad (0)(-3) = 0$$
$$(+2)(-3) = -6 \qquad 0\,0 = 0$$
$$(-2)(+3) = -6$$

El siguiente cuadro es un medio de recordar fácilmente la ley de los signos en la multiplicación de los números relativos.

+ por + da +	+ por − da −
− por − da +	− por + da −

Representación gráfica del producto de dos números relativos

El producto de dos números relativos puede expresarse geométricamente como el área de un rectángulo cuyos largo y ancho vienen dados por ambos números. A esta área podemos atribuirle un valor positivo o negativo, según que sus lados tengan valores de un mismo sentido o de sentidos distintos respectivamente.

Figura 9

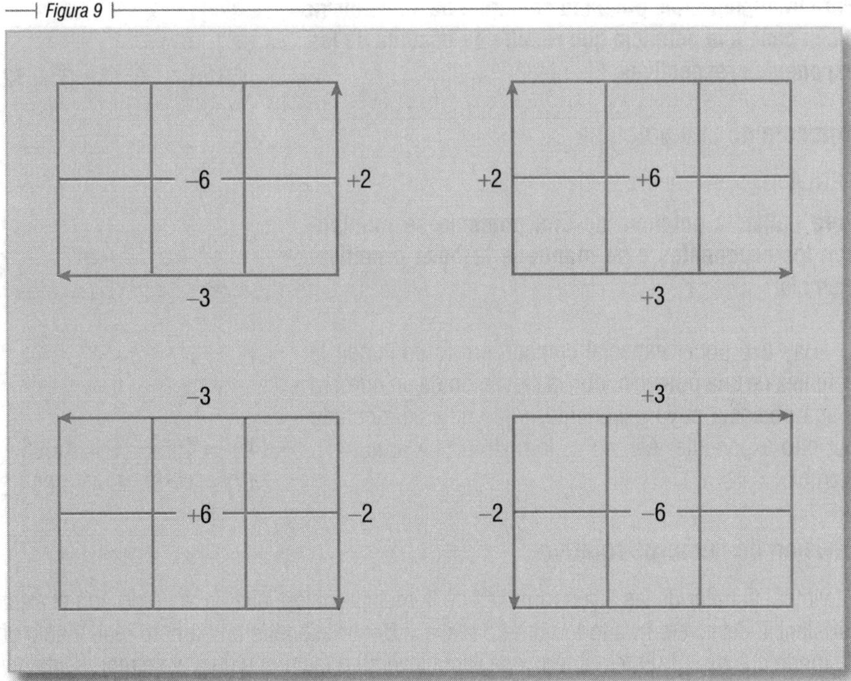

Potencia de números relativos

Llamamos potencia de un número relativo al producto de tomarlo como factor tantas veces como se quiera. Si *a* es un número relativo cualquiera y $n > 1$ es un número natural, tendremos la notación a^n, que se lee *a* elevado a la **enésima** potencia, e indica que *a* debe tomarse como factor *n* veces. Así:

$$a^n = \overbrace{a \cdot a \cdot a \cdot \ldots \cdot a}^{n \text{ veces}}$$

En la notación $a^n = x$, llamamos potencia al producto *x,* base al número que tomamos como factor *a,* y exponente a *n,* que nos indica las veces que debemos tomar como factor a *a.* A la operación de hallar el producto *x,* la llamamos **potenciación** o **elevación a potencia.**

Ejemplo: $4^5 = 1{,}024$

En este ejemplo, 4 es la base; 5 es el exponente, y 1,024 es la potencia.

REGLA

La potencia de un número positivo siempre es positiva. La potencia de un número negativo será positiva si el exponente es entero y par: negativa si el exponente entero es impar. Así:

$$a^2 = +A$$
$$(-a)^2 = +A$$
$$a^3 = +A$$
$$(-a)^3 = -A$$

Producto de dos potencias de igual base

REGLA

Para multiplicar dos potencias de igual base, se eleva dicha base a la potencia que resulte de la suma de los exponentes respectivos. Ejemplo:

$$a^m \cdot a^n = a^{m+n}$$
$$(3)^2(3)^4 = 3^{2+4} = 3^6 = 729$$

Potencia de una potencia

REGLA

Para hallar la potencia de una potencia se multiplican los exponentes y se mantiene la base primitiva. Ejemplo:

$$(a^n)^m = a^{n\times m} = a^{nm}$$
$$(-2^2)^3 = -2^{2\times 3} = -2^6 = -64$$

Hay que poner especial cuidado en no confundir la potencia de una potencia, con la elevación de un número a una potencia cuyo exponente, a la vez esté afectado por otro exponente. Así, no es lo mismo $(4^2)^3$ que (4^{2^3}). Ejemplo:

$$(4^2)^3 = 4^{2\times 3} = 4^6 = 4{,}096$$
$$(4^{2^3}) = 4^{2\times 2\times 2} = 4^8 = 65{,}536$$

División de números relativos

Ya vimos, al tratar de las leyes formales de la multiplicación, que de acuerdo con el axioma VI (existencia del inverso), a todo número real $a \neq 0$, corresponde un número real, y sólo uno, x, de modo que $ax = 1$: Este número x se llama inverso o recíproco de a, y se representa por $1/a$.

El inverso o recíproco de un número relativo cualquiera distinto de cero tiene su mismo signo.

El inverso de $+4$ es $+\frac{1}{4}$.
El inverso de -4 es $-\frac{1}{4}$.
El inverso de $-\sqrt{3}$ es $-\frac{1}{\sqrt{3}}$.
El inverso de $+\frac{1}{2}$ es $+2$.

La división es una operación inversa de la multiplicación que consiste en hallar uno de los factores, conocidos el otro factor y el producto. Es decir, dado el dividendo d y el divisor d' hallar el cociente c, de modo que se verifique $d'c = d$.

Recordamos que esta operación sólo es posible si d' es distinto de cero.

Aplicando el axioma de existencia del inverso, tenemos que:

$$1/d'\ (d'c) = 1/d'\ d$$

Sabemos que: $1/d'\ (d'c) = (1/d'\ d')\ c = (+1)c = c$

Eliminando queda: $c = 1/d'\ d$

De lo cual deducimos la siguiente

REGLA

Para dividir un número cualquiera d entre otro número distinto de cero d', multiplicamos d por el recíproco $d'(1/d')$. El cociente que resulte será positivo si los dos números son del mismo signo; y negativo, si son de signos contrarios.

Con el siguiente cuadro podemos recordar fácilmente la ley de los signos de la división con números relativos.

+ entre + da +	+ entre – da –
– entre – da +	– entre + da –

Ahora que estudiamos la división, podemos enunciar tres casos de la elevación a potencia de un número cualquiera.

1) Si un número cualquiera $a \neq 0$, se eleva a la potencia 0 es igual a +1. Así:

$$a^0 = +1$$
$$3^0 = +1$$

2) Si un número cualquiera $a \neq 0$, se eleva a un exponente negativo cualquiera $-m$ es igual al recíproco de la potencia a^m, de exponente positivo. Así:

$$a^{-m} = \frac{1}{a^m}$$
$$3^{-2} = \frac{1}{3^2} = \frac{1}{9}$$

3) La división de dos potencias de igual base es igual a la base elevada a la potencia que dé la diferencia de ambos exponentes. Así:

$$\frac{a^m}{a^n} = a^{m-n}$$
$$\frac{3^4}{3^2} = 3^{4-2} = 3^2 = 9$$

Uniformidad de las operaciones fundamentales con números relativos

Hemos visto en las operaciones estudiadas, a saber: suma, resta, multiplicación, potenciación y división, que se cumple en todas ellas el axioma de uniformidad. Quiere esto significar que cuando sometemos dos números relativos a cualquiera de las operaciones mencionadas, el resultado es uno, y sólo uno, es decir, único. Sin embargo, cuando extraemos la raíz cuadrada de un número positivo, tenemos un resultado doble. Pues como veremos, al estudiar la extracción de las raíces, un número positivo cualquiera siempre tiene dos raíces de grado par, una positiva y otra negativa.

Así: $\sqrt{+a} = \pm a'$ porque: $(+a')^2 = (+a')(+a') = +a$; $(-a')^2 = (-a')(-a') = +a$

del mismo modo: $\sqrt{+64} = \pm 8$ porque: $(+8)^2 = (+8)(+8) = +64$; $(-8)^2 = (-8)(-8) = +64$

POSIBILIDAD DE AMPLIAR EL CAMPO NUMÉRICO

Los números reales no cierran la posibilidad de ampliación del campo numérico. Tal posibilidad se mantiene abierta para la introducción de nuevos entes, siempre que tales entes cumplan las leyes formales. Dentro de los límites de este texto, el estudiante todavía se enfrentará con una nueva ampliación del campo numérico. Se trata del número complejo, que es un par de números dados en un orden determinado y que está constituido por un número real y un número imaginario. Con estos números podremos representar un punto cualquiera en el plano. En el capítulo XXXII se presentará una discusión amplia sobre estos números.

El Álgebra en el Antiguo Egipto (5000-500 a. C.). En Egipto, maravilloso pueblo de faraones y pirámides, encontramos los primeros vestigios del desarrollo de una ciencia matemática. Sus exigencias vitales, sujetas a las periódicas inundaciones del Nilo, los llevaron a perfeccionar la Aritmética y la Geometría. En el papiro de Rhind, el más valioso y antiguo documento matemático que existe, debido al escriba Ahmes (1650 a. C.), se presentan entre múltiples problemas, soluciones de ecuaciones de segundo grado.

Capítulo I

SUMA

33 **LA SUMA O ADICIÓN** es una operación que tiene por objeto reunir dos o más expresiones algebraicas **(sumandos)** en una sola expresión algebraica **(suma).**

Así, la suma de a y b es $a + b$, porque esta última expresión es la **reunión** de las dos expresiones algebraicas dadas: a y b.

La suma de a y $-b$ es $a - b$, porque esta última expresión es la **reunión** de las dos expresiones dadas: a y $-b$.

34 CARÁCTER GENERAL DE LA SUMA ALGEBRAICA

En Aritmética, la suma siempre significa **aumento,** pero en Álgebra la suma es un concepto más general, pues puede significar **aumento** o **disminución,** ya que hay sumas algebraicas como la del último ejemplo, que equivale a una resta en Aritmética.

Resulta, pues, que **sumar una cantidad negativa equivale a restar una cantidad positiva de igual valor absoluto.**

Así, la suma de m y $-n$ es $m - n$, que equivale a **restar** de m el valor absoluto de $-n$ que es $|n|$.

La suma de $-2x$ y $-3y$ es $-2x - 3y$, que equivale a restar de $-2x$ el valor absoluto de $-3y$ que es $|3y|$.

REGLA GENERAL PARA SUMAR

35

Para sumar dos o más expresiones algebraicas se escriben unas a continuación de las otras con sus propios signos y se reducen los términos semejantes si los hay.

I. SUMA DE MONOMIOS

1) Sumar $5a$, $6b$ y $8c$.

Los escribimos unos a continuación de otros con sus propios signos, y como $5a = +5a$, $6b = +6b$ y $8c = +8c$ la suma será: $5a + 6b + 8c$ **R.**

El orden de los sumandos no altera la suma. Así, $5a + 6b + 8c$ es lo mismo que $5a + 8c + 6b$ o que $6b + 8c + 5a$.

Esta es la **ley conmutativa** de la suma.

2) Sumar $3a^2b$, $4ab^2$, a^2b, $7ab^2$ y $6b^3$.

Tendremos:

$$3a^2b + 4ab^2 + a^2b + 7ab^2 + 6b^3$$

Reduciendo los términos semejantes, queda: $4a^2b + 11ab^2 + 6b^3$ **R.**

3) Sumar $3a$ y $-2b$.

Cuando algún sumando es **negativo,** suele incluirse dentro de un paréntesis para indicar la suma; así: $3a + (-2b)$

La suma será: $3a - 2b$ **R.**

4) Sumar $7a$, $-8b$, $-15a$, $9b$, $-4c$ y 8.

Tendremos:

$$7a + (-8b) + (-15a) + 9b + (-4c) + 8 = 7a - 8b - 15a + 9b - 4c + 8$$
$$= -8a + b - 4c + 8 \quad \textbf{R.}$$

5) Sumar $\frac{2}{3}a^2$, $\frac{1}{2}ab$, $-2b^2$, $-\frac{3}{4}ab$, $\frac{1}{3}a^2$, $-\frac{3}{5}b^2$.

$$\frac{2}{3}a^2 + \frac{1}{2}ab + \left(-2b^2\right) + \left(-\frac{3}{4}ab\right) + \frac{1}{3}a^2 + \left(-\frac{3}{5}b^2\right)$$

$$= \frac{2}{3}a^2 + \frac{1}{2}ab - 2b^2 - \frac{3}{4}ab + \frac{1}{3}a^2 - \frac{3}{5}b^2 = a^2 - \frac{1}{4}ab - \frac{13}{5}b^2 \quad \textbf{R.}$$

Ejercicio 15

Sumar:

1. m, n
2. $m, -n$
3. $-3a, 4b$
4. $5b, -6a$
5. $7, -6$
6. $-6, 9$
7. $-2x, 3y$
8. $5mn, -m$
9. $5a, 7a$
10. $-8x, -5x$
11. $-11m, 8m$
12. $9ab, -15ab$
13. $-xy, -9xy$
14. $mn, -11mn$
15. $\frac{1}{2}a, -\frac{2}{3}b$
16. $\frac{3}{5}b, \frac{3}{4}c$
17. $\frac{1}{3}b, \frac{2}{3}b$
18. $-\frac{1}{2}xy, -\frac{1}{2}xy$
19. $-\frac{3}{5}abc, -\frac{2}{5}abc$
20. $-4x^2y, \frac{3}{8}x^2y$
21. $\frac{3}{8}mn, -\frac{3}{4}mn$
22. a, b, c
23. $a, -b, c$
24. $a, -b, 2c$
25. $3m, -2n, 4p$
26. $a^2, -7ab, -5b^2$
27. $x^2, -3xy, -4y^2$
28. $x^3, -x^2y, 6$
29. $2a, -b, 3a$
30. $-m, -8n, 4n$
31. $-7a, 8a, -b$
32. $\frac{1}{2}x, \frac{2}{3}y, -\frac{3}{4}x$

33. $-\frac{3}{5}m, -m, -\frac{2}{3}mn$
34. $-7a^2, 5ab, 3b^2, -a^2$
35. $-7mn^2, -5m, 17mn^2, -4m$
36. $x^3, -8x^2y, 5, -7x^3, 4x^2y$
37. $5x^2, 9xy, -6xy, 7y^2, -x^2$
38. $-8a^2b, 5ab^2, -a^2b, -11ab^2, -7b^3$
39. $m^3, -8m^2n, 7mn^2, -n^3, 7m^2n$
40. $\frac{1}{2}a, \frac{2}{3}b, -\frac{1}{4}a, \frac{1}{5}b, -6$
41. $a, -3b, -8c, 4b, -a, 8c$
42. $m^3, -4m^2n, 5m^3, -7mn^2, -4m^2n, -5m^3$
43. $9x, -11y, -x, -6y, 4z, -6z$
44. $6a^2, -7b^2, -11, -5ab, 9a^2, -8b^2$
45. $-x^2y^2, -5xy^3, -4y^4, 7xy^3, -8, x^2y^2$
46. $3a, \frac{1}{2}b, -4, -b, -\frac{1}{2}a, 6$
47. $\frac{1}{2}x^2, \frac{2}{3}xy, \frac{5}{6}y^2, -\frac{1}{3}xy, \frac{3}{4}x^2, -\frac{5}{6}y^2$
48. $5a^x, -6a^{x+1}, 8a^{x+2}, a^{x+1}, 5a^{x+1}, -5a^x$
49. $\frac{3}{4}x^2, -\frac{2}{3}xy, \frac{1}{3}y^2, -\frac{1}{3}xy, x^2, 5y^2$
50. $\frac{3}{4}a^2b, \frac{1}{2}ab^2, -\frac{1}{4}a^2b, \frac{1}{2}ab^2, a^2b, -\frac{5}{6}ab^2$

II. SUMA DE POLINOMIOS

1) Sumar $a - b$, $2a + 3b - c$ y $-4a + 5b$.

La suma suele indicarse incluyendo los sumandos dentro de paréntesis; así:

$$(a - b) + (2a + 3b - c) + (-4a + 5b)$$

Ahora colocamos todos los términos de estos polinomios, unos a continuación de otros, con sus propios signos, y tendremos:

$$a - b + 2a + 3b - c - 4a + 5b = -a + 7b - c \quad \textbf{R.}$$

En la práctica, suelen colocarse los polinomios unos debajo de los otros, de modo que los términos semejantes queden en columna; se hace la reducción de éstos, separándolos unos de otros con sus propios signos.

Así, la suma anterior se verifica de esta manera:

$$\begin{array}{r} a - b \phantom{{}-c} \\ 2a + 3b - c \\ -4a + 5b \phantom{{}-c} \\ \hline -a + 7b - c \end{array} \quad \textbf{R.}$$

2) Sumar $3m - 2n + 4$, $6n + 4p - 5$, $8n - 6$ y $m - n - 4p$.

Tendremos:

$$\begin{array}{rrrr} 3m & -2n & & +4 \\ & 6n & +4p & -5 \\ & 8n & & -6 \\ m & -n & -4p & \\ \hline 4m & +11n & & -7 \end{array} \quad \textbf{R.}$$

36 PRUEBA DE LA SUMA POR EL VALOR NUMÉRICO

Se halla el valor numérico de los sumandos y de la suma para los mismos valores, que fijamos nosotros, de las letras. Si la operación está correcta, la suma algebraica de los valores numéricos de los sumandos debe ser igual al valor numérico de la suma.

Ejemplo

1) Sumar $8a - 3b + 5c - d$, $-2b + c - 4d$ y $-3a + 5b - c$ y probar el resultado por el valor numérico para $a = 1$, $b = 2$, $c = 3$ y $d = 4$.

Tendremos:

$$\begin{array}{rcl} 8a - 3b + 5c - d & = & 8 - 6 + 15 - 4 = 13 \\ -2b + c - 4d & = & -4 + 3 - 16 = -17 \\ -3a + 5b - c & = & -3 + 10 - 3 = 4 \\ \hline 5a + 5c - 5d & & 5 + 15 - 20 = 0 \end{array}$$

La suma de los valores numéricos de los sumandos $13 - 17 + 4 = 0$, igual que el valor numérico de la suma que también es cero.

Ejercicio 16

Hallar la suma de:

1. $3a + 2b - c$; $2a + 3b + c$
2. $7a - 4b + 5c$; $-7a + 4b - 6c$
3. $m + n - p$; $-m - n + p$
4. $9x - 3y + 5$; $-x - y + 4$; $-5x + 4y - 9$
5. $a + b - c$; $2a + 2b - 2c$; $-3a - b + 3c$
6. $p + q + r$; $-2p - 6q + 3r$; $p + 5q - 8r$
7. $-7x - 4y + 6z$; $10x - 20y - 8z$; $-5x + 24y + 2z$
8. $-2m + 3n - 6$; $3m - 8n + 8$; $-5m + n - 10$
9. $-5a - 2b - 3c$; $7a - 3b + 5c$; $-8a + 5b - 3c$
10. $ab + bc + cd$; $-8ab - 3bc - 3cd$; $5ab + 2bc + 2cd$
11. $ax - ay - az$; $-5ax - 7ay - 6az$; $4ax + 9ay + 8az$
12. $5x - 7y + 8$; $-y + 6 - 4x$; $9 - 3x + 8y$
13. $-am + 6mn - 4s$; $6s - am - 5mn$; $-2s - 5mn + 3am$
14. $2a + 3b$; $6b - 4c$; $-a + 8c$
15. $6m - 3n$; $-4n + 5p$; $-m - 5p$
16. $2a + 3b$; $5c - 4$; $8a + 6$; $7c - 9$
17. $2x - 3y$; $5z + 9$; $6x - 4$; $3y - 5$
18. $8a + 3b - c$; $5a - b + c$; $-a - b - c$; $7a - b + 4c$
19. $7x + 2y - 4$; $9y - 6z + 5$; $-y + 3z - 6$; $-5 + 8x - 3y$
20. $-m - n - p$; $m + 2n - 5$; $3p - 6m + 4$; $2n + 5m - 8$
21. $5a^x - 3a^m - 7a^n$; $-8a^x + 5a^m - 9a^n$; $-11a^x + 5a^m + 16a^n$
22. $6m^{a+1} - 7m^{a+2} - 5m^{a+3}$; $4m^{a+1} - 7m^{a+2} - m^{a+3}$; $-5m^{a+1} + 3m^{a+2} + 12m^{a+3}$
23. $8x + y + z + u$; $-3x - 4y - 2z + 3u$; $4x + 5y + 3z - 4u$; $-9x - y - z + 2u$
24. $a + b - c + d$; $a - b + c - d$; $-2a + 3b - 2c + d$; $-3a - 3b + 4c - d$
25. $5ab - 3bc + 4cd$; $2bc + 2cd - 3de$; $4bc - 2ab + 3de$; $-3bc - 6cd - ab$
26. $a - b$; $b - c$; $c + d$; $a - c$; $c - d$; $d - a$; $a - d$

3) Sumar $3x^2 - 4xy + y^2$, $-5xy + 6x^2 - 3y^2$ y $-6y^2 - 8xy - 9x^2$.

Si los polinomios que se suman pueden **ordenarse** con relación a una letra, deben ordenarse todos con relación a una misma letra antes de sumar.

Así, en este caso vamos a ordenar de manera descendente con relación a x y tendremos:

$$\begin{array}{r} 3x^2 - 4xy + y^2 \\ 6x^2 - 5xy - 3y^2 \\ -9x^2 - 8xy - 6y^2 \\ \hline -17xy - 8y^2 \end{array} \quad \textbf{R.}$$

4) Sumar
$a^3b - b^4 + ab^3$, $-2a^2b^2 + 4ab^3 + 2b^4$ y $5a^3b - 4ab^3 - 6a^2b^2 - b^4 - 6$.

Ordenando con relación a la a se tiene:

$$\begin{array}{rrrrr} a^3b & & +ab^3 & -b^4 & \\ & -2a^2b^2 & +4ab^3 & +2b^4 & \\ 5a^3b & -6a^2b^2 & -4ab^3 & -b^4 & -6 \\ \hline 6a^3b & -8a^2b^2 & +ab^3 & & -6 \end{array}$$ **R.**

Ejercicio 17

Hallar la suma de:

1. $x^2 + 4x$; $-5x + x^2$
2. $a^2 + ab$; $-2ab + b^2$
3. $x^3 + 2x$; $-x^2 + 4$
4. $a^4 - 3a^2$; $a^3 + 4a$
5. $-x^2 + 3x$; $x^3 + 6$
6. $x^2 - 4x$; $-7x + 6$; $3x^2 - 5$
7. $m^2 + n^2$; $-3mn + 4n^2$; $-5m^2 - 5n^2$
8. $3x + x^3$; $-4x^2 + 5$; $-x^3 + 4x^2 - 6$
9. $x^2 - 3xy + y^2$; $-2y^2 + 3xy - x^2$; $x^2 + 3xy - y^2$
10. $a^2 - 3ab + b^2$; $-5ab + a^2 - b^2$; $8ab - b^2 - 2a^2$
11. $-7x^2 + 5x - 6$; $8x - 9 + 4x^2$; $-7x + 14 - x^2$
12. $a^3 - 4a + 5$; $a^3 - 2a^2 + 6$; $a^2 - 7a + 4$
13. $-x^2 + x - 6$; $x^3 - 7x^2 + 5$; $-x^3 + 8x - 5$
14. $a^3 - b^3$; $5a^2b - 4ab^2$; $a^3 - 7ab^2 - b^3$
15. $x^3 + xy^2 + y^3$; $-5x^2y + x^3 - y^3$; $2x^3 - 4xy^2 - 5y^3$
16. $-7m^2n + 4n^3$; $m^3 + 6mn^2 - n^3$; $-m^3 + 7m^2n + 5n^3$
17. $x^4 - x^2 + x$; $x^3 - 4x^2 + 5$; $7x^2 - 4x + 6$
18. $a^4 + a^6 + 6$; $a^5 - 3a^3 + 8$; $a^3 - a^2 - 14$
19. $x^5 + x - 9$; $3x^4 - 7x^2 + 6$; $-3x^3 - 4x + 5$
20. $a^3 + a$; $a^2 + 5$; $7a^2 + 4a$; $-8a^2 - 6$
21. $x^4 - x^2y^2$; $-5x^3y + 6xy^3$; $-4xy^3 + y^4$; $-4x^2y^2 - 6$
22. $xy + x^2$; $-7y^2 + 4xy - x^2$; $5y^2 - x^2 + 6xy$; $-6x^2 - 4xy + y^2$
23. $a^3 - 8ax^2 + x^3$; $5a^2x - 6ax^2 - x^3$; $3a^3 - 5a^2x - x^3$; $a^3 + 14ax^2 - x^3$
24. $-8a^2m + 6am^2 - m^3$; $a^3 - 5am^2 + m^3$; $-4a^3 + 4a^2m - 3am^2$; $7a^2m - 4am^2 - 6$
25. $x^5 - x^3y^2 - xy^4$; $2x^4y + 3x^2y^3 - y^5$; $3x^3y^2 - 4xy^4 - y^5$; $x^5 + 5xy^4 + 2y^5$
26. $a^5 + a^6 + a^2$; $a^4 + a^3 + 6$; $3a^2 + 5a - 8$; $-a^5 - 4a^2 - 5a + 6$
27. $a^4 - b^4$; $-a^3b + a^2b^2 - ab^3$; $-3a^4 + 5a^3b - 4a^2b^2$; $-4a^3b + 3a^2b^2 - 3b^4$
28. $m^3 - n^3 + 6m^2n$; $-4m^2n + 5mn^2 + n^3$; $m^3 - n^3 + 6mn^2$; $-2m^3 - 2m^2n + n^3$
29. $a^x - 3a^{x-2}$; $5a^{x-1} + 6a^{x-3}$; $7a^{x-3} + a^{x-4}$; $a^{x-1} - 13a^{x-3}$
30. $a^{x+2} - a^x + a^{x+1}$; $-3a^{x+3} - a^{x-1} + a^{x-2}$; $-a^x + 4a^{x+3} - 5a^{x+2}$; $a^{x-1} - a^{x-2} + a^{x+2}$

37 SUMA DE POLINOMIOS CON COEFICIENTES FRACCIONARIOS

1) Sumar $\frac{1}{3}x^3 + 2y^3 - \frac{2}{5}x^2y + 3$, $-\frac{1}{10}x^2y + \frac{3}{4}xy^2 - \frac{3}{7}y^3$, $-\frac{1}{2}y^3 + \frac{1}{8}xy^2 - 5$.

Tendremos:

$$\begin{array}{rrrrr} \frac{1}{3}x^3 & -\frac{2}{5}x^2y & & +2y^3 & +3 \\ & -\frac{1}{10}x^2y & +\frac{3}{4}xy^2 & -\frac{3}{7}y^3 & \\ & & \frac{1}{8}xy^2 & -\frac{1}{2}y^3 & -5 \\ \hline \frac{1}{3}x^3 & -\frac{1}{2}x^2y & +\frac{7}{8}xy^2 & +\frac{15}{14}y^3 & -2 \end{array}$$ **R.**

Ejercicio 18

Hallar la suma de:

1. $\frac{1}{2}x^2+\frac{1}{3}xy;\ \frac{1}{2}xy+\frac{1}{4}y^2$
2. $a^2+\frac{1}{2}ab;\ -\frac{1}{4}ab+\frac{1}{2}b^2;\ -\frac{1}{4}ab-\frac{1}{5}b^2$
3. $x^2+\frac{2}{3}xy;\ -\frac{1}{6}xy+y^2;\ -\frac{5}{6}xy+\frac{2}{3}y^2$
4. $\frac{3}{4}x^2-\frac{1}{2}y^2;\ -\frac{2}{5}xy+\frac{1}{6}y^2;\ \frac{1}{10}xy+\frac{1}{3}y^2$
5. $\frac{2}{3}a^2+\frac{1}{5}ab-\frac{1}{2}b^2;\ \frac{5}{6}a^2-\frac{1}{10}ab+\frac{1}{6}b^2;\ -\frac{1}{12}a^2+\frac{1}{20}ab-\frac{1}{3}b^2$
6. $\frac{5}{6}x^2-\frac{2}{3}y^2+\frac{3}{4}xy;\ -\frac{1}{2}xy-\frac{1}{6}x^2+\frac{1}{8}y^2;\ \frac{5}{6}xy-\frac{1}{3}x^2+\frac{1}{4}y^2$
7. $a^3-\frac{1}{2}ab^2+b^3;\ \frac{5}{6}a^2b-\frac{3}{8}ab^2-2b^3;\ \frac{1}{4}a^3-\frac{1}{2}a^2b-\frac{3}{5}b^3$
8. $x^4-x^2+5;\ \frac{2}{3}x^3-\frac{3}{8}x-3;\ -\frac{3}{5}x^4+\frac{5}{6}x^3-\frac{3}{4}x$
9. $\frac{2}{3}m^3-\frac{1}{4}mn^2+\frac{2}{5}n^3;\ \frac{1}{6}m^2n+\frac{1}{8}mn^2-\frac{3}{5}n^3;\ m^3-\frac{1}{2}m^2n-n^3$
10. $x^4+2x^2y^2+\frac{2}{7}y^4;\ -\frac{5}{6}x^4+\frac{3}{8}x^2y^2-\frac{1}{6}xy^3-\frac{1}{14}y^4;\ -\frac{5}{6}x^3y-\frac{1}{4}x^2y^2+\frac{1}{7}y^4$
11. $x^5-\frac{2}{3}x^3+\frac{4}{5}x;\ -3x^5+\frac{3}{8}x^2-\frac{1}{10}x;\ -\frac{2}{3}x^4+\frac{1}{6}x^3-\frac{1}{4}x^2;\ -\frac{1}{12}x^3+\frac{3}{5}x-4$
12. $\frac{2}{9}a^3+\frac{5}{6}ax^2-\frac{1}{3}x^3;\ -\frac{3}{7}a^2x-\frac{7}{8}ax^2-\frac{1}{9}x^3;\ -\frac{2}{3}a^3+\frac{1}{2}a^2x-\frac{1}{4}ax^2$
13. $a^6-a^4+a^2;\ \frac{3}{5}a^5-\frac{3}{8}a^3-\frac{1}{2}a;\ -\frac{3}{7}a^4-\frac{5}{8}a^2+6;\ -\frac{3}{8}a-6$
14. $x^5-y^5;\ \frac{1}{10}x^3y^2-\frac{3}{4}xy^4-\frac{1}{6}y^5;\ \frac{3}{5}x^4y-\frac{5}{6}x^2y^3-\frac{1}{9}y^5;\ 2x^4y-\frac{2}{5}x^3y^2-\frac{1}{3}y^5$

Ejercicio 19

Sumar las expresiones siguientes y hallar el valor numérico del resultado para $\boldsymbol{a=2,\ b=3,\ c=10,\ x=5,\ y=4,\ m=\frac{2}{3},\ n=\frac{1}{5}}$.

1. $4x-5y;\ -3x+6y-8;\ -x+y$
2. $x^2-5x+8;\ -x^2+10x-30;\ -6x^2+5x-50$
3. $x^4-y^4;\ -5x^2y^2-8+2x^4;\ -4x^4+7x^3y+10xy^3$
4. $3m-5n+6;\ -6m+8-20n;\ -20n+12m-12$
5. $nx+cn-ab;\ -ab+8nx-2cn;\ -ab+nx-5$
6. $a^3+b^3;\ -3a^2b+8ab^2-b^3;\ -5a^3-6ab^2+8;\ 3a^2b-2b^3$
7. $27m^3+125n^3;\ -9m^2n+25mn^2;\ -14mn^2-8;\ 11mn^2+10m^2n$
8. $x^{a-1}+y^{b-2}+m^{x-4};\ 2x^{a-1}-2y^{b-2}-2m^{x-4};\ 3y^{b-2}-2m^{x-4}$
9. $n^{b-1}-m^{x-3}+8;\ -5n^{b-1}-3m^{x-3}+10;\ 4n^{b-1}+5m^{x-3}-18$
10. $x^3y-xy^3+5;\ x^4-x^2y^2+5x^3y-6;\ -6xy^3+x^2y^2+2;\ -y^4+3xy^3+1$
11. $\frac{3}{4}a^2+\frac{2}{3}b^2;\ -\frac{1}{3}ab+\frac{1}{9}b^2;\ \frac{1}{6}ab-\frac{1}{3}b^2$
12. $\frac{9}{17}m^2+\frac{25}{34}n^2-\frac{1}{4};\ -15mn+\frac{1}{2};\ \frac{5}{17}n^2+\frac{7}{34}m^2-\frac{1}{4};\ -\frac{7}{34}m^2-30mn+3$
13. $\frac{1}{2}b^2m-\frac{3}{5}cn-2;\ \frac{3}{4}b^2m+6-\frac{1}{10}cn;\ -\frac{1}{4}b^2m+\frac{1}{25}cn+4;\ 2cn+\frac{3}{5}-\frac{1}{8}b^2m$
14. $0.2a^3+0.4ab^2-0.5a^2b;\ -0.8b^3+0.6ab^2-0.3a^2b;\ -0.4a^3+6-0.8a^2b;\ 0.2a^3+0.9b^3+1.5a^2b$

El cálculo en Caldea y Asiria (5000-500 a. C.). No ha sido sino recientemente que se ha puesto de manifiesto la enorme contribución de los caldeos, asirios y babilonios al acervo matemático de la humanidad. En tablillas descifradas hace muy poco tiempo (1930), figuran operaciones algebraicas con ecuaciones de segundo grado y tablas de potencias que requieren un dominio de la Matemática elemental, pero no supone esto que los caldeos tuvieran toda una concepción abstracta de las Matemáticas.

Capítulo II

RESTA

38 **LA RESTA O SUSTRACCIÓN** es una operación que tiene por objeto, dada una suma de dos sumandos (**minuendo**) y uno de ellos (**sustraendo**), hallar el otro sumando (**resta** o **diferencia**).

Es evidente, de esta definición, que la **suma del sustraendo y la diferencia tiene que ser el minuendo.**

Si de a (minuendo) queremos restar b (sustraendo), la diferencia será $a - b$. En efecto: $a - b$ será la diferencia si sumada con el sustraendo b reproduce el minuendo a, y en efecto: $a - b + b = a$.

39 REGLA GENERAL PARA RESTAR

Se escribe el minuendo con sus propios signos y a continuación el sustraendo con los signos cambiados y se reducen los términos semejantes, si los hay.

I. RESTA DE MONOMIOS

1) De -4 restar 7.

Escribimos el minuendo -4 con su **propio signo** y a continuación el sustraendo 7 con el **signo cambiado** y la resta será: $-4 - 7 = -11$ **R.**

En efecto: -11 es la diferencia porque sumada con el sustraendo 7 reproduce el minuendo -4: $-11 + 7 = -4$

2) Restar $4b$ de $2a$.

Escribimos el minuendo $2a$ con su signo y a continuación el sustraendo $4b$ con el **signo cambiado** y la resta será: $2a - 4b$ **R.**

En efecto: $2a - 4b$ es la diferencia, porque sumada con el sustraendo $4b$ reproduce el minuendo: $2a - 4b + 4b = 2a$

3) Restar $4a^2b$ de $-5a^2b$.

Escribo el minuendo $-5a^2b$ y a continuación el sustraendo $4a^2b$ con el **signo cambiado** y tengo: $-5a^2b - 4a^2b = -9a^2b$ **R.**

$-9a^2b$ es la diferencia, porque sumada con el sustraendo $4a^2b$ reproduce el minuendo: $9a^2b + 4a^2b = -5a^2b$ **R.**

4) De 7 restar -4.

Cuando el sustraendo es **negativo** suele incluirse dentro de un paréntesis para indicar la operación, de este modo distinguimos el signo – que indica la resta del signo – que señala el carácter negativo del sustraendo. Así: $7 - (-4) = 7 + 4 = 11$ **R.**

El signo – delante del paréntesis está para **indicar la resta** y este signo no tiene más objeto que decirnos, de acuerdo con la regla general para restar, que **debemos cambiar el signo** al sustraendo -4. Por eso a continuación del minuendo 7 escribimos $+4$.

5) De $7x^3y^4$ restar $-8x^3y^4$.

Tendremos: $7x^3y^4 - (-8x^3y^4) = 7x^3y^4 + 8x^3y^4 = 15x^3y^4$ **R.**

6) De $-\frac{1}{2}ab$ restar $-\frac{3}{4}ab$.

Tendremos: $-\frac{1}{2}ab - \left(-\frac{3}{4}ab\right) = -\frac{1}{2}ab + \frac{3}{4}ab = \frac{1}{4}ab$ **R.**

CARÁCTER GENERAL DE LA RESTA ALGEBRAICA 40

En Aritmética la resta siempre implica **disminución,** mientras que la resta algebraica tiene un carácter más general, pues puede significar **disminución** o **aumento.**

Hay restas algebraicas, como las de los ejemplos **4** y **5** anteriores, en que la **diferencia es mayor que el minuendo.**

Los ejemplos **4, 5** y **6** nos dicen que **restar una cantidad negativa** equivale a **sumar la misma cantidad positiva.**

Ejercicio 20

De:

1. -8	restar	5	6. $2a$	restar	$3b$	11. $-9a^2$	restar	$5b^2$
2. -7	"	4	7. $3b$	"	2	12. $-7xy$	"	$-5yz$
3. 8	"	11	8. $4x$	"	$6b$	13. $3a$	"	$4a$
4. -8	"	-11	9. $-5a$	"	$6b$	14. $11m^2$	"	$25m^2$
5. -1	"	-9	10. $-8x$	"	-3	15. $-6x^2y$	"	$-x^2y$

Thales de Mileto (640-535 a. C.). El primero y más famoso de los siete sabios de Grecia. Su vida está envuelta en la bruma de la leyenda. Fue el primer filósofo jónico. Recorrió Egipto, donde hizo estudios, poniéndose en contacto de este modo con los misterios de la religión egipcia. Se le atribuye el haber predicho el eclipse de Sol ocurrido en el año 585. También se le atribuye el haber realizado la medición de las pirámides, mediante las sombras que proyectan. Fue el primero en dar una explicación de los eclipses.

Capítulo III

SIGNOS DE AGRUPACIÓN

45 Los **signos de agrupación** o **paréntesis** son de cuatro clases: el **paréntesis ordinario** ( ), el **paréntesis angular** o **corchete** [ ], las **llaves** { } y el **vínculo o barra** ———.

46 USO DE LOS SIGNOS DE AGRUPACIÓN

Los signos de agrupación se emplean para indicar que las cantidades encerradas en ellos deben considerarse como **un todo**, o **sea**, como **una sola cantidad**.

Así, $a + (b - c)$, que equivale a $a + (+b - c)$, indica que la diferencia $b - c$ debe sumarse con a, y ya sabemos que para efectuar esta suma escribimos a continuación de a las demás cantidades **con su propio signo** y tendremos: $a + (b - c) = a + b - c$

La expresión $x + (-2y + z)$ indica que a x hay que sumarle $-2y + z$; luego, a continuación de x, escribimos $-2y + z$ con sus propios signos y tendremos:

$$x + (-2y + z) = x - 2y + z$$

Vemos, pues, que hemos **suprimido** el paréntesis **precedido del signo** +, dejando a cada una de las cantidades que estaban dentro de él con **su propio signo**.

La expresión:

$$a - (b + c) \text{ que equivale a } a - (+b + c)$$

indica que de a hay que restar la suma $b + c$, y como para restar escribimos el **sustraendo con los signos cambiados** a continuación del minuendo, tendremos:

$$a - (b + c) = a - b - c$$

La expresión $x - (-y + z)$ indica que de x hay que restar $-y + z$; luego, cambiando los signos al sustraendo, tendremos: $x - (-y + z) = x + y - z$

Vemos, pues, que hemos **suprimido** el paréntesis **precedido del signo** –, **cambiando el signo** a cada una de las cantidades que estaban encerradas en el paréntesis.

El **paréntesis angular** [ ], las **llaves** { } y el **vínculo** o **barra** ——— tienen la misma significación que el paréntesis ordinario y se suprimen del mismo modo.

Se usan estos signos, que tienen distinta forma pero igual significación, para mayor claridad en los casos en que una expresión que ya tiene uno o más signos de agrupación se incluye en otro signo de agrupación.

I. SUPRESIÓN DE SIGNOS DE AGRUPACIÓN

REGLA GENERAL PARA SUPRIMIR SIGNOS DE AGRUPACIÓN 47

1) **Para suprimir signos de agrupación precedidos del signo + se deja el mismo signo que tengan a cada una de las cantidades que se hallan dentro de él.**
2) **Para suprimir signos de agrupación precedidos del signo – se cambia el signo a cada una de las cantidades que se hallan dentro de él.**

Ejemplos

1) Suprimir los signos de agrupación en la expresión:

$$a + (b - c) + 2a - (a + b)$$

Esta expresión equivale a:

$$+a + (+b - c) + 2a - (+a + b)$$

Como el primer paréntesis va precedido del *signo* + lo suprimimos dejando a las cantidades que se hallan dentro con *su propio signo* y como el segundo paréntesis va precedido del *signo* – lo suprimimos *cambiando el signo* a las cantidades que se hallan dentro y tendremos:

$$a + (b - c) + 2a - (a + b) = a + b - c + 2a - a - b = 2a - c \quad \textbf{R.}$$

2) Suprimir los signos de agrupación en $5x + (-x - y) - [-y + 4x] + \{x - 6\}$.

El paréntesis y las llaves están precedidas del signo +, luego los suprimimos dejando las cantidades que se hallan dentro con su propio signo y como el corchete va precedido del signo –, lo suprimimos cambiando el signo a las cantidades que se hallan dentro, y tendremos:

$$5x + (-x - y) - [-y + 4x] + \{x - 6\} = 5x - x - y + y - 4x + x - 6 = x - 6 \quad \textbf{R.}$$

3) Simplificar: $m + \overline{4n - 6} + 3m - \overline{n + 2m - 1}$.

El *vínculo o barra* equivale a un paréntesis que encierra a las cantidades que se hallan *debajo de él* y su *signo* es el signo de la primera de las cantidades que están debajo de él.

Así, la expresión anterior equivale a: $m + (4n - 6) + 3m - (n + 2m - 1)$
Suprimiendo los vínculos, tendremos:

$$m+\overline{4n-6}+3m-\overline{n+2m-1} = m + 4n - 6 + 3m - n - 2m + 1$$
$$= 2m + 3n - 5 \quad \textbf{R.}$$

Ejercicio 31

Simplificar, suprimiendo los signos de agrupación y reduciendo términos semejantes:

1. $x - (x - y)$
2. $x^2 + (-3x - x^2 + 5)$
3. $a + b - (-2a + 3)$
4. $4m - (-2m - n)$
5. $2x+3y-\overline{4x+3y}$
6. $a + (a - b) + (-a + b)$
7. $a^2 + [-b^2 + 2a^2] - [a^2 - b^2]$
8. $2a - \{-x + a - 1\} - \{a + x - 3\}$
9. $x^2 + y^2 - (x^2 + 2xy + y^2) + [-x^2 + y^2]$
10. $(-5m + 6) + (-m + 5) - 6$
11. $x+y+\overline{x-y+z}-\overline{x+y-z}$
12. $a - (b + a) + (-a + b) - (-a + 2b)$
13. $-(x^2 - y^2) + xy + (-2x^2 + 3xy) - [-y^2 + xy]$
14. $8x^2 + [-2xy + y^2] - \{-x^2 + xy - 3y^2\} - (x^2 - 3xy)$
15. $-(a + b) + (-a - b) - (-b + a) + (3a + b)$

4) Simplificar la expresión: $3a+\{-5x-[-a+(9x-\overline{a+x})]\}$.
Cuando unos signos de agrupación están incluidos dentro de otros, como en este ejemplo, se suprime uno en cada paso empezando *por el más interior*. Así, en este caso, suprimimos primero el vínculo y tendremos:

$$3a + \{-5x - [-a + (9x - a - x)]\}$$

Suprimiendo el paréntesis, tenemos: $3a + \{-5x - [-a + 9x - a - x]\}$
Suprimiendo el corchete, tenemos: $3a + \{-5x + a - 9x + a + x\}$
Suprimiendo la llaves, tenemos: $3a - 5x + a - 9x + a + x$
Reduciendo términos semejantes, queda: $5a - 13x$ **R.**

5) Simplificar la expresión:

$$-[-3a - \{b + [-a + (2a - b) - (-a + b)] + 3b\} + 4a]$$

Empezando por los más interiores que son los paréntesis ordinarios, tenemos:

$$-[-3a - \{b + [-a + 2a - b + a - b] + 3b\} + 4a]$$
$$= -[-3a - \{b - a + 2a - b + a - b + 3b\} + 4a]$$
$$= -[-3a - b + a - 2a + b - a + b - 3b + 4a]$$
$$= 3a + b - a + 2a - b + a - b + 3b - 4a$$
$$= a + 2b \quad \textbf{R.}$$

Ejercicio 32

Simplificar, suprimiendo los signos de agrupación y reduciendo términos semejantes:

1. $2a + [a - (a + b)]$
2. $3x-[x+y-\overline{2x+y}]$
3. $2m - [(m - n) - (m + n)]$
4. $4x^2 + [-(x^2 - xy) + (-3y^2 + 2xy) - (-3x^2 + y^2)]$
5. $a + \{(-2a + b) - (-a + b - c) + a\}$
6. $4m-[2m+\overline{n-3}]+[-4n-\overline{2m+1}]$

7. $2x + [-5x - (-2y + \{-x + y\})]$
8. $x^2 - \{-7xy + [-y^2 + (-x^2 + 3xy - 2y^2)]\}$
9. $-(a + b) + [-3a + b - \{-2a + b - (a - b)\} + 2a]$
10. $(-x+y)-\{4x+2y+[-x-y-\overline{x+y}]\}$
11. $-(-a + b) + [-(a + b) - (-2a + 3b) + (-b + a - b)]$
12. $7m^2 - \{-[m^2 + 3n - (5 - n) - (-3 + m^2)]\} - (2n + 3)$
13. $2a - (-4a + b) - \{-[-4a + (b - a) - (-b + a)]\}$
14. $3x-(5y+[-2x+\{y-\overline{6+x}\}-(-x+y)])$
15. $6c-[-(2a+c)+\{-(a+c)-2a-\overline{a+c}\}+2c]$
16. $-(3m+n)-[2m+\{-m+(2m-\overline{2n-5})\}-(n+6)]$
17. $2a+\{-[5b+(3a-c)+2-(-a+b-\overline{c+4})]-(-a+b)\}$
18. $-[-3x+(-x-\overline{2y-3})]+\{-(2x+y)+(-x-3)+2-\overline{x+y}\}$
19. $-[-(-a)] - [+(-a)] + \{-[-b + c] - [+(-c)]\}$
20. $-\{-[-(a+b)]\}-\{+[-(-b-a)]\}-\overline{a+b}$
21. $-\{-[-(a + b - c)]\} - \{+[-(c - a + b)]\} + [-\{-a + (-b)\}]$
22. $-[3m+\{-m-(n-\overline{m+4})\}+\{-(m+n)+(-2n+3)\}]$
23. $-[x + \{-(x + y) - [-x + (y - z) - (-x + y)] - y\}]$
24. $-[-a+\{-a+(a-b)-\overline{a-b+c}-[-(-a)+b]\}]$

II. INTRODUCCIÓN DE SIGNOS DE AGRUPACIÓN

Sabemos que $a + (-b + c) = a - b + c$ 48

luego, recíprocamente: $a - b + c = a + (-b + c)$

Hemos visto también que $a - (b - c) = a - b + c$

luego, recíprocamente: $a - b + c = a - (b - c)$

Del propio modo, $a + b - c - d - e = a + (b - c) - (d + e)$

Lo anterior nos dice que **los términos de una expresión pueden agruparse de cualquier modo.**

Ésta es la **ley asociativa** de la suma y de la resta.

Podemos, pues, enunciar la siguiente:

REGLA GENERAL PARA INTRODUCIR CANTIDADES EN SIGNOS DE AGRUPACIÓN 49

1) Para introducir cantidades dentro de un signo de agrupación precedido del signo más (+) se deja a cada una de las cantidades con el mismo signo que tengan.

2) Para introducir cantidades dentro de un signo de agrupación precedido del signo menos (–) se cambia el signo a cada una de las cantidades que se incluyen en él.

Ejemplos

1) Introducir los tres últimos términos de la expresión: $x^3 - 2x^2 + 3x - 4$ en un paréntesis precedido del signo +.
Dejamos a cada cantidad con el *signo que tiene* y tendremos: $x^3 + (-2x^2 + 3x - 4)$ **R.**

2) Introducir los tres últimos términos de la expresión: $x^2 - a^2 + 2ab - b^2$ en un paréntesis precedido del signo –.
Cambiamos el signo a cada una de las tres últimas cantidades y tendremos: $x^2 - (a^2 - 2ab + b^2)$ **R.**

Ejercicio 33

Introducir los tres últimos términos de las expresiones siguientes dentro de un paréntesis precedido del signo +:

1. $a - b + c - d$
2. $x^2 - 3xy - y^2 + 6$
3. $x^3 + 4x^2 - 3x + 1$
4. $a^3 - 5a^2b + 3ab^2 - b^3$
5. $x^4 - x^3 + 2x^2 - 2x + 1$

Introducir los tres últimos términos de las expresiones siguientes dentro de un paréntesis precedido del signo –:

6. $2a + b - c + d$
7. $x^3 + x^2 + 3x - 4$
8. $x^3 - 5x^2y + 3xy^2 - y^3$
9. $a^2 - x^2 - 2xy - y^2$
10. $a^2 + b^2 - 2bc - c^2$

3) Introducir todos los términos menos el primero, de la expresión

$$3a + 2b - (a + b) - (-2a + 3b)$$

en un paréntesis precedido del signo –.
Cambiaremos el signo a $2b$ y pondremos $-2b$, y cambiaremos los signos que están delante de los paréntesis, porque cambiando estos signos cambian los signos de las cantidades encerradas en ellas, y tendremos:

$$3a - [-2b + (a + b) + (-2a + 3b)]$$

Ejercicio 34

Introducir todos los términos, menos el primero, de las expresiones siguientes, en un paréntesis precedido del signo –:

1. $x + 2y + (x - y)$
2. $4m - 2n + 3 - (-m + n) + (2m - n)$
3. $x^2 - 3xy + [(x^2 - xy) + y^2]$
4. $x^3 - 3x^2 + [-4x + 2] - 3x - (2x + 3)$
5. $2a + 3b - \{-2a + [a + (b - a)]\}$

Introducir las expresiones siguientes en un paréntesis precedido del signo –:

6. $-2a + (-3a + b)$
7. $2x^2 + 3xy - (y^2 + xy) + (-x^2 + y^2)$
8. $x^3 - [-3x^2 + 4x - 2]$
9. $[m^4 - (3m^2 + 2m + 3)] + (-2m + 3)$

Pitágoras (585-500 a. C.). Célebre filósofo griego nacido en Samos y muerto en Metaponte. Después de realizar sus primeros estudios en su ciudad natal viajó por Egipto y otros países de Oriente. A su regreso fundó la Escuela de Crotona, que era una sociedad secreta de tipo político-religioso, la cual alcanzó gran preponderancia. Fue el primero en colocar como base de las especulaciones filosóficas, los conceptos fundamentales de la Matemática. Hizo del número el principio universal por excelencia.

Capítulo IV

MULTIPLICACIÓN

LA MULTIPLICACIÓN es una operación que tiene por objeto, dadas dos cantidades llamadas multiplicando y multiplicador, hallar una tercera cantidad, llamada producto, que sea respecto del multiplicando, en valor absoluto y signo, lo que el multiplicador es respecto de la unidad positiva. 50

El **multiplicando** y **multiplicador** son llamados **factores** del producto.

El orden de los factores no altera el producto. Esta propiedad, demostrada en Aritmética, se cumple también en Álgebra. 51

Así, el producto *ab* puede escribirse *ba*; el producto *abc* puede escribirse también *bac* o *acb*.

Esta es la **ley conmutativa** de la multiplicación.

Los factores de un producto pueden agruparse de cualquier modo. 52

Así, en el producto *abcd*, tenemos:

$$abcd = a \times (bcd) = (ab) \times (cd) = (abc) \times d$$

Esta es la **ley asociativa** de la multiplicación.

53 LEY DE LOS SIGNOS

Distinguiremos dos casos:

1) **Signo del producto de dos factores.** En este caso, la regla es:

Signos iguales dan + y signos diferentes dan –.

En efecto:

1. $$(+a) \times (+b) = +ab$$

porque según la definición de multiplicar, el signo del producto tiene que ser respecto del signo del multiplicando lo que el signo del multiplicador es respecto de la **unidad positiva**, pero en este caso, el multiplicador tiene el **mismo signo** que la unidad positiva; luego, el producto necesita tener el **mismo signo** que el multiplicador, pero el signo del multiplicando es +, luego, el signo del producto será +.

2. $$(-a) \times (+b) = -ab$$

porque teniendo el multiplicador el **mismo signo** que la unidad positiva, el producto necesita tener el mismo signo que el multiplicando, pero éste tiene –, luego, el producto tendrá –.

3. $$(+a) \times (-b) = -ab$$

porque teniendo el multiplicador **signo contrario** a la unidad positiva, el producto tendrá **signo contrario** al multiplicando, pero el multiplicando tiene +, luego, el producto tendrá –.

4. $$(-a) \times (-b) = +ab$$

porque teniendo el multiplicando **signo contrario** a la unidad positiva, el producto ha de tener signo contrario al multiplicando; pero éste tiene –, luego, el producto tendrá +.

Lo anterior podemos resumirlo diciendo que
$$\begin{cases} + \text{ por } + \text{ da } + \\ - \text{ por } - \text{ da } + \\ + \text{ por } - \text{ da } - \\ - \text{ por } + \text{ da } - \end{cases}$$

2) **Signo del producto de más de dos factores.** En este caso, la regla es:

a) **El signo del producto de varios factores es + cuando tiene un número par de factores negativos o ninguno.**

Así, $$(-a) \times (-b) \times (-c) \times (-d) = abcd$$

En efecto, según se demostró antes, el signo del producto de **dos factores negativos es** +; luego tendremos:

$$(-a) \times (-b) \times (-c) \times (-d) = (-a \cdot -b) \times (-c \cdot -d) = (+ab) \times (+cd) = abcd$$

b) **El signo del producto de varios factores es – cuando tiene un número impar de factores negativos.**

Así, $$(-a) \times (-b) \times (-c) = -abc$$

En efecto:

$$(-a) \times (-b) \times (-c) = [(-a) \times (-b)] \times (-c) = (+ab) \times (-c) = -abc$$

LEY DE LOS EXPONENTES 54

Para multiplicar potencias de la misma base se escribe la misma base y se le pone por exponente la suma de los exponentes de los factores.

Así, $a^4 \times a^3 \times a^2 = a^{4+3+2} = a^9$

En efecto: $a^4 \times a^3 \times a^2 = aaaa \times aaa \times aa = aaaaaaaaa = a^9$

LEY DE LOS COEFICIENTES 55

El coeficiente del producto de dos factores es el producto de los coeficientes de los factores.

Así, $3a \times 4b = 12ab$

En efecto, como el orden de factores no altera el producto, tendremos:

$$3a \times 4b = 3 \times 4 \times a \times b = 12ab$$

CASOS DE LA MULTIPLICACIÓN 56

Distinguiremos tres casos: 1) Multiplicación de monomios. 2) Multiplicación de un polinomio por un monomio. 3) Multiplicación de polinomios.

I. MULTIPLICACIÓN DE MONOMIOS

REGLA 57

Se multiplican los coeficientes y a continuación de este producto se escriben las letras de los factores en orden alfabético, poniéndole a cada letra un exponente igual a la suma de los exponentes que tenga en los factores. El signo del producto vendrá dado por la ley de los signos (53).

Ejemplos

1) Multiplicar $2a^2$ por $3a^3$.

$$2a^2 \times 3a^3 = 2 \times 3a^{2+3} = 6a^5 \quad \textbf{R.}$$

El signo del producto es + porque + por + da +.

2) Multiplicar $-xy^2$ por $-5mx^4y^3$.

$$(-xy^2) \times (-5mx^4y^3) = 5mx^{1+4}y^{2+3} = 5mx^5y^5 \quad \textbf{R.}$$

El signo del producto es + porque – por – da +.

3) Multiplicar $3a^2b$ por $-4b^2x$.

$$3a^2b \times (-4b^2x) = -3 \times 4a^2b^{1+2}x = -12a^2b^3x \quad \textbf{R.}$$

El signo del producto es – porque + por – da –.

4) Multiplicar $-ab^2$ por $4a^mb^nc^3$.

$$(-ab^2) \times 4a^mb^nc^3 = -1 \times 4a^{1+m}b^{2+n}c^3 = -4a^{m+1}b^{n+2}c^3 \quad \textbf{R.}$$

El signo del producto es – porque – por + da –.

Ejercicio 35

Multiplicar:

1. 2 por –3
2. –4 por –8
3. –15 por 16
4. ab por $-ab$
5. $2x^2$ por $-3x$
6. $-4a^2b$ por $-ab^2$
7. $-5x^3y$ por xy^2
8. a^2b^3 por $3a^2x$
9. $-4m^2$ por $-5mn^2p$
10. $5a^2y$ por $-6x^2$
11. $-x^2y^3$ por $-4y^3z^4$
12. abc por cd

13. $-15x^4y^3$ por $-16a^2x^3$
14. $3a^2b^3$ por $-4x^2y$
15. $3a^2bx$ por $7b^3x^5$
16. $-8m^2n^3$ por $-9a^2mx^4$
17. a^mb^n por $-ab$
18. $-5a^mb^n$ por $-6a^2b^3x$
19. x^my^nc por $-x^my^nc^x$
20. $-m^xn^a$ por $-6m^2n$

5) Multiplicar $a^{x+1}b^{x+2}$ por $-3a^{x+2}b^3$.

$$(a^{x+1}b^{x+2}) \times (-3a^{x+2}b^3) = -3a^{x+1+x+2}b^{x+2+3} = -3a^{2x+3}b^{x+5} \quad \textbf{R.}$$

6) Multiplicar $-a^{m+1}b^{n-2}$ por $-4a^{m-2}b^{2n+4}$.

$$(-a^{m+1}b^{n-2}) \times (-4a^{m-2}b^{2n+4}) = 4a^{2m-1}b^{3n+2} \quad \textbf{R.}$$

Ejercicio 36

Multiplicar:

1. a^m por a^{m+1}
2. $-x^a$ por $-x^{a+2}$
3. $4a^nb^x$ por $-ab^{x+1}$
4. $-a^{n+1}b^{n+2}$ por $a^{n+2}b^n$
5. $-3a^{n+4}b^{n+1}$ por $-4a^{n+2}b^{n+3}$
6. $3x^2y^3$ por $4x^{m+1}y^{m+2}$
7. $4x^{a+2}b^{a+4}$ por $-5x^{a+5}b^{a+1}$
8. a^mb^nc por $-a^mb^{2n}$
9. $-x^{m+1}y^{a+2}$ por $-4x^{m-3}y^{a-5}c^2$
10. $-5m^an^{b-1}c$ por $-7m^{2a-3}n^{b-4}$

7) Multiplicar $\frac{2}{3}a^2b$ por $-\frac{3}{4}a^3m$.

$$\left(\frac{2}{3}a^2b\right)\left(-\frac{3}{4}a^3m\right) = -\frac{2}{3}\times\frac{3}{4}a^5bm = -\frac{1}{2}a^5bm \quad \textbf{R.}$$

8) Multiplicar $-\frac{5}{6}x^2y^3$ por $-\frac{3}{10}x^my^{n+1}$.

$$\left(-\frac{5}{6}x^2y^3\right)\left(-\frac{3}{10}x^my^{n+1}\right) = \frac{5}{6}\times\frac{3}{10}x^{m+2}y^{n+1+3} = \frac{1}{4}x^{m+2}y^{n+4} \quad \textbf{R.}$$

Ejercicio 37

Efectuar:

1. $\frac{1}{2}a^2$ por $\frac{4}{5}a^3b$
2. $-\frac{3}{7}m^2n$ por $-\frac{7}{14}a^2m^3$
3. $\frac{2}{3}x^2y^3$ por $-\frac{3}{5}a^2x^4y$
4. $-\frac{1}{8}m^3n^4$ por $-\frac{4}{5}a^3m^2n$
5. $-\frac{7}{8}abc$ por $\frac{2}{7}a^3$
6. $-\frac{3}{5}x^3y^4$ por $-\frac{5}{6}a^2by^5$
7. $\frac{1}{3}a$ por $\frac{3}{5}a^m$
8. $-\frac{3}{4}a^m$ por $-\frac{2}{5}ab^3$
9. $\frac{5}{6}a^mb^n$ por $-\frac{3}{10}ab^2c$
10. $-\frac{2}{9}a^xb^{m+1}$ por $-\frac{3}{5}a^{x-1}b^m$
11. $\frac{3}{8}a^mb^n$ por $-\frac{4}{5}a^{2m}b^n$
12. $-\frac{2}{11}a^{x+1}b^{x-3}c^2$ por $-\frac{44}{7}a^{x-3}b^2$

58 PRODUCTO CONTINUADO

Multiplicación de más de dos monomios.

Ejemplos

1) Efectuar $(2a)(-3a^2b)(-ab^3)$.

$$(2a)(-3a^2b)(-ab^3) = 6a^4b^4 \quad \textbf{R.}$$

El signo del producto es + porque hay un número par de factores negativos.

2) Efectuar $\left(-x^2y\right)\left(-\frac{2}{3}x^m\right)\left(-\frac{3}{4}a^2y^n\right)$.

$$\left(-x^2y\right)\left(-\frac{2}{3}x^m\right)\left(-\frac{3}{4}a^2y^n\right)=-\frac{1}{2}a^2x^{m+2}y^{n+1} \quad \textbf{R.}$$

El signo del producto es – porque tiene un número impar de factores negativos.

Ejercicio 38

Multiplicar:

1. $(a)(-3a)(a^2)$
2. $(3x^2)(-x^3y)(-a^2x)$
3. $(-m^2n)(-3m^2)(-5mn^3)$
4. $(4a^2)(-5a^3x^2)(-ay^2)$
5. $(-a^m)(-2ab)(-3a^2b^x)$
6. $\left(\frac{1}{2}x^3\right)\left(-\frac{2}{3}a^2x\right)\left(-\frac{3}{5}a^4m\right)$
7. $\left(\frac{2}{3}a^m\right)\left(\frac{3}{4}a^2b^4\right)\left(-3a^4b^{x+1}\right)$
8. $\left(-\frac{3}{5}m^3\right)\left(-5a^2m\right)\left(-\frac{1}{10}a^xm^a\right)$
9. $(2a)(-a^2)(-3a^3)(4a)$
10. $(-3b^2)(-4a^3b)(ab)(-5a^2x)$
11. $(a^mb^x)(-a^2)(-2ab)(-3a^2x)$
12. $\left(-\frac{1}{2}x^2y\right)\left(-\frac{3}{5}xy^2\right)\left(-\frac{10}{3}x^3\right)\left(-\frac{3}{4}x^2y\right)$

II. MULTIPLICACIÓN DE POLINOMIOS POR MONOMIOS

Sea el producto $(a+b)c$. 59

Multiplicar $(a+b)$ por c equivale a tomar la suma $(a+b)$ como sumando c veces; luego:

$$\begin{aligned}(a+b)c &= (a+b)+(a+b)+(a+b)\ \ldots\ c \text{ veces}\\ &= (a+a+a\ \ldots\ c \text{ veces})+(b+b+b\ \ldots\ c \text{ veces})\\ &= ac+bc\end{aligned}$$

Sea el producto $(a-b)c$.

Tendremos:
$$\begin{aligned}(a-b)c &= (a-b)+(a-b)+(a-b)\ \ldots\ c \text{ veces}\\ &= (a+a+a\ \ldots\ c \text{ veces})-(b+b+b\ \ldots\ c \text{ veces})\\ &= ac-bc\end{aligned}$$

Podemos, pues enunciar la siguiente:

REGLA PARA MULTIPLICAR UN POLINOMIO POR UN MONOMIO 60

Se multiplica el monomio por cada uno de los términos del polinomio, teniendo en cuenta en cada caso la regla de los signos, y se separan los productos parciales con sus propios signos.

Esta es la **ley distributiva** de la multiplicación.

Ejemplos

1) Multiplicar $3x^2-6x+7$ por $4ax^2$.

Tendremos:
$$\begin{aligned}(3x^2-6x+7)\times 4ax^2 &= 3x^2(4ax^2)-6x(4ax^2)+7(4ax^2)\\ &= 12ax^4-24ax^3+28ax^2 \quad \textbf{R.}\end{aligned}$$

La operación suele disponerse así: ⟶

$$\begin{array}{l}3x^2-6x+7\\ 4ax^2\\ \hline 12ax^4-24ax^3+28ax^2 \quad \textbf{R.}\end{array}$$

2) Multiplicar $a^3x - 4a^2x^2 + 5ax^3 - x^4$ por $-2a^2x$.

$$\begin{array}{l} a^3x - 4a^2x^2 + 5ax^3 - x^4 \\ -2a^2x \\ \hline -2a^5x^2 + 8a^4x^3 - 10a^3x^4 + 2a^2x^5 \end{array}$$ **R.**

3) Multiplicar $x^{a+1}y - 3x^ay^2 + 2x^{a-1}y^3 - x^{a-2}y^4$ por $-3x^2y^m$

$$\begin{array}{l} x^{a+1}y - 3x^ay^2 + 2x^{a-1}y^3 - x^{a-2}y^4 \\ -3x^2y^m \\ \hline -3x^{a+3}y^{m+1} + 9x^{a+2}y^{m+2} - 6x^{a+1}y^{m+3} + 3x^ay^{m+4} \end{array}$$ **R.**

Ejercicio 39

Multiplicar:

1. $3x^3 - x^2$ por $-2x$
2. $8x^2y - 3y^2$ por $2ax^3$
3. $x^2 - 4x + 3$ por $-2x$
4. $a^3 - 4a^2 + 6a$ por $3ab$
5. $a^2 - 2ab + b^2$ por $-ab$
6. $x^5 - 6x^3 - 8x$ por $3a^2x^2$
7. $m^4 - 3m^2n^2 + 7n^4$ por $-4m^3x$
8. $x^3 - 4x^2y + 6xy^2$ por ax^3y
9. $a^3 - 5a^2b - 8ab^2$ por $-4a^4m^2$
10. $a^m - a^{m-1} + a^{m-2}$ por $-2a$
11. $x^{m+1} + 3x^m - x^{m-1}$ por $3x^{2m}$
12. $a^mb^n + a^{m-1}b^{n+1} - a^{m-2}b^{n+2}$ por $3a^2b$
13. $x^3 - 3x^2 + 5x - 6$ por $-4x^2$
14. $a^4 - 6a^3x + 9a^2x^2 - 8$ por $3bx^3$
15. $a^{n+3} - 3a^{n+2} - 4a^{n+1} - a^n$ por $-a^nx^2$
16. $x^4 - 6x^3 + 8x^2 - 7x + 5$ por $-3a^2x^3$
17. $-3x^3 + 5x^2y - 7xy^2 - 4y^3$ por $5a^2xy^2$
18. $x^{a+5} - 3x^{a+4} + x^{a+3} - 5x^{a+1}$ por $-2x^2$
19. $a^8 - 3a^6b^2 + a^4b^4 - 3a^2b^6 + b^8$ por $-5a^3y^2$
20. $a^mb^n + 3a^{m-1}b^{n+2} - a^{m-2}b^{n+4} + a^{m-3}b^{n+6}$ por $4a^mb^3$

4) Multiplicar $\frac{2}{3}x^4y^2 - \frac{3}{5}x^2y^4 + \frac{5}{6}y^6$ por $-\frac{2}{9}a^2x^3y^2$.

$$\begin{array}{l} \frac{2}{3}x^4y^2 - \frac{3}{5}x^2y^4 + \frac{5}{6}y^6 \\ -\frac{2}{9}a^2x^3y^2 \\ \hline -\frac{4}{27}a^2x^7y^4 + \frac{2}{15}a^2x^5y^6 - \frac{5}{27}a^2x^3y^8 \end{array}$$ **R.**

Ejercicio 40

Multiplicar:

1. $\frac{1}{2}a - \frac{2}{3}b$ por $\frac{2}{5}a^2$
2. $\frac{2}{3}a - \frac{3}{4}b$ por $-\frac{2}{3}a^3b$
3. $\frac{3}{5}a - \frac{1}{6}b + \frac{2}{5}c$ por $-\frac{5}{3}ac^2$
4. $\frac{2}{5}a^2 + \frac{1}{3}ab - \frac{2}{9}b^2$ por $3a^2x$
5. $\frac{1}{3}x^2 - \frac{2}{5}xy - \frac{1}{4}y^2$ por $\frac{3}{2}y^3$
6. $3a - 5b + 6c$ por $-\frac{3}{10}a^2x^3$
7. $\frac{2}{9}x^4 - x^2y^2 + \frac{1}{3}y^4$ por $\frac{3}{7}x^3y^4$
8. $\frac{1}{2}a^2 - \frac{1}{3}b^2 + \frac{1}{4}x^2 - \frac{1}{5}y^2$ por $-\frac{5}{8}a^2m$
9. $\frac{2}{3}m^3 + \frac{1}{2}m^2n - \frac{5}{6}mn^2 - \frac{1}{9}n^3$ por $\frac{3}{4}m^2n^3$
10. $\frac{2}{5}x^6 - \frac{1}{3}x^4y^2 + \frac{3}{5}x^2y^4 - \frac{1}{10}y^6$ por $-\frac{5}{7}a^3x^4y^3$

III. MULTIPLICACIÓN DE POLINOMIOS POR POLINOMIOS

61

Sea el producto $(a+b-c)(m+n)$.

Haciendo $m+n=y$ tendremos:

$$(a+b-c)(m+n)=(a+b-c)y=ay+by-cy$$

(sustituyendo y por su valor $m+n$) ⟶

$$=a(m+n)+b(m+n)-c(m+n)$$
$$=am+an+bm+bn-cm-cn$$
$$=am+bm-cm+an+bn-cn$$

Podemos, pues, enunciar la siguiente

REGLA PARA MULTIPLICAR DOS POLINOMIOS

62

Se multiplican todos los términos del multiplicando por cada uno de los términos del multiplicador, teniendo en cuenta la ley de los signos, y se reducen los términos semejantes.

Ejemplos

1) Multiplicar $a-4$ por $3+a$.

Los dos factores *deben ordenarse en relación con una misma letra*.

Tendremos: ⟶

$$\begin{array}{r} a-4 \\ a+3 \\ \hline a(a)-4(a)\quad\quad \\ +3(a)-3(4) \\ \hline \end{array} \qquad \text{o sea} \qquad \begin{array}{r} a-4 \\ a+3 \\ \hline a^2-4a\quad\quad \\ 3a-12 \\ \hline a^2-a-12 \end{array} \quad \textbf{R.}$$

Hemos multiplicado el primer término del multiplicador a por los dos términos del multiplicando y el segundo término del multiplicador 3 por los dos términos del multiplicando, escribiendo los productos parciales de modo que los *términos semejantes queden en columna* y hemos reducido los términos semejantes.

2) Multiplicar $4x-3y$ por $-2y+5x$.

Ordenando de manera descendente con relación a la x tendremos:

$$\begin{array}{r} 4x-3y \\ 5x-2y \\ \hline 4x(5x)-3y(5x)\quad\quad\quad \\ -4x(2y)+3y(2y) \\ \hline \end{array} \qquad \text{o sea} \qquad \begin{array}{r} 4x-3y \\ 5x-2y \\ \hline 20x^2-15xy\quad\quad \\ -8xy+6y^2 \\ \hline 20x^2-23xy+6y^2 \end{array} \quad \textbf{R.}$$

Ejercicio 41

Multiplicar:

1. $a+3$ por $a-1$
2. $a-3$ por $a+1$
3. $x+5$ por $x-4$
4. $m-6$ por $m-5$
5. $-x+3$ por $-x+5$
6. $-a-2$ por $-a-3$
7. $3x-2y$ por $y+2x$
8. $-4y+5x$ por $-3x+2y$
9. $5a-7b$ por $a+3b$
10. $7x-3$ por $4+2x$
11. $-a+b$ por $-4b+8a$
12. $6m-5n$ por $-n+m$
13. $8n-9m$ por $4n+6m$
14. $-7y-3$ por $-11+2y$

3) Multiplicar $2+a^2-2a-a^3$ por $a+1$.
Ordenando de manera ascendente con relación a la a tendremos:

$$\begin{array}{l} 2-2a+a^2-a^3 \\ 1+a \\ \hline 2-2a+a^2-a^3 \\ \quad\; 2a-2a^2+a^3-a^4 \\ \hline 2 \quad -a^2 \quad -a^4 \end{array}$$ **R.**

4) Multiplicar $6y^2+2x^2-5xy$ por $3x^2-4y^2+2xy$.

Ordenando descendentemente con relación a la x tendremos:

$$\begin{array}{l} 2x^2-5xy+6y^2 \\ 3x^2+2xy-4y^2 \\ \hline 6x^4-15x^3y+18x^2y^2 \\ \quad 4x^3y-10x^2y^2+12xy^3 \\ \qquad -8x^2y^2+20xy^3-24y^4 \\ \hline 6x^4-11x^3y \quad +32xy^3-24y^4 \end{array}$$ **R.**

5) Multiplicar $x-4x^2+x^3-3$ por x^3-1+4x^2.

Ordenando de manera descendente con relación a x, tendremos:

$$\begin{array}{l} x^3-4x^2+x-3 \\ x^3+4x^2-1 \\ \hline x^6-4x^5+x^4-3x^3 \\ \quad 4x^5-16x^4+4x^3-12x^2 \\ \qquad -x^3+4x^2-x+3 \\ \hline x^6 \quad -15x^4 \quad -8x^2-x+3 \end{array}$$ **R.**

6) Multiplicar $2x-y+3z$ por $x-3y-4z$.

$$\begin{array}{l} 2x-y+3z \\ x-3y-4z \\ \hline 2x^2-xy+3xz \\ \quad -6xy \quad +3y^2-9yz \\ \qquad -8xz \quad +4yz-12z^2 \\ \hline 2x^2-7xy-5xz+3y^2-5yz-12z^2 \end{array}$$ **R.**

Ejercicio 42

Multiplicar:

1. x^2+xy+y^2 por $x-y$
2. a^2+b^2-2ab por $a-b$
3. a^2+b^2+2ab por $a+b$
4. x^3-3x^2+1 por $x+3$
5. a^3-a+a^2 por $a-1$
6. $m^4+m^2n^2+n^4$ por m^2-n^2
7. x^3-2x^2+3x-1 por $2x+3$
8. $3y^3+5-6y$ por y^2+2
9. m^3-m^2+m-2 por $am+a$
10. $3a^2-5ab+2b^2$ por $4a-5b$
11. $5m^4-3m^2n^2+n^4$ por $3m-n$
12. a^2+a+1 por a^2-a-1
13. x^3+2x^2-x por x^2-2x+5
14. $m^3-3m^2n+2mn^2$ por $m^2-2mn-8n^2$
15. x^2+1+x por x^2-x-1
16. $2-3x^2+x^4$ por x^2-2x+3
17. m^3-4m+m^2-1 por m^3+1
18. a^3-5a+2 por a^2-a+5
19. $x^2-2xy+y^2$ por $xy-x^2+3y^2$
20. n^2-2n+1 por n^2-1
21. $a^3-3a^2b+4ab^2$ por $a^2b-2ab^2-10b^3$
22. $8x^3-9y^3+6xy^2-12x^2y$ por $2x+3y$
23. $2y^3+y-3y^2-4$ por $2y+5$
24. $3x^3-a^3+2ax^2$ por $2a^2-x^2-3ax$
25. $x^4-3x^3y+2x^2y^2+xy^3$ por $-y^2-xy-x^2$
26. $2a-5a^2+a^3-3$ por a^3-2a-7
27. $m^4+3-m^2+m^3$ por m^2-2m+3
28. $a^4-3a^2b^2+a^3b-ab^3+b^4$ por $a^2-2ab+b^2$

29. $x^4 - x^3y + x^2y^2 - xy^3 + y^4$ por $x^2 - 2y^2 + xy$
30. $y^2 - 2y + 1$ por $y^4 - 2y^2 + 2$
31. $m^4 - 3m^2 + 4$ por $3m^3 - 2m + 1$
32. $a^3 - a + a^2 + 1$ por $a^2 + a^3 - 2a - 1$
33. $8x^3 - 12x^2y - 6xy^2 + y^3$ por $3x^2 + 4y^2 - 2xy$
34. $5a^4 - 3a + 2a^2 - 4a^3 - 1$ por $a^4 - 2a^2 + 2$
35. $x^4 - x^3 + x^2 - x + 1$ por $x^3 - 2x^2 + 3x + 6$
36. $3a^3 - 5a + 2a^2 - 4$ por $a^2 + a^3 - 2a + 1$
37. $-5y^4 - 3y^3 + 4y^2 + 2y$ por $y^4 - 3y^2 - 1$
38. $m^4 - 2m^3n + 3m^2n^2 - 4n^4$ por $n^3 - 5mn^2 + 3m^2n - m^3$
39. $x^6 - 3x^4y^2 - x^2y^4 + y^6$ por $x^5 - 2x^3y^2 + 3xy^4$
40. $3a^5 - 6a^3 + 2a^2 - 3a + 2$ por $a^4 - 3a^2 + 4a - 5$
41. $a + b - c$ por $a - b + c$
42. $x + 2y - z$ por $x - y + z$
43. $2x - 3y + 5z$ por $y + 2z - x$
44. $x^2 + y^2 + z^2 - xy - xz - yz$ por $x + y + z$

MULTIPLICACIÓN DE POLINOMIOS CON EXPONENTES LITERALES

63

Ejemplos

1) Multiplicar $a^{m+2} - 4a^m - 2a^{m+1}$ por $a^2 - 2a$.

$$
\begin{array}{llll}
a^{m+2} & -2a^{m+1} & -4a^m & \\
a^2 & -2a & & \\
\hline
a^{m+4} & -2a^{m+3} & -4a^{m+2} & \\
 & -2a^{m+3} & +4a^{m+2} & +8a^{m+1} \\
\hline
a^{m+4} & -4a^{m+3} & & +8a^{m+1}
\end{array}
$$
R.

2) Multiplicar $x^{a+2} - 3x^a - x^{a+1} + x^{a-1}$ por $x^{a+1} + x^a + 4x^{a-1}$.

$$
\begin{array}{lllll}
x^{a+2} - x^{a+1} - 3x^a + x^{a-1} & & & & \\
x^{a+1} + x^a + 4x^{a-1} & & & & \\
\hline
x^{2a+3} & -x^{2a+2} & -3x^{2a+1} & +x^{2a} & \\
 & x^{2a+2} & -x^{2a+1} & -3x^{2a} & +x^{2a-1} \\
 & & 4x^{2a+1} & -4x^{2a} & -12x^{2a-1} + 4x^{2a-2} \\
\hline
x^{2a+3} & & & -6x^{2a} & -11x^{2a-1} + 4x^{2a-2}
\end{array}
$$
R.

Ejercicio 43

Multiplicar:

1. $a^x - a^{x+1} + a^{x+2}$ por $a + 1$
2. $x^{n+1} + 2x^{n+2} - x^{n+3}$ por $x^2 + x$
3. $m^{a-1} + m^{a+1} + m^{a+2} - m^a$ por $m^2 - 2m + 3$
4. $a^{n+2} - 2a^n + 3a^{n+1}$ por $a^n + a^{n+1}$
5. $x^{a+2} - x^a + 2x^{a+1}$ por $x^{a+3} - 2x^{a+1}$
6. $3a^{x-2} - 2a^{x-1} + a^x$ por $a^2 + 2a - 1$
7. $3a^{x-1} + a^x - 2a^{x-2}$ por $a^x - a^{x-1} + a^{x-2}$
8. $m^{a+1} - 2m^{a+2} - m^{a+3} + m^{a+4}$ por $m^{a-3} - m^{a-1} + m^{a-2}$
9. $x^{a-1} + 2x^{a-2} - x^{a-3} + x^{a-4}$ por $-x^{a-3} + x^{a-1} - x^{a-2}$
10. $a^nb - a^{n-1}b^2 + 2a^{n-2}b^3 - a^{n-3}b^4$ por $a^nb^2 - a^{n-2}b^4$
11. $a^x + b^x$ por $a^m + b^m$
12. $a^{x-1} - b^{n-1}$ por $a - b$
13. $a^{2m+1} - 5a^{2m+2} + 3a^{2m}$ por $a^{3m-3} + 6a^{3m-1} - 8a^{3m-2}$
14. $x^{a+2}y^{x-1} + 3x^ay^{x+1} - 4x^{a+1}y^x$ por $-2x^{2a-1}y^{x-2} - 10x^{2a-3}y^x - 4x^{2a-2}y^{x-1}$

64 MULTIPLICACIÓN DE POLINOMIOS CON COEFICIENTES FRACCIONARIOS

Ejemplos

1) Multiplicar $\frac{1}{2}x^2-\frac{1}{3}xy$ por $\frac{2}{3}x-\frac{4}{5}y$.

$$\begin{array}{r} \frac{1}{2}x^2-\frac{1}{3}xy \\ \frac{2}{3}x-\frac{4}{5}y \\ \hline \frac{1}{3}x^3-\frac{2}{9}x^2y \qquad\qquad \\ -\frac{2}{5}x^2y+\frac{4}{15}xy^2 \\ \hline \frac{1}{3}x^3-\frac{28}{45}x^2y+\frac{4}{15}xy^2 \end{array} \quad \textbf{R.}$$

Los productos de los coeficientes deben simplificarse. Así, en este caso, tenemos:

$\frac{1}{2}\times\frac{2}{3}=\frac{2}{6}=\frac{1}{3}$; $\frac{4}{5}\times\frac{1}{2}=\frac{4}{10}=\frac{2}{5}$.

2) Multiplicar $\frac{1}{3}a^2+\frac{1}{2}b^2-\frac{1}{5}ab$ por $\frac{3}{4}a^2-\frac{1}{2}ab-\frac{1}{4}b^2$.

$$\begin{array}{l} \frac{1}{3}a^2-\frac{1}{5}ab+\frac{1}{2}b^2 \\ \frac{3}{4}a^2-\frac{1}{2}ab-\frac{1}{4}b^2 \\ \hline \frac{1}{4}a^4-\frac{3}{20}a^3b+\frac{3}{8}a^2b^2 \\ \qquad -\frac{1}{6}a^3b+\frac{1}{10}a^2b^2-\frac{1}{4}ab^3 \\ \qquad\qquad -\frac{1}{12}a^2b^2+\frac{1}{20}ab^3-\frac{1}{8}b^4 \\ \hline \frac{1}{4}a^4-\frac{19}{60}a^3b+\frac{47}{120}a^2b^2-\frac{1}{5}ab^3-\frac{1}{8}b^4 \end{array} \quad \textbf{R.}$$

Ejercicio 44

Multiplicar:

1. $\frac{1}{2}a-\frac{1}{3}b$ por $\frac{1}{3}a+\frac{1}{2}b$
2. $x-\frac{2}{5}y$ por $\frac{5}{6}y+\frac{1}{3}x$
3. $\frac{1}{2}x^2-\frac{1}{3}xy+\frac{1}{4}y^2$ por $\frac{2}{3}x-\frac{3}{2}y$
4. $\frac{1}{4}a^2-ab+\frac{2}{3}b^2$ por $\frac{1}{4}a-\frac{3}{2}b$
5. $\frac{2}{5}m^2+\frac{1}{3}mn-\frac{1}{2}n^2$ por $\frac{3}{2}m^2+2n^2-mn$
6. $\frac{3}{8}x^2+\frac{1}{4}x-\frac{2}{5}$ por $2x^3-\frac{1}{3}x+2$
7. $\frac{1}{3}ax-\frac{1}{2}x^2+\frac{3}{2}a^2$ por $\frac{3}{2}x^2-ax+\frac{2}{3}a^2$
8. $\frac{2}{7}x^3+\frac{1}{2}xy^2-\frac{1}{5}x^2y$ por $\frac{1}{4}x^2-\frac{2}{3}xy+\frac{5}{6}y^2$
9. $\frac{1}{2}+\frac{1}{3}x^2-\frac{1}{4}x+\frac{1}{4}x^3$ por $\frac{3}{2}x^2-\frac{1}{5}+\frac{1}{10}x$
10. $\frac{3}{4}m^3-\frac{1}{2}m^2n+\frac{2}{5}mn^2-\frac{1}{4}n^3$ por $\frac{2}{3}m^2+\frac{5}{2}n^2-\frac{2}{3}mn$

MULTIPLICACIÓN POR COEFICIENTES SEPARADOS

65

La multiplicación de polinomios por el **método de coeficientes separados** abrevia la operación y se aplica en los dos casos siguientes:

1) **Multiplicación de dos polinomios que contengan una sola letra y estén ordenados con relación a la misma.**

Ejemplos

1) Multiplicar $3x^3 - 2x^2 + 5x - 2$ por $2x^2 + 4x - 3$ por coeficientes separados.

Escribimos solamente los coeficientes con sus signos y efectuamos la multiplicación:

$$\begin{array}{r} 3 - 2 + 5 - 2 \\ 2 + 4 - 3 \\ \hline 6 - 4 + 10 - 4 \\ + 12 - 8 + 20 - 8 \\ - 9 + 6 - 15 + 6 \\ \hline 6 + 8 - 7 + 22 - 23 + 6 \end{array}$$

Como el primer término del multiplicando tiene x^3 y el primer término del multiplicador tiene x^2, el primer término del producto tendrá x^5 y como en los factores el exponente de x disminuye una unidad en cada término, en el producto el exponente de x disminuirá también una unidad en cada término, luego el producto será:

$$6x^5 + 8x^4 - 7x^3 + 22x^2 - 23x + 6 \quad \textbf{R.}$$

2) Multiplicar $a^4 - 6a^2 + 2a - 7$ por $a^3 - 2a + 4$ por coeficientes separados.

Escribimos solamente los coeficientes, pero como en el multiplicando falta el término en a^3 y en el multiplicador falta el término en a^2 escribimos cero en los lugares correspondientes a esos términos y tendremos:

$$\begin{array}{l} 1 + 0 - 6 + 2 - 7 \\ 1 + 0 - 2 + 4 \\ \hline 1 + 0 - 6 + 2 - 7 \\ - 2 - 0 + 12 - 4 + 14 \\ + 4 + 0 - 24 + 8 - 28 \\ \hline 1 + 0 - 8 + 6 + 5 - 28 + 22 - 28 \end{array}$$

Como el primer término del multiplicando tiene a^4 y el primero del multiplicador tiene a^3, el primer término del producto tendrá a^7 y como en los factores el exponente de a disminuye de uno en uno, en el producto también disminuirá de uno en uno, luego el producto será:

$$a^7 - 8a^5 + 6a^4 + 5a^3 - 28a^2 + 22a - 28 \quad \textbf{R.}$$

OBSERVACIÓN

Si en ambos factores el exponente de la letra común disminuye de dos en dos, de tres en tres, de cuatro en cuatro, etc., no es necesario poner cero en los lugares correspondientes a los términos que falten; sólo hay que tener presente que en el producto, los exponentes también bajarán de dos en dos, de tres en tres, de cuatro en cuatro, etcétera.

2) **Multiplicación de dos polinomios homogéneos que contengan sólo dos letras comunes y estén ordenados en relación con una de las letras.**

Un polinomio es **homogéneo** cuando todos sus términos son homogéneos, o sea, cuando la suma de los exponentes de las letras en cada término es una cantidad constante.

El producto de dos polinomios homogéneos es otro polinomio homogéneo.

Ejemplo

1) Multiplicar $a^4 - 5a^3m + 7a^2m^2 - 3m^4$ por $3a^2 - 2m^2$ por coeficientes separados.
El primer polinomio es homogéneo, porque la suma de los exponentes de las letras en todos los términos es 4 y el segundo también es homogéneo, porque la a tiene de exponente 2 y la m también tiene de exponente 2.

Escribimos solamente los coeficientes, poniendo cero en el multiplicando en el lugar correspondiente al término en am^3 que falta y poniendo cero en el multiplicador en el lugar correspondiente al término en am que falta, y tendremos:

$$\begin{array}{r} 1 - 5 + 7 + 0 - 3 \\ 3 + 0 - 2 \\ \hline 3 - 15 + 21 + 0 - 9 \\ - 2 + 10 - 14 - 0 + 6 \\ \hline 3 - 15 + 19 + 10 - 23 - 0 + 6 \end{array}$$

El primer término del producto tendrá a^6 y, como el producto es homogéneo, la suma de los exponentes de las letras en cada término será 6.
Como en los factores, el exponente de a disminuye una unidad en cada término y el de m aumenta una unidad en cada término, en el producto se cumplirá la misma ley, luego el producto será:

$$3a^6 - 15a^5m + 19a^4m^2 + 10a^3m^3 - 23a^3m^4 + 6m^6 \quad \textbf{R.}$$

Ejercicio 45

Multiplicar por coeficientes:

1. $x^3 - x^2 + x$ por $x^2 - 1$
2. $x^4 + 3x^3 - 5x^2 + 8$ por $x^3 - 2x^2 - 7$
3. $a^4 + 3a^3b - 2a^2b^2 + 5ab^3 - b^4$ por $a^2 - 2ab + b^2$
4. $m^3 + n^3 + 6mn^2 - 5m^2n$ por $m^3 - 4mn^2 - n^3$
5. $x^4 - 8x^2 + 3$ por $x^4 + 6x^2 - 5$
6. $a^6 - 3a^4 - 6a^2 + 10$ por $a^8 - 4a^6 + 3a^4 - 2a^2$
7. $x^9 - 4x^6 + 3x^3 - 2$ por $3x^6 - 8x^3 + 10$
8. $m^{12} - 7m^8 + 9m^4 - 15$ por $m^{16} - 5m^{12} + 9m^8 - 4m^4 + 3$
9. $x^5 - 3x^4y - 6x^3y^2 - 4x^2y^3 - y^5$ por $2x^2 + 4y^2$
10. $6a^5 - 4a^2 + 6a - 2$ por $a^4 - 2a^2 + a - 7$
11. $n^6 - 3n^4 + 5n^3 - 8n + 4$ por $n^4 - 3n^2 + 4$
12. $3x^4 - 4x^3y - y^4$ por $x^3 - 5xy^2 + 3y^3$
13. $x^{10} - 5x^6y^4 + 3x^2y^8 - 6y^{10}$ por $x^6 - 4x^4y^2 + y^6 - 5x^2y^4$
14. $a^m - 3a^{m-1} + 5a^{m-3}$ por $a^2 - 5$
15. $a^{x+2} - 5a^{x+1} - 7a^{x-1}$ por $a^x + 6a^{x+1} + 7a^{x+3}$
16. $x^{a+2} - 5x^a - 6x^{a-2}$ por $6x^{a+1} - 4x^a + 2x^{a-1} + x^{a-2}$
17. $a^{2x+2} - a^{2x} - 3a^{2x+1} - 5a^{2x-1}$ por $3a^{3x-1} - 5a^{3x} + 6a^{3x+1}$

PRODUCTO CONTINUADO DE POLINOMIOS

66

Ejemplo

1) Efectuar $3x(x+3)(x-2)(x+1)$.

Al poner los factores entre paréntesis la multiplicación está indicada.
La operación se desarrolla efectuando el producto de dos factores cualesquiera; este producto se multiplica por el tercer factor y este nuevo producto por el factor que queda.
Así, en este caso efectuamos el producto $3x(x+3) = 3x^2 + 9x$. Este producto lo multiplicamos por $x-2$ y tendremos:

$$\begin{array}{r} 3x^2 + 9x \\ x \quad - 2 \\ \hline 3x^3 + 9x^2 \qquad \\ -6x^2 - 18x \\ \hline 3x^3 + 3x^2 - 18x \end{array}$$

Este producto se multiplica por $x+1$:

$$\begin{array}{r} 3x^3 + 3x^2 - 18x \\ x \quad + 1 \qquad\qquad \\ \hline 3x^4 + 3x^3 - 18x^2 \qquad \\ 3x^3 + 3x^2 - 18x \\ \hline 3x^4 + 6x^3 - 15x^2 - 18x \end{array} \quad \textbf{R.}$$

En virtud de la ley asociativa de la multiplicación, podíamos también haber hallado el producto $3x(x+3)$; después el producto $(x-2)(x+1)$ y luego multiplicar ambos productos parciales.

Ejercicio 46

Simplificar:

1. $4(a+5)(a-3)$
2. $3a^2(x+1)(x-1)$
3. $2(a-3)(a-1)(a+4)$
4. $(x^2+1)(x^2-1)(x^2+1)$
5. $m(m-4)(m-6)(3m+2)$
6. $(a-b)(a^2-2ab+b^2)(a+b)$
7. $3x(x^2-2x+1)(x-1)(x+1)$
8. $(x^2-x+1)(x^2+x-1)(x-2)$
9. $(a^m-3)(a^{m-1}+2)(a^{m-1}-1)$
10. $a(a-1)(a-2)(a-3)$
11. $(x-3)(x+4)(x-5)(x+1)$
12. $(x^2-3)(x^2+2x+1)(x-1)(x^2+3)$
13. $9a^2(3a-2)(2a+1)(a-1)(2a-1)$
14. $a^x(a^{x+1}+b^{x+2})(a^{x+1}-b^{x+2})b^x$

MULTIPLICACIÓN COMBINADA CON SUMA Y RESTA

67

1) Simplificar $(x+3)(x-4)+3(x-1)(x+2)$.

Efectuaremos el primer producto $(x+3)(x-4)$; efectuaremos el segundo producto $3(x-1)(x+2)$ y sumaremos este segundo producto con el primero.

Efectuando el primer producto: $(x+3)(x-4) = x^2 - x - 12$

Efectuando el segundo producto: $3(x-1)(x+2) = 3(x^2+x-2) = 3x^2+3x-6$

Sumando este segundo producto con el primero:

$(x^2-x-12)+(3x^2+3x-6) = x^2-x-12+3x^2+3x-6 = 4x^2+2x-18$ **R.**

2) Simplificar $x(a-b)^2 - 4x(a+b)^2$.

Elevar una cantidad al cuadrado equivale a multiplicarla por sí misma; así $(a-b)^2$ equivale a $(a-b)(a-b)$.

Desarrollando $x(a-b)^2$.

$$x(a-b)^2 = x(a^2 - 2ab + b^2) = a^2x - 2abx + b^2x$$

Desarrollando $4x(a+b)^2$.

$$4x(a+b)^2 = 4x(a^2 + 2ab + b^2) = 4a^2x + 8abx + 4b^2x$$

Restando este segundo producto del primero:

$$\begin{aligned} & a^2x - 2abx + b^2x - (4a^2x + 8abx + 4b^2x) \\ &= a^2x - 2abx + b^2x - 4a^2x - 8abx - 4b^2x \\ &= -3a^2x - 10abx - 3b^2x \quad \textbf{R.} \end{aligned}$$

47 Ejercicio

Simplificar:

1. $4(x+3) + 5(x+2)$
2. $6(x^2+4) - 3(x^2+1) + 5(x^2+2)$
3. $a(a-x) + 3a(x+2a) - a(x-3a)$
4. $x^2(y^2+1) + y^2(x^2+1) - 3x^2y^2$
5. $4m^3 - 5mn^2 + 3m^2(m^2+n^2) - 3m(m^2-n^2)$
6. $y^2 + x^2y^3 - y^3(x^2+1) + y^2(x^2+1) - y^2(x^2-1)$
7. $5(x+2) - (x+1)(x+4) - 6x$
8. $(a+5)(a-5) - 3(a+2)(a-2) + 5(a+4)$
9. $(a+b)(4a-3b) - (5a-2b)(3a+b) - (a+b)(3a-6b)$
10. $(a+c)^2 - (a-c)^2$
11. $3(x+y)^2 - 4(x-y)^2 + 3x^2 - 3y^2$
12. $(m+n)^2 - (2m+n)^2 + (m-4n)^2$
13. $x(a+x) + 3x(a+1) - (x+1)(a+2x) - (a-x)^2$
14. $(a+b-c)^2 + (a-b+c)^2 - (a+b+c)^2$
15. $(x^2+x-3)^2 - (x^2-2+x)^2 + (x^2-x-3)^2$
16. $(x+y+z)^2 - (x+y)(x-y) + 3(x^2+xy+y^2)$
17. $[x+(2x-3)][3x-(x+1)] + 4x - x^2$
18. $[3(x+2) - 4(x+1)][3(x+4) - 2(x+2)]$
19. $[(m+n)(m-n) - (m+n)(m+n)][2(m+n) - 3(m-n)]$
20. $[(x+y)^2 - 3(x-y)^2][(x+y)(x-y) + x(y-x)]$

68 SUPRESIÓN DE SIGNOS DE AGRUPACIÓN CON PRODUCTOS INDICADOS

Ejemplos

1) Simplificar $5a + \{a - 2[a + 3b - 4(a+b)]\}$.

Un coeficiente colocado junto a un signo de agrupación nos indica que hay que multiplicarlo por cada uno de los términos encerrados en el signo de agrupación. Así, en este caso multiplicamos -4 por $a+b$ y tendremos:

$$5a + \{a - 2[a + 3b - 4a - 4b]\}$$

En el curso de la operación podemos reducir términos semejantes. Así, reduciendo los términos semejantes dentro del corchete, tenemos:

$$5a + \{a - 2[-3a - b]\}$$

Efectuando la multiplicación de -2 por $(-3a-b)$ tenemos: →

$$\begin{aligned} & 5a + \{a + 6a + 2b\} \\ &= 5a + \{7a + 2b\} \\ &= 5a + 7a + 2b = 12a + 2b \quad \textbf{R.} \end{aligned}$$

2) Simplificar $-3(x+y)-4[-x+2\{-x+2y-3(x-\overline{y+2})\}-2x]$.

Suprimiendo primero el vínculo, tendremos:

$$
\begin{aligned}
&-3(x+y)-4[-x+2\{-x+2y-3(x-y-2)\}-2x]\\
&=-3x-3y-4[-x+2\{-x+2y-3x+3y+6\}-2x]\\
&=-3x-3y-4[-x+2\{-4x+5y+6\}-2x]\\
&=-3x-3y-4[-x-8x+10y+12-2x]\\
&=-3x-3y-4[-11x+10y+12]\\
&=-3x-3y+44x-40y-48\\
&=41x-43y-48 \quad \textbf{R.}
\end{aligned}
$$

Ejercicio 48

Simplificar:

1. $x-[3a+2(-x+1)]$
2. $-(a+b)-3[2a+b(-a+2)]$
3. $-[3x-2y+(x-2y)-2(x+y)-3(2x+1)]$
4. $4x^2-\{-3x+5-[-x+x(2-x)]\}$
5. $2a-\{-3x+2[-a+3x-2(-a+b-\overline{2+a})]\}$
6. $a-(x+y)-3(x-y)+2[-(x-2y)-2(\overline{-x-y})]$
7. $m-(m+n)-3\{-2m+[-2m+n+2(-1+n)-\overline{m+n-1}]\}$
8. $-2(a-b)-3(a+2b)-4\{a-2b+2[-a+b-1+2(a-b)]\}$
9. $-5(x+y)-[2x-y+2\{-x+y-3-\overline{x-y-1}\}]+2x$
10. $m-3(m+n)+[-\{-(-2m+n-2-3[m-n+1])+m\}]$
11. $-3(x-2y)+2\{-4[-2x-3(x+y)]\}-\{-[-(x+y)]\}$
12. $5\{-(a+b)-3[-2a+3b-(a+b)+(-a-b)+2(-a+b)]-a\}$
13. $-3\{-[+(-a+b)]\}-4\{-[-(-a-b)]\}$
14. $-\{a+b-2(a-b)+3\{-[2a+b-3(a+b-1)]\}-3[-a+2(-1+a)]\}$

CAMBIOS DE SIGNOS EN LA MULTIPLICACIÓN 69

Las **reglas generales** para los cambios de signos en la multiplicación son las siguientes:

$$(+a)(+b)=+ab \text{ y } (-a)(-b)=+ab$$

1) Si se cambia el signo a un número par de factores, el signo del producto no varía.

En efecto, sabemos que:

$$(+a)(+b)=+ab \text{ y } (-a)(-b)=+ab$$

donde vemos que cambiando el signo a **dos factores** el signo del producto no varía.

2) Si se cambia el signo a un número impar de factores, el signo del producto varía.

En efecto, sabemos que:

$$(+a)(+b) = +ab \text{ y } (+a)(-b) = -ab \text{ o } (-a)(+b) = -ab$$

donde vemos que cambiando el signo a **un factor** el signo del producto varía.

Cuando los **factores sean polinomios**, para cambiarles el signo hay que cambiar el signo **a cada uno de sus términos.** Así, en el producto $(a - b)(c - d)$, para cambiar el signo al factor $(a - b)$, hay que escribir $(b - a)$, donde vemos que a, que tenía +, ahora tiene –, y b, que tenía –, tiene ahora + ; para cambiar el signo a $(c - d)$ hay que escribir $(d - c)$.

Por tanto, como cambiando el signo a **un factor** el producto varía su signo, tendremos:

$$(a - b)(c - d) = -(b - a)(c - d)$$
$$(a - b)(c - d) = -(a - b)(d - c)$$

y como cambiando el signo a **dos factores** el producto no varía de signo, tendremos:

$$(a - b)(c - d) = (b - a)(d - c)$$

Tratándose de **más de dos factores** aplicamos las reglas generales que nos dicen que cambiando el signo a un número **par** de factores el producto no varía de signo y cambiando el signo a un número **impar** de factores el producto varía de signo.

Así, tendremos:

$$(+a)(+b)(+c) = -(-a)(+b)(+c)$$
$$(+a)(+b)(+c) = -(+a)(-b)(+c)$$
$$(+a)(+b)(+c) = -(-a)(-b)(-c)$$

y también:

$$(+a)(+b)(+c) = (-a)(-b)(+c)$$
$$(+a)(+b)(+c) = (+a)(-b)(-c)$$
$$(+a)(+b)(+c) = (-a)(+b)(-c)$$

Si se trata de polinomios, tendremos:

$$(a - b)(c - d)(m - n) = -(b - a)(c - d)(m - n)$$
$$(a - b)(c - d)(m - n) = -(a - b)(d - c)(m - n)$$
$$(a - b)(c - d)(m - n) = -(b - a)(d - c)(n - m)$$

y también:

$$(a - b)(c - d)(m - n) = (b - a)(d - c)(m - n)$$
$$(a - b)(c - d)(m - n) = (a - b)(d - c)(n - m)$$
$$(a - b)(c - d)(m - n) = (b - a)(c - d)(n - m)$$

Platón (429-347 a. C.). Uno de los más grandes filósofos de la Antigüedad. Alumno predilecto de Sócrates, dio a conocer las doctrinas del Maestro y las suyas propias en los famosos *Diálogos*, entre las que sobresalen el *Timeo*, Fedón, el *Banquete,* etc. Viajó por el mundo griego de su época y recibió la influencia de los sabios y matemáticos contemporáneos de él. Alcanzó pleno dominio de las ciencias de su tiempo. Al fundar la Academia hizo inscribir en el frontispicio: "Que nadie entre aquí si no sabe Geometría".

Capítulo V

DIVISIÓN

LA DIVISIÓN es una operación que tiene por objeto, dado el producto de dos factores (dividendo) y uno de los factores (divisor), hallar el otro factor (cociente). 70

De esta definición se deduce que **el cociente multiplicado por el divisor reproduce el dividendo.**

Así, la operación de dividir $6a^2$ entre $3a$, que se indica $6a^2 \div 3a$ o $\frac{6a^2}{3a}$, consiste en hallar una cantidad que multiplicada por $3a$ dé $6a^2$. Esa cantidad (**cociente**) es $2a$.

Es evidente que $6a^2 \div 2a = \frac{6a^2}{2a} = 3a$, donde vemos que si el dividendo se divide entre el cociente nos da de cociente lo que antes era divisor.

LEY DE LOS SIGNOS 71

La ley de los signos en la división es la misma que en la multiplicación:

Signos iguales dan + y signos diferentes dan −.

En efecto:

1.
$$+ab \div +a = \frac{+ab}{+a} = +b$$

porque el cociente multiplicado por el divisor tiene que dar el dividendo con su signo y siendo el dividendo positivo, como el divisor es positivo, el cociente tiene que ser positivo para que multiplicado por el divisor reproduzca el dividendo: $(+a)\times(+b)=+ab$.

El cociente no puede ser $-b$ porque multiplicado por el divisor no reproduce el dividendo: $(+a)\times(-b)=-ab$.

2. $-ab\div -a=\frac{-ab}{-a}=+b$ porque $(-a)\times(+b)=-ab$

3. $+ab\div -a=\frac{+ab}{-a}=-b$ porque $(-a)\times(-b)=+ab$

4. $-ab\div +a=\frac{-ab}{+a}=-b$ porque $(+a)\times(-b)=-ab$

En resumen:

+ entre + da +
− entre − da +
+ entre − da −
− entre + da −

72 LEY DE LOS EXPONENTES

Para dividir potencias de la misma base se deja la misma base y se le pone de exponente la diferencia entre el exponente del dividendo y el exponente del divisor.

Sea el cociente $a^5\div a^3$. Decimos que

$$a^5\div a^3=\frac{a^5}{a^3}=a^{5-3}=a^2$$

a^2 será el cociente de esta división si multiplicada por el divisor a^3 reproduce el dividendo, y en efecto: $a^2\times a^3=a^5$.

73 LEY DE LOS COEFICIENTES

El coeficiente del cociente es el cociente de dividir el coeficiente del dividendo entre el coeficiente del divisor.

En efecto: $20a^2\div 5a=4a$

$4a$ es el cociente porque $4a\times 5a=20a^2$ y vemos que el coeficiente del cociente 4, es el cociente de dividir 20 entre 5.

74 CASOS DE LA DIVISIÓN

Estudiaremos tres casos: **1)** División de monomios. **2)** División de un polinomio por un monomio. **3)** División de dos polinomios.

I. DIVISIÓN DE MONOMIOS

De acuerdo con las leyes anteriores, podemos enunciar la siguiente

REGLA PARA DIVIDIR DOS MONOMIOS

75

Se divide el coeficiente del dividendo entre el coeficiente del divisor y a continuación se escriben en orden alfabético las letras, poniéndole a cada letra un exponente igual a la diferencia entre el exponente que tiene en el dividendo y el exponente que tiene en el divisor. El signo lo da la ley de los signos.

Ejemplos

1) Dividir $4a^3b^2$ entre $-2ab$.

$$4a^3b^2 \div -2ab = \frac{4a^3b^2}{-2ab} = -2a^2b \quad \textbf{R.}$$

porque $(-2ab) \times (-2a^2b) = 4a^3b^2$.

2) Dividir $-5a^4b^3c$ entre $-a^2b$.

$$-5a^4b^3c \div -a^2b = \frac{-5a^4b^3c}{-a^2b} = 5a^2b^2c \quad \textbf{R.}$$

porque $5a^2b^2c \times (-a^2b) = -5a^4b^3c$.

Obsérvese que cuando en el dividendo hay una letra que no existe en el divisor, en este caso c, dicha letra aparece en el cociente. Sucede lo mismo que si la c estuviera en el divisor con exponente cero porque tendríamos:

$$c \div c^0 = c^{1-0} = c$$

3) Dividir $-20mx^2y^3 \div 4xy^3$.

$$-20mx^2y^3 \div 4xy^3 = \frac{-20mx^2y^3}{4xy^3} = -5mx \quad \textbf{R.}$$

porque $4xy^3 \times (-5mx) = -20mx^2y^3$.

Obsérvese que letras iguales en el dividendo y divisor se cancelan porque su cociente es 1. Así, en este caso, y^3 del dividendo se cancela con y^3 del divisor, igual que en Aritmética suprimimos los factores comunes en el numerador y denominador de un quebrado. También, de acuerdo con la ley de los exponentes $y^3 \div y^3 = y^{3-3} = y^0$ y veremos más adelante que $y^0 = 1$ y 1 como factor puede suprimirse en el cociente.

4) Dividir $-x^my^nz^a$ entre $3xy^2z^3$.

$$-x^my^nz^a \div 3xy^2z^3 = \frac{-x^my^nz^a}{3xy^2z^3} = -\frac{1}{3}x^{m-1}y^{n-2}z^{a-3} \quad \textbf{R.}$$

Ejercicio 49

Dividir:

1. -24 entre 8
2. -63 entre -7
3. $-5a^2$ entre $-a$
4. $14a^3b^4$ entre $-2ab^2$
5. $-a^3b^4c$ entre a^3b^4
6. $-a^2b$ entre $-ab$
7. $54x^2y^2z^3$ entre $-6xy^2z^3$
8. $-5m^2n$ entre m^2n
9. $-8a^2x^3$ entre $-8a^2x^3$
10. $-xy^2$ entre $2y$
11. $5x^4y^5$ entre $-6x^4y$
12. $-a^8b^9c^4$ entre $8c^4$
13. $16m^6n^4$ entre $-5n^3$
14. $-108a^7b^6c^8$ entre $-20b^6c^8$
15. $-2m^2n^6$ entre $-3mn^6$
16. a^x entre a^2
17. $-3a^xb^m$ entre ab^2
18. $5a^mb^nc$ entre $-6a^3b^4c$
19. a^xb^m entre $-4a^mb^n$
20. $-3m^an^xx^3$ entre $-5m^xn^2x^3$

5) Dividir $a^{x+3}b^{m+2}$ entre $a^{x+2}b^{m+1}$.

$$\frac{a^{x+3}b^{m+2}}{a^{x+2}b^{m+1}} = a^{x+3-(x+2)}b^{m+2-(m+1)} = a^{x+3-x-2}b^{m+2-m-1} = ab \quad \textbf{R.}$$

6) Dividir $-3x^{2a+3}y^{3a-2}$ entre $-5x^{a-4}y^{a-1}$.

$$\frac{-3x^{2a+3}y^{3a-2}}{-5x^{a-4}y^{a-1}} = \frac{3}{5}x^{2a+3-(a-4)}y^{3a-2-(a-1)} = \frac{3}{5}x^{2a+3-a+4}y^{3a-2-a+1} = \frac{3}{5}x^{a+7}y^{2a-1} \quad \textbf{R.}$$

Ejercicio 50

Dividir:

1. a^{m+3} entre a^{m+2}
2. $2x^{a+4}$ entre $-x^{a+2}$
3. $-3a^{m-2}$ entre $-5a^{m-5}$
4. x^{2n+3} entre $-4x^{n+4}$
5. $-4a^{x-2}b^n$ entre $-5a^3b^2$
6. $-7x^{m+3}y^{m-1}$ entre $-8x^4y^2$
7. $5a^{2m-1}b^{x-3}$ entre $-6a^{2m-2}b^{x-4}$
8. $-4x^{n-1}y^{n+1}$ entre $5x^{n-1}y^{n+1}$
9. $a^{m+n}b^{x+n}$ entre a^mb^a
10. $-5ab^2c^3$ entre $6a^mb^nc^x$

7) Dividir $\frac{2}{3}a^2b^3c$ entre $-\frac{5}{6}a^2bc$.

$$\frac{\frac{2}{3}a^2b^3c}{-\frac{5}{6}a^2bc} = -\frac{4}{5}b^2 \quad \textbf{R.}$$

Ejercicio 51

Dividir:

1. $\frac{1}{2}x^2$ entre $\frac{2}{3}$
2. $-\frac{3}{5}a^3b$ entre $-\frac{4}{5}a^2b$
3. $\frac{2}{3}xy^5z^3$ entre $-\frac{1}{6}z^3$
4. $-\frac{7}{8}a^mb^n$ entre $-\frac{3}{4}ab^2$
5. $-\frac{2}{9}x^4y^5$ entre -2
6. $3m^4n^5p^6$ entre $-\frac{1}{3}m^4np^5$
7. $-\frac{7}{8}a^2b^5c^6$ entre $-\frac{5}{2}ab^5c^6$
8. $\frac{2}{3}a^xb^m$ entre $-\frac{3}{5}ab^2$
9. $-\frac{3}{8}c^3d^5$ entre $\frac{3}{4}d^x$
10. $\frac{3}{4}a^mb^n$ entre $-\frac{3}{2}b^3$
11. $-2a^{x+4}b^{m-3}$ entre $-\frac{1}{2}a^4b^3$
12. $-\frac{1}{15}a^{x-3}b^{m+5}c^2$ entre $\frac{3}{5}a^{x-4}b^{m-1}$

II. DIVISIÓN DE POLINOMIOS POR MONOMIOS

Sea $(a+b-c) \div m$. Tendremos: 76

$$(a+b-c)\div m=\frac{a+b-c}{m}=\frac{a}{m}+\frac{b}{m}-\frac{c}{m}$$

En efecto: $\frac{a}{m}+\frac{b}{m}-\frac{c}{m}$ es el cociente de la división porque multiplicado por el divisor reproduce el dividendo:

$$\left(\frac{a}{m}+\frac{b}{m}-\frac{c}{m}\right)m=\frac{a}{m}\times m+\frac{b}{m}\times m-\frac{c}{m}\times m=a+b-c$$

Podemos, pues, enunciar la siguiente

REGLA PARA DIVIDIR UN POLINOMIO POR UN MONOMIO 77

Se divide cada uno de los términos del polinomio por el monomio separando los cocientes parciales con sus propios signos.

Esta es la **ley distributiva** de la división.

Ejemplos

1) Dividir $3a^3-6a^2b+9ab^2$ entre $3a$.

$$(3a^3-6a^2b+9ab^2)\div 3a=\frac{3a^3-6a^2b+9ab^2}{3a}=\frac{3a^3}{3a}-\frac{6a^2b}{3a}+\frac{9ab^2}{3a}$$
$$=a^2-2ab+3b^2 \quad \textbf{R.}$$

2) Dividir $2a^xb^m-6a^{x+1}b^{m-1}-3a^{x+2}b^{m-2}$ entre $-2a^3b^4$.

$$\left(2a^xb^m-6a^{x+1}b^{m-1}-3a^{x+2}b^{m-2}\right)\div -2a^3b^4=-\frac{2a^xb^m}{2a^3b^4}+\frac{6a^{x+1}b^{m-1}}{2a^3b^4}+\frac{3a^{x+2}b^{m-2}}{2a^3b^4}$$
$$=-a^{x-3}b^{m-4}+3a^{x-2}b^{m-5}+\frac{3}{2}a^{x-1}b^{m-6} \quad \textbf{R.}$$

Ejercicio 52

Dividir:

1. a^2-ab entre a
2. $3x^2y^3-5a^2x^4$ entre $-3x^2$
3. $3a^3-5ab^2-6a^2b^3$ entre $-2a$
4. x^3-4x^2+x entre x
5. $4x^8-10x^6-5x^4$ entre $2x^3$
6. $6m^3-8m^2n+20mn^2$ entre $-2m$
7. $6a^8b^8-3a^6b^6-a^2b^3$ entre $3a^2b^3$
8. $x^4-5x^3-10x^2+15x$ entre $-5x$
9. $8m^9n^2-10m^7n^4-20m^5n^6+12m^3n^8$ entre $2m^2$
10. a^x+a^{m-1} entre a^2
11. $2a^m-3a^{m+2}+6a^{m+4}$ entre $-3a^3$
12. $a^mb^n+a^{m-1}b^{n+2}-a^{m-2}b^{n+4}$ entre a^2b^3
13. $x^{m+2}-5x^m+6x^{m+1}-x^{m-1}$ entre x^{m-2}
14. $4a^{x+4}b^{m-1}-6a^{x+3}b^{m-2}+8a^{x+2}b^{m-3}$ entre $-2a^{x+2}b^{m-4}$

3) Dividir $\frac{3}{4}x^3y - \frac{2}{3}x^2y^2 + \frac{5}{6}xy^3 - \frac{1}{2}y^4$ entre $\frac{5}{6}y$.

$$\left(\frac{3}{4}x^3y - \frac{2}{3}x^2y^2 + \frac{5}{6}xy^3 - \frac{1}{2}y^4\right) \div \frac{5}{6}y = \frac{\frac{3}{4}x^3y}{\frac{5}{6}y} - \frac{\frac{2}{3}x^2y^2}{\frac{5}{6}y} + \frac{\frac{5}{6}xy^3}{\frac{5}{6}y} - \frac{\frac{1}{2}y^4}{\frac{5}{6}y}$$

$$= \frac{9}{10}x^3 - \frac{4}{5}x^2y + xy^2 - \frac{3}{5}y^3 \quad \textbf{R.}$$

Ejercicio 53

Dividir:

1. $\frac{1}{2}x^2 - \frac{2}{3}x$ entre $\frac{2}{3}x$
2. $\frac{1}{3}a^3 - \frac{3}{5}a^2 + \frac{1}{4}a$ entre $-\frac{3}{5}$
3. $\frac{1}{4}m^4 - \frac{2}{3}m^3n + \frac{3}{8}m^2n^2$ entre $\frac{1}{4}m^2$
4. $\frac{2}{3}x^4y^3 - \frac{1}{5}x^3y^4 + \frac{1}{4}x^2y^5 - xy^6$ entre $-\frac{1}{5}xy^3$
5. $\frac{2}{5}a^5 - \frac{1}{3}a^3b^3 - ab^5$ entre $5a$
6. $\frac{1}{3}a^m + \frac{1}{4}a^{m-1}$ entre $\frac{1}{2}a$
7. $\frac{2}{3}a^{x+1} - \frac{1}{4}a^{x-1} - \frac{2}{5}a^x$ entre $\frac{1}{6}a^{x-2}$
8. $-\frac{3}{4}a^{n-1}x^{m+2} + \frac{1}{8}a^nx^{m+1} - \frac{2}{3}a^{n+1}x^m$ entre $-\frac{2}{5}a^3x^2$

III. DIVISIÓN DE DOS POLINOMIOS

La división de dos polinomios se verifica de acuerdo con la siguiente

78 REGLA PARA DIVIDIR DOS POLINOMIOS

1) Se ordenan el dividendo y el divisor con relación a una misma letra.

2) Se divide el primer término del dividendo entre el primero del divisor y tendremos el primer término del cociente.

3) Este primer término del cociente se multiplica por todo el divisor y el producto se resta del dividendo, para lo cual se le cambia el signo, escribiendo cada término debajo de su semejante. Si algún término de este producto no tiene término semejante en el dividendo se escribe en el lugar que le corresponda de acuerdo con la ordenación del dividendo y el divisor.

4) Se divide el primer término del resto entre el primer término del divisor y tendremos el segundo término del cociente.

5) Este segundo término del cociente se multiplica por todo el divisor y el producto se resta del dividendo, cambiando los signos.

6) **Se divide el primer término del segundo resto entre el primero del divisor y se efectúan las operaciones anteriores; y así sucesivamente hasta que el residuo sea cero.**

Ejemplos

1) Dividir $3x^2 + 2x - 8$ entre $x + 2$.

$$\begin{array}{r|l} 3x^2 + 2x - 8 & x+2 \\ \hline -3x^2 - 6x & 3x-4^{(1)} \\ \hline -4x - 8 & \\ 4x - 8 & \\ \hline \end{array}$$

R.

EXPLICACIÓN

El dividendo y el divisor están ordenados de manera descendente con relación *a* x.
Dividimos el primer término del dividendo $3x^2$ entre el primero del divisor x y tenemos $3x^2 \div x = 3x$. Éste es el primer término del cociente.
Multiplicamos $3x$ por cada uno de los términos del divisor y como estos productos hay que restarlos del dividendo, tendremos: $3x \times x = 3x^2$, para restar $-3x^2$; $3x \times 2 = 6x$, para restar $-6x$.
Estos productos con sus signos cambiados los escribimos debajo de los términos semejantes con ellos del dividendo y hacemos la reducción; nos da $-4x$ y bajamos el -8.
Dividimos $-4x$ entre x: $-4x \div x = -4$ y éste es el segundo término del cociente. El -4 hay que multiplicarlo por cada uno de los términos del divisor y restar los productos del dividendo y tendremos:

$$(-4) \times x = -4x, \text{ para restar } +4x; \ (-4) \times 2 = -8, \text{ para restar } 8$$

Escribimos estos términos debajo de sus semejantes y haciendo la reducción nos da cero de residuo.

RAZÓN DE LA REGLA APLICADA

Dividir $3x^2 + 2x - 8$ entre $x + 2$ es hallar una cantidad que multiplicada por $x + 2$ nos dé $3x^2 + 2x - 8$, de acuerdo con la definición de división.
El término $3x^2$ que contiene la mayor potencia de x en el dividendo tiene que ser el producto del término con la mayor potencia de x en el divisor que es x por el término que tenga la mayor potencia de x en el cociente, luego dividiendo $3x^2 \div x = 3x$ tendremos el término que contiene la mayor potencia de x en el cociente.
Hemos multiplicado $3x$ por $x + 2$ que nos da $3x^2 + 6x$ y este producto lo restamos del dividendo. El residuo es $-4x - 8$.
Este residuo $-4x - 8$, se considera como un nuevo dividendo, porque tiene que ser el producto del divisor $x + 2$, por lo que aún nos falta del cociente. Divido $-4x$ entre x y me da como cociente -4.
Este es el segundo término del cociente. Multiplicando -4 por $x + 2$ obtengo $-4x - 8$. Restando este producto del dividendo $-4x - 8$ me da cero de residuo. Luego $3x - 4$ es la cantidad que multiplicada por el divisor $x + 2$ nos da el dividendo $3x^2 + 2x - 8$, luego $3x - 4$ es el cociente de la división.

(1) En los ejercicios de la división se usa la notación:

$$\begin{array}{l|l} \text{Dividendo} & \text{Divisor} \\ \hline \text{Residuo} & \text{Cociente} \end{array} \quad \text{que equivale a la notación} \quad \begin{array}{r|l} & \text{Cociente} \\ \hline \text{Divisor} & \text{Dividendo} \\ & \text{Residuo} \end{array}$$

2) Dividir $28x^2 - 30y^2 - 11xy$ entre $4x - 5y$.

Ordenando dividendo y divisor en orden descendente con relación a x tendremos:

$$\begin{array}{rrr|l} 28x^2 & -11xy & -30y^2 & 4x-5y \\ \cline{4-4} -28x^2 & +35xy & & 7x+6y \quad \textbf{R.} \\ \hline & 24xy & -30y^2 & \\ & -24xy & +30y^2 & \\ \hline \end{array}$$

EXPLICACIÓN

Dividimos $28x^2 \div 4x = 7x$. Este primer término del cociente lo multiplicamos por cada uno de los términos del divisor: $7x \times 4x = 28x^2$, para restar $-28x^2$; $7x \times (-5y) = -35xy$, para restar $+35xy$. Escribimos estos términos debajo de sus semejantes en el dividendo y los reducimos. El residuo es $24xy - 30y^2$. Divido el primer término del residuo entre el primero del divisor:

$$24xy \div 4x = +6y. \text{ Éste es el segundo término del cociente.}$$

Multiplico $6y$ por cada uno de los términos del divisor. $6y \times 4x = 24xy$ para restar $-24xy$; $6y \times (-5y) = -30y^2$, para restar $+30y^2$. Escribimos estos términos debajo de sus semejantes y haciendo la reducción nos da cero como residuo. $7x + 6y$ es el cociente de la división.

Ejercicio 54

Dividir:

1. $a^2 + 2a - 3$ entre $a + 3$
2. $a^2 - 2a - 3$ entre $a + 1$
3. $x^2 - 20 + x$ entre $x + 5$
4. $m^2 - 11m + 30$ entre $m - 6$
5. $x^2 + 15 - 8x$ entre $3 - x$
6. $6 + a^2 + 5a$ entre $a + 2$
7. $6x^2 - xy - 2y^2$ entre $y + 2x$
8. $-15x^2 - 8y^2 + 22xy$ entre $2y - 3x$
9. $5a^2 + 8ab - 21b^2$ entre $a + 3b$
10. $14x^2 - 12 + 22x$ entre $7x - 3$
11. $-8a^2 + 12ab - 4b^2$ entre $b - a$
12. $5n^2 - 11mn + 6m^2$ entre $m - n$
13. $32n^2 - 54m^2 + 12mn$ entre $8n - 9m$
14. $-14y^2 + 33 + 71y$ entre $-3 - 7y$
15. $x^3 - y^3$ entre $x - y$
16. $a^3 + 3ab^2 - 3a^2b - b^3$ entre $a - b$
17. $x^4 - 9x^2 + 3 + x$ entre $x + 3$
18. $a^4 + a$ entre $a + 1$
19. $m^6 - n^6$ entre $m^2 - n^2$
20. $2x^4 - x^3 - 3 + 7x$ entre $2x + 3$
21. $3y^5 + 5y^2 - 12y + 10$ entre $y^2 + 2$
22. $am^4 - am - 2a$ entre $am + a$
23. $12a^3 + 33ab^2 - 35a^2b - 10b^3$ entre $4a - 5b$
24. $15m^5 - 9m^3n^2 - 5m^4n + 3m^2n^3 + 3mn^4 - n^5$ entre $3m - n$

79 PRUEBA DE LA DIVISIÓN

Puede verificarse, cuando la división es exacta, multiplicando el divisor por el cociente, debiendo darnos el dividendo si la operación está correcta.

3) Dividir $2x^3 - 2 - 4x$ entre $2 + 2x$.

Al ordenar el dividendo y el divisor debemos tener presente que en el dividendo falta el término en x^2, luego debemos dejar un lugar para ese término:

$$\begin{array}{rrrr|l} 2x^3 & & -4x & -2 & 2x+2 \\ \cline{5-5} -2x^3 & -2x^2 & & & x^2-x-1 \quad \textbf{R.} \\ \hline & -2x^2 & -4x & & \\ & 2x^2 & +2x & & \\ \hline & & -2x & -2 & \\ & & 2x & +2 & \\ \hline \end{array}$$

4) Dividir $3a^5+10a^3b^2+64a^2b^3-21a^4b+32ab^4$ entre $a^3-4ab^2-5a^2b$.

Ordenando con relación a la a en orden descendente:

$$\begin{array}{l|l} 3a^5-21a^4b+10a^3b^2+64a^2b^3+32ab^4 & a^3-5a^2b-4ab^2 \\ \hline -3a^5+15a^4b+12a^3b^2 & 3a^2-6ab-8b^2 \quad \textbf{R.} \\ \hline -6a^4b+22a^3b^2+64a^2b^3 & \\ 6a^4b-30a^3b^2-24a^2b^3 & \\ \hline -8a^3b^2+40a^2b^3+32ab^4 & \\ 8a^3b^2-40a^2b^3-32ab^4 & \\ \hline \end{array}$$

5) Dividir $x^{12}+x^6y^6-x^8y^4-x^2y^{10}$ entre $x^8+x^6y^2-x^4y^4-x^2y^6$.

Al ordenar el dividendo tenemos $x^{12}-x^8y^4+x^6y^6-x^2y^{10}$.

Aquí podemos observar que faltan los términos en $x^{10}y^2$ y en x^4y^8; dejaremos pues un espacio entre x^{12} y $-x^8y^4$ para el término en $x^{10}y^2$ y otro espacio entre x^6y^6 y $-x^2y^{10}$ para término en x^4y^8 y tendremos:

$$\begin{array}{l|l} x^{12} \quad -x^8y^4+x^6y^6 \quad -x^2y^{10} & x^8+x^6y^2-x^4y^4-x^2y^6 \\ \hline -x^{12}-x^{10}y^2+x^8y^4+x^6y^6 & x^4-x^2y^2+y^4 \quad \textbf{R.} \\ \hline -x^{10}y^2+2x^6y^6 & \\ x^{10}y^2+x^8y^4-x^6y^6-x^4y^8 & \\ \hline x^8y^4+x^6y^6-x^4y^8-x^2y^{10} & \\ -x^8y^4-x^6y^6+x^4y^8+x^2y^{10} & \\ \hline \end{array}$$

6) Dividir $11a^3-3a^5-46a^2+32$ entre $8-3a^2-6a$.

Ordenaremos de manera ascendente porque con ello logramos que el primer término del divisor sea positivo, lo cual siempre es más cómodo. Además, como en el dividendo faltan los términos en a^4 y en a dejaremos los lugares vacíos correspondientes y tendremos:

$$\begin{array}{l|l} 32 \quad -46a^2+11a^3 \quad -3a^5 & 8-6a-3a^2 \\ \hline -32+24a+12a^2 & 4+3a-2a^2+a^3 \quad \textbf{R.} \\ \hline 24a-34a^2+11a^3 & \\ -24a+18a^2+9a^3 & \\ \hline -16a^2+20a^3 & \\ 16a^2-12a^3-6a^4 & \\ \hline 8a^3-6a^4-3a^5 & \\ -8a^3+6a^4+3a^5 & \\ \hline \end{array}$$

Ejercicio 55

Dividir:

1. a^4-a^2-2a-1 entre a^2+a+1
2. x^5+12x^2-5x entre x^2-2x+5
3. $m^5-5m^4n+20m^2n^3-16mn^4$ entre $m^2-2mn-8n^2$
4. x^4-x^2-2x-1 entre x^2-x-1
5. $x^6+6x^3-2x^5-7x^2-4x+6$ entre x^4-3x^2+2

6. $m^6 + m^5 - 4m^4 - 4m + m^2 - 1$ entre $m^3 + m^2 - 4m - 1$
7. $a^5 - a^4 + 10 - 27a + 7a^2$ entre $a^2 + 5 - a$
8. $3x^3y - 5xy^3 + 3y^4 - x^4$ entre $x^2 - 2xy + y^2$
9. $2n - 2n^3 + n^4 - 1$ entre $n^2 - 2n + 1$
10. $22a^2b^4 - 5a^4b^2 + a^5b - 40ab^5$ entre $a^2b - 2ab^2 - 10b^3$
11. $16x^4 - 27y^4 - 24x^2y^2$ entre $8x^3 - 9y^3 + 6xy^2 - 12x^2y$
12. $4y^4 - 13y^2 + 4y^3 - 3y - 20$ entre $2y + 5$
13. $5a^3x^2 - 3x^5 - 11ax^4 + 3a^4x - 2a^5$ entre $3x^3 - a^3 + 2ax^2$
14. $2x^5y - x^6 - 3x^2y^4 - xy^5$ entre $x^4 - 3x^3y + 2x^2y^2 + xy^3$
15. $a^6 - 5a^5 + 31a^2 - 8a + 21$ entre $a^3 - 2a - 7$
16. $m^6 - m^5 + 5m^3 - 6m + 9$ entre $m^4 + 3 - m^2 + m^3$
17. $a^6 + b^6 - a^5b - 4a^4b^2 + 6a^3b^3 - 3ab^5$ entre $a^2 - 2ab + b^2$
18. $x^6 - 2x^4y^2 + 2x^3y^3 - 2x^2y^4 + 3xy^5 - 2y^6$ entre $x^2 - 2y^2 + xy$
19. $4y^3 - 2y^5 + y^6 - y^4 - 4y + 2$ entre $y^4 + 2 - 2y^2$
20. $3m^7 - 11m^5 + m^4 + 18m^3 - 8m - 3m^2 + 4$ entre $m^4 - 3m^2 + 4$
21. $a^6 + 2a^5 - 3a^3 - 2a^4 + 2a^2 - a - 1$ entre $a^3 + a^2 - a + 1$
22. $24x^5 - 52x^4y + 38x^3y^2 - 33x^2y^3 - 26xy^4 + 4y^5$ entre $8x^3 - 12x^2y - 6xy^2 + y^3$
23. $5a^5 + 6a^4 + 5a^8 - 4a^7 - 8a^6 - 2a^3 + 4a^2 - 6a$ entre $a^4 - 2a^2 + 2$
24. $x^7 - 3x^6 + 6x^5 + x^2 - 3x + 6$ entre $x^3 - 2x^2 + 3x + 6$
25. $3a^6 + 5a^5 - 9a^4 - 10a^3 + 8a^2 + 3a - 4$ entre $3a^3 + 2a^2 - 5a - 4$
26. $5y^8 - 3y^7 - 11y^6 + 11y^5 - 17y^4 - 3y^3 - 4y^2 - 2y$ entre $5y^4 - 3y^3 + 4y^2 + 2y$
27. $-m^7 + 5m^6n - 14m^5n^2 + 20m^4n^3 - 13m^3n^4 - 9m^2n^5 + 20mn^6 - 4n^7$ entre $n^3 + 3m^2n - 5mn^2 - m^3$
28. $x^{11} - 5x^9y^2 + 8x^7y^4 - 6x^5y^6 - 5x^3y^8 + 3xy^{10}$ entre $x^5 - 2x^3y^2 + 3xy^4$
29. $3a^9 - 15a^7 + 14a^6 - 28a^4 + 47a^3 - 28a^2 + 23a - 10$ entre $3a^5 - 6a^3 + 2a^2 - 3a + 2$
30. $a^2 - b^2 + 2bc - c^2$ entre $a + b - c$
31. $-2x^2 + 5xy - xz - 3y^2 - yz + 10z^2$ entre $2x - 3y + 5z$
32. $x^3 + y^3 + z^3 - 3xyz$ entre $x^2 + y^2 + z^2 - xy - xz - yz$
33. $a^5 + b^5$ entre $a + b$
34. $21x^5 - 21y^5$ entre $3x - 3y$
35. $16x^8 - 16y^8$ entre $2x^2 + 2y^2$
36. $x^{10} - y^{10}$ entre $x^2 - y^2$
37. $x^{15} + y^{15}$ entre $x^3 + y^3$
38. $x^3 + y^3 + 3x^2y + 3xy^2 - 1$ entre $x^2 + 2xy + y^2 + x + y + 1$
39. $x^5 + y^5$ entre $x^4 - x^3y + x^2y^2 - xy^3 + y^4$

80 DIVISIÓN DE POLINOMIOS CON EXPONENTES LITERALES

Ejemplos

1) Dividir $3a^{x+5} + 19a^{x+3} - 10a^{x+4} - 8a^{x+2} + 5a^{x+1}$ entre $a^2 - 3a + 5$.

Ordenando en orden descendente en relación con la a, tendremos:

$$\begin{array}{rrrrr|l}
3a^{x+5} & -\,10a^{x+4} & +\,19a^{x+3} & -\,8a^{x+2} & +\,5a^{x+1} & a^2-3a+5 \\
-\,3a^{x+5} & +\,9a^{x+4} & -\,15a^{x+3} & & & 3a^{x+3}-a^{x+2}+a^{x+1} \quad \textbf{R.} \\
\hline
 & -\,a^{x+4} & +\,4a^{x+3} & -\,8a^{x+2} & & \\
 & a^{x+4} & -\,3a^{x+3} & +\,5a^{x+2} & & \\
\hline
 & & a^{x+3} & -\,3a^{x+2} & +\,5a^{x+1} & \\
 & & -\,a^{x+3} & +\,3a^{x+2} & -\,5a^{x+1} & \\
\hline
\end{array}$$

EXPLICACIÓN

La división $3a^{x+5} \div a^2 = 3a^{x+5-2} = 3a^{x+3}$
La división $-a^{x+4} \div a^2 = -a^{x+4-2} = -a^{x+2}$
La división $a^{x+3} \div a^2 = a^{x+3-2} = a^{x+1}$

2) Dividir $x^{3a} - 17x^{3a-2} + x^{3a-1} + 3x^{3a-4} + 2x^{3a-3} - 2x^{3a-5}$ entre $x^{2a-1} - 2x^{2a-3} - 3x^{2a-2}$.

Ordenamos de manera descendente con relación a x y tendremos:

$$\begin{array}{l|l}
x^{3a} + x^{3a-1} - 17x^{3a-2} + 2x^{3a-3} + 3x^{3a-4} - 2x^{3a-5} & x^{2a-1} - 3x^{2a-2} - 2x^{2a-3} \\
-x^{3a} + 3x^{3a-1} + 2x^{3a-2} & x^{a+1} + 4x^{a} - 3x^{a-1} + x^{a-2} \quad \textbf{R.} \\
\hline
4x^{3a-1} - 15x^{3a-2} + 2x^{3a-3} & \\
-4x^{3a-1} + 12x^{3a-2} + 8x^{3a-3} & \\
\hline
-3x^{3a-2} + 10x^{3a-3} + 3x^{3a-4} & \\
3x^{3a-2} - 9x^{3a-3} - 6x^{3a-4} & \\
\hline
x^{3a-3} - 3x^{3a-4} - 2x^{3a-5} & \\
-x^{3a-3} + 3x^{3a-4} + 2x^{3a-5} & \\
\hline
\end{array}$$

EXPLICACIÓN

La división $x^{3a} \div x^{2a-1} = x^{3a-(2a-1)} = x^{3a-2a+1} = x^{a+1}$
La división $4x^{3a-1} \div x^{2a-1} = 4x^{3a-1-(2a-1)} = 4x^{3a-1-2a+1} = 4x^{a}$
La división $-3x^{3a-2} \div x^{2a-1} = -3x^{3a-2-(2a-1)} = -3x^{3a-2-2a+1} = -3x^{a-1}$
La división $x^{3a-3} \div x^{2a-1} = x^{3a-3-(2a-1)} = x^{3a-3-2a+1} = x^{a-2}$

Ejercicio 56

Dividir:

1. $a^{x+3} + a^{x}$ entre $a + 1$
2. $x^{n+2} + 3x^{n+3} + x^{n+4} - x^{n+5}$ entre $x^2 + x$
3. $m^{a+4} - m^{a+3} + 6m^{a+1} - 5m^{a} + 3m^{a-1}$ entre $m^2 - 2m + 3$
4. $a^{2n+3} + 4a^{2n+2} + a^{2n+1} - 2a^{2n}$ entre $a^{n} + a^{n+1}$
5. $x^{2a+5} - 3x^{2a+3} + 2x^{2a+4} - 4x^{2a+2} + 2x^{2a+1}$ entre $x^{a+3} - 2x^{a+1}$
6. $a^{x+2} - 2a^{x} + 8a^{x-1} - 3a^{x-2}$ entre $3a^{x-2} - 2a^{x-1} + a^{x}$
7. $a^{2x} - 4a^{2x-2} + 5a^{2x-3} + 2a^{2x-1} - 2a^{2x-4}$ entre $a^{x} - a^{x-1} + a^{x-2}$
8. $m^{2a-2} - m^{2a-1} - 4m^{2a} + 2m^{2a+1} + 2m^{2a+2} - m^{2a+3}$ entre $m^{a-3} - m^{a-1} + m^{a-2}$
9. $x^{2a-2} + x^{2a-3} - 4x^{2a-4} - x^{2a-7}$ entre $-x^{a-3} + x^{a-1} - x^{a-2}$
10. $a^{2n}b^{3} - a^{2n-1}b^{4} + a^{2n-2}b^{5} - 2a^{2n-4}b^{7} + a^{2n-5}b^{8}$ entre $a^{n}b - a^{n-1}b^{2} + 2a^{n-2}b^{3} - a^{n-3}b^{4}$
11. $a^{m+x} + a^{m}b^{x} + a^{x}b^{m} + b^{m+x}$ entre $a^{x} + b^{x}$
12. $a^{x} - ab^{n-1} - a^{x-1}b + b^{n}$ entre $a - b$
13. $3a^{5m-3} - 23a^{5m-2} + 5a^{5m-1} + 46a^{5m} - 30a^{5m+1}$ entre $a^{3m-3} + 6a^{3m-1} - 8a^{3m-2}$
14. $2x^{3a+1}y^{2x-3} - 4x^{3a}y^{2x-2} - 28x^{3a-2}y^{2x} + 30x^{3a-3}y^{2x+1}$ entre $-x^{a+2}y^{x-1} - 3x^{a}y^{x+1} + 4x^{a+1}y^{x}$

81 DIVISIÓN DE POLINOMIOS CON COEFICIENTES FRACCIONARIOS

Ejemplo

1) Dividir $\frac{1}{3}x^3-\frac{35}{36}x^2y+\frac{2}{3}xy^2-\frac{3}{8}y^3$ entre $\frac{2}{3}x-\frac{3}{2}y$.

$$\begin{array}{rl|l} \frac{1}{3}x^3-\frac{35}{36}x^2y+\frac{2}{3}xy^2-\frac{3}{8}y^3 & & \frac{2}{3}x-\frac{3}{2}y \\ -\frac{1}{3}x^3+\frac{3}{4}x^2y \qquad\qquad\qquad & & \frac{1}{2}x^2-\frac{1}{3}xy+\frac{1}{4}y^2 \quad \textbf{R.} \\ \hline -\frac{2}{9}x^2y+\frac{2}{3}xy^2 \qquad\quad & & \\ \frac{2}{9}x^2y-\frac{1}{2}xy^2 \qquad\quad & & \\ \hline \frac{1}{6}xy^2-\frac{3}{8}y^3 & & \\ -\frac{1}{6}xy^2+\frac{3}{8}y^3 & & \\ \hline \end{array}$$

Obsérvese que todo quebrado que se obtenga en el cociente al dividir, lo mismo que los quebrados que se obtienen al multiplicar el cociente por el divisor, deben reducirse a su más simple expresión.

Ejercicio 57

Dividir:

1. $\frac{1}{6}a^2+\frac{5}{36}ab-\frac{1}{6}b^2$ entre $\frac{1}{3}a+\frac{1}{2}b$
2. $\frac{1}{3}x^2+\frac{7}{10}xy-\frac{1}{3}y^2$ entre $x-\frac{2}{5}y$
3. $\frac{1}{3}x^3-\frac{35}{36}x^2y+\frac{2}{3}xy^2-\frac{3}{8}y^3$ entre $\frac{1}{2}x^2-\frac{1}{3}xy+\frac{1}{4}y^2$
4. $\frac{1}{16}a^3-\frac{5}{8}a^2b-b^3+\frac{5}{3}ab^2$ entre $\frac{1}{4}a-\frac{3}{2}b$
5. $\frac{3}{5}m^4+\frac{1}{10}m^3n-\frac{17}{60}m^2n^2+\frac{7}{6}mn^3-n^4$ entre $\frac{3}{2}m^2+2n^2-mn$
6. $\frac{3}{4}x^5+\frac{1}{2}x^4-\frac{37}{40}x^3+\frac{2}{3}x^2-\frac{4}{5}+\frac{19}{30}x$ entre $2x^3-\frac{1}{3}x+2$
7. $\frac{9}{4}a^4-a^3x+\frac{13}{18}ax^3-\frac{1}{12}a^2x^2-\frac{1}{3}x^4$ entre $\frac{3}{2}a^2-ax+\frac{2}{3}x^2$
8. $\frac{1}{14}x^5+\frac{139}{280}x^3y^2-\frac{1}{2}x^2y^3-\frac{101}{420}x^4y+\frac{5}{12}xy^4$ entre $\frac{2}{7}x^3-\frac{1}{5}x^2y+\frac{1}{2}xy^2$
9. $\frac{3}{8}x^5+\frac{21}{40}x^4-\frac{47}{120}x^3+\frac{79}{120}x^2+\frac{1}{10}x-\frac{1}{10}$ entre $\frac{1}{2}+\frac{1}{3}x^2-\frac{1}{4}x+\frac{1}{4}x^3$
10. $\frac{99}{40}m^3n^2-\frac{101}{60}m^2n^3+\frac{1}{2}m^5-\frac{5}{6}m^4n+\frac{7}{6}mn^4-\frac{5}{8}n^5$ entre $\frac{3}{4}m^3-\frac{1}{2}m^2n+\frac{2}{5}mn^2-\frac{1}{4}n^3$

DIVISIÓN DE POLINOMIOS POR EL MÉTODO DE COEFICIENTES SEPARADOS 82

La división por **coeficientes separados,** que abrevia mucho la operación, puede usarse en los mismos casos que en la multiplicación.

1) División de dos polinomios que contengan una sola letra y estén ordenados de la misma manera con relación a esa letra.

Ejemplo

1) Dividir $8x^6 - 16x^5 + 6x^4 + 24x^2 + 18x - 36$ entre $4x^3 + 3x - 6$ por coeficientes separados.
Escribimos solamente los coeficientes con sus signos teniendo cuidado de poner cero donde falte algún término y se efectúa la división con ellos:

$$\begin{array}{r|l}
8 - 16 + 6 + 0 + 24 + 18 - 36 & 4+0+3-6 \\
-8 - 0 - 6 + 12 \qquad\qquad\qquad & 2-4+0+6 \\
\hline
-16 + 0 + 12 + 24 \qquad\quad & \\
16 + 0 + 12 - 24 \qquad\quad & \\
\hline
+24 + 0 + 18 - 36 & \\
-24 - 0 - 18 + 36 & \\
\hline
\end{array}$$

El primer término del cociente tiene x^3 porque proviene de dividir x^6 entre x^3 y como en el dividendo y divisor el exponente de x disminuye una unidad en cada término, en el cociente también disminuirá una unidad en cada término, luego el cociente es:

$2x^3 - 4x^2 + 6$ **R.**

2) División de dos polinomios homogéneos que contengan solamente dos letras.

Ejemplo

1) Dividir $a^5 - 7a^4b + 21a^3b^2 - 37a^2b^3 + 38ab^4 - 24b^5$ entre $a^2 - 3ab + 4b^2$ por coeficientes separados.

Tendremos:

$$\begin{array}{r|l}
1 - 7 + 21 - 37 + 38 - 24 & 1-3+4 \\
-1 + 3 - 4 \qquad\qquad\qquad & 1-4+5-6 \\
\hline
-4 + 17 - 37 \qquad\quad & \\
4 - 12 + 16 \qquad\quad & \\
\hline
5 - 21 + 38 \qquad & \\
-5 + 15 - 20 \qquad & \\
\hline
-6 + 18 - 24 & \\
6 - 18 + 24 & \\
\hline
\end{array}$$

El primer término del cociente tiene a^3 porque proviene de dividir a^5 entre a^2.
Como el cociente es homogéneo y en el dividendo y divisor el exponente de a disminuye una unidad en cada término y el de b aumenta una unidad en cada término, el cociente será:

$$a^3 - 4a^2b + 5ab^2 - 6b^3 \quad \textbf{R.}$$

Ejercicio 58

Dividir por coeficientes separados:

1. $x^5 - x^4 + x^2 - x$ entre $x^3 - x^2 + x$
2. $x^7 + x^6 - 11x^5 + 3x^4 - 13x^3 + 19x^2 - 56$ entre $x^3 - 2x^2 - 7$
3. $a^6 + a^5b - 7a^4b^2 + 12a^3b^3 - 13a^2b^4 + 7ab^5 - b^6$ entre $a^2 - 2ab + b^2$
4. $m^6 + 2m^4n^2 - 5m^5n + 20m^3n^3 - 19m^2n^4 - 10mn^5 - n^6$ entre $m^3 - 4mn^2 - n^3$
5. $x^8 - 2x^6 - 50x^4 + 58x^2 - 15$ entre $x^4 + 6x^2 - 5$
6. $a^{14} + 9a^{10} - 7a^{12} + 23a^8 - 52a^6 + 42a^4 - 20a^2$ entre $a^8 - 4a^6 + 3a^4 - 2a^2$
7. $3x^{15} - 20x^{12} - 70x^6 + 51x^9 + 46x^3 - 20$ entre $3x^6 - 8x^3 + 10$
8. $53m^{20} - 12m^{24} + m^{28} - 127m^{16} + 187m^{12} - 192m^8 + 87m^4 - 45$ entre $m^{12} - 7m^8 + 9m^4 - 15$
9. $2x^7 - 6x^6y - 8x^5y^2 - 20x^4y^3 - 24x^3y^4 - 18x^2y^5 - 4y^7$ entre $2x^2 + 4y^2$
10. $6a^9 - 12a^7 + 2a^6 - 36a^5 + 6a^4 - 16a^3 + 38a^2 - 44a + 14$ entre $a^4 - 2a^2 + a - 7$
11. $n^{10} - 6n^8 + 5n^7 + 13n^6 - 23n^5 - 8n^4 + 44n^3 - 12n^2 - 32n + 16$ entre $n^6 - 3n^4 + 5n^3 - 8n + 4$
12. $3x^7 - 4x^6y - 15x^5y^2 + 29x^4y^3 - 13x^3y^4 + 5xy^6 - 3y^7$ entre $x^3 - 5xy^2 + 3y^3$
13. $x^{16} - 4x^{14}y^2 - 10x^{12}y^4 + 21x^{10}y^6 + 28x^8y^8 - 23x^6y^{10} + 9x^4y^{12} + 33x^2y^{14} - 6y^{16}$ entre $x^6 - 4x^4y^2 - 5x^2y^4 + y^6$
14. $a^{m+2} - 3a^{m+1} - 5a^m + 20a^{m-1} - 25a^{m-3}$ entre $a^2 - 5$
15. $7a^{2x+5} - 35a^{2x+4} + 6a^{2x+3} - 78a^{2x+2} - 5a^{2x+1} - 42a^{2x} - 7a^{2x-1}$ entre $a^x + 6a^{x+1} + 7a^{x+3}$
16. $6x^{2a+3} - 4x^{2a+2} - 28x^{2a+1} + 21x^{2a} - 46x^{2a-1} + 19x^{2a-2} - 12x^{2a-3} - 6x^{2a-4}$ entre $6x^{a+1} - 4x^a + 2x^{a-1} + x^{a-2}$
17. $6a^{5x+3} - 23a^{5x+2} + 12a^{5x+1} - 34a^{5x} + 22a^{5x-1} - 15a^{5x-2}$ entre $a^{2x+2} - a^{2x} - 3a^{2x+1} - 5a^{2x-1}$

83 COCIENTE MIXTO

En todos los casos de división estudiados hasta ahora el dividendo era divisible de manera exacta por el divisor. Cuando el dividendo no es divisible exactamente por el divisor, la división no es exacta, nos da un residuo y esto origina los **cocientes mixtos**, así llamados porque constan de entero y quebrado.

Cuando la división no es exacta debemos detenerla cuando el primer término del residuo es de grado inferior al primer término del divisor con relación a una misma letra, o sea, cuando el exponente de una letra en el residuo es menor que el exponente de la misma letra en el divisor y sumamos al cociente el quebrado que se forma, poniendo por numerador el residuo y por denominador el divisor.

Ejemplos

1) Dividir $x^2 - x - 6$ entre $x + 3$.

$$\begin{array}{r|l} x^2 - x - 6 & x+3 \\ -x^2 - 3x \quad\ & x-4+\frac{6}{x+3} \\ \hline -4x - 6 & \\ 4x + 12 & \\ \hline 6 & \end{array}$$ **R.**

El residuo no tiene x, así que es de grado cero con relación a la x y el divisor es de primer grado con relación a la x, luego aquí detenemos la división porque el residuo es de grado inferior al divisor. Ahora añadimos al cociente $x - 4$ el quebrado $\frac{6}{x+3}$, de modo semejante a como procedemos en Aritmética cuando nos sobra un residuo.

2) Dividir $6m^4 - 4m^3n^2 - 3m^2n^4 + 4mn^6 - n^8$ entre $2m^2 - n^4$.

$$\begin{array}{l|l} 6m^4 - 4m^3n^2 - 3m^2n^4 + 4mn^6 - n^8 & 2m^2 - n^4 \\ -6m^4 \qquad\qquad + 3m^2n^4 & 3m^2 - 2mn^2 + \frac{2mn^6 - n^8}{2m^2 - n^4} \\ \hline \quad - 4m^3n^2 \qquad + 4mn^6 & \\ \quad\ \ 4m^3n^2 \qquad - 2mn^6 & \\ \hline \qquad\qquad\qquad 2mn^6 - n^8 & \end{array}$$ **R.**

Hemos detenido la operación al ser el primer término del residuo $2mn^6$ en el cual la m tiene de exponente 1, mientras que en el primer término del divisor la m tiene de exponente 2, y hemos añadido al cociente el quebrado que se forma poniendo por numerador el residuo y por denominador el divisor.

NOTA

En el número **190,** una vez conocidos los cambios de signos en las fracciones, se tratará esta materia más ampliamente.

Ejercicio 59

Hallar el cociente mixto de:

1. $a^2 + b^2$ entre a^2
2. $a^4 + 2$ entre a^3
3. $9x^3 + 6x^2 + 7$ entre $3x^2$
4. $16a^4 - 20a^3b + 8a^2b^2 + 7ab^3$ entre $4a^2$
5. $x^2 + 7x + 10$ entre $x + 6$
6. $x^2 - 5x + 7$ entre $x - 4$
7. $m^4 - 11m^2 + 34$ entre $m^2 - 3$
8. $x^2 - 6xy + y^2$ entre $x + y$
9. $x^3 - x^2 + 3x + 2$ entre $x^2 - x + 1$
10. $x^3 + y^3$ entre $x - y$
11. $x^5 + y^5$ entre $x - y$
12. $x^3 + 4x^2 - 5x + 8$ entre $x^2 - 2x + 1$
13. $8a^3 - 6a^2b + 5ab^2 - 9b^3$ entre $2a - 3b$
14. $x^5 - 3x^4 + 9x^2 + 7x - 4$ entre $x^2 - 3x + 2$

VALOR NUMÉRICO DE EXPRESIONES ALGEBRAICAS CON EXPONENTES ENTEROS PARA VALORES POSITIVOS Y NEGATIVOS

84

Conociendo ya las operaciones fundamentales con cantidades negativas, así como las reglas de los signos en la multiplicación y división, podemos hallar el valor de expresiones algebraicas para cualesquiera valores de las letras, teniendo presente lo siguiente:

85 POTENCIAS DE CANTIDADES NEGATIVAS

1) **Toda potencia par de una cantidad negativa es positiva** porque equivale a un producto en que entra un número **par** de factores negativos.

Así, $(-2)^2 = +4$ porque $(-2)^2 = (-2) \times (-2) = +4$
$(-2)^4 = +16$ porque $(-2)^4 = (-2)^2 \times (-2)^2 = (+4) \times (+4) = +16$
$(-2)^6 = +64$ porque $(-2)^6 = (-2)^4 \times (-2)^2 = (+16) \times (+4) = +64$
$(-2)^8 = +256$ porque $(-2)^8 = (-2)^6 \times (-2)^2 = (+64) \times (+4) = +256$

y así sucesivamente.

En general, siendo N un número entero se tiene: $(-a)^{2N} = a^{2N}$.

2) **Toda potencia impar de una cantidad negativa es negativa** porque equivale a un producto en que entra un número **impar** de factores negativos.

Así, $(-2)^1 = -2$
$(-2)^3 = -8$ porque $(-2)^3 = (-2)^2 \times (-2) = (+4) \times (-2) = -8$
$(-2)^5 = -32$ porque $(-2)^5 = (-2)^4 \times (-2) = (+16) \times (-2) = -32$
$(-2)^7 = -128$ porque $(-2)^7 = (-2)^6 \times (-2) = (+64) \times (-2) = -128$

y así sucesivamente.

En general, se tiene: $(-a)^{2N+1} = -a^{2N+1}$.

Ejemplos

1) Valor numérico de $x^3 - 3x^2 + 2x - 4$ para $x = -2$.

Sustituyendo x por -2, tenemos:

$$\begin{aligned} &(-2)^3 - 3(-2)^2 + 2(-2) - 4 \\ &= -8 - 3(4) + 2(-2) - 4 \\ &= -8 - 12 - 4 - 4 \\ &= -28 \quad \textbf{R.} \end{aligned}$$

2) Valor numérico de $\frac{a^4}{4} - \frac{3a^2b}{6} + \frac{5ab^2}{3} - b^3$ para $a = -2$, $b = -3$.

Tendremos: $\frac{a^4}{4} - \frac{3a^2b}{6} + \frac{5ab^2}{3} - b^3$

$$\begin{aligned} &= \frac{(-2)^4}{4} - \frac{3(-2)^2(-3)}{6} + \frac{5(-2)(-3)^2}{3} - (-3)^3 \\ &= \frac{16}{4} - \frac{3(4)(-3)}{6} + \frac{5(-2)(9)}{3} - (-27) \\ &= 4 - \left(\frac{-36}{6}\right) + \left(\frac{-90}{3}\right) + 27 \\ &= 4 - (-6) + (-30) + 27 \\ &= 4 + 6 - 30 + 27 = 7 \quad \textbf{R.} \end{aligned}$$

NOTA

Para ejercicios de valor numérico de expresiones algebraicas con exponentes cero, negativos o fraccionarios, véase **teoría de los exponentes**, pág. 407.

Ejercicio 60

Hallar el valor numérico de las expresiones siguientes para:

$$a=-1, b=2, c=-\frac{1}{2}$$

1. $a^2-2ab+b^2$
2. $3a^3-4a^2b+3ab^2-b^3$
3. $a^4-3a^3+2ac-3bc$
4. $a^5-8a^4c+16a^3c^2-20a^2c^3+40ac^4-c^5$
5. $(a-b)^2+(b-c)^2-(a-c)^2$
6. $(b+a)^3-(b-c)^3-(a-c)^3$
7. $\frac{ab}{c}+\frac{ac}{b}-\frac{bc}{a}$
8. $(a+b+c)^2-(a-b-c)^2+c$
9. $3(2a+b)-4a(b+c)-2c(a-b)$

Hallar el valor numérico de las expresiones siguientes para:

$$a=2, b=\frac{1}{3}, x=-2, y=-1, m=3, n=\frac{1}{2}$$

10. $\frac{x^4}{8}-\frac{x^2y}{2}+\frac{3xy^2}{2}-y^3$
11. $(a-x)^2+(x-y)^2+(x^2-y^2)(m+x-n)$
12. $-(x-y)+(x^2+y^2)(x-y-m)+3b(x+y+n)$
13. $(3x-2y)(2n-4m)+4x^2y^2-\frac{x-y}{2}$
14. $\frac{4x}{3y}-\frac{x^3}{2+y^3}+\left(\frac{1}{n}-\frac{1}{b}\right)x+x^4-m$
15. $x^2(x-y+m)-(x-y)(x^2+y^2-n)+(x+y)^2(m^2-2n)$
16. $\frac{3a}{x}+\frac{2y}{m}+\frac{3n}{y}-\frac{m}{n}+2(x^3-y^2+4)$

Ejercicio 61

MISCELÁNEA DE SUMA, RESTA, MULTIPLICACIÓN Y DIVISIÓN

1. A las 7 a. m. el termómetro marca +5° y de las 7 a las 10 a. m. baja a razón de 3° por hora. Expresar la temperatura a las 8 a. m., 9 a. m. y 10 a. m.
2. Tomando como escala 1 cm = 10 m, representar gráficamente que un punto B está situado a +40 m de A y otro punto C está situado a –35 m de B.
3. Sumar x^2-3xy con $3xy-y^2$ y el resultado restarlo de x^2.
4. ¿Qué expresión hay que añadir a $3x^2-5x+6$ para que la suma sea $3x$?
5. Restar $-2a^2+3a-5$ de 3 y sumar el resultado con $8a+5$.
6. Simplificar $-3x^2-\{-[4x^2+5x-(x^2-\overline{x+6})]\}$.
7. Simplificar $(x+y)(x-y)-(x+y)^2$.
8. Valor numérico de $3(a+b)-4(c-b)+\sqrt{\frac{c-b}{-a}}$ para $a=2, b=3, c=1$.
9. Restar $x^2-3xy+y^2$ de $3x^2-5y^2$ y sumar la diferencia con el resultado de restar $5xy+x^2$ de $2x^2+5xy+6y^2$.
10. Multiplicar $\frac{2}{3}a^2-\frac{1}{2}ab+\frac{1}{5}b^2$ por $\frac{1}{2}a^2+\frac{3}{4}ab-2b^2$.

11. Dividir la suma de $x^5 - x^3 + 5x^2$, $-2x^4 + 2x^2 - 10x$, $6x^3 - 6x + 30$ entre $x^2 - 2x + 6$.
12. Restar el cociente de $\frac{1}{4}a^3 - \frac{1}{90}ab^2 + \frac{1}{15}b^3$ entre $\frac{1}{2}a + \frac{1}{3}b$ de $\frac{1}{2}a^2 + ab + \frac{1}{5}b^2$.
13. Restar la suma de $-3ab^2 - b^3$ y $2a^2b + 3ab^2 - b^3$ de $a^3 - a^2b + b^3$ y la diferencia multiplicarla por $a^2 - ab + b^2$.
14. Restar la suma de $x^3 - 5x^2 + 4x$, $-6x^2 - 6x + 3$, $-8x^2 + 8x - 3$ de $2x^3 - 16x^2 + 5x + 12$ y dividir esta diferencia entre $x^2 - x + 3$.
15. Probar que $(2 + x)^2(1 + x^2) - (x^2 - 2)(x^2 + x - 3) = x^2(3x + 10) + 2(3x - 1)$.
16. Hallar el valor numérico de $(x + y)^2(x - y)^2 + 2(x + y)(x - y)$ para $x = -2$, $y = 1$.
17. ¿Qué expresión hay que agregar a la suma de $x + 4$, $x - 6$ y $x^2 + 2x + 8$ para obtener $5x^2 - 4x + 3$?
18. Restar $-\{3a + (-b + a) - 2(a + b)\}$ de $-2[(a + b) - (a - b)]$.
19. Multiplicar $5x + [-(3x - \overline{x - y})]$ por $8x + [-2x + (-x + y)]$.
20. Restar el cociente de $\frac{1}{4}x^3 + \frac{1}{24}x^2y + \frac{5}{12}xy^2 + \frac{1}{3}y^3$ entre $\frac{1}{2}x^2 - \frac{1}{4}xy + y^2$ de $2x + [-5x - (x - y)]$.
21. Probar que $[x^2 - (3x + 2)]\ [x^2 + (-x + 3)] = x^2(x^2 - 4x + 4) - (7x + 6)$.
22. ¿Qué expresión hay que sumar al producto de $[x(x + y) - x(x - y)]\ [2(x^2 + y^2) - 3(x^2 - y^2)]$ para obtener $2x^3y + 3xy^3$?
23. Restar $-x^2 - 3xy + y^2$ de cero y multiplicar la diferencia por el cociente de dividir $x^3 - y^3$ entre $x - y$.
24. Simplificar $(x - y)(x^2 + xy + y^2) - (x + y)(x^2 - xy + y^2)$.
25. Hallar el valor numérico de $\sqrt{\frac{ab}{c}} + 2(b - a)\sqrt{\frac{9b}{a^2}} - 3(c - b)\sqrt{\frac{c}{b}}$ para $a = 4$, $b = 9$, $c = 25$.
26. ¿Por cuál expresión hay que dividir el cociente de $x^3 + 3x^2 - 4x - 12$ entre $x + 3$ para obtener $x - 2$?
27. Simplificar $4x^2 - \{3x - (x^2 - \overline{4 + x})\} + [x^2 - \{x + (-3)\}]$ y hallar su valor para $x = -2$.
28. ¿De cuál expresión hay que restar $-18x^3 + 14x^2 + 84x - 45$ para que la diferencia dividida entre $x^2 + 7x - 5$ dé como cociente $x^2 - 9$?
29. Probar que $(a^2 + b^2)(a + b)(a - b) = a^4 - [3a + 2(a + 2) - 4(a + 1) - a + b^4]$.
30. Restar $-x^3 - 5x^2 + 6$ de 3 y sumar la diferencia con la suma de $x^2 - x + 2$ y $-[x^2 + (-3x + 4) - (-x + 3)]$.

Euclides (365-275 a. C.). Uno de los más grandes matemáticos griegos. Fue el primero que estableció un método riguroso de demostración geométrica. La Geometría construida por Euclides se mantuvo incólume hasta el siglo XIX. La piedra angular de su geometría es el postulado: "Por un punto exterior a una recta sólo puede trazarse una perpendicular a la misma y sólo una". El libro en que recoge sus investigaciones lo tituló *Elementos*, es conocido en todos los ámbitos y ha sido traducido en idiomas cultos.

Capítulo VI

PRODUCTOS Y COCIENTES NOTABLES

I. PRODUCTOS NOTABLES

Se llaman **PRODUCTOS NOTABLES** a ciertos productos que cumplen reglas fijas y cuyo resultado puede ser escrito por simple inspección, es decir, sin verificar la multiplicación. 86

CUADRADO DE LA SUMA DE DOS CANTIDADES 87

Elevar al cuadrado $a+b$ equivale a multiplicar este binomio por sí mismo y tendremos:

$$(a+b)^2=(a+b)\,(a+b)$$

Efectuando este producto, tenemos:

$$\begin{array}{r} a+b \\ a+b \\ \hline a^2+ab \\ ab+b^2 \\ \hline a^2+2ab+b^2 \end{array}$$

o sea $(a+b)^2=a^2+2ab+b^2$

luego, **el cuadrado de la suma de dos cantidades es igual al cuadrado de la primera cantidad más el doble de la primera cantidad por la segunda más el cuadrado de la segunda.**

Ejemplos

1) Desarrollar $(x+4)^2$.

Cuadrado del primero. . . . . x^2
Doble del primero por el segundo. . . . . $2x \times 4 = 8x$
Cuadrado del segundo 16

Luego $(x+4)^2 = x^2 + 8x + 16$ **R.**

Estas operaciones deben hacerse de manera mental y escribir sólo el producto.

Cuadrado de un monomio. *Para elevar un monomio al cuadrado se eleva su coeficiente al cuadrado y se multiplica el exponente de cada letra por* 2. Sea el monomio $4ab^2$. Decimos que $(4ab^2)^2 = 4^2a^{1\times 2}b^{2\times 2} = 16a^2b^4$

En efecto: $(4ab^2)^2 = 4ab^2 \times 4ab^2 = 16a^2b^4$

Del propio modo: $(5x^3y^4z^5)^2 = 25x^6y^8z^{10}$

2) Desarrollar $(4a+5b^2)^2$. →
Cuadrado del 1°. . . . . $(4a)^2 = 16a^2$
Doble del 1° por el 2°. . . . . $2 \times 4a \times 5b^2 = 40ab^2$
Cuadrado del 2° . . . . $(5b^2)^2 = 25b^4$

Luego $(4a+5b^2)^2 = 16a^2 + 40ab^2 + 25b^4$ **R.**

Las operaciones, que se han detallado para mayor facilidad, *no deben escribirse sino verificarse mentalmente*.

3) Desarrollar $(3a^2+5x^3)^2$.

$$(3a^2+5x^3)^2 = 9a^4 + 30a^2x^3 + 25x^6 \quad \textbf{R.}$$

4) Efectuar $(7ax^4 + 9y^5)(7ax^4 + 9y^5)$.

$$(7ax^4 + 9y^5)(7ax^4 + 9y^5) = (7ax^4 + 9y^5)^2 = 49a^2x^8 + 126ax^4y^5 + 81y^{10} \quad \textbf{R.}$$

Ejercicio 62

Escribir, por simple inspección, el resultado de:

1. $(m+3)^2$
2. $(5+x)^2$
3. $(6a+b)^2$
4. $(9+4m)^2$
5. $(7x+11)^2$
6. $(x+y)^2$
7. $(1+3x^2)^2$
8. $(2x+3y)^2$
9. $(a^2x+by^2)^2$
10. $(3a^3+8b^4)^2$
11. $(4m^5+5n^6)^2$
12. $(7a^2b^3+5x^4)^2$
13. $(4ab^2+5xy^3)^2$
14. $(8x^2y+9m^3)^2$
15. $(x^{10}+10y^{12})^2$
16. $(a^m+a^n)^2$
17. $(a^x+b^{x+1})^2$
18. $(x^{a+1}+y^{x-2})^2$

Representación gráfica del cuadrado de la suma de dos cantidades

El cuadrado de la suma de dos cantidades puede representarse geométricamente cuando los valores son positivos. Véanse los siguientes pasos:

Sea $(a+b)^2 = a^2 + 2ab + b^2$

Figura 10

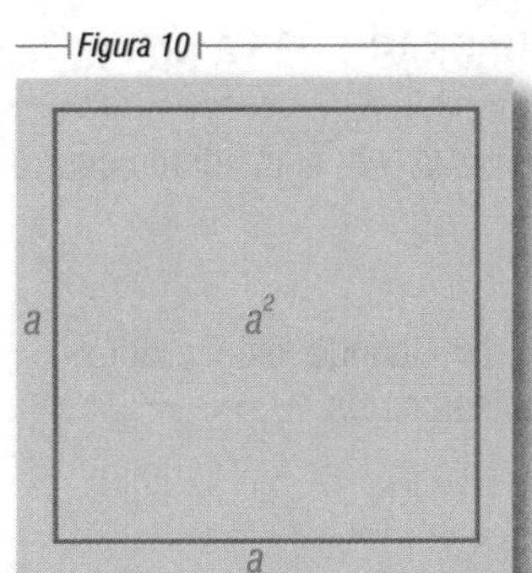

Construimos un cuadrado de *a* unidades de lado, es decir, de lado *a:*

Figura 11

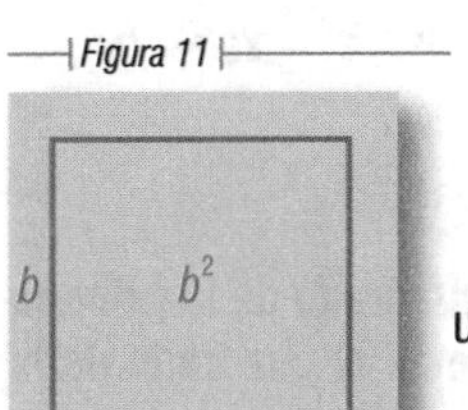

Construimos un cuadrado de *b* unidades de lado, es decir, de lado *b*.

Construimos dos rectángulos de largo *a* y ancho *b:*

Figura 12

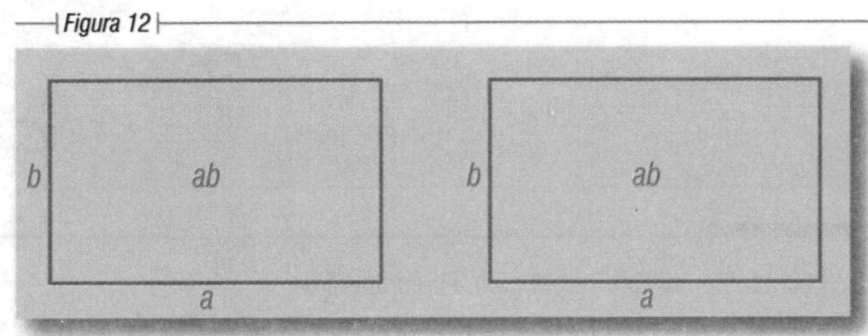

Uniendo estas cuatro figuras como se indica en la figura 13, formaremos un cuadrado de $(a+b)$ unidades de lado. El área de este cuadrado es $(a+b)(a+b)=(a+b)^2$, y como puede verse en la figura 13, esta área se encuentra formada por un cuadrado de área a^2, un cuadrado de área b^2 y dos rectángulos de área *ab* cada uno o sea $2ab$. Luego:

$$(a+b)^2=a^2+2ab+b^2$$

Figura 13

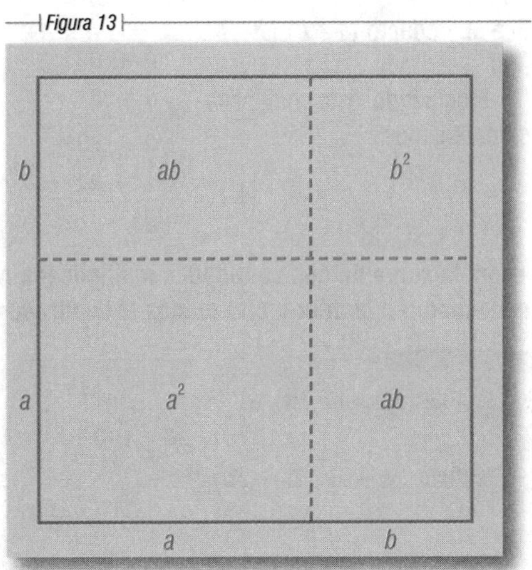

88 CUADRADO DE LA DIFERENCIA DE DOS CANTIDADES

Elevar $(a-b)$ al cuadrado equivale a multiplicar esta diferencia por sí misma; luego:

$$(a-b)^2=(a-b)(a-b)$$

Efectuando este producto, tendremos:

$$\begin{array}{rl} a & -\ b \\ a & -\ b \\ \hline a^2 & -\ ab \\ & -\ ab + b^2 \\ \hline a^2 & -\ 2ab + b^2 \end{array}$$

o sea $(a-b)^2=a^2-2ab+b^2$

luego, **el cuadrado de la diferencia de dos cantidades es igual al cuadrado de la primera cantidad menos el doble de la primera cantidad por la segunda más el cuadrado de la segunda cantidad.**

Ejemplos

1) Desarrollar $(x-5)^2$.

$$(x-5)^2=x^2-10x+25 \quad \textbf{R.}$$

2) Efectuar $(4a^2-3b^3)^2$.

$$(4a^2-3b^3)^2=16a^4-24a^2b^3+9b^6 \quad \textbf{R.}$$

Ejercicio 63

Escribir, por simple inspección, el resultado de:

1. $(a-3)^2$
2. $(x-7)^2$
3. $(9-a)^2$
4. $(2a-3b)^2$
5. $(4ax-1)^2$
6. $(a^3-b^3)^2$
7. $(3a^4-5b^2)^2$
8. $(x^2-1)^2$
9. $(x^5-3ay^2)^2$
10. $(a^7-b^7)^2$
11. $(2m-3n)^2$
12. $(10x^3-9xy^5)^2$
13. $(x^m-y^n)^2$
14. $(a^{x-2}-5)^2$
15. $(x^{a+1}-3x^{a-2})^2$

89 PRODUCTO DE LA SUMA POR LA DIFERENCIA DE DOS CANTIDADES

Sea el producto $(a+b)(a-b)$.

Efectuando esta multiplicación, tenemos:

$$\begin{array}{rl} a & +\ b \\ a & -\ b \\ \hline a^2 & +\ ab \\ & -\ ab - b^2 \\ \hline a^2 & \quad\quad - b^2 \end{array}$$

o sea $(a+b)(a-b)=a^2-b^2$

luego, **la suma de dos cantidades multiplicada por su diferencia es igual al cuadrado del minuendo (en la diferencia) menos el cuadrado del sustraendo.**

Ejemplos

1) Efectuar $(a+x)(a-x)$.

$$(a+x)(a-x)=a^2-x^2 \quad \textbf{R.}$$

2) Efectuar $(2a+3b)(2a-3b)$.

$$(2a+3b)(2a-3b)=(2a)^2-(3b)^2=4a^2-9b^2 \quad \textbf{R.}$$

3) Efectuar $(5a^{n+1} + 3a^m)(3a^m - 5a^{n+1})$.

Como el orden de los sumandos no altera la suma, $5a^{n+1} + 3a^m$ es lo mismo que $3a^m + 5a^{n+1}$, pero téngase presente que $3a^m - 5a^{n+1}$ no es lo mismo que $5a^{n+1} - 3a^m$. Por eso hay que fijarse en la *diferencia* y escribir el cuadrado del minuendo menos el cuadrado del sustraendo.

Tendremos: $(5a^{n+1} + 3a^m)(3a^m - 5a^{n+1}) = (3a^m)^2 - (5a^{n+1})^2 = 9a^{2m} - 25a^{2n+2}$ **R.**

Ejercicio 64

Escribir, por simple inspección, el resultado de:

1. $(x + y)(x - y)$
2. $(m - n)(m + n)$
3. $(a - x)(x + a)$
4. $(x^2 + a^2)(x^2 - a^2)$
5. $(2a - 1)(1 + 2a)$
6. $(n - 1)(n + 1)$
7. $(1 - 3ax)(3ax + 1)$
8. $(2m + 9)(2m - 9)$
9. $(a^3 - b^2)(a^3 + b^2)$
10. $(y^2 - 3y)(y^2 + 3y)$
11. $(1 - 8xy)(8xy + 1)$
12. $(6x^2 - m^2x)(6x^2 + m^2x)$
13. $(a^m + b^n)(a^m - b^n)$
14. $(3x^a - 5y^m)(5y^m + 3x^a)$
15. $(a^{x+1} - 2b^{x-1})(2b^{x-1} + a^{x+1})$

4) Efectuar $(a + b + c)(a + b - c)$.

Este producto puede convertirse en la suma de dos cantidades multiplicada por su diferencia, de este modo:

$$(a + b + c)(a + b - c) = [(a + b) + c]\,[(a + b) - c] = (a + b)^2 - c^2 = a^2 + 2ab + b^2 - c^2 \quad \textbf{R.}$$

donde hemos desarrollado $(a + b)^2$ por la regla del 1er caso.

5) Efectuar $(a + b + c)(a - b - c)$.

Introduciendo los dos últimos términos del primer trinomio en un paréntesis precedido del signo +, lo cual no hace variar los signos, y los dos últimos términos del segundo trinomio en un paréntesis precedido del signo –, para lo cual hay que cambiar los signos, tendremos:

$$(a + b + c)(a - b - c) = [a + (b + c)]\,[a - (b + c)] = a^2 - (b + c)^2 = a^2 - (b^2 + 2bc + c^2) = a^2 - b^2 - 2bc - c^2 \quad \textbf{R.}$$

6) Efectuar $(2x + 3y - 4z)(2x - 3y + 4z)$.

$$(2x + 3y - 4z)(2x - 3y + 4z) = [2x + (3y - 4z)]\,[2x - (3y - 4z)] = (2x)^2 - (3y - 4z)^2 = 4x^2 - (9y^2 - 24yz + 16z^2) = 4x^2 - 9y^2 + 24yz - 16z^2 \quad \textbf{R.}$$

Ejercicio 65

Escribir, por simple inspección, el resultado de:

1. $(x + y + z)(x + y - z)$
2. $(x - y + z)(x + y - z)$
3. $(x + y + z)(x - y - z)$
4. $(m + n + 1)(m + n - 1)$
5. $(m - n - 1)(m - n + 1)$
6. $(x + y - 2)(x - y + 2)$
7. $(n^2 + 2n + 1)(n^2 - 2n - 1)$
8. $(a^2 - 2a + 3)(a^2 + 2a + 3)$
9. $(m^2 - m - 1)(m^2 + m - 1)$
10. $(2a - b - c)(2a - b + c)$
11. $(2x + y - z)(2x - y + z)$
12. $(x^2 - 5x + 6)(x^2 + 5x - 6)$
13. $(a^2 - ab + b^2)(a^2 + b^2 + ab)$
14. $(x^3 - x^2 - x)(x^3 + x^2 + x)$

Representación gráfica del producto de la suma por la diferencia de dos cantidades

El producto de la suma por la diferencia de dos cantidades puede representarse geométricamente cuando los valores de dichas cantidades son positivos. Véanse los siguientes pasos:

Sea $(a+b)(a-b)=a^2-b^2$

Figura 14

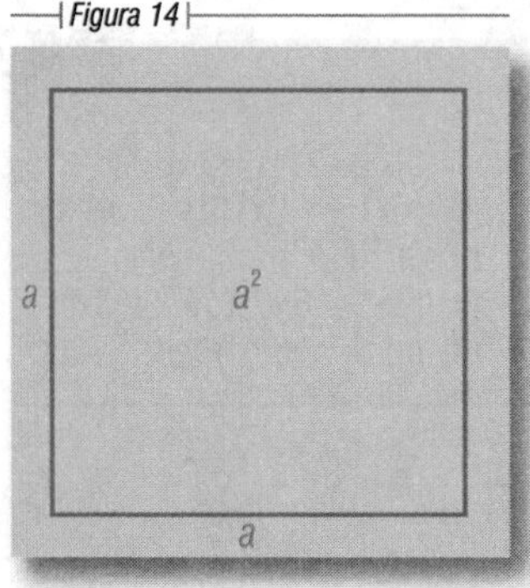

Construimos un cuadrado de *a* unidades de lado, es decir, de lado *a:*

Figura 15

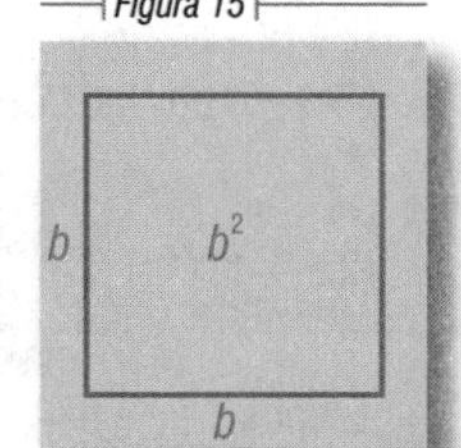

Construimos un cuadrado de *b* unidades de lado, es decir, de lado *b:*

Figura 16

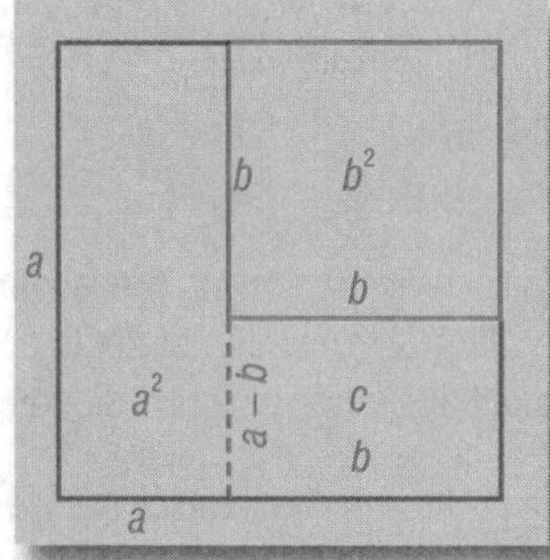

Al cuadrado de lado *a* le quitamos el cuadrado de lado *b* (Fig. 16), y trazando la línea de puntos obtenemos el rectángulo *c,* cuyos lados son *b* y $(a-b)$. Si ahora trasladamos el rectángulo *c* en la forma indicada por la flecha en la figura 17, obtenemos el rectángulo *A B C D*, cuyos lados son $(a+b)$ y $(a-b)$, y cuya área (Fig. 18) será:

$$(a+b)(a-b)=a^2-b^2$$

$$(a+b)(a-b)=a^2-b^2$$
$$(10+6)(10-6)=(10)^2-(6)^2$$
$$16\times 4=100-36$$
$$=64 \quad \textbf{R.}$$

Figura 17

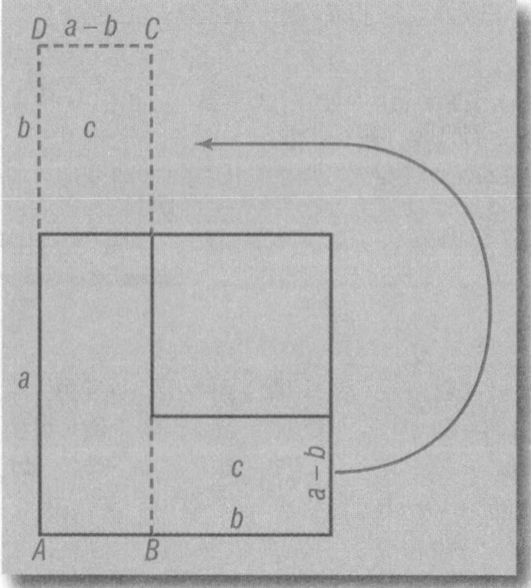

Figura 18

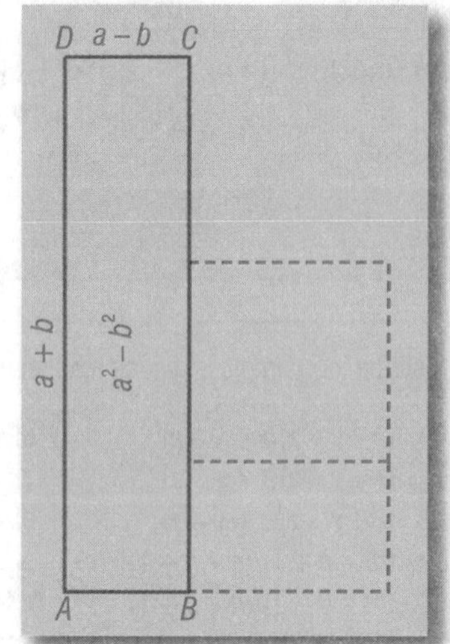

CUBO DE UN BINOMIO

90

1) Elevemos $a + b$ al cubo.

Tendremos: $(a + b)^3 = (a + b)(a + b)(a + b) = (a + b)^2(a + b) = (a^2 + 2ab + b^2)(a + b)$

Efectuando esta multiplicación, tenemos:

$$\begin{array}{r} a^2 + 2ab + b^2 \\ a + b \\ \hline a^3 + 2a^2b + ab^2 \\ a^2b + 2ab^2 + b^3 \\ \hline a^3 + 3a^2b + 3ab^2 + b^3 \end{array}$$

o sea $(a + b)^3 = a^3 + 3a^2b + 3ab^2 + b^3$

lo que nos dice que **el cubo de la suma de dos cantidades es igual al cubo de la primera cantidad más el triple del cuadrado de la primera por la segunda, más el triple de la primera por el cuadrado de la segunda, más el cubo de la segunda.**

2) Elevemos $a - b$ al cubo.

Tendremos: $(a - b)^3 = (a - b)^2(a - b) = (a^2 - 2ab + b^2)(a - b)$

Efectuando esta multiplicación, tenemos:

$$\begin{array}{r} a^2 - 2ab + b^2 \\ a - b \\ \hline a^3 - 2a^2b + ab^2 \\ - a^2b + 2ab^2 - b^3 \\ \hline a^3 - 3a^2b + 3ab^2 - b^3 \end{array}$$

o sea $(a - b)^3 = a^3 - 3a^2b + 3ab^2 - b^3$

lo que nos dice que **el cubo de la diferencia de dos cantidades es igual al cubo de la primera cantidad, menos el triple del cuadrado de la primera por la segunda, más el triple de la primera por el cuadrado de la segunda, menos el cubo de la segunda cantidad.**

Ejemplos

1) Desarrollar $(a + 1)^3$.

$$(a + 1)^3 = a^3 + 3a^2(1) + 3a(1^2) + 1^3 = a^3 + 3a^2 + 3a + 1 \quad \textbf{R.}$$

2) Desarrollar $(x - 2)^3$.

$$(x - 2)^3 = x^3 - 3x^2(2) + 3x(2^2) - 2^3 = x^3 - 6x^2 + 12x - 8 \quad \textbf{R.}$$

3) Desarrollar $(4x + 5)^3$.

$$(4x + 5)^3 = (4x)^3 + 3(4x)^2(5) + 3(4x)(5^2) + 5^3 = 64x^3 + 240x^2 + 300x + 125 \quad \textbf{R.}$$

4) Desarrollar $(x^2 - 3y)^3$.

$$(x^2 - 3y)^3 = (x^2)^3 - 3(x^2)^2(3y) + 3x^2(3y)^2 - (3y)^3 = x^6 - 9x^4y + 27x^2y^2 - 27y^3 \quad \textbf{R.}$$

Ejercicio 66

Desarrollar:

1. $(a+2)^3$
2. $(x-1)^3$
3. $(m+3)^3$
4. $(n-4)^3$
5. $(2x+1)^3$
6. $(1-3y)^3$
7. $(2+y^2)^3$
8. $(1-2n)^3$
9. $(4n+3)^3$
10. $(a^2-2b)^3$
11. $(2x+3y)^3$
12. $(1-a^2)^3$

91 PRODUCTO DE DOS BINOMIOS DE LA FORMA $(x+a)(x+b)$

La multiplicación nos da:

$$\begin{array}{rrr} x & +2 & \\ x & +3 & \\ \hline x^2 & +2x & \\ & 3x & +6 \\ \hline x^2 & +5x & +6 \end{array} \qquad \begin{array}{rrr} x & -3 & \\ x & -4 & \\ \hline x^2 & -3x & \\ & -4x & +12 \\ \hline x^2 & -7x & +12 \end{array} \qquad \begin{array}{rrr} x & -2 & \\ x & +5 & \\ \hline x^2 & -2x & \\ & +5x & -10 \\ \hline x^2 & +3x & -10 \end{array} \qquad \begin{array}{rrr} x & +6 & \\ x & -4 & \\ \hline x^2 & +6x & \\ & -4x & -24 \\ \hline x^2 & +2x & -24 \end{array}$$

En los cuatro ejemplos expuestos se cumplen las siguientes reglas:

1) **El primer término del producto es el producto de los primeros términos de los binomios.**
2) **El coeficiente del segundo término del producto es la suma algebraica de los segundos términos de los binomios y en este término la *x* está elevada a un exponente que es la mitad del que tiene esta letra en el primer término del producto.**
3) **El tercer término del producto es el producto de los segundos términos de los binomios.**

Producto de dos binomios de la forma $(mx+a)(nx+b)$

El producto de dos binomios de esta forma, en los cuales los términos en *x* tienen distintos coeficientes, puede hallarse fácilmente siguiendo los pasos que se indican en el siguiente esquema.

Sea, hallar el producto de $(3x+5)(4x+6)$:

Figura 19

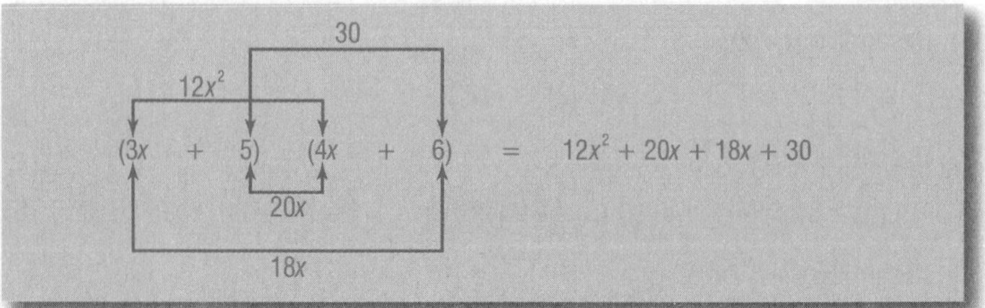

Reduciendo los términos semejantes tenemos: $12x^2+38x+30$ **R.**

Ejemplos

1) Multiplicar $(x+7)(x-2)$.
Coeficiente del segundo término .... $7-2=5$
Tercer término.......................... $7\times(-2)=-14$
luego $(x+7)(x-2)=x^2+5x-14$ **R.**

2) Efectuar $(x-7)(x-6)$.
Coeficiente del 2º término .... $(-7)+(-6)=-13$
Tercer término........................ $(-7)\times(-6)=+42$
luego $(x-7)(x-6)=x^2-13x+42$ **R.**

Los pasos intermedios deben suprimirse y el producto escribirse de manera directa sin las operaciones intermedias.

3) Efectuar $(a-11)(a+9)$.
$$(a-11)(a+9)=a^2-2a-99 \quad \textbf{R.}$$

4) Efectuar $(x^2+7)(x^2+3)$.
$$(x^2+7)(x^2+3)=x^4+10x^2+21 \quad \textbf{R.}$$

Obsérvese que como el exponente de x en el primer término del producto es 4, el exponente de x en el segundo término es la *mitad* de 4, o sea x^2.

5) Efectuar $(x^3-12)(x^3-3)$.
$$(x^3-12)(x^3-3)=x^6-15x^3+36 \quad \textbf{R.}$$

Ejercicio 67

Escribir, por simple inspección, el resultado de:

1. $(a+1)(a+2)$
2. $(x+2)(x+4)$
3. $(x+5)(x-2)$
4. $(m-6)(m-5)$
5. $(x+7)(x-3)$
6. $(x+2)(x-1)$
7. $(x-3)(x-1)$
8. $(x-5)(x+4)$
9. $(a-11)(a+10)$
10. $(n-19)(n+10)$
11. $(a^2+5)(a^2-9)$
12. $(x^2-1)(x^2-7)$
13. $(n^2-1)(n^2+20)$
14. $(n^3+3)(n^3-6)$
15. $(x^3+7)(x^3-6)$
16. $(a^4+8)(a^4-1)$
17. $(a^5-2)(a^5+7)$
18. $(a^6+7)(a^6-9)$
19. $(ab+5)(ab-6)$
20. $(xy^2-9)(xy^2+12)$
21. $(a^2b^2-1)(a^2b^2+7)$
22. $(x^3y^3-6)(x^3y^3+8)$
23. $(a^x-3)(a^x+8)$
24. $(a^{x+1}-6)(a^{x+1}-5)$

Ejercicio 68

MISCELÁNEA

Escribir, por simple inspección, el resultado de:

1. $(x+2)^2$
2. $(x+2)(x+3)$
3. $(x+1)(x-1)$
4. $(x-1)^2$
5. $(n+3)(n+5)$
6. $(m-3)(m+3)$
7. $(a+b-1)(a+b+1)$
8. $(1+b)^3$
9. $(a^2+4)(a^2-4)$
10. $(3ab-5x^2)^2$
11. $(ab+3)(3-ab)$
12. $(1-4ax)^2$
13. $(a^2+8)(a^2-7)$
14. $(x+y+1)(x-y-1)$
15. $(1-a)(a+1)$
16. $(m-8)(m+12)$
17. $(x^2-1)(x^2+3)$
18. $(x^3+6)(x^3-8)$
19. $(5x^3+6m^4)^2$
20. $(x^4-2)(x^4+5)$
21. $(1-a+b)(b-a-1)$
22. $(a^x+b^n)(a^x-b^n)$
23. $(x^{a+1}-8)(x^{a+1}+9)$
24. $(a^2b^2+c^2)(a^2b^2-c^2)$
25. $(2a+x)^3$
26. $(x^2-11)(x^2-2)$
27. $(2a^3-5b^4)^2$
28. $(a^3+12)(a^3-15)$
29. $(m^2-m+n)(n+m+m^2)$
30. $(x^4+7)(x^4-11)$
31. $(11-ab)^2$
32. $(x^2y^3-8)(x^2y^3+6)$
33. $(a+b)(a-b)(a^2-b^2)$
34. $(x+1)(x-1)(x^2-2)$
35. $(a+3)(a^2+9)(a-3)$
36. $(x+5)(x-5)(x^2+1)$
37. $(a+1)(a-1)(a+2)(a-2)$
38. $(a+2)(a-3)(a-2)(a+3)$

II. COCIENTES NOTABLES

92 Se llaman **COCIENTES NOTABLES** a ciertos cocientes que obedecen reglas fijas y que pueden ser escritos por simple inspección.

93 COCIENTE DE LA DIFERENCIA DE LOS CUADRADOS DE DOS CANTIDADES ENTRE LA SUMA O LA DIFERENCIA DE LAS CANTIDADES

1) Sea el cociente $\frac{a^2-b^2}{a+b}$. Efectuando la división, tenemos:

$$\begin{array}{rrr|l} a^2 & & -b^2 & a+b \\ -a^2 & -ab & & a-b \\ \hline & -ab & -b^2 & \\ & ab & +b^2 & \\ \hline \end{array}$$

o sea $\frac{a^2-b^2}{a+b}=a-b$

2) Sea el cociente $\frac{a^2-b^2}{a-b}$. Efectuando la división, tenemos:

$$\begin{array}{rrr|l} a^2 & & -b^2 & a-b \\ -a^2 & +ab & & a+b \\ \hline & ab & -b^2 & \\ & -ab & +b^2 & \\ \hline \end{array}$$

o sea $\frac{a^2-b^2}{a-b}=a+b$

Lo anterior nos dice que:

1) **La diferencia de los cuadrados de dos cantidades dividida por su suma es igual a la diferencia de dichas cantidades.**
2) **La diferencia de los cuadrados de dos cantidades dividida por su diferencia es igual a la suma de las cantidades.**

Ejemplos

1) Dividir $9x^2-y^2$ entre $3x+y$.

$$\frac{9x^2-y^2}{3x+y}=3x-y \quad \textbf{R.}$$

2) Dividir $1-x^4$ entre $1-x^2$.

$$\frac{1-x^4}{1-x^2}=1+x^2 \quad \textbf{R.}$$

3) Dividir $(a+b)^2-c^2$ entre $(a+b)+c$.

$$\frac{(a+b)^2-c^2}{(a+b)+c}=a+b-c \quad \textbf{R.}$$

4) Dividir $1-(a+n)^2$ entre $1-(a+n)$.

$$\frac{1-(a+n)^2}{1-(a+n)}=1+a+n \quad \textbf{R.}$$

Ejercicio 69

Hallar, por simple inspección, el cociente de:

1. $\frac{x^2-1}{x+1}$
2. $\frac{1-x^2}{1-x}$
3. $\frac{x^2-y^2}{x+y}$
4. $\frac{y^2-x^2}{y-x}$
5. $\frac{x^2-4}{x+2}$
6. $\frac{9-x^4}{3-x^2}$
7. $\frac{a^2-4b^2}{a+2b}$
8. $\frac{25-36x^4}{5-6x^2}$
9. $\frac{4x^2-9m^2n^4}{2x+3mn^2}$
10. $\frac{36m^2-49n^2x^4}{6m-7nx^2}$
11. $\frac{81a^6-100b^8}{9a^3+10b^4}$
12. $\frac{a^4b^6-4x^8y^{10}}{a^2b^3+2x^4y^5}$
13. $\frac{x^{2n}-y^{2n}}{x^n+y^n}$
14. $\frac{a^{2x+2}-100}{a^{x+1}-10}$
15. $\frac{1-9x^{2m+4}}{1+3x^{m+2}}$
16. $\frac{(x+y)^2-z^2}{(x+y)-z}$
17. $\frac{1-(a+b)^2}{1+(a+b)}$
18. $\frac{4-(m+n)^2}{2+(m+n)}$
19. $\frac{x^2-(x-y)^2}{x+(x-y)}$
20. $\frac{(a+x)^2-9}{(a+x)+3}$

COCIENTE DE LA SUMA O DIFERENCIA DE LOS CUBOS DE DOS CANTIDADES ENTRE LA SUMA O DIFERENCIA DE LAS CANTIDADES

94

1) Sea el cociente $\frac{a^3+b^3}{a+b}$. Efectuando la división, tenemos:

$$\begin{array}{rrr|l} a^3 & & +b^3 & a+b \\ -a^3-a^2b & & & \overline{a^2-ab+b^2} \\ \hline -a^2b & & & \\ a^2b & +ab^2 & & \\ \hline & ab^2 & +b^3 & \\ & -ab^2 & -b^3 & \\ \hline \end{array}$$

o sea $\frac{a^3+b^3}{a+b}=a^2-ab+b^2$

2) Sea el cociente $\frac{a^3-b^3}{a-b}$. Efectuando la división, tenemos:

$$\begin{array}{rrr|l} a^3 & & -b^3 & a-b \\ -a^3+a^2b & & & \overline{a^2+ab+b^2} \\ \hline a^2b & & & \\ -a^2b & +ab^2 & & \\ \hline & ab^2 & -b^3 & \\ & -ab^2 & +b^3 & \\ \hline \end{array}$$

o sea $\frac{a^3-b^3}{a-b}=a^2+ab+b^2$

Lo anterior nos dice que:

1) **La suma de los cubos de dos cantidades dividida por la suma de las cantidades es igual al cuadrado de la primera cantidad, menos el producto de la primera por la segunda, más el cuadrado de la segunda cantidad.**

2) **La diferencia de los cubos de dos cantidades dividida por la diferencia de las cantidades es igual al cuadrado de la primera cantidad, más el producto de la primera por la segunda, más el cuadrado de la segunda cantidad.**

Ejemplos

1) Dividir $8x^3+y^3$ entre $2x+y$.

$$\frac{8x^3-y^3}{2x+y}=(2x)^2-2x(y)+y^2=4x^2-2xy+y^2 \quad \textbf{R.}$$

2) Dividir $27x^6+125y^9$ entre $3x^2+5y^3$.

$$\frac{27x^6+125y^9}{3x^2+5y^3}=(3x^2)^2-3x^2(5y^3)+(5y^3)^2=9x^4-15x^2y^3+25y^6 \quad \textbf{R.}$$

3) Dividir $1-64a^3$ entre $1-4a$.

$$\frac{1-64a^3}{1-4a}=1+4a+16a^2 \quad \textbf{R.}$$

4) Dividir $8x^{12}-729y^6$ entre $2x^4-9y^2$.

$$\frac{8x^{12}-729y^6}{2x^4-9y^2}=4x^8+18x^4y^2+81y^4 \quad \textbf{R.}$$

Los pasos intermedios deben *suprimirse y* escribir directamente el resultado final.

Ejercicio 70

Hallar, por simple inspección, el cociente de:

1. $\frac{1+a^3}{1+a}$
2. $\frac{1-a^3}{1-a}$
3. $\frac{x^3+y^3}{x+y}$
4. $\frac{8a^3-1}{2a-1}$
5. $\frac{8x^3+27y^3}{2x+3y}$
6. $\frac{27m^3-125n^3}{3m-5n}$
7. $\frac{64a^3+343}{4a+7}$
8. $\frac{216-125y^3}{6-5y}$
9. $\frac{1+a^3b^3}{1+ab}$
10. $\frac{729-512b^3}{9-8b}$
11. $\frac{a^3x^3+b^3}{ax+b}$
12. $\frac{n^3-m^3x^3}{n-mx}$
13. $\frac{x^6-27y^3}{x^2-3y}$
14. $\frac{8a^9+y^9}{2a^3+y^3}$
15. $\frac{1-x^{12}}{1-x^4}$
16. $\frac{27x^6+1}{3x^2+1}$
17. $\frac{64a^3+b^9}{4a+b^3}$
18. $\frac{a^6-b^6}{a^2-b^2}$
19. $\frac{125-343x^{15}}{5-7x^5}$
20. $\frac{n^6+1}{n^2+1}$

95 COCIENTE DE LA SUMA O DIFERENCIA DE POTENCIAS IGUALES DE DOS CANTIDADES ENTRE LA SUMA O DIFERENCIA DE LAS CANTIDADES

La división nos da:

I. $$\frac{a^4-b^4}{a-b}=a^3+a^2b+ab^2+b^3$$

$$\frac{a^5-b^5}{a-b}=a^4+a^3b+a^2b^2+ab^3+b^4$$

II. $$\frac{a^4-b^4}{a+b}=a^3-a^2b+ab^2-b^3$$

III. $\frac{a^5+b^5}{a+b} = a^4 - a^3b + a^2b^2 - ab^3 + b^4$

IV. $\begin{cases} \frac{a^4+b^4}{a+b} \text{ no es exacta la división} \\ \frac{a^4+b^4}{a-b} \text{ no es exacta la división} \end{cases}$

Lo anterior nos dice que:

1) La **diferencia** de potencias iguales, ya sean **pares** o **impares**, es siempre divisible por la **diferencia** de las bases.
2) La **diferencia** de potencias iguales **pares** es siempre divisible por la **suma** de las bases.
3) La **suma** de potencias iguales **impares** es siempre divisible por la **suma** de las bases.
4) La **suma** de potencias iguales **pares** nunca es divisible por la **suma ni por la diferencia** de las bases.

Los resultados anteriores pueden expresarse abreviadamente de este modo:

1) $a^n - b^n$ es siempre divisible por $a - b$, siendo ***n*** **cualquier** número entero, ya sea par o impar.
2) $a^n - b^n$ es divisible por $a + b$ siendo ***n*** un número entero **par**.
3) $a^n + b^n$ es divisible por $a + b$ siendo ***n*** un número entero **impar**.
4) $a^n + b^n$ nunca es divisible por $a + b$ ni por $a - b$ siendo ***n*** un número entero **par**.

NOTA

La prueba de estas propiedades, fundada en el teorema del residuo, en el número 102.

LEYES QUE SIGUEN ESTOS COCIENTES 96

Los resultados de I, II y III del número anterior, que pueden ser comprobados cada uno de ellos en otros casos del mismo tipo, nos permiten establecer inductivamente las siguientes leyes:

1) **El cociente tiene tantos términos como unidades tiene el exponente de las letras en el dividendo.**
2) **El primer término del cociente se obtiene dividiendo el primer término del dividendo entre el primer término del divisor y el exponente de *a* disminuye 1 en cada término.**
3) **El exponente de *b* en el segundo término del cociente es 1, y este exponente aumenta 1 en cada término posterior a éste.**
4) **Cuando el divisor es $a - b$ todos los signos del cociente son + y cuando el divisor es $a + b$ los signos del cociente son alternativamente + y –.**

Ejemplos

1) Hallar el cociente de $x^7 - y^7$ entre $x - y$.

Aplicando las leyes anteriores, tenemos:

$$\frac{x^7-y^7}{x-y}=x^6+x^5y+x^4y^2+x^3y^3+x^2y^4+xy^5+y^6 \quad \textbf{R.}$$

Como el divisor es $x - y$, todos los signos del cociente son +.

2) Hallar el cociente de $m^8 - n^8$ entre $m + n$.

$$\frac{m^8-n^8}{m+n}=m^7-m^6n+m^5n^2-m^4n^3+m^3n^4-m^2n^5+mn^6-n^7 \quad \textbf{R.}$$

Como el divisor es m + n los signos del cociente alternan.

3) Hallar el cociente de $x^5 + 32$ entre $x + 2$.

Como $32 = 2^5$, tendremos:

$$\frac{x^5+32}{x+2}=\frac{x^5+2^5}{x+2}=x^4-2x^3+2^2x^2-2^3x+2^4=x^4-2x^3+4x^2-8x+16 \quad \textbf{R.}$$

4) Hallar el cociente de $64a^6 - 729b^6$ entre $2a + 3b$.

Como $64a^6 = (2a)^6$ y $729b^6 = (3b)^6$, tendremos:

$$\frac{64a^6-729b^6}{2a+3b}=\frac{(2a)^6-(3b)^6}{2a+3b}$$

$$=(2a)^5-(2a)^4(3b)+(2a)^3(3b)^2-(2a)^2(3b)^3+(2a)(3b)^4-(3b)^5$$

$$=32a^5-48a^4b+72a^3b^2-108a^2b^3+162ab^4-243b^5 \quad \textbf{R.}$$

Ejercicio 71

Hallar, por simple inspección, el cociente de:

1. $\frac{x^4-y^4}{x-y}$
2. $\frac{m^5+n^5}{m+n}$
3. $\frac{a^5-n^5}{a-n}$
4. $\frac{x^6-y^6}{x+y}$
5. $\frac{a^6-b^6}{a-b}$
6. $\frac{x^7+y^7}{x+y}$
7. $\frac{a^7-m^7}{a-m}$
8. $\frac{a^8-b^8}{a+b}$
9. $\frac{x^{10}-y^{10}}{x-y}$
10. $\frac{m^9+n^9}{m+n}$
11. $\frac{m^9-n^9}{m-n}$
12. $\frac{a^{10}-x^{10}}{a+x}$
13. $\frac{1-n^5}{1-n}$
14. $\frac{1-a^6}{1-a}$
15. $\frac{1+a^7}{1+a}$
16. $\frac{1-m^8}{1+m}$
17. $\frac{x^4-16}{x-2}$
18. $\frac{x^6-64}{x+2}$
19. $\frac{x^7-128}{x-2}$
20. $\frac{a^5+243}{a+3}$
21. $\frac{x^6-729}{x-3}$
22. $\frac{625-x^4}{x+5}$
23. $\frac{m^8-256}{m-2}$
24. $\frac{x^{10}-1}{x-1}$
25. $\frac{x^5+243y^5}{x+3y}$
26. $\frac{16a^4-81b^4}{2a-3b}$
27. $\frac{64m^6-729n^6}{2m+3n}$
28. $\frac{1{,}024x^{10}-1}{2x-1}$
29. $\frac{512a^9+b^9}{2a+b}$
30. $\frac{a^6-729}{a-3}$

5) Hallar el cociente de $a^{10} + b^{10}$ entre $a^2 + b^2$.

En los casos estudiados hasta ahora los exponentes del divisor han sido siempre 1. Cuando los exponentes del divisor sean 2, 3, 4, 5, etc., sucederá que el exponente de a disminuirá en cada término 2, 3, 4, 5, etc.; la b aparece en el segundo término del cociente elevada a un exponente igual al que tiene en el divisor, y este exponente en cada término posterior, aumentará 2, 3, 4, 5, etcétera.

Así, en este caso, tendremos: $\frac{a^{10}+b^{10}}{a^2+b^2} = a^8 - a^6b^2 + a^4b^4 - a^2b^6 + b^8$ **R.**

donde vemos que el exponente de a disminuye 2 en cada término y el de b aumenta 2 en cada término.

6) Hallar el cociente de $x^{15} - y^{15}$ entre $x^3 - y^3$.

$$\frac{x^{15}-y^{15}}{x^3-y^3} = x^{12} + x^9y^3 + x^6y^6 + x^3y^9 + y^{12} \quad \textbf{R.}$$

Ejercicio 72

Escribir, por simple inspección, el cociente de:

1. $\frac{x^6+y^6}{x^2+y^2}$
2. $\frac{a^8-b^8}{a^2+b^2}$
3. $\frac{m^{10}-n^{10}}{m^2-n^2}$
4. $\frac{a^{12}-b^{12}}{a^3+b^3}$
5. $\frac{a^{12}-x^{12}}{a^3-x^3}$
6. $\frac{x^{15}+y^{15}}{x^3+y^3}$
7. $\frac{m^{12}+1}{m^4+1}$
8. $\frac{m^{16}-n^{16}}{m^4-n^4}$
9. $\frac{a^{18}-b^{18}}{a^3+b^3}$
10. $\frac{x^{20}-y^{20}}{x^5+y^5}$
11. $\frac{m^{21}+n^{21}}{m^3+n^3}$
12. $\frac{x^{24}-1}{x^6-1}$
13. $\frac{a^{25}+b^{25}}{a^5+b^5}$
14. $\frac{a^{30}-m^{30}}{a^6-m^6}$

Ejercicio 73

MISCELÁNEA

Escribir el cociente sin efectuar la división:

1. $\frac{x^4-1}{1+x^2}$
2. $\frac{8m^3+n^6}{2m+n^2}$
3. $\frac{1-a^5}{1-a}$
4. $\frac{x^6-27y^3}{x^2-3y}$
5. $\frac{x^6-49y^6}{x^3+7y^3}$
6. $\frac{a^{14}-b^{14}}{a^2-b^2}$
7. $\frac{1+a^3}{1+a}$
8. $\frac{16x^2y^4-25m^6}{4xy^2+5m^3}$
9. $\frac{x^{27}+y^{27}}{x^3+y^3}$
10. $\frac{a^{27}+y^{27}}{a^9+y^9}$
11. $\frac{a^4b^4-64x^6}{a^2b^2+8x^3}$
12. $\frac{1-a^2b^4c^8}{1-ab^2c^4}$
13. $\frac{32x^5+243y^5}{2x+3y}$
14. $\frac{25-(a+1)^2}{5+(a+1)}$
15. $\frac{1-x^{12}}{1-x^4}$
16. $\frac{64x^6-343y^9}{4x^2-7y^3}$
17. $\frac{a^{18}-b^{18}}{a^3+b^3}$
18. $\frac{(a+x)^2-y^2}{(a+x)-y}$
19. $\frac{1+x^{11}}{x+1}$
20. $\frac{x^{40}-y^{40}}{x^8-y^8}$
21. $\frac{9-36x^{10}}{3+6x^5}$
22. $\frac{x^8-256}{x-2}$

Arquímedes (287-212 a. C.). El más genial de los matemáticos de la Antigüedad. Fue el primero en aplicar metódicamente las ciencias en los problemas de la vida real. Por espacio de tres años defendió a Siracusa, su ciudad natal, contra el ataque de los romanos. Fue autor de innumerables inventos mecánicos, entre los que están el tornillo sinfín, la rueda dentada, etc. Fue asesinado por un soldado enemigo mientras resolvía un problema matemático. Fundó la Hidrostática al descubrir el principio que lleva su nombre.

Capítulo VII

TEOREMA DEL RESIDUO

97 POLINOMIO ENTERO Y RACIONAL

Un polinomio como $x^3 + 5x^2 - 3x + 4$ es **entero** porque ninguno de sus términos tiene letras en el denominador y es **racional** porque ninguno de sus términos tiene raíz inexacta. Éste es un polinomio **entero** y **racional** en x y su **grado** es 3.

El polinomio $a^5 + 6a^4 - 3a^3 + 5a^2 + 8a + 3$ es un polinomio **entero** y **racional** en a y su grado es 5.

98 RESIDUO DE LA DIVISIÓN DE UN POLINOMIO ENTERO Y RACIONAL EN x ENTRE UN BINOMIO DE LA FORMA $x - a$

1) Vamos a hallar el residuo de la división de $x^3 - 7x^2 + 17x - 6$ entre $x - 3$.

Efectuemos la división:

$$\begin{array}{rrrr|l} x^3 & -\ 7x^2 & +\ 17x & -\ 6 & x-3 \\ \cline{5-5} -\ x^3 & +\ 3x^2 & & & x^2-4x+5 \\ \hline & -\ 4x^2 & +\ 17x & & \\ & 4x^2 & -\ 12x & & \\ \hline & & 5x & -\ 6 & \\ & & -\ 5x & +\ 15 & \\ \hline & & & 9 & \end{array}$$

La división no es exacta y el residuo es 9.

Si ahora, en el dividendo $x^3 - 7x^2 + 17x - 6$ sustituimos la x por 3, tendremos:

$$3^3 - 7(3)^2 + 17(3) - 6 = 27 - 63 + 51 - 6 = 9$$

y vemos que el **residuo** de dividir el polinomio dado entre $x - 3$ se obtiene **sustituyendo en el polinomio dado la x por $+3$.**

2) Vamos a hallar el residuo de la división de $3x^3 - 2x^2 - 18x - 1$ entre $x + 2$.

Efectuemos la división:

$$\begin{array}{rrrr|l} 3x^3 & -2x^2 & -18x & -1 & x+2 \\ \cline{5-5} -3x^3 & -6x^2 & & & 3x^2-8x-2 \\ \hline & -8x^2 & -18x & & \\ & 8x^2 & +16x & & \\ \hline & & -2x & -1 & \\ & & 2x & +4 & \\ \hline & & & 3 & \end{array}$$

Si ahora, en el dividendo $3x^3 - 2x^2 - 18x - 1$ sustituimos la x por -2, tendremos:

$$3(-2)^3 - 2(-2)^2 - 18(-2) - 1 = -24 - 8 + 36 - 1 = 3$$

y vemos que el **residuo** de dividir el polinomio dado entre $x + 2$ se obtiene **sustituyendo en el polinomio dado la x por -2.**

Lo expuesto anteriormente se prueba en el

TEOREMA DEL RESIDUO 99

El residuo de dividir un polinomio entero y racional en x entre un binomio de la forma $x - a$ se obtiene sustituyendo en el polinomio dado la x por a.

Sea el polinomio $Ax^m + Bx^{m-1} + Cx^{m-2} + \ldots + Mx + N$

Dividamos este polinomio por $x - a$ y continuemos la operación hasta que el residuo R sea independiente de x. Sea Q el cociente de esta división.

Como en toda división inexacta el dividendo es igual al producto del divisor por el cociente más el residuo, tendremos:

$$Ax^m + Bx^{m-1} + Cx^{m-2} + \ldots + Mx + N = (x - a)Q + R$$

Esta igualdad es cierta para todos los valores de x. Sustituyamos la x por a y tendremos:

$$Aa^m + Ba^{m-1} + Ca^{m-2} + \ldots + Ma + N = (a - a)Q + R$$

Pero $(a - a) = 0$ y $(a - a)Q = 0 \times Q = 0$; luego, la igualdad anterior se convierte en

$$Aa^m + Ba^{m-1} + Ca^{m-2} + \ldots + Ma + N = R$$

igualdad que prueba el teorema, pues nos dice que R, el residuo de la división, es igual a lo que se obtiene sustituyendo en el polinomio dado la x por a, que era lo que queríamos demostrar.

NOTA

Un polinomio ordenado en **x** suele expresarse abreviadamente por la notación $P(x)$ y el resultado de sustituir en este polinomio la x por a se escribe $P(a)$.

Si el divisor es $x + a$, como $x + a = x - (-a)$, el residuo de la división del polinomio ordenado en x entre $x + a$ se obtiene sustituyendo en el polinomio dado la x por $-a$.

En los casos anteriores el coeficiente de x en $x - a$ y $x + a$ es 1. Estos binomios pueden escribirse $1x - a$ y $1x + a$.

Sabemos que el residuo de dividir un polinomio ordenado en x entre $x - a$ o $1x - a$ se obtiene sustituyendo la x por a, o sea, por $\frac{a}{1}$ y el residuo de dividirlo entre $x + a$ o $1x + a$ se obtiene sustituyendo la x por $-a$, o sea por $-\frac{a}{1}$.

Por tanto, cuando el divisor sea la forma $bx - a$, donde b, que es el coeficiente de x, es distinto de 1, el residuo de la división se obtiene sustituyendo en el polinomio dado la x por $\frac{a}{b}$ y cuando el divisor sea de la forma $bx + a$ el residuo se obtiene sustituyendo en el polinomio dado la x por $-\frac{a}{b}$.

En general, **el residuo de dividir un polinomio ordenado en x entre un binomio de la forma $bx - a$ se obtiene sustituyendo en el polinomio dado la x por el quebrado que resulta de dividir el segundo término del binomio con el signo cambiado entre el coeficiente del primer término del binomio.**

Ejemplos

1) Hallar, sin efectuar la división, el residuo de dividir $x^2 - 7x + 6$ entre $x - 4$.

Sustituyendo la x por 4, tendremos:

$$4^2 - 7(4) + 6 = 16 - 28 + 6 = -6 \quad \textbf{R.}$$

2) Hallar, por inspección, el residuo de dividir $a^3 + 5a^2 + a - 1$ entre $a + 5$. Sustituyendo la a por -5, tendremos:

$$(-5)^3 + 5(-5)^2 + (-5) - 1 = -125 + 125 - 5 - 1 = -6 \quad \textbf{R.}$$

3) Hallar, por inspección, el residuo de $2x^3 + 6x^2 - 12x + 1$ entre $2x + 1$.

Sustituyendo la x por $-\frac{1}{2}$, tendremos:

$$2\left(-\frac{1}{2}\right)^3 + 6\left(-\frac{1}{2}\right)^2 - 12\left(-\frac{1}{2}\right) + 1 = -\frac{1}{4} + \frac{3}{2} + 6 + 1 = \frac{33}{4} \quad \textbf{R.}$$

4) Hallar, por inspección, el residuo de $a^4 - 9a^2 - 3a + 2$ entre $3a - 2$.

Sustituyendo la a por $\frac{2}{3}$, tendremos:

$$\left(\frac{2}{3}\right)^4 - 9\left(\frac{2}{3}\right)^2 - 3\left(\frac{2}{3}\right) + 2 = \frac{16}{81} - 4 - 2 + 2 = -\frac{308}{81} \quad \textbf{R.}$$

Ejercicio 74

Hallar, sin efectuar la división, el residuo de dividir:

1. x^2-2x+3 entre $x-1$
2. x^3-3x^2+2x-2 entre $x+1$
3. x^4-x^3+5 entre $x-2$
4. $a^4-5a^3+2a^2-6$ entre $a+3$
5. $m^4+m^3-m^2+5$ entre $m-4$
6. $x^5+3x^4-2x^3+4x^2-2x+2$ entre $x+3$
7. a^5-2a^3+2a-4 entre $a-5$
8. $6x^3+x^2+3x+5$ entre $2x+1$
9. $12x^3-21x+90$ entre $3x-3$
10. $15x^3-11x^2+10x+18$ entre $3x+2$
11. $5x^4-12x^3+9x^2-22x+21$ entre $5x-2$
12. $a^6+a^4-8a^2+4a+1$ entre $2a+3$

DIVISIÓN SINTÉTICA

REGLA PRÁCTICA PARA HALLAR EL COCIENTE Y EL RESIDUO DE LA DIVISIÓN DE UN POLINOMIO ENTERO EN x ENTRE $x-a$ 100

1) Dividamos $x^3-5x^2+3x+14$ entre $x-3$.

$$
\begin{array}{rrrr|l}
x^3 & -5x^2 & +3x & +14 & x-3 \\
-x^3 & +3x^2 & & & x^2-2x-3 \\
\hline
 & -2x^2 & +3x & & \\
 & 2x^2 & -6x & & \\
\hline
 & & -3x & +14 & \\
 & & 3x & -9 & \\
\hline
 & & & 5 &
\end{array}
$$

Aquí vemos que el cociente x^2-2x-3 es un polinomio en x cuyo **grado** es 1 **menos** que el grado del dividendo; que el **coeficiente** del primer término del cociente es igual al coeficiente del primer término del dividendo y que el **residuo** es 5.

Sin efectuar la división, el cociente y el residuo pueden hallarse por la siguiente **regla práctica** llamada división sintética:

1) **El cociente es un polinomio en x cuyo grado es 1 menos que el grado del dividendo.**
2) **El coeficiente del primer término del cociente es igual al coeficiente del primer término del dividendo.**
3) **El coeficiente de un término cualquiera del cociente se obtiene multiplicando el coeficiente del término anterior por el segundo término del binomio divisor cambiado de signo y sumando este producto con el coeficiente del término que ocupa el mismo lugar en el dividendo.**
4) **El residuo se obtiene multiplicando el coeficiente del último término del cociente por el segundo término del divisor cambiado de signo y sumando este producto con el término independiente del dividendo.**

Apliquemos esta regla a la división anterior. Para ello escribimos solamente los coeficientes del dividendo y se procede de este modo:

Dividendo...	x^3	$-5x^2$	$+3x$	$+14$		Divisor $x-3$
Coeficientes...	1	-5	$+3$	$+14$	$+3$ →	(Segundo término del divisor con el signo cambiado.)
	$1\times3=$	3	$(-2)\times3=-6$	$(-3)\times3=-9$		
	1	-2	-3	$+5$		

El cociente será un polinomio en x de 2º **grado**, porque el dividendo es de 3º grado.

El coeficiente del **primer** término del cociente es 1, igual que en el dividendo.

El coeficiente del **segundo** término del cociente es -2, que se ha obtenido multiplicando el segundo término del divisor con el signo cambiado $+3$, por el coeficiente del **primer** término del cociente y sumando este producto, $1 \times 3 = 3$, con el coeficiente del término que ocupa en el dividendo el mismo lugar que el que estamos hallando del cociente, el **segundo** del dividendo -5 y tenemos $-5 + 3 = -2$.

El coeficiente del **tercer** término del cociente es -3, que se ha obtenido multiplicando el segundo término del divisor con el signo cambiado $+3$, por el coeficiente del **segundo** término del cociente -2 y sumando este producto: $(-2) \times 3 = -6$, con el coeficiente del término que ocupa en el dividendo el mismo lugar que el que estamos hallando del cociente, el tercero del dividendo $+3$ y tenemos $+3 - 6 = -3$.

El **residuo es** 5, que se obtiene multiplicando el coeficiente del último término del cociente -3, por el segundo término del divisor cambiado de signo $+3$ y sumando este producto: $(-3) \times 3 = -9$, con el término independiente del dividendo $+14$ y tenemos $+14 - 9 = +5$.

Por lo tanto, el **cociente** de la división es

$x^2 - 2x - 3$ y el **residuo** 5

que son el cociente y el residuo que se obtuvieron efectuando la división.

Con este método, en realidad, lo que se hace es **sustituir** en el polinomio dado la x por $+3$.

2) Hallar, por división sintética, el cociente y el resto de las divisiones

$$2x^4 - 5x^3 + 6x^2 - 4x - 105 \text{ entre } x + 2$$

Coeficientes del dividendo

(Segundo término del divisor con el signo cambiado.)

2	-5	$+6$	-4	-105	$-2 \leftarrow$
	$2 \times (-2) = -4$	$(-9) \times (-2) = 18$	$24 \times (-2) = -48$	$(-52) \times (-2) = 104$	
2	-9	$+24$	-52	-1	

(residuo)

Como el dividendo es de 4o. grado, el cociente es de 3er grado.

Los **coeficientes** del cociente son 2, -9, $+24$ y -52; luego, el **cociente** es

$2x^3 - 9x^2 + 24x - 52$ y el **residuo** es -1

Con este método, hemos sustituido en el polinomio dado la x por -2.

3) Hallar, por división sintética, el cociente y el residuo de dividir

$$x^5 - 16x^3 - 202x + 81 \text{ entre } x - 4$$

Como este polinomio es incompleto, pues le faltan los términos en x^4 y en x^2, al escribir los coeficientes ponemos 0 en los lugares que debían ocupar los coeficientes de estos términos.

Tendremos:

1	+0	−16	+0	−202	+ 81	+4
	4	16	0	0	−808	
1	+4	0	0	−202	−727	
					(residuo)	

Como el dividendo es de 5° grado, el cociente es de 4° grado.
Los coeficientes del cociente son 1, +4, 0, 0 y −202; luego, el **cociente** es

$x^4 + 4x^3 - 202$ y el **residuo** es −727 **R.**

4) Hallar por división sintética el cociente y el resto de la división de

$$2x^4 - 3x^3 - 7x - 6 \text{ entre } 2x + 1$$

Pongamos el divisor en la forma $x + a$ dividiendo sus dos términos entre 2 y tendremos $\frac{2x}{2} + \frac{1}{2} = x + \frac{1}{2}$. Ahora bien, como el divisor lo hemos dividido entre 2, el cociente quedará multiplicado por 2; luego, los coeficientes que encontremos para el cociente tendremos que **dividirlos** entre 2 para destruir esta operación:

2	−3	+0	−7	−6	$-\frac{1}{2}$
	−1	+2	−1	4	
2	−4	+2	−8	−2	
				(residuo)	

2, −4, +2 y −8 son los coeficientes del cociente **multiplicados** por 2; luego, para destruir esta operación hay que dividirlos entre 2 y tendremos 1, −2, +1 y −4. Como el cociente es de tercer grado, el cociente será:

$$x^3 - 2x^2 + x - 4$$

y el residuo es −2 porque al residuo no le afecta la división del divisor entre 2.

Ejercicio 75

Hallar, por división sintética, el cociente y el resto de las divisiones siguientes:

1. $x^2 - 7x + 5$ entre $x - 3$
2. $a^2 - 5a + 1$ entre $a + 2$
3. $x^3 - x^2 + 2x - 2$ entre $x + 1$
4. $x^3 - 2x^2 + x - 2$ entre $x - 2$
5. $a^3 - 3a^2 - 6$ entre $a + 3$
6. $n^4 - 5n^3 + 4n - 48$ entre $n + 2$

7. x^4-3x+5 entre $x-1$
8. $x^5+x^4-12x^3-x^2-4x-2$ entre $x+4$
9. a^5-3a^3+4a-6 entre $a-2$
10. x^5-208x^2+2076 entre $x-5$
11. $x^6-3x^5+4x^4-3x^3-x^2+2$ entre $x+3$
12. $2x^3-3x^2+7x-5$ entre $2x-1$
13. $3a^3-4a^2+5a+6$ entre $3a+2$
14. $3x^4-4x^3+4x^2-10x+8$ entre $3x-1$
15. $x^6-x^4+\frac{15}{8}x^3+x^2-1$ entre $2x+3$

COROLARIOS DEL TEOREMA DEL RESIDUO

101 DIVISIBILIDAD ENTRE $x-a$

Un polinomio entero en x que se anula para $x=a$, o sea, sustituyendo en él la x por a, es divisible entre $x-a$.

Sea el polinomio entero $P(x)$, que suponemos se anula para $x=a$, es decir, sustituyendo la x por a. Decimos que $P(x)$ es divisible entre $x-a$.

En efecto, según lo demostrado en el teorema del residuo, el residuo de dividir un polinomio entero en x entre $x-a$ se obtiene sustituyendo en el polinomio dado la x por a; pero por hipótesis $P(x)$ se anula al sustituir la x por a, o sea $P(a)=0$; luego, el residuo de la división de $P(x)$ entre $x-a$ es cero; luego, $P(x)$ es divisible entre $x-a$.

Del propio modo, si $P(x)$ se anula para $x=-a$, $P(x)$ es divisible entre $x-(-a)=x+a$; si $P(x)$ se anula para $x=\frac{a}{b}$ será divisible entre $x-\frac{a}{b}$ o entre $bx-a$; si $P(x)$ se anula para $x=-\frac{a}{b}$ será divisible entre $x-\left(-\frac{a}{b}\right)=x+\frac{a}{b}$ o entre $bx+a$.

Recíprocamente, si $P(x)$ es divisible entre $x-a$ tiene que anularse para $x=a$, es decir, sustituyendo la x por a; si $P(x)$ es divisible entre $x+a$ tiene que anularse para $x=-a$; si $P(x)$ es divisible entre $bx-a$ tiene que anularse para $x=\frac{a}{b}$ y si es divisible entre $bx+a$ tiene que anularse para $x=-\frac{a}{b}$.

Ejemplos

1) Hallar, sin efectuar la división, si x^3-4x^2+7x-6 es divisible entre $x-2$.
Este polinomio será divisible entre $x-2$ si se anula para $x=+2$.
Sustituyendo la x por 2, tendremos:

$$2^3-4(2)^2+7(2)-6=8-16+14-6=0$$

luego es divisible entre $x-2$.

2) Hallar, por inspección, si x^3-2x^2+3 es divisible entre $x+1$.
Este polinomio será divisible entre $x+1$ si se anula para $x=-1$.
Sustituyendo la x por -1, tendremos:

$$(-1)^3-2(-1)^2+3=-1-2+3=0$$

luego es divisible entre $x+1$.

3) Hallar, por inspección, si $x^4+2x^3-2x^2+x-6$ es divisible entre $x+3$ y encontrar el cociente de la división.

Aplicaremos la división sintética del número **100** con la cual hallamos simultáneamente el cociente y el residuo, si lo hay.

Tendremos:

1	+2	−2	+1	−6	−3
	−3	+3	−3	+6	
1	−1	+1	−2	0	
				(residuo)	

Lo anterior nos dice que el polinomio se anula al sustituir la x por −3; luego es divisible entre $x+3$.

El cociente es de tercer grado y sus coeficientes son 1, −1, +1 y −2, luego el cociente es:

$$x^3-x^2+x-2$$

Por tanto, si el dividendo es $x^4+2x^3-2x^2+x-6$, el divisor $x+3$ y el cociente x^3-x^2+x-2, y la división es exacta, podemos escribir:

$$x^4+2x^3-2x^2+x-6=(x+3)(x^3-x^2+x-2)$$

Condición necesaria para la divisibilidad de un polinomio en x entre un binomio de la forma $x-a$

Es condición necesaria para que un polinomio en x sea divisible entre un binomio de la forma $x-a$, que el término independiente del polinomio sea múltiplo del término a del binomio, sin tener en cuenta los signos. Así, el polinomio $3x^4+2x^3-6x^2+8x+7$ no es divisible entre el binomio $x-3$, porque el término independiente del polinomio 7, no es divisible entre el término numérico del binomio, que es 3.

Esta condición **no es suficiente,** es decir, que aun cuando el término independiente del polinomio sea divisible entre el término a del binomio, no podemos afirmar que el polinomio en x sea divisible entre el binomio $x-a$.

Ejercicio 76

Hallar, sin efectuar la división, si son exactas las divisiones siguientes:

1. x^2-x-6 entre $x-3$
2. x^3+4x^2-x-10 entre $x+2$
3. $2x^4-5x^3+7x^2-9x+3$ entre $x-1$
4. $x^5+x^4-5x^3-7x+8$ entre $x+3$
5. $4x^3-8x^2+11x-4$ entre $2x-1$
6. $6x^5+2x^4-3x^3-x^2+3x+3$ entre $3x+1$

Sin efectuar la división, probar que:

7. $a+1$ es factor de a^3-2a^2+2a+5
8. $x-5$ divide a $x^5-6x^4+6x^3-5x^2+2x-10$
9. $4x-3$ divide a $4x^4-7x^3+7x^2-7x+3$
10. $3n+2$ no es factor de $3n^5+2n^4-3n^3-2n^2+6n+7$

Sin efectuar la división, hallar si las divisiones siguientes son o no exactas y determinar el cociente en cada caso y el residuo, si lo hay:

11. $2a^3 - 2a^2 - 4a + 16$ entre $a + 2$
12. $a^4 - a^2 + 2a + 2$ entre $a + 1$
13. $x^4 + 5x - 6$ entre $x - 1$
14. $x^6 - 39x^4 + 26x^3 - 52x^2 + 29x - 30$ entre $x - 6$
15. $a^6 - 4a^5 - a^4 + 4a^3 + a^2 - 8a + 25$ entre $a - 4$
16. $16x^4 - 24x^3 + 37x^2 - 24x + 4$ entre $4x - 1$
17. $15n^5 + 25n^4 - 18n^3 - 18n^2 + 17n - 11$ entre $3n + 5$

En los ejemplos siguientes, hallar el valor de la constante $\boldsymbol{k}$ (término independiente del polinomio) para que:

18. $7x^2 - 5x + \boldsymbol{k}$ sea divisible entre $x - 5$
19. $x^3 - 3x^2 + 4x + \boldsymbol{k}$ sea divisible entre $x - 2$
20. $2a^4 + 25a + \boldsymbol{k}$ sea divisible entre $a + 3$
21. $20x^3 - 7x^2 + 29x + \boldsymbol{k}$ sea divisible entre $4x + 1$

102 DIVISIBILIDAD DE $a^n + b^n$ y $a^n - b^n$ ENTRE $a + b$ y $a - b$

Vamos a aplicar el **teorema del residuo** a la demostración de las reglas establecidas en el número **95.**

Siendo ***n*** un número **entero** y **positivo**, se verifica:

1) $a^n - b^n$ **es siempre divisible entre** $a - b$**, ya sea *n* par o impar.**

En efecto, de acuerdo con el teorema del residuo, $a^n - b^n$ será divisible entre $a - b$, si se anula sustituyendo a por $+b$.

Sustituyendo a por $+b$ en $a^n - b^n$, tenemos:

$$a^n - b^n = b^n - b^n = 0$$

Se anula; luego, $a^n - b^n$ es **siempre** divisible entre $a - b$.

2) $a^n + b^n$ **es divisible entre** $a + b$ **si *n* es impar.**

Siendo ***n*** impar, $a^n + b^n$ será divisible entre $a + b$ si se anula al sustituir a por $-b$.

Sustituyendo a por $-b$ en $a^n + b^n$, tenemos:

$$a^n + b^n = (-b)^n + b^n = -b^n + b^n = 0$$

Se anula; luego, $a^n + b^n$ es divisible entre $a + b$ siendo ***n* impar**, $(-b)^n = -b^n$ porque ***n*** es impar y toda cantidad negativa elevada a un exponente **impar** da una cantidad **negativa**.

3) $a^n - b^n$ **es divisible entre** $a + b$ **si *n* es par.**

Siendo ***n*** par, $a^n - b^n$ será divisible entre $a + b$ si se anula al sustituir la a por $-b$.

Sustituyendo la a por $-b$ en $a^n - b^n$, tenemos:

$$a^n - b^n = (-b)^n - b^n = b^n - b^n = 0$$

Se anula; luego, $a^n - b^n$ es divisible entre $a + b$ siendo ***n*** par, $(-b)^n = b^n$ porque ***n*** es par y toda cantidad negativa elevada a un exponente **par** da una cantidad **positiva.**

4) $a^n + b^n$ **no es divisible entre** $a + b$ **si *n* es par.**

Siendo ***n*** par, para que $a^n + b^n$ sea divisible entre $a + b$ es necesario que se anule al sustituir la a por $-b$.

Sustituyendo la a por $-b$, tenemos:

$$a^n + b^n = (-b)^n + b^n = b^n + b^n = 2b^n$$

No se anula; luego, $a^n + b^n$ no es divisible entre $a + b$ cuando ***n*** es **par.**

5) $a^n + b^n$ **nunca es divisible entre** $a - b$, **ya sea *n* par o impar.**

Siendo ***n*** par o impar, para que $a^n + b^n$ sea divisible entre $a - b$ es necesario que se anule al sustituir la a por $+b$.

Sustituyendo, tenemos:

$$a^n + b^n = b^n + b^n = 2b^n$$

No se anula; luego, $a^n + b^n$ **nunca** es divisible entre $a - b$.

Ejercicio 77

Diga, por simple inspección, si son exactas las divisiones siguientes y en caso negativo, diga cuál es el residuo:

1. $\dfrac{x^5+1}{x-1}$
2. $\dfrac{a^4+b^4}{a+b}$
3. $\dfrac{x^8-1}{x^2+1}$
4. $\dfrac{a^{11}+1}{a-1}$
5. $\dfrac{a^6+b^6}{a^2+b^2}$
6. $\dfrac{x^7-1}{x-1}$
7. $\dfrac{x^3-8}{x+2}$
8. $\dfrac{x^4-16}{x+2}$
9. $\dfrac{a^5+32}{a-2}$
10. $\dfrac{x^7-128}{x+2}$
11. $\dfrac{16a^4-81b^4}{2a+3b}$
12. $\dfrac{a^3x^6+b^9}{ax^2+b^3}$

DIVISIBILIDAD DE $\dfrac{a^n \pm b^n}{a \pm b}$

1) $\dfrac{a^n-b^n}{a-b}$ **siempre** es divisible.

2) $\dfrac{a^n+b^n}{a+b}$ es divisible si n es **impar.**

3) $\dfrac{a^n-b^n}{a+b}$ es divisible si n es **par.**

4) $\dfrac{a^n+b^n}{a-b}$ **nunca** es divisible.

Claudio Ptolomeo (100-175 d. C.). El más sobresaliente de los astrónomos de la época helenística. Nacido en Egipto, confluencia de dos culturas, Oriente y Occidente, influyó igualmente sobre ambas. Su sistema geocéntrico dominó la Astronomía durante catorce siglos hasta la aparición de Copérnico. Aunque es más conocido por estos trabajos, fue uno de los fundadores de la Trigonometría. Su obra principal, el *Almagesto*, en que se abordan cuestiones científicas. Dicha obra se utilizó en las universidades hasta el siglo XVIII.

Capítulo VIII

ECUACIONES ENTERAS DE PRIMER GRADO CON UNA INCÓGNITA

103 **IGUALDAD** es la expresión de que dos cantidades o expresiones algebraicas tienen el mismo valor.

Ejemplos

$a = b + c$ $\qquad$ $3x^2 = 4x + 15$

104 **ECUACIÓN** es una igualdad en la que hay una o varias cantidades desconocidas llamadas **incógnitas** y que sólo se verifica o es verdadera para **determinados valores** de las incógnitas.

Las **incógnitas** se representan por las últimas letras del alfabeto: *x, y, z, u, v.*

Así, $5x + 2 = 17$

es una **ecuación**, porque es una igualdad en la que hay una incógnita, la *x*, y esta igualdad sólo se verifica, o sea que sólo es verdadera para el **valor** $x = 3$. En efecto, si sustituimos la *x* por 3, tenemos:

$$5(3) + 2 = 17 \quad \text{o sea} \quad 17 = 17$$

Si damos a *x* un valor distinto de 3, la igualdad **no se verifica** o no es verdadera.

La igualdad $y^2 - 5y = -6$ es una ecuación porque es una igualdad que sólo se verifica para $y = 2$ y $y = 3$. En efecto, sustituyendo la y por 2, tenemos:

$$\begin{aligned} 2^2 - 5(2) &= -6 \\ 4 - \ \ 10 &= -6 \\ - \ \ 6 &= -6 \end{aligned}$$

Si hacemos $y = 3$, tenemos:

$$\begin{aligned} 3^2 - 5(3) &= -6 \\ 9 - \ \ 15 &= -6 \\ - \ \ 6 &= -6 \end{aligned}$$

Si damos a y un valor distinto de 2 o 3, la igualdad no se verifica.

IDENTIDAD es una igualdad que se verifica para **cualesquiera** valores de las letras que entran en ella. 105

Así,

$$\begin{aligned} (a - b)^2 &= (a - b)(a - b) \\ a^2 - m^2 &= (a + m)(a - m) \end{aligned}$$

son **identidades** porque se verifican para **cualesquiera** valores de las letras a y b en el primer ejemplo y de las letras a y m del segundo ejemplo.

El **signo de identidad** es ≡, que se lee **"idéntico a"**.

Así, la identidad de $(x + y)^2$ con $x^2 + 2xy + y^2$ se escribe $(x + y)^2 \equiv x^2 + 2xy + y^2$ y se lee $(x + y)^2$ **idéntico a** $x^2 + 2xy + y^2$.

MIEMBROS 106

Se llama **primer miembro** de una ecuación o de una identidad a la expresión que está a la **izquierda** del signo de **igualdad** o **identidad**, y **segundo miembro**, a la expresión que está a la derecha.

Así, en la ecuación $3x - 5 = 2x - 3$

el primer miembro es $3x - 5$ y el segundo miembro $2x - 3$.

TÉRMINOS son cada una de las cantidades que están conectadas con otra por el signo + o –, o la cantidad que está sola en un miembro. 107

Así, en la ecuación $3x - 5 = 2x - 3$

los términos son $3x$, -5, $2x$ y -3.

No deben confundirse los **miembros** de una ecuación con los **términos** de la misma, error muy frecuente en los alumnos.

Miembro y término son equivalentes sólo cuando en un miembro de una ecuación hay una sola cantidad.

Así, en la ecuación $3x = 2x + 3$

tenemos que $3x$ es el **primer miembro** de la ecuación y también es un **término** de la ecuación.

108 CLASES DE ECUACIONES

Una **ecuación numérica** es una ecuación que no tiene más letras que las incógnitas, como

$$4x-5=x+4$$

donde la única letra es la incógnita x.

Una **ecuación literal** es una ecuación que además de las incógnitas tiene otras letras, que representan cantidades conocidas, como

$$3x+2a=5b-bx$$

Una ecuación es **entera** cuando ninguno de sus términos tiene denominador como en los ejemplos anteriores, y es **fraccionaria** cuando algunos o todos sus términos tienen denominador, como

$$\frac{3x}{2}+\frac{6x}{5}=5+\frac{x}{5}$$

109 **GRADO** de una ecuación con una sola incógnita es el mayor exponente que tiene la incógnita en la ecuación. Así,

$$4x-6=3x-1 \text{ y } ax+b=b^2x+c$$

son ecuaciones de **primer grado** porque el mayor exponente de x es 1.

La ecuación

$$x^2-5x+6=0$$

es una ecuación de **segundo grado** porque el mayor exponente de x es 2. Las ecuaciones de **primer grado** se llaman **ecuaciones simples** o **lineales**.

110 **RAÍCES O SOLUCIONES** de una ecuación son los valores de las incógnitas que verifican o **satisfacen** la ecuación, es decir, que sustituidos en lugar de las incógnitas, convierten la ecuación en **identidad**.

Así, en la ecuación $5x-6=3x+8$

la **raíz** es 7 porque haciendo $x=7$ se tiene

$$5(7)-6=3(7)+8, \text{ o sea, } 29=29$$

donde vemos que 7 **satisface** la ecuación.

Las **ecuaciones de primer grado** con una incógnita tienen **una sola raíz**.

111 **RESOLVER UNA ECUACIÓN** es hallar sus raíces, o sea el valor o los valores de las incógnitas que satisfacen la ecuación.

112 AXIOMA FUNDAMENTAL DE LAS ECUACIONES

Si con cantidades iguales se verifican operaciones iguales y los resultados serán iguales.

REGLAS QUE SE DERIVAN DE ESTE AXIOMA

1) **Si a los dos miembros de una ecuación se suma una misma cantidad, positiva o negativa, la igualdad subsiste.**
2) **Si a los dos miembros de una ecuación se resta una misma cantidad, positiva o negativa, la igualdad subsiste.**
3) **Si los dos miembros de una ecuación se multiplican por una misma cantidad, positiva o negativa, la igualdad subsiste.**
4) **Si los dos miembros de una ecuación se dividen por una misma cantidad, positiva o negativa, la igualdad subsiste.**
5) **Si los dos miembros de una ecuación se elevan a una misma potencia o si a los dos miembros se extrae una misma raíz, la igualdad subsiste.**

LA TRANSPOSICIÓN DE TÉRMINOS consiste en cambiar los términos de una ecuación 113
de un miembro al otro.

REGLA

Cualquier término de una ecuación se puede pasar de un miembro a otro cambiándole el signo.

En efecto:

1) Sea la ecuación $5x = 2a - b$.

Sumando b a los dos miembros de esta ecuación, la igualdad subsiste **(Regla 1),** y tendremos:

$$5x + b = 2a - b + b$$

y como $-b + b = 0$, queda

$$5x + b = 2a$$

donde vemos que $-b$, que estaba en el segundo miembro de la ecuación dada, ha pasado al primer miembro con signo $+$.

2) Sea la ecuación $3x + b = 2a$.

Restando b a los dos miembros de esta ecuación, la igualdad subsiste **(Regla 2),** y tendremos:

$$3x + b - b = 2a - b$$

y como $b - b = 0$, queda

$$3x = 2a - b$$

donde vemos que $+b$, que estaba en el primer miembro de la ecuación dada, ha pasado al segundo miembro con signo $-$.

114 **Términos iguales con signos iguales en distinto miembro de una ecuación, pueden suprimirse.**

Así, en la ecuación

$$x + b = 2a + b$$

tenemos el término b con signo + en los dos miembros. Este término puede **suprimirse**, quedando:

$$x = 2a$$

porque equivale a restar b a los dos miembros.

En la ecuación

$$5x - x^2 = 4x - x^2 + 5$$

tenemos el término x^2 con signo $-x^2$ en los dos miembros.

Podemos suprimirlo, y queda

$$5x = 4x + 5$$

porque equivale a sumar x^2 a los dos miembros.

115 CAMBIO DE SIGNOS

Los signos de todos los términos de una ecuación se pueden cambiar sin que la ecuación varíe, porque equivale a multiplicar los dos miembros de la ecuación por –1, con lo cual la igualdad no varía **(Regla 3).**

Así, si en la ecuación $-2x - 3 = x - 15$

multiplicamos ambos miembros por –1, para lo cual hay que multiplicar por –1 **todos** los términos de cada miembro, tendremos:

$$2x + 3 = -x + 15$$

que es la ecuación dada con los signos de **todos** sus términos cambiados.

RESOLUCIÓN DE ECUACIONES ENTERAS DE PRIMER GRADO CON UNA INCÓGNITA

116 REGLA GENERAL

1) **Se efectúan las operaciones indicadas, si las hay.**
2) **Se hace la transposición de términos, reuniendo en un miembro todos los términos que contengan la incógnita y en el otro miembro todas las cantidades conocidas.**
3) **Se reducen términos semejantes en cada miembro.**
4) **Se despeja la incógnita dividiendo ambos miembros de la ecuación por el coeficiente de la incógnita.**

Ejemplos

1) Resolver la ecuación $3x - 5 = x + 3$.
Pasando x al primer miembro y -5 al segundo, cambiándoles los signos, tenemos $3x - x = 3 + 5$.
Reduciendo términos semejantes:

$$2x = 8$$

Despejando x para lo cual dividimos los dos miembros de la ecuación entre 2, tenemos: → $\frac{2x}{2} = \frac{8}{2}$ y simplificando $x = 4$ **R.**

VERIFICACIÓN

La verificación es la prueba de que el valor obtenido para la incógnita es correcto.
La **verificación** se realiza sustituyendo en los dos miembros de la ecuación dada la incógnita por el valor obtenido, y si éste es correcto, la ecuación dada se convertirá en identidad.
Así, en el caso anterior, haciendo $x = 4$ en la ecuación dada tenemos: →

$$3(4) - 5 = 4 + 3$$
$$12 - 5 = 4 + 3$$
$$7 = 7$$

El valor $x = 4$ satisface la ecuación.

2) Resolver la ecuación $35 - 22x + 6 - 18x = 14 - 30x + 32$.
Pasando $-30x$ al primer miembro y 35 y 6 al segundo:

$$-22x - 18x + 30x = 14 + 32 - 35 - 6$$

Reduciendo: $-10x = 5$
Dividiendo entre -5: $2x = -1$

Despejando x para lo cual dividimos ambos miembros entre 2: → $x = -\frac{1}{2}$ **R.**

VERIFICACIÓN

Haciendo $x = -\frac{1}{2}$ en la ecuación dada, se tiene:

$$35 - 22\left(-\frac{1}{2}\right) + 6 - 18\left(-\frac{1}{2}\right) = 14 - 30\left(-\frac{1}{2}\right) + 32$$

$$35 + 11 + 6 + 9 = 14 + 15 + 32$$
$$61 = 61$$

Ejercicio 78

Resolver las ecuaciones:

1. $5x = 8x - 15$
2. $4x + 1 = 2$
3. $y - 5 = 3y - 25$
4. $5x + 6 = 10x + 5$
5. $9y - 11 = -10 + 12y$
6. $21 - 6x = 27 - 8x$
7. $11x + 5x - 1 = 65x - 36$
8. $8x - 4 + 3x = 7x + x + 14$
9. $8x + 9 - 12x = 4x - 13 - 5x$
10. $5y + 6y - 81 = 7y + 102 + 65y$
11. $16 + 7x - 5 + x = 11x - 3 - x$
12. $3x + 101 - 4x - 33 = 108 - 16x - 100$
13. $14 - 12x + 39x - 18x = 256 - 60x - 657x$
14. $8x - 15x - 30x - 51x = 53x + 31x - 172$

RESOLUCIÓN DE ECUACIONES DE PRIMER GRADO CON SIGNOS DE AGRUPACIÓN

Ejemplos

1) Resolver $3x - (2x - 1) = 7x - (3 - 5x) + (-x + 24)$.

Suprimiendo los signos de agrupación:

$$3x - 2x + 1 = 7x - 3 + 5x - x + 24$$

Transponiendo: $3x - 2x - 7x - 5x + x = -3 + 24 - 1$

Reduciendo: $-10x = 20$

$$x = -\frac{20}{10} = -2 \quad \textbf{R.}$$

2) Resolver $5x + \{-2x + (-x + 6)\} = 18 - \{-(7x + 6) - (3x - 24)\}$.

Suprimiendo los paréntesis interiores:

$$5x + \{-2x - x + 6\} = 18 - \{-7x - 6 - 3x + 24\}$$

Suprimiendo las llaves:

$$5x - 2x - x + 6 = 18 + 7x + 6 + 3x - 24$$

$$5x - 2x - x - 7x - 3x = 18 + 6 - 24 - 6$$

$$-8x = -6$$

Multiplicando por -1: $8x = 6$

Dividiendo entre 2: $4x = 3$

$$x = \frac{3}{4} \quad \textbf{R.}$$

Ejercicio 79

Resolver las siguientes ecuaciones:

1. $x - (2x + 1) = 8 - (3x + 3)$
2. $15x - 10 = 6x - (x + 2) + (-x + 3)$
3. $(5 - 3x) - (-4x + 6) = (8x + 11) - (3x - 6)$
4. $30x - (-x + 6) + (-5x + 4) = -(5x + 6) + (-8 + 3x)$
5. $15x + (-6x + 5) - 2 - (-x + 3) = -(7x + 23) - x + (3 - 2x)$
6. $3x + [-5x - (x + 3)] = 8x + (-5x - 9)$
7. $16x - [3x - (6 - 9x)] = 30x + [-(3x + 2) - (x + 3)]$
8. $x - [5 + 3x - \{5x - (6 + x)\}] = -3$
9. $9x - (5x + 1) - \{2 + 8x - (7x - 5)\} + 9x = 0$
10. $71 + [-5x + (-2x + 3)] = 25 - [-(3x + 4) - (4x + 3)]$
11. $-\{3x + 8 - [-15 + 6x - (-3x + 2) - (5x + 4)] - 29\} = -5$

RESOLUCIÓN DE ECUACIONES DE PRIMER GRADO CON PRODUCTOS INDICADOS

117

Ejemplos

1) Resolver la ecuación

$$10(x-9)-9(5-6x)=2(4x-1)+5(1+2x)$$

Efectuando los productos indicados:

$$10x-90-45+54x=8x-2+5+10x$$

Suprimiendo $10x$ en ambos miembros por ser cantidades iguales con signos iguales en distintos miembros, queda:

$$-90-45+54x=8x-2+5$$
$$54x-8x=-2+5+90+45$$
$$46x=138$$
$$x=\frac{138}{46}=3 \quad \textbf{R.}$$

VERIFICACIÓN

Haciendo $x = 3$ en la ecuación dada, se tiene:

$$10(3-9)-9(5-18)=2(12-1)+5(1+6)$$
$$10(-6)-9(-13)=2(11)+5(7)$$
$$-60+117=22+35$$
$$57=57$$

$x = 3$ satisface la ecuación.

2) Resolver $4x-(2x+3)(3x-5)=49-(6x-1)(x-2)$.

Efectuando los productos indicados:

$$(2x+3)(3x-5)=6x^2-x-15$$
$$(6x-1)(x-2)=6x^2-13x+2$$

El signo – delante de los productos indicados en cada miembro de la ecuación nos dice que hay que efectuar los productos y *cambiar el signo a cada uno de sus términos*; luego una vez efectuados los productos los *introducimos en paréntesis precedidos del signo* – y tendremos que la ecuación dada se convierte en:

$$4x-(6x^2-x-15)=49-(6x^2-13x+2)$$

Suprimiendo los paréntesis:

$$4x-6x^2+x+15=49-6x^2+13x-2$$
$$4x+x-13x=49-2-15$$
$$-8x=32$$
$$x=-4 \quad \textbf{R.}$$

3) Resolver $(x+1)(x-2)-(4x-1)(3x+5)-6=8x-11(x-3)(x+7)$.

Efectuando los productos indicados:

$$x^2-x-2-(12x^2+17x-5)-6=8x-11(x^2+4x-21)$$

Suprimiendo los paréntesis:

$$x^2-x-2-12x^2-17x+5-6=8x-11x^2-44x+231$$

En el primer miembro tenemos x^2 y $-12x^2$ que reducidos dan $-11x^2$, y como en el segundo miembro hay otro $-11x^2$, los suprimimos y queda:

$$-x-2-17x+5-6=8x-44x+231$$
$$-x-17x-8x+44x=231+2-5+6$$
$$18x=234$$
$$x=\frac{234}{18}=13 \quad \textbf{R.}$$

4) Resolver $(3x-1)^2-3(2x+3)^2+42=2x(-x-5)-(x-1)^2$.

Desarrollando los cuadrados de los binomios:

$$9x^2-6x+1-3(4x^2+12x+9)+42=2x(-x-5)-(x^2-2x+1)$$

Suprimiendo los paréntesis:

$$9x^2-6x+1-12x^2-36x-27+42=-2x^2-10x-x^2+2x-1$$
$$-6x-36x+10x-2x=-1-1+27-42$$
$$-34x=-17$$
$$34x=17$$
$$x=\frac{17}{34}=\frac{1}{2} \quad \textbf{R.}$$

Ejercicio 80

Resolver las siguientes ecuaciones:

1. $x+3(x-1)=6-4(2x+3)$
2. $5(x-1)+16(2x+3)=3(2x-7)-x$
3. $2(3x+3)-4(5x-3)=x(x-3)-x(x+5)$
4. $184-7(2x+5)=301+6(x-1)-6$
5. $7(18-x)-6(3-5x)=-(7x+9)-3(2x+5)-12$
6. $3x(x-3)+5(x+7)-x(x+1)-2(x^2+7)+4=0$
7. $-3(2x+7)+(-5x+6)-8(1-2x)-(x-3)=0$
8. $(3x-4)(4x-3)=(6x-4)(2x-5)$
9. $(4-5x)(4x-5)=(10x-3)(7-2x)$
10. $(x+1)(2x+5)=(2x+3)(x-4)+5$
11. $(x-2)^2-(3-x)^2=1$
12. $14-(5x-1)(2x+3)=17-(10x+1)(x-6)$
13. $(x-2)^2+x(x-3)=3(x+4)(x-3)-(x+2)(x-1)+2$
14. $(3x-1)^2-5(x-2)-(2x+3)^2-(5x+2)(x-1)=0$
15. $2(x-3)^2-3(x+1)^2+(x-5)(x-3)+4(x^2-5x+1)=4x^2-12$
16. $5(x-2)^2-5(x+3)^2+(2x-1)(5x+2)-10x^2=0$
17. $x^2-5x+15=x(x-3)-14+5(x-2)+3(13-2x)$
18. $3(5x-6)(3x+2)-6(3x+4)(x-1)-3(9x+1)(x-2)=0$
19. $7(x-4)^2-3(x+5)^2=4(x+1)(x-1)-2$
20. $5(1-x)^2-6(x^2-3x-7)=x(x-3)-2x(x+5)-2$

Ejercicio 81

MISCELÁNEA

Resolver las siguientes ecuaciones:

1. $14x-(3x-2)-[5x+2-(x-1)]=0$
2. $(3x-7)^2-5(2x+1)(x-2)=-x^2-[-(3x+1)]$
3. $6x-(2x+1)=-\{-5x+[-(-2x-1)]\}$
4. $2x+3(-x^2-1)=-\{3x^2+2(x-1)-3(x+2)\}$
5. $x^2-\{3x+[x(x+1)+4(x^2-1)-4x^2]\}=0$
6. $3(2x+1)(-x+3)-(2x+5)^2=-[-\{-3(x+5)\}+10x^2]$
7. $(x+1)(x+2)(x-3)=(x-2)(x+1)(x+1)$
8. $(x+2)(x+3)(x-1)=(x+4)(x+4)(x-4)+7$
9. $(x+1)^3-(x-1)^3=6x(x-3)$
10. $3(x-2)^2(x+5)=3(x+1)^2(x-1)+3$

Diofanto (325-409 d. C.). Famoso matemático griego perteneciente a la Escuela de Alejandría. Se le tenía hasta hace poco como el fundador del Álgebra, pero se sabe hoy que los babilonios y caldeos no ignoraban ninguno de los problemas que abordó Diofanto. Fue, sin embargo, el primero en enunciar una teoría clara sobre las ecuaciones de primer grado. También ofreció la fórmula para la resolución de las ecuaciones de segundo grado. Sus obras ejercieron una considerable influencia sobre Viète.

Capítulo IX

PROBLEMAS SOBRE ECUACIONES ENTERAS DE PRIMER GRADO CON UNA INCÓGNITA

La suma de las edades de *A* y *B* es 84 años, y *B* tiene 8 años menos que *A*. Hallar ambas edades. 118

Sea x = edad de A

Como B tiene 8 años menos que A: $x - 8$ = edad de B

La suma de ambas edades es 84 años; luego, tenemos la ecuación: $x + x - 8 = 84$

Resolviendo:

$$x + x = 84 + 8$$

$$2x = 92$$

$$x = \frac{92}{2} = 46 \text{ años, edad de } A \quad \textbf{R.}$$

La edad de B será: $x - 8 = 46 - 8 = 38$ años **R.**

La **verificación** en los problemas consiste en ver si los resultados obtenidos **satisfacen** las condiciones del problema.

Así, en este caso, hemos obtenido que la edad de B es 38 años y la de A 46 años; luego, se cumple la condición dada en el problema de que B tiene 8 años menos que A y ambas edades suman $46 + 38 = 84$ años, que es la otra condición dada en el problema.

Luego los resultados obtenidos **satisfacen** las condiciones del problema.

119 **Pagué \$870 por un libro, un traje y un sombrero. El sombrero costó \$50 más que el libro y \$200 menos que el traje. ¿Cuánto pagué por cada cosa?**

Sea x = precio del libro

Como el sombrero costó \$50 más que el libro:

$$x + 50 = \text{precio del sombrero}$$

El sombrero costó \$200 menos que el traje; luego el traje costó \$200 más que el sombrero:

$$x + 50 + 200 = x + 250 = \text{precio del traje}$$

Como todo costó \$870, la suma de los precios del libro, traje y sombrero tiene que ser igual a \$870; luego, tenemos la ecuación:

$$x + x + 50 + x + 250 = 870$$

Resolviendo: $3x + 300 = 870$

$$3x = 870 - 300$$
$$3x = 570$$

$$x = \frac{570}{3} = \$190\text{, precio del libro} \quad \textbf{R.}$$
$$x + 50 = 190 + 50 = \$240\text{, precio del sombrero} \quad \textbf{R.}$$
$$x + 250 = 190 + 250 = \$440\text{, precio del traje} \quad \textbf{R.}$$

120 **La suma de tres números enteros consecutivos es 156. Hallar los números.**

Sea x = número menor

$x + 1$ = número intermedio

$x + 2$ = número mayor

Como la suma de los tres números es 156, se tiene la ecuación: $x + x + 1 + x + 2 = 156$.

Resolviendo: $3x + 3 = 156$

$$3x = 156 - 3$$
$$3x = 153$$

$$x = \frac{153}{3} = 51\text{, número menor} \quad \textbf{R.}$$
$$x + 1 = 51 + 1 = 52\text{, número intermedio} \quad \textbf{R.}$$
$$x + 2 = 51 + 2 = 53\text{, número mayor} \quad \textbf{R.}$$

NOTA

Si designamos por x el número mayor, el número intermedio sería $x - 1$ y el menor $x - 2$.
Si designamos por x el número intermedio, el mayor sería $x + 1$ y el menor $x - 1$.

Ejercicio 82

1. La suma de dos números es 106 y el mayor excede al menor en 8. Hallar los números.
2. La suma de dos números es 540 y su diferencia 32. Hallar los números.
3. Entre A y B tienen 1,154 bolívares y B tiene 506 menos que A. ¿Cuánto tiene cada uno?
4. Dividir el número 106 en dos partes tales que la mayor exceda a la menor en 24.
5. A tiene 14 años menos que B y ambas edades suman 56 años. ¿Qué edad tiene cada uno?
6. Repartir 1,080 nuevos soles entre A y B de modo que A reciba 1,014 más que B.
7. Hallar dos números enteros consecutivos cuya suma sea 103.
8. Tres números enteros consecutivos suman 204. Hallar los números.
9. Hallar cuatro números enteros consecutivos cuya suma sea 74.
10. Hallar dos números enteros pares consecutivos cuya suma sea 194.
11. Hallar tres números enteros consecutivos cuya suma sea 186.
12. Pagué $32,500 por un caballo, un coche y sus arreos. El caballo costo $8,000 más que el coche y los arreos $2,500 menos que el coche. Hallar los precios respectivos.
13. La suma de tres números es 200. El mayor excede al del medio en 32 y al menor en 65. Hallar los números.
14. Tres cestos contienen 575 manzanas. El primer cesto tiene 10 manzanas más que el segundo y 15 más que el tercero. ¿Cuántas manzanas hay en cada cesto?
15. Dividir 454 en tres partes sabiendo que la menor es 15 unidades menor que la del medio y 70 unidades menor que la mayor.
16. Repartir 3,100,000 sucres entre tres personas de modo que la segunda reciba 200,000 menos que la primera y 400,000 más que la tercera.
17. La suma de las edades de tres personas es 88 años. La mayor tiene 20 años más que la menor y la del medio 18 años menos que la mayor. Hallar las edades respectivas.
18. Dividir 642 en dos partes tales que una exceda a la otra en 36.

La edad de *A* es doble que la de *B*, y ambas edades suman 36 años. Hallar ambas edades. 121

Sea $x =$ edad de B

Como, según las condiciones, la edad de A es doble que la de B, tendremos:

$2x =$ edad de A **R.**

Como la suma de ambas edades es 36 años, se tiene la ecuación:

$x + 2x = 36$ **R.**

Resolviendo: $3x = 36$

$x = 12$ años, edad de B **R.**

$2x = 24$ años, edad de A **R.**

122 **Se ha comprado un coche, un caballo y sus arreos por $35,000. El coche costó el triple de los arreos, y el caballo, el doble de lo que costó el coche. Hallar el costo de los arreos, del coche y del caballo.**

Sea x = costo de los arreos

Como el coche costó el triple de los arreos: $3x$ = costo del coche.
Como el caballo costó el doble del coche: $6x$ = costo del caballo.
Como los arreos, el coche y el caballo costaron $35,000, se tiene la ecuación:

$$x + 3x + 6x = 35{,}000$$

Resolviendo:

$$10x = 35{,}000$$

$$x = \frac{35{,}000}{10} = \$3{,}500, \text{ costo de los arreos} \quad \textbf{R.}$$

$$3x = 3 \times \$3{,}500 = \$10{,}500, \text{ costo del coche} \quad \textbf{R.}$$

$$6x = 6 \times \$3{,}500 = \$21{,}000, \text{ costo del caballo} \quad \textbf{R.}$$

123 **Repartir 180,000 bolívares entre *A*, *B* y *C* de modo que la parte de *A* sea la mitad de la de *B* y un tercio de la de *C*.**

Si la parte de A es la mitad de la de B, la parte de B es el doble que la de A; y si la parte de A es un tercio de la de C, la parte de C es el triple de la de A.

Entonces sea:

x = parte de A
$2x$ = parte de B
$3x$ = parte de C

Como la cantidad repartida es 180,000 bolívares, la suma de las partes de cada uno tiene que ser igual a 180,000 bolívares; luego, tendremos la ecuación: $x + 2x + 3x = 180{,}000$

Resolviendo:

$$6x = 180{,}000$$

$$x = \frac{180{,}000}{6} = 30{,}000 \text{ bolívares, parte de } A \quad \textbf{R.}$$

$$2x = 60{,}000 \text{ bolívares, parte de } B \quad \textbf{R.}$$

$$3x = 90{,}000 \text{ bolívares, parte de } C \quad \textbf{R.}$$

Ejercicio 83

1. La edad de Pedro es el triple de la de Juan y ambas edades suman 40 años. Hallar ambas edades.
2. Se ha comprado un caballo y sus arreos por $600. Si el caballo costó 4 veces los arreos, ¿cuánto costó el caballo y cuánto los arreos?
3. En un hotel de 2 pisos hay 48 habitaciones. Si las habitaciones del segundo piso son la mitad de las del primero, ¿cuántas habitaciones hay en cada piso?
4. Repartir 300 colones entre A, B y C de modo que la parte de B sea doble que la de A y la de C el triple de la de A.
5. Repartir 133 sucres entre A, B y C de modo que la parte de A sea la mitad de la de B y la de C doble de la de B.

6. El mayor de dos números es 6 veces el menor y ambos números suman 147. Hallar los números.
7. Repartir 140 quetzales A, B y C de modo que la parte de B sea la mitad de la A y un cuarto de la de C.
8. Dividir el número 850 en tres partes de modo que la primera sea el cuarto de la segunda y el quinto de la tercera.
9. El doble de un número equivale al número aumentado en 111. Hallar el número.
10. La edad de María es el triple de la de Rosa más quince años y ambas edades suman 59 años. Hallar ambas edades.
11. Si un número se multiplica por 8 el resultado es el número aumentado en 21. Hallar el número.
12. Si al triple de mi edad añado 7 años, tendría 100 años, ¿qué edad tengo?
13. Dividir 96 en tres partes tales que la primera sea el triple de la segunda y la tercera igual a la suma de la primera y la segunda.
14. La edad de Enrique es la mitad de la de Pedro; la de Juan el triple de la de Enrique y la de Eugenio el doble de la de Juan. Si las cuatro edades suman 132 años, ¿qué edad tiene cada uno?

La suma de las edades de *A*, *B* y *C* es 69 años. La edad de *A* es doble que la *B* y 6 años mayor que la de *C*. Hallar las edades. 124

Sea $x =$ edad de B

$2x =$ edad de A

Si la edad de A es 6 años mayor que la de C, la edad de C es 6 años menor que la de A; luego, $2x - 6 =$ edad de C.

Como las tres edades suman 69 años, tendremos la ecuación: $x + 2x + 2x - 6 = 69$.

Resolviendo:

$$5x - 6 = 69$$
$$5x = 69 + 6$$
$$5x = 75$$
$$x = \frac{75}{5} = 15 \text{ años, edad de } B \quad \textbf{R.}$$
$$2x = 30 \text{ años, edad de } A \quad \textbf{R.}$$
$$2x - 6 = 24 \text{ años, edad de } C \quad \textbf{R.}$$

Ejercicio 84

1. Dividir 254 en tres partes tales que la segunda sea el triple de la primera y 40 unidades mayor que la tercera.
2. Entre A, B y C tienen 130 balboas. C tiene el doble de lo que tiene A y 15 balboas menos que B. ¿Cuánto tiene cada uno?
3. La suma de tres números es 238. El primero excede al doble del segundo en 8 y al tercero en 18. Hallar los números.
4. Se ha comprado un traje, un bastón y un sombrero por \$259. El traje costó 8 veces lo que el sombrero y el bastón \$30 menos que el traje. Hallar los precios respectivos.

5. La suma de tres números es 72. El segundo es $\frac{1}{5}$ del tercero y el primero excede al tercero en 6. Hallar los números.
6. Entre A y B tienen 99 bolívares. La parte de B excede al triple de la de A en 19. Hallar la parte de cada uno.
7. Una varilla de 74 cm de longitud se ha pintado de azul y blanco. La parte pintada de azul excede en 14 cm al doble de la parte pintada de blanco. Hallar la longitud de la parte pintada de cada color.
8. Repartir \$152 entre A, B y C de modo que la parte de B sea \$8 menos que el doble de la de A y \$32 más que la de C.
9. El exceso de un número sobre 80 equivale al exceso de 220 sobre el doble del número. Hallar el número.
10. Si me pagaran 60 sucres tendría el doble de lo que tengo ahora más 10 sucres. ¿Cuánto tengo?
11. El asta de una bandera de 9.10 m de altura se ha partido en dos. La parte separada tiene 80 cm. menos que la otra parte. Hallar la longitud de ambas partes del asta.
12. Las edades de un padre y su hijo suman 83 años. La edad del padre excede en 3 años al triple de la edad del hijo. Hallar ambas edades.
13. En una elección en que había 3 candidatos A, B y C se emitieron 9,000 votos. B obtuvo 500 votos menos que A y 800 votos más, que C. ¿Cuántos votos obtuvo el candidato triunfante?
14. El exceso de 8 veces un número sobre 60 equivale al exceso de 60 sobre 7 veces el número. Hallar el número.
15. Preguntado un hombre por su edad, responde: Si al doble de mi edad se quitan 17 años se tendría lo que me falta para tener 100 años. ¿Qué edad tiene el hombre?

125 **Dividir 85 en dos partes tales que el triple de la parte menor equivalga al doble de la mayor.**

Sea x = la parte menor

$85 - x$ = la parte mayor

El problema me dice que el triple de la parte menor, $3x$, equivale al doble de la parte mayor, $2(85 - x)$; luego, tenemos la ecuación $3x = 2(85 - x)$.

Resolviendo:

$$3x = 170 - 2x$$
$$3x + 2x = 170$$
$$5x = 170$$
$$x = \frac{170}{5} = 34, \text{ parte menor} \quad \textbf{R.}$$
$$85 - x = 85 - 34 = 51, \text{ parte mayor} \quad \textbf{R.}$$

126 **Entre A y B tienen \$81. Si A pierde \$36, el doble de lo que le queda equivale al triple de lo que tiene B ahora. ¿Cuánto tiene cada uno?**

Sea x = número de pesos que tiene A

$81 - x$ = número de pesos que tiene B

Si *A* pierde \$36, se queda con $\$(x-36)$ y el doble de esta cantidad $2(x-36)$ equivale al triple de lo que tiene *B* ahora, o sea, al triple de $81-x$; luego tenemos la ecuación:

$$2(x-36)=3(81-x)$$

Resolviendo:

$$2x-72=243-3x$$
$$2x+3x=243+72$$
$$5x=315$$
$$x=\frac{315}{5}=\$63, \text{ lo que tiene } A \quad \textbf{R.}$$
$$81-x=81-63=\$18, \text{ lo que tiene } B \quad \textbf{R.}$$

Ejercicio 85

1. La suma de dos números es 100 y el doble del mayor equivale al triple del menor. Hallar los números.
2. Las edades de un padre y su hijo suman 60 años. Si la edad del padre se disminuyera en 15 años se tendría el doble de la edad del hijo. Hallar ambas edades.
3. Dividir 1,080 en dos partes tales que la mayor disminuida en 132 equivalga a la menor aumentada en 100.
4. Entre *A* y *B* tienen 150 nuevos soles. Si *A* pierde 46, lo que le queda equivale a lo que tiene *B*. ¿Cuánto tiene cada uno?
5. Dos ángulos suman 180º y el doble del menor excede en 45º al mayor. Hallar los ángulos.
6. La suma de dos números es 540 y el mayor excede al triple del menor en 88. Hallar los números.
7. La diferencia de dos números es 36. Si el mayor se disminuye en 12 se tiene el cuádruple del menor. Hallar los números.
8. Un perro y su collar han costado \$54, y el perro costó 8 veces lo que el collar. ¿Cuánto costó el perro y cuánto el collar?
9. Entre *A* y *B* tienen \$84. Si *A* pierde \$16 y *B* gana \$20, ambos tienen lo mismo. ¿Cuánto tiene cada uno?
10. En una clase hay 60 alumnos entre jóvenes y señoritas. El número de señoritas excede en 15 al doble de los jóvenes. ¿Cuántos jóvenes hay en la clase y cuántas señoritas?
11. Dividir 160 en dos partes tales que el triple de la parte menor disminuido en la parte mayor equivalga a 16.
12. La suma de dos números es 506 y el triple del menor excede en 50 al mayor aumentado en 100. Hallar los números.
13. Una estilográfica y un lapicero han costado 18,000 bolívares. Si la estilográfica hubiera costado 6,000 bolívares menos y el lapicero 4,000 bolívares más, habrían costado lo mismo. ¿Cuánto costó cada uno?
14. Una varilla de 84 cm de longitud está pintada de rojo y negro. La parte roja es 4 cm menor que la parte pintada de negro. Hallar la longitud de cada parte.

127 **La edad de *A* es doble que la *B* y hace 15 años la edad de *A* era el triple de la de *B*. Hallar las edades actuales.**

Sea x = número de años que tiene B ahora
$2x$ = número de años que tiene A ahora

Hace 15 años, la edad de A era $2x - 15$ años y la edad de B era $(x - 15)$ años y como el problema dice que la edad de A hace 15 años, $(2x - 15,)$ era igual al triple de la edad de B hace 15 años o sea el triple de $x - 15$, tendremos la ecuación:

$$2x - 15 = 3(x - 15)$$

Resolviendo:

$$2x - 15 = 3x - 45$$
$$2x - 3x = -45 + 15$$
$$-x = -30$$
$$x = 30 \text{ años, edad actual de } B$$
$$2x = 60 \text{ años, edad actual de } A$$

128 **La edad de *A* es el triple de la de *B* y dentro de 20 años será el doble. Hallar las edades actuales.**

Sea x = número de años que tiene B ahora
$3x$ = número de años que tiene A ahora

Dentro de 20 años, la edad de A será $(3x + 20)$ años y la de B será $(x + 20)$ años. El problema me dice que la edad de A dentro de 20 años, $3x + 20$, será igual al doble de la edad de B dentro de 20 años, o sea, igual al doble de $x + 20$; luego, tendremos la ecuación:

$$3x + 20 = 2(x + 20)$$

Resolviendo:

$$3x + 20 = 2x + 40$$
$$3x - 2x = 40 - 20$$
$$x = 20 \text{ años, edad actual de } B$$
$$3x = 60 \text{ años, edad actual de } A$$

Ejercicio 86

1. La edad actual de A es doble que la de B, y hace 10 años la edad de A era el triple de la de B. Hallar las edades actuales.
2. La edad de A es triple que la de B y dentro de 5 años será el doble. Hallar las edades actuales.
3. A tiene doble dinero que B. Si A pierde \$10 y B pierde \$5, A tendrá \$20 más que B. ¿Cuánto tiene cada uno?
4. A tiene la mitad de lo que tiene B. Si A gana 66 colones y B pierde 90, A tendrá el doble de lo que le quede a B. ¿Cuánto tiene cada uno?
5. En una clase el número de señoritas es $\frac{1}{3}$ del número de varones. Si ingresaran 20 señoritas y dejaran de asistir 10 varones, habría 6 señoritas más que varones. ¿Cuántos varones hay y cuántas señoritas?

6. La edad de un padre es el triple de la edad de su hijo. La edad que tenía el padre hace 5 años era el doble de la edad que tendrá su hijo dentro de 10 años. Hallar las edades actuales.
7. La suma de dos números es 85 y el número menor aumentado en 36 equivale al doble del mayor disminuido en 20. Hallar los números.
8. Enrique tiene 5 veces lo que tiene su hermano. Si Enrique le diera a su hermano 50 cts., ambos tendrían lo mismo. ¿Cuánto tiene cada uno?
9. Una persona tiene 1,400 sucres en dos bolsas. Si de la bolsa que tiene más dinero saca 200 y los pone en la otra bolsa, ambas tendrían igual cantidad de dinero. ¿Cuánto tiene cada bolsa?
10. El número de días que ha trabajado Pedro es 4 veces el número de días que ha trabajado Enrique. Si Pedro hubiera trabajado 15 días menos y Enrique 21 días más, ambos ambos habrían trabajado igual número de días. ¿Cuántos días trabajó cada uno?
11. Hace 14 años la edad de un padre era el triple de la edad de su hijo y ahora es el doble. Hallar las edades respectivas hace 14 años.
12. Dentro de 22 años la edad de Juan será el doble de la de su hijo y actualmente es el triple. Hallar las edades actuales.
13. Entre A y B tienen $84. Si A gana $80 y B gana $4, A tendrá el triple de lo que tenga B. ¿Cuánto tiene cada uno?

Un hacendado compró el doble de vacas que de bueyes. Por cada vaca pagó $7,000 y por cada buey $8,500. Si el importe de la compra fue de $270,000, ¿cuántas vacas y bueyes compró? 129

Sea x = número de bueyes
$2x$ = número de vacas

Si compró x bueyes y cada uno costó $8,500, los x bueyes costaron $8,500$x$ y si compró $2x$ vacas y cada una costó $7,000, las $2x$ vacas costaron $\$7,000 \times 2x = \$14,000x$.

Como el importe total de la compra ha sido $270,000, tendremos la ecuación:

$$8,500x + 14,000x = 270,000$$

Resolviendo: $22,500x = 270,000$

$$x = \frac{270,000}{22,500} = 12, \text{ número de bueyes} \quad \textbf{R.}$$

$$2x = 2 \times 12 = 24, \text{ número de vacas} \quad \textbf{R.}$$

Se compraron 96 aves entre gallinas y palomas. Cada gallina costó $80 y cada paloma $65. Si el importe de la compra ha sido $6,930, ¿cuántas gallinas y palomas se compraron? 130

Sea x = número de gallinas
$96 - x$ = número de palomas

Si se compraron x gallinas y cada una costó $80, las x gallinas costaron 80x$.

Si se compraron $96 - x$ palomas y cada una costó \$65, las $96 - x$ palomas costaron \$65(96 – x).

Como el importe total de la compra fue \$6,930, tendremos la ecuación:

$$80x + 65(96 - x) = 6{,}930$$

Resolviendo: $80x + 6{,}240 - 65x = 6{,}930$

$$80x - 65x = 6{,}930 - 6{,}240$$

$$15x = 690$$

$$x = \frac{690}{15} = 46, \text{ número de gallinas} \quad \textbf{R.}$$

$$96 - x = 96 - 46 = 50, \text{ número de palomas} \quad \textbf{R.}$$

Ejercicio 87

1. Compré doble número de sombreros que de trajes por 702 balboas. Cada sombrero costó 2 y cada traje 50. ¿Cuántos sombreros y cuántos trajes compré?
2. Un hacendado compró caballos y vacas por 40,000,000 bolívares. Por cada caballo pagó 600,000 y por cada vaca 800,000. Si adquirió 6 vacas menos que caballos, ¿cuántas vacas y cuántos caballos compró?
3. Un padre plantea 16 problemas a su hijo con la condición de que por cada problema que resuelva el muchacho recibirá \$12 y por cada problema que no resuelva perderá \$5. Después de trabajar en los problemas, el muchacho recibe \$73. ¿Cuántos problemas resolvió y cuántos no?
4. Un capataz contrata un obrero por 50 días pagándole \$30 diarios con la condición de que por cada día que el obrero deje de asistir al trabajo perderá \$20. Al cabo de los 50 días el obrero recibe \$900. ¿Cuántos días trabajó y cuántos no?
5. Un comerciante compró 35 trajes de 300 quetzales y 250 quetzales. Si pagó por todos 10,150 quetzales, ¿cuántos trajes de cada precio compró?
6. Un comerciante compró trajes de dos calidades por 1,624 balboas. De la calidad mejor compró 32 trajes y de la calidad inferior 18. Si cada traje de la mejor calidad le costó 7 balboas más que cada traje de la calidad inferior, ¿cuál era el precio de un traje de cada calidad?
7. Un muchacho compró el triple de lápices que de cuadernos. Cada lápiz le costo \$5 y cada cuaderno \$6. Si por todo pagó \$147, ¿cuántos lápices y cuadernos compró?
8. Pagué \$58,200 por cierto número de sacos de azúcar y frijoles. Cada saco de azúcar cuesta \$500 y cada saco de frijoles \$600. Si el número de sacos de frijoles es el triple del número de sacos de azúcar más 5, ¿cuántos sacos de azúcar y frijoles compré?
9. Compré 80 pies cúbicos de madera por \$6,840. La madera comprada es cedro y caoba. Cada pie cúbico de cedro costó \$75 y cada pie cúbico de caoba \$90. ¿Cuántos pies cúbicos adquirí de cedro y de caoba?
10. Dividir el número 1,050 en dos partes tales que el triple de la parte mayor disminuido en el doble de la parte menor equivalga a 1,825.

MISCELÁNEA

Ejercicio 88

1. Dividir 196 en tres partes tales que la segunda sea el doble de la primera y la suma de las primeras exceda a la tercera en 20.
2. La edad de *A* es el triple que la de *B* y hace 5 años era el cuádruple de la de *B*. Hallar las edades actuales.
3. Un comerciante adquiere 50 trajes y 35 pares de zapatos por 16,000 nuevos soles. Cada traje costó el doble de lo que costó cada par de zapatos más 50 nuevos soles. Hallar el precio de un traje y de un par de zapatos.
4. Seis personas iban a comprar una casa contribuyendo por partes iguales, pero dos de ellas desistieron del negocio y entonces cada una de las restantes tuvo que poner 20,000,000 bolívares más. ¿Cuál es el valor de la casa?
5. La suma de dos números es 108 y el doble del mayor excede al triple del menor en 156. Hallar los números.
6. El largo de un buque, que es 461 pies, excede en 11 pies a 9 veces el ancho. Hallar el ancho.
7. Tenía $85. Gasté cierta suma y lo que me queda es el cuádruple de lo que gasté. ¿Cuánto gasté?
8. Hace 12 años la edad de *A* era el doble de la de *B* y dentro de 12 años, la edad de *A* será 68 años menos que el triple de la de *B*. Hallar las edades actuales.
9. Tengo $1.85 en monedas de 10 y 5 centavos. Si en total tengo 22 monedas, ¿cuántas son de 10 centavos y cuántas de 5 centavos?
10. Si a un número se resta 24 y la diferencia se multiplica por 12, el resultado es el mismo que si al número se resta 27 y la diferencia se multiplica por 24. Hallar el número.
11. Un hacendado compró 35 caballos. Si hubiera comprado 5 caballos más por el mismo precio, cada caballo le costaría $10,000 menos. ¿Cuánto pagó por cada caballo?
12. El exceso del triple de un número sobre 55 equivale al exceso de 233 sobre el número. Hallar el número.
13. Hallar tres números enteros consecutivos, tales que el doble del menor más el triple del mediano más el cuádruple del mayor equivalga a 740.
14. Un hombre ha recorrido 150 kilómetros. En auto recorrió una distancia triple que a caballo y a pie, 20 kilómetros menos que a caballo. ¿Cuántos kilómetros recorrió de cada modo?
15. Un hombre deja una herencia de 16,500,000 colones para repartir entre 3 hijos y 2 hijas, y manda que cada hija reciba 2,000,000 más que cada hijo. Hallar la parte de cada hijo e hija.
16. La diferencia de los cuadrados de dos números enteros consecutivos es 31. Hallar los números.
17. La edad de *A* es el triple de la de *B*, y la de *B* es 5 veces la de *C*. *B* tiene 12 años más que *C*. ¿Qué edad tiene cada uno?
18. Dentro de 5 años la edad de *A* será el triple de la de *B*, y 15 años después la edad de *A* será el doble de la de *B*. Hallar las edades actuales.
19. El martes gané el doble de lo que gané el lunes; el miércoles el doble de lo que gané el martes; el jueves el doble de lo que gané el miércoles; el viernes $30 menos que el jueves y el sábado $10 más que el viernes. Si en los 6 días he ganado $911, ¿cuánto gané cada día?

20. Hallar dos números cuya diferencia es 18 y cuya suma es el triple de su diferencia.
21. Entre A y B tienen \$36. Si A perdiera \$16, lo que tiene B sería el triple de lo que le quedaría a A. ¿Cuánto tiene cada uno?
22. A tiene el triple de lo que tiene B, y B el doble de lo de C. Si A pierde \$1 y B pierde \$3, la diferencia de lo que les queda a A y a B es el doble de lo que tendría C si ganara \$20. ¿Cuánto tiene cada uno?
23. Cinco personas compraron una tienda contribuyendo por partes iguales. Si tuvieran 2 socios más, cada uno pagaría 800,000 bolívares menos. ¿Cuánto costó la tienda?
24. Una persona compró dos caballos y pagó por ambos \$120,000. Si el caballo de menor precio costó \$15,000 más y el otro costó el doble, ¿cuánto costó cada caballo?
25. A y B empiezan a jugar con 80 quetzales cada uno. ¿Cuánto ha perdido A si B tiene ahora el triple de lo que tiene A?
26. A y B empiezan a jugar teniendo A doble dinero que B. A pierde \$400 y entonces B tiene el doble de lo que tiene A. ¿Con cuánto empezó a jugar cada uno?
27. Compré cuádruple número de caballos que de vacas. Si hubiera comprado 5 caballos más y 5 vacas más tendría triple número de caballos que de vacas. ¿Cuántos caballos y cuántas vacas compré?
28. Cada día, de lunes a jueves, gano \$60 más que lo que gané el día anterior. Si el jueves gano el cuádruple de lo del lunes, ¿cuánto gano cada día?
29. Tenía cierta suma de dinero. Ahorré una suma igual a lo que tenía y gasté 50 nuevos soles; luego ahorré una suma igual al doble de lo que me quedaba y gasté 390 nuevos soles. Si ahora no tengo nada, ¿cuánto tenía al principio?
30. Una sala tiene doble largo que ancho. Si el largo se disminuye en 6 m y el ancho se aumenta en 4 m, la superficie de la sala no varía. Hallar las dimensiones de la sala.
31. Hace 5 años la edad de un padre era tres veces la de su hijo y dentro de 5 años será el doble. ¿Qué edades tienen ahora el padre y el hijo?
32. Dentro de 4 años la edad de A será el triple de la de B, y hace 2 años era el quíntuple. Hallar las edades actuales.

Hypatia (370-415 d. C.). Una excepcional mujer griega, hija del filósofo y matemático Teón. Se hizo célebre por su saber, por su elocuencia y por su belleza. Nacida en Alejandría, viaja a Atenas donde realiza estudios; al regresar a Alejandría funda una escuela donde enseña las doctrinas de Platón y Aristóteles y se pone al frente del pensamiento neoplatónico. Hypatia perteneció al grupo de los últimos matemáticos griegos. Se distinguió por sus comentarios a las obras de Apolonio y Diofanto. Murió asesinada bárbaramente.

Capítulo X

DESCOMPOSICIÓN FACTORIAL

FACTORES 131

Se llaman **factores** o **divisores** de una expresión algebraica a las expresiones algebraicas que multiplicadas entre sí dan como producto la primera expresión.

Así, multiplicando a por $a+b$ tenemos:

$$a(a+b)=a^2+ab$$

a y $a+b$, que multiplicadas entre sí dan como producto a^2+ab, son factores o divisores de a^2+ab.

Del propio modo,

$$(x+2)(x+3)=x^2+5x+6$$

luego, $x+2$ y $x+3$ son factores de x^2+5x+6.

DESCOMPONER EN FACTORES O FACTORIZAR una expresión algebraica es convertirla en el producto indicado de sus factores. 132

FACTORIZAR UN MONOMIO 133

Los factores de un monomio se pueden hallar por simple inspección. Así, los factores de $15ab$ son 3, 5, a y b. Por tanto:

$$15ab=3\cdot 5ab$$

134 FACTORIZAR UN POLINOMIO

No todo polinomio se puede descomponer en dos o más factores distintos de 1, pues del mismo modo que, en Aritmética, hay números primos que sólo son divisibles entre ellos mismos y entre 1, hay expresiones algebraicas que sólo son divisibles entre ellas mismas y entre 1, y que, por tanto, no son el producto de otras expresiones algebraicas. Así $a + b$ no puede descomponerse en dos factores distintos de 1 porque sólo es divisible entre $a + b$ y entre 1.

En este capítulo estudiaremos la manera de descomponer polinomios en dos o más factores distintos de 1.

CASO I

CUANDO TODOS LOS TÉRMINOS DE UN POLINOMIO TIENEN UN FACTOR COMÚN

a) **Factor común monomio.**

1. Descomponer en factores $a^2 + 2a$.

   Los factores a^2 y $2a$ contienen en común a. Escribimos el factor común a como coeficiente de un paréntesis; dentro del paréntesis escribimos los **cocientes** de dividir $a^2 \div a = a$ y $2a \div a = 2$, y tendremos:

   $$a^2 + 2a = a(a + 2) \quad \textbf{R.}$$

2. Descomponer $10b - 30ab^2$.

   Los coeficientes 10 y 30 tienen los factores comunes 2, 5 y 10. Tomamos 10 porque siempre se saca el **mayor** factor común. De las letras, el único factor común es b porque está en los dos términos de la expresión dada y la tomamos con su menor exponente b.

   El factor común es $10b$. Lo escribimos como coeficiente de un paréntesis y dentro ponemos los cocientes de dividir $10b \div 10b = 1$ y $-30ab^2 \div 10b = -3ab$ y tendremos:

   $$10b - 30ab^2 = 10b(1 - 3ab) \quad \textbf{R.}$$

3. Descomponer $10a^2 - 5a + 15a^3$.

   El factor común es $5a$. Tendremos:

   $$10a^2 - 5a + 15a^3 = 5a(2a - 1 + 3a^2) \quad \textbf{R.}$$

4. Descomponer $18mxy^2 - 54m^2x^2y^2 + 36my^2$.

   El factor común es $18my^2$. Tendremos:

   $$18mxy^2 - 54m^2x^2y^2 + 36my^2 = 18my^2(x - 3mx^2 + 2) \quad \textbf{R.}$$

5. Factorizar $6xy^3 - 9nx^2y^3 + 12nx^3y^3 - 3n^2x^4y^3$.

   Factor común $3xy^3$.

   $$6xy^3 - 9nx^2y^3 + 12nx^3y^3 - 3n^2x^4y^3 = 3xy^3(2 - 3nx + 4nx^2 - n^2x^3) \quad \textbf{R.}$$

PRUEBA GENERAL DE LOS FACTORES

135

En cualquiera de los diez casos que estudiaremos, la prueba consiste en multiplicar los factores que se obtienen, y su producto tiene que ser igual a la expresión que se factorizó.

Ejercicio 89

Factorizar o descomponer en dos factores:

1. a^2+ab
2. $b+b^2$
3. x^2+x
4. $3a^3-a^2$
5. x^3-4x^4
6. $5m^2+15m^3$
7. $ab-bc$
8. x^2y+x^2z
9. $2a^2x+6ax^2$
10. $8m^2-12mn$
11. $9a^3x^2-18ax^3$
12. $15c^3d^2+60c^2d^3$
13. $35m^2n^3-70m^3$
14. $abc+abc^2$
15. $24a^2xy^2-36x^2y^4$
16. a^3+a^2+a
17. $4x^2-8x+2$
18. $15y^3+20y^2-5y$
19. $a^3-a^2x+ax^2$
20. $2a^2x+2ax^2-3ax$
21. $x^3+x^5-x^7$
22. $14x^2y^2-28x^3+56x^4$
23. $34ax^2+51a^2y-68ay^2$
24. $96-48mn^2+144n^3$
25. $a^2b^2c^2-a^2c^2x^2+a^2c^2y^2$
26. $55m^2n^3x+110m^2n^3x^2-220m^2y^3$
27. $93a^3x^2y-62a^2x^3y^2-124a^2x$
28. $x-x^2+x^3-x^4$
29. $a^6-3a^4+8a^3-4a^2$
30. $25x^7-10x^5+15x^3-5x^2$
31. $x^{15}-x^{12}+2x^9-3x^6$
32. $9a^2-12ab+15a^3b^2-24ab^3$
33. $16x^3y^2-8x^2y-24x^4y^2-40x^2y^3$
34. $12m^2n+24m^3n^2-36m^4n^3+48m^5n^4$
35. $100a^2b^3c-150ab^2c^2+50ab^3c^3-200abc^2$
36. $x^5-x^4+x^3-x^2+x$
37. $a^2-2a^3+3a^4-4a^5+6a^6$
38. $3a^2b+6ab-5a^3b^2+8a^2bx+4ab^2m$
39. $a^{20}-a^{16}+a^{12}-a^8+a^4-a^2$

b) **Factor común polinomio.**

1. Descomponer $x(a+b)+m(a+b)$.

Los dos términos de esta expresión tienen de factor común el binomio $(a+b)$.

Escribo $(a+b)$ como coeficiente de un paréntesis y dentro del paréntesis escribo los cocientes de dividir los dos términos de la expresión dada entre el factor común $(a+b)$, o sea:

$$\frac{x(a+b)}{(a+b)}=x \text{ y } \frac{m(a+b)}{(a+b)}=m \text{ y tendremos:}$$

$$x(a+b)+m(a+b)=(a+b)(x+m) \quad \textbf{R.}$$

2. Descomponer $2x(a-1)-y(a-1)$.

Factor común $(a-1)$. Dividiendo los dos términos de la expresión dada entre el factor común $(a-1)$, tenemos:

$$\frac{2x(a-1)}{(a-1)}=2x \text{ y } \frac{-y(a-1)}{(a-1)}=-y$$

Tendremos: $2x(a-1)-y(a-1)=(a-1)(2x-y)$ **R.**

3. Descomponer $m(x+2)+x+2$.

Esta expresión podemos escribirla: $m(x+2)+(x+2)=m(x+2)+1(x+2)$

Factor común: $(x+2)$

Tendremos:

$$m(x+2)+1(x+2)=(x+2)(m+1) \quad \textbf{R.}$$

4. Descomponer $a(x+1)-x-1$.

Introduciendo los dos últimos términos en un paréntesis precedido del signo – se tiene:

$$a(x+1)-x-1=a(x+1)-(x+1)=a(x+1)-1(x+1)=(x+1)(a-1) \quad \textbf{R.}$$

5. Factorizar $2x(x+y+z)-x-y-z$.

Tendremos:

$$2x(x+y+z)-x-y-z=2x(x+y+z)-(x+y+z)=(x+y+z)(2x-1) \quad \textbf{R.}$$

6. Factorizar $(x-a)(y+2)+b(y+2)$.

Factor común $(y+2)$. Dividiendo los dos términos de la expresión dada entre $(y+2)$ tenemos:

$$\frac{(x-a)(y+2)}{(y+2)}=x-a \text{ y } \frac{b(y+2)}{(y+2)}=b\text{; luego:}$$

$$(x-a)(y+2)+b(y+2)=(y+2)(x-a+b) \quad \textbf{R.}$$

7. Descomponer $(x+2)(x-1)-(x-1)(x-3)$.

Dividiendo entre el factor común $(x-1)$ tenemos:

$$\frac{(x+2)(x-1)}{(x-1)}=(x+2) \text{ y } \frac{-(x-1)(x-3)}{(x-1)}=-(x-3)$$

Por tanto:

$$\begin{aligned}(x+2)(x-1)-(x-1)(x-3)&=(x-1)[(x+2)-(x-3)]\\&=(x-1)(x+2-x+3)=(x-1)(5)=5(x-1) \quad \textbf{R.}\end{aligned}$$

8. Factorizar $x(a-1)+y(a-1)-a+1$.

$$x(a-1)+y(a-1)-a+1=x(a-1)+y(a-1)-(a-1)=(a-1)(x+y-1) \quad \textbf{R.}$$

Ejercicio 90

Factorizar o descomponer en dos factores:

1. $a(x+1)+b(x+1)$
2. $x(a+1)-3(a+1)$
3. $2(x-1)+y(x-1)$
4. $m(a-b)+(a-b)n$
5. $2x(n-1)-3y(n-1)$
6. $a(n+2)+n+2$
7. $x(a+1)-a-1$
8. $a^2+1-b(a^2+1)$
9. $3x(x-2)-2y(x-2)$
10. $1-x+2a(1-x)$
11. $4x(m-n)+n-m$
12. $-m-n+x(m+n)$
13. $a^3(a-b+1)-b^2(a-b+1)$
14. $4m(a^2+x-1)+3n(x-1+a^2)$
15. $x(2a+b+c)-2a-b-c$
16. $(x+y)(n+1)-3(n+1)$
17. $(x+1)(x-2)+3y(x-2)$
18. $(a+3)(a+1)-4(a+1)$

19. $(x^2+2)(m-n)+2(m-n)$
20. $a(x-1)-(a+2)(x-1)$
21. $5x(a^2+1)+(x+1)(a^2+1)$
22. $(a+b)(a-b)-(a-b)(a-b)$
23. $(m+n)(a-2)+(m-n)(a-2)$
24. $(x+m)(x+1)-(x+1)(x-n)$
25. $(x-3)(x-4)+(x-3)(x+4)$
26. $(a+b-1)(a^2+1)-a^2-1$
27. $(a+b-c)(x-3)-(b-c-a)(x-3)$
28. $3x(x-1)-2y(x-1)+z(x-1)$
29. $a(n+1)-b(n+1)-n-1$
30. $x(a+2)-a-2+3(a+2)$
31. $(1+3a)(x+1)-2a(x+1)+3(x+1)$
32. $(3x+2)(x+y-z)-(3x+2)-(x+y-1)(3x+2)$

CASO II

FACTOR COMÚN POR AGRUPACIÓN DE TÉRMINOS

Ejemplos

1) Descomponer $ax+bx+ay+by$.

Los dos primeros términos tienen el factor común x y los dos últimos el factor común y. Agrupamos los dos primeros términos en un paréntesis y los dos últimos en otro precedido del signo + porque el tercer término tiene el signo + y tendremos:

$$ax+bx+ay+by=(ax+bx)+(ay+by)$$
$$=x(a+b)+y(a+b)$$
$$=(a+b)(x+y) \quad \textbf{R.}$$

La agrupación puede hacerse generalmente de más de un modo con tal que los dos términos que se agrupan tengan algún factor común, y siempre que *las cantidades que quedan dentro de los paréntesis* después de sacar el factor común en cada grupo, *sean exactamente iguales*. Si esto no es posible lograrlo la expresión dada no se puede descomponer por este método.

Así en el ejemplo anterior podemos agrupar el 1° y 3er términos que tienen el factor común a y el 2° y 4° que tienen el factor común b y tendremos:

$$ax+bx+ay+by=(ax+ay)+(bx+by)$$
$$=a(x+y)+b(x+y)$$
$$=(x+y)(a+b) \quad \textbf{R.}$$

resultado idéntico al anterior, ya que el orden de los factores es indiferente.

2) Factorizar $3m^2-6mn+4m-8n$.

Los dos primeros términos tienen el factor común $3m$ y los dos últimos el factor común 4. Agrupando, tenemos:

$$3m^2-6mn+4m-8n=(3m^2-6mn)+(4m-8n)$$
$$=3m(m-2n)+4(m-2n)$$
$$=(m-2n)(3m+4) \quad \textbf{R.}$$

3) Descomponer $2x^2-3xy-4x+6y$.

Los dos primeros términos tienen el factor común x y los dos últimos el factor común 2, luego los agrupamos pero introducimos los dos últimos términos en un paréntesis precedido del signo – porque el signo del 3er término es –, para lo cual hay que *cambiarles el signo* y tendremos:

$$2x^2-3xy-4x+6y=(2x^2-3xy)-(4x-6y)$$
$$=x(2x-3y)-2(2x-3y)$$
$$=(2x-3y)(x-2) \quad \textbf{R.}$$

También podíamos haber agrupado el 1° y 3° que tienen el factor común $2x$, y el 2° y 4° que tienen el factor común $3y$ y tendremos:

$$\begin{aligned} 2x^2 - 3xy - 4x + 6y &= (2x^2 - 4x) - (3xy - 6y) \\ &= 2x(x-2) - 3y(x-2) \\ &= (x-2)(2x-3y) \quad \textbf{R.} \end{aligned}$$

4) Descomponer $x + z^2 - 2ax - 2az^2$.

$$\begin{aligned} x + z^2 - 2ax - 2az^2 &= (x + z^2) - (2ax + 2az^2) \\ &= (x + z^2) - 2a(x + z^2) \\ &= (x + z^2)(1 - 2a) \quad \textbf{R.} \end{aligned}$$

Agrupando 1° y 3°, 2° y 4°, tenemos:

$$\begin{aligned} x + z^2 - 2ax - 2az^2 &= (x - 2ax) + (z^2 - 2az^2) \\ &= x(1-2a) + z^2(1-2a) \\ &= (1-2a)(x + z^2) \quad \textbf{R.} \end{aligned}$$

5) Factorizar $3ax - 3x + 4y - 4ay$.

$$\begin{aligned} 3ax - 3x + 4y - 4ay &= (3ax - 3x) + (4y - 4ay) \\ &= 3x(a-1) + 4y(1-a) \\ &= 3x(a-1) - 4y(a-1) \\ &= (a-1)(3x-4y) \quad \textbf{R.} \end{aligned}$$

Obsérvese que en la segunda línea del ejemplo anterior los binomios $(a - 1)$ y $(1 - a)$ tienen los signos distintos; para hacerlos iguales cambiamos los signos al binomio $(1 - a)$ convirtiéndolo en $(a - 1)$, pero para que el producto $4y(1 - a)$ no variara de signo le *cambiamos el signo al otro factor* $4y$ convirtiéndolo en $-4y$. De este modo, como hemos cambiado el signo a un número par de factores, el signo del producto no varía.

En el ejemplo anterior, agrupando, 1° y 4° y 2° y 3° tenemos:

$$\begin{aligned} 3ax - 3x + 4y - 4ay &= (3ax - 4ay) - (3x - 4y) \\ &= a(3x - 4y) - (3x - 4y) \\ &= (3x - 4y)(a - 1) \quad \textbf{R.} \end{aligned}$$

6) Factorizar $ax - ay + az + x - y + z$.

$$\begin{aligned} ax - ay + az + x - y + z &= (ax - ay + az) + (x - y + z) \\ &= a(x - y + z) + (x - y + z) \\ &= (x - y + z)(a + 1) \quad \textbf{R.} \end{aligned}$$

7) Descomponer $a^2x - ax^2 - 2a^2y + 2axy + x^3 - 2x^2y$.

Agrupando 1° y 3°, 2° y 4°, 5° y 6°, tenemos:

$$\begin{aligned} a^2x - ax^2 - 2a^2y + 2axy + x^3 - 2x^2y &= (a^2x - 2a^2y) - (ax^2 - 2axy) + (x^3 - 2x^2y) \\ &= a^2(x - 2y) - ax(x - 2y) + x^2(x - 2y) \\ &= (x - 2y)(a^2 - ax + x^2) \quad \textbf{R.} \end{aligned}$$

Agrupando de otro modo:

$$\begin{aligned} a^2x - ax^2 - 2a^2y + 2axy + x^3 - 2x^2y &= (a^2x - ax^2 + x^3) - (2a^2y - 2axy + 2x^2y) \\ &= x(a^2 - ax + x^2) - 2y(a^2 - ax + x^2) \\ &= (a^2 - ax + x^2)(x - 2y) \quad \textbf{R.} \end{aligned}$$

Ejercicio 91

Factorizar o descomponer en dos factores:

1. $a^2 + ab + ax + bx$
2. $am - bm + an - bn$
3. $ax - 2bx - 2ay + 4by$
4. $a^2x^2 - 3bx^2 + a^2y^2 - 3by^2$
5. $3m - 2n - 2nx^4 + 3mx^4$
6. $x^2 - a^2 + x - a^2x$
7. $4a^3 - 1 - a^2 + 4a$
8. $x + x^2 - xy^2 - y^2$
9. $3abx^2 - 2y^2 - 2x^2 + 3aby^2$
10. $3a - b^2 + 2b^2x - 6ax$
11. $4a^3x - 4a^2b + 3bm - 3amx$
12. $6ax + 3a + 1 + 2x$
13. $3x^3 - 9ax^2 - x + 3a$
14. $2a^2x - 5a^2y + 15by - 6bx$
15. $2x^2y + 2xz^2 + y^2z^2 + xy^3$

16. $6m - 9n + 21nx - 14mx$
17. $n^2x - 5a^2y^2 - n^2y^2 + 5a^2x$
18. $1 + a + 3ab + 3b$
19. $4am^3 - 12amn - m^2 + 3n$
20. $20ax - 5bx - 2by + 8ay$
21. $3 - x^2 + 2abx^2 - 6ab$
22. $a^3 + a^2 + a + 1$
23. $3a^2 - 7b^2x + 3ax - 7ab^2$
24. $2am - 2an + 2a - m + n - 1$
25. $3ax - 2by - 2bx - 6a + 3ay + 4b$
26. $a^3 + a + a^2 + 1 + x^2 + a^2x^2$
27. $3a^3 - 3a^2b + 9ab^2 - a^2 + ab - 3b^2$
28. $2x^3 - nx^2 + 2xz^2 - nz^2 - 3ny^2 + 6xy^2$
29. $3x^3 + 2axy + 2ay^2 - 3xy^2 - 2ax^2 - 3x^2y$
30. $a^2b^3 - n^4 + a^2b^3x^2 - n^4x^2 - 3a^2b^3x + 3n^4x$

CASO III

TRINOMIO CUADRADO PERFECTO

Una cantidad es **cuadrado perfecto** cuando es el cuadrado de otra cantidad, o sea, cuando es el producto de dos factores iguales. 136

Así, $4a^2$ es cuadrado perfecto porque es el cuadrado de $2a$.

En efecto: $(2a)^2 = 2a \times 2a = 4a^2$ y $2a$, que multiplicada por sí misma da $4a^2$, es la **raíz cuadrada** de $4a^2$.

Obsérvese que $(-2a)^2 = (-2a) \times (-2a) = 4a^2$; luego, $-2a$ es también la raíz cuadrada de $4a^2$.

Lo anterior nos dice que **la raíz cuadrada de una cantidad positiva tiene dos signos: + y −**.

En este capítulo nos referimos sólo a la raíz **positiva**.

RAÍZ CUADRADA DE UN MONOMIO 137

Para extraer la raíz cuadrada de un monomio se extrae la raíz cuadrada de su coeficiente y se divide el exponente de cada letra por 2.

Así, la raíz cuadrada de $9a^2b^4$ es $3ab^2$ porque $(3ab^2)^2 = 3ab^2 \times 3ab^2 = 9a^2b^4$.

La raíz cuadrada de $36x^6y^8$ es $6x^3y^4$.

Un **trinomio** es **cuadrado perfecto** cuando es el cuadrado de un binomio, o sea, el producto de dos binomios iguales. 138

Así, $a^2 + 2ab + b^2$ es cuadrado perfecto porque es el cuadrado de $a + b$.

En efecto:

$$(a + b)^2 = (a + b)(a + b) = a^2 + 2ab + b^2$$

Del mismo modo, $(2x + 3y)^2 = 4x^2 + 12xy + 9y^2$ luego $4x^2 + 12xy + 9y^2$ es un **trinomio cuadrado perfecto**.

REGLA PARA CONOCER SI UN TRINOMIO ES CUADRADO PERFECTO 139

Un trinomio ordenado en relación con una letra es cuadrado perfecto cuando el primero y tercero términos son cuadrados perfectos (o tienen raíz cuadrada exacta) y positivos, y el segundo término es el doble producto de sus raíces cuadradas.

Así, $a^2 - 4ab + 4b^2$ es cuadrado perfecto porque:

Raíz cuadrada de a^2. . . . . a
Raíz cuadrada de $4b^2$. . . . . $2b$

Doble producto de estas raíces: $2 \times a \times 2b = 4ab$, segundo término.

$36x^2 - 18xy^4 + 4y^8$, no es cuadrado perfecto porque:

Raíz cuadrada de $36x^2$. . . . . $6x$
Raíz cuadrada de $4y^8$. . . . . $2y^4$

Doble producto de estas raíces: $2 \times 6x \times 2y^4 = 24xy^4$, que no es el segundo término.

140 REGLA PARA FACTORIZAR UN TRINOMIO CUADRADO PERFECTO

Se extrae la raíz cuadrada al primer y tercer términos del trinomio y se separan estas raíces por el signo del segundo término. El binomio así formado, que es la raíz cuadrada del trinomio, se multiplica por sí mismo o se eleva al cuadrado.

Ejemplos

1) Factorizar $m^2 + 2m + 1$.

$m^2 + 2m + 1 = (m + 1)(m + 1) = (m + 1)^2$ **R.**
m 1

2) Descomponer $4x^2 + 25y^2 - 20xy$.

Ordenando el trinomio, tenemos:

$4x^2 - 20xy + 25y^2 = (2x - 5y)(2x - 5y) = (2x - 5y)^2$ **R.**
$2x$ $5y$

IMPORTANTE
Cualquiera de las dos raíces puede ponerse de minuendo. Así, en el ejemplo anterior se tendrá también:

$4x^2 - 20xy + 25y^2 = (5y - 2x)(5y - 2x) = (5y - 2x)^2$
$2x$ $5y$

porque desarrollando este binomio se tiene:

$$(5y - 2x)^2 = 25y^2 - 20xy + 4x^2$$

expresión idéntica a $4x^2 - 20xy + 25y^2$, ya que tiene las mismas cantidades con los mismos signos.

3) Descomponer $1 - 16ax^2 + 64a^2x^4$.

$1 - 16ax^2 + 64a^2x^4 = (1 - 8ax^2)^2 = (8ax^2 - 1)^2$ **R.**
1 $8ax^2$

4) Factorizar $x^2+bx+\frac{b^2}{4}$.

Este trinomio es cuadrado perfecto porque: raíz cuadrada de $x^2=x$; raíz cuadrada de $\frac{b^2}{4}=\frac{b}{2}$ y el doble producto de estas raíces: $2\times x\times\frac{b}{2}=bx$,

luego: $$x^2+bx+\frac{b^2}{4}=\left(x+\frac{b}{2}\right)^2 \quad \textbf{R.}$$

5) Factorizar $\frac{1}{4}-\frac{b}{3}+\frac{b^2}{9}$.

Es cuadrado perfecto porque: raíz cuadrada de $\frac{1}{4}=\frac{1}{2}$; raíz cuadrada de $\frac{b^2}{9}=\frac{b}{3}$ y $2\times\frac{1}{2}\times\frac{b}{3}=\frac{b}{3}$, luego:

$$\frac{1}{4}-\frac{b}{3}+\frac{b^2}{9}=\left(\frac{1}{2}-\frac{b}{3}\right)^2=\left(\frac{b}{3}-\frac{1}{2}\right)^2$$

CASO ESPECIAL

6) Descomponer $a^2+2a(a-b)+(a-b)^2$.

La regla anterior puede aplicarse a casos en que el primer o tercer términos del trinomio o ambos son expresiones compuestas. Así, en este caso se tiene:

$$a^2+2a(a-b)+(a-b)^2=[a+(a-b)]^2=(a+a-b)^2=(2a-b)^2 \quad \textbf{R.}$$
$(a-b)$

7) Factorizar $(x+y)^2-2(x+y)(a+x)+(a+x)^2$.

$$(x+y)^2-2(x+y)(a+x)+(a+x)^2=[(x+y)-(a+x)]^2$$
$(x+y)$ $(a+x)$
$$=(x+y-a-x)^2$$
$$=(y-a)^2=(a-y)^2 \quad \textbf{R.}$$

Ejercicio 92

Factorizar o descomponer en dos factores:

1. $a^2-2ab+b^2$
2. $a^2+2ab+b^2$
3. x^2-2x+1
4. y^4+1+2y^2
5. $a^2-10a+25$
6. $9-6x+x^2$
7. $16+40x^2+25x^4$
8. $1+49a^2-14a$
9. $36+12m^2+m^4$
10. $1-2a^3+a^6$
11. a^8+18a^4+81
12. $a^6-2a^3b^3+b^6$
13. $4x^2-12xy+9y^2$
14. $9b^2-30a^2b+25a^4$
15. $1+14x^2y+49x^4y^2$
16. $1+a^{10}-2a^5$
17. $49m^6-70am^3n^2+25a^2n^4$
18. $100x^{10}-60a^4x^5y^6+9a^8y^{12}$
19. $121+198x^6+81x^{12}$
20. $a^2-24am^2x^2+144m^4x^4$
21. $16-104x^2+169x^4$
22. $400x^{10}+40x^5+1$
23. $\frac{a^2}{4}-ab+b^2$
24. $1+\frac{2b}{3}+\frac{b^2}{9}$
25. $a^4-a^2b^2+\frac{b^4}{4}$
26. $\frac{1}{25}+\frac{25x^4}{36}-\frac{x^2}{3}$
27. $16x^6-2x^3y^2+\frac{y^4}{16}$
28. $\frac{n^2}{9}+2mn+9m^2$
29. $a^2+2a(a+b)+(a+b)^2$
30. $4-4(1-a)+(1-a)^2$
31. $4m^2-4m(n-m)+(n-m)^2$
32. $(m-n)^2+6(m-n)+9$
33. $(a+x)^2-2(a+x)(x+y)+(x+y)^2$
34. $(m+n)^2-2(a-m)(m+n)+(a-m)^2$
35. $4(1+a)^2-4(1+a)(b-1)+(b-1)^2$
36. $9(x-y)^2+12(x-y)(x+y)+4(x+y)^2$

CASO IV

DIFERENCIA DE CUADRADOS PERFECTOS

141 En los productos notables (**89**) se vio que **la suma de dos cantidades multiplicadas por su diferencia es igual al cuadrado del minuendo menos el cuadrado del sustraendo, o sea,** $(a+b)(a-b)=a^2-b^2$; luego, recíprocamente,

$$a^2-b^2=(a+b)(a-b)$$

Podemos, pues, enunciar la siguiente:

142 REGLA PARA FACTORIZAR UNA DIFERENCIA DE CUADRADOS

Se extrae la raíz cuadrada al minuendo y al sustraendo y se multiplica la suma de estas raíces cuadradas por la diferencia entre la raíz del minuendo y la del sustraendo.

1) Factorizar $1-a^2$.

La raíz cuadrada de 1 es 1; la raíz cuadrada de a^2 es a. Multiplico la suma de estas raíces $(1+a)$ por la diferencia $(1-a)$ y tendremos:

$$1-a^2=(1+a)(1-a) \quad \textbf{R.}$$

2) Descomponer $16x^2-25y^4$.

La raíz cuadrada de $16x^2$ es $4x$; la raíz cuadrada de $25y^4$ es $5y^2$.

Multiplico la suma de estas raíces $(4x+5y^2)$ por su diferencia $(4x-5y^2)$ y tendremos:

$$16x^2-25y^4=(4x+5y^2)(4x-5y^2) \quad \textbf{R.}$$

3) Factorizar $49x^2y^6z^{10}-a^{12}$.

$$49x^2y^6z^{10}-a^{12}=(7xy^3z^5+a^6)(7xy^3z^5-a^6) \quad \textbf{R.}$$

4) Descomponer $\frac{a^2}{4}-\frac{b^4}{9}$.

La raíz cuadrada de $\frac{a^2}{4}$ es $\frac{a}{2}$ y la raíz cuadrada de $\frac{b^4}{9}$ es $\frac{b^2}{3}$. Tendremos:

$$\frac{a^2}{4}-\frac{b^4}{9}=\left(\frac{a}{2}+\frac{b^2}{3}\right)\left(\frac{a}{2}-\frac{b^2}{3}\right) \quad \textbf{R.}$$

5) Factorizar $a^{2n}-9b^{4m}$.

$$a^{2n}-9b^{4m}=(a^n+3b^{2m})(a^n-3b^{2m}) \quad \textbf{R.}$$

Ejercicio 93

Factorizar o descomponer en dos factores:

1. x^2-y^2
2. a^2-1
3. a^2-4
4. $9-b^2$
5. $1-4m^2$
6. $16-n^2$
7. a^2-25
8. $1-y^2$
9. $4a^2-9$
10. $25-36x^4$
11. $1-49a^2b^2$
12. $4x^2-81y^4$
13. $a^2b^8-c^2$
14. $100-x^2y^6$
15. $a^{10}-49b^{12}$
16. $25x^2y^4-121$
17. $100m^2n^4-169y^6$
18. $a^2m^4n^6-144$
19. $196x^2y^4-225z^{12}$
20. $256a^{12}-289b^4m^{10}$
21. $1-9a^2b^4c^6d^8$

22. $361x^{14} - 1$
23. $\frac{1}{4} - 9a^2$
24. $1 - \frac{a^2}{25}$
25. $\frac{1}{16} - \frac{4x^2}{49}$
26. $\frac{a^2}{36} - \frac{x^6}{25}$
27. $\frac{x^2}{100} - \frac{y^2z^4}{81}$
28. $\frac{x^6}{49} - \frac{4a^{10}}{121}$
29. $100m^2n^4 - \frac{1}{16}x^8$
30. $a^{2n} - b^{2n}$
31. $4x^{2n} - \frac{1}{9}$
32. $a^{4n} - 225b^4$
33. $16x^{6m} - \frac{y^{2n}}{49}$
34. $49a^{10n} - \frac{b^{12x}}{81}$
35. $a^{2n}b^{4n} - \frac{1}{25}$
36. $\frac{1}{100} - x^{2n}$

CASO ESPECIAL

1. Factorizar $(a+b)^2 - c^2$.

La regla empleada en los ejemplos anteriores es aplicable a las diferencias de cuadrados en que uno o ambos cuadrados son expresiones compuestas.

Así, en este caso, tenemos:

La raíz cuadrada de $(a+b)^2$ es $(a+b)$.
La raíz cuadrada de c^2 es c.

Multiplico la suma de estas raíces $(a+b)+c$ por la diferencia $(a+b)-c$ y tengo:

$$(a+b)^2 - c^2 = [(a+b)+c][(a+b)-c] = (a+b+c)(a+b-c) \quad \textbf{R.}$$

2. Descomponer $4x^2 - (x+y)^2$.

La raíz cuadrada de $4x^2$ es $2x$.
La raíz cuadrada de $(x+y)^2$ es $(x+y)$.

Multiplico la suma de estas raíces $2x + (x+y)$ por la diferencia $2x - (x+y)$ y tenemos:

$$4x^2 - (x+y)^2 = [2x + (x+y)][2x - (x+y)] = (2x+x+y)(2x-x-y) = (3x+y)(x-y) \quad \textbf{R.}$$

3. Factorizar $(a+x)^2 - (x+2)^2$.

La raíz cuadrada de $(a+x)^2$ es $(a+x)$.
La raíz cuadrada de $(x+2)^2$ es $(x+2)$.

Multiplico la suma de estas raíces $(a+x)+(x+2)$ por la diferencia $(a+x)-(x+2)$ y tengo:

$$(a+x)^2 - (x+2)^2 = [(a+x)+(x+2)][(a+x)-(x+2)] = (a+x+x+2)(a+x-x-2) = (a+2x+2)(a-2) \quad \textbf{R.}$$

Ejercicio 94

Descomponer en dos factores y simplificar, si es posible:

1. $(x+y)^2-a^2$
2. $4-(a+1)^2$
3. $9-(m+n)^2$
4. $(m-n)^2-16$
5. $(x-y)^2-4z^2$
6. $(a+2b)^2-1$
7. $1-(x-2y)^2$
8. $(x+2a)^2-4x^2$
9. $(a+b)^2-(c+d)^2$
10. $(a-b)^2-(c-d)^2$
11. $(x+1)^2-16x^2$
12. $64m^2-(m-2n)^2$
13. $(a-2b)^2-(x+y)^2$
14. $(2a-c)^2-(a+c)^2$
15. $(x+1)^2-4x^2$
16. $36x^2-(a+3x)^2$
17. $a^6-(a-1)^2$
18. $(a-1)^2-(m-2)^2$
19. $(2x-3)^2-(x-5)^2$
20. $1-(5a+2x)^2$
21. $(7x+y)^2-81$
22. $m^6-(m^2-1)^2$
23. $16a^{10}-(2a^2+3)^2$
24. $(x-y)^2-(c+d)^2$
25. $(2a+b-c)^2-(a+b)^2$
26. $100-(x-y+z)^2$
27. $x^2-(y-x)^2$
28. $(2x+3)^2-(5x-1)^2$
29. $(x-y+z)^2-(y-z+2x)^2$
30. $(2x+1)^2-(x+4)^2$
31. $(a+2x+1)^2-(x+a-1)^2$
32. $4(x+a)^2-49y^2$
33. $25(x-y)^2-4(x+y)^2$
34. $36(m+n)^2-121(m-n)^2$

CASOS ESPECIALES

COMBINACIÓN DE LOS CASOS III Y IV

143 Estudiamos a continuación la descomposición de expresiones compuestas en las cuales mediante un arreglo conveniente de sus términos se obtiene uno o dos trinomios cuadrados perfectos y descomponiendo estos trinomios (Caso III) se obtiene una diferencia de cuadrados (Caso IV).

1. Factorizar $a^2+2ab+b^2-1$.

Aquí tenemos que $a^2+2ab+b^2$ es un trinomio cuadrado perfecto; luego:

$$a^2+2ab+b^2-1=(a^2+2ab+b^2)-1$$
$$\text{(factorizando el trinomio)}=(a+b)^2-1$$
$$\text{(factorizando la diferencia de cuadrados)}=(a+b+1)(a+b-1)\quad \textbf{R.}$$

2. Descomponer $a^2+m^2-4b^2-2am$.

Ordenando esta expresión, podemos escribirla: $a^2-2am+m^2-4b^2$, y vemos que $a^2-2am+m^2$ es un trinomio cuadrado perfecto; luego:

$$a^2-2am+m^2-4b^2=(a^2-2am+m^2)-4b^2$$
$$\text{(factorizando el trinomio)}=(a-m)^2-4b^2$$
$$\text{(factorizando la diferencia de cuadrados)}=(a-m+2b)(a-m-2b)\quad \textbf{R.}$$

3. Factorizar $9a^2-x^2+2x-1$.

Introduciendo los tres últimos términos en un paréntesis precedido del signo – para que x^2 y 1 se hagan positivos, tendremos:

$$9a^2-x^2+2x-1=9a^2-(x^2-2x+1)$$
$$\text{(factorizando el trinomio)}=9a^2-(x-1)^2$$
$$\text{(factorizando la diferencia de cuadrados)}=[3a+(x-1)][3a-(x-1)]$$
$$=(3a+x-1)(3a-x+1)\quad \textbf{R.}$$

4. Descomponer $4x^2 - a^2 + y^2 - 4xy + 2ab - b^2$.

El término $4xy$ nos sugiere que es el segundo término de un trinomio cuadrado perfecto cuyo primer término tiene x^2 y cuyo tercer término tiene y^2 y el término $2ab$ nos sugiere que es el segundo término de un trinomio cuadrado perfecto cuyo primer término tiene a^2 y cuyo tercer término tiene b^2; pero como $-a^2$ y $-b^2$ son negativos, tenemos que introducir este último trinomio en un paréntesis precedido del signo – para hacerlos positivos, y tendremos:

$$4x^2 - a^2 + y^2 - 4xy + 2ab - b^2 = (4x^2 - 4xy + y^2) - (a^2 - 2ab + b^2)$$
$$\text{(factorizando los trinomios)} = (2x - y)^2 - (a - b)^2$$
$$\text{(descomponer la diferencia de cuadrados)} = [(2x - y) + (a - b)][(2x - y) - (a - b)]$$
$$= (2x - y + a - b)(2x - y - a + b) \quad \textbf{R.}$$

5. Factorizar $a^2 - 9n^2 - 6mn + 10ab + 25b^2 - m^2$.

El término $10ab$ nos sugiere que es el segundo término de un trinomio cuadrado perfecto cuyo primer término tiene a^2 y cuyo tercer término tiene b^2, y $6mn$ nos sugiere que es el 2º término de un trinomio cuadrado perfecto cuyo primer término tiene m^2 y cuyo tercer término tiene n^2; luego, tendremos:

$$a^2 - 9n^2 - 6mn + 10ab + 25b^2 - m^2 = (a^2 + 10ab + 25b^2) - (m^2 + 6mn + 9n^2)$$
$$\text{(descomponiendo los trinomios)} = (a + 5b)^2 - (m + 3n)^2$$
$$\text{(descomponer la diferencia de cuadrados)} = [(a + 5b) + (m + 3n)][(a + 5b) - (m + 3n)]$$
$$= (a + 5b + m + 3n)(a + 5b - m - 3n) \quad \textbf{R.}$$

Ejercicio 95

Factorizar o descomponer en dos factores:

1. $a^2 + 2ab + b^2 - x^2$
2. $x^2 - 2xy + y^2 - m^2$
3. $m^2 + 2mn + n^2 - 1$
4. $a^2 - 2a + 1 - b^2$
5. $n^2 + 6n + 9 - c^2$
6. $a^2 + x^2 + 2ax - 4$
7. $a^2 + 4 - 4a - 9b^2$
8. $x^2 + 4y^2 - 4xy - 1$
9. $a^2 - 6ay + 9y^2 - 4x^2$
10. $4x^2 + 25y^2 - 36 + 20xy$
11. $9x^2 - 1 + 16a^2 - 24ax$
12. $1 + 64a^2b^2 - x^4 - 16ab$
13. $a^2 - b^2 - 2bc - c^2$
14. $1 - a^2 + 2ax - x^2$
15. $m^2 - x^2 - 2xy - y^2$
16. $c^2 - a^2 + 2a - 1$
17. $9 - n^2 - 25 - 10n$
18. $4a^2 - x^2 + 4x - 4$
19. $1 - a^2 - 9n^2 - 6an$
20. $25 - x^2 - 16y^2 + 8xy$
21. $9x^2 - a^2 - 4m^2 + 4am$
22. $16x^2y^2 + 12ab - 4a^2 - 9b^2$
23. $-a^2 + 25m^2 - 1 - 2a$
24. $49x^4 - 25x^2 - 9y^2 + 30xy$
25. $a^2 - 2ab + b^2 - c^2 - 2cd - d^2$
26. $x^2 + 2xy + y^2 - m^2 + 2mn - n^2$
27. $a^2 + 4b^2 + 4ab - x^2 - 2ax - a^2$
28. $x^2 + 4a^2 - 4ax - y^2 - 9b^2 + 6by$
29. $m^2 - x^2 + 9n^2 + 6mn - 4ax - 4a^2$
30. $9x^2 + 4y^2 - a^2 - 12xy - 25b^2 - 10ab$
31. $2am - x^2 - 9 + a^2 + m^2 - 6x$
32. $x^2 - 9a^4 + 6a^2b + 1 + 2x - b^2$
33. $16a^2 - 1 - 10m + 9x^2 - 24ax - 25m^2$
34. $9m^2 - a^2 + 2acd - c^2d^2 + 100 - 60m$
35. $4a^2 - 9x^2 + 49b^2 - 30xy - 25y^2 - 28ab$
36. $225a^2 - 169b^2 + 1 + 30a + 26bc - c^2$
37. $x^2 - y^2 + 4 + 4x - 1 - 2y$
38. $a^2 - 16 - x^2 + 36 + 12a - 8x$

CASO V

TRINOMIO CUADRADO PERFECTO POR ADICIÓN Y SUSTRACCIÓN

1. Factorizar $x^4 + x^2y^2 + y^4$.

Veamos si este trinomio es cuadrado perfecto. La raíz cuadrada de x^4 es x^2; la raíz cuadrada de y^4 es y^2 y el doble producto de estas raíces es $2x^2y^2$; luego, este trinomio no es cuadrado perfecto.

Para que sea cuadrado perfecto hay que lograr que el 2º término x^2y^2 se convierta en $2x^2y^2$ lo cual se consigue **sumándole** x^2y^2, pero para que el trinomio no varíe hay que **restarle** la misma cantidad que se suma, x^2y^2 y tendremos:

$$\begin{array}{l} x^4 + x^2y^2 + y^4 \\ + x^2y^2 - x^2y^2 \\ \hline x^4 + 2x^2y^2 + y^4 - x^2y^2 = (x^4 + 2x^2y^2 + y^4) - x^2y^2 \end{array}$$

(factorizando el trinomio cuadrado perfecto) $= (x^2 + y^2)^2 - x^2y^2$

(factorizando la diferencia de cuadrados) $= (x^2 + y^2 + xy)(x^2 + y^2 - xy)$

(ordenando) $= (x^2 + xy + y^2)(x^2 - xy + y^2)$ **R.**

2. Descomponer $4a^4 + 8a^2b^2 + 9b^4$.

La raíz cuadrada de $4a^4$ es $2a^2$; la raíz cuadrada de $9b^4$ es $3b^2$ y el doble producto de estas raíces es $2 \times 2a^2 \times 3b^2 = 12a^2b^2$; luego, este trinomio no es cuadrado perfecto porque su 2º término es $8a^2b^2$ y para que sea cuadrado perfecto debe ser $12a^2b^2$.

Para que $8a^2b^2$ se convierta en $12a^2b^2$ le **sumamos** $4a^2b^2$ y para que el trinomio no varíe le *restamos* $4a^2b^2$ y tendremos:

$$\begin{array}{l} 4a^4 + 8a^2b^2 + 9b^4 \\ + 4a^2b^2 - 4a^2b^2 \\ \hline 4a^4 + 12a^2b^2 + 9b^4 - 4a^2b^2 = (4a^4 + 12a^2b^2 + 9b^4) - 4a^2b^2 \end{array}$$

(factorizando el trinomio cuadrado perfecto) $= (2a^2 + 3b^2)^2 - 4a^2b^2$

(factorizando la diferencia de cuadrados) $= (2a^2 + 3b^2 + 2ab)(2a^2 + 3b^2 - 2ab)$

(ordenando) $= (2a^2 + 2ab + 3b^2)(2a^2 - 2ab + 3b^2)$ **R.**

3. Descomponer $a^4 - 16a^2b^2 + 36b^4$.

La raíz cuadrada de a^4 es a^2; la de $36b^4$ es $6b^2$. Para que este trinomio fuera cuadrado perfecto, su 2º término debía ser $-2 \times a^2 \times 6b^2 = -12a^2b^2$ y es $-16a^2b^2$; pero $-16a^2b^2$ se convierte en $-12a^2b^2$ **sumándole** $4a^2b^2$, pues tendremos: $-16a^2b^2 + 4a^2b^2 = -12a^2b^2$, y para que no varíe le **restamos** $4a^2b^2$, igual que en los casos anteriores y tendremos:

$$\begin{array}{l} a^4 - 16a^2b^2 + 36b^4 \\ \quad + 4a^2b^2 \qquad - 4a^2b^2 \\ \hline a^4 - 12a^2b^2 + 36b^4 - 4a^2b^2 = (a^4 - 12a^2b^2 + 36b^4) - 4a^2b^2 \end{array}$$

$$= (a^2 - 6b^2)^2 - 4a^2b^2$$

$$= (a^2 - 6b^2 + 2ab)(a^2 - 6b^2 - 2ab)$$

$$= (a^2 + 2ab - 6b^2)(a^2 - 2ab - 6b^2) \quad \textbf{R.}$$

4. Factorizar $49m^4 - 151m^2n^4 + 81n^8$.

La raíz cuadrada de $49m^4$ es $7m^2$; la de $81n^8$ es $9n^4$. El 2° término debía ser $-2 \times 7m^2 \times 9n^4 = -126m^2n^4$ y es $-151m^2n^4$, pero $-151m^2n^4$ se convierte en $-126m^2n^4$ **sumándole** $25m^2n^4$, pues se tiene: $-151m^2n^4 + 25m^2n^4 = -126m^2n^4$, y para que no varíe le **restamos** $25m^2n^4$ y tendremos:

$$\begin{array}{l} 49m^4 - 151m^2n^4 + 81n^8 \\ \qquad + 25m^2n^4 \qquad - 25m^2n^4 \\ \hline 49m^4 - 126m^2n^4 + 81n^8 - 25m^2n^4 = (49m^4 - 126m^2n^4 + 81n^8) - 25m^2n^4 \end{array}$$

$$= (7m^2 - 9n^4)^2 - 25m^2n^4$$

$$= (7m^2 - 9n^4 + 5mn^2)(7m^2 - 9n^4 - 5mn^2)$$

$$= (7m^2 + 5mn^2 - 9n^4)(7m^2 - 5mn^2 - 9n^4) \quad \textbf{R.}$$

Ejercicio 96

Factorizar o descomponer en dos factores:

1. $a^4 + a^2 + 1$
2. $m^4 + m^2n^2 + n^4$
3. $x^8 + 3x^4 + 4$
4. $a^4 + 2a^2 + 9$
5. $a^4 - 3a^2b^2 + b^4$
6. $x^4 - 6x^2 + 1$
7. $4a^4 + 3a^2b^2 + 9b^4$
8. $4x^4 - 29x^2 + 25$
9. $x^8 + 4x^4y^4 + 16y^8$
10. $16m^4 - 25m^2n^2 + 9n^4$
11. $25a^4 + 54a^2b^2 + 49b^4$
12. $36x^4 - 109x^2y^2 + 49y^4$
13. $81m^8 + 2m^4 + 1$
14. $c^4 - 45c^2 + 100$
15. $4a^8 - 53a^4b^4 + 49b^8$
16. $49 + 76n^2 + 64n^4$
17. $25x^4 - 139x^2y^2 + 81y^4$
18. $49x^8 + 76x^4y^4 + 100y^8$
19. $4 - 108x^2 + 121x^4$
20. $121x^4 - 133x^2y^4 + 36y^8$
21. $144 + 23n^6 + 9n^{12}$
22. $16 - 9c^4 + c^8$
23. $64a^4 - 169a^2b^4 + 81b^8$
24. $225 + 5m^2 + m^4$
25. $1 - 126a^2b^4 + 169a^4b^8$
26. $x^4y^4 + 21x^2y^2 + 121$
27. $49c^8 + 75c^4m^2n^2 + 196m^4n^4$
28. $81a^4b^8 - 292a^2b^4x^8 + 256x^{16}$

CASO ESPECIAL

FACTORIZAR UNA SUMA DE DOS CUADRADOS

En general, **una suma de dos cuadrados no tiene descomposición en factores racionales**, es decir, factores en que no haya raíz, pero hay sumas de cuadrados que, **sumándoles** y **restándoles** una misma cantidad, pueden llevarse al caso anterior y descomponerse. 144

Ejemplo

1) Factorizar $a^4 + 4b^4$.

La raíz cuadrada de a^4 es a^2; la de $4b^4$ es $2b^2$. Para que esta expresión sea un trinomio cuadrado perfecto hace falta que su segundo término sea $2 \times a^2 \times 2b^2 = 4a^2b^2$. Entonces, igual que en los casos anteriores, a la expresión $a^4 + 4b^4$ le sumamos y restamos $4a^2b^2$ y tendremos:

$$\begin{array}{l} a^4 \qquad\qquad + 4b^4 \\ \quad + 4a^2b^2 \qquad\quad - 4a^2b^2 \\ \hline a^4 + 4a^2b^2 + 4b^4 - 4a^2b^2 \end{array}$$

$$\begin{aligned} a^4 + 4a^2b^2 + 4b^4 - 4a^2b^2 &= (a^4 + 4a^2b^2 + 4b^4) - 4a^2b^2 \\ &= (a^2 + 2b^2)^2 - 4a^2b^2 \\ &= (a^2 + 2b^2 + 2ab)(a^2 + 2b^2 - 2ab) \\ &= (a^2 + 2ab + 2b^2)(a^2 - 2ab + 2b^2) \quad \textbf{R.} \end{aligned}$$

Ejercicio 97

Factorizar o descomponer en dos factores:

1. $x^4 + 64y^4$
2. $4x^8 + y^8$
3. $a^4 + 324b^4$
4. $4m^4 + 81n^4$
5. $4 + 625x^8$
6. $64 + a^{12}$
7. $1 + 4n^4$
8. $64x^8 + y^8$
9. $81a^4 + 64b^4$

CASO VI

TRINOMIO DE LA FORMA $x^2 + bx + c$

145 Trinomios de la forma $x^2 + bx + c$ son trinomios como

$$x^2 + 5x + 6, \qquad m^2 + 5m - 14,$$
$$a^2 - 2a - 15, \qquad y^2 - 8y + 15$$

que cumplen las **condiciones** siguientes:

1) **El coeficiente del primer término es 1.**

2) **El primer término es una letra cualquiera elevada al cuadrado.**

3) **El segundo término tiene la misma letra que el primero con exponente 1 y su coeficiente es una cantidad cualquiera, positiva o negativa.**

4) **El tercer término es independiente de la letra que aparece en el 1o. y 2o. términos y es una cantidad cualquiera, positiva o negativa.**

146 **REGLA PRÁCTICA PARA FACTORIZAR UN TRINOMIO DE LA FORMA $x^2 + bx + c$**

1) **El trinomio se descompone en dos factores binomios cuyo primer término es x, o sea la raíz cuadrada del primer término del trinomio.**

2) En el primer factor, después de x se escribe el signo del segundo término del trinomio, y en el segundo factor, después de x se escribe el signo que resulta de multiplicar el signo del segundo término del trinomio por el signo del tercer término del trinomio.

3) Si los dos factores binomios tienen en el medio signos iguales se buscan dos números cuya suma sea el valor absoluto del segundo término del trinomio y cuyo producto sea el valor absoluto del tercer término del trinomio. Estos números son los segundos términos de los binomios.

4) Si los dos factores binomios tienen en el medio signos distintos se buscan dos números cuya diferencia sea el valor absoluto del segundo término del trinomio y cuyo producto sea el valor absoluto del tercer término del trinomio. El mayor de estos números es el segundo término del primer binomio, y el menor, el segundo término del segundo binomio.

Esta regla práctica, muy sencilla en su aplicación, se aclarará con los siguientes:

Ejemplos

1) Factorizar $x^2 + 5x + 6$.
El trinomio se descompone en dos binomios cuyo primer término es la raíz cuadrada de x^2 o sea x:

$$x^2 + 5x + 6 \qquad (x \quad)(x \quad)$$

En el primer binomio después de x se pone signo + porque el segundo término del trinomio $+5x$ tiene signo +. En el segundo binomio, después de x, se escribe el signo que resulta de multiplicar el signo de $+5x$ por el signo de $+6$ y se tiene que + por + da + o sea:

$$x^2 + 5x + 6 \qquad (x + \quad)(x + \quad)$$

Ahora, como en estos binomios tenemos signos iguales buscamos dos números que cuya suma sea 5 y cuyo producto sea 6. Esos números son 2 y 3, luego:

$$x^2 + 5x + 6 = (x + 2)(x + 3) \quad \textbf{R.}$$

2) Factorizar $x^2 - 7x + 12$.
Tendremos: $x^2 - 7x + 12 \qquad (x - \quad)(x - \quad)$

En el primer binomio se pone – porque $-7x$ tiene signo –.
En el segundo binomio se pone – porque multiplicando el signo de $-7x$ por el signo de $+ 12$ se tiene que: – por + da –.
Ahora, como en los binomios tenemos signos iguales buscamos dos números *cuya suma* sea 7 y *cuyo producto* sea 12. Estos números son 3 y 4, luego:

$$x^2 - 7x + 12 = (x - 3)(x - 4) \quad \textbf{R.}$$

3) Factorizar $x^2 + 2x - 15$.
Tenemos: $x^2 + 2x - 15 \qquad (x + \quad)(x - \quad)$

En el primer binomio se pone + porque $+2x$ tiene signo +.
En el segundo binomio se pone – porque multiplicando el signo de $+2x$ por el signo de –15 se tiene que + por – da –.
Ahora, como en los binomios tenemos signos distintos buscamos dos números cuya *diferencia* sea 2 y cuyo *producto* sea 15.
Estos números son 5 y 3. *El mayor* 5, se escribe en el primer binomio, y tendremos:

$$x^2 + 2x - 15 = (x + 5)(x - 3) \quad \textbf{R.}$$

4) Factorizar $x^2 - 5x - 14$.

Tenemos: $x^2 - 5x - 14 \qquad (x - \quad)(x + \quad)$

En el primer binomio se pone – porque $-5x$ tiene signo –.
En el segundo binomio se pone + porque multiplicando el signo de $-5x$ por el signo de –14 se tiene que – por – da +.
Ahora como en los binomios tenemos signos *distintos* se buscan dos números cuya diferencia sea 5 y cuyo producto sea 14.
Estos números son 7 y 2. El *mayor* 7, se escribe en el primer binomio y se tendrá:

$$x^2 - 5x - 14 = (x - 7)(x + 2) \quad \textbf{R.}$$

5) Factorizar $a^2 - 13a + 40$.

$$a^2 - 13a + 40 = (a - 5)(a - 8) \quad \textbf{R.}$$

6) Factorizar $m^2 - 11m - 12$.

$$m^2 - 11m - 12 = (m - 12)(m + 1) \quad \textbf{R.}$$

7) Factorizar $n^2 + 28n - 29$.

$$n^2 + 28n - 29 = (n + 29)(n - 1) \quad \textbf{R.}$$

8) Factorizar $x^2 + 6x - 216$.

$$x^2 + 6x - 216 \qquad (x + \quad)(x - \quad)$$

Necesitamos dos números cuya *diferencia* sea 6 y cuyo producto sea 216.
Estos números no se ven fácilmente. Para hallarlos, descomponemos en sus factores primos el tercer término:

216	2
108	2
54	2
27	3
9	3
3	3
1	

Ahora, formamos con estos factores primos dos productos.
Por tanteo, variando los factores de cada producto, obtendremos los dos números que buscamos. Así:

$2 \times 2 \times 2 = 8$	$3 \times 3 \times 3 = 27$	$27 - 8 = 19$, no sirven
$2 \times 2 \times 2 \times 3 = 24$	$3 \times 3 = 9$	$24 - 9 = 15$, no sirven
$2 \times 2 \times 3 = 12$	$2 \times 3 \times 3 = 18$	$18 - 12 = 6$, sirven

18 y 12 son los números que buscamos porque su diferencia es 6 y su *producto* necesariamente es 216, ya que para obtener estos números hemos empleado todos los factores que obtuvimos en la descomposición de 216. Por tanto:

$$x^2 + 6x - 216 = (x + 18)(x - 12) \quad \textbf{R.}$$

9) Factorizar $a^2 - 66a + 1{,}080$.

$$a^2 - 66a + 1{,}080 \quad (a - \quad)(a - \quad)$$

Necesitamos dos números *cuya suma* sea 66 y cuyo producto sea 1,080.
Descomponiendo 1,080, tendremos:

1,080	2
540	2
270	2
135	3
45	3
15	3
5	5
1	

$2\times2\times2 = 8$	$3\times3\times3\times5 = 105$	$105 + 8 = 113$, no sirven
$2\times2\times2\times3 = 24$	$3\times3\times5 = 45$	$45 + 24 = 69$, no sirven
$2\times3\times5 = 30$	$2\times2\times3\times3 = 36$	$30 + 36 = 66$, sirven

Los números que necesitamos son 30 y 36 porque su suma es 66 y su producto necesariamente es 1,080 ya que para obtener estos números hemos empleado todos los factores que obtuvimos en la descomposición de 1,080, luego:

$$a^2 - 66a + 1{,}080 = (a - 36)(a - 30) \quad \textbf{R.}$$

98 Ejercicio

Factorizar o descomponer en dos factores:

1. $x^2 + 7x + 10$
2. $x^2 - 5x + 6$
3. $x^2 + 3x - 10$
4. $x^2 + x - 2$
5. $a^2 + 4a + 3$
6. $m^2 + 5m - 14$
7. $y^2 - 9y + 20$
8. $x^2 - 6 - x$
9. $x^2 - 9x + 8$
10. $c^2 + 5c - 24$
11. $x^2 - 3x + 2$
12. $a^2 + 7a + 6$
13. $y^2 - 4y + 3$
14. $12 - 8n + n^2$
15. $x^2 + 10x + 21$
16. $a^2 + 7a - 18$
17. $m^2 - 12m + 11$
18. $x^2 - 7x - 30$
19. $n^2 + 6n - 16$
20. $20 + a^2 - 21a$
21. $y^2 + y - 30$
22. $28 + a^2 - 11a$
23. $n^2 - 6n - 40$
24. $x^2 - 5x - 36$
25. $a^2 - 2a - 35$
26. $x^2 + 14x + 13$
27. $a^2 + 33 - 14a$
28. $m^2 + 13m - 30$
29. $c^2 - 13c - 14$
30. $x^2 + 15x + 56$
31. $x^2 - 15x + 54$
32. $a^2 + 7a - 60$
33. $x^2 - 17x - 60$
34. $x^2 + 8x - 180$
35. $m^2 - 20m - 300$
36. $x^2 + x - 132$
37. $m^2 - 2m - 168$
38. $c^2 + 24c + 135$
39. $m^2 - 41m + 400$
40. $a^2 + a - 380$
41. $x^2 + 12x - 364$
42. $a^2 + 42a + 432$
43. $m^2 - 30m - 675$
44. $y^2 + 50y + 336$
45. $x^2 - 2x - 528$
46. $n^2 + 43n + 432$
47. $c^2 - 4c - 320$
48. $m^2 - 8m - 1{,}008$

CASOS ESPECIALES

El procedimiento anterior es aplicable a la factorización de trinomios que siendo de la forma $x^2 + bx + c$ difieren algo de los estudiados anteriormente. 147

Ejemplos

1) Factorizar $x^4 - 5x^2 - 50$.
El primer término de cada factor binomio será la raíz cuadrada de x^4 o sea x^2:

$$x^4 - 5x^2 - 50 \qquad (x^2 - \quad)(x^2 + \quad)$$

Buscamos dos números cuya *diferencia* (signos distintos en los binomios) sea 5 y cuyo *producto* sea 50. Esos números son 10 y 5. Tendremos:

$$x^4 - 5x^2 - 50 = (x^2 - 10)(x^2 + 5) \quad \textbf{R.}$$

2) Factorizar $x^6 + 7x^3 - 44$.
El primer término de cada binomio será la raíz cuadrada de x^6 o sea x^3.
Aplicando las reglas tendremos:

$$x^6 + 7x^3 - 44 = (x^3 + 11)(x^3 - 4) \quad \textbf{R.}$$

3) Factorizar $a^2b^2 - ab - 42$.
El primer término de cada factor será la raíz cuadrada de a^2b^2 o sea ab:

$$a^2b^2 - ab - 42 \qquad (ab - \quad)(ab + \quad)$$

Buscamos dos números cuya *diferencia* sea 1 (que es el coeficiente de ab) y cuyo *producto* sea 42. Esos números son 7 y 6. Tendremos:

$$a^2b^2 - ab - 42 = (ab - 7)(ab + 6) \quad \textbf{R.}$$

4) Factorizar $(5x)^2 - 9(5x) + 8$.
Llamamos la atención sobre este ejemplo porque usaremos esta descomposición en el *caso siguiente*.
El primer término de cada binomio será la raíz cuadrada de $(5x)^2$ o sea $5x$:

$$(5x)^2 - 9(5x) + 8 \qquad (5x - \quad)(5x - \quad)$$

Dos números cuya *suma* (signos iguales en los binomios) es 9 y cuyo producto es 8. Esos números son 8 y 1. Tendremos:

$$(5x)^2 - 9(5x) + 8 = (5x - 8)(5x - 1) \quad \textbf{R.}$$

5) Factorizar $x^2 - 5ax - 36a^2$.

$$x^2 - 5ax - 36a^2 \qquad (x - \quad)(x + \quad)$$

El coeficiente de x en el segundo término es $5a$. Buscamos dos cantidades cuya *diferencia* sea $5a$ (que es el coeficiente de x en el segundo término) y cuyo producto sea $36a^2$. Esas cantidades son $9a$ y $4a$. Tendremos:

$$x^2 - 5ax - 36a^2 = (x - 9a)(x + 4a) \quad \textbf{R.}$$

6) Factorizar $(a + b)^2 - 12(a + b) + 20$.
El primer término de cada binomio será la raíz cuadrada de $(a + b)^2$ que es $(a + b)$.

$$(a + b)^2 - 12(a + b) + 20 \qquad [(a + b) - \quad][(a + b) - \quad]$$

Buscamos dos números cuya *suma* sea 12 y cuyo *producto* sea 20. Esos números son 10 y 2. Tendremos:

$$\begin{aligned}(a + b)^2 - 12(a + b) + 20 &= [(a + b) - 10][(a + b) - 2] \\ &= (a + b - 10)(a + b - 2) \quad \textbf{R.}\end{aligned}$$

7) Factorizar $28 + 3x - x^2$.
Ordenando en orden descendente respecto de x, tenemos:

$$-x^2 + 3x + 28$$

Para eliminar el signo – de $-x^2$ introducimos el trinomio en un paréntesis precedido del signo –:

$$-(x^2 - 3x - 28)$$

Factorizando $x^2 - 3x - 28 = (x - 7)(x + 4)$, pero como el trinomio está precedido de – su descomposición también debe ir precedida de – y tendremos:

$$-(x - 7)(x + 4)$$

Para que desaparezca el signo – del producto $-(x - 7)(x + 4)$, o sea, para convertirlo en +, basta *cambiarle el signo a un factor*, por ejemplo, a $(x - 7)$ y quedará:

$$28 + 3x - x^2 = (7 - x)(x + 4) \quad \textbf{R.}$$

8) Factorizar $30 + y^2 - y^4$.

$$30 + y^2 - y^4 = -(y^4 - y^2 - 30) = -(y^2 - 6)(y^2 + 5) = (6 - y^2)(y^2 + 5) \quad \textbf{R.}$$

Ejercicio 99

Factorizar:

1. $x^4 + 5x^2 + 4$
2. $x^6 - 6x^3 - 7$
3. $x^8 - 2x^4 - 80$
4. $x^2y^2 + xy - 12$
5. $(4x)^2 - 2(4x) - 15$
6. $(5x)^2 + 13(5x) + 42$
7. $x^2 + 2ax - 15a^2$
8. $a^2 - 4ab - 21b^2$
9. $(x - y)^2 + 2(x - y) - 24$
10. $5 + 4x - x^2$
11. $x^{10} + x^5 - 20$
12. $m^2 + mn - 56n^2$
13. $x^4 + 7ax^2 - 60a^2$
14. $(2x)^2 - 4(2x) + 3$
15. $(m - n)^2 + 5(m - n) - 24$
16. $x^8 + x^4 - 240$
17. $15 + 2y - y^2$
18. $a^4b^4 - 2a^2b^2 - 99$
19. $c^2 + 11cd + 28d^2$
20. $25x^2 - 5(5x) - 84$
21. $a^2 - 21ab + 98b^2$
22. $x^4y^4 + x^2y^2 - 132$
23. $48 + 2x^2 - x^4$
24. $(c + d)^2 - 18(c + d) + 65$
25. $a^2 + 2axy - 440x^2y^2$
26. $m^6n^6 - 21m^3n^3 + 104$
27. $14 + 5n - n^2$
28. $x^6 + x^3 - 930$
29. $(4x^2)^2 - 8(4x^2) - 105$
30. $x^4 + 5abx^2 - 36a^2b^2$
31. $a^4 - a^2b^2 - 156b^4$
32. $21a^2 + 4ax - x^2$
33. $x^8y^8 - 15ax^4y^4 - 100a^2$
34. $(a - 1)^2 + 3(a - 1) - 108$
35. $m^2 + abcm - 56a^2b^2c^2$
36. $(7x^2)^2 + 24(7x^2) + 128$

CASO VII

TRINOMIO DE LA FORMA $ax^2 + bx + c$

148

Son trinomios de esta forma:

$$2x^2 + 11x + 5$$
$$3a^2 + 7a - 6$$
$$10n^2 - n - 2$$
$$7m^2 - 23m + 6$$

que se diferencian de los trinomios estudiados en el caso anterior en que **el primer término tiene un coeficiente distinto de 1.**

DESCOMPOSICIÓN EN FACTORES DE UN TRINOMIO DE LA FORMA $ax^2 + bx + c$

149

Ejemplos

1) Factorizar $6x^2 - 7x - 3$.

Multipliquemos el trinomio por el coeficiente de x^2 que es 6 y dejando *indicado* el producto de 6 por $7x$ se tiene:

$$36x^2 - 6(7x) - 18$$

Pero $36x^2 = (6x)^2$ y $6(7x) = 7(6x)$ luego podemos escribir: $(6x)^2 - 7(6x) - 18$.

Descomponiendo este trinomio según se vio en el caso anterior, el 1er término de cada factor será la raíz cuadrada de $(6x)^2$ o sea $6x$: $(6x - \quad)(6x + \quad)$.

Dos números cuya diferencia sea 7 y cuyo producto sea 18 son 9 y 2. Tendremos: $(6x - 9)(6x + 2)$.

Como al principio multiplicamos el trinomio dado por 6, ahora tenemos que dividir entre 6, para no alterar el trinomio, y tendremos: $\frac{(6x-9)(6x+2)}{6}$

pero como ninguno de los binomios es divisible entre 6, descomponemos 6 en 2×3 y dividiendo $(6x - 9)$ entre 3 y $(6x + 2)$ entre 2 se tendrá:

$$\frac{(6x-9)(6x+2)}{2\times 3} = (2x-3)(3x+1)$$

Luego: $6x^2 - 7x - 3 = (2x - 3)(3x + 1)$ **R.**

2) Factorizar $20x^2 + 7x - 6$.

Multiplicando el trinomio por 20, tendremos: $(20x)^2 + 7(20x) - 120$.

Descomponiendo este trinomio, tenemos: $(20x + 15)(20x - 8)$.

Para cancelar la multiplicación por 20, tenemos que dividir entre 20, pero como ninguno de los dos binomios es divisible entre 20, descomponemos el 20 en 5×4 y dividiendo el factor $(20x + 15)$ entre 5 y $(20x - 8)$ entre 4 tendremos:

$$\frac{(20x+15)(20x-8)}{5\times 4} = (4x+3)(5x-2)$$

Luego: $20x^2 + 7x - 6 = (4x + 3)(5x - 2)$ **R.**

3) Factorizar $18a^2 - 13a - 5$.

Multiplicando por 18: $(18a)^2 - 13(18a) - 90$

Factorizando este trinomio: $(18a - 18)(18a + 5)$

Dividiendo entre 18, para lo cual, como el primer binomio $18a - 18$ es divisible entre 18 basta dividir este factor entre 18, tendremos:

$$\frac{(18a-18)(18a+5)}{18} = (a-1)(18a+5)$$

Luego: $18a^2 - 13a - 5 = (a - 1)(18a + 5)$ **R.**

Ejercicio 100

Factorizar:

1. $2x^2 + 3x - 2$
2. $3x^2 - 5x - 2$
3. $6x^2 + 7x + 2$
4. $5x^2 + 13x - 6$
5. $6x^2 - 6 - 5x$
6. $12x^2 - x - 6$
7. $4a^2 + 15a + 9$
8. $3 + 11a + 10a^2$
9. $12m^2 - 13m - 35$
10. $20y^2 + y - 1$
11. $8a^2 - 14a - 15$
12. $7x^2 - 44x - 35$
13. $16m + 15m^2 - 15$
14. $2a^2 + 5a + 2$
15. $12x^2 - 7x - 12$
16. $9a^2 + 10a + 1$
17. $20n^2 - 9n - 20$
18. $21x^2 + 11x - 2$
19. $m - 6 + 15m^2$
20. $15a^2 - 8a - 12$
21. $9x^2 + 37x + 4$
22. $44n + 20n^2 - 15$
23. $14m^2 - 31m - 10$
24. $2x^2 + 29x + 90$
25. $20a^2 - 7a - 40$
26. $4n^2 + n - 33$
27. $30x^2 + 13x - 10$

CASOS ESPECIALES

1. Factorizar $15x^4 - 11x^2 - 12$.

Multiplicando por 15: $(15x^2)^2 - 11(15x^2) - 180$

Descomponiendo este trinomio, el primer término de cada factor será la raíz cuadrada de $(15x^2)^2$ o sea $15x^2$: $(15x^2 - 20)(15x^2 + 9)$

Dividiendo entre 15: $\frac{(15x^2-20)(15x^2+9)}{5\times 3} = (3x^2-4)(5x^2+3)$ **R.**

2. Factorizar $12x^2y^2 + xy - 20$.

Multiplicando por 12: $(12xy)^2 + 1(12xy) - 240$

Factorizando este trinomio: $(12xy + 16)(12xy - 15)$

Dividiendo entre 12: $\frac{(12xy+16)(12xy-15)}{4\times 3} = (3xy+4)(4xy-5)$ **R.**

3. Factorizar $6x^2 - 11ax - 10a^2$.

Multiplicando por 6: $(6x)^2 - 11a(6x) - 60a^2$

Factorizando este trinomio: $(6x - 15a)\ (6x + 4a)$

Dividiendo entre 6: $\frac{(6x-15a)(6x+4a)}{3\times 2} = (2x-5a)(3x+2a)$ **R.**

4. Factorizar $20 - 3x - 9x^2$.

Ordenando el trinomio en orden descendente respecto de x: $-9x^2 - 3x + 20$

Introduciéndolo en un paréntesis precedido del signo –: $-(9x^2 + 3x - 20)$

Multiplicando por 9: $-[(9x)^2 + 3(9x) - 180]$

Factorizando este trinomio: $-(9x + 15)\ (9x - 12)$

Dividiendo entre 9: $\frac{-(9x+15)\ (9x-12)}{3\times 3} = -(3x+5)(3x-4)$

Para que desaparezca el signo – de este producto, o sea para convertirlo en +, hay que cambiar el signo a un factor, por ejemplo, a $(3x - 4)$, que se convertirá en $(4 - 3x)$, y tendremos: $20 - 3x - 9x^2 = (3x + 5)(4 - 3x)$ **R.**

Ejercicio 101

Factorizar:

1. $6x^4 + 5x^2 - 6$
2. $5x^6 + 4x^3 - 12$
3. $10x^8 + 29x^4 + 10$
4. $6a^2x^2 + 5ax - 21$
5. $20x^2y^2 + 9xy - 20$
6. $15x^2 - ax - 2a^2$
7. $12 - 7x - 10x^2$
8. $21x^2 - 29xy - 72y^2$
9. $6m^2 - 13am - 15a^2$
10. $14x^4 - 45x^2 - 14$
11. $30a^2 - 13ab - 3b^2$
12. $7x^6 - 33x^3 - 10$
13. $30 + 13a - 3a^2$
14. $5 + 7x^4 - 6x^8$
15. $6a^2 - ax - 15x^2$
16. $4x^2 + 7mnx - 15m^2n^2$
17. $18a^2 + 17ay - 15y^2$
18. $15 + 2x^2 - 8x^4$
19. $6 - 25x^8 + 5x^4$
20. $30x^{10} - 91x^5 - 30$
21. $30m^2 + 17am - 21a^2$
22. $16a - 4 - 15a^2$
23. $11xy - 6y^2 - 4x^2$
24. $27ab - 9b^2 - 20a^2$

CASO VIII

CUBO PERFECTO DE BINOMIOS

150 En los productos notables (**90**) se vio que:

$$(a+b)^3 = a^3 + 3a^2b + 3ab^2 + b^3$$
$$(a-b)^3 = a^3 - 3a^2b + 3ab^2 - b^3$$

Lo anterior nos dice que, para que **una expresión algebraica ordenada con respecto a una letra** sea el cubo de un binomio, tiene que cumplir las siguientes condiciones:

1) **Tener cuatro términos.**
2) **Que el primero y el último términos sean cubos perfectos.**
3) **Que el segundo término sea más o menos el triple del cuadrado de la raíz cúbica del primer término multiplicado por la raíz cúbica del último término.**
4) **Que el tercer término sea más el triple de la raíz cúbica del primer término por el cuadrado de la raíz cúbica del último.**

Si todos los términos de la expresión son **positivos**, la expresión dada es el **cubo de la suma** de las raíces cúbicas de su primer y último términos, y si los términos son **alternativamente positivos y negativos** la expresión dada es el **cubo de la diferencia** de dichas raíces.

151 RAÍZ CÚBICA DE UN MONOMIO

La raíz cúbica de un monomio se obtiene **extrayendo la raíz cúbica de su coeficiente y dividiendo el exponente de cada letra entre 3.**
Así, la raíz cúbica de $8a^3b^6$ es $2ab^2$. En efecto:

$$(2ab^2)^3 = 2ab^2 \times 2ab^2 \times 2ab^2 = 8a^3b^6$$

152 HALLAR SI UNA EXPRESIÓN DADA ES EL CUBO DE UN BINOMIO

Ejemplos

1) Hallar si $8x^3 + 12x^2 + 6x + 1$ es el cubo de un binomio.

Veamos si cumple las condiciones expuestas antes. La expresión tiene cuatro términos.

La raíz cúbica de $8x^3$ es $2x$.
La raíz cúbica de 1 es 1.

$3(2x)^2(1) = 12x^2$, segundo término.
$3(2x)(1)^2 = 6x$, tercer término.

Cumple las condiciones, y como todos sus términos son positivos, la expresión dada es el cubo de $(2x + 1)$, o de otro modo, $(2x + 1)$ es la raíz cúbica de la expresión.

2) Hallar si $8x^6 + 54x^2y^6 - 27y^9 - 36x^4y^3$ es el cubo de un binomio.
Ordenando la expresión, se tiene: $8x^6 - 36x^4y^3 + 54x^2y^6 - 27y^9$

La expresión tiene cuatro términos:
- La raíz cúbica de $8x^6$ es $2x^2$
- La raíz cúbica de $27y^9$ es $3y^3$
- $3(2x^2)^2(3y^3) = 36x^4y^3$, segundo término
- $3(2x^2)(3y^3)^2 = 54x^2y^6$, tercer término

y como los términos son *alternativamente positivos y negativos*, la expresión dada es el cubo de $(2x^2 - 3y^3)$.

FACTORIZAR UNA EXPRESIÓN QUE ES EL CUBO DE UN BINOMIO 153

Ejemplos

1) Factorizar $1 + 12a + 48a^2 + 64a^3$.
Aplicando el procedimiento anterior vemos que esta expresión es el cubo de $(1 + 4a)$; luego:

$$1 + 12a + 48a^2 + 64a^3 = (1 + 4a)^3 \quad \textbf{R.}$$

2) Factorizar $a^9 - 18a^6b^5 + 108a^3b^{10} - 216b^{15}$.
Aplicando el procedimiento anterior, vemos que esta expresión es el cubo de $(a^3 - 6b^5)$; luego:

$$a^9 - 18a^6b^5 + 108a^3b^{10} - 216b^{15} = (a^3 - 6b^5)^3 \quad \textbf{R.}$$

Ejercicio 102

Factorizar por el método anterior, si es posible, las expresiones siguientes, ordenándolas previamente:

1. $a^3 + 3a^2 + 3a + 1$
2. $27 - 27x + 9x^2 - x^3$
3. $m^3 + 3m^2n + 3mn^2 + n^3$
4. $1 + 3a^2 - 3a - a^3$
5. $8 + 12a^2 + 6a^4 + a^6$
6. $125x^3 + 1 + 75x^2 + 15x$
7. $8a^3 - 36a^2b + 54ab^2 - 27b^3$
8. $27m^3 + 108m^2n + 144mn^2 + 64n^3$
9. $x^3 - 3x^2 + 3x + 1$
10. $1 + 12a^2b - 6ab - 8a^3b^3$
11. $125a^3 + 150a^2b + 60ab^2 + 8b^3$
12. $8 + 36x + 54x^2 + 27x^3$
13. $8 - 12a^2 - 6a^4 - a^6$
14. $a^6 + 3a^4b^3 + 3a^2b^6 + b^9$
15. $x^9 - 9x^6y^4 + 27x^3y^8 - 27y^{12}$
16. $64x^3 + 240x^2y + 300xy^2 + 125y^3$
17. $216 - 756a^2 + 882a^4 - 343a^6$
18. $125x^{12} + 600x^8y^5 + 960x^4y^{10} + 512y^{15}$
19. $3a^{12} + 1 + 3a^6 + a^{18}$
20. $m^3 - 3am^2n + 3a^2mn^2 - a^3n^3$
21. $1 + 18a^2b^3 + 108a^4b^6 + 216a^6b^9$
22. $64x^9 - 125y^{12} - 240x^6y^4 + 300x^3y^8$

CASO IX

SUMA O DIFERENCIA DE CUBOS PERFECTOS

Sabemos (**94**) que: $\frac{a^3+b^3}{a+b} = a^2 - ab + b^2$ y $\frac{a^3-b^3}{a-b} = a^2 + ab + b^2$ 154

y como en toda división exacta el dividendo es igual al producto del divisor por el cociente, tendremos:

$$a^3 + b^3 = (a + b)(a^2 - ab + b^2) \quad \textbf{(1)}$$
$$a^3 - b^3 = (a - b)(a^2 + ab + b^2) \quad \textbf{(2)}$$

La fórmula (**1**) nos dice que:

REGLA 1

La suma de dos cubos perfectos se descompone en dos factores:

1) **La suma de sus raíces cúbicas.**
2) **El cuadrado de la primera raíz, menos el producto de las dos raíces, más el cuadrado de la segunda raíz.**

La fórmula (**2**) nos dice que:

REGLA 2

La diferencia de dos cubos perfectos se descompone en dos factores:

1) **La diferencia de sus raíces cúbicas.**
2) **El cuadrado de la primera raíz, más el producto de las dos raíces, más el cuadrado de la segunda raíz.**

155 FACTORIZAR UNA SUMA O UNA DIFERENCIA DE CUBOS PERFECTOS

Ejemplos

1) Factorizar $x^3 + 1$.
La raíz cúbica de x^3 es x; la raíz cúbica de 1 es 1.
Según la Regla 1:

$$x^3 + 1 = (x + 1)[x^2 - x\,(1) + 1^2] = (x + 1)(x^2 - x + 1) \quad \textbf{R.}$$

2) Factorizar $a^3 - 8$.
la raíz cúbica de a^3 es a; la de 8 es 2. Según la Regla 2:

$$a^3 - 8 = (a - 2)[a^2 + 2(a) + 2^2] = (a - 2)(a^2 + 2a + 4) \quad \textbf{R.}$$

3) Factorizar $27a^3 + b^6$.
La raíz cúbica de $27a^3$ es $3a$; la de b^6 es b^2. Según la Regla 1 tendremos:

$$27a^3 + b^6 = (3a + b^2)[(3a)^2 - 3a\,(b^2) + (b^2)^2] = (3a + b^2)(9a^2 - 3ab^2 + b^4) \quad \textbf{R.}$$

4) Factorizar $8x^3 - 125$.
La raíz cúbica de $8x^3$ es $2x$; la de 125 es 5. Según la Regla 2 tendremos:

$$8x^3 - 125 = (2x - 5)[(2x)^2 + 5(2x) + 5^2] = (2x - 5)(4x^2 + 10x + 25) \quad \textbf{R.}$$

5) Factorizar $27m^6 + 64n^9$.

$$27m^6 + 64n^9 = (3m^2 + 4n^3)(9m^4 - 12m^2n^3 + 16n^6) \quad \textbf{R.}$$

Ejercicio 103

Descomponer en dos factores:

1. $1 + a^3$
2. $1 - a^3$
3. $x^3 + y^3$
4. $m^3 - n^3$
5. $a^3 - 1$
6. $y^3 + 1$
7. $y^3 - 1$
8. $8x^3 - 1$
9. $1 - 8x^3$
10. $x^3 - 27$
11. $a^3 + 27$
12. $8x^3 + y^3$
13. $27a^3 - b^3$
14. $64 + a^6$
15. $a^3 - 125$
16. $1 - 216m^3$
17. $8a^3 + 27b^6$
18. $x^6 - b^9$
19. $8x^3 - 27y^3$
20. $1 + 343n^3$
21. $64a^3 - 729$
22. $a^3b^3 - x^6$
23. $512 + 27a^9$
24. $x^6 - 8y^{12}$

25. $1+729x^6$	29. $a^3b^3x^3+1$	33. $x^{12}+y^{12}$	37. $8x^9-125y^3z^6$
26. $27m^3+64n^9$	30. x^9+y^9	34. $1-27a^3b^3$	38. $27m^6+343n^9$
27. $343x^3+512y^6$	31. $1{,}000x^3-1$	35. $8x^6+729$	39. $216-x^{12}$
28. $x^3y^6-216y^9$	32. a^6+125b^{12}	36. a^3+8b^{12}	

CASOS ESPECIALES

1. Factorizar $(a+b)^3+1$.

La raíz cúbica de $(a+b)^3$ es $(a+b)$; la de 1 es 1. Tendremos:

$$\begin{aligned}(a+b)^3+1&=[(a+b)+1]\,[(a+b)^2-(a+b)(1)+1^2]\\&=(a+b+1)(a^2+2ab+b^2-a-b+1)\quad \textbf{R.}\end{aligned}$$

2. Factorizar $8-(x-y)^3$.

La raíz cúbica de 8 es 2; la de $(x-y)^3$ es $(x-y)$. Tendremos:

$$\begin{aligned}8-(x-y)^3&=[2-(x-y)]\,[2^2+2(x-y)+(x-y)^2]\\&=(2-x+y)(4+2x-2y+x^2-2xy+y^2)\quad \textbf{R.}\end{aligned}$$

3. Factorizar $(x+1)^3+(x-2)^3$.

$$\begin{aligned}(x+1)^3+(x-2)^3&=[(x+1)+(x-2)]\,[(x+1)^2-(x+1)(x-2)+(x-2)^2]\\&=(x+1+x-2)(x^2+2x+1-x^2+x+2+x^2-4x+4)\\ \text{(reduciendo)}&=(2x-1)(x^2-x+7)\quad \textbf{R.}\end{aligned}$$

4. Factorizar $(a-b)^3-(a+b)^3$.

$$\begin{aligned}(a-b)^3-(a+b)^3&=[(a-b)-(a+b)]\,[(a-b)^2+(a-b)(a+b)+(a+b)^2]\\&=(a-b-a-b)(a^2-2ab+b^2+a^2-b^2+a^2+2ab+b^2)\\ \text{(reduciendo)}&=(-2b)(3a^2+b^2)\quad \textbf{R.}\end{aligned}$$

Ejercicio 104

Descomponer en dos factores:

1. $1+(x+y)^3$	6. $1-(2a-b)^3$	11. $x^6-(x+2)^3$	16. $(2x-y)^3+(3x+y)^3$
2. $1-(a+b)^3$	7. $a^3+(a+1)^3$	12. $(a+1)^3+(a-3)^3$	17. $8(a+b)^3+(a-b)^3$
3. $27+(m-n)^3$	8. $8a^3-(a-1)^3$	13. $(x-1)^3-(x+2)^3$	18. $64(m+n)^3-125$
4. $(x-y)^3-8$	9. $27x^3-(x-y)^3$	14. $(x-y)^3-(x+y)^3$	
5. $(x+2y)^3+1$	10. $(2a-b)^3-27$	15. $(m-2)^3+(m-3)^3$	

CASO X

SUMA O DIFERENCIA DE DOS POTENCIAS IGUALES

156

En el número (**95**) establecimos y aplicando el teorema del residuo (**102**), probamos que:

I. a^n-b^n es divisible entre $a-b$ siendo n par o impar.
II. a^n+b^n es divisible entre $a+b$ cuando n es par.
III. a^n-b^n es divisible entre $a+b$ siendo n impar.
IV. a^n+b^n nunca es divisible entre $a+b$ ni entre $a-b$ cuando n es un número par.

Además, vimos la manera de hallar el cociente cuando una división es exacta.

157 FACTORIZAR UNA SUMA O DIFERENCIA DE POTENCIAS IMPARES IGUALES

Ejemplos

1) Factorizar $m^5 + n^5$.
Dividiendo entre $m + n$ (**96, 4º**) los signos del cociente son alternativamente + y –:

$$\frac{m^5+n^5}{m+n} = m^4 - m^3n + m^2n^2 - mn^3 + n^4$$

luego $m^5 + n^5 = (m+n)(m^4 - m^3n + m^2n^2 - mn^3 + n^4)$ **R.**

2) Factorizar $x^5 + 32$.
Esta expresión puede escribirse $x^5 + 2^5$. Dividiendo entre $x + 2$, tenemos:

$$\frac{x^5+32}{x+2} = x^4 - x^3(2) + x^2(2^2) - x(2^3) + 2^4$$

o sea $$\frac{x^5+32}{x+2} = x^4 - 2x^3 + 4x^2 - 8x + 16$$

luego $x^5 + 32 = (x+2)(x^4 - 2x^3 + 4x^2 - 8x + 16)$ **R.**

3) Factorizar $a^5 - b^5$.
Dividiendo entre $a - b$ (**96, 4º**) los signos del cociente son todos +:

$$\frac{a^5-b^5}{a-b} = a^4 + a^3b + a^2b^2 + ab^3 + b^4$$

luego $a^5 - b^5 = (a-b)(a^4 + a^3b + a^2b^2 + ab^3 + b^4)$ **R.**

4) Factorizar $x^7 - 1$.
Esta expresión equivale a $x^7 - 1^7$. Dividiendo entre $x - 1$, se tiene:

$$\frac{x^7-1}{x-1} = x^6 + x^5(1) + x^4(1^2) + x^3(1^3) + x^2(1^4) + x(1^5) + 1^6$$

o sea $$\frac{x^7-1}{x-1} = x^6 + x^5 + x^4 + x^3 + x^2 + x + 1$$

luego $x^7 - 1 = (x-1)(x^6 + x^5 + x^4 + x^3 + x^2 + x + 1)$ **R.**

NOTA

Expresiones que corresponden al caso anterior $x^n + y^n$ o $x^n - y^n$ en que ***n*** es impar y múltiplo de 3, como x^3+y^3, x^3-y^3, x^9+y^9, x^9-y^9, $x^{15}+y^{15}$, $x^{15}-y^{15}$, pueden descomponerse por el método anteriormente expuesto o como *suma o diferencia de cubos*. Generalmente es más expedito esto último. Las expresiones de la forma $x^n - y^n$ en que ***n*** es par, como x^4-y^4, x^6-y^6, x^8-y^8 son divisibles entre $x+y$ o $x-y$, y pueden descomponerse por el método anterior, pero mucho más fácil es factorizarlas como *diferencia de cuadrados*.

Ejercicio 105

Factorizar:

1. a^5+1
2. a^5-1
3. $1-x^5$
4. a^7+b^7
5. m^7-n^7
6. a^5+243
7. $32-m^5$
8. $1+243x^5$
9. x^7+128
10. $243-32b^5$
11. $a^5+b^5c^5$
12. $m^7-a^7x^7$
13. $1+x^7$
14. x^7-y^7
15. $a^7+2{,}187$
16. $1-128a^7$
17. $x^{10}+32y^5$
18. $1+128x^{14}$

Ejercicio 106

MISCELÁNEA SOBRE LOS 10 CASOS DE DESCOMPOSICIÓN EN FACTORES

Descomponer en factores:

1. $5a^2+a$
2. $m^2+2mx+x^2$
3. $a^2+a-ab-b$
4. x^2-36
5. $9x^2-6xy+y^2$
6. x^2-3x-4
7. $6x^2-x-2$
8. $1+x^3$
9. $27a^3-1$
10. x^5+m^5
11. $a^3-3a^2b+5ab^2$
12. $2xy-6y+xz-3z$
13. $1-4b+4b^2$
14. $4x^4+3x^2y^2+y^4$
15. $x^8-6x^4y^4+y^8$
16. a^2-a-30
17. $15m^2+11m-14$
18. a^6+1
19. $8m^3-27y^6$
20. $16a^2-24ab+9b^2$
21. $1+a^7$
22. $8a^3-12a^2+6a-1$
23. $1-m^2$
24. x^4+4x^2-21
25. $125a^6+1$
26. $a^2+2ab+b^2-m^2$
27. $8a^2b+16a^3b-24a^2b^2$
28. x^5-x^4+x-1
29. $6x^2+19x-20$
30. $25x^4-81y^2$
31. $1-m^3$
32. $x^2-a^2+2xy+y^2+2ab-b^2$
33. $21m^5n-7m^4n^2+7m^3n^3-7m^2n$
34. $a(x+1)-b(x+1)+c(x+1)$
35. $4+4(x-y)+(x-y)^2$
36. $1-a^2b^4$
37. $b^2+12ab+36a^2$
38. x^6+4x^3-77
39. $15x^4-17x^2-4$
40. $1+(a-3b)^3$
41. x^4+x^2+25
42. a^8-28a^4+36
43. $343+8a^3$
44. $12a^2bx-15a^2by$
45. $x^2+2xy-15y^2$
46. $6am-4an-2n+3m$
47. $81a^6-4b^2c^8$
48. $16-(2a+b)^2$
49. $20-x-x^2$
50. n^2+n-42
51. $a^2-d^2+n^2-c^2-2an-2cd$
52. $1+216x^9$
53. x^3-64
54. x^3-64x^4
55. $18ax^5y^3-36x^4y^3-54x^2y^8$
56. $49a^2b^2-14ab+1$
57. $(x+1)^2-81$
58. $a^2-(b+c)^2$
59. $(m+n)^2-6(m+n)+9$
60. $7x^2+31x-20$
61. $9a^3+63a-45a^2$
62. $ax+a-x-1$
63. $81x^4+25y^2-90x^2y$
64. $1-27b^2+b^4$
65. $m^4+m^2n^2+n^4$
66. c^4-4d^4
67. $15x^4-15x^3+20x^2$
68. a^2-x^2-a-x
69. x^4-8x^2-240
70. $6m^4+7m^2-20$
71. $9n^2+4a^2-12an$
72. $2x^2+2$
73. $7a(x+y-1)-3b(x+y-1)$
74. $x^2+3x-18$
75. $(a+m)^2-(b+n)^2$
76. $x^3+6x^2y+12xy^2+8y^3$
77. $8a^2-22a-21$
78. $1+18ab+81a^2b^2$
79. $4a^6-1$
80. x^6-4x^3-480
81. $ax-bx+b-a-by+ay$
82. $6am-3m-2a+1$
83. $15+14x-8x^2$
84. $a^{10}-a^8+a^6+a^4$
85. $2x(a-1)-a+1$
86. $(m+n)(m-n)+3n(m-n)$
87. $a^2-b^3+2b^3x^2-2a^2x^2$
88. $2am-3b-c-cm-3bm+2a$
89. $x^2-\frac{2}{3}x+\frac{1}{9}$
90. $4a^{2n}-b^{4n}$
91. $81x^2-(a+x)^2$
92. $a^2+9-6a-16x^2$
93. $9a^2-x^2-4+4x$
94. $9x^2-y^2+3x-y$
95. x^2-x-72
96. $36a^4-120a^2b^2+49b^4$
97. $a^2-m^2-9n^2-6mn+4ab+4b^2$
98. $1-\frac{4}{9}a^8$
99. $81a^8+64b^{12}$
100. $49x^2-77x+30$
101. $x^2-2abx-35a^2b^2$
102. $125x^3-225x^2+135x-27$
103. $(a-2)^2-(a+3)^2$
104. $4a^2m+12a^2n-5bm-15bn$
105. $1+6x^3+9x^6$
106. $a^4+3a^2b-40b^2$
107. $m^3+8a^3x^3$
108. $1-9x^2+24xy-16y^2$
109. $1+11x+24x^2$
110. $9x^2y^3-27x^3y^3-9x^5y^3$
111. $(a^2+b^2-c^2)^2-9x^2y^2$
112. $8(a+1)^3-1$
113. $100x^4y^6-121m^4$
114. $(a^2+1)^2+5(a^2+1)-24$
115. $1+1{,}000x^6$
116. $49a^2-x^2-9y^2+6xy$
117. $x^4-y^2+4x^2+4-4yz-4z^2$

118. $a^3 - 64$
119. $a^5 + x^5$
120. $a^6 - 3a^3b - 54b^2$
121. $165 + 4x - x^2$
122. $a^4 + a^2 + 1$
123. $\frac{x^2}{4} - \frac{y^6}{81}$
124. $16x^2 + \frac{8xy}{5} + \frac{y^2}{25}$
125. $a^4b^4 + 4a^2b^2 - 96$
126. $8a^2x + 7y + 21by - 7ay - 8a^3x + 24a^2bx$
127. $x^4 + 11x^2 - 390$
128. $7 + 33m - 10m^2$
129. $4(a+b)^2 - 9(c+d)^2$
130. $729 - 125x^3y^{12}$
131. $(x+y)^2 + x + y$
132. $4 - (a^2 + b^2) + 2ab$
133. $x^3 - y^3 + x - y$
134. $a^2 - b^2 + a^3 - b^3$

COMBINACIÓN DE CASOS DE FACTORES

158 DESCOMPOSICIÓN DE UNA EXPRESIÓN ALGEBRAICA EN TRES FACTORES

Ejemplo

1) Descomponer en tres factores $5a^2 - 5$.
Lo primero que debe hacerse es ver si hay algún factor común, y si lo hay, sacar *dicho factor común*.
Así, en este caso, tenemos el factor común 5, luego:

$$5a^2 - 5 = 5(a^2 - 1)$$

pero el factor $(a^2 - 1) = (a+1)(a-1)$, luego:

$$5a^2 - 5 = 5(a+1)(a-1) \quad \textbf{R.}$$

donde vemos que $5a^2 - 5$ está descompuesta en tres factores.

2) Descomponer en tres factores $3x^3 - 18x^2y + 27xy^2$.
Sacando el factor común $3x$:

$$3x^3 - 18x^2y + 27xy^2 = 3x(x^2 - 6xy + 9y^2)$$

pero el factor $(x^2 - 6xy + 9y^2)$ es un trinomio cuadrado perfecto que descompuesto da $(x^2 - 6xy + 9y^2) = (x - 3y)^2$, luego:

$$3x^3 - 18x^2y + 27xy^2 = 3x(x - 3y)^2 \quad \textbf{R.}$$

3) Descomponer en tres factores $x^4 - y^4$.

$$x^4 - y^4 = (x^2 + y^2)(x^2 - y^2)$$

pero $(x^2 - y^2) = (x+y)(x-y)$, luego:

$$x^4 - y^4 = (x^2 + y^2)(x+y)(x-y) \quad \textbf{R.}$$

4) Descomponer en tres factores $6ax^2 + 12ax - 90a$.
Sacando el factor común $6a$:

$$6ax^2 + 12ax - 90a = 6a(x^2 + 2x - 15)$$

pero $(x^2 + 2x - 15) = (x+5)(x-3)$, luego,

$$6ax^2 + 12ax - 90a = 6a(x+5)(x-3) \quad \textbf{R.}$$

5) Descomponer en tres factores $3x^4 - 26x^2 - 9$.
Factorizando esta expresión: $3x^4 - 26x^2 - 9 = (3x^2 + 1)(x^2 - 9)$

$$= (3x^2 + 1)(x+3)(x-3) \quad \textbf{R.}$$

6) Descomponer en tres factores $8x^3 + 8$.

$$8x^3 + 8 = 8(x^3 + 1)$$

$$= 8(x+1)(x^2 - x + 1) \quad \textbf{R.}$$

7) Descomponer en tres factores $a^4 - 8a + a^3 - 8$.

$$a^4 - 8a + a^3 - 8 = (a^4 - 8a) + (a^3 - 8)$$
$$= a(a^3 - 8) + (a^3 - 8)$$
$$= (a + 1)(a^3 - 8)$$
$$= (a + 1)(a - 2)(a^2 + 2a + 4) \quad \textbf{R.}$$

8) Descomponer en tres factores $x^3 - 4x - x^2 + 4$.

$$x^3 - 4x - x^2 + 4 = (x^3 - 4x) - (x^2 - 4)$$
$$= x(x^2 - 4) - (x^2 - 4)$$
$$= (x - 1)(x^2 - 4)$$
$$= (x - 1)(x + 2)(x - 2) \quad \textbf{R.}$$

Ejercicio 107

Descomponer en factores:

1. $3ax^2 - 3a$
2. $3x^2 - 3x - 6$
3. $2a^2x - 4abx + 2b^2x$
4. $2a^3 - 2$
5. $a^3 - 3a^2 - 28a$
6. $x^3 - 4x + x^2 - 4$
7. $3ax^3 + 3ay^3$
8. $4ab^2 - 4abn + an^2$
9. $x^4 - 3x^2 - 4$
10. $a^3 - a^2 - a + 1$
11. $2ax^2 - 4ax + 2a$
12. $x^3 - x + x^2y - y$
13. $2a^3 + 6a^2 - 8a$
14. $16x^3 - 48x^2y + 36xy^2$
15. $3x^3 - x^2y - 3xy^2 + y^3$
16. $5a^4 + 5a$
17. $6ax^2 - ax - 2a$
18. $n^4 - 81$
19. $8ax^2 - 2a$
20. $ax^3 + 10ax^2 + 25ax$
21. $x^3 - 6x^2 - 7x$
22. $m^3 + 3m^2 - 16m - 48$
23. $x^3 - 6x^2y + 12xy^2 - 8y^3$
24. $(a + b)(a^2 - b^2) - (a^2 - b^2)$
25. $32a^5x - 48a^3bx + 18ab^2x$
26. $x^4 - x^3 + x^2 - x$
27. $4x^2 + 32x - 36$
28. $a^4 - (a + 2)^2$
29. $x^6 - 25x^3 - 54$
30. $a^6 + a$
31. $a^3b + 2a^2bx + abx^2 - aby^2$
32. $3abm^2 - 3ab$
33. $81x^4y + 3xy^4$
34. $a^4 - a^3 + a - 1$
35. $x - 3x^2 - 18x^3$
36. $6ax - 2bx + 6ab - 2b^2$
37. $am^3 - 7am^2 + 12am$
38. $4a^2x^3 - 4a^2$
39. $28x^3y - 7xy^3$
40. $3abx^2 - 3abx - 18ab$
41. $x^4 - 8x^2 - 128$
42. $18x^2y + 60xy^2 + 50y^3$
43. $(x^2 - 2xy)(a + 1) + y^2(a + 1)$
44. $x^3 + 2x^2y - 3xy^2$
45. $a^2x - 4b^2x + 2a^2y - 8b^2y$
46. $45a^2x^4 - 20a^2$
47. $a^4 - (a - 12)^2$
48. $bx^2 - b - x^2 + 1$
49. $2x^4 + 6x^3 - 56x^2$
50. $30a^2 - 55a - 50$
51. $9(x - y)^3 - (x - y)$
52. $6a^2x - 9a^3 - ax^2$
53. $64a - 125a^4$
54. $70x^4 + 26x^3 - 24x^2$
55. $a^7 + 6a^5 - 55a^3$
56. $16a^5b - 56a^3b^3 + 49ab^5$
57. $7x^6 + 32a^2x^4 - 15a^4x^2$
58. $x^{2m+2} - x^2y^{2n}$
59. $2x^4 + 5x^3 - 54x - 135$
60. $ax^3 + ax^2y + axy^2 - 2ax^2 - 2axy - 2ay^2$
61. $(x + y)^4 - 1$
62. $3a^5 + 3a^3 + 3a$

DESCOMPOSICIÓN DE UNA EXPRESIÓN ALGEBRAICA EN CUATRO FACTORES 159

Ejemplos

1) Descomponer en cuatro factores $2x^4 - 32$.

$$2x^4 - 32 = 2(x^4 - 16)$$
$$= 2(x^2 + 4)(x^2 - 4)$$
$$= 2(x^2 + 4)(x + 2)(x - 2) \quad \textbf{R.}$$

2) Descomponer en cuatro factores $a^6 - b^6$.

Esta expresión puede factorizarse como diferencia de cuadrados o como diferencia de cubos. Por los dos métodos obtenemos resultados idénticos.

Factorizando como diferencia de cuadrados:

$$a^6 - b^6 = (a^3 + b^3)\ (a^3 - b^3)$$
$$(\text{factorizando } a^3 + b^3 \text{ y } a^3 - b^3) = (a + b)(a^2 - ab + b^2)(a - b)(a^2 + ab + b^2) \quad \textbf{R.}$$

Factorizando como diferencia de cubos:

$$a^6 - b^6 = (a^2 - b^2)(a^4 + a^2b^2 + b^4)$$
$$= (a+b)(a-b)(a^2+ab+b^2)(a^2-ab+b^2) \quad \textbf{R.}$$

($a^4 + a^2b^2 + b^4$) se descompone como trinomio cuadrado perfecto por adición y sustracción).

El resultado obtenido por este método es idéntico al anterior, ya que el orden de los factores no altera el producto.

3) Descomponer en cuatro factores $x^4 - 13x^2 + 36$.

$$x^4 - 13x^2 + 36 = (x^2-9)(x^2-4)$$
$$(\text{factorizando } x^2 - 9 \text{ y } x^2 - 4) = (x+3)(x-3)(x+2)(x-2) \quad \textbf{R.}$$

4) Descomponer en cuatro factores $1 - 18x^2 + 81x^4$.

$$1 - 18x^2 + 81x^4 = (1-9x^2)^2$$
$$(\text{factorizando } 1 - 9x^2) = [(1+3x)(1-3x)]^2$$
$$= (1+3x)^2(1-3x)^2 \quad \textbf{R.}$$

5) Descomponer en cuatro factores $4x^5 - x^3 + 32x^2 - 8$.

$$4x^5 - x^3 + 32x^2 - 8 = (4x^5 - x^3) + (32x^2 - 8)$$
$$= x^3(4x^2-1) + 8(4x^2-1)$$
$$= (4x^2-1)(x^3+8)$$
$$(\text{factorizando } 4x^2 - 1 \text{ y } x^3 + 8) = (2x+1)(2x-1)(x+2)(x^2-2x+4) \quad \textbf{R.}$$

6) Descomponer en cuatro factores $x^8 - 25x^5 - 54x^2$.

$$x^8 - 25x^5 - 54x^2 = x^2(x^6 - 25x^3 - 54)$$
$$= x^2(x^3-27)(x^3+2)$$
$$(\text{factorizando } x^3 - 27) = x^2(x-3)(x^2+3x+9)(x^3+2) \quad \textbf{R.}$$

Ejercicio 108

Descomponer en cuatro factores:

1. $1 - a^8$
2. $a^6 - 1$
3. $x^4 - 41x^2 + 400$
4. $a^4 - 2a^2b^2 + b^4$
5. $x^5 + x^3 - 2x$
6. $2x^4 + 6x^3 - 2x - 6$
7. $3x^4 - 243$
8. $16x^4 - 8x^2y^2 + y^4$
9. $9x^4 + 9x^3y - x^2 - xy$
10. $12ax^4 + 33ax^2 - 9a$
11. $x^8 - y^8$
12. $x^6 - 7x^3 - 8$
13. $64 - x^6$
14. $a^5 - a^3b^2 - a^2b^3 + b^5$
15. $8x^4 + 6x^2 - 2$
16. $a^4 - 25a^2 + 144$
17. $a^2x^3 - a^2y^3 + 2ax^3 - 2ay^3$
18. $a^4 + 2a^3 - a^2 - 2a$
19. $1 - 2a^3 + a^6$
20. $m^6 - 729$
21. $x^5 - x$
22. $x^5 - x^3y^2 + x^2y^3 - y^5$
23. $a^4b - a^3b^2 - a^2b^3 + ab^4$
24. $5a^4 - 3{,}125$
25. $(a^2 + 2a)^2 - 2(a^2 + 2a) - 3$
26. $a^2x^3 + 2ax^3 - 8a^2 - 16a$
27. $1 - a^6b^6$
28. $5ax^3 + 10ax^2 - 5ax - 10a$
29. $a^2x^2 + b^2y^2 - b^2x^2 - a^2y^2$
30. $x^8 + x^4 - 2$
31. $a^4 + a^3 - 9a^2 - 9a$
32. $a^2x^2 + a^2x - 6a^2 - x^2 - x + 6$
33. $16m^4 - 25m^2 + 9$
34. $3abx^2 - 12ab + 3bx^2 - 12b$
35. $3a^2m + 9am - 30m + 3a^2 + 9a - 30$
36. $a^3x^2 - 5a^3x + 6a^3 + x^2 - 5x + 6$
37. $x^2(x^2 - y^2) - (2x-1)(x^2 - y^2)$
38. $a(x^3 + 1) + 3ax(x+1)$

Ejercicio 109

Descomponer en cinco factores:

1. $x^9 - xy^8$
2. $x^5 - 40x^3 + 144x$
3. $a^6 + a^3b^3 - a^4 - ab^3$
4. $4x^4 - 8x^2 + 4$
5. $a^7 - ab^6$
6. $2a^4 - 2a^3 - 4a^2 - 2a^2b^2 + 2ab^2 + 4b^2$
7. $x^6 + 5x^5 - 81x^2 - 405x$
8. $3 - 3a^6$
9. $4ax^2(a^2 - 2ax + x^2) - a^3 + 2a^2x - ax^2$
10. $x^7 + x^4 - 81x^3 - 81$

Descomponer en seis factores:

11. $x^{17} - x$
12. $3x^6 - 75x^4 - 48x^2 + 1{,}200$
13. $a^6x^2 - x^2 + a^6x - x$
14. $(a^2 - ax)(x^4 - 82x^2 + 81)$

DESCOMPOSICIÓN DE UN POLINOMIO EN FACTORES POR EL MÉTODO DE EVALUACIÓN 160

En la **Divisibilidad entre $x - a$** (**101**) hemos demostrado que si un polinomio entero y racional en x se anula para $x = a$, el polinomio es divisible entre $x - a$. Aplicaremos ese principio a la descomposición de un polinomio en factores por el **Método de Evaluación.**

Ejemplos

1) Descomponer por evaluación $x^3 + 2x^2 - x - 2$.
Los valores que daremos a x son los factores del término independiente 2 que son +1, −1, +2 y −2. Veamos si el polinomio se anula para $x = 1$, $x = -1$, $x = 2$, $x = -2$ y si se anula para alguno de estos valores, el polinomio será divisible entre x menos ese valor.
Aplicando la división sintética explicada en el número (**100**) y (**101, ej. 3**), veremos si el polinomio se anula para estos valores de x y simultáneamente hallamos los coeficientes del cociente de la división. En este caso, tendremos:

Coeficientes del polinomio	1	+2	−1	−2	+1 $x = 1$
		$1 \times 1 = +1$	$3 \times 1 = +3$	$2 \times 1 = +2$	
Coeficientes del cociente	1	+3	+2	0	

El residuo es 0, o sea, que el polinomio dado se anula para $x = 1$, luego es divisible entre $(x - 1)$.
Dividiendo $x^3 + 2x^2 - x - 2$ entre $x - 1$ el cociente será de segundo grado y sus coeficientes son 1, 3 y 2, luego el cociente es $x^2 + 3x + 2$ y como el dividendo es igual al producto del divisor por el cociente, tendremos:

$$x^3 + 2x^2 - x - 2 = (x - 1)(x^2 + 3x + 2)$$
$$\text{(factorizando el trinomio)} = (x - 1)(x + 1)(x + 2) \quad \textbf{R.}$$

2) Descomponer por evaluación: $x^3 - 3x^2 - 4x + 12$
Los factores de 12 son: ± (**1, 2, 3, 4, 6, 12**).

PRUEBAS

Coeficientes del polinomio	1	−3	−4	+12	+1 $x = 1$
		$1 \times 1 = +1$	$(-2) \times 1 = -2$	$(-6) \times 1 = -6$	
	1	−2	−6	+6	

El residuo es 6, luego el polinomio no se anula para $x = 1$, y no es divisible entre $(x - 1)$.

Coeficientes del polinomio	1	−3	−4	+12	−1 $x = -1$
		$1 \times (-1) = -1$	$(-4) \times (-1) = +4$	$0 \times (-1) = 0$	
	1	−4	0	+12	

El residuo es 12, luego el polinomio no se anula para $x = -1$ y no es divisible entre $x - (-1) = x + 1$.

	1	−3	−4	+12	+2 $x = 2$
		$1 \times 2 = +2$	$(-1) \times 2 = -2$	$(-6) \times 2 = -12$	
Coeficientes del cociente	1	−1	−6	0	

El residuo es 0, luego el polinomio dado se anula para $x = 2$ y es divisible entre $(x - 2)$. El cociente de dividir el polinomio dado $x^3 - 3x^2 - 4x + 12$ entre $x - 2$ será de segundo grado y sus *coeficientes son* 1, –1 y –6, luego el cociente será $x^2 - x - 6$.
Por tanto:

$$x^3 - 3x^2 - 4x + 12 = (x - 2)(x^2 - x - 6)$$
$$\text{(factorizando el trinomio)} = (x - 2)(x - 3)(x + 2) \quad \textbf{R.}$$

3) Descomponer por evaluación $x^4 - 11x^2 - 18x - 8$.
Los factores de 8 son: ± **(1, 2, 4, 8).**
Al escribir los coeficientes del polinomio dado *hay que poner cero* en el lugar correspondiente a los términos que falten. En este caso, ponemos cero en el lugar correspondiente al término en x^3 que falta.

PRUEBAS

Coeficientes del polinomio	1	0	–11	–18	–8	+1	$x = 1$
		+1	+1	–10	–28		
	1	+1	–10	–28	–36	no se anula	
	1	0	–11	–18	–8	–1	$x = -1$
		–1	+1	+10	+8		
Coeficientes del cociente	1	–1	–10	–8	0		

Se anula para $x = -1$, luego el polinomio dado es divisible por

$$x - (-1) = x + 1$$

El cociente de dividir $x^4 - 11x^2 - 18x - 8$ entre $x + 1$ será de tercer grado y sus coeficientes son 1, –1, –10 y –8, luego el cociente será $x^3 - x^2 - 10x - 8$.

Por tanto: $x^4 - 11x^2 - 18x - 8 = (x + 1)(x^3 - x^2 - 10x - 8)$ **(1)**

Ahora vamos a descomponer $x^3 - x^2 - 10x - 8$ por el mismo método.

El valor $x = 1$, que no anuló al polinomio dado, no se prueba porque no puede anular a este polinomio. El valor $x = -1$, que anuló al polinomio dado, se prueba nuevamente. Tendremos:

	1	–1	–10	–8	–1	$x = -1$
		–1	+2	+8		
Coeficientes del cociente	1	–2	–8	0		

Se anula para $x = -1$, luego $x^3 - x^2 - 10x - 8$ es divisible entre $x + 1$. El cociente será $x^2 - 2x - 8$, luego

$$x^3 - x^2 - 10x - 8 = (x + 1)(x^2 - 2x - 8)$$

Sustituyendo en (**1**) este valor, tenemos:

$$x^4 - 11x^2 - 18x - 8 = (x + 1)(x + 1)(x^2 - 2x - 8)$$
$$\text{(factorizando el trinomio)} = (x + 1)(x + 1)(x - 4)(x + 2)$$
$$= (x + 1)^2(x + 2)(x - 4) \quad \textbf{R.}$$

4) Descomponer por evaluación $x^5 - x^4 - 7x^3 - 7x^2 + 22x + 24$.
Los factores de 24 son: ± **(1, 2, 3, 4, 6, 8, 12, 24).**

PRUEBAS

Coeficientes del polinomio	1	−1	−7	− 7	+22	+24	+1 $x = 1$
		+1	0	− 7	−14	+ 8	
	1	0	−7	−14	+ 8	+32	no se anula
	1	−1	−7	− 7	+22	+24	−1 $x = -1$
		−1	+2	+ 5	+ 2	−24	
Coeficientes del cociente	1	−2	−5	− 2	+24	0	

Se anula para $x = -1$, luego es divisible entre $x + 1$. El cociente será $x^4 - 2x^3 - 5x^2 - 2x + 24$, luego:

$$x^5 - x^4 - 7x^3 - 7x^2 + 22x + 24 = (x + 1)\,(x^4 - 2x^3 - 5x^2 - 2x + 24) \quad \textbf{(1)}$$

Ahora descomponemos $x^4 - 2x^3 - 5x^2 - 2x + 24$. Se prueba nuevamente $x = -1$.

Coeficientes del polinomio	1	−2	−5	− 2	+24	−1 $x = -1$
		−1	+3	+ 2	0	
	1	−3	−2	0	24	no se anula
	1	−2	−5	− 2	+24	+2 $x = 2$
		+2	0	−10	−24	
Coeficientes del cociente	1	0	−5	−12	0	

Se anula para $x = 2$, luego $x^4 - 2x^3 - 5x^2 - 2x + 24$ es divisible entre $x - 2$
El cociente es $x^3 - 5x - 12$, luego:

$$x^4 - 2x^3 - 5x^2 - 2x + 24 = (x - 2)(x^3 - 5x - 12)$$

Sustituyendo esta descomposición en (**1**) , tenemos:

$$x^5 - x^4 - 7x^3 - 7x^2 + 22x + 24 = (x + 1)(x - 2)(x^3 - 5x - 12) \quad \textbf{(2)}$$

Ahora descomponemos $x^3 - 5x - 12$. Se prueba nuevamente $x = 2$, y se pone cero en el lugar correspondiente a la x^2, que falta. Tendremos:

Coeficientes del polinomio	1	0	−5	−12	+2 $x = 2$
		+2	+4	− 2	
	1	+2	−1	−14	no se anula
	1	0	−5	−12	−2 $x = -2$
		−2	+4	+ 2	
	1	−2	−1	−10	no se anula
	1	0	−5	−12	+3 $x = 3$
		+3	+9	+12	
Coeficientes del cociente	1	+3	+4	0	

Se anula para $x = 3$, luego $x^3 - 5x - 12$ es divisible entre $x - 3$. El cociente es $x^2 + 3x + 4$, luego:

$$x^3 - 5x - 12 = (x - 3)\,(x^2 + 3x + 4)$$

Sustituyendo esta descomposición en (**2**), tenemos:

$$x^5 - x^4 - 7x^3 - 7x^2 + 22x + 24 = (x+1)(x-2)(x-3)(x^2+3x+4) \quad \textbf{R.}$$

(El trinomio $x^2 + 3x + 4$ no tiene descomposición.)

5) Descomponer por evaluación $6x^5 + 19x^4 - 59x^3 - 160x^2 - 4x + 48$.

Los factores de 48 son: ± **(1, 2, 3, 4, 6, 8,12, 16, 24, 48)**.
Probando para $x = 1$, $x = -1$, $x = 2$, veríamos que el polinomio no se anula.
Probando para $x = -2$:

Coeficientes del polinomio	6	+19	−59	−160	− 4	+48	−2	$x = -2$
		−12	−14	+146	+28	−48		
Coeficientes del cociente	6	+ 7	−73	− 14	+24	0		

Se anula, luego:

$$6x^5 + 19x^4 - 59x^3 - 160x^2 - 4x + 48 = (x+2)\ (6x^4 + 7x^3 - 73x^2 - 14x + 24) \quad \textbf{(1)}$$

Ahora descomponemos $6x^4 + 7x^3 - 73x^2 - 14x + 24$. Probando $x = -2$, veríamos que no se anula. Probando $x = 3$.

Coeficientes del polinomio	6	+ 7	−73	−14	+24	+3	$x = 3$
		+18	+75	+ 6	−24		
Coeficientes del cociente	6	+25	+ 2	− 8	0		

Se anula, luego:

$$6x^4 + 7x^3 - 73x^2 - 14x + 24 = (x-3)(6x^3 + 25x^2 + 2x - 8)$$

Sustituyendo esta descomposición en (**1**):

$$6x^5 + 19x^4 - 59x^3 - 160x^2 - 4x + 48 = (x+2)(x-3)(6x^3 + 25x^2 + 2x - 8) \quad \textbf{(2)}$$

Ahora descomponemos $6x^3 + 25x^2 + 2x - 8$.

$x = 3$ no se prueba, aunque anuló al polinomio anterior, porque 3 no es factor del término independiente 8.

Si probamos $x = 4$, veríamos que no anula a este polinomio. Probando $x = -4$:

Coeficientes del polinomio	6	+25	+2	−8	−4	$x = -4$
		−24	−4	+8		
Coeficientes del cociente	6	+ 1	−2	0		

Se anula, luego:

$$6x^3 + 25x^2 + 2x - 8 = (x+4)\ (6x^2 + x - 2)$$

Sustituyendo esta descomposición en (**2**), tenemos:

$$6x^5 + 19x^4 - 59x^3 - 160x^2 - 4x + 48 = (x+2)\ (x-3)\ (x+4)\ (6x^2 + x - 2)$$

$$\text{(factorizando el trinomio)} = (x+2)(x-3)(x+4)(3x+2)(2x-1) \quad \textbf{R.}$$

6) Descomponer por evaluación $3a^6 - 47a^4 - 21a^2 + 80$.
Al escribir los coeficientes tenemos que poner cero como coeficiente de los términos en a^5, en a^3 y en a, que faltan.
Haciendo $a = 1$, $a = -1$, $a = 2$, $a = -2$ veríamos que el polinomio no se anula.

Probando $a = 4$:

Coeficientes del polinomio	3	0	−47	0	−21	0	+80	+4	$a = 4$
		+12	+48	+4	+16	−20	−80		
Coeficientes del cociente	3	+12	+ 1	+4	−5	−20	0		

Se anula, luego:

$$3a^6 - 47a^4 - 21a^2 + 80 = (a - 4)\ (3a^5 + 12a^4 + a^3 + 4a^2 - 5a - 20) \qquad \textbf{(1)}$$

Para descomponer el cociente, si probamos $a = 4$ veremos que no se anula.
Probando $a = -4$:

Coeficientes del polinomio	3	+12	+1	+4	−5	−20	−4	$a = -4$
		−12	0	−4	0	+20		
Coeficientes del cociente	3	0	+1	0	−5	0		

Se anula, luego:

$$3a^5 + 12a^4 + a^3 + 4a^2 - 5a - 20 = (a + 4)\ (3a^4 + a^2 - 5)$$

Sustituyendo en (**1**):

$$3a^6 - 47a^4 - 21a^2 + 80 = (a - 4)\ (a + 4)\ (3a^4 + a^2 - 5) \quad \textbf{R.}$$

(El trinomio $3a^4 + a^2 - 5$ no tiene descomposición.)

Ejercicio 110

Descomponer por evaluación:

1. $x^3 + x^2 + x - 1$
2. $x^3 - 4x^2 + x + 6$
3. $a^3 - 3a^2 - 4a + 12$
4. $m^3 - 12m + 16$
5. $2x^3 - x^2 - 18x + 9$
6. $a^3 + a^2 - 13a - 28$
7. $x^3 + 2x^2 + x + 2$
8. $n^3 - 7n + 6$
9. $x^3 - 6x^2 + 32$
10. $6x^3 + 23x^2 + 9x - 18$
11. $x^4 - 4x^3 + 3x^2 + 4x - 4$
12. $x^4 - 2x^3 - 13x^2 + 14x + 24$
13. $a^4 - 15a^2 - 10a + 24$
14. $n^4 - 27n^2 - 14n + 120$
15. $x^4 + 6x^3 + 3x + 140$
16. $8a^4 - 18a^3 - 75a^2 + 46a + 120$
17. $x^4 - 22x^2 - 75$
18. $15x^4 + 94x^3 - 5x^2 - 164x + 60$
19. $x^5 - 21x^3 + 16x^2 + 108x - 144$
20. $a^5 - 23a^3 - 6a^2 + 112a + 96$
21. $4x^5 + 3x^4 - 108x^3 - 25x^2 + 522x + 360$
22. $n^5 - 30n^3 - 25n^2 - 36n - 180$
23. $6x^5 - 13x^4 - 81x^3 + 112x^2 + 180x - 144$
24. $x^5 - 25x^3 + x^2 - 25$
25. $2a^5 - 8a^4 + 3a - 12$
26. $x^5 + 2x^4 - 15x^3 - 3x^2 - 6x + 45$
27. $x^6 + 6x^5 + 4x^4 - 42x^3 - 113x^2 - 108x - 36$
28. $a^6 - 32a^4 + 18a^3 + 247a^2 - 162a - 360$
29. $x^6 - 41x^4 + 184x^2 - 144$
30. $2x^6 - 10x^5 - 34x^4 + 146x^3 + 224x^2 - 424x - 480$
31. $a^6 - 8a^5 + 6a^4 + 103a^3 - 344a^2 + 396a - 144$
32. $x^7 - 20x^5 - 2x^4 + 64x^3 + 40x^2 - 128$

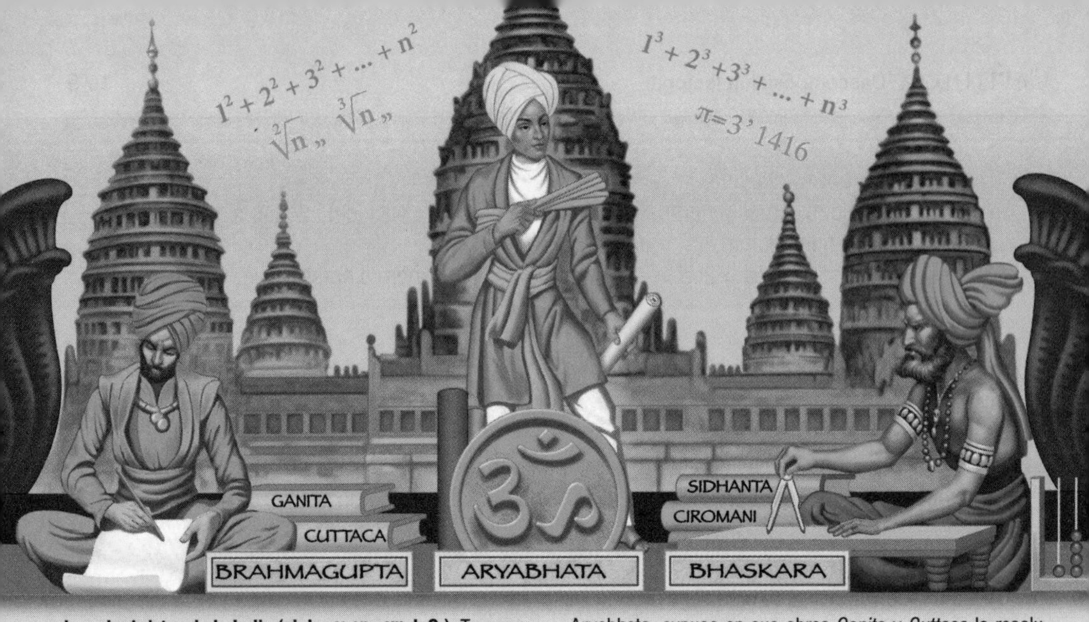

Los algebristas de la India (siglos V, VI y XII d. C.). Tres nombres se pueden señalar como hitos en la historia de la Matemática india: Aryabhata, Brahmagupta y Bháskara. Aryabhata, del siglo V, conoció la resolución completa de la ecuación de segundo grado. Brahmagupta, del siglo VI, fue alumno de Aryabhata, expuso en sus obras *Ganita* y *Cuttaca* la resolución de las ecuaciones indeterminadas. Y Bháskara, del siglo XII, recoge los conocimientos de su época en su obra *Sidhanta Ciromani*.

Capítulo XI

MÁXIMO COMÚN DIVISOR

161 **FACTOR COMÚN O DIVISOR COMÚN** de dos o más expresiones algebraicas es toda expresión algebraica que está contenida exactamente en cada una de las primeras.

Así, x es divisor común de $2x$ y x^2; $5a^2b$ es divisor común de $10a^3b^2$ y $15a^4b$.

Una expresión algebraica es **prima** cuando sólo es divisible por ella misma y por la unidad.

Así, a, b, $a+b$ y $2x-1$ son expresiones primas.

Dos o más expresiones algebraicas son **primas entre sí** cuando el único divisor común que tienen es la unidad, como $\mathbf{2x}$ y $\mathbf{3b}$; $\mathbf{a+b}$ y $\mathbf{a-x}$.

162 **MÁXIMO COMÚN DIVISOR** de dos o más expresiones algebraicas es la expresión algebraica de **mayor coeficiente numérico** y de **mayor grado** que está contenida exactamente en cada una de ellas.

Así, el m. c. d. de $10a^2b$ y $20a^3$ es $10a^2$; el m. c. d. de $8a^3n^2$, $24an^3$ y $40a^3n^4p$ es $8an^2$.

I. M. C. D. DE MONOMIOS

REGLA

163

Se halla el m.c. d. de los coeficientes y a continuación de éste se escriben las letras comunes, dando a cada letra el menor exponente que tenga en las expresiones dadas.

Ejemplos

1) Hallar el m. c. d. de a^2x^2 y $3a^3bx$.

El m. c. d. de los coeficientes es 1. Las letras comunes son a y x. Tomamos a con su menor exponente: a^2 y x con su menor exponente: x; la b no se toma porque no es común. El m. c. d. será

$$a^2x \quad \textbf{R.}$$

2) Hallar el m. c. d. de $36a^2b^4$, $48a^3b^3c$ y $60a^4b^3m$.

Descomponiendo en factores primos los coeficientes, tenemos:

$$36a^2b^4 = 2^2 \cdot 3^2 \cdot a^2b^4$$
$$48a^3b^3c = 2^4 \cdot 3 \cdot a^3b^3c$$
$$60a^4b^3m = 2^2 \cdot 3 \cdot 5 \cdot a^4b^3m$$

El m. c. d. de los coeficientes es $2^2 \cdot 3$. Las letras comunes son a y b. Tomamos a con su menor exponente: a^2 y b con su menor exponente: b^3; c y m no se toman porque no son comunes. Tendremos:

$$\text{m. c. d.} = 2^2 \cdot 3 \cdot a^2b^3 = 12a^2b^3 \quad \textbf{R.}$$

Ejercicio 111

Hallar el m. c. d. de:

1. $a^2x,\ ax^2$
2. $ab^2c,\ a^2bc$
3. $2x^2y,\ x^2y^3$
4. $6a^2b^3,\ 15a^3b^4$
5. $8am^3n,\ 20x^2m^2$
6. $18mn^2,\ 27a^2m^3n^4$
7. $15a^2b^3c,\ 24ab^2x,\ 36b^4x^2$
8. $12x^2yz^3,\ 18xy^2z,\ 24x^3yz^2$
9. $28a^2b^3c^4,\ 35a^3b^4c^5,\ 42a^4b^5c^6$
10. $72x^3y^4z^4,\ 96x^2y^2z^3,\ 120x^4y^5z^7$
11. $42am^2n,\ 56m^3n^2x,\ 70m^4n^2y$
12. $75a^4b^3c^2,\ 150a^5b^7x^2,\ 225a^3b^6y^2$
13. $4a^2b,\ 8a^3b^2,\ 2a^2bc,\ 10ab^3c^2$
14. $38a^2x^6y^4,\ 76mx^4y^7,\ 95x^5y^6$

II. M. C. D. DE POLINOMIOS

Al hallar el m. c. d. de dos o más polinomios puede ocurrir que los polinomios puedan factorizarse fácilmente o que su descomposición no sea sencilla. En el primer caso se halla el m. c. d. factorizando los polinomios dados; en el segundo caso se halla el m. c. d. por divisiones sucesivas.

164 M.C. D. DE POLINOMIOS POR DESCOMPOSICIÓN EN FACTORES

REGLA

Se descomponen los polinomios dados en sus factores primos. El m. c. d. es el producto de los factores comunes con su menor exponente.

Ejemplos

1) Hallar el m. c. d. de $4a^2 + 4ab$ y $2a^4 - 2a^2b^2$.

Factorizando estas expresiones:

$$4a^2 + 4ab = 4a\,(a + b) = 2^2a\,(a + b)$$
$$2a^4 - 2a^2b^2 = 2a^2\,(a^2 - b^2) = 2a^2\,(a + b)\,(a - b)$$

Los factores comunes son 2, a y $(a + b)$, luego:

m. c. d. $= 2a(a + b)$ **R.**

2) Hallar el m. c. d. de $x^2 - 4$, $x^2 - x - 6$ y $x^2 + 4x + 4$.

Factorizando:

$$x^2 - 4 = (x + 2)(x - 2)$$
$$x^2 - x - 6 = (x - 3)(x + 2)$$
$$x^2 + 4x + 4 = (x + 2)^2$$

El factor común es $(x + 2)$ y se toma con su menor exponente, luego:

m. c. d. $= x + 2$ **R.**

3) Hallar el m. c. d. de $9a^3x^2 + 9x^2$, $6a^3x^2 - 12a^2x^2 - 18ax^2$, $6a^4x + 21a^3x + 15a^2x$.

$$9a^3x^2 + 9x^2 = 9x^2\,(a^3 + 1) = 3^2x^2(a + 1)(a^2 - a + 1)$$
$$6a^3x^2 - 12a^2x^2 - 18ax^2 = 6ax^2(a^2 - 2a - 3) = 2 \cdot 3ax^2(a - 3)(a + 1)$$
$$6a^4x + 21a^3x + 15a^2x = 3a^2x\,(2a^2 + 7a + 5) = 3a^2x\,(2a + 5)\,(a + 1)$$

Los factores comunes son 3, x y $(a + 1)$, luego: m. c. d. $= 3x(a + 1)$ **R.**

4) Hallar el m. c. d. de $x^6 - x^2$, $x^5 - x^4 + x^3 - x^2$ y $2x^6 + 2x^4 - 2x^3 - 2x$.

$$x^6 - x^2 = x^2(x^4 - 1) = x^2(x^2 + 1)(x + 1)(x - 1)$$
$$x^5 - x^4 + x^3 - x^2 = x^2(x^3 - x^2 + x - 1) = x^2(x^2 + 1)(x - 1)$$
$$2x^6 + 2x^4 - 2x^3 - 2x = 2x(x^5 + x^3 - x^2 - 1) = 2x(x^2 + 1)(x^3 - 1)$$
$$= 2x(x^2 + 1)(x - 1)(x^2 + x + 1)$$

m. c. d. $= x(x^2 + 1)(x - 1)$ **R.**

Ejercicio 112

Hallar, por descomposición en factores, el m. c. d. de:

1. $2a^2 + 2ab$, $4a^2 - 4ab$
2. $6x^3y - 6x^2y$, $9x^3y^2 + 18x^2y^2$
3. $12a^2b^3$, $4a^3b^2 - 8a^2b^3$
4. $ab + b$, $a^2 + a$
5. $x^2 - x$, $x^3 - x^2$
6. $30ax^2 - 15x^3$, $10axy^2 - 20x^2y^2$
7. $18a^2x^3y^4$, $6a^2x^2y^4 - 18a^2xy^4$
8. $5a^2 - 15a$, $a^3 - 3a^2$
9. $3x^3 + 15x^2$, $ax^2 + 5ax$
10. $a^2 - b^2$, $a^2 - 2ab + b^2$
11. $m^3 + n^3$, $3am + 3an$
12. $x^2 - 4$, $x^3 - 8$
13. $2ax^2 + 4ax$, $x^3 - x^2 - 6x$
14. $9x^2 - 1$, $9x^2 - 6x + 1$
15. $4a^2 + 4ab + b^2$, $2a^2 - 2ab + ab - b^2$
16. $3x^2 + 3x - 60$, $6x^2 - 18x - 24$

17. $8x^3 + y^3,\ 4ax^2 - ay^2$
18. $2a^3 - 12a^2b + 18ab^2,\ a^3x - 9ab^2x$
19. $ac + ad - 2bc - 2bd,\ 2c^2 + 4cd + 2d^2$
20. $3a^2m^2 + 6a^2m - 45a^2,\ 6am^2x + 24amx - 30ax$
21. $4x^4 - y^2,\ (2x^2 - y)^2$
22. $3x^5 - 3x,\ 9x^3 - 9x$
23. $a^2 + ab,\ ab + b^2,\ a^3 + a^2b$
24. $2x^3 - 2x^2,\ 3x^2 - 3x,\ 4x^3 - 4x^2$
25. $x^4 - 9x^2,\ x^4 - 5x^3 + 6x^2,\ x^4 - 6x^3 + 9x^2$
26. $a^3b + 2a^2b^2 + ab^3,\ a^4b - a^2b^3$
27. $2x^2 + 2x - 4,\ 2x^2 - 8x + 6,\ 2x^3 - 2$
28. $ax^3 - 2ax^2 - 8ax,\ ax^2 - ax - 6a,\ a^2x^3 - 3a^2x^2 - 10a^2x$
29. $2an^4 - 16an^2 + 32a,\ 2an^3 - 8an,\ 2a^2n^3 + 16a^2$
30. $4a^2 + 8a - 12,\ 2a^2 - 6a + 4,\ 6a^2 + 18a - 24$
31. $4a^2 - b^2,\ 8a^3 + b^3,\ 4a^2 + 4ab + b^2$
32. $x^2 - 2x - 8,\ x^2 - x - 12,\ x^3 - 9x^2 + 20x$
33. $a^2 + a,\ a^3 - 6a^2 - 7a,\ a^6 + a$
34. $x^3 + 27,\ 2x^2 - 6x + 18,\ x^4 - 3x^3 + 9x^2$
35. $x^2 + ax - 6a^2,\ x^2 + 2ax - 3a^2,\ x^2 + 6ax + 9a^2$
36. $54x^3 + 250,\ 18ax^2 - 50a,\ 50 + 60x + 18x^2$
37. $(x^2 - 1)^2,\ x^2 - 4x - 5,\ x^4 - 1$
38. $4ax^2 - 28ax,\ a^2x^3 - 8a^2x^2 + 7a^2x,\ ax^4 - 15ax^3 + 56ax^2$
39. $3a^2 - 6a,\ a^3 - 4a,\ a^2b - 2ab,\ a^2 - a - 2$
40. $3x^2 - x,\ 27x^3 - 1,\ 9x^2 - 6x + 1,\ 3ax - a + 6x - 2$
41. $a^4 - 1,\ a^3 + a^2 + a + 1,\ a^3x + a^2x + ax + x,\ a^5 + a^3 + a^2 + 1$
42. $2m^2 + 4mn + 2n^2,\ m^3 + m^2n + mn^2 + n^3,\ m^3 + n^3,\ m^3 - mn^2$
43. $a^3 - 3a^2 + 3a - 1,\ a^2 - 2a + 1,\ a^3 - a,\ a^2 - 4a + 3$
44. $16a^3x + 54x,\ 12a^2x^2 - 42ax^2 - 90x^2,\ 32a^3x + 24a^2x - 36ax,\ 32a^4x - 144a^2x + 162x$
45. $(xy + y^2)^2,\ x^2y - 2xy^2 - 3y^3,\ ax^3y + ay^4,\ x^2y - y^3$
46. $2a^2 - am + 4a - 2m,\ 2am^2 - m^3,\ 6a^2 + 5am - 4m^2,\ 16a^2 + 72am - 40m^2$
47. $12ax - 6ay + 24bx - 12by,\ 3a^3 + 24b^3,\ 9a^2 + 9ab - 18b^2,\ 12a^2 + 24ab$
48. $5a^2 + 5ax + 5ay + 5xy,\ 15a^3 - 15ax^2 + 15a^2y - 15x^2y,\ 20a^3 - 20ay^2 + 20a^2x$
$-20xy^2,\ 5a^5 + 5a^4x + 5a^2y^3 + 5axy^3.$

M. C. D. DE DOS POLINOMIOS POR DIVISIONES SUCESIVAS 165

Cuando se quiere hallar el m. c. d. de dos polinomios que no pueden descomponerse en factores fácilmente, se emplea el método de **divisiones sucesivas**, de acuerdo con la siguiente:

REGLA

Se ordenan ambos polinomios con relación a una misma letra y se divide el polinomio de mayor grado entre el de grado menor. Si ambos son del mismo grado, cualquiera puede tomarse como dividendo. Si la división es exacta, el divisor es el m. c. d.; si no es exacta,

se divide el divisor entre el primer residuo, éste entre el segundo residuo y así sucesivamente hasta llegar a una división exacta. El último divisor es el m. c. d. buscado.

Todas las divisiones deben continuarse hasta que el primer término del residuo sea de **grado inferior** al primer término del divisor.

Ejemplo

Hallar por divisiones sucesivas el m. c. d. de $16x^3 + 36x^2 - 12x - 18$ y $8x^2 - 2x - 3$.

Ambos polinomios están ordenados con relación a x. Dividimos el primero, que es de tercer grado, entre el segundo que es de segundo grado:

$$\begin{array}{rrrr|l} 16x^3 & +36x^2 & -12x & -18 & 8x^2 - 2x - 3 \\ -16x^3 & +4x^2 & +6x & & 2x + 5 \\ \hline & 40x^2 & -6x & -18 & \\ & -40x^2 & +10x & +15 & \\ \hline & & 4x & -3 & \end{array}$$

Aquí detenemos la división porque el primer término del residuo, $4x$, es de grado inferior al primer término del divisor $8x^2$.

Ahora dividimos el divisor $8x^2 - 2x - 3$ entre el residuo $4x - 3$:

$$\begin{array}{rrr|l} 8x^2 & -2x & -3 & 4x - 3 \\ -8x^2 & +6x & & 2x + 1 \\ \hline & 4x & -3 & \\ & -4x & +3 & \\ \hline \end{array}$$

Como esta división es exacta, el *divisor* $4x - 3$ es el m. c. d. buscado. **R.**

166 REGLAS ESPECIALES

En la práctica de este método hay que tener muy en cuenta las siguientes reglas:

1) **Cualquiera de los polinomios dados se puede dividir entre un factor que no divida al otro polinomio. Ese factor, por no ser factor común de ambos polinomios, no forma parte del m. c. d.**

2) **El residuo de cualquier división se puede dividir entre un factor que no divida a los dos polinomios dados.**

3) **Si el primer término de cualquier residuo es negativo, puede cambiarse el signo a todos los términos de dicho residuo.**

4) **Si el primer término del dividendo o el primer término de algún residuo no es divisible entre el primer término del divisor, se multiplican todos los términos del dividendo o del residuo por la cantidad necesaria para hacerlo divisible.**

Ejemplos

1) Hallar, por divisiones sucesivas, el m. c. d. de $12x^3 - 26x^2 + 20x - 12$ y $2x^3 - x^2 - 3x$.

Dividiendo el primer polinomio entre 2 y el segundo entre x queda:
$6x^3 - 13x^2 + 10x - 6$ y $2x^2 - x - 3$

Dividiendo:

$$\begin{array}{rrrr|l}
6x^3 & -13x^2 & +10x & -6 & 2x^2 - x - 3 \\
-6x^3 & +3x^2 & +9x & & 3x - 5 \\
\hline
 & -10x^2 & +19x & -6 & \\
 & 10x^2 & -5x & -15 & \\
\hline
 & & 14x & -21 &
\end{array}$$

Dividiendo el residuo $14x - 21$ entre 7 queda $2x - 3$.

Ahora dividimos el divisor $2x^2 - x - 3$ entre el residuo $2x - 3$:

$$\begin{array}{rrr|l}
2x^2 & -x & -3 & 2x - 3 \\
-2x^2 & +3x & & x + 1 \\
\hline
 & 2x & -3 & \\
 & -2x & +3 & \\
\hline
\end{array}$$

Como esta división es exacta, el divisor $2x - 3$ es el m. c. d. **R.**

2) Hallar, por divisiones sucesivas, el m. c. d. de $3x^3 - 13x^2 + 5x - 4$ y $2x^2 - 7x - 4$.
Como $3x^3$ no es divisible entre $2x^2$, multiplicamos el primer polinomio por 2 para hacerlo divisible y quedará:

$$6x^3 - 26x^2 + 10x - 8 \text{ y } 2x^2 - 7x - 4.$$

Dividiendo:

$$\begin{array}{rrrr|l}
6x^3 & -26x^2 & +10x & -8 & 2x^2 - 7x - 4 \\
-6x^3 & +21x^2 & +12x & & 3x \\
\hline
 & -5x^2 & +22x & -8 &
\end{array}$$

$-5x^2$ no es divisible entre $2x^2$. Cambiando el signo al residuo tenemos: $5x^2 - 22x + 8$ y multiplicando este residuo por 2, para que su primer término sea divisible entre $2x^2$, queda $10x^2 - 44x + 16$. (Ambas operaciones equivalen a multiplicar el residuo por -2.) Esta expresión la dividimos entre $2x^2 - 7x - 4$:

$$\begin{array}{rrr|l}
10x^2 & -44x & +16 & 2x^2 - 7x - 4 \\
-10x^2 & +35x & +20 & 5 \\
\hline
 & -9x & +36 &
\end{array}$$

Cambiando el signo al residuo: $9x - 36$; dividiendo entre 9: $x - 4$. (Ambas operaciones equivalen a dividir entre -9.)

Ahora dividimos $2x^2 - 7x - 4$ entre $x - 4$:

$$\begin{array}{rrr|l}
2x^2 & -7x & -4 & x - 4 \\
-2x^2 & +8x & & 2x + 1 \\
\hline
 & x & -4 & \\
 & -x & +4 & \\
\hline
\end{array}$$

Como esta división es exacta, el m. c. d. es $x - 4$ **R.**

3) Hallar, por divisiones sucesivas, el m. c. d. de $6x^5 - 3x^4 + 8x^3 - x^2 + 2x$ y $3x^5 - 6x^4 + 10x^3 - 2x^2 + 3x$.

Cuando los polinomios dados tienen un mismo factor común, debe sacarse este factor común, que será un factor del m. c. d. buscado. Se halla el m. c. d. de las expresiones que quedan después de sacar el factor común y este *m. c. d. multiplicado por el factor común* será el m. c. d. de las expresiones dadas. Así, en este caso, ambos polinomios tienen el factor común x. Sacando este factor en cada polinomio, queda:

$$6x^4 - 3x^3 + 8x^2 - x + 2 \text{ y } 3x^4 - 6x^3 + 10x^2 - 2x + 3.$$

Dividiendo:

$$\begin{array}{l|l} 6x^4 - 3x^3 + 8x^2 - x + 2 & 3x^4 - 6x^3 + 10x^2 - 2x + 3 \\ \underline{-6x^4 + 12x^3 - 20x^2 + 4x - 6} & 2 \\ \quad 9x^3 - 12x^2 + 3x - 4 & \end{array}$$

Ahora dividimos el divisor entre el residuo, pero como $3x^4$ no es divisible entre $9x^3$ hay que multiplicar el divisor por 3 y tendremos:

$$\begin{array}{l|l} 9x^4 - 18x^3 + 30x^2 - 6x + 9 & 9x^3 - 12x^2 + 3x - 4 \\ \underline{-9x^4 + 12x^3 - 3x^2 + 4x} & x \\ \quad - 6x^3 + 27x^2 - 2x + 9 & \end{array}$$

Como $6x^3$ no es divisible entre $9x^3$, multiplicamos el residuo por -3 y tendremos:

$$\begin{array}{l|l} 18x^3 - 81x^2 + 6x - 27 & 9x^3 - 12x^2 + 3x - 4 \\ \underline{-18x^3 + 24x^2 - 6x + 8} & 2 \\ \quad - 57x^2 \qquad - 19 & \end{array}$$

Dividiendo el residuo entre -19 queda $3x^2 + 1$.

Ahora dividimos el divisor entre el residuo.

$$\begin{array}{l|l} 9x^3 - 12x^2 + 3x - 4 & 3x^2 + 1 \\ \underline{-9x^3 \qquad\quad - 3x} & 3x - 4 \\ \quad - 12x^2 \qquad - 4 & \\ \quad \underline{12x^2 \qquad + 4} & \end{array}$$

$3x^2 + 1$ es el m. c. d. de las expresiones que quedaron después de sacar el factor común x. Entonces, hay que multiplicar $3x^2 + 1$ por x y el m. c. d. de las expresiones dadas será:

m. c. d. $= x(3x^2 + 1)$ **R.**

Ejercicio 113

Hallar, por divisiones sucesivas, el m. c. d. de:

1. $12x^2 + 8x + 1$ y $2x^2 - 5x - 3$
2. $6a^2 - 2a - 20$ y $2a^3 - a^2 - 6a$
3. $5a^3 - 6a^2x + ax^2$ y $3a^3 - 4a^2x + ax^2$
4. $2x^3 + 4x^2 - 4x + 6$ y $x^3 + x^2 - x + 2$
5. $8a^4 - 6a^3x + 7a^2x^2 - 3ax^3$ y $2a^3 + 3a^2x - 2ax^2$
6. $12ax^4 - 3ax^3 + 26ax^2 - 5ax + 10a$ y $3x^4 + 3x^3 - 4x^2 + 5x - 15$
7. $3x^3 - 2x^2y + 9xy^2 - 6y^3$ y $6x^4 - 4x^3y - 3x^2y^2 + 5xy^3 - 2y^4$
8. $ax^4 + 3ax^3 - 2ax^2 + 6ax - 8a$ y $x^4 + 4x^3 - x^2 - 4x$
9. $2m^4 - 4m^3 - m^2 + 6m - 3$ y $3m^5 - 6m^4 + 8m^3 - 10m^2 + 5m$

10. $3a^5 - 6a^4 + 16a^3 - 2a^2 + 5a$ y $7a^5 - 14a^4 + 33a^3 + 4a^2 - 10a$
11. $45ax^3 + 75ax^2 - 18ax - 30a$ y $24ax^3 + 40ax^2 - 30ax - 50a$
12. $2x^3 + 2a^2x + 2ax^2 + 2a^3$ y $10x^3 + 4ax^2 + 10a^2x + 4a^3$
13. $9x^3 + 15ax^2 + 3a^2x - 3a^3$ y $12x^3 + 21ax^2 + 6a^2x - 3a^3$
14. $8a^4b + 4a^3b^2 + 4ab^4$ y $12a^4b - 18a^3b^2 + 12a^2b^3 - 6ab^4$
15. $9a^5n^2 - 33a^4n^3 + 27a^3n^4 - 6a^2n^5$ y $9a^5n^2 + 12a^4n^3 - 21a^3n^4 + 6a^2n^5$
16. $a^5 - 2a^4 + a^3 + a - 1$ y $a^7 - a^6 + a^4 + 1$
17. $6ax^4 - 4ax^3 + 6ax^2 - 10ax + 4a$ y $36ax^4 - 24ax^3 - 18ax^2 + 48ax - 24a$

M. C. D. DE TRES O MÁS POLINOMIOS POR DIVISIONES SUCESIVAS 167

En este caso, igual que en Aritmética, hallamos el m. c. d. de dos de los polinomios dados; luego el m. c. d. de otro de los polinomios dados y el m. c. d. hallado anteriormente, y así sucesivamente. El último m. c. d. es el m. c. d. de las expresiones dadas.

Ejemplo

Hallar, por divisiones sucesivas, el m. c. d. de $2x^3 - 11x^2 + 10x + 8$, $2x^3 + x^2 - 8x - 4$ y $6ax^2 + 11ax + 4a$.

Hallemos el m. c. d. de las dos primeras expresiones:

$$\begin{array}{r|l} 2x^3 - 11x^2 + 10x + 8 & 2x^3 + x^2 - 8x - 4 \\ -2x^3 - x^2 + 8x + 4 & 1 \\ \hline -12x^2 + 18x + 12 & \end{array}$$

Dividiendo el residuo entre -6 queda $2x^2 - 3x - 2$. Dividiendo el divisor por esta expresión:

$$\begin{array}{r|l} 2x^3 + x^2 - 8x - 4 & 2x^2 - 3x - 2 \\ -2x^3 + 3x^2 + 2x & x + 2 \\ \hline 4x^2 - 6x - 4 & \\ -4x^2 + 6x + 4 & \\ \hline \end{array}$$

El m. c. d. de las dos primeras expresiones es $2x^2 - 3x - 2$. Ahora hallamos el m. c. d. del tercer polinomio dado $6ax^2 + 11ax + 4a$ y de este m. c. d.

Dividiendo $6ax^2 + 11ax + 4a$ entre a queda $6x^2 + 11x + 4$. Tendremos:

$$\begin{array}{r|l} 6x^2 + 11x + 4 & 2x^2 - 3x - 2 \\ -6x^2 + 9x + 6 & 3 \\ \hline 20x + 10 & \end{array}$$

Dividiendo el residuo entre 10 queda $2x + 1$:

$$\begin{array}{r|l} 2x^2 - 3x - 2 & 2x + 1 \\ -2x^2 - x & x - 2 \\ \hline -4x - 2 & \\ 4x + 2 & \\ \hline \end{array}$$

El m. c. d. de las tres expresiones dadas es $2x + 1$. **R.**

Ejercicio 114

Hallar, por divisiones sucesivas, el m. d. c. de:

1. $x^3 - 2x^2 - 5x + 6$, $2x^3 - 5x^2 - 6x + 9$ y $2x^2 - 5x - 3$
2. $2x^3 - x^2y - 2xy^2 + y^3$, $8x^3 + 6x^2y - 3xy^2 - y^3$ y $6x^2 - xy - y^2$
3. $x^4 + x^3 - x^2 - x$, $2x^3 + 2x^2 - 2x - 2$ y $5x^3 - 5x^2 + 2x - 2$
4. $3a^4 + 9a^3x + 4a^2x^2 - 3ax^3 + 2x^4$, $a^4 + 3a^3x + a^2x^2 - 3ax^3 - 2x^4$ y $4a^3 + 8a^2x - ax^2 - 2x^3$
5. $2x^5 + 2x^4 - 2x^2 - 2x$, $3x^6 - 4x^4 - 3x^3 + 4x$ y $4x^4 - 4x^3 + 3x^2 - 3x$

La escuela de Bagdad (siglos IX al XII). Los árabes fueron los verdaderos sistematizadores del Álgebra. A fines del siglo VIII floreció la Escuela de Bagdad, a la que pertenecían Al Juarismi, Al Batani y Omar Khayyan. Al Juarismi, persa del siglo IX, escribió el primer libro de Álgebra y le dio nombre a esta ciencia. Al Batani, sirio (858-929), aplicó el Álgebra a problemas astronómicos. Y Omar Khayyan, persa del siglo XII, conocido por sus poemas escritos en "rubayat", propuso un tratado de Álgebra.

Capítulo XII

MÍNIMO COMÚN MÚLTIPLO

168 **COMÚN MÚLTIPLO** de dos o más expresiones algebraicas es toda expresión algebraica que es divisible exactamente por cada una de las expresiones dadas.

Así, $8a^3b^2$ es común múltiplo de $2a^2$ y $4a^3b$ porque $8a^3b^2$ es divisible exactamente por $2a^2$ y por $4a^3b$; $3x^2 - 9x + 6$ es común múltiplo de $x - 2$ y de $x^2 - 3x + 2$ porque $3x^2 - 9x + 6$ es divisible exactamente por $x - 2$ y por $x^2 - 3x + 2$.

169 **MÍNIMO COMÚN MÚLTIPLO** de dos o más expresiones algebraicas es la expresión algebraica de **menor coeficiente numérico** y de **menor grado** que es divisible exactamente por cada una de las expresiones dadas.

Así, el m. c. m. de $4a$ y $6a^2$ es $12a^2$; el m. c. m. de $2x^2$, $6x^3$ y $9x^4$ es $18x^4$.

La teoría del m. c. m. es de suma importancia para las fracciones y ecuaciones.

I. M. C. M. DE MONOMIOS

170 **REGLA**

Se halla el m. c. m. de los coeficientes y a continuación de éste se escriben todas las letras distintas, sean o no comunes, dando a cada letra el mayor exponente que tenga en las expresiones dadas.

Ejemplos

1) Hallar el m. c. m. de ax^2 y a^3x.
Tomamos a con su mayor exponente a^3 y x con su mayor exponente x^2 y tendremos:

$$\text{m. c. m.} = a^3x^2 \quad \textbf{R.}$$

2) Hallar el m. c. m. de $8ab^2c$ y $12a^3b^2$. ⟶

$$8ab^2c = 2^3ab^2c$$
$$12a^3b^2 = 2^2 \cdot 3a^3b^2$$

El m. c. m. de los coeficientes es $2^3 \cdot 3$. A continuación escribimos a con su mayor exponente a^3, b con su mayor exponente b^2 y c, luego:

$$\text{m. c. m.} = 2^3 \cdot 3a^3b^2c = 24a^3b^2c \quad \textbf{R.}$$

3) Hallar el m. c. m. de $10a^3x$, $36a^2mx^2$ y $24b^2m^4$.

$$10a^3x = 2 \cdot 5a^3x$$
$$36a^2mx^2 = 2^2 \cdot 3^2a^2mx^2$$
$$24b^2m^4 = 2^3 \cdot 3b^2m^4$$
$$\text{m. c. m.} = 2^3 \cdot 3^2 \cdot 5a^3b^2m^4x^2 = 360a^3b^2m^4x^2 \quad \textbf{R.}$$

Ejercicio 115

Hallar el m. c. m. de:

1. a^2, ab^2
2. x^2y, xy^2
3. ab^2c, a^2bc
4. a^2x^3, a^3bx^2
5. $6m^2n$, $4m^3$
6. $9ax^3y^4$, $15x^2y^5$
7. a^3, ab^2, a^2b
8. x^2y, xy^2, xy^3z
9. $2ab^2$, $4a^2b$, $8a^3$
10. $3x^2y^3z$, $4x^3y^3z^2$, $6x^4$
11. $6mn^2$, $9m^2n^3$, $12m^3n$
12. $3a^2$, $4b^2$, $8x^2$
13. $5x^2$, $10xy$, $15xy^2$
14. ax^3y^2, a^3xy, $a^2x^2y^3$
15. $4ab$, $6a^2$, $3b^2$
16. $3x^3$, $6x^2$, $9x^4y^2$
17. $9a^2bx$, $12ab^2x^2$, $18a^3b^3x$
18. $10m^2$, $15mn^2$, $20n^3$
19. $18a^3$, $24b^2$, $36ab^3$
20. $20m^2n^3$, $24m^3n$, $30mn^2$
21. ab^2, bc^2, a^2c^3, b^3c^3
22. $2x^2y$, $8xy^3$, $4a^2x^3$, $12a^3$
23. $6a^2$, $9x$, $12ay^2$, $18x^3y$
24. $15mn^2$, $10m^2$, $20n^3$, $25mn^4$
25. $24a^2x^3$, $36a^2y^4$, $40x^2y^5$, $60a^3y^6$
26. $3a^3$, $8ab$, $10b^2$, $12a^2b^3$, $16a^2b^2$

II. M. C. M. DE MONOMIOS Y POLINOMIOS

REGLA

171

Se descomponen las expresiones dadas en sus factores primos. El m. c. m. es el producto de los factores primos, comunes y no comunes, con su mayor exponente.

Ejemplos

1) Hallar el m. c. m. de 6, $3x - 3$.
Descomponiendo:

$$6 = 2 \cdot 3$$
$$3x - 3 = 3(x - 1)$$
$$\text{m. c. m.} = 2 \cdot 3(x - 1) = 6(x - 1) \quad \textbf{R.}$$

2) Hallar el m. c. m. de $14a^2$, $7x - 21$.
Descomponiendo:

$$14a^2 = 2 \cdot 7a^2$$
$$7x - 21 = 7(x - 3)$$
$$\text{m. c. m.} = 2 \cdot 7 \cdot a^2(x - 3) = 14a^2(x - 3) \quad \textbf{R.}$$

3) Hallar el m. c. m. de $15x^2$, $10x^2+5x$, $45x^3$.
Como $15x^2$ está contenido en $45x^3$, prescindimos de $15x^2$.
Descomponiendo:

$$10x^2+5x = 5x(2x+1)$$
$$45x^3 = 3^2 \cdot 5 \cdot x^3$$

m. c. m. $= 3^2 \cdot 5x^3(2x+1) = 45x^3(2x+1)$ **R.**

4) Hallar el m. c. m. de $8a^2b$, $4a^3-4a$, $6a^2-12a+6$.
Descomponiendo:

$$8a^2b = 2^3 \cdot a^2b$$
$$4a^3-4a = 4a(a^2-1) = 2^2 \cdot a(a+1)(a-1)$$
$$6a^2-12a+6 = 6(a^2-2a+1) = 2 \cdot 3(a-1)^2$$

m. c. m. $= 2^3 \cdot 3 \cdot a^2b(a-1)^2(a+1) = 24a^2b(a-1)^2(a+1)$ **R.**

5) Hallar el m. c. m. de $24a^2x$, $18xy^2$, $2x^3+2x^2-40x$, $8x^4-200x^2$.

$$24a^2x = 2^3 \cdot 3a^2x$$
$$18xy^2 = 2 \cdot 3^2xy^2$$
$$2x^3+2x^2-40x = 2x(x^2+x-20) = 2x(x+5)(x-4)$$
$$8x^4-200x^2 = 8x^2(x^2-25) = 2^3 \cdot x^2(x+5)(x-5)$$

m. c. m. $= 2^3 \cdot 3^2 \cdot a^2x^2y^2(x+5)(x-5)(x-4)$
$= 72a^2x^2y^2(x^2-25)(x-4)$ **R.**

Ejercicio 116

Hallar el m. c. m. de:

1. $2a$, $4x-8$
2. $3b^2$, $ab-b^2$
3. x^2y, x^2y+xy^2
4. 8, $4+8a$
5. $6a^2b$, $3a^2b^2+6ab^3$
6. $14x^2$, $6x^2+4xy$
7. $9m$, $6mn^2-12mn$
8. 15, $3x+6$
9. 10, $5-15b$
10. $36a^2$, $4ax-12ay$
11. $12xy^2$, $2ax^2y^3+5x^2y^3$
12. mn, m^2, mn^3-mn^2
13. $2a^2$, $6ab$, $3a^2-6ab$
14. xy^2, x^2y^3, $5x^5-5x^4$
15. $9a^2$, $18b^3$, $27a^4b+81a^3b^2$
16. 10, $6x^2$, $9x^3y+9xy^3$
17. $4x$, x^3+x^2, x^2y-xy
18. 24, $6m^2+18m$, $8m-24$
19. $2a^2b^2$, $3ax+3a$, $6x-18$
20. x^2, x^3+x^2-2x, x^2+4x+4
21. $6ab$, $x^2-4xy+4y^2$, $9a^2x-18a^2y$
22. $6x^3$, $3x^3-3x^2-18x$, $9x^4-36x^2$
23. a^2x^2, $4x^3-12x^2y+9xy^2$, $2x^4-3x^3y$
24. $8x^3$, $12x^2y^2$, $9x^2-45x$
25. an^3, $2n$, $n^2x^2+n^2y^2$, $nx^2+2nxy+ny^2$
26. $8x^2$, x^3+x^2-6x, $2x^3-8x^2+8x$, $4x^3+24x^2+36x$
27. $3x^3$, x^3+1, $2x^2-2x+2$, $6x^3+6x^2$
28. $4xy^2$, $3x^3-3x^2$, $a^2+2ab+b^2$, $ax-a+bx-b$
29. $2a$, $4b$, $6a^2b$, $12a^2-24ab+12b^2$, $5ab^3-5b^4$
30. $28x$, x^2+2x+1, x^2+1, $7x^2+7$, $14x+14$

III. M. C. M. DE POLINOMIOS

172 La regla es la misma del caso anterior.

Ejemplos

1) Hallar el m. c. m. de $4ax^2-8axy+4ay^2$, $6b^2x-6b^2y$.
Descomponiendo:

$$4ax^2-8axy+4ay^2 = 4a(x^2-2xy+y^2) = 2^2 \cdot a(x-y)^2$$
$$6b^2x-6b^2y = 6b^2(x-y) = 2 \cdot 3b^2(x-y)$$
$$\text{m. c. m.} = 2^2 \cdot 3 \cdot ab^2(x-y)^2 = 12ab^2(x-y)^2 \quad \textbf{R.}$$

2) Hallar el m. c. m. de $x^3+2bx^2,\ x^3y-4b^2xy,\ x^2y^2+4bxy^2+4b^2y^2$.

$$x^3+2bx^2 = x^2(x+2b)$$
$$x^3y-4b^2xy = xy(x^2-4b^2) = xy(x+2b)(x-2b)$$
$$x^2y^2+4bxy^2+4b^2y^2 = y^2(x^2+4bx+4b^2) = y^2(x+2b)^2$$

m. c. m. $= x^2y^2(x+2b)^2(x-2b)$ **R.**

3) Hallar el m. c. m. de $m^2-mn,\ mn+n^2,\ m^2-n^2$.

$$m^2-mn = m(m-n)$$
$$mn+n^2 = n(m+n)$$
$$m^2-n^2 = (m+n)(m-n)$$

m. c. m. $= mn(m+n)(m-n) = mn(m^2-n^2)$ **R.**

4) Hallar el m. c. m. de $(a-b)^2,\ a^2-b^2,\ (a+b)^2,\ a^2+b^2$.
El alumno debe notar que no es lo mismo *cuadrado* de *una diferencia* que *diferencia de cuadrados* ni es lo mismo *cuadrado de una suma* que *suma de cuadrados*. En efecto:

$$(a-b)^2 = (a-b)^2$$
$$a^2-b^2 = (a+b)(a-b)$$
$$(a+b)^2 = (a+b)^2$$
$$a^2+b^2 = (a^2+b^2)$$

m. c. m. $= (a+b)^2(a-b)^2(a^2+b^2)$ **R.**

5) Hallar el m.c.m. de $(x+1)^3,\ x^3+1,\ x^2-2x-3$.
El alumno debe notar que no es lo mismo *suma de cubos* que *cubo de una suma*. En efecto:

$$(x+1)^3 = (x+1)^3$$
$$x^3+1 = (x+1)(x^2-x+1)$$
$$x^2-2x-3 = (x-3)(x+1)$$

m. c. m. $= (x+1)^3(x-3))(x^2-x+1)$ **R.**

6) Hallar el m. c. m. de $(x-y)^3,\ x^3-y^3,\ x^3-xy^2+x^2y-y^3,\ 3a^2x+3a^2y$. El alumno debe notar que no es lo mismo *cubo de una diferencia* que *diferencia de cubos*.

$$(x-y)^3 = (x-y)^3$$
$$x^3-y^3 = (x-y)(x^2+xy+y^2)$$
$$x^3-xy^2+x^2y-y^3 = x(x^2-y^2)+y(x^2-y^2) = (x^2-y^2)(x+y)$$
$$= (x+y)^2(x-y)$$
$$3a^2x+3a^2y = 3a^2(x+y)$$

m. c. m. $= 3a^2(x+y)^2(x-y)^3(x^2+xy+y^2)$ **R.**

7) Hallar el m. c. m. de $15x^3+20x^2+5x,\ 3x^3-3x+x^2-1,\ 27x^4+18x^3+3x^2$.

$$15x^3+20x^2+5x = 5x(3x^2+4x+1) = 5x(3x+1)(x+1)$$
$$3x^3-3x+x^2-1 = 3x(x^2-1)+(x^2-1) = (x^2-1)(3x+1)$$
$$= (x+1)(x-1)(3x+1)$$
$$27x^4+18x^3+3x^2 = 3x^2(9x^2+6x+1) = 3x^2(3x+1)^2$$

m. c. m. $= 15x^2(3x+1)^2(x+1)(x-1)$
$= 15x^2(3x+1)^2(x^2-1)$ **R.**

8) Hallar el m. c. m. de $2x^3 - 8x$, $3x^4 + 3x^3 - 18x^2$, $2x^5 + 10x^4 + 12x^3$, $6x^2 - 24x + 24$.

$$2x^3 - 8x = 2x(x^2 - 4) = 2x(x + 2)(x - 2)$$
$$3x^4 + 3x^3 - 18x^2 = 3x^2(x^2 + x - 6) = 3x^2(x + 3)(x - 2)$$
$$2x^5 + 10x^4 + 12x^3 = 2x^3(x^2 + 5x + 6) = 2x^3(x + 3)(x + 2)$$
$$6x^2 - 24x + 24 = 6(x^2 - 4x + 4) = 6(x - 2)^2$$

m. c. m. $= 6x^3(x + 2)(x - 2)^2(x + 3)$ **R.**

o lo que es igual

m. c. m. $= 6x^3(x^2 - 4)(x - 2)(x + 3)$ **R.**

Ejercicio 117

Hallar el m. c. m. de:

1. $3x + 3$, $6x - 6$
2. $5x + 10$, $10x^2 - 40$
3. $x^3 + 2x^2y$, $x^2 - 4y^2$
4. $3a^2x - 9a^2$, $x^2 - 6x + 9$
5. $4a^2 - 9b^2$, $4a^2 - 12ab + 9b^2$
6. $a^3 + a^2b$, $a^3 + 2a^2b + ab^2$
7. $3ax + 12a$, $2bx^2 + 6bx - 8b$
8. $x^3 - 25x$, $x^2 + 2x - 15$
9. $(x - 1)^2$, $x^2 - 1$
10. $(x + 1)^2$, $x^2 + 1$
11. $x^3 + y^3$, $(x + y)^3$
12. $x^3 - y^3$, $(x - y)^3$
13. $x^2 + 3x - 10$, $4x^2 - 7x - 2$
14. $a^2 + a - 30$, $a^2 + 3a - 18$
15. $x^3 - 9x + 5x^2 - 45$, $x^4 + 2x^3 - 15x^2$
16. $x^6 - 4x^3 - 32$, $ax^4 + 2ax^3 + 4ax^2$
17. $8(x - y)^2$, $12(x^2 - y^2)$
18. $5(x + y)^2$, $10(x^2 + y^2)$
19. $6a(m + n)^3$, $4a^2b(m^3 + n^3)$
20. $ax(m - n)^3$, $x^3(m^3 - n^3)$
21. $2a^2 + 2a$, $3a^2 - 3a$, $a^4 - a^2$
22. $x^2 + 2x$, $x^3 - 2x^2$, $x^2 - 4$
23. $x^2 + x - 2$, $x^2 - 4x + 3$, $x^2 - x - 6$
24. $6a^2 + 13a + 6$, $3a^2 + 14a + 8$, $4 + 12a + 9a^2$
25. $10x^2 + 10$, $15x + 15$, $5x^2 - 5$
26. $ax - 2bx + ay - 2by$, $x^2 + xy$, $x^2 - xy$
27. $4a^2b + 4ab^2$, $6a - 6b$, $15a^2 - 15b^2$
28. $x^2 - 25$, $x^3 - 125$, $2x + 10$
29. $a^2 - 2ab - 3b^2$, $a^3b - 6a^2b^2 + 9ab^3$, $ab^2 + b^3$
30. $2m^2 + 2mn$, $4mn - 4n^2$, $6m^3n - 6mn^3$
31. $20(x^2 - y^2)$, $15(x - y)^2$, $12(x + y)^2$
32. $ax^2 + 5ax - 14a$, $x^3 + 14x^2 + 49x$, $x^4 + 7x^3 - 18x^2$
33. $2x^3 - 12x^2 + 18x$, $3x^4 - 27x^2$, $5x^3 + 30x^2 + 45x$
34. $3 - 3a^2$, $6 + 6a$, $9 - 9a$, $12 + 12a^2$
35. $2(3n - 2)^2$, $135n^3 - 40$, $12n - 8$
36. $12mn + 8m - 3n - 2$, $48m^2n - 3n + 32m^2 - 2$, $6n^2 - 5n - 6$
37. $18x^3 + 60x^2 + 50x$, $12ax^3 + 20ax^2$, $15a^2x^5 + 16a^2x^4 - 15a^2x^3$
38. $16 - x^4$, $16 + 8x^2 + x^4$, $16 - 8x^2 + x^4$
39. $1 + a^2$, $(1 + a)^2$, $1 + a^3$
40. $8n^2 - 10n - 3$, $20n^2 + 13n + 2$, $10n^2 - 11n - 6$
41. $6a^2 + ab - 2b^2$, $15a^2 + 22ab + 8b^2$, $10a^2 + 3ab - 4b^2$
42. $12x^2 + 5xy - 2y^2$, $15x^2 + 13xy + 2y^2$, $20x^2 - xy - y^2$
43. $6b^2x^2 + 6b^2x^3$, $3a^2x - 3a^2x^2$, $1 - x^4$
44. $x^4 + 8x - 4x^3 - 32$, $a^2x^4 - 2a^2x^3 - 8a^2x^2$, $2x^4 - 4x^3 + 8x^2$
45. $x^3 - 9x + x^2 - 9$, $x^4 - 10x^2 + 9$, $x^2 + 4x + 3$, $x^2 - 4x + 3$
46. $1 - a^3$, $1 - a$, $1 - a^2$, $1 - 2a + a^2$
47. $a^2b - ab^2$, $a^4b^2 - a^2b^4$, $a(ab - b^2)^2$, $b(a^2 + ab)^2$
48. $m^3 - 27n^3$, $m^2 - 9n^2$, $m^2 - 6mn + 9n^2$, $m^2 + 3mn + 9n^2$

Las Matemáticas en las universidades hispano-árabes (siglos VIII al XV). La cultura árabe alcanza elevado desarrollo en ciudades como Sevilla, Córdoba y Toledo. De las universidades hispano-árabes fluye la cultura musulmana hacia Europa. Tres nombres pueden señalarse como representación de la cultura árabe en España: Geber Ibn-Aphla, (Sevilla, siglo XI), que rectificó las Tablas de Ptolomeo; Arzaquel, (Toledo, 1080), autor de unas famosas Tablas; y Ben Ezra, (Calahorra, 1089), rabino de Toledo.

Capítulo XIII

FRACCIONES ALGEBRAICAS. REDUCCIÓN DE FRACCIONES

FRACCIÓN ALGEBRAICA es el cociente indicado de dos expresiones algebraicas. 173

Así, $\frac{a}{b}$ es una fracción algebraica porque es el cociente indicado de la expresión *a* (dividendo) entre la expresión *b* (divisor).

El dividendo *a* se llama **numerador** de la fracción algebraica, y el divisor *b*, **denominador**. El numerador y el denominador son los **términos** de la fracción.

Expresión algebraica **entera** es la que no tiene denominador literal. 174

Así, $a, x+y, m-n, \frac{1}{2}a+\frac{2}{3}b$ son expresiones enteras.

Una expresión entera puede considerarse como una fracción de denominador 1.

Así, $a=\frac{a}{1}; x+y=\frac{x+y}{1}$.

Expresión algebraica **mixta** es la que consta de parte entera y parte fraccionaria. 175

Así, $a+\frac{b}{c}$ y $x-\frac{3}{x-a}$ son expresiones mixtas.

176 PRINCIPIOS FUNDAMENTALES DE LAS FRACCIONES

Los siguientes principios demostrados en Aritmética se aplican igualmente a las fracciones algebraicas y son de gran importancia:

1) **Si el numerador de una fracción algebraica se multiplica o divide por una cantidad, la fracción queda multiplicada en el primer caso y dividida en el segundo por dicha cantidad.**
2) **Si el denominador de una fracción algebraica se multiplica o divide por una cantidad, la fracción queda dividida en el primer caso y multiplicada en el segundo por dicha cantidad.**
3) **Si el numerador y el denominador de una fracción algebraica se multiplican o dividen por una misma cantidad, la fracción no se altera.**

177 SIGNO DE LA FRACCIÓN Y DE SUS TÉRMINOS

En una fracción algebraica hay que considerar **tres** signos: El signo de la fracción, el signo del numerador y el signo del denominador.

El **signo de la fracción** es el signo + o – escrito delante de la raya de la fracción. Cuando delante de la raya no hay ningún signo, se sobrentiende que el signo de la fracción es +.

Así, en la fracción $\frac{a}{b}$ el signo de la fracción es +; el signo del numerador es + y el signo del denominador +.

En la fracción $-\frac{-a}{b}$ el signo de la fracción es –, el signo del numerador – y el signo del denominador +.

178 CAMBIOS QUE PUEDEN HACERSE EN LOS SIGNOS DE UNA FRACCIÓN SIN QUE LA FRACCIÓN SE ALTERE

Designando por m el cociente de dividir a entre b se tendrá según la ley de los signos de la división:

$$\frac{a}{b}=m \quad (1) \qquad \frac{-a}{-b}=m \quad (2)$$

y por tanto,
$$\frac{-a}{b}=-m \text{ y } \frac{a}{-b}=-m$$

Cambiando el signo a los dos miembros de estas dos últimas igualdades, tenemos:

$$-\frac{-a}{b}=m \quad (3) \text{ y } -\frac{a}{-b}=m \quad (4)$$

Como (**1**), (**2**), (**3**) y (**4**) tienen el segundo miembro igual, los primeros miembros son iguales y tenemos:

$$\frac{a}{b}=\frac{-a}{-b}=-\frac{-a}{b}=-\frac{a}{-b}$$

179 Lo anterior nos dice que:

1) **Si se cambia el signo del numerador y el signo del denominador de una fracción, la fracción no se altera.**

2) **Si se cambia el signo del numerador y el signo de la fracción, la fracción no se altera.**
3) **Si se cambia el signo del denominador y el signo de la fracción, la fracción no se altera.**

En resumen, se pueden cambiar **dos** de los **tres** signos que hay que considerar en una fracción, sin que ésta se altere.

CAMBIO DE SIGNOS CUANDO LOS TÉRMINOS DE LA FRACCIÓN SON POLINOMIOS 180

Cuando el numerador o denominador de la fracción es un polinomio, para cambiar el signo al numerador o al denominador hay que **cambiar el signo a cada uno de los términos del polinomio.**

Así, si en la fracción $\frac{m-n}{x+y}$ cambiamos el signo al numerador y al denominador la fracción no varía, pero para cambiar el signo a $m-n$ hay que cambiar el signo de m y de $-n$ y quedará $-m+n=n-m$, y para cambiar el signo a $x-y$ hay que cambiar el signo de x y de $-y$ y quedará $-x+y=y-x$ y tendremos:

$$\frac{m-n}{x-y}=\frac{-m+n}{-x+y}=\frac{n-m}{y-x}$$

Si en la fracción $\frac{x-3}{x+2}$ cambiamos el signo del numerador y de la fracción, ésta no se altera y tendremos:

$$\frac{x-3}{x+2}=-\frac{-x+3}{x+2}=-\frac{3-x}{x+2}$$

Del propio modo, si en la fraccion $\frac{3x}{1-x^2}$ cambiamos el signo al denominador y a la fracción, ésta no varía y tendremos:

$$\frac{3x}{1-x^2}=-\frac{3x}{-1+x^2}=-\frac{3x}{x^2-1}$$

(En la práctica, el paso intermedio se suprime.)

De acuerdo con lo anterior, la fracción $\frac{x-2}{x-3}$ puede escribirse de los cuatro modos siguientes:

$$\frac{x-2}{x-3}=\frac{2-x}{3-x}=-\frac{2-x}{x-3}=-\frac{x-2}{3-x}$$

CAMBIO DE SIGNOS CUANDO EL NUMERADOR O DENOMINADOR SON PRODUCTOS INDICADOS 181

Cuando uno o ambos términos de una fracción son productos indicados, se pueden hacer los siguientes cambios de signos, de acuerdo con las reglas anteriores, sin que la fracción se altere:

1) **Se puede cambiar el signo a un número par de factores sin cambiar el signo de la fracción.**

Así, dada la fracción $\frac{ab}{xy}$ podemos escribir:

$$\frac{ab}{xy}=\frac{(-a)b}{(-x)y} \qquad \frac{ab}{xy}=\frac{(-a)b}{x(-y)}$$

$$\frac{ab}{xy}=\frac{(-a)(-b)}{xy} \qquad \frac{ab}{xy}=\frac{ab}{(-x)(-y)}$$

$$\frac{ab}{xy}=\frac{(-a)(-b)}{(-x)(-y)}$$

En los cuatro primeros ejemplos cambiamos el signo a **dos** factores; en el último, a **cuatro** factores, número **par** en todos los casos, y el signo de la fracción **no se ha cambiado.**

2) **Se puede cambiar el signo a un número impar de factores cambiando el signo de la fracción.**

Así, dada la fracción $\frac{ab}{xy}$ podemos escribir:

$$\frac{ab}{xy}=-\frac{(-a)b}{xy} \qquad \frac{ab}{xy}=-\frac{ab}{x(-y)}$$

$$\frac{ab}{xy}=-\frac{(-a)(-b)}{(-x)y} \qquad \frac{ab}{xy}=-\frac{(-a)b}{(-x)(-y)}$$

En los dos primeros ejemplos cambiamos el signo a **un** factor; en los dos últimos ejemplos cambiamos el signo a tres factores, número **impar** en todos los casos, y en todos los casos **cambiamos el signo de la fracción.**

182 Apliquemos los principios anteriores a la fracción $\frac{(a-1)(a-2)}{(x-3)(x-4)}$.

Como estos factores son binomios, para cambiar el signo de cualquiera de ellos hay que cambiar el signo a **sus dos términos.**

Tendremos:

$$\frac{(a-1)(a-2)}{(x-3)(x-4)}=\frac{(1-a)(a-2)}{(3-x)(x-4)}; \quad \frac{(a-1)(a-2)}{(x-3)(x-4)}=\frac{(1-a)(2-a)}{(x-3)(x-4)}$$

$$\frac{(a-1)(a-2)}{(x-3)(x-4)}=-\frac{(1-a)(a-2)}{(x-3)(x-4)}; \quad \frac{(a-1)(a-2)}{(x-3)(x-4)}=-\frac{(a-1)(2-a)}{(3-x)(4-x)}$$

Estos principios son de suma importancia para simplificar fracciones y efectuar operaciones con ellas.

REDUCCIÓN DE FRACCIONES

REDUCIR UNA FRACCIÓN ALGEBRAICA es cambiar su forma sin cambiar su valor. 183

I. SIMPLIFICACIÓN DE FRACCIONES

SIMPLIFICAR UNA FRACCIÓN ALGEBRAICA es convertirla en una fracción equivalente cuyos términos sean primos entre sí. 184

Cuando los términos de una fracción son primos entre sí, la fracción es **irreducible** y entonces la fracción está reducida a **su más simple expresión** o a su **mínima expresión.**

SIMPLIFICACIÓN DE FRACCIONES CUYOS TÉRMINOS SEAN MONOMIOS 185

REGLA

Se dividen el numerador y el denominador por sus factores comunes hasta que sean primos entre sí.

Ejemplos

1) Simplificar $\frac{4a^2b^5}{6a^3b^3m}$.

Tendremos: $\frac{4a^2b^5}{6a^3b^3m} = \frac{2\cdot 1\cdot b^2}{3\cdot a\cdot 1\cdot m} = \frac{2b^2}{3am}$ **R.**

Hemos dividido 4 y 6 entre 2 y obtuvimos 2 y 3; a^2 y a^3 entre a^2 y obtuvimos los cocientes 1 y a; b^5 y b^3 entre b^3 y obtuvimos los cocientes b^2 y 1. Como $2b^2$ y $3am$ no tienen ningún factor común, esta fracción que resulta es irreducible.

2) Simplificar $\frac{9x^3y^3}{36x^5y^6}$.

$$\frac{9x^3y^3}{36x^5y^6} = \frac{1\cdot 1\cdot 1}{4\cdot x^2\cdot y^3} = \frac{1}{4x^2y^3} \quad \textbf{R.}$$

Dividimos 9 y 36 entre 9; x^3 y x^5 entre x^3; y^3 y y^6 entre y^3.

Obsérvese que cuando al simplificar desaparecen todos los factores del numerador, queda en el numerador **1**, que no puede suprimirse. Si desaparecen todos los factores del denominador, queda en este 1, que puede suprimirse. El resultado es una expresión entera.

Ejercicio 118

Simplificar o reducir a su más simple expresión:

1. $\frac{a^2}{ab}$
2. $\frac{2a}{8a^2b}$
3. $\frac{x^2y^2}{x^3y^3}$
4. $\frac{ax^3}{4x^5y}$
5. $\frac{6m^2n^3}{3m}$
6. $\frac{9x^2y^3}{24a^2x^3y^4}$

7. $\frac{8m^4n^3x^2}{24mn^2x^2}$ 10. $\frac{21mn^3x^6}{28m^4n^2x^2}$ 13. $\frac{30x^6y^2}{45a^3x^4z^3}$ 16. $\frac{54x^9y^{11}z^{13}}{63x^{10}y^{12}z^{15}}$

8. $\frac{12x^3y^4z^5}{32xy^2z}$ 11. $\frac{42a^2c^3n}{26a^4c^5m}$ 14. $\frac{a^5b^7}{3a^8b^9c}$ 17. $\frac{15a^{12}b^{15}c^{20}}{75a^{11}b^{16}c^{22}}$

9. $\frac{12a^2b^3}{60a^3b^5x^6}$ 12. $\frac{17x^3y^4z^6}{34x^7y^8z^{10}}$ 15. $\frac{21a^8b^{10}c^{12}}{63a^4bc^2}$ 18. $\frac{75a^7m^5}{100a^3m^{12}n^3}$

186 SIMPLIFICACIÓN DE FRACCIONES CUYOS TÉRMINOS SEAN POLINOMIOS

REGLA

Se descomponen en factores los polinomios todo lo posible y se suprimen los factores comunes al numerador y denominador.

Ejemplos

1) Simplificar $\frac{2a^2}{4a^2-4ab}$.

Factorizando el denominador, se tiene:

$$\frac{2a^2}{4a^2-4ab}=\frac{2a^2}{4a(a-b)}=\frac{a}{2(a-b)} \quad \textbf{R.}$$

Hemos dividido 2 y 4 entre 2 y a^2 y a entre a.

2) Simplificar $\frac{4x^2y^3}{24x^3y^3-36x^3y^4}$.

Factorizando:

$$\frac{4x^2y^3}{24x^3y^3-36x^3y^4}=\frac{4x^2y^3}{12x^3y^3(2-3y)}=\frac{1}{3x(2-3y)} \quad \textbf{R.}$$

3) Simplificar $\frac{x^2-5x+6}{2ax-6a}$.

$$\frac{x^2-5x+6}{2ax-6a}=\frac{(x-2)(x-3)}{2a(x-3)}=\frac{x-2}{2a}$$

4) Simplificar $\frac{8a^3+27}{4a^2+12a+9}$.

$$\frac{8a^3+27}{4a^2+12a+9}=\frac{(2a+3)(4a^2-6a+9)}{(2a+3)^2}=\frac{4a^2-6a+9}{2a+3} \quad \textbf{R.}$$

5) Simplificar $\frac{a^3-25a}{2a^3+8a^2-10a}$.

$$\frac{a^3-25a}{2a^3+8a^2-10a}=\frac{a(a^2-25)}{2a(a^2+4a-5)}=\frac{a(a+5)(a-5)}{2a(a+5)(a-1)}=\frac{a-5}{2(a-1)} \quad \textbf{R.}$$

6) Simplificar $\frac{2xy-2x+3-3y}{18x^3+15x^2-63x}$.

$$\frac{2xy-2x+3-3y}{18x^3+15x^2-63x}=\frac{2x(y-1)+3(1-y)}{3x(6x^2+5x-21)}=\frac{(y-1)(2x-3)}{3x(3x+7)(2x-3)}=\frac{y-1}{3x(3x+7)}$$ **R.**

7) Simplificar $\frac{3x^3-12x-x^2y+4y}{x^4-5x^3-14x^2}$.

$$\frac{3x^3-12x-x^2y+4y}{x^4-5x^3-14x^2}=\frac{(x^2-4)(3x-y)}{x^2(x^2-5x-14)}=\frac{(x+2)(x-2)(3x-y)}{x^2(x-7)(x+2)}=\frac{(x-2)(3x-y)}{x^2(x-7)}$$ **R.**

8) Simplificar $\frac{(a^2-1)(a^2+2a-3)}{(a^2-2a+1)(a^2+4a+3)}$.

$$\frac{(a^2-1)(a^2+2a-3)}{(a^2-2a+1)(a^2+4a+3)}=\frac{(a+1)(a-1)(a+3)(a-1)}{(a-1)^2(a+3)(a+1)}=1$$ **R.**

9) Simplificar $\frac{x^3+x^2-5x+3}{x^4+x^3-2x^2+9x-9}$.

Descomponiendo por evaluación se tiene:

$$\frac{x^3+x^2-5x+3}{x^4+x^3-2x^2+9x-9}=\frac{(x-1)(x-1)(x+3)}{(x-1)(x+3)(x^2-x+3)}=\frac{x-1}{x^2-x+3}$$ **R.**

Ejercicio 119

Simplificar o reducir a su más simple expresión:

1. $\frac{3ab}{2a^2x+2a^3}$
2. $\frac{xy}{3x^2y-3xy^2}$
3. $\frac{2ax+4bx}{3ay+6by}$
4. $\frac{x^2-2x-3}{x-3}$
5. $\frac{10a^2b^3c}{80(a^3-a^2b)}$
6. $\frac{x^2-4}{5ax+10a}$
7. $\frac{3x^2-4x-15}{x^2-5x+6}$
8. $\frac{15a^2bn-45a^2bm}{10a^2b^2n-30a^2b^2m}$
9. $\frac{x^2-y^2}{x^2+2xy+y^2}$
10. $\frac{3x^2y+15xy}{x^2-25}$
11. $\frac{a^2-4ab+4b^2}{a^3-8b^3}$
12. $\frac{x^3+4x^2-21x}{x^3-9x}$
13. $\frac{6x^2+5x-6}{15x^2-7x-2}$
14. $\frac{a^3+1}{a^4-a^3+a-1}$
15. $\frac{2ax+ay-4bx-2by}{ax-4a-2bx+8b}$
16. $\frac{a^2-ab-6b^2}{a^3x-6a^2bx+9ab^2x}$
17. $\frac{m^2+n^2}{m^4-n^4}$
18. $\frac{x^3+y^3}{(x+y)^3}$
19. $\frac{(m-n)^2}{m^2-n^2}$
20. $\frac{(a-x)^3}{a^3-x^3}$
21. $\frac{a^2-a-20}{a^2-7a+10}$

22. $\frac{(1-a^2)^2}{a^2+2a+1}$

23. $\frac{a^4b^2-a^2b^4}{a^4-b^4}$

24. $\frac{x^2-y^2}{x^3-y^3}$

25. $\frac{24a^3b+8a^2b^2}{36a^4+24a^3b+4a^2b^2}$

26. $\frac{n^3-n}{n^2-5n-6}$

27. $\frac{8n^3+1}{8n^3-4n^2+2n}$

28. $\frac{a^2-(b-c)^2}{(a+b)^2-c^2}$

29. $\frac{(a+b)^2-(c-d)^2}{(a+c)^2-(b-d)^2}$

30. $\frac{3x^3+9x^2}{x^2+6x+9}$

31. $\frac{10a^2(a^3+b^3)}{6a^4-6a^3b+6a^2b^2}$

32. $\frac{a(4a^2-8ab)}{x(3a^2-6ab)}$

33. $\frac{x^3-6x^2}{x^2-12x+36}$

34. $\frac{(x-4y)^2}{x^5-64x^2y^3}$

35. $\frac{x^3-3xy^2}{x^4-6x^2y^2+9y^4}$

36. $\frac{m^3n+3m^2n+9mn}{m^3-27}$

37. $\frac{x^4-8x^2+15}{x^4-9}$

38. $\frac{a^4+6a^2-7}{a^4+8a^2-9}$

39. $\frac{3x^2+19x+20}{6x^2+17x+12}$

40. $\frac{4a^4-15a^2-4}{a^2-8a-20}$

41. $\frac{125a+a^4}{2a^3+20a^2+50a}$

42. $\frac{a^2n^2-36a^2}{an^2+an-30a}$

43. $\frac{3m^2+5mn-8n^2}{m^3-n^3}$

44. $\frac{15a^3b-18a^2b}{20a^2b^2-24ab^2}$

45. $\frac{9x^2-24x+16}{9x^4-16x^2}$

46. $\frac{16a^2x-25x}{12a^3-7a^2-10a}$

47. $\frac{8x^4-xy^3}{4x^4-4x^3y+x^2y^2}$

48. $\frac{3an-4a-6bn+8b}{6n^2-5n-4}$

49. $\frac{x^4-49x^2}{x^3+2x^2-63x}$

50. $\frac{x^4+x-x^3y-y}{x^3-x-x^2y+y}$

51. $\frac{2x^3+6x^2-x-3}{x^3+3x^2+x+3}$

52. $\frac{a^3m-4am+a^3n-4an}{a^4-4a^3-12a^2}$

53. $\frac{4a^2-(x-3)^2}{(2a+x)^2-9}$

54. $\frac{m-am+n-an}{1-3a+3a^2-a^3}$

55. $\frac{6x^2+3}{42x^5-9x^3-15x}$

56. $\frac{a^2-a^3-1+a}{a^2+1-a^3-a}$

57. $\frac{8x^3+12x^2y+6xy^2+y^3}{6x^2+xy-y^2}$

58. $\frac{8n^3-125}{25-20n+4n^2}$

59. $\frac{6-x-x^2}{15+2x-x^2}$

60. $\frac{3+2x-8x^2}{4+5x-6x^2}$

61. $\frac{m^2n^2+3mn-10}{4-4mn+m^2n^2}$

62. $\frac{x^3+x^2y-4b^2x-4b^2y}{4b^2-4bx+x^2}$

63. $\frac{x^6+x^3-2}{x^4-x^3y-x+y}$

64. $\frac{(x^2-x-2)(x^2-9)}{(x^2-2x-3)(x^2+x-6)}$

65. $\frac{(a^2-4a+4)(4a^2-4a+1)}{(a^2+a-6)(2a^2-5a+2)}$

66. $\frac{(x^3-3x)(x^3-1)}{(x^4+x^3+x^2)(x^2-1)}$

67. $\frac{(4n^2+4n-3)(n^2+7n-30)}{(2n^2-7n+3)(4n^2+12n+9)}$

68. $\frac{(x^6-y^6)(x+y)}{(x^3-y^3)(x^3+x^2y+xy^2+y^3)}$

69. $\frac{x^3+3x^2-4}{x^3+x^2-8x-12}$

70. $\frac{x^3-x^2-8x+12}{x^4-2x^3-7x^2+20x-12}$

71. $\frac{x^4-7x^2-2x+8}{x^4-2x^3-9x^2+10x+24}$

72. $\frac{a^5-a^3-a^2+1}{a^5-2a^4-6a^3+8a^2+5a-6}$

SIMPLIFICACIÓN DE FRACCIONES. CASO EN QUE HAY QUE CAMBIAR EL SIGNO A UNO O MÁS FACTORES

187

Ejemplos

1) Simplificar $\frac{2a-2b}{3b-3a}$.

Descomponiendo: $\frac{2a-2b}{3b-3a}=\frac{2(a-b)}{3(b-a)}=-\frac{2(a-b)}{3(a-b)}=-\frac{2}{3}$ **R.**

Al descomponer vemos que no hay simplificación porque el factor $(a-b)$ del numerador es distinto del factor $(b-a)$ del denominador, pero *cambiando* el signo a $(b-a)$ se convierte en $(a-b)$ y este factor se cancela con el $(a-b)$ del numerador, pero como le hemos cambiado el signo a un factor (número impar) hay que cambiar *el signo de la fracción*, para que ésta no varíe y por eso ponemos – delante de la fracción.

2) Simplificar $\frac{ax^2-9a}{3x-3y-x^2+xy}$.

$$\frac{ax^2-9a}{3x-3y-x^2+xy}=\frac{a(x+3)(x-3)}{(x-y)(3-x)}=\frac{a(x+3)(x-3)}{(y-x)(x-3)}=\frac{a(x+3)}{y-x}\quad \textbf{R.}$$

Le cambiamos el signo al factor $(3-x)$ convirtiéndolo en $(x-3)$ que se cancela con el $(x-3)$ del numerador, y también le cambiamos el signo al factor $(x-y)$ que se convierte en $(y-x)$. Como le hemos cambiado el signo a dos factores (*número par*) el signo de la fracción *no se cambia*.
Si le cambiamos el signo solamente a $(3-x)$ hay que cambiarle el signo a la fracción, y tendremos:

$$\frac{ax^2-9a}{3x-3y-x^2+xy}=\frac{a(x+3)(x-3)}{(x-y)(3-x)}=-\frac{a(x+3)(x-3)}{(x-y)(x-3)}=-\frac{a(x+3)}{x-y}\quad \textbf{R.}$$

Ambas soluciones son legítimas.

3) Simplificar $\frac{2a^2+a-3}{1-a^3}$.

$$\frac{2a^2+a-3}{1-a^3}=\frac{(2a+3)(a-1)}{(1-a)(1+a+a^2)}=-\frac{(2a+3)(a-1)}{(a-1)(1+a+a^2)}=-\frac{2a+3}{1+a+a^2}\quad \textbf{R.}$$

4) Simplificar $\frac{x^2-4x+4}{4x^2-x^4}$.

$$\frac{x^2-4x+4}{4x^2-x^4}=\frac{(x-2)^2}{x^2(4-x^2)}=\frac{(x-2)^2}{x^2(2+x)(2-x)}=-\frac{(x-2)^2}{x^2(2+x)(x-2)}=-\frac{x-2}{x^2(x+2)}\quad \textbf{R.}$$

Aquí le cambiamos el signo al factor $(2-x)$ y a la fracción.
También, como la descomposición del trinomio cuadrado perfecto x^2-4x+4 puede escribirse $(x-2)^2$ o $(2-x)^2$, usando esta última forma, tendremos:

$$\frac{x^2-4x+4}{4x^2-x^4}=\frac{(2-x)^2}{x^2(2+x)(2-x)}=\frac{2-x}{x^2(2+x)}\quad \textbf{R.}$$

Ejercicio 120

Simplificar o reducir a su más simple expresión:

1. $\frac{4-4x}{6x-6}$

2. $\frac{a^2-b^2}{b^2-a^2}$

3. $\frac{m^2-n^2}{(n-m)^2}$

4. $\frac{x^2-x-12}{16-x^2}$

5. $\frac{3y-6x}{2mx-my-2nx+ny}$

6. $\frac{2x^2-9x-5}{10+3x-x^2}$

7. $\frac{8-a^3}{a^2+2a-8}$

8. $\frac{a^2+a-2}{n-an-m+am}$

9. $\frac{4x^2-4xy+y^2}{5y-10x}$

10. $\frac{3mx-nx-3my+ny}{ny^2-nx^2-3my^2+3mx^2}$

11. $\frac{9-6x+x^2}{x^2-7x+12}$

12. $\frac{a^2-b^2}{b^3-a^3}$

13. $\frac{3ax-3bx-6a+6b}{2b-2a-bx+ax}$

14. $\frac{a^2-x^2}{x^2-ax-3x+3a}$

15. $\frac{3bx-6x}{8-b^3}$

16. $\frac{(1-a)^3}{a-1}$

17. $\frac{2x^3-2x^2y-2xy^2}{3y^3+3xy^2-3x^2y}$

18. $\frac{(a-b)^3}{(b-a)^2}$

19. $\frac{2x^2-22x+60}{75-3x^2}$

20. $\frac{6an^2-3b^2n^2}{b^4-4ab^2+4a^2}$

21. $\frac{(x-y)^2-z^2}{(y+z)^2-x^2}$

22. $\frac{3a^2-3ab}{bd-ad-bc+ac}$

23. $\frac{(x-5)^3}{125-x^3}$

24. $\frac{13x-6-6x^2}{6x^2-13x+6}$

25. $\frac{2x^3-2xy^2+x^2-y^2}{2xy^2+y^2-2x^3-x^2}$

26. $\frac{30x^2y-45xy^2-20x^3}{8x^3+27y^3}$

27. $\frac{n+1-n^3-n^2}{n^3-n-2n^2+2}$

28. $\frac{(x-2)^2(x^2+x-12)}{(2-x)(3-x)^2}$

29. $\frac{5x^3-15x^2y}{90x^3y^2-10x^5}$

30. $\frac{(x^2-1)(x^2-8x+16)}{(x^2-4x)(1-x^2)}$

188 SIMPLIFICACIÓN DE FRACCIONES CUYOS TÉRMINOS NO PUEDEN FACTORIZARSE FÁCILMENTE

REGLA

Hállese el m. c. d. del numerador y denominador por divisiones sucesivas y divídanse numerador y denominador por su m. c. d.

Ejemplo

Simplificar $\frac{x^6-2x^5+5x^4-x^3+2x^2-5x}{x^5-2x^4+6x^3-2x^2+5x}$.

Hallando el m. c. d. del numerador y denominador por divisiones sucesivos se halla que el m. c. d. es $x(x^2-2x+5)=x^3-2x^2+5x$.

Ahora dividimos los dos términos de la fracción por su m. c. d. x^3-2x^2+5x y tendremos:

$$\frac{x^6-2x^5+5x^4-x^3+2x^2-5x}{x^5-2x^4+6x^3-2x^2+5x}$$

$$=\frac{(x^6-2x^5+5x^4-x^3+2x^2-5x)\div(x^3-2x^2+5x)}{(x^5-2x^4+6x^3-2x^2+5x)\div(x^3-2x^2+5x)}=\frac{x^3-1}{x^2+1} \quad \textbf{R.}$$

Ejercicio 121

Simplificar las fracciones siguientes hallando el m. c. d. de los dos términos:

1. $\dfrac{a^4-a^3x+a^2x^2-ax^3}{a^4-a^3x-2a^2x^2+2ax^3}$

2. $\dfrac{x^4+3x^3+4x^2-3x-5}{x^4+3x^3+6x^2+3x+5}$

3. $\dfrac{2ax^4-ax^3-ax^2-2ax+2a}{3ax^4-4ax^3+ax^2+3ax-3a}$

4. $\dfrac{6x^3-13x^2+18x-8}{10x^3-9x^2+11x+12}$

5. $\dfrac{x^4-2x^3y+2x^2y^2-xy^3}{2x^4-5x^3y+4x^2y^2-xy^3}$

6. $\dfrac{2a^5-a^4+2a^3+2a^2+3}{3a^5-a^4+3a^3+4a^2+5}$

7. $\dfrac{1-x-x^3+x^4}{1-2x-x^2-2x^3+x^4}$

8. $\dfrac{2m^3+2m^2n-mn^2-n^3}{3m^3+3m^2n+mn+n^2}$

9. $\dfrac{6a^5+3a^4-4a^3-2a^2+10a+5}{3a^6+7a^4-a^2+15}$

10. $\dfrac{5x^6-10x^4+21x^3-2x+4}{3x^6-6x^4+11x^3+2x-4}$

11. $\dfrac{n^6-3n^5-n^4+3n^3+7n^2-21n}{n^6+2n^5-n^4-2n^3+7n^2+14n}$

12. $\dfrac{a^7+2a^6-5a^5+8a^4+a^3+2a^2-5a+8}{a^6+2a^5-5a^4+10a^3+4a^2-10a+16}$

II. REDUCIR UNA FRACCIÓN A TÉRMINOS MAYORES

Se trata de convertir una fracción en otra fracción equivalente de numerador o denominador dado, siendo el nuevo numerador o denominador múltiplo del numerador o denominador de la fracción dada. 189

Ejemplos

1) Reducir $\frac{2a}{3b}$ a fracción equivalente de numerador $6a^2$.

$$\frac{2a}{3b}=\frac{6a^2}{}$$

Para que $2a$ se convierta en $6a^2$ hay que multiplicarlo por $6a^2 \div 2a = 3a$, luego para que la fracción no varíe hay que multiplicar el denominador por $3a$: $3b \times 3a = 9ab$, luego

$$\frac{2a}{3b}=\frac{6a^2}{9ab} \quad \textbf{R.}$$

La fracción obtenida es equivalente a la fracción dada porque una fracción no varía si sus dos términos se multiplican por una misma cantidad.

2) Convertir $\frac{5}{4y^3}$ en fracción equivalente de denominador $20a^2y^4$.

$$\frac{5}{4y^3}=\frac{}{20a^2y^4}$$

Para que $4y^3$ se convierta en $20a^2y^4$ hay que multiplicarlo por $20a^2y^4 \div 4y^3 = 5a^2y$, luego para que la fracción no varíe hay que multiplicar el numerador por $5a^2y$: $5 \times 5a^2y = 25a^2y$, luego

$$\frac{5}{4y^3}=\frac{25a^2y}{20a^2y^4} \quad \textbf{R.}$$

3) Reducir $\frac{x-2}{x-3}$ a fracción equivalente de denominador $x^2 - x - 6$.

$$\frac{x-2}{x-3} = \frac{\quad}{x^2-x-6}$$

Para que $x - 3$ se convierta en $x^2 - x - 6$ hay que multiplicarlo por $(x^2 - x - 6) \div (x - 3) = x + 2$, luego el numerador hay que multiplicarlo por $x + 2$, y tendremos:

$$\frac{x-2}{x-3} = \frac{(x-2)(x+2)}{x^2-x-6} = \frac{x^2-4}{x^2-x-6} \quad \textbf{R.}$$

Ejercicio 122

Completar:

1. $\frac{3}{2a} = \frac{\quad}{4a^2}$
2. $\frac{5}{9x^2} = \frac{20a}{\quad}$
3. $\frac{m}{ab^2} = \frac{\quad}{2a^2b^2}$
4. $\frac{3x}{8y} = \frac{9x^2y^2}{\quad}$
5. $\frac{4m}{5n^2} = \frac{\quad}{5n^3}$
6. $\frac{2x+7}{5} = \frac{\quad}{15}$
7. $\frac{2x}{x-1} = \frac{\quad}{x^2-x}$
8. $\frac{a^2}{a+2} = \frac{2a^3}{\quad}$
9. $\frac{3a}{a+b} = \frac{\quad}{a^2+2ab+b^2}$
10. $\frac{x-4}{x+3} = \frac{\quad}{x^2+5x+6}$
11. $\frac{2a}{x+a} = \frac{2a^3}{\quad}$
12. $\frac{x-y}{6} = \frac{\quad}{12}$
13. $\frac{5x}{a-b} = \frac{\quad}{a^2-b^2}$
14. $\frac{x-5}{a} = \frac{3x^2-15x}{\quad}$
15. $\frac{5x}{2x+y} = \frac{\quad}{4x^2+4xy+y^2}$
16. $\frac{x+3}{x+1} = \frac{x^2-9}{\quad}$
17. $\frac{2}{a+1} = \frac{\quad}{a^3+1}$
18. $\frac{x-2y}{3x} = \frac{\quad}{9x^2y}$
19. $\frac{x-1}{x+1} = \frac{x^2-1}{\quad}$
20. $\frac{a-b}{7a^2} = \frac{\quad}{63a^3b}$
21. $\frac{x+1}{x+5} = \frac{\quad}{x^2+3x-10}$

III. REDUCIR UNA FRACCIÓN A EXPRESIÓN ENTERA O MIXTA

190 Como una fracción representa la división indicada del numerador entre el denominador, para reducir una fracción a expresión entera o mixta aplicamos la siguiente:

REGLA

1) **Se divide el numerador entre el denominador.**
2) **Si la división es exacta, la fracción equivale a una expresión entera.**
3) **Si la división no es exacta, se continúa hasta que el primer término del residuo no sea divisible por el primer término del divisor y se añade al cociente una fracción cuyo numerador es el residuo y cuyo denominador es el divisor.**

Ejemplos

1) Reducir la expresión entera $\frac{4x^3-2x^2}{2x}$.

Dividiendo cada término del numerador por el denominador, se tiene:

$$\frac{4x^3-2x^2}{2x}=\frac{4x^3}{2x}-\frac{2x^2}{2x}=2x^2-x \quad \textbf{R.}$$

2) Reducir a expresión mixta $\frac{3a^3-12a^2-4}{3a}$.

Dividiendo el numerador por el denominador:

$$\begin{array}{rrr|l} 3a^3 & -12a^2 & -4 & 3a \\ -3a^3 & & & a^2-4a \\ \hline & -12a^2 & -4 & \\ & 12a^2 & & \\ \hline & & -4 & \end{array}$$

$$3a^3-12a^2-4=a^2-4a+\frac{-4}{3a}$$

Cambiando el signo al numerador –4 y cambiando el signo a la fracción, tendremos:

$$3a^3-12a^2-4=a^2-4a-\frac{4}{3a} \quad \textbf{R.}$$

3) Reducir a expresión mixta $\frac{6x^3-3x^2-5x+3}{3x^2-2}$.

$$\begin{array}{rrrr|l} 6x^3 & -3x^2 & -5x & +3 & 3x^2-2 \\ -6x^3 & & +4x & & 2x-1 \\ \hline & -3x^2 & -x & +3 & \\ & 3x^2 & & -2 & \\ \hline & & -x & +1 & \end{array}$$

Tendremos: $\frac{6x^3-3x^2-5x+3}{3x^2-2}=2x-1+\frac{-x+1}{3x^2-2}$.

Cambiando el signo al numerador (a cada uno de sus términos) y a la fracción, tendremos:

$$\frac{6x^3-3x^2-5x+3}{3x^2-2}=2x-1-\frac{x-1}{3x^2-2} \quad \textbf{R.}$$

Ejercicio 123

Reducir a expresión entera o mixta:

1. $\frac{6a^3-10a^2}{2a}$
2. $\frac{9x^3y-6x^2y^2+3xy^3}{3xy}$
3. $\frac{x^2+3}{x}$
4. $\frac{10a^2+15a-2}{5a}$

5. $\frac{9x^3-6x^2+3x-5}{3x}$

6. $\frac{x^2-5x-16}{x+2}$

7. $\frac{12x^2-6x-2}{4x-1}$

8. $\frac{a^3+3b^3}{a+2b}$

9. $\frac{x^3-x^2-6x+1}{x^2-3}$

10. $\frac{3x^3+4x^2y+2xy^2-6y^3}{3x-2y}$

11. $\frac{2x^3-7x^2+6x-8}{2x^2-x+1}$

12. $\frac{2a^4-3a^3+a^2}{a^2-a+1}$

13. $\frac{x^4-4x^2-3x}{x^2-2}$

14. $\frac{10n^3-18n^2-5n+3}{2n^2-3n+1}$

15. $\frac{8x^4}{4x^2+5x+6}$

16. $\frac{6m^5+3m^4n}{3m^3-mn^2+n^3}$

IV. REDUCIR UNA EXPRESIÓN MIXTA A FRACCIONARIA

191 **REGLA**

Se multiplica la parte entera por el denominador; a este producto se le suma o resta el numerador, según que el signo que haya delante de la fracción sea + o –, y se parte todo por el denominador. La fracción que resulta se simplifica, si es posible.

Ejemplos

1) Reducir $x-2+\frac{3}{x-1}$ a fracción.

$$x-2+\frac{3}{x-1}=\frac{(x-2)(x-1)+3}{x-1}=\frac{x^2-3x+2+3}{x-1}=\frac{x^2-3x+5}{x-1}\quad \textbf{R.}$$

2) Reducir $a+b-\frac{a^2+b^2}{a-b}$ a fracción.

$$a+b-\frac{a^2+b^2}{a-b}=\frac{(a+b)(a-b)-(a^2+b^2)}{a-b}=\frac{a^2-b^2-a^2-b^2}{a-b}=-\frac{2b^2}{a-b}\quad \textbf{R.}$$

IMPORTANTE

Obsérvese que como la fracción tiene signo – delante, para restar el numerador a^2+b^2 hay que *cambiarle el signo a cada uno de sus términos* y esto se indica incluyendo a^2+b^2 en *un paréntesis precedido del signo –*.

3) Reducir $x+1-\frac{x^3+5x^2-18}{x^2+5x+6}$ a fracción.

$$x+1-\frac{x^3+5x^2-18}{x^2+5x+6}=\frac{(x+1)(x^2+5x+6)-(x^3+5x^2-18)}{x^2+5x+6}$$

$$=\frac{x^3+6x^2+11x+6-x^3-5x^2+18}{x^2+5x+6}=\frac{x^2+11x+24}{x^2+5x+6}=\frac{(x+8)(x+3)}{(x+3)(x+2)}=\frac{x+8}{x+2}\quad \textbf{R.}$$

Ejercicio 124

Reducir a fracción:

1. $a+\frac{4a}{a+2}$
2. $m-n-\frac{n^2}{m}$
3. $x+5-\frac{3}{x-2}$
4. $a+\frac{ab}{a+b}$
5. $\frac{1-a^2}{a}+a-3$
6. $1-\frac{a+x}{a-x}$
7. $\frac{2a+x}{a+x}-1$
8. $x+2-\frac{3}{x-1}$
9. $x^2-3x-\frac{x^2-6x}{x+2}$
10. $x+y+\frac{x^2-y^2}{x-y}$
11. $\frac{3mn}{m-n}+m-2n$
12. $2a-3x-\frac{5ax-6x^2}{a+2x}$
13. $m^2-2m+4-\frac{m^3}{m+2}$
14. $x^2-5x-\frac{3x(x+2)}{x-2}$
15. $a^2+3ab-b^2+\frac{7ab^2-b^3}{2a-b}$
16. $\frac{x^3+2}{x^2-x+1}-(x+1)$
17. $x+3-\frac{x^3-2x^2+1}{x^2-4x+3}$
18. $3a+\frac{3a^2b+3ab^2}{a^2-b^2}$
19. $x-3-\frac{x^3-27}{x^2-6x+9}$
20. $a^2-3a+5+\frac{2a^3+11a+9}{a^2+a-2}$

V. REDUCCIÓN DE FRACCIONES AL MÍNIMO COMÚN DENOMINADOR

REDUCIR FRACCIONES AL MÍNIMO COMÚN DENOMINADOR es convertirlas en fracciones equivalentes que tengan el mismo denominador y que éste sea el menor posible. 192

Para reducir fracciones al mínimo común denominador se sigue la siguiente regla, la cual es idéntica a la que empleamos en Aritmética:

REGLA

1) **Se simplifican las fracciones dadas, si es posible.**
2) **Se halla el mínimo común múltiplo de los denominadores, que será el denominador común.**
3) **Para hallar los numeradores, se divide el m. c. m. de los denominadores entre cada denominador, y el cociente se multiplica por el numerador respectivo.**

Ejemplos

1) Reducir $\frac{2}{a}, \frac{3}{2a^2}, \frac{5}{4x^2}$ al mínimo común denominador.

Hallamos el m. c m. de a, $2a^2$ y $4x^2$ que es $4a^2x^2$. Este es el denominador común. Ahora dividimos $4a^2x^2$ entre los denominadores a, $2a^2$ y $4x^2$ y cada cociente lo multiplicamos por su numerador respectivo, y tendremos:

$$4a^2x^2 \div a = 4ax^2 \qquad \frac{2}{a}=\frac{2\times 4ax^2}{4a^2x^2}=\frac{8ax^2}{4a^2x^2}$$

$4a^2x^2 \div 2a^2 = 2x^2 \qquad \frac{3}{2a^2} = \frac{3 \times 2x^2}{4a^2x^2} = \frac{6x^2}{4a^2x^2}$

$4a^2x^2 \div 4x^2 = a^2 \qquad \frac{5}{4x^2} = \frac{5 \times a^2}{4a^2x^2} = \frac{5a^2}{4a^2x^2}$

Las fracciones, reducidas al mínimo común denominador, quedan:

$$\frac{8ax^2}{4a^2x^2}, \frac{6x^2}{4a^2x^2}, \frac{5a^2}{4a^2x^2} \quad \textbf{R.}$$

Estas fracciones son equivalentes a las fracciones dadas porque no hemos hecho más que multiplicar los dos términos de cada fracción por el cociente de dividir el m. c. m. entre su denominador respectivo, con lo cual las fracciones no se alteran (**176**).

2) Reducir $\frac{1}{3x^2}, \frac{x-1}{6x}, \frac{2x-3}{9x^3}$ al mínimo común denominador.

El m. c. m. de $3x^2$, $6x$ y $9x^3$ es $18x^3$. Éste es el denominador común.

Tendremos: $18x^3 \div 3x^2 = 6x \qquad \frac{1}{3x^2} = \frac{1 \times 6x}{18x^3} = \frac{6x}{18x^3}$

$18x^3 \div 6x = 3x^2 \qquad \frac{x-1}{6x} = \frac{3x^2(x-1)}{18x^3} = \frac{3x^3 - 3x^2}{18x^3}$

$18x^3 \div 9x^3 = 2 \qquad \frac{2x-3}{9x^3} = \frac{2(2x-3)}{18x^3} = \frac{4x-6}{18x^3}$

$$\frac{6x}{18x^3}, \frac{3x^3 - 3x^2}{18x^3}, \frac{4x-6}{18x^3} \quad \textbf{R.}$$

3) Reducir $\frac{a-b}{ab}, \frac{2a}{ab+b^2}, \frac{3b}{a^2+ab}$ al mínimo común denominador.

Hallemos el m. c. m. de los denominadores, factorizando los binomios:

$$ab = ab$$
$$ab + b^2 = b(a+b)$$
$$a^2 + ab = a(a+b) \qquad \text{m. c. m.} = ab(a+b)$$

Ahora dividimos el m. c. m. $ab(a+b)$ entre cada denominador o lo que es lo mismo, entre la descomposición de cada denominador.

$\frac{ab(a+b)}{ab} = a+b \qquad \frac{a-b}{ab} = \frac{(a-b)(a+b)}{ab(a+b)} = \frac{a^2-b^2}{ab(a+b)}$

$\frac{ab(a+b)}{b(a+b)} = a \qquad \frac{2a}{ab+b^2} = \frac{2a \times a}{ab(a+b)} = \frac{2a^2}{ab(a+b)} \quad \textbf{R.}$

$\frac{ab(a+b)}{a(a+b)} = b \qquad \frac{3b}{a^2+ab} = \frac{3b \times b}{ab(a+b)} = \frac{3b^2}{ab(a+b)}$

4) Reducir $\frac{x+3}{x^2-1}, \frac{2x}{x^2+3x+2}, \frac{x+4}{x^2+x-2}$ al mínimo común denominador.

Hallemos el m.c.m. factorizando los denominadores:

$$x^2-1=(x+1)(x-1)$$
$$x^2+3x+2=(x+2)(x+1)$$
$$x^2+x-2=(x+2)(x-1)$$

m. c. m. $=(x+1)(x-1)(x+2)$

Dividiendo el m. c. m. $(x+1)(x-1)(x+2)$ entre la descomposición de cada denominador, tendremos:

$$\frac{(x+1)(x-1)(x+2)}{(x+1)(x-1)}=x+2 \qquad \frac{x+3}{x^2-1}=\frac{(x+3)(x+2)}{(x+1)(x-1)(x+2)}=\frac{x^2+5x+6}{(x+1)(x-1)(x+2)}$$

$$\frac{(x+1)(x-1)(x+2)}{(x+2)(x+1)}=x-1 \qquad \frac{2x}{x^2+3x+2}=\frac{2x(x-1)}{(x+1)(x-1)(x+2)}=\frac{2x^2-2x}{(x+1)(x-1)(x+2)} \quad \textbf{R.}$$

$$\frac{(x+1)(x-1)(x+2)}{(x+2)(x-1)}=x+1 \qquad \frac{x+4}{x^2+x-2}=\frac{(x+4)(x+1)}{(x+1)(x-1)(x+2)}=\frac{x^2+5x+4}{(x+1)(x-1)(x+2)}$$

Ejercicio 125

Reducir al mínimo común denominador:

1. $\frac{a}{b}, \frac{1}{ab}$
2. $\frac{x}{2a}, \frac{4}{3a^2x}$
3. $\frac{1}{2x^2}, \frac{3}{4x}, \frac{5}{8x^3}$
4. $\frac{3x}{ab^2}, \frac{x}{a^2b}, \frac{3}{a^3}$
5. $\frac{7y}{6x^2}, \frac{1}{9xy}, \frac{5x}{12y^3}$
6. $\frac{a-1}{3a}, \frac{5}{6a}, \frac{a+2}{a^2}$
7. $\frac{x-y}{x^2y}, \frac{x+y}{3xy^2}, 5$
8. $\frac{m+n}{2m}, \frac{m-n}{5m^3n}, \frac{1}{10n^2}$
9. $\frac{a+b}{6}, \frac{a-b}{2a}, \frac{a^2+b^2}{3b^2}$
10. $\frac{2a-b}{3a^2}, \frac{3b-a}{4b^2}, \frac{a-3b}{2}$
11. $\frac{2}{5}, \frac{3}{x+1}$
12. $\frac{a}{a+b}, \frac{b}{a^2-b^2}$
13. $\frac{x}{x^2-1}, \frac{1}{x^2-x-2}$
14. $\frac{a-3}{4(a+5)}, \frac{3a}{8}$
15. $\frac{x^2}{3(a-x)}, \frac{x}{6}$
16. $\frac{3}{x^2}, \frac{2}{x}, \frac{x+3}{x^2-x}$
17. $\frac{1}{2a+2b}, \frac{a}{4a-4b}, \frac{b}{8}$
18. $\frac{x}{xy}, \frac{y}{x^2+xy}, \frac{3}{xy+y^2}$
19. $\frac{2}{a^2-b^2}, \frac{1}{a^2+ab}, \frac{a}{a^2-ab}$
20. $\frac{3x}{x+1}, \frac{x^2}{x-1}, \frac{x^3}{x^2-1}$
21. $\frac{1}{m^2-n^2}, \frac{m}{m^2+mn}, \frac{n}{m^2-mn}$
22. $\frac{n+1}{n-1}, \frac{n-1}{n+1}, \frac{n^2+1}{n^2-1}$
23. $\frac{a^2-b^2}{a^2+b^2}, \frac{a^2+b^2}{a^2-b^2}, \frac{a^4+b^4}{a^4-b^4}$
24. $\frac{3x}{x-1}, \frac{x-1}{x+2}, \frac{1}{x^2+x-2}$
25. $\frac{x}{2}, \frac{x}{5x+15}, \frac{x-1}{10x+30}$
26. $\frac{2x-1}{x+4}, \frac{3x+1}{3x+12}, \frac{4x+3}{6x+24}$
27. $\frac{3}{a+4}, \frac{2}{9a^2-25}, \frac{5}{3a-5}$
28. $\frac{x+1}{x^2-4}, \frac{x+2}{x^2+x-6}, \frac{3x}{x^2+5x+6}$
29. $\frac{a+3}{a^2+a-20}, \frac{5a}{a^2-7a+12}, \frac{a+1}{a^2+2a-15}$
30. $\frac{a+1}{a^3-1}, \frac{2a}{a^2+a+1}, \frac{1}{a-1}$
31. $\frac{1}{x-1}, \frac{1}{x^3-1}, \frac{2}{3}$
32. $\frac{3}{2a^2+2ab}, \frac{b}{a^2x+abx}, \frac{1}{4ax^2-4bx^2}$
33. $\frac{1}{a-1}, \frac{a+1}{(a-1)^2}, \frac{3(a+1)}{(a-1)^3}$
34. $\frac{2x-3}{6x^2+7x+2}, \frac{3}{2x+1}, \frac{2x-1}{6x+4}$

Propagadores europeos de la Matemática hispano-árabe (siglo XIII). La Matemática hispano-árabe se introdujo en Europa a través de las traducciones que hicieron numerosos eruditos que se trasladaron a las universidades árabes de Córdoba, Sevilla, Toledo, etc. Se destacaron como traductores: Juan de España, que puso en latín las obras de Al Juarismi; Juan de Sacrobosco o Hollywood, que tradujo diversos tratados; y Adelardo de Bath, el más distinguido de ellos, que dio una visión latina de los estudios de Euclides.

Capítulo XIV

OPERACIONES CON FRACCIONES

I. SUMA

193 REGLA GENERAL PARA SUMAR FRACCIONES

1) **Se simplifican las fracciones dadas si es posible.**
2) **Se reducen las fracciones dadas al mínimo común denominador, si son de distinto denominador.**
3) **Se efectúan las multiplicaciones indicadas.**
4) **Se suman los numeradores de las fracciones que resulten y se parte esta suma por el denominador común.**
5) **Se reducen términos semejantes en el numerador.**
6) **Se simplifica la fracción que resulte, si es posible.**

194 SUMA DE FRACCIONES CON DENOMINADORES MONOMIOS

Ejemplos

1) Sumar $\frac{3}{2a}$ y $\frac{a-2}{6a^2}$.

Hay que reducir las fracciones al mínimo común denominador.

El m. c. m. de los denominadores es $6a^2$. Dividiendo $6a^2$ entre los denominadores, tenemos: $6a^2 \div 2a = 3a$ y $6a^2 \div 6a^2 = 1$. Estos cocientes los multiplicamos por los numeradores respectivos y tendremos:

$$\frac{3}{2a}+\frac{a-2}{6a^2}=\frac{3(3a)}{6a^2}+\frac{a-2}{6a^2}=\frac{9a}{6a^2}+\frac{a-2}{6a^2}$$

$$\text{(sumando los numeradores)} = \frac{9a+a-2}{6a^2}=\frac{10a-2}{6a^2}$$

$$\text{(simplificando)} = \frac{2(5a-1)}{6a^2}=\frac{5a-1}{3a^2} \quad \textbf{R.}$$

2) Simplificar $\frac{x-4a}{2ax}+\frac{x-2}{5x^2}+\frac{1}{10x}$.

El m. c. m. de los denominadores es $10ax^2$. Dividiendo $10ax^2$ entre cada denominador y multiplicando los cocientes por el numerador respectivo, tenemos:

$$\frac{x-4a}{2ax}+\frac{x-2}{5x^2}+\frac{1}{10x}=\frac{5x(x-4a)+2a(x-2)+ax}{10ax^2}$$

$$\text{(multiplicando)} = \frac{5x^2-20ax+2ax-4a+ax}{10ax^2}$$

$$\text{(reduciendo términos semejantes)} = \frac{5x^2-17ax-4a}{10ax^2} \quad \textbf{R.}$$

Ejercicio 126

Simplificar:

1. $\frac{x-2}{4}+\frac{3x+2}{6}$
2. $\frac{2}{5a^2}+\frac{1}{3ab}$
3. $\frac{a-2b}{15a}+\frac{b-a}{20b}$
4. $\frac{a+3b}{3ab}+\frac{a^2b-4ab^2}{5a^2b^2}$
5. $\frac{a-1}{3}+\frac{2a}{6}+\frac{3a+4}{12}$
6. $\frac{n}{m^2}+\frac{3}{mn}+\frac{2}{m}$
7. $\frac{1-x}{2x}+\frac{x+2}{x^2}+\frac{1}{3ax^2}$
8. $\frac{2a-3}{3a}+\frac{3x+2}{10x}+\frac{x-a}{5ax}$
9. $\frac{3}{5}+\frac{x+2}{2x}+\frac{x^2+2}{6x^2}$
10. $\frac{x-y}{12}+\frac{2x+y}{15}+\frac{y-4x}{30}$
11. $\frac{m-n}{mn}+\frac{n-a}{na}+\frac{2a-m}{am}$
12. $\frac{x+2}{3x}+\frac{x^2-2}{5x^2}+\frac{2-x^3}{9x^3}$
13. $\frac{1}{ab}+\frac{b^2-a^2}{ab^3}+\frac{ab+b^2}{a^2b^2}$
14. $\frac{a+3b}{ab}+\frac{2a-3m}{am}+\frac{3}{a}$

SUMA DE FRACCIONES CON DENOMINADORES COMPUESTOS

195

Ejemplos

1) Simplificar $\frac{1}{3x+3}+\frac{1}{2x-2}+\frac{1}{x^2-1}$.

Hallemos el m. c. m. de los denominadores, factorizando los binomios:

$3x+3=3(x+1)$
$2x-2=2(x-1)$
$x^2-1=(x+1)(x-1)$ m. c. m.: $6(x+1)(x-1)$

Dividiendo el denominador común $6(x+1)(x-1)$ entre cada denominador, o lo que es lo mismo, entre la descomposición de cada denominador, y multiplicando cada cociente por el numerador respectivo, tendremos:

$$\frac{1}{3x+3}+\frac{1}{2x-2}+\frac{1}{x^2-1}=\frac{2(x-1)+3(x+1)+6}{6(x+1)(x-1)}$$

$$\text{(multiplicando)}=\frac{2x-2+3x+3+6}{6(x+1)(x-1)}$$

$$\text{(reduciendo términos semejantes)}=\frac{5x+7}{6(x+1)(x-1)} \quad \textbf{R.}$$

2) Simplificar $\frac{a-1}{a^2-4}+\frac{a-2}{a^2-a-6}+\frac{a+6}{a^2-5a+6}$.

Hallemos el m. c. m. de los denominadores:

$a^2-4=(a+2)(a-2)$
$a^2-a-6=(a-3)(a+2)$
$a^2-5a+6=(a-3)(a-2)$ m. c. m.: $(a+2)(a-2)(a-3)$

Dividiendo el denominador común $(a+2)(a-2)(a-3)$ entre la descomposición de cada denominador, y multiplicando los cocientes por los numeradores respectivos, tendremos:

$$\frac{a-1}{a^2-4}+\frac{a-2}{a^2-a-6}+\frac{a+6}{a^2-5a+6}=\frac{(a-1)(a-3)+(a-2)^2+(a+2)(a+6)}{(a+2)(a-2)(a-3)}$$

$$\text{(multiplicando)}=\frac{a^2-4a+3+a^2-4a+4+a^2+8a+12}{(a+2)(a-2)(a-3)}$$

$$\text{(reduciendo términos semejantes)}=\frac{3a^2+19}{(a^2-4)(a-3)} \quad \textbf{R.}$$

Ejercicio 127

Simplificar:

1. $\frac{1}{a+1}+\frac{1}{a-1}$
2. $\frac{2}{x+4}+\frac{1}{x-3}$
3. $\frac{3}{1-x}+\frac{6}{2x+5}$
4. $\frac{x}{x-y}+\frac{x}{x+y}$
5. $\frac{m+3}{m-3}+\frac{m+2}{m-2}$
6. $\frac{x+y}{x-y}+\frac{x-y}{x+y}$
7. $\frac{x}{x^2-1}+\frac{x+1}{(x-1)^2}$
8. $\frac{2}{x-5}+\frac{3x}{x^2-25}$
9. $\frac{1}{3x-2y}+\frac{x-y}{9x^2-4y^2}$
10. $\frac{x+a}{x+3a}+\frac{3a^2-x^2}{x^2-9a^2}$
11. $\frac{a}{1-a^2}+\frac{a}{1+a^2}$
12. $\frac{2}{a^2-ab}+\frac{2}{ab+b^2}$

13. $\dfrac{ab}{9a^2-b^2}+\dfrac{a}{3a+b}$

14. $\dfrac{1}{a^2-b^2}+\dfrac{1}{(a-b)^2}$

15. $\dfrac{3}{x^2+y^2}+\dfrac{2}{(x+y)^2}$

16. $\dfrac{x}{a^2-ax}+\dfrac{a+x}{ax}+\dfrac{a}{ax-x^2}$

17. $\dfrac{3}{2x+4}+\dfrac{x-1}{2x-4}+\dfrac{x+8}{x^2-4}$

18. $\dfrac{1}{x+x^2}+\dfrac{1}{x-x^2}+\dfrac{x+3}{1-x^2}$

19. $\dfrac{x-y}{x+y}+\dfrac{x+y}{x-y}+\dfrac{4xy}{x^2-y^2}$

20. $\dfrac{1}{a-5}+\dfrac{a}{a^2-4a-5}+\dfrac{a+5}{a^2+2a+1}$

21. $\dfrac{3}{a}+\dfrac{2}{5a-3}+\dfrac{1-85a}{25a^2-9}$

22. $\dfrac{x+1}{10}+\dfrac{x-3}{5x-10}+\dfrac{x-2}{2}$

23. $\dfrac{x+5}{x^2+x-12}+\dfrac{x+4}{x^2+2x-15}+\dfrac{x-3}{x^2+9x+20}$

24. $\dfrac{1}{x-2}+\dfrac{1-2x^2}{x^3-8}+\dfrac{x}{x^2+2x+4}$

25. $\dfrac{2}{a+1}+\dfrac{a}{(a+1)^2}+\dfrac{a+1}{(a+1)^3}$

26. $\dfrac{2x}{3x^2+11x+6}+\dfrac{x+1}{x^2-9}+\dfrac{1}{3x+2}$

27. $\dfrac{x^2-4}{x^3+1}+\dfrac{1}{x+1}+\dfrac{3}{x^2-x+1}$

28. $\dfrac{1}{x-1}+\dfrac{1}{(x-1)(x+2)}+\dfrac{x+1}{(x-1)(x+2)(x+3)}$

29. $\dfrac{x-2}{2x^2-5x-3}+\dfrac{x-3}{2x^2-3x-2}+\dfrac{2x-1}{x^2-5x+6}$

30. $\dfrac{a-2}{a-1}+\dfrac{a+3}{a+2}+\dfrac{a+1}{a-3}$

II. RESTA

REGLA GENERAL PARA RESTAR FRACCIONES 196

1) **Se simplifican las fracciones dadas si es posible.**
2) **Se reducen las fracciones dadas al mínimo común denominador, si tienen distinto denominador.**
3) **Se efectúan las multiplicaciones indicadas.**
4) **Se restan los numeradores y la diferencia se parte por el denominador común.**
5) **Se reducen términos semejantes en el numerador.**
6) **Se simplifica el resultado si es posible.**

RESTA DE FRACCIONES CON DENOMINADORES MONOMIOS 197

Ejemplos

1) De $\dfrac{a+2b}{3a}$ restar $\dfrac{4ab^2-3}{6a^2b}$.

El m. c. m. de los denominadores es $6a^2b$. Dividiendo $6a^2b$ entre cada denominador y multiplicando cada cociente por el numerador respectivo, tenemos:

$$\frac{a+2b}{3a}-\frac{4ab^2-3}{6a^2b}=\frac{2ab(a+2b)}{6a^2b}-\frac{4ab^2-3}{6a^2b}$$

$$\text{(multiplicando)} = \frac{2a^2b+4ab^2}{6a^2b} - \frac{4ab^2-3}{6a^2b}$$

$$\text{(restando los numeradores)} = \frac{2a^2b+4ab^2-(4ab^2-3)}{6a^2b}$$

$$\text{(quitando el paréntesis)} = \frac{2a^2b+4ab^2-4ab^2+3}{6a^2b}$$

$$\text{(reduciendo)} = \frac{2a^2b+3}{6a^2b} \quad \textbf{R.}$$

IMPORTANTE

Obsérvese que para restar $4ab^2 - 3$ del primer numerador hay que cambiar el signo a cada uno de sus términos y esta operación la indicamos incluyendo $4ab^2 - 3$ en un paréntesis precedido del signo –.

2) Restar $\frac{x+2}{x^2}$ de $\frac{x-1}{3x}$.

El m. c. m. de los denominadores es $3x^2$, que será el denominador común.

$$\text{Tendremos: } \frac{x-1}{3x} - \frac{x+2}{x^2} = \frac{x(x-1)}{3x^2} - \frac{3(x+2)}{3x^2}$$

$$\text{(multiplicando)} = \frac{x^2-x}{3x^2} - \frac{3x+6}{3x^2}$$

$$\text{(restando los numeradores)} = \frac{x^2-x-(3x+6)}{3x^2}$$

$$\text{(quitando el paréntesis)} = \frac{x^2-x-3x-6}{3x^2}$$

$$\text{(reduciendo)} = \frac{x^2-4x-6}{3x^2} \quad \textbf{R.}$$

3) Simplificar $\frac{x^2+3x-2}{2x^2} - \frac{2x+5}{4x}$.

En la práctica suelen abreviarse algo los pasos anteriores, como indicamos a continuación.

El m. c. m. es $4x^2$

$$\frac{x^2+3x-2}{2x^2} - \frac{2x+5}{4x} = \frac{2(x^2+3x-2)-x(2x+5)}{4x^2}$$

$$\text{(multiplicando)} = \frac{2x^2+6x-4-2x^2-5x}{4x^2}$$

$$\text{(reduciendo)} = \frac{x-4}{4x^2} \quad \textbf{R.}$$

Obsérvese que al efectuar el producto $-x(2x+5)$ hay que fijarse en el signo – de la x y decimos: $(-x)2x = -2x^2$; $(-x)5 = -5x$.

Ejercicio 128

Simplificar:

1. $\frac{x-3}{4}-\frac{x+2}{8}$
2. $\frac{a+5b}{a^2}-\frac{b-3}{ab}$
3. $\frac{2}{3mn^2}-\frac{1}{2m^2n}$
4. $\frac{a-3}{5ab}-\frac{4-3ab^2}{3a^2b^3}$
5. $\frac{2a+3}{4a}-\frac{a-2}{8a}$
6. $\frac{y-2x}{20x}-\frac{x-3y}{24y}$
7. $\frac{x-1}{3}-\frac{x-2}{4}-\frac{x+3}{6}$
8. $\frac{3}{5}-\frac{2a+1}{10a}-\frac{4a^2+1}{20a^2}$
9. $\frac{3}{5x}-\frac{x-1}{3x^2}-\frac{x^2+2x+3}{15x^3}$
10. $\frac{1}{2a}-\frac{2+b}{3ab}-\frac{5}{6a^2b^3}$

RESTA DE FRACCIONES CON DENOMINADORES COMPUESTOS

198

Ejemplos

1) Simplificar $\frac{a}{ab-b^2}-\frac{1}{b}$.

Hallemos el m. c. m. de los denominadores:

$$ab-b^2=b(a-b)$$
$$b=b$$

m. c. m.: $b(a-b)$

Dividiendo $b\ (a-b)$ entre la descomposición de cada denominador y multiplicando cada cociente por el numerador respectivo, tenemos:

$$\frac{a}{ab-b^2}-\frac{1}{b}=\frac{a-(a-b)}{b(a-b)}=\frac{a-a+b}{b(a-b)}=\frac{b}{b(a-b)}=\frac{1}{a-b}\quad \textbf{R.}$$

2) Simplificar $\frac{2}{x+x^2}-\frac{1}{x-x^2}-\frac{1-3x}{x-x^3}$.

Hallemos el denominador común:

$$x+x^2=x(1+x)$$
$$x-x^2=x(1-x)$$
$$x-x^3=x(1-x^2)=x(1+x)(1-x)$$

m. c. m.: $x(1+x)(1-x)$

Dividiendo $x(1+x)(1-x)$ entre la descomposición de cada denominador, tenemos:

$$\frac{2}{x+x^2}-\frac{1}{x-x^2}-\frac{1-3x}{x-x^3}=\frac{2(1-x)-(1+x)-(1-3x)}{x(1+x)(1-x)}$$

$$=\frac{2-2x-1-x-1+3x}{x(1+x)(1-x)}=\frac{0}{x(1+x)(1-x)}=0\quad \textbf{R.}$$

Al reducir los términos semejantes en el numerador, se anulan todos los términos, luego queda cero en el numerador y cero partido por cualquier cantidad equivale a cero.

3) Simplificar $\frac{4x^2-1}{2x^2-8} - \frac{(x+1)^2}{x^2+4x+4} - \frac{x+3}{x-2}$.

Hallemos el denominador común:

$$2x^2-8=2(x^2-4)=2(x+2)(x-2)$$
$$x^2+4x+4=(x+2)^2$$
$$x-2=(x-2)$$

m. c. m.: $2(x+2)^2(x-2)$

Dividiendo $2(x+2)^2(x-2)$ entre la descomposición de cada denominador, tenemos:

$$\frac{4x^2-1}{2x^2-8} - \frac{(x+1)^2}{x^2+4x+4} - \frac{x+3}{x-2} = \frac{(x+2)(4x^2-1)-2(x-2)(x+1)^2-2(x+2)^2(x+3)}{2(x+2)^2(x-2)}$$

$$= \frac{(x+2)(4x^2-1)-2(x-2)(x^2+2x+1)-2(x^2+4x+4)(x+3)}{2(x+2)^2(x-2)}$$

$$= \frac{4x^3+8x^2-x-2-2(x^3-3x-2)-2(x^3+7x^2+16x+12)}{2(x+2)^2(x-2)}$$

$$= \frac{4x^3+8x^2-x-2-2x^3+6x+4-2x^3-14x^2-32x-24}{2(x+2)^2(x-2)}$$

$$\text{(reduciendo)} = \frac{-6x^2-27x-22}{2(x+2)^2(x-2)} = \frac{6x^2+27x+22}{2(x+2)^2(2-x)} \quad \textbf{R.}$$

Ejercicio 129

1. De $\frac{1}{x-4}$ restar $\frac{1}{x-3}$
2. De $\frac{m-n}{m+n}$ restar $\frac{m+n}{m-n}$
3. De $\frac{1-x}{1+x}$ restar $\frac{1+x}{1-x}$
4. De $\frac{a+b}{a^2+ab}$ restar $\frac{b-a}{ab+b^2}$
5. De $\frac{m+n}{m-n}$ restar $\frac{m^2+n^2}{m^2-n^2}$
6. Restar $\frac{1}{x-x^2}$ de $\frac{1}{x+x^2}$
7. Restar $\frac{x}{a^2-x^2}$ de $\frac{a+x}{(a-b)^2}$
8. Restar $\frac{1}{12a+6}$ de $\frac{a+1}{6a+3}$
9. Restar $\frac{a+3}{a^2+a-12}$ de $\frac{a-4}{a^2-6a+9}$
10. Restar $\frac{b}{a+3b}$ de $\frac{a^2+4ab-3b^2}{a^2-9b^2}$

Simplificar:

11. $\frac{x}{x^2-1} - \frac{x+1}{(x-1)^2}$
12. $\frac{1}{a^3-b^3} - \frac{1}{(a-b)^3}$
13. $\frac{x+3}{6x^2+x-2} - \frac{1}{4x^2-4x+1}$
14. $\frac{x-1}{4x+4} - \frac{x+2}{8x-8}$
15. $\frac{x}{xy-y^2} - \frac{1}{y}$
16. $\frac{b}{a^2-b^2} - \frac{b}{a^2+ab}$
17. $\frac{2a-3}{6a+9} - \frac{a-1}{4a^2+12a+9}$
18. $\frac{x+1}{x^2+x+1} - \frac{x-1}{x^2-x+1}$
19. $\frac{a-1}{a^2+a} - \frac{1}{2a-2} - \frac{1}{2a+2}$

20. $\frac{1}{4a+4}-\frac{1}{8a-8}-\frac{1}{12a^2+12}$

21. $\frac{y}{x^2-xy}-\frac{1}{x}-\frac{1}{x-y}$

22. $\frac{a}{a^2+ab}-\frac{1}{a}-\frac{1}{a+b}$

23. $\frac{1}{x^2-xy}-\frac{1}{x^2+xy}-\frac{2y}{x^3-xy^2}$

24. $\frac{x}{x^2+x-2}-\frac{3}{x^2+2x-3}-\frac{x}{x^2+5x+6}$

25. $\frac{3}{x^2+x+1}-\frac{x+2}{(x-1)^2}-\frac{1-9x}{(x^3-1)(x-1)}$

26. $\frac{a^2+b^2}{a^3-b^3}-\frac{a+b}{2a^2+2ab+2b^2}-\frac{1}{2a-2b}$

27. $\frac{3a}{2a^2-2a-4}-\frac{a-1}{4a^2+8a-32}-\frac{10a-1}{8a^2+40a+32}$

28. $\frac{1}{4a-12x}-\frac{a^2+9x^2}{a^3-27x^3}-\frac{a}{2(a^2+3ax+9x^2)}$

29. $\frac{2a^2-3}{10a+10}-\frac{a+1}{50}-\frac{9a^2-14}{50a+50}$

III. SUMA Y RESTA COMBINADAS

Ejemplos

1) Simplificar $\frac{1}{a^2-ab}+\frac{1}{ab}-\frac{a^2+b^2}{a^3b-ab^3}$.

Hallemos el común denominador:

$$a^2-ab=a(a-b)$$
$$ab=ab$$
$$a^3b-ab^3=ab(a^2-b^2)=ab(a+b)(a-b)$$

m. c. m.: $ab(a+b)(a-b)$

Tendremos:

$$\frac{1}{a^2-ab}+\frac{1}{ab}-\frac{a^2+b^2}{a^3b-ab^3}=\frac{b(a+b)+(a+b)(a-b)-(a^2+b^2)}{ab(a+b)(a-b)}$$

$$\text{(multiplicando)}=\frac{ab+b^2+a^2-b^2-a^2-b^2}{ab(a+b)(a-b)}$$

$$\text{(reduciendo)}=\frac{ab-b^2}{ab(a+b)(a-b)}$$

$$\text{(simplificando)}=\frac{b(a-b)}{ab(a+b)(a-b)}=\frac{1}{a(a+b)}\quad \textbf{R.}$$

2) Simplificar $\frac{x-2}{x^2-x}-\frac{x+3}{x^2+3x-4}+\frac{x^2+12x+16}{x^4+3x^3-4x^2}$.

Hallemos el denominador común:

$$x^2-x=x(x-1)$$
$$x^2+3x-4=(x+4)(x-1)$$
$$x^4+3x^3-4x^2=x^2(x^2+3x-4)=x^2(x+4)(x-1)$$

m. c. m.: $x^2(x-1)(x+4)$

Tendremos:

$$\frac{x-2}{x^2-x}-\frac{x+3}{x^2+3x-4}+\frac{x^2+12x+16}{x^4+3x^3-4x^2}=\frac{x(x+4)(x-2)-x^2(x+3)+x^2+12x+16}{x^2(x-1)(x+4)}$$

$$(\text{multiplicando})=\frac{x^3+2x^2-8x-x^3-3x^2+x^2+12x+16}{x^2(x-1)(x+4)}$$

$$(\text{reduciendo})=\frac{4x+16}{x^2(x-1)(x+4)}$$

$$(\text{simplificando})=\frac{4(x+4)}{x^2(x-1)(x+4)}=\frac{4}{x^2(x-1)}\quad \textbf{R.}$$

Ejercicio 130

Simplificar:

1. $\frac{2}{x-3}+\frac{3}{x+2}-\frac{4x-7}{x^2-x-6}$
2. $\frac{a}{3a+6}-\frac{1}{6a+12}+\frac{a+12}{12a+24}$
3. $\frac{x}{x^2+1}+\frac{1}{3x}-\frac{1}{x^2}$
4. $\frac{a+3}{a^2-1}+\frac{a-1}{2a+2}+\frac{a-4}{4a-4}$
5. $\frac{a-b}{a^2+ab}+\frac{a+b}{ab}-\frac{a}{ab+b^2}$
6. $\frac{x-y}{x+y}-\frac{x+y}{x-y}+\frac{4x^2}{x^2-y^2}$
7. $\frac{x}{a^2-ax}+\frac{1}{a}+\frac{1}{x}$
8. $\frac{x+1}{x^2-x-20}-\frac{x+4}{x^2-4x-5}+\frac{x+5}{x^2+5x+4}$
9. $\frac{2x+1}{12x+8}-\frac{x^2}{6x^2+x-2}+\frac{2x}{16x-8}$
10. $\frac{1}{ax}-\frac{1}{a^2+ax}+\frac{1}{a+x}$
11. $\frac{1}{x+y}-\frac{1}{x-y}+\frac{2y}{x^2+y^2}$
12. $\frac{a-1}{3a+3}-\frac{a-2}{6a-6}+\frac{a^2+2a-6}{9a^2-9}$
13. $\frac{1}{a^2+2a-24}+\frac{2}{a^2-2a-8}-\frac{3}{a^2+8a+12}$
14. $\frac{x+y}{xy}-\frac{x+2y}{xy+y^2}-\frac{y}{x^2+xy}$
15. $\frac{a^3}{a^3+1}+\frac{a+3}{a^2-a+1}-\frac{a-1}{a+1}$
16. $\frac{1}{x-1}+\frac{2x}{x^2-1}-\frac{3x^2}{x^3-1}$
17. $\frac{a+b}{a^2-ab+b^2}-\frac{1}{a+b}+\frac{3a^2}{a^3+b^3}$
18. $\frac{2}{x-2}+\frac{2x+3}{x^2+2x+4}-\frac{6x+12}{x^3-8}$
19. $\frac{3x+2}{x^2+3x-10}-\frac{5x+1}{x^2+4x-5}+\frac{4x-1}{x^2-3x+2}$
20. $\frac{1}{(n-1)^2}+\frac{1}{n-1}-\frac{1}{(n-1)^3}-\frac{1}{n}$
21. $\frac{1}{a^2+5}-\frac{a^2-5}{(a^2+5)^2}+\frac{a^2+5}{a^4-25}$
22. $\frac{1-x^2}{9-x^2}-\frac{x^2}{9+6x+x^2}-\frac{6x}{9-6x+x^2}$
23. $\frac{x}{2x+2}-\frac{x+1}{3x-3}+\frac{x-1}{6x+6}-\frac{5}{18x-18}$
24. $\frac{a+2}{2a+2}-\frac{7a}{8a^2-8}-\frac{a-3}{4a-4}$
25. $\frac{a-3}{20a+10}+\frac{2a+5}{40a+20}-\frac{4a-1}{60a+30}$
26. $\frac{2}{2x^2+5x+3}-\frac{1}{2x^2-x-6}+\frac{3}{x^2-x-2}$

27. $\frac{a-1}{a-2}-\frac{a-2}{a+3}+\frac{1}{a-1}$

28. $\frac{2+3a}{2-3a}-\frac{2-3a}{2+3a}-\frac{a}{(2-3a)^2}$

29. $\frac{1}{5+5a}+\frac{1}{5-5a}-\frac{1}{10+10a^2}$

30. $\frac{1}{3-3x}-\frac{1}{3+3x}+\frac{x}{6+6x^2}-\frac{x}{2-2x^2}$

CAMBIOS DE SIGNOS EN LA SUMA Y RESTA DE FRACCIONES 199

Los cambios de signos en las fracciones se usan en la suma y resta de fracciones cuando los denominadores no están ordenados en el mismo orden.

Ejemplos

1) Simplificar $\frac{2}{x+1}+\frac{3}{x-1}-\frac{x+5}{1-x^2}$.

Cambiando el signo al denominador de la última fracción $1-x^2$ queda x^2-1, pero para que ese cambio no altere el valor de la fracción hay que cambiar el signo de la fracción, y tendremos:

$$\frac{2}{x+1}+\frac{3}{x-1}+\frac{x+5}{x^2-1}$$

El m. c. m. es $x^2-1=(x+1)(x-1)$. Tendremos:

$$\frac{2}{x+1}+\frac{3}{x-1}+\frac{x+5}{x^2-1}=\frac{2(x-1)+3(x+1)+x+5}{(x+1)(x-1)}$$

$$=\frac{2x-2+3x+3+x+5}{(x+1)(x-1)}$$

$$=\frac{6x+6}{(x+1)(x-1)}=\frac{6(x+1)}{(x+1)(x-1)}=\frac{6}{x-1}\quad \textbf{R.}$$

2) Simplificar $\frac{x}{x^2-5x+6}-\frac{1}{2-x}-\frac{2x}{(3-x)(1-x)}$.

Descomponiendo $x^2-5x+6=(x-3)(x-2)$. Entonces le cambiamos el signo a $2-x$ quedando $x-2$, cambiamos el signo de la fracción y cambiamos el signo de los dos factores del tercer denominador $(3-x)(1-x)$ quedando $(x-3)(x-1)$ y como son dos factores (número par de factores) no hay que cambiar el signo de la última fracción y tendremos:

$$\frac{x}{(x-3)(x-2)}+\frac{1}{x-2}-\frac{2x}{(x-3)(x-1)}=\frac{x(x-1)+(x-1)(x-3)-2x(x-2)}{(x-1)(x-2)(x-3)}$$

$$=\frac{x^2-x+x^2-4x+3-2x^2+4x}{(x-1)(x-2)(x-3)}$$

$$=\frac{-x+3}{(x-1)(x-2)(x-3)}$$

$$=\frac{x-3}{(1-x)(x-2)(x-3)}=\frac{1}{(1-x)(x-2)}\quad \textbf{R.}$$

Ejercicio 131

Simplificar:

1. $\frac{1}{m-n}+\frac{m}{n^2-m^2}$

2. $\frac{x^2}{x^2-xy}-\frac{2x}{y-x}$

3. $\frac{1}{2x-x^2}+\frac{x}{x^2-4}$

4. $\frac{a+b}{a^2-ab}+\frac{a}{b^2-a^2}$

5. $\frac{x-4}{x^2-2x-3}-\frac{x}{6-2x}$

6. $\frac{1}{x^2+2x-8}+\frac{1}{(2-x)(x+3)}$

7. $\frac{1}{2x+2}+\frac{2}{1-x}+\frac{7}{4x-4}$

8. $\frac{2a}{a+3}+\frac{3a}{a-3}+\frac{2a}{9-a^2}$

9. $\frac{x+3y}{y+x}+\frac{3y^2}{x^2-y^2}-\frac{x}{y-x}$

10. $\frac{x}{x^2+2x-3}+\frac{x-3}{(1-x)(x+2)}+\frac{1}{x+2}$

11. $\frac{3}{2a+2}-\frac{1}{4a-4}-\frac{4}{8-8a^2}$

12. $\frac{1}{a-3}+\frac{a+1}{(3-a)(a-2)}+\frac{2}{(2-a)(1-a)}$

13. $\frac{2x}{x-1}+\frac{2x^3+2x^2}{1-x^3}+\frac{1}{x^2+x+1}$

14. $\frac{x+2}{3x-1}+\frac{x+1}{3-2x}+\frac{4x^2+6x+3}{6x^2-11x+3}$

IV. MULTIPLICACIÓN DE FRACCIONES

200 REGLA GENERAL PARA MULTIPLICAR FRACCIONES

1) Se descomponen en factores, todo lo posible, los términos de las fracciones que se van a multiplicar.

2) Se simplifica, suprimiendo los factores comunes en los numeradores y denominadores.

3) Se multiplican entre sí las expresiones que queden en los numeradores después de simplificar, y este producto se parte por el producto de las expresiones que queden en los denominadores.

Ejemplos

1) Multiplicar $\frac{2a}{3b^3}, \frac{3b^2}{4x}, \frac{x^2}{2a^2}$.

$$\frac{2a}{3b^3}\times\frac{3b^2}{4x}\times\frac{x^2}{2a^2}=\frac{2\times3\times a\times b^2\times x^2}{3\times4\times2\times a^2\times b^3\times x}\ \text{(simplificando)}=\frac{x}{4ab}\quad \textbf{R.}$$

2) Multiplicar $\frac{3x-3}{2x+4}$ por $\frac{x^2+4x+4}{x^2-x}$.

Factorizando, tendremos:

$$\frac{3x-3}{2x+4}\times\frac{x^2+4x+4}{x^2-x}=\frac{3(x-1)}{2(x+2)}\times\frac{(x+2)^2}{x(x-1)}=\frac{3(x+2)}{2x}=\frac{3x+6}{2x}\quad \textbf{R.}$$

Hemos simplificado $(x-1)$ del primer numerador con $(x-1)$ del segundo denominador y $(x+2)^2$ del segundo numerador con $(x+2)$ del primer denominador.

3) Multiplicar $\frac{a^2-1}{a^2+2a}$, $\frac{a^2-a-6}{3a^2+7a+4}$, $\frac{3a+4}{a^2-4a+3}$.

Factorizando, tendremos: $\frac{a^2-1}{a^2+2a}\times\frac{a^2-a-6}{3a^2+7a+4}\times\frac{3a+4}{a^2-4a+3}$

$$=\frac{(a+1)(a-1)}{a(a+2)}\times\frac{(a-3)(a+2)}{(a+1)(3a+4)}\times\frac{3a+4}{(a-1)(a-3)}=\frac{1}{a}\quad \textbf{R.}$$

Ejercicio 132

Simplificar:

1. $\frac{2a^2}{3b}\times\frac{6b^2}{4a}$
2. $\frac{x^2y}{5}\times\frac{10a^3}{3m^2}\times\frac{9m}{x^3}$
3. $\frac{5x^2}{7y^3}\times\frac{4y^2}{7m^3}\times\frac{14m}{5x^4}$
4. $\frac{5}{a}\times\frac{2a}{b^2}\times\frac{3b}{10}$
5. $\frac{2x^3}{15a^3}\times\frac{3a^2}{y}\times\frac{5x^2}{7xy^2}$
6. $\frac{7a}{6m^2}\times\frac{3m}{10n^2}\times\frac{5n^4}{14ax}$
7. $\frac{2x^2+x}{6}\times\frac{8}{4x+2}$
8. $\frac{5x+25}{14}\times\frac{7x+7}{10x+50}$
9. $\frac{m+n}{mn-n^2}\times\frac{n^2}{m^2-n^2}$
10. $\frac{xy-2y^2}{x^2+xy}\times\frac{x^2+2xy+y^2}{x^2-2xy}$
11. $\frac{x^2-4xy+4y^2}{x^2+2xy}\times\frac{x^2}{x^2-4y^2}$
12. $\frac{2x^2+2x}{2x^2}\times\frac{x^2-3x}{x^2-2x-3}$
13. $\frac{a^2-ab+a-b}{a^2+2a+1}\times\frac{3}{6a^2-6ab}$
14. $\frac{(x-y)^3}{x^3-1}\times\frac{x^2+x+1}{(x-y)^2}$
15. $\frac{2a-2}{2a^2-50}\times\frac{a^2-4a-5}{3a+3}$
16. $\frac{2x^2-3x-2}{6x+3}\times\frac{3x+6}{x^2-4}$
17. $\frac{y^2+9y+18}{y-5}\times\frac{5y-25}{5y+15}$
18. $\frac{x^3+2x^2-3x}{4x^2+8x+3}\times\frac{2x^2+3x}{x^2-x}$
19. $\frac{x^3-27}{a^3-1}\times\frac{a^2+a+1}{x^2+3x+9}$
20. $\frac{a^2+4ab+4b^2}{3}\times\frac{2a+4b}{(a+2b)^3}$
21. $\frac{1-x}{a+1}\times\frac{a^2+a}{x-x^2}\times\frac{x^2}{a}$
22. $\frac{x^2+2x}{x^2-16}\times\frac{x^2-2x-8}{x^3+x^2}\times\frac{x^2+4x}{x^2+4x+4}$
23. $\frac{(m+n)^2-x^2}{(m+x)^2-n^2}\times\frac{(m-n)^2-x^2}{m^2+mn-mx}$
24. $\frac{2a^3+2ab^2}{2ax^2-2ax}\times\frac{x^3-x}{a^2x+b^2x}\times\frac{x}{x+1}$
25. $\frac{a^2-5a+6}{3a-15}\times\frac{6a}{a^2-a-30}\times\frac{a^2-25}{2a-4}$
26. $\frac{x^2-3xy-10y^2}{x^2-2xy-8y^2}\times\frac{x^2-16y^2}{x^2+4xy}\times\frac{x^2-6xy}{x+2y}$
27. $\frac{x^2+4ax+4a^2}{3ax-6a^2}\times\frac{2ax-4a^2}{ax+a}\times\frac{6a+6x}{x^2+3ax+2a^2}$
28. $\frac{a^2-81}{2a^2+10a}\times\frac{a+11}{a^2-36}\times\frac{2a-12}{2a+18}\times\frac{a^3+5a^2}{2a+22}$
29. $\frac{a^2+7a+10}{a^2-6a-7}\times\frac{a^2-3a-4}{a^2+2a-15}\times\frac{a^3-2a^2-3a}{a^2-2a-8}$
30. $\frac{x^4+27x}{x^3-x^2+x}\times\frac{x^4+x}{x^4-3x^3+9x^2}\times\frac{1}{x(x+3)^2}\times\frac{x^2}{x-3}$

201 MULTIPLICACIÓN DE EXPRESIONES MIXTAS

REGLA

Se reducen las expresiones mixtas a fracciones y se multiplican estas fracciones.

Ejemplo

Multiplicar $a+3-\frac{5}{a-1}$ por $a-2+\frac{5}{a+4}$.

Reduciendo las expresiones mixtas a fracciones, tendremos:

$$a+3-\frac{5}{a-1}=\frac{(a+3)(a-1)-5}{a-1}=\frac{a^2+2a-3-5}{a-1}=\frac{a^2+2a-8}{a-1}$$

$$a-2+\frac{5}{a+4}=\frac{(a-2)(a+4)+5}{a+4}=\frac{a^2+2a-8+5}{a+4}=\frac{a^2+2a-3}{a+4}$$

Ahora multiplicamos las fracciones que hemos obtenido:

$$\left(a+3-\frac{5}{a-1}\right)\left(a-2+\frac{5}{a+4}\right)=\frac{a^2+2a-8}{a-1}\times\frac{a^2+2a-3}{a+4}$$

$$=\frac{(a+4)(a-2)}{a-1}\times\frac{(a+3)(a-1)}{a+4}$$

$$=(a-2)(a+3)=a^2+a-6 \quad \textbf{R.}$$

Ejercicio 133

Simplificar:

1. $\left(a+\frac{a}{b}\right)\left(a-\frac{a}{b+1}\right)$
2. $\left(x-\frac{2}{x+1}\right)\left(x+\frac{1}{x+2}\right)$
3. $\left(1-\frac{x}{a+x}\right)\left(1+\frac{x}{a}\right)$
4. $\left(a+\frac{ab}{a-b}\right)\left(1-\frac{b^2}{a^2}\right)$
5. $\left(x+2-\frac{12}{x+1}\right)\left(x-2+\frac{10-3x}{x+5}\right)$
6. $\left(1+\frac{x}{y}\right)\left(x-\frac{x^2}{x+y}\right)$
7. $\left(a+x-\frac{ax+x^2}{a+2x}\right)\left(1+\frac{x}{a+x}\right)$
8. $\left(x-\frac{x^3-6x}{x^2-25}\right)\left(x+1-\frac{8}{x+3}\right)$
9. $\left(m-\frac{mn}{m+n}\right)\left(1+\frac{n^3}{m^3}\right)$
10. $\left(a+2x-\frac{14x^2}{2a+x}\right)\left(a-x+\frac{a^2+5x^2}{a+4x}\right)$
11. $\left(1+\frac{a}{b}\right)\left(1-\frac{b}{a}\right)\left(1+\frac{b^2}{a^2-b^2}\right)$
12. $\left(2+\frac{2}{x+1}\right)\left(3-\frac{6}{x+2}\right)\left(1+\frac{1}{x}\right)$

V. DIVISIÓN DE FRACCIONES

REGLA

202

Se multiplica el dividendo por el divisor invertido.

Ejemplos

1) Dividir $\frac{4a^2}{3b^2}$ entre $\frac{2ax}{9b^3}$.

$$\frac{4a^2}{3b^2}\div\frac{2ax}{9b^3}=\frac{4a^2}{3b^2}\times\frac{9b^3}{2ax}=\frac{6ab}{x}\quad \textbf{R.}$$

2) Dividir $\frac{x^2+4x}{8}$ entre $\frac{x^2-16}{4}$.

$$\frac{x^2+4x}{8}\div\frac{x^2-16}{4}=\frac{x^2+4x}{8}\times\frac{4}{x^2-16}=\frac{x(x+4)}{8}\times\frac{4}{(x+4)(x-4)}=\frac{x}{2x-8}\quad \textbf{R.}$$

Ejercicio 134

Simplificar:

1. $\frac{x^2}{3y^2}\div\frac{2x}{y^3}$
2. $\frac{3a^2b}{5x^2}\div a^2b^3$
3. $\frac{5m^2}{7n^3}\div\frac{10m^4}{14an^4}$
4. $6a^2x^3\div\frac{a^2x}{5}$
5. $\frac{15m^2}{19ax^3}\div\frac{20y^2}{38a^3x^4}$
6. $\frac{11x^2y^3}{7m^2}\div 22y^4$
7. $\frac{x-1}{3}\div\frac{2x-2}{6}$
8. $\frac{3a^2}{a^2+6ab+9b^2}\div\frac{5a^3}{a^2b+3ab^2}$
9. $\frac{x^3-x}{2x^2+6x}\div\frac{5x^2-5x}{2x+6}$
10. $\frac{1}{a^2-a-30}\div\frac{2}{a^2+a-42}$
11. $\frac{20x^2-30x}{15x^3+15x^2}\div\frac{4x-6}{x+1}$
12. $\frac{a^2-6a+5}{a^2-15a+56}\div\frac{a^2+2a-35}{a^2-5a-24}$
13. $\frac{8x^2+26x+15}{16x^2-9}\div\frac{6x^2+13x-5}{9x^2-1}$
14. $\frac{x^3-121x}{x^2-49}\div\frac{x^2-11x}{x+7}$
15. $\frac{ax^2+5}{4a^2-1}\div\frac{a^3x^2+5a^2}{2a-1}$
16. $\frac{a^4-1}{a^3+a^2}\div\frac{a^4+4a^2+3}{3a^3+9a}$
17. $\frac{x^3+125}{x^2-64}\div\frac{x^3-5x^2+25x}{x^2+x-56}$
18. $\frac{16x^2-24xy+9y^2}{16x-12y}\div\frac{64x^3-27y^3}{32x^2+24xy+18y^2}$
19. $\frac{a^2-6a}{a^3+3a^2}\div\frac{a^2+3a-54}{a^2+9a}$
20. $\frac{15x^2+7x-2}{25x^3-x}\div\frac{6x^2+13x+16}{25x^2+10x+1}$

21. $\dfrac{x^3-1}{2x^2-2x+2} \div \dfrac{7x^2+7x+7}{7x^3+7}$

22. $\dfrac{2mx-2my+nx-ny}{3x-3y} \div 8m+4n$

23. $\dfrac{x^2-6x+9}{4x^2-1} \div \dfrac{x^2+5x-24}{2x^2+17x+8}$

24. $\dfrac{2a^2+7ab-15b^2}{a^3+4a^2b} \div \dfrac{a^2-3ab-40b^2}{a^2-4ab-32b^2}$

203 DIVISIÓN DE EXPRESIONES MIXTAS

REGLA

Se reducen a fracciones y se dividen como tales.

Ejemplo

Dividir $1+\dfrac{2xy}{x^2+y^2}$ entre $1+\dfrac{x}{y}$.

Reduciendo estas expresiones a fracciones, tenemos:

$$1+\frac{2xy}{x^2+y^2}=\frac{x^2+y^2+2xy}{x^2+y^2}=\frac{x^2+2xy+y^2}{x^2+y^2}$$

$$1+\frac{x}{y}=\frac{y+x}{y}=\frac{x+y}{y}$$

Tendremos:

$$\left(1+\frac{2xy}{x^2+y^2}\right)\div\left(1+\frac{x}{y}\right)=\frac{x^2+2xy+y^2}{x^2+y^2}\div\frac{x+y}{y}$$

$$=\frac{(x+y)^2}{x^2+y^2}\times\frac{y}{x+y}=\frac{xy+y^2}{x^2+y^2} \quad \textbf{R.}$$

Ejercicio 135

Simplificar:

1. $\left(1+\frac{a}{a+b}\right)\div\left(1+\frac{2a}{b}\right)$
2. $\left(x-\frac{2}{x+1}\right)\div\left(x-\frac{x}{x+1}\right)$
3. $\left(1-a+\frac{a^2}{1+a}\right)\div\left(1+\frac{2}{a^2+1}\right)$
4. $\left(x+\frac{2}{x+3}\right)\div\left(x+\frac{3}{x+4}\right)$
5. $\left(a+b+\frac{b^2}{a-b}\right)\div\left(1-\frac{b}{a+b}\right)$
6. $\left(1-\frac{1}{x^3+2}\right)\div\left(x+\frac{1}{x-1}\right)$
7. $\left(x+\frac{1}{x+2}\right)\div\left(1+\frac{3}{x^2-4}\right)$
8. $\left(n-\frac{2n-1}{n^2+2}\right)\div\left(n^2+1-\frac{n-1}{n}\right)$

VI. MULTIPLICACIÓN Y DIVISIÓN COMBINADAS

204 Cuando haya que efectuar operaciones en las que se combinen multiplicaciones y divisiones se procederá a convertir los divisores en factores, invirtiéndolos, y procediendo según la regla de la multiplicación.

Ejemplo

Simplificar $\frac{a-3}{4a-4}\times\frac{a^2+9a+20}{a^2-6a+9}\div\frac{a^2-16}{2a^2-2a}$.

Convertimos la división en multiplicación invirtiendo el divisor y tendremos:

$$\frac{a-3}{4a-4}\times\frac{a^2+9a+20}{a^2-6a+9}\div\frac{a^2-16}{2a^2-2a}=\frac{a-3}{4a-4}\times\frac{a^2+9a+20}{a^2-6a+9}\times\frac{2a^2-2a}{a^2-16}$$

$$=\frac{a-3}{4(a-1)}\times\frac{(a+5)(a+4)}{(a-3)^2}\times\frac{2a(a-1)}{(a+4)(a-4)}$$

$$=\frac{a(a+5)}{2(a-3)(a-4)}=\frac{a^2+5a}{2a^2-14a+24}\quad \textbf{R.}$$

Ejercicio 136

Simplificar:

1. $\frac{3x}{4y}\times\frac{8y}{9x}\div\frac{z^2}{3x^2}$
2. $\frac{5a}{b}\div\left(\frac{2a}{b^2}\times\frac{5x}{4a^2}\right)$
3. $\frac{a+1}{a-1}\times\frac{3a-3}{2a+2}\div\frac{a^2+a}{a^2+a-2}$
4. $\frac{64a^2-81b^2}{x^2-81}\times\frac{(x-9)^2}{8a-9b}\div\frac{8a^2+9ab}{(x+9)^2}$
5. $\frac{x^2-x-12}{x^2-49}\times\frac{x^2-x-56}{x^2+x-20}\div\frac{x^2-5x-24}{x+5}$
6. $\frac{a^2-8a+7}{a^2-11a+30}\times\frac{a^2-36}{a^2-1}\div\frac{a^2-a-42}{a^2-4a-5}$
7. $\frac{x^4-27x}{x^2+7x-30}\times\frac{x^2+20x+100}{x^3+3x^2+9x}\div\frac{x^2-100}{x-3}$
8. $\frac{a^2+1}{3a-6}\div\left(\frac{a^3+a}{6a-12}\times\frac{4x+8}{x-3}\right)$
9. $\frac{8x^2-10x-3}{6x^2+13x+6}\times\frac{4x^2-9}{3x^2+2x}\div\frac{8x^2+14x+3}{9x^2+12x+4}$
10. $\frac{(a+b)^2-c^2}{(a-b)^2-c^2}\times\frac{(a+c)^2-b^2}{a^2+ab-ac}\div\frac{a+b+c}{a^2}$
11. $\frac{a^2-5a}{b+b^2}\div\left(\frac{a^2+6a-55}{b^2-1}\times\frac{ax+3a}{ab^2+11b^2}\right)$
12. $\frac{m^3+6m^2n+9mn^2}{2m^2n+7mn^2+3n^3}\times\frac{4m^2-n^2}{8m^2-2mn-n^2}\div\frac{m^3+27n^3}{16m^2+8mn+n^2}$
13. $\frac{(a^2-ax)^2}{a^2+x^2}\times\frac{1}{a^3+a^2x}\div\left(\frac{a^3-a^2x}{a^2+2ax+x^2}\times\frac{a^2-x^2}{a^3+ax^2}\right)$
14. $\frac{(a^2-3a)^2}{9-a^2}\times\frac{27-a^3}{(a+3)^2-3a}\div\frac{a^4-9a^2}{(a^2+3a)^2}$

VII. FRACCIONES COMPLEJAS

FRACCIÓN COMPLEJA es una fracción en la cual el numerador o el denominador, o ambos, son **fracciones algebraicas o expresiones mixtas**, como → $\dfrac{\frac{a}{x}-\frac{x}{a}}{1+\frac{a}{x}}$

205

Una fracción compleja no es más que una división indicada; la raya de la fracción equivale al signo de dividir y ella indica que hay que dividir lo que está encima de la raya por lo que está debajo de ella.

Así, la fracción anterior $\frac{\frac{a}{x}-\frac{x}{a}}{1+\frac{a}{x}}$ equivale a $\left(\frac{a}{x}-\frac{x}{a}\right)\div\left(1+\frac{a}{x}\right)$.

206 SIMPLIFICACIÓN DE FRACCIONES COMPLEJAS

REGLA

1) **Se efectúan las operaciones indicadas en el numerador y denominador de la fracción compleja.**
2) **Se divide el resultado que se obtenga en el numerador entre el resultado que se obtenga en el denominador.**

Ejemplos

1) Simplificar $\frac{\frac{a}{x}-\frac{x}{a}}{1+\frac{a}{x}}$.

Efectuando el numerador: $\frac{a}{x}-\frac{x}{a}=\frac{a^2-x^2}{ax}$

Efectuando el denominador: $1+\frac{a}{x}=\frac{a+x}{x}$

Tendremos: $\frac{\frac{a}{x}-\frac{x}{a}}{1+\frac{a}{x}}=\frac{\frac{a^2-x^2}{ax}}{\frac{a+x}{x}}$

(dividiendo el numerador entre el denominador)

$$=\frac{a^2-x^2}{ax}\times\frac{x}{a+x}=\frac{(a+x)(a-x)}{ax}\times\frac{x}{a+x}=\frac{a-x}{a} \quad \textbf{R.}$$

2) Simplificar $\frac{x-1-\frac{12}{x-2}}{x+6+\frac{16}{x-2}}$.

Numerador:

$$x-1-\frac{12}{x-2}=\frac{(x-1)(x-2)-12}{x-2}=\frac{x^2-3x+2-12}{x-2}=\frac{x^2-3x-10}{x-2}$$

Denominador:

$$x+6+\frac{16}{x-2}=\frac{(x+6)(x-2)+16}{x-2}=\frac{x^2+4x-12+16}{x-2}=\frac{x^2+4x+4}{x-2}$$

Tendremos:

$$\frac{x-1-\frac{12}{x-2}}{x+6+\frac{16}{x-2}}=\frac{\frac{x^2-3x-10}{x-2}}{\frac{x^2+4x+4}{x-2}}=\frac{x^2-3x-10}{x^2+4x+4}=\frac{(x-5)(x+2)}{(x+2)^2}=\frac{x-5}{x+2}\quad \textbf{R.}$$

Obsérvese que como la fracción del numerador y la fracción del denominador tenían el mismo denominador $x-2$ lo hemos suprimido porque al dividir o sea al multiplicar el numerador por el denominador invertido, tendríamos:

$$\frac{x^2-3x-10}{x-2}\times\frac{x-2}{x^2+4x+4}=\frac{x^2-3x-10}{x^2+4x+4}$$

donde vemos que se cancela el factor $x-2$.

Ejercicio 137

Simplificar:

1. $\dfrac{a-\frac{a}{b}}{b-\frac{1}{b}}$

2. $\dfrac{x^2-\frac{1}{x}}{1-\frac{1}{x}}$

3. $\dfrac{\frac{a}{b}-\frac{b}{a}}{1+\frac{b}{a}}$

4. $\dfrac{\frac{1}{m}+\frac{1}{n}}{\frac{1}{m}-\frac{1}{n}}$

5. $\dfrac{x+\frac{x}{2}}{x-\frac{x}{4}}$

6. $\dfrac{\frac{x}{y}-\frac{y}{x}}{1+\frac{y}{x}}$

7. $\dfrac{x+4+\frac{3}{x}}{x-4-\frac{5}{x}}$

8. $\dfrac{a-4+\frac{4}{a}}{1-\frac{2}{a}}$

9. $\dfrac{\frac{2a^2-b^2}{a}-b}{\frac{4a^2+b^2}{4ab}+1}$

10. $\dfrac{2+\frac{3a}{5b}}{a+\frac{10b}{3}}$

11. $\dfrac{a-x+\frac{x^2}{a+x}}{a^2-\frac{a^2}{a+x}}$

12. $\dfrac{a+5-\frac{14}{a}}{1+\frac{8}{a}+\frac{7}{a^2}}$

13. $\dfrac{\frac{1}{a}-\frac{9}{a^2}+\frac{20}{a^3}}{\frac{16}{a}-a}$

14. $\dfrac{\frac{20x^2+7x-6}{x}}{\frac{4}{x^2}-25}$

15. $\dfrac{1+\frac{1}{x-1}}{1+\frac{1}{x^2-1}}$

16. $\dfrac{a-\frac{ab}{a+b}}{a+\frac{ab}{a-b}}$

17. $\dfrac{x-1-\frac{5}{x+3}}{x+5-\frac{35}{x+3}}$

18. $\dfrac{a+2-\frac{7a+9}{a+3}}{a-4+\frac{5a-11}{a+1}}$

207 Ahora trabajaremos fracciones complejas más complicadas.

3) Simplificar $\dfrac{\dfrac{1}{x-1}-\dfrac{1}{x+1}}{\dfrac{x}{x-1}-\dfrac{1}{x+1}}$.

Numerador:

$$\frac{1}{x-1}-\frac{1}{x+1}=\frac{x+1-(x-1)}{(x+1)(x-1)}=\frac{x+1-x+1}{(x+1)(x-1)}=\frac{2}{(x+1)(x-1)}$$

Denominador:

$$\frac{x}{x-1}-\frac{1}{x+1}=\frac{x(x+1)-(x-1)}{(x+1)(x-1)}=\frac{x^2+x-x+1}{(x+1)(x-1)}=\frac{x^2+1}{(x+1)(x-1)}$$

Tendremos:

$$\frac{\dfrac{1}{x-1}-\dfrac{1}{x+1}}{\dfrac{x}{x-1}-\dfrac{1}{x+1}}=\frac{\dfrac{2}{(x+1)(x-1)}}{\dfrac{x^2+1}{(x+1)(x-1)}}=\frac{2}{x^2+1}\quad \textbf{R.}$$

4) Simplificar $\dfrac{\dfrac{a+2b}{a-b}-\dfrac{a+b}{a}}{\dfrac{b}{a-b}+\dfrac{2a-b}{4a-b}}$.

Numerador:

$$\frac{a+2b}{a-b}-\frac{a+b}{a}=\frac{a(a+2b)-(a+b)(a-b)}{a(a-b)}=\frac{a^2+2ab-(a^2-b^2)}{a(a-b)}$$

$$=\frac{a^2+2ab-a^2+b^2}{a(a-b)}=\frac{2ab+b^2}{a(a-b)}$$

Denominador:

$$\frac{b}{a-b}+\frac{2a-b}{4a-b}=\frac{b(4a-b)+(a-b)(2a-b)}{(a-b)(4a-b)}=\frac{4ab-b^2+2a^2-3ab+b^2}{(a-b)(4a-b)}$$

$$=\frac{2a^2+ab}{(a-b)(4a-b)}$$

Tendremos:

$$\frac{\frac{a+2b}{a-b}-\frac{a+b}{a}}{\frac{b}{a-b}+\frac{2a-b}{4a-b}}=\frac{\frac{2ab+b^2}{a(a-b)}}{\frac{2a^2+ab}{(a-b)(4a-b)}}=\frac{2ab+b^2}{a(a-b)}\times\frac{(a-b)(4a-b)}{2a^2+ab}$$

$$=\frac{b(2a+b)}{a(a-b)}\times\frac{(a-b)(4a-b)}{a(2a+b)}=\frac{b(4a-b)}{a^2}=\frac{4ab-b^2}{a^2}\quad \textbf{R.}$$

5) Simplificar $\dfrac{x-2}{x-\dfrac{1}{1-\dfrac{2}{x+2}}}$.

Las fracciones de esta forma se llaman **continuas** y se simplifican efectuando las operaciones indicadas empezando de abajo hacia arriba. Así, en este caso, tendremos:

$$\frac{x-2}{x-\dfrac{1}{\boxed{1-\dfrac{2}{x+2}}}}=\frac{x-2}{x-\boxed{\dfrac{1}{\frac{x}{x+2}}}}=\frac{x-2}{\boxed{x-\dfrac{x+2}{x}}}=\frac{x-2}{\dfrac{x^2-x-2}{x}}$$

$$=\frac{x-2}{1}\times\frac{x}{x^2-x-2}=\frac{x-2}{1}\times\frac{x}{(x-2)(x+1)}=\frac{x}{x+1}\quad \textbf{R.}$$

Ejercicio 138

Simplificar:

1. $\dfrac{1+\dfrac{x+1}{x-1}}{\dfrac{1}{x-1}-\dfrac{1}{x+1}}$

2. $\dfrac{\dfrac{1}{x-1}+\dfrac{2}{x+1}}{\dfrac{x-2}{x}+\dfrac{2x+6}{x+1}}$

3. $\dfrac{\dfrac{a}{a-b}-\dfrac{b}{a+b}}{\dfrac{a+b}{a-b}+\dfrac{a}{b}}$

4. $\dfrac{\dfrac{x+3}{x+4}-\dfrac{x+1}{x+2}}{\dfrac{x-1}{x+2}-\dfrac{x-3}{x+4}}$

5. $\dfrac{\dfrac{m^2}{n}-\dfrac{m^2-n^2}{m+n}}{\dfrac{m-n}{n}+\dfrac{n}{m}}$

6. $\dfrac{\dfrac{a^2}{b^3}+\dfrac{1}{a}}{\dfrac{a}{b}-\dfrac{b-a}{a-b}}$

7. $\dfrac{1+\dfrac{2x}{1+x^2}}{2x+\dfrac{2x^5+2}{1-x^4}}$

8. $\dfrac{\dfrac{x+y}{x-y}-\dfrac{x-y}{x+y}}{\dfrac{x+y}{x}-\dfrac{x+2y}{x+y}}$

9. $\dfrac{\dfrac{a+x}{a-x}-\dfrac{b+x}{b-x}}{\dfrac{2}{a-x}-\dfrac{2}{b-x}}$

10. $\dfrac{\dfrac{a}{a+x}-\dfrac{a}{2a+2x}}{\dfrac{a}{a-x}+\dfrac{a}{a+x}}$

11. $\dfrac{\dfrac{a+2b}{a-b}+\dfrac{b}{a}}{\dfrac{a+b}{a}+\dfrac{3b}{a-b}}$

12. $\dfrac{1-\dfrac{7}{x}+\dfrac{12}{x^2}}{x-\dfrac{16}{x}}$

13. $\dfrac{\frac{a^2}{b}-\frac{b^2}{a}}{\frac{1}{b}+\frac{1}{a}+\frac{b}{a^2}}$

14. $\dfrac{x-2y-\frac{4y^2}{x+y}}{x-3y-\frac{5y^2}{x+y}}$

15. $\dfrac{\frac{2}{1-a}+\frac{2}{1+a}}{\frac{2}{1+a}-\frac{2}{1-a}}$

16. $\dfrac{\frac{1}{x+y+z}-\frac{1}{x-y+z}}{\frac{1}{x-y+z}-\frac{1}{x+y+z}}$

17. $\dfrac{1+\frac{2b+c}{a-b-c}}{1-\frac{c-2b}{a-b+c}}$

18. $\dfrac{\frac{a}{1-a}+\frac{1-a}{a}}{\frac{1-a}{a}-\frac{a}{1-a}}$

19. $\dfrac{\dfrac{x+1-\frac{6x+12}{x+2}}{x-5}}{\dfrac{x+4-\frac{11x-22}{x+2}}{x+7}}$

20. $\dfrac{1}{1+\frac{1}{x}}$

21. $\dfrac{1}{1+\dfrac{1}{1-\frac{1}{x}}}$

22. $1-\dfrac{1}{2+\dfrac{1}{\frac{x}{3}-1}}$

23. $\dfrac{2}{1+\dfrac{2}{1+\frac{2}{x}}}$

24. $\dfrac{1}{x-\dfrac{x}{x-\frac{x^2}{x+1}}}$

25. $\dfrac{1}{a+2-\dfrac{a+1}{a-\frac{1}{a}}}$

26. $\dfrac{x-1}{x+2-\dfrac{x^2+2}{x-\frac{x-2}{x+1}}}$

VIII. EVALUACIÓN DE FRACCIONES

208 INTERPRETACIÓN DE LA FORMA $\frac{0}{a}$

La forma $\frac{0}{a}$ que representa una fracción cuyo numerador es cero y cuyo denominador a es una **cantidad finita** cualquiera, se interpreta así:

$$\frac{0}{a}=0$$

En efecto, sabemos que toda fracción representa el cociente de la división de su numerador entre su denominador; luego, $\frac{0}{a}$ representa el cociente de la división de 0 (dividendo) entre a (divisor) y el cociente de esta división tiene que ser una cantidad tal que multiplicada por el divisor a reproduzca el dividendo 0; luego, el cociente o sea el valor de la fracción será 0 porque $0 \times a = 0$.

Ejemplo

Hallar el valor de $\dfrac{x^2-9}{x^2+2x-14}$ para $x = 3$.

Sustituyendo x por 3, tendremos:

$$\frac{x^2-9}{x^2+2x-14}=\frac{3^2-9}{3^2+2(3)-14}=\frac{9-9}{9+6-14}=\frac{0}{1}=0 \quad \textbf{R.}$$

INTERPRETACIÓN DE LA FORMA $\frac{a}{0}$

209

Sea la fracción $\frac{a}{x}$ en que a es una cantidad **constante** y x es una **variable**. Cuanto menor sea x, mayor es el valor de la fracción. En efecto:

Para $x=1$, $\frac{a}{x}=\frac{a}{1}=a$

Para $x=\frac{1}{10}$, $\frac{a}{x}=\frac{a}{\frac{1}{10}}=10a$

Para $x=\frac{1}{100}$, $\frac{a}{x}=\frac{a}{\frac{1}{100}}=100a$

Para $x=\frac{1}{1{,}000}$, $\frac{a}{x}=\frac{a}{\frac{1}{1{,}000}}=1{,}000a$, etcétera.

Vemos, pues, que haciendo al denominador x suficientemente pequeño, el valor de la fracción $\frac{a}{x}$ será tan grande como queramos, o sea, que siendo a constante, a medida que el denominador x se aproxima al **límite** 0 el valor de la fracción **aumenta indefinidamente**.

Este principio se expresa de este modo: $\frac{a}{0}=\infty$

El símbolo ∞ se llama **infinito** y no tiene un valor determinado; ∞ **no es una cantidad**, sino el símbolo que usamos para expresar, abreviadamente el principio anterior.

Entiéndase que la expresión $\frac{a}{0}=\infty$ no puede tomarse en un sentido aritmético literal, porque siendo 0 la ausencia de cantidad, la división de a entre 0 es inconcebible, sino como la expresión del principio de que si el numerador de una fracción es una cantidad constante, a medida que el denominador disminuye indefinidamente, acercándose al límite 0 pero sin llegar a valer 0, el valor de la fracción aumenta sin límite.

Ejemplo

Hallar el valor de $\frac{x+4}{x^2-3x+2}$ para $x=2$.

Sustituyendo x por 2, tendremos:

$$\frac{x+4}{x^2-3x+2}=\frac{2+4}{2^2-3(2)+2}=\frac{6}{4-6+2}=\frac{6}{0}=\infty \quad \textbf{R.}$$

210 INTERPRETACIÓN DE LA FORMA $\frac{a}{\infty}$

Consideremos la fraccion $\frac{a}{x}$ en que a es constante y x variable. Cuanto mayor sea x, menor será el valor de la fracción.

En efecto:

Para $x = 1$, $\frac{a}{x} = \frac{a}{1} = a$

Para $x = 10$, $\frac{a}{x} = \frac{a}{10} = \frac{1}{10}a$

Para $x = 100$, $\frac{a}{x} = \frac{a}{100} = \frac{1}{100}a$, etcétera.

Vemos, pues, que haciendo al denominador x suficientemente grande, el valor de la fracción $\frac{a}{x}$ será tan pequeño como queramos, o sea que a medida que el denominador aumenta indefinidamente, el valor de la fracción disminuye indefinidamente, acercándose al límite 0, pero sin llegar a valer 0.

Este principio se expresa:

$$\frac{a}{\infty} = 0$$

Este resultado no debe tomarse tampoco en un sentido literal, sino como la expresión del principio anterior.

Ejemplo

Hallar el valor de $\dfrac{x-1}{\frac{5}{x-3}}$ para $x = 3$.

Sustituyendo x por 3, tenemos: $\dfrac{x-1}{\frac{5}{x-3}} = \dfrac{3-1}{\frac{5}{3-3}} = \dfrac{2}{\frac{5}{0}} = \frac{2}{\infty} = 0$

211 INTERPRETACIÓN DE LA FORMA $\frac{0}{0}$

Considerando esta forma como el cociente de la división de 0 (dividendo) entre 0 (divisor), tendremos que el cociente de esta división tiene que ser una cantidad tal que multiplicada por el divisor 0 reproduzca el dividendo 0, pero **cualquier** cantidad multiplicada por cero da cero; luego, $\frac{0}{0}$ puede ser igual a **cualquier cantidad**. Así, pues, el símbolo:

$$\frac{0}{0} = \text{valor indeterminado}$$

VERDADERO VALOR DE LAS FORMAS INDETERMINADAS

212

Ejemplos

1) Hallar el verdadero valor de $\frac{x^2-4}{x^2+x-6}$ para $x=2$.

Sustituyendo x por 2, se tiene:

$$\frac{x^2-4}{x^2+x-6}=\frac{2^2-4}{2^2+2-6}=\frac{4-4}{4+2-6}=\frac{0}{0}=\text{valor indeterminado.}$$

La indeterminación del valor de esta fracción es aparente y es debida a la presencia de un factor común al numerador y denominador que los anula. Para suprimir este factor, se *simplifica* la fracción dada y tendremos:

$$\frac{x^2-4}{x^2+x-6}=\frac{(x+2)(x-2)}{(x+3)(x-2)}=\frac{x+2}{x+3}$$

Entonces: $\frac{x^2-4}{x^2+x-6}=\frac{x+2}{x+3}$

Haciendo $x=2$ en el segundo miembro de esta igualdad, se tendrá:

$$\frac{x^2-4}{x^2+x-6}=\frac{2+2}{2+3}=\frac{4}{5}$$

Luego el verdadero valor de $\frac{x^2-4}{x^2+x-6}$ para $x=2$ es $\frac{4}{5}$ **R.**

2) Hallar el verdadero valor de $\frac{3x^2-2x-1}{x^3+x^2-5x+3}$ para $x=1$.

Sustituyendo x por 1, se tiene:

$$\frac{3x^2-2x-1}{x^3+x^2-5x+3}=\frac{3(1^2)-2(1)-1}{1^3+1^2-5(1)+3}=\frac{3-2-1}{1+1-5+3}=\frac{0}{0}=\text{ valor indeterminado}$$

Esta indeterminación es aparente. Ella desaparece suprimiendo el factor común al numerador y denominador que los anula.
Simplificando la fracción (el denominador se factoriza por evaluación) se tiene:

$$\frac{3x^2-2x-1}{x^3+x^2-5x+3}=\frac{(x-1)(3x+1)}{(x-1)(x-1)(x+3)}=\frac{3x+1}{(x-1)(x+3)}$$

Entonces, haciendo $x=1$ en la última fracción, se tendrá:

$$\frac{3x+1}{(x-1)(x+3)}=\frac{3(1)+1}{(1-1)(1+3)}=\frac{3+1}{0\times 4}=\frac{4}{0}=\infty$$

Luego el verdadero valor de la fracción dada para $x=1$ es ∞. **R.**

Ejercicio 139

Hallar el verdadero valor de:

1. $\frac{x-2}{x+3}$ para $x=2$
2. $\frac{x-2}{x-3}$ para $x=3$
3. $\frac{x^2-a^2}{x^2+a^2}$ para $x=a$

4. $\dfrac{x^2+y^2}{x^2-y^2}$ para $x=y$

5. $\dfrac{x-1}{\dfrac{3}{x-2}}$ para $x=2$

6. $\dfrac{x^2-9}{x^2+x-12}$ para $x=3$

7. $\dfrac{a^2-a-6}{a^2+2a-15}$ para $a=3$

8. $\dfrac{x^2-7x+10}{x^3-2x^2-x+2}$ para $x=2$

9. $\dfrac{x^2-2x+1}{x^3-2x^2-x+2}$ para $x=1$

10. $\dfrac{a^3-8}{a^2+11a-26}$ para $a=2$

11. $\dfrac{x^2-7x+6}{x^2-2x+1}$ para $x=1$

12. $\dfrac{x^3-3x-2}{x^3-7x+6}$ para $x=2$

13. $\dfrac{x^2-16}{x^3-4x^2-x+4}$ para $x=4$

14. $\dfrac{4x^2-4x+1}{4x^2+8x-5}$ para $x=\dfrac{1}{2}$

15. $\dfrac{8x^2-6x+1}{4x^3+12x^2-15x+4}$ para $x=\dfrac{1}{2}$

16. $\dfrac{x^3-9x+10}{x^4-x^3-11x^2+9x+18}$ para $x=2$

17. $\dfrac{x^3-a^3}{x-a}$ para $x=a$

18. $\dfrac{a^2-2ab+b^2}{a^2-ab}$ para $b=a$

19. $\dfrac{x^2-y^2}{xy-y^2}$ para $y=x$

20. $\dfrac{x^3-a^3}{a^2x-a^3}$ para $x=a$

21. $\dfrac{x^3-3x+2}{2x^3-6x^2+6x-2}$ para $x=1$

22. $\dfrac{x^4-x^3-7x^2+x+6}{x^4-3x^3-3x^2+11x-6}$ para $x=3$

23. $\dfrac{3x^3-5x^2-4x+4}{x^4+2x^3-3x^2-8x-4}$ para $x=2$

24. $\dfrac{x^2-5x+4}{x^4-2x^3-9x^2+2x+8}$ para $x=1$

25. $\dfrac{x^5-4x^3+8x^2-32}{x^5-3x^3+10x^2-4x-40}$ para $x=2$

26. $\dfrac{8x^2+6x-9}{12x^2-13x+3}$ para $x=\dfrac{3}{4}$

27. $\dfrac{x^3+6x^2+12x+8}{x^4-8x^2+16}$ para $x=-2$

28. $\dfrac{9x^3+3x^2+3x+1}{27x^3+1}$ para $x=-\dfrac{1}{3}$

29. $\dfrac{1}{x-1}-\dfrac{3}{x^3-1}$ para $x=1$

30. $(x^2+3x-10)\left(1+\dfrac{1}{x-2}\right)$ para $x=2$

140 Ejercicio

MISCELÁNEA DE FRACCIONES

Simplificar:

1. $\dfrac{12x^2+31x+20}{18x^2+21x-4}$

2. $\left(\dfrac{1}{a}+\dfrac{2}{a^2}+\dfrac{1}{a^3}\right)\div\left(a+2-\dfrac{2a+1}{a}\right)$

3. $\dfrac{x^3+3x^2+9x}{x^5-27x^2}$

4. $\dfrac{(x+y)^2}{y}-\dfrac{x(x-y)^2}{xy}$

5. $\dfrac{a^4-2b^3+a^2b(b-2)}{a^4-a^2b-2b^2}$

6. Multiplicar $a+\dfrac{1+5a}{a^2-5}$ por $a-\dfrac{a+5}{a+1}$

7. Dividir $x^2+5x-4-\dfrac{x^3-29}{x-5}$ entre $x+34+\dfrac{170-x^2}{x-5}$

Descomponer las expresiones siguientes en la suma o resta de tres fracciones simples irreducibles:

8. $\dfrac{4x^2-5xy+y^2}{3x}$

9. $\dfrac{m-n-x}{mnx}$

10. Probar que $\dfrac{x^3-xy^2}{x-y}=x^2+xy$

11. Probar que $x^2-2x+1-\dfrac{9x-3x^2}{x-3}=\dfrac{x^3-1}{x-1}$

12. Probar que $\dfrac{a^4-5a^2+4}{a^3+a^2-4a-4}=a-3+\dfrac{2+4a}{2a+1}$

Simplificar:

13. $\dfrac{1}{a-b}+\dfrac{1}{a+b}+\dfrac{2a}{a^2-ab+b^2}$

14. $\left(\dfrac{a^2}{1-a^2}-\dfrac{a^4}{1-a^4}\right)\times\left(1-a+\dfrac{1+a^3}{a^2}\right)$

15. $\left(\dfrac{x^2-9}{x^2-x-12}\div\dfrac{x-3}{x^2+3x}\right)\times\dfrac{a^2x^2-16a^2}{2x^2+7x+3}\times\left(\dfrac{2}{a^2x}+\dfrac{1}{a^2x^2}\right)$

16. $\dfrac{3x^3-x^2-12x+4}{6x^4+x^3-25x^2-4x+4}$

17. $\dfrac{16-81x^2}{72x^2-5x-12}$

18. $\left(\dfrac{1}{x}-\dfrac{2}{x+2}+\dfrac{3}{x+3}\right)\div\left(\dfrac{x}{x+2}+\dfrac{x}{x+3}+\dfrac{6}{x^2+5x+6}\right)$

19. $\dfrac{\dfrac{b}{a}}{1-\dfrac{b^2}{a^2}}+\dfrac{1+\dfrac{b}{a-b}}{2-\dfrac{a-3b}{a-b}}$

20. $\dfrac{1}{3}\left(\dfrac{x^2-36}{x}\div\dfrac{x}{x^2-4}\right)\times\dfrac{1}{x-\dfrac{36}{x}}\times\dfrac{1}{x-\dfrac{4}{x}}$

21. $\dfrac{\dfrac{3a}{(a-2b)^2}+\dfrac{5}{a-5b}+\dfrac{1}{a-2b}}{\dfrac{3a^2-14ab+10b^2}{a^2-4ab+4b^2}}$

22. $\dfrac{\dfrac{x+1}{x-1}-\dfrac{x-1}{x+1}}{\dfrac{x-1}{x+1}-\dfrac{x+1}{x-1}}\times\dfrac{x^2+1}{2a^2-2b}\div\dfrac{2x}{a^2-b}$

23. $\dfrac{1}{3x-9}-\dfrac{1}{6x+12}-\dfrac{1}{2(x-3)^2}+\dfrac{1}{x-6+\dfrac{9}{x}}$

24. $\dfrac{a-b+\dfrac{a^2+b^2}{a+b}}{a+b-\dfrac{a^2-2b^2}{a-b}}\times\dfrac{b+\dfrac{b^2}{a}}{a-b}\times\dfrac{1}{1+\dfrac{2a-b}{b}}$

Leonardo De Pisa (1175-1250). Conocido por Fibonacci, hijo de Bonaccio, no era un erudito, pero por razón de sus continuos viajes por Europa y el Cercano Oriente, fue el que dio a conocer en Occidente los métodos matemáticos de los indios.

Raimundo Lulio (1235-1315). Llamado *el Doctor Iluminado* por su dedicación a la propagación de la fe. Cultivó con excelente éxito las ciencias de su tiempo; fue el primero que se propuso construir una Matemática universal. Publicó diversas obras.

Capítulo XV

ECUACIONES NUMÉRICAS FRACCIONARIAS DE PRIMER GRADO CON UNA INCÓGNITA

213 Una ecuación **es fraccionaria** cuando algunos de sus términos o todos tienen denominadores, como $\frac{x}{2}=3x-\frac{3}{4}$.

214 SUPRESIÓN DE DENOMINADORES

Ésta es una operación importante que consiste en convertir una ecuación **fraccionaria** en una ecuación equivalente entera, es decir, sin denominadores.

La supresión de denominadores se funda en la propiedad, ya conocida, de las igualdades: **Una igualdad no varía si sus dos miembros se multiplican por una misma cantidad.**

REGLA

Para suprimir denominadores en una ecuación se multiplican todos los términos de la ecuación por el mínimo común múltiplo de los denominadores.

Ejemplos

1) Suprimir denominadores en la ecuación $\frac{x}{2}=\frac{x}{6}-\frac{1}{4}$.

El m. c. m. de los denominadores 2, 6 y 4 es 12. Multiplicamos todos los términos por 12 y tendremos:

$$\frac{12x}{2}=\frac{12x}{6}-\frac{12}{4}$$

y simplificando estas fracciones, queda

$$6x=2x-3 \quad (\mathbf{1})$$

ecuación equivalente a la ecuación dada y *entera* que es lo que buscábamos, porque la resolución de ecuaciones enteras ya la hemos estudiado.
Ahora bien, la operación que hemos efectuado, de *multiplicar todos los términos de la ecuación por el m. c. m. de los denominadores* equivale *a dividir el m. c. m. de los denominadores entre cada denominador y multiplicar cada cociente por el numerador respectivo.*

En efecto, en la ecuación anterior $\frac{x}{2}=\frac{x}{6}-\frac{1}{4}$ el m. c. m. de los denominadores es 12.
Dividiendo 12 entre 2, 6 y 4 y multiplicando cada cociente por su numerador respectivo, tenemos:

$$6x=2x-3$$

idéntica a la que obtuvimos antes en (**1**).
Podemos decir entonces que

Para suprimir denominadores en una ecuación:

1. **Se halla el m. c. m. de los denominadores.**
2. **Se divide este m. c. m. entre cada denominador y cada cociente se multiplica por el numerador respectivo.**

2) Suprimir denominadores en $2-\frac{x-1}{40}=\frac{2x-1}{4}-\frac{4x-5}{8}$.

El m. c. m. de 4, 8 y 40 es 40. El primer término 2 equivale a $\frac{2}{1}$. Entonces, divido $40 \div 1=40$ y este cociente 40 lo multiplico por 2; $40 \div 40=1$ y este cociente 1 lo multiplico por $x-1$; $40 \div 4=10$ y este cociente 10 lo multiplico por $2x-1$; $40 \div 8=5$ y este cociente 5 lo multiplico por $4x-5$ y tendremos:

$$2\,(40)-(x-1)=10\,(2x-1)-5\,(4x-5)$$

Efectuando las multiplicaciones indicadas y quitando paréntesis, queda:

$$80-x+1=20x-10-20x+25$$

ecuación que ya es entera.

MUY IMPORTANTE

Cuando una fracción cuyo numerador es un polinomio está *precedida del signo* – como $-\frac{x-1}{40}$ y $-\frac{4x-5}{8}$ en la ecuación anterior, hay que tener cuidado de *cambiar el signo a cada uno de los términos de su numerador* al quitar el denominador. Por eso hemos puesto $x-1$ entre un paréntesis precedido del signo –, o sea, $-(x-1)$, y al quitar este paréntesis queda $-x+1$ y en cuanto a la última fracción, al efectuar el producto $-5(4x-5)$ decimos: $(-5)(4x)=-20x$ y $(-5)\times(-5)=+25$, quedando $-20x+25$.

215 RESOLUCIÓN DE ECUACIONES FRACCIONARIAS CON DENOMINADORES MONOMIOS

Ejemplos

1) Resolver la ecuación $3x-\frac{2x}{5}=\frac{x}{10}-\frac{7}{4}$.

El m. c. m. de 5, 10 y 4 es 20. Dividimos 20 entre 1 (denominador de $3x$), 5, 10 y 4 y multiplicamos cada cociente por el numerador respectivo. Tendremos:

$$60x-8x=2x-35$$

Trasponiendo: $60x-8x-2x=-35$

$$50x=-35$$

$$x=-\frac{35}{50}=-\frac{7}{10} \quad \textbf{R.}$$

VERIFICACIÓN
Sustitúyase x por $-\frac{7}{10}$ en la ecuación dada y dará identidad.

2) Resolver la ecuación $\frac{2x-1}{3}-\frac{x+13}{24}=3x+\frac{5(x+1)}{8}$.

El m.c.m. de 3, 24, y 8 es 24. Dividiendo 24 entre 3, 24, 1 y 8 y multiplicando los cocientes por el numerador respectivo, tendremos:

$$8(2x-1)-(x+13)=24(3x)+15(x+1)$$
$$16x-8-x-13=72x+15x+15$$
$$16x-x-72x-15x=8+13+15$$
$$-72x=36$$

$$x=-\frac{36}{72}=-\frac{1}{2} \quad \textbf{R.}$$

3) Resolver la ecuación $\frac{1}{5}(x-2)-(2x-3)=\frac{2}{3}(4x+1)-\frac{1}{6}(2x+7)$.

Efectuando las multiplicaciones indicadas, tenemos: $\frac{x-2}{5}-(2x-3)=\frac{8x+2}{3}-\frac{2x+7}{6}$

El m. c. m. de 5, 3 y 6 es 30. Quitando denominadores:

$$6(x-2)-30(2x-3)=10(8x+2)-5(2x+7)$$
$$6x-12-60x+90=80x+20-10x-35$$
$$6x-60x-80x+10x=12-90+20-35$$
$$-124x=-93$$
$$124x=93$$

$$x=\frac{93}{124}=\frac{3}{4} \quad \textbf{R.}$$

Ejercicio 141

Resolver las siguientes ecuaciones:

1. $\frac{x}{6}+5=\frac{1}{3}-x$

2. $\frac{3x}{5}-\frac{2x}{3}+\frac{1}{5}=0$

3. $\frac{1}{2x}+\frac{1}{4}-\frac{1}{10x}=\frac{1}{5}$

4. $\frac{x}{2}+2-\frac{x}{12}=\frac{x}{6}-\frac{5}{4}$

5. $\frac{3x}{4}-\frac{1}{5}+2x=\frac{5}{4}-\frac{3x}{20}$

6. $\frac{2}{3x}-\frac{5}{x}=\frac{7}{10}-\frac{3}{2x}+1$

7. $\frac{x-4}{3}-5=0$

8. $x-\frac{x+2}{12}=\frac{5x}{2}$

9. $x-\frac{5x-1}{3}=4x-\frac{3}{5}$

10. $10x-\frac{8x-3}{4}=2(x-3)$

11. $\frac{x-2}{3}-\frac{x-3}{4}=\frac{x-4}{5}$

12. $\frac{x-1}{2}-\frac{x-2}{3}-\frac{x-3}{4}=-\frac{x-5}{5}$

13. $x-(5x-1)-\frac{7-5x}{10}=1$

14. $2x-\frac{5x-6}{4}+\frac{1}{3}(x-5)=-5x$

15. $4-\frac{10x+1}{6}=4x-\frac{16x+3}{4}$

16. $\frac{1}{2}(x-1)-(x-3)=\frac{1}{3}(x+3)+\frac{1}{6}$

17. $\frac{6x+1}{3}-\frac{11x-2}{9}-\frac{1}{4}(5x-2)=\frac{5}{6}(6x+1)$

18. $\frac{4x+1}{3}=\frac{1}{3}(4x-1)-\frac{13+2x}{6}-\frac{1}{2}(x-3)$

19. $\frac{2}{5}(5x-1)+\frac{3}{10}(10x-3)=-\frac{1}{2}(x-2)-\frac{6}{5}$

20. $\frac{3x-1}{2}-\frac{5x+4}{3}-\frac{x+2}{8}=\frac{2x-3}{5}-\frac{1}{10}$

21. $\frac{7x-1}{3}-\frac{5-2x}{2x}=\frac{4x-3}{4}+\frac{1+4x^2}{3x}$

22. $\frac{2x+7}{3}-\frac{2(x^2-4)}{5x}-\frac{4x^2-6}{15x}=\frac{7x^2+6}{3x^2}$

23. $\frac{2}{3}\left(\frac{x+1}{5}\right)=\frac{3}{4}\left(\frac{x-6}{3}\right)$

24. $\frac{3}{5}\left(\frac{2x-1}{6}\right)-\frac{4}{3}\left(\frac{3x+2}{4}\right)-\frac{1}{5}\left(\frac{x-2}{3}\right)+\frac{1}{5}=0$

25. $10-\frac{3x+5}{6}=3\frac{11}{12}-\frac{\frac{x}{2}}{4}$

26. $9x-2-7x\left(\frac{1}{x}-\frac{1}{2}\right)=\frac{1+\frac{x}{2}}{2}+2\frac{3}{4}$

27. $\frac{3x}{8}-\frac{7}{10}-\frac{12x-5}{16}-\frac{2x-3}{20}+\frac{4x+9}{4}+\frac{7}{80}=0$

28. $\frac{5x}{4}-\frac{3}{17}(x-20)-(2x-1)=\frac{x+24}{34}$

29. $5+\frac{x}{4}=\frac{1}{3}\left(2-\frac{x}{2}\right)-\frac{2}{3}+\frac{1}{4}\left(10-\frac{5x}{3}\right)$

30. $\frac{5(x+2)}{12}+\frac{4}{9}-\frac{22-x}{36}=3x-20-\frac{8-x}{12}-\frac{20-3x}{18}$

31. $\left(3-\frac{x}{2}\right)-\left(1-\frac{x}{3}\right)=7-\left(x-\frac{x}{2}\right)$

32. $(x+3)(x-3)-x^2-\frac{5}{4}=\left(x-\frac{x}{5}\right)-\left(3x-\frac{3}{4}\right)$

33. $2x-\left(2x-\frac{3x-1}{8}\right)=\frac{2}{3}\left(\frac{x+2}{6}\right)-\frac{1}{4}$

216 RESOLUCIÓN DE ECUACIONES DE PRIMER GRADO CON DENOMINADORES COMPUESTOS

Ejemplos

1) Resolver $\frac{3}{2x+1}-\frac{2}{2x-1}-\frac{x+3}{4x^2-1}=0$.

El m. c. m. de los denominadores es $4x^2-1$ porque $4x^2-1=(2x+1)(2x-1)$ y aquí vemos que contiene a los otros dos denominadores. Dividiendo $(2x+1)(2x-1)$ entre cada denominador y multiplicando cada cociente por el numerador respectivo, tendremos:

$$3(2x-1)-2(2x+1)-(x+3)=0$$
$$6x-3-4x-2-x-3=0$$
$$6x-4x-x=3+2+3$$
$$x=8 \quad \textbf{R.}$$

2) Resolver $\frac{6x+5}{15}-\frac{5x+2}{3x+4}=\frac{2x+3}{5}-1$.

Como 5 está contenido en 15, el m. c. m. de los denominadores es $15(3x+4)$

Dividiendo:

$\frac{15(3x+4)}{15}=3x+4$; este cociente lo multiplico por $6x+5$

$\frac{15(3x+4)}{3x+4}=15$; este cociente lo multiplico por $5x+2$

$\frac{15(3x+4)}{5}=3(3x+4)$, este cociente lo multiplico por $2x+3$

$\frac{15(3x+4)}{1}=15(3x+4)$; este cociente lo multiplico por 1

Tendremos: $(3x+4)(6x+5)-15(5x+2)=3(3x+4)(2x+3)-15(3x+4)$

Efectuando: $18x^2+39x+20-75x-30=18x^2+51x+36-45x-60$

Suprimiendo $18x^2$ en ambos miembros y transponiendo:

$$39x-75x-51x+45x=-20+30+36-60$$
$$-42x=-14$$
$$x=\frac{14}{42}=\frac{1}{3} \quad \textbf{R.}$$

3) Resolver $\frac{2x-5}{2x-6}+\frac{2(x-1)}{x-3}=\frac{3}{8}+\frac{3(2x-15)}{4x-12}$.

Hallemos el m. c. m. de los denominadores:

$$2x-6=2(x-3)$$
$$x-3=(x-3)$$
$$8=8 \qquad \text{m. c. m.: } 8(x-3)$$
$$4x-12=4(x-3)$$

Dividiendo 8 $(x-3)$ entre la descomposición de cada denominador y multiplicando los cocientes por los numeradores, tendremos:

$$4(2x-5)+16(x-1)=3(x-3)+6(2x-15)$$
$$8x-20+16x-16=3x-9+12x-90$$
$$8x+16x-3x-12x=20+16-9-90$$
$$9x=-63$$
$$x=-7 \quad \textbf{R.}$$

4) Resolver $\frac{x-2}{x^2+2x-3}-\frac{x+1}{x^2-9}=\frac{4}{x^2-4x+3}$.

Hallemos el m. c. m. de los denominadores:

$$x^2+2x-3=(x+3)(x-1)$$
$$x^2-9=(x+3)(x-3) \quad \text{m. c. m.: } (x-1)(x+3)(x-3)$$
$$x^2-4x+3=(x-3)(x-1)$$

Dividiendo $(x-1)(x+3)(x-3)$ entre la descomposición de cada denominador y multiplicando cada cociente por el numerador respectivo, tendremos:

$$(x-2)(x-3)-(x-1)(x+1)=4(x+3)$$
$$x^2-5x+6-(x^2-1)=4x+12$$
$$x^2-5x+6-x^2+1=4x+12$$
$$-5x-4x=-6-1+12$$
$$-9x=5$$
$$x=-\frac{5}{9} \quad \textbf{R.}$$

Ejercicio 142

Resolver las siguientes ecuaciones:

1. $\frac{3}{5}+\frac{3}{2x-1}=0$
2. $\frac{2}{4x-1}=\frac{3}{4x+1}$
3. $\frac{5}{x^2-1}=\frac{1}{x-1}$
4. $\frac{3}{x+1}-\frac{1}{x^2-1}=0$
5. $\frac{5x+8}{3x+4}=\frac{5x+2}{3x-4}$
6. $\frac{10x^2-5x+8}{5x^2+9x-19}=2$
7. $\frac{1}{3x-3}+\frac{1}{4x+4}=\frac{1}{12x-12}$
8. $\frac{x}{4}+\frac{x^2-8x}{4x-5}=\frac{7}{4}$
9. $\frac{2x-9}{10}+\frac{2x-3}{2x-1}=\frac{x}{5}$
10. $\frac{(3x-1)^2}{x-1}=\frac{18x-1}{2}$
11. $\frac{2x+7}{5x+2}-\frac{2x-1}{5x-4}=0$
12. $\frac{(5x-2)(7x+3)}{7x(5x-1)}-1=0$

13. $\frac{3}{x-4}=\frac{2}{x-3}+\frac{8}{x^2-7x+12}$

14. $\frac{6x-1}{18}-\frac{3(x+2)}{5x-6}=\frac{1+3x}{9}$

15. $\frac{5}{1+x}-\frac{3}{1-x}-\frac{6}{1-x^2}=0$

16. $\frac{1+2x}{1+3x}-\frac{1-2x}{1-3x}=-\frac{3x-14}{1-9x^2}$

17. $\frac{3x-1}{x^2+7x+12}=\frac{1}{2x+6}+\frac{7}{6x+24}$

18. $\frac{1}{(x-1)^2}-\frac{3}{2x-2}=\frac{3}{2x+2}$

19. $\frac{5x+13}{15}-\frac{4x+5}{5x-15}=\frac{x}{3}$

20. $\frac{2x-1}{2x+1}-\frac{x-4}{3x-2}=\frac{2}{3}$

21. $\frac{4x+3}{2x-5}-\frac{3x+8}{3x-7}=1$

22. $\frac{10x-7}{15x+3}=\frac{3x+8}{12}-\frac{5x^2-4}{20x+4}$

23. $\frac{4x-1}{5}+\frac{x-2}{2x-7}=\frac{8x-3}{10}-1\frac{3}{10}$

24. $\frac{1}{x-1}-\frac{2}{x-2}=\frac{3}{2x-2}-\frac{2\frac{1}{3}}{2x-4}$

25. $\frac{1}{x+3}-\frac{2}{5x-20}=\frac{1\frac{1}{2}}{3x-12}-\frac{2}{x+3}$

26. $\frac{1}{6-2x}-\frac{4}{5-5x}=\frac{10}{12-4x}-\frac{3}{10-10x}$

27. $\frac{2}{3}-\frac{6x^2}{9x^2-1}=\frac{2}{3x-1}$

28. $\frac{5x^2-27x}{5x+3}-\frac{1}{x}=x-6$

29. $\frac{4x+1}{4x-1}-\frac{6}{16x^2-1}=\frac{4x-1}{4x+1}$

30. $3\left(\frac{x-1}{x+1}\right)+2\left(\frac{x+1}{x-4}\right)=\frac{5x(x-1)}{x^2-3x-4}$

31. $2\left(\frac{x+2}{x-2}\right)-3\left(\frac{x-2}{2x+3}\right)=\frac{x^2+78}{2x^2-x-6}$

32. $\frac{1}{x^2+3x-28}-\frac{1}{x^2+12x+35}=\frac{3}{x^2+x-20}$

33. $\frac{x-2}{x^2+8x+7}=\frac{2x-5}{x^2-49}-\frac{x-2}{x^2-6x-7}$

34. $\frac{4x+5}{15x^2+7x-2}-\frac{2x+3}{12x^2-7x-10}-\frac{2x-5}{20x^2-29x+5}=0$

35. $\frac{7}{2x+1}-\frac{3}{x+4}=\frac{2}{x+1}-\frac{3(x+1)}{2x^2+9x+4}$

36. $\frac{(x+3)^2}{(x-3)^2}=\frac{x-1}{x+1}+\frac{2(7x+1)}{x^2-2x-3}$

37. $\frac{x-4}{x+5}-\frac{x+1}{x-2}=-\frac{12(x+3)}{(x+5)^2}$

38. $\frac{x-3}{x-4}-\frac{x-2}{x-3}=\frac{x+2}{x+1}-\frac{x+3}{x+2}$

39. $\frac{x+6}{x+2}-\frac{x+1}{x-3}=\frac{x-5}{x-1}-\frac{x}{x+4}$

Nicolás de Tartaglia (1499-1557). Nacido en Brescia, fue uno de los más destacados matemáticos del siglo XVI. Sostuvo una polémica con Cardano sobre quién fue el primero en descubrir la solución de las ecuaciones cúbicas y cuárticas.

Jerónimo Cardano (1501-1576). Natural de Pavia, era filósofo, médico y matemático. Los historiadores le atribuyen el haberle arrebatado a Tartaglia la fórmula para resolver las ecuaciones cúbicas y cuárticas, pero esto no le resta mérito alguno.

Capítulo XVI

ECUACIONES LITERALES DE PRIMER GRADO CON UNA INCÓGNITA

ECUACIONES LITERALES son ecuaciones en las que algunos o todos los coeficientes de las incógnitas o las cantidades conocidas que figuran en la ecuación están representados por letras. 217

Estas letras suelen ser a, b, c, d, m y n según costumbre, representando x la incógnita.

Las ecuaciones literales de primer grado con una incógnita se resuelven aplicando las mismas reglas que hemos empleado en las ecuaciones numéricas.

RESOLUCIÓN DE ECUACIONES LITERALES ENTERAS 218

Ejemplos

1) Resolver la ecuación $a(x+a)-x=a(a+1)+1$.

Efectuando las operaciones indicadas: $ax+a^2-x=a^2+a+1$

Transponiendo: $ax-x=a^2+a+1-a^2$

Reduciendo términos semejantes: $ax-x=a+1$

Factorizando: $x(a-1)=a+1$

Despejando x, para la cual dividimos ambos miembros por $(a-1)$, queda:

$$x=\frac{a+1}{a-1} \quad \textbf{R.}$$

2) Resolver la ecuación $x(3-2b)-1=x(2-3b)-b^2$.

Efectuando las operaciones indicadas: $3x-2bx-1=2x-3bx-b^2$

Transponiendo: $3x-2bx-2x+3bx=1-b^2$

Reduciendo términos semejantes: $x+bx=1-b^2$

Factorizando ambos miembros: $x(1+b)=(1+b)(1-b)$

Dividiendo ambos miembros por $(1+b)$ queda: $x=1-b$ **R.**

Ejercicio 143

Resolver las siguientes ecuaciones:

1. $a(x+1)=1$
2. $ax-4=bx-2$
3. $ax+b^2=a^2-bx$
4. $3(2a-x)+ax=a^2+9$
5. $a(x+b)+x(b-a)=2b(2a-x)$
6. $(x-a)^2-(x+a)^2=a(a-7x)$
7. $ax-a(a+b)=-x-(1+ab)$
8. $a^2(a-x)-b^2(x-b)=b^2(x-b)$
9. $(x+a)(x-b)-(x+b)(x-2a)=b(a-2)+3a$
10. $x^2+a^2=(a+x)^2-a(a-1)$
11. $m(n-x)-m(n-1)=m(mx-a)$
12. $x-a+2=2ax-3(a+x)-2(a-5)$
13. $a(x-a)-2bx=b(b-2a-x)$
14. $ax+bx=(x+a-b)^2-(x-2b)(x+2a)$
15. $x(a+b)-3-a(a-2)=2(x-1)-x(a-b)$
16. $(m+4x)(3m+x)=(2x-m)^2+m(15x-m)$
17. $a^2(a-x)-a^2(a+1)-b^2(b-x)-b(1-b^2)+a(1+a)=0$
18. $(ax-b)^2=(bx-a)(a+x)-x^2(b-a^2)+a^2+b(1-2b)$
19. $(x+b)^2-(x-a)^2-(a+b)^2=0$
20. $(x+m)^3-12m^3=-(x-m)^3+2x^3$

219 RESOLUCIÓN DE ECUACIONES LITERALES FRACCIONARIAS

Ejemplos

1) Resolver la ecuación $\frac{x}{2m}-\frac{3-3mx}{m^2}-\frac{2x}{m}=0$.

Hay que suprimir denominadores. El m. c. m. de los denominadores es $2m^2$.

Dividiendo $2m^2$ entre cada denominador y multiplicando cada cociente por el numerador respectivo, tendremos: $mx-2(3-3mx)-2m(2x)=0$.

Efectuando las operaciones indicadas: $mx-6+6mx-4mx=0$

Transponiendo: $mx+6mx-4mx=6$

$$3mx=6$$

Dividiendo entre 3: $mx = 2$

$x = \frac{2}{m}$ **R.**

2) Resolver $\frac{a-1}{x-a} - \frac{2a(a-1)}{x^2-a^2} = -\frac{2a}{x+a}$.

El m.c.m. de los denominadores es $x^2 - a^2 = (x+a)(x-a)$. Dividiendo $x^2 - a^2$ entre cada denominador y multiplicando cada cociente por el numerador respectivo, tendremos: $(a-1)(x+a) - 2a(a-1) = -2a(x-a)$

Efectuando las operaciones indicadas: $ax - x + a^2 - a - 2a^2 + 2a = -2ax + 2a^2$

Transponiendo: $ax - x + 2ax = -a^2 + a + 2a^2 - 2a + 2a^2$

Reduciendo: $3ax - x = 3a^2 - a$

Factorizando ambos miembros: $x(3a-1) = a(3a-1)$

Dividiendo ambos miembros por $(3a-1)$ queda, finalmente $x = a$. **R.**

Ejercicio 144

Resolver las siguientes ecuaciones:

1. $\frac{m}{x} - \frac{1}{m} = \frac{2}{m}$
2. $\frac{a}{x} + \frac{b}{2} = \frac{4a}{x}$
3. $\frac{x}{2a} - \frac{1-x}{a^2} = \frac{1}{2a}$
4. $\frac{m}{x} + \frac{n}{m} = \frac{n}{x} + 1$
5. $\frac{a-1}{a} + \frac{1}{2} = \frac{3a-2}{x}$
6. $\frac{a-x}{a} - \frac{b-x}{b} = \frac{2(a-b)}{ab}$
7. $\frac{x-3a}{a^2} - \frac{2a-x}{ab} = -\frac{1}{a}$
8. $\frac{x+m}{m} - \frac{x+n}{n} = \frac{m^2+n^2}{mn} - 2$
9. $\frac{x-b}{a} = 2 - \frac{x-a}{b}$
10. $\frac{4x}{2a+b} - 3 = -\frac{3}{2}$
11. $\frac{2a+3x}{x+a} = \frac{2(6x-a)}{4x+a}$
12. $\frac{2(x-c)}{4x-b} = \frac{2x+c}{4(x-b)}$
13. $\frac{1}{n} - \frac{m}{x} = \frac{1}{mn} - \frac{1}{x}$
14. $\frac{(x-2b)(2x+a)}{(x-a)(a-2b+x)} = 2$
15. $\frac{x+m}{x-n} = \frac{n+x}{m+x}$
16. $\frac{x(2x+3b)(x+b)}{x+3b} = 2x^2 - bx + b^2$
17. $\frac{3}{4}\left(\frac{x}{b} + \frac{x}{a}\right) = \frac{1}{3}\left(\frac{x}{b} - \frac{x}{a}\right) + \frac{5a+13b}{12a}$
18. $\frac{x+a}{3} = \frac{(x-b)^2}{3x-a} + \frac{3ab-3b^2}{9x-3a}$
19. $\frac{5x+a}{3x+b} = \frac{5x-b}{3x-a}$
20. $\frac{x+a}{x-a} - \frac{x-a}{x+a} = \frac{a(2x+ab)}{x^2-a^2}$
21. $\frac{2x-3a}{x+4a} - 2 = \frac{11a}{x^2-16a^2}$
22. $\frac{1}{x+a} + \frac{x^2}{a^2+ax} = \frac{x+a}{a}$
23. $\frac{2(a+x)}{b} - \frac{3(b+x)}{a} = \frac{6(a^2-2b^2)}{ab}$
24. $m(n-x) - (m-n)(m+x) = n^2 - \frac{1}{n}(2mn^2 - 3m^2n)$

Francois Viète (1540-1603). Este político y militar francés tenía como pasatiempo favorito las Matemáticas. Puede considerársele como el fundador del Álgebra moderna. Logró la total liberación de esta disciplina en las limitaciones aritméticas, al introducir la notación algebraica. Dio las fórmulas para la solución de las ecuaciones de sexto grado. Fue consejero privado de Enrique IV de Francia. Hizo del Álgebra una ciencia puramente simbólica, y completó el desarrollo de la Trigonometría de Ptolomeo.

Capítulo XVII

PROBLEMAS SOBRE ECUACIONES FRACCIONARIAS DE PRIMER GRADO

220 **La suma de la tercera y la cuarta parte de un número equivale al doble del número disminuido en 17. Hallar el número.**

Sea $x =$ el número

Tendremos: $\frac{x}{3} =$ la tercera parte del número

$\frac{x}{4} =$ la cuarta parte del número

$2x =$ doble del número

De acuerdo con las condiciones del problema, tendremos la ecuación:

$$\frac{x}{3}+\frac{x}{4}=2x-17$$

Resolviendo:

$$4x + 3x = 24x - 204$$
$$4x + 3x - 24x = -204$$
$$-17x = -204$$
$$x = \frac{204}{17} = 12$$

$x = 12$, el número buscado **R.**

145 Ejercicio

1. Hallar el número que disminuido en sus $\frac{3}{8}$ equivale a su doble disminuido en 11.
2. Hallar el número que aumentado en sus $\frac{5}{6}$ equivale a su triple disminuido en 14.
3. ¿Qué número hay que restar de 22 para que la diferencia equivalga a la mitad de 22 aumentada en los $\frac{6}{5}$ del número que resta?
4. ¿Cuál es el número que tiene 30 de diferencia entre sus $\frac{5}{4}$ y sus $\frac{7}{8}$?
5. El exceso de un número sobre 17 equivale a la diferencia entre los $\frac{3}{5}$ y $\frac{1}{6}$ del número. Hallar el número.
6. La suma de la quinta parte de un número con $\frac{3}{8}$ del número excede en 49 al doble de la diferencia entre $\frac{1}{6}$ y $\frac{1}{12}$ del número. Hallar el número.
7. La edad de B es los $\frac{3}{5}$ de la de A, y si ambas edades se suman, la suma excede en 4 años al doble de la edad de B. Hallar ambas edades.
8. B tiene los $\frac{7}{8}$ de los que tiene A. Si A recibe \$90, entonces tiene el doble de lo que tiene B ahora. ¿Cuánto tiene cada uno?
9. Después de vender los $\frac{3}{5}$ de una pieza de tela quedan 40 m. ¿Cuál era la longitud de la pieza?
10. Después de gastar $\frac{1}{3}$ y $\frac{1}{8}$ de lo que tenía me quedan 39 bolívares. ¿Cuánto tenía?
11. El triple de un número excede en 48 al tercio del mismo número. Hallar el número.
12. El cuádruple de un número excede en 19 a la mitad del número aumentada en 30. Hallar el número.
13. El exceso de 80 sobre la mitad de un número equivale al exceso del número sobre 10. Hallar el número.
14. Hallar el número cuyos $\frac{7}{8}$ excedan a sus $\frac{4}{5}$ en 2.
15. El largo de un buque que es 800 pies excede en 744 pies a los $\frac{8}{9}$ del ancho. Hallar el ancho.

Hallar tres números enteros consecutivos tales que la suma de $\frac{2}{13}$ del mayor con los $\frac{2}{3}$ del número intermedio equivalga al número menor disminuido en 8. 221

Sea $x =$ número menor

Entonces $x + 1 =$ número intermedio

$x + 2 =$ número mayor

Los $\frac{2}{13}$ del número mayor serán $\frac{2}{13}(x+2)$.

Los $\frac{2}{3}$ del número intermedio serán $\frac{2}{3}(x+1)$.

El menor disminuido en 8 será $x - 8$.

De acuerdo con las condiciones del problema, tendremos la ecuación:

$$\frac{2}{13}(x+2)+\frac{2}{3}(x+1)=x-8$$

Resolviendo: $\frac{2(x+2)}{13}+\frac{2(x+1)}{3}=x-8$

$$6(x+2)+26(x+1)=39(x-8)$$
$$6x+12+26x+26=39x-312$$
$$6x+26x-39x=-12-26-312$$
$$-7x=-350$$
$$x=50$$

Si $x=50$, $x+1=51$ y $x+2=52$; luego, los números buscados son 50, 51 y 52. **R.**

Ejercicio 146

1. Hallar dos números consecutivos tales que los $\frac{4}{5}$ del mayor equivalgan al menor disminuido en 4.
2. Hallar dos números consecutivos tales que los $\frac{7}{8}$ del menor excedan en 17 a los $\frac{3}{5}$ del mayor.
3. Hallar dos números consecutivos tales que el menor exceda en 81 a la diferencia entre los $\frac{3}{4}$ del menor y los $\frac{2}{5}$ del mayor.
4. Se tienen dos números consecutivos tales que la suma de $\frac{1}{5}$ del mayor con $\frac{1}{33}$ del menor excede en 8 a los $\frac{3}{20}$ del mayor. Hallar los números.
5. La diferencia de los cuadrados de dos números pares consecutivos es 324. Hallar los números.
6. *A* tiene \$1 más que *B*. Si *B* gastara \$8, tendría \$4 menos que los $\frac{4}{5}$ de lo que tiene *A*. ¿Cuánto tiene cada uno?
7. Hoy gané \$1 más que ayer, y lo que he ganado en los dos días es \$25 más que los $\frac{2}{5}$ de lo que gané ayer. ¿Cuánto gané hoy y cuánto ayer?
8. Hallar tres números consecutivos tales que si el menor se divide entre 20, el mediano entre 27 y el mayor entre 41 la suma de los cocientes es 9.
9. Hallar tres números consecutivos tales que la suma de los $\frac{3}{5}$ del menor con los $\frac{5}{6}$ del mayor exceda en 31 al del medio.
10. Se tienen tres números consecutivos tales que la diferencia entre los $\frac{3}{7}$ del mediano y los $\frac{3}{10}$ del menor excede en 1 a $\frac{1}{11}$ del mayor. Hallar los números.

11. *A* tiene 2 años más que *B* y éste 2 años más que *C*. Si las edades de *B* y *C* se suman, esta suma excede en 12 años a $\frac{7}{8}$ de la edad de *A*. Hallar las edades respectivas.
12. *A* tiene 1 año menos que *B* y *B* 1 año menos que *C*. Si del cuadrado de la edad de *C* se resta el cuadrado de la edad de B la diferencia es 4 años menos que los $\frac{17}{5}$ de la edad de *A*. Hallar las edades respectivas.

La suma de dos números es 77, y si el mayor se divide entre el menor, el cociente es 2 y el residuo 8. Hallar los números. 222

Sea $x =$ el número mayor

Entonces $77 - x =$ el número menor

De acuerdo con las condiciones del problema, al dividir el mayor *x* entre el menor 77 – *x* el cociente es 2 y el residuo 8, pero si al dividendo *x* le **restamos** el residuo 8, entonces la división de *x* – 8 entre 77 – *x* es exacta y da de cociente 2; luego, tendremos la ecuación:

$$\frac{x-8}{77-x}=2$$

Resolviendo:

$$x - 8 = 2(77 - x)$$
$$x - 8 = 154 - 2x$$
$$3x = 162$$
$$x = \frac{162}{3} = 54, \text{ número mayor}$$

Si el número mayor es 54, el menor será 77 – *x* = 77 – 54 = 23. Luego, los números buscados son 54 y 23. **R.**

Ejercicio 147

1. La suma de dos números es 59, y si el mayor se divide entre el menor, el cociente es 2 y el residuo 5. Hallar los números.
2. La suma de dos números es 436, y si el mayor se divide entre el menor, el cociente es 2 y el residuo 73. Hallar los números.
3. La diferencia de dos números es 44, y si el mayor se divide entre el menor, el cociente es 3 y el residuo 2. Hallar los números.
4. Un número excede a otro en 56. Si el mayor se divide entre el menor, el cociente es 3 y el residuo 8. Hallar los números.
5. Dividir 260 en dos partes tales que el doble de la mayor dividido entre el triple de la menor dé 2 de cociente y 40 de residuo.
6. Repartir 196 nuevos soles entre *A* y *B* de modo que si los $\frac{3}{8}$ de la parte de *A* se dividen entre el quinto de la *B* se obtiene 1 de cociente y 16 de residuo.

223 En tres días un hombre ganó 1,850,000 sucres. Si cada día ganó $\frac{3}{4}$ de lo que ganó el día anterior, ¿cuánto ganó cada día?

Sea x = lo que ganó el primer día

El segundo día ganó $\frac{3}{4}$ de lo que ganó el primer día, o sea $\frac{3}{4}$ de x; luego:

$$\frac{3x}{4} = \text{lo que ganó el segundo día}$$

El tercer día ganó $\frac{3}{4}$ de lo que ganó el segundo día, o sea, $\frac{3}{4}$ de $\frac{3x}{4} = \frac{9x}{16}$; luego:

$$\frac{9x}{16} = \text{lo que ganó el tercer día}$$

Si en total ganó 1,850,000 sucres, tendremos la ecuación:

$$x + \frac{3x}{4} + \frac{9x}{16} = 1{,}850{,}000$$

Resolviendo: $16x + 12x + 9x = 29{,}600{,}000$

$$37x = 29{,}600{,}000$$

$$x = \frac{29{,}600{,}000}{37} = 800{,}000 \text{ sucres, lo que ganó el primer día} \quad \textbf{R.}$$

El segundo día ganó: $\frac{3x}{4} = \frac{3 \times 800{,}000}{4} = 600{,}000$ sucres **R.**

El tercer día ganó: $\frac{9x}{16} = \frac{9 \times 800{,}000}{16} = 450{,}000$ sucres **R.**

Ejercicio 148

1. En tres días un hombre ganó $175. Si cada día ganó la mitad de lo que ganó el día anterior, ¿cuánto ganó cada día?
2. El jueves perdí los $\frac{3}{5}$ de lo que perdí el miércoles y el viernes los $\frac{5}{6}$ de lo que perdí el jueves. Si en los tres días perdí $252, ¿cuánto perdí cada día?
3. B tiene $\frac{2}{3}$ de lo que tiene A y C tiene $\frac{3}{5}$ de B. Si entre los tres tienen 248,000 sucres, ¿cuánto tiene cada uno?
4. La edad de B es los $\frac{3}{5}$ de la de A y la de C los $\frac{3}{8}$ de la de B. Si las tres edades suman 73 años, hallar las edades respectivas.
5. En 4 días un hombre recorrió 120 km. Si cada día recorrió $\frac{1}{3}$ de lo que recorrió el día anterior, ¿cuántos km recorrió en cada día?
6. En cuatro semanas un avión recorrió 4,641 km. Si cada semana recorrió los $\frac{11}{10}$ de lo que recorrió la semana anterior, ¿cuántos km recorrió en cada semana?

7. Una herencia de 33,050,000 colones se ha repartido entre cinco personas. La segunda recibe la mitad de lo que recibe la primera; la tercera $\frac{1}{4}$ de lo que recibe la segunda; la cuarta $\frac{1}{5}$ de lo que recibe la tercera y la quinta $\frac{1}{10}$ de lo que recibe la cuarta. ¿Cuánto recibió cada persona?
8. Un hombre viajó 9,362 km por barco, tren y avión. Por tren recorrió los $\frac{4}{9}$ de lo que recorrió en barco y en avión los $\frac{5}{8}$ de lo que recorrió en tren. ¿Cuántos km recorrió de cada modo?

224 **A tenía cierta suma de dinero. Gastó \$30 en libros y los $\frac{3}{4}$ de lo que le quedaba después del gasto anterior en ropa. Si le quedan \$30, ¿cuánto tenía al principio?**

Sea x = lo que tenía al principio

Después de gastar \$30 en libros, le quedaron $\$(x - 30)$

En ropa gastó $\frac{3}{4}$ de lo que quedaba, o sea $\frac{3}{4}(x - 30)$.

Como aún le quedan \$30, la diferencia entre lo que le quedaba después del primer gasto, $x - 30$ y lo que gastó en ropa, $\frac{3}{4}(x - 30)$, será igual a \$30; luego, tenemos la ecuación:

$$x - 30 - \frac{3}{4}(x - 30) = 30$$

Resolviendo:

$$x - 30 - \frac{3(x - 30)}{4} = 30$$
$$4x - 120 - 3(x - 30) = 120$$
$$4x - 120 - 3x + 90 = 120$$
$$4x - 3x = 120 + 120 - 90$$
$$x = 150$$

Luego, *A* tenía al principio \$150. **R.**

Ejercicio 149

1. Tenía cierta suma de dinero. Gasté \$20 y presté $\frac{2}{3}$ de lo que me quedaba. Si ahora tengo \$10, ¿cuánto tenía en un principio?
2. Después de gastar la mitad de lo que tenía y de prestar la mitad de lo que me quedó, tengo 21 quetzales. ¿Cuánto tenía en un principio?
3. Tengo cierta suma de dinero. Si me pagan \$7 que me deben, puedo gastar $\frac{4}{5}$ de mi nuevo capital y me quedan \$20. ¿Cuánto tengo ahora?
4. Gasté $\frac{2}{5}$ de lo que tenía y presté $\frac{5}{6}$ de lo que me quedó. Si aún tengo 500,000 bolívares, ¿cuánto tenía en un principio?
5. Los $\frac{4}{5}$ de las aves de una granja son palomas; $\frac{3}{4}$ del resto gallinas y las 4 aves restantes gallos. ¿Cuántas aves hay en la granja?

6. Gasté $\frac{4}{5}$ de lo que tenía; perdí $\frac{2}{3}$ de lo que me quedó, se me perdieron 8 nuevos soles y me quedé sin nada. ¿Cuánto tenía en un principio?
7. Tenía cierta suma. Gasté $\frac{5}{12}$ de lo que tenía; cobré \$42 que me debían y ahora tengo \$2 más que en un principio. ¿Cuánto tenía en un inicio?
8. Después de gastar la mitad de lo que tenía y \$15 más, me quedan \$30. ¿Cuánto tenía en un principio?
9. Gasté $\frac{3}{4}$ de lo que tenía y después recibí 13,000,000 sucres. Si ahora tengo 1,000,000 sucres más que en un principio, ¿cuánto tenía en un inicio?
10. Tenía cierta suma. Gasté $\frac{3}{4}$ en trajes y $\frac{2}{3}$ de lo que me quedó en libros. Si lo que tengo ahora es \$380 menos que $\frac{2}{5}$ de lo que tenía al principio, ¿qué cantidad tenía en un inicio?

225 **La edad actual de *A* es la mitad de la de *B*, y hace 10 años la edad de *A* era $\frac{3}{7}$ de la edad de *B*. Hallar las edades actuales.**

Sea x = edad actual de A

Si la edad actual de A es la mitad de la de B, la edad actual de B es doble de la de A; luego,

$2x$ = edad actual de B

Hace 10 años, cada uno tenía 10 años menos que ahora; luego,

$x - 10$ = edad de A hace 10 años
$2x - 10$ = edad de B hace 10 años

Según las condiciones del problema, la edad de A hace 10 años, $x - 10$, era $\frac{3}{7}$ de la edad de B hace 10 años, o sea $\frac{3}{7}$ de $2x - 10$; luego, tendremos la ecuación:

$$x - 10 = \frac{3}{7}(2x - 10)$$

Resolviendo:

$$\begin{aligned} 7x - 70 &= 6x - 30 \\ 7x - 6x &= 70 - 30 \\ x &= 40 \text{ años, edad actual de } A \quad \textbf{R.} \\ 2x &= 80 \text{ años, edad actual de } B \quad \textbf{R.} \end{aligned}$$

226 **Hace 10 años la edad de *A* era $\frac{3}{5}$ de la edad que tendrá dentro de 20 años. Hallar la edad actual de *A*.**

Sea x = edad actual de A

Hace 10 años la edad de A era $x - 10$.

Dentro de 20 años la edad de A será $x + 20$.

Según las condiciones, la edad de A hace 10 años, $x-10$, era $\frac{3}{5}$ de la edad que tendrá dentro de 20 años, es decir, $\frac{3}{5}$ de $x+20$; luego, tenemos la ecuación

$$x-10=\frac{3}{5}(x+20)$$

Resolviendo: $5x-50=3x+60$

$2x=110$

$x=\frac{110}{2}=55$ años, edad actual de A **R.**

Ejercicio 150

1. La edad de A es $\frac{1}{3}$ de la de B y hace 15 años la edad de A era $\frac{1}{6}$ de la de B. Hallar las edades actuales.
2. La edad de A es el triple de la de B y dentro de 20 años será el doble. Hallar las edades actuales.
3. La edad de A hace 5 años era $\frac{9}{11}$ de la edad que tendrá dentro de 5 años. Hallar la edad actual de A.
4. Hace 6 años la edad de A era la mitad de la edad que tendrá dentro de 24 años. Hallar la edad actual de A.
5. La edad de un hijo es $\frac{1}{3}$ de la edad de su padre y dentro de 16 años será la mitad. Hallar las edades actuales.
6. La edad de un hijo es $\frac{2}{5}$ de la de su padre y hace 8 años la edad del hijo era $\frac{2}{7}$ de la edad del padre. Hallar las edades actuales.
7. La suma de las edades actuales de A y B es 65 años y dentro de 10 años la edad de B será $\frac{5}{12}$ de la de A. Hallar las edades actuales.
8. La diferencia de las edades de un padre y su hijo es 25 años. Hace 15 años la edad del hijo era los $\frac{3}{8}$ de la del padre. Hallar las edades actuales.
9. Hace 10 años la edad de un padre era el doble que la de su hijo y dentro de 10 años la edad del padre será $\frac{3}{2}$ de la del hijo. Hallar las edades actuales.
10. A tiene 18 años más que B. Hace 18 años la edad de A era $\frac{5}{2}$ de la de B. Hallar las edades actuales.
11. La edad de A es el triple de la de B y hace 4 años la suma de ambas edades era igual a la que tendrá B dentro de 16 años. Hallar las edades actuales.

227 ***A* tiene el doble de dinero que *B*. Si *A* le da a *B* 34 nuevos soles, *A* tendrá $\frac{5}{11}$ de lo que tenga *B*. ¿Cuánto tiene cada uno?**

Sea $x=$ lo que tiene B

Entonces $2x=$ lo que tiene A

Si A le da a B 34 nuevos soles, A se queda con $2x-34$ nuevos soles y B tendrá entonces $x+34$ nuevos soles.

Según las condiciones del problema, cuando A le da a B 34 nuevos soles, lo que le queda a A, $2x - 34$ nuevos soles, es $\frac{5}{11}$ de lo que tiene B, o sea, $\frac{5}{11}$ de $x + 34$ nuevos soles; luego, tenemos la ecuación:

$$2x - 34 = \frac{5}{11}(x + 34)$$

Resolviendo: $22x - 374 = 5x + 170$

$22x - 5x = 374 + 170$

$17x = 544$

$x = \frac{544}{17} = 32$ nuevos soles, lo que tiene B **R.**

$2x = 64$ nuevos soles, lo que tiene A **R.**

Ejercicio 151

1. A tiene doble dinero que B. Si A le diera a B 20,000 bolívares, tendría $\frac{4}{5}$ de lo que tendría B. ¿Cuánto tiene cada uno?
2. A tiene la mitad de B, pero si B le da a A 2,400 colones ambos tendrán lo mismo. ¿Cuánto tiene cada uno?
3. B tiene el doble de lo que tiene A. Pero si B le da a A \$6 A tendrá $\frac{3}{5}$ de lo que le quede a B. ¿Cuánto tiene cada uno?
4. B tiene $\frac{3}{5}$ de lo que tiene A. Si B le gana a A \$30, B tendrá $\frac{9}{5}$ de lo que le quede a A. ¿Cuánto tiene cada uno?
5. A y B empiezan a jugar con igual suma de dinero. Cuando A ha perdido 300,000 sucres tiene la mitad de lo que tiene B. ¿Con cuánto empezó a jugar cada uno?
6. A y B empiezan a jugar teniendo B $\frac{2}{3}$ de lo que tiene A. Cuando B ha ganado \$22 tiene $\frac{7}{5}$ de lo que queda a A. ¿Con cuánto empezó a jugar cada uno?
7. A tiene $\frac{4}{5}$ de lo que tiene B. Si A gana \$13 y B pierde \$5, ambos tendrían lo mismo. ¿Cuánto tiene cada uno?
8. B tiene la mitad de lo que tiene A. Si B le gana a A una suma igual a $\frac{1}{3}$ de lo que tiene A, B tendrá \$5 más que A. ¿Cuánto tiene cada uno?
9. A y B empiezan a jugar con igual suma de dinero. Cuando B ha perdido $\frac{3}{5}$ del dinero con que empezó a jugar, lo que ha ganado A es 24 balboas. ¿Con cuánto empezaron a jugar?
10. A y B empiezan a jugar con igual suma de dinero. Cuando B ha perdido $\frac{3}{4}$ del dinero con que empezó a jugar, lo que ha ganado A es 24 nuevos soles más que la tercera parte de lo que le queda a B. ¿Con cuánto empezaron a jugar?

Un padre tiene 40 años y su hijo 15. ¿Dentro de cuántos años la edad del hijo será $\frac{4}{9}$ de la del padre? 228

Sea x el número de años que tiene que pasar para que la edad del hijo sea $\frac{4}{9}$ de la del padre.

Dentro de x años, la edad del padre será $40+x$ años, y la del hijo, $15+x$ años.

Según las condiciones del problema, la edad del hijo dentro de x años, $15+x$, será $\frac{4}{9}$ de la edad del padre dentro de x años, o sea $\frac{4}{9}$ de $40+x$; luego, tenemos la ecuación:

$$15+x=\frac{4}{9}(40+x)$$

Resolviendo:

$$135+9x=160+4x$$
$$5x=25$$
$$x=5$$

Dentro de 5 años. **R.**

Ejercicio 152

1. A tiene 38 años y B 28 años. ¿Dentro de cuántos años la edad de B será $\frac{3}{4}$ de la de A?
2. B tiene 25 años y A 30. ¿Dentro de cuántos años la edad de A será $\frac{7}{6}$ de la edad de B?
3. A tiene 52 años y B 48. ¿Cuántos años hace que la edad de B era $\frac{9}{10}$ de la de A?
4. Rosa tiene 27 años y María 18. ¿Cuántos años hace que la edad de María era $\frac{1}{4}$ de la de Rosa?
5. Enrique tiene \$50 y Ernesto \$22. Si ambos reciben una misma suma de dinero. Ernesto tiene $\frac{3}{5}$ de lo de Enrique. ¿Cuál es esa suma?
6. Pedro tenía 90 quetzales y su hermano 50 quetzales. Ambos gastaron igual suma y ahora el hermano de Pedro tiene $\frac{3}{11}$ de lo que tiene Pedro. ¿Cuánto gastó cada uno?
7. Una persona tiene $\frac{3}{4}$ de la edad de su hermano. Dentro de un número de años igual a la edad actual del mayor. La suma de ambas edades será 75 años. Hallar las edades actuales.
8. A tenía \$54 y B \$32. Ambos ganaron una misma cantidad de dinero y la suma de lo que tienen ambos ahora excede en \$66 al cuádruple de lo que ganó cada uno. ¿Cuánto ganó cada uno?
9. A tenía 153,000 bolívares y B 12,000. A le dio a B cierta suma y ahora A tiene $\frac{1}{4}$ de lo que tiene B. ¿Cuánto le dio A a B?

229 **La longitud de un rectángulo excede al ancho en 8 m. Si cada dimensión se aumenta en 3 metros, el área se aumentaría en 57 m². Hallar las dimensiones del rectángulo.**

Sea x = ancho del rectángulo

Entonces $x + 8$ = longitud de rectángulo

Como el área de un rectángulo se obtiene multiplicando su longitud por su ancho, tendremos:

$x(x + 8)$ = área del rectángulo dado

Si cada dimensión se aumenta en 3 metros, el ancho será ahora $x + 3$ metros y la longitud $(x + 8) + 3 = x + 11$ metros.

El área será ahora $(x + 3)(x + 11)$ m².

Según las condiciones, esta nueva superficie $(x + 3)(x + 11)$ m² tiene 57 m² más que la superficie de rectángulo dado $x(x + 8)$; luego, se tiene la ecuación:

$$(x+3)(x+11) - 57 = x(x + 8)$$

Resolviendo:

$$x^2 + 14x + 33 - 57 = x^2 + 8x$$
$$14x - 8x = 57 - 33$$
$$6x = 24$$

$x = 4$ m, ancho del rectángulo dado **R.**

$x + 8 = 12$ m, longitud del rectángulo dado **R.**

Ejercicio 153

1. La longitud de un rectángulo excede al ancho en 3 m. Si cada dimensión se aumenta en 1 m la superficie se aumenta en 22 m². Hallar las dimensiones del rectángulo.
2. Una de las dimensiones de una sala rectangular es el doble de la otra. Si cada dimensión se aumenta en 5 m el área se aumentaría en 160 m². Hallar las dimensiones del rectángulo.
3. Una dimensión de un rectángulo excede a la otra en 2 m. Si ambas dimensiones se disminuyen en 5 m el área se disminuye en 115 m². Hallar las dimensiones del rectángulo.
4. La longitud de un rectángulo excede en 24 m al lado del cuadrado equivalente al rectángulo y su ancho es 12 m menos que el lado de dicho cuadrado. Hallar las dimensiones del rectángulo.
5. La longitud de un rectángulo es 7 m mayor y su ancho 6 m menor que el lado del cuadrado equivalente al rectángulo. Hallar las dimensiones del rectángulo.
6. La longitud de un campo rectangular excede a su ancho en 30 m. Si la longitud se disminuye en 20 m y el ancho se aumenta en 15 m, el área se disminuye en 150 m². Hallar las dimensiones del rectángulo.
7. La longitud de una sala excede a su ancho en 10 m. Si la longitud se disminuye en 2 m y el ancho se aumenta en 1 m el área no varía. Hallar las dimensiones de la sala.

El denominador de una fracción excede al numerador en 5. Si el denominador se aumenta en 7, el valor de la fracción es $\frac{1}{2}$. Hallar la fracción. 230

Sea x = numerador de la fracción

Como el denominador excede al numerador en 5: $x + 5$ = denominador de la fracción.

La fracción será, por lo tanto, $\frac{x}{x+5}$.

Según las condiciones, si el denominador de esta fracción se aumenta en 7, la fracción equivale a $\frac{1}{2}$; luego, tendremos la ecuación:

$$\frac{x}{x+5+7}=\frac{1}{2}$$

Resolviendo:

$$\frac{x}{x+12}=\frac{1}{2}$$

$$2x = x + 12$$

$$x = 12, \text{ numerador de la fracción}$$

$$x + 5 = 17, \text{ denominador de la fracción}$$

Luego, la fracción buscada es $\frac{12}{17}$. **R.**

Ejercicio 154

1. El numerador de una fracción excede al denominador en 2. Si el denominador se aumenta en 7 el valor de la fracción es $\frac{1}{2}$. Hallar la fracción.
2. El denominador de una fracción excede al numerador en 1. Si el denominador se aumenta en 15, el valor de la fracción es $\frac{1}{3}$. Hallar la fracción.
3. El numerador de una fracción es 8 unidades menor que el denominador. Si a los dos términos de la fracción se suma 1 el valor de la fracción es $\frac{3}{4}$. Hallar la fracción.
4. El denominador de una fracción excede al doble del numerador en 1. Si al numerador se resta 4, el valor de la fracción es $\frac{1}{3}$. Hallar la fracción.
5. El denominador de una fracción excede al doble del numerador en 6. Si el numerador se aumenta en 15 y el denominador se disminuye en 1, el valor de la fracción es $\frac{4}{3}$. Hallar la fracción.
6. El denominador de una fracción excede al numerador en 1. Si al denominador se añade 4, la fracción que resulta es 2 unidades menor que el triple de la fracción primitiva. Hallar la fracción.
7. El denominador de una fracción es 1 menos que el triple del numerador. Si el numerador se aumenta en 8 y el denominador en 4 el valor de la fracción es $\frac{11}{12}$. Hallar la fracción.
8. El numerador de una fracción excede al denominador en 22. Si al numerador se resta 15, la diferencia entre la fracción primitiva y la nueva fracción es 3. Hallar la fracción primitiva.

231 **La cifra de las decenas de un número de dos cifras excede en 3 a la cifra de las unidades, y si el número se divide entre la suma de sus cifras, el cociente es 7. Hallar el número.**

Sea x = la cifra de las unidades

Entonces $x + 3$ = la cifra de las decenas

El número se obtiene **multiplicando por 10 la cifra de las decenas y sumándole la cifra de las unidades;** luego:

$$10(x+3) + x = 10x + 30 + x = 11x + 30 = \text{el número}$$

Según las condiciones, el número $11x + 30$ dividido por la suma de sus cifras, o sea por $x + x + 3 = 2x + 3$, da de cociente 7; luego, tenemos la ecuación:

$$\frac{11x+30}{2x+3} = 7$$

Resolviendo:

$$\begin{aligned} 11x + 30 &= 14x + 21 \\ 11x - 14x &= -30 + 21 \\ -3x &= -9 \\ x &= 3, \text{ la cifra de las unidades} \\ x + 3 &= 6, \text{ la cifra de las decenas} \end{aligned}$$

Luego, el número buscado es 63. **R.**

Ejercicio 155

1. La cifra de las decenas de un número de dos cifras excede a la cifra de las unidades en 2. Si el número se divide entre la suma de sus cifras, el cociente es 7. Hallar el número.
2. La cifra de las unidades de un número de dos cifras excede en 4 a la cifra de las decenas y si el número se divide entre la suma de sus cifras el cociente es 4. Hallar el número.
3. La cifra de las decenas de un número de dos cifras es el doble de la cifra de las unidades y si el número, disminuido en 9, se divide entre la suma de sus cifras el cociente es 6. Hallar el número.
4. La cifra de las decenas de un número de dos cifras excede en 1 a la cifra de las unidades. Si el número se multiplica por 3 este producto equivale a 21 veces la suma de sus cifras. Hallar el número.
5. La suma de la cifra de las decenas y la cifra de las unidades de un número de dos cifras es 7. Si el número, aumentado en 8, se divide entre el doble de la cifra de las decenas el cociente es 6. Hallar el número.
6. La cifra de las decenas de un número de dos cifras excede en 2 a la cifra de las unidades y el número excede en 27 a 10 veces la cifra de las unidades. Hallar el número.
7. La cifra de las decenas de un número de dos cifras es el doble de la cifra de las unidades, y si el número disminuido en 4 se divide entre la diferencia entre la cifra de las decenas y la cifra de las unidades el cociente es 20. Hallar el número.

A puede hacer una obra en 3 días y B en 5 días. ¿En cuánto tiempo pueden hacer la obra trabajando los dos juntos? 232

Sea x el número de días que tardarían en hacer la obra trabajando los dos juntos.

Si en x días los dos juntos hacen toda la obra, en 1 día hará $\frac{1}{x}$ de la obra.

A, trabajando solo, hace la obra en 3 días; luego, en un día hace $\frac{1}{3}$ de la obra.

B, trabajando solo, hace la obra en 5 días; luego, en un día hace $\frac{1}{5}$ de la obra.

Los dos juntos harán en un día $\left(\frac{1}{3}+\frac{1}{5}\right)$ de la obra; pero como en un día los dos hacen $\frac{1}{x}$ de la obra, tendremos:

$$\frac{1}{3}+\frac{1}{5}=\frac{1}{x}$$

Resolviendo:

$$5x+3x=15$$
$$8x=15$$
$$x=\frac{15}{8}=1\tfrac{7}{8}\text{ días}$$

Ejercicio 156

1. A puede hacer una obra en 3 días y B en 6 días. ¿En cuánto tiempo pueden hacer la obra los dos trabajando juntos?
2. Una llave puede llenar un depósito en 10 minutos y otra en 20 minutos. ¿En cuánto tiempo pueden llenar el depósito las dos llaves juntas?
3. A puede hacer una obra en 4 días, B en 6 días y C en 12 días. ¿En cuánto tiempo pueden hacer la obra los tres juntos?
4. A puede hacer una obra en $1\frac{1}{2}$ días, B en 6 días y C en $2\frac{2}{5}$ días. ¿En cuánto tiempo harán la obra los tres juntos?
5. Una llave puede llenar un depósito en 5 minutos, otra en 6 minutos y otra en 12 minutos. ¿En cuánto tiempo llenarán el depósito las tres llaves abiertas al mismo tiempo?
6. Una llave puede llenar un depósito en 4 minutos, otra llave en 8 minutos y un desagüe puede vaciarlo, estando lleno, en 20 minutos. ¿En cuánto tiempo se llenará el depósito, si estando vacío y abierto el desagüe se abren las dos llaves?

¿A qué hora entre las 4 y las 5 están opuestas las agujas del reloj? 233

Figura 20

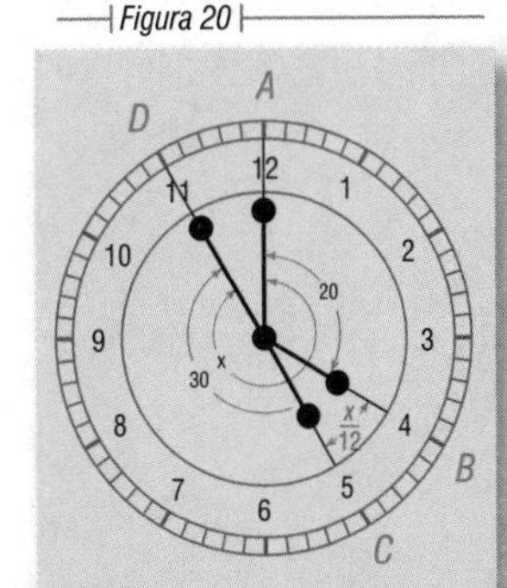

En los problemas sobre el reloj, el alumno debe hacer siempre un gráfico como el adjunto.

En el gráfico está representada la posición del horario y el minutero a las 4. Después representamos la posición de ambas agujas cuando están opuestas, el horario en C y el minutero en D.

Mientras el minutero da una vuelta completa al reloj, 60 divisiones de minuto, el horario avanza de una hora a la siguiente, 5 divisiones de minuto, o sea $\frac{1}{12}$ de lo que ha recorrido el minutero; luego, el horario avanza siempre $\frac{1}{12}$ de las divisiones que avanza el minutero.

Sea $x =$ el número de divisiones de 1 minuto del arco *ABCD* que ha recorrido el minutero hasta estar opuesto al horario.

Entonces $\frac{x}{12} =$ número de divisiones de 1 minuto del arco *BC* que ha recorrido el horario.

En la figura 20 se ve que arco $ABCD = x$ equivale al arco $AB = 20$ divisiones de 1 minuto, más el arco $BC = \frac{x}{12}$, más el arco $CD = 30$ divisiones de 1 minuto; luego, tendremos la ecuación:

$$x = 20 + \frac{x}{12} + 30$$

Resolviendo:

$$x = 50 + \frac{x}{12}$$
$$12x = 600 + x$$
$$11x = 600$$
$$x = \frac{600}{11} = 54\frac{6}{11} \text{ divisiones de 1 minuto}$$

Luego, entre las 4 y las 5 las manecillas del reloj están opuestas a las 4 y $54\frac{6}{11}$ minutos. **R.**

234 **¿A qué hora, entre las 5 y las 6, las agujas del reloj forman ángulo recto?**

Entre las 5 y las 6 las agujas están en ángulo recto en 2 posiciones: una, antes de que el minutero pase sobre el horario, y otra, después.

1) Antes de que el minutero pase sobre el horario.

A las 5 el horario está en *C* y el minutero en *A*. Representamos la posición en que forman ángulo recto antes de pasar el minutero sobre el horario: el minutero en *B* y el horario en *D* (Fig. 21).

Sea $x =$ el arco *AB* que ha recorrido el minutero; entonces $\frac{x}{12} =$ el arco *CD* que ha recorrido el horario.

Figura 21

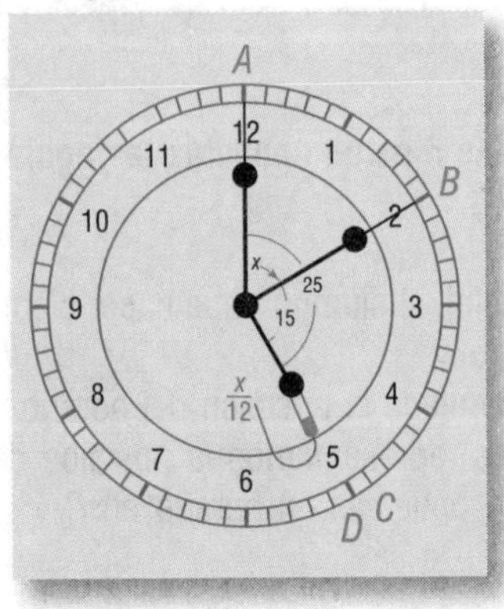

En la figura adjunta se ve que: arco AB + arco BD = arco AC + arco CD, pero arco AB = x, arco $BD = 15$, arco $AC = 25$ y arco $CD = \frac{x}{12}$; luego:

$$x+15=25+\frac{x}{12}$$

Resolviendo:

$$12x+180=300+x$$
$$11x=120$$
$$x=\frac{120}{11}=10\frac{10}{11} \text{ divisiones de 1 minuto}$$

Luego, estarán en ángulo recto por primera vez a las 5 y $10\frac{10}{11}$ minutos. **R.**

2) Después que el minutero ha pasado sobre el horario.

A las 5 el horario está en B y el minutero en A. Después de pasar el minutero sobre el horario, cuando forman ángulo recto, el horario está en C y el minutero en D.

Sea x = el arco $ABCD$ que ha recorrido el minutero; $\frac{x}{12}$ = el arco BC que ha recorrido el horario.

En la figura se ve que:
arco $ABCD$ = arco AB + arco BC + arco CD,
o sea

$$x=25+\frac{x}{12}+15$$

Resolviendo:

$$12x=300+x+180$$
$$11x=480$$
$$x=\frac{480}{11}=43\frac{7}{11} \text{ divisiones de 1 minuto}$$

Luego, formarán ángulo recto por segunda vez a las 5 y $43\frac{7}{11}$ minutos. **R.**

Figura 22

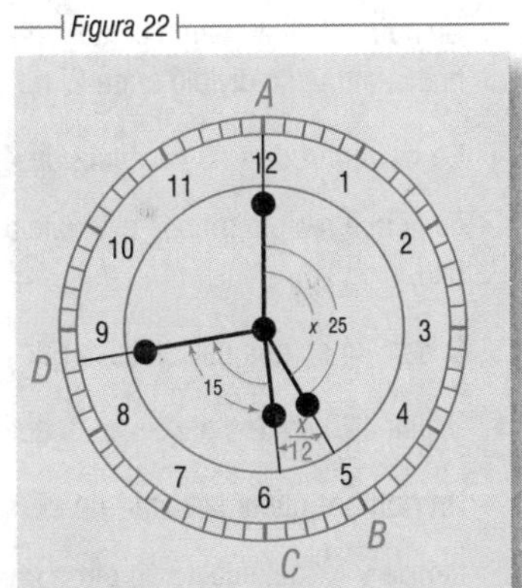

Ejercicio 157

1. ¿A qué hora, entre la 1 y las 2, están opuestas las agujas del reloj?
2. ¿A qué hora, entre las 10 y las 11, las agujas del reloj forman ángulo recto?
3. ¿A qué hora, entre las 8 y las 9, están opuestas las agujas del reloj?
4. ¿A qué hora, entre las 12 y la 1, están opuestas las agujas del reloj?
5. ¿A qué hora, entre las 2 y las 3, forman ángulo recto las agujas del reloj?
6. ¿A qué hora, entre las 4 y las 5, coinciden las agujas del reloj?

7. ¿A qué hora, entre las 6 y las 7, las agujas del reloj forman ángulo recto?
8. ¿A qué hora, entre las 10 y las 11, coinciden las agujas del reloj?
9. ¿A qué hora, entre las 7 y las 7 y 30, están en ángulo recto las agujas del reloj?
10. ¿A qué hora, entre las 3 y las 4, el minutero dista exactamente 5 divisiones del horario, después de haberlo pasado?
11. ¿A qué hora, entre las 8 y las 9, el minutero dista exactamente del horario 10 divisiones?

Ejercicio 158

MISCELÁNEA DE PROBLEMAS QUE SE RESUELVEN POR ECUACIONES DE PRIMER GRADO

1. La diferencia de dos números es 6 y la mitad del mayor excede en 10 a $\frac{3}{8}$ del menor. Hallar los números.
2. *A* tenía $120 y *B* $90. Después de que *A* le dio a *B* cierta suma, *B* tiene $\frac{11}{10}$ de lo que le queda a *A*. ¿Cuánto le dio *A* a *B*?
3. Un número se aumentó en 6 unidades; esta suma se dividió entre 8; al cociente se le sumó 5 y esta nueva suma se dividió entre 2, obteniendo 4 de cociente. Hallar el número.
4. Se ha repartido una herencia de 48,000 nuevos soles entre dos personas de modo que la parte de la que recibió menos equivale a $\frac{5}{7}$ de la parte de la persona favorecida. Hallar la parte de cada uno.
5. Dividir 84 en dos partes tales que $\frac{1}{10}$ de la parte mayor equivalga a $\frac{1}{4}$ de la menor.
6. Dividir 120 en dos partes tales que la menor sea a la mayor como 3 es a 5.
7. Un hombre gasta la mitad de su sueldo mensual en el alquiler de una casa y alimentación de su familia y $\frac{3}{8}$ del sueldo en otros gastos. Al cabo de 15 meses ahorró $30,000. ¿Cuál es su sueldo mensual?
8. Un hombre gastó $\frac{1}{5}$ de lo que tenía en ropa; $\frac{3}{8}$ en libros; prestó $1,020 a un amigo y se quedó sin nada. ¿Cuánto gastó en ropa y libros?
9. La edad de *B* es $\frac{2}{5}$ de la de *A* y la de *C* $\frac{2}{3}$ de la de *B*. Si entre los tres tienen 25 años, ¿cuál es la edad de cada uno?
10. Vendí un automóvil por 8,000,000 bolívares más la tercera parte de lo que me había costado, y en esta operación gané 2,000,000 bolívares. ¿Cuánto me costó el auto?
11. Compré cierto número de libros a 2 por $50 y los vendí a 2 por $70, ganando en esta operación $80. ¿Cuántos libros compré?

12. Compré cierto número de libros a 4 por $300 y un número de libros igual a $\frac{3}{4}$ del número de libros anterior a 10 por $700. Vendiéndolos todos a 2 por $300 gané $5,400. ¿Cuántos libros compré?

13. Dividir 150 en cuatro partes, tales que la segunda sea $\frac{5}{6}$ de la primera; la tercera $\frac{3}{5}$ de la segunda y la cuarta $\frac{1}{3}$ de la tercera.

14. ¿A qué hora, entre las 9 y las 10 coinciden las agujas del reloj?

15. A es 10 años mayor que B y hace 15 años la edad de B era $\frac{3}{4}$ de la de A. Hallar las edades actuales.

16. A y B trabajando juntos hacen una obra en 6 días, B solo puede hacerla en 10 días. ¿En cuántos días puede hacerla A?

17. Dividir 650 en dos partes tales que si la mayor se divide entre 5 y la menor se disminuye en 50, los resultados son iguales.

18. La edad actual de A es $\frac{1}{4}$ de la de B; hace 10 años era $\frac{1}{10}$. Hallar las edades actuales.

19. Hallar dos números consecutivos tales que la diferencia de sus cuadrados exceda en 43 a $\frac{1}{11}$ del número menor.

20. Un capataz contrata un obrero ofreciéndole un sueldo anual de 30,000,000 sucres y una sortija. Al cabo de 7 meses el obrero es despedido y recibe 15,000,000 sucres y la sortija. ¿Cuál era el valor de la sortija?

21. Una suma de $120 se reparte por partes iguales entre cierto número de personas. Si el número de personas hubiera sido $\frac{1}{5}$ más de las que había, cada persona hubiera recibido $2 menos. ¿Entre cuántas personas se repartió el dinero?

22. Un hombre compró cierto número de libros por $400. Si hubiera comprado $\frac{1}{4}$ más el número de libros que compró por el mismo dinero, cada libro le habría costado $2 menos. ¿Cuántos libros compró y cuánto pagó por cada uno?

23. Se ha repartido cierta suma entre A, B y C. A recibió $30 menos que la mitad de la suma; B $20 más que $\frac{3}{7}$ de la suma y C el resto, que eran $30. ¿Cuánto recibieron A y B?

24. Compré cierto número de libros a 5 libros por $60. Si me quedé con $\frac{1}{3}$ de los libros y vendiendo el resto a 4 libros por $90 gané $90. ¿Cuántos libros compré?

25. Un hombre dejó la mitad de su fortuna a sus hijos; $\frac{1}{4}$ a sus hermanos; $\frac{1}{6}$ a un amigo y el resto, que eran 2,500,000 colones, a un asilo. ¿Cuál era su fortuna?

26. Un padre de familia gasta los $\frac{3}{5}$ de su sueldo anual en atenciones de su casa; $\frac{1}{8}$ en ropa, $\frac{1}{20}$ en paseos y ahorra 810 balboas al año. ¿Cuál es su sueldo anual?

27. Un hombre gastó el año antepasado los $\frac{3}{8}$ de sus ahorros; el año pasado $\frac{5}{12}$ de sus ahorros iniciales; este año $\frac{3}{5}$ de lo que le quedaba y aún tiene $400. ¿A cuánto ascendían sus ahorros?

28. Dividir 350 en dos partes, tales que la diferencia entre la parte menor y $\frac{3}{5}$ de la mayor equivalga a la diferencia entre la parte mayor y $\frac{17}{15}$ de la menor.

29. Se ha repartido cierta suma ente *A, B* y *C*. *A* recibió \$15; *B* tanto como *A* más $\frac{2}{3}$ de lo que recibió *C* y *C* tanto como *A* y *B* juntos. ¿Cuál fue la suma repartida?

30. Tengo \$9.60 en pesos, piezas de 20 ¢ y 10 ¢, respectivamente. El número de piezas de 20 ¢ es $\frac{3}{4}$ del número de pesos y el número de piezas de 10 ¢ es $\frac{2}{3}$ del número de piezas de 20 ¢. ¿Cuántas monedas de cada clase tengo?

31. Un comerciante perdió el primer año $\frac{1}{5}$ de su capital; el segundo año ganó una cantidad igual a $\frac{3}{10}$ de lo que le quedaba; el tercer año ganó $\frac{3}{5}$ de lo que tenía al terminar el segundo año y entonces tiene 13,312 quetzales. ¿Cuál era su capital original?

32. *A y B* tienen la misma edad. Si *A* tuviera 10 años menos y *B*, 5 años más; la edad de *A* sería $\frac{2}{3}$ de la de *B*. Hallar la edad de *A*.

33. Un comandante dispone sus tropas formando un cuadrado y ve que le quedan fuera 36 hombres. Entonces pone un hombre más en cada lado del cuadrado y ve que le faltan 75 hombres para completar el cuadrado. ¿Cuántos hombres había en el lado del primer cuadrado y cuántos hombres hay en la tropa?

34. Gasté $\frac{5}{8}$ de lo que tenía y \$20 más y me quedé con la cuarta parte de lo que tenía y \$16 más. ¿Cuánto tenía?

35. *A* empieza a jugar con cierta suma. Primero ganó una cantidad igual a lo que tenía al empezar a jugar; después perdió 60 lempiras; más tarde perdió $\frac{3}{10}$ de lo que le quedaba y perdiendo nuevamente una cantidad igual a $\frac{7}{8}$ del dinero con que empezó a jugar, se quedó sin nada. ¿Con cuánto empezó a jugar?

36. Un número de dos cifras excede en 18 a seis veces la suma de sus cifras. Si la cifra de las decenas excede en 5 a la cifra de las unidades, ¿cuál es el número?

37. La suma de las cifras de un número menor que 100 es 9. Si al número se le resta 27 cifras se invierten. Hallar el número.

38. En un puesto de frutas había cierto número de mangos. Un cliente compró $\frac{1}{3}$ de los mangos que había más 4 mangos; otro cliente compró $\frac{1}{3}$ de lo que quedaba y 6 más, un tercer cliente compró la mitad de los que quedaban y 9 más, y se acabaron los mangos. ¿Cuántos mangos había en el puesto?

39. *A* tenía \$80 y *B* \$50. Ambos ganaron igual suma de dinero y ahora *B* tiene $\frac{7}{10}$ de lo que tiene *A*. ¿Cuánto ganó cada uno?

40. Compré una pluma y un lapicero. Pagué por el lapicero $\frac{3}{5}$ de lo que pagué por la pluma. Si la pluma me hubiera costado \$2 menos y el lapicero \$3 más, el precio del lapicero habría sido $\frac{5}{6}$ del precio de la pluma. ¿Cuánto costó la pluma y cuánto el lapicero?

41. El lunes gasté la mitad de lo que tenía y \$2 más; el martes la mitad de lo que me quedaba y \$2 más; el miércoles la mitad de lo que me quedaba y \$2 más y me quedé sin nada. ¿Cuánto tenía el lunes antes de gastar nada?

42. Un hombre ganó el primer año de sus negocios una cantidad igual a la mitad del capital con que empezó sus negocios y gastó \$6,000; el 2° año ganó una cantidad igual a la mitad de lo que tenía y separó \$6,000 para gastos; el 3er año ganó una cantidad igual a la mitad de lo que tenía y separó \$6,000 para gastos. Si su capital es entonces de \$32,250, ¿cuál era su capital original?

43. Un hombre compró un bastón, un sombrero y un traje. Por el bastón pagó \$150. El sombrero y el bastón le costaron $\frac{3}{4}$ del precio del traje, y el traje y el bastón \$50 más que el doble del sombrero. ¿Cuánto le costó cada cosa?

44. Un conejo es perseguido por un perro. El conejo lleva una ventaja inicial de 50 de sus saltos al perro. El conejo da 5 saltos mientras el perro da 2, pero el perro en 3 saltos avanza tanto como el conejo en 8 saltos. ¿Cuántos saltos debe dar al perro para alcanzar al conejo?

45. Una liebre lleva una ventaja inicial de 60 de sus saltos a un perro. La liebre da 4 saltos mientras el perro da 3, pero el perro en 5 saltos avanza tanto como la liebre en 8. ¿Cuántos saltos debe dar el perro para alcanzar la liebre?

46. ¿A qué hora, entre las 10 y las 11, está el minutero exactamente a 6 minutos del horario?

47. *A* y *B* emprenden un negocio. *B* aporta $\frac{3}{4}$ del capital que aporta *A*. El primer año *A* pierde $\frac{1}{5}$ de su capital y *B* gana 3,000,000 bolívares; el segundo año *A* gana 1,600,000 bolívares y *B* pierde $\frac{1}{9}$ de su capital. Si al final del segundo año ambos socios tienen el mismo dinero, ¿con cuánto emprendió cada uno el negocio?

48. Un padre tiene 60 años y sus dos hijos 16 y 14 años. ¿Dentro de cuántos años la edad del padre será igual a la suma de las edades de los hijos?

49. Un hombre que está en una ciudad dispone de 12 horas libres. ¿Qué distancia podrá recorrer hacia el campo en un auto que va a 50 km por hora si el viaje de vuelta debe hacerlo en un caballo que anda 10 km por hora?

50. Compré un caballo, un perro y un buey. El buey me costó \$8,000. El perro y el buey me costaron el doble que el caballo, mientras el caballo y el buey me costaron $6\frac{1}{2}$ veces lo que el perro. ¿Cuánto me costó el caballo y cuánto el perro?

235 PROBLEMA DE LOS MÓVILES

Figura 23

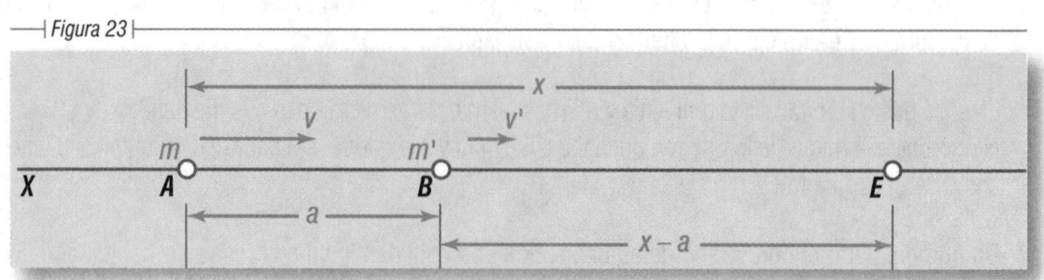

Sean los móviles m y m' animados de movimiento uniforme, es decir, que la velocidad de cada uno es constante, los cuales se mueven en la misma dirección y en el mismo sentido, de izquierda a derecha, como indican las flechas.

Suponemos que el móvil m pasa por el punto A en el mismo instante en que el móvil m' pasa por el punto B. Designemos por a la distancia entre el punto A y el punto B.

Sea v la velocidad del móvil m y v' la velocidad del móvil m' y supongamos que $v > v'$.

Se trata de hallar a qué distancia del punto *A*, el móvil *m* alcanzará al móvil *m'*.

Sea el punto E el punto de encuentro de los móviles. Llamemos x a la distancia del punto A al punto E (que es lo que se busca); entonces la distancia del punto B al punto E será $x - a$.

El móvil m pasa por A en el mismo instante en que m' pasa por B y m alcanza a m' en E; luego, es evidente que el **tiempo** que emplea el móvil m en ir desde A hasta E es **igual** al **tiempo** que emplea el móvil m' en ir desde B hasta E. Como el movimiento de los móviles es uniforme, el tiempo es igual al espacio partido por la velocidad; luego:

El tiempo empleado por el móvil m en ir desde A hasta E será igual al espacio que tiene que recorrer x partido por su velocidad v, o sea $\frac{x}{v}$.

El tiempo empleado por el móvil m' en ir desde B hasta E será igual al espacio que tiene que recorrer $x - a$ partido por su velocidad v' o sea $\frac{x-a}{v'}$. Pero, según se dijo antes, estos tiempos son iguales, luego tenemos la ecuación:

$$\frac{x}{v} = \frac{x-a}{v'}$$

Resolviendo:

$$v'x = v(x - a)$$

$$v'x = vx - av$$

$$v'x - vx = -av$$

Cambiando signos a todos los términos: $vx - v'x = av$

$$x(v - v') = av$$

$$x = \frac{av}{v - v'}$$

fórmula que da la distancia del punto A al punto de encuentro E en función de a, la distancia entre A y B, cantidad conocida y de las velocidades v y v' de los móviles, también conocidas.

DISCUSIÓN

La discusión de esta fórmula $x = \frac{av}{v - v'}$ consiste en saber qué valores toma x de acuerdo con los valores de a, v y v' en cuya función viene dada x.

Consideraremos cinco casos, observando la figura:

1) $v > v'$. El numerador av es positivo y el denominador $v - v'$ es positivo por ser el minuendo v mayor que el sustraendo v'; luego, x es positiva, lo que significa que el móvil m alcanza al móvil m' en un punto situado a la derecha de B.

2) $v < v'$. El numerador av es positivo y el denominador $v - v'$ es negativo por ser el minuendo v menor que el sustraendo v'; Luego, x es negativa, lo que significa que los móviles, si se encontraron, fue en un punto situado a la izquierda de A, y a partir de ese momento, como la velocidad de m es menor que la de m', éste se aparto cada vez más de m, hallándose ahora a una distancia a de él, distancia que continuará aumentando.

3) $v = v'$. La fórmula $x = \frac{av}{v - v'}$ se convierte en $x = \frac{av}{0} = \infty$, lo que significa que los móviles se encuentran en el infinito; así se expresa el hecho de mantenerse siempre a la misma distancia a, ya que la velocidad de m es igual a la velocidad de m'.

4) $v = v'$ y $a = 0$. La fórmula se convierte en $x = \frac{0 \times v}{v - v} = \frac{0}{0} =$ **valor indeterminado**, lo que significa que la distancia del punto A al punto de encuentro es cualquiera. En efecto, siendo $a = 0$, los puntos A y B coinciden; luego, los móviles están juntos y como sus velocidades son iguales, a cualquier distancia de A estarán juntos.

5) v' es negativa. (El móvil m' va de derecha a izquierda). La fórmula se convierte en $x = \frac{av}{v - (-v')} = \frac{av}{v + v'}$. El numerador es positivo y el denominador también; luego x es positiva, pero menor que a. En efecto: La fracción $\frac{av}{v + v'}$, que es el valor de x, puede escribirse $a\left(\frac{v}{v + v'}\right)$, donde el factor $\frac{v}{v + v'}$ es una fracción menor que 1 por tener el numerador menor que el denominador y al multiplicar a por una cantidad menor que 1, el producto será menor que a. Que x es positiva y menor que a significa que los móviles se encuentran en un punto situado a la derecha de A y que este punto dista de A una distancia menor que a, o sea, que el punto de encuentro se halla entre A y B.

Si en la hipótesis de que v' es negativa suponemos que $v = v'$, la fórmula se convierte en:

$$x = \frac{av}{v-(-v)} = \frac{av}{v+v} = \frac{av}{2v} = \frac{a}{2}$$

o sea, que el punto de encuentro es precisamente el punto medio de la línea AB.

236 APLICACIÓN PRÁCTICA DEL PROBLEMA DE LOS MÓVILES

Ejemplos

1) El auto que va a 60 km por hora pasa por el punto A en el mismo instante en que otro auto que va a 40 km por hora pasa por el punto B, situado a la derecha de A y que dista de A 80 km. Ambos siguen la misma dirección y van en el mismo sentido. ¿A qué distancia de A se encontrarán?
La fórmula es $x = \frac{av}{v-v'}$. En este caso $a = 80$ km, $v = 60$ km por hora $v' = 40$ km por hora, luego:

$$x = \frac{80 \times 60}{60-40} = \frac{4,800}{20} = 240 \text{ km}$$

Luego se encontrarán en un punto situado a 240 km a la derecha de A.
Para hallar el tiempo que tardan en encontrarse no hay más que dividir el espacio por la velocidad. Si el punto de encuentro está a 240 km de A y el auto que consideramos en A iba a 60 km por hora, para alcanzar al otro necesita:

$$\frac{240 \text{ km}}{60 \text{ km por hora}} = 4 \text{ horas}$$

2) Un auto pasa por la ciudad A hacia la ciudad B a 40 km por hora y en el mismo instante otro auto pasa por B hacia A a 35 km por hora. La distancia entre A y B es 300 km. ¿A qué distancia de A y B se encontrarán y cuánto tiempo después del instante de pasar por ellas?
En este caso $a = 300$ km, $v = 40$ km por hora, $v' = 35$ km por hora y como van uno hacia el otro, v' es negativa, luego:

$$x = \frac{av}{v-(-v')} = \frac{av}{v+v'} = \frac{300 \times 40}{40+35} = \frac{12,000}{75} = 160 \text{ km}$$

Se encuentra a 160 km de la ciudad A. **R.**
La distancia del punto de encuentro a la ciudad B será 300 km – 160 km = 140 km. **R.**
El tiempo empleado en encontrarse ha sido $\frac{160}{40} = 4$ horas. **R.**

159 Ejercicio

1. Un corredor que parte de *A* da una ventaja de 30 m a otro que parte de *B*. El 1º hace 8 m por segundo y el 2º 5 m por s. ¿A qué distancia de *A* se encontrarán?
2. Dos autos parten de *A* y *B* distantes entre sí 160 km y van uno hacia el otro. El que parte de *A* va a 50 km por hora y el que parte de *B* a 30 km por hora. ¿A qué distancia de *A* se encontrarán?
3. Un tren que va a 90 km por hora pasa por *A* en el mismo instante en que otro que va a 40 km pasa por *B*, viniendo ambos hacia *C*. Distancia entre *A* y *B*: 200 km. ¿A qué distancias de *A* y *B* se encontrarán?
4. Un auto que va a 90 km pasa por *A* en el mismo instante en que otro auto que va a 70 km pasa por *B* y ambos van en el mismo sentido. ¿Qué tiempo tardarán en encontrarse si *B* dista de *A* 80 km?
5. Un tren que va a 100 km por hora pasa por *A* en el mismo instante que otro tren que va a 120 km por hora pasa por *B* y van uno hacia el otro. *A* dista de *B* 550 km. ¿A qué distancia de *A* se encontrarán y a qué hora si los trenes pasan por *A* y *B* a las 8 a.m.?
6. Dos personas, *A* y B, distantes entre sí 70 km, parten en el mismo instante y van uno hacia el otro. *A* va a 9 km por hora y *B* a 5 km por hora. ¿Qué distancia ha andado cada uno cuando sé encuentran?
7. Dos personas, *A* y *B*, distantes entre sí $29\frac{1}{2}$ km parten, *B*, media hora después que *A* y van uno hacia el otro. *A* va a 5 km por hora y *B* a 4 km por hora. ¿Qué distancia ha andado cada uno cuando se cruzan?
8. Un tren de carga que va a 42 km por hora es seguido 3 horas después por un tren de pasajeros que va a 60 km por hora. ¿En cuántas horas el tren de pasajeros alcanzará al de carga y a qué distancia del punto de partida?
9. Dos autos que llevan la misma velocidad pasan en el mismo instante por dos puntos, *A* y *B*, distantes entre sí 186 km y van uno hacia el otro. ¿A qué distancia de *A* y *B* se encontrarán?

John Neper (1550-1617). Rico terrateniente escocés; era Barón de Merchiston. Logró convertirse en uno de los más geniales matemáticos ingleses, al dedicarse en sus ratos de ocio al cultivo de los números. Introdujo el punto decimal para separar las cifras decimales de las enteras. Al observar las relaciones entre las progresiones aritméticas y geométricas descubrió el principio que rige a los logaritmos. Entre Neper y Bürgi surgió una discusión acerca de quién había sido el primero en trabajar con los logaritmos.

Capítulo XVIII

FÓRMULAS

237 **FÓRMULA** es la expresión de una ley o de un principio general por medio de símbolos o letras.

Así, la Geometría enseña que el **área** de un triángulo es igual a la mitad del producto de su **base** por su **altura**. Llamando A al área de un triángulo, b a la base y h a la **altura**, este principio general se expresa **exacta** y **brevemente** por la fórmula

$$A = \frac{b \times h}{2}$$

que nos sirve para hallar el área de **cualquier triángulo** con sólo sustituir b y h por sus valores concretos en el caso dado. Así, si la base de un triángulo es 8 m y su altura 3 m su área será:

$$A = \frac{8 \times 3}{2} = 12\,\text{m}^2$$

238 USO Y VENTAJA DE LAS FÓRMULAS ALGEBRAICAS

Las fórmulas algebraicas son usadas en las ciencias, como Geometría, Física, Mecánica, etc., y son de enorme utilidad como apreciará el alumno en el curso de sus estudios.

La **utilidad** y **ventaja** de las fórmulas algebraicas es muy grande:

1) Porque expresan **brevemente** una ley o un principio general.
2) Porque son fáciles de recordar.
3) Porque su aplicación es muy fácil, pues para resolver un problema por medio de la fórmula adecuada, basta sustituir las letras por sus valores en el caso dado.
4) Porque una fórmula nos dice la **relación** que existe entre las variables que en ella intervienen, pues según se ha probado en Aritmética, la variable cuyo valor se da por medio de una fórmula **es directamente proporcional** con las variables (factores) que se hallan en el **numerador** del segundo miembro e **inversamente proporcional** con las que se hallen en el **denominador,** si las demás permanecen constantes.

TRADUCCIÓN DE UNA FÓRMULA DADA AL LENGUAJE VULGAR 239

Para traducir una fórmula al lenguaje vulgar, o sea, para **dar la regla** contenida en una fórmula, basta sustituir las letras por las magnitudes que ellas representan y expresar las relaciones que la fórmula nos dice existen entre ellas. Pondremos dos ejemplos:

1) Dar la regla contenida en la fórmula $A=h\left(\frac{b+b'}{2}\right)$, en que A representa el área de un trapecio, h su altura, b y b' sus bases.

   La **regla** es: **el área de un trapecio es igual al producto de su altura por la semisuma de sus bases.**

2) Dar la regla contenida en la fórmula $v=\frac{e}{t}$, en la que v representa la **velocidad** de un móvil que se mueve con movimiento uniforme y e el **espacio** recorrido en el **tiempo** t.

   La **regla** es: **La velocidad de un móvil que se mueve con movimiento uniforme es igual al espacio que ha recorrido dividido entre el tiempo empleado en recorrerlo.**

En cuanto a la **relación** de v con e y t, la fórmula me dicta la dos **leyes** siguientes:

1) La **velocidad** es **directamente** proporcional al **espacio** (porque e está en el numerador) para un mismo tiempo.
2) La **velocidad** es **inversamente** proporcional al **tiempo** (porque t está en el denominador) para un mismo espacio.

Ejercicio 160

Dar la regla correspondiente a las fórmulas siguientes:

1. $A=\frac{1}{2}bh$ siendo A el área de un triángulo, b su base y h su altura.
2. $e=vt$, siendo e el espacio recorrido por un móvil con movimiento uniforme, v su velocidad y t el tiempo.
3. $t=\frac{e}{v}$, las letras tienen el significado del caso anterior.
4. $T=Fe$, siendo T trabajo, F fuerza y e camino recorrido.
5. $A=\frac{D\times D'}{2}$, siendo A el área de un rombo y D y D' sus diagonales.

6. $V = h \times B$, siendo V el volumen de un prisma, h su altura y B el área de su base.
7. $V = \frac{1}{3}h \times B$, siendo V el volumen de una pirámide, h su altura y B el área de su base.
8. $A = \pi r^2$, siendo A el área de un círculo y r el radio. (π es una constante igual a 3.1416 o $\frac{22}{7}$.)
9. $e = \frac{1}{2}gt^2$, siendo e el espacio recorrido por un móvil que cae libremente desde cierta altura partiendo del reposo, g la aceleración de la gravedad (9.8 m por s) y t el tiempo empleado en caer.
10. $A = \frac{l^2}{4}\sqrt{3}$, siendo A el área de un triángulo equilátero y l su lado.
11. $F = \frac{mv^2}{r}$, siendo F la fuerza centrífuga, m la masa del móvil, v su velocidad y r el radio de la circunferencia que describe.

240 EXPRESAR POR MEDIO DE SÍMBOLOS UNA LEY MATEMÁTICA O FÍSICA OBTENIDA COMO RESULTADO DE UNA INVESTIGACIÓN

Cuando por la investigación se ha obtenido una ley matemática o física, para expresarla por medio de símbolos, o sea para escribir su **fórmula,** generalmente se designan las variables por las **iniciales** de sus nombres y se escribe con ellas una expresión en la que aparezcan las **relaciones** observadas entre las variables.

Ejemplos

1) Escribir una fórmula que exprese que la altura de un triángulo es igual al doble de su área divido entre la base.
Designando la altura por h, el área por A y la base por b, la fórmula será: $h = \frac{2A}{b}$

2) Escribir una fórmula que exprese que la presión que ejerce un líquido sobre el fondo del recipiente que lo contiene es igual a la superficie del fondo multiplicada por la altura del líquido y por su densidad.
Designando la presión por P, la superficie del fondo del recipiente por S, la altura del líquido por h y su densidad por d, la fórmula será: $P = Shd$.

Ejercicio 161

Designando las variables por la inicial de su nombre, escriba la fórmula que expresa:

1. La suma de dos números multiplicada por su diferencia es igual a la diferencia de sus cuadrados.
2. El cuadrado de la hipotenusa de un triángulo rectángulo es igual a la suma de los cuadrados de los catetos.
3. La base de un triángulo es igual al doble de su área dividido entre su altura.
4. La densidad de un cuerpo es igual al peso dividido por el volumen.
5. El peso de un cuerpo es igual al producto de su volumen por su densidad.
6. El área de un cuadrado es igual al cuadrado del lado.

7. El volumen de un cubo es igual al cubo de su arista.
8. El radio de una circunferencia es igual a la longitud de la circunferencia dividida entre 2π.
9. El cuadrado de un cateto de un triángulo rectángulo es igual al cuadrado de la hipotenusa menos el cuadrado del otro cateto.
10. El área de un cuadrado es la mitad del cuadrado de su diagonal.
11. La fuerza de atracción entre dos cuerpos es igual al producto de una constante k por el cociente que resulta de dividir el producto de las masas de los cuerpos por el cuadrado de su distancia.
12. El tiempo que emplea una piedra en caer libremente desde la boca al fondo de un pozo es igual a la raíz cuadrada del doble de la profundidad del pozo dividido entre 9.8.
13. El área de un polígono regular es igual a la mitad del producto de su apotema por el perímetro.
14. La potencia de una máquina es igual al trabajo que realiza en 1 segundo.

EMPLEO DE FÓRMULAS EN CASOS PRÁCTICOS

241

Basta sustituir las letras de la fórmula por su valores.

Ejemplos

1) Hallar el área de un trapecio cuya altura mide 5 m y sus bases 6 y 8 m, respectivamente.

La fórmula es $A = h\left(\frac{b+b'}{2}\right)$.

Aquí, $h = 5$ m, $b = 6$ m, $b' = 8$ m; luego, sustituyendo:

$$A = 5\left(\frac{6+8}{2}\right) = 5 \times 7 = 35\text{ m}^2 \quad \textbf{R.}$$

2) Hallar el volumen de una pirámide siendo su altura 12 m y el área de la base 36 m^2.

La fórmula es $V = \frac{1}{3}h \times B$

Aquí, $h = 12$ m, $B = 36$ m^2, luego sustituyendo:

$$V = \frac{1}{3} \times 12 \times 36 = 4 \times 36 = 144\text{ m}^3 \quad \textbf{R.}$$

3) Una piedra dejada caer desde la azotea de un edificio tarda 4 segundos en llegar al suelo. Hallar la altura del edificio.
La altura del edificio es el espacio que recorre la piedra.

La fórmula es: $e = \frac{1}{2}gt^2$

g vale 9.8 m y $t = 4$ s; luego, sustituyendo:

$$e = \frac{1}{2} \times 9.8 \times 4^2 = \frac{1}{2} \times 9.8 \times 16 = 9.8 \times 8 = 78.4\text{ m} \quad \textbf{R.}$$

La altura del edificio es 78.4 m. **R.**

162

Ejercicio

1. Hallar el área de un triángulo de 10 cm de base y 8 de altura. $A=\frac{1}{2}bh$
2. Hallar el área de un cuadrado cuya diagonal mide 8 m. $A=\frac{d^2}{2}$
3. ¿Qué distancia recorre un móvil en 15 s si se desplaza con movimiento uniforme y lleva una velocidad de 9 m por s? $e=vt$
4. ¿En qué tiempo el mismo móvil recorrerá 108 m?
5. Hallar la hipotenusa a de un triángulo rectángulo siendo sus catetos $b=4\ m$ y $c=3\ m$. $a^2=b^2+c^2$
6. La hipotenusa de un triángulo rectángulo mide 13 m y uno de los catetos 5 m. Hallar el otro cateto $b^2=a^2-c^2$.
7. Hallar el área de un círculo de 5 m de radio. $A=\pi r^2,\ \ \pi=\frac{22}{7}$
8. Hallar la longitud de una circunferencia de 5 m de radio. $C=2\pi r$
9. Hallar el volumen de un cono siendo su altura 9 m y el radio de la base 2 m. $V=\frac{1}{3}h\pi r^2$
10. El volumen de un cuerpo es 8 cm^3, y pesa 8.24 g. Hallar su densidad. $D=\frac{P}{V}$
11. Hallar el área de un triángulo equilátero cuyo lado mide 4 m. $A=\frac{l^2}{4}\sqrt{3}$
12. Hallar la suma de los ángulos interiores de un hexágono regular. $S=180^o(N-2)$. (N es el número de lados del polígono.)

242 CAMBIO DEL SUJETO DE UNA FÓRMULA

El **sujeto** de una fórmula es la variable cuyo valor se da por medio de la fórmula. Una fórmula es una ecuación literal y nosotros podemos despejar cualquiera de los elementos que entran en ella, considerándolo como incógnita, y con ello **cambiamos el sujeto** de la fórmula.

Ejemplos

1) Dada la fórmula $e=\frac{1}{2}at^2$ hacer a t el sujeto de la fórmula. Hay que despejar t en esta ecuación literal; t es la incógnita. Suprimiendo denominadores, tenemos:

$$2e=at^2$$

Despejando t^2:

$$t^2=\frac{2e}{a}$$

Extrayendo la raíz cuadrada a ambos miembros: $t=\sqrt{\frac{2e}{a}}$ **R.**

2) Dada la fórmula $S=2R(N-2)$ hacer a N el sujeto de la fórmula.
Hay que despejar N. N es la incógnita.
Efectuando el producto indicado: $S=2NR-4R$
Transponiendo: $S+4R=2NR$

$$N=\frac{S+4R}{2R}\quad \textbf{R.}$$

3) En la fórmula $\frac{1}{f}=\frac{1}{p}+\frac{1}{p'}$ despejar p'.

El m. c. m. de los denominadores es $pp'f$. Quitando denominadores tendremos:

$$pp' = p'f + pf$$

La incógnita es p'. Transponiendo:

$$pp' - p'f = pf$$
$$p'(p - f) = pf$$

$$p' = \frac{pf}{p-f} \quad \textbf{R.}$$

4) Despejar a en $v = \sqrt{2ae}$.

Elevando al cuadrado ambos miembros para destruir el radical:

$$v^2 = 2ae$$

Despejando a:

$$a = \frac{v^2}{2e} \quad \textbf{R.}$$

Esta operación de cambiar el sujeto de una fórmula será de incalculable utilidad para el alumno de la Matemática y Física.

Ejercicio 163

1. En la fórmula $e = vt$, despejar v y t.
2. En $A = h\left(\frac{b+b'}{2}\right)$ hacer a h el sujeto de la fórmula.
3. En $e = \frac{1}{2}at^2$, despejar a.
4. En $A = \frac{1}{2}aln$, despejar a, l y n.
5. En $A = \pi r^2$, despejar r.
6. En $a^2 = b^2 + c^2 - 2b \times x$, despejar x.
7. En $v = v_0 + at$, despejar v_0, a y t.
8. En $v = v_0 - at$, despejar v_0, a y t.
9. En $D = \frac{P}{V}$, despejar v y P.
10. En $a^2 = b^2 + c^2$, despejar b y c.
11. En $v = at$, despejar a y t.
12. En $\frac{1}{f} = \frac{1}{p'} - \frac{1}{p}$, despejar p' y p.
13. En $v = \sqrt{\frac{e}{d}}$, despejar d y e.
14. En $e = v_0t - \frac{1}{2}at^2$, despejar v_0.
15. En $e = v_0t - \frac{1}{2}at^2$, despejar v_0 y a.
16. En $v = \frac{1}{3}h\pi r^2$, despejar h y r.
17. En $I = \frac{c \times t \times r}{100}$, despejar c, t y r.
18. En $E = IR$, despejar R e I.
19. En $e = \frac{v^2}{2a}$, despejar v.
20. En $u = a + (n-1)r$, despejar a, n y r.
21. En $u = ar^{n-1}$, despejar a y r.
22. En $I = \frac{Q}{t}$, despejar Q y t.

René Descartes (1596-1650). Filósofo y matemático francés. Durante su juventud fue soldado y recorrió Hungría, Suiza e Italia. Después de participar en el sitio de La Rochelle se acogió a la vida estudiosa. La reina Cristina de Suecia lo invitó a su corte para que le diera clases de Matemáticas; Descartes fue y allí murió. A Descartes se le considera el primer filósofo de la Edad Moderna y es el que sistematizó el método científico. Fue el primero en aplicar el Álgebra a la Geometría, creando así la Geometría Analítica.

Capítulo XIX

DESIGUALDADES. INECUACIONES

243 Se dice que una cantidad a es **mayor** que otra cantidad b cuando la diferencia $a - b$ es positiva.

Así, 4 es mayor que -2 porque la diferencia $4 - (-2) = 4 + 2 = 6$ es positiva; -1 es mayor que -3 porque $-1 - (-3) = -1 + 3 = 2$ es una cantidad positiva.

Se dice que una cantidad a es **menor** que otra cantidad b cuando la diferencia $a - b$ es negativa.

Así, -1 es menor que 1 porque la diferencia $-1 - 1 = -2$ es negativa; -4 es menor que -3 porque la diferencia $-4 - (-3) = -4 + 3 = -1$ es negativa.

De acuerdo con lo anterior, **cero es mayor que cualquier cantidad negativa.**

Así, 0 es mayor que -1 porque $0 - (-1) = 0 + 1 = 1$, cantidad positiva.

244 **DESIGUALDAD** es una expresión que indica que una cantidad es mayor o menor que otra.

Los **signos de desigualdad** son $>$, que se lee **mayor que**, y $<$ que se lee **menor que**. Así $5 > 3$ se lee 5 **mayor que** 3; $-4 < -2$ se lee -4 **menor que** -2.

MIEMBROS 245

Se llama **primer miembro** de una desigualdad a la expresión que está a la izquierda y **segundo miembro** a la que está a la derecha del signo de desigualdad.

Así, en $a+b>c-d$ el primer miembro es $a+b$ y el segundo $c-d$.

TÉRMINOS de una desigualdad son las cantidades que están separadas de otras por el signo + o –, o la cantidad que está sola en un miembro. 246

En la desigualdad anterior los términos son a, b, c y $-d$.

Dos desigualdades son del **mismo signo** o **subsisten en el mismo sentido** cuando sus primeros miembros son mayores o menores, ambos, que los segundos. 247

Así, $a>b$ y $c>d$ son desigualdades del mismo sentido.

Dos desigualdades son de **signo contrario** o **no subsisten en el mismo sentido** cuando sus primeros miembros no son ambos mayores o menores que los segundos miembros.

Así, $5>3$ y $1<2$ son desigualdades de sentido contrario.

PROPIEDADES DE LAS DESIGUALDADES 248

1) **Si a los dos miembros de una desigualdad se suma o resta una misma cantidad, el signo de la desigualdad no varía.**

Así, dada la desigualdad $a>b$, podemos escribir:

$$a+c>b+c \quad \text{y} \quad a-c>b-c$$

CONSECUENCIA

Un término cualquiera de una desigualdad se puede pasar de un miembro al otro cambiándole el signo.

Así, en la desigualdad $a>b+c$ podemos pasar c al primer miembro con signo – y quedará $a-c>b$, porque equivale a restar c a los dos miembros.

En la desigualdad $a-b>c$ podemos pasar b con signo + al segundo miembro y quedará $a>b+c$, porque equivale a sumar b a los dos miembros.

2) **Si los dos miembros de una desigualdad se multiplican o dividen por una misma cantidad positiva, el signo de la desigualdad no varía.**

Así, dada la desigualdad $a>b$ y siendo c una cantidad positiva, podemos escribir:

$$ac>bc \quad \text{y} \quad \frac{a}{c}>\frac{b}{c}$$

CONSECUENCIA

Se pueden suprimir denominadores en una desigualdad, sin que varíe el signo de la desigualdad, porque ello equivale a multiplicar todos los términos de la desigualdad, o sea sus dos miembros, por el m. c. m. de los denominadores.

3) **Si los dos miembros de una desigualdad se multiplican o dividen por una misma cantidad negativa, el signo de la desigualdad varía.**

Así, si en la desigualdad $a > b$ multiplicamos ambos miembros por $-c$, tendremos:

$$-ac < -bc$$

y dividiéndolos por $-c$, o sea multiplicando por $-\frac{1}{c}$, tendremos: $-\frac{a}{c} < -\frac{b}{c}$.

CONSECUENCIA

Si se cambia el signo a todos los términos, o sea a los dos miembros de una desigualdad, el signo de la desigualdad varía porque equivale a multiplicar los dos miembros de la desigualdad por -1.

Así, si en la desigualdad $a - b > -c$ cambiamos el signo a todos los términos, tendremos: $b - a < c$.

4) **Si cambia el orden de los miembros, la desigualdad cambia de signo.**
Así, si $a > b$ es evidente que $b < a$.

5) **Si se invierten los dos miembros, la desigualdad cambia de signo.**
Así, siendo $a > b$ se tiene que $\frac{1}{a} < \frac{1}{b}$.

6) **Si los miembros de una desigualdad son positivos y se elevan a una misma potencia positiva, el signo de la desigualdad no cambia.**
Así, $5 > 3$. Elevando al cuadrado: $5^2 > 3^2$ o sea $25 > 9$.

7) **Si los dos miembros o uno de ellos es negativo y se elevan a una potencia impar positiva, el signo de la desigualdad no cambia.**
Así, $-3 > -5$. Elevando al cubo: $(-3)^3 > (-5)^3$ o sea $-27 > -125$.
$2 > -2$. Elevando al cubo: $2^3 > (-2)$ o sea $8 > -8$.

8) **Si los dos miembros son negativos y se elevan a una misma potencia par positiva, el signo de la desigualdad cambia.**
Así, $-3 > -5$. Elevando al cuadrado: $(-3)^2 = 9$ y $(-5)^2 = 25$ y queda $9 < 25$.

9) **Si un miembro es positivo y otro negativo y ambos se elevan a una misma potencia par positiva, el signo de la desigualdad puede cambiar.**
Así, $3 > -5$. Elevando al cuadrado: $3^2 = 9$ y $(-5)^2 = 25$ y queda $9 < 25$. **Cambia.**
$8 > -2$. Elevando al cuadrado: $8^2 = 64$ y $(-2)^2 = 4$ y queda $64 > 4$. **No cambia.**

10) **Si los dos miembros de una desigualdad son positivos y se les extrae una misma raíz positiva, el signo de la desigualdad no cambia.**
Así, si $a > b$ y n es positivo, tendremos: $\sqrt[n]{a} > \sqrt[n]{b}$.

11) **Si dos o más desigualdades del mismo signo se suman o multiplican miembro a miembro, resulta una desigualdad del mismo signo.**
Así, si $a > b$ y $c > d$, tendremos: $a + c > b + d$ y $ac > bd$.

12) **Si dos desigualdades del mismo signo se restan o dividen miembro a miembro, el resultado no es necesariamente una desigualdad del mismo signo, pudiendo ser una igualdad.**

Así, $10 > 8$ y $5 > 2$. Restando miembro a miembro: $10 - 5 = 5$ y $8 - 2 = 6$; luego queda $5 < 6$; cambia el signo.

Si dividimos miembro a miembro las desigualdades $10 > 8$ y $5 > 4$, tenemos $\frac{10}{5} = 2$ y $\frac{8}{4} = 2$; luego queda $2 = 2$, igualdad.

INECUACIONES

UNA INECUACIÓN es una desigualdad en la que hay una o más cantidades desconocidas (incógnitas) y que sólo se verifica para determinados valores de las incógnitas. 249

Las inecuaciones se llaman también **desigualdades de condición.**

Así, la desigualdad $2x - 3 > x + 5$ es una inecuación porque tiene la incógnita x y sólo se verifica para cualquier valor de x mayor que 8.

En efecto, para $x = 8$ se convertiría en igualdad y para $x < 8$ se convertiría en una desigualdad de signo contrario.

RESOLVER UNA INECUACIÓN es hallar los valores de las incógnitas que satisfacen la inecuación. 250

PRINCIPIOS EN QUE SE FUNDA LA RESOLUCIÓN DE LAS INECUACIONES 251

La resolución de las inecuaciones se funda en las propiedades de las desigualdades, expuestas anteriormente, y en las **consecuencias** que de las mismas se derivan.

RESOLUCIÓN DE INECUACIONES 252

Ejemplos

1) Resolver la inecuación $2x - 3 > x + 5$.
Pasando x al primer miembro y 3 al segundo: $2x - x > 5 + 3$
Reduciendo:

$$x > 8 \quad \textbf{R.}$$

8 es el *límite inferior* de x, es decir, que la desigualdad dada sólo se verifica para los valores de x mayores que 8.

2) Hallar el límite de x en $7 - \frac{x}{2} > \frac{5x}{3} - 6$.

Suprimiendo denominadores: $42 - 3x > 10x - 36$

Transponiendo: $-3x - 10x > -36 - 42$

$$-13x > -78$$

Cambiando el signo a los dos miembros, lo cual *hace cambiar el signo* de la desigualdad, se tiene: $13x < 78$.

Dividiendo entre 13: $x < \frac{78}{13}$ o sea $x < 6$ **R.**

6 es el *límite superior* de x, es decir, que la desigualdad dada sólo se verifica para los valores de x menores que 6.

3) Hallar el límite de x en $(x+3)(x-1) < (x-1)^2 + 3x$.
Efectuando las operaciones indicadas: $x^2 + 2x - 3 < x^2 - 2x + 1 + 3x$
Suprimiendo x^2 en ambos miembros y transponiendo: $2x + 2x - 3x < 1 + 3$

$x < 4$ **R.**

4 es el límite superior de x.

Ejercicio 164

Hallar el límite de x en las inecuaciones siguientes:

1. $x - 5 < 2x - 6$
2. $5x - 12 > 3x - 4$
3. $x - 6 > 21 - 8x$
4. $3x - 14 < 7x - 2$
5. $2x - \frac{5}{3} > \frac{x}{3} + 10$
6. $3x - 4 + \frac{x}{4} < \frac{5x}{2} + 2$
7. $(x-1)^2 - 7 > (x-2)^2$
8. $(x+2)(x-1) + 26 < (x+4)(x+5)$
9. $3(x-2) + 2x(x+3) > (2x-1)(x+4)$
10. $6(x^2+1) - (2x-4)(3x+2) < 3(5x+21)$
11. $(x-4)(x+5) < (x-3)(x-2)$
12. $(2x-3)^2 + 4x^2(x-7) < 4(x-2)^3$
13. $(2x+1)(3x+2) > (2x+5)(3x-1)$
14. $\frac{(x+3)(x+2)}{3} - 4 > \frac{x(x+2)}{3}$
15. $5(3x-1) - 20 < 2(3x+1)$
16. $10(x-1) > 10(x+1) - 10x$
17. Hallar los números enteros cuyo tercio aumentado en 15 sea mayor que su mitad aumentada en 1.

INECUACIONES SIMULTÁNEAS

253 **INECUACIONES SIMULTÁNEAS** son inecuaciones que tienen soluciones comunes.

Ejemplos

1) Hallar qué valores de x satisfacen las inecuaciones: $2x - 4 > 6$, $3x + 5 > 14$

Resolviendo la primera: $2x > 6 + 4$
$2x > 10$
$x > 5$

Resolviendo la segunda: $3x > 14 - 5$
$3x > 9$
$x > 3$

La primera inecuación se satisface para $x > 5$ y la segunda para $x > 3$, luego tomamos como solución general de ambas $x > 5$, ya que cualquier valor de x mayor que 5 será mayor que 3.
Luego el *límite inferior* de las soluciones comunes es 5. **R.**

2) Hallar el límite de las soluciones comunes a las inecuaciones: $3x + 4 < 16$, $-6 - x > -8$

Resolviendo la primera: $3x < 16 - 4$

$3x < 12$

$x < 4$

Resolviendo la segunda: $-x > -8 + 6$

$-x > -2$

$x < 2$

La solución común es $x < 2$, ya que todo valor de x menor que 2 evidentemente es menor que 4.
Luego 2 es el *límite superior* de las soluciones comunes. **R.**

3) Hallar el límite superior e inferior de los valores de x que satisfacen las inecuaciones:

$$5x - 10 > 3x - 2$$
$$3x + 1 < 2x + 6$$

Resolviendo la primera: $5x - 3x > -2 + 10$

$2x > 8$

$x > 4$

Resolviendo la segunda: $3x - 2x < 6 - 1$

$x < 5$

La primera se satisface para $x > 4$ y la segunda para $x < 5$, luego todos los valores de x que sean a la vez mayores que 4 y menores que 5, satisfacen ambas inecuaciones.
Luego 4 es el límite inferior y 5 el límite superior de las soluciones comunes lo que se expresa $4 < x < 5$. **R.**

Ejercicio 165

Hallar el límite de las soluciones comunes a:

1. $x - 3 > 5$ y $2x + 5 > 17$
2. $5 - x > -6$ y $2x + 9 > 3x$
3. $6x + 5 > 4x + 11$ y $4 - 2x > 10 - 5x$
4. $5x - 4 > 7x - 16$ y $8 - 7x < 16 - 15x$
5. $\frac{x}{2} - 3 > \frac{x}{4} + 2$ y $2x + \frac{3}{5} < 6x - 23\frac{2}{5}$

Hallar el límite superior e inferior de las soluciones comunes a:

6. $2x - 3 < x + 10$ y $6x - 4 > 5x + 6$
7. $\frac{x}{4} - 1 > \frac{x}{3} - 1\frac{1}{2}$ y $2x - 3\frac{3}{5} > x + \frac{2}{5}$
8. $(x - 1)(x + 2) < (x + 2)(x - 3)$ y $(x + 3)(x + 5) > (x + 4)(x + 3)$
9. $(x + 2)(x + 3) > (x - 2)(x + 8)$ y $(x - 1)^2 < (x - 5)(x + 4)$
10. Hallar los números enteros cuyo triple menos 6 sea mayor que su mitad más 4 y cuyo cuádruple aumentado en 8 sea menor que su triple aumentado en 15.

Pierre Fermat (1601-1665). Matemático francés a quien Pascal llamó "el primer cerebro del mundo". Puede considerarse con Descartes como el más grande matemático del siglo XVII. Mientras sus contemporáneos se preocupaban por elaborar una ciencia aplicada, Fermat profundizaba los maravillosos y extraordinarios caminos de la Matemática pura. Trabajó incansablemente en la teoría de los números o Aritmética superior, dejando varios teoremas que llevan su nombre; el más famoso es el llamado último teorema de Fermat.

Capítulo XX

FUNCIONES

254 CONSTANTES Y VARIABLES

Las cantidades que intervienen en una cuestión matemática son **constantes** cuando tienen un valor fijo y determinado, y son **variables** cuando toman diversos valores.

Pondremos dos ejemplos.

Ejemplos

1) Si un metro de tela cuesta $2, el **costo** de una pieza de tela dependerá del **número de metros** que tenga la pieza. Si la pieza tiene 5 **metros,** el **costo** de la pieza será $10; si tiene 8 **metros,** el **costo** será $16, etc. Aquí, el **costo de un metro** que siempre es el mismo, $2, es una **constante,** y el **número de metros** de la pieza y el **costo de la pieza,** que toman diversos valores, son **variables.**

¿De qué **depende** en este caso el **costo de la pieza**? Del **número de metros** que tenga. El **costo de la pieza** es la variable **dependiente** y el **número de metros** la variable **independiente**.

2) Si un móvil desarrolla una **velocidad** de 6 m por segundo, el **espacio** que recorra dependerá del **tiempo** que esté andando. Si anda durante 2 **segundos,** recorrerá un **espacio** de 12 m; si anda durante 3 **segundos,** recorrerá un **espacio** de 18 m. Aquí, la **velocidad** 6 m es constante y el **tiempo** y el **espacio** recorrido, que toman sucesivos valores, son **variables.**

¿De qué **depende** en este caso el **espacio** recorrido? Del **tiempo** que ha estado andando el móvil. El **tiempo** es la variable **independiente** y el **espacio** recorrido la variable **dependiente.**

FUNCIÓN 255

En el ejemplo 1) anterior el costo de la pieza **depende** del número de metros que tenga; el costo de la pieza es **función** del número de metros.

En el ejemplo 2) el espacio recorrido **depende** del tiempo que haya estado andando el móvil; el espacio recorrido es **función** del tiempo.

Siempre que una cantidad variable depende de otra se dice que es función de esta última.

La definición moderna de **función** debida a Dirichlet es la siguiente:

Se dice que y es función de x cuando a cada valor de la variable x corresponde un valor único de la variable y.

Una función es un caso especial de relación. Una **relación** se define como cualquier conjunto de parejas ordenadas de números (x, y).

La notación para expresar que y es función de x es $y = f(x)$.

FUNCIÓN DE UNA VARIABLE INDEPENDIENTE Y DE VARIAS VARIABLES 256

Cuando el valor de una variable y depende solamente del valor de otra variable x tenemos una función de una sola variable independiente, como en los ejemplos anteriores.

Cuando el valor de una variable y depende de los valores de dos o más variables tenemos una función de varias variables independientes.

Por ejemplo, el área de un triángulo depende de los valores de su base y de su altura; luego, el área de un triángulo es función de **dos** variables independientes que son su base y su altura.

Designando por A el área, por b la base y por h la altura, escribimos: $A = f(b, h)$.

El volumen de una caja depende de la longitud, del ancho y de la altura; luego, el volumen es función de **tres** variables independientes.

Designando el volumen por v, la longitud por l, el ancho por a y la altura por h, podemos escribir: $v = f(l, a, h)$.

LEY DE DEPENDENCIA 257

Siempre que los valores de una variable y dependen de los valores de otra variable x, y es función de x; la palabra **función** indica **dependencia.** Pero no basta con saber que y depende de x, interesa mucho saber **cómo** depende y de x, **de qué modo varía y cuando varía x**, la **relación** que liga a las variables, que es lo que se llama **ley de dependencia** entre las variables.

258 EJEMPLOS DE FUNCIONES, PUEDA O NO ESTABLECERSE MATEMÁTICAMENTE LA LEY DE DEPENDENCIA

No en todas las funciones se conoce de un modo preciso la relación matemática o analítica que liga a la variable independiente con la variable dependiente o función, es decir, no siempre se conoce la ley de dependencia.

En algunos casos sabemos que una cantidad depende de otra, pero no conocemos la relación que liga a las variables. De ahí la división de las funciones en **analíticas** y **concretas.**

Funciones analíticas

Cuando se conoce de un modo preciso la relación analítica que liga a las variables, esta relación puede establecerse matemáticamente por medio de una fórmula o ecuación que nos permite, para cualquier valor de la variable independiente, hallar el valor correspondiente de la función. Éstas son **funciones analíticas.**

Como ejemplo de estas funciones podemos citar las siguientes:

El costo de una pieza de tela, función del número de metros de la pieza. Conocido el costo de un metro, puede calcularse el costo de cualquier número de metros.

El tiempo empleado en hacer una obra, función del número de obreros. Conocido el tiempo que emplea cierto número de obreros en hacer la obra, puede calcularse el tiempo que emplearía cualquier otro número de obreros en hacerla.

El espacio que recorre un cuerpo en su caída libre desde cierta altura, función del tiempo. Conocido el tiempo que emplea en caer un móvil, puede calcularse el espacio recorrido.

Funciones concretas

Cuando por observación de los hechos sabemos que una cantidad depende de otra, pero no se ha podido determinar la relación analítica que liga a las variables, tenemos una **función concreta.**

En este caso, la ley de dependencia, que no se conoce con precisión, no puede establecerse matemáticamente por medio de una fórmula o ecuación porque la relación funcional, aunque existe, no es siempre la misma.

Como ejemplo podemos citar la velocidad de un cuerpo que se desliza sobre otro, función del roce o frotamiento que hay entre los dos cuerpos. Al aumentar el roce, disminuye la velocidad, pero no se conoce de un modo preciso la relación analítica que liga a estas variables. Muchas leyes físicas, fuera de ciertos límites, son funciones de esta clase.

En los casos de funciones concretas suelen construirse tablas o gráficas en que figuren los casos observados, que nos permiten hallar **aproximadamente** el valor de la función que corresponde a un valor dado de la variable independiente.

259 VARIACIÓN DIRECTA

Se dice que A **varía directamente** a B o que A es **directamente proporcional** a B cuando multiplicando o dividiendo una de estas dos variables por una cantidad, la otra queda multiplicada o dividida por esa misma cantidad.

Ejemplo

1) Si un móvil que se mueve con movimiento uniforme recorre 30 km en 10 minutos, en 20 minutos recorrerá 60 km y en 5 minutos recorrerá 15 km; luego, la variable *espacio recorrido* es directamente proporcional (o proporcional) a la variable *tiempo* y viceversa.

Si *A* es proporcional a *B*, *A* es igual a *B* multiplicada por una constante. 260

En el ejemplo anterior, la **relación** entre el espacio y el tiempo es **constante.**
En efecto:

En 10 min el móvil recorre 30 km; la relación es $\frac{30}{10}=3$.

En 20 min el móvil recorre 60 km; la relación es $\frac{60}{20}=3$.

En 5 min el móvil recorre 15 km; la relación es $\frac{15}{5}=3$.

En general, si *A* es proporcional a *B*, la relación entre *A* y *B* es constante; luego, designando esta constante por *k*, tenemos

$$\frac{A}{B}=k \text{ y de aquí } A=kB$$

VARIACIÓN INVERSA 261

Se dice que *A* **varía inversamente** a *B* o que *A* es **inversamente proporcional** a *B* cuando multiplicando o dividiendo una de estas variables por una cantidad, la otra queda dividida en el primer caso y multiplicada en el segundo por la misma cantidad.

Ejemplo

1) Si 10 hombres hacen una obra en 6 horas, 20 hombres la harán en 3 horas y 5 hombres en 12 horas; luego, la variable *tiempo empleado* en hacer la obra es inversamente proporcional a la variable *número de hombres* y viceversa.

Si *A* es inversamente proporcional a *B*, *A* es igual a una constante dividida entre *B*. 262

En el ejemplo anterior, el **producto** del número de hombres por el tiempo empleado en hacer la obra es **constante.**
En efecto:

10 hombres emplean 6 horas; el producto $10\times 6=60$
20 hombres emplean 3 horas; el producto $20\times 3=60$
5 hombres emplean 12 horas; el producto $5\times 12=60$

En general, si *A* es inversamente proporcional a *B*, el producto *AB* es constante; luego, designando esta constante por *k*, tenemos:

$$AB=k \text{ y de aquí } A=\frac{k}{B}$$

263 VARIACIÓN CONJUNTA

Si A es proporcional a B cuando C es constante y A es proporcional a C cuando B es constante, A es proporcional a BC cuando B y C varían, principio que se expresa:

$$A = kBC$$

donde k es constante, lo que se puede expresar diciendo que si una cantidad es proporcional a otras varias, lo es a su **producto.**

Ejemplo

1) El área de un triángulo es proporcional a la altura si la base es constante y es proporcional a la base si la altura es constante, luego si la base y la altura varían, el área es proporcional al producto de la base por la altura. Siendo A el área, b la base y h la altura, tenemos:

$$A = kbh$$

y la constante $k = \frac{1}{2}$ (por Geometría), luego $A = \frac{1}{2}bh$.

264 VARIACIÓN DIRECTA E INVERSA A LA VEZ

Se dice que A es proporcional a B e inversamente proporcional a C cuando A es proporcional a la relación $\frac{B}{C}$, lo que se expresa:

$$A = \frac{kB}{C}$$

265 RESUMEN DE LAS VARIACIONES

Si A es proporcional a B. . . . . $A = kB$

Si A es inversamente proporcional a B. . . . . $A = \frac{k}{B}$

Si A es proporcional a B y C. $A = kBC$

Si A es proporcional a B e inversamente proporcional a C . . . $A = \frac{kB}{C}$

Ejemplos

1) A es proporcional a B y $A = 20$ cuando $B = 2$. Hallar A cuando $B = 6$.

Siendo A proporcional a B, se tiene: $A = kB$.

Para hallar la constante k, como $A = 20$ cuando $B = 2$, tendremos:

$$20 = k \times 2 \quad \therefore \quad k = \frac{20}{2} = 10$$

Si $k = 10$, cuando $B = 6$, A valdrá:

$$A = kB = 10 \times 6 = 60 \quad \textbf{R.}$$

2) A es inversamente proporcional a B y $A = 5$ cuando $B = 4$. Hallar A cuando $B = 10$.

Como A es inversamente proporcional a B, se tiene: $A = \frac{k}{B}$.

Hallemos k, haciendo $A = 5$ y $B = 4$:

$$5 = \frac{k}{4} \quad \therefore \quad k = 20$$

Siendo $k = 20$, cuando $B = 10$, A valdrá:

$$A = \frac{k}{B} = \frac{20}{10} = 2 \quad \textbf{R.}$$

3) A es proporcional a B y C; $A = 6$ cuando $B = 2$ y $C = 4$.
Hallar B cuando $A = 15$ y $C = 5$.
Siendo A proporcional a B y C, se tiene: $A = kBC$. (**1**)

Para hallar k: $6 = k \times 2 \times 4$ o $6 = k \times 8 \quad \therefore \quad k = \frac{6}{8} = \frac{3}{4}$

Para hallar B la despejamos en (**1**): $B = \frac{A}{kC}$

Sustituyendo $A = 15$, $k = \frac{3}{4}$, $C = 5$, tendremos: $B = \frac{15}{\frac{3}{4} \times 5} = \frac{60}{15} = 4$ **R.**

4) x es proporcional a y e inversamente proporcional a z.
Si $x = 4$ cuando $y = 2$, $z = 3$, hallar x cuando $y = 5$, $z = 15$.
Siendo x proporcional a y e inversamente proporcional a z, tendremos:

$$x = \frac{ky}{z} \quad (\mathbf{1})$$

Haciendo $x = 4$, $y = 2$, $z = 3$, se tiene: $4 = \frac{k \times 2}{3} \therefore k\frac{12}{2} = 6$

Haciendo en (**1**) $k = 6$, $y = 5$, $z = 15$, se tiene: $x = \frac{ky}{z} = \frac{6 \times 5}{15} = 2$ **R.**

Ejercicio 166

1. x es proporcional a y. Si $x = 9$ cuando $y = 6$, hallar x cuando $y = 8$.
2. x es proporcional a y. Si $y = 3$ cuando $x = 2$, hallar y cuando $x = 24$.
3. A es proporcional a B y C. Si $A = 30$ cuando $B = 2$ y $C = 5$, hallar A cuando $B = 7$, $C = 4$.
4. x es proporcional a y y a z. Si $x = 4$ cuando $y = 3$ y $z = 6$, hallar y cuando $x = 10$, $z = 9$.
5. A es inversamente proporcional a B. Si $A = 3$ cuando $B = 5$, hallar A cuando $B = 7$.
6. B es inversamente proporcional a A. Si $A = \frac{1}{2}$ cuando $B = \frac{1}{3}$, hallar A cuando $B = \frac{1}{12}$.
7. A es proporcional a B e inversamente proporcional a C. Si $A = 8$ cuando $B = 12$, $C = 3$, hallar A cuando $B = 7$, $C = 14$.
8. x es proporcional a y e inversamente proporcional a z. Si $x = 3$ cuando $y = 4$, $z = 8$, hallar z cuando $y = 7$, $x = 10$.
9. x es proporcional a $y^2 - 1$. Si $x = 48$ cuando $y = 5$, hallar x cuando $y = 7$.
10. x es inversamente proporcional a $y^2 - 1$. Si $x = 9$ cuando $y = 3$ hallar x cuando $y = 5$.

11. El área de un cuadrado es proporcional al cuadrado de su diagonal. Si el área es 18 m^2 cuando la diagonal es 6 m, hallar el área cuando la diagonal sea 10 m.
12. El área lateral de una pirámide regular es proporcional a su apotema y al perímetro de la base. Si el área es 480 m^2 cuando el apotema es 12 m y el perímetro de la base 80 m, hallar el área cuando el apotema es 6 m y el perímetro de la base 40 m.
13. El volumen de una pirámide es proporcional a su altura y al área de su base. Si el volumen de una pirámide, cuya altura es 8 m y el área de su base 36 m^2, es 96 m^3, ¿cuál será el volumen de una pirámide cuya altura es 12 m y el área de su base 64 m^2?
14. El área de un círculo es proporcional al cuadrado del radio. Si el área de un círculo de 14 cm de radio es 616 cm^2, ¿cuál será el área de un círculo de 7 cm de radio?
15. La longitud de una circunferencia es proporcional al radio. Si una circunferencia de 7 cm de radio tiene una longitud de 44 cm, ¿cuál es el radio de una circunferencia de 66 cm de longitud?
16. x es inversamente proporcional al cuadrado de y. Cuando $y = 6$, $x = 4$. Hallar y cuando $x = 9$.

266 FUNCIONES EXPRESABLES POR FÓRMULAS

En general, las funciones son expresables por fórmulas o ecuaciones cuando se conoce la relación matemática que liga a la variable dependiente o función con las variables independientes, o sea, cuando se conoce la ley de dependencia.

En estos casos habrá una ecuación que será la expresión analítica de la función y que define la función.

Así, $y = 2x + 1$, $y = 2x^2$, $y = x^3 + 2x - 1$ son funciones expresadas por ecuaciones o fórmulas.

$2x + 1$ es una función de primer grado; $2x^2$, de segundo grado; $x^3 + 2x - 1$, de tercer grado.

Los ejemplos anteriores son funciones de la variable x porque a cada valor de x corresponde un valor determinado de la función.

En efecto, considerando la función $2x + 1$, que representamos por y, tendremos: $y = 2x + 1$.

Para $x = 0$, $\quad y = 2 \times 0 + 1 = 1$
$x = 1$, $\quad y = 2 \times 1 + 1 = 3$
$x = 2$, $\quad y = 2 \times 2 + 1 = 5$
. . . .
Para $x = -1$, $\quad y = 2(-1) + 1 = -1$
$x = -2$, $\quad y = 2(-2) + 1 = -3$, etcétera.

x es la variable **independiente** y y la variable **dependiente.**

267 DETERMINACIÓN DE LA FÓRMULA CORRESPONDIENTE PARA FUNCIONES DADAS CUYA LEY DE DEPENDENCIA SEA SENCILLA

Ejemplos

1) El costo de una pieza de tela es proporcional al número de metros.
Determinar la fórmula de la función costo, sabiendo que una pieza de 10 metros cuesta \$30.

Designando por x la variable independiente *número de metros* y por y la función *costo*, tendremos, por ser y proporcional a x:

$$y = kx \quad (\mathbf{1})$$

Hallemos la constante k, sustituyendo $y = 30$, $x = 10$: $30 = k \times 10 \therefore k = 3$

Entonces, como la constante es 3, sustituyendo este valor en (**1**), la función *costo* vendrá dada por la ecuación: $y = 3x$ **R.**

2) El área de un cuadrado es proporcional al cuadrado de su diagonal.
Hallar la fórmula del área de un cuadrado en función de la diagonal, sabiendo que el área de un cuadrado cuya diagonal mide 8 m es 32 m^2.

Designando por A el área y por D la diagonal, tendremos: $A = kD^2$ (**1**)

Hallemos k haciendo $A = 32$ y $D = 8$: $32 = k \times 64 \therefore k = \frac{1}{2}$

Sustituyendo $k = \frac{1}{2}$ en (**1**), el área de un cuadrado en función de la diagonal, vendrá dada por la fórmula: $A = \frac{1}{2}D^2$ **R.**

3) La altura de una pirámide es proporcional al volumen si el área de la base es constante y es inversamente proporcional al área de la base si el volumen es constante.
Determinar la fórmula de la altura de una pirámide en función del volumen y el área de la base, sabiendo que una pirámide cuya altura es 15 m y el área de su base 16 m^2 tiene un volumen de 80 m^3.
Designando la altura por h, el volumen por V y el área de la base por B, tendremos:

$$h = \frac{kV}{B} \quad (\mathbf{1})$$

(Obsérvese que la variable V directamente proporcional con h va en el numerador y la variable B, inversamente proporcional con h, va en el denominador).

Hallemos la constante k haciendo $h = 15$, $V = 80$, $B = 16$:

$$15 = \frac{k \times 80}{16}$$

$$15 \times 16 = 80k$$

$$k = \frac{240}{80} = 3$$

Haciendo $k = 3$ en (**1**), la altura de una pirámide en función del volumen y el área de la base vendrá dada por la fórmula: $h = \frac{3V}{B}$ **R.**

4) Determinar la fórmula correspondiente a una función sabiendo que para cada valor de la variable independiente corresponde un valor de la función que es igual al triple del valor de la variable independiente aumentado en 5.
Siendo y la función y x la variable independiente, tendremos: $y = 3x + 5$

Ejercicio 167

1. Si A es proporcional a B y $A = 10$ cuando $B = 5$, escribir la fórmula que las relaciona.
2. El espacio recorrido por un móvil (movimiento uniforme) es proporcional al producto de la velocidad por el tiempo. Escriba la fórmula que expresa el espacio e en función de la velocidad v y del tiempo t. $(k = 1)$
3. El área de un rombo es proporcional al producto de sus diagonales. Escribir la fórmula del área A de un rombo en función de sus diagonales D y D' sabiendo que cuando $D = 8$ y $D' = 6$ el área es 24 cm^2.
4. Sabiendo que A es proporcional a B e inversamente proporcional a C, escribir la fórmula de A en función de B y C. $(k = 3)$
5. La longitud C de una circunferencia es proporcional al radio r. Una circunferencia de 21 cm de radio tiene una longitud de 132 cm. Hallar la fórmula que expresa la longitud de la circunferencia en función del radio.
6. El espacio recorrido por un cuerpo que cae desde cierta altura es proporcional al cuadrado del tiempo que emplea en caer. Escribir la fórmula del espacio e en función del tiempo t sabiendo que un cuerpo que cae desde una altura de 19.6 m emplea en su caída 2 segundos.
7. La fuerza centrífuga F es proporcional al producto de la masa m por el cuadrado de la velocidad v de un cuerpo si el radio r del círculo que describe es constante y es inversamente proporcional al radio si la masa y la velocidad son constantes. Expresar esta relación por medio de una fórmula.
8. Escribir la fórmula de una función y sabiendo que para cada valor de la variable independiente x corresponde un valor de la función que es el doble del valor de x aumentado en 3.
9. El lado de un cuadrado inscrito en un círculo es proporcional al radio del círculo. Expresar la fórmula del lado del cuadrado inscrito en función del radio. $(k = \sqrt{2})$
10. Escribir la fórmula de una función y sabiendo que para cada valor de la variable independiente x corresponde un valor de la función que es igual a la mitad del cuadrado del valor de x más 2.
11. Escribir la ecuación de una función y sabiendo que para cada valor de x corresponde un valor de y que es igual a la diferencia entre 5 y el doble de x, dividida esta diferencia entre 3.
12. La fuerza de atracción entre dos cuerpos es proporcional al producto de las masas de los cuerpos m y m' si la distancia es constante y es inversamente proporcional al cuadrado de la distancia si las masas no varían. Expresar esta relación por medio de una fórmula.
13. La altura de un triángulo es proporcional al área del triángulo si la base es constante, y es inversamente proporcional a su base si el área es constante. Escribir la fórmula de la altura de un triángulo en función del área y de su base, sabiendo que cuando la base es 4 cm y la altura 10 cm, el área del triángulo es 20 cm^2.
14. La energía cinética de un cuerpo W es proporcional al producto de la masa m por el cuadrado de la velocidad V. Expresar la fórmula de la energía cinética. $\left(k = \frac{1}{2}\right)$
15. El área de la base de una pirámide es proporcional al volumen si la altura es constante y es inversamente proporcional a la altura si el volumen es constante. Escribir la fórmula del área de la base B de una pirámide en función del volumen V y de la altura h sabiendo que cuando $h = 12$ y $B = 100$, $V = 400$.
16. x es inversamente proporcional a y. Si $x = 2$ cuando $y = 5$, hallar la fórmula de x en función de y.
17. x es inversamente proporcional al cuadrado de y. Si $x = 3$ cuando $y = 2$, hallar la fórmula de x en función de y.
18. A es proporcional a B e inversamente proporcional a C. Cuando $B = 24$ y $C = 4$, $A = 3$. Hallar la fórmula que expresa A en función de B y C.

Blas Pascal (1623-1662). Matemático y escritor francés. Es quizá más conocido por sus obras literarias como los *Pensees* y las *Lettres,* que por sus contribuciones a las Matemáticas. De naturaleza enfermiza, fue un verdadero niño prodigio. A los doce años, dice su hermana Gilberte, había demostrado las 32 proposiciones de Euclides. Al sostener correspondencia con Fermat, Pascal sienta las bases de la teoría de las probabilidades. Entre sus trabajos figura el *Ensayo sobre las cónicas*, que escribió siendo un niño.

Capítulo *XXI*

REPRESENTACIÓN GRÁFICA DE FUNCIONES Y RELACIONES

SISTEMA RECTANGULAR DE COORDENADAS CARTESIANAS [1] 268

Dos líneas rectas que se cortan constituyen un **sistema de ejes coordenados.** Si las líneas son perpendiculares entre sí tenemos un sistema de **ejes coordenados rectangulares;** si no lo son, tenemos un sistema de **ejes oblicuos.** De los primeros nos ocuparemos en este capítulo.

Tracemos dos líneas rectas *XOX'*, *YOY'* que se cortan en el punto *O* formando ángulo recto (Fig. 24). Estas líneas constituyen un sistema de **ejes coordenados rectangulares.**

Figura 24

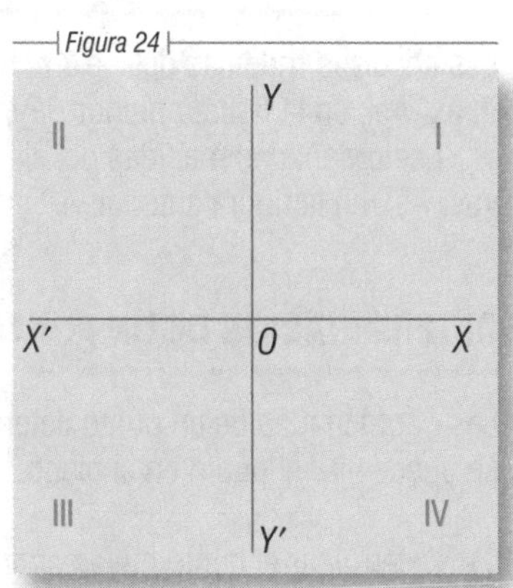

La línea *XOX'* se llama **eje de las** *x* o **eje de las abscisas** y la línea *YOY'* se llama **eje de las** *y* o **eje de las ordenadas.** El punto *O* se llama **origen** de coordenadas.

Los ejes dividen el plano del papel en cuatro partes llamadas **cuadrantes.** *XOY* es el primer cuadrante, *YOX'* el segundo cuadrante, *X'OY'* el tercer cuadrante, *Y'OX* el cuarto cuadrante.

[1] Así llamadas en honor al célebre matemático francés **Descartes** (**Cartesius**), fundador de la Geometría Analítica.

El origen O divide a cada eje en dos semiejes, uno **positivo** y otro **negativo.** OX es el semieje positivo y OX' el semieje negativo del eje de las x; OY es el semieje positivo y OY' el semieje negativo del eje de las y.

Cualquier distancia medida sobre el eje de las x de O hacia la **derecha** es **positiva** y de O hacia la **izquierda** es **negativa**.

Cualquier distancia medida sobre el eje de las y de O hacia **arriba** es **positiva** y de O hacia **abajo** es **negativa.**

269 ABSCISA Y ORDENADA DE UN PUNTO

La distancia de un punto al eje de las ordenadas se llama **abscisa** del punto y su distancia al eje de las abscisas se llama **ordenada** del punto. La abscisa y la ordenada de un punto son las **coordenadas cartesianas** del punto.

Así, (Fig. 25) la abscisa del punto P es $BP = OA$ y su ordenada $AP = OB$. BP y AP son las **coordenadas** del punto P.

Las coordenadas de P_1 son: abscisa $BP_1 = OC$ y ordenada $CP_1 = OB$.

Las coordenadas de P_2 son: abscisa $DP_2 = OC$ y ordenada $CP_2 = OD$.

Las coordenadas de P_3 son: abscisa $DP_3 = OA$ y ordenada $AP_3 = OD$.

Las abscisas se representa por x y las ordenadas por y.

Figura 25

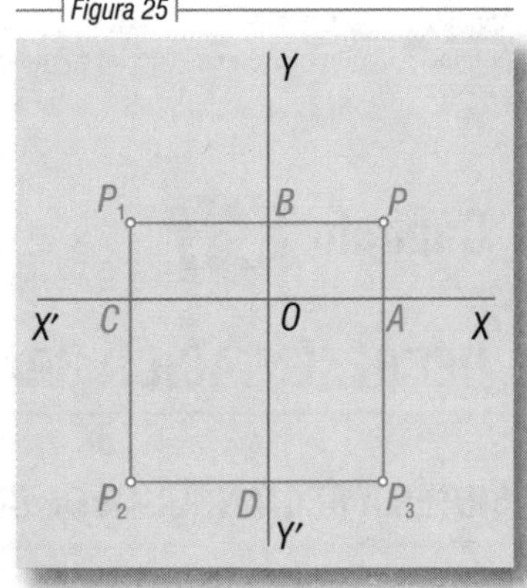

270 SIGNO DE LAS COORDENADAS

Las abscisas medidas del eje YY' hacia la **derecha** son **positivas** y hacia la **izquierda, negativas.** Así, en la figura anterior BP y DP_3 son positivas; BP_1 y DP_2 son negativas.

Las ordenadas medidas del eje XX' hacia **arriba** son **positivas** y hacia **abajo** son **negativas.** Así, en la figura anterior, AP y CP_1 son positivas, CP_2 y AP_3 son negativas.

271 DETERMINACIÓN DE UN PUNTO POR SUS COORDENADAS

Las coordenadas de un punto determinan el punto. Conociendo las coordenadas de un punto se puede fijar el punto en el plano.

1) Determinar el punto cuyas coordenadas son 2 y 3.

Siempre, el número que se da primero es la abscisa y el segundo la ordenada. La notación empleada para indicar que la abscisa es 2 y la ordenada 3 es "*punto* (2, 3)".

Tomamos una medida, escogida arbitrariamente, como unidad de medida (Fig. 26). Como la abscisa es 2, positiva, tomamos la unidad escogida dos veces sobre *OX* de *O* hacia la *derecha*.

Como la ordenada 3 es positiva, levantamos en *A* una perpendicular a *OX* y sobre ella hacia **arriba** tomamos tres veces la unidad.

El punto *P* es el punto (2, 3), del primer cuadrante.

Figura 26

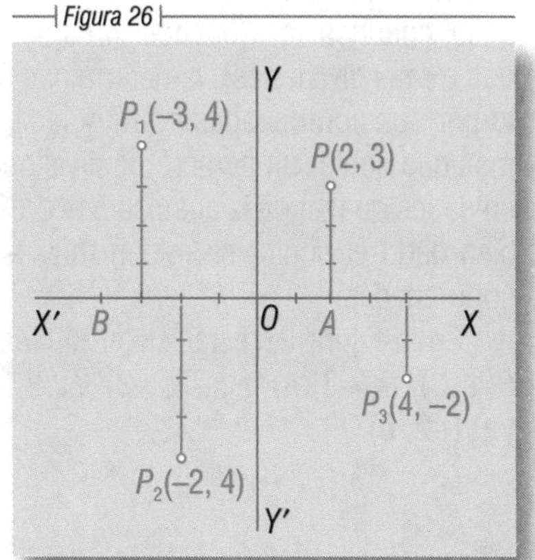

2) Determinar el punto (–3, 4).

Como la abscisa es negativa, –3, tomamos sobre *OX'* de *O* hacia la **izquierda** tres veces la unidad escogida; en *B* levantamos una perpendicular a *OX'* y sobre ella llevamos 4 veces la unidad hacia **arriba** porque la ordenada es positiva 4. El punto P_1 es el punto (–3, 4), del segundo cuadrante.

3) Determinar el punto (–2, –4).

Llevamos la unidad dos veces sobre *OX'* de *O* hacia la **izquierda** porque la abscisa es –2 y sobre la perpendicular, hacia **abajo** porque la ordenada es –4, la tomamos 4 veces. El punto P_2 es el punto (–2, –4), del tercer cuadrante.

4) Determinar el punto (4, –2).

De *O* hacia la *derecha,* porque la abscisa 4 es positiva llevamos la unidad 4 veces y perpendicularmente a *OX,* hacia *abajo* porque la ordenada es –2 la llevamos 2 veces. El punto P_3 es el punto (4, –2), del cuarto cuadrante.

En estos casos se puede también marcar el valor de la ordenada sobre *OY* o sobre *OY'*, según que la ordenada sea positiva o negativa, y sobre *OX* u *OX* el valor de la abscisa, según que la abscisa sea positiva o negativa. Entonces por la última división de la ordenada, trazar una paralela al eje de las abscisas y por última división de la abscisa trazar una paralela al eje de las ordenadas, y el punto en que se corten es el punto buscado. Es indiferente usar un procedimiento u otro.

Por lo expuesto anteriormente, se comprenderá fácilmente que:

1. Las coordenadas del origen son (0, 0).
2. La abscisa de cualquier punto situado en el eje de las *y* es 0.
3. La ordenada de cualquier punto situado en el eje de las *x* es 0.
4. Los signos de las coordenadas de un punto serán:

	Abscisa	**Ordenada**
En el 1er cuadrante *XOY*	+	+
En el 2° cuadrante *YOX'*	–	+
En el 3er cuadrante *X'OY'*	–	–
En el 4° cuadrante *Y'OX*	+	–

272 PAPEL CUADRICULADO

En todos los casos de gráficos suele usarse el papel dividido en pequeños cuadrados, llamado papel cuadriculado. Se refuerza con el lápiz una línea horizontal que será el eje *XOX'* y otra perpendicular a ella que será el eje *YOY'*. Tomando como **unidad** una de las divisiones del papel cuadriculado (pueden tomarse como **unidad** dos o más divisiones), la determinación de un punto por sus coordenadas es muy fácil, pues no hay más que contar un número de divisiones igual a las unidades que tenga la abscisa o la ordenada; y también dado el punto, se miden muy fácilmente sus coordenadas.

En la figura 27 están determinados los puntos $P(4, 2)$, $P_1(-3, 4)$, $P_2(-3, -3)$, $P_3(2, -5)$, $P_4(0, 3)$ y $P_5(-2, 0)$.

Figura 27

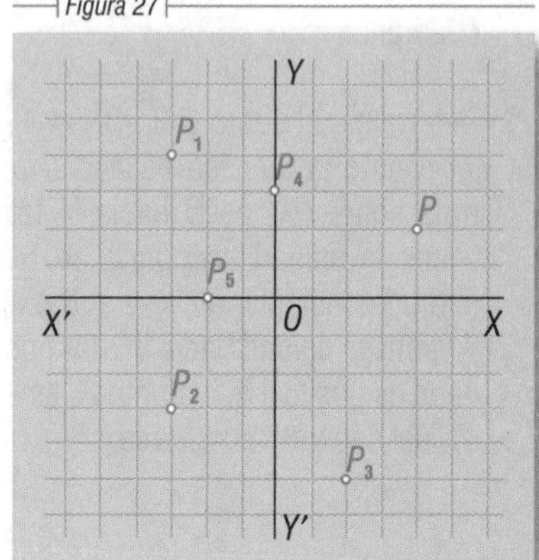

Ejercicio 168

Determinar gráficamente los puntos:

1. (1, 2)
2. (–1, 2)
3. (–2, –1)
4. (2, –3)
5. (3, –4)
6. (–5, 2)
7. (–3, –4)
8. (0, 3)
9. (–3, 0)
10. (5, –4)
11. (–4, –3)
12. (0, –6)
13. (4, 0)
14. (–7, 10)
15. (3, –1)

Trazar la línea que pasa por los puntos:

16. (1, 2) y (3, 4)
17. (–2, 1) y (–4, 4)
18. (–3, –2) y (–1, –7)
19. (2, –4) y (5, –2)
20. (3, 0) y (0, 4)
21. (–4, 0) y (0, –2)
22. (–4, 5) y (2, 0)
23. (–3, –6) y (0, 1)
24. (–3, –2) y (3, 2)
25. Dibujar el triángulo cuyos vértices son los puntos (0, 6), (3, 0) y (–3, 0).
26. Dibujar el triángulo cuyos vértices son los puntos (0, –5), (–4, 3) y (4, 3).
27. Dibujar el cuadrado cuyos vértices son (4, 4), (–4, 4), (–4, –4) y (4, –4).
28. Dibujar el cuadrado cuyos vértices son (–1, –1), (–4, –1), (–4, –4) y (–1, –4).
29. Dibujar el rectángulo cuyos vértices son (1, –1), (1, –3), (6, –1) y (6, –3).
30. Dibujar el rombo cuyos vértices son (1, 4), (3, 1), (5, 4) y (3, 7).
31. Dibujar la recta que pasa por (4, 0) y (0, 6) y la recta que pasa por (0, 1) y (4, 5) y hallar el punto de intersección de las dos rectas.
32. Probar gráficamente que la serie de puntos (–3, 5), (–3, 1), (–3, –1), (–3, –4) se hallan en una línea paralela a la línea que contiene a los puntos (2, –4), (2, 0), (2, 3), (2, 7).
33. Probar gráficamente que la línea que pasa por (–4, 0) y (0, –4) es perpendicular a la línea que pasa por (–1, –1) y (–4, –4).

GRÁFICO DE UNA RELACIÓN 273

A cada valor de x le puede corresponder uno o varios valores de y. Tomando los valores de x como abscisas y los valores correspondientes de y como ordenadas, se obtiene una serie de puntos. El conjunto de todos estos puntos será una línea recta o curva, que es el **gráfico** de la relación.

En la práctica basta obtener unos cuantos puntos y unirlos convenientemente (**interpolación**) para obtener, con bastante aproximación, el gráfico de la relación.

REPRESENTACIÓN GRÁFICA DE LA FUNCIÓN LINEAL DE PRIMER GRADO 274

1) Representar gráficamente la función $y = 2x$.

Dando valores a x obtendremos una serie de valores correspondientes de y:

Para $x = 0,\quad y = 0$, el origen es un punto del gráfico
$x = 1,\quad y = 2$
$x = 2,\quad y = 4$
$x = 3,\quad y = 6$, etcétera

Para $x = -1,\quad y = -2$
$x = -2,\quad y = -4$
$x = -3,\quad y = -6$, etcétera

Representando los valores de x como abscisas y los valores correspondientes de y como ordenadas (Fig. 28), obtenemos la serie de puntos que aparecen en el gráfico. La línea recta MN que **pasa por el origen** es el gráfico de $y = 2x$.

2) Representar gráficamente la función $y = x + 2$.

Los valores de x y los correspondientes de y suelen disponerse en una tabla como se indica a continuación, escribiendo debajo de cada valor de x el valor correspondiente de y:

x	−3	−2	−1	0	1	2	3	...
y	−1	0	1	2	3	4	5	...

Figura 28

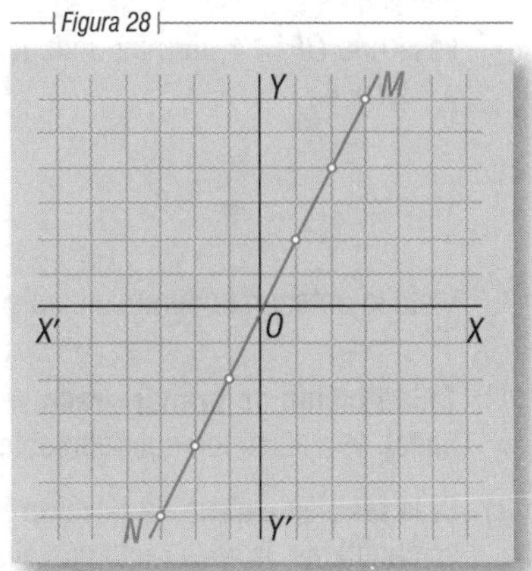

Representando los valores de x como abscisas y los valores correspondientes de y como ordenadas, según se ha hecho en la figura 29, se obtiene la línea recta MN que no **pasa por el origen.** MN es el gráfico de $y = x + 2$.

Obsérvese que el punto P, donde la recta corta el eje de las y, se obtiene haciendo $x = 0$, y el punto Q, donde la recta corta el eje de las x, se obtiene haciendo $y = 0$. La distancia OP cuyo valor es igual a la ordenada del punto de intersección de la recta con el eje Y se denomina **ordenada al origen.** La distancia OQ cuyo valor es igual a la abscisa del punto de intersección de la recta con el eje x se denomina **abscisa al origen.**

Obsérvese también que $OP = 2$, igual que el término independiente de la función $y = x + 2$.

Figura 29

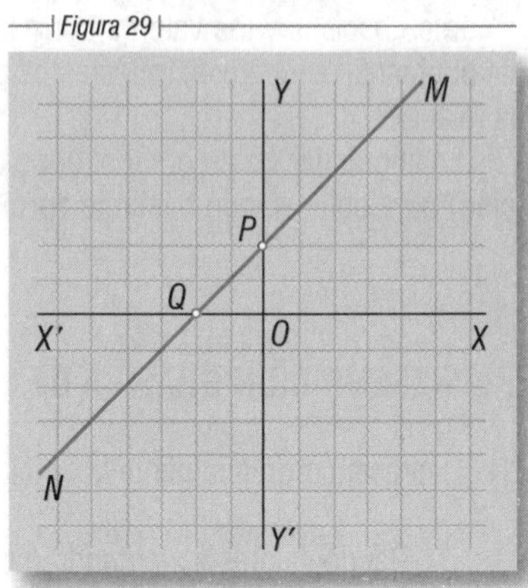

3) Representar gráficamente la función $y = 3x$ y la función $y = 2x + 4$.

En la función $y = 3x$, se tiene:

x	−2	−1	0	1	2	...
y	−6	−3	0	3	6	...

El gráfico es la línea AB que pasa por el origen (Fig. 30).

En la función $y = 2x + 4$, tendremos:

x	−2	−1	0	1	2	...
y	0	2	4	6	8	...

El gráfico es la línea CD que no pasa por el origen (Fig. 30).

Las distancias OP y OQ se obtienen, OP haciendo $x = 0$ y OQ haciendo $y = 0$. Obsérvese que $OP = 4$, término independiente de $y = 2x + 4$.

Figura 30

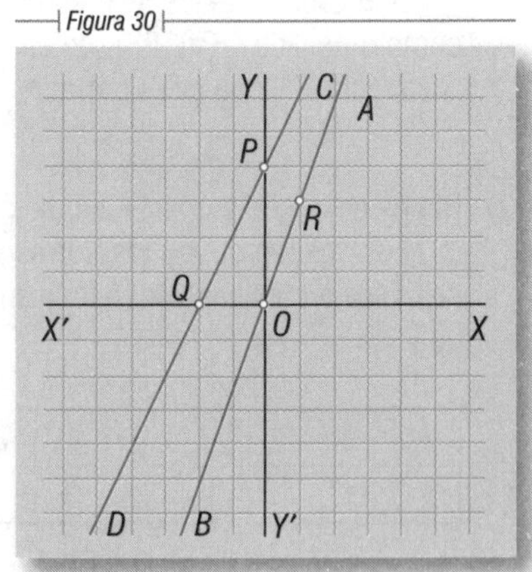

Visto lo anterior, podemos establecer los siguientes principios:

1) **Toda función de primer grado representa una línea recta** y por eso se llama **función lineal,** y la ecuación que representa la función se llama **ecuación lineal.**

2) **Si la función carece de término independiente,** o sea si es de la forma $y = ax$, donde a es constante, la línea recta que ella representa **pasa por el origen.**

3) **Si la función tiene término independiente,** o sea si es de la forma $y = ax + b$, donde a y b son constantes, la línea recta que ella representa **no pasa por el origen** y su **intersección** con el eje de las y es igual al término independiente b.

Dos puntos determinan una recta

Por tanto, para obtener el gráfico de una función de primer grado, basta obtener **dos puntos cualquiera** y unirlos por medio de una línea recta.

Si la función carece de término independiente, como uno de los puntos del gráfico es el **origen,** basta obtener un punto cualquiera y unirlo con el origen.

Si la función tiene término independiente, lo más cómodo es hallar las **intersecciones con los ejes** haciendo $x = 0$ y $y = 0$, y unir los dos puntos que se obtienen.

Ejemplo

1) Representar gráficamente la función $2x - y = 5$ donde y es la variable dependiente función.
Cuando en una función la variable dependiente no está despejada, como en este caso, la función se llama *implícita* y cuando la variable dependiente está despejada, la función es *explícita.*
Despejando y, tendremos $y = 2x - 5$. Ahora la función es *explícita.*
Para hallar las intersecciones con los ejes (Fig. 31), diremos:

Para $x = 0, y = -5$

Para $y = 0$, tendremos:

$0 = 2x - 5$ luego $5 = 2x \therefore x = 2.5$

El gráfico de $y = 2x - 5$ es la línea recta AB.

Figura 31

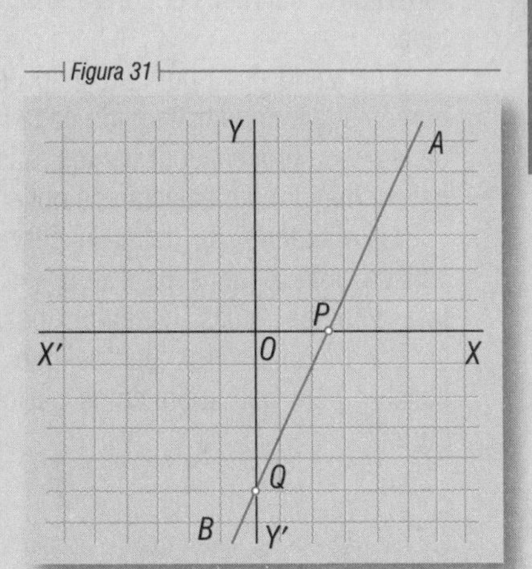

169 Ejercicio

Representar gráficamente las funciones:

1. $y = x$
2. $y = -2x$
3. $y = x + 2$
4. $y = x - 3$
5. $y = x + 4$
6. $y = 3x + 3$
7. $y = 2x - 4$
8. $y = 3x + 6$
9. $y = 4x + 5$
10. $y = -2x + 4$
11. $y = -2x - 4$
12. $y = x + 3$
13. $y = 8 - 3x$
14. $y = \frac{5x}{4}$
15. $y = \frac{x+6}{2}$
16. $y = \frac{x-9}{3}$
17. $y = \frac{5x-4}{2}$
18. $y = \frac{x}{2} + 4$

Representar las funciones siguientes siendo y la variable dependiente:

19. $x + y = 0$
20. $2x = 3y$
21. $2x + y = 10$
22. $3y = 4x + 5$
23. $4x + y = 8$
24. $y + 5 = x$
25. $5x - y = 2$
26. $2x = y - 1$

275 GRÁFICOS DE ALGUNAS FUNCIONES Y RELACIONES DE SEGUNDO GRADO

1) Gráfico de $y = x^2$.

Formemos una tabla con los valores *x* y los correspondientes de *y*:

x	−3	−2.5	−2	−1.5	−1	0	1	1.5	2	2.5	3	...
y	9	6.25	4	2.25	1	0	1	2.25	4	6.25	9	...

En el gráfico (Fig. 32) aparecen representados los valores de *y* correspondientes a los que hemos dado a *x*.

La posición de estos puntos nos indica la forma de la curva; es una **parábola,** curva ilimitada.

El trazado de la curva uniendo entre sí los puntos que hemos hallado de cada lado del eje de las *y* es aproximado. Cuantos más puntos se hallen, mayor aproximación se obtiene.

La operación de trazar la curva habiendo hallado sólo algunos puntos de ella se llama **interpolación**, pues hacemos pasar la curva por muchos otros puntos que no hemos hallado, pero que suponemos pertenecen a la curva.

Figura 32

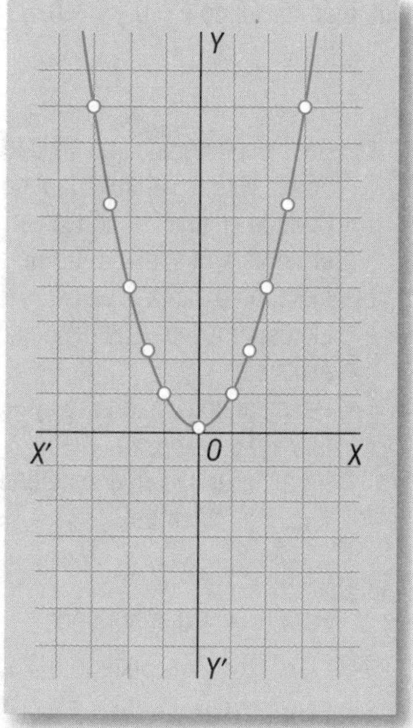

Figura 33

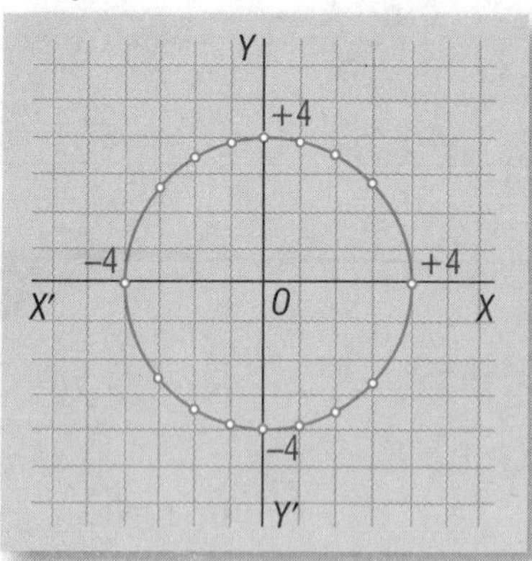

2) Gráfico de $x^2 + y^2 = 16$.

Despejando *y* tendremos:

$$y^2 = 16 - x^2;\ \text{luego,}\ y = \pm\sqrt{16 - x^2}$$

El signo ± proviene de que la raíz cuadrada de una cantidad positiva tiene dos signos + y −. Por ejemplo, $\sqrt{4} = \pm 2$ porque

$$(+2) \times (+2) = +4 \text{ y } (-2) \times (-2) = +4$$

Por tanto, en este caso, a cada valor de x corresponderán dos valores de y, uno positivo y otro negativo.

Dando valores a x:

x	–4	–3	–2	–1	0	1	2	3	4
y	0	±2.6	±3.4	±3.8	±4	±3.8	±3.4	±2.6	0

La curva (Fig. 33) es un *círculo* cuyo centro está en el origen.

Toda ecuación de la forma $x^2 + y^2 = r^2$ representa un círculo cuyo radio es r. Así, en el caso anterior, el radio es 4, que es la raíz cuadrada de 16.

3) Gráfico de $9x^2 + 25y^2 = 225$.

Vamos a despejar y. Tendremos: $25y^2 = 225 - 9x^2 \therefore y^2 = \frac{225 - 9x^2}{25} \therefore$

$y^2 = 9 - \frac{9x^2}{25} \therefore y = \pm\sqrt{9 - \frac{9x^2}{25}}$

Dando valores a x, tendremos:

x	–5	–4	–3	–2	–1	0	1	2	3	4	5
y	0	±1.8	±2.4	±2.6	±2.8	±3	±2.8	±2.6	±2.4	±1.8	0

En la figura 34 aparecen representados los valores de y correspondientes a los que hemos dado a x. La curva que se obtiene es una *elipse*, curva cerrada.

Figura 34

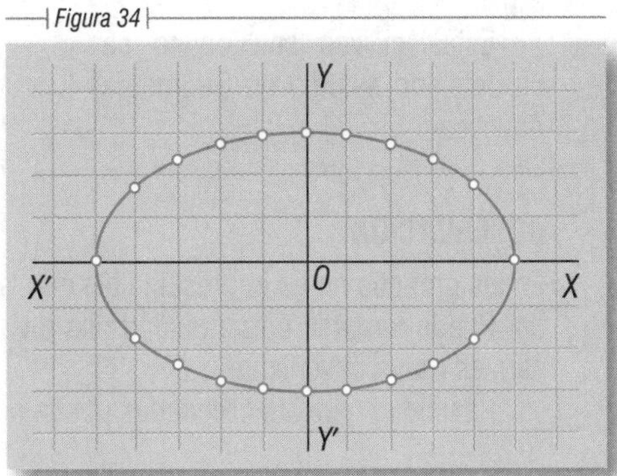

Toda ecuación de la forma

$a^2x^2 + b^2y^2 = a^2b^2$, o sea, $\frac{x^2}{b^2} + \frac{y^2}{a^2} = 1$

representa una elipse.

4) Gráfico de $xy = 5$ o $y = \frac{5}{x}$.

Dando a x valores positivos, tendremos:

x	0	$\frac{1}{2}$	1	2	3	4	5	6	7	8	...	$\pm\infty$
y	$\pm\infty$	10	5	2.5	1.6	1.25	1	0.8	0.7	0.6	...	0

Marcando cuidadosamente estos puntos obtenemos la curva situada en el 1er cuadrante de la figura 35.

Dando a x valores negativos, tenemos:

x	0	$-\frac{1}{2}$	−1	−2	−3	−4	−5	−6	−7	−8	...	$\pm\infty$
y	$\pm\infty$	−10	−5	−2.5	−1.6	−1.25	−1	−0.8	−0.7	−0.6	...	0

Marcando cuidadosamente estos puntos obtenemos la curva situada en el 3er cuadrante de la figura 35.

La curva se aproxima indefinidamente a los ejes sin llegar a tocarlos; *los toca en el infinito.*

La curva obtenida es una **hipérbola rectangular.** Toda ecuación de la forma $xy = a$ o $y = \frac{a}{x}$ donde a es constante, representa una hipérbola de esta clase.

La **parábola,** la **elipse** y la **hipérbola** se llaman **secciones cónicas** o simplemente **cónicas.** El **círculo** es un caso especial de la elipse.

Estas curvas son objeto de un detenido estudio en Geometría Analítica.

Figura 35

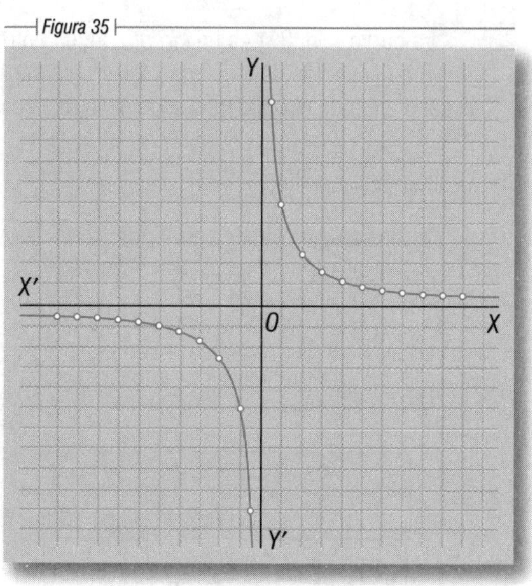

OBSERVACIÓN

En los gráficos no es imprescindible que la unidad sea una división del papel cuadriculado. Puede tomarse como unidad dos divisiones, tres divisiones, etc. En muchos casos esto es muy conveniente.

La unidad para las ordenadas puede ser distinta para las abscisas.

Ejercicio 170

Hallar el gráfico de:

1. $y = 2x^2$
2. $y = \frac{x^2}{2}$
3. $x^2 + y^2 = 25$
4. $9x^2 + 16y^2 = 144$
5. $y = x^2 + 1$
6. $y - x^2 = 2$
7. $xy = 4$
8. $x^2 + y^2 = 36$
9. $y = x^2 + 2x$
10. $36x^2 + 25y^2 = 900$
11. $x^2 + y^2 = 49$
12. $y = x^2 - 3x$
13. $xy = 6$
14. $y = x + \frac{x^2}{2}$

Isaac Newton (1642-1727). El más grande de los matemáticos ingleses. Su libro *Principia Mathemathica*, considerado como uno de los más grandes portentos de la mente humana, le bastaría para ocupar un lugar sobresaliente en la historia de las Matemáticas. Descubrió, casi simultáneamente con Leibniz, el Cálculo Diferencial y el Cálculo Integral. Basándose en los trabajos de Kepler, formuló la ley de la gravitación universal. Ya en el dominio elemental del Álgebra le debemos el desarrollo del binomio que lleva su nombre.

Capítulo XXII

GRÁFICAS. APLICACIONES PRÁCTICAS

UTILIDAD DE LOS GRÁFICOS 276

Es muy grande. En Matemáticas, Física, Estadística, en la industria y el comercio se emplean mucho los gráficos. Estudiaremos algunos casos prácticos.

Siempre que una cantidad sea proporcional a otra es igual a esta otra multiplicada por una constante (**260**). Así, si y es proporcional a x, podemos escribir $y = ax$, donde a es constante y sabemos que esta ecuación representa una **línea recta que pasa por el origen (274).** 277

Por tanto, las variaciones de una cantidad proporcional a otra estarán representadas por una línea recta que pasa por el origen.

Pertenecen a este caso el salario proporcional al tiempo de trabajo; el costo proporcional al número de cosas u objetos comprados; el espacio proporcional al tiempo, si la velocidad es constante, etcétera.

Ejemplos

1) Un obrero gana $20 por hora. Hallar la gráfica del salario en función del tiempo.
Sobre el eje de las *x* (Fig. 36) señalamos el tiempo. Cuatro divisiones representan una hora y el eje *y* el salario, cada división representa $10.
En una hora el obrero gana $20; determinamos el punto *A* que marca el valor del salario $20 para una hora y como el salario es proporcional al tiempo, la gráfica tiene que ser una línea recta que pase por el origen. Unimos *A* con *O* y la recta *OM* es la gráfica del salario.
Esta tabla gráfica nos da el valor del salario para cualquier número de horas. Para saber el salario correspondiente a un tiempo dado no hay más que leer el valor de la ordenada para ese valor de la abscisa. Así se determina que en 2 horas el salario es $40; en 2 horas y cuarto $45; en 3 horas, $60; en 3 horas y 45 minutos o $3\frac{3}{4}$ horas, $75.

Figura 36

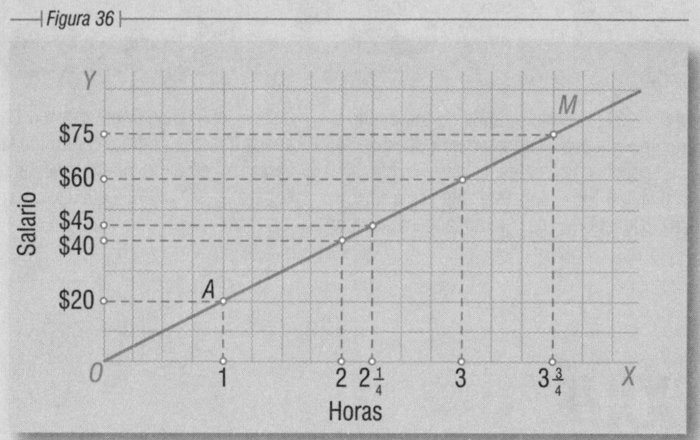

2) Si 15 dólares equivalen a 375,000 sucres, formar una tabla que permita convertir dólares en sucres y viceversa.
Las abscisas serán dólares (Fig. 37), cada división es U.S. $1.00; las ordenadas sucres, cada división 25,000 sucres.

Figura 37

Hallamos el valor de la ordenada cuando la abscisa es U.S. $15.00 y tenemos el punto *A*. Unimos este punto con 0 y tendremos la gráfica 0*M*.
Dando suficiente extensión a los ejes, podemos saber cuántos sucres son cualquier número de dólares. En el gráfico se ve que U.S. $1 equivale a 25,000 sucres, U.S. $4.50 equivalen a 112,500 sucres, U.S. $9 a 225,000 sucres y U.S. $18 a 450,000 sucres.

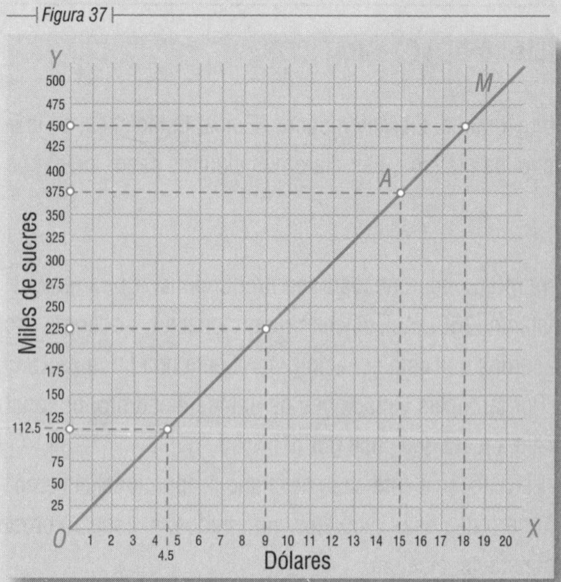

3) Un tren que va a 40 km por hora sale de un punto *O* a las 7 a. m. Construir una gráfica que permita hallar a qué distancia se halla del punto de partida en cualquier momento, y a qué hora llegará al punto *P* situado a 140 km de *O*.

Figura 38

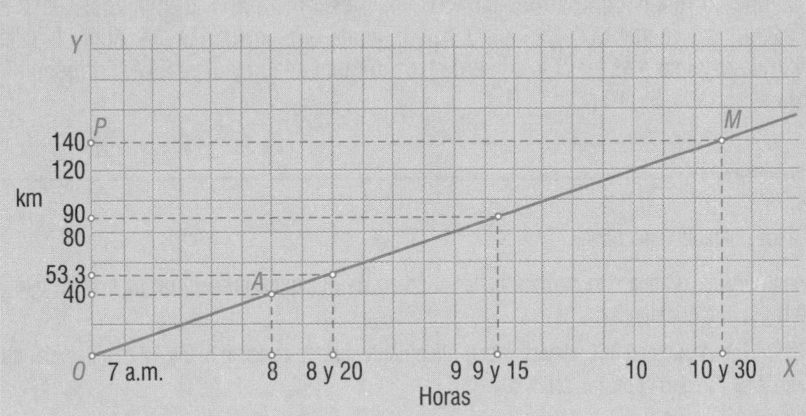

Las horas (Fig. 38), son las abscisas; cada división es 10 minutos. Las distancias las ordenadas; cada división 20 km.

Saliendo a las 7, a las 8 habrá andado ya 40 km. Marcamos el punto *A* y lo unimos con *O*. La línea *OM* es la gráfica de la distancia.

Midiendo el valor de la ordenada, veremos que, por ejemplo, a las 8 y 20 se halla a 53.3 km del punto de partida; a las 9 y 15 a 90 km. Al punto *P* situado a 140 km llega a las 10 y 30 a. m.

4) Un hombre sale de *O* hacia *M*, situado a 20 km de *O* a las 10 a. m. y va a 8 km por hora. Cada vez que anda una hora, se detiene 20 minutos para descansar. Hallar gráficamente a qué hora llegará a *M*.

Cada división de *OX* (Fig. 39), representa 10 minutos; cada división de *OY* representa 4 km.

Figura 39

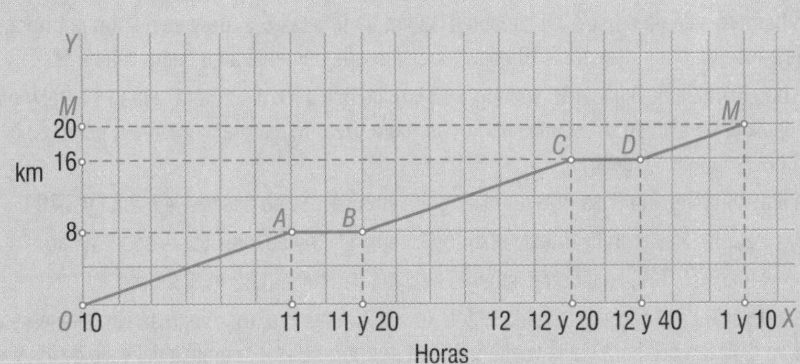

Como va a 8 km por hora y sale a las 10 a. m. a las 11 habrá andado ya 8 km; se halla en *A*.
El tiempo que descansa, de 11 a 11:20 se expresa con un segmento *AB* paralelo al eje de las horas, porque el tiempo sigue avanzando. A las 11 y 20 emprende de nuevo su marcha y en una hora, de 11:20 a 12:20, recorre otros 8 km, luego se hallará en *C* que corresponde a la ordenada 16 km. Descansa otros 20 minutos, de 12:20 a 12:40, (segmento *CD*) y a las 12:40 emprende otra vez la marcha. Ahora le faltan 4 km para llegar a *M*. De *D* a *M* la ordenada aumenta 4 km y al punto *M* corresponde en la abscisa la 1 y 10 p. m. **R.**

Ejercicio 171

Elija las unidades adecuadas.

1. Construir una gráfica que permita hallar el costo de cualquier número de metros de tela (hasta 10 m) si 3 m cuestan $40.
2. Si 5 m de tela cuestan $60, determinar gráficamente cuánto cuestan 8, 9 y 12 m y calcular cuántos metros se pueden comprar con $200.
3. Si 1 dólar = 25,000 sucres, construir una gráfica que permita cambiar sucres por dólares y viceversa hasta 20 dólares. Hallar gráficamente cuántos dólares son 62,500, 75,000 y 130,000 sucres, y cuántos sucres son 4.50 y 7 dólares.
4. Si 2,000,000 bolívares ganan 160,000 bolívares al año, construir una gráfica que permita hallar el interés anual de cualquier cantidad hasta 10,000,000 bolívares. Determinar gráficamente el interés de 4,500,000, 7,000,000 y 9,250,000 bolívares en un año.
5. Por 3 horas de trabajo un hombre recibe 18 nuevos soles. Halle gráficamente el salario de 4 horas, 5 horas y 7 horas.
6. Un tren va a 60 km por hora. Hallar gráficamente la distancia recorrida al cabo de 1 hora y 20 minutos, 2 horas y cuarto, 3 horas y media.
7. Hallar la gráfica del movimiento uniforme de un móvil a razón de 8 m por segundo hasta 10 segundos. Halle gráficamente la distancia recorrida en $5\frac{1}{4}$ s, en $7\frac{3}{4}$ s.
8. Un hombre sale de 0 hacia *M*, situado a 60 km de 0, a las 6 a. m. y va a 10 km por hora. Al cabo de 2 horas descansa 20 minutos y reanuda su marcha a la misma velocidad anterior. Hallar gráficamente a qué hora llega a *M*.
9. Un hombre sale de 0 hacia *M*, situado a 33 km de 0, a las 5 a. m. y va a 9 km por hora. Cada vez que anda una hora, descansa 10 minutos. Hallar gráficamente a qué hora llega a *M*.
10. Un hombre sale de 0 hacia *M*, situado a 63 km. de 0, a 10 km por hora, a las 11 a. m. y otro sale de *M* hacia 0, en el mismo instante, a 8 km por hora. Determinar gráficamente el punto de encuentro y la hora a que se encuentran.
11. Un litro de un líquido pesa 800 g. Hallar gráficamente cuánto pesan 1.4 l, 2.8 l y 3.75 l.
12. 1 kg = 2.2 lb. Hallar gráficamente cuántos kg son 11 lb y cuántas libras son 5.28 kg.
13. Si 6 yardas = 5.5 m, hallar gráficamente cuántas yardas son 22 m, 38.5 m.
14. Un auto sale de *A* hacia *B*, situado a 200 km de *A*, a las 8 a. m. y regresa sin detenerse en *B*. A la ida va a 40 km por hora y a la vuelta a 50 km por hora. Hallar la gráfica del viaje de ida y vuelta y la hora a que llega al punto de partida.

ESTADÍSTICA 278

Las cuestiones de Estadística son de extraordinaria importancia para la industria, el comercio, la educación, la salud pública, etc. La Estadística es una ciencia que se estudia hoy en muchas universidades.

Daremos una ligera idea acerca de estas cuestiones, aprovechando la oportunidad que nos ofrece la representación gráfica.

MÉTODOS DE REPRESENTACIÓN EN ESTADÍSTICA 279

El primer paso para hacer una estadística es conseguir todos los datos posibles acerca del asunto de que se trate.

Cuanto más datos se reúnan, más fiel será la estadística.

Una vez en posesión de estos datos y después de clasificarlos rigurosamente se procede a la representación de los mismos, lo cual puede hacerse por medio de **tabulares** y de **gráficos.**

TABULAR 280

Cuando los datos estadísticos se disponen en columnas que puedan ser leídas vertical y horizontalmente, tenemos un **tabular.**

En el **título** del tabular se debe indicar su objeto y el **tiempo** y **lugar** a que se refiere, todo con claridad. Los datos se disponen en columnas separadas unas de otras por rayas y encima de cada columna debe haber un **título** que explique lo que la columna representa. Las filas horizontales tienen también sus títulos.

Los **totales** de las columnas van al pie de las mismas y los totales de las filas horizontales en su extremo derecho, generalmente.

Los tabulares, según su índole, pueden ser de muy diversas formas y clases. A continuación ponemos un ejemplo de tabular.

VENTAS DE LA AGENCIA DE MOTORES "P. R." – CARACAS
ENERO-JUNIO
CAMIONES Y AUTOMÓVILES POR MESES

MESES	CAMIONES	AUTOMÓVILES			TOTAL AUTOMÓVILES Y CAMIONES
		CERRADOS	ABIERTOS	TOTAL	
ENERO	18	20	2	22	40
FEBRERO	24	30	5	35	59
MARZO	31	40	8	48	79
ABRIL	45	60	12	72	117
MAYO	25	32	7	39	64
JUNIO	15	20	3	23	38
TOTALES	158	202	37	239	397

281 GRÁFICOS

Por medio de gráficos se puede representar toda clase de datos estadísticos. Gráficamente, los datos estadísticos se pueden representar por medio de **barras, círculos, líneas rectas o curvas.**

282 BARRAS

Cuando se quieren expresar simples comparaciones de medidas se emplean las **barras,** que pueden ser horizontales o verticales. Estos gráficos suelen llevar su escala. Cuando ocurre alguna anomalía, se aclara con una nota al pie.

Ejemplo de gráfico con barras horizontales.

Figura 40

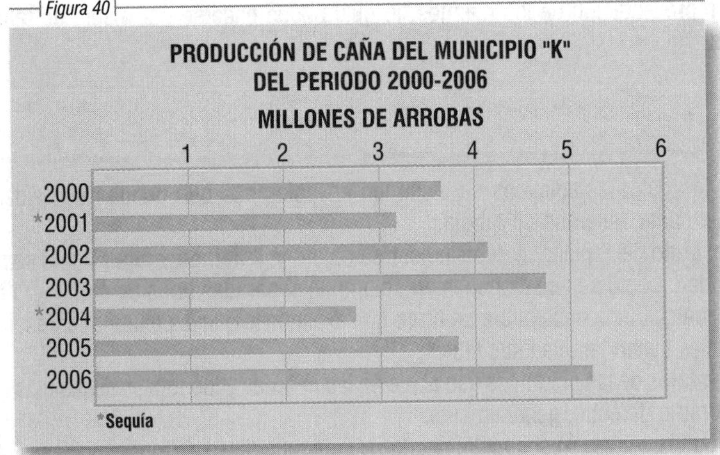

Ejemplo de gráfico con barras verticales.

Figura 41

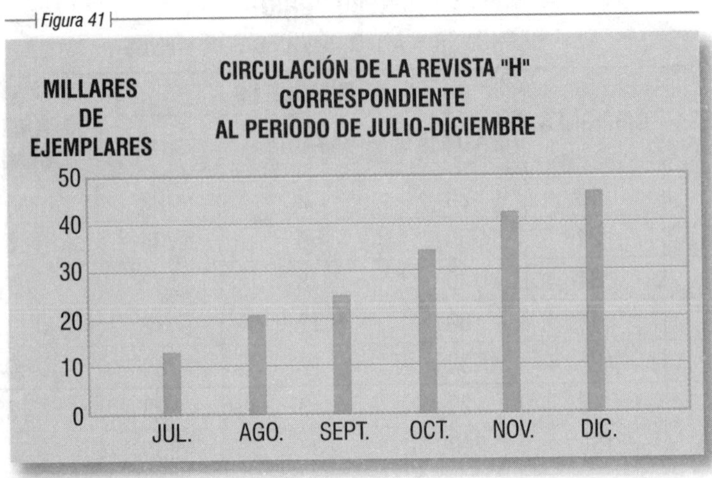

CÍRCULOS

283

Algunas veces en la comparación de medidas se emplean **círculos**, de modo que sus diámetros o sus áreas sean proporcionales a las cantidades que se comparan.

Figura 42-A Figura 42-B

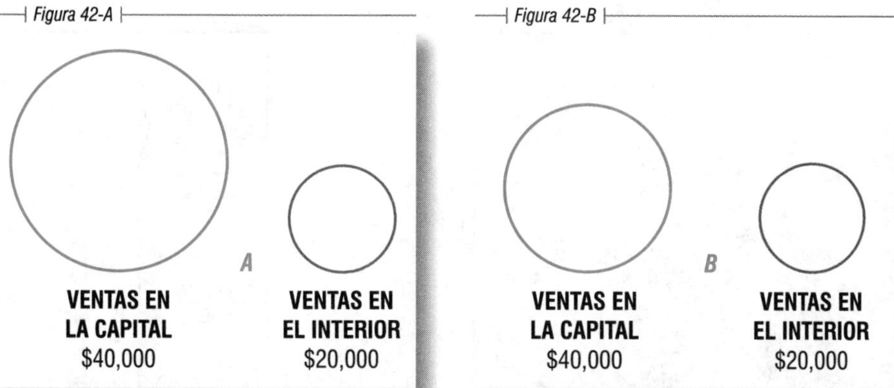

En la figura 42-*A* se representan las ventas de una casa de comercio durante un año, $40,000 en la capital y $20,000 en el interior, por medio de dos círculos, siendo el **diámetro** del que representa $40,000 doble del que representa $20,000. En la figura 42-B el **área** del círculo mayor es doble que la del menor.

Siempre es preferible usar el sistema de **áreas** proporcionales a las cantidades que se representan en vez del de diámetros.

Este sistema no es muy usado; es preferible el de las barras.

Los círculos se emplean también para comparar entre sí las **partes** que forman un todo, representando las partes por sectores circulares cuyas áreas sean proporcionales a las partes que se comparan.

Así, para indicar que de los $30,000 de venta de una casa de tejidos en 2006, el 20% se vendió al contado y el resto a plazos, se puede proceder así:

Figura 43

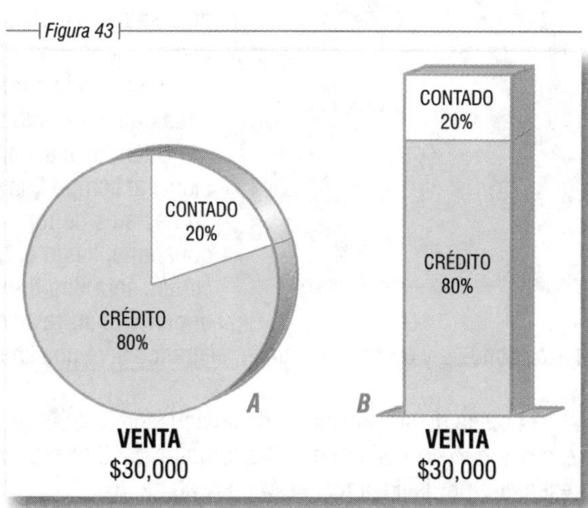

Es preferible el método de barras *B,* dada la dificultad de calcular claramente el área del sector circular.

Para expresar que de los $120,000 en mercancías que tiene en existencia un almacén, el 25% es azúcar, el 20% es café y el resto víveres, podemos proceder así:

Figura 44

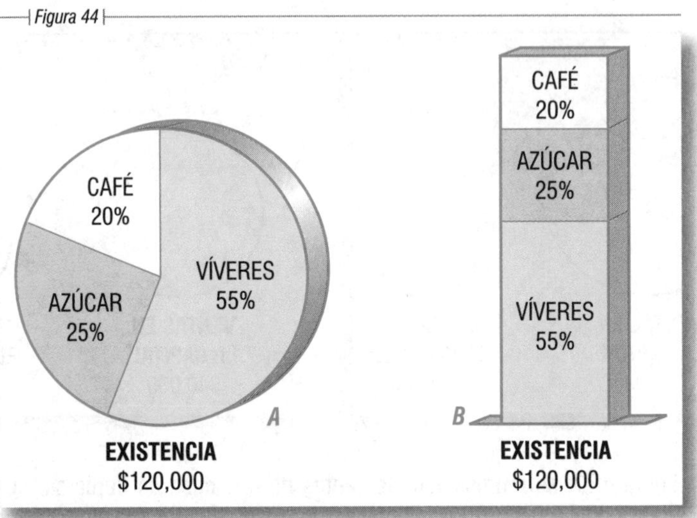

Los gráficos anteriores en que las partes de un todo se representan por sectores circulares son llamados en inglés "pie charts", (**gráficos de pastel**) porque los sectores tienen semejanza con los cortes que se dan a un pastel.

284 LÍNEAS RECTAS O CURVAS. GRÁFICOS POR EJES COORDENADOS

Figura 45

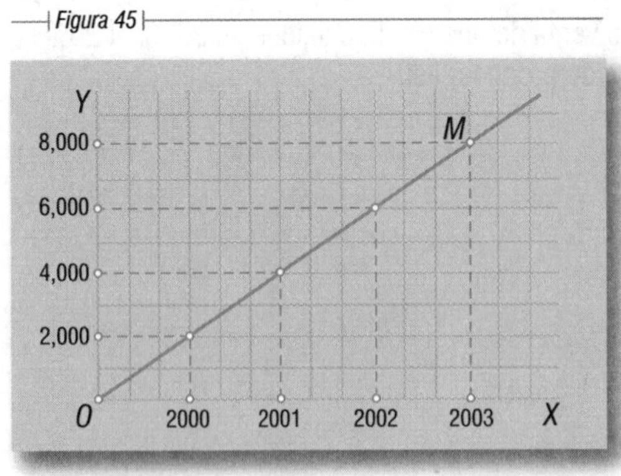

Cuando en Estadística se requiere expresar las **variaciones** de una cantidad en función del **tiempo** se emplea la representación gráfica por medio de ejes coordenados. Las abscisas representan los tiempos y las ordenadas de otra cantidad que se relaciona con el tiempo.

Cuando una cantidad y es proporcional al tiempo t, la ecuación que la liga con éste es de forma $y = at$, donde a es constante, luego el gráfico de sus variaciones será una **línea recta** a través del origen y si su relación con el tiempo es de la forma $y = at + b$, donde a y b son constantes, el gráfico será una línea recta que no pasa por el origen.

Así, la estadística gráfica de las ganancias de un almacén de 2000 a 2003, sabiendo que en 2000 ganó $2,000 y que en cada año posterior ganó $2,000 más que en el inmediato anterior, está representado por la línea recta *OM* en la figura 45.

Pero esto no es lo más corriente. Lo usual es que las variaciones de la cantidad que representan las ordenadas sean más o menos irregulares y entonces el gráfico es una **línea curva** o **quebrada.**

La figura 46 muestra las variaciones de la temperatura mínima en una ciudad del día 15 al 20 de diciembre. Se ve que el día 15 la mínima fue 17.5°; el día 16 de 10°, el día 17 de 15°, el 18 de 25°, el 19 de 22° y el 20 de 15°. La línea quebrada que se obtiene es la gráfica de las variaciones de la temperatura.

Figura 46

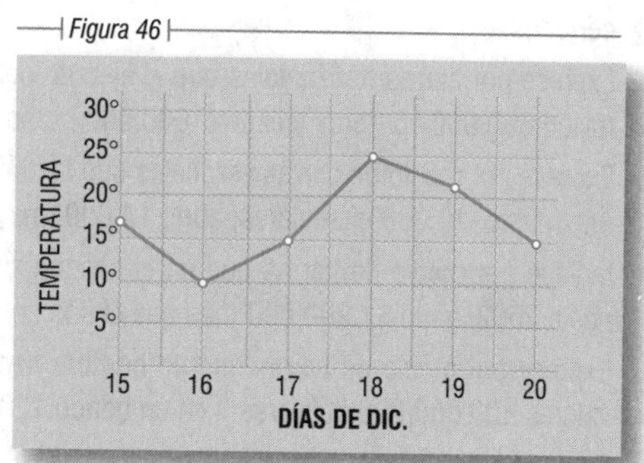

En la figura 47 se representa la producción de una fábrica de automóviles durante los 12 meses de los años 2000, 2001, 2002 y 2003.

El valor de la ordenada correspondiente a cada mes da la producción en ese mes.

El gráfico muestra los meses de mínima y máxima producción en cada año.

Figura 47

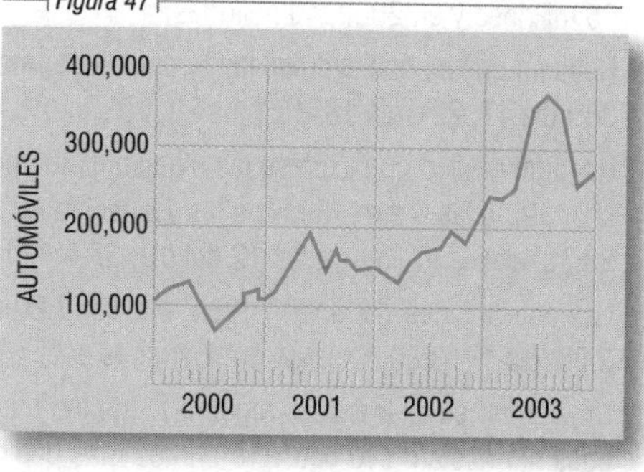

En la figura 48 se exhibe el aumento de la población de una ciudad, desde 1975 hasta 2000. Se ve que en 1975 la población era de 5,000 habitantes; el aumento de 1975 a 1980 es de 2,000 habitantes; de 1980 a 1985 de 6,000 habitantes; etc. La población en 1995 es de 30,000 habitantes y en 2000 de 47,000.

Figura 48

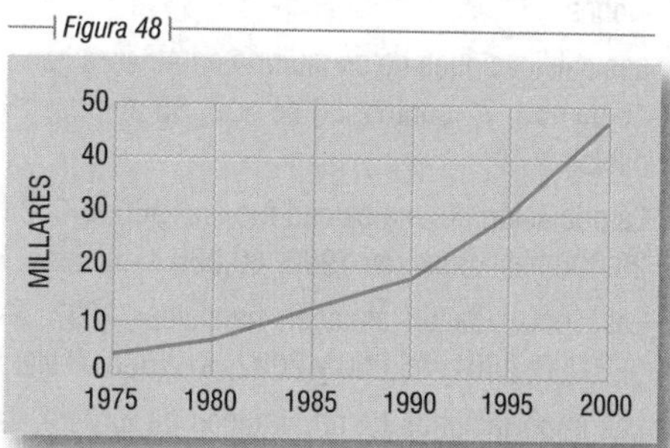

Ejercicio 172

1. Exprese por medio de barras horizontales o verticales que en 2002 los municipios de la Central *X* produjeron: el municipio *A*, 2 millones de arrobas; el municipio *B*, 3 millones y medio; el municipio *C*, un millón y cuarto; y el municipio *D*, $4\frac{1}{4}$ millones.
2. Exprese por barras que de los 200 alumnos de un colegio, hay 50 de 10 años, 40 de 11 años, 30 de 13 años, 60 de 14 años y 20 de 15 años.
3. Exprese por medio de sectores circulares y de barras que de los 80,000 sacos de mercancías que tiene un almacén, el 40% son de azúcar y el resto de arroz.

4. Exprese por medio de sectores circulares y de barras que de los 200,000 automóviles que produjo una fábrica en el año 2002, 100,000 fueron camiones, 40,000 automóviles abiertos y el resto cerrados.
5. Exprese por barras horizontales que el ejército del país *A* tiene 3 millones de hombres, el de *B* un millón 800,000 hombres y el de *C* 600,000 hombres.
6. Exprese por medio de barras verticales que la circulación de una revista de marzo a julio del 2002 fue: marzo, 10,000 ejemplares; abril, 14,000; mayo, 22,000; junio, 25,000 y julio, 30,000.
7. Indique por medio de barras que un almacén ganó en 1996 $3,000,000 y después de cada año hasta 2002, ganó $1,500,000 más que el año anterior.
8. Exprese por medio de barras que un hombre tiene invertido en casas 540,000,000 bolívares; en valores 400,000,000 bolívares y en un banco 120,000,000 bolívares.
9. Exprese por medio de barras que un país exportó mercancías por los siguientes valores; en 1997, 14 millones de pesos; en 1998, 17 millones; en 1999, 22 millones; en 2000, 30 millones; en 2001, 25 millones y en 2002, 40 millones.
10. Haga un gráfico que exprese las temperaturas máximas siguientes: día 14, 32°; día 15, 35°; día 16, 38°; día 17, 22°; día 18, 15°; día 29, 25°.
11. Haga un gráfico que exprese las siguientes temperaturas de un enfermo: Día 20: a las 12 de la noche, 39°; a las 6 a.m., 39.5°; a las 12 del día 40°; a las 6 p.m., 38.5°: Día 21: a las 12 de la noche, 38°; a las 6 a.m., 37°; a las 12 del día, 37.4°; a las 6 p.m., 36°.
12. Las cotizaciones del dólar fueron: día 10, 3.20 nuevos soles; día 11, 3.40; día 12, 4.00; día 13, 3.80; día 14, 3.60. Exprese gráficamente esta cotización.
13. Un alumno se examina en Álgebra todos los meses. En octubre obtuvo 55 puntos y en cada mes posterior hasta mayo obtuvo 5 puntos más que en el mes anterior. Hallar la gráfica de sus calificaciones.
14. Las calificaciones de un alumno en Álgebra han sido: 15 de oct., 90 puntos; 30 de oct., 60 puntos; 15 de nov., 72 puntos; 30 de nov., 85 puntos; 15 de dic., 95 puntos. Hallar la gráfica de sus calificaciones.
15. La población de una ciudad fue en 1960, 5,000 habitantes; en 1970, 10,000 habitantes; en 1980, 20,000 habitantes; en 1990, 40,000 habitantes. Hallar la gráfica del aumento de población.
16. Las ventas de un almacén han sido: 1997, $40,000; 1998, $60,000; 1999, $35,000; 2000, $20,000; 2001, $5,000 y 2002, $12,500. Hallar la gráfica de las ventas.
17. Las importaciones de un almacén de febrero a noviembre de 2002 fueron: febrero, $5,600,000; marzo, $8,000,000; abril, $9,000,000; mayo, $10,000,000; junio, $8,200,000; julio, $7,400,000; agosto, $6,000,000; septiembre, $9,400,000; octubre, $7,500,000 y noviembre, $6,300,000. Hacer la gráfica.
18. Las cantidades empleadas por una compañía en salarios de sus obreros de julio a diciembre de 2002 fueron: julio, $25,000,000; agosto, $30,000,000; septiembre, $40,000,000; octubre, $20,000,000; noviembre, $12,000,000; diciembre, $23,000,000. Realizar la gráfica de los salarios.
19. Recomendamos a todo alumno como ejercicio muy interesante que lleve una estadística gráfica de sus calificaciones de todo el curso en esta asignatura.

Gottfried Wilhelm Leibniz (1646-1716). Filósofo y matemático alemán. La mente más universal de su época. Dominó toda la Filosofía y toda la ciencia de su tiempo. Descubrió simultáneamente con Newton el Cálculo Diferencial. Desarrolló notablemente el análisis combinatorio. Mantuvo durante toda su vida la idea de una Matemática simbólica universal, que Grassman comenzó a lograr al desarrollar el Álgebra de Hamilton. Murió cuando escribía la historia de la familia Brunswick en la biblioteca de Hanover.

Capítulo XXIII

ECUACIONES INDETERMINADAS

ECUACIONES DE PRIMER GRADO CON DOS VARIABLES 285

Consideremos la ecuación $2x + 3y = 12$, que tiene dos variables o incógnitas. Despejando y, tendremos:

$$3y = 12 - 2x \quad \therefore \quad y = \frac{12-2x}{3}$$

Para cada valor que demos a x obtenemos un valor para y. Así, para

$x = 0$, $y = 4$ $\qquad$ $x = 2$, $y = 2\frac{2}{3}$

$x = 1$, $y = 3\frac{1}{3}$ $\qquad$ $x = 3$, $y = 2$, etcétera

Todos estos **pares** de valores, sustituidos en la ecuación dada, la convierten en identidad, o sea que **satisfacen** la ecuación. Dando valores a x podemos obtener infinitos pares de valores que satisfacen la ecuación. Ésta es una ecuación **indeterminada**. Entonces, **toda ecuación de primer grado con dos variables es una ecuación indeterminada.**

RESOLUCIÓN DE UNA ECUACIÓN DE PRIMER GRADO CON DOS INCÓGNITAS. SOLUCIONES ENTERAS Y POSITIVAS 286

Hemos visto que toda ecuación de primer grado con dos incógnitas es indeterminada, tiene infinitas soluciones; pero si fijamos la **condición** de que las soluciones sean **enteras** y **positivas,** el número de soluciones puede ser **limitado** en algunos casos.

Ejemplos

1) Resolver $x + y = 4$, para valores enteros y positivos.

Despejando y, tenemos: $y = 4 - x$.

El valor de y depende del valor de x; x tiene que ser entera y positiva según la condición fijada, y para que y sea entera y positiva, el mayor valor que podemos dar a x es 3, porque si $x = 4$, entonces $y = 4 - x = 4 - 4 = 0$, y si x es 5 ya se tendría $y = 4 - 5 = -1$, negativa.
Por tanto, las soluciones enteras y positivas de la ecuación, son:

$$x = 1 \qquad y = 3$$
$$x = 2 \qquad y = 2$$
$$x = 3 \qquad y = 1 \quad \textbf{R.}$$

2) Resolver $5x + 7y = 128$ para valores enteros y positivos.

Despejando x que tiene el menor coeficiente, tendremos:

$$5x = 128 - 7y \quad \therefore \quad x = \frac{128 - 7y}{5}$$

Ahora descomponemos 128 y $-7y$ en dos sumandos uno de los cuales sea el *mayor* múltiplo de 5 que contiene cada uno, y tendremos:

$$x = \frac{125 + 3 - 5y - 2y}{5} = \frac{125}{5} - \frac{5y}{5} + \frac{3 - 2y}{5} = 25 - y + \frac{3 - 2y}{5}$$

luego queda: $x = 25 - y + \frac{3 - 2y}{5}$ y de aquí $x - 25 + y = \frac{3 - 2y}{5}$.

Siendo x y y enteros, (condición fijada) el primer miembro de esta igualdad tiene que ser entero, luego el segundo miembro será entero y tendremos:

$$\frac{3 - 2y}{5} = \text{entero}$$

Ahora multiplicamos el numerador por *un número tal que al dividir el coeficiente de y entre 5 nos dé el residuo 1*, en este caso por 3, y tendremos:

$$\frac{9 - 6y}{5} = \text{entero}$$

o sea $\frac{9 - 6y}{5} = \frac{5 + 4 - 5y - y}{5} = \frac{5}{5} - \frac{5y}{5} + \frac{4 - y}{5} = 1 - y + \frac{4 - y}{5} = \text{entero}$

luego nos queda $1 - y + \frac{4 - y}{5} = \text{entero}$.

Para que $1 - y + \frac{4 - y}{5}$ sea entero es necesario que $\frac{4 - y}{5} = \text{entero}$. Llamemos m a este entero: $\frac{4 - y}{5} = m$.

Despejando y: $4 - y = 5m$

$$-y = 5m - 4$$

$$y = 4 - 5m \qquad (\mathbf{1})$$

Sustituyendo este valor de y en la ecuación dada $5x + 7y = 128$, tenemos:

$$5x + 7(4 - 5m) = 128$$

$$5x + 28 - 35m = 128$$

$$5x = 100 + 35m$$

$$x = \frac{100 + 35m}{5}$$

$$x = 20 + 7m \qquad (\mathbf{2})$$

Reuniendo los resultados (**1**) y (**2**), tenemos:

$$\begin{cases} x = 20 + 7m \\ y = \ \ 4 - 5m \quad \text{donde } m \text{ es entero} \end{cases}$$

Ahora, dando valores a m obtendremos valores para x y y. Si algún valor es *negativo*, se desecha la solución.

Así: Para $m = 0$ $x = 20,$ $y = 4$

$m = 1$ $x = 27,$ $y = -1$ se desecha

No se prueban más valores *positivos* de m porque darían la y negativa.

Para $m = -1$ $x = 13,$ $y = 9$

$m = -2$ $x = 6,$ $y = 14$

$m = -3$ $x = -1$, se desecha.

No se prueban más valores negativos de m porque darían la x negativa. Por tanto, las soluciones *enteras* y *positivas* de la ecuación, son:

$x = 20$ $y = 4$

$x = 13$ $y = 9$

$x = 6$ $y = 14$ **R.**

Los resultados (**1**) y (**2**) son la *solución general* de la ecuación.

3) Resolver $7x - 12y = 17$ para valores enteros y positivos.

Despejando x: $7x = 17 + 12y \quad \therefore \quad x = \frac{17 + 12y}{7}$

o sea $x = \frac{14 + 3 + 7y + 5y}{7} = \frac{14}{7} + \frac{7y}{7} + \frac{3 + 5y}{7} = 2 + y + \frac{3 + 5y}{7}$

luego queda $x = 2 + y + \frac{3 + 5y}{7}$

o sea $x - 2 - y = \frac{3 + 5y}{7}$

Siendo x y y enteros, $x - 2 - y$ es entero, luego

$$\frac{3 + 5y}{7} = \text{entero}$$

Multiplicando el numerador por 3 (porque $3 \times 5 = 15$ y 15 dividido entre 7 da *residuo* 1) tendremos: $\frac{9+15y}{7} = \text{entero}$

o sea $\frac{9+15y}{7} = \frac{7+2+14y+y}{7} = \frac{7}{7} + \frac{14y}{7} + \frac{y+2}{7} = 1 + 2y + \frac{y+2}{7} = \text{entero}$

luego queda: $1 + 2y + \frac{y+2}{7} = \text{entero}$.

Para que esta expresión sea un número entero, es necesario que $\frac{y+2}{7} = \text{entero}$.

Llamemos m a este entero: $\frac{y+2}{7} = m$.

Despejando y:

$$y + 2 = 7m$$
$$y = 7m - 2 \quad \textbf{(1)}$$

Sustituyendo este valor de y en la ecuación dada $7x - 12y = 17$, se tiene:

$$7x - 12(7m - 2) = 17$$
$$7x - 84m + 24 = 17$$
$$7x = 84m - 7$$
$$x = \frac{84m - 7}{7}$$
$$x = 12m - 1 \quad \textbf{(2)}$$

La *solución general* es $\begin{cases} x = 12m - 1 \\ y = 7m - 2 \end{cases}$ donde m es entero.

Si m es cero o negativo, x y y serían negativas; se desechan esas soluciones. Para *cualquier valor positivo* de m, x y y son positivas, y tendremos:

Para			
	$m = 1$	$x = 11$	$y = 5$
	$m = 2$	$x = 23$	$y = 12$
	$m = 3$	$x = 35$	$y = 19$
	$m = 4$	$x = 47$	$y = 26$

y así sucesivamente, luego el número de soluciones enteras y positivas es *ilimitado*.

OBSERVACIÓN

Si en la ecuación dada el término que contiene la x está conectado con el término que contiene la y por medio del signo + el número de soluciones enteras y positivas es *limitado* y si está conectado por el signo – es *ilimitado*.

Ejercicio 173

Hallar todas las soluciones enteras y positivas de:

1. $x + y = 5$
2. $2x + 3y = 37$
3. $3x + 5y = 43$
4. $x + 3y = 9$
5. $7x + 8y = 115$
6. $15x + 7y = 136$
7. $x + 5y = 24$
8. $9x + 11y = 203$
9. $5x + 2y = 73$
10. $8x + 13y = 162$
11. $7x + 5y = 104$
12. $10x + y = 32$
13. $9x + 4y = 86$
14. $9x + 11y = 207$
15. $11x + 12y = 354$
16. $10x + 13y = 294$
17. $11x + 8y = 300$
18. $21x + 25y = 705$

Hallar la solución general y los tres menores pares de los valores enteros y positivos de x y y que satisfacen las ecuaciones siguientes:

19. $3x - 4y = 5$
20. $5x - 8y = 1$
21. $7x - 13y = 43$
22. $11x - 12y = 0$
23. $14x - 17y = 32$
24. $7x - 11y = 83$
25. $8x - 13y = 407$
26. $20y - 23x = 411$
27. $5y - 7x = 312$

PROBLEMAS SOBRE ECUACIONES INDETERMINADAS

Un comerciante emplea 64 quetzales en comprar lapiceros a 3 quetzales cada uno y plumas fuente a 5 quetzales cada una. ¿Cuántos lapiceros y cuántas plumas fuente puede comprar? 287

Sea $x =$ número de lapiceros
$y =$ número de plumas fuente

Como cada lapicero cuesta 3 quetzales, los x lapiceros costarán $3x$ quetzales y como cada pluma cuesta 5 quetzales, las y plumas costarán $5y$ quetzales. Por todo se paga 64 quetzales; luego, tenemos la ecuación: $3x + 5y = 64$

Resolviendo esta ecuación para valores enteros y positivos, se obtienen las soluciones siguientes:

$$x = 18, \quad y = 2 \qquad x = 8, \quad y = 8$$
$$x = 13, \quad y = 5 \qquad x = 3, \quad y = 11$$

luego, por 64 quetzales puede comprar 18 lapiceros y 2 plumas o 13 lapiceros y 5 plumas u 8 lapiceros y 8 plumas o 3 lapiceros y 11 plumas. **R.**

Ejercicio 174

1. Hallar todas las combinaciones posibles de billetes de \$2 y \$5 con las que se puede tener \$42.
2. Determinar todas las combinaciones posibles de monedas de \$5 y \$10 con las que se pueden pagar \$45.
3. Hallar todos los pares de números enteros y positivos tales que si uno se multiplica por 5 y el otro por 3, la suma de sus productos vale 62.
4. Un hombre pagó 340,000 bolívares por sombreros de 8,000 bolívares cada uno y pares de zapatos a 15,000 bolívares. ¿Cuántos sombreros y pares de zapatos compró?
5. Un hombre pagó \$420 por tela de lana a \$15 y de seda a \$25 el metro. ¿Cuántos metros completos de lana y de seda compró?
6. En una excursión cada niño pagaba \$45 y cada adulto \$100. Si el gasto total fue de \$1,700, ¿cuántos adultos y niños fueron?
7. Un ganadero compró caballos y vacas por 410,000,000 sucres. Cada caballo le costó 4,600,000 sucres y cada vaca 4,400,000 sucres. ¿Cuántos caballos y vacas compró?
8. El triple de un número aumentado en 3 equivale al quíntuple de otro aumentado en 5. Hallar los números enteros menores positivos que cumplen esta condición.
9. Determinar todas las combinaciones posibles de monedas de 25¢ y de 10¢ con las que se pueden pagar \$2.10.

288 REPRESENTACIÓN GRÁFICA DE UNA ECUACIÓN LINEAL

Las ecuaciones de primer grado con dos variables se llaman **ecuaciones lineales** porque representan **líneas rectas.** En efecto:

Si en la ecuación $2x - 3y = 0$, despejamos y, tenemos:

$$-3y = -2x, \text{ o sea, } 3y = 2x \;\therefore\; y = \frac{2}{3}x$$

y aquí vemos que y es función de primer grado de x sin término independiente, y sabemos (**274**) que toda función de primer grado sin término independiente representa una línea recta que pasa por el origen.

Si en la ecuación $4x - 5y = 10$ despejamos y, tenemos:

$$-5y = 10 - 4x \quad \text{o sea} \quad 5y = 4x - 10 \;\therefore\; y = \frac{4x-10}{5} \quad \text{o sea} \quad y = \frac{4}{5}x - 2$$

y aquí vemos que y es función de primer grado de x con término independiente, y sabemos que toda función de primer grado con término independiente representa una línea recta que no pasa por el origen (**274**). Por tanto:

1) **Toda ecuación de primer grado con dos variables representa una línea recta.**
2) **Si la ecuación carece de término independiente, la línea recta que ella representa pasa por el origen.**
3) **Si la ecuación tiene término independiente, la línea recta que ella representa no pasa por el origen.**

Ejemplos

1) Representar gráficamente la ecuación $5x - 3y = 0$.

Como la ecuación carece de término independiente el origen es un punto de la recta (Fig. 49). Basta hallar otro punto cualquiera y unirlo con el origen.

Despejando y:

$$-3y = -5x \text{ o sea } 3y = 5x \;\therefore\; y = \frac{5}{3}x$$

Figura 49

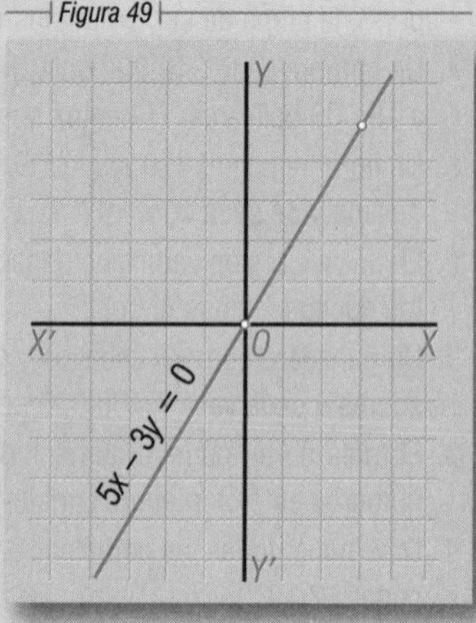

Hallemos el valor de y para un valor cualquiera de x, por ejemplo:

Para $x = 3$, $y = 5$.

El punto (3, 5) es un punto de la recta, que unido con el origen determina la recta $5x - 3y = 0$.

Figura 50

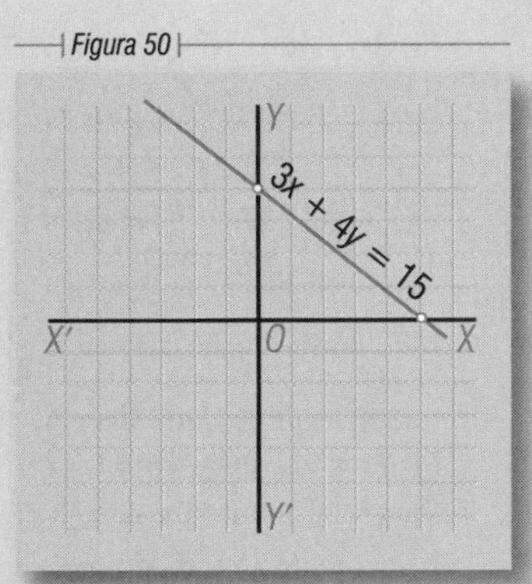

2) Gráfico de $3x + 4y = 15$.

Como la ecuación tiene término independiente la línea recta que ella representa no pasa por el origen. En este caso, lo más cómodo es hallar las intersecciones con los ejes. La intersección con el eje de las x se obtiene haciendo $y = 0$ y la intersección con el eje de las y se obtiene haciendo $x = 0$.

Tenemos:

Para $\quad y = 0, \qquad x = 5$

$\qquad\quad x = 0, \qquad y = 3\frac{3}{4}$

Marcando los puntos (5, 0) y $\left(0, 3\frac{3}{4}\right)$, (Fig. 50), y uniéndolos entre sí queda representada la recta que representa la ecuación $3x + 4y = 15$.

Figura 51

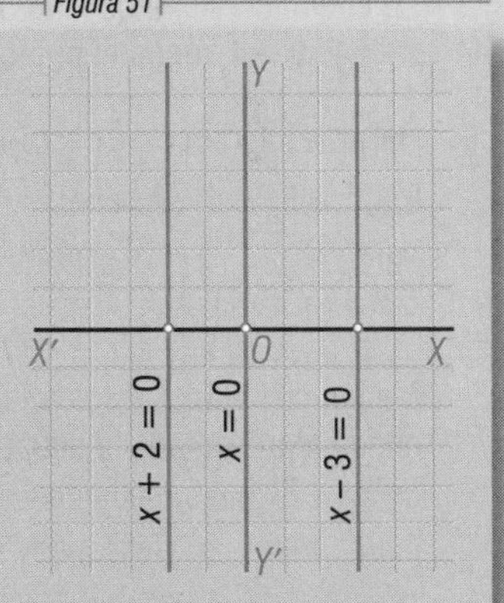

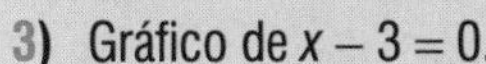

3) Gráfico de $x - 3 = 0$.

Despejando x, se tiene $x = 3$.

Esta ecuación equivale a $0y + x = 3$.

Para cualquier valor de y, el término $0y = 0$.

Para $y = 0$, $x = 3$; para $y = 1$, $x = 3$; para $y = 2$, $x = 3$, etc., luego la ecuación $x = 3$ es el lugar geométrico de todos los puntos cuya abscisa es 3, o sea que $x - 3 = 0$ o $x = 3$ representa una línea recta *paralela al eje de las y* que pasa por el punto (3, 0). (Fig. 51).

Del mismo modo, $x + 2 = 0$ o $x = -2$ representa una línea recta paralela al eje de las y que pasa por el punto (–2, 0). (Fig. 51)

La ecuación $x = 0$ representa el eje de las ordenadas.

Figura 52

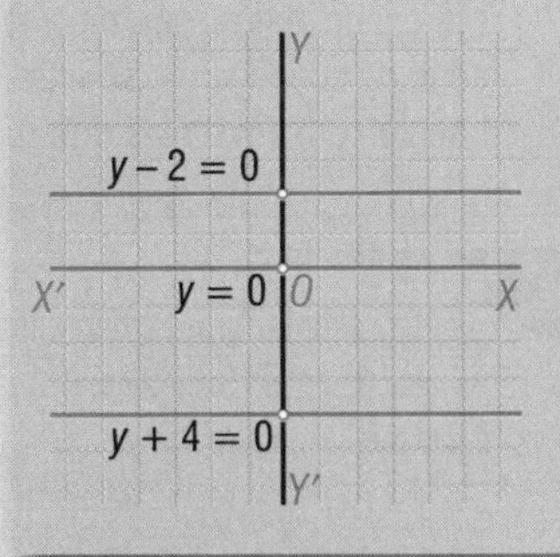

4) Gráfico de $y - 2 = 0$.

Despejando y se tiene $y = 2$.

Esta ecuación equivale a $0x + y = 2$, o sea, que para cualquier valor de x, $y = 2$; luego, $y - 2 = 0$ o $y = 2$ es el lugar geométrico de todos los puntos cuya ordenada es 2; luego, $y = 2$ representa una línea recta *paralela al eje de las x* que pasa por el punto (0, 2). (Fig. 52)

Del mismo modo, $y + 4 = 0$ o $y = -4$ representa una línea recta paralela al eje de las X que pasa por el punto (0, –4). (Fig. 52)

La ecuación $y = 0$ representa el eje de las abscisas.

5) Hallar la intersección de $3x + 4y = 10$ con $2x + y = 0$.

Representemos ambas líneas (Fig. 53).

En $3x + 4y = 10$, se tiene:

Para $x = 0$, $y = 2\frac{1}{2}$

$y = 0$, $x = 3\frac{1}{3}$

Figura 53

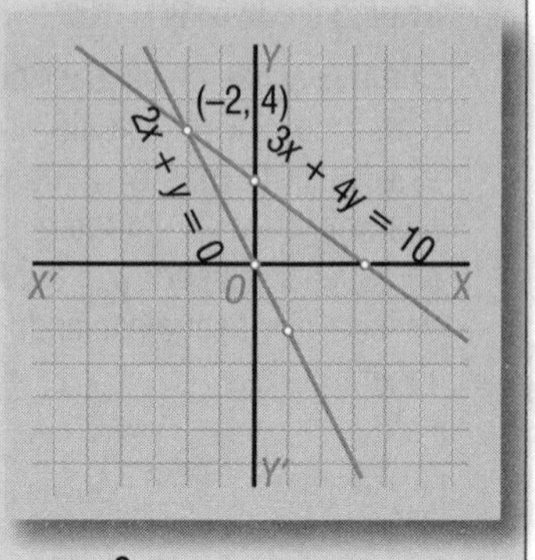

Marcando los puntos $\left(0, 2\frac{1}{2}\right)$ y $\left(3\frac{1}{3}, 0\right)$ y uniéndolos queda representada $3x + 4y = 10$.

En $2x + y = 0$ se tiene:

Para $x = 1$, $y = -2$

Uniendo el punto $(1, -2)$ con el origen (la ecuación carece de término independiente) queda representada $2x + y = 0$.

En el gráfico se ve que las coordenadas del punto de intersección de las dos rectas son $x = -2$, $y = 4$, luego el punto de intersección es $(-2, 4)$.

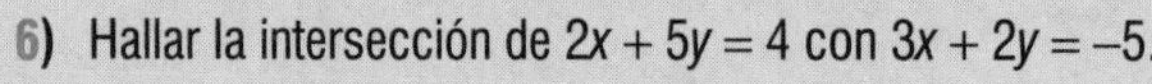

6) Hallar la intersección de $2x + 5y = 4$ con $3x + 2y = -5$.

En $2x + 5y = 4$, se tiene:

Para $x = 0$, $y = \frac{4}{5}$

$y = 0$, $x = 2$

Figura 54

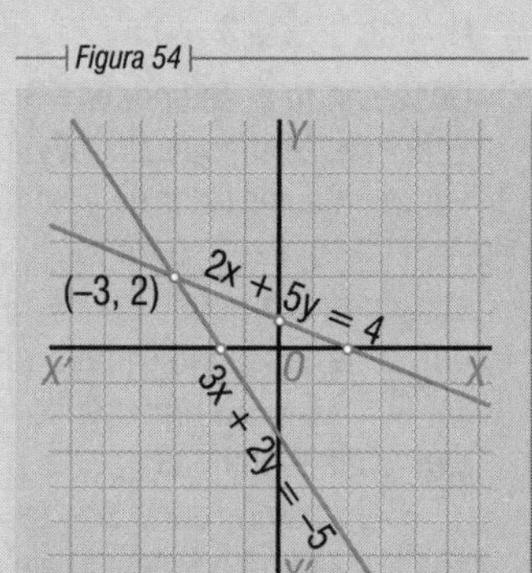

Marcando estos puntos (Fig. 54) y uniéndolos queda representada la ecuación $2x + 5y = 4$.

En $3x + 2y = -5$, se tiene:

Para $x = 0$, $y = -2\frac{1}{2}$

$y = 0$, $x = -1\frac{2}{3}$

Marcando estos puntos y uniéndolos queda representada la ecuación $3x + 2y = -5$.

La intersección de las dos rectas en el punto $(-3, 2)$. **R.**

175 Ejercicio

Representar gráficamente las ecuaciones:

1. $x - y = 0$
2. $x + y = 5$
3. $x - 1 = 0$
4. $y + 5 = 0$
5. $5x + 2y = 0$
6. $8x = 3y$
7. $x - y = -4$
8. $x + 6 = 0$
9. $y - 7 = 0$
10. $2x + 3y = -20$
11. $5x - 4y = 8$
12. $2x + 5y = 30$
13. $4x + 5y = -20$
14. $7x - 12y = 84$
15. $2y - 3x = 9$
16. $10x - 3y = 0$
17. $9x + 2y = -12$
18. $7x - 2y - 14 = 0$
19. $3x - 4y - 6 = 0$
20. $8y - 15x = 40$

Hallar la intersección de:

21. $x + 1 = 0$ con $y - 4 = 0$
22. $3x = 2y$ con $x + y = 5$
23. $x - y = 2$ con $3x + y = 18$
24. $2x - y = 0$ con $5x + 4y = -26$
25. $5x + 6y = -9$ con $4x - 3y = 24$
26. $x + 5 = 0$ con $6x - 7y = -9$
27. $3x + 8y = 28$ con $5x - 2y = -30$
28. $y - 4 = 0$ con $7x + 2y = 22$
29. $6x = -5y$ con $4x - 3y = -38$
30. $5x - 2y + 14 = 0$ con $8x - 5y + 17 = 0$

Brook Taylor (1685-1731). Matemático y hombre de ciencia inglés. Cultivó la Física, la Música y la Pintura. Pertenecía a un círculo de discípulos de Newton, y se dio a conocer en 1708 al presentar en la *Royal Society* un trabajo acerca de los centros de oscilación. Su obra fundamental, *Método de los incrementos directos e inversos*, contiene los principios básicos del cálculo de las diferencias finitas. En el Álgebra elemental conocemos el teorema de Taylor, cuya consecuencia es el teorema de Maclaurin.

Capítulo XXIV

ECUACIONES SIMULTÁNEAS DE PRIMER GRADO CON DOS INCÓGNITAS

ECUACIONES SIMULTÁNEAS 289

Dos o más ecuaciones con dos o más incógnitas son **simultáneas** cuando se satisfacen para **iguales valores** de las incógnitas.

Así, las ecuaciones

$$\begin{aligned} x + y &= 5 \\ x - y &= 1 \end{aligned}$$

son simultáneas porque $x = 3$, $y = 2$ satisfacen **ambas** ecuaciones.

ECUACIONES EQUIVALENTES son las que se obtienen una de la otra. 290

Así,

$$\begin{aligned} x + y &= 4 \\ 2x + 2y &= 8 \end{aligned}$$

son equivalentes porque dividiendo entre 2 la segunda ecuación se obtiene la primera.

Las ecuaciones equivalentes tienen **infinitas** soluciones comunes.

Ecuaciones **independientes** son las que no se obtienen una de la otra.

Cuando las ecuaciones independientes tienen **una sola** solución común son **simultáneas.**

Así, las ecuaciones $x + y = 5$ y $x - y = 1$ son independientes porque no se obtienen una de la otra y simultáneas porque el único par de valores que satisface ambas ecuaciones es $x = 3$, $y = 2$.

Ecuaciones **incompatibles** son ecuaciones independientes que no tienen solución común.

Así, las ecuaciones:

$$\begin{aligned} x + 2y &= 10 \\ 2x + 4y &= 5 \end{aligned}$$

son incompatibles porque no hay ningún par de valores de x y y que verifique **ambas** ecuaciones.

291 **SISTEMA DE ECUACIONES** es la reunión de dos o más ecuaciones con dos o más incógnitas.

Así,

$$\begin{aligned} 2x + 3y &= 13 \\ 4x - \ \ y &= 5 \end{aligned}$$

es un sistema de dos ecuaciones de primer grado con dos incógnitas.

Solución de un sistema de ecuaciones es un grupo de valores de las incógnitas que satisface todas las ecuaciones del sistema. La solución del sistema anterior es $x = 2$, $y = 3$.

Un sistema de ecuaciones es **posible** o **compatible** cuando tiene solución y es **imposible** o **incompatible** cuando no tiene solución.

Un sistema compatible es **determinado** cuando tiene una sola solución e **indeterminado** cuando tiene infinitas soluciones.

SISTEMAS DE DOS ECUACIONES SIMULTÁNEAS DE PRIMER GRADO CON DOS INCÓGNITAS

292 RESOLUCIÓN

Para resolver un sistema de esta clase es necesario obtener de las dos ecuaciones dadas una sola ecuación con **una** incógnita. Esta operación se llama **eliminación.**

293 MÉTODOS DE ELIMINACIÓN MÁS USUALES

Son tres: método de **igualación**, de **comparación** y de **reducción**, también llamado este último de **suma** o **resta.**

I. ELIMINACIÓN POR IGUALACIÓN

294

Resolver el sistema $\begin{cases} 7x + 4y = 13 & (1) \\ 5x - 2y = 19 & (2) \end{cases}$

Despejemos una cualquiera de las incógnitas; por ejemplo x, en ambas ecuaciones.

Despejando x en (**1**): $7x = 13 - 4y \therefore x = \frac{13-4y}{7}$

Despejando x en (**2**): $5x = 19 + 2y \therefore x = \frac{19+2y}{5}$

Ahora se **igualan** entre sí los dos valores de x que hemos obtenido:

$$\frac{13-4y}{7} = \frac{19+2y}{5}$$

y ya tenemos **una** sola ecuación con **una** incógnita; hemos **eliminado** la x. Resolviendo esta ecuación:

$$\begin{aligned} 5(13-4y) &= 7(19+2y) \\ 65 - 20y &= 133 + 14y \\ -20y - 14y &= 133 - 65 \\ -34y &= 68 \\ y &= -2 \end{aligned}$$

Sustituyendo este valor de y en cualquiera de las ecuaciones dadas, por ejemplo en (**1**) (generalmente se sustituye en la más sencilla), se tiene:

$$\begin{aligned} 7x + 4(-2) &= 13 \\ 7x - 8 &= 13 \\ 7x &= 21 \\ x &= 3 \end{aligned}$$

R. $\begin{cases} x = 3 \\ y = -2 \end{cases}$

VERIFICACIÓN

Sustituyendo $x = 3$, $y = -2$ en las dos ecuaciones dadas, **ambas** se convierten en identidad.

Ejercicio 176

Resolver por el método de igualación:

1. $\begin{cases} x + 6y = 27 \\ 7x - 3y = 9 \end{cases}$
2. $\begin{cases} 3x - 2y = -2 \\ 5x + 8y = -60 \end{cases}$
3. $\begin{cases} 3x + 5y = 7 \\ 2x - y = -4 \end{cases}$
4. $\begin{cases} 7x - 4y = 5 \\ 9x + 8y = 13 \end{cases}$
5. $\begin{cases} 9x + 16y = 7 \\ 4y - 3x = 0 \end{cases}$
6. $\begin{cases} 14x - 11y = -29 \\ 13y - 8x = 30 \end{cases}$
7. $\begin{cases} 15x - 11y = -87 \\ -12x - 5y = -27 \end{cases}$
8. $\begin{cases} 7x + 9y = 42 \\ 12x + 10y = -4 \end{cases}$
9. $\begin{cases} 6x - 18y = -85 \\ 24x - 5y = -5 \end{cases}$

II. ELIMINACIÓN POR SUSTITUCIÓN

295 Resolver el sistema
$$\begin{cases} 2x+5y=-24 & (1) \\ 8x-3y=19 & (2) \end{cases}$$

Despejemos una de las incógnitas, por ejemplo x, en una de las ecuaciones. Vamos a despejarla en la ecuación (**1**). Tendremos:

$$2x=-24-5y \quad \therefore \quad x=\frac{-24-5y}{2}$$

Este valor de x se sustituye en la ecuación (**2**):

$$8\left(\frac{-24-5y}{2}\right)-3y=19$$

y ya tenemos **una** ecuación con **una** incógnita; hemos **eliminado** la x.

Resolvamos esta ecuación. Simplificado 8 y 2, queda:

$$\begin{aligned} 4(-24-5y)-3y&=19 \\ -96-20y-3y&=19 \\ -20y-3y&=19+96 \\ -23y&=115 \\ y&=-5 \end{aligned}$$

Sustituyendo $y=-5$ en cualquiera de las ecuaciones dadas, por ejemplo en (**1**) se tiene:

$$\begin{aligned} 2x+5(-5)&=-24 \\ 2x-25&=-24 \\ 2x&=1 \\ x&=\frac{1}{2} \end{aligned} \qquad \textbf{R.} \begin{cases} x=\frac{1}{2} \\ y=-5 \end{cases}$$

VERIFICACIÓN

Haciendo $x=\frac{1}{2}$, $y=-5$ en las dos ecuaciones dadas, ambas se convierten en identidad.

Ejercicio 177

Resolver por sustitución:

1. $\begin{cases} x+3y=6 \\ 5x-2y=13 \end{cases}$
2. $\begin{cases} 5x+7y=-1 \\ -3x+4y=-24 \end{cases}$
3. $\begin{cases} 4y+3x=8 \\ 8x-9y=-77 \end{cases}$
4. $\begin{cases} x-5y=8 \\ -7x+8y=25 \end{cases}$
5. $\begin{cases} 15x+11y=32 \\ 7y-9x=8 \end{cases}$
6. $\begin{cases} 10x+18y=-11 \\ 16x-9y=-5 \end{cases}$
7. $\begin{cases} 4x+5y=5 \\ -10y-4x=-7 \end{cases}$
8. $\begin{cases} 32x-25y=13 \\ 16x+15y=1 \end{cases}$
9. $\begin{cases} -13y+11x=-163 \\ -8x+7y=94 \end{cases}$

III. MÉTODO DE REDUCCIÓN

Resolver el sistema $\begin{cases} 5x+6y=20 & (\mathbf{1}) \\ 4x-3y=-23 & (\mathbf{2}) \end{cases}$ 296

En este método se hacen iguales los coeficientes de una de las incógnitas.

Vamos a igualar los coeficientes de y en ambas ecuaciones, porque es lo más sencillo.

El m. c. m. de los coeficientes de y, 6 y 3, es 6. Multiplicamos la segunda ecuación por 2 porque $2\times3=6$, y tendremos:

$$\begin{aligned} 5x+6y&=20 \\ 8x-6y&=-46 \end{aligned}$$

Como los coeficientes de y que hemos igualado tienen **signos distintos,** se **suman** estas ecuaciones porque con ello se **elimina** la y:

$$\begin{aligned} 5x+6y&=20 \\ 8x-6y&=-46 \\ \hline 13x\quad\;&=-26 \end{aligned}$$

$$x=-\frac{26}{13}=-2$$

Sustituyendo $x=-2$ en cualquiera de las ecuaciones dadas, por ejemplo en (**1**), se tiene:

$$\begin{aligned} 5(-2)+6y&=20 \\ -10+6y&=20 \\ 6y&=30 \\ y&=5 \end{aligned}$$

R. $\begin{cases} x=-2 \\ y=5 \end{cases}$

Resolver el sistema $\begin{cases} 10x+9y=8 & (\mathbf{1}) \\ 8x-15y=-1 & (\mathbf{2}) \end{cases}$ 297

Vamos a igualar los coeficientes de x. El m. c. m. de 10 y 8 es 40; multiplico la primera ecuación por 4 porque $4\times10=40$ y la segunda por 5 porque $5\times8=40$, y tendremos:

$$\begin{aligned} 40x+36y&=32 \\ 40x-75y&=-5 \end{aligned}$$

Como los coeficientes que hemos igualado tienen **signos iguales,** se **restan** ambas ecuaciones y de ese modo se **elimina** la x. **Cambiando los signos** a una cualquiera de ellas, por ejemplo a la segunda, tenemos:

$$\begin{aligned} 40x+36y&=32 \\ -40x+75y&=5 \\ \hline 111y&=37 \end{aligned}$$

$$y=\frac{37}{111}=\frac{1}{3}$$

Sustituyendo $y=\frac{1}{3}$ en (**2**), tenemos:

$$\begin{aligned} 8x-15\left(\frac{1}{3}\right)&=-1 \\ 8x-5&=-1 \\ 8x&=4 \\ x&=\frac{4}{8}=\frac{1}{2} \end{aligned}$$

R. $\begin{cases} x=\frac{1}{2} \\ y=\frac{1}{3} \end{cases}$

El método expuesto, que es el más expedito, se llama también de **suma** o **resta** porque según se ha visto en los ejemplos anteriores, si los coeficientes que se igualan tienen signos **distintos** se **suman** las dos ecuaciones y si tienen signos **iguales,** se restan.

Es indiferente igualar los coeficientes de x o de y. Generalmente se igualan aquellos en que la operación es más sencilla.

Ejercicio 178

Resolver por suma o resta:

1. $\begin{cases} 6x-5y=-9 \\ 4x+3y=13 \end{cases}$
2. $\begin{cases} 7x-15y=1 \\ -x-6y=8 \end{cases}$
3. $\begin{cases} 3x-4y=41 \\ 11x+6y=47 \end{cases}$
4. $\begin{cases} 9x+11y=-14 \\ 6x-5y=-34 \end{cases}$
5. $\begin{cases} 10x-3y=36 \\ 2x+5y=-4 \end{cases}$
6. $\begin{cases} 11x-9y=2 \\ 13x-15y=-2 \end{cases}$
7. $\begin{cases} 18x+5y=-11 \\ 12x+11y=31 \end{cases}$
8. $\begin{cases} 9x+7y=-4 \\ 11x-13y=-48 \end{cases}$
9. $\begin{cases} 12x-14y=20 \\ 12y-14x=-19 \end{cases}$
10. $\begin{cases} 15x-y=40 \\ 19x+8y=236 \end{cases}$
11. $\begin{cases} 36x-11y=-14 \\ 24x-17y=10 \end{cases}$
12. $\begin{cases} 12x-17y=104 \\ 15x+19y=-31 \end{cases}$

298 RESOLUCIÓN DE SISTEMAS NUMÉRICOS DE DOS ECUACIONES ENTERAS CON DOS INCÓGNITAS

Conocidos los métodos de eliminación, resolveremos sistemas en que antes de eliminar hay que simplificar las ecuaciones.

1. Resolver el sistema $\begin{cases} 3x-(4y+6)=2y-(x+18) \\ 2x-3=x-y+4 \end{cases}$

Suprimiendo los signos de agrupación: $\begin{cases} 3x-4y-6=2y-x-18 \\ 2x-3=x-y+4 \end{cases}$

Transponiendo: $\begin{cases} 3x-4y-2y+x=-18+6 \\ 2x-x+y=4+3 \end{cases}$

Reduciendo término semejantes: $\begin{cases} 4x-6y=-12 \\ x+y=7 \end{cases}$

Dividiendo la 1ª ecuación entre 2: $\begin{cases} 2x-3y=-6 \\ x+y=7 \quad (\mathbf{1}) \end{cases}$

Vamos a igualar los coeficientes de y. Multiplicamos la segunda ecuación por 3 y sumamos:

$$\begin{aligned} 2x-3y&=-6 \\ 3x+3y&=21 \\ \hline 5x\quad&=15 \\ x&=3 \end{aligned}$$

Sustituyendo $x=3$ en (**1**), se tiene:

$$3+y=7$$
$$y=4$$

R. $\begin{cases} x=3 \\ y=4 \end{cases}$

2. Resolver el sistema $\begin{cases} 3(2x+y)-2(y-x)=-4(y+7) \\ 3(2y+3x)-20=-53 \end{cases}$

Efectuando las operaciones indicadas: $\begin{cases} 6x+3y-2y+2x=-4y-28 \\ 6y+9x-20=-53 \end{cases}$

Transponiendo: $\begin{cases} 6x+3y-2y+2x+4y=-28 \\ 9x+6y=-53+20 \end{cases}$

Reduciendo: $\begin{cases} 8x+5y=-28 \\ 9x+6y=-33 \end{cases}$

Dividiendo entre 3 la 2ª ecuación: $\begin{cases} 8x+5y=-28 \\ 3x+2y=-11 \quad \textbf{(1)} \end{cases}$

Multiplicando la 1ª ecuación por 3 y la 2ª por 8: $\begin{cases} 24x+15y=-84 \\ 24x+16y=-88 \end{cases}$

Cambiando signos a la 1ª ecuación: $\begin{cases} -24x-15y=84 \\ 24x+16y=-88 \end{cases}$

$$y=-4$$

Sustituyendo $y=-4$ en (**1**):

$$3x+2(-4)=-11$$
$$3x-8=-11$$
$$3x=-3$$
$$x=-1$$

R. $\begin{cases} x=-1 \\ y=-4 \end{cases}$

Ejercicio 179

Resolver los siguientes sistemas:

1. $\begin{cases} 8x-5=7y-9 \\ 6x=3y+6 \end{cases}$

2. $\begin{cases} x-1=y+1 \\ x-3=3y-7 \end{cases}$

3. $\begin{cases} 3(x+2)=2y \\ 2(y+5)=7x \end{cases}$

4. $\begin{cases} x-1=2(y+6) \\ x+6=3(1-2y) \end{cases}$

5. $\begin{cases} 30-(8-x)=2y+30 \\ 5x-29=x-(5-4y) \end{cases}$

6. $\begin{cases} 3x-(9x+y)=5y-(2x+9y) \\ 4x-(3y+7)=5y-47 \end{cases}$

7. $\begin{cases} (x-y)-(6x+8y)=-(10x+5y+3) \\ (x+y)-(9y-11x)=2y-2x \end{cases}$

8. $\begin{cases} 5(x+3y)-(7x+8y)=-6 \\ 7x-9y-2(x-18y)=0 \end{cases}$

9. $\begin{cases} 2(x+5)=4(y-4x) \\ 10(y-x)=11y-12x \end{cases}$

10. $\begin{cases} 3x-4y-2(2x-7)=0 \\ 5(x-1)-(2y-1)=0 \end{cases}$

11. $\begin{cases} 12(x+2y)-8(2x+y)=2(5x-6y) \\ 20(x-4y)=-10 \end{cases}$

12. $\begin{cases} x(y-2)-y(x-3)=-14 \\ y(x-6)-x(y+9)=54 \end{cases}$

299 RESOLUCIÓN DE SISTEMAS NUMÉRICOS DE DOS ECUACIONES FRACCIONARIAS CON DOS INCÓGNITAS

1. Resolver el sistema $\begin{cases} x-\dfrac{3x+4}{7}=\dfrac{y+2}{3} \\ 2y-\dfrac{5x+4}{11}=\dfrac{x+24}{2} \end{cases}$

Suprimiendo denominadores: $\begin{cases} 21x-3(3x+4)=7(y+2) \\ 44y-2(5x+4)=11(x+24) \end{cases}$

Efectuando operaciones: $\begin{cases} 21x-9x-12=7y+14 \\ 44y-10x-8=11x+264 \end{cases}$

Transponiendo: $\begin{cases} 21x-9x-7y=14+12 \\ -10x-11x+44y=264+8 \end{cases}$

Reduciendo: $\begin{cases} 12x-7y=26 \quad (\mathbf{1}) \\ -21x+44y=272 \end{cases}$

Multiplicando la 1ª ecuación por 7 y la 2ª por 4: $\begin{cases} 84x-\ \ 49y=\ \ 182 \\ -84x+176y=1{,}088 \end{cases}$

$$127y=1{,}270$$
$$y=10$$

Sustituyendo $y=10$ en (**1**):

$$12x-70=26$$
$$12x=96$$
$$x=8$$

R. $\begin{cases} x=8 \\ y=10 \end{cases}$

2. Resolver el sistema $\begin{cases} \dfrac{x+y}{x-y}=-\dfrac{2}{7} \\ \dfrac{8x+y-1}{x-y-2}=2 \end{cases}$

Suprimiendo denominadores: $\begin{cases} 7(x+y)=-2(x-y) \\ 8x+y-1=2(x-y-2) \end{cases}$

Efectuando operaciones: $\begin{cases} 7x+7y=-2x+2y \\ 8x+\ \ y-1=2x-2y-4 \end{cases}$

Transponiendo: $\begin{cases} 7x+7y+2x-2y=0 \\ 8x+\ \ y-2x+2y=-4+1 \end{cases}$

Reduciendo: $\begin{cases} 9x+5y=0 \quad (\mathbf{1}) \\ 6x+3y=-3 \end{cases}$

Dividiendo entre 3 la 2ª ecuación: $\begin{cases} 9x+5y=0 \\ 2x+\ \ y=-1 \end{cases}$

Multiplicando por –5 la 2ª ecuación: $\begin{cases} 9x + 5y = 0 \\ -10x - 5y = 5 \end{cases}$

$$\begin{aligned} -x \quad &= 5 \\ x &= -5 \end{aligned}$$

Sustituyendo $x = -5$ en (**1**):

$$\begin{aligned} 9(-5) + 5y &= 0 \\ -45 + 5y &= 0 \\ 5y &= 45 \\ y &= 9 \end{aligned}$$

R. $\begin{cases} x = -5 \\ y = 9 \end{cases}$

Ejercicio 180

Resolver los siguientes sistemas:

1. $\begin{cases} \frac{3x}{2} + y = 11 \\ x + \frac{y}{2} = 7 \end{cases}$

2. $\begin{cases} \frac{5x}{12} - y = 9 \\ x - \frac{3y}{4} = 15 \end{cases}$

3. $\begin{cases} \frac{x}{7} + \frac{y}{3} = 5 \\ 3y - \frac{x}{14} = 26 \end{cases}$

4. $\begin{cases} \frac{x}{5} = \frac{y}{4} \\ \frac{y}{3} = \frac{x}{3} - 1 \end{cases}$

5. $\begin{cases} \frac{3}{5}x - \frac{1}{4}y = 2 \\ 2x = \frac{5}{2}y \end{cases}$

6. $\begin{cases} \frac{2}{3}x - \frac{3}{4}y = 1 \\ \frac{1}{8}y - \frac{5}{6}x = 2 \end{cases}$

7. $\begin{cases} \frac{x}{8} - \frac{y}{5} = -1\frac{1}{10} \\ \frac{x}{5} + \frac{y}{4} = -1\frac{19}{40} \end{cases}$

8. $\begin{cases} \frac{x}{7} + \frac{y}{8} = 0 \\ \frac{1}{7}x - \frac{3}{4}y = 7 \end{cases}$

9. $\begin{cases} \frac{2x+1}{5} = \frac{y}{4} \\ 2x - 3y = -8 \end{cases}$

10. $\begin{cases} 12x + 5y + 6 = 0 \\ \frac{5x}{3} - \frac{7y}{6} = -12 \end{cases}$

11. $\begin{cases} \frac{x}{5} = 3(y+2) \\ \frac{y}{5} + 3x = 44\frac{4}{5} \end{cases}$

12. $\begin{cases} \frac{x}{5} - \frac{y}{6} = -\frac{1}{30} \\ \frac{x}{3} - \frac{y}{20} = 1\frac{1}{12} \end{cases}$

13. $\begin{cases} \frac{x-3}{3} - \frac{y-4}{4} = 0 \\ \frac{x-4}{2} + \frac{y+2}{5} = 3 \end{cases}$

14. $\begin{cases} \frac{x-1}{2} - \frac{y-1}{3} = -\frac{13}{36} \\ \frac{x+1}{3} - \frac{y+1}{2} = -\frac{2}{3} \end{cases}$

15. $\begin{cases} \frac{x+1}{10} = \frac{y-4}{5} \\ \frac{x-4}{5} = \frac{y-2}{10} \end{cases}$

16. $\begin{cases} x = -\frac{3y+3}{4} \\ y = -\frac{1+5x}{4} \end{cases}$

17. $\begin{cases} \frac{x+y}{6} = \frac{x-y}{12} \\ \frac{2x}{3} = y + 3 \end{cases}$

18. $\begin{cases} 3x - \frac{y-3}{5} = 6 \\ 3y - \frac{x-2}{7} = 9 \end{cases}$

19. $\begin{cases} \dfrac{x+y}{6} - \dfrac{y-x}{3} = \dfrac{7}{24} \\ \dfrac{x}{2} + \dfrac{x-y}{6} = \dfrac{5}{12} \end{cases}$

20. $\begin{cases} \dfrac{x-2}{4} - \dfrac{y-x}{2} = x-7 \\ \dfrac{3x-y}{8} - \dfrac{3y-x}{6} = y-13 \end{cases}$

21. $\begin{cases} 12 - \dfrac{3x-2y}{6} = 3y+2 \\ \dfrac{5y-3x}{3} = x-y \end{cases}$

22. $\begin{cases} y(x-4) = x(y-6) \\ \dfrac{5}{x-3} - \dfrac{11}{y-1} = 0 \end{cases}$

23. $\begin{cases} \dfrac{3(x+3y)}{5x+6y} = \dfrac{21}{17} \\ \dfrac{4x-7y}{2y+1} = -2 \end{cases}$

24. $\begin{cases} \dfrac{7}{2x-3y+6} = -\dfrac{7}{3x-2y-1} \\ \dfrac{6}{x-y+4} = \dfrac{10}{y+2} \end{cases}$

25. $\begin{cases} \dfrac{x+y}{x-y} = -7 \\ \dfrac{x+y+1}{x+y-1} = \dfrac{3}{4} \end{cases}$

26. $\begin{cases} \dfrac{x}{4} - 8 = \dfrac{3y}{2} - 8\dfrac{1}{4} \\ \dfrac{y-x}{3} - \dfrac{2x+y}{2} = -\dfrac{17}{24} \end{cases}$

27. $\begin{cases} \dfrac{x-2}{x+2} = \dfrac{y-7}{y-5} \\ \dfrac{x+1}{x-1} = \dfrac{y-3}{y-5} \end{cases}$

28. $\begin{cases} \dfrac{x-y-1}{x+y+1} = -\dfrac{3}{17} \\ \dfrac{x+y-1}{x-y+1} = -15 \end{cases}$

29. $\begin{cases} \dfrac{6x+9y-4}{4x-6y+5} = \dfrac{2}{5} \\ \dfrac{2x+3y-3}{3x+2y-4} = \dfrac{6}{11} \end{cases}$

30. $\begin{cases} \dfrac{3x+2y}{x+y-15} = -9 \\ \dfrac{4x}{3} - \dfrac{5(y-1)}{8} = -1 \end{cases}$

31. $\begin{cases} \dfrac{2x+5}{17} - (5-y) = -60 \\ \dfrac{y+62}{2} - (1-x) = 40 \end{cases}$

32. $\begin{cases} \dfrac{3x+4y}{x-6y} = -\dfrac{30}{23} \\ \dfrac{9x-y}{3+x-y} = -\dfrac{63}{37} \end{cases}$

33. $\begin{cases} x - \dfrac{4x+1}{9} = \dfrac{2y-5}{3} \\ y - \dfrac{3y+2}{7} = \dfrac{x+18}{10} \end{cases}$

300 SISTEMAS LITERALES DE DOS ECUACIONES CON DOS INCÓGNITAS

Ejemplos

1) Resolver el sistema $\begin{cases} ax + by = a^2 + b^2 & \textbf{(1)} \\ bx + ay = 2ab & \textbf{(2)} \end{cases}$

Vamos a igualar los coeficientes de la x. Multiplicando la primera ecuación por b y la segunda por a, tenemos:

$$\begin{cases} abx + b^2y = a^2b + b^3 \\ abx + a^2y = 2a^2b \end{cases}$$

Restando la 2ª ecuación de la primera:

$$\begin{array}{r} abx + b^2y = a^2b + b^3 \\ -abx - a^2y = -2a^2b \\ \hline b^2y - a^2y = a^2b + b^3 - 2a^2b \end{array}$$

Reduciendo términos semejantes: $b^2y - a^2y = b^3 - a^2b$

Sacando el factor común y en el primer miembro y el factor común b en el segundo: → $y(b^2 - a^2) = b(b^2 - a^2)$

Dividiendo entre $(b^2 - a^2)$ ambos miembros: → $y = b$

Sustituyendo $y = b$ en (**2**), tenemos:

$$bx + ab = 2ab$$

Transponiendo:

$$bx = ab$$

R. $\begin{cases} x = a \\ y = b \end{cases}$

Dividiendo entre b: $x = a$

2) Resolver el sistema $\begin{cases} \frac{x}{a} - \frac{y}{b} = \frac{b}{a} & (\mathbf{1}) \\ x - y = a & (\mathbf{2}) \end{cases}$

Quitando denominadores en (**1**), nos queda: $\begin{cases} bx - ay = b^2 \\ x - y = a \end{cases}$

Multiplicando por b la 2ª ecuación y cambiándole el signo: $\begin{cases} bx - ay = b^2 \\ -bx + by = -ab \end{cases}$

$$by - ay = b^2 - ab$$

Sacando factor común y en el primer miembro y b en el segundo:

$$y(b - a) = b(b - a)$$

Dividiendo entre $(b - a)$: $y = b$

Sustituyendo en (**2**) este valor de y, tenemos:

$$x - b = a$$
$$x = a + b$$

R. $\begin{cases} x = a + b \\ y = b \end{cases}$

3) Resolver el sistema $\begin{cases} x + y = \frac{a^2 + b^2}{ab} \\ ax - by = 2b \end{cases}$

Quitando denominadores: $\begin{cases} abx + aby = a^2 + b^2 & (\mathbf{1}) \\ ax - by = 2b & (\mathbf{2}) \end{cases}$

Multiplicando la 2ª ecuación por a y sumando: $\begin{cases} abx + aby = a^2 + b^2 \\ a^2x - aby = 2ab \end{cases}$

$$a^2x + abx = a^2 + 2ab + b^2$$

Factorizando ambos miembros: $ax(a + b) = (a + b)^2$

Dividiendo entre $(a + b)$: $ax = a + b$

$$x = \frac{a + b}{a}$$

Este valor de x puede sustituirse en cualquier ecuación para hallar y, pero no vamos a hacerlo así, sino que vamos a hallar y *eliminando* la x. Para eso, tomamos otra vez el sistema (**1**) y (**2**):

$$\begin{cases} abx + aby = a^2 + b^2 & (\mathbf{1}) \\ ax - by = 2b & (\mathbf{2}) \end{cases}$$

Multiplicando (**2**) por b y cambiándole el signo:

$$\begin{cases} abx + aby = a^2 + b^2 \\ -abx + b^2y = -2b^2 \end{cases}$$

$$aby + b^2y = a^2 - b^2$$

Factorizando ambos miembros: $by\,(a + b) = (a + b)\,(a - b)$

$$by = a - b$$

$$y = \frac{a-b}{b}$$

R. $\begin{cases} x = \frac{a+b}{a} \\ y = \frac{a-b}{b} \end{cases}$

NOTA

El sistema que hemos empleado de hallar la segunda incógnita eliminando la primera, es muchas veces más sencillo que el de sustituir.

Ejercicio 181

Resolver los sistemas:

1. $\begin{cases} x + y = a + b \\ x - y = a - b \end{cases}$

2. $\begin{cases} 2x + y = b + 2 \\ bx - y = 0 \end{cases}$

3. $\begin{cases} 2x - y = 3a \\ x - 2y = 0 \end{cases}$

4. $\begin{cases} x - y = 1 - a \\ x + y = 1 + a \end{cases}$

5. $\begin{cases} \frac{x}{a} + y = 2b \\ \frac{x}{b} - y = a - b \end{cases}$

6. $\begin{cases} \frac{x}{b} + \frac{y}{a} = 2 \\ \frac{x}{a} + \frac{y}{b} = \frac{a^2 + b^2}{ab} \end{cases}$

7. $\begin{cases} x + y = a + b \\ ax + by = a^2 + b^2 \end{cases}$

8. $\begin{cases} ax - by = 0 \\ x + y = \frac{a+b}{ab} \end{cases}$

9. $\begin{cases} mx - ny = m^2 + n^2 \\ nx + my = m^2 + n^2 \end{cases}$

10. $\begin{cases} \frac{x}{m} + \frac{y}{n} = 2m \\ mx - ny = m^3 - mn^2 \end{cases}$

11. $\begin{cases} x + y = a \\ ax - by = a\,(a + b) + b^2 \end{cases}$

12. $\begin{cases} x - y = m - n \\ mx - ny = m^2 - n^2 \end{cases}$

13. $\begin{cases} \frac{x}{a} + \frac{y}{b} = 0 \\ \frac{x}{b} + \frac{2y}{a} = \frac{2b^2 - a^2}{ab} \end{cases}$

14. $\begin{cases} x + y = 2c \\ a^2(x - y) = 2\,a^3 \end{cases}$

15. $\begin{cases} ax - by = 0 \\ ay - bx = \frac{a^2 - b^2}{ab} \end{cases}$

16. $\begin{cases} \frac{x}{b^2} + \frac{y}{a^2} = a + b \\ x - y = ab(b - a) \end{cases}$

17. $\begin{cases} nx + my = m + n \\ mx - ny = \frac{m^3 - n^3}{mn} \end{cases}$

18. $\begin{cases} (a - b)x - (a + b)y = b^2 - 3ab \\ (a + b)x - (a - b)y = ab - b^2 \end{cases}$

19. $\begin{cases} \frac{x+b}{a} + \frac{y-b}{b} = \frac{a+b}{b} \\ \frac{x-a}{b} - \frac{y-a}{a} = -\frac{a+b}{a} \end{cases}$

20. $\begin{cases} \frac{x}{a+b} + \frac{y}{a+b} = \frac{1}{ab} \\ \frac{x}{b} + \frac{y}{a} = \frac{a^2 + b^2}{a^2b^2} \end{cases}$

ECUACIONES SIMULTÁNEAS CON INCÓGNITAS EN LOS DENOMINADORES

301

En ciertos casos, cuando las incógnitas están en los denominadores, el sistema puede resolverse por un método especial, en que no se suprimen los denominadores. A continuación resolvemos dos ejemplos usando este método.

Ejemplos

1) Resolver el sistema $\begin{cases} \frac{10}{x}+\frac{9}{y}=2 & \textbf{(1)} \\ \frac{7}{x}-\frac{6}{y}=\frac{11}{2} & \textbf{(2)} \end{cases}$

Vamos a eliminar la y. Multiplicando la primera ecuación por 2 y la segunda por 3, tenemos:

Sumando: $\begin{cases} \frac{20}{x}+\frac{18}{y}=4 \\ \frac{21}{x}-\frac{18}{y}=\frac{33}{2} \end{cases}$

$$\frac{41}{x} \qquad =\frac{41}{2}$$

Quitando denominadores: $82=41x$

$$x=\frac{82}{41}=2$$

Sustituyendo $x=2$ en (**1**):

$$\frac{10}{2}+\frac{9}{y}=2$$
$$10y+18=4y$$
$$6y=-18$$
$$y=-3$$

R. $\begin{cases} x=\ \ 2 \\ y=-3 \end{cases}$

2) Resolver el sistema $\begin{cases} \frac{2}{x}+\frac{7}{3y}=11 & \textbf{(1)} \\ \frac{3}{4x}+\frac{5}{2y}=9 & \textbf{(2)} \end{cases}$

Vamos a eliminar la x. Multiplicando la primera ecuación por $\frac{3}{4}$ y lo segunda por 2, tenemos:

$$\begin{cases} \frac{6}{4x}+\frac{21}{12y}=\frac{33}{4} \\ \frac{6}{4x}+\frac{10}{2y}=18 \end{cases}$$

Simplificando y restando:

$$\begin{cases} \frac{3}{2x}+\frac{7}{4y}=\frac{33}{4} \\ -\frac{3}{2x}-\frac{5}{y}=-18 \end{cases}$$

$$-\frac{13}{4y}=-\frac{39}{4}$$

o sea $$\frac{13}{4y}=\frac{39}{4}$$

Quitando denominadores: $$13=39y$$

$$y=\frac{13}{39}=\frac{1}{3}$$

Sustituyendo $y=\frac{1}{3}$ en (**1**):

$$\frac{2}{x}+\frac{7}{3\left(\frac{1}{3}\right)}=11$$

$$\frac{2}{x}+7=11$$

$$2+7x=11x$$

$$2=4x$$

$$x=\frac{2}{4}=\frac{1}{2}$$

R. $\begin{cases} x=\frac{1}{2} \\ y=\frac{1}{3} \end{cases}$

Ejercicio 182

Resolver los sistemas:

1. $\begin{cases} \frac{1}{x}+\frac{2}{y}=\frac{7}{6} \\ \frac{2}{x}+\frac{1}{y}=\frac{4}{3} \end{cases}$

2. $\begin{cases} \frac{3}{x}-\frac{2}{y}=\frac{1}{2} \\ \frac{2}{x}+\frac{5}{y}=\frac{23}{12} \end{cases}$

3. $\begin{cases} \frac{5}{x}+\frac{4}{y}=7 \\ \frac{7}{x}-\frac{6}{y}=4 \end{cases}$

4. $\begin{cases} \frac{12}{x}+\frac{5}{y}=-\frac{13}{2} \\ \frac{18}{x}+\frac{7}{y}=-\frac{19}{2} \end{cases}$

5. $\begin{cases} \frac{9}{x}+\frac{3}{y}=27 \\ \frac{5}{x}+\frac{4}{y}=22 \end{cases}$

6. $\begin{cases} \frac{6}{x}-\frac{8}{y}=-23 \\ \frac{4}{x}+\frac{11}{y}=50 \end{cases}$

7. $\begin{cases} \frac{9}{x}+\frac{10}{y}=-11 \\ \frac{7}{x}-\frac{15}{y}=-4 \end{cases}$

8. $\begin{cases} \frac{1}{2x}-\frac{3}{y}=\frac{3}{4} \\ \frac{1}{x}+\frac{5}{2y}=-\frac{4}{3} \end{cases}$

9. $\begin{cases} \dfrac{2}{5x}-\dfrac{1}{3y}=-\dfrac{11}{45} \\ \dfrac{1}{10x}-\dfrac{3}{5y}=\dfrac{4}{5} \end{cases}$

10. $\begin{cases} \dfrac{3}{x}-\dfrac{7}{3y}=\dfrac{2}{3} \\ \dfrac{1}{4x}+\dfrac{8}{y}=\dfrac{103}{84} \end{cases}$

11. $\begin{cases} \dfrac{3}{10x}+\dfrac{1}{3y}=1\dfrac{47}{60} \\ \dfrac{6}{5x}+\dfrac{1}{4y}=2\dfrac{4}{5} \end{cases}$

12. $\begin{cases} \dfrac{1}{x}+\dfrac{1}{y}=a \\ \dfrac{1}{x}-\dfrac{1}{y}=b \end{cases}$

13. $\begin{cases} \dfrac{a}{x}+\dfrac{b}{y}=2 \\ \dfrac{2}{x}-\dfrac{3b}{y}=\dfrac{2-3a}{a} \end{cases}$

14. $\begin{cases} \dfrac{2}{x}+\dfrac{2}{y}=\dfrac{m+n}{mn} \\ \dfrac{m}{x}-\dfrac{n}{y}=0 \end{cases}$

DETERMINANTE

302

Si del producto ab restamos el producto cd, tendremos la expresión $ab - cd$.

Esta expresión puede escribirse con la siguiente notación:

$$ab - cd = \begin{vmatrix} a & d \\ c & b \end{vmatrix}$$

La expresión $\begin{vmatrix} a & d \\ c & b \end{vmatrix}$ es un **determinante.**

Las **columnas** de un determinante están constituidas por las cantidades que están en una misma línea **vertical.** En el ejemplo anterior $\begin{matrix} a \\ c \end{matrix}$ es la primera columna y $\begin{matrix} d \\ b \end{matrix}$ la segunda columna.

Las **filas** están constituidas por las cantidades que se encuentran en una misma línea **horizontal.**

En el ejemplo dado, $a\ d$ es la primera fila y $c\ b$ la segunda fila.

Un determinante es **cuadrado** cuando tiene el mismo número de columnas que de filas. Así, $\begin{vmatrix} a & d \\ c & b \end{vmatrix}$ es un determinante cuadrado porque tiene dos columnas y dos filas.

El **orden** de un determinante cuadrado es el número de elementos de cada fila o columna.

Así, $\begin{vmatrix} a & d \\ c & b \end{vmatrix}$ y $\begin{vmatrix} 1 & 2 \\ 3 & 4 \end{vmatrix}$ son determinantes de **segundo orden.**

En el determinante $\begin{vmatrix} a & d \\ c & b \end{vmatrix}$ la línea que une a con b es la **diagonal principal** y la línea que une c con d es la **diagonal secundaria.**

Los **elementos** de este determinante son los productos ab y cd, a cuya diferencia equivale este determinante.

303 DESARROLLO DE UN DETERMINANTE DE SEGUNDO ORDEN

Un determinante de segundo orden equivale al producto de los términos que pertenecen a la diagonal principal, **menos** el producto de los términos que pertenecen a la diagonal secundaria.

Ejemplos

1) $\begin{vmatrix} a & n \\ m & b \end{vmatrix} = ab - mn$

2) $\begin{vmatrix} a & -n \\ m & b \end{vmatrix} = ab - m(-n) = ab + mn$

3) $\begin{vmatrix} 3 & 2 \\ 5 & 4 \end{vmatrix} = 3 \times 4 - 5 \times 2 = 12 - 10 = 2$

4) $\begin{vmatrix} 3 & -5 \\ 1 & -2 \end{vmatrix} = 3(-2) - 1(-5) = -6 + 5 = -1$

5) $\begin{vmatrix} -2 & -5 \\ -3 & -9 \end{vmatrix} = (-2)(-9) - (-5)(-3) = 18 - 15 = 3$

Ejercicio 183

Desarrollar los determinantes:

1. $\begin{vmatrix} 4 & 5 \\ 2 & 3 \end{vmatrix}$
2. $\begin{vmatrix} 2 & 7 \\ 3 & 5 \end{vmatrix}$
3. $\begin{vmatrix} -2 & 5 \\ 4 & 3 \end{vmatrix}$
4. $\begin{vmatrix} 7 & 9 \\ 5 & -2 \end{vmatrix}$
5. $\begin{vmatrix} 5 & -3 \\ -2 & -8 \end{vmatrix}$
6. $\begin{vmatrix} 9 & -11 \\ -3 & 7 \end{vmatrix}$
7. $\begin{vmatrix} -15 & -1 \\ 13 & 2 \end{vmatrix}$
8. $\begin{vmatrix} 12 & -1 \\ 13 & -9 \end{vmatrix}$
9. $\begin{vmatrix} 10 & 3 \\ 17 & 13 \end{vmatrix}$
10. $\begin{vmatrix} -5 & -8 \\ -19 & -21 \end{vmatrix}$
11. $\begin{vmatrix} 8 & 2 \\ -3 & 0 \end{vmatrix}$
12. $\begin{vmatrix} 31 & -85 \\ -20 & 43 \end{vmatrix}$

304 RESOLUCIÓN POR DETERMINANTES DE UN SISTEMA DE DOS ECUACIONES CON DOS INCÓGNITAS

Sea el sistema $\begin{cases} a_1x + b_1y = c_1 & \textbf{(1)} \\ a_2x + b_2y = c_2 & \textbf{(2)} \end{cases}$

Resolviendo este sistema por el método general estudiado antes, se tiene:

$$x = \frac{c_1b_2 - c_2b_1}{a_1b_2 - a_2b_1} \quad \textbf{(3)} \qquad y = \frac{a_1c_2 - a_2c_1}{a_1b_2 - a_2b_1} \quad \textbf{(4)}$$

Véase que ambas fracciones **tienen el mismo denominador** $a_1b_2 - a_2b_1$ y esta expresión es el desarrollo del determinante

$$\begin{vmatrix} a_1 & b_1 \\ a_2 & b_2 \end{vmatrix} \quad (5)$$

formada con los **coeficientes de las incógnitas** en las ecuaciones (**1**) y (**2**).

Este es el **determinante del sistema.**

El **numerador** de x, $c_1b_2 - c_2b_1$ es el desarrollo del determinante $\begin{vmatrix} c_1 & b_1 \\ c_2 & b_2 \end{vmatrix}$

que se obtiene del determinante del sistema (**5**) con sólo **sustituir** en él la columna de los coeficientes de x $\begin{vmatrix} a_1 \\ a_2 \end{vmatrix}$ por la columna de los términos independientes $\begin{vmatrix} c_1 \\ c_2 \end{vmatrix}$ de las ecuaciones (**1**) y (**2**).

El **numerador** de y, $a_1c_2 - a_2c_1$, es el desarrollo del determinante $\begin{vmatrix} a_1 & c_1 \\ a_2 & c_2 \end{vmatrix}$

que se obtiene del determinante del sistema (**5**) con sólo **sustituir** en él la columna de los coeficientes de y, $\begin{vmatrix} b_1 \\ b_2 \end{vmatrix}$ por la columna de los términos independientes $\begin{vmatrix} c_1 \\ c_2 \end{vmatrix}$ de las ecuaciones dadas.

Por tanto, los valores de x y y, igualdades (**3**) y (**4**), pueden escribirse:

$$x = \frac{\begin{vmatrix} c_1 & b_1 \\ c_2 & b_2 \end{vmatrix}}{\begin{vmatrix} a_1 & b_1 \\ a_2 & b_2 \end{vmatrix}} \qquad y = \frac{\begin{vmatrix} a_1 & c_1 \\ a_2 & c_2 \end{vmatrix}}{\begin{vmatrix} a_1 & b_1 \\ a_2 & b_2 \end{vmatrix}}$$

Visto lo anterior, podemos decir que **para resolver un sistema de dos ecuaciones con dos incógnitas por determinantes:**

1) **El valor de x es una fracción cuyo denominador es el determinante formado con los coeficientes de x y y (determinante del sistema) y cuyo numerador es el determinante que se obtiene sustituyendo en el determinante del sistema la columna de los coeficientes de x por la columna de los términos independientes de las ecuaciones dadas.**
2) **El valor de y es una fracción cuyo denominador es el determinante del sistema y cuyo numerador es el determinante que se obtiene sustituyendo en el determinante del sistema la columna de los coeficientes de y por la columna de los términos independientes de las ecuaciones dadas.**

Ejemplos

1) Resolver por determinantes $\begin{cases} 5x+3y=5 \\ 4x+7y=27. \end{cases}$

$$x=\frac{\begin{vmatrix} 5 & 3 \\ 27 & 7 \end{vmatrix}}{\begin{vmatrix} 5 & 3 \\ 4 & 7 \end{vmatrix}}=\frac{35-81}{35-12}=\frac{-46}{23}=-2$$

$$y=\frac{\begin{vmatrix} 5 & 5 \\ 4 & 27 \end{vmatrix}}{\begin{vmatrix} 5 & 3 \\ 4 & 7 \end{vmatrix}}=\frac{135-20}{23}=\frac{115}{23}=5$$

R. $\begin{cases} x=-2 \\ y=5 \end{cases}$

2) Resolver por determinantes $\begin{cases} 9x+8y=12 \\ 24x-60y=-29 \end{cases}$

$$x=\frac{\begin{vmatrix} 12 & 8 \\ -29 & -60 \end{vmatrix}}{\begin{vmatrix} 9 & 8 \\ 24 & -60 \end{vmatrix}}=\frac{-720+232}{-540-192}=\frac{-488}{-732}=\frac{2}{3}$$

$$y=\frac{\begin{vmatrix} 9 & 12 \\ 24 & -29 \end{vmatrix}}{\begin{vmatrix} 9 & 8 \\ 24 & -60 \end{vmatrix}}=\frac{-261-288}{-732}=\frac{-549}{-732}=\frac{3}{4}$$

R. $\begin{cases} x=\frac{2}{3} \\ y=\frac{3}{4} \end{cases}$

3) Resolver por determinantes $\begin{cases} \frac{x+1}{5}=\frac{y-2}{7} \\ \frac{x+4}{3}-\frac{y-9}{6}=\frac{8}{3} \end{cases}$

Quitando denominadores: $\begin{cases} 7x+7=5y-10 \\ 2x+8-y+9=16 \end{cases}$

Transponiendo y reduciendo: $\begin{cases} 7x-5y=-17 \\ 2x-y=-1 \end{cases}$

Tendremos:

$$x=\frac{\begin{vmatrix} -17 & -5 \\ -1 & -1 \end{vmatrix}}{\begin{vmatrix} 7 & -5 \\ 2 & -1 \end{vmatrix}}=\frac{17-5}{-7+10}=\frac{12}{3}=4$$

$$y=\frac{\begin{vmatrix} 7 & -17 \\ 2 & -1 \end{vmatrix}}{\begin{vmatrix} 7 & -5 \\ 2 & -1 \end{vmatrix}}=\frac{-7+34}{3}=\frac{27}{3}=9$$

R. $\begin{cases} x=4 \\ y=9 \end{cases}$

Ejercicio 184

Resolver por determinantes:

1. $\begin{cases} 7x+8y=29 \\ 5x+11y=26 \end{cases}$

2. $\begin{cases} 3x-4y=13 \\ 8x-5y=-5 \end{cases}$

3. $\begin{cases} 13x-31y=-326 \\ 25x+37y=146 \end{cases}$

4. $\begin{cases} 15x-44y=-6 \\ 32y-27x=-1 \end{cases}$

5. $\begin{cases} 8x=-9y \\ 2x+5+3y=3\frac{1}{2} \end{cases}$

6. $\begin{cases} ax-by=-1 \\ ax+by=7 \end{cases}$

7. $\begin{cases} 3x-(y+2)=2y+1 \\ 5y-(x+3)=3x+1 \end{cases}$

8. $\begin{cases} ax+2y=2 \\ \frac{ax}{2}-3y=-1 \end{cases}$

9. $\begin{cases} \frac{x}{4}+\frac{y}{6}=-4 \\ \frac{x}{8}-\frac{y}{12}=0 \end{cases}$

10. $\begin{cases} 3x+ay=3a+1 \\ \frac{x}{a}+ay=2 \end{cases}$

11. $\begin{cases} \frac{x+2}{3}-\frac{y-3}{8}=\frac{5}{6} \\ \frac{y-5}{6}-\frac{2x-3}{5}=0 \end{cases}$

12. $\begin{cases} 3x-2y=5 \\ mx+4y=2(m+1) \end{cases}$

13. $\begin{cases} 2x-\frac{2y+3}{17}=y+2 \\ 3y-\frac{4x+1}{21}=3x+5 \end{cases}$

14. $\begin{cases} \frac{x+y}{x-y}=4 \\ \frac{x-y-1}{x+y+1}=\frac{1}{9} \end{cases}$

15. $\begin{cases} x-y=2b \\ \frac{x}{a+b}+\frac{y}{a-b}=2 \end{cases}$

16. $\begin{cases} \frac{x+9}{x-9}=\frac{y+21}{y+39} \\ \frac{x+8}{x-8}=\frac{y+19}{y+11} \end{cases}$

RESOLUCIÓN GRÁFICA DE UN SISTEMA DE DOS ECUACIONES CON DOS INCÓGNITAS

305

Si una recta pasa por un punto, las coordenadas de este punto **satisfacen** la ecuación de la recta. Así, para saber si la recta $2x+5y=19$ pasa por el punto (2, 3), hacemos $x=2$, $y=3$ en la ecuación de la recta y tenemos:

$$2(2)+5(3)=19,\ \text{o sea},\ 19=19$$

luego, la recta $2x+5y=19$ pasa por el punto (2, 3).

Recíprocamente, **si las coordenadas de un punto satisfacen la ecuación de una recta, dicho punto pertenece a la recta**.

Sea el sistema $\begin{cases} 2x+3y=18 \\ 3x+4y=25. \end{cases}$

Resolviendo este sistema se encuentra $x=3$, $y=4$, valores que satisfacen **ambas** ecuaciones.

Esta solución $x=3$, $y=4$ representa un punto del plano, el punto (3, 4).

Ahora bien, $x=3$, $y=4$ satisfacen la ecuación $2x+3y=18$; luego, el punto (3, 4) pertenece a la recta que representa esta ecuación, y como $x=3$, $y=4$ satisfacen también la ecuación $3x+4y=25$, el punto (3, 4) pertenece a **ambas** rectas; luego, necesariamente el punto (3, 4) es la **intersección** de las dos rectas.

Por tanto, la solución de un sistema de dos ecuaciones con dos incógnitas representa **las coordenadas del punto de intersección** de las dos rectas que representan las ecuaciones; luego, resolver gráficamente un sistema de dos ecuaciones con dos incógnitas consiste en hallar **el punto de intersección** de las dos rectas.

Ejemplos

1) Resolver gráficamente el sistema $\begin{cases} x+y=6 \\ 5x-4y=12. \end{cases}$

Hay que hallar la intersección de estas dos rectas. Representemos ambas ecuaciones (Fig. 55).

Figura 55

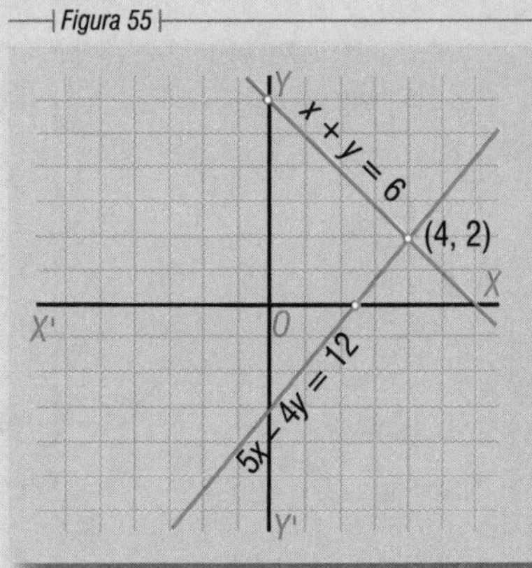

En $x+y=6$, tenemos:

Para $x=0$, $y=6$

$y=0$, $x=6$

En $5x-4y=12$, tenemos:

Para $x=0$, $y=-3$

$y=0$, $x=2\frac{2}{5}$

La intersección es el punto (4, 2) luego la solución del sistema es $x=4$, $y=2$. **R.**

2) Resolver gráficamente el sistema $\begin{cases} 4x+5y=-32 \\ 3x-5y=11. \end{cases}$

Hallemos la intersección de estas rectas (Fig. 56).

Figura 56

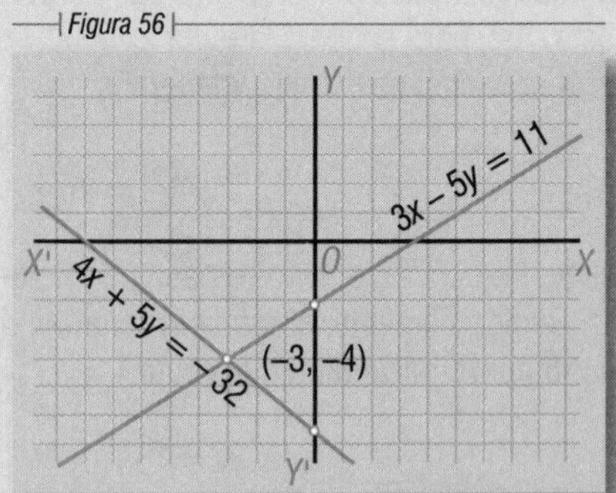

En $4x+5y=-32$, se tiene:

Para $x=0$, $y=-6\frac{2}{5}$

$y=0$, $x=-8$

En $3x-5y=11$, se tiene:

Para $x=0$, $y=-2\frac{1}{5}$

$y=0$, $x=3\frac{2}{3}$

El punto de intersección es (–3, –4) luego la solución del sistema es $x=-3$, $y=-4$. **R.**

3) Resolver gráficamente $\begin{cases} x-2y=6 \\ 2x-4y=5. \end{cases}$

Representemos ambas ecuaciones (Fig. 57).

En $x - 2y = 6$ se tiene:

Para $x = 0, \quad y = -3$

$y = 0, \quad x = 6$

En $2x - 4y = 5$ se tiene:

Para $x = 0, \quad y = -1\frac{1}{4}$

$y = 0, \quad x = 2\frac{1}{2}$

Las líneas son paralelas, no hay puntos de intersección, luego el sistema no tiene solución; las ecuaciones son *incompatibles*.

Figura 57

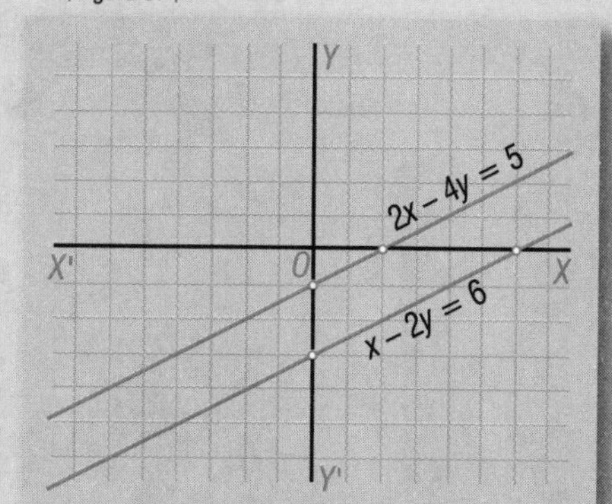

4) Resolver gráficamente $\begin{cases} x - 2y = 5 \\ 2x - 4y = 10. \end{cases}$

Representemos ambas ecuaciones (Fig. 58).

En $x - 2y = 5$, se tiene:

Para $x = 0, \quad y = -2\frac{1}{2}$

$y = 0, \quad x = 5$

En $2x - 4y = 10$, se tiene:

Para $x = 0, \quad y = -2\frac{1}{2}$

$y = 0, \quad x = 5$

Figura 58

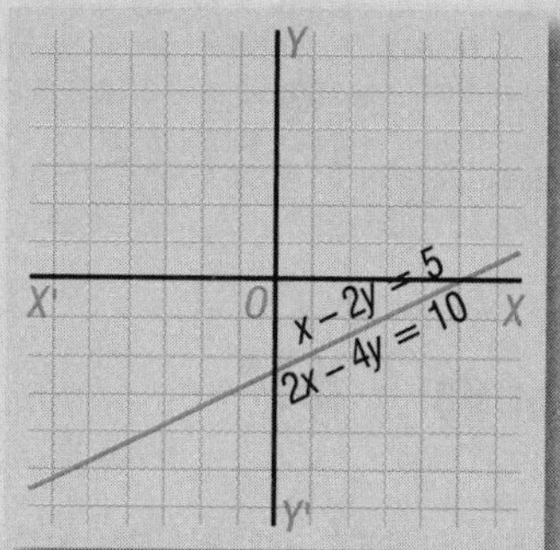

Vemos que ambas rectas coinciden, tienen infinitos puntos comunes. Las dos ecuaciones representan la misma línea, las ecuaciones son *equivalentes*.

Ejercicio 185

Resolver gráficamente:

1. $\begin{cases} x - y = 1 \\ x + y = 7 \end{cases}$

2. $\begin{cases} x - 2y = 10 \\ 2x + 3y = -8 \end{cases}$

3. $\begin{cases} 5x - 3y = 0 \\ 7x - y = -16 \end{cases}$

4. $\begin{cases} 3x = -4y \\ 5x - 6y = 38 \end{cases}$

5. $\begin{cases} 3x + 4y = 15 \\ 2x + y = 5 \end{cases}$

6. $\begin{cases} 5x + 2y = 16 \\ 4x + 3y = 10 \end{cases}$

7. $\begin{cases} x + 8 = y + 2 \\ y - 4 = x + 2 \end{cases}$

8. $\begin{cases} \frac{3x}{5} + \frac{y}{4} = 2 \\ x - 5y = 25 \end{cases}$

9. $\begin{cases} \frac{x}{2} - \frac{y}{3} = -\frac{1}{6} \\ \frac{x}{3} + \frac{y}{4} = -\frac{7}{12} \end{cases}$

10. $\begin{cases} x + 3y = 6 \\ 3x + 9y = 10 \end{cases}$

11. $\begin{cases} 2x + 3y = -13 \\ 6x + 9y = -39 \end{cases}$

12. $\begin{cases} \frac{x-2}{2} + \frac{y-3}{3} = 4 \\ \frac{y-2}{2} + \frac{x-3}{3} = -\frac{11}{3} \end{cases}$

Hallar gráficamente el par de valores de x y y que satisfacen cada uno de los grupos de ecuaciones siguientes:

13. $\begin{cases} x + y = 9 \\ x - y = -1 \\ x - 2y = -6 \end{cases}$

14. $\begin{cases} x + y = 5 \\ 3x + 4y = 18 \\ 2x + 3y = 13 \end{cases}$

15. $\begin{cases} 2x + y = -1 \\ x - 2y = -13 \\ 3x - 2y = -19 \end{cases}$

16. $\begin{cases} x - y = 1 \\ 2y - x = -4 \\ 4x - 5y = 7 \end{cases}$

Leonard Euler (1707-1783). Matemático suizo, nacido en Basilea. Fue alumno de Johannes Bernoulli. Durante doce años ganó el premio que anualmente ofrecía la Academia de París sobre diversos temas científicos. Federico el Grande lo llamó a Berlín; Catalina de Rusia lo llevó a San Petersburgo, donde trabajó incesantemente. Por su *Tratado sobre Mecánica* puede considerarse el fundador de la ciencia moderna. Su obra fue copiosísima, a pesar de que los últimos diecisiete años de su vida estuvo totalmente ciego.

Capítulo XXV

ECUACIONES SIMULTÁNEAS DE PRIMER GRADO CON TRES O MÁS INCÓGNITAS

306 RESOLUCIÓN DE UN SISTEMA DE TRES ECUACIONES CON TRES INCÓGNITAS

Para resolver un sistema de tres ecuaciones con tres incógnitas se procede de este modo:

1) Se combinan dos de las ecuaciones dadas y se elimina una de las incógnitas (lo más sencillo es eliminarla por suma o resta) y con ello se obtiene una ecuación con dos incógnitas.

2) Se combina la tercera ecuación con cualquiera de las otras dos ecuaciones dadas y se elimina entre ellas la misma incógnita que se eliminó antes, obteniéndose otra ecuación con dos incógnitas.

3) Se resuelve el sistema formado por las dos ecuaciones con dos incógnitas que se han obtenido, hallando de este modo dos de las incógnitas.

4) Los valores de las incógnitas obtenidos se sustituyen en una de las ecuaciones dadas de tres incógnitas, con lo cual se halla la tercera incógnita.

Ejemplos

1) Resolver el sistema $\begin{cases} x+4y-z=6 & (1) \\ 2x+5y-7z=-9 & (2) \\ 3x-2y+z=2 & (3) \end{cases}$

Combinamos las ecuaciones (**1**) y (**2**) y vamos a eliminar la *x*. Multiplicando la ecuación (**1**) por 2, se tiene:

$$\begin{cases} 2x+8y-2z=12 \\ -2x-5y+7z=9 \end{cases}$$

Restando: $3y+5z=21$ (**4**)

Combinamos la tercera ecuación (**3**) con cualquiera de las otras dos ecuaciones dadas. Vamos a combinarla con (**1**) para eliminar la *x*. Multiplicando (**1**) por 3 tenemos:

$$\begin{cases} 3x+12y-3z=18 \\ -3x+2y-z=-2 \end{cases}$$

Restando: $14y-4z=16$

Dividiendo entre 2: $7y-2z=8$ (**5**)

Ahora tomamos las dos ecuaciones con dos incógnitas que hemos obtenido (**4**) y (**5**), y formamos un sistema:

$$3y+5z=21 \quad (4)$$
$$7y-2z=8 \quad (5)$$

Resolvamos este sistema. Vamos a eliminar la *z* multiplicando (**4**) por 2 y (**5**) por 5:

$$6y+10z=42$$
$$35y-10z=40$$
$$41y=82$$
$$y=2$$

Sustituyendo $y=2$ en (**5**) se tiene

$$7(2)-2z=8$$
$$14-2z=8$$
$$-2z=-6$$
$$z=3$$

Sustituyendo $y=2$, $z=3$ en cualquiera de las tres ecuaciones dadas, por ejemplo en (**1**), se tiene:

$$x+4(2)-3=6$$
$$x+8-3=6$$
$$x=1$$

R. $\begin{cases} x=1 \\ y=2 \\ z=3 \end{cases}$

VERIFICACIÓN

Los valores $x=1$, $y=2$, $z=3$ tienen que satisfacer las tres ecuaciones dadas.
Hágase la sustitución y se verá que las tres ecuaciones dadas se convierten en identidad.

2) Resolver el sistema $\begin{cases} z-4+\dfrac{6x-19}{5}=-y \\ 10-\dfrac{x-2z}{8}=2y-1 \\ 4z+3y=3x-y \end{cases}$

Quitando denominadores: $\begin{cases} 5z-20+6x-19=-5y \\ 80-x+2z=16y-8 \\ 4z+3y=3x-y \end{cases}$

Transponiendo y reduciendo: $\begin{cases} 6x+5y+5z=39 & (\mathbf{1}) \\ -x-16y+2z=-88 & (\mathbf{2}) \\ -3x+4y+4z=0 & (\mathbf{3}) \end{cases}$

Vamos a eliminar *x*. Combinamos (**1**) y (**2**) y multiplicamos (**2**) por 6:

$$\begin{array}{r} 6x+5y+5z=39 \\ -6x-96y+12z=-528 \\ \hline -91y+17z=-489 \end{array}$$

Sumando: $-91y+17z=-489$ (**4**)

Combinamos (**2**) y (**3**).
Multiplicando (**2**) por 3 y cambiándole el signo: $\begin{cases} 3x+48y-6z=264 \\ -3x+4y+4z=0 \end{cases}$

$$52y-2z=264$$

Dividiendo entre 2: $26y-z=132$ (**5**)

Combinemos (**4**) y (**5**): $\begin{cases} -91y+17z=-489 & (\mathbf{4}) \\ 26y-z=132 & (\mathbf{5}) \end{cases}$

Multiplicando (**4**) por 2 y (**5**) por 7: $\begin{cases} -182y+34z=-978 \\ 182y-7z=924 \end{cases}$

Sumando: $27z=-54$

$$z=-2$$

Sustituyendo $z=-2$ en (**5**):

$$\begin{aligned} 26y-(-2)&=132 \\ 26y+2&=132 \\ 26y&=130 \\ y&=5 \end{aligned}$$

Sustituyendo $y=5$, $z=-2$ en (**3**):

$$\begin{aligned} -3x+4(5)+4(-2)&=0 \\ -3x+20-8&=0 \\ -3x&=-12 \\ x&=4 \end{aligned}$$

R. $\begin{cases} x=4 \\ y=5 \\ x=-2 \end{cases}$

3) Resolver el sistema $\begin{cases} 2x-5y=13 & (\mathbf{1}) \\ 4y+z=-8 & (\mathbf{2}) \\ x-y-z=-2 & (\mathbf{3}) \end{cases}$

En algunos casos, no hay reglas fijas para resolver el sistema y depende de la habilidad del alumno encontrar el modo más expedito de resolverlo. Este ejemplo puede resolverse así:

La ecuación (**1**) tiene x y y. Entonces tengo que buscar otra ecuación de dos incógnitas que tenga x y y para formar con (**1**) un sistema de dos ecuaciones que tengan ambas x y y.

Reuniendo (**2**) y (**3**):

$$\begin{cases} 4y + z = -8 \\ x - y - z = -2 \end{cases}$$

Sumando: $x + 3y = -10$ (**4**)

Ya tengo la ecuación que buscaba. Ahora, formamos un sistema con (**1**) y (**4**):

$$\begin{cases} 2x - 5y = 13 \\ x + 3y = -10 \end{cases}$$

Multiplicando esta última ecuación por 2 y restando:

$$\begin{cases} 2x - 5y = 13 \\ -2x - 6y = 20 \end{cases}$$

$$-11y = 33$$
$$y = -3$$

Sustituyendo $y = -3$ en (**1**):

$$2x - 5(-3) = 13$$
$$2x + 15 = 13$$
$$2x = -2$$
$$x = -1$$

Sustituyendo $x = -1$, $y = -3$ en (**3**):

$$-1 - (-3) - z = -2$$
$$-1 + 3 - z = -2$$
$$-z = -4$$
$$z = 4$$

R. $\begin{cases} x = -1 \\ y = -3 \\ z = 4 \end{cases}$

Ejercicio 186

Resolver los sistemas:

1. $\begin{cases} x + y + z = 6 \\ x - y + 2z = 5 \\ x - y - 3z = -10 \end{cases}$

2. $\begin{cases} x + y + z = 12 \\ 2x - y + z = 7 \\ x + 2y - z = 6 \end{cases}$

3. $\begin{cases} x - y + z = 2 \\ x + y + z = 4 \\ 2x + 2y - z = -4 \end{cases}$

4. $\begin{cases} 2x + y - 3z = -1 \\ x - 3y - 2z = -12 \\ 3x - 2y - z = -5 \end{cases}$

5. $\begin{cases} 2x + 3y + z = 1 \\ 6x - 2y - z = -14 \\ 3x + y - z = 1 \end{cases}$

6. $\begin{cases} 5x - 2y + z = 24 \\ 2x + 5y - 2z = -14 \\ x - 4y + 3z = 26 \end{cases}$

7. $\begin{cases} 4x + 2y + 3z = 8 \\ 3x + 4y + 2z = -1 \\ 2x - y + 5z = 3 \end{cases}$

8. $\begin{cases} 6x + 3y + 2z = 12 \\ 9x - y + 4z = 37 \\ 10x + 5y + 3z = 21 \end{cases}$

9. $\begin{cases} 2x + 4y + 3z = 3 \\ 10x - 8y - 9z = 0 \\ 4x + 4y - 3z = 2 \end{cases}$

10. $\begin{cases} 3x + y + z = 1 \\ x + 2y - z = 1 \\ x + y + 2z = -17 \end{cases}$

11. $\begin{cases} 7x + 3y - 4z = -35 \\ 3x - 2y + 5z = 38 \\ x + y - 6z = -27 \end{cases}$

12. $\begin{cases} 4x - y + 5z = -6 \\ 3x + 3y - 4z = 30 \\ 6x + 2y - 3z = 33 \end{cases}$

13. $\begin{cases} 9x+4y-10z=6 \\ 6x-8y+5z=-1 \\ 12x+12y-15z=10 \end{cases}$

16. $\begin{cases} x+2y=-1 \\ 2y+z=0 \\ x+2z=11 \end{cases}$

19. $\begin{cases} 3z-5x=10 \\ 5x-3y=-7 \\ 3y-5z=-13 \end{cases}$

14. $\begin{cases} 5x+3y-z=-11 \\ 10x-y+z=10 \\ 15x+2y-z=-7 \end{cases}$

17. $\begin{cases} y+z=-8 \\ 2x+z=9 \\ 3y+2x=-3 \end{cases}$

20. $\begin{cases} x-2y=0 \\ y-2z=5 \\ x+y+z=8 \end{cases}$

15. $\begin{cases} x+y=1 \\ y+z=-1 \\ z+x=-6 \end{cases}$

18. $\begin{cases} 3x-2y=0 \\ 3y-4z=25 \\ z-5x=-14 \end{cases}$

21. $\begin{cases} 5x-3z=2 \\ 2z-y=-5 \\ x+2y-4z=8 \end{cases}$

22. $\begin{cases} 2x-z=14 \\ 4x+y-z=41 \\ 3x-y+5z=53 \end{cases}$

23. $\begin{cases} x+y-z=1 \\ z+x-y=3 \\ z-x+y=7 \end{cases}$

24. $\begin{cases} \frac{x}{2}+\frac{y}{2}-\frac{z}{3}=3 \\ \frac{x}{3}+\frac{y}{6}-\frac{z}{2}=-5 \\ \frac{x}{6}-\frac{y}{3}+\frac{z}{6}=0 \end{cases}$

27. $\begin{cases} \frac{x+y}{7}=\frac{y+4}{5} \\ \frac{x-z}{5}=\frac{y-4}{2} \\ \frac{y-z}{3}=\frac{x+2}{10} \end{cases}$

30. $\begin{cases} \frac{1}{x}+\frac{1}{y}=5 \\ \frac{1}{x}+\frac{1}{z}=6 \\ \frac{1}{y}+\frac{1}{z}=7 \end{cases}$

25. $\begin{cases} \frac{x}{3}+\frac{y}{4}+\frac{z}{3}=21 \\ \frac{x}{5}+\frac{y}{6}-\frac{z}{3}=0 \\ \frac{x}{10}+\frac{y}{3}-\frac{z}{6}=3 \end{cases}$

28. $\begin{cases} x-\frac{y+2}{5}=z+4 \\ y-\frac{z+4}{2}=x-6 \\ z-\frac{x-7}{3}=y-5 \end{cases}$

31. $\begin{cases} \frac{3}{x}+\frac{2}{y}=2 \\ \frac{2}{y}+\frac{2}{z}=\frac{3}{2} \\ \frac{1}{x}+\frac{4}{z}=\frac{4}{3} \end{cases}$

26. $\begin{cases} x-\frac{y+z}{3}=4 \\ y-\frac{x+z}{8}=10 \\ z-\frac{y-x}{2}=5 \end{cases}$

29. $\begin{cases} x-y+\frac{y-z}{2}=3 \\ \frac{x-y}{2}-\frac{x-z}{4}=0 \\ \frac{y-z}{2}-x=-5 \end{cases}$

32. $\begin{cases} \frac{1}{x}+\frac{4}{y}+\frac{2}{z}=-6 \\ \frac{3}{x}+\frac{2}{y}+\frac{4}{z}=3 \\ \frac{6}{x}-\frac{5}{y}-\frac{6}{z}=31 \end{cases}$

EMPLEO DE DETERMINANTES EN LA RESOLUCIÓN DE UN SISTEMA DE TRES ECUACIONES CON TRES INCÓGNITAS

307 DETERMINANTE DE TERCER ORDEN

Un determinante como

$$\begin{vmatrix} a_1 & b_1 & c_1 \\ a_2 & b_2 & c_2 \\ a_3 & b_3 & c_3 \end{vmatrix}$$

que consta de tres filas y tres columnas, es un determinante de tercer orden.

HALLAR EL VALOR DE UN DETERMINANTE DE TERCER ORDEN 308

El modo más sencillo y que creemos al alcance de los alumnos, de hallar el valor de un determinante de tercer orden es aplicando la **regla de Sarrus.** Explicaremos esta sencilla regla práctica con dos ejemplos.

1) Resolver $\begin{vmatrix} 1 & -2 & -3 \\ -4 & 2 & 1 \\ 5 & -1 & 3 \end{vmatrix}$ por la regla de Sarrus.

Debajo de la tercera fila horizontal se repiten las dos primeras filas horizontales y tenemos:

$$\begin{matrix} 1 & -2 & -3 \\ -4 & 2 & 1 \\ 5 & -1 & 3 \\ 1 & -2 & -3 \\ -4 & 2 & 1 \end{matrix}$$

Ahora trazamos 3 diagonales de derecha a izquierda y 3 de izquierda a derecha, como se indica a continuación:

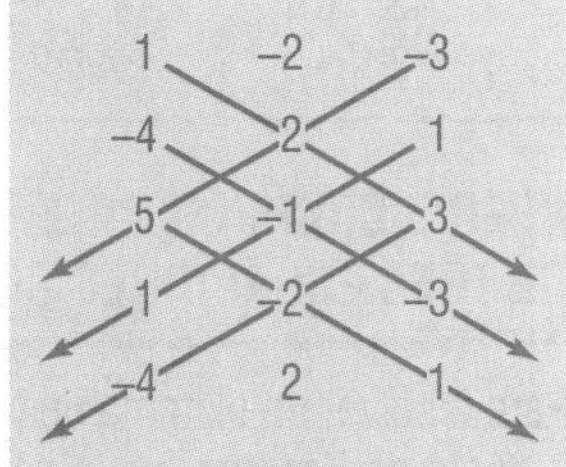

Ahora se multiplican entre sí los tres números por los que pasa cada diagonal.

Los productos de los números que hay en las diagonales trazadas de **izquierda a derecha** se escriben con **su propio signo** y los productos de los números que hay en las diagonales trazadas de **derecha a izquierda** con el **signo cambiado.** Así, en este caso, tenemos:

$$6 - 12 - 10 + 30 + 1 - 24 = -9$$

valor del determinante dado.

DETALLE DE LOS PRODUCTOS

De izquierda a derecha:

$1 \times 2 \times 3 = 6$ $\quad (-4) \times (-1) \times (-3) = -12$ $\quad 5 \times (-2) \times 1 = -10$

De derecha a izquierda:

$(-3) \times 2 \times 5 = -30$ cambiándole el signo $+30$

$1 \times (-1) \times 1 = -\ 1$ cambiándole el signo $+\ 1$

$3 \times (-2) \times (-4) = \ 24$ cambiándole el signo -24

2) Resolver por Sarrus $\begin{vmatrix} -3 & -6 & 1 \\ 4 & 1 & -3 \\ 5 & 8 & 7 \end{vmatrix}$

Aplicando el procedimiento explicado, tenemos:

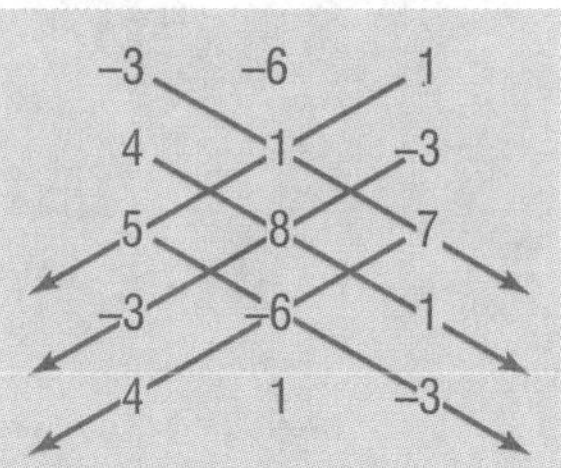

$$-21 + 32 + 90 - 5 - 72 + 168 = 192 \quad \textbf{R.}$$

Ejercicio 187

Hallar el valor de los siguientes determinantes:

1. $\begin{vmatrix} 1 & 2 & 1 \\ 1 & 3 & 4 \\ 1 & 0 & 2 \end{vmatrix}$ 4. $\begin{vmatrix} 2 & 5 & -1 \\ 3 & -4 & 3 \\ 6 & 2 & 4 \end{vmatrix}$ 7. $\begin{vmatrix} 5 & 2 & -8 \\ -3 & -7 & 3 \\ 4 & 0 & -1 \end{vmatrix}$ 10. $\begin{vmatrix} 12 & 5 & 10 \\ 8 & -6 & 9 \\ 7 & 4 & -2 \end{vmatrix}$

2. $\begin{vmatrix} 1 & 2 & -2 \\ 1 & -3 & 3 \\ -1 & 4 & 5 \end{vmatrix}$ 5. $\begin{vmatrix} 5 & -1 & -6 \\ -2 & 5 & 3 \\ 3 & 4 & 2 \end{vmatrix}$ 8. $\begin{vmatrix} 3 & 2 & 5 \\ -1 & -3 & 4 \\ 3 & 2 & 5 \end{vmatrix}$ 11. $\begin{vmatrix} -9 & 3 & -4 \\ 7 & -5 & -3 \\ 4 & 6 & 1 \end{vmatrix}$

3. $\begin{vmatrix} -3 & 4 & 1 \\ 2 & -3 & 0 \\ 1 & 2 & 7 \end{vmatrix}$ 6. $\begin{vmatrix} 4 & 1 & 5 \\ 3 & 2 & -6 \\ 12 & 3 & 2 \end{vmatrix}$ 9. $\begin{vmatrix} 5 & 2 & 3 \\ 6 & 1 & 2 \\ 3 & 4 & 5 \end{vmatrix}$ 12. $\begin{vmatrix} 11 & -5 & 7 \\ -12 & 3 & 8 \\ -13 & 1 & 9 \end{vmatrix}$

309 RESOLUCIÓN POR DETERMINANTES DE UN SISTEMA DE TRES ECUACIONES CON TRES INCÓGNITAS

Para resolver un sistema de tres ecuaciones con tres incógnitas, por determinantes, se aplica la **regla de Kramer,** que dice:

El valor de cada incógnita es una fracción cuyo denominador es el determinante formado con los coeficientes de las incógnitas (determinante del sistema) y cuyo numerador es el determinante que se obtiene sustituyendo en el determinante del sistema la columna de los coeficientes de la incógnita que se halla por la columna de los términos independientes de las ecuaciones dadas.

Ejemplos

1) Resolver por determinantes $\begin{cases} x + y + z = 4 \\ 2x - 3y + 5z = -5 \\ 3x + 4y + 7z = 10 \end{cases}$

Para hallar x, aplicando la *regla de Kramer,* tendremos:

$$x = \frac{\begin{vmatrix} 4 & 1 & 1 \\ -5 & -3 & 5 \\ 10 & 4 & 7 \end{vmatrix}}{\begin{vmatrix} 1 & 1 & 1 \\ 2 & -3 & 5 \\ 3 & 4 & 7 \end{vmatrix}} = \frac{-69}{-23} = 3$$

Véase que el determinante del denominador (determinante del sistema) está formado con los coeficientes de las incógnitas en las ecuaciones dadas.

El numerador de x se ha formado sustituyendo en el determinante del sistema la columna $\begin{matrix} 1 \\ 2 \\ 3 \end{matrix}$ de los coeficientes de x por la columna $\begin{matrix} 4 \\ -5 \\ 10 \end{matrix}$ de los términos independientes de las ecuaciones dadas.

Para hallar y, tendremos:

$$y = \frac{\begin{vmatrix} 1 & 4 & 1 \\ 2 & -5 & 5 \\ 3 & 10 & 7 \end{vmatrix}}{\begin{vmatrix} 1 & 1 & 1 \\ 2 & -3 & 5 \\ 3 & 4 & 7 \end{vmatrix}} = \frac{-46}{-23} = 2$$

El denominador es el mismo de antes, el determinante del sistema. El numerador se obtiene sustituyendo en éste la columna $\begin{matrix}1\\-3\\4\end{matrix}$ de los coeficientes de y por la columna $\begin{matrix}4\\-5\\10\end{matrix}$ de los términos independientes.

Para hallar z, tendremos:

$$z=\frac{\begin{vmatrix}1&1&4\\2&-3&-5\\3&4&10\end{vmatrix}}{\begin{vmatrix}1&1&1\\2&-3&5\\3&4&7\end{vmatrix}}=\frac{23}{-23}=-1$$

El denominador es el determinante del sistema; el numerador se obtiene sustituyendo en ésta la columna $\begin{matrix}1\\5\\7\end{matrix}$ de los coeficientes de z por la columna $\begin{matrix}4\\-5\\10\end{matrix}$ de los términos independientes.

La solución del sistema es $\begin{cases}x=3\\y=2\\z=-1\end{cases}$

2) Resolver por determinantes $\begin{cases}2x+y-3z=12\\5x-4y+7z=27\\10x+3y-z=40\end{cases}$

Tendremos:

$$x=\frac{\begin{vmatrix}12&1&-3\\27&-4&7\\40&3&-1\end{vmatrix}}{\begin{vmatrix}2&1&-3\\5&-4&7\\10&3&-1\end{vmatrix}}=\frac{-620}{-124}=5$$

$$y=\frac{\begin{vmatrix}2&12&-3\\5&27&7\\10&40&-1\end{vmatrix}}{\begin{vmatrix}2&1&-3\\5&-4&7\\10&3&-1\end{vmatrix}}=\frac{496}{-124}=-4$$

$$z=\frac{\begin{vmatrix}2&1&12\\5&-4&27\\10&3&40\end{vmatrix}}{\begin{vmatrix}2&1&-3\\5&-4&7\\10&3&-1\end{vmatrix}}=\frac{248}{-124}=-2$$

R. $\begin{cases}x=5\\y=-4\\z=-2\end{cases}$

Ejercicio 188

Resolver por determinantes[1]:

1. $\begin{cases} x+y+z=11 \\ x-y+3z=13 \\ 2x+2y-z=7 \end{cases}$

2. $\begin{cases} x+y+z=-6 \\ 2x+y-z=-1 \\ x-2y+3z=-6 \end{cases}$

3. $\begin{cases} 2x+3y+4z=3 \\ 2x+6y+8z=5 \\ 4x+9y-4z=4 \end{cases}$

4. $\begin{cases} 4x-y+z=4 \\ 2y-z+2x=2 \\ 6x+3z-2y=12 \end{cases}$

5. $\begin{cases} x+4y+5z=11 \\ 3x-2y+z=5 \\ 4x+y-3z=-26 \end{cases}$

6. $\begin{cases} 7x+10y+4z=-2 \\ 5x-2y+6z=38 \\ 3x+y-z=21 \end{cases}$

7. $\begin{cases} 4x+7y+5z=-2 \\ 6x+3y+7z=6 \\ x-y+9z=-21 \end{cases}$

8. $\begin{cases} 3x-5y+2z=-22 \\ 2x-y+6z=32 \\ 8x+3y-5z=-33 \end{cases}$

9. $\begin{cases} x+y+z=3 \\ x+2y=6 \\ 2x+3y=6 \end{cases}$

10. $\begin{cases} 3x-2y=-1 \\ 4x+z=-28 \\ x+2y+3z=-43 \end{cases}$

11. $\begin{cases} \frac{x}{3}-\frac{y}{4}+\frac{z}{4}=1 \\ \frac{x}{6}+\frac{y}{2}-z=1 \\ \frac{x}{2}-\frac{y}{8}-\frac{z}{2}=0 \end{cases}$

12. $\begin{cases} \frac{x}{3}+y=2z+3 \\ x-y=1 \\ x+z=\frac{y}{4}+11 \end{cases}$

REPRESENTACIÓN GRÁFICA DE PUNTOS EN EL ESPACIO Y PLANOS

310 EJES COORDENADOS EN EL ESPACIO (Fig. 59)

Si por un punto del espacio *O* trazamos tres ejes *OX, OY, OZ,* de modo que cada eje sea perpendicular a los otros dos, tenemos un sistema de **ejes coordenados rectangulares** en el espacio. Si los ejes no son perpendiculares entre sí, tenemos un sistema de ejes coordenados **oblicuos.** El punto *O* se llama **origen.**

Figura 59

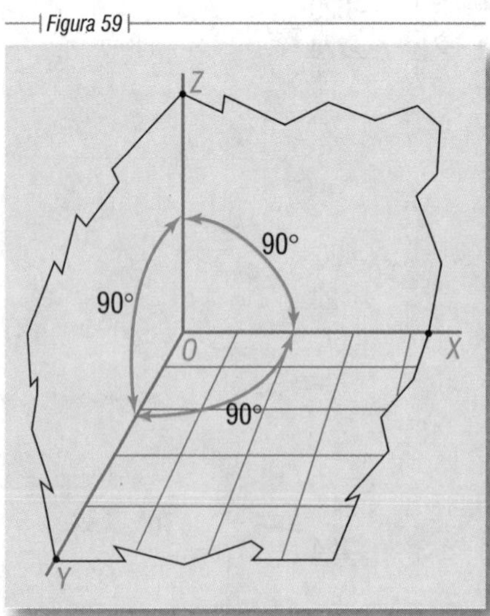

Cada dos de estos ejes **determinan un plano.**

Los ejes *OX* y *OY* determinan el plano *XY;* los ejes *OY* y *OZ* determinan el plano *YZ,* y los ejes *OZ* y *OX* determinan el plano *ZX.* Estos son los **planos coordenados.**

Estos tres planos, perpendicular cada uno de ellos a los otros dos, forman un **triedro trirrectángulo.**

Cuando los ejes están dispuestos como se indica en la figura 59, se dice que el triedro trirrectángulo es **inverso.** Si el eje *OX* ocupara la posición del eje *OY* y viceversa, el triedro sería **directo.** Nosotros trabajaremos con el triedro inverso.

[1] Ponga **cero** como coeficiente de las incógnitas que falten en cada ecuación.

Para que el alumno aclare los conceptos anteriores, fíjese en el ángulo de la izquierda de su salón de clase. El **suelo** es el plano *XY*; la pared que está a la **izquierda** del alumno es el plano *YZ;* la pared que le queda **enfrente** es el plano *ZX*. El eje *OX* es la intersección de la pared de enfrente con el suelo; el eje *OY* es la intersección de la pared de la izquierda con el suelo; el eje *OZ* es la intersección de la pared de la izquierda con la pared del frente. El punto donde concurren los tres ejes (la esquina del suelo, a la izquierda) es el **origen.**

COORDENADAS CARTESIANAS DE UN PUNTO DEL ESPACIO

311

La posición de un punto del espacio queda determinada por sus **coordenadas en el espacio,** que son sus distancias a los planos coordenados.

Sea el punto *P* (Fig. 60). Las coordenadas del punto *P* son:

1) La **abscisa** *x,* que es la distancia de *P* al plano *YZ*.

2) La **ordenada** *y,* que es la distancia de *P* al plano *ZX*.

3) La **cota** *z,* que es la distancia de *P* al plano *XY*.

El punto *P* dado por sus coordenadas se expresa *P*(*x, y, z*). Así, el punto (2, 4, 5) es un punto del espacio tal que, para una unidad escogida, su abscisa es 2, su ordenada es 4 y su cota es 5.

(Las coordenadas de un punto del espacio en su salón de clase son: **abscisa,** la distancia del punto a la pared de la izquierda; **ordenada,** la distancia del punto a la pared de enfrente; **cota,** la distancia del punto al suelo).

En la práctica, para representar un punto del espacio, se mide la abscisa sobre el eje *OX* y se trazan líneas que representan la ordenada y la cota.

En la figura 61 está representado el punto *P*(3, 2, 4).

Figura 60

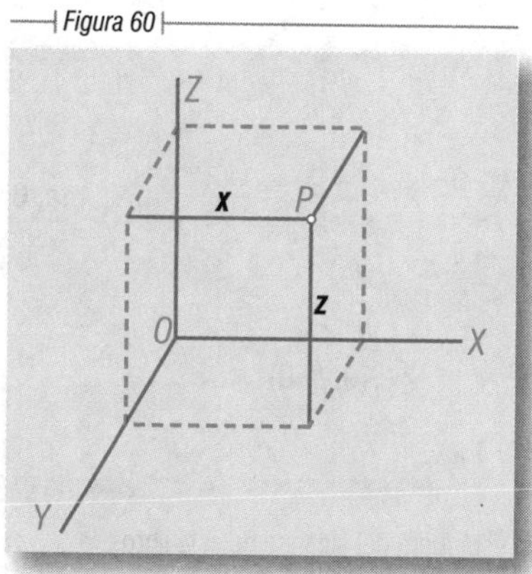

Figura 61

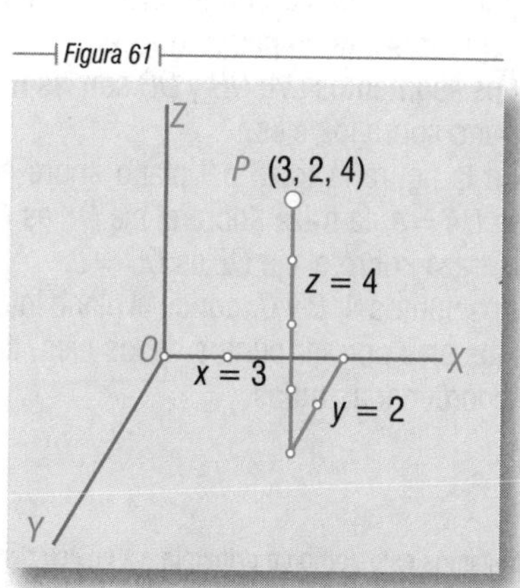

312 REPRESENTACIÓN DE UN PUNTO CUANDO UNA O MÁS COORDENADAS SON CERO (0)

Cuando **una** de las coordenadas es 0 y las otras dos no, el punto está situado en uno de los planos coordenados. (Fig. 62)

Si $x = 0$, el punto está situado en el plano *YZ;* en la figura, $P_1(0, 2, 3)$.

Figura 62

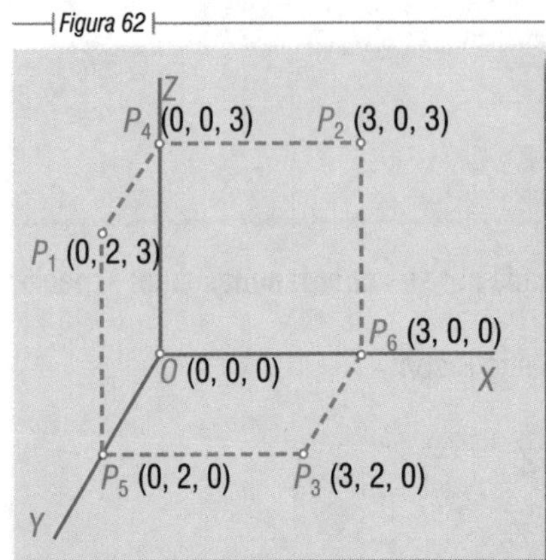

Si $y = 0$, el punto está en el plano *ZX;* en la figura, $P_2(3, 0, 3)$. Si $z = 0$, el punto está situado en el plano *XY;* en la figura, $P_3(3, 2, 0)$.

Cuando **dos** de las coordenadas son 0 y la otra no, el punto está situado en uno de los ejes.

Si $x = 0$, $y = 0$, el punto está situado en el eje *OZ;* en la figura, $P_4(0, 0, 3)$.

Si $x = 0$, $z = 0$, el punto está en el eje *OY;* en la figura, $P_5(0, 2, 0)$.

Si $y = 0$, $z = 0$, el punto está en el eje *OX;* en la figura, $P_6(3, 0, 0)$.

Si las **tres** coordenadas son 0, el punto es el origen.

Ejercicio 189

Representar gráficamente los puntos siguientes:

1. (1, 1, 3)	4. (3, 5, 6)	7. (7, 5, 4)	10. (4, 0, 4)	13. (0, 0, 4)
2. (4, 2, 3)	5. (2, 4, 1)	8. (3, 1, 6)	11. (4, 2, 0)	14. (5, 0, 0)
3. (5, 4, 2)	6. (4, 3, 7)	9. (6, 3, 4)	12. (5, 6, 0)	15. (0, 5, 0)

313 EL PLANO

Toda ecuación de primer grado con tres variables representa un plano.[1]

Así, toda ecuación de la forma $Ax + By + Cz = D$ representa un plano. (Fig. 63.)

Los segmentos *OA, OB* y *OC* son las **trazas** del plano sobre los ejes.

En la figura la traza del plano sobre el eje *OX* es $OA = a$; la traza sobre el eje *OY* es $OB = b$ y la traza sobre el eje *OZ* es $OC = c$.

Los puntos *A, B* y *C,* donde el plano interseca a los ejes por ser puntos de los ejes, tienen dos coordenadas **nulas.**

Figura 63

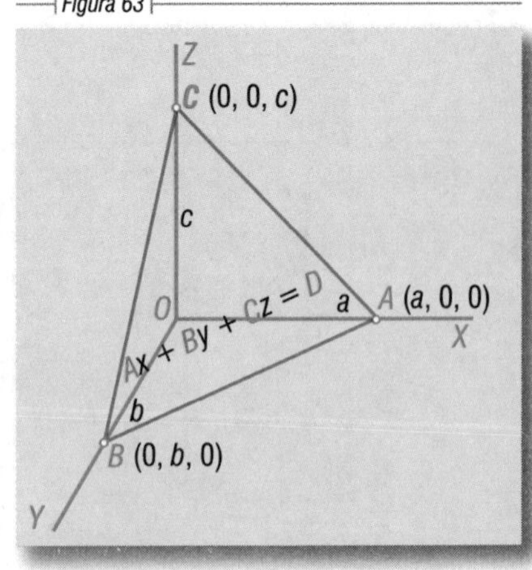

[1] Admitamos esto como un **principio,** ya que su demostración está fuera del alcance de este libro.

REPRESENTACIÓN GRÁFICA DE UNA ECUACIÓN DE PRIMER GRADO CON TRES VARIABLES 314

1) Representar la ecuación $4x + 3y + 2z = 12$.

Para representar gráficamente esta ecuación vamos a hallar las trazas del plano que ella representa sobre los ejes (Fig. 64).

Figura 64

La traza sobre el eje *OX* se halla haciendo $y = 0$, $z = 0$ en la ecuación dada. Tendremos:

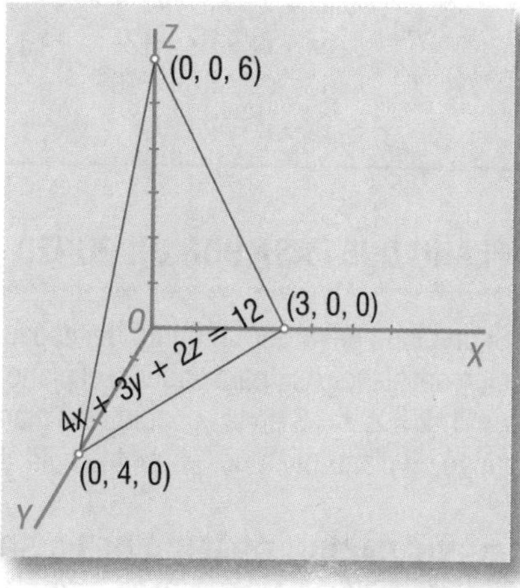

Para $y = 0$, $z = 0$, queda $4x = 12 \therefore \boldsymbol{x} = 3$.

Se representa el punto (3, 0, 0).

La traza sobre el eje *OY* se halla haciendo $x = 0$, $z = 0$ en la ecuación dada. Tendremos:

Para $x = 0$, $z = 0$ queda $3y = 12 \therefore \boldsymbol{y} = 4$.

Se representa el punto (0, 4, 0).

La traza sobre el eje 0Z se halla haciendo $x = 0$, $y = 0$ en la ecuación dada. Tendremos:

Para $x = 0$, $y = 0$ queda $2z = 12 \therefore \boldsymbol{z} = 6$.

Se representa el punto (0, 0, 6).

Uniendo entre sí los tres puntos que hemos hallado, obtenemos un plano que es la representación gráfica de la ecuación $4x + 3y + 2z = 12$.

2) Representar gráficamente $4x + 5y + 8z = 20$ (Fig. 65).

Figura 65

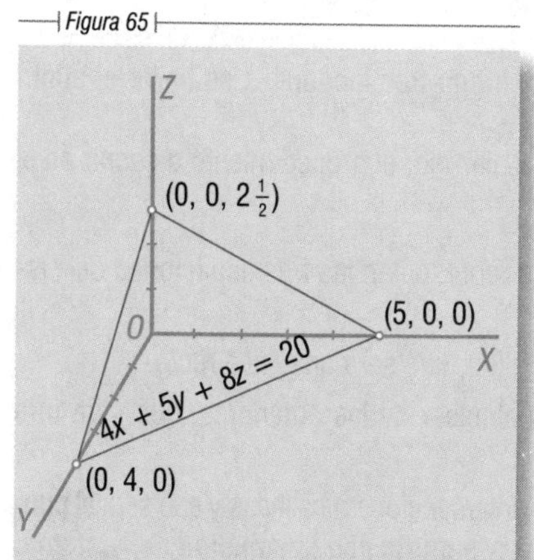

Tenemos:

Para

$$y = 0,\ z = 0,\ x = \frac{20}{4} = 5. \text{ Punto } (5, 0, 0).$$

Para

$$x = 0,\ z = 0,\ y = \frac{20}{5} = 4. \text{ Punto } (0, 4, 0).$$

Para

$$x = 0,\ y = 0,\ z = \frac{20}{8} = 2\frac{1}{2}. \text{ Punto } \left(0, 0, 2\frac{1}{2}\right).$$

Uniendo estos puntos entre sí queda trazado un plano que es la representación gráfica de la ecuación $4x + 5y + 8z = 20$.

Ejercicio 190

Representar gráficamente las ecuaciones:

1. $3x+6y+2z=6$
2. $2x+y+4z=4$
3. $4x+6y+3z=12$
4. $15x+6y+5z=30$
5. $2x+y+3z=6$
6. $15x+10y+6z=30$
7. $14x+10y+5z=35$
8. $3x+y+2z=10$
9. $4x+2y+3z=18$
10. $15x+20y+24z=120$

315 PLANO QUE PASA POR UN PUNTO

Si un plano pasa por un punto del espacio, las coordenadas de ese punto satisfacen la ecuación del plano. Así, para saber si el plano $2x+y+3z=13$ pasa por el punto (1, 2, 3), hacemos $x=1$, $y=2$, $z=3$ en la ecuación del plano y tendremos: $2(1)+2+3(3)=13$, o sea, $13=13$; luego, el plano pasa por el punto (1, 2, 3), o de otro modo, el punto pertenece al plano.

316 SIGNIFICACIÓN GRÁFICA DE LA SOLUCIÓN DE UN SISTEMA DE TRES ECUACIONES CON TRES INCÓGNITAS

Sea el sistema $\begin{cases} x+y+z=12 \\ 2x-y+3z=17 \\ 3x+2y-5z=-8 \end{cases}$

Resolviéndolo se halla

$$x=3,\ y=4,\ z=5$$

Esta solución representa un punto del espacio, el punto (3, 4, 5). Ahora bien: $x=3$, $y=4$, $z=5$ satisfacen las tres ecuaciones del sistema; luego, el punto (3, 4, 5) pertenece a los tres planos que representan las ecuaciones dadas; luego, el punto (3, 4, 5) es un punto por el que pasan los tres planos, el **punto común** a los tres planos.

317 RESOLUCIÓN Y REPRESENTACIÓN GRÁFICA DE UN SISTEMA DE TRES ECUACIONES CON TRES INCÓGNITAS

Resolver gráficamente un sistema de tres ecuaciones con tres incógnitas es hallar el punto del espacio por el que pasan los tres planos.

Para ello, dados los conocimientos que posee el alumno, el procedimiento a seguir es el siguiente:

1) Se representan gráficamente los tres planos que representan las tres ecuaciones del sistema, hallando sus trazas.
2) Se traza la intersección de dos cualesquiera de ellos, que será una línea recta.
3) Se traza la intersección del tercer plano con cualquiera de los anteriores, que será otra línea recta.
4) Se busca el punto donde se cortan las dos rectas (intersecciones) halladas y ese será el **punto común** a los tres planos. **Las coordenadas de este punto son la solución del sistema.**

Ejemplo

1) Resolver gráficamente el sistema:

$$\begin{cases} 2x + 2y + z = 12 \\ x + y + z = 8 \\ 3x + 2y + 5z = 30 \end{cases}$$

Figura 66

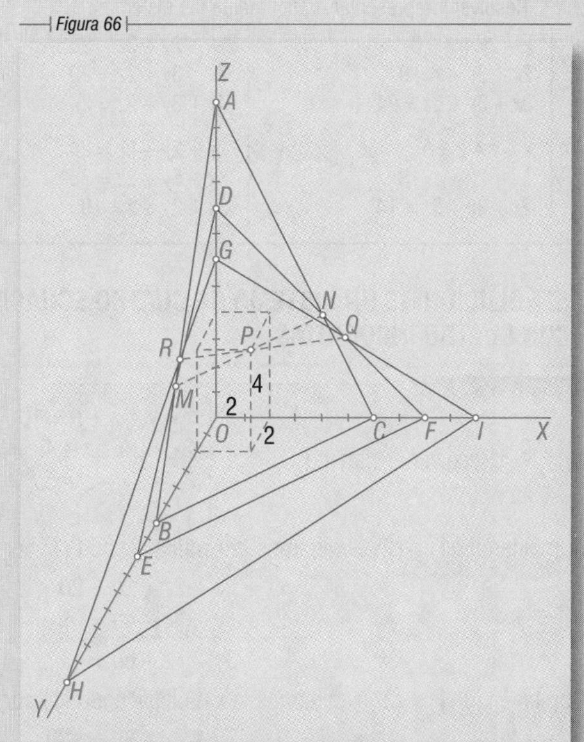

Apliquemos el procedimiento anterior (Fig. 66).
Representemos $2x + 2y + z = 12$.

Para $y = 0, \quad z = 0, \quad x = 6$
$x = 0, \quad z = 0, \quad y = 6$
$x = 0, \quad y = 0, \quad z = 12$

El plano que representa esta ecuación es el plano *ABC*. Representemos $x + y + z = 8$.

Para $y = 0, \quad z = 0, \quad x = 8$
$x = 0, \quad z = 0, \quad y = 8$
$x = 0, \quad y = 0, \quad z = 8$

El plano que representa esta ecuación es el plano *DEF*.
Representemos $3x + 2y + 5z = 30$.

Para $y = 0, \quad z = 0, \quad x = 10$
$x = 0, \quad z = 0, \quad y = 15$
$x = 0, \quad y = 0, \quad z = 6$

El plano que representa esta ecuación es el plano *GHI*.
Trazamos la intersección del plano *ABC* con el plano *DEF* que es la línea recta *MN;* trazamos la intersección del plano *DEF* con el plano *GHI* que es la línea recta *RQ*.
Ambas intersecciones se cortan en el punto *P;* el punto *P* pertenece a los 3 planos.
Las *coordenadas de P* que en la figura se ve que son $x = 2$, $y = 2$, $z = 4$ son la *solución del sistema.*

Ejercicio 191

Resolver y representar gráficamente los sistemas:

1. $\begin{cases} x+2y+z=8 \\ 2x+2y+z=9 \\ 3x+3y+5z=24 \end{cases}$

2. $\begin{cases} x+y+z=5 \\ 3x+2y+z=8 \\ 2x+3y+3z=14 \end{cases}$

3. $\begin{cases} 2x+2y+3z=23 \\ 2x+3y+2z=20 \\ 4x+3y+2z=24 \end{cases}$

4. $\begin{cases} 2x+2y+3z=24 \\ 4x+5y+2z=35 \\ 3x+2y+z=19 \end{cases}$

5. $\begin{cases} 3x+4y+5z=35 \\ 2x+5y+3z=27 \\ 2x+y+z=13 \end{cases}$

6. $\begin{cases} 4x+3y+5z=42 \\ 3x+4y+3z=33 \\ 2x+5y+2x=29 \end{cases}$

318 RESOLUCIÓN DE UN SISTEMA DE CUATRO ECUACIONES CON CUATRO INCÓGNITAS

Ejemplo

1) Resolver el sistema $\begin{cases} x+y+z+u=10 & (\mathbf{1}) \\ 2x-y+3z-4u=9 & (\mathbf{2}) \\ 3x+2y-z+5u=13 & (\mathbf{3}) \\ x-3y+2z-4u=-3 & (\mathbf{4}) \end{cases}$

Combinando (**1**) y (**2**) eliminamos la x multiplicando (**1**) por 2 y restando:

$$\begin{array}{r} 2x+2y+2z+2u=20 \\ -2x+\ y-3z+4u=-9 \\ \hline 3y-\ z+6u=11 \end{array} \qquad (\mathbf{5})$$

Combinando (**1**) y (**3**) eliminamos la x multiplicando (**1**) por 3 y restando:

$$\begin{array}{r} 3x+3y+3z+3u=\ 30 \\ -3x-2y+\ z-5u=-13 \\ \hline y+4z-2u=17 \end{array} \qquad (\mathbf{6})$$

Combinando (**1**) y (**4**) eliminamos la x, restando:

$$\begin{array}{r} x+\ y+\ z+\ u=10 \\ -x+3y-2z+4u=\ 3 \\ \hline 4y-\ z+5u=13 \end{array} \qquad (\mathbf{7})$$

Reuniendo las ecuaciones (**5**), (**6**) y (**7**) que hemos obtenido tenemos un sistema de 3 ecuaciones con tres incógnitas:

$$\begin{cases} 3y-\ z+6u=11 & (\mathbf{5}) \\ y+4z-2u=17 & (\mathbf{6}) \\ 4y-\ z+5u=13 & (\mathbf{7}) \end{cases}$$

Vamos a eliminar la z. Combinando (**5**) y (**6**), multiplicamos (**5**) por 4 y sumamos:

$$\begin{array}{r} 12y-\ 4z+24u=44 \\ y+\ 4z-\ 2u=17 \\ \hline 13y\qquad +22u=61 \end{array} \qquad (\mathbf{8})$$

Combinando (**5**) y (**7**) eliminamos la z restándolas:

$$\begin{array}{r} 3y-z+6u=\ 11 \\ -4y+z-5u=-13 \\ \hline -y\qquad +\ u=-\ 2 \end{array} \qquad (\mathbf{9})$$

Reuniendo (**8**) y (**9**) tenemos un sistema de dos ecuaciones con dos incógnitas:

$$\begin{cases} 13y + 22u = 61 & (\mathbf{8}) \\ -y + u = -2 & (\mathbf{9}) \end{cases}$$

Resolvamos este sistema. Multiplicando (**9**) por 13 y sumando:

$$\begin{array}{r} 13y + 22u = 61 \\ -13y + 13u = -26 \\ \hline 35u = 35 \\ \boldsymbol{u} = 1 \end{array}$$

Ahora, sustituimos $u = 1$ en una ecuación de dos incógnitas, por ejemplo en (**9**) y tenemos:

$$-y + 1 = -2$$
$$\boldsymbol{y} = 3$$

Sustituimos $u = 1$, $y = 3$ en una ecuación de tres incógnitas, por ejemplo en (**5**) y tenemos:

$$3(3) - z + 6(1) = 11$$
$$9 - z + 6 = 11$$
$$\boldsymbol{z} = 4$$

Ahora, sustituimos $u = 1$, $y = 3$, $z = 4$ en cualquiera de las ecuaciones dadas, por ejemplo en (**1**) y tenemos:

$$x + 3 + 4 + 1 = 10$$
$$\boldsymbol{x} = 2$$

R. $\begin{cases} x = 2 \\ y = 3 \\ z = 4 \\ u = 1 \end{cases}$

Ejercicio 192

Resolver los sistemas:

1. $\begin{cases} x + y + z + u = 4 \\ x + 2y + 3z - u = -1 \\ 3x + 4y + 2z + u = -5 \\ x + 4y + 3z - u = -7 \end{cases}$

2. $\begin{cases} x + y + z + u = 10 \\ 2x - y - 2z + 2u = 2 \\ x - 2y + 3z - u = 2 \\ x + 2y - 4z + 2u = 1 \end{cases}$

3. $\begin{cases} x - 2y + z + 3u = -3 \\ 3x + y - 4z - 2u = 7 \\ 2x + 2y - z - u = 1 \\ x + 4y + 2z - 5u = 12 \end{cases}$

4. $\begin{cases} 2x - 3y + z + 4u = 0 \\ 3x + y - 5z - 3u = -10 \\ 6x + 2y - z + u = -3 \\ x + 5y + 4z - 3u = -6 \end{cases}$

5. $\begin{cases} x + y - z = -4 \\ 4x + 3y + 2z - u = 9 \\ 2x - y - 4z + u = -1 \\ x + 2y + 3z + 2u = -1 \end{cases}$

6. $\begin{cases} x + 2y + z = -4 \\ 2x + 3y + 4z = -2 \\ 3x + y + z + u = 4 \\ 6x + 3y - z + u = 3 \end{cases}$

7. $\begin{cases} 3x + 2y = -2 \\ x + y + u = -3 \\ 3x - 2y - u = -7 \\ 4x + 5y + 6z + 3u = 11 \end{cases}$

8. $\begin{cases} 2x - 3z - u = 2 \\ 3y - 2z - 5u = 3 \\ 4y - 3u = 2 \\ x - 3y + 3u = 0 \end{cases}$

Jean Le Rond D'Alembert (1717-1783). Abandonado al nacer en el atrio de la capilla de St. Jean le-Rond, fue recogido por la esposa de un humilde vidriero y criado hasta la mayoría de edad. Fue un verdadero genio precoz. Concibió y realizó con Diderot la idea de la Enciclopedia. Dirigió dicho movimiento y redactó todos los artículos sobre Matemáticas que aparecen en la famosa Enciclopedia. Fue secretario perpetuo de la Academia Francesa. Puede considerarse con Rousseau precursor de la Revolución.

Capítulo XXVI

PROBLEMAS QUE SE RESUELVEN CON ECUACIONES SIMULTÁNEAS

319 **La diferencia de dos números es 14 y $\frac{1}{4}$ de su suma es 13. Hallar los números.**

Sea $x =$ el número mayor

$y =$ el número menor

De acuerdo con las condiciones del problema, tenemos el sistema:

$$\begin{cases} x - y = 14 & \textbf{(1)} \\ \dfrac{x+y}{4} = 13 & \textbf{(2)} \end{cases}$$

Quitando denominadores y sumando:

$$\begin{array}{r} x - y = 14 \\ x + y = 52 \\ \hline 2x \quad = 66 \\ x = 33 \end{array}$$

Sustituyendo $x = 33$ en (**1**):

$$\begin{aligned} 33 - y &= 14 \\ y &= 19 \end{aligned}$$

Los números buscados son 33 y 19. **R.**

Ejercicio 193

1. La diferencia de dos números es 40 y $\frac{1}{8}$ de su suma es 11. Hallar los números.
2. La suma de dos números es 190 y $\frac{1}{9}$ de su diferencia es 2. Hallar los números.
3. La suma de dos números es 1,529 y su diferencia 101. Hallar los números.
4. Un cuarto de la suma de dos números es 45 y un tercio de su diferencia es 4. Hallar los números.
5. Los $\frac{2}{3}$ de la suma de dos números son 74 y los $\frac{3}{5}$ de su diferencia 9. Hallar los números.
6. Los $\frac{3}{10}$ de la suma de dos números exceden en 6 a 39 y los $\frac{5}{6}$ de su diferencia son 1 menos que 26. Hallar los números.
7. Un tercio de la diferencia de dos números es 11 y los $\frac{4}{9}$ del mayor equivalen a los $\frac{3}{4}$ del menor. Hallar los números.
8. Dividir 80 en dos partes tales que los $\frac{3}{8}$ de la parte mayor equivalgan a los $\frac{3}{2}$ de la menor.
9. Hallar dos números tales que 5 veces el mayor exceda a $\frac{1}{5}$ del menor en 222 y 5 veces el menor exceda a $\frac{1}{5}$ del mayor en 66.

Seis libras de café y 5 lb de azúcar costaron \$227. Si por 5 lb de café y 4 lb de azúcar (a los mismos precios) se pagó \$188. Calcular el precio de una libra de café y una de azúcar. 320

Sea x = precio de 1 libra de café

y = precio de 1 libra de azúcar

Si una libra de café cuesta x, 6 lb costarán $6x$; si una libra de azúcar cuesta y, 5 lb de azúcar costarán $5y$, y como el importe de esta compra fue de \$227 tendremos:

$$6x + 5y = 227 \quad (\mathbf{1})$$

5 lb de café cuestan $5x$ y 4 de azúcar $4y$ y como el importe de esta compra fue de \$188, tendremos:

$$5x + 4y = 188 \quad (\mathbf{2})$$

Reuniendo las ecuaciones (**1**) y (**2**), tenemos el sistema:

$$\begin{cases} 6x + 5y = 227 & (\mathbf{1}) \\ 5x + 4y = 188 & (\mathbf{2}) \end{cases}$$

Multiplicando (**1**) por 5 y (**2**) por 6 y restando:

$$\begin{cases} 30x + 25y = 1{,}135 \\ -30x - 24y = -1{,}128 \end{cases}$$
$$y = 7$$

Sustituyendo $y = 7$ en (**1**) se tiene $x = 32$.
Una libra de café costó \$32 y una libra de azúcar, \$7. **R.**

Ejercicio 194

1. Cinco trajes y 3 sombreros cuestan 4,180 nuevos soles, y 8 trajes y 9 sombreros 6,940. Hallar el precio de un traje y de un sombrero.
2. Un hacendado compró 4 vacas y 7 caballos por \$51,400. Si más tarde, a los mismos precios, compró 8 vacas y 9 caballos por \$81,800, hallar el costo de una vaca y de un caballo.
3. En un cine, 10 entradas de adulto y 9 de niño cuestan \$512. Si por 17 entradas de niño y 15 de adulto se pagó \$831, hallar el precio de una entrada de niño y una de adulto.
4. Si a 5 veces el mayor de dos números se añade 7 veces el menor, la suma es 316, y si a 9 veces el menor se resta el cuádruple del mayor, la diferencia es 83. Hallar los números.
5. Los $\frac{3}{7}$ de la edad de *A* aumentados en $\frac{3}{8}$ de la edad de *B* suman 15 años, y $\frac{2}{3}$ de la edad de *A* disminuidos en $\frac{3}{4}$ de la de *B* equivalen a 2 años. Hallar ambas edades.
6. El doble de la edad de *A* excede en 50 años a la edad de *B*, y $\frac{1}{4}$ de la edad de *B* es 35 años menos que la edad de *A*. Hallar ambas edades.
7. La edad de *A* excede en 13 años a la de *B*, y el doble de la edad de *B* excede en 29 años a la edad de *A*. Hallar ambas edades.
8. Si $\frac{1}{5}$ de la edad de *A* se aumenta en $\frac{2}{3}$ de la de *B*, el resultado sería 37 años, y $\frac{5}{12}$ de la edad de *B* equivalen a $\frac{3}{13}$ de la edad de *A*. Hallar ambas edades.

321 **Si a los dos términos de una fracción se añade 3, el valor de la fracción es $\frac{1}{2}$ y si a los dos términos se resta 1, el valor de la fracción es $\frac{1}{3}$. Hallar la fracción.**

Sea	$x =$ el numerador
	$y =$ el denominador

Entonces, $\frac{x}{y} =$ la fracción.

Añadiendo 3 a cada término, la fracción se convierte en $\frac{x+3}{y+3}$, y según las condiciones del problema el valor de esta fracción es $\frac{1}{2}$; luego:

$$\frac{x+3}{y+3} = \frac{1}{2} \quad \textbf{(1)}$$

Restando 1 a cada término, la fracción se convierte en $\frac{x-1}{y-1}$, y según las condiciones, el valor de esta fracción es $\frac{1}{3}$; luego:

$$\frac{x-1}{y-1} = \frac{1}{3} \quad \textbf{(2)}$$

Reuniendo las ecuaciones (**1**) y (**2**), tenemos el sistema: $\begin{cases} \dfrac{x+3}{y+3}=\dfrac{1}{2} \\ \dfrac{x-1}{y-1}=\dfrac{1}{3} \end{cases}$

Quitando denominadores: $\begin{cases} 2x+6=y+3 \\ 3x-3=y-1 \end{cases}$

Transponiendo y reduciendo: $\begin{cases} 2x-y=-3 \\ 3x-y=\ \ 2 \end{cases}$ (**3**)

Restando: $\begin{cases} -2x+y=3 \\ 3x-y=2 \\ x\quad\ =5 \end{cases}$

Sustituyendo $x=5$ en (**3**): $15-y=\ \ 2$

$y=13$

Luego, la fracción es $\frac{5}{13}$. **R.**

Ejercicio 195

1. Si a los dos términos de una fracción se añade 1, el valor de la fracción es $\frac{2}{3}$, y si a los dos términos se resta 1, el valor de la fracción es $\frac{1}{2}$. Hallar la fracción.
2. Si a los dos términos de una fracción se resta 3, el valor de la fracción es $\frac{1}{3}$, y si los dos términos se aumentan en 5, el valor de la fracción es $\frac{3}{5}$. Hallar la fracción.
3. Si al numerador de una fracción se añade 5, el valor de la fracción es 2, y si al numerador se resta 2, el valor de la fracción es 1. Hallar la fracción.
4. Si el numerador de una fracción se aumenta en 26 el valor de la fracción es 3, y si el denominador se disminuye en 4, el valor es 1. Hallar la fracción.
5. Añadiendo 3 al numerador de una fracción y restando 2 al denominador, la fracción se convierte en $\frac{6}{7}$, pero si se resta 5 al numerador y se añade 2 al denominador, la fracción equivale a $\frac{2}{5}$. Hallar la fracción.
6. Multiplicando por 3 el numerador de una fracción y añadiendo 12 al denominador, el valor de la fracción es $\frac{3}{4}$ y si el numerador se aumenta en 7 y se triplica el denominador, el valor de la fracción es $\frac{1}{2}$. Hallar la fracción.
7. Si el numerador de una fracción se aumenta en $\frac{2}{5}$, el valor de la fracción es $\frac{4}{5}$, y si el numerador se disminuye en $\frac{4}{5}$, el valor de la fracción es $\frac{2}{5}$. Hallar la fracción.

322 **Dos números están en la relación de 3 a 4. Si el menor se aumenta en 2 y el mayor se disminuye en 9, la relación es de 4 a 3. Hallar los números.**

Sea x = el número menor
y = el número mayor

La relación de dos números es el **cociente** de dividir uno por el otro. Según las condiciones, x y y están en la relación de 3 a 4; luego,

$$\frac{x}{y}=\frac{3}{4} \quad \textbf{(1)}$$

Si el menor se aumenta en 2, quedará $x + 2$; si el mayor se disminuye en 9, quedará $y - 9$; la relación de estos números, según las condiciones, es de 4 a 3; luego,

$$\frac{x+2}{y-9}=\frac{4}{3} \quad \textbf{(2)}$$

Reuniendo (**1**) y (**2**), tenemos el sistema: $\begin{cases} \dfrac{x}{y}=\dfrac{3}{4} \\ \dfrac{x+2}{y-9}=\dfrac{4}{3} \end{cases}$

Resolviendo el sistema se halla $x = 18$, $y = 24$; éstos son los números buscados. **R.**

196 Ejercicio

1. Dos números están en la relación de 5 a 6. Si el menor se aumenta en 2 y el mayor se disminuye en 6, la relación es de 9 a 8. Hallar los números.
2. La relación de dos números es de 2 a 3. Si el menor se aumenta en 8 y el mayor en 7, la relación es de 3 a 4. Hallar los números.
3. Dos números son entre sí como 9 es a 10. Si el mayor se aumenta en 20 y el menor se disminuye en 15, el menor será al mayor como 3 es a 7. Hallar los números.
4. Las edades de A y B están en la relación de 5 a 7. Dentro de 2 años la relación entre la edad de A y la de B será de 8 a 11. Hallar las edades actuales.
5. Las edades de A y B están en la relación de 4 a 5. Hace 5 años la relación era de 7 a 9. Hallar las edades actuales.
6. La edad actual de A guarda con la edad actual de B la relación de 2 a 3. Si la edad que A tenía hace 4 años se divide entre la edad que tendrá B dentro de 4 años, el cociente es $\frac{2}{5}$. Hallar las edades actuales.
7. Cuando empiezan a jugar A y B, la relación de lo que tiene A y lo que tiene B es de 10 a 13. Después que A le ha ganado 10,000 bolívares a B, la relación entre lo que tiene A y lo que le queda a B es de 12 a 11. ¿Con cuánto empezó a jugar cada uno?
8. Antes de una batalla, las fuerzas de dos ejércitos estaban en la relación de 7 a 9. El ejército menor perdió 15,000 hombres en la batalla y el mayor 25,000 hombres. Si la relación ahora es de 11 a 13, ¿cuántos hombres tenía cada ejército antes de la batalla?

Si el mayor de dos números se divide entre el menor, el cociente es 2 y el residuo 9, y si tres veces el menor se divide entre el mayor, el cociente es 1 y el residuo 14. Hallar los números. 323

Sea x = el número mayor

y = el número menor

Según las condiciones, al dividir x entre y el cociente es 2 y el residuo 9, pero si el residuo se le resta al dividendo x, quedará $x - 9$ y entonces la división entre y es exacta; luego:

$$\frac{x-9}{y}=2 \quad (\mathbf{1})$$

Dividiendo $3y$ entre x, según las condiciones, el cociente es 1 y el residuo 14, pero restando 14 del dividendo la división será exacta; luego:

$$\frac{3y-14}{x}=1 \quad (\mathbf{2})$$

Reuniendo (**1**) y (**2**), tenemos el sistema:
$$\begin{cases} \dfrac{x-9}{y}=2 \\ \dfrac{3y-14}{x}=1 \end{cases}$$

Quitando denominadores:
$$\begin{cases} x - 9 = 2y & (\mathbf{3}) \\ 3y - 14 = x \end{cases}$$

Transponiendo:
$$\begin{cases} x - 2y = 9 \\ -x + 3y = 14 \end{cases}$$
$$y = 23$$

Sustituyendo $y = 23$ en (**3**) se obtiene $x - 9 = 46$; luego, $x = 55$

Los números buscados son 55 y 23. **R.**

Ejercicio 197

1. Si el mayor de dos números se divide entre el menor, el cociente es 2 y el residuo 4, y si 5 veces el menor se divide entre el mayor, el cociente es 2 y el residuo 17. Hallar los números.
2. Si el mayor de dos números se divide entre el menor, el cociente es 3, y si 10 veces el menor se divide entre el mayor, el cociente es 3 y el residuo 19. Hallar los números.
3. Si el doble del mayor de dos números se divide entre el triple del menor, el cociente es 1 y el residuo 3, y si 8 veces el menor se divide entre el mayor, el cociente es 5 y el residuo 1. Hallar los números.
4. La edad de A excede en 22 años a la edad de B, y si la edad de A se divide entre el triple de la de B, el cociente es 1 y el residuo 12. Hallar ambas edades.
5. Seis veces el ancho de una sala excede en 4 m a la longitud de la sala, y si la longitud aumentada en 3 m se divide entre el ancho, el cociente es 5 y el residuo 3. Hallar las dimensiones de la sala.

324 **La suma de la cifra de las decenas y la cifra de las unidades de un número es 15, y si al número se resta 9, las cifras se invierten. Hallar el número.**

Sea $x =$ la cifra de las decenas

$y =$ la cifra de las unidades

Según las condiciones: $x + y = 15$ **(1)**

El **número** se obtiene multiplicando por 10 la cifra de las decenas y sumándole la cifra de las unidades; luego, el número será $10x + y$.

Según las condiciones, restando 9 de este número, las cifras se invierten, luego,

$$10x + y - 9 = 10y + x \quad \textbf{(2)}$$

Reuniendo (**1**) y (**2**), tenemos el sistema: $\begin{cases} x + y = 15 \\ 10x + y - 9 = 10y + x \end{cases}$

Transponiendo y reduciendo: $\begin{cases} x + \ \ y = 15 \\ 9x - 9y = \ \ 9 \end{cases}$

Dividiendo la 2ª ecuación entre 9 y sumando: $\begin{cases} x + y = 15 \\ x - y = \ \ 1 \end{cases}$

$$2x \quad = 16$$
$$x = \ \ 8$$

Sustituyendo $x = 8$ en (**1**) se tiene $8 + y = 15 \therefore y = 7$

El número buscado es 87. **R.**

198

Ejercicio

1. La suma de la cifra de las decenas y la cifra de las unidades de un número es 12, y si al número se resta 18, las cifras se invierten. Hallar el número.
2. La suma de las dos cifras de un número es 14, y si al número se suma 36, las cifras se invierten. Hallar el número.
3. La suma de la cifra de las decenas y la cifra de las unidades de un número es 13, y si al número se le resta 45, las cifras se invierten. Hallar el número.
4. La suma de las dos cifras de un número es 11, y si el número se divide entre la suma de sus cifras, el cocientes es 7 y el residuo 6. Hallar el número.
5. Si un número de dos cifras se disminuye en 17 y esta diferencia se divide entre la suma de sus cifras, el cociente es 5, y si el número disminuido en 2 se divide entre la cifra de las unidades disminuida en 2, el cociente es 19. Hallar el número.
6. Si a un número de dos cifras se añade 9, las cifras se invierten, y si este número que resulta se divide entre 7, el cociente es 6 y el residuo 1. Hallar el número.
7. La suma de las dos cifras de un número es 9. Si la cifra de las decenas se aumentan en 1 y la cifra de las unidades se disminuye en 1, las cifras se invierten. Hallar el número.

Se tienen $120 en 33 billetes de a $5 y de a $2. ¿Cuántos billetes son de $5 y cuántos de $2? 325

Sea $x =$ el número de billetes de $2

$y =$ el número de billetes de $5

Según las condiciones: $x + y = 33$ (**1**)

Con x billetes de $2 se tienen 2x$ y con y billetes de $5 se tienen 5y$, y como la cantidad total es $120, tendremos: $2x + 5y = 120$ (**2**)

Reuniendo (**1**) y (**2**) tenemos el sistema: $\begin{cases} x + y = 33 \\ 2x + 5y = 120 \end{cases}$

Resolviendo se encuentra $x = 15$, $y = 18$; luego, hay 15 billetes de $2 y 18 billetes de $5. **R.**

Ejercicio 199

1. Se tienen $11.30 en 78 monedas de a 20¢ y de 10¢. ¿Cuántas monedas son de 10¢ y cuántas de 20¢?
2. Un hombre tiene $404 en 91 monedas de a $5 y de a $4. ¿Cuántas monedas son de $5 y cuántas de $4?
3. En un cine hay 700 personas entre adultos y niños. Cada adulto pagó $40 y cada niño $15 por su entrada. La recaudación es de $18,000. ¿Cuántos adultos y cuántos niños hay en el cine?
4. Se reparten monedas de 20¢ y de 25¢ entre 44 personas, dando una moneda a cada una. Si la cantidad repartida es $9.95, ¿cuántas personas recibieron monedas de 20¢ y cuántas de 25¢?
5. Se tienen $419 en 287 billetes de a $1 y de a $2. ¿Cuántos billetes son de a $1 y cuántos de $2?
6. Con 17,400 colones compré 34 libros de 300 y 700 colones. ¿Cuántos libros compré de cada precio?
7. Un comerciante empleó 67,200,000 sucres en comprar trajes a 3,750,000 sucres y sombreros a 450,000. Si la suma del número de trajes y el número de sombreros que compró es 54, ¿cuántos trajes compró y cuántos sombreros?

Si *A* le da a *B* $2, ambos tendrán igual suma, y si *B* le da a *A* $2, *A* tendrá el triple de lo que le queda a *B*. ¿Cuánto tiene cada uno? 326

Sea $x =$ lo que tiene A

$y =$ lo que tiene B

Si A le da a B $2, A se queda con $($x - 2$) y B tendrá $($y + 2$), y según las condiciones ambos tienen entonces igual suma: luego, $x - 2 = y + 2$ (**1**)

Si B le da a A $2, B se queda con $($y - 2$) y A tendrá $($x + 2$) y según las condiciones entonces A tiene el triple de lo que le queda a B; luego, $x + 2 = 3(y - 2)$ (**2**)

Reuniendo (**1**) y (**2**), tenemos el sistema: $\begin{cases} x - 2 = y + 2 \\ x + 2 = 3(y - 2) \end{cases}$

Resolviendo este sistema se halla $x = 10$, $y = 6$; luego, A tiene $10 y B tiene $6. **R.**

327 **Hace 8 años la edad de *A* era triple que la de *B*, y dentro de 4 años la edad de *B* será los $\frac{5}{9}$ de la de *A*. Hallar las edades actuales.**

Sea	x = edad actual de A
	y = edad actual de B

Hace 8 años A tenía $x - 8$ años y B tenía $y - 8$ años; según las condiciones:

$$x - 8 = 3(y - 8) \quad \mathbf{(1)}$$

Dentro de 4 años, A tendrá $x + 4$ y B tendrá $y + 4$ y según las condiciones:

$$y + 4 = \frac{5}{9}(x + 4) \quad \mathbf{(2)}$$

Reuniendo (**1**) y (**2**), tenemos el sistema: $\begin{cases} x - 8 = 3(y - 8) \\ y + 4 = \frac{5}{9}(x + 4) \end{cases}$

Resolviendo el sistema se halla $x = 32$, $y = 16$

A tiene 32 años y *B*, 16 años. **R.**

Ejercicio 200

1. Si *A* le da a *B* \$1, ambos tienen lo mismo, y si *B* le da a *A* \$1, *A* tendrá el triple de lo que le quede a *B*. ¿Cuánto tiene cada uno?
2. Si *B* le da a *A* 2 nuevos soles, ambos tienen lo mismo, y si *A* le da a *B* 2 nuevos soles, *B* tiene el doble de lo que le queda a *A*. ¿Cuánto tiene cada uno?
3. Si Pedro le da a Juan \$3, ambos tienen igual suma, pero si Juan le da a Pedro \$3, éste tiene 4 veces lo que le queda a Juan. ¿Cuánto tiene cada uno?
4. Hace 10 años la edad de *A* era doble que la de *B*; dentro de 10 años la edad de *B* será los $\frac{3}{4}$ de la de *A*. Hallar las edades actuales.
5. Hace 6 años la edad de *A* era doble que la de *B*; dentro de 6 años será los $\frac{8}{5}$ de la edad de *B*. Hallar las edades actuales.
6. La edad de *A* hace 5 años era los $\frac{3}{2}$ de la de *B*; dentro de 10 años la edad *B* será los $\frac{7}{9}$ de la de *A*. Hallar las edades actuales.
7. La edad actual de un hombre es los $\frac{9}{5}$ de la edad de su esposa, y dentro de 4 años la edad de su esposa será los $\frac{3}{5}$ de la suya. Hallar las edades actuales.
8. *A* y *B* empiezan a jugar. Si *A* pierde 25 lempiras, *B* tendrá igual suma que *A*, y si *B* pierde 35 lempiras, lo que le queda es los $\frac{5}{17}$ de lo que tendrá entonces *A*. ¿Con cuánto empezó a jugar cada uno?
9. Un padre le dice a su hijo: Hace 6 años tu edad era $\frac{1}{5}$ de la mía; dentro de 9 años será los $\frac{2}{5}$. Hallar ambas edades actuales.
10. Pedro le dice a Juan: si me das \$15 tendré 5 veces lo que tú, y Juan le dice a Pedro: si tú me das \$20 tendré 3 veces lo que tú. ¿Cuánto tiene cada uno?

11. A le dice a B: dame la mitad de lo que tienes y 60¢ más y tendré 4 veces lo que tú, y B le contesta: dame 80¢ y tendré $3.10 más que tú. ¿Cuánto tiene cada uno?
12. Hace 6 años la edad de Enrique era $\frac{3}{2}$ de la edad de su hermana, y dentro de 6 años, cuatro veces la edad de Enrique será 5 veces la edad de su hermana. Hallar las edades actuales.

Un bote que navega por un río recorre 15 kilómetros en $1\frac{1}{2}$ horas a favor de la corriente y 12 kilómetros en 2 horas contra la corriente. Hallar la velocidad del bote en agua tranquila y la velocidad del río. 328

Sea $x =$ la velocidad, en km por hora, del bote en agua tranquila

$y =$ la velocidad, en km por hora, del río

Entonces

$x + y =$ velocidad del bote a favor de la corriente
$x - y =$ velocidad del bote contra la corriente

El tiempo es igual al espacio partido por la velocidad; luego, el tiempo empleado en recorrer los 15 km a **favor de la corriente,** $1\frac{1}{2}$ horas, es igual al espacio recorrido, 15 km, dividido entre la velocidad del bote, $x + y$, o sea:

$$\frac{15}{x+y} = 1\frac{1}{2} \quad \textbf{(1)}$$

El tiempo empleado en recorrer los 12 km **contra la corriente,** 2 horas, es igual al espacio recorrido, 12 km, dividido entre la velocidad del bote, $x - y$, o sea:

$$\frac{12}{x-y} = 2 \quad \textbf{(2)}$$

Reuniendo (**1**) y (**2**), tenemos el sistema:
$$\begin{cases} \dfrac{15}{x+y} = 1\dfrac{1}{2} \\ \dfrac{12}{x-y} = 2 \end{cases}$$

Resolviendo se halla $x = 8$, $y = 2$; luego, la velocidad del bote en agua tranquila es 8 km por hora y la velocidad del río, 2 km por hora. **R.**

Ejercicio 201

1. Un hombre rema río abajo 10 km en una hora y río arriba 4 km en una hora. Hallar la velocidad del bote en agua tranquila y la velocidad del río.
2. Una tripulación rema 28 km en $1\frac{3}{4}$ horas río abajo y 24 km en 3 horas río arriba. Hallar la velocidad del bote en agua tranquila y la velocidad del río.
3. Un bote emplea 5 horas en recorrer 24 km río abajo y en regresar. En recorrer 3 km río abajo emplea el mismo tiempo que en recorrer 2 km río arriba. Hallar el tiempo empleado en ir y el empleado en volver.

4. Una tripulación emplea $2\frac{1}{2}$ horas en recorrer 40 km río abajo y 5 horas en el regreso. Hallar la velocidad del bote en agua tranquila y la velocidad del río.
5. Una tripulación emplea 6 horas en recorrer 40 km río abajo y en regresar. En remar 1 km río arriba emplea el mismo tiempo que en remar 2 km río abajo. Hallar el tiempo empleado en ir y en volver.
6. Un bote emplea 5 horas en recorrer 32 km río abajo y 12 km río arriba. En remar 4 km río abajo el botero emplea el mismo tiempo que en remar 1 km río arriba. Hallar la velocidad del bote en agua tranquila y la del río.

329 **La suma de tres números es 160. Un cuarto de la suma del mayor y el mediano equivale al menor disminuido en 20, y si a $\frac{1}{2}$ de la diferencia entre el mayor y el menor se suma el número del medio, el resultado es 57. Hallar los números.**

Sea $x =$ número mayor
$y =$ número del medio
$z =$ número menor

Según las condiciones del problema, tenemos el sistema:

$$\begin{cases} x+y+z=160 \\ \dfrac{x+y}{4}=z-20 \\ \dfrac{x-z}{2}+y=57 \end{cases}$$

Resolviendo el sistema se halla $x = 62$, $y = 50$, $z = 48$, que son los números buscados. **R.**

330 **La suma de las tres cifras de un número es 16. La suma de la cifra de las centenas y la cifra de las decenas es el triple de la cifra de las unidades, y si al número se le resta 99, las cifras se invierten. Hallar el número.**

Sea $x =$ la cifra de las centenas
$y =$ la cifra de las decenas
$z =$ la cifra de las unidades

Según las condiciones, la suma de las tres cifras es 16; luego:

$$x+y+z=16 \quad \textbf{(1)}$$

La suma de la cifra de las centenas x con la cifra de las decenas y es el triple de la cifra de las unidades z; luego, $x+y=3z$ **(2)**

El **número** será $100x+10y+z$. Si restamos 99 al número, las cifras se invierten; luego,

$$100x+10y+z-99=100z+10y+x \quad \textbf{(3)}$$

Reuniendo (**1**), (**2**) y (**3**), tenemos el sistema:

$$\begin{cases} x+y+z=16 \\ x+y=3z \\ 100x+10y+z-99=100z+10y+x \end{cases}$$

Resolviendo el sistema se halla $x = 5$, $y = 7$, $z = 4$; luego, el número buscado es 574. **R.**

Ejercicio 202

1. La suma de tres números es 37. El menor disminuido en 1 equivale a $\frac{1}{3}$ de la suma del mayor y el mediano; la diferencia entre el mediano y el menor equivale al mayor disminuido en 13. Hallar los números.
2. Cinco kilos de azúcar, 3 de café y 4 de frijoles cuestan \$118; 4 de azúcar, 5 de café y 3 de frijoles cuestan \$145; 2 de azúcar, 1 de café y 2 de frijoles cuestan \$46. Hallar el precio de un kilo de cada mercancía.
3. La suma de las tres cifras de un número es 15. La suma de la cifra de las centenas con la cifra de las decenas es $\frac{3}{2}$ de la cifra de las unidades, y si al número se le resta 99, las cifras se invierten. Hallar el número.
4. La suma de tres números es 127. Si a la mitad del menor se añade $\frac{1}{3}$ del mediano y $\frac{1}{9}$ del mayor, la suma es 39 y el mayor excede en 4 a la mitad de la suma del mediano y el menor. Hallar los números.
5. La suma de las tres cifras de un número es 6. Si el número se divide por la suma de la cifra de las centenas y la cifra de las decenas, el cociente es 41, y si al número se le añade 198, las cifras se invierten. Hallar el número.
6. La suma de los tres ángulos de un triángulo es 180°. El mayor excede al menor en 35° y el menor excede en 20° a la diferencia entre el mayor y el mediano. Hallar los ángulos.
7. Un hombre tiene 110 animales entre vacas, caballos y terneros, $\frac{1}{8}$ del número de vacas más $\frac{1}{9}$ del número de caballos más $\frac{1}{5}$ del número de terneros equivalen a 15, y la suma del número de terneros con el de vacas es 65. ¿Cuántos animales de cada clase tiene?
8. La suma de las tres cifras de un número es 10. La suma de la cifra de las centenas y la cifra de las decenas excede en 4 a la cifra de las unidades, y la suma de la cifra de las centenas y la cifra de las unidades excede en 6 a la cifra de las decenas. Hallar el número.
9. La suma de los tres ángulos de un triángulo es 180°. La suma del mayor y el mediano es 135°, y la suma del mediano y el menor es 110°. Hallar los ángulos.
10. Entre *A*, *B* y *C* tienen 140,000 bolívares. *C* tiene la mitad de lo que tiene *A*, y *A* tiene 10,000 bolívares más que *B*. ¿Cuánto tiene cada uno?
11. Si *A* le da \$1 a *C*, ambos tienen lo mismo; si *B* tuviera \$1 menos, tendría lo mismo que *C*, y si *A* tuviera \$5 más, tendría tanto como el doble de lo que tiene *C*. ¿Cuánto tiene cada uno?

12. Determinar un número entre 300 y 400 sabiendo que la suma de sus cifras es 6 y que leído al revés es $\frac{41}{107}$ del número primitivo.
13. Si *A* le da a *B* 2 quetzales, ambos tienen lo mismo. Si *B* le da a *C* 1 quetzal, ambos tienen lo mismo. Si *A* tiene los $\frac{8}{5}$ de lo que tiene *C*, ¿cuánto tiene cada uno?
14. Hallar un número mayor que 400 y menor que 500 sabiendo que sus cifras suman 9 y que leído al revés es $\frac{16}{49}$ del número primitivo.
15. Si al doble de la edad de *A* se suma la edad de *B*, se obtiene la edad de *C* aumentada en 32 años. Si al tercio de la edad de *B* se suma el doble de la de *C*, se obtiene la de *A* aumentada en 9 años, y el tercio de la suma de las edades de *A* y *B* es 1 año menos que la edad de *C*. Hallar las edades respectivas.

Ejercicio 203

MISCELÁNEA DE PROBLEMAS QUE SE RESUELVEN POR ECUACIONES SIMULTÁNEAS

1. El perímetro de un cuarto rectangular es 18 m, y 4 veces el largo equivale a 5 veces el ancho. Hallar las dimensiones del cuarto.
2. *A* tiene doble dinero que *B*. Si *A* le da a *B* 12 balboas, ambos tendrán lo mismo. ¿Cuánto tiene cada uno?
3. Si una sala tuviera 1 metro más de largo y 1 m más de ancho, el área sería 26 m^2 más de lo que es ahora, y si tuviera 3 m menos de largo y 2 m más de ancho, el área sería 19 m^2 mayor que ahora. Hallar las dimensiones de la sala.
4. Compré un carro, un caballo y sus arreos por $200,000. El carro y los arreos costaron $20,000 más que el caballo, y el caballo y los arreos costaron $40,000 más que el carro. ¿Cuánto costó el carro, el caballo y los arreos?
5. Hallar tres números tales que la suma del 1º y el 2º excede en 18 al tercero; la suma del 1º y el 3º excede en 78 al segundo, y la suma del 2º y el 3º excede en 102 al primero.
6. La suma de las dos cifras de un número es 6, y si al número se le resta 36, las cifras se invierten. Hallar el número.
7. Un pájaro volando a favor del viento recorre 55 km en 1 hora y en contra del viento, 25 km en 1 hora. Hallar la velocidad en km por hora del pájaro en aire tranquilo y del viento.
8. Un hombre compró cierto número de libros. Si compra 5 libros más por el mismo dinero, cada libro le costaría $20 menos, y si hubiera comprado 5 libros menos por el mismo dinero, cada libro le habría costado $40 más. ¿Cuántos libros compró y cuánto pagó por cada uno?
9. Siete kilos de café y 6 de té cuestan $480; 9 kilos de té y 8 de café cuestan $645. ¿Cuánto cuesta un kilo de café y cuánto un kilo de té?
10. Un comerciante empleó $19,100 en comprar 50 trajes de $400 y $350. ¿Cuántos trajes de cada precio compró?

11. Si al numerador de una fracción se resta 1, el valor de la fracción es $\frac{1}{3}$, y si al denominador se resta 2, el valor de la fracción es $\frac{1}{2}$. Hallar la fracción.
12. Dos bolsas tienen 200 nuevos soles. Si de la bolsa que tiene más dinero se sacan 15 nuevos soles y se ponen en la otra, ambas tendrían lo mismo. ¿Cuánto tiene cada bolsa?
13. Compré un caballo, un sombrero y un perro. El perro me costó $200, el caballo y el perro costaron el triple que el sombrero; el perro y el sombrero $\frac{3}{5}$ de lo que costó el caballo. Hallar el precio del caballo y del sombrero.
14. Un número de dos cifras equivale a 6 veces la suma de sus cifras, y si al número se le resta 9, las cifras se invierten. Hallar el número.
15. Cierto número de personas alquiló un autobús para una excursión. Si fueran 10 personas más, cada una habría pagado 5,000 bolívares menos, y si fueran 6 personas menos, cada una habría pagado 5,000 bolívares más. ¿Cuántas personas iban en la excursión y cuánto pagó cada una?
16. Entre *A* y *B* tienen 10,800,000 sucres. Si *A* gasta $\frac{3}{5}$ de su dinero y *B* $\frac{1}{2}$ del suyo, ambos tendrían igual suma. ¿Cuánto tiene cada uno?
17. Ayer gané $10 más que hoy. Si lo que gané hoy es $\frac{5}{6}$ de lo que gané ayer, ¿cuánto gané cada día?
18. Dos números están en la relación de 3 a 5. Si cada número se disminuye en 10, la relación es de 1 a 2. Hallar los números.
19. *A* le dice a *B:* si me das 4 lempiras tendremos lo mismo, y *B* le contesta: si tú me das 4 lempiras tendré $\frac{9}{5}$ de lo que tú tengas. ¿Cuánto tiene cada uno?
20. Hace 20 años la edad de *A* era el doble que la de *B*; dentro de 30 años será $\frac{9}{7}$ de la edad de *B*. Hallar las edades actuales.
21. Una tripulación emplea 3 horas en remar 16 km río abajo y en regresar. En remar 2 km río arriba emplea el mismo tiempo que en remar 4 km río abajo. Hallar la velocidad del bote en agua tranquila y la velocidad del río.
22. Un noveno de la edad de *A* excede en 2 años $\frac{1}{5}$ de la edad de *B*, y el doble de la edad de *B* equivale a la edad que tenía *A* hace 15 años. Hallar las edades actuales.
23. En 5 horas *A* camina 4 km más que *B* en 4 horas, y *A* en 7 horas camina 2 km más que *B* en 6 horas. ¿Cuántos km anda cada uno en cada hora?
24. La diferencia entre la cifra de las unidades y la cifra de las decenas de un número es 4, y si el número se suma con el número que resulta de invertir sus cifras, la suma es 66. Hallar el número.
25. El perímetro de un rectángulo es 58 m. Si el largo se aumenta en 2 m y el ancho se disminuye en 2 m, el área se disminuye en 46 m^2. Hallar las dimensiones del rectángulo.
26. El perímetro de una sala rectangular es 56 m. Si el largo se disminuye en 2 m y el ancho se aumenta en 2 m, la sala se hace cuadrada. Hallar las dimensiones de la sala.

José Luis Lagrange (1736-1813). Matemático nacido en Italia, y de sangre francesa. A los 16 años fue nombrado profesor de Matemáticas en la Real Escuela de Artillería de Turín. Fue uno de los más grandes analistas del siglo XVIII. Su mayor contribución al Álgebra está en la memoria que escribió en Berlín hacia 1767, *Sobre la resolución de las ecuaciones numéricas*. Pero su obra fundamental fue la *Mecánica analítica*. Respetado por la Revolución, fue amigo de Napoleón Bonaparte quien lo nombró senador.

Capítulo XXVII

ESTUDIO ELEMENTAL DE LA TEORÍA COORDINATORIA

331 **LA TEORÍA COORDINATORIA** estudia la ordenación de las cosas o elementos.

332 La distinta ordenación de las cosas o elementos origina las **coordinaciones, permutaciones** y **combinaciones.**

333 **COORDINACIONES O ARREGLOS** son los grupos que se pueden formar con varios elementos (letras, objetos, personas), tomándolos uno a uno, dos a dos, tres a tres, etc., de modo que dos grupos del mismo número de elementos se diferencien por lo menos en un elemento o, si tienen los mismo elementos, por el orden en que están colocados.

Vamos a formar coordinaciones con las letras *a, b, c, d.*

Las coordinaciones **monarias** de estas cuatro letras son los grupos de una letra que podemos formar con ellas, o sea: *a, b, c, d.*

Las coordinaciones **binarias** se forman escribiendo a la derecha de cada letra todas las demás, una a una, y serán:

ab	*ac*	*ad*
ba	*bc*	*bd*
ca	*cb*	*cd*
da	*db*	*dc*

(Véase que los grupos *ab* y *ac* se diferencian en **un** elemento porque el primero tiene *b* que no tiene el segundo y el segundo tiene *c* que no tiene el primero; los grupos *ab* y *cd* se diferencian en **dos** elementos; los grupos *ab* y *ba* se diferencian en el **orden** de los elementos.)

Las coordinaciones **ternarias** se forman escribiendo a la derecha de cada binaria, una a una, todas las letras que no entren en ella, y serán:

abc	*abd*	*acb*	*acd*	*adb*	*adc*
bac	*bad*	*bca*	*bcd*	*bda*	*bdc*
cab	*cad*	*cba*	*cbd*	*cda*	*cdb*
dab	*dac*	*dba*	*dbc*	*dca*	*dcb*

(Véase que los grupos *abc* y *abd* se diferencian en **un** elemento; los grupos *abc* y *bac* se diferencian en el **orden**.)

Las coordinaciones **cuaternarias** se formarían escribiendo a la derecha de cada ternaria la letra que no entra en ella.

El símbolo de las coordinaciones es A, con un **subíndice** que indica el número de elementos y un **exponente** que indica cuántos elementos entran en cada grupo (**orden** de las coordinaciones).

Así, en el caso anterior, las coordinaciones monarias de a, b, c, d se expresan ${}^1A_4$; las binarias, ${}^2A_4$; las ternarias, ${}^3A_4$; las cuaternarias, ${}^4A_4$.

CÁLCULO DEL NÚMERO DE COORDINACIONES DE *m* ELEMENTOS TOMADOS *n* A *n* 334

Con m elementos, tomados de uno en uno, se pueden formar m coordinaciones monarias; luego,

$${}^1A_m = m$$

Para formar las binarias, a la derecha de cada uno de los m elementos se escriben, uno a uno, los demás $m - 1$ elementos; luego, cada, elemento origina $m - 1$ coordinaciones binarias y los m elementos darán $m(m - 1)$ coordinaciones binarias; luego,

$${}^2A_m = m(m-1)$$

o sea,

$${}^2A_m = {}^1A_m(m-1)$$

$$\text{porque } m = {}^1A$$

Para formar las ternarias a la derecha de cada binaria escribimos, uno a uno, los $m - 2$ elementos que no entran en ella; luego, **cada binaria** produce $m - 2$ ternarias y tendremos:

$${}^3A_m = {}^2A_m(m-2)$$

Para formar las cuaternarias, a la derecha de cada ternaria, escribimos, uno a uno, los $m - 3$ elementos que no entran en ella; luego, **cada ternaria** produce $m - 3$ cuaternarias y tendremos:

$${}^4A_m = {}^3A_m(m-3)$$

Continuando el procedimiento, obtendríamos la serie de fórmulas: ⟶

$$\begin{aligned} {}^1A_m &= m \\ {}^2A_m &= {}^1A_m(m-1) \\ {}^3A_m &= {}^2A_m(m-2) \\ {}^4A_m &= {}^3A_m(m-3) \\ &\;\;\vdots \\ {}^nA_m &= {}^{n-1}A_m(m-n+1) \end{aligned}$$

Multiplicando miembro a miembro estas igualdades y suprimiendo los factores comunes a los dos miembros, se tiene:

$$\mathbf{{}^nA_m = m(m-1)(m-2)\dots(m-n+1)} \qquad \mathbf{(1)}$$

que es la fórmula de las coordinaciones de m elementos tomados de n en n.

Ejemplos

1) ¿Cuántos números distintos de 4 cifras se pueden formar con los números 1, 2, 3, 4, 5, 6, 7, 8 y 9?
Aplicamos la fórmula (**1**).
Aquí $m = 9, n = 4$.

$$^{4}A_{9} = 9 \times 8 \times ... \times (9 - 4 + 1) = 9 \times 8 \times 7 \times 6 = 3{,}024 \quad \textbf{R.}$$

2) ¿Cuántas señales distintas pueden hacerse con 7 banderas izando 3 cada vez?
Las señales pueden ser distintas por diferenciarse una de otra en una o más banderas o por el orden en que se izan las banderas.
Aplicamos la fórmula **(1).** Aquí $m = 7, n = 3$. Tendremos:

$$^{3}A_{7} = 7 \times ... \times (7 - 3 + 1) = 7 \times 6 \times 5 = 210 \text{ señales} \quad \textbf{R.}$$

335 Si se establece la condición de que cierto número de elementos tienen que ocupar **lugares fijos** en los grupos que se formen, al aplicar la fórmula, m y n se disminuyen en el número de elementos fijos. Por ejemplo:

Con 10 jugadores de baloncesto, ¿de cuántos modos se puede disponer el equipo de 5 jugadores si los dos delanteros han de ser siempre los mismos?

Aquí hay dos jugadores que ocupan lugares fijos: $m = 10$ y $n = 5$, pero tenemos que disminuir m y n en 2 porque habiendo 2 jugadores fijos en dos posiciones, quedan 8 jugadores para ocupar las 3 posiciones que quedan; luego, los arreglos de 3 que podemos formar con los 8 jugadores son:

$$^{5-2}A_{10-2} = {}^{3}A_{8} = 8 \times 7 \times 6 = 336 \text{ modos} \quad \textbf{R.}$$

336 **PERMUTACIONES son los grupos que se pueden formar con varios elementos entrando todos en cada grupo, de modo que un grupo se diferencie de otro cualquiera en el orden en que están colocados los elementos.**

Así, las permutaciones que se pueden formar con las letras a y b son ab y ba.

Las permutaciones de las letras a, b y c se obtienen formando las permutaciones de a y b, que son ab y ba, y haciendo que la c ocupe todos los lugares (detrás, en el medio, delante) en cada una de ellas y serán:

abc	acb	cab
bac	bca	cba

Las permutaciones de a, b, c y d se obtienen haciendo que en cada una de las anteriores la d ocupe todos los lugares y así sucesivamente.

337 CÁLCULO DEL NÚMERO DE PERMUTACIONES DE m ELEMENTOS

Las permutaciones son un caso particular de las coordinaciones: el caso en que todos los elementos entran en cada grupo. Por tanto, la fórmula del número de permutaciones de m elementos, P_m, se obtiene de la fórmula que nos da el número de coordinaciones

$$ {}^{n}A_m = m(m-1)(m-2)\ \dots\ (m-n+1) $$

haciendo $m = n$. Si hacemos $m = n$ el factor $m - n + 1 = 1$, y quedará:

$$ P_m = m(m-1)(m-2)\ \dots \times 1, $$

o sea,

$$ P_m = 1 \times 2 \times 3 \times \dots \times m = m $$

La expresión $m!$ se llama una **factorial** e indica el producto de los números enteros consecutivos de 1 a m. Por tanto, $\boldsymbol{P_m = m!}$ **(2)**

Ejemplos

1) ¿De cuántos modos pueden colocarse en un estante 5 libros?
En cada arreglo que se haga han de entrar los 5 libros, luego aplicando la fórmula (**2**) tenemos:

$$ P_5 = 5! = 1 \times 2 \times 3 \times 4 \times 5 = 120 \text{ modos} \quad \textbf{R.} $$

2) ¿De cuántos modos pueden sentarse 6 personas a un mismo lado de una mesa?

$$ P_6 = 6! = 720 \text{ modos} \quad \textbf{R.} $$

Si se establece la condición de que determinados elementos han de ocupar lugares **fijos,** el número total de permutaciones es el que se puede formar con los demás elementos. 338

Ejemplo

1) Con 9 jugadores, ¿de cuántos modos se puede disponer una novena si el pitcher y el catcher son siempre los mismos?
Hay dos elementos fijos, quedan $9 - 2 = 7$ para permutar, luego $P_7 = 7! = 5{,}040$ modos. **R.**

PERMUTACIONES CIRCULARES 339

Cuando m elementos se disponen alrededor de un círculo, el número de permutaciones es $(m - 1)$ si se cuenta siempre en el mismo sentido a partir de un mismo elemento.

Ejemplo

1) ¿De cuántos modos pueden sentarse 6 personas en una mesa redonda, contando en un solo sentido, a partir de una de ellas?

$$ P_{6-1} = P_5 = 5! = 120 \text{ modos} \quad \textbf{R.} $$

COMBINACIONES son los grupos que se pueden formar con varios elementos tomándolos uno a uno, dos a dos, tres a tres, etc., de modo que dos grupos que tengan el mismo número de elementos se diferencien por lo menos en un elemento. 340

Vamos a formar combinaciones con las letras *a, b, c, d.*

Las combinaciones **binarias** se forman escribiendo a la derecha de cada letra, una a una, todas las letras **siguientes** y serán:

ab	*ac*	*ad*
	bc	*bd*
		cd

Las combinaciones **ternarias** se forman escribiendo a la derecha de cada binaria, una a una, las letras que siguen a la última de cada binaria; serán:

abc, abd, acd, bcd

En los ejemplos anteriores se ve que no hay dos grupos que tengan los mismos elementos; todos se diferencian por lo menos en un elemento.

341 CÁLCULO DEL NÚMERO DE COMBINACIONES DE *m* ELEMENTOS TOMADOS *n* A *n*

Si en las combinaciones binarias anteriores permutamos los elementos de cada combinación, obtendremos las coordinaciones binarias; si en las combinaciones ternarias anteriores permutamos los elementos de cada combinación, obtendremos las coordinaciones ternarias; pero al permutar los elementos de cada combinación, el número de grupos (coordinaciones) que se obtiene es igual al **producto** del número de **combinaciones** por el número de **permutaciones** de los elementos de cada combinación. Por tanto, designando por ${}^nC_m$ las combinaciones de m cosas tomadas n a n, por P_n las permutaciones que se pueden formar con los n elementos de cada grupo y por ${}^nA_m$ las coordinaciones que se obtienen al permutar los n elementos de cada grupo, tendremos:

$$ {}^nC_m \times P_n = {}^nA_m \quad \therefore \quad {}^nC_m = \frac{{}^nA_m}{P_n} \qquad \textbf{(3)} $$

lo que dice que el número de combinaciones de m elementos tomados n a n es igual al número de coordinaciones de los m elementos tomados n a n dividido entre el número de permutaciones de los n elementos de cada grupo.

Ejemplos

1) Entre 7 personas, ¿de cuántos modos puede formarse un comité de 4 personas?
Aplicamos la fórmula (**3**).

Aquí $m = 7, n = 4$.

$$ {}^4C_7 = \frac{{}^4A_7}{P_4} = \frac{7\times6\times\ldots(7-4+1)}{4!} = \frac{7\times6\times5\times4}{1\times2\times3\times4} = 35 \text{ modos} \qquad \textbf{R.} $$

2) En un examen se ponen 8 temas para que el alumno escoja 5. ¿Cuántas selecciones puede hacer el alumno?

$$ {}^5C_8 = \frac{{}^5A_8}{P_5} = \frac{8\times7\times\ldots\times(8-5+1)}{5!} = \frac{8\times7\times6\times5\times4}{1\times2\times3\times4\times5} = 56 \qquad \textbf{R.} $$

Ejercicio 204

1. ¿Cuántos números de tres cifras, todas ellas diferentes, se pueden formar con los números 4, 5, 6, 7, 8 y 9?
2. Con 5 jugadores, ¿de cuántos modos se puede disponer un equipo de baloncesto de 5 hombres?
3. Con 7 personas, ¿cuántos comités distintos de 5 personas pueden formarse?
4. Entre la Guaira y Liverpool hay 6 barcos haciendo los viajes. ¿De cuántos modos puede hacer el viaje de ida y vuelta una persona si el viaje de vuelta debe hacerlo en un barco distinto al de ida?
5. ¿De cuántos modos pueden sentarse 3 personas en 5 sillas?
6. De 12 libros, ¿cuántas selecciones de 5 libros pueden hacerse?
7. ¿De cuántos modos pueden disponerse las letras de la palabra **Ecuador**, entrando todas en cada grupo?
8. ¿Cuántas selecciones de 4 letras pueden hacerse con las letras de la palabra Alfredo?
9. Se tiene un libro de Aritmética, uno de Álgebra, uno de Geometría, uno de Física y uno de Química. ¿De cuántos modos pueden disponerse en un estante si el de Geometría siempre está en el medio?
10. ¿Cuántos números de seis cifras, todas ellas diferentes, se pueden formar con los números 1, 2, 3, 4, 5 y 6?
11. ¿De cuántos modos pueden disponerse en una fila un sargento y 6 soldados si el sargento siempre es el primero?, ¿si el sargento no ocupa lugar fijo?
12. ¿De cuántos modos pueden sentarse un padre, su esposa y sus cuatro hijos en un banco?, ¿en una mesa redonda, contando siempre a partir del padre?
13. ¿Cuántas señales distintas pueden hacerse con 9 banderas, izando 3 cada vez?
14. ¿Cuántos números con todos sus dígitos diferentes, mayores que 2,000 y menores que 3,000, se pueden formar con los números 2, 3, 5 y 6?
15. ¿Cuántas selecciones de 3 monedas pueden hacerse con una pieza de 5 centavos, una de 10, una de 20, una de 40 y una de un peso?
16. ¿De cuántos modos puede disponerse una tripulación de 5 hombres si el timonel y el primer remero son siempre los mismos?
17. Hay 7 hombres para formar una tripulación de 5, pero el timonel y el primer remero son siempre los mismos. ¿De cuántos modos se puede disponer la tripulación?
18. ¿De cuántos modos pueden disponerse 11 muchachos para formar una rueda?
19. De entre 8 candidatos, ¿cuántas ternas se pueden escoger?
20. ¿Cuántos números de cinco cifras todas ellas diferentes, que empiecen con 1 y acaben con 8 se pueden formar con los números 1, 2, 3, 4, 5, 6, 7 y 8?
21. Con cinco consonantes y tres vocales, ¿cuántas palabras de ocho letras, todas ellas diferentes, pueden formarse?, ¿cuántas, si las vocales son fijas?
22. ¿De cuántos modos se puede disponer un equipo de baloncesto de 5 hombres con 5 jugadores si el centrocampista es fijo?

Gaspard Monge (1746-1818). Matemático francés. Fue Ministro de Marina de la Revolución. Dentro de las Matemáticas cultivó muy especialmente la Geometría. Inventó la Geometría descriptiva, base de los dibujos de mecánica y de los procedimientos gráficos para la ejecución de las obras de ingeniería. Fue el primero en utilizar pares de elementos imaginarios para simbolizar relaciones espaciales reales. Su teoría de la superficie permite la solución de las ecuaciones diferenciales. Aplicó su ciencia en problemas marítimos.

Capítulo XXVIII

POTENCIACIÓN

342 **POTENCIA** de una expresión algebraica es la misma expresión o el resultado de tomarla como factor dos o más veces.

La primera potencia de una expresión es la misma expresión.

Así, $(2a)^1 = 2a$.

La segunda potencia o cuadrado de una expresión es el resultado de tomarla como factor dos veces. Así, $(2a)^2 = 2a \times 2a = 4a^2$.

El cubo de una expresión es el resultado de tomarla como factor tres veces. Así, $(2a)^3 = 2a \times 2a \times 2a = 8a^3$.

En general, $(2a)^n = 2a \times 2a \times 2a \ldots n$ veces.

343 SIGNO DE LAS POTENCIAS

Cualquier potencia de una cantidad **positiva** evidentemente es positiva, porque equivale a un producto en que todos los factores son positivos.

En cuanto a las potencias de una **cantidad negativa,** ya se vio (**85**) que:

1) **Toda potencia par de una cantidad negativa es positiva.**
2) **Toda potencia impar de una cantidad negativa es negativa.**

Así, $(-2a)^2 = (-2a)\times(-2a) = 4a^2$

$(-2a)^3 = (-2a)\times(-2a)\times(-2a) = -8a^3$

$(-2a)^4 = (-2a)\times(-2a)\times(-2a)\times(-2a) = 16a^4$, etcétera.

POTENCIA DE UN MONOMIO

344

Para elevar un monomio a una potencia se eleva su coeficiente a esa potencia y se multiplica el exponente de cada letra por el exponente que indica la potencia.

Si el monomio es negativo, el signo de la potencia es + cuando el exponente es par, y es – cuando el exponente es impar.

Ejemplos

1) Desarrollar $(3ab^2)^3$.

$$(3ab^2)^3 = 3^3 \cdot a^{1\times 3} \cdot b^{2\times 3} = 27a^3b^6 \quad \textbf{R.}$$

En efecto:

$$(3ab^2)^3 = 3ab^2 \times 3ab^2 \times 3ab^2 = 27a^3b^6$$

2) Desarrollar $(-3a^2b^3)^2$.

$$(-3a^2b^3)^2 = 3^2 \cdot a^{2\times 2} \cdot b^{3\times 2} = 9a^4b^6 \quad \textbf{R.}$$

En efecto:

$$(-3a^2b^3)^2 = (-3a^2b^3) \times (-3a^2b^3) = 9a^4b^6 \quad \textbf{R.}$$

3) Desarrollar $(-5x^3y^4)^3$.

$$(-5x^3y^4)^3 = -125x^9y^{12} \quad \textbf{R.}$$

4) Desarrollar $\left(-\frac{2x}{3y^2}\right)^4$.

Cuando el monomio es una *fracción*, para elevarlo a una potencia cualquiera, *se eleva su numerador y su denominador a esa potencia*. Así, es este caso, tenemos:

$$\left(-\frac{2x}{3y^2}\right)^4 = \frac{(2x)^4}{(3y^2)^4} = \frac{16x^4}{81y^8} \quad \textbf{R.}$$

5) Desarrollar $\left(-\frac{2}{3}a^3b^4\right)^5$.

$$\left(-\frac{2}{3}a^3b^4\right)^5 = -\frac{32}{243}a^{15}b^{20} \quad \textbf{R.}$$

Ejercicio 205

Desarrollar:

1. $(4a^2)^2$
2. $(-5a)^3$
3. $(3xy)^3$
4. $(-6a^2b)^2$
5. $(-2x^2y^3)^3$
6. $(4a^2b^3c^4)^3$
7. $(-6x^4y^5)^2$
8. $(-7ab^3c^4)^3$
9. $(a^mb^n)^x$
10. $(-2x^3y^5z^6)^4$
11. $(-3m^3n)^3$
12. $(a^2b^3c)^m$
13. $(-m^2nx^3)^4$
14. $(-3a^2b)^5$
15. $(7x^5y^6z^8)^2$
16. $\left(-\frac{x}{2y}\right)^2$
17. $\left(-\frac{2m}{n^2}\right)^3$
18. $\left(\frac{ab^2}{5}\right)^3$
19. $\left(-\frac{3x^2}{4y}\right)^2$
20. $\left(-\frac{2ab^2}{3m^3}\right)^4$
21. $\left(\frac{2m^3n}{3x^4}\right)^5$
22. $\left(-\frac{3}{4}a^3b^2\right)^2$
23. $\left(-\frac{1}{3}mn^2\right)^4$
24. $\left(-\frac{1}{2}a^2b^4\right)^5$

345 CUADRADO DE UN BINOMIO

Sabemos (**87** y **88**) que:

$$(a+b)^2 = a^2 + 2ab + b^2$$
$$(a-b)^2 = a^2 - 2ab + b^2$$

Aunque en los productos notables ya hemos trabajado con estas formas, analizaremos algunos casos más dada su importancia.

Ejemplos

1) Desarrollar $(3a^6 - 5a^2b^4)^2$.

$$(3a^6 - 5a^2b^4)^2 = (3a^6)^2 - 2(3a^6)(5a^2b^4) + (5a^2b^4)^2$$
$$= 9a^{12} - 30a^8b^4 + 25a^4b^8 \quad \textbf{R.}$$

2) Desarrollar $\left(\frac{2}{3}x^2 + \frac{3}{4}y^3\right)^2$.

$$\left(\frac{2}{3}x^2 + \frac{3}{4}y^3\right)^2 = \left(\frac{2}{3}x^2\right)^2 + 2\left(\frac{2}{3}x^2\right)\left(\frac{3}{4}y^3\right) + \left(\frac{3}{4}y^3\right)^2$$
$$= \frac{4}{9}x^4 + x^2y^3 + \frac{9}{16}y^6 \quad \textbf{R.}$$

3) Desarrollar $\left(10a^3 - \frac{4}{5}a^2b^7\right)^2$.

$$\left(10a^3 - \frac{4}{5}a^2b^7\right)^2 = (10a^3)^2 - 2(10a^3)\left(\frac{4}{5}a^2b^7\right) + \left(\frac{4}{5}a^2b^7\right)^2$$
$$= 100a^6 - 16a^5b^7 + \frac{16}{25}a^4b^{14} \quad \textbf{R.}$$

4) Desarrollar $\left(\frac{x^3}{10} - \frac{5y^2}{6x^5}\right)^2$.

$$\left(\frac{x^3}{10} - \frac{5y^2}{6x^5}\right)^2 = \left(\frac{x^3}{10}\right)^2 - 2\left(\frac{x^3}{10}\right)\left(\frac{5y^2}{6x^5}\right) + \left(\frac{5y^2}{6x^5}\right)^2$$
$$= \frac{1}{100}x^6 - \frac{y^2}{6x^2} + \frac{25y^4}{36x^{10}} \quad \textbf{R.}$$

Ejercicio 206

Desarrollar:

1. $(a^5 + 7b^4)^2$
2. $(3x^4 - 5xy^3)^2$
3. $(a^2b^3 - a^5)^2$
4. $(7x^5 - 8x^3y^4)^2$
5. $(9ab^2 + 5a^2b^3)^2$
6. $(3x^2y^3 - 7x^3y^2)^2$
7. $(xy - a^2b^2)^2$
8. $\left(\frac{1}{2}x + \frac{2}{3}y\right)^2$
9. $\left(\frac{3}{4}a^2 - \frac{2}{5}b^2\right)^2$
10. $\left(\frac{5}{6}x^3 + \frac{3}{5}xy^2\right)^2$
11. $\left(\frac{1}{9}a^5 - \frac{3}{7}a^3b^7\right)^2$
12. $\left(\frac{2}{5}m^4 - \frac{5}{4}n^3\right)^2$
13. $\left(\frac{x}{3} + \frac{y^2}{4}\right)^2$
14. $\left(\frac{2x}{3} - \frac{3y}{5}\right)^2$
15. $\left(\frac{a^3}{8} + \frac{4a^2}{7b}\right)^2$
16. $\left(\frac{3}{2x} - \frac{2x^4}{3}\right)^2$
17. $\left(\frac{5x^7}{6y^4} - \frac{3y^6}{10x^2}\right)^2$
18. $\left(\frac{3}{8}a^6 - \frac{4a^2}{9b^5}\right)^2$

CUBO DE UN BINOMIO

346

Sabemos (**90**) que:

$$(a+b)^3 = a^3 + 3a^2b + 3ab^2 + b^3$$
$$(a-b)^3 = a^3 - 3a^2b + 3ab^2 - b^3$$

Ejemplos

1) Desarrollar $(4a^3 + 5a^2b^2)^3$.

$$(4a^3 + 5a^2b^2)^3 = (4a^3)^3 + 3(4a^3)^2(5a^2b^2) + 3(4a^3)(5a^2b^2)^2 + (5a^2b^2)^3$$
$$= 64a^9 + 240a^8b^2 + 300a^7b^4 + 125a^6b^6 \quad \textbf{R.}$$

2) Desarrollar $\left(\frac{3}{5}x - \frac{5}{6}y^2\right)^3$.

$$\left(\frac{3}{5}x - \frac{5}{6}y^2\right)^3 = \left(\frac{3}{5}x\right)^3 - 3\left(\frac{3}{5}x\right)^2\left(\frac{5}{6}y^2\right) + 3\left(\frac{3}{5}x\right)\left(\frac{5}{6}y^2\right)^2 - \left(\frac{5}{6}y^2\right)^3$$
$$= \frac{27}{125}x^3 - \frac{9}{10}x^2y^2 + \frac{5}{4}xy^4 - \frac{125}{216}y^6 \quad \textbf{R.}$$

3) Desarrollar $\left(\frac{2x^3}{5y} - \frac{10y^4}{3}\right)^3$.

$$\left(\frac{2x^3}{5y} - \frac{10y^4}{3}\right)^3 = \left(\frac{2x^3}{5y}\right)^3 - 3\left(\frac{2x^3}{5y}\right)^2\left(\frac{10y^4}{3}\right) + 3\left(\frac{2x^3}{5y}\right)\left(\frac{10y^4}{3}\right)^2 - \left(\frac{10y^4}{3}\right)^3$$
$$= \frac{8x^9}{125y^3} - \frac{8}{5}x^6y^2 + \frac{40}{3}x^3y^7 - \frac{1{,}000}{27}y^{12} \quad \textbf{R.}$$

Ejercicio 207

Desarrollar:

1. $(2a + 3b)^3$
2. $(4a - 3b^2)^3$
3. $(5x^2 + 6y^3)^3$
4. $(4x^3 - 3xy^2)^3$
5. $(7a^4 - 5a^2b^3)^3$
6. $(a^8 + 9a^5x^4)^3$
7. $(8x^4 - 7x^2y^4)^3$
8. $(3a^2b - 5a^3b^2)^3$
9. $\left(\frac{1}{2}a + \frac{2}{3}b^2\right)^3$
10. $\left(\frac{3}{4}a^2 - \frac{4}{5}b^2\right)^3$
11. $\left(\frac{5}{6}a^2b - \frac{3}{10}b^4\right)^3$
12. $\left(\frac{7}{8}x^5 - \frac{4}{7}y^6\right)^3$
13. $\left(\frac{x}{2y} + \frac{3y}{x^2}\right)^3$
14. $\left(\frac{2a^2}{5} - \frac{5}{2b^3}\right)^3$
15. $\left(4x^4 - \frac{3x}{y^3}\right)^3$
16. $\left(\frac{3a}{2b} + \frac{4b^2}{5}\right)^3$
17. $\left(\frac{7}{8} - x^4y^5\right)^3$
18. $\left(\frac{1}{6}m^3 - \frac{6n^2}{m^2}\right)^3$

CUADRADO DE UN POLINOMIO

347 DEDUCCIÓN DE LA REGLA PARA ELEVAR UN POLINOMIO AL CUADRADO

1) Vamos a elevar al cuadrado el trinomio $a+b+c$. Escribiéndolo $(a+b)+c$ podemos considerarlo como un **binomio** cuyo primer término es $(a+b)$ y el segundo, c. Tendremos:

$$\begin{aligned}(a+b+c)^2 = [(a+b)+c]^2 &= (a+b)^2 + 2(a+b)c + c^2 \\ &= a^2 + 2ab + b^2 + 2ac + 2bc + c^2 \\ \text{(ordenando)} &= a^2 + b^2 + c^2 + 2ab + 2ac + 2bc \quad \textbf{(1)}\end{aligned}$$

2) Sea el trinomio $(a-b+c)$. Tendremos:

$$\begin{aligned}(a-b+c)^2 = [(a-b)+c]^2 &= (a-b)^2 + 2(a-b)c + c^2 \\ &= a^2 - 2ab + b^2 + 2ac - 2bc + c^2 \\ \text{(ordenando)} &= a^2 + b^2 + c^2 - 2ab + 2ac - 2bc \quad \textbf{(2)}\end{aligned}$$

3) Sea el polinomio $a+b+c-d$. Tendremos:

$$\begin{aligned}(a+b+c-d)^2 &= [(a+b)+(c-d)]^2 = (a+b)^2 + 2(a+b)(c-d) + (c-d)^2 \\ &= a^2 + 2ab + b^2 + 2ac + 2bc - 2ad - 2bd + c^2 - 2cd + d^2 \\ \text{(ordenando)} \quad &= a^2 + b^2 + c^2 + d^2 + 2ab + 2ac - 2ad + 2bc - 2bd - 2cd \quad \textbf{(3)}\end{aligned}$$

REGLA

El cuadrado de un polinomio es igual a la suma de los cuadrados de cada uno de sus términos más el doble de las combinaciones binarias que con ellos pueden formarse.

Esta regla se cumple, cualquiera que sea el número de términos del polinomio.

Las combinaciones binarias se entienden **productos** tomados con **el signo que resulte de multiplicar.**

Obsérvese que los cuadrados de *todos* los términos son *positivos.*

Ejemplos

1) Elevar al cuadrado $x^2 - 3x + 4$.
Aplicando la regla anterior, tenemos:

$$\begin{aligned}(x^2-3x+4)^2 &= (x^2)^2 + (-3x)^2 + 4^2 + 2(x^2)(-3x) + 2(x^2)(4) + 2(-3x)(4) \\ &= x^4 + 9x^2 + 16 - 6x^3 + 8x^2 - 24x \\ &= x^4 - 6x^3 + 17x^2 - 24x + 16 \quad \textbf{R.}\end{aligned}$$

Obsérvese que las combinaciones binarias se forman: 1° y 2°, 1° y 3°, 2° y 3°, cada término con los siguientes, nunca con los anteriores y que al formar las combinaciones cada término se escribe con *su propio signo.*

2) Desarrollar $(3x^3-5x^2-7)^2$.

$$\begin{aligned}(3x^3-5x^2-7)^2 &= (3x^3)^2+(-5x^2)^2+(-7)^2+2(3x^3)(-5x^2)\\ &\quad +2(3x^3)(-7)+2(-5x^2)(-7)\\ &= 9x^6+25x^4+49-30x^5-42x^3+70x^2\\ &= 9x^6-30x^5+25x^4-42x^3+70x^2+49 \quad \textbf{R.}\end{aligned}$$

3) Elevar al cuadrado a^3-3a^2+4a-1.

$$\begin{aligned}(a^3-3a^2+4a-1)^2 &= (a^3)^2+(-3a^2)^2+(4a)^2+(-1)^2+2(a^3)(-3a^2)\\ &\quad +2(a^3)(4a)+2(a^3)(-1)+2(-3a^2)(4a)+2(-3a^2)(-1)+2(4a)(-1)\\ &= a^6+9a^4+16a^2+1-6a^5+8a^4-2a^3-24a^3+6a^2-8a\\ &= a^6-6a^5+17a^4-26a^3+22a^2-8a+1 \quad \textbf{R.}\end{aligned}$$

Ejercicio 208

Elevar al cuadrado:

1. x^2-2x+1
2. $2x^2+x+1$
3. x^2-5x+2
4. x^3-5x^2+6
5. $4a^4-3a^2+5$
6. $x+2y-z$
7. $3-x^3-x^6$
8. $5x^4-7x^2+3x$
9. $2a^2+2ab-3b^2$
10. $m^3-2m^2n+2n^4$
11. $\frac{a}{2}-b+\frac{c}{4}$
12. $\frac{x}{5}-5y+\frac{5}{3}$
13. $\frac{1}{2}x^2-x+\frac{2}{3}$
14. $\frac{a}{x}-\frac{1}{3}+\frac{x}{a}$
15. $\frac{3}{4}a^2-\frac{1}{2}a+\frac{4}{5}$
16. $\frac{a^2}{4}-\frac{3}{5}+\frac{b^2}{9}$
17. x^3-x^2+x+1
18. x^3-3x^2-2x+2
19. x^4+3x^2-4x+5
20. x^4-4x^3+2x-3
21. $3-6a+a^2-a^3$
22. $\frac{1}{2}x^3-x^2+\frac{2}{3}x+2$
23. $\frac{1}{2}a^3-\frac{2}{3}a^2+\frac{3}{4}a-\frac{1}{2}$
24. $x^5-x^4+x^3-x^2+x-2$

CUBO DE UN POLINOMIO

DEDUCCIÓN DE LA REGLA PARA ELEVAR UN POLINOMIO AL CUBO

348

1) Sea el trinomio $a+b+c$. Tendremos:

$$\begin{aligned}(a+b+c)^3 &= \left[(a+b)+c\right]^3 = (a+b)^3+3(a+b)^2c+3(a+b)c^2+c^3\\ &= (a+b)^3+3(a^2+2ab+b^2)c+3(a+b)c^2+c^3\\ &= a^3+3a^2b+3ab^2+b^3+3a^2c+6abc+3b^2c+3ac^2+3bc^2+c^3\\ \text{(ordenando)} &= a^3+b^3+c^3+3a^2b+3a^2c+3b^2a+3b^2c+3c^2a+3c^2b+6abc \quad \textbf{(1)}\end{aligned}$$

2) Elevando $a+b+c+d$ al cubo por el procedimiento anterior, se obtiene:

$$\begin{aligned}(a+b+c+d)^3 &= a^3+b^3+c^3+d^3+3a^2b+3a^2c+3a^2d+3b^2a+3b^2c+3b^2d\\ &\quad +3c^2a+3c^2b+3c^2d+3d^2a+3d^2b+3d^2c+6abc+6abd\\ &\quad +6acd+6bcd \quad \textbf{(2)}\end{aligned}$$

Los resultados (**1**) y (**2**) nos permiten establecer la siguiente:

REGLA

El cubo de un polinomio es igual a la suma de los cubos de cada uno de sus términos más el triple del cuadrado de cada uno por cada uno de los demás más el séxtuplo de las combinaciones ternarias (productos) que pueden formarse con sus términos.

1) Elevar al cubo $x^2 - 2x + 1$.

Aplicando la regla anterior, tenemos:

$$\begin{aligned}(x^2 - 2x + 1)^3 &= (x^2)^3 + (-2x)^3 + 1^3\\ &\quad + 3(x^2)^2(-2x) + 3(x^2)^2(1)\\ &\quad + 3(-2x)^2(x^2) + 3(-2x)^2(1)\\ &\quad + 3(1)^2(x^2) + 3(1)^2(-2x) + 6(x^2)(-2x)(1)\\ \text{(ordenando} &= x^6 - 8x^3 + 1 - 6x^5 + 3x^4 + 12x^4 + 12x^2 + 3x^2 - 6x - 12x^3\\ \text{y reduciendo)} &= x^6 - 6x^5 + 15x^4 - 20x^3 + 15x^2 - 6x + 1 \quad \textbf{R.}\end{aligned}$$

Téngase bien presente que todas las cantidades negativas al cuadrado dan signo más. En los trinomios sólo hay una combinación ternaria: 1º, 2º y 3º.

2) Elevar al cubo $x^3 - x^2 + 2x - 3$.

$$\begin{aligned}(x^3 - x^2 + 2x - 3)^3 &= (x^3)^3 + (-x^2)^3 + (2x)^3 + (-3)^3\\ &\quad + 3(x^3)^2(-x^2) + 3(x^3)^2(2x) + 3(x^3)^2(-3)\\ &\quad + 3(-x^2)^2(x^3) + 3(-x^2)^2(2x) + 3(-x^2)^2(-3)\\ &\quad + 3(2x)^2(x^3) + 3(2x)^2(-x^2) + 3(2x)^2(-3)\\ &\quad + 3(-3)^2(x^3) + 3(-3)^2(-x^2) + 3(-3)^2(2x)\\ &\quad + 6(x^3)(-x^2)(2x) + 6(x^3)(-x^2)(-3) + 6(x^3)(2x)(-3) + 6(-x^2)(2x)(-3)\\ &= x^9 - x^6 + 8x^3 - 27 - 3x^8 + 6x^7 - 9x^6 + 3x^7 + 6x^5 - 9x^4 + 12x^5\\ &\quad -12x^4 - 36x^2 + 27x^3 - 27x^2 + 54x - 12x^6 + 18x^5 - 36x^4 + 36x^3\\ &= x^9 - 3x^8 + 9x^7 - 22x^6 + 36x^5 - 57x^4 + 71x^3 - 63x^2 + 54x - 27 \quad \textbf{R.}\end{aligned}$$

Ejercicio 209

Elevar al cubo:

1. $x^2 + x + 1$
2. $2x^2 - x - 1$
3. $1 - 3x + 2x^2$
4. $2 - 3x + x^2$
5. $x^3 - 2x^2 - 4$
6. $x^4 - x^2 - 2$
7. $a^3 + \frac{a^2}{2} - \frac{a}{3}$
8. $\frac{1}{2}x^2 - \frac{1}{3}x + 2$
9. $a^3 - a^2 + a - 1$
10. $x^3 - 2x^2 + x - 3$
11. $x^3 - 4x^2 + 2x - 3$
12. $1 - x^2 + 2x^4 - x^6$

BINOMIO DE NEWTON

349 ELEVAR UN BINOMINO A UNA POTENCIA ENTERA Y POSITIVA

Sea el binomio $a + b$. La multiplicación da que

$$(a+b)^2 = a^2 + 2ab + b^2 \qquad (a+b)^3 = a^3 + 3a^2b + 3ab^2 + b^3$$

$$(a+b)^4 = a^4 + 4a^3b + 6a^2b^2 + 4ab^3 + b^4$$

En estos desarrollos se cumplen las siguientes leyes:

1) **Cada desarrollo tiene un término más que el exponente del binomio.**
2) **El exponente de a en el primer término del desarrollo es igual al exponente del binomio, y en cada término posterior al primero, disminuye 1.**
3) **El exponente de b en el segundo término del desarrollo es 1, y en cada término posterior a éste, aumenta 1.**
4) **El coeficiente del primer término del desarrollo es 1 y el coeficiente del segundo término es igual al exponente de a en el primer término del desarrollo.**
5) **El coeficiente de cualquier término se obtiene multiplicando el coeficiente del término anterior por el exponente de a en dicho término anterior y dividiendo este producto por el exponente de b en ese mismo término aumentado en 1.**
6) **El último término del desarrollo es b elevado al exponente del binomio.**

Los resultados anteriores constituyen la **ley del binomio,** que se cumple para **cualquier** exponente entero y positivo como probaremos en seguida. Esta ley general se representa por medio de la siguiente **fórmula:**

$$(a+b)^n = a^n + na^{n-1}b + \frac{n(n-1)}{1 \cdot 2}a^{n-2}b^2 + \frac{n(n-1)(n-2)}{1 \cdot 2 \cdot 3}a^{n-3}b^3$$

$$+\frac{n(n-1)(n-2)(n-3)}{1 \cdot 2 \cdot 3 \cdot 4}a^{n-4}b^4 + \ldots + b^n \qquad (\mathbf{1})$$

Esta **fórmula** descubierta por **Newton** nos permite elevar un binomio a una potencia cualquiera, directamente, sin tener que hallar las potencias anteriores.

PRUEBA POR INDUCCIÓN MATEMÁTICA DE LA LEY DEL BINOMIO 350

Vamos a probar que la ley del binomio se cumple para cualquier exponente entero y positivo.

Admitamos que la ley se cumple para $(a+b)^n$ y obtendremos el resultado (**1**).

Multiplicando ambos miembros de la fórmula (**1**) por $a + b$ (se multiplica primero por a, después por b y se suman los productos) y combinando los términos semejantes, se tendrá:

$$(a+b)^{n+1} = a^{n+1} + (n+1)a^n b + \frac{n(n+1)}{1 \cdot 2}a^{n-1}b^2 +$$

$$\frac{n(n+1)(n-1)}{1 \cdot 2 \cdot 3}a^{n-2}b^3 + \frac{n(n+1)(n-1)(n-2)}{1 \cdot 2 \cdot 3 \cdot 4}a^{n-3}b^4 + \ldots + b^{n+1} \qquad (\mathbf{2})$$

Este desarrollo (**2**) es similar al desarrollo (**1**), teniendo $n+1$ donde el anterior tiene n.

Vemos, pues que la ley del binomio se cumple para $(a+b)^{n+1}$ igual que se cumple para $(a+b)^n$:

Por tanto, **si la ley se cumple para un exponente entero y positivo cualquiera n también se cumple para $n+1$.** Ahora bien, en el número **349** probamos por medio de la multiplicación, que la ley se cumple para $(a+b)^4$, luego, se cumple para $(a+b)^5$; **si se** cumple para $(a+b)^5$, se cumple para $(a+b)^6$, si se cumple para $(a+b)^6$, se cumple para $(a+b)^7$ y así sucesivamente; luego, la ley se cumple para cualquier exponente entero y positivo.

351 DESARROLLO DE $(a-b)^n$

Cuando el segundo término del binomio es negativo, los signos del desarrollo son alternativamente + y –. En efecto:

$$(a-b)^n = [a+(-b)]^n$$

y al desarrollar $[a+(-b)]^n$ los términos 2º, 4º, 6º, etc., de acuerdo con la fórmula (**1**) contendrán el segundo término $(-b)$ elevado a un exponente **impar** y como toda potencia impar de una cantidad negativa es negativa, dichos términos serán **negativos** y los términos 3º, 5º, 7º, etc., contendrán a $(-b)$ elevada a un exponente **par** y como toda potencia par de una cantidad negativa es positiva, dichos términos serán positivos. Por tanto, podemos escribir:

$$(a-b)^n = a^n - na^{n-1}b + \frac{n(n-1)}{1\cdot 2}a^{n-2}b^2$$
$$-\frac{n(n-1)(n-2)}{1\cdot 2\cdot 3}a^{n-3}b^3 + \ldots + (-b)^n$$

El último término será positivo si n es par, y negativo si n es impar. En el desarrollo de una potencia cualquiera de un binomio los denominadores de los coeficientes pueden escribirse, si se desea, como factoriales. Así, $1\cdot 2$ puede escribirse $2!$; $1\cdot 2\cdot 3 = 3!$, etcétera.

Ejemplos

1) Desarrollar $(x+y)^4$.
Aplicando la ley del binomio, tenemos:

$$(x+y)^4 = x^4 + 4x^3y + 6x^2y^2 + 4xy^3 + y^4 \quad \textbf{R.}$$

El coeficiente del primer término es 1; el del segundo término es 4, igual que el exponente de x en el primer término del desarrollo.
El coeficiente del *tercer término* 6 se halla multiplicando el coeficiente del término anterior 4 por el exponente que tiene x en ese término 3, o sea $4\times 3 = 12$ y dividiendo este producto entre el exponente de y en dicho segundo término aumentado en 1, o sea, entre 2, y se tiene $12 \div 2 = 6$.
El coeficiente del 4º término se halla multiplicando el coeficiente del término anterior 6 por el exponente de x en ese término: $6\times 2 = 12$ y dividiendo este producto entre el exponente de y en ese término aumentado en 1, o sea, entre 3, y se tiene $12\div 3 = 4$, y así sucesivamente.

2) Desarrollar $(a-2x)^5$.

Como el 2º término es negativo los signos *alternan*:

$$(a-2x)^5 = a^5 - 5a^4(2x) + 10a^3(2x)^2 - 10a^2(2x)^3 + 5a(2x)^4 - (2x)^5$$

$$\text{(efectuando)} = a^5 - 10a^4x + 40a^3x^2 - 80a^2x^3 + 80ax^4 - 32x^5 \quad \textbf{R.}$$

Los coeficientes se obtienen del mismo modo que se explicó en el ejemplo anterior.

OBSERVACIÓN

En la práctica, basta hallar la mitad o la mitad más 1 de los coeficientes, según que el exponente del binomio sea impar o par, pues los coeficientes se repiten; en cuanto se repite uno se repiten los demás.

3) Desarrollar $(2x^2+3y^4)^5$.

$$(2x^2+3y^4)^5 = (2x^2)^5 + 5(2x^2)^4(3y^4) + 10(2x^2)^3(3y^4)^2 + 10(2x^2)^2(3y^4)^3 + 5(2x^2)(3y^4)^4 + (3y^4)^5$$

$$= 32x^{10} + 240x^8y^4 + 720x^6y^8 + 1{,}080x^4y^{12} + 810x^2y^{16} + 243y^{20} \quad \textbf{R.}$$

4) Desarrollar $\left(a^5 - \frac{b^3}{2}\right)^6$.

$$\left(a^5-\frac{b^3}{2}\right)^6 = (a^5)^6 - 6(a^5)^5\left(\frac{b^3}{2}\right) + 15(a^5)^4\left(\frac{b^3}{2}\right)^2 - 20(a^5)^3\left(\frac{b^3}{2}\right)^3$$

$$+ 15(a^5)^2\left(\frac{b^3}{2}\right)^4 - 6(a^5)\left(\frac{b^3}{2}\right)^5 + \left(\frac{b^3}{2}\right)^6$$

$$= a^{30} - 3a^{25}b^3 + \frac{15}{4}a^{20}b^6 - \frac{5}{2}a^{15}b^9 + \frac{15}{16}a^{10}b^{12} - \frac{3}{16}a^5b^{15} + \frac{1}{64}b^{18} \quad \textbf{R.}$$

Ejercicio 210

Desarrollar:

1. $(x-2)^4$
2. $(a+3)^4$
3. $(2-x)^5$
4. $(2x+5y)^4$
5. $(a-3)^6$
6. $(2a-b)^6$
7. $(x^2+2y^3)^5$
8. $(x^3+1)^6$
9. $(2a-3b)^5$
10. $(x^4-5y^3)^6$
11. $\left(2x-\frac{y}{2}\right)^6$
12. $\left(3-\frac{x^2}{3}\right)^5$
13. $(2m^3-3n^4)^6$
14. $(x^2-3)^7$
15. $\left(3a-\frac{b^2}{3}\right)^5$
16. $(x^2+2y^2)^7$
17. $(x^3-1)^8$
18. $\left(x^2-\frac{y}{2}\right)^9$
19. $(2m^3-n^4)^7$
20. $\left(\frac{1}{2}x^2+\frac{2}{3}y^2\right)^5$
21. $\left(\frac{1}{5}-\frac{5a}{2}\right)^6$

TRIÁNGULO DE PASCAL

Los coeficientes de los términos del desarrollo de cualquier potencia de un binomio los da en seguida el siguiente triángulo llamado **Triángulo de Pascal**:

1
1 1
1 2 1
1 3 3 1
1 4 6 4 1
1 5 10 10 5 1
1 6 15 20 15 6 1
1 7 21 35 35 21 7 1
1 8 28 56 70 56 28 8 1
1 9 36 84 126 126 84 36 9 1

El modo de formar este triángulo es el siguiente:

En la primera fila horizontal se pone 1.

En la segunda fila se pone 1 y 1.

Desde la tercera en adelante se empieza por 1 y cada número posterior al 1 se obtiene **sumando** en la fila anterior el 1er número con el 2º, el 2º con el 3º, el 3º, con el 4º, el 4º, con el 5º, etc., y se termina por 1.

Los **coeficientes** del desarrollo de cualquier potencia de un binomio son los números que se hallan en la fila horizontal en que después del 1 está el exponente del binomio.

Así, los coeficientes del desarrollo de $(x+y)^4$ son los números que están en la fila horizontal en que después del 1 está el 4,o sea, 1, 4, 6, 4, 1.

Los coeficientes del desarrollo de $(m+n)^5$ son los números de la fila horizontal en que después del 1 está el 5, o sea, 1, 5, 10, 10, 5, 1.

Los coeficientes del desarrollo de $(2x-3y)^7$ son los números de la fila horizontal en que después de 1 está el 7 o sea, 1, 7, 21, 35, 35, 21, 7, 1.

En la práctica, basta formar el triángulo hasta la fila horizontal en que después del 1 viene el exponente del binomio. Los números de esta **última fila** son los coeficientes que se necesitan.

Este triángulo es atribuido por algunos al matemático **Tartaglia**.

Ejemplo

1) Desarrollar $(x^2-3y^5)^6$ por el Triángulo de Pascal.

Se forma el triángulo hasta la fila horizontal en que después del 1 viene el 6 o sea:

1
1 1
1 2 1
1 3 3 1
1 4 6 4 1
1 5 10 10 5 1
1 6 15 20 15 6 1

Entonces, tomando los coeficientes de esta última fila, tenemos:

$$(x^2-3y^5)^6 = (x^2)^6 - 6(x^2)^5(3y^5) + 15(x^2)^4(3y^5)^2 - 20(x^2)^3(3y^5)^3 + 15(x^2)^2(3y^5)^4 - 6(x^2)(3y^5)^5 + (3y^5)^6$$

$$= x^{12} - 18x^{10}y^5 + 135x^8y^{10} - 540x^6y^{15} + 1{,}215x^4y^{20} - 1{,}458x^2y^{25} + 729y^{30} \quad \textbf{R.}$$

Ejercicio 211

Desarrollar, hallando los coeficientes por el Triángulo de Pascal:

1. $(a+2b)^6$
2. $(2m^2-3n^3)^5$
3. $(x^2+y^3)^6$
4. $(3-y^7)^7$
5. $(2x^3-3y^4)^6$
6. $\left(\frac{1}{2}x^2+y^3\right)^5$
7. $\left(\frac{a}{3}-\frac{3}{b}\right)^6$
8. $(1-x^4)^8$
9. $\left(\frac{2}{3x}-\frac{3}{2y}\right)^7$
10. $\left(\frac{2}{m}-\frac{m^2}{2}\right)^7$
11. $(x^3+mn)^8$
12. $\left(3-\frac{b^2}{3}\right)^9$
13. $\left(1-\frac{1}{x}\right)^{10}$
14. $(2m^2-5n^5)^6$
15. $\left(4-\frac{x^5}{4}\right)^7$

TÉRMINO GENERAL

353

La fórmula del **término general** que vamos a establecer nos permite hallar directamente un término cualquiera del desarrollo de un binomio, sin hallar los términos anteriores.

Considerando los términos del desarrollo

$$(a+b)^n = a^n + na^{n-1}b + \frac{n(n-1)}{1\cdot 2}a^{n-2}b^2 + \frac{n(n-1)(n-2)}{1\cdot 2\cdot 3}a^{n-3}b^3 + \ldots$$

observamos que se cumplen las leyes siguientes:

1) **El numerador del coeficiente de un** término cualquiera **es un producto que empieza por el exponente del binomio; cada factor posterior a éste es 1 menos que el anterior y hay tantos factores como términos** preceden **al término de que se trate.**
2) **El denominador del coeficiente de un término cualquiera es una factorial de igual número de factores que el numerador.**
3) **El exponente de *a* en un término cualquiera es el exponente del binomio disminuido en el número de términos que** preceden **a dicho término.**
4) **El exponente de *b* en un término cualquiera es igual al número de términos que lo preceden.**

De acuerdo con las leyes anteriores, vamos a hallar el término que ocupa el lugar r en el desarrollo de $(a+b)^n$.

Al término r lo **preceden** $r-1$ términos. Tendremos:

1) El numerador del coeficiente del término r es $n(n-1)(n-2)\ldots$ hasta que haya $r-1$ factores.

2) El denominador es una factorial 1 · 2 · 3... que tiene $r-1$ factores.
3) El exponente de a es el exponente del binomio n menos $r-1$, o sea, $n-(r-1)$.
4) El exponente de b es $r-1$.

Por tanto, tendremos:

$$t_r = \frac{n(n-1)(n-2)\dots \text{ hasta } r-1 \text{ factores}}{1\times 2\times 3\times \dots \times (r-1)} a^{n-(r-1)} b^{r-1}$$

que es la **fórmula del término general.**

Ejemplos

1) Hallar el 5º término del desarrollo de $(3a+b)^7$.
Aquí $r=5$. Al 5º término lo preceden 4 términos; $r-1=4$. Tendremos:

$$t_5 = \frac{7\times 6\times 5\times 4}{1\times 2\times 3\times 4}(3a)^{7-4}b^4 = \frac{7\times 5}{1}(3a)^3 b^4$$

$$= 35(27a^3)b^4 = 945a^3b^4 \quad \textbf{R.}$$

2) Hallar el 6º término del desarrollo de $(x^2-2y)^{10}$.
Al 6º término le preceden 5 términos. Tendremos:

$$t_6 = \frac{10\times 9\times 8\times 7\times 6}{1\times 2\times 3\times 4\times 5\times}(x^2)^{10-5}(-2y)^5$$

$$= 252\ (x^2)^5\ (-32y^5) = -8{,}064x^{10}y^5 \quad \textbf{R.}$$

Cuando el segundo término del binomio es **negativo**, como en este caso $-2y$, el signo del término que se busca será + si en el planteo este segundo término tiene exponente par y será – si tiene exponente **impar**, como sucede en el caso anterior.

Ejercicio 212

Hallar el:

1. 3er término de $(x-y)^5$
2. 4º término de $(a-4b)^7$
3. 5º término de $(1+x)^{11}$
4. 4º término de $(3x-2y)^6$
5. 5º término de $(a^2-2b)^9$
6. 6º término de $\left(2a-\frac{b}{2}\right)^8$
7. 7º término de $(x^2-2y)^{10}$
8. 8º término de $(x-y^2)^{11}$
9. 10º término de $(a^2+b)^{15}$
10. 9º término de $(1-x^2)^{12}$
11. El penúltimo término de $(2a-b^2)^6$
12. El término del medio de $(3x^2-y^2)^8$

Pierre-Simòn Laplace (1749-1827). Matemático y astrónomo francés. Pertenecía a la nobleza francesa con el título de marqués. Fue profesor de la Escuela Militar de París. Organizó la Escuela Politécnica y la Escuela Normal Superior. Es célebre como astrónomo por su famosa teoría sobre el origen del sistema solar, expuesta magistralmente en su obra *Exposición del sistema del mundo*, que es una condensación de su *Mecánica celeste*. En el orden matemático, dio una demostración completa del teorema de D´Alembert.

Capítulo XXIX

RADICACIÓN

RAÍZ de una expresión algebraica que elevada a una potencia reproduce la expresión dada. 354

Así, $2a$ es raíz cuadrada de $4a^2$ porque $(2a)^2 = 4a^2$ y $-2a$ también es raíz cuadrada de $4a^2$ porque $(-2a)^2 = 4a^2$.

$3x$ es raíz cúbica de $27x^3$ porque $(3x)^3 = 27x^3$.

El **signo de raíz** es $\sqrt{\ }$, llamado **signo radical**. Debajo de este signo se coloca la cantidad a la cual se extrae la raíz llamada por eso **cantidad subradical**.

El signo $\sqrt{\ }$ lleva un **índice** que indica la potencia a que hay que elevar la raíz para que reproduzca la cantidad subradical. Por convención el índice 2 se suprime y cuando el signo $\sqrt{\ }$ no lleva **índice** se entiende que el índice es 2.

Así, $\sqrt{a^4}$ significa una cantidad que elevada al **cuadrado** reproduce la cantidad subradical a^4; esta raíz es a^2 y $-a^2$ porque $(a^2)^2 = a^4$ y $(-a^2)^2 = a^4$.

$\sqrt[3]{8x^3}$ significa una cantidad que elevada al **cubo** reproduce la cantidad subradical $8x^3$; esta raíz es $2x$ porque $(2x)^3 = 8x^3$.

$\sqrt[5]{-32a^5}$ significa una cantidad que elevada a la **quinta potencia** reproduce la cantidad subradical $-32a^5$; esta raíz es $-2a$ porque $(-2a)^5 = -32a^5$.

355 **EXPRESIÓN RADICAL O RADICAL** es toda raíz indicada de un número o de una expresión algebraica. Así, $\sqrt{4}, \sqrt[3]{9a^3}, \sqrt[4]{16a^3}$ son expresiones radicales.

Si la raíz indicada es exacta, la expresión es **racional;** si no es exacta, es **irracional.**

Las expresiones irracionales como $\sqrt{2}, \sqrt[3]{3a^2}$ son las que comúnmente se llaman **radicales.**

El **grado** de un radical lo indica su índice. Así, $\sqrt{2a}$ es un radical de segundo grado; $\sqrt[3]{5a^2}$ es un radical de tercer grado; $\sqrt[4]{3x}$ es un radical de cuarto grado.

356 SIGNOS DE LAS RAÍCES

1) Las raíces impares de una cantidad tienen el mismo signo que la cantidad subradical.

Así,
$$\sqrt[3]{27a^3} = 3a \quad \text{porque} \quad (3a)^3 = 27a^3$$
$$\sqrt[3]{-27a^3} = -3a \quad \text{porque} \quad (-3a)^3 = -27a^3$$
$$\sqrt[5]{x^{10}} = x^2 \quad \text{porque} \quad (x^2)^5 = x^{10}$$
$$\sqrt[5]{-x^{10}} = -x^2 \quad \text{porque} \quad (-x^2)^5 = -x^{10}$$

2) Las raíces pares de una cantidad positiva tienen doble signo: + y –.

Así, $\sqrt{25x^2} = 5x$ o $-5x$ porque $(5x)^2 = 25x^2$ y $(-5x)^2 = 25x^2$.

Esto se indica de este modo: $\sqrt{25x^2} = \pm 5x$

Del propio modo, $\sqrt[4]{16a^4} = 2a$ y $-2a$ porque $(2a)^4 = 16a^4$ y $(-2a)^4 = 16a^4$

Esto se indica: $\sqrt[4]{16a^4} = \pm 2a$

357 CANTIDAD IMAGINARIA

Las raíces **pares** de una cantidad **negativa** no se pueden extraer, porque toda cantidad, ya sea positiva o negativa, elevada a una potencia par, da un resultado positivo. Estas raíces se llaman **cantidades imaginarias**.

Así, $\sqrt{-4}$ no se puede extraer. La raíz cuadrada de –4 no es 2 porque $2^2 = 4$ y no –4, y tampoco es –2 porque $(-2)^2 = 4$ y no –4. $\sqrt{-4}$ es una **cantidad imaginaria.**

Del propio modo, $\sqrt{-9}, \sqrt{-a^2}, \sqrt[4]{-16x^2}$ son cantidades imaginarias.

358 **CANTIDAD REAL** es una expresión que no contiene ninguna cantidad imaginaria. Así, $3a$, 8, $\sqrt{5}$ son cantidades reales.

359 VALOR ALGEBRAICO Y ARITMÉTICO DE UN RADICAL

En general, una cantidad tiene tantas raíces de un grado dado como unidades tiene el grado de la raíz. Así, toda cantidad tiene dos raíces cuadradas, tres raíces cúbicas, cuatro raíces cuartas, etcétera, pero generalmente una o más raíces de éstas son complejas. Más adelante hallaremos las tres raíces cúbicas de la unidad, dos de las cuales son complejas conjugadas.

El valor **real** y **positivo** de un radical, si existe, o el valor **real negativo** si no existe el positivo, es lo que se llama **valor aritmético** del radical. Así,

$\sqrt{9}=\pm 3$; el valor aritmético de $\sqrt{9}$ es $+3$.

$\sqrt[4]{16}=\pm 2$; el valor aritmético de $\sqrt[4]{16}$ es $+2$.

Al tratar de radicales, siempre nos referimos a su **valor aritmético**.

RAÍZ DE UNA POTENCIA 360

Para extraer una raíz a una potencia se divide el exponente de la potencia por el índice de la raíz.

Decimos que $\sqrt[n]{a^m}=a^{\frac{m}{n}}$.

En efecto: $\left(a^{\frac{m}{n}}\right)^n=a^{\frac{m}{n}\times n}=a^m$, cantidad subradical.

Aplicando esta regla, tenemos:

$\sqrt{a^4}=a^{\frac{4}{2}}=a^2 \qquad \sqrt[3]{x^9}=x^{\frac{9}{3}}=x^3$

Si el exponente de la potencia **no es divisible** por el índice de la raíz, se deja indicada la división, originándose de este modo el **exponente fraccionario**.

Así, $\sqrt{a}=a^{\frac{1}{2}} \qquad \sqrt[3]{x^2}=x^{\frac{2}{3}}$

En el capítulo siguiente se trata ampliamente el exponente fraccionario.

RAÍZ DE UN PRODUCTO DE VARIOS FACTORES 361

Para extraer una raíz a un producto de varios factores se extrae dicha raíz a cada uno de los factores.

Así, $\sqrt[n]{abc}=\sqrt[n]{a}\cdot\sqrt[n]{b}\cdot\sqrt[n]{c}$, porque

$\left(\sqrt[n]{a}\cdot\sqrt[n]{b}\cdot\sqrt[n]{c}\right)^n=\left(\sqrt[n]{a}\right)^n\cdot\left(\sqrt[n]{b}\right)^n\cdot\left(\sqrt[n]{c}\right)^n=abc$, cantidad subradical.

I. RAÍZ DE UN MONOMIO

De acuerdo con lo anterior, para extraer una raíz de un monomio se sigue la siguiente: 362

REGLA

1) **Se extrae la raíz del coeficiente y se divide el exponente de cada letra por el índice de la raíz.**
2) **Si el índice del radical es impar, la raíz tiene el mismo signo que la cantidad subradical, y si el índice es par y la cantidad subradical positiva, la raíz tiene el doble signo $\pm$.**

Ejemplos

1) Hallar la raíz cuadrada de $9a^2b^4$.

$$\sqrt{9a^2b^4} = \pm 3ab^2 \quad \textbf{R.}$$

2) Hallar la raíz cúbica de $-8a^3x^6y^9$.

$$\sqrt[3]{-8a^3x^6y^9} = -2ax^2y^3 \quad \textbf{R.}$$

3) Hallar la raíz cuarta de $16a^4m^8x^{4m}$.

$$\sqrt[4]{16a^4m^8x^{4m}} = \pm 2am^2x^m \quad \textbf{R.}$$

4) Hallar la raíz quinta de $-243m^{15}n^{10x}$.

$$\sqrt[5]{-243m^{15}n^{10x}} = -3m^3n^{2x} \quad \textbf{R.}$$

5) Hallar la raíz cuadrada de $\frac{4a^2}{9b^4}$.

Cuando el monomio es una fracción, como en este caso, se extrae la raíz al **numerador y denominador.**

$$\sqrt{\frac{4a^2}{9b^4}} = \frac{\sqrt{4a^2}}{\sqrt{9b^4}} = \frac{2a}{3b^2} \quad \textbf{R.}$$

6) Hallar la raíz cúbica de $-\frac{8x^6}{27a^3m^{12}}$.

$$\sqrt[3]{-\frac{8x^6}{27a^3m^{12}}} = -\frac{2x^2}{3am^4} \quad \textbf{R.}$$

Ejercicio 213

Hallar las siguientes raíces:

1. $\sqrt{4a^2b^4}$
2. $\sqrt{25x^6y^8}$
3. $\sqrt[3]{27a^3b^9}$
4. $\sqrt[3]{-8a^3b^6x^{12}}$
5. $\sqrt{64x^8y^{10}}$
6. $\sqrt[4]{16a^8b^{16}}$
7. $\sqrt[5]{x^{15}y^{20}z^{25}}$
8. $\sqrt[3]{-64a^3x^6y^{18}}$
9. $\sqrt[5]{-243m^5n^{15}}$
10. $\sqrt{81x^6y^8z^{20}}$
11. $\sqrt[3]{1{,}000x^9y^{18}}$
12. $\sqrt[4]{81a^{12}b^{24}}$
13. $\sqrt[6]{64a^{12}b^{18}c^{30}}$
14. $\sqrt{49a^{2n}b^{4n}}$
15. $\sqrt[5]{-x^{5n}y^{10x}}$
16. $\sqrt{\frac{9a^2}{25x^4}}$
17. $\sqrt[3]{-\frac{27a^3}{64x^9}}$
18. $\sqrt[5]{-\frac{a^5b^{10}}{32x^{15}}}$
19. $\sqrt[4]{\frac{a^8}{81b^4c^{12}}}$
20. $\sqrt[7]{\frac{128}{x^{14}}}$
21. $\sqrt{\frac{x^{2m}}{121y^{4n}}}$
22. $\sqrt[3]{-\frac{125x^9}{216m^{12}}}$
23. $\sqrt[9]{\frac{a^{18}}{b^9c^{27}}}$
24. $\sqrt[10]{\frac{x^{20}}{1{,}024y^{30}}}$

II. RAÍZ CUADRADA DE POLINOMIOS

RAÍZ CUADRADA DE POLINOMIOS ENTEROS 363

Para extraer la raíz cuadrada de un polinomio se aplica la siguiente regla práctica:

1) **Se ordena el polinomio dado.**
2) **Se halla la raíz cuadrada de su primer término, que será el primer término de la raíz cuadrada del polinomio; se eleva al cuadrado esta raíz y se resta del polinomio dado.**
3) **Se bajan los dos términos siguientes del polinomio dado y se divide el primero de éstos por el doble del primer término de la raíz. El cociente es el segundo término de la raíz. Este 2º término de la raíz con su propio signo se escribe al lado del doble del primer término de la raíz y se forma un binomio; este binomio se multiplica por dicho 2º término y el producto se resta de los dos términos que habíamos bajado.**
4) **Se bajan los términos necesarios para tener tres términos. Se duplica la parte de raíz ya hallada y se divide el primer término del residuo entre el primero de este doble. El cociente es el 3er término de la raíz.**

   Este 3er término, con su propio signo, se escribe al lado del doble de la parte de raíz hallada y se forma un trinomio; este trinomio se multiplica por dicho 3er término de la raíz y el producto se resta del residuo.
5) **Se continúa el procedimiento anterior, dividiendo siempre el primer término del residuo entre el primer término del doble de la parte de raíz hallada, hasta obtener residuo cero.**

Ejemplos

1) Hallar la raíz cuadrada de $a^4 + 29a^2 - 10a^3 - 20a + 4$. Ordenando el polinomio se obtiene:

$$
\begin{array}{r|l}
\sqrt{a^4 - 10a^3 + 29a^2 - 20a + 4} & a^2 - 5a + 2 \\
\hline
-a^4 \qquad\qquad\qquad\qquad & (2a^2 - 5a)(-5a) = -10a^3 + 25a^2 \\
-10a^3 + 29a^2 \qquad\quad & \\
10a^3 - 25a^2 \qquad\quad & (2a^2 - 10a + 2)\,2 = 4a^2 - 20a + 4 \\
\hline
4a^2 - 20a + 4 & \\
-4a^2 + 20a - 4 & \\
\hline
0 \qquad &
\end{array}
$$

EXPLICACIÓN

Hallamos la raíz cuadrada de a^4 que es a^2, este es el primer término de la raíz del polinomio. a^2 se eleva al cuadrado y da a^4, este cuadrado se resta del primer término del polinomio y bajamos los dos términos siguientes $-10a^3 + 29a^2$. Hallamos el doble de a^2 que es $2a^2$.

Dividimos $-10a^3 \div 2a^2 = -5a$, este es el segundo término de la raíz. Escribimos $-5a$ al lado de $2a^2$ y formamos el binomio $2a^2 - 5a$; este binomio lo multiplicamos por

$-5a$ y nos da $-10a^3 + 25a^2$. Este producto lo restamos (cambiándole los signos) de $-10a^3 + 29a^2$; la diferencia es $4a^2$. Bajamos los dos términos siguientes y tenemos $4a^2 - 20a + 4$. Se duplica la parte de raíz hallada $2\,(a^2 - 5a) = 2a^2 - 10a$. Dividimos $4a^2 \div 2a^2 = 2$, este es el tercer término de la raíz.

Este 2 se escribe al lado de $2a^2 - 10a$ y formamos el trinomio $2a^2 - 10a + 2$, que se multiplica por 2 y nos da $4a^2 - 20a + 4$. Este producto se resta (cambiando los signos) del residuo $4a^2 - 20a + 4$ y nos da 0.

PRUEBA

Se eleva al cuadrado la raíz cuadrada $a^2 - 5a + 2$ y si la operación está correcta debe dar la cantidad subradical.

2) Hallar la raíz cuadrada de

$$9x^6 + 25x^4 + 4 - 6x^5 - 20x^3 + 20x^2 - 16x$$

Ordenando el polinomio y aplicando la regla dada, se tiene:

$$\begin{array}{r|l}
\sqrt{9x^6 - 6x^5 + 25x^4 - 20x^3 + 20x^2 - 16x + 4} & 3x^3 - x^2 + 4x - 2 \\
-9x^6 \qquad\qquad\qquad\qquad\qquad\qquad & (6x^3 - x^2)(-x^2) = -6x^5 + x^4 \\
-6x^5 + 25x^4 \qquad\qquad\qquad\qquad & (6x^3 - 2x^2 + 4x)4x \\
6x^5 - x^4 \qquad\qquad\qquad\qquad & = 24x^4 - 8x^3 + 16x^2 \\
24x^4 - 20x^3 + 20x^2 \qquad\qquad & (6x^3 - 2x^2 + 8x - 2)(-2) \\
-24x^4 + 8x^3 - 16x^2 \qquad\qquad & = -12x^3 + 4x^2 - 16x + 4 \\
-12x^3 + 4x^2 - 16x + 4 & \\
12x^3 - 4x^2 + 16x - 4 & \\
0 \qquad\qquad &
\end{array}$$

214 Ejercicio

Hallar la raíz cuadrada de:

1. $16x^2 - 24xy^2 + 9y^4$
2. $25a^4 - 70a^3x + 49a^2x^2$
3. $x^4 + 6x^2 - 4x^3 - 4x + 1$
4. $4a^3 + 5a^2 + 4a^4 + 1 + 2a$
5. $29n^2 - 20n + 4 - 10n^3 + n^4$
6. $x^6 - 10x^5 + 25x^4 + 12x^3 - 60x^2 + 36$
7. $16a^8 + 49a^4 - 30a^2 - 24a^6 + 25$
8. $x^2 + 4y^2 + z^2 + 4xy - 2xz - 4yz$
9. $9 - 6x^3 + 2x^9 - 5x^6 + x^{12}$
10. $25x^8 - 70x^6 + 49x^4 + 30x^5 + 9x^2 - 42x^3$
11. $4a^4 + 8a^3b - 8a^2b^2 - 12ab^3 + 9b^4$
12. $x^6 - 2x^5 + 3x^4 + 1 + 2x - x^2$
13. $5x^4 - 6x^5 + x^6 + 16x^3 - 8x^2 - 8x + 4$
14. $x^8 + 6x^6 - 8x^5 + 19x^4 - 24x^3 + 46x^2 - 40x + 25$
15. $16x^6 - 8x^7 + x^8 - 22x^4 + 4x^5 + 24x^3 + 4x^2 - 12x + 9$
16. $9 - 36a + 42a^2 + 13a^4 - 2a^5 - 18a^3 + a^6$
17. $9x^6 - 24x^5 + 28x^4 - 22x^3 + 12x^2 - 4x + 1$
18. $16x^6 - 40x^5 + 73x^4 - 84x^3 + 66x^2 - 36x + 9$
19. $m^6 - 4m^5n + 4m^4n^2 + 4m^3n^4 - 8m^2n^5 + 4n^8$
20. $9x^6 - 6x^5y + 13x^4y^2 - 16x^3y^3 + 8x^2y^4 - 8xy^5 + 4y^6$

21. $16a^6+25a^4b^2-24a^5b-20a^3b^3+10a^2b^4-4ab^5+b^6$

22. $36x^8-36x^6y^2+48x^5y^3-15x^4y^4-24x^3y^5+28x^2y^6-16xy^7+4y^8$

23. $26a^4x^2-40a^5x+25a^6-28a^3x^3+17a^2x^4-4ax^5+4x^6$

24. $4a^8-12a^7-16a^5+14a^4+17a^6-10a^3+5a^2-2a+1$

25. $x^{10}-2x^9+3x^8-4x^7+5x^6-8x^5+7x^4-6x^3+5x^2-4x+4$

RAÍZ CUADRADA DE POLINOMIOS CON TÉRMINOS FRACCIONARIOS 364

Ejemplos

1) Hallar la raíz cuadrada de $\frac{a^4}{16}+\frac{9a^2b^2}{10}-\frac{a^3b}{2}+\frac{2ab^3}{5}+\frac{b^4}{25}$.

Acomodando en orden descendente con relación a la *a*, y aplicando la misma regla del caso anterior, tenemos:

$$
\begin{array}{l|l}
\sqrt{\frac{a^4}{16}-\frac{a^3b}{2}+\frac{9a^2b^2}{10}+\frac{2ab^3}{5}+\frac{b^4}{25}} & \frac{a^2}{4}-ab-\frac{b^2}{5} \\
\hline
-\frac{a^4}{16} & \left(\frac{a^2}{2}-ab\right)(-ab)=-\frac{a^3b}{2}+a^2b^2 \\
\quad -\frac{a^3b}{2}+\frac{9a^2b^2}{10} & \left(\frac{a^2}{2}-2ab-\frac{b^2}{5}\right)\left(-\frac{b^2}{5}\right)=-\frac{a^2b^2}{10}+\frac{2ab^3}{5}+\frac{b^4}{25} \\
\quad \frac{a^3b}{2}-a^2b^2 & \\
\qquad -\frac{a^2b^2}{10}+\frac{2ab^3}{5}+\frac{b^4}{25} & \\
\qquad \frac{a^2b^2}{10}-\frac{2ab^3}{5}-\frac{b^4}{25} & \\
\end{array}
$$

Debe tenerse cuidado de *simplificar* cada vez que se pueda. Así el doble de $\frac{a^2}{4}$ es $\frac{2a^2}{4}=\frac{a^2}{2}$.

La división de $-\frac{a^3b}{2}$ entre $\frac{a^2}{2}$ se verifica $-\frac{a^3b}{2}\times\frac{2}{a^2}=-ab$, simplificando.

La operación $\frac{9a^2b^2}{10}-a^2b^2$ se verifica convirtiendo $-a^2b^2$ en fracción equivalente de denominador 10 y se tiene: $\frac{9a^2b^2}{10}-\frac{10a^2b^2}{10}=-\frac{a^2b^2}{10}$.

La división de $-\frac{a^2b^2}{10}$ entre $\frac{a^2}{2}$ se verifica $-\frac{a^2b^2}{10}\times\frac{2}{a^2}=-\frac{b^2}{5}$, simplificando.

2) Hallar la raíz cuadrada de $\frac{4a^2}{x^2}+\frac{31}{3}-\frac{2x}{a}-\frac{12a}{x}+\frac{x^2}{9a^2}$.

Vamos a ordenar descendentemente con relación a la a. Como hay dos términos que tienen a en el numerador, un término independiente y dos términos que tienen a en el denominador, la manera de acomodar este polinomio en orden descendente con relación a la a es la siguiente:

$$\frac{4a^2}{x^2}-\frac{12a}{x}+\frac{31}{3}-\frac{2x}{a}+\frac{x^2}{9a^2}$$

porque, como se verá en el capítulo siguiente, $\frac{31}{3}$ equivale a $\frac{31}{3}a^0$; $\frac{2x}{a}$ equivale a $2a^{-1}x$ y $\frac{x^2}{9a^2}$ equivale a $\frac{a^{-2}x^2}{9}$, luego se guarda el orden descendente de las potencias de a. Tendremos:

$$\sqrt{\frac{4a^2}{x^2}-\frac{12a}{x}+\frac{31}{3}-\frac{2x}{a}+\frac{x^2}{9a^2}} \quad \Big| \quad \frac{2a}{x}-3+\frac{x}{3a}$$

$$-\frac{4a^2}{x^2} \qquad \left(\frac{4a}{x}-3\right)(-3)=-\frac{12a}{x}+9$$

$$-\frac{12a}{x}+\frac{31}{3} \qquad \left(\frac{4a}{x}-6+\frac{x}{3a}\right)\frac{x}{3a}=\frac{4}{3}-\frac{2x}{a}+\frac{x^2}{9a^2}$$

$$\frac{12a}{x}-9$$

$$\frac{4}{3}-\frac{2x}{a}+\frac{x^2}{9a^2}$$

$$-\frac{4}{3}+\frac{2x}{a}-\frac{x^2}{9a^2}$$

NOTA

La raíz cuadrada de un polinomio fraccionario puede extraerse pasando las letras que están en los denominadores a los numeradores cambiándole el signo a sus exponentes. En el capitulo siguiente, después de estudiar los exponentes negativos, se extraen raíces cuadradas por este procedimiento.

Ejercicio 215

Hallar la raíz cuadrada de:

1. $\frac{x^4}{4}-x^3+\frac{5x^2}{3}-\frac{4x}{3}+\frac{4}{9}$
2. $\frac{a^2}{x^2}-\frac{2x}{3a}+2\frac{1}{9}-\frac{2a}{3x}+\frac{x^2}{a^2}$
3. $\frac{a^2}{4}-ab+b^2+\frac{ac}{4}-\frac{bc}{2}+\frac{c^2}{16}$
4. $\frac{9a^4}{16}-\frac{3a^3}{4}+\frac{29a^2}{20}-\frac{4a}{5}+\frac{16}{25}$
5. $\frac{a^4}{16}+\frac{a^3b}{2}-ab^3+\frac{3a^2b^2}{4}+\frac{b^4}{4}$
6. $\frac{x^2}{25}+\frac{2x}{3}-2xy+\frac{25}{9}-\frac{50y}{3}+25y^2$
7. $\frac{x^4}{9}-\frac{4x^3y}{3}+\frac{62x^2y^2}{15}-\frac{4xy^3}{5}+\frac{y^4}{25}$
8. $\frac{a^4}{16}-\frac{3a^2}{10}+\frac{9}{25}+\frac{a^2b^2}{18}-\frac{2b^2}{15}+\frac{b^4}{81}$

9. $x^2+4x+2-\frac{4}{x}+\frac{1}{x^2}$

10. $\frac{x^2}{9}+\frac{79}{3}-\frac{20}{x}-\frac{10x}{3}+\frac{4}{x^2}$

11. $\frac{a^4}{4}-\frac{30}{a^2}-5a^2+28+\frac{9}{a^4}$

12. $\frac{a^4}{9}+\frac{2a^3}{3x}+\frac{a^2}{x^2}-\frac{2ax}{3}-2+\frac{x^2}{a^2}$

13. $\frac{9a^2}{x^2}-\frac{x}{3a}+\frac{65}{16}-\frac{3a}{2x}+\frac{4x^2}{9a^2}$

14. $9x^4+30x^2+55+\frac{50}{x^2}+\frac{25}{x^4}$

15. $\frac{4a^2}{25x^2}+1\frac{7}{12}-\frac{5x}{3a}-\frac{2a}{5x}+\frac{25x^2}{9a^2}$

16. $\frac{x^4}{16}+\frac{3x^2y^2}{20}-\frac{x^3y}{4}+\frac{xy^3}{5}+\frac{y^4}{25}$

17. $\frac{4a^2b^2}{49x^2y^2}-\frac{2ab}{7xy}+\frac{21}{20}-\frac{7xy}{5ab}+\frac{49x^2y^2}{25a^2b^2}$

18. $\frac{9a^2x^2}{25m^2n^2}-\frac{4mn}{45ax}-\frac{6ax}{25mn}+\frac{23}{75}+\frac{4m^2n^2}{81a^2x^2}$

19. $\frac{1}{4}x^6+\frac{5}{3}x^4+\frac{2}{3}x^3-x^5-\frac{32}{9}x^2+\frac{8}{3}x+4$

20. $\frac{1}{4}-\frac{3}{4}a+\frac{59}{48}a^2-\frac{3}{2}a^3-\frac{2}{3}a^5+\frac{43}{36}a^4+\frac{1}{4}a^6$

III. RAÍZ CÚBICA DE POLINOMIOS

RAÍZ CÚBICA DE POLINOMIOS ENTEROS 365

Para extraer la raíz cúbica de un polinomio se aplica la siguiente regla práctica:

1) **Se ordena el polinomio.**

2) **Se extrae la raíz cúbica de su primer término, que será el primer término de la raíz; este término se eleva al cubo y se resta del polinomio.**

3) **Se bajan los tres términos siguientes del polinomio y se divide el primero de ellos por el triple del cuadrado del término ya hallado de la raíz; el cociente de esta división es el segundo término de la raíz.**

4) **Se forman tres productos: 1º Triple del cuadrado del primer término de la raíz por el segundo término. 2º Triple del primer término por el cuadrado del segundo. 3º Cubo del segundo término de la raíz. Estos productos se restan (cambiándoles los signos) de los tres términos del polinomio que se habían bajado.**

5) **Se bajan los términos que faltan del polinomio y se divide el primer término del residuo por el triple del cuadrado de la parte ya hallada de la raíz. El cociente es el tercer término de la raíz.**

Se forman tres productos:

1. Triple del cuadrado del binomio que forman el 1º y el 2º término de la raíz por el 3er término.
2. Triple de dicho binomio por el cuadrado del tercer término.
3. Cubo del tercer término de la raíz. Estos productos se restan (reduciendo antes términos semejantes si los hay) del residuo del polinomio. Si la diferencia es cero, la operación ha terminado. Si aún quedan términos en el residuo, se continúa el procedimiento anterior.

Ejemplos

1) Hallar la raíz cúbica de $x^6-9x^5+33x^4-63x^3+66x^2-36x+8$.

El polinomio está ordenado. Aplicando la regla anterior, tenemos:

$$
\begin{array}{r|l}
\sqrt[3]{x^6-9x^5+33x^4-63x^3+66x^2-36x+8} & x^2-3x+2 \\
\hline
-x^6 \qquad\qquad\qquad\qquad\qquad\qquad & 3(x^2)^2=3x^4 \\
-9x^5+33x^4-63x^3 \qquad\qquad\quad & 3(x^2)^2(-3x)=-9x^5 \\
9x^5-27x^4+27x^3 \qquad\qquad\quad & 3(x^2)(-3x)^2=27x^4 \\
6x^4-36x^3+66x^2-36x+8 & (-3x)^3=-27x^3 \\
-6x^4+36x^3-66x^2+36x-8 & 3(x^2-3x)^2=3(x^4-6x^3+9x^2) \\
 & =3x^4-18x^3+27x^2 \\
 & 3(x^2-3x)^2\cdot 2=6x^4-36x^3+54x^2 \\
 & 3(x^2-3x)\cdot 2^2=12x^2-36x \\
 & 2^3=8
\end{array}
$$

EXPLICACIÓN

Se halla la raíz cúbica de x^6 que es x^2; este es el primer término de la raíz. x^2 se eleva al cubo y se resta de x^6. Bajamos los tres términos siguientes del polinomio; se halla el *triple del cuadrado* de x^2 que es $3x^4$ *y se divide* $-9x^5 \div 3x^4=-3x$. Éste es el segundo término de la raíz.

Se forman tres productos: 1) Triple del cuadrado de x^2 por $-3x$ que da $-9x^5$. 2) Triple de x^2 por $(-3x)^2$ que da $27x^4$. 3) Cubo de $-3x$ que da $-27x^3$.

Estos productos se restan (cambiándoles los signos) de $-9x^5+33x^4-63x^3$; nos queda $6x^4-36x^3$ y bajamos los términos que faltan del polinomio.

Se halla el *triple* del cuadrado de la parte ya hallada de la raíz que es el binomio x^2-3x y según se detalla arriba el triple del cuadrado de este binomio nos da el trinomio $3x^4-18x^3+27x^2$.

Dividimos el primer término del residuo $6x^4$ entre el primer término de este trinomio y tenemos $6x^4 \div 3x^4=2$. Éste es el tercer término de la raíz.

Se forman tres productos: 1) Triple del cuadrado del binomio x^2-3x por 2 que nos da $6x^4-36x^3+54x^2$. 2) Triple del binomio x^2-3x por 2^2 que nos da $12x^2-36x$. 3) Cubo de 2 que nos da 8. Estos productos se restan, cambiándoles los signos, del residuo del polinomio y nos da cero.

Obsérvese que en los productos teníamos $54x^2$ semejante con $12x^2$, se reducen y da $66x^2$; cambiándole el signo para restar da $-66x^2$ que aparece debajo de $+66x^2$.

2) Hallar la raíz cúbica de

$$8a^6+12a^5b+45a^2b^4-35a^3b^3-30a^4b^2+27ab^5-27b^6$$

Ordenando descendentemente con relación a la a y aplicando la regla anterior, tenemos:

$$\sqrt[3]{8a^6+12a^5b-30a^4b^2-35a^3b^3+45a^2b^4+27ab^5-27b^6} \quad 2a^2+ab-3b^2$$

$$\begin{array}{l}
-8a^6 \\
\quad 12a^5b-30a^4b^2-35a^3b^3 \\
\quad -12a^5b-\ 6a^4b^2-\quad a^3b^3 \\
\qquad -36a^4b^2-36a^3b^3+45a^2b^4+27ab^5-27b^6 \\
\qquad 36a^4b^2+36a^3b^3-45a^2b^4-27ab^5+27b^6
\end{array}$$

$$\begin{array}{l}
3(2a^2)^2=12a^4 \\
3(2a^2)^2\cdot ab=12a^5b \\
3(2a^2)\ (ab)^2=\ 6a^4b^2 \\
\qquad (ab)^3=\quad a^3b^3 \\
3(2a^2+ab)^2 \\
\quad =3(4a^4+4a^3b+a^2b^2) \\
\quad =12a^4+12a^3b+3a^2b^2 \\
3(2a^2+ab)^2(-3b^2) \\
\quad =-36a^4b^2-36a^3b^3-9a^2b^4 \\
3(2a^2+ab)(-3b^2)^2 \\
\quad =54a^2b^4+27ab^5 \\
(-3b^2)^3=-27b^6
\end{array}$$

El segundo término de la raíz ab se obtiene dividiendo $12a^5b \div 12a^4=ab$.
El tercer término de la raíz $-3b^2$ se obtiene dividiendo $-36a^4b^2 \div 12a^4=-3b^2$.
Los productos se forman como se explicó en el ejemplo anterior.
Obsérvese que en los últimos productos tenemos $-9a^2b^4$ semejante con $54a^2b^4$ se reducen y dan $45a^2b^4$; cambiándole el signo resulta $-45a^2b^4$ que aparece debajo de $+45a^2b^4$.

Ejercicio 216

Hallar la raíz cúbica de:

1. $8-36y+54y^2-27y^3$
2. $64a^6+300a^2b^4+125b^6+240a^4b^2$
3. $x^6+3x^5+6x^4+7x^3+6x^2+3x+1$
4. $8x^6-12x^5+11x^3-6x^4-3x+3x^2-1$
5. $1+33x^2-9x+66x^4-63x^3-36x^5+8x^6$
6. $8-36x+66x^2-63x^3+33x^4-9x^5+x^6$
7. $x^9-6x^8+12x^7-20x^6+48x^5-48x^4+48x^3-96x^2-64$
8. $x^{12}-3x^8-3x^{10}+6x^4+11x^6-12x^2-8$
9. $66x^4-63x^3-36x^5+33x^2+8x^6-9x+1$
10. $27a^6-135a^5+117a^4+235a^3-156a^2-240a-64$
11. $a^6-6a^5b+15a^4b^2-20a^3b^3+15a^2b^4-6ab^5+b^6$
12. $x^6+42x^4y^2-117x^3y^3-9x^5y+210x^2y^4-225xy^5+125y^6$
13. $a^{12}-3a^{10}+15a^8+60a^4-48a^2-25a^6+64$
14. $a^9-9a^8x+27a^7x^2-21a^6x^3-36a^5x^4+54a^4x^5+12a^3x^6-36a^2x^7+8x^9$
15. $a^9-3a^8+6a^7-10a^6+12a^5-12a^4+10a^3-6a^2+3a-1$
16. $x^9-12x^8+54x^7-121x^6+180x^5-228x^4+179x^3-144x^2+54x-27$

366 RAÍZ CÚBICA DE POLINOMIOS CON TÉRMINOS FRACCIONARIOS

Se aplica la regla empleada anteriormente.

Ejemplo

1) Hallar la raíz cúbica de $\frac{a^3}{x^3}+\frac{153x}{4a}-\frac{15a^2}{x^2}+\frac{153a}{2x}-140-\frac{15x^2}{4a^2}+\frac{x^3}{8a^3}$.

Ordenando descendentemente a la *a*, tendremos:

$$\sqrt[3]{\frac{a^3}{x^3}-\frac{15a^2}{x^2}+\frac{153a}{2x}-140+\frac{153x}{4a}-\frac{15x^2}{4a^2}+\frac{x^3}{8a^3}} \qquad \frac{a}{x}-5+\frac{x}{2a}$$

$$-\frac{a^3}{x^3}$$

$$-\frac{15a^2}{x^2}+\frac{153a}{2x}-140$$

$$\frac{15a^2}{x^2}-\frac{75a}{x}+125$$

$$\frac{3a}{2x}-15+\frac{153x}{4a}-\frac{15x^2}{4a^2}+\frac{x^3}{8a^3}$$

$$-\frac{3a}{2x}+15-\frac{153x}{4a}+\frac{15x^2}{4a^2}-\frac{x^3}{8a^3}$$

$$3\left(\frac{a}{x}\right)^2=\frac{3a^2}{x^2}$$

$$3\left(\frac{a}{x}\right)^2(-5)=-\frac{15a^2}{x^2}$$

$$3\left(\frac{a}{x}\right)(-5)^2=\frac{75a}{x}$$

$$(-5)^3=-125$$

$$3\left(\frac{a}{x}-5\right)^2=3\left(\frac{a^2}{x^2}-\frac{10a}{x}+25\right)$$

$$=\frac{3a^2}{x^2}-\frac{30a}{x}+75$$

$$3\left(\frac{a}{x}-5\right)^2\left(\frac{x}{2a}\right)=\frac{3a}{2x}-15+\frac{75x}{2a}$$

$$3\left(\frac{a}{x}-5\right)\left(\frac{x}{2a}\right)^2=\frac{3x}{4a}-\frac{15x^2}{4a^2}$$

$$\left(\frac{x}{2a}\right)^3=\frac{x^3}{8a^3}$$

El segundo término de la raíz se obtiene dividiendo $-\frac{15a^2}{x^2}$ entre $\frac{3a^2}{x^2}$, operación que se verifica: $-\frac{15a^2}{x^2}\times\frac{x^2}{3a^2}=-5$.

El tercer término de la raíz $\frac{x}{2a}$ se obtiene dividiendo $\frac{3a}{2x}$ entre $\frac{3a^2}{x^2}$, operación que se verifica: $\frac{3a}{2x}\times\frac{x^2}{3a^2}=\frac{x}{2a}$, simplificando.

Hay que tener cuidado de *simplificar* cada vez que se haga una multiplicación.

Ejercicio 217

Hallar la raíz cúbica de:

1. $\frac{x^6}{8}-\frac{x^5}{4}+\frac{5x^4}{3}-\frac{55x^3}{27}+\frac{20x^2}{3}-4x+8$
2. $a^9+\frac{3a^8}{2}-\frac{7a^6}{8}-\frac{a^7}{4}+\frac{a^4}{6}+\frac{a^5}{12}-\frac{a^3}{27}$
3. $\frac{x^3}{8}-\frac{9x^2}{4}+15x-45+\frac{60}{x}-\frac{36}{x^2}+\frac{8}{x^3}$
4. $\frac{a^3}{8b^3}+\frac{15a}{8b}-\frac{5}{2}-\frac{3a^2}{4b^2}+\frac{15b}{8a}-\frac{3b^2}{4a^2}+\frac{b^3}{8a^3}$
5. $\frac{8a^3}{27x^3}-\frac{2a^2}{3x^2}+\frac{a}{18x}+\frac{13}{24}-\frac{x}{36a}-\frac{x^2}{6a^2}-\frac{x^3}{27a^3}$
6. $\frac{8a^3}{27b^3}+\frac{3a}{b}+4+\frac{4a^2}{3b^2}+\frac{27b}{8a}+\frac{27b^3}{64a^3}+\frac{27b^2}{16a^2}$

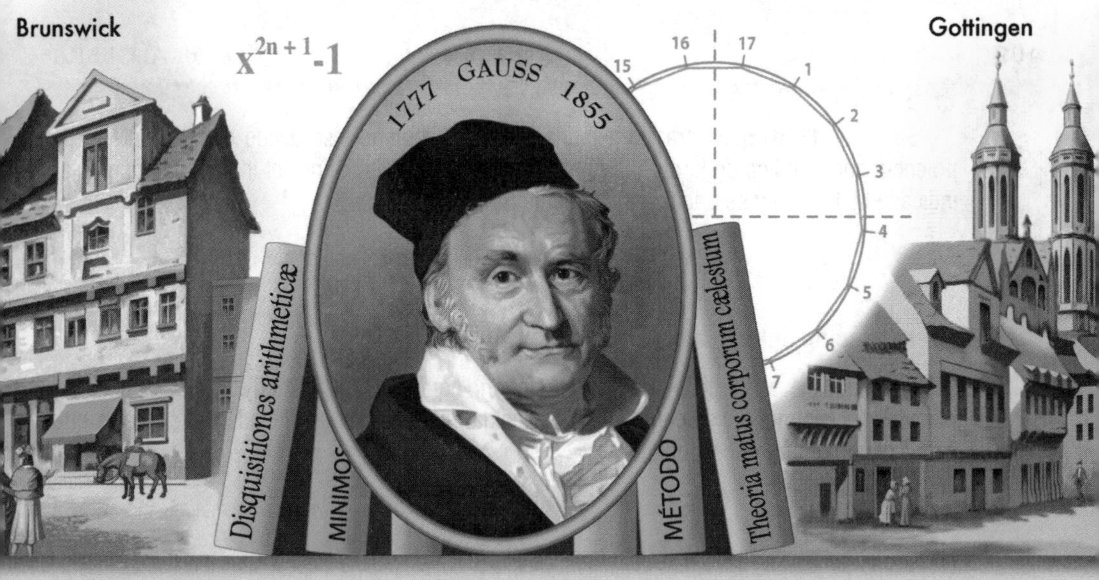

Carl Friedrich Gauss (1777-1855). Matemático alemán, llamado el "Príncipe de las Matemáticas". Es uno de los casos más extraordinarios de precocidad en la historia de las ciencias. Protegido por el duque de Brunswick pudo realizar profundos estudios que lo llevaron a dejar constituida la Aritmética superior. Demostró primero que nadie el llamado teorema fundamental del Álgebra. Dirigió el Observatorio de Göttinga, donde murió. Su obra principal fue *Disquisitione Arithmeticae*, que es un trabajo clásico.

Capítulo XXX

TEORÍA DE LOS EXPONENTES

EXPONENTE CERO. ORIGEN 367

El exponente cero proviene de dividir potencias iguales de la misma base. Así,

$$a^2 \div a^2 = a^{2-2} = a^0 \qquad x^5 \div x^5 = x^{5-5} = x^0$$

Interpretación del exponente cero

Toda cantidad elevada a cero equivale a 1.

Decimos que $a^0 = 1$

En efecto, según las leyes de la división, $a^n \div a^n = a^{n-n} = a^0$, y por otra parte, como toda cantidad dividida por sí misma equivale a 1; se tiene $a^n \div a^n = 1$.

Ahora bien, dos cosas (a^0 y 1) iguales a una tercera ($a^n \div a^n$) son iguales entre sí; luego,

$$a^0 = 1$$

EXPONENTE FRACCIONARIO. ORIGEN 368

El exponente fraccionario proviene de extraer una raíz a una potencia cuando el exponente de la cantidad subradical **no es divisible** por el índice de la raíz.

Sabemos **(360)** que para extraer una raíz a una potencia se divide el exponente de la potencia por el índice de la raíz. Si el exponente no es divisible por el índice, hay que dejar indicada la división y se origina el exponente fraccionario. Así:

$$\sqrt{a}=a^{\frac{1}{2}} \qquad \sqrt[3]{a^2}=a^{\frac{2}{3}}$$

Interpretación del exponente fraccionario

Toda cantidad elevada a un exponente fraccionario equivale a una raíz cuyo índice es el denominador del exponente y la cantidad subradical la misma cantidad elevada a la potencia que indica el numerador del exponente.

Decimos que $a^{\frac{m}{n}}=\sqrt[n]{a^m}$.

En efecto, se ha probado **(360)** que

$$\sqrt[n]{a^m}=a^{\frac{m}{n}}\text{; luego, recíprocamente, } a^{\frac{m}{n}}=\sqrt[n]{a^m}$$

Ejemplos

1) Expresar con signo radical $x^{\frac{3}{5}}, 2a^{\frac{1}{2}}, x^{\frac{2}{3}}y^{\frac{1}{4}}$.

$$x^{\frac{3}{5}}=\sqrt[5]{x^3} \qquad 2a^{\frac{1}{2}}=2\sqrt{a} \qquad x^{\frac{2}{3}}y^{\frac{1}{4}}=\sqrt[3]{x^2}\,\sqrt[4]{y} \quad \textbf{R.}$$

2) Expresar con exponente fraccionario $\sqrt[3]{a},\ 2\sqrt[4]{a^3},\ \sqrt{x^3}\,\sqrt[5]{y^4}$.

$$\sqrt[3]{a}=a^{\frac{1}{3}} \qquad 2\sqrt[4]{a^3}=2a^{\frac{3}{4}} \qquad \sqrt{x^3}\,\sqrt[5]{y^4}=x^{\frac{3}{2}}y^{\frac{4}{5}} \quad \textbf{R.}$$

Ejercicio 218

Expresar con signo radical:

1. $x^{\frac{1}{3}}$	4. $xy^{\frac{1}{2}}$	7. $2a^{\frac{4}{5}}b^{\frac{5}{2}}$	10. $8mn^{\frac{8}{3}}$
2. $m^{\frac{3}{5}}$	5. $a^{\frac{4}{5}}b^{\frac{3}{2}}$	8. $3x^{\frac{2}{7}}y^{\frac{4}{5}}z^{\frac{2}{7}}$	11. $4a^2b^{\frac{7}{3}}c^{\frac{5}{6}}$
3. $4a^{\frac{3}{4}}$	6. $x^{\frac{3}{2}}y^{\frac{1}{4}}z^{\frac{1}{5}}$	9. $a^{\frac{1}{4}}b^{\frac{5}{4}}c^{\frac{7}{4}}$	12. $5m^{\frac{2}{5}}n^{\frac{3}{5}}x^{\frac{4}{5}}$

Expresar con exponente fraccionario:

13. $\sqrt{a^5}$	16. $\sqrt[3]{m}$	19. $3\sqrt{x^7}\,\sqrt[5]{y^6}$	22. $3\sqrt[6]{m^7}\,\sqrt[5]{n^8}$
14. $\sqrt[3]{x^7}$	17. $2\sqrt[4]{x^5}$	20. $2\sqrt[4]{ab^3c^5}$	23. $3\sqrt{a^m}\,\sqrt[3]{b^n}$
15. $\sqrt{x}$	18. $\sqrt{a^3}\,\sqrt[3]{b^5}$	21. $5a\sqrt[5]{x^2y^3z^9}$	24. $\sqrt[m]{a}\,\sqrt[n]{b^3}\,\sqrt[r]{c^x}$

EXPONENTE NEGATIVO. ORIGEN 369

El exponente negativo proviene de dividir dos potencias de la misma base cuando el exponente del dividendo es **menor** que el exponente del divisor. Así,

$$a^2 \div a^3 = a^{2-3} = a^{-1} \qquad x^3 \div x^7 = x^{3-7} = x^{-4}$$

Interpretación del exponente negativo

Toda cantidad elevada a un exponente negativo equivale a una fracción cuyo numerador es 1, y su denominador, la misma cantidad con el exponente positivo.

Decimos que $a^{-n} = \frac{1}{a^n}$

En efecto: $\frac{a^m}{a^{m+n}} = a^{m-(m+n)} = a^{m-m-n} = a^{-n}$

y también $\frac{a^m}{a^{m+n}} = \frac{a^m}{a^m \times a^n} = \frac{1}{a^n}$

y como dos cosas $\left(a^{-n} \text{ y } \frac{1}{a^n}\right)$ iguales a una tercera $\left(\frac{a^m}{a^{m+n}}\right)$ son iguales entre sí, tenemos que

$$a^{-n} = \frac{1}{a^n}$$

De acuerdo con lo anterior, se tiene que:

$$a^{-2} = \frac{1}{a^2} \qquad a^{-\frac{3}{4}} = \frac{1}{a^{\frac{3}{4}}} \qquad x^{-3}y^{-\frac{1}{2}} = \frac{1}{x^3y^{\frac{1}{2}}}$$

PASAR LOS FACTORES DEL NUMERADOR DE UNA EXPRESIÓN AL DENOMINADOR O VICEVERSA 370

Cualquier factor del numerador de una expresión se puede pasar al denominador y viceversa con tal de **cambiarle el signo a su exponente.**

Sea la expresión $\frac{a^{-2}b^{-3}}{x^{-4}y^{-5}}$. De acuerdo con el significado del exponente negativo, tendremos:

$$\frac{a^{-2}b^{-3}}{x^{-4}y^{-5}} = \frac{\frac{1}{a^2} \times \frac{1}{b^3}}{\frac{1}{x^4} \times \frac{1}{y^5}} = \frac{\frac{1}{a^2b^3}}{\frac{1}{x^4y^5}} = \frac{1}{a^2b^3} \times \frac{x^4y^5}{1} = \frac{x^4y^5}{a^2b^3}$$

Así, que nos queda que

$$\frac{a^{-2}b^{-3}}{x^{-4}y^{-5}} = \frac{x^4y^5}{a^2b^3} \text{ (1) y recíprocamente } \frac{x^4y^5}{a^2b^3} = \frac{a^{-2}b^{-3}}{x^{-4}y^{-5}} \text{ (2)}$$

En la igualdad (**1**) vemos que los factores a^{-2} y b^{-3} que están en el numerador del primer miembro con exponentes negativos, pasan al denominador del segundo miembro con exponentes positivos y los factores x^{-4} y y^{-5} que están en el denominador del primer miembro con exponentes negativos, pasan al numerador del segundo con exponentes positivos.

En la igualdad (**2**) vemos que los factores x^4 y y^5 que están en el numerador del primer miembro con exponentes positivos, pasan al denominador del segundo miembro con exponentes negativos y los factores a^2 y b^3 que están con exponentes positivos en el denominador del primer miembro, pasan al numerador del segundo miembro con exponentes negativos.

371 TRANSFORMAR UNA EXPRESIÓN CON EXPONENTES NEGATIVOS EN UNA EXPRESIÓN EQUIVALENTE CON EXPONENTES POSITIVOS

Ejemplos

1) Expresar con exponentes positivos $x^{-1}y^{-2}$ y $3ab^{-1}c^{-3}$.
Según el número anterior, tenemos:

$$x^{-1}y^{-2}=\frac{1}{xy^2}\quad \textbf{R.}\qquad 3ab^{-1}c^{-3}=\frac{3a}{bc^3}\quad \textbf{R.}$$

2) Expresar con exponentes positivos $\dfrac{2}{a^{-2}b^{-3}}$ y $\dfrac{x}{2x^{-\frac{1}{2}}y^{-4}}$.

$$\frac{2}{a^{-2}b^{-3}}=2a^2b^3\quad \textbf{R.}\qquad \frac{x}{2x^{-\frac{1}{2}}y^{-4}}=\frac{xx^{\frac{1}{2}}y^4}{2}=\frac{x^{\frac{3}{2}}y^4}{2}$$

Obsérvese que al pasar un factor del numerador al denominador o viceversa el *coeficiente numérico no se pasa*.

3) Expresar con exponentes positivos $\dfrac{2a^2b^{-5}c^{-7}}{5a^{-3}b^{-4}c^{-6}}$.

$$\frac{2a^2b^{-5}c^{-7}}{5a^{-3}b^{-4}c^{-6}}=\frac{2a^2a^3b^4c^6}{5b^5c^7}=\frac{2a^5}{5bc}\quad \textbf{R.}$$

4) Expresar con exponentes positivos $\dfrac{xy^{-\frac{1}{2}}z^{-3}}{4x^{-\frac{3}{4}}y^2z^{-\frac{2}{3}}}$.

$$\frac{xy^{-\frac{1}{2}}z^{-3}}{4x^{-\frac{3}{4}}y^2z^{-\frac{2}{3}}}=\frac{xx^{\frac{3}{4}}z^{\frac{2}{3}}}{4y^2y^{\frac{1}{2}}z^3}=\frac{x^{\frac{7}{4}}}{4y^{\frac{5}{2}}z^{\frac{7}{3}}}\quad \textbf{R.}$$

Ejercicio 219

Expresar con exponentes positivos y simplificar:

1. a^2b^{-3}
2. $3x^{-5}$
3. $a^{-4}b^{-\frac{1}{2}}$
4. $3x^{-2}y^{-\frac{1}{3}}$
5. $m^{-\frac{1}{2}}n^{-5}$
6. $a^2b^{-1}c$
7. $4x^2y^{-\frac{3}{5}}$
8. $5a^{-\frac{1}{3}}b^{-\frac{3}{4}}c^{-1}$
9. $\frac{1}{2x^{-2}}$
10. $\frac{3}{x^{-1}y^{-5}}$
11. $\frac{2a^{-2}b^{-3}}{a^{-4}c^{-1}}$
12. $\frac{x^{-1}y^{-2}z^{-3}}{a^{-2}b^{-5}c^{-8}}$
13. $\frac{3m^{-4}n^{-\frac{1}{2}}}{8m^{-3}n^{-4}}$
14. $\frac{4a^{\frac{1}{2}}}{7a^{-4}b^2c^{-\frac{2}{3}}}$
15. $\frac{2m^{-5}n^{-7}}{a^2m^3n^{-4}}$
16. $\frac{a^{-\frac{1}{2}}x^{-2}}{3a^3x^2y^{-1}}$
17. $\frac{c^2}{4b^{-\frac{1}{2}}x^3}$
18. $\frac{1}{3a^{-\frac{3}{4}}b^{-\frac{2}{5}}c^4}$
19. $\frac{3a^2mn}{a^{-3}m^{-\frac{1}{2}}n^{-\frac{3}{4}}}$
20. $\frac{x^{-\frac{2}{3}}y^{-\frac{1}{4}}}{x^2yz^{-\frac{1}{2}}}$

Ejercicio 220

Para los factores literales del numerador al denominador:

1. $\frac{a^2}{b^2}$
2. $\frac{3x^{-1}}{y^2}$
3. $\frac{4mn^2}{x^3}$
4. $\frac{a^{-1}b^{-3}}{3}$
5. $\frac{3c^{-\frac{2}{3}}}{7}$
6. $\frac{2x^{\frac{1}{4}}}{5y^2}$
7. $\frac{m^{-3}}{5}$
8. $\frac{3a^{-2}b^3}{c^4}$
9. $x^{-\frac{1}{2}}y^2$
10. $a^{-\frac{2}{3}}b^3c^{-2}$
11. $\frac{3x^{-1}y^{-\frac{1}{2}}}{y^3}$
12. $\frac{2m^{-2}n^{\frac{1}{2}}}{9}$

Pasar los factores literales del denominador al numerador:

13. $\frac{2}{a}$
14. $\frac{3a}{b^2}$
15. $\frac{x^2y}{y^{-2}}$
16. $\frac{4}{x^{-\frac{1}{2}}y^2}$
17. $\frac{3a^5}{7x^{-5}y^{-\frac{3}{4}}}$
18. $\frac{1}{a^{-4}b^{-\frac{1}{3}}}$
19. $\frac{2m^2}{3m^{-3}n^{-\frac{1}{4}}}$
20. $\frac{a^3}{x^2y^{-\frac{1}{2}}}$

Expresar sin denominador:

21. $\frac{3a^2b^3}{a^{-1}x}$
22. $\frac{3xy^2z^3}{x^{-1}y^{-2}z^{-3}}$
23. $\frac{m^{-2}n^{-1}x^{-\frac{1}{2}}}{m^{-4}n^{-5}x^{-2}}$

372 EJERCICIOS SOBRE EXPRESIONES CON EXPONENTES CERO, NEGATIVOS O FRACCIONARIOS

Ejemplos

1) Expresar $\dfrac{a^{\frac{3}{4}}}{x^{-\frac{1}{2}}}$ con signo radical y exponentes positivos.

$$\frac{a^{\frac{3}{4}}}{x^{-\frac{1}{2}}}=a^{\frac{3}{4}}x^{\frac{1}{2}}=\sqrt[4]{a^3}\sqrt{x} \quad \textbf{R.}$$

2) Expresar $\dfrac{\sqrt[3]{a^{-2}}}{3\sqrt{x^{-5}}}$ con exponentes fraccionarios positivos.

$$\frac{\sqrt[3]{a^{-2}}}{3\sqrt{x^{-5}}}=\frac{a^{-\frac{2}{3}}}{3x^{-\frac{5}{2}}}=\frac{x^{\frac{5}{2}}}{3a^{\frac{2}{3}}} \quad \textbf{R.}$$

3) Hallar el valor de $125^{\frac{2}{3}}$.

$$125^{\frac{2}{3}}=\sqrt[3]{125^2}=\sqrt[3]{(5^3)^2}=5^2=25 \quad \textbf{R.}$$

De $\sqrt[3]{(5^3)^2}$ pasamos a 5^2 porque el exponente 3 y la raíz cúbica se destruyen.

4) Hallar el valor de $\left(\dfrac{4}{9}\right)^{-\frac{5}{2}}$.

$$\left(\frac{4}{9}\right)^{-\frac{5}{2}}=\frac{1}{\left(\frac{4}{9}\right)^{\frac{5}{2}}}=\frac{1}{\sqrt{\left(\frac{4}{9}\right)^5}}=\frac{1}{\sqrt{\left(\frac{2^2}{3^2}\right)^5}}=\frac{1}{\left(\frac{2}{3}\right)^5}=\frac{1}{\frac{32}{243}}=\frac{243}{32} \quad \textbf{R.}$$

Véase que los exponentes 2 y la raíz cuadrada se destruyen.

Ejercicio 221

Expresar con signo radical y exponentes positivos:

1. $x^{-\frac{1}{2}}$
2. $\dfrac{1}{a^{-\frac{1}{2}}b^{\frac{2}{3}}}$
3. $5a^{\frac{5}{7}}b^{-\frac{1}{3}}$
4. $\dfrac{3x^{-1}}{x^{-\frac{1}{2}}}$
5. $2m^{-\frac{2}{5}}n^{\frac{3}{4}}$
6. $\dfrac{1}{4x^{\frac{1}{3}}}$
7. $\dfrac{x^{\frac{3}{5}}}{y^{-\frac{2}{3}}}$
8. $\dfrac{3a^{-\frac{3}{2}}}{x^{\frac{1}{4}}}$
9. $\dfrac{a^{-\frac{1}{2}}}{4a^2}$
10. $x^{-\frac{2}{3}}y^{\frac{3}{5}}z^{-\frac{4}{7}}$
11. $x^{-2}m^{-3}n^{-\frac{2}{5}}$
12. $\left(a^{-\frac{1}{2}}\right)^3$
13. $\left(x^{\frac{2}{3}}\right)^{-2}$
14. $\left(\dfrac{a}{b}\right)^{-\frac{3}{2}}$
15. $\left(x^{-\frac{1}{2}}\right)^{\frac{1}{3}}$

Expresar con exponentes positivos:

16. $\sqrt{a^{-3}}$

17. $2\sqrt{x^{-3}y^{-4}}$

18. $\frac{a^{\frac{2}{3}}}{\sqrt{x^{-5}}}$

19. $\frac{3\sqrt[3]{m^2}}{5\sqrt[4]{n^{-3}}}$

20. $a^{-\frac{3}{5}}\sqrt[4]{b^{-3}}$

21. $x^2\sqrt{x^{-1}}$

22. $\frac{1}{\sqrt{a^{-7}b^{-6}}}$

23. $\frac{3x^{-\frac{2}{3}}}{\sqrt{y^{-4}}}$

24. $\sqrt{m^{-1}}\sqrt[3]{n^{-3}}$

Hallar el valor de:

25. $16^{\frac{3}{2}}$

26. $8^{\frac{2}{3}}$

27. $81^{\frac{3}{4}}$

28. $9^{-\frac{5}{2}}$

29. $(-27)^{\frac{2}{3}}$

30. $(-32)^{\frac{2}{5}}$

31. $49^{-\frac{3}{2}}$

32. $\left(\frac{4}{9}\right)^{\frac{5}{2}}$

33. $\left(\frac{8}{27}\right)^{-\frac{1}{3}}$

34. $\left(\frac{25}{36}\right)^{-\frac{1}{2}}$

35. $\left(\frac{32}{243}\right)^{-\frac{1}{5}}$

36. $\left(-\frac{27}{64}\right)^{-\frac{2}{3}}$

37. $\frac{1}{9^{-3}}$

38. $\left(\frac{16}{81}\right)^{-\frac{5}{4}}$

39. $\left(-\frac{32}{243}\right)^{-\frac{2}{5}}$

40. $\left(2\frac{7}{9}\right)^{-\frac{3}{2}}$

41. $\left(5\frac{1}{16}\right)^{-\frac{1}{4}}$

42. $8^{\frac{2}{3}}\times 4^{\frac{3}{2}}$

43. $9^{\frac{5}{2}}\times 27^{-\frac{1}{3}}$

44. $243^{-\frac{1}{5}}\times 128^{\frac{3}{7}}$

VALOR NUMÉRICO DE EXPRESIONES ALGEBRAICAS CON EXPONENTES CERO, NEGATIVOS O FRACCIONARIOS 373

Ejemplos

1) Valor numérico de $a^{-2}b+a^{\frac{1}{2}}b^{\frac{3}{4}}+x^0$ para $a=4,\ b=16,\ x=3$.

Sustituyendo las letras por sus valores, tendremos:

$$4^{-2}\cdot 16+4^{\frac{1}{2}}\cdot 16^{\frac{3}{4}}+3^0$$

Ahora, el exponente negativo lo hacemos positivo, los exponentes fraccionarios los convertimos en raíces y teniendo presente que toda cantidad elevada a cero equivale a 1, tendremos:

$$\frac{1}{4^2}\cdot 16+\sqrt{4}\cdot\sqrt[4]{16^3}+1=1+2\cdot\sqrt[4]{\left(2^4\right)^3}+1=1+2\cdot 2^3+1=1+16+1=18 \quad \textbf{R.}$$

2) Valor numérico de $\frac{3}{a^{-\frac{1}{2}}b^{\frac{2}{3}}}+x^{-\frac{3}{5}}y^0-\frac{a^{-3}b^{\frac{1}{3}}}{2}+\frac{1}{b^0\sqrt[5]{x^4}}$ para

$a=4,\ b=8,\ x=32,\ y=7.$

Sustituyendo, tendremos:

$$\frac{3}{4^{-\frac{1}{2}}\cdot 8^{\frac{2}{3}}}+32^{-\frac{3}{5}}\cdot 7^0-\frac{4^{-3}\cdot 8^{\frac{1}{3}}}{2}+\frac{1}{8^0\cdot\sqrt[5]{32^4}}$$

Ahora hacemos positivos los exponentes negativos:

$$\frac{3\cdot 4^{\frac{1}{2}}}{8^{\frac{2}{3}}}+\frac{7^0}{32^{\frac{3}{5}}}-\frac{8^{\frac{1}{3}}}{2\cdot 4^3}+\frac{1}{8^0\cdot\sqrt[5]{32^4}}$$

Los exponentes fraccionarios los convertimos en raíces y recordando que toda cantidad elevada a cero equivale a 1, tendremos:

$$\frac{3\cdot\sqrt{4}}{\sqrt[3]{8^2}}+\frac{1}{\sqrt[5]{32^3}}-\frac{\sqrt[3]{8}}{2\cdot 64}+\frac{1}{1\cdot\sqrt[5]{32^4}}$$

$$=\frac{3\cdot 2}{\sqrt[3]{(2^3)^2}}+\frac{1}{\sqrt[5]{(2^5)^3}}-\frac{2}{2\cdot 64}+\frac{1}{\sqrt[5]{(2^5)^4}}$$

$$=\frac{6}{2^2}+\frac{1}{2^3}-\frac{1}{64}+\frac{1}{2^4}$$

$$=\frac{3}{2}+\frac{1}{8}-\frac{1}{64}+\frac{1}{16}=1\frac{43}{64}\quad \textbf{R.}$$

222 Ejercicio

Hallar el valor numérico de:

1. $a^{-2}+a^{-1}b^{\frac{1}{2}}+x^0$ para $a=3, b=4$
2. $3x^{-\frac{1}{2}}+x^2y^{-3}+x^0y^{\frac{1}{3}}$ para $x=4,\ y=1$
3. $2a^{-3}b+\frac{a^{-4}}{b^{-1}}+a^{\frac{1}{2}}b^{-\frac{3}{4}}$ para $a=4, b=16$
4. $\frac{x^{\frac{3}{4}}}{y^{-2}}+x^{-\frac{1}{2}}y^{-\frac{1}{3}}-x^0y^0+\frac{x}{y^{\frac{4}{3}}}$ para $x=16, y=8$
5. $\frac{x^0}{x^{-1}}+\frac{y^{-3}}{y^0}+2x^0+x^{\frac{3}{4}}y^{-2}$ para $x=81, y=3$
6. $a^{\frac{1}{2}}x^{\frac{1}{3}}+a^{-\frac{1}{2}}x^{-\frac{1}{3}}+\frac{1}{a^{-\frac{1}{4}}x^{-1}}+3x^0$ para $a=16, x=8$
7. $\frac{a^{-2}}{b^{-1}}+3a^{-1}b^2c^{-3}-\frac{a^{-2}}{b^{\frac{1}{2}}c^{-1}}+b^{\frac{1}{4}}+c^0$ para $a=3, b=16,\ c=2$

8. $\frac{x^0}{3y^0}+x^{\frac{2}{3}}-y^{\frac{1}{5}}+\frac{x^{-2}}{y^{-1}}+y^0$ para $x=8, y=32$

9. $a^{-\frac{1}{3}}-\frac{1}{b^{-\frac{4}{5}}}+a^0b-\sqrt[3]{a}\,b^{\frac{2}{5}}-\frac{1}{a^{-\frac{2}{3}}}$ para $a=27, b=243$

MULTIPLICACIÓN DE MONOMIOS CON EXPONENTES NEGATIVOS Y FRACCIONARIOS 374

La ley de los exponentes en la multiplicación que nos dice que para multiplicar potencias de la misma base se **suman** los exponentes es general, y se aplica igualmente cuando las cantidades que se multiplican tienen exponentes negativos o fraccionarios.

Ejemplos

1) $a^{-4}\times a=a^{-4+1}=a^{-3}$

2) $a^3\times a^{-5}=a^{3+(-5)}=a^{3-5}=a^{-2}$

3) $a^{-1}\times a^{-2}=a^{-1-2}=a^{-3}$

4) $a^3\times a^{-3}=a^{3-3}=a^0=1$

5) $a^{\frac{1}{2}}\times a^{\frac{3}{4}}=a^{\frac{1}{2}+\frac{3}{4}}=a^{\frac{5}{4}}$

6) $a^{-\frac{3}{4}}\times a^{\frac{1}{2}}=a^{-\frac{3}{4}+\frac{1}{2}}=a^{-\frac{1}{4}}$

Ejercicio 223

Multiplicar:

1. x^2 por x^{-3}
2. a^{-2} por a^{-3}
3. x^3 por x^{-3}
4. $a^{\frac{1}{2}}$ por a
5. $x^{\frac{1}{2}}$ por $x^{\frac{1}{4}}$
6. $a^{\frac{3}{4}}$ por $a^{\frac{1}{4}}$
7. $3m^{\frac{2}{5}}$ por $m^{-\frac{3}{5}}$
8. $2a^{\frac{3}{4}}$ por $a^{-\frac{1}{2}}$
9. x^{-2} por $x^{-\frac{1}{3}}$
10. $3n^2$ por $n^{-\frac{2}{3}}$
11. $4a^{-2}$ por $a^{-\frac{1}{2}}$
12. $a^{-1}b^{-2}$ por ab^2
13. $x^{-3}y^{\frac{1}{2}}$ por $x^{-2}y^{-\frac{1}{2}}$
14. $3a^2b^{\frac{1}{2}}$ por $2a^{-2}b^{-\frac{1}{2}}$
15. a^3b^{-1} por $a^{-2}b^{-2}$
16. $a^{-\frac{1}{2}}b^{\frac{3}{4}}$ por $a^{\frac{1}{2}}b^{\frac{1}{4}}$
17. $m^{-\frac{2}{3}}n^{\frac{1}{3}}$ por $m^{-\frac{1}{3}}n^{\frac{2}{3}}$
18. $2a^{-1}b^{\frac{3}{4}}$ por ab^{-2}

MULTIPLICACIÓN DE POLINOMIOS CON EXPONENTES NEGATIVOS Y FRACCIONARIOS 375

Ejemplos

1) Multiplicar $2x^{-1}+3x^{-\frac{1}{2}}y^{-\frac{1}{2}}+y^{-1}$ por $x^{-1}-x^{-\frac{1}{2}}y^{-\frac{1}{2}}+y^{-1}$.

Los polinomios están ordenados en orden ascendente con relación a x porque el exponente de x en el segundo término $-\frac{1}{2}$ es mayor que el exponente de x en el primer término -1 y el tercer término y^{-1} equivale a x^0y^{-1} y 0 es mayor que $-\frac{1}{2}$.

Tendremos: $2x^{-1}+3x^{-\frac{1}{2}}y^{-\frac{1}{2}}+y^{-1}$

$$\begin{array}{l} 2x^{-1}+3x^{-\frac{1}{2}}y^{-\frac{1}{2}}+y^{-1} \\ x^{-1}-\ x^{-\frac{1}{2}}y^{-\frac{1}{2}}+y^{-1} \\ \hline 2x^{-2}+3x^{-\frac{3}{2}}y^{-\frac{1}{2}}+x^{-1}y^{-1} \\ \quad -2x^{-\frac{3}{2}}y^{-\frac{1}{2}}-3x^{-1}y^{-1}-\ x^{-\frac{1}{2}}y^{-\frac{3}{2}} \\ \qquad\qquad 2x^{-1}y^{-1}+3x^{-\frac{1}{2}}y^{-\frac{3}{2}}+y^{-2} \\ \hline 2x^{-2}+\ x^{-\frac{3}{2}}y^{-\frac{1}{2}}\qquad +2x^{-\frac{1}{2}}y^{-\frac{3}{2}}+y^{-2} \end{array}$$ **R.**

2) Multiplicar $ab^{-1}-a^{\frac{1}{3}}b+a^{\frac{2}{3}}$ por $a^{\frac{1}{3}}b^{-3}-b^{-2}-a^{-\frac{1}{3}}b^{-1}$.
Ordenando descendentemente con relación a la a, tendremos:

$$\begin{array}{l} ab^{-1}+a^{\frac{2}{3}}-a^{\frac{1}{3}}b \\ a^{\frac{1}{3}}b^{-3}-b^{-2}-a^{-\frac{1}{3}}b^{-1} \\ \hline a^{\frac{4}{3}}b^{-4}+ab^{-3}-a^{\frac{2}{3}}b^{-2} \\ \qquad -ab^{-3}-a^{\frac{2}{3}}b^{-2}+a^{\frac{1}{3}}b^{-1} \\ \qquad\qquad -a^{\frac{2}{3}}b^{-2}-a^{\frac{1}{3}}b^{-1}+1 \\ \hline a^{\frac{4}{3}}b^{-4}\qquad -3a^{\frac{2}{3}}b^{-2}\qquad +1 \end{array}$$ **R.**

El 1 último se obtiene porque el producto

$$\left(-a^{\frac{1}{3}}b\right)\times\left(-a^{-\frac{1}{3}}b^{-1}\right)=a^0b^0=1\times1=1$$

Ejercicio 224

Multiplicar, ordenando previamente:

1. $a^{-4}+2+3a^{-2}$ por $a^{-4}-a^{-2}+1$
2. x^2-1+x^{-2} por x^2+2-x^{-2}
3. $x+x^{\frac{1}{3}}+2x^{\frac{2}{3}}$ por $x^{\frac{1}{3}}+x^{-\frac{1}{3}}-2$
4. $2a^{\frac{3}{4}}-a^{\frac{1}{2}}+2a^{\frac{1}{4}}$ por $a^{\frac{1}{4}}-a^{-\frac{1}{4}}+1$
5. $a^{\frac{2}{3}}-2+2a^{-\frac{2}{3}}$ por $3+a^{-\frac{2}{3}}-4a^{-\frac{4}{3}}$
6. $x^{\frac{3}{4}}+2x^{\frac{1}{4}}-x^{-\frac{1}{4}}$ por $x^{\frac{1}{2}}-2+x^{-\frac{1}{2}}$
7. $a^2b^{-1}+a+b$ por $a^{-2}b^{-2}+a^{-4}-a^{-3}b^{-1}$
8. $x^{-5}y^{-5}+x^{-1}y^{-1}+x^{-3}y^{-3}$ por $x^{-7}y^{-6}-x^{-5}y^{-4}+x^{-3}y^{-2}$
9. $a^{\frac{3}{4}}b^{-3}+a^{\frac{1}{4}}b^{-2}-a^{-\frac{1}{4}}b^{-1}$ por $a^{\frac{1}{2}}b^{-1}-2+3a^{-\frac{1}{2}}b$
10. $a^{-1}+2a^{-\frac{1}{2}}b^{-\frac{1}{2}}+2b^{-1}$ por $a^{-1}-a^{-\frac{1}{2}}b^{-\frac{1}{2}}+b^{-1}$

11. $4x^{2}-x^{\frac{3}{2}}y^{\frac{1}{2}}-x^{\frac{1}{2}}y^{\frac{3}{2}}+xy$ por $x^{\frac{1}{2}}+y^{\frac{1}{2}}$

12. $x-2a^{\frac{1}{3}}x^{\frac{2}{3}}+a^{\frac{2}{3}}x^{\frac{1}{3}}-3a$ por $x^{\frac{4}{3}}+2a^{\frac{1}{3}}x+3a^{\frac{2}{3}}x^{\frac{2}{3}}$

13. $5a^{2}+4-3a-2a^{-1}$ por $3a-5a^{-1}+2$

14. $2x-3+x^{-1}+4x^{-2}$ por $x^{-1}-2x^{-2}+x^{-3}$

15. $m-m^{\frac{1}{2}}n^{\frac{1}{2}}+n-m^{-\frac{1}{2}}n^{\frac{3}{2}}$ por $m^{\frac{1}{2}}+n^{\frac{1}{2}}+m^{-\frac{1}{2}}n$

16. $a^{\frac{3}{5}}-a^{-\frac{1}{5}}+2a^{\frac{1}{5}}$ por $a^{\frac{2}{5}}-2-a^{-\frac{2}{5}}$

17. $m+3m^{\frac{2}{3}}+2m^{\frac{1}{3}}$ por $2-2m^{-\frac{1}{3}}+2m^{-\frac{2}{3}}$

18. $x^{-\frac{3}{4}}y^{\frac{3}{2}}+3x^{-\frac{1}{4}}y-x^{\frac{1}{4}}y^{\frac{1}{2}}$ por $x^{-\frac{5}{4}}y^{\frac{1}{2}}-3x^{-\frac{3}{4}}-x^{-\frac{1}{4}}y^{-\frac{1}{2}}$

19. $x^{2}y^{-1}+5x^{3}y^{-3}+2x^{4}y^{-5}$ por $x^{-3}y^{3}-x^{-2}y+3x^{-1}y^{-1}$

20. $a^{-\frac{2}{3}}b^{\frac{1}{2}}+2a^{-\frac{4}{3}}b-a^{-2}b^{\frac{3}{2}}$ por $3a^{\frac{2}{3}}b^{-\frac{1}{2}}+1+a^{-\frac{2}{3}}b^{\frac{1}{2}}$

DIVISIÓN DE MONOMIOS CON EXPONENTES NEGATIVOS Y FRACCIONARIOS 376

La ley de los exponentes en la división, que nos dice que para dividir potencias de la misma base se resta el exponente del divisor del exponente del dividendo, se aplica igualmente cuando los exponentes de las cantidades que se dividen son negativos o fraccionarios.

Ejemplos

1) $a^{-1}\div a^{2}=a^{-1-2}=a^{-3}$

2) $a^{2}\div a^{-1}=a^{2-(-1)}=a^{2+1}=a^{3}$

3) $a^{-3}\div a^{-5}=a^{-3-(-5)}=a^{-3+5}=a^{2}$

4) $a^{\frac{1}{2}}\div a^{\frac{3}{4}}=a^{\frac{1}{2}-\frac{3}{4}}=a^{-\frac{1}{4}}$

5) $a\div a^{-\frac{1}{3}}=a^{1-\left(-\frac{1}{3}\right)}=a^{1+\frac{1}{3}}=a^{\frac{4}{3}}$

6) $a^{-\frac{1}{4}}\div a^{\frac{1}{2}}=a^{-\frac{1}{4}-\frac{1}{2}}=a^{-\frac{3}{4}}$

Ejercicio 225

Dividir:

1. a^{2} entre a^{-2}
2. x^{-3} entre x^{2}
3. $m^{\frac{1}{2}}$ entre $m^{-\frac{1}{4}}$
4. a^{2} entre a^{5}
5. x^{-3} entre x^{-7}
6. $a^{\frac{1}{2}}$ entre a
7. $x^{-\frac{2}{3}}$ entre $x^{-\frac{1}{3}}$
8. $a^{\frac{2}{5}}$ entre $a^{-\frac{1}{5}}$
9. $m^{-\frac{3}{4}}$ entre $m^{\frac{1}{2}}$
10. $a^{\frac{1}{3}}$ entre a
11. $4x^{\frac{2}{5}}$ entre $2x^{-\frac{1}{5}}$
12. a^{-3} entre $a^{-\frac{7}{4}}$
13. $x^{-2}y^{-1}$ entre $x^{-3}y^{-2}$
14. $a^{\frac{1}{2}}b^{\frac{1}{3}}$ entre ab
15. $a^{2}b^{-3}$ entre $a^{-1}b$
16. $x^{-\frac{1}{2}}y^{-\frac{2}{3}}$ entre $x^{-\frac{1}{2}}y^{-1}$
17. $m^{\frac{3}{4}}n^{-\frac{3}{4}}$ entre $m^{-\frac{1}{2}}n^{\frac{3}{4}}$
18. $8x^{-2}y^{\frac{2}{5}}$ entre $4xy^{-\frac{1}{5}}$
19. $a^{\frac{1}{3}}b$ entre $a^{-\frac{1}{4}}b^{-3}$
20. $x^{-4}y^{-5}$ entre $x^{2}y^{-1}$

377 DIVISIÓN DE POLINOMIOS CON EXPONENTES NEGATIVOS Y FRACCIONARIOS

Ejemplos

1) Dividir $a^{-1}b^{-3}-2ab^{-5}+a^3b^{-7}$ entre $a^2b^{-2}-2a^3b^{-3}+a^4b^{-4}$.

Dividendo y divisor están ordenados en orden ascendente con relación a la a. Tendremos:

$$\begin{array}{rrr|l} a^{-1}b^{-3} & -2ab^{-5} & +a^3b^{-7} & a^2b^{-2}-2a^3b^{-3}+a^4b^{-4} \\ \hline -a^{-1}b^{-3}+2b^{-4} & -ab^{-5} & & a^{-3}b^{-1}+2a^{-2}b^{-2}+a^{-1}b^{-3} \quad \textbf{R.} \\ \hline 2b^{-4} & -3ab^{-5} & & \\ -2b^{-4} & +4ab^{-5} & -2a^2b^{-6} & \\ \hline & ab^{-5} & -2a^2b^{-6}+a^3b^{-7} & \\ & -ab^{-5} & +2a^2b^{-6}-a^3b^{-7} & \\ \hline \end{array}$$

Al dividir $2b^{-4}$ entre a^2b^{-2} como en el dividendo no hay a y en el divisor hay a^2 debe tenerse presente que $2b^{-4}$ equivale a $2a^0b^{-4}$ dividiendo esta cantidad entre a^2b^{-2} tendremos:

$$2a^0b^{-4}\div a^2b^{-2}=2a^{0-2}b^{-4+2}=2a^{-2}b^{-2}$$

que es el segundo término del cociente.

2) Dividir $4x+11-x^{-\frac{1}{2}}+7x^{\frac{1}{2}}+3x^{-1}$ entre $4x^{\frac{1}{2}}-1+x^{-\frac{1}{2}}$.

Ordenando descendentemente con relación a la x, tendremos:

$$\begin{array}{l|l} 4x+7x^{\frac{1}{2}}+11-x^{-\frac{1}{2}}+3x^{-1} & 4x^{\frac{1}{2}}-1+x^{-\frac{1}{2}} \\ \hline -4x+x^{\frac{1}{2}}-1 & x^{\frac{1}{2}}+2+3x^{-\frac{1}{2}} \quad \textbf{R.} \\ \hline 8x^{\frac{1}{2}}+10-x^{-\frac{1}{2}} & \\ -8x^{\frac{1}{2}}+2-2x^{-\frac{1}{2}} & \\ \hline 12-3x^{-\frac{1}{2}}+3x^{-1} & \\ -12+3x^{-\frac{1}{2}}-3x^{-1} & \\ \hline \end{array}$$

Al efectuar la división de 12 entre $4x^{\frac{1}{2}}$ podemos considerar que 12 tiene x^0 y tendremos: $12\div 4x^{\frac{1}{2}}=12x^0\div 4x^{\frac{1}{2}}=3x^{0-\frac{1}{2}}=3x^{-\frac{1}{2}}$.

O sea que si en el divisor hay una letra que no la hay en el dividendo, esa letra aparece en el cociente con su exponente *con el signo cambiado*.

Ejercicio 226

Dividir, ordenando previamente:

1. $x^{-8}+x^{-2}+2x^{-6}+2$ entre $x^{-4}-x^{-2}+1$
2. $a^{\frac{4}{3}}-2a^{\frac{2}{3}}+1$ entre $a+a^{\frac{1}{3}}+2a^{\frac{2}{3}}$
3. $m^4+m^2-2+3m^{-2}-m^{-4}$ entre m^2-1+m^{-2}

4. $2x-x^{\frac{1}{2}}+x^{\frac{3}{4}}+3x^{\frac{1}{4}}-2$ entre $x^{\frac{1}{4}}-x^{-\frac{1}{4}}+1$
5. $3m^{\frac{2}{3}}-5+10m^{-\frac{4}{3}}-8m^{-2}$ entre $3+m^{-\frac{2}{3}}-4m^{-\frac{4}{3}}$
6. $a^{\frac{5}{4}}-4a^{\frac{1}{4}}+4a^{-\frac{1}{4}}-a^{-\frac{3}{4}}$ entre $a^{\frac{1}{2}}-2+a^{-\frac{1}{2}}$
7. $4x^{-5}-x^{-3}-7x^{-4}+9x^{-2}-7x^{-1}+2$ entre $4x^{-2}+x^{-1}-3+2x$
8. $a^{-12}b^{-11}+a^{-8}b^{-7}+a^{-4}b^{-3}$ entre $a^{-7}b^{-6}-a^{-5}b^{-4}+a^{-3}b^{-2}$
9. $m^{-4}n+m^{-2}n^{-1}+n^{-3}$ entre $m^{-4}+m^{-2}n^{-2}-m^{-3}n^{-1}$
10. $15a^{3}-19a+a^{2}+17-24a^{-1}+10a^{-2}$ entre $3a+2-5a^{-1}$
11. $a^{\frac{5}{4}}b^{-4}-a^{\frac{3}{4}}b^{-3}+5a^{-\frac{1}{4}}b^{-1}-3a^{-\frac{3}{4}}$ entre $a^{\frac{1}{2}}b^{-1}-2+3a^{-\frac{1}{2}}b$
12. $x^{-2}+x^{-\frac{3}{2}}y^{-\frac{1}{2}}+x^{-1}y^{-1}+2y^{-2}$ entre $x^{-1}-x^{-\frac{1}{2}}y^{-\frac{1}{2}}+y^{-1}$
13. $m-6m^{\frac{1}{5}}+m^{-\frac{3}{5}}$ entre $m^{\frac{3}{5}}+2m^{\frac{1}{5}}-m^{-\frac{1}{5}}$
14. $2x+4x^{-\frac{1}{3}}+2+4x^{\frac{2}{3}}$ entre $x+3x^{\frac{2}{3}}+2x^{\frac{1}{3}}$
15. $4x^{\frac{5}{2}}+3x^{2}y^{\frac{1}{2}}-x^{\frac{1}{2}}y^{2}$ entre $x^{\frac{1}{2}}+y^{\frac{1}{2}}$
16. $x^{\frac{7}{3}}-7ax^{\frac{4}{3}}-3a^{\frac{4}{3}}x-9a^{\frac{5}{3}}x^{\frac{2}{3}}$ entre $x^{\frac{4}{3}}+2a^{\frac{1}{3}}x+3a^{\frac{2}{3}}x^{\frac{2}{3}}$
17. $a^{\frac{3}{2}}+a^{\frac{1}{2}}b-b^{\frac{3}{2}}-a^{-1}b^{\frac{5}{2}}$ entre $a^{\frac{1}{2}}+b^{\frac{1}{2}}+a^{-\frac{1}{2}}b$
18. $m^{-2}n^{2}-11m^{-1}n+1$ entre $m^{-\frac{3}{4}}n^{\frac{3}{2}}+3m^{-\frac{1}{4}}n-m^{\frac{1}{4}}n^{\frac{1}{2}}$
19. $x^{-1}y^{2}+4+13x^{2}y^{-4}+6x^{3}y^{-6}$ entre $x^{-3}y^{3}-x^{-2}y+3x^{-1}y^{-1}$
20. $3+7a^{-\frac{2}{3}}b^{\frac{1}{2}}+a^{-2}b^{\frac{3}{2}}-a^{-\frac{8}{3}}b^{2}$ entre $3a^{\frac{2}{3}}b^{-\frac{1}{2}}+1+a^{-\frac{2}{3}}b^{-\frac{1}{2}}$

POTENCIAS DE MONOMIOS CON EXPONENTES NEGATIVOS O FRACCIONARIOS 378

La regla establecida anteriormente (**344**) para elevar un monomio a una potencia se aplica igualmente en el caso que las letras del monomio estén afectadas de exponentes negativos o fraccionarios.

Ejemplos

1) $\left(a^{-2}\right)^{3}=a^{-2\times 3}=a^{-6}$

2) $\left(a^{\frac{1}{2}}\right)^{2}=a^{\frac{1}{2}\times 2}=a^{\frac{2}{2}}=a$

3) $\left(a^{-\frac{3}{4}}\right)^{2}=a^{-\frac{3}{4}\times 2}=a^{-\frac{6}{4}}=a^{-\frac{3}{2}}$

4) $\left(2a^{-1}b^{\frac{1}{3}}\right)^{3}=8a^{-1\times 3}b^{\frac{1}{3}\times 3}=8a^{-3}b$

Ejercicio 227

Hallar el valor de:

1. $(a^{-1})^2$
2. $(a^{-2}b^{-1})^3$
3. $\left(a^{\frac{3}{2}}\right)^2$
4. $\left(x^{\frac{3}{4}}\right)^3$
5. $\left(m^{\frac{3}{4}}\right)^2$
6. $\left(a^{-\frac{2}{3}}\right)^3$
7. $\left(x^{-4}y^{\frac{1}{4}}\right)^2$
8. $\left(2a^{\frac{1}{2}}b^{\frac{1}{3}}\right)^2$
9. $(a^{-3}b^{-1})^4$
10. $\left(x^{\frac{2}{3}}y^{-\frac{1}{2}}\right)^6$
11. $\left(3a^{\frac{2}{5}}b^{-3}\right)^5$
12. $\left(2m^{-\frac{1}{2}}n^{-\frac{1}{3}}\right)^3$

379 POTENCIAS DE POLINOMIOS CON EXPONENTES NEGATIVOS Y FRACCIONARIOS

Aplicaremos las reglas estudiadas para elevar un binomio a una potencia cualquiera y un polinomio al cuadrado o al cubo, a casos en que haya exponentes negativos y fraccionarios.

Ejemplos

1) Desarrollar $\left(3a^{-3}+b^{-\frac{1}{2}}\right)^2$.

$$\left(3a^{-3}+b^{-\frac{1}{2}}\right)^2=\left(3a^{-3}\right)^2+2\left(3a^{-3}\right)\left(b^{-\frac{1}{2}}\right)+\left(b^{-\frac{1}{2}}\right)^2=9a^{-6}+6a^{-3}b^{-\frac{1}{2}}+b^{-1}\quad \textbf{R.}$$

2) Desarrollar $\left(x^{\frac{2}{3}}-4y^{-2}\right)^3$.

$$\left(x^{\frac{2}{3}}-4y^{-2}\right)^3=\left(x^{\frac{2}{3}}\right)^3-3\left(x^{\frac{2}{3}}\right)^2\left(4y^{-2}\right)+3\left(x^{\frac{2}{3}}\right)\left(4y^{-2}\right)^2-\left(4y^{-2}\right)^3$$

$$=x^2-12x^{\frac{4}{3}}y^{-2}+48x^{\frac{2}{3}}y^{-4}-64y^{-6}\quad \textbf{R.}$$

3) Desarrollar $\left(a^{-\frac{2}{3}}-\sqrt{b}\right)^5$.

Convirtiendo la raíz en exponente fraccionario y aplicando la fórmula del binomio de Newton, tendremos:

$$\left(a^{-\frac{2}{3}}-\sqrt{b}\right)^5=\left(a^{-\frac{2}{3}}-b^{\frac{1}{2}}\right)^5$$

$$=\left(a^{-\frac{2}{3}}\right)^5-5\left(a^{-\frac{2}{3}}\right)^4\left(b^{\frac{1}{2}}\right)+10\left(a^{-\frac{2}{3}}\right)^3\left(b^{\frac{1}{2}}\right)^2$$

$$-10\left(a^{-\frac{2}{3}}\right)^2\left(b^{\frac{1}{2}}\right)^3+5\left(a^{-\frac{2}{3}}\right)\left(b^{\frac{1}{2}}\right)^4-\left(b^{\frac{1}{2}}\right)^5$$

$$=a^{-\frac{10}{3}}-5a^{-\frac{8}{3}}b^{\frac{1}{2}}+10a^{-2}b-10a^{-\frac{4}{3}}b^{\frac{3}{2}}+5a^{-\frac{2}{3}}b^2-b^{\frac{5}{2}}\quad \textbf{R.}$$

4) Elevar al cuadrado $x^{\frac{3}{4}}-x^{\frac{1}{4}}+x^{-\frac{1}{4}}$.
Aplicando la regla del número (**347**), tenemos:

$$\left(x^{\frac{3}{4}}-x^{\frac{1}{4}}+x^{-\frac{1}{4}}\right)^2=\left(x^{\frac{3}{4}}\right)^2+\left(-x^{\frac{1}{4}}\right)^2+\left(x^{-\frac{1}{4}}\right)^2$$

$$+2\left(x^{\frac{3}{4}}\right)\left(-x^{\frac{1}{4}}\right)+2\left(x^{\frac{3}{4}}\right)\left(x^{-\frac{1}{4}}\right)+2\left(-x^{\frac{1}{4}}\right)\left(x^{-\frac{1}{4}}\right)$$

$$=x^{\frac{3}{2}}+x^{\frac{1}{2}}+x^{-\frac{1}{2}}-2x+2x^{\frac{1}{2}}-2$$

$$=x^{\frac{3}{2}}-2x+3x^{\frac{1}{2}}-2+x^{-\frac{1}{2}}\quad \textbf{R.}$$

5) Elevar al cubo $a^{\frac{1}{3}}-2+a^{-\frac{1}{3}}$. Aplicando la regla del número (**348**), tendremos:

$$\left(a^{\frac{1}{3}}-2+a^{-\frac{1}{3}}\right)^3=\left(a^{\frac{1}{3}}\right)^3+(-2)^3+\left(a^{-\frac{1}{3}}\right)^3+3\left(a^{\frac{1}{3}}\right)^2(-2)+3\left(a^{\frac{1}{3}}\right)^2\left(a^{-\frac{1}{3}}\right)$$

$$+3(-2)^2\left(a^{\frac{1}{3}}\right)+3(-2)^2\left(a^{-\frac{1}{3}}\right)+3\left(a^{-\frac{1}{3}}\right)^2\left(a^{\frac{1}{3}}\right)$$

$$+3\left(a^{-\frac{1}{3}}\right)^2(-2)+6\left(a^{\frac{1}{3}}\right)(-2)\left(a^{-\frac{1}{3}}\right)$$

$$=a-8+a^{-1}-6a^{\frac{2}{3}}+3a^{\frac{1}{3}}+12a^{\frac{1}{3}}+12a^{-\frac{1}{3}}+3a^{-\frac{1}{3}}-6a^{-\frac{2}{3}}-12$$

$$=a-6a^{\frac{2}{3}}+15a^{\frac{1}{3}}-20+15a^{-\frac{1}{3}}-6a^{-\frac{2}{3}}+a^{-1}\quad \textbf{R.}$$

Ejercicio 228

Desarrollar:

1. $\left(a^{\frac{1}{2}}+b^{\frac{1}{2}}\right)^2$
2. $\left(x^{\frac{3}{4}}-y^{\frac{1}{3}}\right)^2$
3. $\left(m^{-\frac{1}{2}}+2m\right)^2$
4. $\left(a^{-2}b^3-a^3b^{-2}\right)^2$
5. $\left(a^{-1}-3b^{-\frac{3}{4}}\right)^2$
6. $\left(a^{-2}+\sqrt{b}\right)^2$
7. $\left(\sqrt[4]{x^3}-y^{-\frac{1}{2}}\right)^2$
8. $\left(m^{-2}n^{\frac{1}{4}}-m^{\frac{1}{2}}n^{-1}\right)^2$
9. $\left(a^{\frac{1}{3}}+b^{\frac{1}{3}}\right)^3$
10. $\left(\sqrt[3]{x^2}-3y^{-1}\right)^3$
11. $\left(m^{\frac{2}{3}}+4n^{-\frac{3}{2}}\right)^3$
12. $\left(2a^{-4}-3b^{-\frac{1}{2}}\right)^3$
13. $\left(\sqrt{x}-\sqrt[3]{y}\right)^3$
14. $\left(a^{\frac{1}{2}}+b^{\frac{2}{3}}\right)^4$
15. $\left(x^{-2}-y^{-\frac{1}{3}}\right)^4$
16. $\left(x^{\frac{1}{3}}+y^{-\frac{3}{4}}\right)^5$
17. $\left(\sqrt{m}-\sqrt[3]{n}\right)^5$
18. $\left(a^2-2\sqrt{m}\right)^6$
19. $\left(x^{-3}+\sqrt[4]{y}\right)^5$
20. $\left(a^{-2}+3a^{-1}+2\right)^2$
21. $\left(x^{\frac{1}{2}}-x^{\frac{1}{4}}+2x^{-\frac{1}{4}}\right)^2$
22. $\left(a^{-\frac{1}{2}}+3+a^{\frac{1}{2}}\right)^2$
23. $\left(m+2m^{\frac{3}{4}}-3m^{\frac{1}{2}}\right)^2$
24. $\left(a^{\frac{1}{2}}b^{-\frac{1}{3}}-2+a^{-\frac{1}{2}}b^{\frac{1}{3}}\right)^2$
25. $\left(x^{\frac{1}{2}}+x^{\frac{1}{4}}-1\right)^3$
26. $\left(a^{\frac{2}{3}}-2+a^{-\frac{2}{3}}\right)^3$
27. $\left(m^{\frac{1}{6}}+2m^{\frac{1}{3}}+m^{\frac{1}{2}}\right)^3$

380 RAÍCES DE POLINOMIOS CON EXPONENTES NEGATIVOS O FRACCIONARIOS

Ejemplo

1) Hallar la raíz cuadrada de $a-2a^{\frac{3}{4}}-4+4a^{-\frac{1}{2}}+4a^{\frac{1}{4}}+a^{\frac{1}{2}}$.

Ordenando el polinomio y aplicando la misma regla establecida en el número (**363**), tendremos:

$$\sqrt{a-2a^{\frac{3}{4}}+a^{\frac{1}{2}}+4a^{\frac{1}{4}}-4+4a^{-\frac{1}{2}}} \quad \Big| \quad a^{\frac{1}{2}}-a^{\frac{1}{4}}+2a^{-\frac{1}{4}}$$

$$-a$$

$$-2a^{\frac{3}{4}}+a^{\frac{1}{2}} \qquad \left(2a^{\frac{1}{2}}-a^{\frac{1}{4}}\right)\left(-a^{\frac{1}{4}}\right)=-2a^{\frac{3}{4}}+a^{\frac{1}{2}}$$

$$2a^{\frac{3}{4}}-a^{\frac{1}{2}}$$

$$4a^{\frac{1}{4}}-4+4a^{-\frac{1}{2}} \qquad \left(2a^{\frac{1}{2}}-2a^{\frac{1}{4}}+2a^{-\frac{1}{4}}\right)2a^{-\frac{1}{4}}=4a^{\frac{1}{4}}-4+4a^{-\frac{1}{2}}$$

$$-4a^{\frac{1}{4}}+4-4a^{-\frac{1}{2}}$$

Ejercicio 229

Hallar la raíz cuadrada de:

1. $x^{-4}+13x^{-2}+6x^{-3}+4+12x^{-1}$
2. $m+11+6m^{-\frac{1}{2}}+6m^{\frac{1}{2}}+m^{-1}$
3. $9a^{\frac{4}{3}}+25a^{\frac{2}{3}}-6a+16-8a^{\frac{1}{3}}$
4. $a^{2}+4a^{\frac{7}{4}}-2a^{\frac{3}{2}}-12a^{\frac{5}{4}}+9a$
5. $mn^{-\frac{2}{3}}-4m^{\frac{1}{2}}n^{-\frac{1}{3}}+6-4m^{-\frac{1}{2}}n^{\frac{1}{3}}+m^{-1}n^{\frac{2}{3}}$
6. $a^{\frac{4}{5}}-8a^{\frac{3}{5}}+10a^{\frac{2}{5}}+24a^{\frac{1}{5}}+9$

Hallar la raíz cúbica de:

7. $a^{-3}-6a^{-\frac{5}{2}}+21a^{-2}-44a^{-\frac{3}{2}}+63a^{-1}-54a^{-\frac{1}{2}}+27$
8. $x^{2}-6x^{\frac{4}{3}}+15x^{\frac{2}{3}}-20+15x^{-\frac{2}{3}}-6x^{-\frac{4}{3}}+x^{-2}$
9. $a^{\frac{3}{2}}+3a^{\frac{5}{4}}-5a^{\frac{3}{4}}+3a^{\frac{1}{4}}-1$

381 RAÍZ CUADRADA DE UN POLINOMIO CON TÉRMINOS FRACCIONARIOS USANDO LA FORMA DE EXPONENTES NEGATIVOS

El uso de los exponentes negativos nos evita tener que trabajar con fracciones algebraicas al extraer una raíz a polinomios con términos fraccionarios.

Ejemplo

1) Hallar la raíz cuadrada de $\frac{4a^2}{x^2}-\frac{8a}{x}+16-\frac{12x}{a}+\frac{9x^2}{a^2}$.

Pasando los factores literales de los denominadores a los numeradores cambiándoles el signo a sus exponentes (**370**), tendremos:

$$4a^2x^{-2}-8ax^{-1}+16-12a^{-1}x+9a^{-2}x^2$$

Ahora extraemos la raíz cuadrada de este polinomio:

$$\begin{array}{l|l}
\sqrt{4a^2x^{-2}-8ax^{-1}+16-12a^{-1}x+9a^{-2}x^2} & 2ax^{-1}-2+3a^{-1}x \\
\underline{-4a^2x^{-2}} & (4ax^{-1}-2)(-2)=-8ax^{-1}+4 \\
\qquad -8ax^{-1}+16 & (4ax^{-1}-4+3a^{-1}x)\,3a^{-1}x \\
\qquad \underline{\;\;8ax^{-1}-4} & \\
\qquad\qquad 12-12a^{-1}x+9a^{-2}x^2 & =12-12a^{-1}x+9a^{-2}x^2 \\
\qquad\qquad \underline{-12+12a^{-1}x+9a^{-2}x^2} &
\end{array}$$

Ejercicio 230

Extraer la raíz cuadrada de los polinomios siguientes pasando los factores literales de los denominadores a los numeradores:

1. $\frac{a^2}{x^2}-\frac{2x}{3a}+2\frac{1}{9}-\frac{2a}{3x}+\frac{x^2}{a^2}$
2. $x^2-4+\frac{2}{x}+\frac{4}{x^2}-\frac{4}{x^3}+\frac{1}{x^4}$
3. $a^4-10a+4+\frac{25}{a^2}-\frac{20}{a^3}+\frac{4}{a^4}$
4. $\frac{m^4}{4}-5m^2+28-\frac{30}{m^2}+\frac{9}{m^4}$
5. $\frac{4x^2}{25y^2}+1\frac{7}{12}-\frac{5y}{3x}-\frac{2x}{5y}+\frac{25y^2}{9x^2}$
6. $\frac{a^4}{9}+\frac{2a^3}{3x}+\frac{a^2}{x^2}-\frac{2ax}{3}-2+\frac{x^2}{a^2}$
7. $9m^4+30m^2+55+\frac{50}{m^2}+\frac{25}{m^4}$
8. $\frac{4a^2b^2}{49x^2y^2}-\frac{2ab}{7xy}+\frac{21}{20}-\frac{7xy}{5ab}+\frac{49x^2y^2}{25a^2b^2}$
9. $\frac{a}{b^{\frac{2}{3}}}-\frac{4a^{\frac{1}{2}}}{b^{\frac{1}{3}}}+6-\frac{4b^{\frac{1}{3}}}{a^{\frac{1}{2}}}+\frac{b^{\frac{2}{3}}}{a}$
10. $\frac{a^4}{b^{-4}}+\frac{6a^2}{b^{-2}}+7-\frac{6b^{-2}}{a^2}+\frac{1}{a^4b^4}$
11. $\frac{x}{y^{-\frac{2}{3}}}-\frac{8y^{\frac{1}{3}}}{x^{-\frac{1}{2}}}+18-\frac{8x^{-\frac{1}{2}}}{y^{\frac{1}{3}}}+\frac{1}{xy^{\frac{2}{3}}}$

Agustin-Louis Cauchy (1789-1857). Matemático francés. Su vida estuvo sometida a los azares de las revoluciones y contrarrevoluciones que primaron en su tiempo. Legitimista convencido, no acepta el cargo en la Academia para no tener que jurar ante la Revolución. Fue profesor de Matemáticas en Turín. Fue uno de los precursores de la corriente rigorista en esta disciplina. Comenzó la creación sistemática de la teoría de los grupos, tan imprescindible en la Matemática moderna. Dio una definición de las funciones.

Capítulo XXXI

RADICALES

382 **RADICAL,** en general, es toda raíz indicada de una cantidad.

Si una raíz indicada es exacta, tenemos una cantidad **racional**, y si no lo es, **irracional**.

Así, $\sqrt{4a^2}$ es una cantidad racional y $\sqrt{3a}$ es una cantidad irracional.

Las raíces indicadas inexactas o cantidades irracionales son los radicales propiamente dichos.

El **grado** de un radical es el índice de la raíz. Así, $\sqrt{x}$ es un radical de segundo grado, $\sqrt[3]{3a}$ es un radical de tercer grado.

383 **RADICALES SEMEJANTES** son radicales del mismo grado y que tienen la misma cantidad subradical.

Así, $2\sqrt{3}$, $5\sqrt{3}$ y $\frac{1}{2}\sqrt{3}$ son radicales **semejantes**; $2\sqrt{3}$ y $5\sqrt{2}$ no son semejantes.

REDUCCIÓN DE RADICALES

384 **REDUCIR UN RADICAL** es cambiar su forma sin cambiar su valor.

I. SIMPLIFICACIÓN DE RADICALES

385 **SIMPLIFICAR UN RADICAL** es reducirlo a su más simple expresión.

Un radical está reducido a su **más simple expresión** cuando la cantidad subradical es entera y del menor grado posible.

Para simplificar radicales debe tenerse muy presente **(361)** que para extraer una raíz a un producto se extrae dicha raíz a cada uno de sus factores, o sea $\sqrt[n]{abc}=\sqrt[n]{a}\cdot\sqrt[n]{b}\cdot\sqrt[n]{c}$

En la simplificación de radicales consideraremos los dos casos siguientes:

CASO I

Cuando la cantidad subradical contiene factores cuyo exponente es divisible por el índice.

Ejemplos

1) Simplificar $\sqrt{9a^3}$.

$$\sqrt{9a^3}=\sqrt{3^2\cdot a^2\cdot a}=\sqrt{3^2}\cdot\sqrt{a^2}\cdot\sqrt{a}=3a\sqrt{a} \quad \textbf{R.}$$

2) Simplificar $2\sqrt{75x^4y^5}$.

$$2\sqrt{75x^4y^5}=2\sqrt{3\cdot 5^2\cdot x^4\cdot y^4\cdot y}=2\sqrt{5^2}\cdot\sqrt{x^4}\cdot\sqrt{y^4}\cdot\sqrt{3y}$$
$$=2\cdot 5\cdot x^2\cdot y^2\cdot\sqrt{3y}=10x^2y^2\sqrt{3y} \quad \textbf{R.}$$

En la práctica no se indican las raíces, sino que una vez arreglados los factores de la cantidad subradical, aquellos cuyo exponente sea *divisible por el índice*, se sacan del radical *dividiendo su exponente por el índice*

3) Simplificar $\frac{1}{7}\sqrt{49x^3y^7}$.

$$\frac{1}{7}\sqrt{49x^3y^7}=\frac{1}{7}\sqrt{7^2\cdot x^2\cdot x\cdot y^6\cdot y}=\frac{1}{7}\times 7xy^3\sqrt{xy}=xy^3\sqrt{xy} \quad \textbf{R.}$$

4) Simplificar $4\sqrt[3]{250a^3b^8}$.

$$4\sqrt[3]{250a^3b^8}=4\sqrt[3]{2\cdot 5^3\cdot a^3\cdot b^6\cdot b^2}=4\cdot 5ab^2\sqrt[3]{2b^2}=20ab^2\sqrt[3]{2b^2} \quad \textbf{R.}$$

5) Simplificar $\frac{3}{2}\sqrt[4]{32mn^8}$.

$$\frac{3}{2}\sqrt[4]{32mn^8}=\frac{3}{2}\sqrt[4]{2^4\cdot 2mn^8}=\frac{3}{2}\times 2n^2\sqrt[4]{2m}=3n^2\sqrt[4]{2m} \quad \textbf{R.}$$

6) Simplificar $\sqrt{4a^4-8a^3b}$.

$$\sqrt{4a^4-8a^3b}=\sqrt{4a^3(a-2b)}=\sqrt{2^2\cdot a^2\cdot a(a-2b)}=(2a)\sqrt{a^2-2ab} \quad \textbf{R.}$$

7) Simplificar $\sqrt{3x^2-12x+12}$.

$$\sqrt{3x^2-12x+12}=\sqrt{3(x^2-4x+4)}=\sqrt{3(x-2)^2}=(x-2)\sqrt{3} \quad \textbf{R.}$$

Ejercicio 231

Simplificar:

1. $\sqrt{18}$
2. $3\sqrt{48}$
3. $\sqrt[3]{16}$
4. $\frac{1}{2}\sqrt[3]{128}$
5. $2\sqrt[4]{243}$
6. $\sqrt{50a^2b}$
7. $3\sqrt{81x^3y^4}$
8. $\frac{1}{2}\sqrt{108a^5b^7}$
9. $\frac{3}{5}\sqrt{125mn^6}$
10. $2a\sqrt{44a^3b^7c^9}$

11. $2\sqrt[3]{16x^2y^7}$
12. $\frac{2}{3}\sqrt[3]{27m^2n^8}$
13. $5a\sqrt[3]{160x^7y^9z^{13}}$
14. $\sqrt[4]{80a^4b^5c^{12}}$
15. $3\sqrt[4]{5x^8y^{14}z^{16}}$
16. $\frac{2}{5}\sqrt[5]{32x^2y^{11}}$
17. $2xy\sqrt[3]{128x^2y^8}$
18. $\frac{1}{3a}\sqrt{27a^3m^7}$
19. $\frac{3}{5x}\sqrt[3]{375a^8b}$
20. $\frac{1}{3}\sqrt[4]{81a^4b}$
21. $\sqrt{9a+18b}$
22. $\sqrt{3a^3b^2-3a^2b^2}$
23. $\sqrt{8x^2y^4+16xy^4}$
24. $\sqrt{2x^2-4xy+2y^2}$
25. $\sqrt{(a-b)(a^2-b^2)}$
26. $\sqrt{2am^2+4amn+2an^2}$
27. $\sqrt{9a^3-36a^2+36a}$

8) Simplificar $\sqrt{\frac{2}{3}}$.

Cuando la cantidad subradical es una fracción y el denominador es irracional hay que *multiplicar ambos términos de la fracción por la cantidad necesaria para que el denominador tenga raíz exacta*. Así,

$$\sqrt{\frac{2}{3}}=\sqrt{\frac{2\cdot 3}{3\cdot 3}}=\sqrt{\frac{6}{3^2}}=\frac{1}{3}\sqrt{6} \quad \textbf{R.}$$

9) Simplificar $2\sqrt{\frac{9a^2}{8x^5}}$.

$$2\sqrt{\frac{9a^2}{8x^5}}=2\sqrt{\frac{3^2\cdot a^2}{2^3\cdot x^5}}=2\sqrt{\frac{3^2\cdot a^2\cdot 2\cdot x}{2^4\cdot x^6}}=\frac{2\cdot 3a}{4x^3}\sqrt{2x}=\frac{3a}{2x^3}\sqrt{2x} \quad \textbf{R.}$$

Ejercicio 232

Simplificar:

1. $\sqrt{\frac{1}{5}}$
2. $\sqrt{\frac{3}{8}}$
3. $2\sqrt{\frac{1}{2}}$
4. $3\sqrt{\frac{1}{6}}$
5. $\frac{1}{2}\sqrt{\frac{2}{3}}$
6. $\sqrt{\frac{a^2}{8x}}$
7. $\frac{3}{2}\sqrt{\frac{4a^2}{27y^3}}$
8. $5\sqrt{\frac{9n}{5m^3}}$
9. $6\sqrt{\frac{5a^3}{24x^2}}$
10. $\sqrt[3]{\frac{2}{3}}$
11. $5\sqrt[3]{\frac{1}{5}}$
12. $\sqrt[3]{\frac{8}{9x^2}}$
13. $2b^2\sqrt[3]{\frac{125}{4b^5}}$
14. $\frac{2}{3}\sqrt[3]{\frac{27x^2}{16a^2b^4}}$
15. $2xy\sqrt[4]{\frac{81a^2}{4x^3y}}$

CASO II

Cuando los factores de la cantidad subradical y el índice tienen un divisor común.

Ejemplos

1) Simplificar $\sqrt[4]{4a^2}$.

$$\sqrt[4]{4a^2}=\sqrt[4]{2^2\cdot a^2}=2^{\frac{2}{4}}\cdot a^{\frac{2}{4}}=2^{\frac{1}{2}}\cdot a^{\frac{1}{2}}=\sqrt{2a} \quad \textbf{R.}$$

Lo que se hace, prácticamente, es *dividir el índice y los exponentes de los factores por su divisor común* 2.

2) Simplificar $\sqrt[6]{9a^2x^2}$.

$$\sqrt[6]{9a^2x^2}=\sqrt[6]{3^2\cdot a^2x^2}=3^{\frac{2}{6}}\cdot a^{\frac{2}{6}}\cdot x^{\frac{2}{6}}=3^{\frac{1}{3}}\cdot a^{\frac{1}{3}}\cdot x^{\frac{1}{3}}=\sqrt[3]{3ax} \quad \textbf{R.}$$

Lo que hemos hecho, prácticamente, es dividir el índice 6 y los exponentes de los factores entre 2.

3) Simplificar $\sqrt[15]{27x^3y^6}$.

$$\sqrt[15]{27x^3y^6} = \sqrt[15]{3^3 \cdot x^3 \cdot y^6} = \sqrt[5]{3xy^2} \quad \textbf{R.}$$

Hemos dividido el índice 15 y los exponentes de los factores por 3.

Ejercicio 233

Simplificar:

1. $\sqrt[4]{9}$
2. $\sqrt[6]{4}$
3. $\sqrt[9]{27}$
4. $\sqrt[8]{16}$
5. $3\sqrt[12]{64}$
6. $\sqrt[4]{25a^2b^2}$
7. $5\sqrt[6]{49a^2b^4}$
8. $\sqrt[8]{81x^4y^8}$
9. $\sqrt[10]{32x^{10}y^{15}}$
10. $\sqrt[12]{64m^6n^{18}}$
11. $\sqrt[6]{343a^9x^{12}}$
12. $\sqrt[15]{m^{10}n^{15}x^{20}}$

II. INTRODUCCIÓN DE CANTIDADES BAJO EL SIGNO RADICAL

Esta operación es inversa a la simplificación de radicales. 386

Para introducir el coeficiente de un radical bajo el signo radical **se eleva dicho coeficiente a la potencia que indique el índice del radical.**

Ejemplos

1) Introducir el coeficiente de $2\sqrt{a}$ bajo el signo radical.

$$2\sqrt{a} = \sqrt{2^2 \cdot a} = \sqrt{4a} \quad \textbf{R.}$$

Cuando el coeficiente de un radical es 1 el radical es entero. Así, $\sqrt{4a}$ es un radical entero.

2) Hacer entero el radical $3a^2\sqrt[3]{a^2b}$.

$$3a^2\sqrt[3]{a^2b} = \sqrt[3]{(3a^2)^3 \cdot a^2b} = \sqrt[3]{27a^8b} \quad \textbf{R.}$$

3) Hacer entero $(1-a)\sqrt{\frac{1+a}{1-a}}$.

$$(1-a)\sqrt{\frac{1+a}{1-a}} = \sqrt{\frac{(1-a)^2(1+a)}{1-a}} = \sqrt{(1-a)(1+a)} = \sqrt{1-a^2} \quad \textbf{R.}$$

Ejercicio 234

Hacer enteros los radicales:

1. $2\sqrt{3}$
2. $3\sqrt{5}$
3. $5a\sqrt{b}$
4. $\frac{1}{2}\sqrt{2}$
5. $3a\sqrt{2a^2}$
6. $5x^2y\sqrt{3}$
7. $ab^2\sqrt[3]{a^2b}$
8. $4m\sqrt[3]{2m^2}$
9. $2a\sqrt[4]{8ab^3}$
10. $(a+b)\sqrt{\frac{a}{a+b}}$
11. $(x+1)\sqrt{\frac{2x}{x+1}}$
12. $(x-1)\sqrt{\frac{x-2}{x-1}}$

III. REDUCCIÓN DE RADICALES AL MÍNIMO COMÚN ÍNDICE

387 Esta operación tiene por objeto convertir radicales de distinto índice en radicales equivalentes que tengan el mismo índice. Para ello, se aplica la siguiente:

REGLA

Se halla el m. c. m. de los índices, que será el índice común, y se eleva cada cantidad subradical a la potencia que resulta de dividir el índice común entre el índice de su radical.

Ejemplos

1) Reducir al mínimo común índice $\sqrt{3}, \sqrt[3]{5}, \sqrt[4]{2}$.

El m. c. m. de los índices 2, 3 y 4 es 12. Este es el índice común. Tendremos:

$$\sqrt{3} = \sqrt[12]{3^6} = \sqrt[12]{729}$$
$$\sqrt[3]{5} = \sqrt[12]{5^4} = \sqrt[12]{625}$$
$$\sqrt[4]{2} = \sqrt[12]{2^3} = \sqrt[12]{8} \quad \textbf{R.}$$

Dividimos el índice común 12 entre el índice de $\sqrt{3}$ que es 2, nos da de cociente 6 y elevamos la cantidad subradical 3 a la sexta potencia; dividimos $12 \div 3 = 4$ y elevamos la cantidad subradical 5 a la cuarta potencia; dividimos $12 \div 4 = 3$ y elevamos la cantidad subradical 2 al cubo.

Los radicales obtenidos son *equivalentes* a los radicales dados. En efecto: Expresando los radicales con exponentes fraccionarios y reduciendo estos exponentes fraccionarios al mínimo común denominador, tenemos:

$$\sqrt{3} = 3^{\frac{1}{2}} = 3^{\frac{6}{12}} = \sqrt[12]{3^6} = \sqrt[12]{729}$$
$$\sqrt[3]{5} = 5^{\frac{1}{3}} = 5^{\frac{4}{12}} = \sqrt[12]{5^4} = \sqrt[12]{625}$$
$$\sqrt[4]{2} = 2^{\frac{1}{4}} = 2^{\frac{3}{12}} = \sqrt[12]{2^3} = \sqrt[12]{8}$$

2) Reducir al mínimo común índice $\sqrt{2a}$, $\sqrt[3]{3a^2b}$ y $\sqrt[6]{15a^3x^2}$.

El m. c. m. de los índices 2, 3 y 6 es 6. Dividiendo 6 entre cada índice, tendremos:

$$\sqrt{2a} = \sqrt[6]{(2a)^3} = \sqrt[6]{8a^3}$$
$$\sqrt[3]{3a^2b} = \sqrt[6]{(3a^2b)^2} = \sqrt[6]{9a^4b^2}$$
$$\sqrt[6]{15a^3x^2} = \sqrt[6]{15a^3x^2} \quad \textbf{R.}$$

Ejercicio 235

Reducir al mínimo común índice:

1. $\sqrt{5}, \sqrt[3]{2}$
2. $\sqrt{2}, \sqrt[4]{3}$
3. $\sqrt{3}, \sqrt[3]{4}, \sqrt[4]{8}$
4. $\sqrt{2}, \sqrt[3]{3}, \sqrt[4]{5}, \sqrt[6]{7}$
5. $\sqrt{5x}, \sqrt[3]{4x^2y}, \sqrt[6]{7a^3b}$
6. $\sqrt[3]{2ab}, \sqrt[5]{3a^2x}, \sqrt[15]{5a^3x^2}$
7. $\sqrt[4]{8a^2x^3}, \sqrt[6]{3a^5m^4}$
8. $\sqrt[3]{x^2}, \sqrt[6]{2y^3}, \sqrt[9]{5m^7}$
9. $\sqrt[4]{3a}, \sqrt[5]{2b^2}, \sqrt[10]{7x^3}$
10. $2\sqrt[3]{a}, 3\sqrt{2b}, 4\sqrt[4]{5x^2}$
11. $3\sqrt[3]{a^2}, \frac{1}{2}\sqrt[6]{b^3}, 4\sqrt[9]{x^5}$
12. $\sqrt{2m}, 3\sqrt[5]{a^3x^4}, 2\sqrt[10]{x^7y^2}$

Lo anterior nos permite conocer las magnitudes relativas de varios radicales de distinto índice. 388

Ejemplo

1) Ordenar $\sqrt[4]{7}$, $\sqrt{3}$ y $\sqrt[3]{5}$ en orden decreciente de magnitudes.

Los reducimos al mínimo común índice y una vez hecho esto, las magnitudes relativas de las cantidades subradicales nos dan las magnitudes relativas de los radicales:

$$\sqrt[4]{7}=\sqrt[12]{7^3}=\sqrt[12]{343}$$
$$\sqrt{3}=\sqrt[12]{3^6}=\sqrt[12]{729}$$
$$\sqrt[3]{5}=\sqrt[12]{5^4}=\sqrt[12]{625}$$

Luego el orden decreciente de magnitudes es $\sqrt{3}$, $\sqrt[3]{5}$ y $\sqrt[4]{7}$.

Ejercicio 236

Escribir en orden decreciente de magnitudes:

1. $\sqrt{5}$, $\sqrt[3]{2}$
2. $\sqrt[6]{15}$, $\sqrt[4]{7}$
3. $\sqrt{11}$, $\sqrt[3]{43}$
4. $\sqrt{3}$, $\sqrt[3]{5}$, $\sqrt[6]{32}$
5. $\sqrt[4]{3}$, $\sqrt[5]{4}$, $\sqrt[10]{15}$
6. $\sqrt[3]{2}$, $\sqrt[6]{3}$, $\sqrt[9]{9}$

REDUCCIÓN DE RADICALES SEMEJANTES 389

Los radicales semejantes, o sea los radicales del mismo grado que tienen igual cantidad subradical, se reducen como términos semejantes que son, hallando la suma algebraica de los coeficientes y poniendo esta suma como coeficiente de la parte radical común.

Ejemplos

1) $3\sqrt{2}+5\sqrt{2}=(3+5)\sqrt{2}=(8\sqrt{2})$ **R.**

2) $9\sqrt{3}-11\sqrt{3}=(9-11)\sqrt{3}=-2(\sqrt{3})$ **R.**

3) $4\sqrt{2}-7\sqrt{2}+\sqrt{2}=(4-7+1)\sqrt{2}=-2\sqrt{2}$ **R.**

4) $\frac{2}{3}\sqrt{7}-\frac{3}{4}\sqrt{7}=\left(\frac{2}{3}-\frac{3}{4}\right)\sqrt{7}=-\frac{1}{12}(\sqrt{7})$ **R.**

5) $7\sqrt[3]{2}-\frac{1}{2}\sqrt[3]{2}+\frac{3}{4}\sqrt[3]{2}=\frac{29}{4}\sqrt[3]{2}$ **R.**

6) $3a\sqrt{5}-b\sqrt{5}+(2b-3a)\sqrt{5}=(3a-b+2b-3a)\sqrt{5}=b(\sqrt{5})$ **R.**

Ejercicio 237

Reducir:

1. $7\sqrt{2}-15\sqrt{2}$
2. $4\sqrt{3}-20\sqrt{3}+19\sqrt{3}$
3. $\sqrt{5}-22\sqrt{5}-8\sqrt{5}$
4. $\sqrt{2}-9\sqrt{2}+30\sqrt{2}-40\sqrt{2}$
5. $\frac{3}{4}\sqrt{2}-\frac{1}{2}\sqrt{2}$
6. $\frac{3}{5}\sqrt{3}-\sqrt{3}$
7. $2\sqrt{5}-\frac{1}{2}\sqrt{5}+\frac{3}{4}\sqrt{5}$
8. $\frac{1}{4}\sqrt{3}+5\sqrt{3}-\frac{1}{8}\sqrt{3}$
9. $a\sqrt{b}-3a\sqrt{b}+7a\sqrt{b}$
10. $3x\sqrt{y}+(a-x)\sqrt{y}-2x\sqrt{y}$
11. $(x-1)\sqrt{3}+(x-3)\sqrt{3}+4\sqrt{3}$

12. $\frac{1}{3}\sqrt[3]{2}-\frac{2}{3}\sqrt[3]{2}+2\sqrt[3]{2}$ 13. $\frac{3}{5}\sqrt[3]{2}-\frac{1}{4}\sqrt[3]{2}+\frac{1}{6}\sqrt[3]{2}$ 14. $x\sqrt[3]{a^2}-(a-2x)\sqrt[3]{a^2}+(2a-3x)\sqrt[3]{a^2}$

OPERACIONES CON RADICALES

I. SUMA Y RESTA DE RADICALES

390 **REGLA**

Se simplifican los radicales dados; se reducen los radicales semejantes y a continuación se escriben los radicales no semejantes con su propio signo.

Ejemplos

1) Simplificar $2\sqrt{450}+9\sqrt{12}-7\sqrt{48}-3\sqrt{98}$.

Simplificando, tendremos:

$$2\sqrt{450}=2\sqrt{2\cdot 3^2\cdot 5^2}=30\sqrt{2}$$
$$9\sqrt{12}=9\sqrt{2^2\cdot 3}=18\sqrt{3}$$
$$7\sqrt{48}=7\sqrt{2^4\cdot 3}=28\sqrt{3}$$
$$3\sqrt{98}=3\sqrt{2\cdot 7^2}=21\sqrt{2}$$

Entonces: $2\sqrt{450}+9\sqrt{12}-7\sqrt{48}-3\sqrt{98}=30\sqrt{2}+18\sqrt{3}-28\sqrt{3}-21\sqrt{2}$
$$=(30-21)\sqrt{2}+(18-28)\sqrt{3}=9\sqrt{2}-10\sqrt{3}$$

2) Simplificar $\frac{1}{4}\sqrt{80}-\frac{1}{6}\sqrt{63}-\frac{1}{9}\sqrt{180}$.

$$\frac{1}{4}\sqrt{80}=\frac{1}{4}\sqrt{2^4\cdot 5}=\frac{1}{4}\times 4\sqrt{5}=\sqrt{5}$$
$$\frac{1}{6}\sqrt{63}=\frac{1}{6}\sqrt{3^2\cdot 7}=\frac{1}{6}\times 3\sqrt{7}=\frac{1}{2}\sqrt{7}$$
$$\frac{1}{9}\sqrt{180}=\frac{1}{9}\sqrt{2^2\cdot 3^2\cdot 5}=\frac{1}{9}\times 6\sqrt{5}=\frac{2}{3}\sqrt{5}$$

Entonces: $\frac{1}{4}\sqrt{80}-\frac{1}{6}\sqrt{63}-\frac{1}{9}\sqrt{180}=\sqrt{5}-\frac{1}{2}\sqrt{7}-\frac{2}{3}\sqrt{5}$
$$=\left(1-\frac{2}{3}\right)\sqrt{5}-\frac{1}{2}\sqrt{7}=\frac{1}{3}\sqrt{5}-\frac{1}{2}\sqrt{7} \quad \textbf{R.}$$

3) Simplificar $\sqrt{\frac{1}{3}}-\sqrt{\frac{4}{5}}+\sqrt{\frac{1}{12}}$.

Hay que racionalizar los denominadores:

$$\sqrt{\frac{1}{3}}=\sqrt{\frac{3}{3^2}}=\frac{1}{3}\sqrt{3}$$
$$\sqrt{\frac{4}{5}}=\sqrt{\frac{4\cdot 5}{5^2}}=\frac{2}{5}\sqrt{5}$$
$$\sqrt{\frac{1}{12}}=\sqrt{\frac{1}{2^2\cdot 3}}=\sqrt{\frac{3}{2^2\cdot 3^2}}=\frac{1}{6}\sqrt{3}$$

Entonces: $\sqrt{\frac{1}{3}}-\sqrt{\frac{4}{5}}+\sqrt{\frac{1}{12}}=\frac{1}{3}\sqrt{3}-\frac{2}{5}\sqrt{5}+\frac{1}{6}\sqrt{3}=\frac{1}{2}\sqrt{3}-\frac{2}{5}\sqrt{5}$ **R.**

4) Simplificar $2\sqrt{2ab^2}+\sqrt{18a^3}-(a+2b)\sqrt{2a}$.

$$2\sqrt{2ab^2}=2b\sqrt{2a}$$
$$\sqrt{18a^3}=3a\sqrt{2a}$$

Entonces: $2\sqrt{2ab^2}+\sqrt{18a^3}-(a+2b)\sqrt{2a}=2b\sqrt{2a}+3a\sqrt{2a}-(a+2b)\sqrt{2a}$

$=(2b+3a-a-2b)\sqrt{2a}=2a\left(\sqrt{2a}\right)$ **R.**

NOTA

Radicales no semejantes *no se pueden reducir*. Para sumar radicales no semejantes, simplemente se forma con ellos una expresión algebraica que los contenga a todos sin alterarles los signos. Así, la suma de $\sqrt{2}-2\sqrt{3}$ y $3\sqrt{5}$ es $\sqrt{2}-2\sqrt{3}+3\sqrt{5}$.

238 Ejercicio

Simplificar:

1. $\sqrt{45}-\sqrt{27}-\sqrt{20}$
2. $\sqrt{175}+\sqrt{243}-\sqrt{63}-2\sqrt{75}$
3. $\sqrt{80}-2\sqrt{252}+3\sqrt{405}-3\sqrt{500}$
4. $7\sqrt{450}-4\sqrt{320}+3\sqrt{80}-5\sqrt{800}$
5. $\frac{1}{2}\sqrt{12}-\frac{1}{3}\sqrt{18}+\frac{3}{4}\sqrt{48}+\frac{1}{6}\sqrt{72}$
6. $\frac{3}{4}\sqrt{176}-\frac{2}{3}\sqrt{45}+\frac{1}{8}\sqrt{320}+\frac{1}{5}\sqrt{275}$
7. $\frac{1}{7}\sqrt{147}-\frac{1}{5}\sqrt{700}+\frac{1}{10}\sqrt{28}+\frac{1}{3}\sqrt{2,187}$
8. $\sqrt{\frac{1}{3}}-\sqrt{\frac{1}{2}}+\sqrt{\frac{3}{4}}$
9. $\sqrt{\frac{9}{5}}-\sqrt{\frac{1}{6}}-\sqrt{\frac{1}{20}}+\sqrt{6}$
10. $\frac{5}{3}\sqrt{\frac{3}{5}}-\frac{1}{2}\sqrt{\frac{3}{4}}-5\sqrt{\frac{1}{15}}+3\sqrt{\frac{1}{12}}$
11. $5\sqrt{128}-\frac{1}{3}\sqrt{\frac{1}{3}}-5\sqrt{98}+\sqrt{\frac{1}{27}}$
12. $2\sqrt{700}-15\sqrt{\frac{1}{45}}+4\sqrt{\frac{5}{16}}-56\sqrt{\frac{1}{7}}$
13. $\sqrt{25ax^2}+\sqrt{49b}-\sqrt{9ax^2}$
14. $2\sqrt{m^2n}-\sqrt{9m^2n}+\sqrt{16mn^2}-\sqrt{4mn^2}$
15. $a\sqrt{320x}-7\sqrt{5a^2x}-(a-4b)\sqrt{5x}$
16. $\sqrt{9x-9}+\sqrt{4x-4}-5\sqrt{x-1}$
17. $2\sqrt{a^4x+3a^4y}-a^2\sqrt{9x+27y}+\sqrt{25a^4x+75a^4y}$
18. $3a\sqrt{\frac{a+1}{a^2}}-\sqrt{4a+4}+(a+1)\sqrt{\frac{1}{a+1}}$
19. $(a-b)\sqrt{\frac{a+b}{a-b}}-(a+b)\sqrt{\frac{a-b}{a+b}}+(2a-2b)\sqrt{\frac{1}{a-b}}$

5) Simplificar $3\sqrt[3]{108}+\frac{1}{10}\sqrt[3]{625}+\frac{1}{7}\sqrt[3]{1,715}-4\sqrt[3]{32}$.

Simplificando:

$$3\sqrt[3]{108}=3\sqrt[3]{2^2\cdot 3^3}=9\sqrt[3]{4}$$
$$\frac{1}{10}\sqrt[3]{625}=\frac{1}{10}\sqrt[3]{5\cdot 5^3}=\frac{1}{2}\sqrt[3]{5}$$
$$\frac{1}{7}\sqrt[3]{1,715}=\frac{1}{7}\sqrt[3]{5\cdot 7^3}=\sqrt[3]{5}$$
$$4\sqrt[3]{32}=4\sqrt[3]{2^3\cdot 2^2}=8\sqrt[3]{4}$$

Entonces: $3\sqrt[3]{108}+\frac{1}{10}\sqrt[3]{625}+\frac{1}{7}\sqrt[3]{1,715}-4\sqrt[3]{32}=9\sqrt[3]{4}+\frac{1}{2}\sqrt[3]{5}+\sqrt[3]{5}-8\sqrt[3]{4}$

$=\sqrt[3]{4}+\frac{3}{2}\sqrt[3]{5}$ **R.**

5) Simplificar $\sqrt[3]{\frac{3}{4}}-\sqrt[3]{\frac{2}{9}}+\sqrt[3]{\frac{3}{16}}$.

Hay que racionalizar los denominadores:

$$\sqrt[3]{\frac{3}{4}}=\sqrt[3]{\frac{3}{2^2}}=\sqrt[3]{\frac{3\cdot 2}{2^3}}=\frac{1}{2}\sqrt[3]{6}$$

$$\sqrt[3]{\frac{2}{9}}=\sqrt[3]{\frac{2}{3^2}}=\sqrt[3]{\frac{2\cdot 3}{3^3}}=\frac{1}{3}\sqrt[3]{6}$$

$$\sqrt[3]{\frac{3}{16}}=\sqrt[3]{\frac{3}{2^4}}=\sqrt[3]{\frac{3\cdot 2^2}{2^6}}=\frac{1}{4}\sqrt[3]{12}$$

Entonces: $\sqrt[3]{\frac{3}{4}}-\sqrt[3]{\frac{2}{9}}+\sqrt[3]{\frac{3}{16}}=\frac{1}{2}\sqrt[3]{6}-\frac{1}{3}\sqrt[3]{6}+\frac{1}{4}\sqrt[3]{12}=\frac{1}{6}\sqrt[3]{6}+\frac{1}{4}\sqrt[3]{12}$ **R.**

Ejercicio 239

Simplificar:

1. $\sqrt[3]{54}-\sqrt[3]{24}-\sqrt[3]{16}$
2. $\sqrt[3]{40}+\sqrt[3]{1,029}-\sqrt[3]{625}$
3. $2\sqrt[3]{250}-4\sqrt[3]{24}-6\sqrt[3]{16}+\sqrt[3]{2,187}$
4. $5\sqrt[3]{48}-3\sqrt[3]{3,645}-2\sqrt[3]{384}+4\sqrt[3]{1,715}$
5. $\sqrt[3]{81}-3\sqrt[3]{375}+\sqrt[3]{686}+2\sqrt[3]{648}$
6. $\frac{1}{2}\sqrt[3]{24}-\frac{2}{3}\sqrt[3]{54}+\frac{3}{5}\sqrt[3]{375}-\frac{1}{4}\sqrt[3]{128}$
7. $\frac{3}{5}\sqrt[3]{625}-\frac{3}{2}\sqrt[3]{192}+\frac{1}{7}\sqrt[3]{1,715}-\frac{3}{8}\sqrt[3]{1,536}$
8. $\sqrt[3]{\frac{1}{4}}+\sqrt[3]{\frac{1}{3}}-\sqrt[3]{\frac{2}{27}}$
9. $6\sqrt[3]{\frac{1}{24}}+\sqrt[3]{\frac{1}{25}}-2\sqrt[3]{\frac{5}{64}}$
10. $7\sqrt[3]{\frac{1}{49}}+\sqrt[3]{\frac{1}{16}}+\sqrt[3]{\frac{1}{2}}-2\sqrt[3]{\frac{7}{8}}$
11. $\frac{2}{3}\sqrt[3]{135}+\frac{1}{2}\sqrt[3]{\frac{1}{32}}+\frac{7}{4}\sqrt[3]{\frac{1}{4}}-20\sqrt[3]{\frac{1}{200}}$
12. $3\sqrt[3]{-24}-4\sqrt[3]{-81}-\sqrt[3]{-375}$
13. $4\sqrt[3]{-320}-10\sqrt[3]{-40}-2\sqrt[3]{-54}+3\sqrt[3]{-1,024}$
14. $3\sqrt[3]{2a^3}-b\sqrt[3]{128}+(4b-3a)\sqrt[3]{2}$
15. $a\sqrt[3]{250b}-\sqrt[3]{3ab^3}-5\sqrt[3]{2a^3b}+3b\sqrt[3]{3a}$

II. MULTIPLICACIÓN DE RADICALES

391 MULTIPLICACIÓN DE RADICALES DEL MISMO ÍNDICE

REGLA

Se multiplican los coeficientes entre sí y las cantidades subradicales entre sí, colocando este último producto bajo el signo radical común y se simplifica el resultado.

Vamos a probar que $a\sqrt[n]{m}\times b\sqrt[n]{x}=ab\sqrt[n]{mx}$.

En efecto: $a\sqrt[n]{m}\times b\sqrt[n]{x}=am^{\frac{1}{n}}\times bx^{\frac{1}{n}}=abm^{\frac{1}{n}}x^{\frac{1}{n}}=ab(mx)^{\frac{1}{n}}=ab\sqrt[n]{mx}$

Ejemplos

1) Multiplicar $2\sqrt{15}$ por $3\sqrt{10}$.

$$2\sqrt{15}\times 3\sqrt{10}=2\times 3\sqrt{15\times 10}=6\sqrt{150}$$
$$=6\sqrt{2\cdot 3\cdot 5^2}=30\sqrt{6}\quad \textbf{R.}$$

2) Multiplicar $\frac{2}{3}\sqrt[3]{4}$ por $\frac{3}{4}\sqrt[3]{6}$.

$$\frac{2}{3}\sqrt[3]{4}\times\frac{3}{4}\sqrt[3]{6}=\frac{2}{3}\times\frac{3}{4}\sqrt[3]{24}=\frac{1}{2}\sqrt[3]{2^3\cdot 3}=\sqrt[3]{3}\quad \textbf{R.}$$

Ejercicio 240

1. $\sqrt{3}\times\sqrt{6}$
2. $5\sqrt{21}\times 2\sqrt{3}$
3. $\frac{1}{2}\sqrt{14}\times\frac{2}{7}\sqrt{21}$
4. $\sqrt[3]{12}\times\sqrt[3]{9}$
5. $\frac{5}{6}\sqrt[3]{15}\times 12\sqrt[3]{50}$
6. $x\sqrt{2a}\times\frac{1}{a}\sqrt{5a}$
7. $5\sqrt{12}\times 3\sqrt{75}$
8. $\frac{3}{4}\sqrt[3]{9a^2}\times 8\sqrt[3]{3ab}$
9. $3\sqrt{6}\times\sqrt{14}\times 2\sqrt{35}$
10. $\frac{1}{2}\sqrt{21}\times\frac{2}{3}\sqrt{42}\times\frac{3}{7}\sqrt{22}$
11. $3\sqrt[3]{45}\times\frac{1}{6}\sqrt[3]{15}\times 4\sqrt[3]{20}$
12. $\frac{5}{6}\sqrt{\frac{7}{8}}\times\frac{3}{5}\sqrt{\frac{4}{7}}$
13. $\frac{2}{x}\sqrt{a^2x}\times\frac{3}{2}\sqrt{\frac{1}{a^3}}$
14. $\frac{1}{3}\sqrt{\frac{x}{y^2}}\times 6\sqrt{\frac{2}{y}}$

MULTIPLICACIÓN DE RADICALES COMPUESTOS

392

El producto de un radical compuesto por uno simple se halla como el producto de un polinomio por un monomio, y el producto de dos radicales compuestos se halla como el producto de dos polinomios.

Ejemplos

1) Multiplicar $3\sqrt{x}-2$ por $\sqrt{x}$.

$$\left(3\sqrt{x}-2\right)\sqrt{x}=3\sqrt{x^2}-2\sqrt{x}=3x-2\sqrt{x}\quad \textbf{R.}$$

2) Multiplicar $3\sqrt{2}-5\sqrt{3}$ por $4\sqrt{2}+\sqrt{3}$.

$$\begin{array}{r} 3\sqrt{2}-5\sqrt{3} \\ 4\sqrt{2}+\sqrt{3} \\ \hline 12\sqrt{2^2}-20\sqrt{6} \\ +3\sqrt{6}-5\sqrt{3^2} \\ \hline 24-17\sqrt{6}-15=9-17\sqrt{6}\quad \textbf{R.} \end{array}$$

3) Multiplicar

$\sqrt{x+1}+2\sqrt{x}$ por $3\sqrt{x+1}-\sqrt{x}$.

$$\begin{array}{r} \sqrt{x+1}+2\sqrt{x} \\ 3\sqrt{(x+1)}-\sqrt{x} \\ \hline 3\sqrt{(x+1)^2}+6\sqrt{x^2+x} \\ -\sqrt{x^2+x}-2\sqrt{x^2} \\ \hline 3x+3+5\sqrt{x^2+x}-2x=x+3+5\sqrt{x^2+x}\quad \textbf{R.} \end{array}$$

Ejercicio 241

Multiplicar:

1. $\sqrt{2}-\sqrt{3}$ por $\sqrt{2}$
2. $7\sqrt{5}+5\sqrt{3}$ por $2\sqrt{3}$
3. $2\sqrt{3}+\sqrt{5}-5\sqrt{2}$ por $4\sqrt{15}$
4. $\sqrt{2}-\sqrt{3}$ por $\sqrt{2}+2\sqrt{3}$
5. $\sqrt{5}+5\sqrt{3}$ por $2\sqrt{5}+3\sqrt{3}$
6. $3\sqrt{7}-2\sqrt{3}$ por $5\sqrt{3}+4\sqrt{7}$
7. $\sqrt{a}-2\sqrt{x}$ por $3\sqrt{a}+\sqrt{x}$
8. $7\sqrt{5}-11\sqrt{7}$ por $5\sqrt{5}-8\sqrt{7}$
9. $\sqrt{2}+\sqrt{3}+\sqrt{5}$ por $\sqrt{2}-\sqrt{3}$
10. $\sqrt{2}-3\sqrt{3}+\sqrt{5}$ por $\sqrt{2}+2\sqrt{3}-\sqrt{5}$
11. $2\sqrt{3}-\sqrt{6}+\sqrt{5}$ por $\sqrt{3}+\sqrt{6}+3\sqrt{5}$
12. $\sqrt{a}+\sqrt{a+1}$ por $\sqrt{a}+2\sqrt{a+1}$
13. $2\sqrt{a}-3\sqrt{a-b}$ por $3\sqrt{a}+\sqrt{a-b}$
14. $\sqrt{1-x^2}+x$ por $2x+\sqrt{1-x^2}$
15. $\sqrt{a+1}+\sqrt{a-1}$ por $\sqrt{a+1}+2\sqrt{a-1}$
16. $2\sqrt{x+2}-2$ por $\sqrt{x+2}-3$
17. $3\sqrt{a}-2\sqrt{a+x}$ por $2\sqrt{a}+3\sqrt{a+x}$
18. $\sqrt{a+x}-\sqrt{a-x}$ por $\sqrt{a+x}-2\sqrt{a-x}$

393 MULTIPLICACIÓN DE RADICALES DE DISTINTO ÍNDICE

REGLA

Se reducen los radicales al mínimo común índice y se multiplican como radicales del mismo índice.

Ejemplo

1) Multiplicar $5\sqrt{2a}$ por $\sqrt[3]{4a^2b}$.

Reduciendo los radicales al mínimo común índice (**387**), tendremos:

$$5\sqrt{2a}=5\sqrt[6]{(2a)^3}=5\sqrt[6]{8a^3}$$

$$\sqrt[3]{4a^2b}=\sqrt[6]{(4a^2b)^2}=\sqrt[6]{16a^4b^2}$$

Entonces $\quad 5\sqrt{2a}\times\sqrt[3]{4a^2b}=5\sqrt[6]{8a^3}\times\sqrt[6]{16a^4b^2}=5\sqrt[6]{128a^7b^2}$

$$=5\sqrt[6]{2^6\cdot 2\cdot a^6\cdot a\cdot b^2}=10a\sqrt[6]{2ab^2}$$

Ejercicio 242

Multiplicar:

1. $\sqrt{x}\times\sqrt[3]{2x^2}$
2. $3\sqrt{2ab}\times 4\sqrt[4]{8a^3}$
3. $\sqrt[3]{9x^2y}\times\sqrt[6]{81x^5}$
4. $\sqrt[3]{a^2b^2}\times 2\sqrt[4]{3a^3b}$
5. $\sqrt[4]{25x^2y^3}\times\sqrt[6]{125x^2}$
6. $\frac{2}{3}\sqrt[3]{4m^2}\times\frac{3}{4}\sqrt[5]{16m^4n}$
7. $\sqrt{\frac{1}{2x}}\times\sqrt[3]{x^2}$
8. $\sqrt{2x}\times\sqrt[5]{4x}\times\sqrt[10]{\frac{1}{16x^2}}$
9. $\frac{2}{3}\sqrt{\frac{2b}{a}}\times\frac{3}{8}\sqrt[3]{\frac{a^2}{4b^2}}$
10. $\frac{1}{2}\sqrt{\frac{1}{3}}\times\frac{3}{2}\sqrt[3]{\frac{1}{9}}\times\sqrt[6]{243}$

III. DIVISIÓN DE RADICALES

394 DIVISIÓN DE RADICALES DEL MISMO ÍNDICE

REGLA

Se dividen los coeficientes entre sí y las cantidades subradicales entre sí, colocando este último cociente bajo el signo radical común y se simplifica el resultado.

Vamos a probar que $a\sqrt[n]{m} \div b\sqrt[n]{x} = \frac{a}{b}\sqrt[n]{\frac{m}{x}}$.

En efecto, el cociente multiplicado por el divisor reproduce el dividendo:

$$\frac{a}{b}\sqrt[n]{\frac{m}{x}} \times b\sqrt[n]{x} = \frac{ab}{b}\sqrt[n]{\frac{mx}{x}} = a\sqrt[n]{m}$$

Ejemplo

1) Dividir $2\sqrt[3]{81x^7}$ entre $3\sqrt[3]{3x^2}$.

$$2\sqrt[3]{81x^7} \div 3\sqrt[3]{3x^2} = \frac{2}{3}\sqrt[3]{\frac{81x^7}{3x^2}} = \frac{2}{3}\sqrt[3]{27x^5} = \frac{2}{3}\sqrt[3]{3^3 \cdot x^3 \cdot x^2} = 2x\sqrt[3]{x^2} \quad \textbf{R.}$$

Ejercicio 243

Dividir:

1. $4\sqrt{6} \div 2\sqrt{3}$
2. $2\sqrt{3a} \div 10\sqrt{a}$
3. $\frac{1}{2}\sqrt{3xy} \div \frac{3}{4}\sqrt{x}$
4. $\sqrt{75x^2y^3} \div 5\sqrt{3xy}$
5. $3\sqrt[3]{16a^5} \div 4\sqrt[3]{2a^2}$
6. $\frac{5}{6}\sqrt{\frac{1}{2}} \div \frac{10}{3}\sqrt{\frac{2}{3}}$
7. $4x\sqrt{a^3x^2} \div 2\sqrt{a^2x^3}$
8. $\frac{2a}{3}\sqrt[3]{x^2} \div \frac{a}{3x^2}\sqrt[3]{x^3}$
9. $\frac{1}{3}\sqrt[3]{\frac{1}{2}} \div \frac{1}{6}\sqrt[3]{\frac{1}{3}}$

DIVISIÓN DE RADICALES DE DISTINTO ÍNDICE 395

REGLA

Se reducen los radicales al mínimo común índice y se dividen como radicales del mismo índice.

Ejemplo

1) Dividir $\sqrt[3]{4a^2}$ entre $\sqrt[4]{2a}$.

$$\sqrt[3]{4a^2} = \sqrt[12]{(4a^2)^4} = \sqrt[12]{256a^8}$$

$$\sqrt[4]{2a} = \sqrt[12]{(2a)^3} = \sqrt[12]{8a^3}$$

Entonces: $\sqrt[3]{4a^2} \div \sqrt[4]{2a} = \sqrt[12]{256a^8} \div \sqrt[12]{8a^3} = \sqrt[12]{\frac{256a^8}{8a^3}} = \sqrt[12]{32a^5}$ **R.**

Ejercicio 244

Dividir:

1. $\sqrt[3]{2} \div \sqrt{2}$
2. $\sqrt{9x} \div \sqrt[3]{3x^2}$
3. $\sqrt[3]{8a^3b} \div \sqrt[4]{4a^2}$
4. $\frac{1}{2}\sqrt{2x} \div \frac{1}{4}\sqrt[6]{16x^4}$
5. $\sqrt[3]{5m^2n} \div \sqrt[5]{m^3n^2}$
6. $\sqrt[6]{18x^3y^4z^5} \div \sqrt[4]{3x^2y^2z^3}$
7. $\sqrt[3]{3m^4} \div \sqrt[9]{27m^2}$
8. $\frac{4}{5}\sqrt[3]{4ab} \div \frac{1}{10}\sqrt{2a^2}$

IV. POTENCIACIÓN DE RADICALES

396 **REGLA**

Para elevar un radical a una potencia se eleva a dicha potencia el coeficiente y la cantidad subradical, y se simplifica el resultado.

Vamos a probar que $\left(a\sqrt[n]{b}\right)^m = a^m\sqrt[n]{b^m}$.

En efecto: $\left(a\sqrt[n]{b}\right)^m = \left(ab^{\frac{1}{n}}\right)^m = a^m b^{\frac{m}{n}} = a^m\sqrt[n]{b^m}$

Ejemplos

1) Elevar $5\sqrt{2}$ y $4\sqrt{3}$ al cuadrado.

$$\left(5\sqrt{2}\right)^2 = 5^2\cdot\sqrt{2^2} = 25\cdot 2 = 50 \quad \textbf{R.}$$

$$\left(4\sqrt{3}\right)^2 = 4^2\cdot\sqrt{3^2} = 16\cdot 3 = 48 \quad \textbf{R.}$$

Obsérvese que la raíz cuadrada y el exponente 2 se destruyen.

2) Elevar $\sqrt[5]{4x^2}$ al cubo.

$$\left(\sqrt[5]{4x^2}\right)^3 = \sqrt[5]{(4x^2)^3} = \sqrt[5]{64x^6} = \sqrt[5]{2\cdot 2^5\cdot x\cdot x^5} = 2x\sqrt[5]{2x} \quad \textbf{R.}$$

3) Elevar al cuadrado $\sqrt{5}-3\sqrt{2}$.

Se desarrolla como el cuadrado de un binomio:

$$\left(\sqrt{5}-3\sqrt{2}\right)^2 = \left(\sqrt{5}\right)^2 - 2\sqrt{5}\times 3\sqrt{2} + \left(3\sqrt{2}\right)^2$$

$$= 5 - 6\sqrt{10} + 18 = 23 - 6\sqrt{10} \quad \textbf{R.}$$

Ejercicio 245

Desarrollar:

1. $\left(4\sqrt{2}\right)^2$
2. $\left(2\sqrt{3}\right)^2$
3. $\left(5\sqrt{7}\right)^2$
4. $\left(2\sqrt[3]{4}\right)^2$
5. $\left(3\sqrt[3]{2a^2b}\right)^4$
6. $\left(\sqrt[4]{8x^3}\right)^2$
7. $\left(\sqrt[5]{81ab^3}\right)^3$
8. $\left(\sqrt[6]{18}\right)^3$
9. $\left(4a\sqrt{2x}\right)^2$
10. $\left(2\sqrt{x+1}\right)^2$
11. $\left(3\sqrt{x-a}\right)^2$
12. $\left(4\sqrt[6]{9a^3b^4}\right)^3$

Elevar al cuadrado:

13. $\sqrt{2}-\sqrt{3}$
14. $4\sqrt{2}+\sqrt{3}$
15. $\sqrt{5}-\sqrt{7}$
16. $5\sqrt{7}-6$
17. $\sqrt{x}+\sqrt{x-1}$
18. $\sqrt{x+1}-4\sqrt{x}$
19. $\sqrt{a+1}-\sqrt{a-1}$
20. $2\sqrt{2x-1}+\sqrt{2x+1}$

V. RADICACIÓN DE RADICALES

397 **REGLA**

Para extraer una raíz a un radical se multiplica el índice del radical por el índice de la raíz y se simplifica el resultado.

Vamos a probar que $\sqrt[m]{\sqrt[n]{a}} = \sqrt[mn]{a}$.

En efecto: $\sqrt[m]{\sqrt[n]{a}} = \sqrt[m]{a^{\frac{1}{n}}} = a^{\frac{1}{mn}} = \sqrt[mn]{a}$

Ejemplos

1) Hallar la raíz cuadrada de $\sqrt[3]{4a^2}$.

$$\sqrt{\sqrt[3]{4a^2}} = \sqrt[6]{4a^2} = \sqrt[6]{2^2 \cdot a^2} = \sqrt[3]{2a} \quad \textbf{R.}$$

2) Hallar la raíz cúbica de $5\sqrt{5}$.

Como el coeficiente 5 no tiene raíz cúbica exacta lo introducimos bajo el signo de la raíz cuadrada y tendremos:

$$\sqrt[3]{5\sqrt{5}} = \sqrt[3]{\sqrt{5^2 \cdot 5}} = \sqrt[6]{5^3} = \sqrt{5} \quad \textbf{R.}$$

Ejercicio 246

Simplificar:

1. $\sqrt{\sqrt[3]{a^2}}$
2. $\sqrt[3]{\sqrt{8}}$
3. $\sqrt[4]{\sqrt{81}}$
4. $\sqrt{\sqrt{3a}}$
5. $\sqrt{\sqrt[3]{4a^2}}$
6. $\sqrt[3]{2\sqrt{2}}$
7. $\sqrt{\sqrt[4]{25a^2}}$
8. $\sqrt[3]{\sqrt[4]{27a^3}}$
9. $\sqrt{3\sqrt[5]{3}}$
10. $\sqrt[4]{\sqrt{a^4b^6}}$
11. $\sqrt[5]{\sqrt[3]{x^{10}}}$
12. $\sqrt{\sqrt[3]{(a+b)^2}}$

VI. RACIONALIZACIÓN

RACIONALIZAR EL DENOMINADOR DE UNA FRACCIÓN es convertir una fracción cuyo denominador sea irracional en una fracción equivalente cuyo denominador sea racional. 398

Cuando se racionaliza el denominador irracional de una fracción, desaparece todo signo radical del denominador.

Consideramos dos casos:

CASO I 399

Racionalizar el denominador de una fracción cuando el denominador es monomio.

REGLA

Se multiplican los dos términos de la fracción por el radical, del mismo índice que el denominador, que multiplicado por éste dé como producto una cantidad racional.

Ejemplos

1) Racionalizar el denominador de $\frac{3}{\sqrt{2x}}$.

Multiplicamos ambos términos de la fracción por $\sqrt{2x}$ y tenemos:

$$\frac{3}{\sqrt{2x}} = \frac{3\sqrt{2x}}{\sqrt{2x} \cdot \sqrt{2x}} = \frac{3\sqrt{2x}}{\sqrt{2^2 \cdot x^2}} = \frac{3\sqrt{2x}}{2x} = \frac{3}{2x}\sqrt{2x} \quad \textbf{R.}$$

2) Racionalizar el denominador de $\frac{2}{\sqrt[3]{9a}}$.

El denominador $\sqrt[3]{9a}=\sqrt[3]{3^2\cdot a}$. Para que en el denominador quede una raíz exacta hay que multiplicar $\sqrt[3]{3^2\cdot a}$ por $\sqrt[3]{3a^2}$ y para que la fracción no varíe se multiplica también el numerador por $\sqrt[3]{3a^2}$ Tendremos: $\frac{2}{\sqrt[3]{9a}}=\frac{2\sqrt[3]{3a^2}}{\sqrt[3]{3^2a}\cdot\sqrt[3]{3a^2}}=\frac{2\sqrt[3]{3a^2}}{\sqrt[3]{3^3\cdot a^3}}=\frac{2\sqrt[3]{3a^2}}{3a}=\frac{2}{3a}\sqrt[3]{3a^2}$ **R.**

3) Racionalizar el denominador de $\frac{5}{3\sqrt[4]{2x^2}}$.

Se multiplican ambos términos por $\sqrt[4]{2^3\cdot x^2}$ porque esta cantidad multiplicada por $\sqrt[4]{2x^2}$, da una raíz exacta y tenemos: $\frac{5}{3\sqrt[4]{2x^2}}=\frac{5\sqrt[4]{2^3\cdot x^2}}{3\sqrt[4]{2x^2}\cdot\sqrt[4]{2^3x^2}}=\frac{5\sqrt[4]{8x^2}}{3\sqrt[4]{2^4\cdot x^4}}=\frac{5\sqrt[4]{8x^2}}{3\cdot 2\cdot x}=\frac{5}{6x}\sqrt[4]{8x^2}$ **R.**

Ejercicio 247

Racionalizar el denominador de:

1. $\frac{1}{\sqrt{3}}$
2. $\frac{5}{\sqrt{2}}$
3. $\frac{3}{4\sqrt{5}}$
4. $\frac{2a}{\sqrt{2ax}}$
5. $\frac{5}{\sqrt[3]{4a^2}}$
6. $\frac{1}{\sqrt[3]{9x}}$
7. $\frac{3}{\sqrt[4]{9a}}$
8. $\frac{6}{5\sqrt[3]{3x}}$
9. $\frac{x}{\sqrt[4]{27x^2}}$
10. $\frac{1}{\sqrt[5]{8a^4}}$
11. $\frac{5n^2}{3\sqrt{mn}}$
12. $\frac{1}{5a\sqrt[4]{25x^3}}$

400 EXPRESIONES CONJUGADAS

Dos expresiones que contienen radicales de 2° grado como $\sqrt{a}+\sqrt{b}$ y $\sqrt{a}-\sqrt{b}$ o $a+\sqrt{b}$ y $a-\sqrt{b}$, que difieren solamente en el signo que une sus términos, se dice que son **conjugadas.**

Así, la conjugada de $3\sqrt{2}-\sqrt{5}$ es $3\sqrt{2}+\sqrt{5}$; la conjugada de $4-3\sqrt{5}$ es $4+3\sqrt{5}$.

El producto de dos expresiones conjugadas es racional. Así,

$$(3\sqrt{2}-\sqrt{5})(3\sqrt{2}+\sqrt{5})=(3\sqrt{2})^2-(\sqrt{5})^2=18-5=13$$

401 CASO II

Racionalizar el denominador de una fracción cuando el denominador es un binomio que contiene radicales de segundo grado.

REGLA

Se multiplican ambos términos de la fracción por la conjugada del denominador y se simplifica el resultado.

Ejemplos

1) Racionalizar el denominador de $\frac{4-\sqrt{2}}{2+5\sqrt{2}}$.

Multiplicamos ambos términos de la fracción por $2-5\sqrt{2}$ y tenemos:

$$\frac{4-\sqrt{2}}{2+5\sqrt{2}}=\frac{(4-\sqrt{2})(2-5\sqrt{2})}{(2+5\sqrt{2})(2-5\sqrt{2})}=\frac{8-22\sqrt{2}+10}{2^2-(5\sqrt{2})^2}=\frac{18-22\sqrt{2}}{4-50}$$

$$=\frac{18-22\sqrt{2}}{-46}=(\text{simplificando})=\frac{9-11\sqrt{2}}{-23}=\frac{11\sqrt{2}-9}{23}\quad \textbf{R.}$$

Como el denominador –23 era negativo le cambiamos el signo al numerador y al denominador de la fracción. También podía haberse cambiado el signo del denominador y de la fracción y hubiera quedado $-\frac{9-11\sqrt{2}}{23}$.

2) Racionalizar el denominador de $\frac{\sqrt{5}+2\sqrt{7}}{4\sqrt{5}-3\sqrt{7}}$.

Multiplicando ambos términos por la conjugada del denominador, tenemos:

$$\frac{\sqrt{5}+2\sqrt{7}}{4\sqrt{5}-3\sqrt{7}}=\frac{(\sqrt{5}+2\sqrt{7})(4\sqrt{5}+3\sqrt{7})}{(4\sqrt{5}-3\sqrt{7})(4\sqrt{5}+3\sqrt{7})}=\frac{(20+11)\sqrt{35}+42}{(4\sqrt{5})^2-(3\sqrt{7})^2}$$

$$=\frac{62+11\sqrt{35}}{80-63}=\frac{62+11\sqrt{35}}{17}\quad \textbf{R.}$$

Ejercicio 248

Racionalizar el denominador de:

1. $\frac{3-\sqrt{2}}{1+\sqrt{2}}$
2. $\frac{5+2\sqrt{3}}{4-\sqrt{3}}$
3. $\frac{\sqrt{2}-\sqrt{5}}{\sqrt{2}+\sqrt{5}}$
4. $\frac{\sqrt{7}+2\sqrt{5}}{\sqrt{7}-\sqrt{5}}$
5. $\frac{\sqrt{2}-3\sqrt{5}}{2\sqrt{2}+\sqrt{5}}$
6. $\frac{19}{5\sqrt{2}-4\sqrt{3}}$
7. $\frac{3\sqrt{2}}{7\sqrt{2}-6\sqrt{3}}$
8. $\frac{4\sqrt{3}-3\sqrt{7}}{2\sqrt{3}+3\sqrt{7}}$
9. $\frac{5\sqrt{2}-6\sqrt{3}}{4\sqrt{2}-3\sqrt{3}}$
10. $\frac{\sqrt{7}+3\sqrt{11}}{5\sqrt{7}+4\sqrt{11}}$
11. $\frac{\sqrt{5}+\sqrt{2}}{7+2\sqrt{10}}$
12. $\frac{9\sqrt{3}-3\sqrt{2}}{6-\sqrt{6}}$
13. $\frac{\sqrt{a}+\sqrt{x}}{2\sqrt{a}+\sqrt{x}}$
14. $\frac{\sqrt{x}-\sqrt{x-1}}{\sqrt{x}+\sqrt{x-1}}$
15. $\frac{\sqrt{a}-\sqrt{a+1}}{\sqrt{a}+\sqrt{a+1}}$
16. $\frac{\sqrt{x+2}+\sqrt{2}}{\sqrt{x+2}-\sqrt{2}}$
17. $\frac{\sqrt{a+4}-\sqrt{a}}{\sqrt{a+4}+\sqrt{a}}$
18. $\frac{\sqrt{a+b}-\sqrt{a-b}}{\sqrt{a+b}+\sqrt{a-b}}$

Para **racionalizar el denominador de una expresión que contiene tres radicales de segundo grado** hay que verificar **dos operaciones** como se indica en el siguiente 402

Ejemplo

1) Racionalizar el denominador de $\frac{\sqrt{2}-\sqrt{5}}{\sqrt{2}+\sqrt{5}-\sqrt{6}}$.

Consideremos el denominador como un binomio $(\sqrt{2}+\sqrt{5})-\sqrt{6}$. Se multiplican los dos términos de la fracción por la conjugada de esta expresión que es $(\sqrt{2}+\sqrt{5})+\sqrt{6}$ y tendremos:

$$\frac{\sqrt{2}-\sqrt{5}}{\sqrt{2}+\sqrt{5}-\sqrt{6}}=\frac{(\sqrt{2}-\sqrt{5})(\sqrt{2}+\sqrt{5}+\sqrt{6})}{(\sqrt{2}+\sqrt{5}-\sqrt{6})(\sqrt{2}+\sqrt{5}+\sqrt{6})}$$

$$=\frac{2\sqrt{3}-\sqrt{30}-3}{(\sqrt{2}+\sqrt{5})^2-(\sqrt{6})^2}=\frac{2\sqrt{3}-\sqrt{30}-3}{1+2\sqrt{10}}$$

(multiplicando ambos términos nuevamente por la conjugada del denominador)

$$=\frac{(2\sqrt{3}-\sqrt{30}-3)(1-2\sqrt{10})}{(1+2\sqrt{10})(1-2\sqrt{10})}=\frac{22\sqrt{3}-5\sqrt{30}-3+6\sqrt{10}}{1-40}$$

$$=\frac{22\sqrt{3}-5\sqrt{30}-3+6\sqrt{10}}{-39}=\frac{3-6\sqrt{10}+5\sqrt{30}-22\sqrt{3}}{39}$$ **R.**

Ejercicio 249

Racionalizar el denominador de:

1. $\frac{\sqrt{3}}{\sqrt{2}+\sqrt{3}-\sqrt{5}}$
2. $\frac{\sqrt{2}}{\sqrt{2}+\sqrt{3}+\sqrt{6}}$
3. $\frac{2-\sqrt{3}}{2+\sqrt{3}+\sqrt{5}}$
4. $\frac{\sqrt{3}+\sqrt{5}}{\sqrt{2}+\sqrt{3}+\sqrt{5}}$
5. $\frac{\sqrt{6}+\sqrt{3}+\sqrt{2}}{\sqrt{6}+\sqrt{3}-\sqrt{2}}$
6. $\frac{\sqrt{2}-\sqrt{5}}{\sqrt{2}+\sqrt{5}-\sqrt{10}}$

403 DIVISIÓN DE RADICALES CUANDO EL DIVISOR ES COMPUESTO

Cuando el divisor es compuesto, la división de radicales se efectúa expresando el cociente en forma de fracción y **racionalizando el denominador** de esta fracción.

Ejemplo

Dividir $\sqrt{3}+\sqrt{5}$ entre $2\sqrt{3}-\sqrt{5}$.

$$(\sqrt{3}+\sqrt{5})\div(2\sqrt{3}-\sqrt{5})=\frac{\sqrt{3}+\sqrt{5}}{2\sqrt{3}-\sqrt{5}}$$

$$=\frac{(\sqrt{3}+\sqrt{5})(2\sqrt{3}+\sqrt{5})}{(2\sqrt{3}-\sqrt{5})(2\sqrt{3}+\sqrt{5})}=\frac{11+3\sqrt{15}}{7}$$ **R.**

Ejercicio 250

Dividir:

1. $\sqrt{2}$ entre $\sqrt{2}+\sqrt{3}$
2. $\sqrt{3}$ entre $\sqrt{3}-2\sqrt{5}$
3. $2+\sqrt{5}$ entre $1-\sqrt{5}$
4. $\sqrt{2}+\sqrt{5}$ entre $\sqrt{2}-\sqrt{5}$
5. $2\sqrt{3}-\sqrt{7}$ entre $\sqrt{3}+\sqrt{7}$
6. $\sqrt{6}+2\sqrt{5}$ entre $2\sqrt{6}-\sqrt{5}$
7. $5\sqrt{2}+3\sqrt{3}$ entre $3\sqrt{2}-4\sqrt{3}$
8. $\sqrt{7}-2\sqrt{11}$ entre $2\sqrt{7}+\sqrt{11}$

RESOLUCIÓN DE ECUACIONES CON RADICALES QUE SE REDUCEN A PRIMER GRADO

404 Vamos a estudiar la resolución de ecuaciones en las cuales la incógnita aparece bajo el signo radical.

Ejemplos

1) Resolver la ecuación $\sqrt{4x^2-15}-2x=-1$.

Aislando el radical: $\sqrt{4x^2-15}=2x-1$

Elevando al cuadrado ambos miembros para eliminar el radical:

$$\sqrt{(4x^2-15)^2}=(2x-1)^2 \text{ o sea } 4x^2-15=4x^2-4x+1$$

Suprimiendo $4x^2$ en ambos miembros: $-15=-4x+1$

$$4x=16$$

$$x=4 \quad \textbf{R.}$$

2) Resolver la ecuación $\sqrt{x+4}+\sqrt{x-1}=5$.

Aislando un radical: $\sqrt{x+4}=5-\sqrt{x-1}$

Elevando al cuadrado: $\left(\sqrt{x+4}\right)^2=\left(5-\sqrt{x-1}\right)^2$

o sea $x+4=5^2-2\times5\sqrt{x-1}+\sqrt{(x-1)^2}$

Efectuando: $x+4=25-10\sqrt{x-1}+x-1$

Aislando el radical: $x+4-25-x+1=-10\sqrt{x-1}$

Reduciendo: $-20=-10\sqrt{x-1}$

$$20=10\sqrt{x-1}$$

Dividiendo por 10: $2=\sqrt{x-1}$

Elevando al cuadrado: $4=x-1$

$$x=5 \quad \textbf{R.}$$

3) Resolver la ecuación $\sqrt{x+7}+\sqrt{x-1}-2\sqrt{x+2}=0$.

Aislando un radical: $\sqrt{x+7}+\sqrt{x-1}=2\sqrt{x+2}$

Elevando al cuadrado: $\sqrt{(x+7)^2}+2\left(\sqrt{x+7}\right)\left(\sqrt{x-1}\right)+\sqrt{(x-1)^2}=4(x+2)$

Efectuando: $x+7+2\sqrt{x^2+6x-7}+x-1=4x+8$

Aislando el radical: $2\sqrt{x^2+6x-7}=4x+8-x-7-x+1$

Reduciendo: $2\sqrt{x^2+6x-7}=2x+2$

Dividiendo por 2: $\sqrt{x^2+6x-7}=x+1$

Elevando al cuadrado: $x^2+6x-7=(x+1)^2$

o sea $x^2+6x-7=x^2+2x+1$

$$6x-2x=7+1$$

$$4x=8$$

$$x=2 \quad \textbf{R.}$$

Ejercicio 251

Resolver las ecuaciones:

1. $\sqrt{x-8}=2$
2. $5-\sqrt{3x+1}=0$
3. $7+\sqrt[3]{5x-2}=9$
4. $\sqrt{9x^2-5}-3x=-1$
5. $\sqrt{x^2-2x+1}=9-x$
6. $15-\sqrt[3]{7x-1}=12$
7. $\sqrt{x}+\sqrt{x+7}=7$
8. $\sqrt{3x-5}+\sqrt{3x-14}=9$
9. $\sqrt{x+10}-\sqrt{x+19}=-1$
10. $\sqrt{4x-11}=7\sqrt{2x-29}$
11. $\sqrt{5x-19}-\sqrt{5x}=-1$
12. $\sqrt{x-2}+5=\sqrt{x+53}$
13. $\sqrt{9x-14}=3\sqrt{x+10}-4$
14. $\sqrt{x-16}-\sqrt{x+8}=-4$
15. $\sqrt{5x-1}+3=\sqrt{5x+26}$
16. $13-\sqrt{13+4x}=2\sqrt{x}$
17. $\sqrt{x-4}+\sqrt{x+4}=2\sqrt{x-1}$
18. $\sqrt{9x+7}-\sqrt{x}-\sqrt{16x-7}=0$
19. $\sqrt{9x+10}-2\sqrt{x+3}=\sqrt{x-2}$
20. $\sqrt{18x-8}-\sqrt{2x-4}-2\sqrt{2x+1}=0$
21. $\sqrt{8x+9}-\sqrt{18x+34}+\sqrt{2x+7}=0$
22. $\sqrt{x-2}-\sqrt{x-5}=\sqrt{4x-23}$
23. $\sqrt{x+6}-\sqrt{9x+70}=-2\sqrt{x+9}$
24. $\sqrt{x-a}+\sqrt{x+a}=\sqrt{4x-2a}$
25. $\sqrt{x-4ab}=-2b+\sqrt{x}$
26. $\sqrt{x+4a}-\sqrt{x+2a-1}=1$

405 ECUACIONES CON RADICALES EN LOS DENOMINADORES

Ejemplo

1) Resolver la ecuación $\sqrt{x+4}-\sqrt{x-1}=\frac{2}{\sqrt{x-1}}$.

Suprimiendo denominadores: $\sqrt{(x+4)(x-1)}-\sqrt{(x-1)^2}=2$

Efectuando:

$$\sqrt{x^2+3x-4}-(x-1)=2$$
$$\sqrt{x^2+3x-4}-x+1=2$$
$$\sqrt{x^2+3x-4}=x+1$$

Elevando al cuadrado:

$$x^2+3x-4=x^2+2x+1$$
$$3x-2x=4+1$$
$$x=5 \quad \textbf{R.}$$

Ejercicio 252

Resolver las ecuaciones:

1. $\sqrt{x}+\sqrt{x+5}=\frac{10}{\sqrt{x}}$
2. $\sqrt{4x-11}+2\sqrt{x}=\frac{55}{\sqrt{4x-11}}$
3. $\sqrt{x}-\sqrt{x-7}=\frac{4}{\sqrt{x}}$
4. $\frac{\sqrt{x}-2}{\sqrt{x}+4}=\frac{\sqrt{x}+1}{\sqrt{x}+13}$
5. $\frac{6}{\sqrt{x+8}}=\sqrt{x+8}-\sqrt{x}$
6. $\sqrt{x-3}+\frac{8}{\sqrt{x+9}}=\sqrt{x+9}$
7. $\frac{\sqrt{x}+4}{\sqrt{x}-2}=\frac{\sqrt{x}+11}{\sqrt{x}-1}$
8. $2\sqrt{x+6}-\sqrt{4x-3}=\frac{9}{\sqrt{4x-3}}$
9. $\frac{\sqrt{x}-2}{\sqrt{x}+2}=\frac{2\sqrt{x}-5}{2\sqrt{x}-1}$
10. $\sqrt{x+14}-\sqrt{x-7}=\frac{6}{\sqrt{x-7}}$

Nicolás Lobatchevski (1793-1856). Matemático ruso. Estudió en la Universidad de Kazán, de la que fue posteriormente profesor y decano de su Facultad de Matemáticas y Rector. Lobatchevski combate la idea del espacio que tiene Kant y establece la relatividad de esta noción. Igualmente combate la Geometría de Euclides, inconmovible cuerpo de verdades que se mantiene intacta por más de 22 siglos. Puede considerársele el precursor de la teoría de la relatividad y de las Geometrías no euclidianas.

Capítulo XXXII

CANTIDADES IMAGINARIAS

CANTIDADES IMAGINARIAS son las raíces indicadas **pares** de cantidades **negativas.** 406

Así, $\sqrt{-1}, \sqrt{-3}, \sqrt[4]{-8}$ son cantidades imaginarias.

Cantidades reales son todas las cantidades, racionales o irracionales, que no son imaginarias.

UNIDAD IMAGINARIA 407

La cantidad imaginaria $\sqrt{-1}$ es llamada **unidad imaginaria.**

NOTACIÓN

La unidad imaginaria se representa por la letra i. Por tanto,

$$i = \sqrt{-1}$$

En Electricidad, $\sqrt{-1}$ se representa por j.

POTENCIAS DE LA UNIDAD IMAGINARIA 408

Vamos a hallar las potencias de $\sqrt{-1}$.

$$\left(\sqrt{-1}\right)^1 = \sqrt{-1} \qquad i = \sqrt{-1}$$

$$\left(\sqrt{-1}\right)^2 = -1 \qquad i^2 = -1$$

$$\left(\sqrt{-1}\right)^3 = \left(\sqrt{-1}\right)^2 \times \sqrt{-1} = (-1) \times \sqrt{-1} = -\sqrt{-1} \qquad i^3 = -\sqrt{-1}$$

$$\left(\sqrt{-1}\right)^4 = \left(\sqrt{-1}\right)^2 \times \left(\sqrt{-1}\right)^2 = (-1) \times (-1) = 1 \qquad i^4 = 1$$

$$\left(\sqrt{-1}\right)^5 = \left(\sqrt{-1}\right)^4 \times \sqrt{-1} = 1 \times \sqrt{-1} = \sqrt{-1} \qquad i^5 = \sqrt{-1}$$

$$\left(\sqrt{-1}\right)^6 = \left(\sqrt{-1}\right)^4 \times \left(\sqrt{-1}\right)^2 = 1 \times (-1) = -1, \text{ etcétera} \qquad i^6 = -1, \text{ etcétera}$$

Véase que las cuatro primeras potencias de $\sqrt{-1}$ son $\sqrt{-1}, -1, -\sqrt{-1}, 1$ y este orden se continúa en las potencias sucesivas.

409 IMAGINARIAS PURAS

Toda expresión de la forma $\sqrt[n]{-a}$ donde n es par y $-a$ es una cantidad real negativa, es una **imaginaria pura.** Así, $\sqrt{-2}, \sqrt{-5}$ son imaginarias puras.

410 SIMPLIFICACIÓN DE LAS IMAGINARIAS PURAS

Toda raíz imaginaria puede reducirse a la forma de una cantidad real multiplicada por la unidad imaginaria $\sqrt{-1}$.

En efecto:

$$\sqrt{-b^2} = \sqrt{b^2 \times (-1)} = \sqrt{b^2} \times \sqrt{-1} = b\sqrt{-1} = bi$$

$$\sqrt{-4} = \sqrt{4 \times (-1)} = \sqrt{4} \times \sqrt{-1} = 2\sqrt{-1} = 2i$$

$$\sqrt{-3} = \sqrt{3 \times (-1)} = \sqrt{3} \times \sqrt{-1} = \sqrt{3} \cdot \sqrt{-1} = i\sqrt{3}$$

$$\sqrt{-8} = \sqrt{8 \times (-1)} = \sqrt{8} \times \sqrt{-1} = \sqrt{2^2 \cdot 2} \times \sqrt{-1} = 2\sqrt{2} \cdot \sqrt{-1} = 2\sqrt{2i}$$

Ejercicio 253

Reducir a la forma de una cantidad real multiplicada por $\sqrt{-1}$ o i:

1. $\sqrt{-a^2}$
2. $\sqrt{-2}$
3. $2\sqrt{-9}$
4. $\sqrt{-81}$
5. $\sqrt{-6}$
6. $3\sqrt{-b^4}$
7. $\sqrt{-12}$
8. $\sqrt{-7}$
9. $\sqrt{-27}$
10. $\sqrt{-4m^4}$
11. $\sqrt{-\frac{1}{16}}$
12. $\sqrt{-a^2-b^2}$

OPERACIONES CON IMAGINARIAS PURAS

411 SUMA Y RESTA

Se reducen a la forma de una cantidad real multiplicada por $\sqrt{-1}$ y se reducen como radicales semejantes.

Ejemplos

1) Simplificar $\sqrt{-4} + \sqrt{-9}$.

$$\sqrt{-4} = \sqrt{4 \times (-1)} = 2\sqrt{-1} \qquad \sqrt{-9} = \sqrt{9 \times (-1)} = 3\sqrt{-1}$$

Entonces:

$$\sqrt{-4} + \sqrt{-9} = 2\sqrt{-1} + 3\sqrt{-1} = (2+3)\sqrt{-1} = 5\sqrt{-1} = 5i \quad \textbf{R.}$$

2) Simplificar $2\sqrt{-36} - \sqrt{-25} + \sqrt{-12}$.

$$2\sqrt{-36} = 2 \cdot 6\sqrt{-1} = 12\sqrt{-1} \qquad \sqrt{-25} = 5\sqrt{-1} \qquad \sqrt{-12} = \sqrt{12} \cdot \sqrt{-1} = 2\sqrt{3} \cdot \sqrt{-1}$$

Entonces:

$$2\sqrt{-36} - \sqrt{-25} + \sqrt{-12} = 12\sqrt{-1} - 5\sqrt{-1} + 2\sqrt{3}\sqrt{-1}$$

$$= \left(12 - 5 + 2\sqrt{3}\right)\sqrt{-1} = \left(7 + 2\sqrt{3}\right)\sqrt{-1} = \left(7 + 2\sqrt{3}\right)i \quad \textbf{R.}$$

254 Ejercicio

Simplificar:

1. $\sqrt{-4}+\sqrt{-16}$
2. $\sqrt{-25}+\sqrt{-81}-\sqrt{-49}$
3. $2\sqrt{-9}+3\sqrt{-100}$
4. $3\sqrt{-64}-5\sqrt{-49}+3\sqrt{-121}$
5. $2\sqrt{-a^2}+\sqrt{-a^4}+\sqrt{-a^6}$
6. $\sqrt{-18}+\sqrt{-8}+2\sqrt{-50}$
7. $3\sqrt{-20}-2\sqrt{-45}+3\sqrt{-125}$
8. $\sqrt{-a^4}+4\sqrt{-9a^4}-3\sqrt{-4a^4}$

MULTIPLICACIÓN 412

Se reducen las imaginarias a la forma típica $a\sqrt{-1}$ y se procede como se indica a continuación, teniendo muy presente las **potencias** de la unidad imaginaria (**408**).

Ejemplos

1) Multiplicar $\sqrt{-4}$ por $\sqrt{-9}$.

$$\sqrt{-4}\times\sqrt{-9}=2\sqrt{-1}\times 3\sqrt{-1}=2\cdot 3\left(\sqrt{-1}\right)^2=6\times(-1)=-6 \quad \textbf{R.}$$

2) Multiplicar $\sqrt{-5}$ por $\sqrt{-2}$.

$$\sqrt{-5}\times\sqrt{-2}=\sqrt{5}\cdot\sqrt{-1}\times\sqrt{2}\cdot\sqrt{-1}$$
$$=\sqrt{10}\left(\sqrt{-1}\right)^2=\sqrt{10}\times(-1)=-\sqrt{10} \quad \textbf{R.}$$

3) Multiplicar $\sqrt{-16}$, $\sqrt{-25}$ y $\sqrt{-81}$.

$$\sqrt{-16}\times\sqrt{-25}\times\sqrt{-81}=4\sqrt{-1}\times 5\sqrt{-1}\times 9\sqrt{-1}$$
$$=180(\sqrt{-1})^3=180(-\sqrt{-1})=-180\sqrt{-1}=-1{,}802 \quad \textbf{R.}$$

4) Multiplicar $\sqrt{-9}+5\sqrt{-2}$ por $\sqrt{-4}-2\sqrt{-2}$.

Se reduce a la forma $a\sqrt{-1}$ cada imaginaria y se multiplican como radicales compuestos teniendo muy presente que $\left(\sqrt{-1}\right)^2=-1$:

$$\begin{array}{l} 3\sqrt{-1}+5\sqrt{2}\cdot\sqrt{-1} \\ 2\sqrt{-1}-2\sqrt{2}\cdot\sqrt{-1} \\ \hline 6\left(\sqrt{-1}\right)^2+10\sqrt{2}\left(\sqrt{-1}\right)^2 \\ \qquad -6\sqrt{2}\left(\sqrt{-1}\right)^2-20\left(\sqrt{-1}\right)^2 \\ \hline 6(-1)+4\sqrt{2}(-1)-20(-1)=-6-4\sqrt{2}+20=14-4\sqrt{2} \quad \textbf{R.} \end{array}$$

255 Ejercicio

Multiplicar:

1. $\sqrt{-16}\times\sqrt{-25}$
2. $\sqrt{-81}\times\sqrt{-49}$
3. $5\sqrt{-36}\times 4\sqrt{-64}$
4. $\sqrt{-3}\times\sqrt{-2}$
5. $2\sqrt{-5}\times 3\sqrt{-7}$
6. $\sqrt{-3}\times\sqrt{-75}$
7. $2\sqrt{-7}\times 3\sqrt{-28}$
8. $\sqrt{-49}\times\sqrt{-4}\times\sqrt{-9}$
9. $\sqrt{-2}\times 3\sqrt{-5}\times\sqrt{-10}$
10. $\sqrt{-12}\times\sqrt{-27}\times\sqrt{-8}\times\sqrt{-50}$
11. $-5\sqrt{-x}\times 3\sqrt{-y}$ si x y y son números reales positivos.
12. $\left(\sqrt{-4}+\sqrt{-9}\right)\left(\sqrt{-25}-\sqrt{-16}\right)$
13. $\left(\sqrt{-2}+3\sqrt{-5}\right)\left(2\sqrt{-2}-6\sqrt{-5}\right)$
14. $\left(2\sqrt{-2}+5\sqrt{-3}\right)\left(\sqrt{-2}-4\sqrt{-3}\right)$

413 DIVISIÓN

Se reducen las imaginarias a la forma $a\sqrt{-1}$ y se expresa el cociente como una fracción, que se simplifica.

Ejemplo

1) Dividir $\sqrt{-84}$ entre $\sqrt{-7}$.

$$\frac{\sqrt{-84}}{\sqrt{-7}}=\frac{\sqrt{84}\cdot\sqrt{-1}}{\sqrt{7}\cdot\sqrt{-1}}=\frac{\sqrt{84}}{\sqrt{7}}=\sqrt{\frac{84}{7}}=\sqrt{12}=2\sqrt{3}\quad \textbf{R.}$$

$\sqrt{-1}$ se cancela en el numerador y denominador igual que una cantidad real.

Ejercicio 256

Dividir:

1. $\sqrt{-16}\div\sqrt{-4}$
2. $\sqrt{-10}\div\sqrt{-2}$
3. $\sqrt{-81}\div\sqrt{-3}$
4. $\sqrt{-90}\div\sqrt{-5}$
5. $\sqrt{-150}\div\sqrt{-3}$
6. $10\sqrt{-36}\div5\sqrt{-4}$
7. $2\sqrt{-18}\div\sqrt{-6}$
8. $\sqrt{-315}\div\sqrt{-7}$
9. $\sqrt[4]{-27}\div\sqrt[4]{-3}$
10. $\sqrt[4]{-300}\div\sqrt[4]{-12}$

CANTIDADES COMPLEJAS[1]

414 **CANTIDADES COMPLEJAS** son expresiones que constan de una parte real y una parte imaginaria.

Las cantidades complejas son de la forma $a+b\sqrt{-1}$, o sea, $a+bi$, donde a y b son cantidades reales cualesquiera.

Así, $2+3\sqrt{-1}$, o $2+3i$ y $5-6\sqrt{-1}$ o $5-6i$ son cantidades complejas.

415 **CANTIDADES COMPLEJAS CONJUGADAS** son dos cantidades complejas que difieren solamente en el signo de la parte imaginaria.

Así, $a+b\sqrt{-1}$ y $a-b\sqrt{-1}$ son cantidades complejas conjugadas. Del propio modo, la conjugada de $5-2\sqrt{-1}$ es $5+2\sqrt{-1}$.

OPERACIONES CON CANTIDADES COMPLEJAS

416 SUMA

Para sumar cantidades complejas se suman las partes reales entre sí y las partes imaginarias entre sí.

[1] En las notas sobre el concepto de número que aparece en el Capítulo preliminar, vimos cómo el campo de los números se ampliaba a medida que lo exigían las necesidades del cálculo matemático. Ahora, llegado a este nivel de conocimientos, introducimos un nuevo ente numérico, el **número complejo,** que está formado por un par de números dados en un orden, en el cual uno es **real** y el otro puede ser **imaginario.**

Aun cuando haya antecedentes históricos muy remotos del origen de los números complejos, se tiene como verdadero precursor de la teoría de estos números a **Bombelli** (siglo XVI, italiano). Más tarde, **Descartes** llamó número imaginario al número no real componente de un complejo. Sin embargo, a pesar de haberse desarrollado toda una teoría sobre los números complejos, éstos no adquirieron vigencia en las matemáticas hasta que **Euler** no sancionó su uso. Pero quien más contribuyó a que los números complejos se incorporaran definitivamente a la ciencia matemática fue **C. Wessel** (1745–1818, danés), que brindó una interpretación geométrica de los números complejos. Es decir, tales entes nos sirven para representar un punto en el plano. Con los números complejos podemos definir todas las operaciones aritméticas y algebraicas; así podemos explicar la extracción de raíces de índice par de los números negativos; la logaritmación de números negativos; las soluciones de una ecuación de n grados, etcétera.

Ejemplos

1) Sumar $2+5\sqrt{-1}$ y $3-2\sqrt{-1}$.

$$\left(2+5\sqrt{-1}\right)+\left(3-2\sqrt{-1}\right)=2+3+5\sqrt{-1}-2\sqrt{-1}$$
$$=(2+3)+(5-2)\sqrt{-1}=5+3\sqrt{-1}=5+3i \quad \textbf{R.}$$

2) Sumar $5-6\sqrt{-1}$, $-3+\sqrt{-1}$, $4-8\sqrt{-1}$.

$$\begin{array}{r} 5-6\sqrt{-1} \\ -3+\ \sqrt{-1} \\ 4-8\sqrt{-1} \\ \hline 6-13\sqrt{-1}=6-13i \end{array} \quad \textbf{R.}$$

Ejercicio 257

Sumar:

1. $2+3\sqrt{-1},\ 5-2\sqrt{-1}$
2. $-4-5\sqrt{-1},\ -2+8\sqrt{-1}$
3. $12-11\sqrt{-1},\ 8+7\sqrt{-1}$
4. $5+\sqrt{-1},\ 7+2\sqrt{-1},\ 9+7\sqrt{-1}$
5. $3-2i, 5-8i, -10+13i$
6. $1-i, 4+3i, \sqrt{2}+5i$
7. $2+\sqrt{-2},\ 4-\sqrt{-3}$
8. $7+\sqrt{-5},\ \sqrt{2}-\sqrt{-9},\ -4+\sqrt{-16}$

SUMA DE CANTIDADES COMPLEJAS CONJUGADAS 417

La suma de dos cantidades complejas conjugadas es una cantidad real.

En efecto: $\left(a+b\sqrt{-1}\right)+\left(a-b\sqrt{-1}\right)=(a+a)+(b-b)\sqrt{-1}=2a$.

Ejemplo

1) Sumar $5+3\sqrt{-1}$ y $5-3\sqrt{-1}$.

$$\left(5+3\sqrt{-1}\right)+\left(5-3\sqrt{-1}\right)=2\times5=10 \quad \textbf{R.}$$

Ejercicio 258

Sumar:

1. $7-2\sqrt{-1},\ 7+2\sqrt{-1}$
2. $-5-3\sqrt{-1},\ -5+3\sqrt{-1}$
3. $9+i\sqrt{3},\ 9-i\sqrt{3}$
4. $-7-5\sqrt{-1},\ -7+5\sqrt{-1}$
5. $8-3\sqrt{-2},\ 8+3\sqrt{-2}$
6. $\sqrt{2}+i\sqrt{3},\ \sqrt{2}-i\sqrt{3}$

RESTA 418

Para restar cantidades complejas se restan las partes reales entre sí y las partes imaginarias entre sí.

Ejemplos

1) De $5+7\sqrt{-1}$ restar $4+2\sqrt{-1}$.

$$\left(5+7\sqrt{-1}\right)-\left(4+2\sqrt{-1}\right)=5+7\sqrt{-1}-4-2\sqrt{-1}.$$
$$=(5-4)+(7-2)\sqrt{-1}=1+5\sqrt{-1}=1+5i \quad \textbf{R.}$$

2) Restar $-3-7\sqrt{-1}$ de $8-11\sqrt{-1}$.

Escribimos el sustraendo con los signos cambiados debajo del minuendo y tenemos:

$$\begin{array}{r} 8-11\sqrt{-1} \\ 3+\ 7\sqrt{-1} \\ \hline 11-\ 4\sqrt{-1} = 11-4i \end{array} \quad \textbf{R.}$$

Ejercicio 259

1. De $3-2\sqrt{-1}$ restar $5+3\sqrt{-1}$
2. De $8+4\sqrt{-1}$ restar $3-10\sqrt{-}$
3. De $-1-\sqrt{-1}$ restar $-7-8\sqrt{-1}$
4. Restar $5-3\sqrt{-1}$ de $4-7\sqrt{-}$
5. Restar $8-7\sqrt{-1}$ de $15-4\sqrt{-1}$
6. Restar $3-50\sqrt{-1}$ de $11+80\sqrt{-1}$
7. De $5-\sqrt{-25}$ restar $3+6i$
8. De $4+\sqrt{-5}$ restar $2+\sqrt{-3}$
9. Restar $\sqrt{3}+6\sqrt{-1}$ de $\sqrt{2}-5\sqrt{-1}$
10. Restar $-7+\sqrt{-3}$ de $8-\sqrt{-7}$

419 DIFERENCIA DE DOS CANTIDADES COMPLEJAS CONJUGADAS

La diferencia de dos cantidades complejas conjugadas es una imaginaria pura.

En efecto: $\left(a+b\sqrt{-1}\right)-\left(a-b\sqrt{-1}\right)=a+b\sqrt{-1}-a+b\sqrt{-1}$

$$=(a-a)+(b+b)\sqrt{-1}=2b\sqrt{-1}=2bi$$

Ejemplo

$$\left(5+3\sqrt{-1}\right)-\left(5-3\sqrt{-1}\right)=(5-5)+(3+3)\sqrt{-1}$$
$$=6\sqrt{-1}=6i \quad \textbf{R.}$$

Ejercicio 260

1. De $2-\sqrt{-1}$ restar $2+\sqrt{-1}$
2. De $7+3\sqrt{-1}$ restar $7-3\sqrt{-1}$
3. De $-3-7\sqrt{-1}$ restar $-3+7\sqrt{-1}$
4. Restar $-5-\sqrt{-2}$ de $-5+\sqrt{-2}$
5. Restar $\sqrt{2}-\sqrt{-3}$ de $\sqrt{2}+\sqrt{-3}$
6. Restar $-\sqrt{5}+4\sqrt{-2}$ de $-\sqrt{5}-4\sqrt{-2}$

420 MULTIPLICACIÓN

Las cantidades complejas se multiplican como expresiones compuestas, pero teniendo presente que $\left(\sqrt{-1}\right)^2=-1$.

Ejemplo

1) Multiplicar $3+5\sqrt{-1}$ por $4-3\sqrt{-1}$.

$$\begin{array}{l} 3+5\sqrt{-1} \\ 4-3\sqrt{-1} \\ \hline 12+20\sqrt{-1} \\ \quad\ -9\sqrt{-1}-15\left(\sqrt{-1}\right)^2 \\ \hline 12+11\sqrt{-1}-15(-1)=12+11\sqrt{-1}+15=27+11\sqrt{-1} \quad \textbf{R.} \end{array}$$

Ejercicio 261

Multiplicar:

1. $3-4\sqrt{-1}$ por $5-3\sqrt{-1}$
2. $4+7\sqrt{-1}$ por $-3-2\sqrt{-1}$
3. $7-\sqrt{-4}$ por $5+\sqrt{-9}$
4. $8-\sqrt{-9}$ por $11+\sqrt{-25}$
5. $3+\sqrt{-2}$ por $5-\sqrt{-2}$
6. $4+\sqrt{-3}$ por $5-\sqrt{-2}$
7. $\sqrt{2}+\sqrt{-5}$ por $\sqrt{3}+\sqrt{-2}$
8. $\sqrt{5}+\sqrt{-3}$ por $\sqrt{5}+2\sqrt{-3}$

PRODUCTO DE CANTIDADES COMPLEJAS CONJUGADAS 421

El producto de dos cantidades complejas conjugadas es una cantidad real.

En efecto, como el producto de la suma por la diferencia de dos cantidades es igual a la diferencia de sus cuadrados, se tiene:

$$\left(a+b\sqrt{-1}\right)\left(a-b\sqrt{-1}\right)=a^2-\left(b\sqrt{-1}\right)^2=a^2-\left[b^2\left(\sqrt{-1}\right)^2\right]$$

$$=a^2-\left[b^2(-1)\right]=a^2-(-b^2)=a^2+b^2$$

Ejemplos

$$\left(8-3\sqrt{-1}\right)\left(8+3\sqrt{-1}\right)=8^2-\left(3\sqrt{-1}\right)^2=64+9=73$$

$$\left(\sqrt{3}+5\sqrt{-1}\right)\left(\sqrt{3}-5\sqrt{-1}\right)=\left(\sqrt{3}\right)^2-\left(5\sqrt{-1}\right)^2=3+25=28$$

Ejercicio 262

Multiplicar:

1. $1-i$ por $1+i$
2. $3+2\sqrt{-1}$ por $3-2\sqrt{-1}$
3. $\sqrt{2}-5i$ por $\sqrt{2}+5i$
4. $2\sqrt{3}+4i$ por $2\sqrt{3}-4i$
5. $5-\sqrt{-2}$ por $5+\sqrt{-2}$
6. $-9-\sqrt{-5}$ por $-9+\sqrt{-5}$

DIVISIÓN 422

Para dividir expresiones complejas, se expresa el cociente en forma de fracción y se racionaliza el denominador de esta fracción, multiplicando ambos términos de la fracción por la conjugada del denominador.

Ejemplo

1) Dividir $5+2\sqrt{-1}$ entre $4-3\sqrt{-1}$.

$$\frac{5+2\sqrt{-1}}{4-3\sqrt{-1}}=\frac{\left(5+2\sqrt{-1}\right)\left(4+3\sqrt{-1}\right)}{\left(4-3\sqrt{-1}\right)\left(4+3\sqrt{-1}\right)}=\frac{20+23\sqrt{-1}-6}{4^2-\left(3\sqrt{-1}\right)^2}$$

$$=\frac{14+23\sqrt{-1}}{16+9}=\frac{14+23\sqrt{-1}}{25}=\frac{14+23i}{25}\quad \textbf{R.}$$

Ejercicio 263

Dividir:

1. $\left(1+\sqrt{-1}\right)\div\left(1-\sqrt{-1}\right)$
2. $\left(3+\sqrt{-1}\right)\div\left(3-\sqrt{-1}\right)$
3. $\left(5-3\sqrt{-1}\right)\div\left(3+4\sqrt{-1}\right)$
4. $(8-5i)\div(7+6i)$
5. $\left(4+\sqrt{-3}\right)\div\left(5-4\sqrt{-3}\right)$
6. $\left(\sqrt{2}+2\sqrt{-5}\right)\div\left(4\sqrt{2}-\sqrt{-5}\right)$

REPRESENTACIÓN GRÁFICA

423 REPRESENTACIÓN GRÁFICA DE LAS CANTIDADES IMAGINARIAS PURAS

Para representar gráficamente las cantidades imaginarias se traza un sistema de ejes coordenados rectangulares XOX' y YOY' (Fig. 67) y tomando como unidad una medida escogida arbitrariamente se procede así:

Figura 67

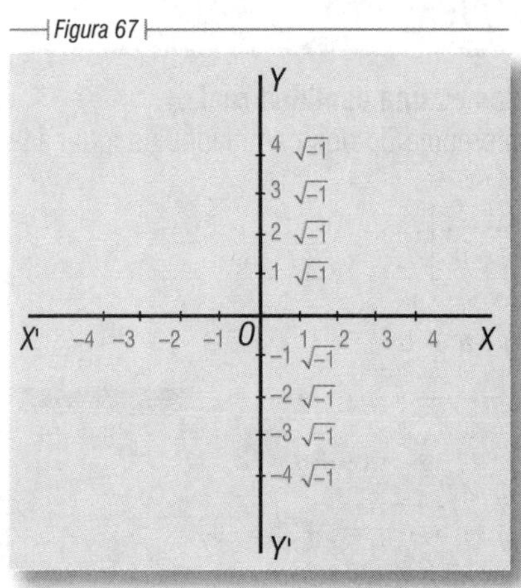

Las cantidades **reales positivas** se representan sobre el semieje positivo OX, llevando sobre este semieje, de O hacia X, la unidad escogida tantas veces como unidades tenga la cantidad real positiva que se representa. En la figura aparecen representadas sobre OX las cantidades reales y positivas 1, 2, 3, 4.

Las cantidades **reales negativas** se representan sobre el semieje negativo OX', llevando sobre este semieje, de O hacia X', la unidad escogida tantas veces como unidades tenga la cantidad real negativa que se representa. En la figura aparecen representadas sobre OX' las cantidades reales negativas –1, –2, –3, –4.

Las **imaginarias puras positivas** se representan sobre el semieje positivo OY, llevando sobre este semieje, de O hacia Y, la unidad elegida tantas veces como unidades tenga el **coeficiente real** de la imaginaria pura que se representa. En la figura aparecen representadas sobre OY las imaginarias puras positivas $\sqrt{-1}, 2\sqrt{-1}, 3\sqrt{-1}, 4\sqrt{-1}$.

Las **imaginarias puras negativas** se representan sobre el semieje negativo OY', llevando la unidad elegida sobre este semieje, de O hacia Y', tantas veces como unidades tenga el **coeficiente real** de la imaginaria pura que se representa.

En la figura aparecen representadas sobre OY' las imaginarias puras negativas $-\sqrt{-1}, -2\sqrt{-1}, -3\sqrt{-1}, -4\sqrt{-1}$.

El **origen** O representa el **cero.**

424 REPRESENTACIÓN GRÁFICA DE LAS CANTIDADES COMPLEJAS

Vamos a representar gráficamente la cantidad compleja $5+3\sqrt{-1}$. Como consta de una parte real 5 y de una parte imaginaria $3\sqrt{-1}$, el procedimiento consiste en representar ambas y luego hallar su suma geométrica (Fig. 68).

La parte real 5 está representada en la figura por OA y la parte imaginaria $3\sqrt{-1}$ está representada por OB. En A se levanta una línea AC igual y paralela a OB. Uniendo el origen con el punto C obtenemos el **vector** OC, que es la **suma geométrica** de $OA = 5$ y $AC = 3\sqrt{-1}$.

El vector OC representa la cantidad compleja $5+3\sqrt{-1}$.

El punto C es el **afijo** de la expresión $5+3\sqrt{-1}$.

El vector OC representa en magnitud el **módulo** o **norma** de la cantidad compleja.

El ángulo COA que forma el vector OC con el semieje OX se llama **argumento** o **fase.**

Figura 68

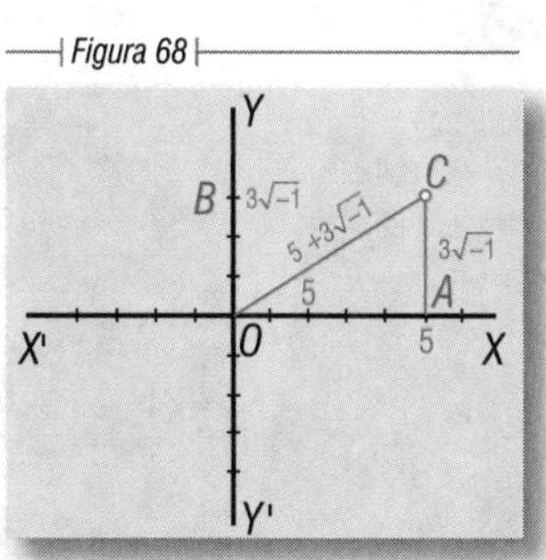

Figura 69

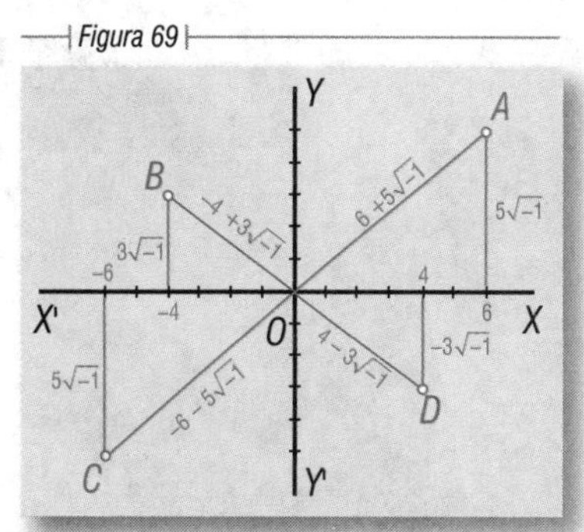

En la figura 69 aparece representada en el primer cuadrante la expresión $6+5\sqrt{-1}$, su afijo es el punto *A*; en el segundo cuadrante está representada $-4+3\sqrt{-1}$, su afijo es el punto *B*; en el tercer cuadrante está representada $-6-5\sqrt{-1}$, el afijo es el punto *C*; en el cuarto cuadrante está representada $4-3\sqrt{-1}$ con su afijo en *D*.

PLANO GAUSSIANO. UNIDADES GAUSSIANAS 425

Podemos resumir lo visto anteriormente de este modo:

1) Las **cantidades reales** se representan sobre el eje de las *x;* sobre *OX* si son positivas, sobre *OX'* si son negativas.
2) Las **imaginarias puras** se representan sobre el eje de las *y*; sobre *OY* si son positivas, sobre *OY'* si son negativas.
3) En el resto del **plano** que determinan los ejes se representan las **cantidades complejas;** cada expresión compleja tiene su afijo y cada punto del plano determina una expresión compleja.

Este plano ha recibido el nombre de **plano gaussiano** en honor del célebre matemático alemán **Carlos Federico Gauss,** que impulsó en Europa este método de representación gráfica de las cantidades imaginarias y complejas. Por análoga razón, las unidades tomadas sobre los ejes de este plano son llamadas **unidades gaussianas.**

Ejercicio 264

Representar gráficamente:

1. $2+2\sqrt{-1}$	4. $7-3\sqrt{-1}$	7. $3-6i$	10. $-5\frac{3}{4}+6\sqrt{-1}$
2. $-2+3\sqrt{-1}$	5. $1+i$	8. $-5+4i$	11. $-1\frac{1}{2}-2\sqrt{-1}$
3. $-4-5\sqrt{-1}$	6. $-1-5i$	9. $4\frac{1}{2}-7\sqrt{-1}$	12. $-10+10i$

Niels Henrik Abel (1802-1829). Matemático noruego. Vivió durante toda su vida en extrema pobreza. Trató de abrirse paso entre los matemáticos del continente, pero no lo logró. Obtuvo con Jacobi el Gran Premio de Matemáticas del Instituto de Francia, por su trabajo sobre las funciones elípticas. Fue uno de los más grandes algebristas del siglo XIX. Demostró el teorema general del binomio. Llevó a cabo la demostración de la imposibilidad de la resolución de las ecuaciones de quinto grado. Murió desconocido.

Capítulo XXXIII

ECUACIONES DE SEGUNDO GRADO CON UNA INCÓGNITA

426 **ECUACIÓN DE SEGUNDO GRADO** es toda ecuación en la cual, una vez simplificada, el mayor exponente de la incógnita es 2.

Así, $$4x^2 + 7x + 6 = 0$$

es una ecuación de segundo grado.

Ecuaciones completas de segundo grado son ecuaciones de la forma $ax^2 + bx + c = 0$, que tienen un término en x^2, un término en x y un término independiente de x.

Así, $2x^2 + 7x - 15 = 0$ y $x^2 - 8x = -15$ o $x^2 - 8x + 15 = 0$ son ecuaciones completas de segundo grado.

Ecuaciones incompletas de segundo grado son ecuaciones de la forma $ax^2 + c = 0$ que carecen del término en x o de la forma $ax^2 + bx = 0$ que carecen del término independiente.

Así, $x^2 - 16 = 0$ y $3x^2 + 5x = 0$ son ecuaciones incompletas de segundo grado.

427 **RAÍCES DE UNA ECUACIÓN DE SEGUNDO GRADO** son los valores de la incógnita que satisfacen la ecuación.

Toda ecuación de segundo grado tiene **dos raíces.** Así, las raíces de la ecuación $x^2 - 2x - 3 = 0$ son $x_1 = 3$ y $x_2 = -1$; ambos valores satisfacen esta ecuación.

Resolver una ecuación de segundo grado es hallar las raíces de la ecuación.

ECUACIONES COMPLETAS

MÉTODO DE COMPLETAR EL CUADRADO PARA RESOLVER LA ECUACIÓN DE SEGUNDO GRADO $ax^2 + bx + c = 0$

428

Para comprender mejor este método, consideremos primero la ecuación del tipo

$$x^2 + bx + c = 0$$

Podemos escribir esta ecuación del siguiente modo:

$$x^2 + bx = -c$$

Si observamos el primer miembro veremos que al binomio $x^2 + bx$ le falta un término para ser un trinomio cuadrado perfecto. Tal término es el cuadrado de la mitad del coeficiente del segundo término $\left(\frac{b}{2}\right)^2$, o lo que es lo mismo $\frac{b^2}{4}$.

En efecto, formamos así un trinomio cuyo primer término es el cuadrado de x; su segundo término es el doble producto de x por $\frac{b}{2}$; y su tercer término es el cuadrado de la mitad del coeficiente del segundo término $\left(\frac{b}{2}\right)^2$ o sea $\frac{b^2}{4}$. Para que no se altere la ecuación le agregamos al segundo miembro la misma cantidad que le agregamos al primer miembro.

Así tendremos: $x^2 + bx + \left(\frac{b^2}{4}\right) = \left(\frac{b^2}{4}\right) - c$

En el primer miembro de esta ecuación tenemos un trinomio cuadrado perfecto.

Factorizamos: $\left(x + \frac{b}{2}\right)^2 = \frac{b^2}{4} - c$

Extraemos la raíz cuadrada a ambos miembros: $\sqrt{\left(x + \frac{b}{2}\right)^2} = \pm\sqrt{\frac{b^2}{4} - c}$

$$x + \frac{b}{2} = \pm\sqrt{\frac{b^2}{4} - c}$$

$$x_1 = -\frac{b}{2} + \sqrt{\frac{b^2}{4} - c} \qquad x_2 = -\frac{b}{2} - \sqrt{\frac{b^2}{4} - c}$$

Cuando el coeficiente de x^2 es mayor que 1, el procedimiento es esencialmente el mismo, sólo que como primer paso dividimos los tres términos de la ecuación entre a, coeficiente de x^2. Pondremos un ejemplo numérico.

Ejemplo

1) Sea la ecuación $4x^2 + 3x - 22 = 0$.

Transponiendo el término independiente: $x^2 + 3x = 22$

Dividiendo por el coeficiente del primer término: $x^2+\frac{3}{4}x=\frac{22}{4}$

Agregando el cuadrado de la mitad de $\frac{3}{4}$: $x^2+\frac{3}{4}x+\left(\frac{3}{8}\right)^2=\frac{22}{4}+\left(\frac{3}{8}\right)^2$

Factorizando el primer miembro: $\left(x+\frac{3}{8}\right)^2=\frac{22}{4}+\frac{9}{64}$

Extrayendo la raíz cuadrada a los dos miembros: $\sqrt{\left(x+\frac{3}{8}\right)^2}=\pm\sqrt{\frac{22}{4}+\frac{9}{64}}$

Resolviendo: $x+\frac{3}{8}=\pm\sqrt{\frac{361}{64}}$

$$x=-\frac{3}{8}\pm\sqrt{\frac{361}{64}}$$

$$x=-\frac{3}{8}\pm\frac{19}{8}$$

$$x_1=-\frac{3}{8}+\frac{19}{8}=\frac{16}{8}=2$$

$$x_2=-\frac{3}{8}-\frac{19}{8}=\frac{22}{8}=-2\frac{3}{4}$$

R. $\begin{cases} x_1=2 \\ x_2=-2\frac{3}{4} \end{cases}$

429 DEDUCCIÓN DE LA FÓRMULA PARA RESOLVER LA ECUACIÓN GENERAL DE SEGUNDO GRADO $ax^2 + bx + c = 0$

La ecuación es ⟶ $ax^2 + bx + c = 0$

Multiplicando por $4a$: ⟶ $4a^2x^2 + 4abx + 4ac = 0$

Sumando b^2 a los dos miembros: ⟶ $4a^2x^2 + 4abx + 4ac + b^2 = b^2$

Pasando $4ac$ al 2º miembro: ⟶ $4a^2x^2 + 4abx + b^2 = b^2 - 4ac$

Descomponiendo el primer miembro, que es un trinomio cuadrado perfecto: ⟶ $(2ax + b)^2 = b^2 - 4ac$

Extrayendo la raíz cuadrada a los dos miembros: ⟶ $2ax + b = \pm\sqrt{b^2-4ac}$

Transponiendo b: ⟶ $2ax = -b \pm\sqrt{b^2-4ac}$

Despejando x: ⟶ $x=\frac{-b\pm\sqrt{b^2-4ac}}{2a}$

fórmula que me da **las dos raíces** de la ecuación $ax^2 + bx + c = 0$ (porque de esta fórmula salen **dos** valores de x según se tome $\sqrt{b^2-4ac}$ con signo + o –) en función de a, coeficiente del término en x^2 en la ecuación, b coeficiente del término en x y c el término independiente.

Obsérvese que en la fórmula aparece **el coeficiente del segundo término de la ecuación** b **con signo distinto al que tiene en la ecuación.**

RESOLUCIÓN DE ECUACIONES COMPLETAS DE SEGUNDO GRADO SIN DENOMINADORES APLICANDO LA FÓRMULA GENERAL

Ejemplos

1) Resolver la ecuación $3x^2 - 7x + 2 = 0$.

Aplicamos la fórmula $x = \frac{-b \pm \sqrt{b^2 - 4ac}}{2a}$

Aquí $a = 3$, $b = -7$, $c = 2$, luego sustituyendo y teniendo presente que al sustituir b se pone con signo cambiado, tendremos:

$$x = \frac{7 \pm \sqrt{7^2 - 4(3)(2)}}{2(3)} = \frac{7 \pm \sqrt{49 - 24}}{6} = \frac{7 \pm \sqrt{25}}{6} = \frac{7 \pm 5}{6}$$

Entonces:

$$x_1 = \frac{7+5}{6} = \frac{12}{6} = 2$$

$$x_2 = \frac{7-5}{6} = \frac{2}{6} = \frac{1}{3}$$

R. $\begin{cases} x_1 = 2 \\ x_2 = \frac{1}{3} \end{cases}$

2 y $\frac{1}{3}$ son las raíces de la ecuación dada y ambas *anulan* la ecuación.

Sustituyendo x por 2 en la ecuación dada $3x^2 - 7x + 2 = 0$, se tiene:

$$3(2^2) - 7(2) + 2 = 12 - 14 + 2 = 0$$

Sustituyendo x por $\frac{1}{3}$: $3\left(\frac{1}{3}\right)^2 - 7\left(\frac{1}{3}\right) + 2 = \frac{1}{3} - \frac{7}{3} + 2 = 0$

2) Resolver la ecuación $6x - x^2 - 9 = 0$.

Ordenando y cambiando signos: $x^2 - 6x + 9 = 0$.

Vamos a aplicar la fórmula teniendo presente que a, coeficiente de x^2 es 1:

$$x = \frac{6 \pm \sqrt{36 - 4(1)(9)}}{2(1)} = \frac{6 \pm \sqrt{36 - 36}}{2} = \frac{6 \pm \sqrt{0}}{2} = \frac{6}{2} = 3$$

Entonces x tiene un solo valor 3; *las dos raíces son iguales:*

$x_1 = x_2 = 3$ **R.**

Ejercicio 265

Resolver las siguientes ecuaciones por la fórmula general:

1. $3x^2 - 5x + 2 = 0$
2. $4x^2 + 3x - 22 = 0$
3. $x^2 + 11x = -24$
4. $x^2 = 16x - 63$
5. $12x - 4 - 9x^2 = 0$
6. $5x^2 - 7x - 90 = 0$
7. $6x^2 = x + 222$
8. $x + 11 = 10x^2$
9. $49x^2 - 70x + 25 = 0$
10. $12x - 7x^2 + 64 = 0$
11. $x^2 = -15x - 56$
12. $32x^2 + 18x - 17 = 0$
13. $176x = 121 + 64x^2$
14. $8x + 5 = 36x^2$
15. $27x^2 + 12x - 7 = 0$
16. $15x = 25x^2 + 2$
17. $8x^2 - 2x - 3 = 0$
18. $105 = x + 2x^2$

3) Resolver la ecuación $(x + 4)^2 = 2x(5x - 1) - 7(x - 2)$.

Para aplicar la fórmula hay que llevarla a la forma $ax^2 + bx + c = 0$

Efectuando: $x^2 + 8x + 16 = 10x^2 - 2x - 7x + 14$

Transponiendo: $x^2 + 8x + 16 - 10x^2 + 2x + 7x - 14 = 0$

Reduciendo: $-9x^2 + 17x + 2 = 0$

Cambiando signos: $9x^2 - 17x - 2 = 0$

Aplicando la fórmula:

$$x = \frac{17 \pm \sqrt{17^2 - 4(9)(-2)}}{2(9)} = \frac{17 \pm \sqrt{289+72}}{18} = \frac{17 \pm \sqrt{361}}{18} = \frac{17 \pm 19}{18}$$

Entonces:

$$x_1 = \frac{17+19}{18} = \frac{36}{18} = 2$$

$$x_2 = \frac{17-19}{18} = \frac{-2}{18} = -\frac{1}{9}$$

R. $\begin{cases} x_1 = 2 \\ x_2 = -\frac{1}{9} \end{cases}$

266 Ejercicio

Resolver las ecuaciones siguientes llevándolas a la forma $ax^2 + bx + c = 0$ y aplicando la fórmula general:

1. $x(x+3) = 5x + 3$
2. $3(3x-2) = (x+4)(4-x)$
3. $9x + 1 = 3(x^2-5) - (x-3)(x+2)$
4. $(2x-3)^2 - (x+5)^2 = -23$
5. $25(x+2)^2 = (x-7)^2 - 81$
6. $3x(x-2) - (x-6) = 23(x-3)$
7. $7(x-3) - 5(x^2-1) = x^2 - 5(x+2)$
8. $(x-5)^2 - (x-6)^2 = (2x-3)^2 - 118$
9. $(5x-2)^2 - (3x+1)^2 - x^2 - 60 = 0$
10. $(x+4)^3 - (x-3)^3 = 343$
11. $(x+2)^3 - (x-1)^3 = x(3x+4) + 8$
12. $(5x-4)^2 - (3x+5)(2x-1) = 20x(x-2) + 27$

430 DEDUCCIÓN DE LA FÓRMULA PARTICULAR PARA RESOLVER ECUACIONES DE LA FORMA $x^2 + mx + n = 0$

Las ecuaciones de esta forma como $x^2 + 5x + 6 = 0$ se caracterizan porque el coeficiente del término en x^2 es 1. Estas ecuaciones pueden resolverse por la fórmula general con sólo suponer en ésta que $a = 1$, pero existe para ellas una fórmula particular, que vamos a deducir.

La ecuación es $x^2 + mx + n = 0$

Transponiendo n: $x^2 + mx = -n$

Sumando $\frac{m^2}{4}$ a los dos miembros: $x^2 + mx + \frac{m^2}{4} = \frac{m^2}{4} - n$

Descomponiendo el primer miembro, que es un trinomio cuadrado perfecto: $\left(x + \frac{m}{2}\right)^2 = \frac{m^2}{4} - n$

Extrayendo la raíz cuadrada a los dos miembros: $x + \frac{m}{2} = \pm\sqrt{\frac{m^2}{4} - n}$

Transponiendo $\frac{m}{2}$: $x = -\frac{m}{2} \pm \sqrt{\frac{m^2}{4} - n}$

Obsérvese que m y n aparecen en la fórmula con **signos distintos** a los que tienen en la ecuación.

Ejemplo

1) Resolver $3x^2 - 2x(x-4) = x - 12$ por la fórmula particular.

Simplificando la ecuación: $3x^2 - 2x^2 + 8x = x - 12$

$$x^2 + 7x + 12 = 0$$

Aquí $m = 7$, $n = 12$, luego aplicando la fórmula particular:

$$x = -\frac{7}{2} \pm \sqrt{\frac{49}{4} - 12} = -\frac{7}{2} \pm \sqrt{\frac{1}{4}} = -\frac{7}{2} \pm \frac{1}{2}$$

Entonces:

$$x_1 = -\frac{7}{2} + \frac{1}{2} = -\frac{6}{2} = -3$$

$$x_2 = -\frac{7}{2} - \frac{1}{2} = -\frac{8}{2} = -4$$

R. $\begin{cases} x_1 = -3 \\ x_2 = -4 \end{cases}$

Ejercicio 267

Resolver las siguientes ecuaciones aplicando la fórmula particular:

1. $x^2 - 3x + 2 = 0$
2. $x^2 - 2x - 15 = 0$
3. $x^2 = 19x - 88$
4. $x^2 + 4x = 285$
5. $5x(x-1) - 2(2x^2 - 7x) = -8$
6. $x^2 - (7x + 6) = x + 59$
7. $(x-1)^2 + 11x + 199 = 3x^2 - (x-2)^2$
8. $(x-2)(x+2) - 7(x-1) = 21$
9. $2x^2 - (x-2)(x+5) = 7(x+3)$
10. $(x-1)(x+2) - (2x-3)(x+4) - x + 14 = 0$

RESOLUCIÓN DE ECUACIONES DE SEGUNDO GRADO CON DENOMINADORES 431

Ejemplo

1) Resolver la ecuación $\frac{1}{3x} = \frac{7}{5x^2} - \frac{11}{60}$.

Hay que quitar denominadores. El m. c. m. de $3x$, $5x^2$ y 60 es $60x^2$. Tendremos:

$$20x = 84 - 11x^2$$

Transponiendo: $11x^2 + 20x - 84 = 0$

Aplicando la fórmula se obtiene: $x_1 = 2,\ x_2 = -3\frac{9}{11}$ **R.**

Ejercicio 268

Resolver las siguientes ecuaciones:

1. $\frac{x^2}{5} - \frac{x}{2} = \frac{3}{10}$
2. $4x - \frac{13}{x} = \frac{3}{2}$
3. $\frac{x^2}{6} - \frac{x}{2} = 3(x-5)$
4. $\frac{1}{4}(x-4) + \frac{2}{5}(x-5) = \frac{1}{5}(x^2 - 53)$
5. $\frac{5}{x} - \frac{1}{x+2} = 1$
6. $\frac{15}{x} - \frac{11x+5}{x^2} = -1$
7. $\frac{8x}{3x+5} + \frac{5x-1}{x+1} = 3$
8. $\frac{1}{x-2} - \frac{1}{x-1} = \frac{1}{6}$
9. $1 - \frac{2x-3}{x+5} = \frac{x-2}{10}$
10. $\frac{x-13}{x} = 5 - \frac{10(5x+3)}{x^2}$
11. $\frac{x}{x-2} - \frac{x-2}{x} = \frac{5}{2}$
12. $\frac{4x^2}{x-1} - \frac{1-3x}{4} = \frac{20x}{3}$
13. $\frac{3x-1}{x} - \frac{2x}{2x-1} - \frac{7}{6} = 0$
14. $\frac{5x-8}{x-1} = \frac{7x-4}{x+2}$
15. $\frac{x+3}{2x-1} - \frac{5x-1}{4x+7} = 0$
16. $\frac{1}{4-x} - \frac{1}{6} = \frac{1}{x+1}$

17. $\frac{x+4}{x+5}-\frac{x+2}{x+3}=\frac{1}{24}$ 18. $\frac{5}{x^2-1}-\frac{6}{x+1}=3\frac{5}{8}$ 19. $\frac{x-1}{x+1}+\frac{x+1}{x-1}=\frac{2x+9}{x+3}$ 20. $\frac{3}{x+2}-\frac{1}{x-2}=\frac{1}{x+1}$

432 RESOLUCIÓN DE ECUACIONES DE SEGUNDO GRADO POR DESCOMPOSICIÓN EN FACTORES

Descomponiendo en factores el primer miembro de una ecuación de la forma $x^2+mx+n=0$ o $ax^2+bx+c=0$ se obtiene un método muy rápido para revolver la ecuación.

Ejemplo

1) Resolver $x^2+5x-24=0$ por descomposición en factores.

Factorizando el trinomio (**145**), se tiene:

$$(x+8)(x-3)=0$$

Para que el producto $(x+8)(x-3)$ sea cero es necesario que por lo menos uno de estos factores sea cero, es decir, la ecuación se satisface para $x+8=0$ y $x-3=0$.
Podemos, pues, suponer que *cualquiera* de los factores es cero.

Si $x+8=0$, se tiene que $x=-8$

y si $x-3=0$, se tiene que $x=3$

Lo anterior nos dice que x puede tener los valores −8 o 3. Por tanto, −8 y 3 son las raíces de la ecuación dada.

R. $\begin{cases} x_1=-8 \\ x_2=\ \ 3 \end{cases}$

Por tanto, *para resolver una ecuación de segundo grado por descomposición en factores:*

1) **Se simplifica la ecuación y se pone en la forma $x^2+mx+n=0$ o $ax^2+bx+c=0$.**
2) **Se factoriza el trinomio del primer miembro de la ecuación.**
3) **Se igualan a cero cada uno de los factores y se resuelven las ecuaciones simples que se obtienen de este modo.**

Ejercicio 269

Resolver por descomposición en factores:

1. $x^2-x-6=0$
2. $x^2+7x=18$
3. $8x-65=-x^2$
4. $x^2=108-3x$
5. $2x^2+7x-4=0$
6. $6x^2=10-11x$
7. $20x^2-27x=14$
8. $7x=15-30x^2$
9. $60=8x^2+157x$
10. $x(x-1)-5(x-2)=2$
11. $(x-2)^2-(2x+3)^2=-80$
12. $\frac{6}{x^2}-\frac{9}{x}=-\frac{4}{3}$
13. $\frac{x+2}{x}+x=\frac{74}{x}$
14. $(x+2)^2-\frac{2x-5}{3}=3$
15. $\frac{x}{x-2}+x=\frac{3x+15}{4}$
16. $\frac{6}{x-4}-\frac{4}{x}=\frac{5}{12}$
17. $(x-2)^3-(x-3)^3=37$
18. $\frac{x-1}{x+1}-2=\frac{x+3}{3}$
19. $\frac{4x-1}{2x+3}=\frac{2x+1}{6x+5}$
20. $\frac{3x+2}{4}=5-\frac{9x+14}{12x}$

ECUACIONES LITERALES DE SEGUNDO GRADO

Las ecuaciones literales de segundo grado pueden resolverse, como las numéricas, por la fórmula general o por descomposición en factores. En muchas ecuaciones literales la resolución por factores es muy rápida, mientras que por la fórmula resulta mucho más laboriosa. 433

Ejemplos

1) Resolver la ecuación $\frac{3a}{x}-\frac{2x}{a}=1$.

Quitando denominadores

$$3a^2-2x^2=ax$$

$$2x^2+ax-3a^2=0$$

Aplicando la fórmula. Aquí $a=2$, $b=a$, $c=-3a^2$, luego:

$$x=\frac{-a\pm\sqrt{a^2-4(2)(-3a^2)}}{4}=\frac{-a\pm\sqrt{a^2+24a^2}}{4}=\frac{-a\pm\sqrt{25a^2}}{4}=\frac{-a\pm 5a}{4}$$

$$x_1=\frac{-a+5a}{4}=\frac{4a}{4}=a$$

$$x_2=\frac{-a-5a}{4}=-\frac{6a}{4}=-\frac{3}{2}a$$

R. $\begin{cases} x_1=a \\ x_2=-\frac{3}{2}a \end{cases}$

2) Resolver la ecuación $2x^2-4ax+bx=2ab$.

La solución de las ecuaciones de este tipo por la fórmula es bastante laboriosa; sin embargo, por descomposición en factores es muy rápida.
Para resolver por factores *se pasan todas las cantidades al primer miembro* de modo que quede cero en el segundo. Así, en este caso, transponiendo $2ab$, tenemos:

$$2x^2-4ax+bx-2ab=0$$

Descomponiendo el primer miembro (factor común por agrupación), se tiene:

$$2x(x-2a)+b(x-2a)=0$$

o sea $$(x-2a)(2x+b)=0$$

Igualando a cero cada factor, se tiene:

Si $x-2a=0$, $x=2a$

$2x+b=0$, $x=-\frac{b}{2}$

R. $\begin{cases} x_1=2a \\ x_2=-\frac{b}{2} \end{cases}$

Ejercicio 270

Resolver las ecuaciones:

1. $x^2+2ax-35a^2=0$
2. $10x^2=36a^2-33ax$
3. $a^2x^2+abx-2b^2=0$
4. $89bx=42x^2+22b^2$
5. $x^2+ax=20a^2$
6. $2x^2=abx+3a^2b^2$
7. $b^2x^2+2abx=3a^2$
8. $x^2+ax-bx=ab$
9. $x^2-2ax=6ab-3bx$
10. $3(2x^2-mx)+4nx-2mn=0$
11. $x^2-a^2-bx-ab=0$
12. $abx^2-x(b-2a)=2$

13. $x^2 - 2ax + a^2 - b^2 = 0$
14. $4x(x - b) + b^2 = 4m^2$
15. $x^2 - b^2 + 4a^2 - 4ax = 0$
16. $x^2 - (a + 2)x = -2a$
17. $x^2 + 2x(4 - 3a) = 48a$
18. $x^2 - 2x = m^2 + 2m$
19. $x^2 + m^2x(m - 2) = 2m^5$
20. $6x^2 - 15ax = 2bx - 5ab$
21. $\frac{3x}{4} + \frac{a}{2} - \frac{x^2}{2a} = 0$
22. $\frac{2x - b}{2} = \frac{2bx - b^2}{3x}$
23. $\frac{a + x}{a - x} + \frac{a - 2x}{a + x} = -4$
24. $\frac{x^2}{x - 1} = \frac{a^2}{2(a - 2)}$
25. $x + \frac{2}{x} = \frac{1}{a} + 2a$
26. $\frac{2x - b}{b} - \frac{x}{x + b} = \frac{2x}{4b}$

ECUACIONES INCOMPLETAS

434 Las ecuaciones incompletas de segundo grado son de la forma $ax^2 + c = 0$, que carecen del término en x, o de la forma $ax^2 + bx = 0$, que carecen del término independiente.

435 ECUACIONES INCOMPLETAS DE LA FORMA $ax^2 + c = 0$

Si en la ecuación $ax^2 + c = 0$ pasamos c al 2º miembro, se tiene:

$$ax^2 = -c \therefore x^2 = -\frac{c}{a} \therefore x = \pm\sqrt{-\frac{c}{a}}$$

Si a y c tienen el mismo signo, las raíces son imaginarias por ser la raíz cuadrada de una cantidad negativa; si tienen signo distinto, las raíces son reales.

A igual resultado se llega aplicando la fórmula general a esta ecuación $ax^2 + c = 0$ teniendo presente que $b = 0$, ya que el término bx es nulo. Se tiene:

$$x = \frac{\pm\sqrt{-4ac}}{2a} = \pm\sqrt{\frac{-4ac}{4a^2}} = \pm\sqrt{-\frac{c}{a}}$$

Ejemplos

1) Resolver la ecuación $x^2 + 1 = \frac{7x^2}{9} + 3$.

Suprimiendo denominadores: $9x^2 + 9 = 7x^2 + 27$

Transponiendo: $9x^2 - 7x^2 = 27 - 9$

$2x^2 = 18$

$x^2 = 9$

Extrayendo la raíz cuadrada: $x = \pm\sqrt{9}$

$x = \pm 3$ **R.**

Las dos raíces +3 y –3 son *reales* y *racionales*.

2) Resolver la ecuación $x^2 + 5 = 7$.

Transponiendo y reduciendo: $x^2 = 2$

$x = \pm\sqrt{2}$ **R.**

Las dos raíces $\sqrt{2}$ y $-\sqrt{2}$ son *reales* e *irracionales*.

3) Resolver la ecuación $5x^2+12=3x^2-20$.

Transponiendo: $5x^2-3x^2=-20-12$

$$2x^2=-32$$

$$x^2=-16$$

Extrayendo la raíz cuadrada: $x=\pm\sqrt{-16}$

$$x=\pm 4\sqrt{-1}=\pm 4i \quad \textbf{R.}$$

Las dos raíces son *imaginarias.*

Ejercicio 271

Resolver las ecuaciones:

1. $3x^2=48$
2. $5x^2-9=46$
3. $7x^2+14=0$
4. $9x^2-a^2=0$
5. $(x+5)(x-5)=-7$
6. $(2x-3)(2x+3)-135=0$
7. $3(x+2)(x-2)=(x-4)^2+8x$
8. $\left(x+\frac{1}{3}\right)\left(x-\frac{1}{3}\right)=\frac{1}{3}$
9. $(2x-1)(x+2)-(x+4)(x-1)+5=0$
10. $\frac{5}{2x^2}-\frac{1}{6x^2}=\frac{7}{12}$
11. $\frac{2x-3}{x-3}=\frac{x-2}{x-1}$
12. $\frac{x^2-5}{3}+\frac{4x^2-1}{5}-\frac{14x^2-1}{15}=0$
13. $2x-3-\frac{x^2+1}{x-2}=-7$
14. $3-\frac{3}{4x^2-1}=2$

ECUACIONES INCOMPLETAS DE LA FORMA $ax^2+bx=0$ 436

Vamos a resolver la ecuación $ax^2+bx=0$ por descomposición. Descomponiendo se tiene:

$$x(ax+b)=0$$

Igualando a cero ambos factores: $x=0$

$$ax+b=0 \therefore x=-\frac{b}{a}$$

Se ve que en estas ecuaciones siempre **una raíz es cero** y la otra es el coeficiente del término en x con signo cambiado partido por el coeficiente del término en x^2.

Igual resultado se obtiene aplicando la fórmula general a esta ecuación teniendo presente que $c=0$. Se tiene: $x=\frac{-b\pm\sqrt{b^2}}{2a}=\frac{-b\pm b}{2a}$ **R.**

y de aquí $x_1=\frac{-b+b}{2a}=\frac{0}{2a}=0$

$$x_2=\frac{-b-b}{2a}=\frac{-2b}{2a}=-\frac{b}{a}$$

Ejemplos

1) Resolver la ecuación $5x^2 = -3x$.

Transponiendo: $5x^2 + 3x = 0$

Descomponiendo: $x(5x + 3) = 0$

Igualando a cero: $x = 0$

$$5x + 3 = 0 \therefore x = -\frac{3}{5}$$

Las raíces son 0 y $-\frac{3}{5}$. **R.**

2) Resolver la ecuación $3x - 1 = \frac{5x+2}{x-2}$.

Quitando denominadores: $(3x - 1)(x - 2) = 5x + 2$

$3x^2 - 7x + 2 = 5x + 2$

Transponiendo y reduciendo: $3x^2 - 12x = 0$

Descomponiendo: $3x(x - 4) = 0$

$$3x = 0 \therefore x = \frac{0}{3} = 0$$

$$x - 4 = 0 \therefore x = 4$$

Las raíces son 0 y 4. **R.**

Ejercicio 272

Resolver las ecuaciones:

1. $x^2 = 5x$
2. $4x^2 = -32x$
3. $x^2 - 3x = 3x^2 - 4x$
4. $5x^2 + 4 = 2(x + 2)$
5. $(x - 3)^2 - (2x + 5)^2 = -16$
6. $\frac{x^2}{3} - \frac{x-9}{6} = \frac{3}{2}$
7. $(4x - 1)(2x + 3) = (x + 3)(x - 1)$
8. $\frac{x+1}{x-1} - \frac{x+4}{x-2} = 1$

437 ECUACIONES CON RADICALES QUE SE REDUCEN A SEGUNDO GRADO. SOLUCIONES EXTRAÑAS

Las ecuaciones con radicales se resuelven como sabemos, destruyendo los radicales mediante la elevación de los dos miembros a la potencia que indique el índice del radical.

Cuando la ecuación que resulta es de segundo grado, al resolverla obtendremos las dos raíces de la ecuación, pero es necesario hacer la **verificación con ambas raíces en la ecuación dada,** comprobar si ambas raíces satisfacen la ecuación dada, porque **cuando los dos miembros de una ecuación se elevan a una misma potencia generalmente se introducen nuevas soluciones que no satisfacen la ecuación dada.** Estas soluciones se llaman **soluciones extrañas o inadmisibles.**

Por tanto, es necesario en cada caso hacer la **verificación** para aceptar las soluciones que satisfacen la ecuación dada y **rechazar** las soluciones extrañas.

Al hacer la verificación se tiene en cuenta solamente **el valor positivo** del radical.

Ejemplo

1) Resolver la ecuación $\sqrt{4x-3}-\sqrt{x-2}=\sqrt{3x-5}$.

Elevando al cuadrado:

$$\sqrt{(4x-3)^2}-2\sqrt{4x-3}\,\sqrt{x-2}+\sqrt{(x-2)^2}=\sqrt{(3x-5)^2}$$

o sea $4x-3-2\sqrt{4x^2-11x+6}+x-2=3x-5$

Aislando el radical: $-2\sqrt{4x^2-11x+6}=3x-5-4x+3-x+2$

Reduciendo: $-2\sqrt{4x^2-11x+6}=-2x$

Dividiendo por –2: $\sqrt{4x^2-11x+6}=x$

Elevando al cuadrado: $4x^2-11x+6=x^2$

Transponiendo y reduciendo: $3x^2-11x+6=0$

Descomponiendo: $(x-3)(3x-2)=0$

Igualando a cero: $x-3=0 \therefore x=3$

$3x-2=0 \therefore x=\frac{2}{3}$

Haciendo la verificación se ve que el valor $x=3$ satisface la ecuación dada, pero el valor $x=\frac{2}{3}$ no satisface la ecuación. Entonces, $x=\frac{2}{3}$ es una *solución extraña,* que se rechaza.

La solución correcta de la ecuación es $x=3$. **R.**

Ejercicio 273

Resolver las ecuaciones siguientes haciendo la verificación con ambas raíces:

1. $x+\sqrt{4x+1}=5$
2. $2x-\sqrt{x-1}=3x-7$
3. $\sqrt{5x-1}+\sqrt{x+3}=4$
4. $2\sqrt{x}-\sqrt{x+5}=1$
5. $\sqrt{2x-1}+\sqrt{x+3}=3$
6. $\sqrt{x-3}+\sqrt{2x+1}-2\sqrt{x}=0$
7. $\sqrt{5x-1}-\sqrt{3-x}=\sqrt{2x}$
8. $\sqrt{3x+1}+\sqrt{5x}=\sqrt{16x+1}$
9. $\sqrt{2x+\sqrt{4x-3}}=3$
10. $\sqrt{x+3}+\frac{6}{\sqrt{x+3}}=5$
11. $\sqrt{x}+\frac{4}{\sqrt{x}}=5$
12. $2\sqrt{x}=\sqrt{x+7}+\frac{8}{\sqrt{x+7}}$
13. $\sqrt{x+\sqrt{x+8}}=2\sqrt{x}$
14. $\sqrt{6-x}+\sqrt{x+7}-\sqrt{12x+1}=0$

REPRESENTACIÓN Y SOLUCIÓN GRÁFICA DE ECUACIONES DE SEGUNDO GRADO 438

Toda ecuación de segundo grado con una sola incógnita en x representa una **parábola** cuyo eje es paralelo al eje de las ordenadas.

Ejemplos

1) Representar y resolver gráficamente la ecuación $x^2 - 5x + 4 = 0$

El primer miembro de esta ecuación es una función de segundo grado de x. Haciendo la función igual a y, tendremos:

$$y = x^2 - 5x + 4$$

A cada valor de x corresponde un valor de la función. Demos valores a x (Fig. 70).

Para	$x = 0,$	$y = 4$
	$x = 1,$	$y = 0$
	$x = 2,$	$y = -2$
	$x = 2\frac{1}{2}$	$y = -2\frac{1}{4}$
	$x = 3,$	$y = -2$
	$x = 4,$	$y = 0$
	$x = 5,$	$y = 4$
	$x = 6,$	$y = 10$
	$x = -1,$	$y = 10$, etcétera

Figura 70

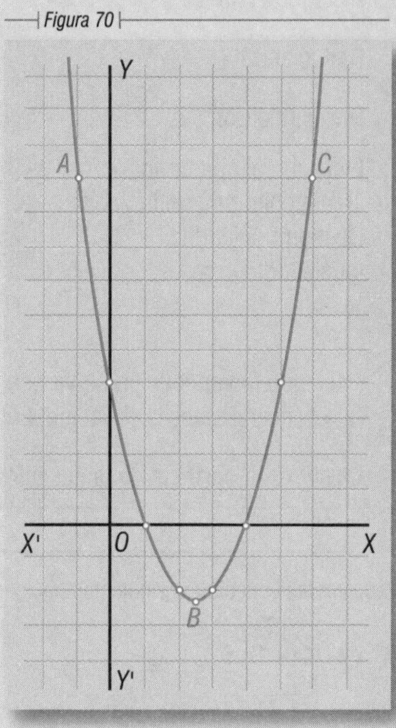

Representando estos valores de y correspondientes a los que hemos dado a x, obtenemos la serie de puntos que aparecen señalados en el gráfico. Uniendo estos puntos por una curva suave se obtiene la parábola ABC, que es la representación gráfica del primer miembro de la ecuación dada.

El *punto inferior de la curva,* en este caso corresponde al valor $x = 2\frac{1}{2}$.

El punto inferior de la curva (o el superior según se verá después) se obtiene siempre cuando a x se le da un valor igual a $-\frac{b}{2a}$. En esta ecuación que hemos representado

$b = -5$ y $a = 1$, y por tanto $\frac{-b}{2a} = \frac{5}{2} = 2\frac{1}{2}$.

Las abscisas de los puntos en que la curva corta al eje de las x son las raíces de la ecuación. En este caso la curva corta al eje de las x en dos puntos cuyas abscisas son 1 y 4 y éstas son las raíces de la ecuación $x^2 - 5x + 4 = 0$. Véase que en la tabla de valores anterior para $x = 1$ y $x = 4$, $y = 0$. Las raíces *anulan* la ecuación.

Cuando ambas raíces son *reales y desiguales* la curva corta al eje de las x en dos puntos distintos.

Por tanto, para resolver gráficamente una ecuación de segundo grado en x basta hallar los puntos en que la curva corta el eje de las x.

2) Representar y resolver gráficamente la ecuación $x^2 - 6x + 9 = 0$. Tendremos:

$$y = x^2 - 6x + 9$$

Demos valores a x (Fig. 71).

Para $x = 0$, $y = 9$
$x = 1$, $y = 4$
$x = 2$, $y = 1$
$x = 3$, $y = 0$
$x = 4$, $y = 1$
$x = 5$, $y = 4$
$x = 6$, $y = 9$, etcétera.

Figura 71

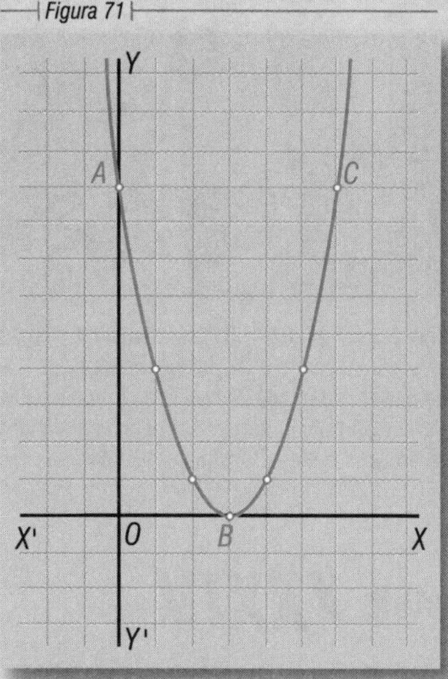

Representando estos puntos y uniéndolos resulta la parábola ABC que es tangente al eje de las x. Esta curva es la representación gráfica del primer miembro de la ecuación $x^2 - 6x + 9 = 0$.

La curva toca al eje de las x en un solo punto B cuya abscisa es 3, luego *las dos raíces de la ecuación son iguales* y valen 3. Obsérvese que en la tabla de valores $x = 3$ anula la función.

NOTA

Cuando al aplicar la fórmula a una ecuación de segundo grado la cantidad subradical de $\sqrt{b^2 - 4ac}$ es negativa, las raíces son *complejas conjugadas.*

La parábola que representa una ecuación de segundo grado cuyas raíces son complejas conjugadas no corta al eje de las x.

Ejercicio 274

Representar gráficamente las funciones:

1. $x^2 + 3x - 4$
2. $x^2 + 3x + 2$
3. $x^2 - 5x + 6$
4. $x^2 + 2x - 8$
5. $x^2 - 2x - 8$
6. $x^2 - 9$
7. $x^2 - 8x + 16$
8. $x^2 + 4x + 4$
9. $2x^2 - 9x + 7$
10. $3x^2 - 4x - 7$

Resolver gráficamente las ecuaciones:

11. $x^2 - 4x + 3 = 0$
12. $x^2 - 6x + 8 = 0$
13. $x^2 - 2x - 3 = 0$
14. $x^2 + 4x + 3 = 0$
15. $x^2 = 6 - x$
16. $x^2 = 2x - 1$
17. $x^2 + 8x + 16 = 0$
18. $x^2 - 4 = 0$
19. $x^2 = 3x + 10$
20. $x^2 - 4x = -4$
21. $2x^2 - 9x + 10 = 0$
22. $2x^2 - 5x - 7 = 0$

Karl Gustav Jacobi (1804-1851). Matemático alemán. Profesor de Matemáticas en las universidades de Berlín y Koenigsberg. Compartió con Abel el Gran Premio del Instituto de Francia por su trabajo sobre las funciones elípticas. Fue el primero en aplicar estas funciones elípticas a la teoría de los números. Su obra sobre ecuaciones diferenciales inicia una nueva etapa en la Dinámica. Es famosa en este campo la ecuación Hamilton-Jacobi. Ideó la forma sencilla de los determinantes que se estudian hoy en el Álgebra.

Capítulo XXXIV

PROBLEMAS QUE SE RESUELVEN POR ECUACIONES DE SEGUNDO GRADO. PROBLEMA DE LAS LUCES

439 Cuando el planteo de un problema da origen a una ecuación de segundo grado, al resolver esta ecuación se obtienen dos valores para la incógnita.

Solamente se aceptan como soluciones del problema los valores de la incógnita que **satisfagan las condiciones del problema** y se rechazan los que no las cumplan.

440 ***A* es dos años mayor que *B* y la suma de los cuadrados de ambas edades es 130 años. Hallar ambas edades.**

Sea	x = la edad de A
Entonces	$x - 2$ = la edad de B

Según las condiciones: $x^2 + (x-2)^2 = 130$

Simplificando, se obtiene: $x^2 - 2x - 63 = 0$

Resolviendo: $(x-9)(x+7) = 0$

$$x - 9 = 0 \therefore x = 9$$
$$x + 7 = 0 \therefore x = -7$$

Se rechaza la solución $x = -7$ porque la edad de A no puede ser -7 años y se acepta $x = 9$. Entonces A tiene 9 años y B tiene $x - 2 = 7$ años. **R.**

A compró cierto número de latas de frijoles por \$240. Si hubiera comprado 3 latas más por el mismo dinero, cada lata le habría costado \$4 menos. ¿Cuántas latas compró y a qué precio? 441

Sea	x = el número de latas que compró

Si compró x latas por \$240, cada lata le costó \$ $\frac{240}{x}$.

Si hubiera comprado 3 latas más, $x+3$, por el mismo dinero, \$240, cada lata saldría a \$ $\frac{240}{x+3}$, pero según las condiciones el precio de cada una de estas latas, $\frac{240}{x+3}$, sería \$4 menor que el precio de cada una de las latas anteriores, $\frac{240}{x}$; luego, se tiene la ecuación:

$$\frac{240}{x}=\frac{240}{x+3}+4$$

Resolviendo esta ecuación se obtiene $x = 12$ y $x = -15$

Se rechaza la solución $x = -15$ y se acepta $x = 12$; luego, compró 12 latas y cada lata le costó $\frac{240}{x}=\frac{240}{12}=\$20$. **R.**

La longitud de un terreno rectangular es doble que el ancho. Si la longitud se aumenta en 40 m y el ancho en 6 m, el área se hace doble. Hallar las dimensiones del terreno. 442

Sea	x = el ancho del terreno
Entonces	$2x$ = la longitud del terreno

El área del terreno es $x \times 2x = 2x^2$.

Aumentando la longitud en 40 m, ésta sería $(2x + 40)$ m, y aumentando el ancho en 6 m, éste sería $(x + 6)$ m. El área ahora sería $(2x + 40)(x + 6) = 2x^2 + 52x + 240$ m^2, pero según las condiciones esta nueva área sería doble que la anterior $2x^2$; luego, tenemos la ecuación:

$$2x^2 + 52x + 240 = 4x^2$$

Transponiendo y reduciendo:

$$-2x^2 + 52x + 240 = 0$$

Cambiando signos y dividiendo entre 2:

$$x^2 - 26x - 120 = 0$$

Resolviendo esta ecuación se halla $x = 30$ y $x = -4$.

Aceptando la solución $x = 30$, el ancho del terreno es 30 m y la longitud es $2x = 60$ m. **R.**

Una persona vende una pelota en \$24, perdiendo un % sobre el costo de la pelota igual al número de pesos que le costó. ¿Cuánto le había costado la pelota? 443

Sea	x = el número de pesos que le había costado la pelota

Entonces, x = % de ganancia sobre el costo.

La pérdida obtenida es el x% de $\$x$. En Aritmética, para hallar el 6% de \$6 procedemos así: $\frac{6\times 6}{100}=\frac{36}{100}$; luego, el x% de $\$x$ será $\frac{x\times x}{100}=\frac{x^2}{100}$.

Entonces, como la pérdida $\frac{x^2}{100}$ es la diferencia entre el costo x y el precio de venta \$24, se tiene la ecuación:

$$\frac{x^2}{100}=x-24$$

Resolviendo esta ecuación se halla $x=40$ y $x=60$.
Ambas soluciones satisfacen las condiciones del problema; luego, la pelota habrá costado \$40 o \$60. **R.**

Ejercicio 275

1. La suma de dos números es 9 y la suma de sus cuadrados 53. Hallar los números.
2. Un número positivo es los $\frac{3}{5}$ de otro y su producto es 2,160. Hallar los números.
3. *A* tiene 3 años más que *B* y el cuadrado de la edad de *A* aumentado en el cuadrado de la edad de *B* equivale a 317 años. Hallar ambas edades.
4. Un número es el triple de otro y la diferencia de sus cuadrados es 1,800. Hallar los números.
5. El cuadrado de un número disminuido en 9 equivale a 8 veces el exceso del número sobre 2. Hallar el número.
6. Hallar dos números consecutivos tales que el cuadrado del mayor exceda en 57 al triple del menor.
7. La longitud de una sala excede a su ancho en 4 m. Si cada dimensión se aumenta en 4 m el área será doble. Hallar las dimensiones de la sala.
8. Un comerciante compró cierto número de sacos de azúcar por 1,000,000 bolívares. Si hubiera comprado 10 sacos más por el mismo dinero, cada saco le habría costado 5,000 bolívares menos. ¿Cuántos sacos compró y cuánto le costó cada uno?
9. Un caballo costó 4 veces lo que sus arreos. Si la suma de los cuadrados del precio del caballo y el precio de los arreos es 86,062,500,000,000 sucres, ¿cuánto costó el caballo y cuánto los arreos?
10. La diferencia de dos números es 7 y su suma multiplicada por el número menor equivale a 184. Hallar los números.
11. La suma de las edades de *A* y *B* es 23 años y su producto 102. Hallar ambas edades.
12. Una persona compró cierto número de libros por \$1,800. Si compra 6 libros menos por el mismo dinero, cada uno le cuesta \$10 más. ¿Cuántos libros compró y cuánto le costó cada uno?
13. Una compañía de 180 hombres está dispuesta en filas. El número de soldados de cada fila es 8 más que el número de filas que hay. ¿Cuántas filas hay y cuántos soldados en cada una?
14. Se vende un reloj en 75 nuevos soles ganando un % sobre el costo igual al número de nuevos soles que costó el reloj. Hallar el costo del reloj.

15. Entre cierto número de personas compran una bicicleta que vale $1,200. El dinero que paga cada persona excede en 194 el número de personas. ¿Cuántas personas compraron la bicicleta?
16. Compré cierto número de escobas por $192. Si el precio de cada escoba es $\frac{3}{4}$ del número de escobas, ¿cuántas escobas compré y cuánto pagué por cada una?
17. Se compró cierto número de libros por $1,500, si cada libro hubiera costado $10 más, se adquirirían 5 libros menos por $1,500. ¿Cuántos libros se compraron y cuánto costó cada uno?
18. Por 200 lempiras compré cierto número de libros. Si cada libro me hubiera costado 10 lempiras menos, el precio de cada libro hubiera sido igual al número de libros que compré. ¿Cuántos libros compré?
19. Compré cierto número de plumas por $24. Si cada pluma me hubiera costado $1 menos, podía haber comprado 4 plumas más por el mismo dinero. ¿Cuántas plumas compré y a qué precio?
20. Un tren emplea cierto tiempo en recorrer 240 km. Si la velocidad hubiera sido 20 km por hora más que la que llevaba hubiera tardado 2 horas menos en recorrer dicha distancia. ¿En qué tiempo recorrió los 240 km?
21. Un hombre compró cierto número de caballos por $200,000. Se le murieron dos caballos y vendiendo cada uno de los restantes a $6,000 más de lo que le costó cada uno, ganó en total $8,000. ¿Cuántos caballos compró y cuánto le costó cada uno?
22. Hallar tres números consecutivos tales que el cociente del mayor entre el menor equivale a los $\frac{3}{10}$ del número intermedio.
23. El producto de dos números es 180 y su cociente $1\frac{1}{4}$. Hallar los números.
24. Un hombre compró cierto número de naranjas por $150. Se comió 5 naranjas y vendiendo las restantes a $1 más de lo que le costó cada una recuperó lo que había gastado. ¿Cuántas naranjas compró y a qué precio?
25. Cuando vendo un reloj en 171 quetzales gano un porcentaje sobre el costo igual al número de quetzales que me costó el reloj. ¿Cuánto costó el reloj?
26. El producto de dos números es 352, y si el mayor se divide por el menor, el cociente es 2 y el residuo 10. Hallar los números.
27. Se han comprado dos piezas de tela que juntas miden 20 m. El metro de cada pieza costó un número de pesos igual al número de metros de la pieza. Si una pieza costó 9 veces lo que la otra, ¿cuál era la longitud de cada pieza?
28. Un tren ha recorrido 200 km en cierto tiempo. Para haber recorrido esa distancia en 1 hora menos, la velocidad debía haber sido 10 km por hora más. Hallar la velocidad del tren.
29. Un hombre ganó 840,000 colones trabajando cierto número de días. Si su jornal diario hubiera sido de 10,000 colones menos, tendría que trabajar 2 días más para ganar 840,000 colones. ¿Cuántos días trabajó y cuál fue su jornal?
30. Los gastos de una excursión son $9,000. Si desisten de ir 3 personas, cada una de las restantes tendría que pagar $100 más. ¿Cuántas personas van en la excursión y cuánto paga cada una?
31. El cociente de dividir 84 entre cierto número excede en 5 a este número. Hallar el número.
32. La edad de *A* hace 6 años era la raíz cuadrada de la edad que tendrá dentro de 6 años. Hallar la edad actual.
33. Compré cierto número de libros por $400 y cierto número de plumas por $400. Cada pluma me costó $10 más que cada libro. ¿Cuántos libros compré y a qué precio si el número de libros excede el de plumas en 2?

PROBLEMA DE LAS LUCES

444 El **problema de las luces** consiste en hallar el punto de la línea que **une dos focos luminosos que está igualmente iluminado por ambos focos.**

Sean dos focos luminosos *A* y *B* (Fig. 72). Sea I la intensidad luminosa del foco *A* e I' la intensidad del foco *B*. (Intensidad o potencia luminosa de un foco es una magnitud que se mide por la cantidad de luz que arroja un foco normalmente sobre la unidad de superficie colocada a la unidad de distancia.)

Figura 72

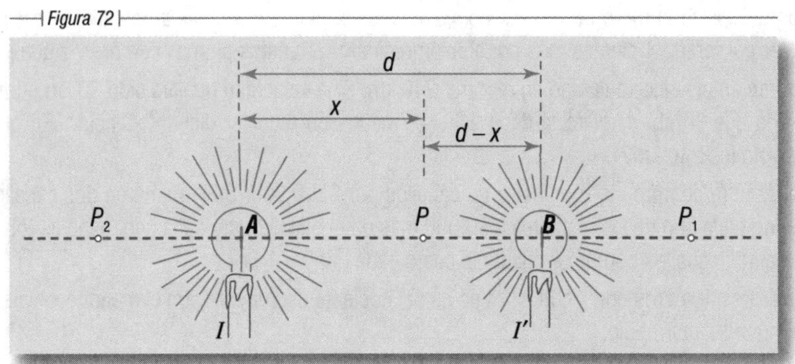

Se trata de hallar el punto de la línea *AB* que une ambos focos, que está igualmente iluminado por ambos focos.

Supongamos que el punto iluminado igualmente es el punto *P*. Sea *d* la distancia entre ambos focos y *x* la distancia del foco *A* al punto igualmente iluminado; la distancia del foco *B* a dicho punto será $d - x$.

Existe un principio en Física que dice: **La iluminación que produce un foco luminoso sobre un punto en la dirección del rayo es directamente proporcional a la intensidad del foco e inversamente proporcional al cuadrado de la distancia del foco al punto.** Entonces, la iluminación que produce el foco *A* sobre el punto *P*, según el principio anterior, será $\frac{I}{x^2}$ y la iluminación que produce el foco *B* sobre el punto *P* será $\frac{I'}{(d-x)^2}$ y como estas iluminaciones son **iguales** por ser *P* el punto igualmente iluminado, tendremos la ecuación:

$$\frac{I}{x^2} = \frac{I'}{(d-x)^2}, \text{ o sea } \frac{I}{I'} = \frac{x^2}{(d-x)^2}.$$

Ésta es una ecuación de segundo grado que puede ponerse en la forma $ax^2 + bx + c = 0$ y resolverse aplicando la fórmula general, pero este procedimiento es bastante laborioso. Más sencillo es extraer la raíz cuadrada a los dos miembros de esta igualdad y se tiene: $\frac{\sqrt{I}}{\sqrt{I'}} = \frac{x}{d-x}$ con lo que queda una ecuación de primer grado.

Resolviendo esta ecuación:

$$(d-x)\sqrt{I}=x\sqrt{I'}$$

$$d\sqrt{I}-x\sqrt{I}=x\sqrt{I'}$$

Transponiendo:
$$-x\sqrt{I}-x\sqrt{I'}=-d\sqrt{I}$$

o sea:
$$x\sqrt{I}+x\sqrt{I'}=d\sqrt{I}$$

$$x\left(\sqrt{I}+\sqrt{I'}\right)=d\sqrt{I}$$

$$x=\frac{d\sqrt{I}}{\sqrt{I}+\sqrt{I'}}$$

y considerando el doble signo de $\sqrt{I'}$, se tiene finalmente:

$$x=\frac{d\sqrt{I}}{\sqrt{I}+\sqrt{I'}} \quad \text{o} \quad x=\frac{d\sqrt{I}}{\sqrt{I}-\sqrt{I'}}$$

fórmula que da **la distancia del foco *A* al punto igualmente iluminado** en función de la distancia entre los dos focos y de las intensidades luminosas de los focos, cantidades todas conocidas, con lo cual dicho punto queda determinado.

DISCUSIÓN

Consideraremos tres casos, observando la figura:

1) $I>I'$. Siendo $I>I'$ se tiene que $\sqrt{I}>\sqrt{I'}$; luego, $\sqrt{I}+\sqrt{I'}$ es mayor que $\sqrt{I}$ pero menor que $2\sqrt{I}$; por tanto, $\frac{\sqrt{I}}{\sqrt{I}+\sqrt{I'}}$ es menor que 1 y mayor que $\frac{1}{2}$; luego, el primer valor de *x*, que es $\frac{d\sqrt{I}}{\sqrt{I}+\sqrt{I'}}=d\left(\frac{\sqrt{I}}{\sqrt{I}+\sqrt{I'}}\right)$, es igual a *d* multiplicada por una cantidad positiva, menor que 1 y mayor que $\frac{1}{2}$; luego, *x* es menor que *d* y mayor que $\frac{d}{2}$, lo que significa que el punto igualmente iluminado está a la derecha de *A,* entre *A* y *B*, más cerca de *B* que de *A,* como está el punto *P.* Es evidente que el punto igualmente iluminado tiene que estar más cerca de la luz más débil.

En el segundo valor de *x* siendo $\sqrt{I}>\sqrt{I'}$ el denominador, $\sqrt{I}-\sqrt{I'}$ es positivo, pero menor que $\sqrt{I}$; luego, $\frac{\sqrt{I}}{\sqrt{I}-\sqrt{I'}}$ es una cantidad positiva y mayor que 1; luego, *x* es igual a *d* multiplicada por una cantidad positiva mayor que 1; luego, *x* será positiva y mayor que *d*, lo que significa que hay otro punto igualmente iluminado que está situado a la derecha de *B*, como el punto P_1.

2) $I=I'$. En este caso $\sqrt{I}=\sqrt{I'}$; luego, $\sqrt{I}+\sqrt{I'}=2\sqrt{I}$ y el primer valor de *x* se convierte en $x=\frac{d\sqrt{I}}{2\sqrt{I}}=\frac{d}{2}$, lo que significa que el punto igualmente iluminado será el punto medio de la línea *AB*.

El segundo valor de x, siendo $\sqrt{I}=\sqrt{I'}$, se convierte en $x=\frac{d\sqrt{I}}{0}=\infty$ lo que significa que el otro punto igualmente iluminado está a una distancia infinita del foco A, o sea, que no existe.
Entonces, siendo $I=I'$ no hay más que una solución.

3) $I < I'$. En este caso $\sqrt{I}<\sqrt{I'}$, o sea $\sqrt{I'}>\sqrt{I}$; luego, $\sqrt{I}+\sqrt{I'}$ será mayor que $2\sqrt{I}$, y $\frac{\sqrt{I}}{\sqrt{I}+\sqrt{I'}}$ será menor que $\frac{1}{2}$; luego, x será igual a d multiplicada por una cantidad menor que $\frac{1}{2}$, o sea que x es positiva y menor que $\frac{d}{2}$, lo que significa que el punto igualmente iluminado está a la derecha de A, más cerca de A que de B, como es lógico que suceda por ser el foco A más débil que el foco B en este caso.

En el segundo valor de x, siendo $\sqrt{I}<\sqrt{I'}$ el denominador, $\sqrt{I}-\sqrt{I'}$ es negativo; luego, $\frac{\sqrt{I}}{\sqrt{I}-\sqrt{I'}}$ es una **cantidad negativa y x es igual a d** multiplicada por una cantidad negativa; luego, x es negativa, lo que significa que hay otro punto igualmente iluminado y situado a la izquierda de A como el punto P_2.

Ejemplos

1) Se tiene un foco luminoso A de 100 bujías y otro foco B de 25 bujías, situado a 3 m a la derecha de A. Hallar el punto de la línea AB igualmente iluminado por ambos.
Aquí $d=3$, $I=100$, $I'=25$. El primer valor de x será:

$$x=\frac{d\sqrt{I}}{\sqrt{I}+\sqrt{I'}}=\frac{3\times\sqrt{100}}{\sqrt{100}+\sqrt{25}}=\frac{3\times 10}{10+5}=\frac{30}{15}=2\text{ m}$$

luego hay un punto en la línea AB igualmente iluminado situado a 2 m a la derecha de A.
El segundo valor será:

$$x=\frac{d\sqrt{I}}{\sqrt{I}-\sqrt{I'}}=\frac{3\times\sqrt{100}}{\sqrt{100}-\sqrt{25}}=\frac{3\times 10}{10-5}=\frac{30}{5}=6\text{ m}$$

luego hay otro punto igualmente iluminado en la línea AB situado a 6 m a la derecha de A.

2) Se tienen dos focos luminosos, A de 36 bujías y B de 100 bujías, estando B 4 m a la derecha de A. Hallar el punto igualmente iluminado de la recta AB. Aquí $d=4$, $I=36$, $I'=100$. El primer valor de x será:

$$x=\frac{d\sqrt{I}}{\sqrt{I}+\sqrt{I'}}=\frac{4\times\sqrt{36}}{\sqrt{36}+\sqrt{100}}=\frac{4\times 6}{6+10}=\frac{24}{16}=1.50\text{ m}$$

luego hay un punto de la línea AB igualmente iluminado situado a 1.50 m a la derecha de A. El segundo valor de x será:

$$x=\frac{d\sqrt{I}}{\sqrt{I}-\sqrt{I'}}=\frac{4\times 6}{6-10}=\frac{4\times 6}{-4}=\frac{24}{-4}=-6\text{ m}$$

luego hay otro punto de la línea AB igualmente iluminado situado a 6 m a la izquierda de A.

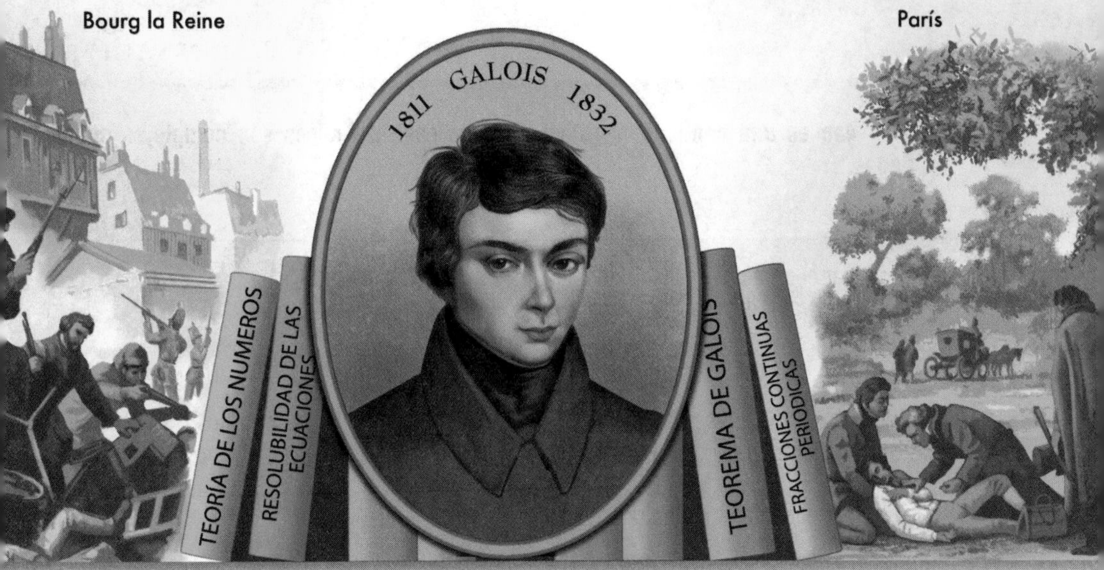

Evariste Galois (1811-1832). Matemático francés. Después de realizar estudios en un Liceo, ingresó en la Escuela Normal. Acusado de ser peligroso republicano fue a parar a la cárcel. No fue la única vez que estuvo en prisión. Acabado de salir murió de un pistoletazo en un duelo, cuando apenas tenía 21 años de edad. A pesar de esta corta vida Galois dejó una estela profunda en la historia de las Matemáticas, pues realizó la demostración del teorema que lleva su nombre sobre la resolución de las ecuaciones de primer grado.

Capítulo XXXV

TEORÍA DE LAS ECUACIONES DE SEGUNDO GRADO. ESTUDIO DEL TRINOMIO DE SEGUNDO GRADO

CARÁCTER DE LAS RAÍCES DE LA ECUACIÓN DE SEGUNDO GRADO

La ecuación general de segundo grado $ax^2 + bx + c = 0$ tiene dos **raíces** y **sólo dos,** cuyos valores son:

$$x_1 = \frac{-b + \sqrt{b^2 - 4ac}}{2a} \quad \text{y} \quad x_2 = \frac{-b - \sqrt{b^2 - 4ac}}{2a}$$

El **carácter** de estas raíces depende del valor del binomio $b^2 - 4ac$ que está bajo el signo radical; por esa razón $b^2 - 4ac$ se llama **discriminante** de la ecuación general de segundo grado.

Consideraremos tres casos:

1) **$b^2 - 4ac$ es una cantidad positiva.** En este caso las raíces son **reales** y **desiguales.** Si $b^2 - 4ac$ es **cuadrado perfecto,** las raíces son **racionales,** y si no lo es, son **irracionales.**

2) **$b^2 - 4ac$ es cero.** En este caso las raíces son **reales e iguales.** Su valor es $-\frac{b}{2a}$.

3) **$b^2 - 4ac$ es una cantidad negativa.** En este caso las raíces son **complejas conjugadas.**

Ejemplos

1) Determinar el carácter de las raíces de $3x^2 - 7x + 2 = 0$.
Hallemos el valor de $b^2 - 4ac$. Aquí $a = 3$, $b = -7$, $c = 2$, luego

$$b^2 - 4ac = (-7)^2 - 4(3)(2) = 49 - 24 = 25 \quad \textbf{R.}$$

Como $b^2 - 4ac = 25$ es positiva, las raíces son reales y desiguales y como 25 es cuadrado perfecto ambas raíces son racionales.

2) Determinar el carácter de las raíces de $3x^2 + 2x - 6 = 0$.

Aquí $a = 3$, $b = 2$, $c = -6$, luego

$$b^2 - 4ac = 2^2 - 4(3)(-6) = 4 + 72 = 76 \quad \textbf{R.}$$

Como $b^2 - 4ac = 76$ es positiva, las raíces son reales y desiguales y como 76 no es cuadrado perfecto las raíces son irracionales.

3) Determinar el carácter de las raíces de $4x^2 - 12x + 9 = 0$.

$$b^2 - 4ac = (-12)^2 - 4(4)(9) = 144 - 144 = 0 \quad \textbf{R.}$$

Como $b^2 - 4ac = 0$, las raíces son reales e iguales.

4) Determinar el carácter de las raíces de $x^2 - 2x + 3 = 0$.

$$b^2 - 4ac = (-2)^2 - 4(1)(3) = 4 - 12 = -8 \quad \textbf{R.}$$

Como $b^2 - 4ac = -8$ es negativa, las raíces son complejas conjugadas.

Ejercicio 276

Determinar el carácter de las raíces de las ecuaciones siguientes, sin resolverlas:

1. $3x^2 + 5x - 2 = 0$
2. $2x^2 - 4x + 1 = 0$
3. $4x^2 - 4x + 1 = 0$
4. $3x^2 - 2x + 5 = 0$
5. $x^2 - 10x + 25 = 0$
6. $x^2 - 5x - 5 = 0$
7. $2x^2 - 9x + 7 = 0$
8. $36x^2 + 12x + 1 = 0$
9. $4x^2 - 5x + 3 = 0$
10. $x^2 + x - 1 = 0$
11. $5x^2 - 7x + 8 = 0$
12. $x^2 - 10x - 11 = 0$

446 PROPIEDADES DE LAS RAÍCES DE LA ECUACIÓN DE SEGUNDO GRADO

La ecuación general de segundo grado es $ax^2 + bx + c = 0$ y sus raíces.

$$x_1 = \frac{-b + \sqrt{b^2 - 4ac}}{2a} \quad \text{y} \quad x_2 = \frac{-b - \sqrt{b^2 - 4ac}}{2a}$$

Estas raíces tienen dos propiedades:

1) **Suma de las raíces.** Sumando las raíces, tenemos:

$$x_1 + x_2 = \frac{-b+\sqrt{b^2-4ac}}{2a} + \frac{-b-\sqrt{b^2-4ac}}{2a}$$

$$= \frac{-b+\sqrt{b^2-4ac}-b-\sqrt{b^2-4ac}}{2a}$$

$$= \frac{-2b}{2a} = \frac{-b}{a}, \text{ o sea } x_1 + x_2 = -\frac{b}{a}$$

luego, **la suma de las raíces es igual al coeficiente del segundo término de la ecuación con el signo cambiado partido por el coeficiente del primer término.**

2) **Producto de las raíces.** Multiplicando las raíces, tenemos:

$$x_1x_2 = \frac{-b+\sqrt{b^2-4ac}}{2a} \times \frac{-b-\sqrt{b^2-4ac}}{2a}$$

$$= \frac{\left(-b+\sqrt{b^2-4ac}\right)\left(-b-\sqrt{b^2-4ac}\right)}{4a^2}$$

$$= \frac{(-b)^2-\left(\sqrt{b^2-4ac}\right)^2}{4a^2} = \frac{b^2-(b^2-4ac)}{4a^2} = \frac{b^2-b^2+4ac}{4a^2} = \frac{4ac}{4a^2} = \frac{c}{a}$$

$$\text{o sea } x_1x_2 = \frac{c}{a}$$

luego, **el producto de las raíces es igual al tercer término de la ecuación con su propio signo partido por el coeficiente del primero.**

La ecuación $ax^2 + bx + c = 0$ puede escribirse $x^2 + \frac{b}{a}x + \frac{c}{a} = 0$, dividiendo todos sus términos 447
entre a. Entonces, como

$$x_1 + x_2 = \frac{-b}{a} = -\frac{b}{a} \text{ y } x_1x_2 = \frac{c}{a}$$

podemos decir que en **toda ecuación de la forma** $x^2 + \frac{b}{a}x + \frac{c}{a} = 0$ o $x^2 + mx + n = 0$, es decir, en toda ecuación de segundo grado en que el coeficiente del primer término es 1, **la suma de las raíces es igual al coeficiente del segundo término con el signo cambiado** y el **producto de las raíces es igual al tercer término con su propio signo.**

Ejemplos

1) Hallar si 2 y –5 son las raíces de la ecuación

$$x^2+3x-10=0$$

Si 2 y –5 son la raíces de esta ecuación, su suma tiene que ser igual al coeficiente del segundo término 3 con el signo cambiado, –3 y su producto tiene que ser el tercer término –10 con su propio signo. Veamos si cumplen estas condiciones:

Suma: $2+(-5)=2-5=-3$, coef. de x con el signo cambiado.

Producto: $2\times(-5)=-10$, tercer término con su propio signo.

Luego 2 y –5 son las raíces de la ecuación $x^2+3x-10=0$.

2) Hallar si –3 y $-\frac{1}{2}$ son las raíces de la ecuación $2x^2+7x+3=0$.

Pongamos la ecuación en la forma $x^2+mx+n=0$ dividiendo entre 2, quedará:

$$x^2+\frac{7}{2}x+\frac{3}{2}=0$$

Suma: $(-3)+\left(-\frac{1}{2}\right)=-3-\frac{1}{2}=-\frac{7}{2}$ coef. de x con el signo cambiado.

Producto: $(-3)\left(-\frac{1}{2}\right)=\frac{3}{2}$, tercer término con su propio signo.

Luego –3 y $-\frac{1}{2}$ son las raíces de la ecuación $2x^2+7x+3=0$.

3) Hallar si 1 y $-\frac{2}{3}$ son las raíces de la ecuación $3x^2+x-2=0$.

Dividiendo entre 3 se tiene: $x^2+\frac{1}{3}x-\frac{2}{3}=0$

Suma: $1+\left(-\frac{2}{3}\right)=1-\frac{2}{3}=\frac{1}{3}$

La suma da el coeficiente del segundo término con su propio signo y no con el signo cambiado, luego 1 y $-\frac{2}{3}$ *no son* las raíces de la ecuación dada.

Ejercicio 277

Determinar, por las propiedades de las raíces, si:

1. 2 y –3 son las raíces de $x^2+x-6=0$
2. 1 y 5 son las raíces de $x^2-4x-5=0$
3. 1 y $-\frac{1}{2}$ son las raíces de $2x^2-x-1=0$
4. –3 y $\frac{1}{3}$ son las raíces de $3x^2+8x-3=0$
5. 2 y $-\frac{1}{5}$ son las raíces de $5x^2-11x+2=0$
6. –4 y $-\frac{1}{4}$ son las raíces de $4x^2+17x+4=0$
7. –5 y $-\frac{1}{5}$ son las raíces de $5x^2+24x-5=0$
8. 4 y –7 son las raíces de $x^2+3x-28=0$
9. $\frac{1}{2}$ y $-\frac{2}{3}$ son las raíces de $6x^2+x-2=0$
10. $\frac{1}{2}$ y $-\frac{3}{4}$ son las raíces de $8x^2-2x-3=0$

DADAS LAS RAÍCES DE UNA ECUACIÓN DE SEGUNDO GRADO, DETERMINAR LA ECUACIÓN

448

Ejemplos

1) Las raíces de una ecuación de segundo grado son 3 y –5. Determinar la ecuación.
Hallemos la *suma* y el *producto* de las raíces.

Suma: $3 + (-5) = 3 - 5 = -2$

Producto: $3 \times (-5) = -15$

Sabemos que la suma de las raíces de toda ecuación de la forma $x^2 + mx + n = 0$ es igual al coeficiente del segundo término con el signo cambiado y el producto es igual al tercer término con su propio signo.

Aquí, la suma de las raíces es –2, luego el coeficiente del segundo término de la ecuación será 2; el producto de las raíces es –15, luego –15 será el tercer término de la ecuación.

Por tanto, la ecuación será: $x^2 + 2x - 15 = 0$ **R.**

2) Las raíces de una ecuación son 2 y $-\frac{3}{4}$. Determinar la ecuación.

Suma de las raíces: $2 + \left(-\frac{3}{4}\right) = 2 - \frac{3}{4} = \frac{5}{4}$

Producto de las raíces: $2 \times \left(-\frac{3}{4}\right) = -\frac{6}{4} = -\frac{3}{2}$

La suma *con el signo cambiado* se pone de coeficiente del segundo término de la ecuación y el producto *con su propio signo* se pone de tercer término, luego la ecuación será:

$x^2 - \frac{5}{4}x - \frac{3}{2} = 0$ o sea $4x^2 - 5x - 6 = 0$ **R.**

3) Hallar la ecuación cuyas raíces son –4 y $-\frac{3}{5}$.

Suma: $(-4) + \left(-\frac{3}{5}\right) = -4 - \frac{3}{5} = -\frac{23}{5}$

Producto: $(-4) \times \left(-\frac{3}{5}\right) = \frac{12}{5}$

La ecuación será: $x^2 + \frac{23}{5}x + \frac{12}{5} = 0$ o sea $5x^2 + 23x + 12 = 0$ **R.**

Ejercicio 278

Determinar la ecuación cuyas raíces son:

1. 3 y 4	4. –10 y 11	7. 3 y $-\frac{2}{3}$	10. –5 y $\frac{2}{7}$
2. –1 y 3	5. 1 y $\frac{1}{2}$	8. –2 y $-\frac{3}{2}$	11. 6 y $-\frac{5}{3}$
3. –5 y –7	6. –2 y $-\frac{1}{5}$	9. $-\frac{1}{2}$ y $\frac{3}{4}$	12. –2 y $-\frac{1}{8}$

13. 18 y −52
14. −15 y −11
15. 0 y 2
16. 0 y $-\frac{1}{3}$
17. 5 y −5
18. $\frac{1}{2}$ y $-\frac{1}{2}$
19. 7 y 7
20. 8 y $-\frac{11}{3}$
21. $-\frac{5}{6}$ y $-\frac{9}{2}$
22. $-\frac{11}{2}$ y $\frac{2}{7}$
23. $2a$ y $-a$
24. $-\frac{2b}{3}$ y $\frac{b}{4}$
25. m y $-\frac{m}{2}$
26. b y $a-b$
27. $\frac{a}{2}$ y $-\frac{b}{3}$
28. $1+\sqrt{2}$ y $1-\sqrt{2}$
29. $2+\sqrt{5}$ y $2-\sqrt{5}$
30. $3+\sqrt{-1}$ y $3-\sqrt{-1}$

449 DADA LA SUMA Y EL PRODUCTO DE DOS NÚMEROS, HALLAR LOS NÚMEROS

Ejemplos

1) La suma de dos números es 4 y su producto −396. Hallar los números.

Por las propiedades de las raíces de la ecuación de segundo grado, si la suma de los dos números que se buscan es 4 y su producto −396, los dos números son las raíces de una ecuación de segundo grado de la forma $x^2 + mx + n = 0$ en la cual el coeficiente del segundo término es −4 (la suma con el signo cambiado) y el tercer término es −396 (el producto con su propio signo), luego la ecuación es:

$$x^2 - 4x - 396 = 0$$

Las raíces de esta ecuación son los números que buscamos. Resolviendo esta ecuación:

$$(x-22)(x+18) = 0$$
$$x - 22 = 0 \therefore x = 22 \qquad x_1 = 22$$
$$x + 18 = 0 \therefore x = -18 \qquad x_2 = -18$$

Luego los números buscados son 22 y −18. **R.**

2) La suma de dos números es $-\frac{35}{4}$ y su producto 6. Hallar los números.

Los dos números que buscamos son las raíces de una ecuación de segundo grado cuyo primer término es x^2, en la cual el coeficiente del segundo término es $\frac{35}{4}$ (la suma con el signo cambiado) y cuyo tercer término es 6 (el producto con su propio signo), luego la ecuación es:

$$x^2 + \frac{35}{4}x + 6 = 0$$

Las raíces de esta ecuación son los números que buscamos. Resolviendo la ecuación:

$$4x^2 + 35 + 24 = 0$$

$$x = \frac{-35 \pm \sqrt{35^2 - 4(4)(24)}}{8} = \frac{-35 \pm \sqrt{1{,}225 - 384}}{8}$$

$$= \frac{-35 \pm \sqrt{841}}{8} = \frac{-35 \pm 29}{8}$$

$$x_1 = \frac{-35+29}{8} = \frac{-6}{8} = -\frac{3}{4}$$

$$x_2 = \frac{-35-29}{8} = \frac{-64}{8} = -8$$

Luego los números buscados son -8 y $-\frac{3}{4}$. **R.**

Ejercicio 279

Encontrar dos números sabiendo que:

1. La suma es 11 y el producto 30.
2. La suma es –33 y el producto 260.
3. La suma es –1 y el producto –306.
4. La suma es –49 y el producto 294.
5. La suma es 6 y el producto –247.
6. La suma es $\frac{3}{2}$ y el producto –1.
7. La suma es $-\frac{22}{3}$ y el producto 8.
8. La suma es $\frac{1}{4}$ y el producto $-\frac{3}{8}$.
9. La suma es $-13\frac{4}{7}$ y el producto –6.
10. La suma es $-3\frac{1}{3}$ y el producto 1.
11. La suma es $\frac{31}{40}$ y el producto $\frac{3}{20}$.
12. La suma es $-\frac{1}{6}$ y el producto $-\frac{5}{9}$.
13. La suma es $\frac{7}{20}$ y el producto $-\frac{3}{10}$.
14. La suma es $4\frac{1}{5}$ y el producto –4.
15. La suma es $\frac{59}{72}$ y el producto $\frac{1}{6}$.
16. La suma es 2 y el producto – 4.
17. La suma es 1 y el producto $-\frac{11}{4}$.
18. La suma es $-1\frac{1}{3}$ y el producto $-6\frac{5}{9}$.
19. La suma es a y el producto $-2a^2$.
20. La suma es $-7b$ y el producto $10b^2$.
21. La suma es $\frac{m}{2}$ y el producto $-\frac{m^2}{9}$.

ESTUDIO DEL TRINOMIO DE SEGUNDO GRADO $ax^2 + bx + c$

DESCOMPOSICIÓN EN FACTORES DEL TRINOMIO DE SEGUNDO GRADO 450

El trinomio de segundo grado $ax^2 + bx + c$ puede escribirse

$$ax^2 + bx + c = a\left(x_2 + \frac{b}{a}x + \frac{c}{a}\right) \quad \textbf{(1)}$$

Igualando a cero el trinomio del segundo miembro se tiene

$$x^2 + \frac{b}{a}x + \frac{c}{a} = 0 \text{ o } ax^2 + bx + c = 0$$

que es la ecuación general de segundo grado.

Sabemos **(446)** que las raíces x_1 y x_2 de esta ecuación tienen las dos propiedades siguientes:

$$x_1 + x_2 = -\frac{b}{a} \therefore \frac{b}{a} = -(x_1 + x_2)$$

$$x_1 x_2 = \frac{c}{a}$$

Ahora, si en el trinomio $x^2+\frac{b}{a}x+\frac{c}{a}$ en lugar de $\frac{b}{a}$ ponemos su igual $-(x_1+x_2)$ y en lugar de $\frac{c}{a}$ ponemos su igual x_1x_2, tenemos:

$$x^2+\frac{b}{a}x+\frac{c}{a}=x^2-(x_1+x_2)x+x_1x_2$$

$$\text{(multiplicando)}=x^2-x_1x-x_2x+x_1x_2$$

$$\text{(factorizando por agrupación)}=x(x-x_1)-x_2(x-x_1)$$

$$=(x-x_1)(x-x_2)$$

Luego, en definitiva, nos queda: $x^2+\frac{b}{a}x+\frac{c}{a}=(x-x_1)(x-x_2)$

Sustituyendo el valor de este trinomio en (**1**), se tiene:

$$ax^2+bx+c=a(x-x_1)(x-x_2)$$

lo que me dice que el trinomio de segundo grado se descompone en tres factores:

1) El coeficiente de x^2, que es *a*. 2) *x* menos una de las raíces de la ecuación que se obtiene igualando el trinomio a cero. 3) *x* menos la otra raíz.

451 DESCOMPONER UN TRINOMIO EN FACTORES HALLANDO LAS RAÍCES

Visto lo anterior, para descomponer un trinomio de segundo grado en factores hallando las raíces, se procede así:

1) **Se iguala el trinomio a cero y se hallan las dos raíces de esta ecuación.**

2) **Se descompone el trinomio en tres factores: el coeficiente de x^2, *x* menos una de las raíces y *x* menos la otra raíz.**

Ejemplos

1) Descomponer en factores $6x^2+5x-4$.
Igualando a cero el trinomio, se tiene:

$$6x^2+5x-4=0$$

Hallemos las raíces de esta ecuación:

$$x=\frac{-5\pm\sqrt{5^2-4(6)(-4)}}{12}=\frac{-5\pm\sqrt{25+96}}{12}=\frac{-5\pm\sqrt{121}}{12}=\frac{-5\pm 11}{12}$$

$$x_1=\frac{-5+11}{12}=\frac{6}{12}=\frac{1}{2}$$

$$x_2=\frac{-5-11}{12}=\frac{-16}{12}=-\frac{4}{3}$$

Entonces, el trinomio se descompone:

$$6x^2+5x-4=6\left(x-\frac{1}{2}\right)\left[x-\left(-\frac{4}{3}\right)\right]=6\left(x-\frac{1}{2}\right)\left(x+\frac{4}{3}\right)$$

$$=6\left(\frac{2x-1}{2}\right)\left(\frac{3x+4}{3}\right)=\frac{6(2x-1)(3x+4)}{6}$$

$$=(2x-1)(3x+4) \quad \textbf{R.}$$

2) Descomponer en factores $24x^2+26x+5$.
Igualando a cero el trinomio, se tiene: $24x^2+26x+5=0$

Resolviendo esta ecuación:

$$x=\frac{-26\pm\sqrt{26^2-4(24)5}}{48}=\frac{-26\pm\sqrt{196}}{48}=\frac{-26\pm 14}{48}$$

$$x_1=\frac{-26+14}{48}=\frac{-12}{48}=-\frac{1}{4}$$

$$x_2=\frac{-26-14}{48}=\frac{-40}{48}=-\frac{5}{6}$$

Entonces:

$$24x^2+26x+5=24\left[x-\left(-\frac{1}{4}\right)\right]\left[x-\left(-\frac{5}{6}\right)\right]=24\left(x+\frac{1}{4}\right)\left(x+\frac{5}{6}\right)$$

$$=\frac{24(4x+1)(6x+5)}{24}=(4x+1)(6x+5) \quad \textbf{R.}$$

3) Descomponer en factores $4+7x-15x^2$.

Ordenamos en orden descendente con relación a x y lo igualamos a cero:

$$-15x^2+7x+4=0$$

$$15x^2-7x-4=0$$

Resolviendo:

$$x=\frac{7\pm\sqrt{7^2-4(15)(-4)}}{30}=\frac{7\pm\sqrt{289}}{30}=\frac{7\pm 17}{30}$$

$$x_1=\frac{7+17}{30}=\frac{24}{30}=\frac{4}{5}$$

$$x_2=\frac{7-17}{30}=\frac{-10}{30}=-\frac{1}{3}$$

Entonces:

$$4+7x-15x^2=-15\left(x-\frac{4}{5}\right)\left(x+\frac{1}{3}\right)=\frac{-15(5x-4)(3x+1)}{15}$$

$$=-(5x-4)(3x+1)=(4-5x)(1+3x) \quad \textbf{R.}$$

Ejercicio 280

Descomponer en factores, hallando las raíces:

1. $x^2-16x+63$	7. $6x^2+7x-10$	13. $6-x-x^2$	19. $10x^2+207x-63$
2. $x^2+24x+143$	8. $12x^2-25x+12$	14. $5-9x-2x^2$	20. $100-15x-x^2$
3. $x^2-26x-155$	9. $8x^2+50x+63$	15. $15+4x-4x^2$	21. $18x^2+31x-49$
4. $2x^2+x-6$	10. $27x^2+30x+7$	16. $4+13x-12x^2$	22. $6x^2-ax-2a^2$
5. $12x^2+5x-2$	11. $30x^2-61x+30$	17. $72x^2-55x-7$	23. $5x^2+22xy-15y^2$
6. $5x^2+41x+8$	12. $11x^2-153x-180$	18. $6+31x-30x^2$	24. $15x^2-32mx-7m^2$

VARIACIONES DEL TRINOMIO DE SEGUNDO GRADO

452 El trinomino de segundo grado ax^2+bx+c es función de segundo grado de x. Designando por y el valor de la función, se tiene:

$$y=ax^2+bx+c$$

A cada valor de x corresponde un valor de la función o del trinomio.
Así, en el trinomio $y=x^2+2x-3$ tenemos:

Para	$x=0$	$y=-3$
	$x=1$	$y=0$
	$x=2$	$y=5$
	....	....
	$x=-1$	$y=-4$
	$x=-2$	$y=-3$, etcétera.

Aquí vemos que a cada valor de x corresponde un valor de y, o sea del trinomio.

A continuación vamos a estudiar las variaciones del signo del trinomio y del valor del trinomio que corresponden a las variaciones del valor de x.

453 VARIACIONES DEL SIGNO DEL TRINOMIO

Sabemos **(450)** que el trinomio de segundo grado se descompone de este modo:

$$y=ax^2+bx+c=a(x-x_1)(x-x_2) \quad \textbf{(1)}$$

Consideraremos tres casos:

1) b^2-4ac **positivo.** Las raíces del trinomio son **reales** y **desiguales.**

En este caso:

a) **El trinomio tiene el mismo signo de** a **para todos los valores de** x **mayores que ambas raíces o menores que ambas raíces.**

Si x es mayor que x_1 y que x_2, los dos binomios de (**1**) son positivos; luego, su producto es positivo y si x es menor que x_1 y que x_2, ambos binomios son negativos; luego, su producto es positivo; entonces, el signo de $a(x-x_1)(x-x_2)$ será igual al signo de a, y como este producto es igual al trinomio, el trinomio tiene el mismo signo que a.

b) **El trinomio tiene signo contrario al signo de *a* para todos los valores de *x* comprendidos entre ambas raíces.**

Si x es mayor que una de las raíces y menor que la otra, uno de los binomios de (**1**) es positivo y el otro negativo; luego, su producto es negativo y al multiplicar a por una cantidad negativa su signo cambiará; luego el trinomio tiene signo contrario al signo de a.

2) $b^2 - 4ac = 0$. Las raíces del trinomio son **iguales**. En este caso, **el trinomio tiene el mismo signo que *a* para todo valor de *x* distinto de la raíz.**

Como $x_1 = x_2$, para cualquier valor de x distinto de esta raíz los dos binomios de (**1**) serán positivos ambos o negativos ambos, y su producto será positivo; luego, el signo que resulte de multiplicar a por este producto será siempre igual al signo de a; luego, el trinomio tendrá igual signo que a.

3) $b^2 - 4ac$ **negativo.** Las raíces del trinomio son **complejas conjugadas**. En este caso, **para cualquier valor de *x* el trinomio tiene el mismo signo que *a*.**

Si $b^2 - 4ac$ es negativo, $4ac - b^2$ es positivo. Entonces en $y = ax^2 + bx + c$, multiplicando y dividiendo el segundo miembro por $4a$, se tiene:

$$y = \frac{4a^2x^2 + 4abx + 4ac}{4a}$$

Sumando y restando b^2 al numerador del segundo miembro:

$$y = \frac{4a^2x^2 + 4abx + b^2 + 4ac - b^2}{4a}$$

Descomponiendo el trinomio cuadrado perfecto $4a^2x^2 + 4abx + b^2$, se tiene:

$$y = \frac{(2ax + b)^2 + 4ac - b^2}{4a} \quad (2)$$

El numerador de esta fracción siempre es positivo porque $(2ax + b)^2$ siempre es positivo (todo cuadrado es positivo) y $4ac - b^2$ también es positivo por ser $b^2 - 4ac$ negativo; luego, el signo de esta fracción será igual al signo del denominador $4a$ y este signo es igual al signo de a, y como y, o sea el trinomio, es igual a esta fracción, el signo del trinomio será igual al signo de a para cualquier valor de x.

VALOR MÁXIMO O MÍNIMO DEL TRINOMIO 454

Para calcular el valor máximo o mínimo del trinomio, usaremos la expresión (**2**):

$$y = \frac{(2ax + b)^2 + 4ac - b^2}{4a}$$

1) **Cuando *a* es positiva**. En la fracción del segundo miembro, que es el valor de y, o sea del trinomio, el denominador $4a$ es positivo y tiene un valor fijo (porque lo que varía es x, y

$4a$ no contiene x); luego, el valor de esta fracción depende del valor del numerador. En el numerador, $4ac - b^2$ tiene un valor fijo porque no contiene x; luego, el valor del numerador depende del valor de $(2ax + b)^2$, El valor de esta expresión es el que varía porque contiene a la x. Ahora bien, el **menor valor** que puede tener $(2ax + b)^2$ es cero, y esta expresión vale cero cuando $x = -\frac{b}{2a}$, porque entonces se tiene $2ax + b = 2a\left(-\frac{b}{2a}\right) + b = -b + b = 0$ y la expresión se convierte en $y = \frac{4ac - b^2}{4a}$.

Luego, si y, o sea el trinomio, es igual a la fracción del 2° miembro y esta fracción, cuando a es positiva, tiene un valor mínimo para $x = -\frac{b}{2a}$, el trinomio tiene **un valor mínimo** para $x = -\frac{b}{2a}$, cuando a es positiva, y este valor mínimo es $\frac{4ac - b^2}{4a}$.

2) **Cuando a es negativa.** Entonces, el denominador $4a$ es negativo y al dividir el numerador por $4a$ **cambiará su signo;** luego, la fracción tiene su mayor valor cuando $(2ax + b)^2 = 0$, lo que ocurre cuando $x = -\frac{b}{2a}$ y como y es igual a esta fracción, y, o sea el trinomio, tendrá un **valor máximo** para $x = -\frac{b}{2a}$ cuando a es negativo, cuyo máximo vale $\frac{4ac - b^2}{4a}$.

En resumen:

Si a es **positiva,** el trinomio tiene un valor **mínimo.**

Si a es **negativa,** el trinomio tiene un valor **máximo.**

El máximo o mínimo corresponde al valor de $x = -\frac{b}{2a}$, y este máximo o mínimo vale $\frac{4ac - b^2}{4a}$.

Ejemplos

1) Sea el trinomio $y = x^2 - 2x + 3$.

Como $a = +1$, positiva, el trinomio tiene un valor mínimo para

$$x = -\frac{b}{2a} = -\frac{-2}{2} = 1 \text{ y este mínimo vale } \frac{4ac - b^2}{4a} = \frac{4 \times 3 - 4}{4} = 2$$

En efecto, para

$x = -2,$	$y = 11$
$x = -1,$	$y = 6$
$x = 0,$	$y = 3$
$x = 1,$	$y = 2$
$x = 2,$	$y = 3$
$x = 3,$	$y = 6$

2) Sea el trinomio $y = -x^2 + 4x - 1$. Como $a = -1$, el trinomio tiene un valor máximo para $x = -\frac{b}{2a} = -\frac{4}{-2} = 2$ y este máximo vale

$$\frac{4ac - b^2}{4a} = \frac{4(-1)(-1) - 16}{-4} = \frac{4 - 16}{-4} = \frac{-12}{-4} = 3$$

En efecto, para

$x = -1,$	$y = -6$
$x = 0,$	$y = -1$
$x = 1,$	$y = 2$
$x = 2,$	$y = 3$
$x = 3,$	$y = 2$
$x = 4,$	$y = -1$
$x = 5,$	$y = -6$

REPRESENTACIÓN GRÁFICA DE LAS VARIACIONES DEL TRINOMIO DE SEGUNDO GRADO 455

Ejemplos

1) Representar gráficamente las variaciones de $x^2 - 6x + 5$.

Por ser $b^2 - 4ac = 36 - 20 = 16$, positiva, las raíces son *reales* y *desiguales*. Representemos el trinomio como se vio en el número **(438)**, haciendo:

$$y = x^2 - 6x + 5$$

Tenemos (Fig.73), que:

Para $x = -1,$	$y = 12$	
$x = 0,$	$y = 5$	
$x = 1,$	$y = 0$	
$x = 2,$	$y = -3$	
$x = 3,$	$y = -4$	(mínimo)
$x = 4,$	$y = -3$	
$x = 5,$	$y = 0$	
$x = 6,$	$y = 5$	
$x = 7,$	$y = 12$	

Figura 73

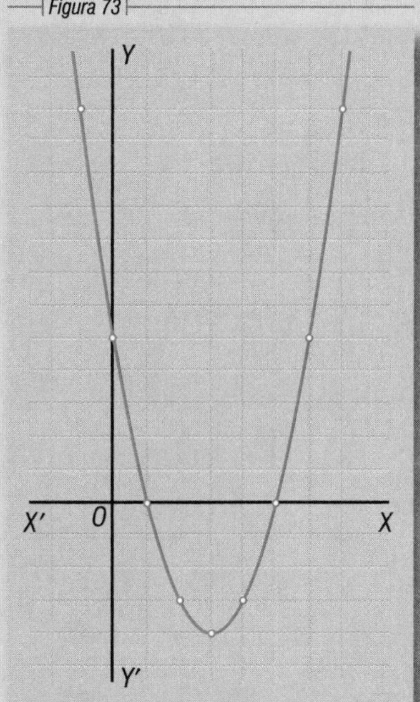

Representando cada uno de estos puntos y uniéndolos por medio de una curva tenemos la parábola de la figura 73 en la que se ve todo lo que hemos dicho sobre las variaciones del trinomio.

En ella se ve:

1. Que la curva corta el eje de las x en dos puntos cuyas abscisas son 1 y 5 que son las raíces del trinomio. El trinomio o sea el valor de la ordenada se anula para $x = 1$ y $x = 5$.
2. El trinomio (la ordenada) es positivo para todo valor de x mayor que 5 y menor que 1 porque sabemos **(453, 1º, a)** que cuando las raíces son reales y desiguales el trinomio tiene el mismo signo que a (aquí a, el coeficiente de x^2 es $+1$) para todos los valores de x mayores o menores que ambas raíces.
3. El trinomio es negativo para todo valor de x mayor que 1 y menor que 5 porque sabemos **(453, 1º, b)** que el trinomio tiene signo contrario al signo de a para todo valor de x comprendido entre ambas raíces.
4. El valor *mínimo* del trinomio (el valor mínimo de la ordenada) corresponde al valor de $x = 3$ que es el valor de $x = -\frac{b}{2a}$, y este mínimo vale -4 que es el valor de $\frac{4ac - b^2}{4a}$.
5. Para todos los valores de x equidistantes de $x = 3$, es decir para $x = 2$ y $x = 4$, para $x = 1$ y $x = 5$, $x = 0$ y $x = 6$, etc., el trinomio (la ordenada) tiene valores iguales.

2) Representar gráficamente las variaciones de $x^2 - 4x + 4$.

Tenemos:

$$y = x^2 - 4x + 4$$

Figura 74

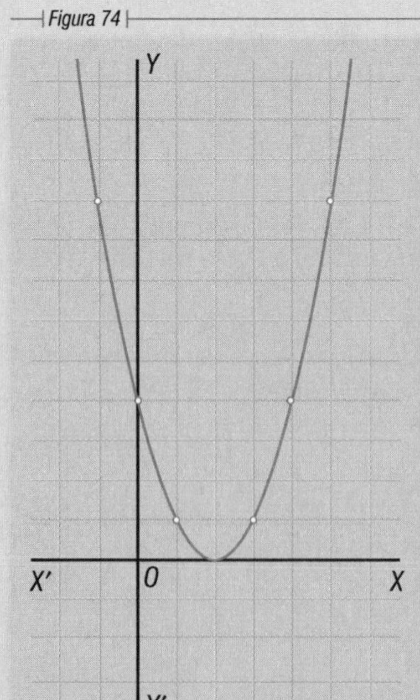

Por ser $b^2 - 4ac = 16 - 16 = 0$, las raíces son *reales e iguales*.

Se tiene (Fig. 74) que para:

$x = -1,\quad y = 9$
$x = 0,\quad y = 4$
$x = 1,\quad y = 1$
$x = 2,\quad y = 0$ (mínimo)
$x = 3,\quad y = 1$
$x = 4,\quad y = 4$
$x = 5,\quad y = 9$

Representando estos puntos y uniéndolos obtenemos la parábola de la figura 74.

En la figura observamos:

1. La curva es tangente al eje de las x y lo toca en el punto cuya abscisa es 2 que es el valor de las raíces del trinomio: $x_1 = x_2 = 2$. Véase que el trinomio (la ordenada) se anula para $x = 2$.
2. El trinomio es positivo para todo valor de x distinto de $x = 2$, porque sabemos **(453, 2º)** que cuando las raíces son iguales el trinomio tiene el mismo signo de a (aquí a, el coeficiente de x^2 es $+ 1$) para todo valor de x distinto de la raíz.
3. El *mínimo* del trinomio (de la ordenada) se obtiene para $x = 2$ que es el valor de $x = -\frac{b}{2a}$ y este mínimo vale 0 que es el valor de $\frac{4ac - b^2}{4a}$.
4. Para todos los valores de x equidistantes de $x = 2$ como $x = 1$ y $x = 3$, $x = 0$ y $x = 4$, etc., el trinomio tiene valores iguales.

3) Representar gráficamente las variaciones de $y = x^2 - 2x + 3$.

Como $b^2 - 4ac = 4 - 12 = -8$, negativa, las raíces son *complejas conjugadas.*

Tenemos (Fig. 75) que para:

$x = -2, \quad y = 11$
$x = -1, \quad y = 6$
$x = 0, \quad y = 3$
$x = 1, \quad y = 2$ (mínimo)
$x = 2, \quad y = 3$
$x = 3, \quad y = 6$
$x = 4, \quad y = 11$

Figura 75

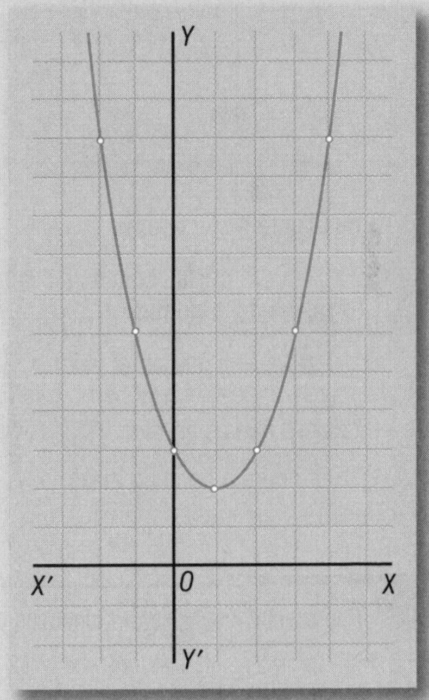

Representando estos puntos y uniéndolos tenemos la parábola de la figura 75.

En la figura observamos:

1. La curva no toca el eje de las x, porque las raíces son complejas conjugadas.
2. El trinomio (la ordenada) es positivo para todo valor de x porque sabemos **(453, 3º)** que cuando las raíces son complejas conjugadas el trinomio tiene el mismo signo que a, coeficiente de x^2, para todo valor de x y aquí $a = + 1$.
3. El *mínimo* del trinomio es $y = 2$ que es el valor de $\frac{4ac - b^2}{4a}$ y este mínimo corresponde al valor $x = 1$ que es el valor de $x = -\frac{b}{2a}$.
4. Para todos los valores de x equidistantes de $x = 1$ como $x = 0$ y $x = 2$, $x = -1$ y $x = 3$ el trinomio tiene valores iguales.

4) Representar gráficamente las variaciones de $y = -x^2 + 2x + 8$.

Figura 76

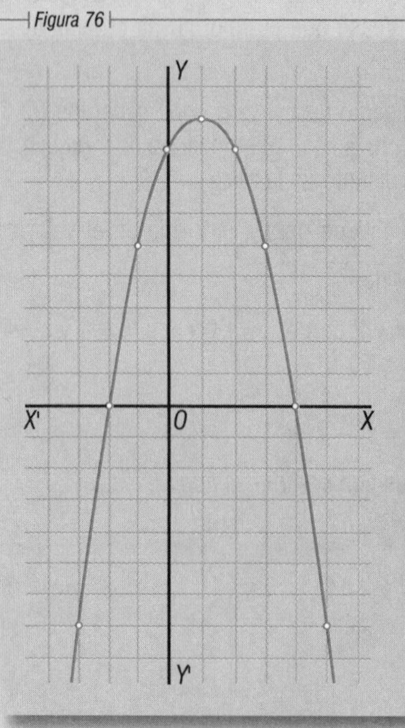

Aquí $b^2 - 4ac = 4 - 4(-1)8 = 4 + 32 = 36$, positiva, luego las raíces son reales y desiguales, pero como $a = -1$, negativa, la parábola estará *invertida*.

Tenemos (Fig. 76) que para

$x = -3$, $y = -7$
$x = -2$, $y = 0$
$x = -1$, $y = 5$
$x = 0$, $y = 8$
$x = 1$, $y = 9$ (máximo)
$x = 2$, $y = 8$
$x = 3$, $y = 5$
$x = 4$, $y = 0$
$x = 5$, $y = -7$

Representando estos puntos y uniéndolos tenemos la parábola invertida de la figura 76.

En la figura se ve que:

1. La curva corta el eje de las x en dos puntos cuyas abscisas son -2 y 4 que son las raíces del trinomio.
2. Para $x = 1$ que es el valor $x = \frac{-b}{2a}$ el trinomio (la ordenada) tiene un valor *máximo*, $y = 9$ que es el valor $\frac{4ac - b^2}{4a}$. En efecto, sabemos **(454, 2º)** que cuando a es negativa el trinomio tiene un máximo.

Ejercicio 281

Representar los siguientes trinomios y estudiar sus variaciones:

1. $x^2 - 3x + 2$	4. $x^2 + x - 12$	7. $-x^2 - 4x + 5$	10. $-x^2 + 2x + 15$
2. $x^2 + 3x + 2$	5. $x^2 - 2x + 1$	8. $x^2 - 6x + 3$	11. $2x^2 - x - 15$
3. $x^2 + 3x - 10$	6. $x^2 + 4x + 2$	9. $2x^2 + x - 6$	12. $-3x^2 + 7x + 20$

Münster

Berlín

1815 WEIERSTRASS 1897

Abhandlungen aus der Funktionenlehre

TEORÍA DE LAS FUNCIONES

Karl Wilhelm Theodor Weierstrass (1815-1897). Matemático alemán. Fue maestro de escuela y más tarde profesor de la Universidad de Berlín. Puede considerarse a Weierstrass el verdadero padre del Análisis moderno. En sus primeras investigaciones abordó el problema de los números irracionales. Luego se dedicó durante el resto de su vida al estudio de las funciones de variables complejas y de variables reales. Su nombre es inseparable del de su discípula Sonia Kowalewski, valiosa matemática rusa.

Capítulo XXXVI

ECUACIONES BINOMIAS Y TRINOMIAS

ECUACIÓN BINOMIA es una ecuación que consta de dos términos, uno de los cuales es independiente de la incógnita. 456

La fórmula general de las ecuaciones binomias es $x^n \pm A = 0$.

RESOLUCIÓN DE ECUACIONES BINOMIAS SENCILLAS 457

Vamos a considerar algunas ecuaciones binomias que se resuelven fácilmente por descomposición en factores.

Ejemplos

1) Resolver la ecuación $x^4 - 16 = 0$.
Descomponiendo $x^4 - 16$ se tiene: $(x^2 + 4)(x^2 - 4) = 0$

Igualando a cero cada uno de estos factores:

$$x^2 - 4 = 0 \therefore x^2 = 4 \therefore x = \pm\sqrt{4} = \pm 2$$

$$x^2 + 4 = 0 \therefore x^2 = -4 \therefore x = \pm\sqrt{-4} = \pm 2\sqrt{-1} = \pm 2i$$

Esta ecuación tiene cuatro raíces: 2, -2, $2i$ y $-2i$, dos reales y dos imaginarias.

2) Resolver la ecuación $x^3 - 27 = 0$.
Descomponiendo $x^3 - 27$ se tiene: $(x - 3)(x^2 + 3x + 9) = 0$

Igualando a cero cada uno de estos factores, se tiene:

$$x - 3 = 0 \therefore x = 3$$
$$x^2 + 3x + 9 = 0$$

Resolvamos la ecuación $x^2 + 3x + 9 = 0$ por la fórmula:

$$x = \frac{-3 \pm \sqrt{3^2 - 4(9)}}{2} = \frac{-3 \pm \sqrt{9-36}}{2} = \frac{-3 \pm \sqrt{-27}}{2}$$
$$= \frac{-3 \pm \sqrt{27}\sqrt{-1}}{2} = \frac{-3 \pm 3\sqrt{3}i}{2}$$

La ecuación tiene tres raíces: una real, 3 y dos complejas conjugadas.

$$\frac{-3+3\sqrt{3}i}{2} \text{ y } \frac{-3-3\sqrt{3}i}{2}$$

458 NÚMERO DE RAÍCES DE UNA ECUACIÓN

El **grado** de una ecuación indica el número de raíces que tiene. Así, una ecuación de segundo grado tiene 2 raíces; una ecuación de tercer grado, como el ejemplo anterior **2,** tiene 3 raíces; una ecuación de cuarto grado, como el ejemplo anterior **1**, tiene 4 raíces, etcétera.

459 RAÍCES CÚBICAS DE LA UNIDAD

La unidad tiene tres raíces cúbicas, una real y dos complejas conjugadas.
En efecto, siendo x la raíz cúbica de la unidad, esta raíz elevada al cubo tiene que darnos 1, y tenemos la ecuación binomia:

$$x^3 = 1$$

o sea,

$$x^3 - 1 = 0$$

Vamos a resolver esta ecuación, descomponiendo $x^3 - 1$. Tendremos:

$$(x - 1)(x^2 + x + 1) = 0$$

Igualando a cero estos factores, se tiene: $x - 1 = 0 \therefore x = 1$

$$x^2 + x + 1 = 0$$

Resolvamos esta ecuación por la fórmula:

$$x = \frac{-1 \pm \sqrt{1^2 - 4(1)}}{2} = \frac{-1 \pm \sqrt{-3}}{2} = \frac{-1 \pm \sqrt{3}\sqrt{-1}}{2} = \frac{-1 \pm i\sqrt{3}}{2}$$

Entonces, las raíces cúbicas de la unidad son tres: una real, 1 y dos complejas conjugadas $\frac{-1+i\sqrt{3}}{2}$ y $\frac{-1-i\sqrt{3}}{2}$.

Estas dos raíces complejas tienen la propiedad de que **si una de ellas se eleva al cuadrado, se obtiene la otra.** Entonces, siendo 1 la raíz real y designando una de las complejas por α, la otra raíz compleja conjugada será α^2.

Otra propiedad de estas raíces es que **la suma de las tres es igual a cero.** Así, $1 + \alpha + \alpha^2 = 0$.

282 Ejercicio

Resolver las ecuaciones:

1. $x^4 - 1 = 0$
2. $x^3 + 1 = 0$
3. $x^4 = 81$
4. $x^4 - 256 = 0$
5. $x^3 + 8 = 0$
6. $x^4 - 625 = 0$
7. $x^3 + 64 = 0$
8. $x^6 - 729 = 0$
9. Hallar las raíces cúbicas de 8
10. Hallar las raíces cuartas de 64

ECUACIONES TRINOMIAS son aquellas que constan de tres términos de la forma $ax^{2n} + bx^n + c = 0$, donde se ve que, después de ordenada la ecuación en orden descendente con relación a x, en el primer término la x tiene un exponente **doble** que en el segundo término y el tercer término es independiente de x. 460

Son ecuaciones trinomias:

$$x^4 + 9x^2 + 20 = 0,\ x^6 + 6x^3 - 7 = 0,\ 2x^8 + 9x^4 - 5 = 0,\ \text{etcétera.}$$

Las ecuaciones trinomias en que el primer término tiene x^4 y el segundo x^2 se llaman **ecuaciones bicuadradas.**

ECUACIONES DE GRADO SUPERIOR AL SEGUNDO QUE SE RESUELVEN POR LA FÓRMULA DE LA ECUACIÓN DE SEGUNDO GRADO 461

Toda ecuación trinomia puede escribirse $a(x^n)^2 + bx^n + c = 0$.

Aplicando la fórmula de la ecuación de segundo grado se halla el valor de x^n y, luego, extrayendo la raíz enésima, se hallan los valores de x.

También pueden resolverse, como las de segundo grado, por descomposición en factores.

Ejemplos

1) Resolver la ecuación $4x^4 - 37x^2 + 9 = 0$.

Esta es *una ecuación bicuadrada* que puede escribirse

$$4(x^2)^2 - 37x^2 + 9 = 0$$

Aplicando la fórmula de la ecuación de segundo grado se *halla el valor de* x^2:

$$x^2 = \frac{37 \pm \sqrt{37^2 - 4(4)(9)}}{8} = \frac{37 \pm \sqrt{1{,}369 - 144}}{8} = \frac{37 \pm \sqrt{1{,}225}}{8} = \frac{37 \pm 35}{8}$$

$$x^2 = \frac{37 + 35}{8} = \frac{72}{8} = 9$$

$$x^2 = \frac{37 - 35}{8} = \frac{2}{8} = \frac{1}{4}$$

Hemos obtenido los valores de x^2. Ahora, para hallar los valores de x, extraemos la raíz cuadrada a cada uno, y tendremos:

$$x^2 = 9 \therefore x = \pm\sqrt{9} = \pm 3$$

$$x^2 = \frac{1}{4} \therefore x = \pm\sqrt{\frac{1}{4}} = \pm\frac{1}{2}$$

Las *cuatro raíces* de la ecuación son: $3, -3, \frac{1}{2}$ y $-\frac{1}{2}$, todas reales. **R.**

2) Resolver la ecuación $3x^4 - 46x^2 - 32 = 0$.

Esta es otra ecuación bicuadrada. Vamos a resolverla por descomposición lo que suele ser más rápido que aplicar la fórmula. Descomponiendo el trinomio, tenemos:

$$(3x^2 + 2)(x^2 - 16) = 0$$

Igualando a cero los factores, tenemos:

$$x^2 - 16 = 0$$
$$x^2 = 16 \therefore x = \pm 4$$
$$3x^2 + 2 = 0$$
$$3x^2 = -2$$
$$x^2 = -\frac{2}{3} \therefore x = \pm\sqrt{-\frac{2}{3}} = \pm i\sqrt{\frac{2}{3}}$$

Las cuatro raíces son: $4, -4, i\sqrt{\frac{2}{3}}$ y $-i\sqrt{\frac{2}{3}}$, dos reales y dos complejas conjugadas. **R.**

Ejercicio 283

Resolver las ecuaciones siguientes, hallando todas las raíces:

1. $x^4 - 10x^2 + 9 = 0$
2. $x^4 - 13x^2 + 36 = 0$
3. $x^4 - 29x^2 + 100 = 0$
4. $x^4 - 61x^2 + 900 = 0$
5. $x^4 + 3x^2 - 4 = 0$
6. $x^4 + 16x^2 - 225 = 0$
7. $x^4 - 45x^2 - 196 = 0$
8. $x^4 - 6x^2 + 5 = 0$
9. $4x^4 - 37x^2 + 9 = 0$
10. $9x^4 - 40x^2 + 16 = 0$
11. $25x^4 + 9x^2 - 16 = 0$
12. $4x^4 + 11x^2 - 3 = 0$
13. $(2x^2 + 1)^2 - (x^2 - 3)^2 = 80$
14. $x^2(3x^2 + 2) = 4(x^2 - 3) + 13$

3) Resolver la ecuación $x^6 - 19x^3 - 216 = 0$.

Aplicando la fórmula de la ecuación de segundo grado, obtenemos x^3:

$$x^3 = \frac{19 \pm \sqrt{19^2 - 4(-216)}}{2} = \frac{19 \pm \sqrt{1{,}225}}{2} = \frac{19 \pm 35}{2}$$

$$x^3 = \frac{19 + 35}{2} = \frac{54}{2} = 27$$

$$x^3 = \frac{19 - 35}{2} = \frac{-16}{2} = -8$$

Entonces, para hallar x, extraemos la raíz cúbica:

$$x^3 = 27 \therefore x = \sqrt[3]{27} = 3 \qquad x^3 = -8 \therefore x = \sqrt[3]{-8} = -2$$

3 y –2 son las raíces *principales.* Hay además otras 4 raíces complejas conjugadas que se obtienen resolviendo, como se vio antes, las ecuaciones binomias $x^3 - 27 = 0$ y $x^3 + 8 = 0$.

Por descomposición, se resuelve mucho más pronto la ecuación $x^6 - 19x^3 - 216 = 0$

En efecto, descomponiendo: $(x^3 - 27)(x^3 + 8) = 0$

$$x^3 - 27 = 0 \therefore x^3 = 27 \therefore x = \sqrt[3]{27} = 3$$

$$x^3 + 8 = 0 \therefore x^3 = -8 \therefore x = \sqrt[3]{-8} = -2$$

4) Resolver la ecuación $x^{\frac{4}{3}} - 6x^{\frac{2}{3}} + 8 = 0$.

Vamos a descomponer el trinomio. Tendremos: $\left(x^{\frac{2}{3}} - 2\right)\left(x^{\frac{2}{3}} - 4\right) = 0$

Igualando a cero $x^{\frac{2}{3}} - 2$ se tiene:

$$x^{\frac{2}{3}} - 2 = 0$$

$$x^{\frac{2}{3}} = 2$$

Elevando al cubo:

$$\sqrt[3]{x^2} = 2$$

$$x^2 = 8$$

$$x = \pm\sqrt{8} = \pm 2\sqrt{2}$$

Igualando a cero $x^{\frac{2}{3}} - 4$ se tiene:

$$x^{\frac{2}{3}} - 4 = 0$$

$$x^{\frac{2}{3}} = 4$$

$$\sqrt[3]{x^2} = 4$$

Elevando al cubo:

$$x^2 = 64$$

$$x = \pm\sqrt{64} = \pm 8 \quad \textbf{R.} \quad \pm 2\sqrt{2} \pm 8$$

Ejercicio 284

Resolver las ecuaciones:

1. $x^6 - 7x^3 - 8 = 0$
2. $x^6 + 30x^3 + 81 = 0$
3. $8x^6 + 15x^3 - 2 = 0$
4. $x^8 - 41x^4 + 400 = 0$
5. $x^{10} - 33x^5 + 32 = 0$
6. $x^{-4} - 13x^{-2} + 36 = 0$
7. $x^{-6} + 35x^{-3} = -216$
8. $x^{-10} = 242x^{-5} + 243$
9. $x^3 - 9x^{\frac{3}{2}} + 8 = 0$
10. $x + x^{\frac{1}{2}} = 6$
11. $3x = 16\sqrt{x} - 5$
12. $2x^{\frac{1}{2}} - 5x^{\frac{1}{4}} + 2 = 0$

TRANSFORMACIÓN DE EXPRESIONES DE LA FORMA $\sqrt{a \pm \sqrt{b}}$ EN SUMA DE RADICALES SIMPLES 462

Hagamos

$$\sqrt{a + \sqrt{b}} = \sqrt{x} + \sqrt{y} \quad \textbf{(1)}$$

$$\sqrt{a - \sqrt{b}} = \sqrt{x} - \sqrt{y} \quad \textbf{(2)}$$

y tendremos un sistema de dos ecuaciones con dos incógnitas *x* y *y*. Resolvamos el sistema:

Sumando (**1**) y (**2**) se tiene:

$$\sqrt{a+\sqrt{b}}+\sqrt{a-\sqrt{b}}=2\sqrt{x} \therefore \sqrt{x}=\frac{\sqrt{a+\sqrt{b}}+\sqrt{a-\sqrt{b}}}{2}$$

Elevando al cuadrado ambos miembros de esta última igualdad, se tiene:

$$x=\frac{a+\sqrt{b}+2\sqrt{a+\sqrt{b}}\cdot\sqrt{a-\sqrt{b}}+a-\sqrt{b}}{4}$$

$$=\frac{a+\sqrt{b}+2\sqrt{(a+\sqrt{b})(a-\sqrt{b})}+a-\sqrt{b}}{4}$$

$$=\frac{a+\sqrt{b}+2\sqrt{a^2-b}+a-\sqrt{b}}{4}=\frac{2a+2\sqrt{a^2-b}}{4}=\frac{a+\sqrt{a^2-b}}{2}$$

luego, nos queda $x=\frac{a+\sqrt{a^2-b}}{2}$

y designando $\sqrt{a^2-b}$ por m se tiene:

$$x=\frac{a+m}{2} \qquad (\mathbf{3})$$

Restando (**1**) y (**2**) se tiene:

$$\sqrt{a+\sqrt{b}}-\sqrt{a-\sqrt{b}}=2\sqrt{y} \;\therefore\; \sqrt{y}=\frac{\sqrt{a+\sqrt{b}}-\sqrt{a-\sqrt{b}}}{2}$$

Elevando al cuadrado:

$$y=\frac{a+\sqrt{b}-2\sqrt{a+\sqrt{b}}\sqrt{a-\sqrt{b}}+a-\sqrt{b}}{4}$$

$$=\frac{a+\sqrt{b}-2\sqrt{a^2-b}+a-\sqrt{b}}{4}=\frac{2a-2\sqrt{a^2-b}}{4}=\frac{a-\sqrt{a^2-b}}{2}$$

luego, queda: $y=\frac{a-\sqrt{a^2-b}}{2}$ o sea: $y=\frac{a-m}{2}$ (**4**)

Sustituyendo los valores hallados para x (**3**) y y (**4**) en las ecuaciones (**1**) y (**2**), se tiene:

$$\sqrt{a+\sqrt{b}}=\sqrt{\frac{a+m}{2}}+\sqrt{\frac{a-m}{2}}$$

$$\sqrt{a-\sqrt{b}}=\sqrt{\frac{a+m}{2}}-\sqrt{\frac{a-m}{2}}$$

Téngase presente en esta transformación que $m=\sqrt{a^2-b}$.

Si a^2-b tiene raíz cuadrada exacta, el radical doble se convierte en la suma algebraica de dos radicales simples, pero si a^2-b no tiene raíz cuadrada exacta, el radical doble se convierte en la suma de dos radicales dobles, lo que no trae ninguna ventaja, pues lejos de simplificar, complica.

Ejemplos

1) Transformar $\sqrt{6+\sqrt{20}}$ en suma de radicales simples.

Aquí $a = 6$, $b = 20$, $m = \sqrt{a^2 - b} = \sqrt{36-20} = \sqrt{16} = 4$, luego:

$$\sqrt{6+\sqrt{20}} = \sqrt{\frac{6+4}{2}} + \sqrt{\frac{6-4}{2}} = \sqrt{5} + \sqrt{1} = 1 + \sqrt{5} \quad \textbf{R.}$$

2) Transformar $\sqrt{7-2\sqrt{10}}$ en suma algebraica de radicales simples.

Introduciendo 2 bajo el signo radical, para lo cual hay que elevarlo al cuadrado, tenemos: $\sqrt{7-2\sqrt{10}} = \sqrt{7-\sqrt{4\times 10}} = \sqrt{7-\sqrt{40}}$

Aquí, $a = 7$, $b = 40$, $m = \sqrt{a^2 - b} = \sqrt{49-40} = 3$, luego:

$$\sqrt{7-2\sqrt{10}} = \sqrt{7-\sqrt{40}} = \sqrt{\frac{7+3}{2}} - \sqrt{\frac{7-3}{2}} = \sqrt{5} - \sqrt{2} \quad \textbf{R.}$$

Ejercicio 285

Transformar en suma algebraica de radicales simples:

1. $\sqrt{5+\sqrt{24}}$
2. $\sqrt{8-\sqrt{60}}$
3. $\sqrt{8+\sqrt{28}}$
4. $\sqrt{32-\sqrt{700}}$
5. $\sqrt{14+\sqrt{132}}$
6. $\sqrt{13+\sqrt{88}}$
7. $\sqrt{11+2\sqrt{30}}$
8. $\sqrt{84-18\sqrt{3}}$
9. $\sqrt{21+6\sqrt{10}}$
10. $\sqrt{28+14\sqrt{3}}$
11. $\sqrt{14-4\sqrt{6}}$
12. $\sqrt{55+30\sqrt{2}}$
13. $\sqrt{73-12\sqrt{35}}$
14. $\sqrt{253-60\sqrt{7}}$
15. $\sqrt{293-30\sqrt{22}}$
16. $\sqrt{\frac{5}{6}+\sqrt{\frac{2}{3}}}$
17. $\sqrt{\frac{3}{4}-\sqrt{\frac{1}{2}}}$
18. $\sqrt{\frac{9}{16}+\sqrt{\frac{1}{8}}}$

Hallar la raíz cuadrada de:

19. $6+4\sqrt{2}$
20. $7+4\sqrt{3}$
21. $8+2\sqrt{7}$
22. $10+2\sqrt{21}$
23. $18+6\sqrt{5}$
24. $24-2\sqrt{143}$
25. $30-20\sqrt{2}$
26. $9+6\sqrt{2}$
27. $98-24\sqrt{5}$

Jules-Henri Poincaré (1854-1912). Matemático francés. Estudió en la Escuela Politécnica. Fue profesor de análisis matemático en Caen; luego es nombrado profesor de Mecánica y Física experimental en la Facultad de Ciencia de París. Independientemente de sus contribuciones a la Matemática es un verdadero divulgador de los métodos científicos. Circulan por todo el mundo sus obras *Ciencia e hipótesis* y *Valor social de las ciencias*. Es importante su trabajo sobre las ecuaciones fuchsianas.

Capítulo XXXVII

PROGRESIONES

463 **SERIE** es una sucesión de términos formados de acuerdo con una ley.

Así, 1, 3, 5, 7, ... es una serie cuya ley es que cada término se obtiene sumando 2 al término anterior: 1, 2, 4, 8, ... es una serie cuya ley es que cada término se obtiene multiplicando por 2 el término anterior.

Las series que estudiaremos en Álgebra elemental son las **progresiones.**

Las progresiones se clasifican en progresiones **aritméticas y geométricas.**

I. PROGRESIONES ARITMÉTICAS

464 **PROGRESIÓN ARITMÉTICA** es toda serie en la cual cada término después del primero se obtiene sumándole al término anterior una cantidad constante llamada **razón** o **diferencia.**

Notación

El signo de progresión aritmética es $\div$ y entre cada término y el siguiente se escribe un punto.

Así, $\div$ 1. 3. 5. 7, ... es una progresión aritmética creciente cuya razón es 2 porque $1 + 2 = 3$; $3 + 2 = 5$; $5 + 2 = 7$, etcétera.

÷ 8.4.0. – 4, ... es una progresión aritmética decreciente cuya razón es –4 porque 8 + (–4) = 8 – 4 = 4, 4 + (–4) = 0, 0 + (–4) = –4, etcétera.

En toda progresión aritmética **la razón se halla restándole a un término cualquiera el término anterior.**

Así, en $\div \frac{1}{2}.\frac{3}{4}.1$ ... la razón es $\frac{3}{4}-\frac{1}{2}=\frac{1}{4}$

En $\div 2.1\frac{3}{5}.1\frac{1}{5}$ ... la razón es $1\frac{3}{5}-2=\frac{8}{5}-2=-\frac{2}{5}$

DEDUCCIÓN DE LA FÓRMULA DEL TÉRMINO ENÉSIMO 465

Sea la progresión $\div a.b.c.d.e \ldots u$

en la que u es el término **enésimo** y cuya razón es r.

En toda progresión aritmética, cada término es igual al anterior más la razón; luego, tendremos:

$$\begin{aligned}
b &= a + r \\
c &= b + r = (a + r) + r = a + 2r \\
d &= c + r = (a + 2r) + r = a + 3r \\
e &= d + r = (a + 3r) + r = a + 4r \ldots
\end{aligned}$$

Aquí vemos que cada término es igual al primer término de la progresión a más **tantas veces la razón como términos le preceden;** luego, como esta ley se cumple para todos los términos, tendremos que u será igual al primer término a más tantas veces la razón como términos le preceden, y como u es el término enésimo, le preceden n – 1 términos; luego:

$$u = a + (n - 1)\,r$$

Ejemplos

1) Hallar el 15° término de ÷ 4.7.10...
Aquí $a = 4$, $n = 15$, $r = 7 - 4 = 3$, luego:
$u = a + (n - 1)\,r = 4 + (15 - 1)\,3 = 4 + (14)\,3 = 4 + 42 = 46$ **R.**

2) Hallar el 23° término de ÷ 9.4. – 1...
Aquí $a = 9$, $n = 23$, $r = 4 - 9 = -5$, luego:
$u = a + (n - 1)\,r = 9 + (23 - 1)(-5) = 9 + (22)(-5) = 9 - 110 = -101$ **R.**

3) Hallar el 38° término de $\div \frac{2}{3}.\frac{3}{2}.\frac{7}{3}\ldots$

$a=\frac{2}{3}$, $n = 38$, $r=\frac{3}{2}-\frac{2}{3}=\frac{5}{6}$, luego:

$u=\frac{2}{3}+(37)\frac{5}{6}=\frac{2}{3}+\frac{185}{6}=\frac{63}{2}=31\frac{1}{2}$ **R.**

4) Hallar el 42º término de $\div -2. -1\frac{2}{5}. -\frac{4}{5}...$

$$r = -1\frac{2}{5} - (-2) = -\frac{7}{5} + 2 = \frac{3}{5}$$

$$u = -2 + (41)\frac{3}{5} = -2 + \frac{123}{5} = \frac{113}{5} = 22\frac{3}{5}$$ **R.**

Ejercicio 286

Hallar el término.

1. 9º término de $\div$ 7.10.13...
2. 12º término de $\div$ 5.10.15...
3. 48º término de $\div$ 9.12.15...
4. 63º término de $\div$ 3.10.17...
5. 12º término de $\div$ 11.6.1...
6. 28º término de $\div$ 19.12.5...
7. 13º término de $\div$ 3. – 1. – 5...
8. 54º término de $\div$ 8.0. – 8...
9. 31º término de $\div$ – 7. – 3.1...
10. 17º término de $\div$ – 8.2.12...
11. 12º término de $\div \frac{1}{2}.\frac{3}{4}.1...$
12. 17º término de $\div \frac{2}{3}.\frac{5}{6}.1...$
13. 25º término de $\div \frac{3}{8}.\frac{11}{24}...$
14. 19º término de $\div \frac{1}{3}.\frac{7}{8}...$
15. 27º término de $\div 3\frac{1}{2}.5\frac{1}{4}...$
16. 36º término de $\div \frac{7}{9}.\frac{1}{3}...$
17. 15º término de $\div \frac{2}{7}.\frac{1}{8}...$
18. 21º término de $\div -\frac{3}{5}.-\frac{14}{15}...$
19. 13º término de $\div -\frac{1}{4}.-2\frac{1}{4}...$
20. 19º término de $\div -\frac{5}{6}.-\frac{1}{3}...$
21. 33º término de $\div 3\frac{2}{3}.2\frac{11}{12}...$
22. 41º término de $\div 2\frac{4}{5}.2\frac{7}{10}...$
23. 26º término de $\div -\frac{3}{5}.\frac{3}{10}...$
24. 19º término de $\div -4. -\frac{2}{3}...$
25. 39º término de $\div 3. -1\frac{1}{4}...$

466 DEDUCCIÓN DE LAS FÓRMULAS DEL PRIMER TÉRMINO, DE LA RAZÓN Y DEL NÚMERO DE TÉRMINOS

Hemos hallado que $u = a + (n-1)r$ **(1)**

Vamos a despejar a, r y n en esta fórmula.

Despejando a, se tiene: $a = u - (n-1)r$

Para despejar r en (**1**) transponemos a y tenemos:

$$u - a = (n-1)r \therefore \quad r = \frac{u-a}{n-1}$$

Para despejar n en (**1**) efectuamos el producto indicado y tenemos: $u = a + nr - r$

Transponiendo a y $-r$: $u - a + r = nr \therefore \quad n = \frac{u-a+r}{r}$

Ejemplos

1) Hallar el primer término de la progresión aritmética sabiendo que el 11º término es 10 y la razón $\frac{1}{2}$.

$$a = u - (n-1)r = 10 - (11-1)\left(\frac{1}{2}\right) = 10 - (10)\left(\frac{1}{2}\right) = 10 - 5 = 5 \quad \textbf{R.}$$

2) Hallar la razón de una progresión aritmética cuyo primer término es $-\frac{3}{4}$ y el 8º término $3\frac{1}{8}$.

$$r = \frac{u-a}{n-1} = \frac{3\frac{1}{8} - \left(-\frac{3}{4}\right)}{8-1} = \frac{\frac{25}{8} + \frac{3}{4}}{7} = \frac{\frac{31}{8}}{7} = \frac{31}{56} \quad \textbf{R.}$$

3) ¿Cuántos términos tiene la progresión

$$\div 2.1\frac{2}{3} \ldots -4\frac{1}{3}?$$

Aquí $r = 1\frac{2}{3} - 2 = -\frac{1}{3}$. Entonces:

$$n = \frac{u-a+r}{r} = \frac{-4\frac{1}{3} - 2 + \left(-\frac{1}{3}\right)}{-\frac{1}{3}} = \frac{-\frac{13}{3} - 2 - \frac{1}{3}}{-\frac{1}{3}} = \frac{-\frac{20}{3}}{-\frac{1}{3}} = 20 \text{ términos.} \quad \textbf{R.}$$

Ejercicio 287

1. El 15º término de una progresión aritmética es 20 y la razón $\frac{2}{7}$. Hallar el 1er término.
2. El 32º término de una progresión aritmética es –18 y la razón 3. Hallar el 1er término.
3. Hallar el 1er término de una progresión aritmética sabiendo que el 8º término es $\frac{3}{4}$ y el 9º término 1.
4. El 5º término de una progresión aritmética es 7 y el 7º término $8\frac{1}{3}$. Hallar el primer término.
5. Hallar la razón de $\div 3 \ldots 8$ donde 8 es el 6º término.
6. Hallar la razón de $\div -1 \ldots -4$ donde –4 es el 10º término.
7. Hallar la razón de $\div \frac{1}{2} \ldots -\frac{3}{8}$ donde $-\frac{3}{8}$ es el 17º término.
8. El 1er término de una progresión aritmética es 5 y el 18º término –80. Hallar la razón.
9. El 92º término de una progresión aritmética es 1,050 y el 1er término –42. Hallar la razón.
10. ¿Cuántos términos tiene la progresión $\div 4.6 \ldots 30$?
11. ¿Cuántos términos tiene la progresión $\div 5.5\frac{1}{3} \ldots 18$?
12. El 1er término de una progresión aritmética es $5\frac{1}{5}$, el 2º término 6 y el último término 18. Hallar el número de términos.

467 **En toda progresión aritmética la suma de dos términos equidistantes de los extremos es igual a la suma de los extremos.**

Sea la progresión $\div a \ldots m \ldots p \ldots u$, cuya razón es r.

Supongamos que entre a y m hay n términos y entre p y u también hay n términos, es decir, que m y p son términos equidistantes de los extremos, a y u.

Vamos a demostrar que

$$m + p = a + u$$

En efecto, habiendo n términos entre a y m, al término m le preceden $n + 1$ términos (contando la a); luego podemos escribir (**465**) que

$$m = a + (n + 1)r \qquad \textbf{(1)}$$

Del propio modo, habiendo n términos entre p y u, tendremos:

$$u = p + (n + 1)r \qquad \textbf{(2)}$$

Restando (**2**) de (**1**), tenemos:

$$\begin{array}{rcl} m &=& a + (n+1)r \\ -u &=& -p - (n+1)r \\ \hline m - u &=& a - p \end{array}$$

y pasando p al primer miembro de esta igualdad y u al segundo, queda:

$$m + p = a + u$$

que era lo que queríamos demostrar.

OBSERVACIÓN

Cuando el número de términos de una progresión aritmética es impar, el término medio equidista de los extremos y por tanto, según lo que acabamos de demostrar, el **doble del término medio** será igual a la suma de los extremos.

468 DEDUCCIÓN DE LA FÓRMULA PARA HALLAR LA SUMA DE LOS TÉRMINOS DE UNA PROGRESIÓN ARITMÉTICA

Sea la progresión $\div a \,.\, b \,.\, c \ldots l \,.\, m \,.\, u$, que consta de n términos.

Designando por S la suma de todos los términos de esta progresión, tendremos:

$$S = a + b + c + \ldots + l + m + u$$

y también

$$S = u + m + l + \ldots + c + b + a$$

Sumando estas igualdades, tenemos:

$$2S = (a + u) + (b + m) + (c + l) + \ldots + (l + c) + (m + b) + (u + a)$$

Ahora bien, todos estos binomios son iguales a $(a + u)$ porque hemos demostrado en el número anterior que la suma de dos términos equidistantes de los extremos es igual a la suma de los extremos, y como hay tantos binomios como términos tiene la progresión, tendremos;

$$2S = (a + u)n \qquad \text{y de aquí} \qquad S = \frac{(a + u)n}{2}$$

Ejemplos

1) Hallar la suma de los 12 primeros términos de $\div$ 7.13.19...
En la fórmula de la suma entra u. Aquí u es el 12º término que no conocemos. Vamos a hallarlo:

$$u = a + (n - 1)\,r = 7 + (12 - 1)\,6 = 7 + (11)\,6 = 73$$

Entonces, aplicando la fórmula de suma: tendremos:

$$S = \frac{(a+u)n}{2} = \frac{(7+73)\times 12}{2} = \frac{80\times 12}{2} = 480 \quad \textbf{R.}$$

2) Hallar la suma de los 13 primeros términos de $\div \frac{5}{6}.\frac{1}{12}...$

La razón es $\frac{1}{12} - \frac{5}{6} = -\frac{3}{4}$. Hallemos el 13º término:

$$u = a + (n-1)r = \frac{5}{6} + (12)\left(-\frac{3}{4}\right) = \frac{5}{6} - 9 = -\frac{49}{6}$$

Aplicando ahora la fórmula de suma, tendremos:

$$S = \frac{(a+u)n}{2} = \frac{\left[\frac{5}{6} + \left(-\frac{49}{6}\right)\right]13}{2} = \frac{\left(\frac{5}{6} - \frac{49}{6}\right)13}{2} = \frac{\left(-\frac{44}{6}\right)13}{2}$$

$$= \frac{\left(-\frac{22}{3}\right)13}{2} = \frac{-\frac{286}{3}}{2} = \frac{-286}{6} = -47\frac{2}{3} \quad \textbf{R.}$$

Ejercicio 288

Hallar la suma de los:

1. 8 primeros términos de $\div$ 15 . 19 . 23...
2. 19 primeros términos de $\div$ 31 . 38 . 45...
3. 24 primeros términos de $\div$ 42 . 32 . 22...
4. 80 primeros términos de $\div$ –10 . –6 . –2...
5. 60 primeros términos de $\div$ 11 . 1 . –9...
6. 50 primeros términos de $\div$ –5 . –13 . –21...
7. 9 primeros términos de $\div \frac{1}{2}.1.\frac{3}{2}...$
8. 14 primeros términos de $\div \frac{3}{10}.\frac{2}{5}.\frac{1}{2}...$
9. 19 primeros términos de $\div \frac{3}{4}.\frac{3}{2}.\frac{9}{4}...$
10. 34 primeros términos de $\div \frac{2}{5}.\frac{7}{55}...$
11. 11 primeros términos de $\div 2\frac{1}{3}.3\frac{2}{15}...$
12. 46 primeros términos de $\div 3\frac{1}{4}.3\frac{13}{20}...$
13. 17 primeros términos de $\div -2.\frac{1}{4}...$
14. 12 primeros términos de $\div -5.-4\frac{5}{8}...$

469 MEDIOS ARITMÉTICOS

Se llaman **medios aritméticos** a los términos de una progresión aritmética que se hallan entre el primero y el último término de la progresión.

Así, en la progresión ÷ 3.5.7.9.11 los términos 5, 7 y 9 son medios aritméticos.

470 INTERPOLACIÓN

Interpolar medios aritméticos entre dos números dados es formar una progresión aritmética cuyos extremos sean los dos números dados.

Ejemplos

1) Interpolar 4 medios aritméticos entre 1 y 3.
1 y 3 son los extremos de la progresión.

Tendremos: ÷ 1 ... 3 **(1)**

Hay que hallar los 4 términos de la progresión que hay entre 1 y 3. Si hallamos la *razón* y se la sumamos a 1 tendremos el 2º término de la progresión; sumando este 2º término con la razón tendremos el 3er término; sumando el 3er término con la razón obtendremos el 4º término y así sucesivamente.

La razón la hallamos por la fórmula ya conocida $r=\frac{u-a}{n-1}$ teniendo en cuenta que n es el *número de término de la progresión* o sea *los medios que se van a interpolar más los dos extremos*.

En este caso, la razón será:

$$r=\frac{u-a}{n-1}=\frac{3-1}{6-1}=\frac{2}{5}$$

Sumando esta razón con cada término obtenemos el siguiente. Entonces:

$$1+\frac{2}{5}=\frac{7}{5}\text{, 2º término}$$

$$\frac{7}{5}+\frac{2}{5}=\frac{9}{5}\text{, 3er término}$$

$$\frac{9}{5}+\frac{2}{5}=\frac{11}{5}\text{, 4º término}$$

$$\frac{11}{5}+\frac{2}{5}=\frac{13}{5}\text{, 5º término}$$

Interpolando estos medios en (**1**) tenemos la progresión:

$$\div\ 1.\frac{7}{5}.\frac{9}{5}.\frac{11}{5}.\frac{13}{5}.3$$

o sea

$$\div\ 1.1\frac{2}{5}.1\frac{4}{5}.2\frac{1}{5}.2\frac{3}{5}.3 \quad \textbf{R.}$$

NOTA

Para hallar la razón puede emplearse también la fórmula $r=\frac{u-a}{m+1}$ en la cual m representa el *número de medios* que se van a interpolar.

Así, en el caso anterior en que interpolamos 4 medios, $m = 4$ luego aplicando esta fórmula se tiene:

$$r=\frac{u-a}{m+1}=\frac{3-1}{4+1}=\frac{2}{5}$$

resultado idéntico al obtenido con la fórmula general de la razón.

2) Interpolar 5 medios aritméticos entre -2 y $5\frac{1}{4}$

$$\div -2 \ldots 5\tfrac{1}{4} \quad \textbf{(1)}$$

Hallando la razón:

$$r=\frac{u-a}{n-1}=\frac{5\frac{1}{4}-(-2)}{7-1}=\frac{5\frac{1}{4}+2}{6}=\frac{7\frac{1}{4}}{6}=\frac{29}{24}$$

Sumando la razón con cada término, obtenemos el siguiente:

$$-2+\frac{29}{24}=-\frac{19}{24}$$

$$-\frac{19}{24}+\frac{29}{24}=\frac{10}{24}$$

$$\frac{10}{24}+\frac{29}{24}=\frac{39}{24}$$

$$\frac{39}{24}+\frac{29}{24}=\frac{68}{24}$$

$$\frac{68}{24}+\frac{29}{24}=\frac{97}{24}$$

Interpolando en **(1)**, tenemos:

$$\div -2 \cdot -\frac{19}{24} \cdot \frac{10}{24} \cdot \frac{39}{24} \cdot \frac{68}{24} \cdot \frac{97}{24} \cdot 5\frac{1}{4}$$

y simplificando, queda:

$$\div -2 \cdot -\frac{19}{24} \cdot \frac{5}{12} \cdot 1\frac{5}{8} \cdot 2\frac{5}{6} \cdot 4\frac{1}{24} \cdot 5\frac{1}{4}. \quad \textbf{R.}$$

Ejercicio 289

Interpolar:

1. 3 medios aritméticos entre 3 y 11
2. 7 medios aritméticos entre 19 y –5
3. 5 medios aritméticos entre –13 y –73
4. 4 medios aritméticos entre –42 y 53
5. 5 medios aritméticos entre –81 y –9
6. 3 medios aritméticos entre 1 y 3
7. 4 medios aritméticos entre 5 y 12
8. 5 medios aritméticos entre –4 y 3
9. 5 medios aritméticos entre $\frac{3}{4}$ y $\frac{1}{8}$
10. 6 medios aritméticos entre –1 y 3
11. 5 medios aritméticos entre $\frac{2}{3}$ y $-\frac{1}{8}$
12. 7 medios aritméticos entre –2 y –5
13. 8 medios aritméticos entre $\frac{1}{2}$ y $-\frac{7}{10}$

Ejercicio 290

1. Hallar la suma de los 20 primeros múltiplos de 7.
2. Hallar la suma de los 80 primeros múltiplos de 5.
3. Hallar la suma de los 43 primeros números terminado en 9.
4. Hallar la suma de los 100 primeros números pares.
5. Hallar la suma de los 100 primeros números impares mayores que 7.
6. Compré 50 libros. Por el primero pagué \$80 y por cada uno de los demás \$30 más que por el anterior. Calcular el importe de la compra.
7. Un dentista arregló a un hombre todas las piezas de la boca que tenía completas. Por la primera le cobró \$100 y por cada una de las demás \$20 más que por la anterior. ¿Cuánto cobró el dentista?
8. Hallar la suma de los 72 primeros múltiplos de 11 que siguen a 66.
9. ¿Cuánto ha ahorrado un hombre en 5 años si en enero del primer año ahorró 20,000 bs. y en cada mes posterior ahorró, 30,000 bs. más que en el precedente?
10. Un hombre avanza en el primer segundo de su carrera 6 m y en cada segundo posterior avanza 25 cm más que en el anterior. ¿Cuánto avanzó en el 8° segundo y qué distancia habrá recorrido en 8 s?
11. Los ahorros de 3 años de un hombre están en progresión aritmética. Si en los tres años ha ahorrado 24,000,000 sucres y el primer año ahorró la mitad de lo que ahorró el segundo, ¿cuánto ahorró cada año?
12. El 2° y el 4° términos de una progresión aritmética suman 22 y el 3° y el 7° términos suman 34. ¿Cuáles son esos cuatro términos?
13. Una deuda puede ser pagada en 32 semanas dando \$500 la primera semana, \$800 la segunda, \$1,100 la tercera y así sucesivamente. Calcular el importe de la deuda.
14. Una persona viaja 50 kilómetros el primer día y en cada día posterior $5\frac{1}{2}$ kilómetros menos de lo que recorrió el día anterior. ¿Cuánto habrá recorrido al cabo de 8 días?
15. En una progresión aritmética de 12 términos el 1° y el 12° término suman $53\frac{1}{2}$. ¿Cuál es la suma del 3° y el 10° términos?
16. ¿Cuál es el 6° término de una progresión aritmética de 11 términos si su 1er término es -2 y el último -52?
17. En el primer año de negocios un hombre ganó \$500,000 y en el último ganó \$1,900,000. Si en cada año ganó \$200,000 más que en el año anterior, ¿cuántos años tuvo el negocio?
18. Las ganancias anuales de un comerciante durante 11 años están en progresión aritmética. El primer año ganó \$118,000 y el último \$618,000. ¿Cuánto más ganó en cada año a contar del segundo año, que en el anterior?
19. Las pérdidas de 5 años de una casa de comercio están en progresión aritmética. El último año perdió 30,000 nuevos soles, y la pérdida de cada año fue de 3,000 nuevos soles menos que en el año anterior. ¿Cuánto perdió el primer año?
20. Una piedra dejada caer libremente desde la azotea de un edificio recorre 16.1 pies en el primer segundo, y en cada segundo posterior recorre 32.2 pies más que en el segundo anterior. Si la piedra tarda 5 segundos en llegar al suelo, ¿cuál es la altura del edificio?
21. Hallar la suma de los números impares del 51 al 813.
22. El 5° término de una progresión aritmética es 31 y el 9° término 59. Hallar el 12° término.
23. Las ganancias de 3 años de un almacén están en progresión aritmética. El primer año ganó 12,500,000 colones y el tercero 20,500,000. ¿Cuál fue la ganancia del segundo año?

II. PROGRESIONES GEOMÉTRICAS

PROGRESIÓN GEOMÉTRICA es toda serie en la cual cada término se obtiene multiplicando el anterior por una cantidad constante que es la **razón**. 471

Notación

El signo de progresión geométrica es $\div\!\!\div$ y entre término y término se escribe:

Así, $\div\!\!\div$ 5 : 10 : 20 : 40... es una progresión geométrica en la cual la razón es 2. En efecto, $5 \times 2 = 10$; $10 \times 2 = 20$; $20 \times 2 = 40$, etcétera.

Una progresión geométrica es **creciente** cuando la razón es, en valor absoluto, mayor que uno, y es **decreciente** cuando la razón es, en valor absoluto, menor que uno, o sea, cuando la razón es una fracción **propia.** Así:

$$\div\!\!\div\, 1 : 4 : 16 : 64...$$

es una progresión geométrica creciente cuya razón es 4, y

$$\div\!\!\div\, 2 : 1 : \frac{1}{2} : \frac{1}{4}..$$

es una progresión geométrica decreciente cuya razón es $\frac{1}{2}$.

Progresión geométrica **finita** es la que tiene un número limitado de términos e **infinita** la que tiene un número ilimitado de términos.

Así, $\div\!\!\div$ 2 : 4 : 8 : 16 es una progresión finita porque consta de 4 términos, y $\div\!\!\div 4:2:1:\frac{1}{2}...$ es una progresión infinita porque consta de un número ilimitado de términos.

En toda progresión geométrica la **razón** se halla **dividiendo un término cualquiera entre el anterior.**

DEDUCCIÓN DE LA FÓRMULA DEL TÉRMINO ENÉSIMO 472

Sea la progresión

$$\div\!\!\div\, a : b : c : d : e : ... : u$$

en que la u es el término **enésimo** y cuya razón es r.

En toda progresión geométrica, cada término es igual al término anterior multiplicado por la razón; luego:

$$\begin{aligned} b &= ar \\ c &= br = (ar)\,r = ar^2 \\ d &= cr = (ar^2)\,r = ar^3 \\ e &= dr = (ar^3)\,r = ar^4... \end{aligned}$$

Aquí vemos que un término cualquiera es igual al primero a multiplicado por la razón elevada a una potencia igual al número de términos que lo preceden.

Esta ley se cumple siempre; luego, como u es el término n y le preceden $n - 1$ términos, tendremos: $u = ar^{n-1}$

Ejemplos

1) Hallar el 5º término de $\div 2 : 6 : 18...$

Aquí $a = 2$, $n = 5$; $r = 6 \div 2 = 3$, luego:

$u = ar^{n-1} = 2 \times 3^{5-1} = 2 \times 3^4 = 162$ **R.**

2) Hallar el 8º término de $\div 6 : 4...$

Aquí $a = 6$, $n = 8$, $r = \frac{4}{6} = \frac{2}{3}$, luego:

$$u = ar^{n-1} = 6 \times \left(\frac{2}{3}\right)^7 = 6 \times \frac{128}{2{,}187} = \frac{256}{729} \quad \textbf{R.}$$

3) Hallar el 7º término de $\div \frac{2}{3} : -\frac{1}{2} : \frac{3}{8} ...$

La razón es: $-\frac{1}{2} \div \frac{2}{3} = -\frac{1}{2} \times \frac{3}{2} = -\frac{3}{4}$. Por tanto:

$$u = ar^{n-1} = \frac{2}{3} \times \left(-\frac{3}{4}\right)^6 = \frac{2}{3} \times \frac{729}{4{,}069} = \frac{243}{2{,}048} \quad \textbf{R.}$$

Cuando la razón es *negativa*, lo que sucede siempre que los términos de la progresión son alternativamente positivos y negativos, hay que tener cuidado con el *signo* que resulta de elevar la razón a la potencia $n - 1$.
Si $n - 1$ es *par* dicho resultado tendrá signo + y si es *impar*, signo −.

Ejercicio 291

1. Hallar el 7º término de $\div 3 : 6 : 12...$
2. Hallar el 8º término de $\div \frac{1}{3} : 1 : 3 ...$
3. Hallar el 9º término de $\div 8 : 4 : 2...$
4. Hallar el 6º término de $\div 1 : \frac{2}{5} : \frac{4}{25} ...$
5. Hallar el 7º término de $\div 3 : 2 : \frac{4}{3} ...$
6. Hallar el 6º término de $\div \frac{1}{2} : \frac{1}{5} ...$
7. Hallar el 8º término de $\div 2\frac{1}{4} : 3 ...$
8. Hallar el 6º término de $\div -3 : 6 : -12. . .$
9. Hallar el 9º término de $\div 3 : -1 : \frac{1}{3} ...$
10. Hallar el 5º término de $\div \frac{5}{6} : \frac{1}{2} ...$
11. Hallar el 8º término de $\div 16 : -4 : 1. . .$
12. Hallar el 8º término de $\div \frac{3}{4} : -\frac{1}{2} : \frac{1}{3} ...$
13. Hallar el 5º término de $\div -\frac{3}{5} : \frac{3}{2} : -\frac{15}{4} ...$
14. Hallar el 10º término de $\div -\frac{3}{4} : -\frac{1}{4} : -\frac{1}{12} ...$

DEDUCCIÓN DE LA FÓRMULA DEL PRIMER TÉRMINO Y DE LA RAZÓN 473

Hemos hallado que $u = ar^{n-1}$ **(1)**

Despejando a, se tiene: $a = \dfrac{u}{r^{n-1}}$, que es la fórmula del primer término en una progresión geométrica.

Para hallar la razón. Despejando r^{n-1} en (**1**) se tiene

$r^{n-1} = \frac{u}{a}$ y extrayendo la raíz $n-1$, queda $r = \sqrt[n-1]{\frac{u}{a}}$,

que es la fórmula de la razón en una progresión geométrica.

Ejemplos

1) El 6° término de una progresión geométrica es $\frac{1}{16}$ y la razón $\frac{1}{2}$. Hallar el primer término.

Aquí $u = \frac{1}{16}$, $r = \frac{1}{2}$, $n = 6$, luego

$$a = \frac{u}{r^{n-1}} = \frac{\frac{1}{16}}{\left(\frac{1}{2}\right)^5} = \frac{\frac{1}{16}}{\frac{1}{32}} = 2 \quad \textbf{R.}$$

2) El 1er término de una progresión geométrica es 3 y el 6° término −729. Hallar la razón.

Aquí $a = 3$, $u = -729$, $n = 6$, luego:

$$r = \sqrt[n-1]{\frac{u}{a}} = \sqrt[5]{\frac{-729}{3}} = \sqrt[5]{-243} = -3 \quad \textbf{R.}$$

Ejercicio 292

1. La razón de una progresión geométrica es $\frac{1}{2}$ y el 7° término $\frac{1}{64}$. Hallar el primer término.
2. El 9° término de una progresión geométrica es $\frac{64}{2,187}$ y la razón es $\frac{2}{3}$. Hallar el primer término.
3. El 5° término de una progresión geométrica es $\frac{16}{125}$ y el 6° término $\frac{32}{625}$. Hallar el primer término.
4. Hallar la razón de $\div\, 2 : ... : 64$ de 6 términos.
5. Hallar la razón de $\div\, \frac{1}{3} : ... : 243$ de 7 términos.
6. Hallar la razón de $\div\, -5 : ... : 640$ de 8 términos.
7. Hallar la razón de $\div\, \frac{729}{2} : ... : \frac{3}{2}$ de 6 términos.

8. Hallar la razón de $\div 8 : \ldots : \frac{1}{512}$ de 7 términos.

9. Hallar la razón de $\div \frac{625}{16} : \ldots : 1$ de 5 términos.

10. El 8º término de una progresión geométrica es $-\frac{2}{81}$ y el 1er término es $\frac{27}{64}$. Hallar la razón.

474 **En toda progresión geométrica el producto de dos términos equidistantes de los extremos es igual al producto de los extremos.**

Sea la progresión

$$\div a : \ldots m : \ldots : p : \ldots : u$$

donde entre a y m hay n términos y entre p y u también hay n términos.

Entonces, m y p son equidistantes de los extremos. Vamos a probar que

$$mp = au$$

En efecto, se tiene (**472**) que: $m = a \cdot r^{n+1}$

$$u = p \cdot r^{n+1}$$

Dividiendo estas igualdades, tenemos:

$$\frac{m}{u} = \frac{a}{p} \therefore mp = au$$

que era lo que queríamos demostrar.

OBSERVACIÓN

De acuerdo con la demostración anterior, si una progresión geométrica tiene un número impar de términos, el **cuadrado del término medio equivale al producto de los extremos.**

Así, en la progresión $\div 3 : 6 : 12 : 24 : 48$ tenemos $12^2 = 144$ y $3 \times 48 = 144$.

475 DEDUCCIÓN DE LA FÓRMULA DE LA SUMA DE LOS TÉRMINOS DE UNA PROGRESIÓN GEOMÉTRICA

Sea la progresión

$$\div a : b : c : d : \ldots u$$

cuya razón es r.

Designando por S la suma de todos sus términos, tendremos:

$$S = a + b + c + d + \ldots + u \quad (\mathbf{1})$$

Multiplicando los dos miembros de esta igualdad por la razón:

$$Sr = ar + br + cr + dr + \ldots + ur \quad (\mathbf{2})$$

Restando (**1**) de (**2**), tenemos:

$$\begin{aligned} Sr &= ar + br + cr + dr + \ldots + ur \\ -S &= -a - b - c - d - \ldots - u \\ \hline Sr - S &= ur - a \end{aligned}$$

Al efectuar esta resta hay que tener presente que como cada término multiplicado por la razón da el siguiente, $ar = b$ y esta b se anula con $-b$; $br = c$ y esta c se anula con $-c$; $cr = d$ y esta d se anula con $-d$, etc. Entonces, arriba queda ur y abajo $-a$, y de ahí resulta el 2º miembro de la resta $ur - a$.

Sacando S factor común en el primer miembro de la última igualdad, se tiene:

$$S(r-1) = ur - a$$

y de aquí

$$S = \frac{ur-a}{r-1}$$

Ejemplos

1) Hallar la suma de los 6 primeros términos de $\div$ 4: 2: 1...

Hallemos el 6º término:

$$u = ar^{n-1} = 4\times\left(\frac{1}{2}\right)^5 = 4\times\frac{1}{32} = \frac{1}{8}$$

Entonces, aplicando la fórmula de suma, tenemos:

$$S = \frac{ur-a}{r-1} = \frac{\left(\frac{1}{8}\right)\left(\frac{1}{2}\right)-4}{\frac{1}{2}-1} = \frac{\frac{1}{16}-4}{-\frac{1}{2}} = \frac{-\frac{63}{16}}{-\frac{1}{2}} = \frac{63}{8} = 7\frac{7}{8} \quad \textbf{R.}$$

2) Hallar la suma de los 8 primeros términos de $\div$ 9 : – 3 : 1...

Aquí la razón es $r = -3 \div 9 = -\frac{1}{3}$. Hallemos el 8º término:

$$u = ar^{n-1} = 9\times\left(-\frac{1}{3}\right)^7 = 9\times\left(-\frac{1}{2{,}187}\right) = -\frac{1}{243}$$

Aplicando la fórmula de suma, tenemos:

$$S = \frac{ur-a}{r-1} = \frac{\left(-\frac{1}{243}\right)\left(-\frac{1}{3}\right)-9}{-\frac{1}{3}-1} = \frac{\frac{1}{729}-9}{-\frac{4}{3}} = \frac{-\frac{6{,}560}{729}}{-\frac{4}{3}} = \frac{1{,}640}{243} = 6\frac{182}{243} \quad \textbf{R.}$$

Ejercicio 293

Hallar la suma de los:

1. 5 primeros términos de $\div 6 : 3 : 1\frac{1}{2}$...
2. 6 primeros términos de $\div$ 4 : – 8 : 16...
3. 7 primeros términos de $\div 12 : 4 : 1\frac{1}{3}$...
4. 10 primeros términos de $\div \frac{1}{4} : \frac{1}{2} : 1$...

5. 8 primeros términos de $\div 2\frac{1}{4} : 1\frac{1}{2} \ldots$

6. 7 primeros términos $\div -\frac{1}{10} : \frac{1}{5} : -\frac{2}{5} \ldots$

7. 10 primeros términos de $\div -6 : -3 : -1\frac{1}{2} \ldots$

8. 8 primeros términos de $\div 2 : -1 : \frac{1}{2} \ldots$

9. 6 primeros términos de $\div \frac{3}{2} : 1 : \frac{2}{3} \ldots$

10. 6 primeros términos de $\div 9 : -3 : 1 \ldots$

476 **INTERPOLAR MEDIOS GEOMÉTRICOS** entre dos números es formar una progresión geométrica cuyos extremos sean los números dados.

Ejemplo

1) Interpolar 4 medios geométricos entre 96 y 3.

Hay que formar una progresión geométrica cuyo primer término sea 96 y el último 3:

$$\div 96 \ldots 3 \quad (\mathbf{1})$$

Hay que hallar la razón. Como vamos a interpolar 4 medios y ya tenemos los dos extremos, $n = 6$, luego:

$$r = \sqrt[m+1]{\frac{u}{a}} = \sqrt[5]{\frac{3}{96}} = \sqrt[5]{\frac{1}{32}} = \frac{1}{2}$$

Si la razón es $\frac{1}{2}$ *multiplicando* 96 por $\frac{1}{2}$ tendremos el 2º término; éste mutiplicado por $\frac{1}{2}$ dará el 3er término y así sucesivamente. Tenemos:

$$96 \times \frac{1}{2} = 48$$

$$48 \times \frac{1}{2} = 24$$

$$24 \times \frac{1}{2} = 12$$

$$12 \times \frac{1}{2} = 6$$

Interpolando en (**1**), tenemos la progresión

$$\div 96 : 48 : 24 : 12 : 6 : 3.$$

NOTA

Puede aplicarse también en este caso, para hallar la razón, la fórmula

$$r = \sqrt[m+1]{\frac{u}{a}}$$

en que m es el número de medios que se interpolan.

Ejercicio 294

Interpolar:

1. 3 medios geométricos entre 5 y 3,125
2. 4 medios geométricos entre – 7 y –224
3. 5 medios geométricos entre 128 y 2
4. 4 medios geométricos entre $4\frac{1}{2}$ y $\frac{16}{27}$
5. 6 medios geométricos entre 2 y $34\frac{11}{64}$
6. 4 medios geométricos entre $\frac{4}{9}$ y $\frac{27}{256}$
7. 7 medios geométricos entre 8 y $\frac{1}{32}$

SUMA DE UNA PROGRESIÓN GEOMÉTRICA DECRECIENTE INFINITA 477

Si en la fórmula $S=\frac{ur-a}{r-1}$ sustituimos u por su valor $u=ar^{n-1}$, tendremos:

$$S=\frac{ur-a}{r-1}=\frac{(ar^{n-1})r-a}{r-1}=\frac{ar^n-a}{r-1}$$

y cambiando los signos a los dos términos de esta última fracción, tenemos:

$$S=\frac{a-ar^n}{1-r} \qquad \textbf{(1)}$$

En una progresión geométrica decreciente la razón es una fracción propia, y si una fracción propia se eleva a una potencia, cuanto mayor sea el exponente, menor es la potencia de la fracción. Por tanto, cuanto mayor sea n, menor es r^n y menor será ar^n; siendo n suficientemente grande, ar^n será tan pequeña como queramos, o sea, que cuando n aumenta indefinidamente, ar^n **tiende al límite** 0 y por tanto $\frac{a-ar^n}{1-r}$, o sea S, **tiende al límite** $\frac{a}{1-r}$.

Esto se expresa brevemente diciendo que cuando n, el número de términos de la progresión, es **infinito,** el valor de la suma es

$$S=\frac{a}{1-r}$$

Ejemplos

1) Hallar la suma de la progresión $\div 4:2:1...$

Aquí $a=4$, $r=\frac{1}{2}$, luego:

$$S=\frac{a}{1-r}=\frac{4}{1-\frac{1}{2}}=\frac{4}{\frac{1}{2}}=8$$

8 es el *límite* al cual tiende la suma. La suma nunca llega a ser igual a 8, pero cuanto mayor sea el número de términos que se tomen más se aproximará a 8.

2) Hallar la suma de la progresión infinita $\div 5 : -\frac{3}{2} : \frac{9}{20} \ldots$

Aquí $a = 5$, $r = -\frac{3}{10}$ luego:

$$S = \frac{a}{1-r} = \frac{5}{1-\left(-\frac{3}{10}\right)} = \frac{5}{1+\frac{3}{10}} = \frac{5}{\frac{13}{10}} = \frac{50}{13} = 3\frac{11}{13}$$

$3\frac{11}{13}$ es el límite de la suma. **R.**

295 Ejercicio

Hallar la suma de las progresiones infinitas:

1. $\div 2 : \frac{1}{2} : \frac{1}{8} \ldots$
2. $\div \frac{1}{2} : \frac{1}{6} : \frac{1}{18} \ldots$
3. $\div -5 : -2 : -\frac{4}{5} \ldots$
4. $\div -4 : -\frac{8}{3} : -\frac{16}{9} \ldots$
5. $\div \frac{3}{4} : \frac{1}{4} : \frac{1}{12} \ldots$
6. $\div \frac{1}{6} : \frac{1}{7} : \frac{6}{49} \ldots$
7. $\div 2 : -\frac{2}{5} : \frac{2}{25} \ldots$
8. $\div -14 : -6 : -\frac{18}{7} \ldots$

478 HALLAR EL VALOR DE UNA FRACCIÓN DECIMAL PERIÓDICA

Una fracción decimal periódica es la suma de una progresión geométrica decreciente infinita y su valor (su generatriz) puede hallarse por el procedimiento anterior.

Ejemplos

1) Hallar el valor de 0.333...

$$0.333\ldots = \frac{3}{10} + \frac{3}{100} + \frac{3}{1{,}000} + \ldots$$

Ésta es la suma de una progresión geométrica al infinito cuya razón es $\frac{1}{10}$.
Tendremos:

$$S = \frac{a}{1-r} = \frac{\frac{3}{10}}{1-\frac{1}{10}} = \frac{\frac{3}{10}}{\frac{9}{10}} = \frac{3}{9} = \frac{1}{3} \quad \textbf{R.}$$

$\frac{1}{3}$ es el valor de la fracción 0.333...

2) Hallar el valor de 0.31515...

$$0.31515\ldots = \frac{3}{10} + \frac{15}{1{,}000} + \frac{15}{100{,}000} \ldots$$

Después de $\frac{3}{10}$ en el segundo miembro tenemos la suma de una progresión geométrica al infinito cuya razón es $\frac{1}{100}$, luego:

$$S = \frac{a}{1-r} = \frac{\frac{15}{1{,}000}}{1-\frac{1}{100}} = \frac{\frac{15}{1{,}000}}{\frac{99}{100}} = \frac{1}{66}$$

Entonces, sumando $\frac{3}{10}$ con $\frac{1}{66}$, tenemos:

$$0.31515\ldots \frac{3}{10}+\frac{1}{66}=\frac{52}{165} \quad \textbf{R.}$$

Ejercicio 296

Hallar por la suma al infinito, el valor de las fracciones decimales:

1. 0.666...
2. 0.1212...
3. 0.159159...
4. 0.3232...
5. 0.144144...
6. 0.3555...
7. 0.18111...
8. 0.31818...
9. 2.1818...

Ejercicio 297

1. El lunes gané 200 lempiras y después diariamente gané el doble del día anterior. ¿Cuánto gané el sábado y cuánto de lunes a sábado?
2. Un dentista arregla 20 piezas a una persona cobrándole $1 por la primera, $2 por la segunda, $4 por la tercera, $8 por la cuarta, y así sucesivamente. ¿Cuáles serán los honorarios del dentista?
3. Un hombre jugó durante 8 días y cada día ganó $\frac{1}{3}$ de lo que ganó el día anterior. Si el 8° día ganó 1 balboa, ¿cuánto ganó el 1er día?
4. El producto del 3° y el 7° términos de una progresión geométrica de 9 términos es $\frac{1}{216}$. ¿Cuál es el producto del 1er término por el último?
5. En una progresión geométrica de 5 términos el cuadrado del 3er término es $\frac{4}{81}$. Si el último término es $\frac{8}{81}$, ¿cuál es el primero?
6. El 4° término de una progresión geométrica es $\frac{1}{4}$ y el 7° término $\frac{1}{32}$. Hallar el 6° término.
7. Un hombre que ahorra anualmente $\frac{2}{3}$ de lo que ahorró el año anterior, ahorró el quinto año $160,000. ¿Cuánto ahorró en total durante los 5 años?
8. La población de una ciudad ha aumentado en progresión geométrica de 59,049 habitantes que era en 1953 a 100,000 habitantes en 1958. ¿Cuál es la razón de crecimiento por año?
9. Una persona ganó cada año $\frac{1}{3}$ de lo que ganó el año anterior. Si el primer año ganó 24,300,000 bolívares, ¿cuánto ganó en 6 años?
10. Se compra una finca de 2,000 hectáreas a pagar en 15 años de este modo: $1 el 1er año, $3 el 2° año, $9 el 3er año, y así sucesivamente. ¿Cuál es el importe de la finca?

Max Planck (1858-1947). Matemático y físico alemán. Recibió el Premio Nobel de Física de 1918. Sus estudios se desarrollaron alrededor de las relaciones entre el calor y la energía. Llevó a cabo la renovación de la Física, al introducir su famosa teoría de los *quanta*, basada en la discontinuidad de la energía radiante. La base de la Física moderna es la *constante universal de Planck*. En sus trabajos se unen maravillosamente la Física y la Matemática. Alemania creó el Instituto de Física Max Planck.

Capítulo XXXVIII

LOGARITMOS

479 **LOGARITMO** de un número es el **exponente** a que hay que elevar otro número llamado **base** para obtener el número dado. Así,

$$5^0 = 1$$
$$5^1 = 5$$
$$5^2 = 25$$
$$5^3 = 125, \text{ etcétera.}$$

luego, siendo la **base** 5, el logaritmo de 1 (que se escribe log 1) es 0, porque 0 es el **exponente** a que hay que elevar la **base** 5 para que dé 1; el log 5 es 1; el log 25 es 2, el log 125 es 3, etcétera.

480 BASE

Cualquier número positivo se puede tomar como base de un sistema de logaritmos.

481 SISTEMAS DE LOGARITMOS

Al tomarse como base de un sistema de logaritmos cualquier número positivo, el número de sistemas es **ilimitado.** No obstante, los sistemas usados generalmente son dos: el sistema de **logaritmos vulgares** o de **Briggs**, cuya base es 10, y el sistema de **logaritmos naturales o neperianos** creados por **Neper,** cuya base es el número inconmensurable

$$e = 2.71828182845...$$

PROPIEDADES GENERALES DE LOS LOGARITMOS

Son de importancia las siguientes propiedades de los logaritmos: 482

1) **La base de un sistema de logaritmos no puede ser negativa,** porque si fuera negativa, sus potencias pares serían positivas y las impares negativas, y tendríamos una serie de números alternativamente positivos y negativos, y por tanto, habría números positivos que no tendrían logaritmo.
2) **Los números negativos no tienen logaritmo** porque siendo la base positiva, todas sus potencias, ya sean pares o impares, son positivas y nunca negativas.
3) **En todo sistema de logaritmos, el logaritmo de la base es 1,** porque siendo b la base, tendremos:

$$b^1 = b \therefore \log b = 1$$

4) **En todo sistema el logaritmo de 1 es cero,** porque siendo b la base, tendremos:

$$b^0 = 1 \therefore \log 1 = 0$$

5) **Los números mayores que 1 tienen logaritmo positivo** porque siendo $\log 1 = 0$, los logaritmos de los números mayores que 1 serán mayores que cero; luego, serán positivos.
6) **Los números menores que 1 tienen logaritmo negativo** porque siendo $\log 1 = 0$, los logaritmos de los números menores que 1 serán menores que cero; luego, serán negativos.

LOGARITMO DE UN PRODUCTO 483

El logaritmo de un producto es igual a la suma de los logaritmos de los factores.

Sean A y B los factores. Entonces $x = \log A$, $y = \log B$ y b la base del sistema. Vamos a probar que

$$\log (A \times B) = \log A + \log B$$

En efecto, que x es el log de A significa que x es el **exponente** a que hay que elevar la base b para que dé A, y que y es el log de B significa que y es el **exponente** a que hay que elevar la base b para que dé B; luego, tenemos:

$$b^x = A$$
$$b^y = B$$

Multiplicando estas igualdades, tenemos:

$$b^{x+y} = A \times B$$

Ahora bien: Si $x + y$ es el **exponente** a que hay que elevar la base b para que dé $A \times B$, $x + y$ es el logaritmo de $A \times B$; luego,

$$\log (A \times B) = x + y$$

pero $x = \log A$ y $y = \log B$; luego,

$$\log (A \times B) = \log A + \log B$$

484 LOGARITMO DE UN COCIENTE

El logaritmo de un cociente es igual al logaritmo del dividendo menos el logaritmo del divisor.

Sea A el dividendo, B el divisor, $x = \log A$, $y = \log B$ siendo b la base del sistema. Vamos a probar que: ⟶ $\log \frac{A}{B} = \log A - \log B$

En efecto: $b^x = A$

$b^y = B$

Dividiendo miembro a miembro estas igualdades, tenemos: ⟶ $b^{x-y} = \frac{A}{B}$

Ahora bien, si $x - y$ es el **exponente** a que hay que elevar la base para que dé $\frac{A}{B}$, $x - y$ es el log de $\frac{A}{B}$; luego, ⟶ $\log \frac{A}{B} = x - y$

o sea ⟶ $\log \frac{A}{B} = \log A - \log B$

485 LOGARITMO DE UNA POTENCIA

El logaritmo de una potencia es igual al exponente multiplicado por el logaritmo de la base.

Sea $x = \log A$ y b la base del sistema. Vamos a demostrar que

$$\log A^n = n(\log A)$$

En efecto, siendo x el $\log A$, tenemos:

$$b^x = A$$

Elevando ambos miembros a la potencia n, tenemos: $b^{nx} = A^n$

Ahora bien: Si nx es el **exponente** a que hay que elevar la base para que dé A^n, nx es el log de A^n; luego,

$$\log A^n = nx$$

y como $x = \log A$, se tiene:

$$\log A^n = n(\log A)$$

486 LOGARITMO DE UNA RAÍZ

El logaritmo de una raíz es igual al logaritmo de la cantidad subradical dividido entre el índice de la raíz.

Sea $x = \log A$ y b la base del sistema. Vamos a probar que: $\log \sqrt[n]{A} = \frac{\log A}{n}$

En efecto, siendo x el log A, se tiene: ⟶ $b^x = A$

Extrayendo la raíz enésima a ambos miembros, tenemos: $\sqrt[n]{b^x} = \sqrt[n]{A}$

o sea, ⟶ $b^{\frac{x}{n}} = \sqrt[n]{A}$

Ahora bien, si $\frac{x^n}{n}$ es el **exponente** a que hay que elevar

la base para que dé $\sqrt[n]{A}$, $\frac{x}{n}$ es el log de $\sqrt[n]{A}$, luego, ⟶ $\log \sqrt[n]{A} = \frac{x}{n}$

y como $x = \log A$, queda: ⟶ $\log \sqrt[n]{A} = \frac{\log A}{n}$

LOGARITMOS VULGARES

Los logaritmos que usaremos en este curso elemental son los **logaritmos vulgares** cuya base es 10. 487

PROPIEDADES PARTICULARES DE LOS LOGARITMOS VULGARES 488

Observando la progresión

$10^0 = 1$	$10^{-1} = \frac{1}{10} = 0.1$
$10^1 = 10$	$10^{-2} = \frac{1}{10^2} = 0.01$
$10^2 = 100$	$10^{-3} = \frac{1}{10^3} = 0.001$
$10^3 = 1,000$	$10^{-4} = \frac{1}{10^4} = 0.0001$, etcétera.
$10^4 = 10,000$, etcétera.	

se deducen fácilmente las siguientes propiedades de los logaritmos de base 10:

1) En este sistema, los únicos números cuyos logaritmos son números enteros son las potencias de 10. Así,

log 1 = 0	log 0.1 = −1
log 10 = 1	log 0.01 = −2
log 100 = 2	log 0.001 = −3
log 1,000 = 3	log 0.0001 = −4, etcétera.
log 10,000 = 4, etcétera.	

2) El logaritmo de todo número que no sea una potencia de 10 no es un número entero, sino **una fracción propia** o un **número entero más una fracción propia.**

En efecto, como log 1 = 0 y log 10 = 1, los números comprendidos entre 1 y 10 tendrán un log mayor que 0 y menor que 1; luego, su log será una fracción propia.

Así, log 2 = 0.301030.

Como log 10 = 1 y log 100 = 2, los números comprendidos entre 10 y 100 tendrán un log mayor que 1 y menor que 2; luego, su log será 1 más una fracción propia.

Así, log 15 = 1 + 0.176091 = 1.176091.

Como log 100 = 2 y log 1,000 = 3, los números comprendidos entre 100 y 1,000 tendrán un log mayor que 2 y menor que 3; luego, su log será 2 más una fracción propia.

Así, log 564 = 2 + 0.751279 = 2.751279.

El logaritmo de un número comprendido entre 1,000 y 10,000 será 3 más una fracción propia.

Así, log 1,234 = 3 + 0.091315 = 3.091315.

Del propio modo, como log 1 = 0 y log 0.1 = – 1, los números comprendidos entre 1 y 0.1 tendrán un logaritmo mayor que – 1 y menor que cero; luego, su logaritmo será – 1 más una fracción propia. Así, log 0.5 = – 1 + 0.698970 = $\overline{1}$.698970. (Se pone el signo – encima de 1 para indicar que lo que es negativa es la parte entera, pero no la parte decimal.)

Como log 0.1 = – 1 y log 0.01 = – 2, los números comprendidos entre 0.1 y 0.01 tendrán un log mayor que – 2 y menor que – 1; luego, su log será – 2 más una fracción propia.

Así, log 0.08 = – 2 + 0.903090 = $\overline{2}$.903090.

El log de un número comprendido entre 0.01 y 0.001 será mayor que – 3 y menor que – 2; luego, será – 3 más una fracción propia; el log de un número comprendido entre 0.001 y 0.0001 será mayor que – 4 y menor que – 3; luego, será – 4 más una fracción propia, etcétera.

489 CARACTERÍSTICA Y MANTISA

Acabamos de ver que el logaritmo de todo número que no sea una potencia de 10 consta de una parte entera y una parte decimal. La parte entera se llama **característica,** y la parte decimal, **mantisa.**

Así,

en log 25 = 1.397940 la característica es 1 y la mantisa 0.397940;

en log 4,125 = 3.615424 la característica es 3 y la mantisa 0.615424;

en log 0.05 = $\overline{2}$.698970 la característica es $\overline{2}$ y la mantisa 0.698970.

La **mantisa** siempre es **positiva,** pero la **característica** puede ser **cero** si el número está comprendido entre 1 y 10; **positiva,** si el número es mayor que 10 o **negativa** si el número es menor que 1.

Las potencias de 10 sólo tienen característica; su mantisa es 0.

VALOR DE LA CARACTERÍSTICA 490

En virtud de lo anterior, podemos decir que:

1) **La característica del logaritmo de un número comprendido entre 1 y 10 es cero.**
2) **La característica del logaritmo de un número mayor que 10 es positiva y su valor absoluto es 1 menos que el número de cifras enteras del número.** Así, 84 tiene **dos** cifras enteras y la característica de su log es 1; 512 tiene **tres** cifras enteras y la característica de su log es 2; 1215.65 tiene **cuatro** cifras enteras y la característica de su log es 3.
3) **La característica de un número menor que 1 es negativa y su valor absoluto es 1 más que el número de ceros que hay entre el punto decimal y la primera cifra significativa decimal.**

Así, la característica de log 0.5 es –1; la de log 0.07 es –2; la de log 0.0035 es –3, etcétera.

CARACTERÍSTICAS NEGATIVAS 491

En el logaritmo de un número menor que 1 la **característica** es **negativa,** pero la **mantisa** es **positiva.**

Así, $\log 0.5 = -1 + 0.698970$. Este log no puede escribirse -1.698970, pues esto indica que tanto la característica como la mantisa son **negativas**.

El modo correcto de escribirlo, indicando que **sólo** la característica es negativa, es $\bar{1}.698970$.

De este modo, $\log 0.03 = \bar{2} + 0.477121 = \bar{2}.477121$.

COLOGARITMO. SU USO 492

Se llama **cologaritmo** de un número al logaritmo de su inverso.

Así, el cologaritmo de 2 es el logaritmo de $\frac{1}{2}$; el cologaritmo de 54 es el logaritmo de $\frac{1}{54}$.

En general, $\operatorname{colog} x = \log\frac{1}{x}$ y como el logaritmo de un cociente es igual al logaritmo del dividendo menos el logaritmo del divisor, tendremos:

$$\operatorname{colog} x = \log\frac{1}{x} = \log 1 - \log x = 0 - \log x = -\log x$$

luego, queda $\operatorname{colog} = x - \log x$, o sea, $-\log x = \operatorname{colog} x$

lo que nos dice que **restar el logaritmo de un número equivale a sumar el cologaritmo del mismo número.**

Por tanto, como $\log\frac{a}{b} = \log a - \log b$ en lugar de $-\log b$ podemos poner colog b y tendremos:

$$\log\frac{a}{b} = \log a + \operatorname{colog} b$$

El cologaritmo se usa, pues, para **convertir en suma una resta de logaritmos.**

493 MANEJO DE LAS TABLAS

Existen tablas de logaritmos de diversos autores cuyo manejo viene explicado en la misma tabla.

Como el alumno necesita una tabla de logaritmos y la tabla generalmente usada entre nosotros trae una explicación detallada de su manejo, a ella remitimos al alumno.

Así, pues, antes de pasar al número siguiente, el alumno debe conocer a fondo el manejo de la tabla, saber hallar el log de cualquier número, antilogaritmos y toda clase de operaciones con logaritmos, todo lo cual aparece detalladamente explicado en la tabla.

494 CALCULAR EL VALOR DE EXPRESIONES POR MEDIO DE LOGARITMOS

Las propiedades de los logaritmos nos permiten emplearlos para calcular el valor de diversas expresiones.

Ejemplos

1) Hallar el valor de $1{,}215 \times 0.84$ por logaritmos.

Como el log de un producto es igual a la suma de los logaritmos de los factores, tendremos:

$$\begin{aligned}\log(1{,}215 \times 0.84) &= \log 1{,}215 + \log 0.84\\ &= 3.084576 + \bar{1}.924279\\ &= 3.008855\end{aligned}$$

Entonces, buscando en la tabla el antilogaritmo de 3.008855 (o sea, el número a que corresponde este logaritmo) se encontrará que es 1,020.59; luego,

$1{,}215 \times 0.84 = 1{,}020.59$ o sea $1{,}020.6$ **R.**

2) Hallar por log el valor de $3{,}214.8 \times 0.003 \times (-43.76)$.

Como un número negativo no tiene log nosotros trabajaremos prescindiendo del signo – de 43.76 y luego de hallado el producto, de acuerdo con la regla de los signos, le pondremos signo –. Tendremos:

$$\begin{aligned}\log(3{,}214.8 \times 0.003 \times 43.76) &= \log 3{,}214.8 + \log 0.003 + \log 43.76\\ &= 3.507154 + \bar{3}.477121 + 1.641077\\ &= 2.625352\end{aligned}$$

El antilogaritmo de 2.625352 es 422.0388; luego,

$3{,}214.8 \times 0.003 \times (-43.76) = -422.0388$ **R.**

3) Hallar el valor de $\frac{0.765}{39.14}$ por log.

El logaritmo de un cociente es igual al log del dividendo menos el log del divisor, luego → $\log\frac{0.765}{39.14} = \log 0.765 - \log 39.14$

pero como *restar el log de un número equivale a sumar su cologaritmo* podemos escribir: → $\log\frac{0.765}{39.14} = \log 0.765 + \text{colog } 39.14$

$$= \bar{1}.883661 + \bar{2}.407379$$

$$= \bar{2}.291040$$

$\bar{2}.291040$ corresponde al número 0.019545, luego $\frac{0.765}{39.14} = 0.019545$ **R.**

4) Hallar el valor de 7.5^6.

Como el logaritmo de una potencia es igual al exponente multiplicado por el logaritmo de la base, tendremos:

$$\log 7.5^6 = 6(\log 7.5) = 6(0.875061) = 5.250366$$

El antilog de 5.250366 es 177,977.551, luego $7.5^6 = 177{,}977.551$ aproximadamente. **R.**

5) Hallar el valor de $\sqrt[5]{3}$.

Como el log de una raíz es igual al log de la cantidad subradical divido entre el índice de la raíz, se tiene: → $\log\sqrt[5]{3} = \frac{\log 3}{5} = \frac{0.477121}{5} = 0.095424$

0.095424 corresponde al número 1.24573, luego $\sqrt[5]{3} = 1.24573$ **R.**

Ejercicio 298

Hallar el valor de las expresiones siguientes por medio de logaritmos:

1. 532×0.184
2. 191.7×432
3. $0.7 \times 0.013 \times 0.9$
4. $7.5 \times 8.16 \times 0.35 \times 10{,}037$
5. $3.2 \times 4.3 \times 7.8 \times 103.4 \times 0.019$
6. $95.13 \div 7.23$
7. $8.125 \div 0.9324$
8. $7{,}653.95 \div 12.354$
9. $\frac{0.72183}{0.0095}$
10. $\frac{9{,}114}{0.02}$
11. 2^{10}
12. 0.15^3
13. 18.65^4
14. 00.84^2
15. 7.2^6
16. $\sqrt{3}$
17. $\sqrt[3]{2}$
18. $\sqrt[4]{5}$
19. $\sqrt[5]{63}$
20. $\sqrt[7]{815}$

COMBINACIÓN DE LOS CASOS ANTERIORES

495

Ejemplos

1) Hallar el valor de $\frac{3{,}284 \times 0.09132}{715.84}$ por logaritmos.

$$\log\left(\frac{3{,}284 \times 0.09132}{715.84}\right) = \log(3{,}284 \times 0.09132) + \text{colog } 715.84$$

$$= \log 3{,}284 + \log 0.09132 + \text{colog } 715.84$$

$$= 3.516403 + \bar{2}.960566 + \bar{3}.145184$$

$$= \bar{1}.622153$$

El log $\overline{1}.622153$ corresponde al número 0.41894 que es el valor de la expresión dada, hallado por log. **R.**

2) Hallar el valor de $\frac{100.39\times 0.03196}{7.14\times 0.093}$ por log.

$$\log\left(\frac{100.39\times 0.03196}{7.14\times 0.093}\right)=\log(100.39\times 0.03169)-\log(7.14\times 0.093)$$
$$= \log 100.39 + \log 0.03196 - (\log 7.14 + \log 0.093)$$
$$= \log 100.39 + \log 0.03196 - \log 7.14 - \log 0.093$$
$$= \log 100.39 + \log 0.03196 + \operatorname{colog} 7.14 + \operatorname{colog} 0.093$$
$$= 2.001690 + \overline{2}.504607 + \overline{1}.146302 + 1.031517$$
$$= 0.684116$$

Este log corresponde al número 4.831877. **R.**

3) Hallar el valor de $3^{\frac{2}{5}}\times 5^{\frac{2}{3}}$ por log.

$$\log\left(3^{\frac{2}{5}}\times 5^{\frac{2}{3}}\right)=\log 3^{\frac{2}{5}}+\log 5^{\frac{2}{3}}$$
$$=\frac{2}{5}(\log 3)+\frac{2}{3}(\log 5)$$
$$=\frac{2}{5}(0.477121)+\frac{2}{3}(0.698970)$$
$$= 0.190848 + 0.465980$$
$$= 0.656828$$

Este log corresponde al número 4.5376 luego $3^{\frac{2}{5}}\times 5^{\frac{2}{3}}=4.5376$. **R.**

4) Hallar el valor de $\sqrt[3]{\frac{32.7\times 0.006}{0.14\times 89.17}}$ por log.

$$\log\sqrt[3]{\frac{32.7\times 0.006}{0.14\times 89.17}}=\frac{\log\left(\frac{32.7\times 0.006}{0.14\times 89.17}\right)}{3}$$
$$=\frac{\log 32.7+\log 0.006+\operatorname{colog} 0.14+\operatorname{colog} 89.17}{3}$$
$$=\frac{1.514548+\overline{3}.778151+0.853872+\overline{2}.049781}{3}$$
$$=\frac{\overline{2}.196352}{3}=\overline{1}.398784$$

El número que corresponde a $\overline{1}.398784$ es 0.25048 y este es el valor de la expresión dada. **R.**

NOTA

Dados los conocimientos que posee el alumno, sólo puede hallar por logaritmos el valor de expresiones en que las operaciones indicadas son productos, cocientes, potencias y raíces pero *no sumas* o *restas*.

Ejercicio 299

Hallar por log el valor de las expresiones siguientes:

1. $\frac{515\times 78.19}{6.13}$
2. $\frac{23.054\times 934.5}{8{,}164}$
3. $\frac{8.14\times 9.73}{0.6\times 7.8}$
4. $\frac{513.4\times 9.132}{85.3\times 10.764}$
5. $\frac{53.245\times 4{,}325.6}{32.815\times 91.79}$
6. $\frac{32.6\times(-841.9)}{0.017\times 732.14}$
7. $\frac{95.36\times(-0.14)}{(-83.7)\times 2.936}$
8. $\frac{(-7.2)\times(-8.135)}{(-0.003)\times 9{,}134.7}$
9. $3^5\times 0.2^4$
10. $5^{\frac{1}{2}}\times 3^{\frac{2}{3}}$
11. $2^{\frac{1}{5}}\times 3^{\frac{1}{2}}\times 5^{\frac{3}{4}}$
12. $\frac{3^8}{5.6^5}$
13. $\frac{0.53^7}{2.5^3}$
14. $\frac{3^{\frac{2}{5}}}{2^{\frac{5}{3}}}$
15. $\sqrt{7.86\times 8.14}$
16. $\sqrt{932.5\times 813.6\times 0.005}$
17. $\sqrt{\frac{93.7\times 104.2}{8.35\times 7.3}}$
18. $\sqrt[3]{23.725\times(-9.182)\times 7.184}$
19. $\sqrt[4]{\frac{12{,}316\times 0.25}{931.8\times 0.07}}$
20. $\sqrt[5]{\frac{56{,}813}{22{,}117}}$
21. $\left(\frac{0.0316}{0.1615}\right)^{\frac{3}{2}}$
22. $\frac{3^{\frac{3}{4}}}{5^{\frac{2}{3}}}$
23. $\sqrt[7]{\frac{15}{4}}$
24. $\sqrt[5]{-\frac{5}{3}}$
25. $\left(\frac{5}{8}\right)^{\frac{6}{5}}$
26. $\sqrt{\frac{3}{5}}\times\sqrt[3]{\frac{5}{7}}$
27. $\sqrt[7]{2}\times\sqrt[5]{3}\times\sqrt[3]{0.2}$
28. $\frac{\sqrt{32.14\times\sqrt[3]{59.3}}}{\sqrt[4]{317.6}}$
29. $\sqrt{\frac{(0.75)^2\times 39.162}{0.07\times 3.89}}$
30. $\sqrt{\frac{(0.2)^3\times(0.3)^2}{(0.05)^4\times(3.25)}}$

DADOS LOS LOGARITMOS DE CIERTOS NÚMEROS, HALLAR EL LOGARITMO DE OTRO SIN USAR LA TABLA 496

Ejemplos

1) Dados log 2 = 0.301030 y log 3 = 0.477121 hallar log 108 sin usar la tabla.

Tenemos:

$$
\begin{aligned}
108 &= 2^2\times 3^3\\
\log 108 &= 2(\log 2) + 3(\log 3)\\
&= 2(0.301030) + 3(0.477121)\\
&= 0.602060 + 1.431363\\
&= 2.033423 \quad \textbf{R.}
\end{aligned}
$$

Si se busca en la tabla log 108 se encuentra 2.033424. La diferencia entre este log y el que hemos hallado sin usar la tabla obedece a que los logaritmos dados de 2 y 3 no son rigurosamente exactos.

2) Dado log 115 = 2.060698 y log 5 = 0.698970 hallar log 23.

$$23 = \frac{115}{5}$$

$$\log 23 = \log 115 + \text{colog } 5$$
$$= 2.060698 + \overline{1}.301030$$
$$= 1.361728 \quad \textbf{R.}$$

Ejercicio 300

Dados log 2 = 0.301030, log 3 = 0.477121, log 5 = 0.698970, log 7 = 0.845098, hallar:

1. log 36
2. log 75
3. log 30
4. log 48
5. log 120
6. log 98
7. log 0.343
8. log 22.5
9. log 1.96
10. log 0.875
11. log 202.5
12. log 44.8
13. $\log 2\frac{1}{2}$
14. $\log 1\frac{1}{2}$
15. $\log 1\frac{2}{5}$
16. $\log 2\frac{1}{3}$
17. Dado log 143 = 2.155336 y log 11= 1.041393 hallar log 13
18. Dado log 225 = 2.352183 y log 9 = 0.954243 hallar log 25

497 **ECUACIONES EXPONENCIALES** son ecuaciones en que la incógnita es exponente de una cantidad.

Para resolver ecuaciones exponenciales, se aplican logaritmos a los dos miembros de la ecuación y se despeja la incógnita.

Ejemplos

1) Resolver la ecuación $3^x = 60$.

Aplicando logaritmos, tenemos:

$$x(\log 3) = \log 60$$

$$x = \frac{\log 60}{\log 3} = \frac{1.778151}{0.477121} = 3.72 \quad \textbf{R.}$$

2) Resolver la ecuación $5^{2x-1} = 125$.

Aplicando logaritmos:

$$(2x - 1)\log 5 = \log 125$$

$$2x - 1 = \frac{\log 125}{\log 5}$$

$$2x = \frac{\log 125}{\log 5} + 1$$

$$x = \frac{\frac{\log 125}{\log 5} + 1}{2}$$

$$x=\frac{\frac{2.096910}{0.698970}+1}{2}=\frac{3+1}{2}=2 \quad \textbf{R.}$$

Ejercicio 301

Resolver las ecuaciones:

1. $5^x=3$
2. $7^x=512$
3. $0.2^x=0.0016$
4. $9^x=0.576$
5. $3^{x+1}=729$
6. $5^{x-2}=625$
7. $2^{3x+1}=128$
8. $3^{2x-1}=2,187$
9. $11^{2x}=915$

DEDUCIR LA FÓRMULA PARA HALLAR EL NÚMERO DE TÉRMINOS DE UNA PROGRESIÓN GEOMÉTRICA 498

Conocemos la fórmula $u=ar^{n-1}$

Siendo n la incógnita, tenemos una ecuación exponencial. Aplicando logaritmos a los dos miembros, tenemos:

$$\log u=\log a+(n-1)\log r$$

$$\log u-\log a=(n-1)\log r$$

$$n-1=\frac{\log u-\log a}{\log r}$$

$$n=\frac{\log u-\log a}{\log r}+1$$

o también

$$n=\frac{\log u+\operatorname{colog} a}{\log r}+1$$

Ejemplo

1) ¿Cuántos términos tiene la progresión $\div\, 2:6:\ldots:1,458$?

Aquí $u=1,458$, $a=2$, $r=3$, luego aplicando la fórmula anterior, tenemos:

$$n=\frac{\log 1,458+\operatorname{colog} 2}{\log 3}+1=\frac{3.163758+\overline{1}.698970}{0.477121}+1$$

$$=\frac{2.862728}{0.477121}+1$$

$$=6+1=7 \quad \textbf{R.}$$

Ejercicio 302

Hallar el número de términos de las progresiones:

1. $\div\, 3:6:\ldots:48$
2. $\div\, 2:3:\ldots:\frac{243}{16}$
3. $\div\, 4:8:\ldots:512$
4. $\div\, 6:8:\ldots:\frac{2,048}{81}$
5. $\div\, 2:5:\ldots:\frac{625}{8}$

Albert Einstein (1879-1955). Matemático y físico alemán. Fue profesor del Instituto Politécnico y también de la Universidad de Zurich. Director de la sección de Física del Instituto Emperador Guillermo. Recibió en 1921 el Premio Nobel de Física por sus trabajos acerca de la teoría de la relatividad del tiempo, que modificó la teoría de la gravitación universal de Newton. Trabajando con otros científicos de diversas nacionalidades en la Universidad de Princeton, logró la desintegración del átomo, base de la bomba atómica.

Capítulo XXXIX

INTERÉS COMPUESTO. AMORTIZACIONES. IMPOSICIONES

499 INTERÉS COMPUESTO

El interés es **compuesto** cuando los intereses que gana el capital prestado se **capitalizan periódicamente,** es decir, se suman al capital prestado a intervalos iguales de tiempo, constituyéndose de ese modo un nuevo capital al final de cada unidad de tiempo.

500 DEDUCCIÓN DE LA FÓRMULA FUNDAMENTAL Y DERIVADAS

Sea c el capital prestado a interés compuesto durante t años, siendo r el **tanto por uno** anual, o sea, lo que gana \$1 al año.

Cada peso gana r al año; luego, en un año se convierte en $1 + r$ y c pesos se convertirán, al cabo de un año, en

$$c(1 + r)$$

Cada peso de este nuevo capital, en el segundo año, se convierte en $1 + r$; luego, los $c(1 + r)$ pesos, al final del segundo año, se habrán convertido en

$$c(1 + r)\,(1 + r) = c(1 + r)^2$$

Aplicando a este nuevo capital la misma regla, tendremos que al final del 3er año se habrá convertido en

$$c(1 + r)^2(1 + r) = c(1 + r)^3$$

Este nuevo capital, al final del 4º año, se habrá convertido en

$$c\ (1+r)^3(1+r) = c\ (1+r)^4$$

y así sucesivamente; luego, al final de t años, el capital se habrá convertido en

$$c\ (1+r)^t$$

y designándolo por C, tendremos que

$$C = c\ (1+r)^t \ \textbf{(1)}$$

fórmula fundamental del interés compuesto.

Esta fórmula es calculable por logaritmos. Aplicando logaritmos, tenemos:

$$\log C = \log c + t \log (1+r)$$

FÓRMULAS DERIVADAS

La ecuación (**1**) nos da una relación entre cuatro cantidades; conociendo tres de ellas, podemos hallar la cuarta.

Despejando c en (**1**), se tiene: $c = \dfrac{C}{(1+r)^t}$

y aplicando logaritmos:

$$\log c = \log C - t \log (1+r)$$

t puede despejarse en esta última fórmula.

Pasando $-t \log (1+r)$ al primer miembro y $\log c$ al segundo, se tiene:

$$t \log (1+r) = \log C - \log c$$

y de aquí: $t = \dfrac{\log C - \log c}{\log(1+r)}$

Para hallar $\boldsymbol{r}$. En la fórmula (**1**), despejando $(1+r)^t$, se tiene: $(1+r)^t = \dfrac{C}{c}$

Extrayendo la raíz t: $1+r = \sqrt[t]{\dfrac{C}{c}}$

y aplicando logaritmos: $\log(1+r) = \dfrac{\log C - \log c}{t}$

Hallado el valor de $1+r$, se le resta 1 y se tiene r.

Ejemplos

1) ¿En cuánto se convertirán \$5,800 al 5% anual de interés compuesto en 7 años?

Hay que tener presente que r representa el *tanto por* 1, lo que gana \$1 en la unidad de tiempo.

Que el tanto por ciento es el 5 anual significa que \$100 ganan \$5 al año, luego \$1 ganará $\$\dfrac{5}{100} = \$0.05$. Por tanto aquí:

$$c = 5{,}800, \qquad r = 0.05, \qquad t = 7$$

Sustituyendo estos valores en la fórmula $C = c\ (1+r)^t$, se tiene:

$$C = 5{,}800\ (1 + 0.05)^7$$

o sea $C = 5{,}800\ (1.05)^7$

Aplicando logaritmos:

$$\begin{aligned}\log C &= \log 5{,}800 + 7\ (\log 1.05)\\ &= 3.763428 + 7\ (0.021189)\\ &= 3.763428 + 0.148323\\ &= 3.911751\end{aligned}$$

Hallando el número a que corresponde este log se encuentra que es 8,161.148, o sea 8,161.15; luego el capital prestado se convertirá en \$8,161.15. **R.**

2) ¿En cuánto se convertirán \$918.54 al 4% anual de interés compuesto en 1 año, capitalizando los intereses por trimestres?
Como los intereses se capitalizan, es decir, se suman al capital por trimestres, t representa el número de trimestres que hay en 1 año o sea 4.
Hallamos el tanto por 1 anual. Si \$100 ganan \$4 al año, \$1 ganará \$0.04 al año. Este tanto por 1 anual hay que hacerlo trimestral. Si \$1 gana \$0.04 al año, en un trimestre ganará $\$0.04 \div 4 = \$0.01$, luego entonces tenemos:

$$c = 918.54, \quad t = 4, \quad r = 0.01$$

Sustituyendo en la fórmula $C = c\ (1 + r)^t$, tendremos:

$$C = 918.54\ (1 + 0.01)^4$$

o sea $C = 918.54\ (1.01)^4$

Aplicando logaritmos:

$$\begin{aligned}\log C &= \log 918.54 + 4\ (\log 1.01)\\ &= 2.963098 + 4\ (0.004321)\\ &= 2.963098 + 0.017284\\ &= 2.980382\end{aligned}$$

Hallando el antilogaritmo se encuentra que es 955.83.
Luego los \$918.54 se convertirán en \$955.83. **R.**

3) Una suma prestada al $3\frac{1}{2}\%$ de interés compuesto durante 9 años se convirtió en 3,254,600 sucres. ¿Cuál fue la suma prestada?
Hallar c.

$$c = \frac{C}{(1+r)^t}$$

Aquí $C = 3{,}254{,}600;\quad r = 3.5 \div 100 = 0.035, \quad t = 9$, luego :

$$c = \frac{3{,}254{,}600}{(1.035)^9}$$

Aplicando logaritmos:

$$\begin{aligned}\log c &= \log 3{,}254{,}600 - 9\ (\log 1.035)\\ &= 6.512498 - 9(0.014940)\\ &= 6.378034\end{aligned}$$

Hallando el antilogaritmo se encuentra que es igual a 2,388,001 sucres. Luego, la suma prestada fue 2,388,001 sucres. **R.**

4) ¿En cuántos años una suma de 834 nuevos soles prestada al 8% anual de interés compuesto se convertirá en 1,323.46 nuevos soles?
La fórmula es

$$t = \frac{\log C - \log c}{\log(1+r)}$$

Aquí $C = 1{,}323.46$, $c = 834$, $1 + r = 1.08$, luego

$$t = \frac{\log 1{,}323.46 - \log 834}{\log 1.08} = \frac{3.121711 - 2.921166}{0.033424}$$

$$= \frac{0.200545}{0.033424} = 6 \text{ años} \quad \textbf{R.}$$

5) Una suma de 700,000 bolívares prestada a interés compuesto durante 5 años se convirtió en 851,650 bolívares. ¿A qué porcentaje anual se prestó?
La fórmula es

$$\log(1+r) = \frac{\log C - \log c}{t}$$

Sustituyendo: $$\log(1+r) = \frac{\log 851{,}650 - \log 700{,}000}{5}$$

$$= \frac{5.930261 - 5.845098}{5}$$

$$= 0.017033$$

Hallando el antilogaritmo se encuentra que es: 1.04.
Luego $1 + r = 1.04$ y por tanto $r = 0.04$. Si el tanto por 1 es 0.04 el % es 4. **R.**

Ejercicio 303

1. Una suma de $500 se impone al 6% de interés compuesto durante 3 años. ¿En cuánto se convertirá?
2. Se prestan 3,500 nuevos soles al 7% de interés compuesto durante 5 años. ¿En cuánto se convertirá esa suma?
3. Un capital de 8,132,000 bolívares se impone al 9% durante 10 años. ¿En cuánto se convertirá?

Hallar en cuánto se convertirán:

4. $930 al $3\frac{1}{2}$% anual en 7 años.
5. $12,318 al $4\frac{1}{4}$% anual en 6 años.
6. 24,186,000 sucres al $5\frac{1}{2}$% anual en 7 años.
7. $54,293 al $3\frac{3}{4}$% anual en 5 años.
8. ¿En cuánto se convertirán $800 al 3% anual, en 2 años, capitalizando los intereses por semestres?
9. ¿En cuánto se convertirán $900 al 4% anual en 1 año, capitalizado los intereses por trimestres?
10. Una suma prestada al 5% anual de interés compuesto se ha convertido en $972.60 en 4 años. ¿Cuál fue la suma prestada?

11. Se presta cierta suma al $4\frac{1}{2}\%$ anual y en 6 años se convierte en \$1,893.50. ¿Cuál fue la suma prestada?
12. Una suma prestada al 8% anual de interés compuesto durante 7 años se ha convertido en 54,198.16 quetzales. ¿Cuál fue la suma prestada?
13. Una suma de \$600 prestada al 3% anual se ha convertido en \$695.56. ¿Cuánto años estuvo prestada?
14. 121,500 colones se convierten en 170,961 al 5% anual de interés compuesto. ¿Cuantos años duró la imposición?
15. Una suma de 800 balboas prestada durante 4 años a interés compuesto se ha convertido en 1,048.63 balboas. ¿A qué % anual se impuso?
16. ¿A qué % anual se impuso una suma de \$6,354 que en 4 años se ha convertido en \$7,151.46?
17. Hallar los intereses que han producido 900 lempiras colocados al 5% de interés compuesto durante 2 años y 4 meses sabiendo que los intereses se han capitalizado por años.

501 AMORTIZACIÓN DE UNA DEUDA POR ANUALIDADES

Un capital c se presta a interés compuesto, siendo r el tanto por 1, durante t años. El capital prestado y sus intereses compuestos durante el tiempo que dura el préstamo deben amortizarse mediante t pagos iguales, que se verifican al final de cada año.

Se llama **anualidad** a la cantidad fija que hay que pagar al final de cada año para amortizar un capital prestado y sus intereses compuestos en cierto número de años.

502 DEDUCCIÓN DE LA FÓRMULA APLICABLE

Sea c un capital prestado a interés compuesto, a un tanto por uno r durante t años.

Este capital en t años se convertirá en $c\,(1+r)^t$.

Sea a la anualidad que tiene que pagar el deudor. La primera anualidad se paga **al final del primer año**; esta anualidad produce interés compuesto, a favor del deudor, al mismo tanto por uno r que el capital prestado, durante $t-1$ años; luego, se convertirá en $a\,(1+r)^{t-1}$.

La segunda anualidad se paga al final del segundo año y produce interés compuesto durante $t-2$ años; luego, se convertirá en $a\,(1+r)^{r-2}$.

La tercera anualidad, pagada al final del tercer año, se convertirá en $a\,(1+r)^{t-3}$.

Del propio modo, la cuarta, quinta, etc., anualidades se convierten en

$$a\,(1+r)^{t-4},\ a\,(1+r)^{t-5},...$$

La penúltima anualidad se convierte en $a\,(1+r)$, y la última anualidad, que se paga al final del último año, no produce ya interés a favor del deudor porque se paga al cumplirse los t años; luego, el valor de la última anualidad es a.

La suma de los valores que adquieren las diversas anualidades junto con el valor a de la última anualidad debe ser igual al capital prestado con su interés compuesto; luego,

$$c\,(1+r)^t = a + a\,(1+r) + \ldots + a\,(1+r)^{t-3} + a\,(1+r)^{t-2} + a\,(1+r)^{t-1}$$

El segundo miembro de esta igualdad es la suma de los términos de una progresión geométrica cuya razón es $(1+r)$; luego, aplicando la fórmula $S = \frac{ur-a}{r-1}$, tendremos:

$$c(1+r)^t = \frac{a(1+r)^{t-1}(1+r)-a}{(1+r)-1}$$

o sea: $$c(1+r)^t = \frac{a(1+r)^t - a}{r}$$

Quitando denominador: $cr\,(1+r)^t = a\,(1+r)^t - a$

Sacando a factor común: $cr\,(1+r)^t = a\,[(1+r)^t - 1]$

y despejando a, queda: $$a = \frac{cr(1+r)^t}{(1+r)^t-1}$$

que es **la fórmula de las anualidades.**

Ejemplo

1) Una ciudad toma un empréstito de \$500,000 al 4% interés compuesto para amortizarlo en 15 años. ¿Qué anualidad deberá pagar?

Aquí, $c = 500{,}000$, $r = 0.04$, $t = 15$, luego sustituyendo en la fórmula anterior tenemos:

$$a = \frac{500{,}000 \times 0.04 \times (1.04)^{15}}{(1.04)^{15}-1} \qquad \textbf{(1)}$$

Hallemos el valor de $(1.04)^{15}$. Una tabla de interés compuesto nos lo da enseguida. Nosotros vamos a calcularlo por logaritmos.

Tendremos: $\log (1.04)^{15} = 15\,(\log 1.04) = 15\,(0.017033) = 0.255495$

Hallando el antilogaritmo se encuentra que es 1.8009, luego $(1.04)^{15} = 1.8009$.

Sustituyendo este valor en (**1**), tenemos: $a = \frac{500{,}000 \times 0.04 \times 1.8009}{1.8009 - 1}$

o sea $$a = \frac{500{,}000 \times 0.04 \times 1.8009}{0.8009}$$

Aplicando logaritmos:

$$\begin{aligned} \log a &= \log 500{,}000 + \log 0.04 + \log 1.8009 + \text{colog } 0.8009 \\ &= 5.698970 + \bar{2}.602060 + 0.255495 + 0.096422 \\ &= 4.652947 \end{aligned}$$

Hallando el antilogaritmo se encuentra que $a = \$44{,}972.47$. **R.**

304

Ejercicio

1. ¿Qué anualidad hay que pagar para amortizar una deuda de $40,000 al 5% en 10 años?
2. Se ha tomado a préstamo una suma de 85,000 nuevos soles al 3%. ¿Qué anualidad habrá que pagar para amortizar la deuda en 12 años?
3. Una ciudad toma un empréstito de $600,000 al 5%. ¿Qué anualidad deberá pagar para amortizar la deuda en 20 años?
4. Para amortizar un empréstito de 5,000,000 bs. al 6% en 30 años, ¿qué anualidad hay que pagar?

Resuelva los siguientes problemas aplicando la tabla de interés compuesto decreciente que aparece en las páginas 532-533. Compruébelos usando la fórmula de la anualidad. [1]

5. Una deuda de 3,000,000 bs. al 6% de interés, se debe pagar en 5 años. ¿Cuál será el importe de la anualidad?
6. Se constituye una hipoteca sobre un bien inmueble por la cantidad de 12,000,000 bs. al 7% de interés, pagadera en 12 años. Determinar la anualidad a pagar.
7. Una industria tiene necesidad de comprar equipos para incrementar su producción, pero no tiene efectivo suficiente para su adquisición. La gerencia decide solicitar un préstamo bancario por la suma de 350,000,000 sucres al $4\frac{1}{2}\%$ de interés, por 3 años. ¿Qué anualidad le corresponde pagar?
8. Una compañía exportadora de nitratos necesita ampliar su negocio, y toma una hipoteca sobre la propiedad por 425,000 nuevos soles al 6% de interés, debiendo amortizarla en 10 años. ¿Cuál será la anualidad que debe pagar?
9. Una compañía vendedora de bienes inmuebles a plazos vende al Sr. José Antonio Arraíz una casa por la cantidad de 90,750,000 bolívares, al 5% de interés, amortizable en 25 años. ¿Qué anualidad deberá abonar?
10. La misma compañía vende al Sr. Simón Irrigorri una casa a plazos con un valor de 73,550,000 bolívares, al $5\frac{1}{2}\%$ de interés, que deberá amortizar en 30 años. ¿A cuánto ascenderá la anualidad a pagar?
11. Un hombre de negocios invierte 473,000,000 sucres en un préstamo hipotecario al $3\frac{1}{2}\%$ de interés por 9 años. ¿Qué anualidad se le debe pagar?
12. Se constituye una hipoteca por la cantidad de 45,800 nuevos soles al 4% de interés, liquidable en 30 años. ¿Cuál será la anualidad a pagar?

503 FORMACIÓN DE UN CAPITAL MEDIANTE IMPOSICIONES SUCESIVAS IGUALES

Se trata de constituir un capital c en cierto número de años imponiendo al principio de cada año una cantidad fija a interés compuesto.

[1] En algunos de los problemas puede haber una diferencia de centavos, cuya importancia es nula; esta diferencia la motivan los decimales usados en los cálculos.

DEDUCCIÓN DE LA FÓRMULA DE LAS IMPOSICIONES 504

Sea c el capital que se quiere constituir en t años. Sea i la imposición anual fija que hay que hacer al principio de cada uno de los t años, a un tanto por uno r, para constituir el capital.

La primera imposición, hecha al principio del primer año, produce interés compuesto durante t años; luego, se convertirá en

$$i\,(1+r)^{t}$$

La segunda imposición, hecha al principio del 2o. año, produce interés compuesto durante $t-1$ años; luego, se convertirá en

$$i\,(1+r)^{t-1}$$

Del propio modo, la tercera, cuarta, etc., imposiciones se convertirán en

$$i\,(1+r)^{t-2}, i\,(1+r)^{t-3},...$$

y la última, hecha al principio del último año, se convierte en

$$i\,(1+r)$$

La suma de los valores de todas las imposiciones al cabo de t años tiene que ser igual al capital que se quiere constituir; luego, tendremos:

$$c = i\,(1+r) + ... + i\,(1+r)^{t-2} + i\,(1+r)^{t-1} + i\,(1+r)$$

El segundo miembro de esta igualdad es la suma de los términos de una progresión geométrica cuya razón es $1+r$; luego, aplicando la fórmula

$S = \frac{ur-a}{r-1}$, tenemos: $c = \frac{i(1+r)^{t}(1+r) - i(1+r)}{(1+r)-1}$

Simplificado: $c = \frac{i(1+r)^{t+1} - i(1+r)}{r}$

Quitando denominadores: $cr = i\,(1+r)^{t+1} - i\,(1+r)$

Sacando i factor común en el segundo miembro, tenemos:

$$cr = i\,[(1+r)^{t+1} - (1+r)]$$

Despejando i, se tiene:

$$i = \frac{cr}{(1+r)^{t+1} - (1+r)}$$

que es **la fórmula de las imposiciones.**

Ejemplo

1) ¿Qué imposición anual al 5% habrá que hacer para constituir en 20 años un capital de \$80,000?
Aquí $c = 80{,}000$, $r = 0.05$, $t = 20$, luego sustituyendo en la fórmula, tenemos:

$$i = \frac{80{,}000 \times 0.05}{(1.05)^{21} - 1.05} \quad (\mathbf{1})$$

Hallemos el valor de $(1.05)^{21}$. Tendremos:

$\log (1.05)^{21} = 21 (\log 1.05) = 21 (0.021189) = 0.444969$

Hallando el antilogaritmo se encuentra que $(1.05)^{21} = 2.7859$.

Entonces, sustituyendo en (**1**) este valor:

$$i = \frac{80{,}000 \times 0.05}{2.7859 - 1.05}$$

o sea
$$i = \frac{80{,}000 \times 0.05}{1.7359}$$

Aplicando logaritmos:

$$\begin{aligned} \log i &= \log 80{,}000 + \log 0.05 + \text{colog } 1.7359 \\ &= 4.903090 + \bar{2}.698970 + \bar{1}.760476 \\ &= 3.362536 \end{aligned}$$

Hallando el antilogaritmo se encuentra que $i = \$2{,}304.28$ **R.**

Ejercicio 305

1. ¿Qué imposición anual al 6% habrá que hacer para tener en 9 años \$30,000?
2. Para constituir un capital de 90,000,000 sucres en 20 años, ¿qué imposición anual al 4% habrá que hacer?
3. Se ha constituido un capital de \$200,000 en 40 años mediante imposiciones anuales fijas al 5%. ¿Cuál ha sido la imposición anual?
4. Un padre de familia quiere que cuando su hijo cumpla 25 años tenga constituido un capital de \$40,000. ¿Qué imposición anual al 6%, a partir del nacimiento del hijo, deberá hacer para constituir dicho capital?

APÉNDICE

- Hemos incluido en este apéndice tres tablas y un cuadro que han de ser manejados continuamente por los estudiantes.
- Al resolver los problemas de interés compuesto suelen presentarse operaciones en las cuales debemos conocer el valor adquirido por $1 a interés compuesto, al cabo de un número determinado de años. En la Tabla I el estudiante encontrará este valor hasta los 30 años, cuando el interés es creciente.
- Si se trata de problemas en los cuales se aplica el interés decreciente, la Tabla II es un auxiliar poderoso.
- Nuestra experiencia profesoral nos ha puesto de manifiesto las múltiples dificultades que se les presentan a los alumnos para comprender y dominar la descomposición en factores. Por esto hemos incluido un Cuadro que resume las formas básicas de la descomposición factorial, mediante el cual el alumno pueda visualizar y recordar fácilmente los casos de factorización.
- Muy a menudo en las operaciones algebraicas se nos presentan casos en los cuales tenemos que aplicar inevitablemente potencias, raíces y también el inverso de un número determinado. Es por ello que creemos de gran utilidad la Tabla IV, pues contiene el cuadrado, la raíz cuadrada, el cubo, la raíz cúbica y el inverso de los cien primeros números.

I. TABLA DE

Valor adquirido por $1 a interés compuesto

AÑOS	½ %	1 %	1½ %	2 %	2½ %	3 %	3½ %	4 %
1	1.005000	1.010000	1.015000	1.020000	1.025000	1.030000	1.035000	1.040000
2	1.010025	1.020100	1.030225	1.040400	1.050625	1.060900	1.071225	1.081600
3	1.015075	1.030301	1.045678	1.061208	1.076891	1.092727	1.108718	1.124864
4	1.020151	1.040604	1.061364	1.082432	1.103813	1.125509	1.147523	1.169859
5	1.025251	1.051010	1.077284	1.104081	1.131408	1.159274	1.187686	1.216653
6	1.030378	1.061520	1.093443	1.126162	1.159693	1.194052	1.229255	1.265319
7	1.035529	1.072135	1.109845	1.148686	1.188686	1.229874	1.272279	1.315932
8	1.040707	1.082857	1.126493	1.171659	1.218403	1.266770	1.316809	1.368569
9	1.045911	1.093685	1.143390	1.195093	1.248863	1.304773	1.362897	1.423312
10	1.051140	1.104622	1.160541	1.218994	1.280085	1.343916	1.410599	1.480244
11	1.056396	1.115668	1.177949	1.243374	1.312087	1.384234	1.459970	1.539454
12	1.061678	1.126825	1.195618	1.268242	1.344889	1.455761	1.511069	1.601032
13	1.066986	1.138093	1.213552	1.293607	1.378511	1.468534	1.563956	1.665074
14	1.072321	1.149474	1.231756	1.319479	1.412974	1.512590	1.618695	1.731676
15	1.077683	1.160969	1.250232	1.345868	1.448298	1.557967	1.675349	1.800944
16	1.083071	1.172579	1.268986	1.372786	1.484506	1.604706	1.733986	1.872981
17	1.088487	1.184304	1.288020	1.400241	1.521618	1.652848	1.794676	1.947901
18	1.093929	1.196147	1.307341	1.428246	1.559659	1.702433	1.857489	2.025817
19	1.099399	1.208109	1.326951	1.456811	1.598650	1.753506	1.922501	2.106849
20	1.104896	1.220190	1.346855	1.485947	1.638616	1.806111	1.989789	2.191123
21	1.110420	1.232392	1.367058	1.515666	1.679582	1.860295	2.059431	2.278768
22	1.115972	1.244716	1.387564	1.545980	1.721571	1.916103	2.131512	2.369919
23	1.121552	1.257163	1.408377	1.576899	1.764611	1.973587	2.206114	2.464716
24	1.127160	1.269735	1.429503	1.608437	1.808726	2.032794	2.283328	2.563304
25	1.132796	1.282432	1.450945	1.640606	1.853944	2.093778	2.363245	2.665836
26	1.138460	1.295256	1.472710	1.673418	1.900293	2.156591	2.445959	2.772470
27	1.144152	1.308209	1.494800	1.706886	1.947800	2.221289	2.531567	2.883369
28	1.149873	1.321291	1.517222	1.741024	1.996495	2.287928	2.620172	2.998703
29	1.155622	1.334504	1.539981	1.775845	2.046407	2.356566	2.711878	3.118651
30	1.161400	1.347849	1.563080	1.811362	2.097568	2.427262	2.806794	3.243398

INTERÉS COMPUESTO

de 1 a 30 años, o sea, valor de $(1 + r)^t$

4½ %	5 %	5½ %	6 %	7 %	8 %	9 %	10 %
1.045000	1.050000	1.055000	1.060000	1.070000	1.080000	1.090000	1.100000
1.092025	1.102500	1.113025	1.123600	1.144900	1.166400	1.188100	1.210000
1.141166	1.157625	1.174241	1.191016	1.225043	1.259712	1.295029	1.331000
1.192519	1.215506	1.238825	1.262477	1.310796	1.360489	1.411582	1.464100
1.246182	1.276282	1.306960	1.338226	1.402552	1.469328	1.538624	1.610510
1.302260	1.340096	1.378843	1.418519	1.500730	1.586874	1.677100	1.771561
1.360862	1.407100	1.454679	1.503630	1.605781	1.713824	1.828039	1.948717
1.422101	1.477455	1.534687	1.593848	1.718186	1.850930	1.992563	2.743589
1.486095	1.551328	1.619094	1.689479	1.838459	1.999005	2.171893	2.357948
1.552969	1.628895	1.708144	1.790848	1.967151	2.158925	2.367364	2.593742
1.622853	1.710339	1.802092	1.898299	2.104852	2.331639	2.580426	2.853117
1.695881	1.795856	1.901207	2.012196	2.252192	2.518170	2.812665	3.138428
1.772196	1.885649	2.005774	2.132928	2.409845	2.719624	3.065805	3.452271
1.851945	1.979932	2.116091	2.260904	2.578534	2.937194	3.341727	3.797498
1.935282	2.078928	2.232476	2.396558	2.759032	3.172169	3.642482	4.177248
2.022370	2.182875	2.355263	2.540352	2.952164	3.425943	3.970306	4.594973
2.113377	2.292018	2.484802	2.692773	3.158815	3.700018	4.327633	5.054470
2.208479	2.406619	2.621466	2.854339	3.379932	3.996020	4.717120	5.559917
2.307860	2.526950	2.765647	3.025600	3.616528	4.315701	5.141661	6.115909
2.411714	2.653298	2.917757	3.207135	3.869684	4.660957	5.604411	6.727500
2.520241	2.785963	3.078234	3.399564	4.140562	5.033834	6.108808	7.400250
2.633652	2.925261	3.247537	3.603537	4.430402	5.436540	6.658600	8.140275
2.752166	3.071524	3.426152	3.819750	4.740530	5.871464	7.257874	8.954302
2.876014	3.225100	3.614590	4.048935	5.072367	6.341181	7.911083	9.849733
3.005434	3.386355	3.813392	4.291871	5.427433	6.848475	8.623081	10.834706
3.140679	3.555673	4.023129	4.549383	5.807353	7.396353	9.399158	11.918177
3.282010	3.733456	4.244401	4.822346	6.213868	7.988061	10.245082	13.109994
3.429700	3.920129	4.477843	5.111687	6.648838	8.627106	11.167140	14.420994
3.584036	4.116136	4.724124	5.418388	7.114257	9.317275	12.172182	15.863093
3.745318	4.321942	4.983951	5.743491	7.612255	10.062657	13.267678	17.449402

II. TABLA DE INTERÉS

Anualidad cuyo valor actual es $1

AÑOS	½ %	1 %	1½ %	2 %	2½ %	3 %	3½ %	4 %
1	1.005000	1.010000	1.015000	1.020000	1.025000	1.030000	1.035000	1.040000
2	0.503753	0.507512	0.511278	0.515050	0.518827	0.522611	0.526400	0.530196
3	0.336672	0.340022	0.343383	0.346755	0.350137	0.353530	0.356934	0.360349
4	0.253133	0.256281	0.259445	0.262624	0.265818	0.269027	0.272251	0.275490
5	0.203010	0.206040	0.209089	0.212158	0.215247	0.218355	0.221481	0.224627
6	0.169595	0.172548	0.175525	0.178526	0.181550	0.184598	0.187668	0.190762
7	0.145729	0.148628	0.151556	0.154512	0.157495	0.160506	0.163544	0.166610
8	0.127829	0.130690	0.133584	0.136510	0.139467	0.142456	0.145477	0.148528
9	0.113907	0.116740	0.119610	0.122515	0.125457	0.128434	0.131446	0.134493
10	0.102771	0.105582	0.108434	0.111327	0.114259	0.117231	0.120241	0.123291
11	0.093659	0.096454	0.099294	0.102178	0.105106	0.108077	0.111092	0.114149
12	0.086066	0.088849	0.091680	0.094560	0.097487	0.100462	0.103484	0.106552
13	0.079642	0.082415	0.085240	0.088118	0.091048	0.094030	0.097062	0.100144
14	0.074136	0.076901	0.079723	0.082602	0.085537	0.088526	0.091571	0.094669
15	0.069364	0.072124	0.074944	0.077825	0.080766	0.083767	0.086825	0.089941
16	0.065189	0.067945	0.070765	0.073650	0.076599	0.079611	0.082685	0.085820
17	0.061506	0.064258	0.067080	0.069970	0.072928	0.075953	0.079043	0.082199
18	0.058232	0.060982	0.063806	0.066702	0.069670	0.072709	0.075817	0.078993
19	0.055303	0.058052	0.060878	0.063782	0.066761	0.069814	0.072940	0.076139
20	0.052666	0.055415	0.058246	0.061157	0.064147	0.067216	0.070361	0.073582
21	0.050282	0.053031	0.055866	0.058785	0.061787	0.064872	0.068037	0.071280
22	0.048114	0.050864	0.053703	0.056631	0.059647	0.062747	0.065932	0.069199
23	0.046135	0.048886	0.051731	0.054668	0.057696	0.060814	0.064019	0.067309
24	0.044321	0.047073	0.049924	0.052871	0.055913	0.059047	0.062273	0.065587
25	0.042652	0.045407	0.048263	0.051220	0.054276	0.057428	0.060674	0.064012
26	0.041112	0.043869	0.046732	0.049699	0.052769	0.055938	0.059205	0.062567
27	0.039686	0.042446	0.045315	0.048293	0.051377	0.054564	0.057852	0.061239
28	0.038362	0.041124	0.044001	0.046990	0.050088	0.053293	0.056603	0.060013
29	0.037129	0.039895	0.042779	0.045778	0.048891	0.052115	0.055445	0.058880
30	0.035979	0.038748	0.041639	0.044650	0.047778	0.051019	0.054371	0.057830

COMPUESTO DECRECIENTE

a interés compuesto de 1 a 30 años

4½ %	5 %	5½ %	6 %	7 %	8 %	9 %	10 %
1.045000	1.050000	1.055000	1.060000	1.070000	1.080000	1.090000	1.100000
0.533998	0.537805	0.541618	0.545437	0.553092	0.560769	0.568469	0.576190
0.363773	0.367209	0.370654	0.374110	0.381052	0.388034	0.395055	0.402115
0.278744	0.282012	0.285294	0.288591	0.295228	0.301921	0.308669	0.315471
0.227792	0.230975	0.234176	0.237396	0.243891	0.250456	0.257092	0.263797
0.193878	0.197017	0.200179	0.203363	0.209796	0.216315	0.222920	0.229607
0.169701	0.172820	0.175964	0.179135	0.185553	0.192072	0.198691	0.205406
0.151610	0.154722	0.157864	0.161036	0.167468	0.174015	0.180674	0.187444
0.137574	0.140690	0.143839	0.147022	0.153486	0.160080	0.166799	0.173641
0.126379	0.129505	0.132668	0.135868	0.142378	0.149029	0.155820	0.162745
0.117248	0.120389	0.123571	0.126793	0.133357	0.140076	0.146947	0.153963
0.109666	0.112825	0.116029	0.119277	0.125902	0.132695	0.139651	0.146763
0.103275	0.106456	0.109684	0.112960	0.119651	0.126522	0.133567	0.140779
0.097820	0.101024	0.104279	0.107585	0.114345	0.121297	0.128433	0.135746
0.093114	0.096342	0.099626	0.102963	0.109795	0.116830	0.124059	0.131474
0.089015	0.092270	0.095583	0.098952	0.105858	0.112977	0.120300	0.127817
0.085418	0.088699	0.092042	0.095445	0.102425	0.109629	0.117046	0.124664
0.082237	0.085546	0.088920	0.092357	0.099413	0.106702	0.114212	0.121930
0.079407	0.082745	0.086150	0.089621	0.096753	0.104128	0.111730	0.119547
0.076876	0.080243	0.083679	0.087185	0.094393	0.101852	0.109546	0.117460
0.074601	0.077996	0.081465	0.085005	0.092289	0.099832	0.107617	0.115624
0.072547	0.075971	0.079471	0.083046	0.090406	0.098032	0.105905	0.114005
0.070682	0.074137	0.077670	0.081278	0.088714	0.096422	0.104382	0.112572
0.068987	0.072471	0.076036	0.079679	0.087189	0.094978	0.103023	0.111300
0.067439	0.070952	0.074549	0.078227	0.085811	0.093679	0.101806	0.110168
0.066021	0.069564	0.073193	0.076904	0.084561	0.092507	0.100715	0.109159
0.064719	0.068292	0.071952	0.075697	0.083426	0.091448	0.099735	0.108258
0.063521	0.067123	0.070814	0.074593	0.082392	0.090489	0.098852	0.107451
0.062415	0.066046	0.069769	0.073580	0.081449	0.089619	0.098056	0.106728
0.061392	0.065051	0.068805	0.072649	0.080586	0.088827	0.097336	0.106079

III. CUADRO DE LAS FORMAS BÁSICAS

FORMAS SIEMPRE FACTORIZABLES

BINOMIOS

DIFERENCIA DE CUADRADOS

$$a^2 - b^2 = (a+b)(a-b)$$

$$16x^2 - 25y^4 = (4x+5y^2)(4x-5y^2)$$

$4x \quad 5y^2$

SUMA O DIFERENCIA DE CUBOS

$$a^3 + b^3 = (a+b)(a^2 - ab + b^2)$$

$$a^3 - b^3 = (a-b)(a^2 + ab + b^2)$$

$$27a^3 + b^6 = (3a+b^2)[(3a)^2 - 3a(b^2) + (b^2)^2] = (3a+b^2)(9a^2 - 3ab^2 + b^4)$$

$$a^3 - 8 = (a-2)[a^2 + 2(a) + 2^2] = (a-2)(a^2 + 2a + 4)$$

SUMA O DIFERENCIA DE DOS POTENCIAS IMPARES IGUALES

$$m^5 + n^5 = (m+n)(m^4 - m^3n + m^2n^2 - mn^3 + n^4)$$

$$a^5 - b^5 = (a-b)(a^4 + a^3b + a^2b^2 + ab^3 + b^4)$$

TRINOMIOS

TRINOMIO CUADRADO PERFECTO

$$m^2 + 2m + 1 = (m+1)(m+1) = (m+1)^2$$

$m \quad 1$

POLINOMIOS

FACTOR COMÚN

$$x(a+b) + m(a+b)$$

$$\frac{x(a+b)}{(a+b)} = x \quad \text{y} \quad \frac{m(a+b)}{(a+b)} = m$$

$$x(a+b) + m(a+b) = (a+b)(x+m)$$

NOTA PARA EL ESTUDIANTE

La descomposición factorial es de suma importancia en el estudio del Álgebra. Generalmente, la factorización es un paso previo para cualquier operación algebraica, y su domino requiere mucha práctica. Conocer las formas básicas y las formas derivadas de éstas es indispensable para saber descomponer cualquier expresión algebraica. Queremos recordar que una expresión cualquiera puede pertenecer a varias formas básicas a la vez, o no pertenecer a ninguna de ellas. Por otra parte, si pertenece a algunas de estas formas no quiere decir que sea descomponible, salvo naturalmente, que pertenezca a una de las cuatro formas que siempre son factorizables. Recomendamos al estudiante que al descomponer en factores una expresión algebraica, siga los siguientes pasos: 1) Observe si hay factor común; 2) ordene la expresión; 3) averigüe si la expresión dada pertenece a alguna de las formas que siempre se puede descomponer; 4) si pertenece a formas que no siempre son descomponibles, averigüe si cumple las condiciones necesarias para que lo sea; 5) al verificar una descomposición, observe si los factores hallados son factorizables a su vez, es decir, si son primos o no. Recuerde que muchas expresiones se pueden descomponer de distintas maneras, pero siempre se llega a un mismo resultado.

E DESCOMPOSICIÓN FACTORIAL

ORMAS NO SIEMPRE FACTORIZABLES

BINOMIOS

SUMA DE DOS C UADRADOS

$\mathbf{a^4 + 4b^4}$

$$\begin{array}{r} a^4 \qquad\qquad + 4b^4 \\ + 4a^2b^2 \qquad - 4a^2b^2 \\ \hline a^4 + 4a^2b^2 + 4b^4 - 4a^2b^2 \end{array}$$

$$\begin{aligned} a^4 + 4a^2b^2 + 4b^4 - 4a^2b^2 &= (a^4 + 4a^2b^2 + 4b^4) - 4a^2b^2 \\ &= (a^2 + 2b^2)^2 - 4a^2b^2 \\ &= (a^2 + 2b^2 + 2ab)(a^2 + 2b^2 - 2ab) \\ &= (a^2 + 2ab + 2b^2)(a^2 - 2ab + 2b^2) \end{aligned}$$

TRINOMIOS

TRINOMIO CUADRADO PERFECTO POR ADICIÓN O SUSTRACCIÓN

$\mathbf{x^4 + x^2y^2 + y^4}$

$$\begin{array}{r} x^4 + x^2y^2 + y^4 \\ + x^2y^2 \qquad - x^2y^2 \\ \hline x^4 + 2x^2y^2 + y^4 - x^2y^2 \end{array}$$

$x^4 + 2x^2y^2 + y^4 - x^2y^2 = (x^4 + 2x^2y^2 + y^4) - x^2y^2$

(factorizando el trinomio cuadrado perfecto) $= (x^2 + y^2)^2 - x^2y^2$

(factorizando la diferencia de cuadrados) $= (x^2 + y^2 + xy)(x^2 + y^2 - xy)$

(ordenando) $= (x^2 + xy + y^2)(x^2 - xy + y^2)$

TRINOMIO DE LA FORMA $x^2 + bx + c$

$\mathbf{x^2 + 5x + 6}$

$$\begin{aligned} x^2 + 5x + 6 &= (x \quad\ )(x \quad\ ) \\ x^2 + 5x + 6 &= (x + \quad)(x + \quad) \\ x^2 + 5x + 6 &= (x + 2)(x + 3) \end{aligned}$$

TRINOMIO DE LA FORMA $ax^2 + bx + c$

$\mathbf{6x^2 - 7x - 3}$

$36x^2 - 6(7x) - 18$ **(1)**

$(6x)^2 - 7(6x) - 18$ **(2)**

$\dfrac{(6x-9)(6x+2)}{6}$ **(3)**

$\dfrac{(6x-9)(6x+2)}{2\times 3} = (2x-3)(3x+1)$ **(4)**

$6x^2 - 7x - 3 = (2x - 3)(3x + 1)$

POLINOMIOS

POLINOMIO ENTERO Y RACIONAL EN X (EVALUACIÓN)

$\mathbf{x^3 + 2x^2 - x - 2}$

Coeficientes del polinomio	1	+2	−1	−2	+1 $x = 1$
		$1 \times 1 = +1$	$3 \times 1 = +3$	$2 \times 1 = +2$	
Coeficientes del cociente	1	+3	+2	**0**	

$x^3 + 2x^2 - x - 2 = (x - 1)(x^2 + 3x + 2)$

(factorizando el trinomio) $= (x - 1)(x + 1)(x + 2)$

POLINOMIO DE CUATRO O MÁS TÉRMINOS (AGRUPACIÓN)

$\mathbf{ax + bx + ay + by}$

$$\begin{aligned} ax + bx + ay + by &= (ax + bx) + (ay + by) \\ &= x(a + b) + y(a + b) \\ &= (a + b)(x + y) \end{aligned}$$

IV. TABLA DE POTENCIAS Y RAÍCES

No.	$(\text{No.})^2$	$\sqrt[2]{\text{No.}}$	$(\text{No.})^3$	$\sqrt[3]{\text{No.}}$	Inverso	No.	$(\text{No.})^2$	$\sqrt[2]{\text{No.}}$	$(\text{No.})^3$	$\sqrt[3]{\text{No.}}$	Inverso
1	1	1.000	1	1.000	1.000000000	51	2,601	7.141	132,651	3.708	.019607843
2	4	1.414	8	1.260	.500000000	52	2,704	7.211	140,608	3.733	.019230769
3	9	1.732	27	1.442	.333333333	53	2,809	7.280	148,877	3.756	.018867925
4	16	2.000	64	1.587	.250000000	54	2,916	7.348	157,464	3.780	.018518519
5	25	2.236	125	1.710	.200000000	55	3,025	7.416	166,375	3.803	.018181818
6	36	2.449	216	1.817	.166666667	56	3,136	7.483	175,616	3.826	.017857143
7	49	2.646	343	1.913	.142857143	57	3,249	7.550	185,193	3.849	.017543860
8	64	2.828	512	2.000	.125000000	58	3,364	7.616	195,112	3.871	.017241379
9	81	3.000	729	2.080	.111111111	59	3,481	7.681	205,379	3.893	.016949153
10	100	3.162	1,000	2.154	.100000000	60	3,600	7.746	216,000	3.915	.016666667
11	121	3.317	1,331	2.224	.090909091	61	3,721	7.810	226,981	3.936	.016393443
12	144	3.464	1,728	2.289	.083333333	62	3,844	7.874	238,328	3.958	.016129032
13	169	3.606	2,197	2.351	.076923077	63	3,969	7.937	250,047	3.979	.015873016
14	196	3.742	2,744	2.410	.071428571	64	4,096	8.000	262,144	4.000	.015625000
15	225	3.873	3,375	2.466	.066666667	65	4,225	8.062	274,625	4.021	.015384615
16	256	4.000	4,096	2.520	.062500000	66	4,356	8.124	287,496	4.041	.015151515
17	289	4.123	4,913	2.571	.058823529	67	4,489	8.185	300,763	4.062	.014925373
18	324	4.243	5,832	2.621	.055555556	68	4,624	8.246	314,432	4.082	.014705882
19	361	4.359	6,859	2.668	.052631579	69	4,761	8.307	328,509	4.102	.014492754
20	400	4.472	8,000	2.714	.050000000	70	4,900	8.367	343,000	4.121	.014285714
21	441	4.583	9,261	2.759	.047619048	71	5,041	8.426	357,911	4.141	.014084507
22	484	4.690	10,648	2.802	.045454545	72	5,184	8.485	373,248	4.160	.013888889
23	529	4.796	12,167	2.844	.043478261	73	5,329	8.544	389,017	4.179	.013698630
24	576	4.899	13,824	2.884	.041666667	74	5,476	8.602	405,224	4.198	.013513514
25	625	5.000	15,625	2.924	.040000000	75	5,625	8.660	421,875	4.217	.013333333
26	676	5.099	17,576	2.962	.038461538	76	5,776	8.718	438,976	4.236	.013157895
27	729	5.196	19,683	3.000	.037037037	77	5,929	8.775	456,533	4.254	.012987013
28	784	5.291	21,952	3.037	.035714286	78	6,084	8.832	474,552	4.273	.012820513
29	841	5.385	24,389	3.072	.034482759	79	6,241	8.888	493,039	4.291	.012658228
30	900	5.477	27,000	3.107	.033333333	80	6,400	8.944	512,000	4.309	.012500000
31	961	5.568	29,791	3.141	.032258065	81	6,561	9.000	531,441	4.327	.012345679
32	1,024	5.657	32,768	3.175	.031250000	82	6,724	9.055	551,368	4.344	.012195122
33	1,089	5.745	35,937	3.208	.030303030	83	6,889	9.110	571,787	4.362	.012048193
34	1,156	5.831	39,304	3.240	.029411765	84	7,056	9.165	592,704	4.380	.011904762
35	1,225	5.916	42,875	3.271	.028571429	85	7,225	9.220	614,125	4.397	.011764706
36	1,296	6.000	46,656	3.302	.027777778	86	7,396	9.274	636,056	4.414	.011627907
37	1,369	6.083	50,653	3.332	.027027027	87	7,569	9.327	658,503	4.431	.011494253
38	1,444	6.164	54,872	3.362	.026315789	88	7,744	9.381	681,472	4.448	.011363636
39	1,521	6.245	59,319	3.391	.025641026	89	7,921	9.434	704,969	4.465	.011235955
40	1,600	6.325	64,000	3.420	.025000000	90	8,100	9.487	729,000	4.481	.011111111
41	1,681	6.403	68,921	3.448	.024390244	91	8,281	9.539	753,571	4.498	.010989011
42	1,764	6.481	74,088	3.476	.023809524	92	8,464	9.592	778,688	4.514	.010869565
43	1,849	6.557	79,507	3.503	.023255814	93	8,649	9.644	804,357	4.531	.010752688
44	1,936	6.633	85,184	3.530	.022727273	94	8,836	9.695	830,584	4.547	.010638298
45	2,025	6.708	91,125	3.557	.022222222	95	9,025	9.747	857,375	4.563	.010526316
46	2,116	6.782	97,336	3.583	.021739130	96	9,216	9.798	884,736	4.579	.010416667
47	2,209	6.856	103,823	3.609	.021276596	97	9,409	9.849	912,673	4.595	.010309278
48	2,304	6.928	110,592	3.634	.020833333	98	9,604	9.899	941,192	4.610	.010204082
49	2,401	7.000	117,649	3.659	.020408163	99	9,801	9.950	970,299	4.626	.010101010
50	2,500	7.071	125,000	3.684	.020000000	100	10,000	10.000	1,000,000	4.642	.010000000

RESPUESTAS A LOS EJERCICIOS DEL TEXTO

Ejercicio 1. 1. +260,000 bolívares. 2. –3,450,000 sucres. 3. +$67. 4. +437 nuevos soles. 5. –$30. 6. –$9. 7. –7,000 colones. 8. 0.

Ejercicio 2. 1. –3°, 2. –1°. 3. 18°. 4. 13°. 5. –6°. 6. –4°, 0°, +12°. 7. –5°, –7°, –4°, +2°. 8. –49°. 9. Long. –66°; lat. –20°. 10. Long. +21°; lat. +61°. 11. +60 años.

Ejercicio 3. 1. +32 m; –16 m. 2. +10 m; –4 m. 3. –35 m. 4. –66 m. 5. –48 m; +54 m. 6. Corredor +800 m; yo –1,200 m. 7. +12 p; –28 pies. 8. +3 m. 9. –17 m. 10. –12 m. 11. +17 m. 12. –4 m. 13. +42 m; +12 m; –18 m, –48 m. 14. –60 km; 0; +60 km; +120 km.

Ejercicio 7. 1. $3x$. 2. $17a$. 3. $20b$. 4. $-6b$. 5. $-9m$. 6. $-16m$. 7. $9a^x$. 8. $14a^{x+1}$. 9. $-6m^{x+1}$. 10. $-4a^{x-2}$. 11. a. 12. $\frac{7}{10}ab$. 13. $\frac{1}{2}xy$. 14. $-xy$. 15. $-\frac{23}{24}a^2b$. 16. $-\frac{15}{8}a$. 17. $23a$. 18. $36x$. 19. $-24m$. 20. $-5a^2b$. 21. $12a^x$. 22. $-13a^{x+1}$. 23. $\frac{13}{6}a$. 24. $-\frac{11}{6}x$. 25. $\frac{3}{2}ax$. 26. $-\frac{31}{12}a^2x$. 27. $39a$. 28. $14m^{x+1}$. 29. $-38x^2y$. 30. $-23a^m$. 31. $\frac{15}{8}a$. 32. $\frac{21ax}{20}$. 33. $2.6\,m$. 34. $-\frac{5}{4}ab$. 35. $-\frac{37}{36}x^3y$. 36. $39ab^2$. 37. $-20m$. 38. $-19x^{a+1}$. 39. $\frac{29}{20}a$. 40. $-\frac{43ab}{36}$.

Ejercicio 8. 1. $2a$. 2. $-2a$. 3. $-6ab$. 4. $6ab$. 5. 0. 6. 0. 7. $18xy$. 8. $7x^2y$. 9. $-11x^3y$. 10. $5m^2n$. 11. $25xy$. 12. $-26a^3b^2$. 13. 0. 14. 0. 15. 0. 16. $17mn$. 17. $97ab$. 18. $-6x$. 19. 0. 20. $-\frac{1}{4}a$. 21. $\frac{1}{4}a$. 22. $\frac{5}{12}a^2b$. 23. $\frac{1}{14}x^2y$. 24. $-\frac{7}{8}am$. 25. $-\frac{2}{5}am$. 26. $-\frac{1}{24}mn$. 27. $-\frac{8}{11}a^2b$. 28. $-2.2a^4b^3$. 29. $2.2yz$. 30. $2a^x$. 31. 0. 32. $-7m^{a-1}$. 33. 0. 34. $\frac{1}{4}a^{m-2}$. 35. $\frac{1}{4}a^{m+1}$. 36. $\frac{11}{3}a^2$. 37. $-\frac{17}{4}mn$. 38. $-17a^{x+2}b^{x+3}$. 39. $\frac{1}{8}a^mb^n$. 40. $0.35mxy$.

Ejercicio 9. 1. $11a$. 2. 0. 3. $-16mn$. 4. 0. 5. $15m$. 6. 0. 7. $-31a^x$. 8. 0. 9. 0. 10. $-\frac{17}{20}m$. 11. $-\frac{3}{8}a^2b$. 12. a. 13. $-15ab$. 14. 0. 15. $12xy$. 16. $-53ab$. 17. $-36xy^2$. 18. $157ax$. 19. 0. 20. 0. 21. $\frac{13}{60}x$. 22. $\frac{1}{12}y$. 23. $-\frac{7}{30}a^2b$. 24. $-\frac{3}{8}ab^2$. 25. $-64a$. 26. $80c$. 27. mn. 28. 0. 29. $3a$. 30. $-\frac{1}{2}x$. 31. $-\frac{5}{6}x$. 32. 0. 33. a^{x+1}. 34. $88a$. 35. $-9b$. 36. $-162a^2b$. 37. $-1{,}340m^2x$. 38. $\frac{37}{8}a^3b^2$. 39. $-28a$. 40. 0.

Ejercicio 10. 1. $13a-13b$. 2. 0. 3. $25x-12y-10$. 4. $-13m+7n-6$. 5. 2a. 6. $-30z$. 7. $8a^2-12ab-11$. 8. $21a-30b$. 9. $-48a^3b$. 10. $-2a-14$. 11. $7m^3-129m^2+6mn$. 12. $14x^4y-7x^3y^2-y^3+31$. 13. –25. 14. $-a^{m+2}-x^{m+3}-3$. 15. $2.7a-3.3b-3.4c$. 16. $\frac{7}{4}a-\frac{17}{6}b+\frac{1}{4}$. 17. $-\frac{13}{10}m^2-\frac{1}{3}mn$. 18. $\frac{19}{12}a^2-\frac{9}{4}ab-b^2$. 19. $\frac{7}{40}xy^2-\frac{7}{20}y^3+25$. 20. $\frac{13}{25}a^{m-1}+\frac{1}{50}b^{m-2}$.

Ejercicio 11. 1. 6. 2. 120. 3. $\frac{2}{3}$. 4. $\frac{1}{18}$. 5. $\frac{1}{3}$. 6. $\frac{63}{128}$. 7. $\frac{1}{432}$. 8. $\frac{5}{12}$. 9. 6. 10. 12. 11. $\frac{4}{3}$. 12. $\frac{2}{9}$. 13. 60. 14. 1. 15. 3. 16. 24. 17. 216. 18. $\frac{2}{25}$.

Ejercicio 12. 1. 1. 2. $\frac{25}{36}$. 3. 17. 4. $-21\frac{1}{3}$. 5. 1. 6. $-\frac{4}{5}$. 7. $49\frac{2}{3}$. 8. $8\frac{1}{2}$. 9. $-6\frac{1}{2}$. 10. 3,456. 11. $\frac{1}{8}$. 12. 0. 13. 1. 14. 23. 15. $1\frac{23}{24}$. 16. 4. 17. $\frac{3}{4}$. 18. $7\frac{5}{8}$.

Ejercicio 13. 1. 5. 2. 3. 3. $7\frac{1}{2}$. 4. 15. 5. 0. 6. $\frac{1}{4}$. 7. $26\frac{5}{6}$. 8. 14. 9. $2\frac{2}{3}$. 10. 31. 11. $5\frac{2}{5}$. 12. 176. 13. $2\frac{1}{6}$. 14. $2\frac{1}{2}$. 15. 162. 16. 312. 17. $14\frac{2}{3}$. 18. $\frac{4}{7}$. 19. -3. 20. $\frac{11}{12}$. 21. $73\frac{2}{3}$. 22. $17\frac{1}{2}$. 23. $20\frac{5}{9}$. 24. $\frac{26}{63}$.

Ejercicio 14. 1. $a+b+m$. 2. $m^2+b^3+x^4$. 3. $a+1, a+2$. 4. $x-1, x-2$. 5. $y+2, y+4, y+6$. 6. $\$(a+x+m)$. 7. $m-n$. 8. $(x-6{,}000)$ bolívares. 9. $(x-m)$ km. 10. $\$(x+a-m)$. 11. $[m-(a+b+c)]$ km. 12. $\$(n-300{,}000)$. 13. $(365-x)$ *días*. 14. $\$8a$; $\$15a$; $\$ma$. 15. $2a+3b+\frac{c}{2}$. 16. $a \times b$ m². 17. $23n$ m². 18. x^2 m². 19. $\$(3a+6b)$; $\$(ax+bm)$. 20. $(a+b)(x+y)$. 21. $\$(x+6)8$. 22. bs. $(a-8)(x+4)$. 23. $\frac{750{,}000}{x}$ sucres. 24. $\$\frac{a}{m}$. 25. $\frac{300{,}000}{n-1}$ colones. 26. $\frac{x}{a-3}$ nuevos soles. 27. $\frac{m}{14}$ m. 28. $\frac{x+1}{a}$ km. 29. $\$\frac{a+b}{m-2}$. 30. $\left(x+2x+\frac{x}{2}\right)$ hab. 31. $[10{,}000{,}000-\left(a+\frac{a}{3}+\frac{a}{2}\right)]$ sucres.

Ejercicio 15. 1. $m+n$. 2. $m-n$. 3. $4b-3a$. 4. $5b-6a$. 5. 1. 6. 3. 7. $3y-2x$. 8. $5mn-m$. 9. $12a$. 10. $-13x$. 11. $-3m$. 12. $-6ab$. 13. $-10xy$. 14. $-10mn$. 15. $\frac{1}{2}a-\frac{2}{3}b$. 16. $\frac{3}{5}b+\frac{3}{4}c$. 17. b. 18. $-xy$. 19. $-abc$. 20. $-\frac{29}{8}x^2y$. 21. $-\frac{3}{8}mn$. 22. $a+b+c$. 23. $a-b+c$. 24. $a-b+2c$. 25. $3m-2n+4p$. 26. $a^2-7ab-5b^2$. 27. $x^2-3xy-4y^2$. 28. x^3-x^2y+6. 29. $5a-b$. 30. $-m-4n$. 31. $a-b$. 32. $\frac{2}{3}y-\frac{1}{4}x$. 33. $-\frac{8}{5}m-\frac{2}{3}mn$. 34. $3b^2+5ab-8a^2$. 35. $10mn^2-9m$. 36. $5-4x^2y-6x^3$. 37. $4x^2+3xy+7y^2$. 38. $-9a^2b-6ab^2-7b^3$. 39. $m^3-m^2n+7mn^2-n^3$. 40. $\frac{1}{4}a+\frac{13}{15}b-6$. 41. b. 42. $m^3-8m^2n-7mn^2$. 43. $8x-17y-2z$. 44. $15a^2-5ab-15b^2-11$. 45. $2xy^3-4y^4-8$. 46. $\frac{5}{2}a-\frac{1}{2}b+2$. 47. $\frac{5}{4}x^2+\frac{1}{3}xy$. 48. $8a^{x+2}$. 49. $\frac{7}{4}x^2-xy+\frac{16}{3}y^2$. 50. $\frac{3}{2}a^2b+\frac{1}{6}ab^2$.

Ejercicio 16. 1. $5a+5b$. 2. $-c$. 3. 0. 4. $3x$. 5. $2b$. 6. $-4r$. 7. $-2x$. 8. $-4m-4n-8$. 9. $-6a-c$. 10. $-2ab$. 11. $ay+az$. 12. $-2x+23$. 13. $am-4mn$. 14. $a+9b+4c$. 15. $5m-7n$. 16. $10a+3b+12c-7$. 17. $8x+5z$. 18. $19a+3c$. 19. $15x+7y-3z-10$. 20. $-m+3n+2p-9$. 21. $-14a^x+7a^m$. 22. $5m^{a+1}-11m^{a+2}+6m^{a+3}$. 23. $y+3z+2u$. 24. $-3a+2c$. 25. $2ab$. 26. $2a$.

Ejercicio 17. 1. $2x^2-x$. 2. a^2-ab+b^2. 3. x^3-x^2+2x+4. 4. $a^4+a^3-3a^2+4a$. 5. x^3-x^2+3x+6. 6. $4x^2-11x+1$. 7. $-4m^2-3mn$. 8. $3x-1$. 9. $x^2+3xy-2y^2$. 10. $-b^2$. 11. $-4x^2+6x-1$. 12. $2a^3-a^2-11a+15$. 13. $-8x^2+9x-6$. 14. $2a^3+5a^2b-11ab^2-2b^3$. 15. $4x^3-5x^2y-3xy^2-5y^3$. 16. $6mn^2+8n^3$. 17. $x^4+x^3+2x^2-3x+11$. 18. $a^6+a^5+a^4-2a^3-a^2$. 19. $x^5+3x^4-3x^3-7x^2-3x+2$. 20. a^3+5a-1. 21. $x^4-5x^3y-5x^2y^2+2xy^3+y^4-6$. 22. $-7x^2+7xy-y^2$. 23. $5a^3-2x^3$. 24. $-3a^3+3a^2m-6am^2-6$. 25. $2x^5+2x^4y+2x^3y^2+3x^2y^3$. 26. $a^6+a^4+a^3+4$. 27. $-2a^4-ab^3-4b^4$. 28. $11mn^2$. 29. $a^x+6a^{x-1}-3a^{x-2}+a^{x-4}$. 30. $a^{x+3}-3a^{x+2}+a^{x+1}-2a^x$.

Ejercicio 18. 1. $\frac{1}{2}x^2+\frac{5}{6}xy+\frac{1}{4}y^2$. 2. $a^2+\frac{3}{10}b^2$. 3. $x^2-\frac{1}{3}xy+\frac{5}{3}y^2$. 4. $\frac{3}{4}x^2-\frac{3}{10}xy$. 5. $\frac{17}{12}a^2+\frac{3}{20}ab-\frac{2}{3}b^2$. 6. $\frac{1}{3}x^2+\frac{13}{12}xy-\frac{7}{24}y^2$. 7. $\frac{5}{4}a^3+\frac{1}{3}a^2b-\frac{7}{8}ab^2-\frac{8}{5}b^3$. 8. $\frac{2}{5}x^4+\frac{3}{2}x^3-x^2-\frac{9}{8}x+2$. 9. $\frac{5}{3}m^3-\frac{1}{3}m^2n-\frac{1}{8}mn^2-\frac{6}{5}n^3$. 10. $\frac{1}{6}x^4-\frac{5}{6}x^3y+\frac{17}{8}x^2y^2-\frac{1}{6}xy^3+\frac{5}{14}y^4$. 11. $-2x^5-\frac{2}{3}x^4-\frac{7}{12}x^3+\frac{1}{8}x^2+\frac{13}{10}x-4$. 12. $-\frac{4}{9}a^3+\frac{1}{14}a^2x-\frac{7}{24}ax^2-\frac{4}{9}x^3$.

13. $a^6+\frac{3}{5}a^5-\frac{10}{7}a^4-\frac{3}{8}a^3+\frac{3}{8}a^2-\frac{7}{8}a$. 14. $x^5+\frac{13}{5}x^4y-\frac{3}{10}x^3y^2-\frac{5}{6}x^2y^3-\frac{3}{4}xy^4-\frac{29}{18}y^5$.

Ejercicio 19. 1. $2y-8$; 0. 2. $-6x^2+10x-72$; -172. 3. $-x^4+7x^3y-5x^2y^2+10xy^3-y^4-8$; 3,811. 4. $9m-45n+2$; -1. 5. $10nx-3ab-cn-5$; -15. 6. $-4a^3+2ab^2-2b^3+8$; -42. 7. $27m^3+m^2n+22mn^2+125n^3-8$; $1\frac{152}{225}$. 8. $3x^{a-1}+2y^{b-2}-3m^{x-4}$; 21. 9. m^{x-3}; $\frac{4}{9}$. 10. $x^4+6x^3y-4xy^3-y^4+2$; 2,091. 11. $\frac{3}{4}a^2-\frac{1}{6}ab+\frac{4}{9}b^2$; 6. 12. $\frac{9}{17}m^2-45mn+\frac{35}{34}n^2+3$; $-2\frac{123}{170}$. 13. $\frac{7}{8}b^2m+\frac{67}{50}cn+8\frac{3}{5}$; $16\frac{53}{100}$. 14. $-0.1a^2b+ab^2+0.1b^3+6$; 25.5.

Ejercicio 20. 1. -13. 2. -11. 3. -3. 4. 3. 5. 8. 6. $2a-3b$. 7. $3b-2$. 8. $4x-6b$. 9. $-5a-6b$. 10. $3-8x$. 11. $-9a^2-5b^2$. 12. $5yz-7xy$. 13. $-a$. 14. $-14m^2$. 15. $-5x^2y$. 16. $18a^3m^2$. 17. 0. 18. $77x^2y$. 19. 0. 20. $3a^{x+1}-5b^{x+2}$. 21. $-8x^{a+2}-11$. 22. $11a^n$. 23. $15a^{x-1}$. 24. $140b^{n-1}$. 25. $25m^a$. 26. $5\frac{1}{2}$. 27. $-\frac{17}{12}$. 28. x^2. 29. $\frac{49}{30}x^3y$. 30. $\frac{5}{8}ab^2$. 31. -5. 32. 8. 33. -3. 34. 9. 35. 0. 36. $5+2a$. 37. $-b-3x$. 38. $-5m-2n$. 39. $6a+3b$. 40. $5a^3+8b$. 41. $9-7a$. 42. $25ab+25$. 43. $4a$. 44. $-b$. 45. $65x^3$. 46. $64a^2b$. 47. $-11a^2y$. 48. $-10ab$. 49. 0. 50. $-4a^x$. 51. $318a^{x+1}$. 52. $96m^x$. 53. $-49a^{x-1}$. 54. $-217m^a$. 55. $-139a^{x+2}$. 56. $6a+\frac{1}{4}$. 57. $\frac{13}{3}$. 58. $-\frac{43}{40}m^3$. 59. $\frac{7}{4}a^2b^2$. 60. $-45\frac{1}{9}a^3b^2$.

Ejercicio 21. 1. $2b$. 2. $3x-5y$. 3. $11a+b-4$. 4. x^2+2x-6. 5. $a^3-8a^2b-9ab^2$. 6. 0. 7. $2x+2y-2z$. 8. $-2x^2+xy+2y^2$. 9. x^3-6x^2+4x. 10. $-2y^4+6y^3+4y^2-6y-8$. 11. $a^3-15a^2b-6ab^2+17a-5$. 12. $x^4+8x^3y+6x^2y^2+9xy^3-31y^4$. 13. $2a+2b$. 14. $-7ab+6ac+2cd-10de$. 15. $-5x^3+17x^2-30x+24$. 16. $y^5+11y^4-40y^3+14y^2+19y-31$. 17. $27m^2n-22mn^2-9n^3+18$. 18. $x^4+29x^3y-38x^2y^2+32xy^3+y^4$. 19. $m^6+m^4n^2+13m^3n^3+21m^2n^4-16mn^5+80$. 20. $8a^6-a^5b+11a^4b^2+6a^3b^3+11a^2b^4-18ab^5-9b^6+42$. 21. $x^6-6x^5-7x^4-x^3+29x^2-12x+25$. 22. $8x^5+28x^4y+101x^3y^2-6x^2y^3-9xy^4+y^5-98$. 23. $m^6+23m^5n-8m^4n^2-14m^3n^3+21m^2n^4+18mn^5-8n^6+22$. 24. $x^7+8x^6+16x^5-25x^4+30x^3-23x^2-59x+3$. 25. $9a^6-25a^5b-53a^3b^3+31a^2b^4+9ab^5-4b^6+14$. 26. $-4a^x+7a^{x+1}$. 27. $-3m^{a+1}+5m^a-m^{a-1}-2m^{a-2}-8m^{a-3}$. 28. $a^{m+4}+5a^{m+3}+7a^{m+2}+11a^{m+1}-8a^m+14a^{m-1}$. 29. $x^{a+2}+11x^{a+1}-26x^a-36x^{a-1}+25x^{a-2}-60x^{a-3}$. 30. $m^{n+1}-8m^n-11m^{n-2}+2m^{n-3}-m^{n-4}-28m^{n-5}$.

Ejercicio 22. 1. $-2a+2b$. 2. $x+4y$. 3. $-2a-b+5$. 4. $-2x^2+5x+6$. 5. $-x^3+x^2y+6xy^2$. 6. $8a^3+a^2b+5ab^2$. 7. $-2a+3b-5c$. 8. $3m-2n+4p$. 9. $2x+2y-5z$. 10. $-2a^2+7ab+b^2$. 11. $-6m^2+9mn$. 12. $x^3-8x^2+6x-10$. 13. $-m^3-8n+7$. 14. $7ab+6bc$. 15. $a^3-34a^2b+8ab^2$. 16. $6x^3-8x^2y-7xy^2+6y^3-4$. 17. $-16n+19c-d+14$. 18. $5a^4+2a^3b+8a^2b^2-45ab^3+5b^4$. 19. $x^5-8x^4-6x^3+19x^2+9x+22$. 20. $-x^5-8x^3y^2+x^2y^3-9xy^4-44y^5+18$. 21. $11x^5-6x^4-24x^3+26x^2-10x+37$. 22. $a^5-8a^4b-27a^3b^2+15a^2b^3+53ab^4-b^5+14$. 23. $y^6+15y^5-8y^4-22y^3+y^2+8y+14$. 24. $x^8-7x^7-x^6-5x^5+3x^4+23x^3-5x^2-51x-45$. 25. $x^7-3x^5y^2+95x^4y^3-90x^3y^4-7x^2y^5+50xy^6-y^7+60$. 26. $a^{x+3}-a^{x+2}-3a^{x+1}+6a^x-5$. 27. $-15a^n-8a^{n-1}+10a^{n-2}+16a^{n-4}$. 28. $x^{a+4}+15x^{a+3}+14x^{a+2}-31x^{a+1}-6x^a+59x^{a-1}$. 29. $a^m+14a^{m-1}-33a^{m-2}+26a^{m-3}+8a^{m-4}+14a^{m-5}$. 30. $m^{x+4}-15m^{x+3}+23m^{x+2}+56m^{x+1}-14m^x-5m^{x-1}+8m^{x-2}$.

Ejercicio 23. 1. $2-a$. 2. $8-a$. 3. $-a^2-3a-4$. 4. x^2-5xy. 5. $-a^3+a^2b-ab^2+1$. 6. $2x^3+8x^2y+6xy^2$. 7. $a^3+8a^2b-6ab^2+b^3$. 8. $y^4+8xy^3-7x^2y^2+5x^3y$. 9. $a^4-a^3m-7a^2m^2+18am^3-4m^4$. 10. $a-b-c-d+30$. 11. x^2-xy-y^2-1. 12. $a^3-5a^2b+8ab^2-b^3+6$. 13. $x^3+5x^2y-17xy^2+y^3+5$. 14. $x^4-9x^3y+8x^2y^2+15xy^3-1$. 15. $a^5+11a^4b-8a^3b^2-2a^2b^3+4ab^4+b^5$. 16. $x^4-5x^3+x^2+25x+50$. 17. $y^6-9y^5-17y^4+y^3-18y^2+y-41$. 18. $a^6+15a^5b+9a^4b^2-17a^3b^3+a^2b^4+14ab^5+b^6$. 19. $x^4+x^3+x^2-16x+34$. 20. $m^3-m^2n-7mn^2+3n^3-1$.

Ejercicio 24. 1. $\frac{3}{4}a^2+\frac{1}{3}ab-\frac{2}{5}b^2$. 2. $-\frac{4}{5}xy-\frac{2}{3}yz+15\frac{5}{9}$. 3. $\frac{3}{4}ab+\frac{13}{30}bc+\frac{2}{9}cd$. 4. $-\frac{3}{10}a-\frac{8}{9}b+\frac{1}{2}$. 5. $\frac{5}{9}x^2-\frac{5}{7}xy-\frac{19}{40}y^2+\frac{3}{11}$. 6. $\frac{5}{6}m^3+\frac{1}{2}m^2n-\frac{3}{8}mn^2+\frac{19}{45}n^3$. 7. $\frac{1}{14}a^2-\frac{1}{6}ab-\frac{3}{5}b^2+\frac{1}{8}$. 8. $\frac{39}{40}x^2+\frac{17}{15}xy-\frac{21}{10}y^2$. 9. $a^3+\frac{15}{8}a^2-\frac{19}{10}a-\frac{1}{24}$. 10. $m^3+\frac{5}{21}m^2n+\frac{1}{36}mn^2-\frac{11}{7}n^3+\frac{1}{8}$. 11. $-\frac{2}{5}x^4+\frac{3}{4}x^3y-\frac{5}{8}x^2y^2-\frac{8}{21}xy^3-\frac{1}{6}y^4$. 12. $\frac{1}{2}a+\frac{19}{20}b-c+d-\frac{7}{8}$.

Ejercicio 25. 1. $-\frac{11}{24}a^2-\frac{5}{6}a$. 2. $\frac{15}{2}a+\frac{33}{5}b-5$. 3. $x^3-\frac{1}{9}x^2y-6$. 4. $\frac{1}{2}a+\frac{7}{4}b-\frac{5}{3}c$. 5. $-\frac{1}{3}m-\frac{1}{6}n+\frac{3}{2}p$. 6. $-\frac{5}{6}a^3+\frac{5}{8}a^2b+\frac{9}{8}ab^2-\frac{19}{3}$. 7. $m^4+\frac{2}{11}m^3n-\frac{29}{56}m^2n^2+\frac{5}{9}mn^3-6$. 8. $\frac{1}{2}x^5-\frac{7}{8}x^4y-\frac{5}{14}x^3y^2+\frac{2}{3}x^2y^3+\frac{11}{24}xy^4-7\frac{2}{9}$. 9. $-x^6+\frac{7}{9}x^5y+\frac{13}{9}x^4y^2-\frac{1}{8}x^3y^3-\frac{12}{11}x^2y^4+\frac{15}{13}y^6$. 10. $x^3-\frac{11}{18}x^2y-\frac{1}{8}xy^2-\frac{7}{11}y^3-\frac{32}{5}$. 11. $\frac{2}{13}m^6+\frac{13}{20}m^4n^2-\frac{11}{14}m^2n^4+\frac{2}{9}n^6+\frac{3}{5}$. 12. $\frac{3}{8}c^5+\frac{17}{22}c^4d+\frac{17}{12}c^3d^2+\frac{1}{2}c^2d^3-\frac{3}{4}cd^4-\frac{22}{39}d^5-35$.

Ejercicio 26. 1. $a^2-4ab-b^2; -11$. 2. $a^3+5a^2b-6ab^2+3b^3; 11$. 3. $-\frac{1}{2}a-\frac{1}{2}b+\frac{5}{3}c; 3\frac{1}{2}$. 4. $2m^2-8mn-15n^2; -\frac{27}{10}$. 5. $x^4+16x^3y-18x^2y^2+6xy^3+6y^4; 4{,}926$. 6. $a^3-8a^2m-2am^2+6m^3; \frac{19}{4}$. 7. $\frac{1}{2}a^2-\frac{1}{8}ab-\frac{1}{10}b^2; -\frac{3}{20}$. 8. $m^3+\frac{5}{6}m^2n+mn^2; \frac{873}{200}$. 9. $a^5-a^4b^2+5a^3b^3-3a^2b^4+b^5; 21$. 10. $-16ab+10mn-8mx; -74$. 11. $a^3-11a^2b+9ab^2-b^3; 7$. 12. $\frac{1}{64}x^4-\frac{2}{3}x^2-\frac{5}{6}x+\frac{3}{8}; -9\frac{5}{8}$. 13. $\frac{1}{4}x^3+\frac{3}{16}x^2y+\frac{1}{5}xy^2+\frac{1}{25}y^3; 56$. 14. $a^x-\frac{3}{5}a^{x-1}+\frac{49}{6}a^{x-3}; 8\frac{17}{30}$.

Ejercicio 27. 1. $-ab+4b^2$. 2. -13. 3. $x^3-12x^2y-4xy^2-y^3$. 4. $5m^4-4n^3$. 5. $5a$. 6. $2a+b-c$. 7. 0. 8. $-24x^2-5ax-3a^2$. 9. $-a^3-5a^2+2a-3$. 10. $12x^4+2x^3+9x^2+6x-5$. 11. $8a^3-ab^2+b^3+5$. 12. $n^5+11n^4-26n^3-8n^2+20n-4$. 13. $-6a^4+11a^3m+3a^2m^2-5am^3+7m^4+6$. 14. $7x^5+4x^4y-38x^3y^2-13x^2y^3+48xy^4+3y^5$. 15. b. 16. $8x+6y+6$. 17. $x^2-7xy+43y^2-16$. 18. a^2+2b^2. 19. $4x^3-14x^2y+5xy^2-20y^3$. 20. 0. 21. $n^6-6n^5+4n^4+15n^3-8n-25$. 22. $a^5+17a^4b+7a^3b^2+7a^2b^3-5ab^4-2b^5$. 23. $m^4-3m^3-5m^2+6m-1$. 24. $2b^2-4$. 25. $-6a+7b-11$. 26. $a^5-2a^4+8a^3+17a^2-10a+1$. 27. $5m^4+11m^3n+11m^2n^2+11mn^3-17n^4$. 28. $2a^5+7a^4b-3a^3b^2-24a^2b^3+ab^4-2b^5-6$. 29. $29x^4y-47x^3y^2-2xy^4+y^5$. 30. $8a^{x+2}-7a^{x+1}-5a^x+13a^{x-1}-a^{x-2}$.

Ejercicio 28. 1. x^2+2x-3. 2. $-3a+b+c$. 3. $6x^3+2x^2-8x+3$. 4. $-a^4+a^3+a^2-a$. 5. $-3ab-6bc-9$. 6. $10a^2x-14ax^2$. 7. $x^4+6x^3-12x^2+4x+1$. 8. $m^4+17m^3n+3m^2n^2-8mn^3-81n^4-2$. 9. $a^5-11a^3-4a^2-3a+42$. 10. $17x^2+14$. 11. a^2-2a+1. 12. $-ab+5b^2$. 13. $m^5-17m^4+m^3+13m-24$. 14. $-x^5+9x^4y+x^3y^2+7x^2y^3+4xy^4+4y^5+7$. 15. $a^6+8a^5-4a^4-2a^3+44a^2-44a$. 16. $11a^4x-a^3x^2-10a^2x^3+26ax^4-5x^5+99$.

Ejercicio 29. 1. $\frac{5}{12}a-\frac{5}{4}b$. 2. $\frac{4}{3}a^3-\frac{3}{8}a+6$. 3. $\frac{2}{5}a+\frac{5}{2}b+6$. 4. $-\frac{7}{6}x^3+\frac{5}{14}x^2+\frac{2}{9}x-\frac{31}{5}$. 5. $\frac{4}{3}a^4-\frac{3}{7}a^3+\frac{2}{5}a^2-\frac{1}{5}a-\frac{17}{3}$. 6. $\frac{1}{2}x+\frac{13}{20}z-\frac{17}{5}$. 7. $\frac{1}{2}a^3+\frac{11}{8}a^2b+\frac{1}{12}ab^2$. 8. $\frac{1}{2}a-\frac{7}{10}c$. 9. $\frac{1}{12}a+\frac{1}{40}$. 10. $\frac{37}{18}y^2+\frac{3}{4}$. 11. $-\frac{2}{7}a^3-\frac{7}{5}b^3-\frac{7}{10}$. 12. $-\frac{1}{4}m^3n-\frac{11}{60}m^2n^2+\frac{1}{4}mn^3-\frac{2}{5}n^4$. 13. $-\frac{1}{2}x-\frac{13}{12}y-\frac{7}{30}z+\frac{1}{4}m-\frac{1}{3}n+\frac{37}{8}$. 14. $-\frac{13}{24}a^4-\frac{1}{2}a^2+\frac{1{,}117}{264}$.

Ejercicio 30. 1. $-x^3+x^2+3x-11$. 2. $5a-9b+6c+8x+9$. 3. $-a^3-8a^2b+5ab^2-3b^3$. 4. x^3-4x^2-x+13. 5. $m^4-4m^2n^2-3mn^3+6n^4+8$. 6. $4x^3+5x^2-5x-2$. 7. De $5a^3+8ab^2-b^3-11$. 8. $\frac{1}{2}x-\frac{1}{3}y-4$. 9. $-5x^2+7xy+8y^2+1$. 10. $10m^3-8m^2n+5mn^2-2n^3$. 11. De 0.

Ejercicio 31. 1. y. 2. $5-3x$. 3. $3a+b-3$. 4. $6m+n$. 5. $-2x$. 6. a. 7. $2a^2$.

8. 4. 9. $-x^2-2xy+y^2$. 10. $5-6m$. 11. $x-y+2z$. 12. $-2b$. 13. $2y^2+3xy-3x^2$. 14. $8x^2+4y^2$. 15. 0.

Ejercicio 32. 1. $2a-b$. 2. $4x$. 3. $2m+2n$. 4. $6x^2+3xy-4y^2$. 5. $a+c$. 6. $2-5n$. 7. $y-2x$. 8. $2x^2+4xy+3y^2$. 9. $a-2b$. 10. $-3x+y$. 11. $3a-7b$. 12. $7m^2+2n-5$. 13. b. 14. $5x-5y+6$. 15. $6a+7c$. 16. $-6m+2n+1$. 17. $-a-5b-6$. 18. -4. 19. b. 20. $-3a-3b$. 21. $-a+b+2c$. 22. $-2m+4n-7$. 23. $2y-z$. 24. $3a+b+c$.

Ejercicio 33. 1. $a+(-b+c-d)$. 2. $x^2+(-3xy-y^2+6)$. 3. $x^3+(4x^2-3x+1)$. 4. $a^3+(-5a^2b+3ab^2-b^3)$. 5. $x^4-x^3+(2x^2-2x+1)$. 6. $2a-(-b+c-d)$. 7. $x^3-(-x^2-3x+4)$. 8. $x^3-(5x^2y-3xy^2+y^3)$. 9. $a^2-(x^2+2xy+y^2)$. 10. $a^2-(-b^2+2bc+c^2)$.

Ejercicio 34. 1. $x-[-2y-(x-y)]$. 2. $4m-[2n-3+(-m+n)-(2m-n)]$. 3. $x^2-\{3xy-[(x^2-xy)+y^2]\}$. 4. $x^3-\{3x^2-[-4x+2]+3x+(2x+3)\}$. 5. $2a-(-3b+\{-2a+[a+(b-a)]\})$. 6. $-[2a-(-3a+b)]$. 7. $-[-2x^2-3xy+(y^2+xy)-(-x^2+y^2)]$. 8. $-\{-x^3+[-3x^2+4x-2]\}$. 9. $-\{-[m^4-(3m^2+2m+3)]-(-2m+3)\}$.

Ejercicio 35. 1. -6. 2. 32. 3. -240. 4. $-a^2b^2$. 5. $-6x^3$. 6. $4a^3b^3$. 7. $-5x^4y^3$. 8. $3a^4b^3x$. 9. $20m^3n^2p$. 10. $-30a^2x^2y$. 11. $4x^2y^6z^4$. 12. abc^2d. 13. $240a^2x^7y^3$. 14. $-12a^2b^3x^2y$. 15. $21a^2b^4x^6$. 16. $72a^2m^3n^3x^4$. 17. $-a^{m+1}b^{n+1}$. 18. $30a^{m+2}b^{n+3}x$. 19. $-c^{x+1}x^{2m}y^{2n}$. 20. $6m^{x+2}n^{a+1}$.

Ejercicio 36. 1. a^{2m+1}. 2. x^{2a+2}. 3. $-4a^{n+1}b^{2x+1}$. 4. $-a^{2n+3}b^{2n+2}$. 5. $12a^{2n+6}b^{2n+4}$. 6. $12x^{m+3}y^{m+5}$. 7. $-20x^{2a+7}b^{2a+5}$. 8. $-a^{2m}b^{3n}c$. 9. $4c^2x^{2m-2}y^{2a-3}$. 10. $35cm^{3a-3}n^{2b-5}$.

Ejercicio 37. 1. $\frac{2}{5}a^5b$. 2. $\frac{3}{14}a^2m^5n$. 3. $-\frac{2}{5}a^2x^6y^4$. 4. $\frac{1}{10}a^3m^5n^5$. 5. $-\frac{1}{4}a^4bc$. 6. $\frac{1}{2}a^2bx^3y^9$. 7. $\frac{1}{5}a^{m+1}$. 8. $\frac{3}{10}a^{m+1}b^3$. 9. $-\frac{1}{4}a^{m+1}b^{n+2}c$. 10. $\frac{2}{15}a^{2x-1}b^{2m+1}$. 11. $-\frac{3}{10}a^{3m}b^{2n}$. 12. $\frac{8}{7}a^{2x-2}b^{x-1}c^2$.

Ejercicio 38. 1. $-3a^4$. 2. $3a^2x^6y$. 3. $-15m^5n^4$. 4. $20a^6x^2y^2$. 5. $-6a^{m+3}b^{x+1}$. 6. $\frac{1}{5}a^6mx^4$. 7. $-\frac{3}{2}a^{m+6}b^{x+5}$. 8. $-\frac{3}{10}a^{x+2}m^{a+4}$. 9. $24a^7$. 10. $-60a^6b^4x$. 11. $-6a^{m+5}b^{x+1}x$. 12. $\frac{3}{4}x^8y^4$.

Ejercicio 39. 1. $-6x^4+2x^3$. 2. $16ax^5y-6ax^3y^2$. 3. $-2x^3+8x^2-6x$. 4. $3a^4b-12a^3b+18a^2b$. 5. $-a^3b+2a^2b^2-ab^3$. 6. $3a^2x^7-18a^2x^5-24a^2x^3$. 7. $-4m^7x+12m^5n^2x-28m^3n^4x$. 8. $ax^6y-4ax^5y^2+6ax^4y^3$. 9. $-4a^7m^2+20a^6bm^2+32a^5b^2m^2$. 10. $-2a^{m+1}+2a^m-2a^{m-1}$. 11. $3x^{3m+1}+9x^{3m}-3x^{3m-1}$. 12. $3a^{m+2}b^{n+1}+3a^{m+1}b^{n+2}-3a^mb^{n+3}$. 13. $-4x^5+12x^4-20x^3+24x^2$. 14. $3a^4bx^3-18a^3bx^4+27a^2bx^5-24bx^3$. 15. $-a^{2n+3}x^2+3a^{2n+2}x^2+4a^{2n+1}x^2+a^{2n}x^2$. 16. $-3a^2x^7+18a^2x^6-24a^2x^5+21a^2x^4-15a^2x^3$. 17. $-15a^2x^4y^2+25a^2x^3y^3-35a^2x^2y^4-20a^2xy^5$. 18. $-2x^{a+7}+6x^{a+6}-2x^{a+5}+10x^{a+3}$. 19. $-5a^{11}y^2+15a^9b^2y^2-5a^7b^4y^2+15a^5b^6y^2-5a^3b^8y^2$. 20. $4a^{2m}b^{n+3}+12a^{2m-1}b^{n+5}-4a^{2m-2}b^{n+7}+4a^{2m-3}b^{n+9}$.

Ejercicio 40. 1. $\frac{1}{5}a^3-\frac{4}{15}a^2b$. 2. $-\frac{4}{9}a^4b+\frac{1}{2}a^3b^2$. 3. $-a^2c^2+\frac{5}{18}abc^2-\frac{2}{3}ac^3$. 4. $\frac{6}{5}a^4x+a^3bx-\frac{2}{3}a^2b^2x$. 5. $\frac{1}{2}x^2y^3-\frac{3}{5}xy^4-\frac{3}{8}y^5$. 6. $-\frac{9}{10}a^3x^3+\frac{3}{2}a^2bx^3-\frac{9}{5}a^2cx^3$. 7. $\frac{2}{21}x^7y^4-\frac{3}{7}x^5y^6+\frac{1}{7}x^3y^8$. 8. $-\frac{5}{16}a^4m+\frac{5}{24}a^2b^2m-\frac{5}{32}a^2mx^2+\frac{1}{8}a^2my^2$. 9. $\frac{1}{2}m^5n^3+\frac{3}{8}m^4n^4-\frac{5}{8}m^3n^5-\frac{1}{12}m^2n^6$. 10. $-\frac{2}{7}a^3x^{10}y^3+\frac{5}{21}a^3x^8y^5-\frac{3}{7}a^3x^6y^7+\frac{1}{14}a^3x^4y^9$.

Ejercicio 41. 1. a^2+2a-3. 2. a^2-2a-3. 3. x^2+x-20. 4. $m^2-11m+30$. 5. $x^2-8x+15$. 6. a^2+5a+6. 7. $6x^2-xy-2y^2$. 8. $-15x^2+22xy-8y^2$. 9. $5a^2+8ab-21b^2$. 10. $14x^2+22x-12$. 11. $-8a^2+12ab-4b^2$. 12. $6m^2-11mn+5n^2$. 13. $32n^2+12mn-54m^2$. 14. $-14y^2+71y+33$.

Ejercicio 42. 1. $x^3 - y^3$. 2. $a^3 - 3a^2b + 3ab^2 - b^3$. 3. $a^3 + 3a^2b + 3ab^2 + b^3$. 4. $x^4 - 9x^2 + x + 3$. 5. $a^4 - 2a^2 + a$. 6. $m^6 - n^6$. 7. $2x^4 - x^3 + 7x - 3$. 8. $3y^5 + 5y^2 - 12y + 10$. 9. $am^4 - am - 2a$. 10. $12a^3 - 35a^2b + 33ab^2 - 10b^3$. 11. $15m^5 - 5m^4n - 9m^3n^2 + 3m^2n^3 + 3mn^4 - n^5$. 12. $a^4 - a^2 - 2a - 1$. 13. $x^5 + 12x^2 - 5x$. 14. $m^5 - 5m^4n + 20m^2n^3 - 16mn^4$. 15. $x^4 - x^2 - 2x - 1$. 16. $x^6 - 2x^5 + 6x^3 - 7x^2 - 4x + 6$. 17. $m^6 + m^5 - 4m^4 + m^2 - 4m - 1$. 18. $a^5 - a^4 + 7a^2 - 27a + 10$. 19. $-x^4 + 3x^3y - 5xy^3 + 3y^4$. 20. $n^4 - 2n^3 + 2n - 1$. 21. $a^5b - 5a^4b^2 + 22a^2b^4 - 40ab^5$. 22. $16x^4 - 24x^2y^2 - 27y^4$. 23. $4y^4 + 4y^3 - 13y^2 - 3y - 20$. 24. $-3x^5 - 11ax^4 + 5a^3x^2 + 3a^4x - 2a^5$. 25. $-x^6 + 2x^5y - 3x^2y^4 - xy^5$. 26. $a^6 - 5a^5 + 31a^2 - 8a + 21$. 27. $m^6 - m^5 + 5m^3 - 6m + 9$. 28. $a^6 - a^5b - 4a^4b^2 + 6a^3b^3 - 3ab^5 + b^6$. 29. $x^6 - 2x^4y^2 + 2x^3y^3 - 2x^2y^4 + 3xy^5 - 2y^6$. 30. $y^6 - 2y^5 - y^4 + 4y^3 - 4y + 2$. 31. $3m^7 - 11m^5 + m^4 + 18m^3 - 3m^2 - 8m + 4$. 32. $a^6 + 2a^5 - 2a^4 - 3a^3 + 2a^2 - a - 1$. 33. $24x^5 - 52x^4y + 38x^3y^2 - 33x^2y^3 - 26xy^4 + 4y^5$. 34. $5a^8 - 4a^7 - 8a^6 + 5a^5 + 5a^4 - 2a^3 + 6a^2 - 6a - 2$. 35. $x^7 - 3x^6 + 6x^5 + x^2 - 3x + 6$. 36. $3a^6 + 5a^5 - 9a^4 - 10a^3 + 8a^2 + 3a - 4$. 37. $5y^8 - 3y^7 - 11y^6 + 11y^5 - 17y^4 - 3y^3 - 4y^2 - 2y$. 38. $-m^7 + 5m^6n - 14m^5n^2 + 20m^4n^3 - 13m^3n^4 - 9m^2n^5 + 20mn^6 - 4n^7$. 39. $x^{11} - 5x^9y^2 + 8x^7y^4 - 6x^5y^6 - 5x^3y^8 + 3xy^{10}$. 40. $3a^9 - 15a^7 + 14a^6 - 28a^4 + 47a^3 - 28a^2 + 23a - 10$. 41. $a^2 - b^2 + 2bc - c^2$. 42. $x^2 + xy - 2y^2 + 3yz - z^2$. 43. $-2x^2 + 5xy - xz - 3y^2 - yz + 10z^2$. 44. $x^3 - 3xyz + y^3 + z^3$.

Ejercicio 43. 1. $a^{x+3} + a^x$. 2. $x^{n+2} + 3x^{n+3} + x^{n+4} - x^{n+5}$. 3. $m^{a+4} - m^{a+3} + 6m^{a+1} - 5m^a + 3m^{a-1}$. 4. $a^{2n+3} + 4a^{2n+2} + a^{2n+1} - 2a^{2n}$. 5. $x^{2a+5} + 2x^{2a+4} - 3x^{2a+3} - 4x^{2a+2} + 2x^{2a+1}$. 6. $a^{x+2} - 2a^x + 8a^{x-1} - 3a^{x-2}$. 7. $a^{2x} + 2a^{2x-1} - 4a^{2x-2} + 5a^{2x-3} - 2a^{2x-4}$. 8. $m^{2a-2} - m^{2a-1} - 4m^{2a} + 2m^{2a+1} + 2m^{2a+2} - m^{2a+3}$. 9. $x^{2a-2} + x^{2a-3} - 4x^{2a-4} - x^{2a-7}$. 10. $a^{2n}b^3 - a^{2n-1}b^4 + a^{2n-2}b^5 - 2a^{2n-4}b^7 + a^{2n-5}b^8$. 11. $a^{m+x} + a^mb^x + a^xb^m + b^{m+x}$. 12. $a^x - ab^{n-1} - a^{x-1}b + b^n$. 13. $3a^{5m-3} - 23a^{5m-2} + 5a^{5m-1} + 46a^{5m} - 30a^{5m+1}$. 14. $-2x^{3a+1}y^{2x-3} + 4x^{3a}y^{2x-2} + 28x^{3a-2}y^{2x} - 30x^{3a-3}y^{3x+1}$.

Ejercicio 44. 1. $\frac{1}{6}a^2 + \frac{5}{36}ab - \frac{1}{6}b^2$. 2. $\frac{1}{3}x^2 + \frac{7}{10}xy - \frac{1}{3}y^2$. 3. $\frac{1}{3}x^3 - \frac{35}{36}x^2y + \frac{2}{3}xy^2 - \frac{3}{8}y^3$. 4. $\frac{1}{16}a^3 - \frac{5}{8}a^2b + \frac{5}{3}ab^2 - b^3$. 5. $\frac{3}{5}m^4 + \frac{1}{10}m^3n - \frac{17}{60}m^2n^2 + \frac{7}{6}mn^3 - n^4$. 6. $\frac{3}{4}x^5 + \frac{1}{2}x^4 - \frac{37}{40}x^3 + \frac{2}{3}x^2 + \frac{19}{30}x - \frac{4}{5}$. 7. $a^4 - \frac{23}{18}a^3x + \frac{19}{12}a^2x^2 + ax^3 - \frac{3}{4}x^4$. 8. $\frac{1}{14}x^5 - \frac{101}{420}x^4y + \frac{139}{280}x^3y^2 - \frac{1}{2}x^2y^3 + \frac{5}{12}xy^4$. 9. $\frac{3}{8}x^5 + \frac{21}{40}x^4 - \frac{47}{120}x^3 + \frac{79}{120}x^2 + \frac{1}{10}x - \frac{1}{10}$. 10. $\frac{1}{2}m^5 - \frac{5}{6}m^4n + \frac{99}{40}m^3n^2 - \frac{101}{60}m^2n^3 + \frac{7}{6}mn^4 - \frac{5}{8}n^5$.

Ejercicio 45. 1. $x^5 - x^4 + x^2 - x$. 2. $x^7 + x^6 - 11x^5 + 3x^4 - 13x^3 + 19x^2 - 56$. 3. $a^6 + a^5b - 7a^4b^2 + 12a^3b^3 - 13a^2b^4 + 7ab^5 - b^6$. 4. $m^6 - 5m^5n + 2m^4n^2 + 20m^3n^3 - 19m^2n^4 - 10mn^5 - n^6$. 5. $x^8 - 2x^6 - 50x^4 + 58x^2 - 15$. 6. $a^{14} - 7a^{12} + 9a^{10} + 23a^8 - 52a^6 + 42a^4 - 20a^2$. 7. $3x^{15} - 20x^{12} + 51x^9 - 70x^6 + 46x^3 - 20$. 8. $m^{28} - 12m^{24} + 53m^{20} - 127m^{16} + 187m^{12} - 192m^8 + 87m^4 - 45$. 9. $2x^7 - 6x^6y - 8x^5y^2 - 20x^4y^3 - 24x^3y^4 - 18x^2y^5 - 4y^7$. 10. $6a^9 - 12a^7 + 2a^6 - 36a^5 + 6a^4 - 16a^3 + 38a^2 - 44a + 14$. 11. $n^{10} - 6n^8 + 5n^7 + 13n^6 - 23n^5 - 8n^4 + 44n^3 - 12n^2 - 32n + 16$. 12. $3x^7 - 4x^6y - 15x^5y^2 + 29x^4y^3 - 13x^3y^4 + 5xy^6 - 3y^7$. 13. $x^{16} - 4x^{14}y^2 - 10x^{12}y^4 + 21x^{10}y^6 + 28x^8y^8 - 23x^6y^{10} + 9x^4y^{12} + 33x^2y^{14} - 6y^{16}$. 14. $a^{m+2} - 3a^{m+1} - 5a^m + 20a^{m-1} - 25a^{m-3}$. 15. $7a^{2x+5} - 35a^{2x+4} + 6a^{2x+3} - 78a^{2x+2} - 5a^{2x+1} - 42a^{2x} - 7a^{2x-1}$. 16. $6x^{2a+3} - 4x^{2a+2} - 28x^{2a+1} + 21x^{2a} - 46x^{2a-1} + 19x^{2a-2} - 12x^{2a-3} - 6x^{2a-4}$. 17. $6a^{5x+3} - 23a^{5x+2} + 12a^{5x+1} - 34a^{5x} + 22a^{5x-1} - 15a^{5x-2}$.

Ejercicio 46. 1. $4a^2 + 8a - 60$. 2. $3a^2x^2 - 3a^2$. 3. $2a^3 - 26a + 24$. 4. $x^6 + x^4 - x^2 - 1$. 5. $3m^4 - 28m^3 + 52m^2 + 48m$. 6. $a^4 - 2a^3b + 2ab^3 - b^4$. 7. $3x^5 - 6x^4 + 6x^2 - 3x$. 8. $x^5 - 2x^4 - x^3 + 4x^2 - 5x + 2$. 9. $a^{3m-2} + a^{2m-1} - 3a^{2m-2} - 2a^m - 3a^{m-1} + 6$. 10. $a^4 - 6a^3 + 11a^2 - 6a$. 11. $x^4 - 3x^3 - 21x^2 + 43x + 60$. 12. $x^7 + x^6 - x^5 - x^4 - 9x^3 - 9x^2 + 9x + 9$. 13. $108a^6 - 108a^5 + 45a^4 + 45a^3 - 18a^2$. 14. $a^{3x+2}b^x - a^xb^{3x+4}$.

Ejercicio 47. 1. $9x + 22$. 2. $8x^2 + 31$. 3. $10a^2 + ax$. 4. $x^2 - x^2y^2 + y^2$. 5. $3m^4 + m^3 + 3m^2n^2 - 2mn^2$. 6. $-y^3 + 3y^2$. 7. $-x^2 - 6x + 6$. 8. $-2a^2 + 5a + 7$. 9. $-14a^2 + 5ab + 5b^2$.

10. $4ac$. 11. $2x^2+14xy-4y^2$. 12. $-2m^2-10mn+16n^2$. 13. $-2x^2+x+5ax-a-a^2$. 14. $a^2+b^2+c^2-2ab-2ac-6bc$. 15. $x^4-2x^3-7x^2+4x+14$. 16. $3x^2+5y^2+z^2+5xy+2xz+2yz$. 17. $5x^2-5x+3$. 18. $-x^2-6x+16$. 19. $2m^2n-8mn^2-10n^3$. 20. $-2x^3y+10x^2y^2-10xy^3+2y^4$.

Ejercicio 48. 1. $3x-3a-2$. 2. $3ab-7a-7b$. 3. $4x+6y+3$. 4. $3x^2+4x-5$. 5. $-4a+4b-3x-8$. 6. $a-2x+10y$. 7. $15m-7n+3$. 8. $-17a+12b+8$. 9. $-x-8y+4$. 10. $-8m+n-5$. 11. $36x+29y$. 12. $80a-50b$. 13. $a+7b$. 14. $a-9b+3$.

Ejercicio 49. 1. -3. 2. 9. 3. $5a$. 4. $-7a^2b^2$. 5. $-c$. 6. a. 7. $-9x$. 8. -5. 9. 1. 10. $-\frac{1}{2}xy$. 11. $-\frac{5}{6}y^4$. 12. $-\frac{1}{8}a^8b^9$. 13. $-\frac{16}{5}m^6n$. 14. $\frac{27}{5}a^7$. 15. $\frac{2}{3}m$. 16. a^{x-2}. 17. $-3a^{x-1}b^{m-2}$. 18. $-\frac{5}{6}a^{m-3}b^{n-4}$. 19. $-\frac{1}{4}a^{x-m}b^{m-n}$. 20. $\frac{3}{5}m^{a-x}n^{x-2}$.

Ejercicio 50. 1. a. 2. $-2x^2$. 3. $\frac{3}{5}a^3$. 4. $-\frac{1}{4}x^{n-1}$. 5. $\frac{4}{5}a^{x-5}b^{n-2}$. 6. $\frac{7}{8}x^{m-1}y^{m-3}$. 7. $-\frac{5}{6}ab$. 8. $-\frac{4}{5}$. 9. a^nb^x. 10. $-\frac{5}{6}a^{1-m}b^{2-n}c^{3-x}$.

Ejercicio 51. 1. $\frac{3}{4}x^2$. 2. $\frac{3}{4}a$. 3. $-4xy^5$. 4. $\frac{7}{6}a^{m-1}b^{n-2}$. 5. $\frac{1}{9}x^4y^5$. 6. $-9n^4p$. 7. $\frac{7}{20}a$. 8. $-\frac{10}{9}a^{x-1}b^{m-2}$. 9. $-\frac{1}{2}c^3d^{5-x}$. 10. $-\frac{1}{2}a^mb^{n-3}$. 11. $4a^xb^{m-6}$. 12. $-\frac{1}{9}ab^6c^2$.

Ejercicio 52. 1. $a-b$. 2. $-y^3+\frac{5}{3}a^2x^2$. 3. $-\frac{3}{2}a^2+\frac{5}{2}b^2+3ab^3$. 4. x^2-4x+1. 5. $2x^5-5x^3-\frac{5}{2}x$. 6. $-3m^2+4mn-10n^2$. 7. $2a^6b^5-a^4b^3-\frac{1}{3}$. 8. $-\frac{1}{5}x^3+x^2+2x-3$. 9. $4m^7n^2-5m^5n^4-10m^3n^6+6mn^8$. 10. $a^{x-2}+a^{m-3}$. 11. $-\frac{2}{3}a^{m-3}+a^{m-1}-2a^{m+1}$. 12. $a^{m-2}b^{n-3}+a^{m-3}b^{n-1}-a^{m-4}b^{n+1}$. 13. $x^4+6x^3-5x^2-x$. 14. $-2a^2b^3+3ab^2-4b$.

Ejercicio 53. 1. $\frac{3}{4}x-1$. 2. $-\frac{5}{9}a^3+a^2-\frac{5}{12}a$. 3. $m^2-\frac{8}{3}mn+\frac{3}{2}n^2$. 4. $-\frac{10}{3}x^3+x^2y-\frac{5}{4}xy^2+5y^3$. 5. $\frac{2}{25}a^4-\frac{1}{15}a^2b^3-\frac{1}{5}b^5$. 6. $\frac{2}{3}a^{m-1}+\frac{1}{2}a^{m-2}$. 7. $4a^3-\frac{12}{5}a^2-\frac{3}{2}a$. 8. $\frac{15}{8}a^{n-4}x^m-\frac{5}{16}a^{n-3}x^{m-1}+\frac{5}{3}a^{n-2}x^{m-2}$.

Ejercicio 54. 1. $a-1$. 2. $a-3$. 3. $x-4$. 4. $m-5$. 5. $5-x$. 6. $a+3$. 7. $3x-2y$. 8. $5x-4y$. 9. $5a-7b$. 10. $2x+4$. 11. $8a-4b$. 12. $6m-5n$. 13. $4n+6m$. 14. $2y-11$. 15. x^2+xy+y^2. 16. $a^2-2ab+b^2$. 17. x^3-3x^2+1. 18. a^3-a^2+a. 19. $m^4+m^2n^2+n^4$. 20. x^3-2x^2+3x-1. 21. $3y^3-6y+5$. 22. m^3-m^2+m-2. 23. $3a^2-5ab+2b^2$. 24. $5m^4-3m^2n^2+n^4$.

Ejercicio 55. 1. a^2-a-1. 2. x^3+2x^2-x. 3. $m^3-3m^2n+2mn^2$. 4. x^2+x+1. 5. x^2-2x+3. 6. m^3+1. 7. a^3-5a+2. 8. $3y^2+xy-x^2$. 9. n^2-1. 10. $a^3-3a^2b+4ab^2$. 11. $2x+3y$. 12. $2y^3-3y^2+y-4$. 13. $2a^2-3ax-x^2$. 14. $-x^2-xy-y^2$. 15. a^3-5a^2+2a-3. 16. m^2-2m+3. 17. $a^4+a^3b-3a^2b^2-ab^3+b^4$. 18. $x^4-x^3y+x^2y^2-xy^3+y^4$. 19. y^2-2y+1. 20. $3m^3-2m+1$. 21. a^3+a^2-2a-1. 22. $3x^2-2xy+4y^2$. 23. $5a^4-4a^3+2a^2-3a$. 24. $x^4-x^3+x^2-x+1$. 25. a^3+a^2-2a+1. 26. y^4-3y^2-1. 27. $m^4-2m^3n+3m^2n^2-4n^4$. 28. $x^6-3x^4y^2-x^2y^4+y^6$. 29. a^4-3a^2+4a-5. 30. $a-b+c$. 31. $-x+y+2z$. 32. $x+y+z$. 33. $a^4-a^3b+a^2b^2-ab^3+b^4$. 34. $7x^4+7x^3y+7x^2y^2+7xy^3+7y^4$. 35. $8x^6-8x^4y^2+8x^2y^4-8y^6$. 36. $x^8+x^6y^2+x^4y^4+x^2y^6+y^8$. 37. $x^{12}-x^9y^3+x^6y^6-x^3y^9+y^{12}$. 38. $x+y-1$. 39. $x+y$.

Ejercicio 56. 1. $a^x-a^{x+1}+a^{x+2}$. 2. $x^{n+1}+2x^{n+2}-x^{n+3}$. 3. $m^{a+2}+m^{a+1}-m^a+m^{a-1}$. 4. $a^{n+2}+3a^{n+1}-2a^n$. 5. $x^{a+2}+2x^{a+1}-x^a$. 6. a^2+2a-1. 7. $a^x+3a^{x-1}-2a^{x-2}$. 8. $m^{a+1}-2m^{a+2}-m^{a+3}+m^{a+4}$. 9. $x^{a-1}+2x^{a-2}-x^{a-3}+x^{a-4}$. 10. $a^nb^2-a^{n-2}b^4$. 11. a^m+b^m. 12. $a^{x-1}-b^{n-1}$. 13. $3a^{2m}+a^{2m+1}-5a^{2m+2}$. 14. $-2x^{2a-1}y^{x-2}-4x^{2a-2}y^{x-1}-10x^{2a-3}y^x$.

Ejercicio 57. 1. $\frac{1}{2}a-\frac{1}{3}b$. 2. $\frac{1}{3}x+\frac{5}{6}y$. 3. $\frac{2}{3}x-\frac{3}{2}y$. 4. $\frac{1}{4}a^2-ab+\frac{2}{3}b^2$. 5. $\frac{2}{5}m^2+\frac{1}{3}mn-\frac{1}{2}n^2$. 6. $\frac{3}{8}x^2+\frac{1}{4}x-\frac{2}{5}$. 7. $\frac{3}{2}a^2+\frac{1}{3}ax-\frac{1}{2}x^2$. 8. $\frac{1}{4}x^2-\frac{2}{3}xy+\frac{5}{6}y^2$. 9. $\frac{3}{2}x^2+\frac{1}{10}x-\frac{1}{5}$. 10. $\frac{2}{3}m^2-\frac{2}{3}mn+\frac{5}{2}n^2$.

Ejercicio 58. 1. x^2-1. 2. $x^4+3x^3-5x^2+8$. 3. $a^4+3a^3b-2a^2b^2+5ab^3-b^4$. 4. $m^3-5m^2n+6mn^2+n^3$. 5. x^4-8x^2+3. 6. $a^6-3a^4-6a^2+10$. 7. $x^9-4x^6+3x^3-2$. 8. $m^{16}-5m^{12}+9m^8-4m^4+3$. 9. $x^5-3x^4y-6x^3y^2-4x^2y^3-y^5$. 10. $6a^5-4a^2+6a-2$. 11. n^4-3n^2+4. 12. $3x^4-4x^3y-y^4$. 13. $x^{10}-5x^6y^4+3x^2y^8-6y^{10}$. 14. $a^m-3a^{m-1}+5a^{m-3}$. 15. $a^{x+2}-5a^{x+1}-7a^{x-1}$. 16. $x^{a+2}-5x^a-6x^{a-2}$. 17. $3a^{3x-1}-5a^{3x}+6a^{3x+1}$.

Ejercicio 59. 1. $1+\frac{b^2}{a^2}$. 2. $a+\frac{2}{a^3}$. 3. $3x+2+\frac{7}{3x^2}$. 4. $4a^2-5ab+2b^2+\frac{7b^3}{4a}$. 5. $x+1+\frac{4}{x+6}$. 6. $x-1+\frac{3}{x-4}$. 7. $m^2-8+\frac{10}{m^2-3}$. 8. $x-7y+\frac{8y^2}{x+y}$. 9. $x+\frac{2x+2}{x^2-x+1}$. 10. $x^2+xy+y^2+\frac{2y^3}{x-y}$. 11. $x^4+x^3y+x^2y^2+xy^3+y^4+\frac{2y^5}{x-y}$. 12. $x+6+\frac{6x+2}{x^2-2x+1}$. 13. $4a^2+3ab+7b^2+\frac{12b^3}{2a-3b}$. 14. $x^3-2x+3+\frac{20x-10}{x^2-3x+2}$.

Ejercicio 60. 1. 9. 2. −31. 3. 8. 4. $-\frac{31}{32}$. 5. 15. 6. $-14\frac{1}{2}$. 7. $3\frac{1}{4}$. 8. $-6\frac{1}{2}$. 9. 3. 10. 2. 11. $18\frac{1}{2}$. 12. $-21\frac{1}{2}$. 13. $60\frac{1}{2}$. 14. $25\frac{2}{3}$. 15. $84\frac{1}{2}$. 16. $-21\frac{1}{6}$.

Ejercicio 61. 1. +2°, −1°, −4°. 3. y^2. 4. $-3x^2+8x-6$. 5. $2a^2+5a+13$. 6. $6x+6$. 7. $-2y^2-2xy$. 8. 24. 9. $3x^2+3xy$. 10. $\frac{1}{3}a^4+\frac{1}{4}a^3b-\frac{193}{120}a^2b^2+\frac{23}{20}ab^3-\frac{2}{5}b^4$. 11. x^3-x+5. 12. $\frac{4}{3}ab$. 13. $a^5-4a^4b+4a^3b^2-3ab^4+3b^5$. 14. $x+4$. 16. 15. 17. $4x^2-8x-3$. 18. $2a-7b$. 19. $15x^2-2xy-y^2$. 20. $-\frac{9}{2}x+\frac{2}{3}y$. 22. $4x^3y-7xy^3$. 23. $x^4+4x^3y+3x^2y^2+2xy^3-y^4$. 24. $-2y^3$. 25. $-56\frac{3}{10}$. 26. Entre $x+2$. 27. 33. 28. De x^4-11x^3+21x. 30. x^3+5x^2+x-2.

Ejercicio 62. 1. m^2+6m+9. 2. $25+10x+x^2$. 3. $36a^2+12ab+b^2$. 4. $81+72m+16m^2$. 5. $49x^2+154x+121$. 6. $x^2+2xy+y^2$. 7. $1+6x^2+9x^4$. 8. $4x^2+12xy+9y^2$. 9. $a^4x^2+2a^2bxy^2+b^2y^4$. 10. $9a^6+48a^3b^4+64b^8$. 11. $16m^{10}+40m^5n^6+25n^{12}$. 12. $49a^4b^6+70a^2b^3x^4+25x^8$. 13. $16a^2b^4+40ab^2xy^3+25x^2y^6$. 14. $64x^4y^2+144m^3x^2y+81m^6$. 15. $x^{20}+20x^{10}y^{12}+100y^{24}$. 16. $a^{2m}+2a^{m+n}+a^{2n}$. 17. $a^{2x}+2a^xb^{x+1}+b^{2x+2}$. 18. $x^{2a+2}+2x^{a+1}y^{x-2}+y^{2x-4}$.

Ejercicio 63. 1. a^2-6a+9. 2. $x^2-14x+49$. 3. $81-18a+a^2$. 4. $4a^2-12ab+9b^2$. 5. $16a^2x^2-8ax+1$. 6. $a^6-2a^3b^3+b^6$. 7. $9a^8-30a^4b^2+25b^4$. 8. x^4-2x^2+1. 9. $x^{10}-6ax^5y^2+9a^2y^4$. 10. $a^{14}-2a^7b^7+b^{14}$. 11. $4m^2-12mn+9n^2$. 12. $100x^6-180x^4y^5+81x^2y^{10}$. 13. $x^{2m}-2x^my^n+y^{2n}$. 14. $a^{2x-4}-10a^{x-2}+25$. 15. $x^{2a+2}-6x^{2a-1}+9x^{2a-4}$.

Ejercicio 64. 1. x^2-y^2. 2. m^2-n^2. 3. a^2-x^2. 4. x^2-a^4. 5. $4a^2-1$. 6. n^2-1. 7. $1-9a^2x^2$. 8. $4m^2-81$. 9. a^6-b^4. 10. y^4-9y^2. 11. $1-64x^2y^2$. 12. $36x^4-m^4x^2$. 13. $a^{2m}-b^{2n}$. 14. $9x^{2a}-25y^{2m}$. 15. $a^{2x+2}-4b^{2x-2}$.

Ejercicio 65. 1. $x^2+2xy+y^2-z^2$. 2. $x^2-y^2+2yz-z^2$. 3. $x^2-y^2-2yz-z^2$. 4. $m^2+2mn+n^2-1$. 5. $m^2-2mn+n^2-1$. 6. x^2-y^2+4y-4. 7. n^4-4n^2-4n-1. 8. a^4+2a^2+9. 9. m^4-3m^2+1. 10. $4a^2-4ab+b^2-c^2$. 11. $4x^2-y^2+2yz-z^2$. 12. $x^4-25x^2+60x-36$. 13. $a^4+a^2b^2+b^4$. 14. $x^6-x^4-2x^3-x^2$.

Ejercicio 66. 1. $a^3+6a^2+12a+8$. 2. x^3-3x^2+3x-1. 3. $m^3+9m^2+27m+27$. 4. $n^3-12n^2+48n-64$. 5. $8x^3+12x^2+6x+1$. 6. $1-9y+27y^2-27y^3$. 7. $8+12y^2+6y^4+y^6$. 8. $1-6n+12n^2-8n^3$. 9. $64n^3+144n^2+108n+27$. 10. $a^6-6a^4b+12a^2b^2-8b^3$. 11. $8x^3+36x^2y+54xy^2+27y^3$. 12. $1-3a^2+3a^4-a^6$.

Ejercicio 67. 1. a^2+3a+2. 2. x^2+6x+8. 3. $x^2+3x-10$. 4. $m^2-11m+30$. 5. $x^2+4x-21$. 6. x^2+x-2. 7. x^2-4x+3. 8. x^2-x-20. 9. $a^2-a-110$. 10. $n^2-9n-190$. 11. a^4-4a^2-45. 12. x^4-8x^2+7. 13. n^4+19n^2-20. 14. n^6-3n^3-18. 15. x^6+x^3-42. 16. a^8+7a^4-8. 17. $a^{10}+5a^5-14$. 18. $a^{12}-2a^6-63$. 19. $a^2b^2-ab-30$. 20. $x^2y^4+3xy^2-108$. 21. $a^4b^4+6a^2b^2-7$. 22. $x^6y^6+2x^3y^3-48$. 23. $a^{2x}+5a^x-24$. 24. $a^{2x+2}-11a^{x+1}+30$.

Ejercicio 68. 1. x^2+4x+4. 2. x^2+5x+6. 3. x^2-1. 4. x^2-2x+1. 5. $n^2+8n+15$. 6. m^2-9. 7. $a^2+2ab+b^2-1$. 8. $1+3b+3b^2+b^3$. 9. a^4-16. 10. $9a^2b^2-30abx^2+25x^4$. 11. $9-a^2b^2$. 12. $1-8ax+16a^2x^2$. 13. a^4+a^2-56. 14. x^2-y^2-2y-1. 15. $1-a^2$. 16. $m^2+4m-96$. 17. x^4+2x^2-3. 18. x^6-2x^3-48. 19. $25x^6+60m^4x^3+36m^8$. 20. x^8+3x^4-10. 21. $a^2-2ab+b^2-1$. 22. $a^{2x}-b^{2n}$. 23. $x^{2a+2}+x^{a+1}-72$. 24. $a^4b^4-c^4$. 25. $8a^3+12a^2x+6ax^2+x^3$. 26. x^4-13x^2+22. 27. $4a^6-20a^3b^4+25b^8$. 28. a^6-3a^3-180. 29. $m^4+2m^2n+n^2-m^2$. 30. x^8-4x^4-77. 31. $121-22ab+a^2b^2$. 32. $x^4y^6-2x^2y^3-48$. 33. $a^4-2a^2b^2+b^4$. 34. x^4-3x^2+2. 35. a^4-81. 36. x^4-24x^2-25. 37. a^4-5a^2+4. 38. a^4-13a^2+36.

Ejercicio 69. 1. $x-1$. 2. $1+x$. 3. $x-y$. 4. $x+y$. 5. $x-2$. 6. $3+x^2$. 7. $a-2b$. 8. $5+6x^2$. 9. $2x-3mn^2$. 10. $6m+7nx^2$. 11. $9a^3-10b^4$. 12. $a^2b^3-2x^4y^5$. 13. x^n-y^n. 14. $a^{x+1}+10$. 15. $1-3x^{m+2}$. 16. $x+y+z$. 17. $1-a-b$. 18. $2-m-n$. 19. y. 20. $a+x-3$.

Ejercicio 70. 1. $1-a+a^2$. 2. $1+a+a^2$. 3. x^2-xy+y^2. 4. $4a^2+2a+1$. 5. $4x^2-6xy+9y^2$. 6. $9m^2+15mn+25n^2$. 7. $16a^2-28a+49$. 8. $36+30y+25y^2$. 9. $1-ab+a^2b^2$. 10. $81+72b+64b^2$. 11. $a^2x^2-abx+b^2$. 12. $n^2+mnx+m^2x^2$. 13. $x^4+3x^2y+9y^2$. 14. $4a^6-2a^3y^3+y^6$. 15. $1+x^4+x^8$. 16. $9x^4-3x^2+1$. 17. $16a^2-4ab^3+b^6$. 18. $a^4+a^2b^2+b^4$. 19. $25+35x^5+49x^{10}$. 20. n^4-n^2+1.

Ejercicio 71. 1. $x^3+x^2y+xy^2+y^3$. 2. $m^4-m^3n+m^2n^2-mn^3+n^4$. 3. $a^4+a^3n+a^2n^2+an^3+n^4$. 4. $x^5-x^4y+x^3y^2-x^2y^3+xy^4-y^5$. 5. $a^5+a^4b+a^3b^2+a^2b^3+ab^4+b^5$. 6. $x^6-x^5y+x^4y^2-x^3y^3+x^2y^4-xy^5+y^6$. 7. $a^6+a^5m+a^4m^2+a^3m^3+a^2m^4+am^5+m^6$. 8. $a^7-a^6b+a^5b^2-a^4b^3+a^3b^4-a^2b^5+ab^6-b^7$. 9. $x^9+x^8y+x^7y^2+x^6y^3+x^5y^4+x^4y^5+x^3y^6+x^2y^7+xy^8+y^9$. 10. $m^8-m^7n+m^6n^2-m^5n^3+m^4n^4-m^3n^5+m^2n^6-mn^7+n^8$. 11. $m^8+m^7n+m^6n^2+m^5n^3+m^4n^4+m^3n^5+m^2n^6+mn^7+n^8$. 12. $a^9-a^8x+a^7x^2-a^6x^3+a^5x^4-a^4x^5+a^3x^6-a^2x^7+ax^8-x^9$. 13. $1+n+n^2+n^3+n^4$. 14. $1+a+a^2+a^3+a^4+a^5$. 15. $1-a+a^2-a^3+a^4-a^5+a^6$. 16. $1-m+m^2-m^3+m^4-m^5+m^6-m^7$. 17. x^3+2x^2+4x+8. 18. $x^5-2x^4+4x^3-8x^2+16x-32$. 19. $x^6+2x^5+4x^4+8x^3+16x^2+32x+64$. 20. $a^4-3a^3+9a^2-27a+81$. 21. $x^5+3x^4+9x^3+27x^2+81x+243$. 22. $125-25x+5x^2-x^3$. 23. $m^7+2m^6+4m^5+8m^4+16m^3+32m^2+64m+128$. 24. $x^9+x^8+x^7+x^6+x^5+x^4+x^3+x^2+x+1$. 25. $x^4-3x^3y+9x^2y^2-27xy^3+81y^4$. 26. $8a^3+12a^2b+18ab^2+27b^3$. 27. $32m^5-48m^4n+72m^3n^2-108m^2n^3+162mn^4-243n^5$. 28. $512x^9+256x^8+128x^7+64x^6+32x^5+16x^4+8x^3+4x^2+2x+1$. 29. $256a^8-128a^7b+64a^6b^2-32a^5b^3+16a^4b^4-8a^3b^5+4a^2b^6-2ab^7+b^8$. 30. $a^5+3a^4+9a^3+27a^2+81a+243$.

Ejercicio 72. 1. $x^4-x^2y^2+y^4$. 2. $a^6-a^4b^2+a^2b^4-b^6$. 3. $m^8+m^6n^2+m^4n^4+m^2n^6+n^8$. 4. $a^9-a^6b^3+a^3b^6-b^9$. 5. $a^9+a^6x^3+a^3x^6+x^9$. 6. $x^{12}-x^9y^3+x^6y^6-x^3y^9+y^{12}$. 7. m^8-m^4+1. 8. $m^{12}+m^8n^4+m^4n^8+n^{12}$. 9. $a^{15}-a^{12}b^3+a^9b^6-a^6b^9+a^3b^{12}-b^{15}$. 10. $x^{15}-x^{10}y^5+x^5y^{10}-y^{15}$. 11. $m^{18}-m^{15}n^3+m^{12}n^6-m^9n^9+m^6n^{12}-m^3n^{15}+n^{18}$. 12. $x^{18}+x^{12}+x^6+1$. 13. $a^{20}-a^{15}b^5+a^{10}b^{10}-a^5b^{15}+b^{20}$. 14. $a^{24}+a^{18}m^6+a^{12}m^{12}+a^6m^{18}+m^{24}$.

Ejercicio 73. 1. x^2-1. 2. $4m^2-2mn^2+n^4$. 3. $1+a+a^2+a^3+a^4$. 4. $x^4+3x^2y+9y^2$. 5. x^3-7y^3. 6. $a^{12}+a^{10}b^2+a^8b^4+a^6b^6+a^4b^8+a^2b^{10}+b^{12}$. 7. $1-a+a^2$. 8. $4xy^2-5m^3$. 9. $x^{24}-x^{21}y^3+x^{18}y^6-x^{15}y^9+x^{12}y^{12}-x^9y^{15}+x^6y^{18}-x^3y^{21}+y^{24}$. 10. $a^{18}-a^9y^9+y^{18}$. 11. $a^2b^2-8x^3$. 12. $1+ab^2c^4$. 13. $16x^4-24x^3y+36x^2y^2-54xy^3+81y^4$. 14. $4-a$. 15. $1+x^4+x^8$. 16. $16x^4+28x^2y^3+49y^6$. 17. $a^{15}-a^{12}b^3+a^9b^6-a^6b^9+a^3b^{12}-b^{15}$. 18. $a+x+y$. 19. $1-x+x^2-x^3+x^4-x^5+x^6-x^7+x^8-x^9+x^{10}$. 20. $x^{32}+x^{24}y^8+x^{16}y^{16}+x^8y^{24}+y^{32}$. 21. $3-6x^5$. 22. $x^7+2x^6+4x^5+8x^4+16x^3+32x^2+64x+128$.

Ejercicio 74. 1. 2. 2. –8. 3. 13. 4. 228. 5. 309. 6. 98. 7. 2,881. 8. 3. 9. 81. 10. 2. 11. 13. 12. $-\frac{419}{64}$.

Ejercicio 75. 1. Coc. $x-4$; res. –7. 2. Coc. $a-7$; res. 15. 3. Coc. x^2-2x+4; res. –6. 4. Coc. x^2+1; res. 0. 5. Coc. $a^2-6a+18$; res. –60. 6. Coc. $n^3-7n^2+14n-24$; res. 0. 7. Coc. x^3+x^2+x-2; res. 3. 8. Coc. x^4-3x^3-x; res. –2. 9. Coc. $a^4+2a^3+a^2+2a+8$; res. 10. 10. Coc. $x^4+5x^3+25x^2-83x-415$; res. 1. 11. Coc. $x^5-6x^4+22x^3-69x^2+206x-618$; res. 1,856. 12. Coc. x^2-x+3; res. –2. 13. Coc. a^2-2a+3; res. 0. 14. Coc. x^3-x^2+x-3; res. 5. 15. Coc. $\frac{1}{2}x^5-\frac{3}{4}x^4+\frac{5}{8}x^3+\frac{1}{2}x-\frac{3}{4}$; res. $\frac{5}{4}$.

Ejercicio 76. 1. Exacta. 2. Exacta. 3. Inexacta. 4. Inexacta. 5. Exacta. 6. Inexacta. 11. Exacta; coc. $2a^2-6a+8$. 12. Exacta; coc. a^3-a^2+2. 13. Exacta: coc. x^3+x^2+x+6. 14. Exacta; coc. $x^5+6x^4-3x^3+8x^2-4x+5$. 15. Inexacta; coc. a^5-a^3+a-4; res. 9. 16. Exacta; coc. $4x^3-5x^2+8x-4$. 17. Inexacta; coc. $5n^4-6n^2+4n-1$; res. –6. 18. –150. 19. –4. 20. –87. 21. 8.

Ejercicio 77. 1. Inexacta; res. 2. 2. Inexacta; res. $2b^4$. 3. Exacta. 4. Inexacta; res. 2 5. Inexacta: res. $2b^6$ 6. Exacta. 7. Inexacta; res. –16. 8. Exacta. 9. Inexacta; res. 64. 10. Inexacta; *res* – 256. 11. Exacta. 12. Exacta.

Ejercicio 78. 1. $x=5$. 2. $x=\frac{1}{4}$. 3. $y=10$. 4. $x=\frac{1}{5}$. 5. $y=-\frac{1}{3}$. 6. $x=3$. 7. $x=\frac{5}{7}$. 8. $x=6$. 9. $x=\frac{22}{3}$. 10. $y=-3$. 11. $x=7$. 12. $x=-4$. 13. $x=\frac{1}{3}$. 14. $x=1$.

Ejercicio 79. 1. $x=3$. 2. $x=1$. 3. $x=-\frac{9}{2}$. 4. $x=-\frac{3}{7}$. 5. $x=-1$. 6. $x=1$. 7. $x=\frac{1}{2}$. 8. $x=4$. 9. $x=\frac{2}{3}$. 10. $x=3$. 11. $x=-5$.

Ejercicio 80. 1. $x=-\frac{1}{4}$. 2. $x=-2$. 3. $x=3$. 4. $x=-7$. 5. $x=-4$. 6. $x=5$. 7. $x=5$. 8. $x=\frac{8}{13}$. 9. $x=\frac{1}{35}$. 10. $x=-1$. 11. $x=3$. 12. $x=-\frac{1}{12}$. 13. $x=4$. 14. $x=\frac{1}{5}$. 15. $x=1$. 16. $x=-\frac{9}{17}$. 17. $x=0$. 18. $x=\frac{2}{7}$. 19. $x=\frac{1}{2}$. 20. $x=-\frac{7}{3}$.

Ejercicio 81. 1. $x=\frac{1}{7}$. 2. $x=\frac{29}{15}$. 3. $x=0$. 4. $x=11$. 5. $x=1$. 6. $x=-\frac{1}{2}$. 7. $x=-1$. 8. $x=-3$. 9. $x=-\frac{1}{9}$. 10. $x=\frac{4}{3}$.

Ejercicio 82. 1. 57 y 49. 2. 286 y 254. 3. *A*, bs. 830; *B*, bs. 324. 4. 65 y 41. 5. *A*, 21 años; *B*, 35 años. 6. *A*, 1,047 nuevos soles; *B*, 33 nuevos soles. 7. 51 y 52. 8. 67, 68 y 69. 9. 17, 18, 19 y 20. 10. 96 y 98. 11. 61, 62 y 63. 12. coche, $9,000; caballo, $17,000; arreos, $6,500. 13. 99, 67, y 34. 14. En el 1º, 200; en el 2º,190; en el 3º, 185. 15. 193, 138 y 123. 16. 1ª, 1,300,000; 2ª, 1,100,000; 3ª, 700,000 sucres. 17. 42, 24 y 22 años. 18. 339 y 303.

Ejercicio 83. 1. P. 30 a.; J., 10 a. 2. Caballo \$480; arreos, \$120. 3. 1er piso, 32 hab.; 2o. piso, 16 hab. 4. *A*, 50; *B*, 100; C; 150 colones. 5. *A*, 19; *B*, 38; *C*, 76 sucres. 6. 126 y 21. 7. *A*, 40; *B*, 20; *C*, 80 quetzales. 8. 1ª., 85; 2ª., 340; 3ª., 425. 9. 111. 10. María, 48 a.; Rosa, 11 a. 11. 3. 12. 31 años. 13. 36, 12 y 48. 14. P, 22 a.; Enr., 11 a.; J., 33 a.; Eug., 66 a.

Ejercicio 84. 1. 42, 126 y 86. 2. *A*, 23; B, 61; C, 46 balboas. 3. 104, 48, 86. 4. Traje, \$136; bastón, \$106; somb.; \$17. 5. 36, 6, 30. 6. *A*, bs. 20; B, bs. 79. 7. Blanco, 20 cm; azul, 54 cm. 8. *A*, \$40; *B*, \$72; *C*, \$40. 9. 100. 10. 50 sucres. 11. 4.95 m y 4.15 m. 12. Padre, 63 a.; hijo, 20 a. 13. *A*, 3,600 votos. 14. 8. 15. 39 años.

Ejercicio 85. 1. 60 y 40. 2. Padre, 45 a.; hijo, 15 a. 3. 656 y 424. 4. *A*, 98; *B*, 52 nuevos soles. 5. 75° y 105°. 6. 427 y 113. 7. 44 y 8. 8. Perro, \$48; collar, \$6. 9. *A*, \$60; *B*, \$24. 10. 45 señoritas, 15 jóvenes. 11. 116 y 44. 12. 164 y 342. 13. Estilográfica: 14,000 bolívares; lapicero, 4,000 bolívares. 14. De negro, 44 cm; de rojo, 40 cm.

Ejercicio 86. 1. *A*, 40 años; *B*, 20. 2. *A*, 15 a.; *B*, 5 a. 3. *A*, \$50; *B*, \$25. 4. *A*, 82; *B*, 164 colones. 5. 12 s.; 36 v. 6. Padre, 75 a.; hijo, 25 a. 7. 38 y 47. 8. Enrique, \$1.25; su hermano, \$0.25. 9. 900 y 500 sucres. 10. P., 48 días.; E., 12 días. 11. Padre, 42 a.; hijo, 14 a. 12. Juan, 66 a.; su hijo, 22 a. 13. *A*, \$46; *B*, \$38.

Ejercicio 87. 1. 26 somb., 13 trajes. 2. 26 vacas, 32 caballos. 3. Resolvió 9, no resolvió 7. 4. Trabajó 38 días, no trabajó 12 días. 5. 28 de 300 quetzales y 7 de 250 quetzales. 6. 35 y 28 balboas. 7. 7 cuad.; 21 lápices. 8. 24 de azúcar, 77 de frijoles. 9. De cedro 24, de caoba 56. 10. Mayor, 785; menor, 265.

Ejercicio 88. 1. 36, 72 y 88. 2. *A*, 45 años; *B*, 15 años. 3. Traje, \$250 nuevos soles; zap., 100 nuevos soles. 4. 240,000,000 bolívares. 5. 96 y 12. 6. 50 pies. 7. \$17. 8. *A*, 52 años; *B*, 32 años. 9. 15 monedas de 10¢, 7 monedas de 5¢. 10. 30. 11. \$80,000. 12. 72. 13. 81, 82 y 83. 14. En automóvil, 102 km.; a caballo, 34 km y a pie, 14 km. 15. Hijo, 2,500,000 colones; hija, 4,500,000 colones. 16. 15 y 16. 17. *A*, 45 a.; *B*, 15; *C*, 3. 18. *A*, 40 años: *B*, 10 años. 19. L., \$31; m.; \$62, miérc., \$124; j., \$248; v., \$218; s., \$228. 20. 36 y 18. 21. A, \$21; B, \$15. 22. *A*, \$114; *B*, \$38; *C*, \$19. 23. \$14,000,000 bolívares. 24. El mejor, \$90,000; el peor, \$30,000. 25. Q. 40. 26. *A*, con \$800; *B*, con \$400. 27. 40 cab., 10 vacas. 28. L., \$60; m., \$120; miérc., \$180; j., \$240. 29. 90 nuevos soles. 30. Largo, 24 m; ancho 12 m. 31. P., 35 a.; h., 15 a. 32. *A*, 32 a.; *B*, 8 a.

Ejercicio 89. 1. $a(a+b)$. 2. $b(1+b)$. 3. $x(x+1)$. 4. $a^2(3a-1)$. 5. $x^3(1-4x)$. 6. $5m^2(1+3m)$. 7. $b(a-c)$. 8. $x^2(y+z)$. 9. $2ax(a+3x)$. 10. $4m(2m-3n)$. 11. $9ax^2(a^2-2x)$. 12. $15c^2d^2(c+4d)$. 13. $35m^2(n^3-2m)$. 14. $abc(1+c)$. 15. $12xy^2(2a^2-3xy^2)$. 16. $a(a^2+a+1)$. 17. $2(2x^2-4x+1)$. 18. $5y(3y^2+4y-1)$. 19. $a(a^2-ax+x^2)$. 20. $ax(2a+2x-3)$. 21. $x^3(1+x^2-x^4)$. 22. $14x^2(y^2-2x+4x^2)$. 23. $17a(2x^2+3ay-4y^2)$. 24. $48(2-mn^2+3n^3)$. 25. $a^2c^2(b^2-x^2+y^2)$. 26. $55m^2(n^3x+2n^3x^2-4y^3)$. 27. $31a^2x(3axy-2x^2y^2-4)$. 28. $x(1-x+x^2-x^3)$. 29. $a^2(a^4-3a^2+8a-4)$. 30. $5x^2(5x^5-2x^3+3x-1)$. 31. $x^6(x^9-x^6+2x^3-3)$. 32. $3a(3a-4b+5a^2b^2-8b^3)$. 33. $8x^2y(2xy-1-3x^2y-5y^2)$. 34. $12m^2n(1+2mn-3m^2n^2+4m^3n^3)$. 35. $50abc(2ab^2-3bc+b^2c^2-4c)$. 36. $x(x^4-x^3+x^2-x+1)$. 37. $a^2(1-2a+3a^2-4a^3+6a^4)$. 38. $ab(3a+6-5a^2b+8ax+4bm)$. 39. $a^2(a^{18}-a^{14}+a^{10}-a^6+a^2-1)$.

Ejercicio 90. 1. $(x+1)(a+b)$. 2. $(a+1)(x-3)$. 3. $(x-1)(y+2)$. 4. $(a-b)(m+n)$. 5. $(n-1)(2x-3y)$. 6. $(n+2)(a+1)$. 7. $(a+1)(x-1)$. 8. $(a^2+1)(1-b)$. 9. $(x-2)(3x-2y)$. 10. $(1-x)(1+2a)$. 11. $(m-n)(4x-1)$. 12. $(m+n)(x-1)$. 13. $(a-b+1)(a^3-b^2)$. 14. $(a^2+x-1)(4m+3n)$. 15. $(2a+b+c)(x-1)$. 16. $(n+1)(x+y-3)$. 17. $(x-2)(x+3y+1)$. 18. $(a+1)(a-1)$. 19. $(m-n)(x^2+4)$. 20. $-2(x-1)$. 21. $(a^2+1)(6x+1)$. 22. $2b(a-b)$. 23. $2m(a-2)$. 24. $(x+1)(m+n)$. 25. $2x(x-3)$. 26. $(a^2+1)(a+b-2)$. 27. $2a(x-3)$.

28. $(x-1)(3x-2y+z)$. 29. $(n+1)(a-b-1)$. 30. $(a+2)(x+2)$. 31. $(x+1)(a+4)$. 32. $-z(3x+2)$.

Ejercicio 91. 1. $(a+b)(a+x)$. 2. $(a-b)(m+n)$. 3. $(x-2y)(a-2b)$. 4. $(a^2-3b)(x^2+y^2)$. 5. $(1+x^4)(3m-2n)$. 6. $(x-a^2)(x+1)$. 7. $(a^2+1)(4a-1)$. 8. $(x-y^2)(1+x)$. 9. $(3ab-2)(x^2+y^2)$. 10. $(1-2x)(3a-b^2)$. 11. $(ax-b)(4a^2-3m)$. 12. $(2x+1)(3a+1)$. 13. $(3x^2-1)(x-3a)$. 14. $(a^2-3b)(2x-5y)$. 15. $(2x+y^2)(xy+z^2)$. 16. $(2m-3n)(3-7x)$. 17. $(5a^2+n^2)(x-y^2)$. 18. $(a+1)(3b+1)$. 19. $(m^2-3n)(4am-1)$. 20. $(4a-b)(5x+2y)$. 21. $(1-2ab)(3-x^2)$. 22. $(a+1)(a^2+1)$. 23. $(3a-7b^2)(a+x)$. 24. $(2a-1)(m-n+1)$. 25. $(3a-2b)(x+y-2)$. 26. $(a^2+1)(a+x^2+1)$. 27. $(3a-1)(a^2-ab+3b^2)$. 28. $(2x-n)(x^2+3y^2+z^2)$. 29. $(3x-2a)(x^2-xy-y^2)$. 30. $(a^2b^3-n^4)(1-3x+x^2)$.

Ejercicio 92. 1. $(a-b)^2$. 2. $(a+b)^2$. 3. $(x-1)^2$. 4. $(y^2+1)^2$. 5. $(a-5)^2$. 6. $(3-x)^2$. 7. $(4+5x^2)^2$. 8. $(1-7a)^2$. 9. $(m^2+6)^2$. 10. $(1-a^3)^2$. 11. $(a^4+9)^2$. 12. $(a^3-b^3)^2$. 13. $(2x-3y)^2$. 14. $(3b-5a^2)^2$. 15. $(1+7x^2y)^2$. 16. $(1-a^5)^2$. 17. $(7m^3-5an^2)^2$. 18. $(10x^5-3a^4y^6)^2$. 19. $(11+9x^6)^2$. 20. $(a-12m^2x^2)^2$. 21. $(4-13x^2)^2$. 22. $(20x^5+1)^2$. 23. $\left(\frac{a}{2}-b\right)^2$. 24. $\left(1+\frac{b}{3}\right)^2$. 25. $\left(a^2-\frac{b^2}{2}\right)^2$. 26. $\left(\frac{1}{5}-\frac{5x^2}{6}\right)^2$. 27. $\left(4x^3-\frac{y^2}{4}\right)^2$. 28. $\left(\frac{n}{3}+3m\right)^2$. 29. $(2a+b)^2$. 30. $(1+a)^2$. 31. $(3m-n)^2$. 32. $(m-n+3)^2$. 33. $(a-y)^2$. 34. $(2m+n-a)^2$. 35. $(2a-b+3)^2$. 36. $(5x-y)^2$.

Ejercicio 93. 1. $(x+y)(x-y)$. 2. $(a+1)(a-1)$. 3. $(a+2)(a-2)$. 4. $(3+b)(3-b)$. 5. $(1+2m)(1-2m)$. 6. $(4+n)(4-n)$. 7. $(a+5)(a-5)$. 8. $(1+y)(1-y)$. 9. $(2a+3)(2a-3)$. 10. $(5+6x^2)(5-6x^2)$. 11. $(1+7ab)(1-7ab)$. 12. $(2x+9y^2)(2x-9y^2)$. 13. $(ab^4+c)(ab^4-c)$. 14. $(10+xy^3)(10-xy^3)$. 15. $(a^5+7b^6)(a^5-7b^6)$. 16. $(5xy^2+11)(5xy^2-11)$. 17. $(10mn^2+13y^3)(10mn^2-13y^3)$. 18. $(am^2n^3+12)(am^2n^3-12)$. 19. $(14xy^2+15z^6)(14xy^2-15z^6)$. 20. $(16a^6+17b^2m^5)(16a^6-17b^2m^5)$. 21. $(1+3ab^2c^3d^4)(1-3ab^2c^3d^4)$. 22. $(19x^7+1)(19x^7-1)$. 23. $\left(\frac{1}{2}+3a\right)\left(\frac{1}{2}-3a\right)$. 24. $\left(1+\frac{a}{5}\right)\left(1-\frac{a}{5}\right)$. 25. $\left(\frac{1}{4}+\frac{2x}{7}\right)\left(\frac{1}{4}-\frac{2x}{7}\right)$. 26. $\left(\frac{a}{6}+\frac{x^3}{5}\right)\left(\frac{a}{6}-\frac{x^3}{5}\right)$. 27. $\left(\frac{x}{10}+\frac{yz^2}{9}\right)\left(\frac{x}{10}-\frac{yz^2}{9}\right)$. 28. $\left(\frac{x^3}{7}+\frac{2a^5}{11}\right)\left(\frac{x^3}{7}-\frac{2a^5}{11}\right)$. 29. $\left(10mn^2+\frac{1}{4}x^4\right)\left(10mn^2-\frac{1}{4}x^4\right)$. 30. $(a^n+b^n)(a^n-b^n)$. 31. $\left(2x^n+\frac{1}{3}\right)\left(2x^n-\frac{1}{3}\right)$. 32. $(a^{2n}+15b^2)(a^{2n}-15b^2)$. 33. $\left(4x^{3m}+\frac{y^n}{7}\right)\left(4x^{3m}-\frac{y^n}{7}\right)$. 34. $\left(7a^{5n}+\frac{b^{6x}}{9}\right)\left(7a^{5n}-\frac{b^{6x}}{9}\right)$. 35. $\left(a^nb^{2n}+\frac{1}{5}\right)\left(a^nb^{2n}-\frac{1}{5}\right)$. 36. $\left(\frac{1}{10}+x^n\right)\left(\frac{1}{10}-x^n\right)$.

Ejercicio 94. 1. $(x+y+a)(x+y-a)$. 2. $(a+3)(1-a)$. 3. $(3+m+n)(3-m-n)$. 4. $(m-n+4)(m-n-4)$. 5. $(x-y+2z)(x-y-2z)$. 6. $(a+2b+1)(a+2b-1)$. 7. $(1+x-2y)(1-x+2y)$. 8. $(3x+2a)(2a-x)$. 9. $(a+b+c+d)(a+b-c-d)$. 10. $(a-b+c-d)(a-b-c+d)$. 11. $(5x+1)(1-3x)$. 12. $(9m-2n)(7m+2n)$. 13. $(a-2b+x+y)(a-2b-x-y)$. 14. $3a(a-2c)$. 15. $(3x+1)(1-x)$. 16. $(9x+a)(3x-a)$. 17. $(a^3+a-1)(a^3-a+1)$. 18. $(a+m-3)(a-m+1)$. 19. $(3x-8)(x+2)$. 20. $(1+5a+2x)(1-5a-2x)$. 21. $(7x+y+9)(7x+y-9)$. 22. $(m^3+m^2-1)(m^3-m^2+1)$. 23. $(4a^5+2a^2+3)(4a^5-2a^2-3)$. 24. $(x-y+c+d)(x-y-c-d)$. 25. $(3a+2b-c)(a-c)$. 26. $(10+x-y+z)(10-x+y-z)$. 27. $y(2x-y)$. 28. $(7x+2)(4-3x)$. 29. $3x(2z-2y-x)$. 30. $(3x+5)(x-3)$. 31. $(2a+3x)(x+2)$. 32. $(2x+2a+7y)(2x+2a-7y)$. 33. $(7x-3y)(3x-7y)$. 34. $(17m-5n)(17n-5m)$.

Ejercicio 95. 1. $(a+b+x)(a+b-x)$. 2. $(x-y+m)(x-y-m)$. 3. $(m+n+1)(m+n-1)$. 4. $(a+b-1)(a-b-1)$. 5. $(n+c+3)(n-c+3)$. 6. $(a+x+2)(a+x-2)$. 7. $(a+3b-2)(a-3b-2)$. 8. $(x-2y+1)(x-2y-1)$. 9. $(a+2x-3y)(a-2x-3y)$. 10. $(2x+5y+6)(2x+5y-6)$. 11. $(3x-4a+1)(3x-4a-1)$. 12. $(1-8ab+x^2)(1-8ab-x^2)$. 13. $(a+b+c)(a-b-c)$. 14. $(1+a-x)(1-a+x)$. 15. $(m+x+y)(m-x-y)$. 16. $(c+a-1)(c-a+1)$. 17. $-(n+8)(n+2)$. 18. $(2a+x-2)(2a-x+2)$. 19. $(1+a+3n)(1-a-3n)$. 20. $(5+x-4y)(5-x+4y)$.

21. $(3x+a-2m)(3x-a+2m)$. 22. $(4xy+2a-3b)(4xy-2a+3b)$. 23. $(5m+a+1)(5m-a-1)$. 24. $(7x^2+5x-3y)(7x^2-5x+3y)$. 25. $(a-b+c+d)(a-b-c-d)$. 26. $(x+y+m-n)(x+y-m+n)$. 27. $(2a+2b+x)(2b-x)$. 28. $(x-2a+y-3b)(x-2a-y+3b)$. 29. $(m+3n+x+2a)(m+3n-x-2a)$. 30. $(3x-2y+a+5b)(3x-2y-a-5b)$. 31. $(a+m+x+3)(a+m-x-3)$. 32. $(x+1+3a^2-b)(x+1-3a^2+b)$. 33. $(4a-3x+5m+1)(4a-3x-5m-1)$. 34. $(3m+a-cd-10)(3m-a+cd-10)$. 35. $(2a-7b+3x+5y)(2a-7b-3x-5y)$. 36. $(15a+13b-c+1)(15a-13b+c+1)$. 37. $(x+y+3)(x-y+1)$. 38. $(a+x+10)(a-x+2)$.

Ejercicio 96. 1. $(a^2+a+1)(a^2-a+1)$. 2. $(m^2+mn+n^2)(m^2-mn+n^2)$. 3. $(x^4+x^2+2)(x^4-x^2+2)$. 4. $(a^2+2a+3)(a^2-2a+3)$. 5. $(a^2+ab-b^2)(a^2-ab-b^2)$. 6. $(x^2+2x-1)(x^2-2x-1)$. 7. $(2a^2+3ab+3b^2)(2a^2-3ab+3b^2)$. 8. $(2x^2+3x-5)(2x^2-3x-5)$. 9. $(x^4+2x^2y^2+4y^4)(x^4-2x^2y^2+4y^4)$. 10. $(4m^2+mn-3n^2)(4m^2-mn-3n^2)$. 11. $(5a^2+4ab+7b^2)(5a^2-4ab+7b^2)$. 12. $(6x^2+5xy-7y^2)(6x^2-5xy-7y^2)$. 13. $(9m^4+4m^2+1)(9m^4-4m^2+1)$. 14. $(c^2+5c-10)(c^2-5c-10)$. 15. $(2a^4+5a^2b^2-7b^4)(2a^4-5a^2b^2-7b^4)$. 16. $(8n^2+6n+7)(8n^2-6n+7)$. 17. $(5x^2+7xy-9y^2)(5x^2-7xy-9y^2)$. 18. $(7x^4+8x^2y^2+10y^4)(7x^4-8x^2y^2+10y^4)$. 19. $(2+8x-11x^2)(2-8x-11x^2)$. 20. $(11x^2+xy^2-6y^4)(11x^2-xy^2-6y^4)$. 21. $(12+7n^3+3n^6)(12-7n^3+3n^6)$. 22. $(4+c^2-c^4)(4-c^2-c^4)$. 23. $(8a^2+5ab^2-9b^4)(8a^2-5ab^2-9b^4)$. 24. $(15+5m+m^2)(15-5m+m^2)$. 25. $(1+10ab^2-13a^2b^4)(1-10ab^2-13a^2b^4)$. 26. $(x^2y^2+xy+11)(x^2y^2-xy+11)$. 27. $(7c^4+11c^2mn+14m^2n^2)(7c^4-11c^2mn+14m^2n^2)$. 28. $(9a^2b^4+2ab^2x^4-16x^8)(9a^2b^4-2ab^2x^4-16x^8)$.

Ejercicio 97. 1. $(x^2+4xy+8y^2)(x^2-4xy+8y^2)$. 2. $(2x^4+2x^2y^2+y^4)(2x^4-2x^2y^2+y^4)$. 3. $(a^2+6ab+18b^2)(a^2-6ab+18b^2)$. 4. $(2m^2+6mn+9n^2)(2m^2-6mn+9n^2)$. 5. $(2+10x^2+25x^4)(2-10x^2+25x^4)$. 6. $(8+4a^3+a^6)(8-4a^3+a^6)$. 7. $(1+2n+2n^2)(1-2n+2n^2)$. 8. $(8x^4+4x^2y^2+y^4)(8x^4-4x^2y^2+y^4)$. 9. $(9a^2+12ab+8b^2)(9a^2-12ab+8b^2)$.

Ejercicio 98. 1. $(x+5)(x+2)$. 2. $(x-3)(x-2)$. 3. $(x+5)(x-2)$. 4. $(x+2)(x-1)$. 5. $(a+3)(a+1)$. 6. $(m+7)(m-2)$. 7. $(y-5)(y-4)$. 8. $(x-3)(x+2)$. 9. $(x-8)(x-1)$. 10. $(c+8)(c-3)$. 11. $(x-2)(x-1)$. 12. $(a+6)(a+1)$. 13. $(y-3)(y-1)$. 14. $(n-6)(n-2)$. 15. $(x+7)(x+3)$. 16. $(a+9)(a-2)$. 17. $(m-11)(m-1)$. 18. $(x-10)(x+3)$. 19. $(n+8)(n-2)$. 20. $(a-20)(a-1)$. 21. $(y+6)(y-5)$. 22. $(a-7)(a-4)$. 23. $(n-10)(n+4)$. 24. $(x-9)(x+4)$. 25. $(a-7)(a+5)$. 26. $(x+13)(x+1)$. 27. $(a-11)(a-3)$. 28. $(m+15)(m-2)$. 29. $(c-14)(c+1)$. 30. $(x+8)(x+7)$. 31. $(x-9)(x-6)$. 32. $(a+12)(a-5)$. 33. $(x-20)(x+3)$. 34. $(x+18)(x-10)$. 35. $(m-30)(m+10)$. 36. $(x+12)(x-11)$. 37. $(m-14)(m+12)$. 38. $(c+15)(c+9)$. 39. $(m-25)(m-16)$. 40. $(a+20)(a-19)$. 41. $(x+26)(x-14)$. 42. $(a+24)(a+18)$. 43. $(m-45)(m+15)$. 44. $(y+42)(y+8)$. 45. $(x-24)(x+22)$. 46. $(n+27)(n+16)$. 47. $(c-20)(c+16)$. 48. $(m-36)(m+28)$.

Ejercicio 99. 1. $(x^2+4)(x^2+1)$. 2. $(x^3-7)(x^3+1)$. 3. $(x^4-10)(x^4+8)$. 4. $(xy+4)(xy-3)$. 5. $(4x-5)(4x+3)$. 6. $(5x+7)(5x+6)$. 7. $(x+5a)(x-3a)$. 8. $(a-7b)(a+3b)$. 9. $(x-y+6)(x-y-4)$. 10. $(x+1)(5-x)$. 11. $(x^5+5)(x^5-4)$. 12. $(m+8n)(m-7n)$. 13. $(x^2+12a)(x^2-5a)$. 14. $(2x-3)(2x-1)$. 15. $(m-n+8)(m-n-3)$. 16. $(x^4+16)(x^4-15)$. 17. $(y+3)(5-y)$. 18. $(a^2b^2-11)(a^2b^2+9)$. 19. $(c+7d)(c+4d)$. 20. $(5x-12)(5x+7)$. 21. $(a-14b)(a-7b)$. 22. $(x^2y^2+12)(x^2y^2-11)$. 23. $(x^2+6)(8-x^2)$. 24. $(c+d-13)(c+d-5)$. 25. $(a+22xy)(a-20xy)$. 26. $(m^3n^3-13)(m^3n^3-8)$. 27. $(n+2)(7-n)$. 28. $(x^3+31)(x^3-30)$. 29. $(4x^2-15)(4x^2+7)$. 30. $(x^2+9ab)(x^2-4ab)$. 31. $(a^2-13b^2)(a^2+12b^2)$. 32. $(x+3a)(7a-x)$. 33. $(x^4y^4-20a)(x^4y^4+5a)$. 34. $(a+11)(a-10)$. 35. $(m+8abc)(m-7abc)$. 36. $(7x^2+16)(7x^2+8)$.

Ejercicio 100. 1. $(2x-1)(x+2)$. 2. $(3x+1)(x-2)$. 3. $(2x+1)(3x+2)$. 4. $(5x-2)(x+3)$. 5. $(3x+2)(2x-3)$. 6. $(3x+2)(4x-3)$. 7. $(4a+3)(a+3)$. 8. $(2a+1)(5a+3)$. 9. $(3m-7)(4m+5)$. 10. $(4y+1)(5y-1)$. 11. $(2a-5)(4a+3)$. 12. $(7x+5)(x-7)$. 13. $(3m+5)(5m-3)$. 14. $(2a+1)(a+2)$. 15. $(3x-4)(4x+3)$. 16. $(a+1)(9a+1)$. 17. $(4n-5)(5n+4)$. 18. $(3x+2)(7x-1)$. 19. $(5m-3)(3m+2)$. 20. $(3a+2)(5a-6)$. 21. $(9x+1)(x+4)$.

22. $(10n-3)(2n+5)$. 23. $(7m+2)(2m-5)$. 24. $(x+10)(2x+9)$. 25. $(4a+5)(5a-8)$. 26. $(4n-11)(n+3)$. 27. $(6x+5)(5x-2)$.

Ejercicio 101. 1. $(3x^2-2)(2x^2+3)$. 2. $(x^3+2)(5x^3-6)$. 3. $(2x^4+5)(5x^4+2)$. 4. $(3ax+7)(2ax-3)$. 5. $(4xy+5)(5xy-4)$. 6. $(5x-2a)(3x+a)$. 7. $(2x+3)(4-5x)$. 8. $(3x-8y)(7x+9y)$. 9. $(m-3a)(6m+5a)$. 10. $(2x^2-7)(7x^2+2)$. 11. $(6a+b)(5a-3b)$. 12. $(7x^3+2)(x^3-5)$. 13. $(3a+5)(6-a)$. 14. $(2x^4+1)(5-3x^4)$. 15. $(3a-5x)(2a+3x)$. 16. $(4x-5mn)(x+3mn)$. 17. $(9a-5y)(2a+3y)$. 18. $(4x^2+5)(3-2x^2)$. 19. $(5x^4+2)(3-5x^4)$. 20. $(10x^5+3)(3x^5-10)$. 21. $(5m-3a)(6m+7a)$. 22. $(3a-2)(2-5a)$. 23. $(4x-3y)(2y-x)$. 24. $(5a-3b)(3b-4a)$.

Ejercicio 102. 1. $(a+1)^3$. 2. $(3-x)^3$. 3. $(m+n)^3$. 4. $(1-a)^3$. 5. $(a^2+2)^3$. 6. $(5x+1)^3$. 7. $(2a-3b)^3$. 8. $(3m+4n)^3$. 9. No es cubo perfecto. 10. No es. 11. $(5a+2b)^3$. 12. $(2+3x)^3$. 13. No es cubo perfecto. 14. $(a^2+b^3)^3$. 15. $(x^3-3y^4)^3$. 16. $(4x+5y)^3$. 17. $(6-7a^2)^3$. 18. $(5x^4+8y^5)^3$. 19. $(a^6+1)^3$. 20. $(m-an)^3$. 21. $(1+6a^2b^3)^3$. 22. $(4x^3-5y^4)^3$.

Ejercicio 103. 1. $(1+a)(1-a+a^2)$. 2. $(1-a)(1+a+a^2)$. 3. $(x+y)(x^2-xy+y^2)$. 4. $(m-n)(m^2+mn+n^2)$. 5. $(a-1)(a^2+a+1)$. 6. $(y+1)(y^2-y+1)$. 7. $(y-1)(y^2+y+1)$. 8. $(2x-1)(4x^2+2x+1)$. 9. $(1-2x)(1+2x+4x^2)$. 10. $(x-3)(x^2+3x+9)$. 11. $(a+3)(a^2-3a+9)$. 12. $(2x+y)(4x^2-2xy+y^2)$. 13. $(3a-b)(9a^2+3ab+b^2)$. 14. $(4+a^2)(16-4a^2+a^4)$. 15. $(a-5)(a^2+5a+25)$. 16. $(1-6m)(1+6m+36m^2)$. 17. $(2a+3b^2)(4a^2-6ab^2+9b^4)$. 18. $(x^2-b^3)(x^4+b^3x^2+b^6)$. 19. $(2x-3y)(4x^2+6xy+9y^2)$. 20. $(1+7n)(1-7n+49n^2)$. 21. $(4a-9)(16a^2+36a+81)$. 22. $(ab-x^2)(a^2b^2+abx^2+x^4)$. 23. $(8+3a^3)(64-24a^3+9a^6)$. 24. $(x^2-2y^4)(x^4+2x^2y^4+4y^8)$. 25. $(1+9x^2)(1-9x^2+81x^4)$. 26. $(3m+4n^3)(9m^2-12mn^3+16n^6)$. 27. $(7x+8y^2)(49x^2-56xy^2+64y^4)$. 28. $(xy^2-6y^3)(x^2y^4+6xy^5+36y^6)$. 29. $(abx+1)(a^2b^2x^2-abx+1)$. 30. $(x^3+y^3)(x^6-x^3y^3+y^6)$. 31. $(10x-1)(100x^2+10x+1)$. 32. $(a^2+5b^4)(a^4-5a^2b^4+25b^8)$. 33. $(x^4+y^4)(x^8-x^4y^4+y^8)$. 34. $(1-3ab)(1+3ab+9a^2b^2)$. 35. $(2x^2+9)(4x^4-18x^2+81)$. 36. $(a+2b^4)(a^2-2ab^4+4b^8)$. 37. $(2x^3-5yz^2)(4x^6+10x^3yz^2+25y^2z^4)$. 38. $(3m^2+7n^3)(9m^4-21m^2n^3+49n^6)$. 39. $(6-x^4)(36+6x^4+x^8)$.

Ejercicio 104. 1. $(1+x+y)(1-x-y+x^2+2xy+y^2)$. 2. $(1-a-b)(1+a+b+a^2+2ab+b^2)$. 3. $(3+m-n)(9-3m+3n+m^2-2mn+n^2)$. 4. $(x-y-2)(x^2-2xy+y^2+2x-2y+4)$. 5. $(x+2y+1)(x^2+4xy+4y^2-x-2y+1)$. 6. $(1-2a+b)(1+2a-b+4a^2-4ab+b^2)$. 7. $(2a+1)(a^2+a+1)$. 8. $(a+1)(7a^2-4a+1)$. 9. $(2x+y)(13x^2-5xy+y^2)$. 10. $(2a-b-3)(4a^2-4ab+b^2+6a-3b+9)$. 11. $(x^2-x-2)(x^4+x^3+3x^2+4x+4)$. 12. $(2a-2)(a^2-2a+13)$. 13. $-3(3x^2+3x+3)=-9(x^2+x+1)$. 14. $-2y(3x^2+y^2)$. 15. $(2m-5)(m^2-5m+7)$. 16. $5x(7x^2+3xy+3y^2)$. 17. $(3a+b)(3a^2+6ab+7b^2)$. 18. $(4m+4n-5)(16m^2+32mn+16n^2+20m+20n+25)$.

Ejercicio 105. 1. $(a+1)(a^4-a^3+a^2-a+1)$. 2. $(a-1)(a^4+a^3+a^2+a+1)$. 3. $(1-x)(1+x+x^2+x^3+x^4)$. 4. $(a+b)(a^6-a^5b+a^4b^2-a^3b^3+a^2b^4-ab^5+b^6)$. 5. $(m-n)(m^6+m^5n+m^4n^2+m^3n^3+m^2n^4+mn^5+n^6)$. 6. $(a+3)(a^4-3a^3+9a^2-27a+81)$. 7. $(2-m)(16+8m+4m^2+2m^3+m^4)$. 8. $(1+3x)(1-3x+9x^2-27x^3+81x^4)$. 9. $(x+2)(x^6-2x^5+4x^4-8x^3+16x^2-32x+64)$. 10. $(3-2b)(81+54b+36b^2+24b^3+16b^4)$. 11. $(a+bc)(a^4-a^3bc+a^2b^2c^2-ab^3c^3+b^4c^4)$. 12. $(m-ax)(m^6+am^5x+a^2m^4x^2+a^3m^3x^3+a^4m^2x^4+a^5mx^5+a^6x^6)$. 13. $(1+x)(1-x+x^2-x^3+x^4-x^5+x^6)$. 14. $(x-y)(x^6+x^5y+x^4y^2+x^3y^3+x^2y^4+xy^5+y^6)$. 15. $(a+3)(a^6-3a^5+9a^4-27a^3+81a^2-243a+729)$. 16. $(1-2a)(1+2a+4a^2+8a^3+16a^4+32a^5+64a^6)$. 17. $(x^2+2y)(x^8-2x^6y+4x^4y^2-8x^2y^3+16y^4)$. 18. $(1+2x^2)(1-2x^2+4x^4-8x^6+16x^8-32x^{10}+64x^{12})$.

Ejercicio 106. 1. $a(5a+1)$. 2. $(m+x)^2$. 3. $(a-b)(a+1)$. 4. $(x+6)(x-6)$. 5. $(3x-y)^2$. 6. $(x-4)(x+1)$. 7. $(2x+1)(3x-2)$. 8. $(1+x)(1-x+x^2)$. 9. $(3a-1)(9a^2+3a+1)$. 10. $(x+m)(x^4-mx^3+m^2x^2-m^3x+m^4)$. 11. $a(a^2-3ab+5b^2)$. 12. $(x-3)(2y+z)$. 13. $(1-2b)^2$. 14. $(2x^2+xy+y^2)(2x^2-xy+y^2)$. 15. $(x^4+2x^2y^2-y^4)(x^4-2x^2y^2-y^4)$. 16. $(a-6)(a+5)$. 17. $(3m-2)(5m+7)$. 18. $(a^2+1)(a^4-a^2+1)$. 19. $(2m-3y^2)(4m^2+6my^2+9y^4)$. 20. $(4a-3b)^2$. 21. $(1+a)(1-a+a^2-a^3+a^4-a^5+a^6)$. 22. $(2a-1)^3$. 23. $(1+m)(1-m)$. 24. $(x^2+7)(x^2-3)$.

25. $(5a^2+1)(25a^4-5a^2+1)$. 26. $(a+b+m)(a+b-m)$. 27. $8a^2b(1+2a-3b)$. 28. $(x^4+1)(x-1)$. 29. $(6x-5)(x+4)$. 30. $(5x^2+9y)(5x^2-9y)$. 31. $(1-m)(1+m+m^2)$. 32. $(x+y+a-b)(x+y-a+b)$. 33. $7m^2n(3m^3-m^2n+mn^2-1)$. 34. $(x+1)(a-b+c)$. 35. $(2+x-y)^2$. 36. $(1+ab^2)(1-ab^2)$. 37. $(6a+b)^2$. 38. $(x^3-7)(x^3+11)$. 39. $(5x^2+1)(3x^2-4)$. 40. $(1+a-3b)(1-a+3b+a^2-6ab+9b^2)$. 41. $(x^2+3x+5)(x^2-3x+5)$. 42. $(a^4+4a^2-6)(a^4-4a^2-6)$. 43. $(7+2a)(49-14a+4a^2)$. 44. $3a^2b(4x-5y)$. 45. $(x-3y)(x+5y)$. 46. $(3m-2n)(2a+1)$. 47. $(9a^3+2bc^4)(9a^3-2bc^4)$. 48. $(4+2a+b)(4-2a-b)$. 49. $(5+x)(4-x)$. 50. $(n+7)(n-6)$. 51. $(a-n+c+d)(a-n-c-d)$. 52. $(1+6x^3)(1-6x^3+36x^6)$. 53. $(x-4)(x^2+4x+16)$. 54. $x^3(1-64x)$. 55. $18x^2y^3(ax^3-2x^2-3y^5)$. 56. $(7ab-1)^2$. 57. $(x+10)(x-8)$. 58. $(a+b+c)(a-b-c)$. 59. $(m+n-3)^2$. 60. $(x+5)(7x-4)$. 61. $9a(a^2-5a+7)$. 62. $(a-1)(x+1)$. 63. $(9x^2-5y)^2$. 64. $(1+5b-b^2)(1-5b-b^2)$. 65. $(m^2+mn+n^2)(m^2-mn+n^2)$. 66. $(c^2+2d^2)(c^2-2d^2)$. 67. $5x^2(3x^2-3x+4)$. 68. $(a+x)(a-x-1)$. 69. $(x^2+12)(x^2-20)$. 70. $(2m^2+5)(3m^2-4)$. 71. $(2a-3n)^2=(3n-2a)^2$. 72. $2(x^2+1)$. 73. $(x+y-1)(7a-3b)$. 74. $(x+6)(x-3)$. 75. $(a+m+b+n)(a+m-b-n)$. 76. $(x+2y)^3$. 77. $(4a+3)(2a-7)$. 78. $(1+9ab)^2$. 79. $(2a^3+1)(2a^3-1)$. 80. $(x^3-24)(x^3+20)$. 81. $(a-b)(x+y-1)$. 82. $(3m-1)(2a-1)$. 83. $(3+4x)(5-2x)$. 84. $a^4(a^6-a^4+a^2+1)$. 85. $(2x-1)(a-1)$. 86. $(m+4n)(m-n)$. 87. $(a^2-b^3)(1-2x^2)$. 88. $(m+1)(2a-3b-c)$. 89. $\left(x-\frac{1}{3}\right)^2$. 90. $(2a^n+b^{2n})(2a^n-b^{2n})$. 91. $(10x+a)(8x-a)$. 92. $(a-3+4x)(a-3-4x)$. 93. $(3a+x-2)(3a-x+2)$. 94. $(3x-y)(3x+y+1)$. 95. $(x-9)(x+8)$. 96. $(6a^2+6ab-7b^2)(6a^2-6ab-7b^2)$. 97. $(a+2b+m+3n)(a+2b-m-3n)$. 98. $\left(1+\frac{2}{3}a^4\right)\left(1-\frac{2}{3}a^4\right)$. 99. $(9a^4+12a^2b^3+8b^6)(9a^4-12a^2b^3+8b^6)$. 100. $(7x-5)(7x-6)$. 101. $(x-7ab)(x+5ab)$. 102. $(5x-3)^3$. 103. $-5(2a+1)$. 104. $(4a^2-5b)(m+3n)$. 105. $(1+3x^3)^2$. 106. $(a^2-5b)(a^2+8b)$. 107. $(m+2ax)(m^2-2amx+4a^2x^2)$. 108. $(1+3x-4y)(1-3x+4y)$. 109. $(3x+1)(8x+1)$. 110. $9x^2y^3(1-3x-x^3)$. 111. $(a^2+b^2-c^2+3xy)(a^2+b^2-c^2-3xy)$. 112. $(2a+1)(4a^2+10a+7)$. 113. $(10x^2y^3+11m^2)(10x^2y^3-11m^2)$. 114. $(a^2+9)(a^2-2)$. 115. $(1+10x^2)(1-10x^2+100x^4)$. 116. $(7a+x-3y)(7a-x+3y)$. 117. $(x^2+2+y+2z)(x^2+2-y-2z)$. 118. $(a-4)(a^2+4a+16)$. 119. $(a+x)(a^4-a^3x+a^2x^2-ax^3+x^4)$. 120. $(a^3+6b)(a^3-9b)$. 121. $(11+x)(15-x)$. 122. $(a^2+a+1)(a^2-a+1)$. 123. $\left(\frac{x}{2}+\frac{y^3}{9}\right)\left(\frac{x}{2}-\frac{y^3}{9}\right)$. 124. $\left(4x+\frac{y}{5}\right)^2$. 125. $(a^2b^2+12)(a^2b^2-8)$. 126. $(8a^2x+7y)(1-a+3b)$. 127. $(x^2+26)(x^2-15)$. 128. $(1+5m)(7-2m)$. 129. $(2a+2b+3c+3d)(2a+2b-3c-3d)$. 130. $(9-5xy^4)(81+45xy^4+25x^2y^8)$. 131. $(x+y)(x+y+1)$. 132. $(2+a-b)(2-a+b)$. 133. $(x-y)(x^2+xy+y^2+1)$. 134. $(a-b)(a^2+ab+b^2+a+b)$.

Ejercicio 107. 1. $3a(x+1)(x-1)$. 2. $3(x+1)(x-2)$. 3. $2x(a-b)^2$. 4. $2(a-1)(a^2+a+1)$. 5. $a(a-7)(a+4)$. 6. $(x+1)(x+2)(x-2)$. 7. $3a(x+y)(x^2-xy+y^2)$. 8. $a(2b-n)^2$. 9. $(x^2+1)(x+2)(x-2)$. 10. $(a+1)(a-1)^2$. 11. $2a(x-1)^2$. 12. $(x+y)(x+1)(x-1)$. 13. $2a(a+4)(a-1)$. 14. $4x(2x-3y)^2$. 15. $(3x-y)(x+y)(x-y)$. 16. $5a(a+1)(a^2-a+1)$. 17. $a(2x+1)(3x-2)$. 18. $(n^2+9)(n+3)(n-3)$. 19. $2a(2x+1)(2x-1)$. 20. $ax(x+5)^2$. 21. $x(x-7)(x+1)$. 22. $(m+3)(m+4)(m-4)$. 23. $(x-2y)^3$. 24. $(a+b)(a-b)(a+b-1)$. 25. $2ax(4a^2-3b)^2$. 26. $x(x^2+1)(x-1)$. 27. $4(x+9)(x-1)$. 28. $(a^2+a+2)(a-2)(a+1)$. 29. $(x^3+2)(x-3)(x^2+3x+9)$. 30. $a(a+1)(a^4-a^3+a^2-a+1)$. 31. $ab(a+x+y)(a+x-y)$. 32. $3ab(m+1)(m-1)$. 33. $3xy(3x+y)(9x^2-3xy+y^2)$. 34. $(a+1)(a-1)(a^2-a+1)$. 35. $x(3x+1)(1-6x)$. 36. $2(3a-b)(x+b)$. 37. $am(m-4)(m-3)$. 38. $4a^2(x-1)(x^2+x+1)$. 39. $7xy(2x+y)(2x-y)$. 40. $3ab(x-3)(x+2)$. 41. $(x+4)(x-4)(x^2+8)$. 42. $2y(3x+5y)^2$. 43. $(a+1)(x-y)^2$. 44. $x(x+3y)(x-y)$. 45. $(a+2b)(a-2b)(x+2y)$. 46. $5a^2(3x^2+2)(3x^2-2)$. 47. $(a+4)(a-3)(a^2-a+12)$. 48. $(b-1)(x+1)(x-1)$. 49. $2x^2(x+7)(x-4)$. 50. $5(2a-5)(3a+2)$. 51. $(x-y)(3x-3y+1)(3x-3y-1)$. 52. $a(x-3a)(3a-x)$. 53. $a(4-5a)(16+20a+25a^2)$. 54. $2x^2(7x-3)(5x+4)$. 55. $a^3(a^2+11)(a^2-5)$. 56. $ab(4a^2-7b^2)^2$. 57. $x^2(7x^2-3a^2)(x^2+5a^2)$. 58. $x^2(x^m+y^n)(x^m-y^n)$. 59. $(2x+5)(x-3)(x^2+3x+9)$. 60. $a(x-2)(x^2+xy+y^2)$. 61. $(x^2+2xy+y^2+1)(x+y+1)(x+y-1)$. 62. $3a(a^2+a+1)(a^2-a+1)$.

Ejercicio 108. 1. $(1+a^4)(1+a^2)(1+a)(1-a)$. 2. $(a+1)(a-1)(a^2-a+1)(a^2+a+1)$. 3. $(x+4)(x-4)(x+5)(x-5)$. 4. $(a+b)^2(a-b)^2$. 5. $x(x+1)(x-1)(x^2+2)$. 6. $2(x-1)(x+3)(x^2+x+1)$. 7. $3(x^2+9)(x+3)(x-3)$. 8. $(2x+y)^2(2x-y)^2$. 9. $x(3x+1)(3x-1)(x+y)$. 10. $3a(2x+1)(2x-1)(x^2+3)$. 11. $(x^4+y^4)(x^2+y^2)(x+y)(x-y)$. 12. $(x-2)(x^2+2x+4)(x+1)(x^2-x+1)$. 13. $(2+x)(4-2x+x^2)(2-x)(4+2x+x^2)$. 14. $(a-b)^2(a+b)(a^2+ab+b^2)$. 15. $2(2x+1)(2x-1)(x^2+1)$. 16. $(a+3)(a-3)(a+4)(a-4)$. 17. $a(a+2)(x-y)(x^2+xy+y^2)$. 18. $a(a+1)(a-1)(a+2)$. 19. $(1-a)^2(1+a+a^2)^2$. 20. $(m+3)(m^2-3m+9)(m-3)(m^2+3m+9)$. 21. $x(x^2+1)(x+1)(x-1)$. 22. $(x+y)^2(x-y)(x^2-xy+y^2)$. 23. $ab(a+b)(a-b)^2$. 24. $5(a^2+25)(a+5)(a-5)$. 25. $(a+3)(a-1)(a+1)^2$. 26. $a(a+2)(x-2)(x^2+2x+4)$. 27. $(1+ab)(1-ab+a^2b^2)(1-ab)(1+ab+a^2b^2)$. 28. $5a(x+1)(x-1)(x+2)$. 29. $(a+b)(a-b)(x+y)(x-y)$. 30. $(x^4+2)(x^2+1)(x+1)(x-1)$. 31. $a(a+1)(a+3)(a-3)$. 32. $(a+1)(a-1)(x+3)(x-2)$. 33. $(m+1)(m-1)(4m+3)(4m-3)$. 34. $3b(a+1)(x+2)(x-2)$. 35. $3(m+1)(a+5)(a-2)$. 36. $(a+1)(a^2-a+1)(x-3)(x-2)$. 37. $(x-1)^2(x+y)(x-y)$. 38. $a(x+1)^3$.

Ejercicio 109. 1. $x(x^4+y^4)(x^2+y^2)(x+y)(x-y)$. 2. $x(x+2)(x-2)(x+6)(x-6)$. 3. $a(a+b)(a^2-ab+b^2)(a+1)(a-1)$. 4. $4(x+1)^2(x-1)^2$. 5. $a(a+b)(a^2-ab+b^2)(a-b)(a^2+ab+b^2)$. 6. $2(a+b)(a-b)(a+1)(a-2)$. 7. $x(x^2+9)(x+3)(x-3)(x+5)$. 8. $3(1+a)(1-a+a^2)(1-a)(1+a+a^2)$. 9. $a(a-x)^2(2x+1)(2x-1)$. 10. $(x^2+9)(x+3)(x-3)(x+1)(x^2-x+1)$. 11. $x(x^8+1)(x^4+1)(x^2+1)(x+1)(x-1)$. 12. $3(x^2+4)(x+2)(x-2)(x+5)(x-5)$. 13. $x(a+1)(a^2-a+1)(a-1)(a^2+a+1)(x+1)$. 14. $a(a-x)(x+9)(x-9)(x+1)(x-1)$.

Ejercicio 110. 1. $(x-1)(x+1)^2$. 2. $(x+1)(x-2)(x-3)$. 3. $(a-2)(a+2)(a-3)$. 4. $(m-2)^2(m+4)$. 5. $(x-3)(x+3)(2x-1)$. 6. $(a-4)(a^2+5a+7)$. 7. $(x+2)(x^2+1)$. 8. $(n-1)(n-2)(n+3)$. 9. $(x+2)(x-4)^2$. 10. $(x+3)(3x-2)(2x+3)$. 11. $(x-1)(x+1)(x-2)^2$. 12. $(x+1)(x-2)(x+3)(x-4)$. 13. $(a-1)(a+2)(a+3)(a-4)$. 14. $(n-2)(n+3)(n+4)(n-5)$. 15. $(x+4)(x+5)(x^2-3x+7)$. 16. $(a+2)(a-4)(2a-3)(4a+5)$. 17. $(x-5)(x+5)(x^2+3)$. 18. $(x-1)(x+6)(3x+5)(5x-2)$. 19. $(x-2)^2(x-3)(x+3)(x+4)$. 20. $(a+1)(a+2)(a-3)(a-4)(a+4)$. 21. $(x+2)(x-3)(x-4)(x+5)(4x+3)$. 22. $(n+2)(n+5)(n-6)(n^2-n+3)$. 23. $(x-2)(x+3)(x-4)(2x+3)(3x-2)$. 24. $(x+1)(x-5)(x+5)(x^2-x+1)$. 25. $(a-4)(2a^4+3)$. 26. $(x-3)(x+5)(x^3-3)$. 27. $(x+1)^2(x+2)^2(x+3)(x-3)$. 28. $(a+1)(a-2)(a-3)(a+3)(a-4)(a+5)$. 29. $(x-1)(x+1)(x-2)(x+2)(x-6)(x+6)$. 30. $2(x+1)(x-2)(x+2)(x+3)(x-4)(x-5)$. 31. $(a-2)^2(a-3)(a+4)(a^2-5a+3)$. 32. $(x-2)(x+2)(x-4)(x+4)(x^3-2)$.

Ejercicio 111. 1. ax. 2. abc. 3. x^2y. 4. $3a^2b^3$. 5. $4m^2$. 6. $9mn^2$. 7. $3b^2$. 8. $6xyz$. 9. $7a^2b^3c^4$. 10. $24x^2y^2z^3$. 11. $14m^2n$. 12. $75a^3b^3$. 13. $2ab$. 14. $19x^4y^4$.

Ejercicio 112. 1. $2a$. 2. $3x^2y$. 3. $4a^2b^2$. 4. $a+1$. 5. $x(x-1)$. 6. $5x$. 7. $6a^2xy^4$. 8. $a(a-3)$. 9. $x(x+5)$. 10. $a-b$. 11. $m+n$. 12. $x-2$. 13. $x(x+2)$. 14. $3x-1$. 15. $2a+b$. 16. $3(x-4)$. 17. $2x+y$. 18. $a(a-3b)$. 19. $c+d$. 20. $3a(m+5)$. 21. $2x^2-y$. 22. $3x(x+1)(x-1)$. 23. $a+b$. 24. $x(x-1)$. 25. $x^2(x-3)$. 26. $ab(a+b)$. 27. $2(x-1)$. 28. $a(x+2)$. 29. $2a(n+2)$. 30. $2(a-1)$. 31. $2a+b$. 32. $x-4$. 33. $a(a+1)$. 34. x^2-3x+9. 35. $x+3a$. 36. $2(3x+5)$. 37. $x+1$. 38. $ax(x-7)$. 39. $a-2$. 40. $3x-1$. 41. $(a^2+1)(a+1)$. 42. $m+n$. 43. $a-1$. 44. $2x(2a+3)$. 45. $y(x+y)$. 46. $2a-m$. 47. $3(a+2b)$. 48. $5(a+x)(a+y)$.

Ejercicio 113. 1. $2x+1$. 2. $a-2$. 3. $a(a-x)$. 4. x^2-x+1. 5. $a(2a-x)$. 6. $3x^2+5$. 7. $3x-2y$. 8. x^2+3x-4. 9. m^2-2m+1. 10. $a(a^2-2a+5)$. 11. $a(3x+5)$. 12. $2(x^2+a^2)$. 13. $3(x^2+2ax+a^2)$. 14. $2ab(2a^2-ab+b^2)$. 15. $3a^2n^2(3a-2n)$. 16. a^4-a^3+1. 17. $2a(3x-2)$.

Ejercicio 114. 1. $x-3$. 2. $2x-y$. 3. $x-1$. 4. $a+2x$. 5. $x(x-1)$.

Ejercicio 115. 1. a^2b^2. 2. x^2y^2. 3. a^2b^2c. 4. a^3bx^3. 5. $12m^3n$. 6. $45ax^3y^5$. 7. a^3b^2. 8. x^2y^3z. 9. $8a^3b^2$. 10. $12x^4y^3z^2$. 11. $36m^3n^3$. 12. $24a^2b^2x^2$. 13. $30x^2y^2$. 14. $a^3x^3y^3$. 15. $12a^2b^2$. 16. $18x^4y^2$. 17. $36a^3b^3x^2$. 18. $60m^2n^3$. 19. $72a^3b^3$. 20. $120m^3n^3$. 21. $a^2b^3c^3$. 22. $24a^3x^3y^3$. 23. $36a^2x^3y^2$. 24. $300m^2n^4$. 25. $360a^3x^3y^6$. 26. $240a^3b^3$.

Ejercicio 116. 1. $4a(x-2)$. 2. $3b^2(a-b)$. 3. $x^2y(x+y)$. 4. $8(1+2a)$. 5. $6a^2b^2(a+2b)$. 6. $14x^2(3x+2y)$. 7. $18mn(n-2)$. 8. $15(x+2)$. 9. $10(1-3b)$. 10. $36a^2(x-3y)$. 11. $12x^2y^3(2a+5)$. 12. $m^2n^2(n-1)$. 13. $6a^2b(a-2b)$. 14. $5x^4y^3(x-1)$. 15. $54a^3b^3(a+3b)$. 16. $90x^2y(x^2+y^2)$. 17. $4x^2y(x^2-1)$. 18. $24m(m^2-9)$. 19. $6a^2b^2(x+1)(x-3)$. 20. $x^2(x+2)^2(x-1)$. 21. $18a^2b(x-2y)^2$. 22. $18x^3(x^2-4)(x-3)$. 23. $a^2x^3(2x-3y)^2$. 24. $72x^3y^2(x-5)$. 25. $2an^3(x^2+y^2)(x+y)^2$. 26. $8x^2(x+3)^2(x-2)^2$. 27. $6x^3(x+1)(x^2-x+1)$. 28. $12x^2y^2(a+b)^2(x-1)$. 29. $60a^2b^3(a-b)^2$. 30. $28x(x+1)^2(x^2+1)$.

Ejercicio 117. 1. $6(x+1)(x-1)=6(x^2-1)$. 2. $10(x+2)(x-2)=10(x^2-4)$. 3. $x^2(x+2y)(x-2y)=x^2(x^2-4y^2)$. 4. $3a^2(x-3)^2$. 5. $(2a+3b)(2a-3b)^2$. 6. $a^2(a+b)^2$. 7. $6ab(x-1)(x+4)$. 8. $x(x^2-25)(x-3)$. 9. $(x+1)(x-1)^2$. 10. $(x+1)^2(x^2+1)$. 11. $(x+y)^3(x^2-xy+y^2)$. 12. $(x-y)^3(x^2+xy+y^2)$. 13. $(x-2)(x+5)(4x+1)$. 14. $(a-5)(a+6)(a-3)$. 15. $x^2(x+3)(x-3)(x+5)=x^2(x^2-9)(x+5)$. 16. $ax^2(x-2)(x^3+4)(x^2+2x+4)$. 17. $24(x-y)^2(x+y)$. 18. $10(x+y)^2(x^2+y^2)$. 19. $12a^2b(m+n)^3(m^2-mn+n^2)$. 20. $ax^3(m-n)^3(m^2+mn+n^2)$. 21. $6a^2(a+1)(a-1)=6a^2(a^2-1)$. 22. $x^2(x+2)(x-2)=x^2(x^2-4)$. 23. $(x-1)(x+2)(x-3)$. 24. $(3a+2)^2(2a+3)(a+4)$. 25. $30(x^2+1)(x+1)(x-1)=30(x^2+1)(x^2-1)$. 26. $x(x+y)(x-y)(a-2b)=x(x^2-y^2)(a-2b)$. 27. $60ab(a+b)(a-b)=60ab(a^2-b^2)$. 28. $2(x+5)(x-5)(x^2+5x+25)$. 29. $ab^2(a-3b)^2(a+b)$. 30. $12mn(m^2-n^2)$. 31. $60(x-y)^2(x+y)^2$. 32. $ax^2(x+7)^2(x-2)(x+9)$. 33. $30x^2(x+3)^2(x-3)^2$. 34. $36(1-a^2)(1+a^2)=36(1-a^4)$. 35. $20(3n-2)^2(9n^2+6n+4)$. 36. $(3n+2)(2n-3)(16m^2-1)$. 37. $4a^2x^3(3x+5)^2(5x-3)$. 38. $(4+x^2)^2(2+x)^2(2-x)^2$. 39. $(1+a)^2(1+a^2)(1-a+a^2)$. 40. $(4n+1)(2n-3)(5n+2)$. 41. $(2a-b)(3a+2b)(5a+4b)$. 42. $(4x-y)(3x+2y)(5x+y)$. 43. $6a^2b^2x^2(1+x^2)(1-x^2)$. 44. $2a^2x^2(x+2)(x-4)(x^2-2x+4)$. 45. $(x^2-9)(x^2-1)$. 46. $(1+a)(1-a)^2(1+a+a^2)$. 47. $a^2b^2(a+b)^2(a-b)^2$. 48. $(m-3n)^2(m+3n)(m^2+3mn+9n^2)$.

Ejercicio 118. 1. $\frac{a}{b}$. 2. $\frac{1}{4ab}$. 3. $\frac{1}{xy}$. 4. $\frac{a}{4x^2y}$. 5. $2mn^3$. 6. $\frac{3}{8a^2xy}$. 7. $\frac{m^3n}{3}$. 8. $\frac{3x^2y^2z^4}{8}$. 9. $\frac{1}{5ab^2x^6}$. 10. $\frac{3nx^4}{4m^3}$. 11. $\frac{21n}{13a^2c^2m}$. 12. $\frac{1}{2x^4y^4z^4}$. 13. $\frac{2x^2y^2}{3a^3z^3}$. 14. $\frac{1}{3a^3b^2c}$. 15. $\frac{a^4b^9c^{10}}{3}$. 16. $\frac{6}{7xyz^2}$. 17. $\frac{a}{5bc^2}$. 18. $\frac{3a^4}{4m^7n^3}$.

Ejercicio 119. 1. $\frac{3b}{2a(x+a)}$. 2. $\frac{1}{3(x-y)}$. 3. $\frac{2x}{3y}$. 4. $x+1$. 5. $-\frac{b^3c}{8(a-b)}$. 6. $\frac{x-2}{5a}$. 7. $\frac{3x+5}{x-2}$. 8. $\frac{3}{2b}$. 9. $\frac{x-y}{x+y}$. 10. $\frac{3xy}{x-5}$. 11. $\frac{a-2b}{a^2+2ab+4b^2}$. 12. $\frac{x+7}{x+3}$. 13. $\frac{2x+3}{5x+1}$. 14. $\frac{1}{a-1}$. 15. $\frac{2x+y}{x-4}$. 16. $\frac{a+2b}{ax(a-3b)}$. 17. $\frac{1}{m^2-n^2}$. 18. $\frac{x^2-xy+y^2}{(x+y)^2}$. 19. $\frac{m-n}{m+n}$. 20. $\frac{(a-x)^2}{a^2+ax+x^2}$. 21. $\frac{a+4}{a-2}$. 22. $(1-a)^2$. 23. $\frac{a^2b^2}{a^2+b^2}$. 24. $\frac{x+y}{x^2+xy+y^2}$. 25. $\frac{2b}{3a+b}$. 26. $\frac{n(n-1)}{n-6}$. 27. $\frac{2n+1}{2n}$. 28. $\frac{a-b+c}{a+b+c}$. 29. $\frac{a+b-c+d}{a-b+c+d}$. 30. $\frac{3x^2}{x+3}$. 31. $\frac{5(a+b)}{3}$. 32. $\frac{4a}{3x}$. 33. $\frac{x^2}{x-6}$. 34. $\frac{x-4y}{x^2(x^2+4xy+16y^2)}$. 35. $\frac{x}{x^2-3y^2}$. 36. $\frac{mn}{m-3}$. 37. $\frac{x^2-5}{x^2+3}$. 38. $\frac{a^2+7}{a^2+9}$. 39. $\frac{x+5}{2x+3}$. 40. $\frac{(a-2)(4a^2+1)}{a-10}$. 41. $\frac{a^2-5a+25}{2(a+5)}$. 42. $\frac{a(n-6)}{n-5}$. 43. $\frac{3m+8n}{m^2+mn+n^2}$. 44. $\frac{3a}{4b}$. 45. $\frac{3x-4}{x^2(3x+4)}$. 46. $\frac{x(4a+5)}{a(3a+2)}$. 47. $\frac{4x^2+2xy+y^2}{x(2x-y)}$. 48. $\frac{a-2b}{2n+1}$. 49. $\frac{x(x+7)}{x+9}$. 50. $\frac{x^2-x+1}{x-1}$. 51. $\frac{2x^2-1}{x^2+1}$. 52. $\frac{(a-2)(m+n)}{a(a-6)}$. 53. $\frac{2a-x+3}{2a+x+3}$. 54. $\frac{m+n}{(1-a)^2}$. 55. $\frac{1}{x(7x^2-5)}$. 56. $\frac{a^2-1}{a^2+1}$. 57. $\frac{(2x+y)^2}{3x-y}$. 58. $\frac{4n^2+10n+25}{2n-5}$. 59. $\frac{2-x}{5-x}$. 60. $\frac{3-4x}{4-3x}$. 61. $\frac{mn+5}{mn-2}$. 62. $\frac{(x+2b)(x+y)}{x-2b}$. 63. $\frac{x^3+2}{x-y}$. 64. 1. 65. $\frac{2a-1}{a+3}$. 66. $\frac{x^2-3}{x(x+1)}$. 67. $\frac{n+10}{2n+3}$. 68. $\frac{x^3+y^3}{x^2+y^2}$. 69. $\frac{x-1}{x-3}$. 70. $\frac{1}{x-1}$. 71. $\frac{x-1}{x-3}$. 72. $\frac{a^2+a+1}{(a+2)(a-3)}$.

Ejercicio 120. 1. $-\frac{2}{3}$. 2. -1. 3. $\frac{m+n}{m-n}$ o $-\frac{m+n}{n-m}$. 4. $-\frac{x+3}{x+4}$. 5. $-\frac{3}{m-n}$ o $\frac{3}{n-m}$. 6. $-\frac{2x+1}{x+2}$. 7. $-\frac{a^2+2a+4}{a+4}$. 8. $-\frac{a+2}{n-m}$ o $\frac{a+2}{m-n}$. 9. $\frac{y-2x}{5}$ o $-\frac{2x-y}{5}$. 10. $\frac{1}{x+y}$. 11. $\frac{x-3}{x-4}$. 12. $-\frac{a+b}{a^2+ab+b^2}$.

13. 3. 14. $-\frac{a+x}{x-3}$ o $\frac{a+x}{3-x}$. 15. $-\frac{3x}{b^2+2b+4}$. 16. $-(1-a)^2$ o $(a-1)(1-a)$. 17. $-\frac{2x}{3y}$. 18. $a-b$.

19. $\frac{2(6-x)}{3(x+5)}$. 20. $\frac{3n^2}{2a-b^2}$. 21. $-\frac{x-y+z}{x+y+z}$ o $\frac{y-x-z}{x+y+z}$. 22. $\frac{3a}{c-d}$. 23. $-\frac{(x-5)^2}{25+5x+x^2}$ o $\frac{(5-x)(x-5)}{25+5x+x^2}$.

24. -1. 25. -1. 26. $-\frac{5x}{2x+3y}$. 27. $\frac{1+n}{2-n}$. 28. $\frac{(2-x)(x+4)}{x-3}$ o $\frac{(x-2)(x+4)}{3-x}$. 29. $-\frac{1}{2x(x+3y)}$. 30. $\frac{4-x}{x}$.

Ejercicio 121. 1. $\frac{a^2+x^2}{a^2-2x^2}$. 2. $\frac{x^2-1}{x^2+1}$. 3. $\frac{2x^3+x^2-2}{3x^3-x^2+3}$. 4. $\frac{3x-2}{5x+3}$. 5. $\frac{x^2-xy+y^2}{2x^2-3xy+y^2}$. 6. $\frac{2a^3-a^2+3}{3a^3-a^2+5}$. 7. $\frac{1-2x+x^2}{1-3x+x^2}$. 8. $\frac{2m^2-n^2}{3m^2+n}$. 9. $\frac{2a+1}{a^2+3}$. 10. $\frac{5x^3+1}{3x^3-1}$. 11. $\frac{n-3}{n+2}$. 12. $\frac{a^4+1}{a^3+2}$.

Ejercicio 122. 1. $\frac{6a}{4a^2}$. 2. $\frac{20a}{36ax^2}$. 3. $\frac{2am}{2a^2b^2}$. 4. $\frac{9x^2y^2}{24xy^3}$. 5. $\frac{4mn}{5n^3}$. 6. $\frac{6x+21}{15}$. 7. $\frac{2x^2}{x^2-x}$. 8. $\frac{2a^3}{2a^2+4a}$. 9. $\frac{3a^2+3ab}{a^2+2ab+b^2}$. 10. $\frac{x^2-2x-8}{x^2+5x+6}$. 11. $\frac{2a^3}{a^2x+a^3}$. 12. $\frac{2x-2y}{12}$. 13. $\frac{5ax+5bx}{a^2-b^2}$. 14. $\frac{3x^2-15x}{3ax}$. 15. $\frac{10x^2+5xy}{4x^2+4xy+y^2}$. 16. $\frac{x^2-9}{x^2-2x-3}$. 17. $\frac{2a^2-2a+2}{a^3+1}$. 18. $\frac{3x^2y-6xy^2}{9x^2y}$. 19. $\frac{x^2-1}{x^2+2x+1}$. 20. $\frac{9a^2b-9ab^2}{63a^3b}$. 21. $\frac{x^2-x-2}{x^2+3x-10}$.

Ejercicio 123. 1. $3a^2-5a$. 2. $3x^2-2xy+y^2$. 3. $x+\frac{3}{x}$. 4. $2a+3-\frac{2}{5a}$. 5. $3x^2-2x+1-\frac{5}{3x}$. 6. $x-7-\frac{2}{x+2}$. 7. $3x-\frac{3x+2}{4x-1}$. 8. $a^2-2ab+4b^2-\frac{5b^3}{a+2b}$. 9. $x-1-\frac{3x+2}{x^2-3}$. 10. $x^2+2xy+2y^2-\frac{2y^3}{3x-2y}$. 11. $x-3+\frac{2x-5}{2x^2-x+1}$. 12. $2a^2-a-2-\frac{a-2}{a^2-a+1}$. 13. $x^2-2-\frac{3x+4}{x^2-2}$. 14. $5n-\frac{3n^2+10n-3}{2n^2-3n+1}$. 15. $2x^2-\frac{10x^3+12x^2}{4x^2+5x+6}$. 16. $2m^2+mn+\frac{2m^3n^2-m^2n^3-mn^4}{3m^3-mn^2+n^3}$.

Ejercicio 124. 1. $\frac{a^2+6a}{a+2}$. 2. $\frac{m^2-mn-n^2}{m}$. 3. $\frac{x^2+3x-13}{x-2}$. 4. $\frac{a^2+2ab}{a+b}$. 5. $\frac{1-3a}{a}$. 6. $-\frac{2x}{a-x}$. 7. $\frac{a}{a+x}$. 8. $\frac{x^2+x-5}{x-1}$. 9. $\frac{x^3-2x^2}{x+2}$. 10. $2x+2y$. 11. $\frac{m^2+2n^2}{m-n}$. 12. $\frac{2a^2-4ax}{a+2x}$. 13. $\frac{8}{m+2}$. 14. $\frac{x^3-10x^2+4x}{x-2}$. 15. $\frac{2a^3+5a^2b+2ab^2}{2a-b}$. 16. $\frac{1}{x^2-x+1}$. 17. $\frac{x-8}{x-3}$. 18. $\frac{3a^2}{a-b}$. 19. $\frac{9x}{3-x}$. 20. $\frac{a^3+a^2+a+1}{a+2}$.

Ejercicio 125. 1. $\frac{a^2}{ab}, \frac{1}{ab}$. 2. $\frac{3ax^2}{6a^2x}, \frac{8}{6a^2x}$. 3. $\frac{4x}{8x^3}, \frac{6x^2}{8x^3}, \frac{5}{8x^3}$. 4. $\frac{3a^2x}{a^3b^2}, \frac{abx}{a^3b^2}, \frac{3b^2}{a^3b^2}$. 5. $\frac{42y^4}{36x^2y^3}, \frac{4xy^2}{36x^2y^3}, \frac{15x^3}{36x^2y^3}$. 6. $\frac{2a^2-2a}{6a^2}, \frac{5a}{6a^2}, \frac{6a+12}{6a^2}$. 7. $\frac{3xy-3y^2}{3x^2y^2}, \frac{x^2+xy}{3x^2y^2}, \frac{15x^2y^2}{3x^2y^2}$. 8. $\frac{5m^3n^2+5m^2n^3}{10m^3n^2}, \frac{2mn-2n^2}{10m^3n^2}, \frac{m^3}{10m^3n^2}$. 9. $\frac{a^2b^2+ab^3}{6ab^2}, \frac{3ab^2-3b^3}{6ab^2}, \frac{2a^3+2ab^2}{6ab^2}$. 10. $\frac{8ab^2-4b^3}{12a^2b^2}, \frac{9a^2b-3a^3}{12a^2b^2}, \frac{6a^3b^2-18a^2b^3}{12a^2b^2}$. 11. $\frac{2x+2}{5(x+1)}, \frac{15}{5(x+1)}$. 12. $\frac{a^2-ab}{(a+b)(a-b)}, \frac{b}{(a+b)(a-b)}$. 13. $\frac{x^2-2x}{(x+1)(x-1)(x-2)}, \frac{x-1}{(x+1)(x-1)(x-2)}$. 14. $\frac{2a-6}{8(a+5)}, \frac{3a^2+15a}{8(a+5)}$. 15. $\frac{2x^2}{6(a-x)}, \frac{ax-x^2}{6(a-x)}$. 16. $\frac{3x-3}{x^2(x-1)}, \frac{2x^2-2x}{x^2(x-1)}, \frac{x^2+3x}{x^2(x-1)}$. 17. $\frac{4a-4b}{8(a^2-b^2)}, \frac{2a^2+2ab}{8(a^2-b^2)}, \frac{a^2b-b^3}{8(a^2-b^2)}$. 18. $\frac{x^2+xy}{xy(x+y)}, \frac{y^2}{xy(x+y)}, \frac{3x}{xy(x+y)}$.

19. $\frac{2a}{a(a^2-b^2)}, \frac{a-b}{a(a^2-b^2)}, \frac{a^2+ab}{a(a^2-b^2)}$. 20. $\frac{3x^2-3x}{x^2-1}, \frac{x^3+x^2}{x^2-1}, \frac{x^3}{x^2-1}$. 21. $\frac{m}{m(m^2-n^2)}, \frac{m^2-mn}{m(m^2-n^2)}, \frac{mn+n^2}{m(m^2-n^2)}$.

22. $\frac{n^2+2n+1}{n^2-1}, \frac{n^2-2n+1}{n^2-1}, \frac{n^2+1}{n^2-1}$. 23. $\frac{a^4-2a^2b^2+b^4}{a^4-b^4}, \frac{a^4+2a^2b^2+b^4}{a^4-b^4}, \frac{a^4+b^4}{a^4-b^4}$.

24. $\frac{3x^2+6x}{(x-1)(x+2)}, \frac{x^2-2x+1}{(x-1)(x+2)}, \frac{1}{(x-1)(x+2)}$. 25. $\frac{5x^2+15x}{10(x+3)}, \frac{2x}{10(x+3)}, \frac{x-1}{10(x+3)}$. 26. $\frac{12x-6}{6(x+4)}, \frac{6x+2}{6(x+4)}, \frac{4x+3}{6(x+4)}$.

27. $\frac{27a^2-75}{(a+4)(9a^2-25)}, \frac{2a+8}{(a+4)(9a^2-25)}, \frac{15a^2+85a+100}{(a+4)(9a^2-25)}$. 28. $\frac{x^2+4x+3}{(x^2-4)(x+3)}, \frac{x^2+4x+4}{(x^2-4)(x+3)}, \frac{3x^2-6x}{(x^2-4)(x+3)}$.

29. $\frac{a^2-9}{(a-3)(a-4)(a+5)}, \frac{5a^2+25a}{(a-3)(a-4)(a+5)}, \frac{a^2-3a-4}{(a-3)(a-4)(a+5)}$. 30. $\frac{a+1}{a^3-1}, \frac{2a^2-2a}{a^3-1}, \frac{a^2+a+1}{a^3-1}$.

31. $\frac{3x^2+3x+3}{3(x^3-1)}, \frac{3}{3(x^3-1)}, \frac{2x^3-2}{3(x^3-1)}$. 32. $\frac{6ax^2-6bx^2}{4ax^2(a^2-b^2)}, \frac{4abx-4b^2x}{4ax^2(a^2-b^2)}, \frac{a^2+ab}{4ax^2(a^2-b^2)}$.

33. $\frac{a^2-2a+1}{(a-1)^3}, \frac{a^2-1}{(a-1)^3}, \frac{3a+3}{(a-1)^3}$. 34. $\frac{4x-6}{2(2x+1)(3x+2)}, \frac{18x+12}{2(2x+1)(3x+2)}, \frac{4x^2-1}{2(2x+1)(3x+2)}$.

Ejercicio 126. 1. $\frac{9x-2}{12}$. 2. $\frac{5a+6b}{15a^2b}$. 3. $\frac{-3a^2+7ab-8b^2}{60ab}$. 4. $\frac{8a+3b}{15ab}$. 5. $\frac{11a}{12}$.

6. $\frac{n^2+3m+2mn}{m^2n}$. 7. $\frac{9ax-3ax^2+12a+2}{6ax^2}$. 8. $\frac{29a-24}{30a}$. 9. $\frac{19x^2+15x+5}{15x^2}$. 10. $\frac{5x+y}{60}$. 11. $\frac{1}{m}$.

12. $\frac{19x^3+30x^2-18x+10}{45x^3}$. 13. $\frac{b^3+3ab^2-a^3}{a^2b^3}$. 14. $\frac{am+3bm+2ab}{abm}$.

Ejercicio 127. 1. $\frac{2a}{a^2-1}$. 2. $\frac{3x-2}{(x+4)(x-3)}$. 3. $\frac{21}{(1-x)(2x+5)}$. 4. $\frac{2x^2}{x^2-y^2}$. 5. $\frac{2m^2-12}{(m-2)(m-3)}$.

6. $\frac{2x^2+2y^2}{x^2-y^2}$. 7. $\frac{2x^2+x+1}{(x+1)(x-1)^2}$. 8. $\frac{5x+10}{x^2-25}$. 9. $\frac{4x+y}{9x^2-4y^2}$. 10. $\frac{2ax}{9a^2-x^2}$. 11. $\frac{2a}{1-a^4}$. 12. $\frac{2a^2+2b^2}{ab(a^2-b^2)}$.

13. $\frac{3a^2}{9a^2-b^2}$. 14. $\frac{2a}{(a+b)(a-b)^2}$. 15. $\frac{5x^2+6xy+5y^2}{(x^2+y^2)(x+y)^2}$. 16. $\frac{2a}{x(a-x)}$. 17. $\frac{x+4}{2(x-2)}$. 18. $\frac{x+2}{x(1-x)}$.

19. $\frac{2(x+y)}{x-y}$. 20. $\frac{3a^2+3a-24}{(a+1)^2(a-5)}$. 21. $\frac{7a-27}{a(25a^2-9)}$. 22. $\frac{6x^2-19x+12}{10(x-2)}$. 23. $\frac{3x^2+12x+50}{(x-3)(x+4)(x+5)}$. 24. $\frac{5}{x^3-8}$.

25. $\frac{3}{a+1}$. 26. $\frac{6x^2-x-7}{(3x+2)(x+3)(x-3)}$. 27. $\frac{2x}{x^2-x+1}$. 28. $\frac{x+5}{(x-1)(x+3)}$. 29. $\frac{6x^2-10x+12}{(2x+1)(x-2)(x-3)}$.

30. $\frac{3a^3-2a^2-14a+19}{(a-1)(a+2)(a-3)}$.

Ejercicio 128. 1. $\frac{x-8}{8}$. 2. $\frac{5b^2+3a}{a^2b}$. 3. $\frac{4m-3n}{6m^2n^2}$. 4. $\frac{3a^2b^2+6ab^2-20}{15a^2b^3}$. 5. $\frac{3a+8}{8a}$.

6. $\frac{6y^2+3xy-5x^2}{120xy}$. 7. $-\frac{x+4}{12}$. 8. $\frac{4a^2-2a-1}{20a^2}$. 9. $\frac{x^2+x-1}{5x^3}$. 10. $\frac{ab^3-4ab^2-5}{6a^2b^3}$.

Ejercicio 129. 1. $\frac{1}{(x-4)(x-3)}$. 2. $\frac{4mn}{n^2-m^2}$. 3. $\frac{4x}{x^2-1}$. 4. $\frac{a^2+b^2}{ab(a+b)}$. 5. $\frac{2mn}{m^2-n^2}$. 6. $\frac{2}{x^2-1}$.

7. $\frac{a^2+ax+2x^2}{(a-x)^2(a+x)}$. 8. $\frac{1}{6}$. 9. $-\frac{7}{(a-3)^2(a+4)}$. 10. $\frac{a}{a-3b}$. 11. $-\frac{3x+1}{(x-1)^2(x+1)}$. 12. $-\frac{3ab}{(a-b)^3(a^2+ab+b^2)}$.

13. $\frac{2x^2+2x-5}{(2x-1)^2(3x+2)}$. 14. $\frac{x^2-7x}{8(x^2-1)}$. 15. $\frac{1}{x-y}$. 16. $\frac{b^2}{a(a^2-b^2)}$. 17. $\frac{4a^2-3a-6}{3(2a+3)^2}$. 18. $\frac{2}{(x^2+x+1)(x^2-x+1)}$.

19. $\frac{1-2a}{a(a^2-1)}$. 20. $\frac{3a^3-11a^2+3a-7}{24(a^4-1)}$. 21. $-\frac{2}{x}$. 22. $-\frac{1}{a}$. 23. 0. 24. $\frac{x-6}{(x-1)(x+2)(x+3)}$.

25. $-\frac{x^3}{(x-1)^2(x^2+x+1)}$. 26. $\frac{2b^2-ab}{2(a^3-b^3)}$. 27. $\frac{69a}{8(a+1)(a-2)(a+4)}$. 28. $-\frac{5a^2-9ax+27x^2}{4(a^3-27x^3)}$. 29. $-\frac{1}{25}$.

Ejercicio 130. 1. $\frac{1}{x-3}$. 2. $\frac{5}{12}$. 3. $\frac{4x^3-3x^2+x-3}{3x^2(x^2+1)}$. 4. $\frac{3a^2-3a+10}{4(a^2-1)}$. 5. $\frac{3}{a+b}$. 6. $\frac{4x}{x+y}$.
7. $\frac{a}{x(a-x)}$. 8. $\frac{x-10}{(x+1)(x-5)}$. 9. $\frac{3x^2+2x-1}{4(3x+2)(2x-1)}$. 10. $\frac{1+x}{x(a+x)}$. 11. $\frac{4y^3}{y^4-x^4}$. 12. $\frac{5a}{18(a+1)}$.
13. $\frac{26}{(a+2)(a-4)(a+6)}$. 14. 0. 15. $\frac{3a^2+2a+4}{a^3+1}$. 16. $\frac{x^2+4x+1}{(x+1)(x^3-1)}$. 17. $\frac{3a}{a^2-ab+b^2}$. 18. $\frac{4x+5}{x^2+2x+4}$.
19. $\frac{2x^2+27x-5}{(x-1)(x-2)(x+5)}$. 20. $\frac{2n^2-4n+1}{n(n-1)^3}$. 21. $\frac{a^4+20a^2-25}{(a^2+5)^2(a^2-5)}$. 22. $\frac{9-54x-55x^2}{(3+x)^2(3-x)^2}$. 23. $\frac{3x^2-16x-4}{9(x^2-1)}$.
24. $\frac{2a^2+a-2}{8(a^2-1)}$. 25. $\frac{4a-1}{60(2a+1)}$. 26. $\frac{7x+4}{(x+1)(x-2)(2x+3)}$. 27. $\frac{7a^2-12a+1}{(a-1)(a-2)(a+3)}$. 28. $\frac{46a-75a^2}{(2-3a)^2(2+3a)}$.
29. $\frac{5a^2+3}{10(1-a^4)}$. 30. $\frac{x}{3(1-x^4)}$.

Ejercicio 131. 1. $\frac{n}{m^2-n^2}$. 2. $\frac{3x}{x-y}$. 3. $\frac{x+1}{x(x+2)}$. 4. $\frac{2ab+b^2}{a(a^2-b^2)}$. 5. $\frac{x^2+3x-8}{2(x+1)(x-3)}$.
6. $\frac{1}{(2-x)(x+3)(x+4)}$. 7. $\frac{x-3}{4(x+1)(x-1)}$. 8. $\frac{5a^2+a}{a^2-9}$. 9. $\frac{2x^2+3xy}{x^2-y^2}$. 10. $\frac{x^2+4x+6}{(x-1)(x+2)(x+3)}$.
11. $\frac{5}{4(a+1)}$. 12. $\frac{a+3}{(1-a)(a-2)(a-3)}$. 13. $\frac{3x-1}{x^3-1}$. 14. $\frac{x+2}{2x-3}$.

Ejercicio 132. 1. ab. 2. $\frac{6a^3y}{mx}$. 3. $\frac{8}{7m^2x^2y}$. 4. $\frac{3}{b}$. 5. $\frac{2x^4}{7ay^3}$. 6. $\frac{n^2}{8mx}$. 7. $\frac{2x}{3}$. 8. $\frac{x+1}{4}$.
9. $\frac{n}{m^2-2mn+n^2}$. 10. $\frac{xy+y^2}{x^2}$. 11. $\frac{x^2-2xy}{x^2+4xy+4y^2}$. 12. 1. 13. $\frac{1}{2a^2+2a}$. 14. $\frac{x-y}{x-1}$. 15. $\frac{a-1}{3a+15}$.
16. 1. 17. $y+6$. 18. $\frac{x^2+3x}{2x+1}$. 19. $\frac{x-3}{a-1}$. 20. $\frac{2}{3}$. 21. x. 22. $\frac{1}{x+1}$. 23. $\frac{m-n-x}{m}$.
24. 1. 25. $\frac{a^2-3a}{a-6}$. 26. $\frac{x^2-11xy+30y^2}{x+2y}$. 27. $\frac{4x+8a}{ax+a}$. 28. $\frac{a^2-9a}{4a+24}$. 29. $\frac{a^2+a}{a-7}$. 30. $\frac{x+1}{x^2-9}$.

Ejercicio 133. 1. a^2. 2. x^2-1. 3. 1. 4. $a+b$. 5. $\frac{x^3-2x^2}{x+1}$. 6. x. 7. $a+x$.
8. $\frac{19x-19x^2}{x^2-2x-15}$. 9. $\frac{m^2-mn+n^2}{m}$. 10. $2a^2-ax-3x^2$. 11. $\frac{a}{b}$. 12. 6.

Ejercicio 134. 1. $\frac{xy}{6}$. 2. $\frac{3}{5b^2x^2}$. 3. $\frac{an}{m^2}$. 4. $30x^2$. 5. $\frac{3a^2m^2x}{2y^2}$. 6. $\frac{x^2}{14m^2y}$. 7. 1.
8. $\frac{3b}{5a+15b}$. 9. $\frac{x+1}{5x}$. 10. $\frac{a+7}{2a+10}$. 11. $\frac{1}{3x}$. 12. $\frac{a^2+2a-3}{a^2-49}$. 13. $\frac{3x+1}{4x-3}$. 14. $\frac{x+11}{x-7}$. 15. $\frac{1}{2a^3+a^2}$.
16. $\frac{3a-3}{a}$. 17. $\frac{x^2-2x-35}{x^2-8x}$. 18. $\frac{1}{2}$. 19. $\frac{1}{a+3}$. 20. $\frac{5x+1}{2x^2+3x}$. 21. $\frac{x^2-1}{2}$. 22. $\frac{1}{12}$. 23. $\frac{x-3}{2x-1}$.
24. $\frac{2a-3b}{a^2}$.

Ejercicio 135. 1. $\frac{b}{a+b}$. 2. $\frac{x^2+x-2}{x^2}$. 3. $\frac{a-1}{a^2+1}$. 4. $\frac{x^2+6x+8}{x^2+6x+9}$. 5. $\frac{a^2+ab}{a-b}$. 6. $\frac{x^2-1}{x^3+2}$.
7. $\frac{x^2-x-2}{x-1}$. 8. $\frac{n}{n^2+2}$.

Ejercicio 136. 1. $\frac{2x^2}{z^2}$. 2. $\frac{2a^2b}{x}$. 3. $\frac{3a^2+3a-6}{2a^2+2a}$. 4. $\frac{x^2-81}{a}$. 5. $\frac{1}{x-7}$. 6. 1.

7. $\frac{x-3}{x-10}$. 8. $\frac{x-3}{2ax+4a}$. 9. $\frac{4x^2-12x+9}{2x^2+3x}$. 10. $\frac{a^2+ab+ac}{a-b-c}$. 11. $\frac{b^2-b}{x+3}$. 12. $\frac{4m^2+mn}{m^2n-3mn^2+9n^3}$.

13. $\frac{1}{a}$. 14. a^3-3a^2.

Ejercicio 137. 1. $\frac{a}{b+1}$. 2. x^2+x+1. 3. $\frac{a-b}{b}$. 4. $\frac{m+n}{n-m}$. 5. 2. 6. $\frac{x-y}{y}$. 7. $\frac{x+3}{x-5}$.

8. $a-2$. 9. $\frac{4ab-4b^2}{2a+b}$. 10. $\frac{3}{5b}$. 11. $\frac{1}{a+x-1}$. 12. $\frac{a^2-2a}{a+1}$. 13. $\frac{5-a}{4a^2+a^3}$. 14. $-\frac{4x^2+3x}{5x+2}$.

15. $\frac{x+1}{x}$. 16. $\frac{a-b}{a+b}$. 17. $\frac{x+4}{x+10}$. 18. $\frac{a^2+2a+1}{a^2+8a+15}$.

Ejercicio 138. 1. x^2+x. 2. $\frac{x}{x^2+x-2}$. 3. $\frac{b}{a+b}$. 4. $\frac{1}{2x+1}$. 5. m. 6. $\frac{a^2-ab+b^2}{ab^2}$.

7. $\frac{1+x-x^2-x^3}{2}$. 8. $\frac{4x^2}{xy-y^2}$. 9. x. 10. $\frac{a-x}{4a}$. 11. 1. 12. $\frac{x-3}{x^2+4x}$. 13. a^2-ab. 14. $\frac{x-3y}{x-4y}$.

15. $-\frac{1}{a}$. 16. -1. 17. $\frac{a-b+c}{a-b-c}$. 18. $\frac{2a^2-2a+1}{1-2a}$. 19. 1. 20. $\frac{x}{x+1}$. 21. $\frac{x-1}{2x-1}$. 22. $\frac{x}{2x-3}$.

23. $\frac{2x+4}{3x+2}$. 24. -1. 25. $\frac{a-1}{a^2-2}$. 26. $x-1$.

Ejercicio 139. 1. 0. 2. ∞. 3. 0. 4. ∞. 5. 0. 6. $\frac{6}{7}$. 7. $\frac{5}{8}$. 8. -1. 9. 0.

10. $\frac{4}{5}$. 11. ∞. 12. $\frac{9}{5}$. 13. $\frac{8}{15}$. 14. 0. 15. ∞. 16. $-\frac{1}{5}$. 17. $3a^2$. 18. 0. 19. 2.

20. 3. 21. ∞. 22. 2. 23. $\frac{1}{3}$. 24. $\frac{1}{6}$. 25. $\frac{4}{5}$. 26. $\frac{18}{5}$. 27. 0. 28. $\frac{4}{9}$. 29. 1. 30. 7.

Ejercicio 140. 1. $\frac{4x+5}{6x-1}$. 2. $\frac{a+1}{a^3-a^2}$. 3. $\frac{1}{x(x-3)}$. 4. $4x$. 5. $\frac{a^2+b^2}{a^2+b}$. 6. a^2-a+1.

7. $\frac{49-29x}{29x}$. 8. $\frac{4x}{3}-\frac{5y}{3}+\frac{y^2}{3x}$. 9. $\frac{1}{nx}-\frac{1}{mx}-\frac{1}{mn}$. 13. $\frac{4a^3-2a^2b}{(a-b)(a^3+b^3)}$. 14. $\frac{1}{1-a^2}$. 15. $\frac{x+4}{x}$. 16. $\frac{1}{2x+1}$.

17. $-\frac{9x+4}{8x+3}$. 18. $\frac{1}{x}$. 19. $\frac{a^2}{a^2-b^2}$. 20. $\frac{1}{3}$. 21. $\frac{3}{a-5b}$. 22. $\frac{1}{2}$. 23. $\frac{7x^2+13x-27}{6(x+2)(x-3)^2}$. 24. 1.

Ejercicio 141. 1. -4. 2. 3. 3. -8. 4. -13. 5. $\frac{1}{2}$. 6. $-\frac{5}{3}$. 7. 19. 8. $-\frac{2}{19}$. 9. $\frac{1}{5}$.

10. $-\frac{9}{8}$. 11. $\frac{53}{7}$. 12. $\frac{5}{7}$. 13. $-\frac{1}{5}$. 14. $\frac{2}{73}$. 15. $\frac{11}{4}$. 16. $1\frac{3}{5}$. 17. $\frac{8}{197}$. 18. $-\frac{8}{5}$.

19. $\frac{1}{5}$. 20. -2. 21. 2. 22. 1. 23. 14. 24. $-\frac{1}{2}$. 25. 14. 26. 1. 27. -4. 28. 4.

29. -3. 30. 8. 31. 15. 32. 5. 33. $\frac{7}{19}$.

Ejercicio 142. 1. -2. 2. $\frac{5}{4}$. 3. 4. 4. $\frac{4}{3}$. 5. $-\frac{20}{11}$. 6. 2. 7. 0. 8. 35. 9. $10\frac{1}{2}$. 10. $-\frac{1}{7}$.

11. $\frac{13}{14}$. 12. $\frac{3}{4}$. 13. 9. 14. $-1\frac{7}{23}$. 15. $-\frac{1}{2}$. 16. 14. 17. $4\frac{7}{8}$. 18. 2. 19. 54.

20. -11. 21. $1\frac{7}{9}$. 22. -16. 23. $3\frac{2}{19}$. 24. $1\frac{3}{8}$. 25. 7. 26. $1\frac{2}{5}$. 27. $-\frac{4}{9}$. 28. $\frac{3}{13}$.

29. $\frac{3}{8}$. 30. $2\frac{1}{3}$. 31. 3. 32. -4. 33. 5. 34. -6. 35. $-1\frac{3}{7}$. 36. $-\frac{3}{5}$. 37. $-1\frac{4}{15}$.

38. 1. 39. $-\frac{1}{2}$.

Ejercicio 143. 1. $\frac{1-a}{a}$. 2. $\frac{2}{a-b}$. 3. $a-b$. 4. $a-3$. 5. a. 6. $\frac{a}{3}$. 7. $a-1$.

8. $\frac{a^3+2b^3}{a^2+2b^2}$. 9. 1. 10. $\frac{a-1}{2}$. 11. $\frac{1+a}{1+m}$. 12. 2. 13. $a-b$. 14. $a+b$. 15. $\frac{a-1}{2}$.

16. $-\frac{3m}{2}$. 17. $\frac{1}{a+b}$. 18. $\frac{b}{a}$. 19. a. 20. $2m$.

Ejercicio 144. 1. $\frac{m^2}{3}$. 2. $\frac{6a}{b}$. 3. 1. 4. m. 5. $2a$. 6. 2. 7. $2a$. 8. $n-m$. 9. $a+b$. 10. $\frac{6a+3b}{8}$. 11. $-4a$. 12. $\frac{3bc}{2(b+2c)}$. 13. mn. 14. $2(3b-a)$. 15. $-\frac{m^2+n^2}{2m}$. 16. $\frac{3b}{5}$. 17. b. 18. $\frac{a}{2}$. 19. $\frac{b-a}{2}$. 20. $\frac{ab}{2}$. 21. $4a-1$. 22. $\frac{1-a}{2}$. 23. $2a+3b$. 24. $n-2m$.

Ejercicio 145. 1. 8. 2. 12. 3. 5. 4. 80. 5. 30. 6. 120. 7. *A*, 10 años; *B*, 6 años. 8. *A*, \$120; *B*, \$105. 9. 100 m. 10. 72 bolívares. 11. 18. 12. 14. 13. 60. 14. $26\frac{2}{3}$. 15. 63 p.

Ejercicio 146. 1. 24 y 25. 2. 64 y 65. 3. 124 y 125. 4. 99 y 100. 5. 80 y 82. 6. *A*, \$25; *B*, \$24. 7. Hoy, \$16; ayer, \$15. 8. 80, 81 y 82. 9. 70, 71 y 72. 10. 20, 21 *y* 22. 11. *A*, 16; *B*, 14; *C*, 12 años. 12. *A*, 5 años; *B*, 6 años; *C*, 7 años.

Ejercicio 147. 1. 41 y 18. 2. 315 y 121. 3. 21 y 65. 4. 80 y 24. 5. 200 y 60. 6. *A*, 96 nuevos soles; *B*, 100 nuevos soles.

Ejercicio 148. 1. 1er día, \$100: 2[o] día, \$50; 3er. día \$25. 2. Miér., \$120; juev., \$72; viernes, \$60. 3. *A*, 120,000; *B*, 80,000; *C*, 48,000 sucres. 4. *A*, 40 años; *B*, 24 años; *C*, 9 años. 5. 1er. día, 81 km; 2[o], 27 km; 3[o], 9 km; 4[o], 3 km. 6. 1[a], 1,000 km; 2[a], 1,100 km; 3[a], 1,210 km; 4[a], 1,331 km. 7. 1[a], 20,000,000; 2[a], 10,000,000; 3[a], 2,500,000; 4[a], 500,000; 5[a], 50,000 colones. 8. *Barco*, 5,436; tren, 2,416; avión, 1,510 km.

Ejercicio 149. 1. \$50. 2. 84 quetzales. 3. \$93. 4. 5,000,000 bolívares. 5. 80. 6. 120 nuevos soles. 7. \$96. 8. \$90. 9. 16,000,000 sucres. 10. \$1,200.

Ejercicio 150. 1. *A*, 25 años; *B*, 75 años. 2. *A*, 60 años; *B*, 20 años. 3. 50 años. 4. 36 años. 5. Hijo, 16 años; padre, 48 años. 6. Hijo, 20 años; padre, 50 años. 7. *A*, 50 años; *B*, 15 años. 8. Padre, 55 años; hijo, 30 años. 9. Padre, 50 años; hijo, 30 años. 10. *A*, 48 años; *B*, 30 años. 11. *A*, 24 años; *B*, 8 años.

Ejercicio 151. 1. *A*, 60,000 bs.; *B*, 30,000 bs. 2. *A*, 4,800; *B*, 9,600 colones. 3. *A*, \$48; *B*, \$96. 4. *A*, \$70; *B*, \$42. 5. Con 900,000 sucres. 6. *A*, con \$72; *B*, con \$48. 7. *A*, \$72; *B*, \$90. 8. *A*, \$30; *B*, \$15. 9. 40 balboas. 10. 36 nuevos soles.

Ejercicio 152. 1. 2 años. 2. 5 años. 3. 12 años. 4. 15 años. 5. \$20. 6. 35 quetzales. 7. 15 *y* 20 *a*. 8. \$10. 9. bs. 120,000.

Ejercicio 153. 1. $12\,m \times 9\,m$. 2. $18\,m \times 9\,m$. 3. $15\,m \times 13\,m$. 4. $48\,m \times 12\,m$. 5. $49 \times 36\,m$. 6. $90\,m \times 60\,m$. 7. $18\,m \times 8\,m$.

Ejercicio 154. 1. $\frac{5}{3}$. 2. $\frac{8}{9}$. 3. $\frac{23}{31}$. 4. $\frac{13}{27}$. 5. $\frac{5}{16}$. 6. $\frac{5}{6}$. 7. $\frac{3}{8}$. 8. $\frac{27}{5}$.

Ejercicio 155. 1. 42. 2. 48. 3. 63. 4. 21. 5. 52. 6. 97. 7. 84.

Ejercicio 156. 1. 2 días. 2. $6\frac{2}{3}$ min. 3. 2 días. 4. $\frac{4}{5}$ de día. 5. $2\frac{2}{9}$ min. 6. $3\frac{1}{13}$ min.

Ejercicio 157. 1. 1 y $38\frac{2}{11}$ min. 2. A las 10 y $5\frac{5}{11}$ min. y a las 10 y $38\frac{2}{11}$ min. 3. A las 8 y $10\frac{10}{11}$ min. 4. 12 y $32\frac{8}{11}$ min. 5. A las 2 y $27\frac{3}{11}$ min. 6. A las 4 y $21\frac{9}{11}$ min. 7. A las 6 y $16\frac{4}{11}$ min y a las 6 y $49\frac{1}{11}$ min. 8. A las 10 y $54\frac{6}{11}$ min. 9. A las 7 y $21\frac{9}{11}$ min. 10. A las 3 y $21\frac{9}{11}$ min. 11. A las 8 y $32\frac{8}{11}$ min. y a las 8 y $54\frac{6}{11}$ min.

Ejercicio 158. 1. 62 y 56. 2. $20. 3. 18. 4. 28,000 *y* 20,000 nuevos soles. 5. 60 y 24. 6. 45 y 75. 7. $16,000. 8. Ropa, $480, libros, $900. 9. *A*, 15 años; *B*, 6 años; *C*, 4 años. 10. 9,000,000 bs. 11. 8. 12. 70. 13. 60, 50, 30 *y* 10. 14. 9 y $49\frac{1}{11}$ min. 15. *A*, 55 años; *B*, 45 años. 16. 15 días. 17. 500 *y* 150. 18. *A*, 15 años; *B*, 60. 19. 23 *y* 22. 20. 6,000,000 sucres. 21. Entre 10. 22. 40 libros; $10. 23. *A*, $110, *B*, $140. 24. 30 libros. 25. 30,000,000 colones. 26. 3,600 balboas. 27. $4,800. 28. 200 *y* 150. 29. $180. 30. 8 pesos, 6 piezas de 20 cts. y 4 de 10 cts. 31. Q. 8,000. 32. 40 años. 33. 55 hombres; 3,061 hombres. 34. $288. 35. Con 80 lempiras. 36. 72. 37. 63. 38. 60. 39. $20. 40. Pluma, $20; lapicero, $12. 41. $28. 42. $18,000. 43. Bastón, $150; somb., $450; traje, $800. 44. 300 saltos. 45. 225 saltos. 46. A las 10 y 48 min. 47. *A* con bs. 8,000,000; *B* con bs. 6,000,000. 48. 30 años. 49. 100 km. 50. Cab., $5,000; perro, $2,000.

Ejercicio 159. 1. 80 m. 2. 100 km. 3. 360 km de *A* y 160 km de *B*. 4. 4 horas. 5. 250 km; $10\frac{1}{2}$ a. m. 6. *A*, 45 km; *B*, 25 km. 7. *A*, $17\frac{1}{2}$ km; *B*, 12 km. 8. 7 horas; 420 km. 9. *A* 93 km.

Ejercicio 162. 1. 40 cm². 2. 32 m². 3. 135 m. 4. 12 s. 5. 5 m. 6. 12 m. 7. $78\frac{4}{7}m^2$. 8. $31\frac{3}{7}m$. 9. $37\frac{5}{7}m^3$. 10. 1.03. 11. 6.92 m². 12. 720°.

Ejercicio 163. 1. $v=\frac{e}{t}$, $t=\frac{e}{v}$. 2. $h=\frac{2A}{b+b'}$. 3. $a=\frac{2e}{t^2}$. 4. $a=\frac{2A}{ln}$, $l=\frac{2A}{an}$, $n=\frac{2A}{al}$. 5. $r=\sqrt{\frac{A}{\pi}}$. 6. $x=\frac{b^2+c^2-a^2}{2b}$. 7. $V_o=V-at$, $a=\frac{V-V_o}{t}$, $t=\frac{V-V_o}{a}$. 8. $V_o=V+at$, $a=\frac{V_o-V}{t}$, $t=\frac{V_o-V}{a}$. 9. $V=\frac{P}{D}$, $P=VD$. 10. $b=\sqrt{a^2-c^2}$, $c=\sqrt{a^2-b^2}$. 11. $a=\frac{V}{t}$, $t=\frac{V}{a}$. 12. $p'=\frac{pf}{p+f}$, $p=\frac{p'f}{f-p'}$. 13. $d=\frac{e}{v^2}$, $e=v^2d$. 14. $V_0=\frac{2e-at^2}{2t}$. 15. $V_0=\frac{2e+at^2}{2t}$, $a=\frac{2(V_0t-e)}{t^2}$. 16. $h=\frac{3V}{\pi r^2}$, $r=\sqrt{\frac{3V}{h\pi}}$. 17. $c=\frac{100\times I}{t\times r}$, $t=\frac{100\times I}{c\times r}$, $r=\frac{100\times I}{c\times t}$. 18. $R=\frac{E}{I}$, $I=\frac{E}{R}$. 19. $v=\sqrt{2ae}$. 20. $a=u-(n-1)r$, $n=\frac{u-a+r}{r}$, $r=\frac{u-a}{n-1}$. 21. $a=\frac{u}{r^{n-1}}$, $r=\sqrt[n-1]{\frac{u}{a}}$. 22. $Q=It$, $t=\frac{Q}{I}$.

Ejercicio 164. 1. $x>1$. 2. $x>4$. 3. $x>3$. 4. $x>-3$. 5. $x>7$. 6. $x<8$. 7. $x>5$. 8. $x>\frac{1}{2}$. 9. $x>1$. 10. $x>-7$. 11. $x<\frac{13}{3}$. 12. $x>\frac{41}{60}$. 13. $x<\frac{7}{6}$. 14. $x>2$. 15. $x<3$. 16. $x>2$. 17. Los números enteros menores que 84.

Ejercicio 165. 1. $x>8$. 2. $x<9$. 3. $x>3$. 4. $x<1$. 5. $x>20$. 6. $10<x<13$. 7. $4<x<6$. 8. $-3<x<-2$. 9. $21<x<22$. 10. 5 y 6.

Ejercicio 166. 1. 12. 2. 36. 3. 84. 4. 5. 5. $2\frac{1}{7}$. 6. 2. 7. 1. 8. $4\frac{1}{5}$. 9. 96. 10. 3. 11. 50 *m*². 12. 120 *m*². 13. 256 *m*³. 14. 154 cm². 15. $10\frac{1}{2}$ cm. 16. ±4.

Ejercicio 167. 1. $A=2B$. 2. $e=vt$. 3. $A=\frac{1}{2}DD'$. 4. $A=\frac{3B}{C}$. 5. $C=\frac{44}{7}r=2\pi r$.

6. $e=4.9t^2$. 7. $F=K\frac{mv^2}{r}$. 8. $y=2x+3$. 9. $l=r\sqrt{2}$. 10. $y=\frac{x^2}{2}+2$. 11. $y=\frac{5-2x}{3}$.
12. $F=\frac{kmm'}{d^2}$. 13. $h=\frac{2A}{B}$. 14. $W=\frac{1}{2}mv^2$. 15. $B=\frac{3V}{h}$. 16. $x=\frac{10}{y}$. 17. $x=\frac{12}{y^2}$. 18. $A=\frac{B}{2C}$.

Ejercicio 173. 1. $x=1, y=4; x=2, y=3; x=3, y=2; x=4, y=1$. 2. $x=2, y=11; x=5, y=9; x=8, y=7; x=11, y=5; x=14, y=3; x=17, y=1$. 3. $x=1, y=8; x=6, y=5; x=11, y=2$. 4. $x=3, y=2; x=6, y=1$. 5. $x=5, y=10; x=13, y=3$. 6. $x=3, y=13$. 7. $x=4, y=4; x=9, y=3; x=14, y=2; x=19, y=1$. 8. $x=3, y=16; x=14, y=7$. 9. $x=1, y=34; x=3, y=29; x=5, y=24; x=7, y=19; x=9, y=14; x=11, y=9; x=13, y=4$. 10. $x=4, y=10; x=17, y=2$. 11. $x=2, y=18; x=7, y=11; x=12, y=4$. 12. $x=1, y=22; x=2, y=12; x=3, y=2$. 13. $x=2, y=17; x=6, y=8$. 14. $x=1, y=18; x=12, y=9$. 15. $x=6, y=24; x=18, y=13; x=30, y=2$. 16. $x=6, y=18; x=19, y=8$. 17. $x=4, y=32; x=12, y=21; x=20, y=10$. 18. $x=5, y=24; x=30, y=3$. 19. $x=4m-1, y=3m-2; x=3, y=1; x=7, y=4; x=11, y=7$. 20. $x=8m-3, y=5m-2; x=5, y=3; x=13, y=8; x=21, y=13$. 21. $x=13m-5, y=7m-6; x=8, y=1; x=21, y=8; x=34, y=15$. 22. $x=12m, y=11m; x=12, y=11; x=24, y=22; x=36, y=33$. 23. $x=17m-5, y=14m-6; x=12, y=8; x=29, y=22; x=46, y=36$. 24. $x=11m+4, y=7m-5; x=15, y=2; x=26, y=9; x=37, y=16$. 25. $x=13m+46; y=8m-3; x=59, y=5; x=72, y=13; x=85, y=21$. 26. $x=20m-17, y=23m+1; x=3, y=24; x=23, y=47; x=43, y=70$. 27. $x=5m-1, y=7m+61; x=4, y=68; x=9, y=75; x=14, y=82$.

Ejercicio 174. 1. 1 de \$2 y 8 de \$5; 6 de \$2 y 6 de \$5; 11 de \$2 y 4 de \$5 o 16 de \$2 y 2 de \$5. 2. 1 de \$5 y 4 de \$10; 3 de \$5 y 3 de \$10; 5 de \$5 y 2 de \$10 o 7 de \$5 y 1 de \$10. 3. 1 y 19; 4 y 14; 7 y 9 o 10 y 4. 4. 5 s. y 20 z.; 20 s. y 12 z. o 35 s. y 4 z. 5. 3 de l. y 15 de s.; 8 de l. y 12 de s.; 13 de l. y 9 de s.; 18 de l. y 6 de s. o 23 de l. y 3 de s. 6. 8 ad. y 20 niños. 7. 4 cab. y 89 v.; 26 cab. y 66 v.; 48 cab. y 43 v. o 70 cab. y 20 vacas. 8. 4 y 2. 9. 2 de 25 y 16 de 10; 4 de 25 y 11 de 10; 6 de 25 y 6 de 10; 8 de 25 y 1 de 10.

Ejercicio 175. 21. (–1, 4). 22. (2, 3). 23. (5, 3). 24. (–2, –4). 25. (3, –4). 26. (–5, –3). 27. (–4, 5). 28. (2, 4). 29. (–5, 6). 30. (–4, –3).

Ejercicio 176. 1. $x=3, y=4$. 2. $x=-4, y=-5$. 3. $x=-1, y=2$. 4. $x=1, y=\frac{1}{2}$. 5. $x=\frac{1}{3}, y=\frac{1}{4}$. 6. $x=-\frac{1}{2}, y=2$. 7. $x=-\frac{2}{3}, y=7$. 8. $x=-12, y=14$. 9. $x=\frac{5}{6}, y=5$.

Ejercicio 177. 1. $x=3, y=1$. 2. $x=4, y=-3$. 3. $=-4, y=5$. 4. $x=-7, y=-3$. 5. $x=\frac{2}{3}, y=2$. 6. $x=-\frac{1}{2}, y=-\frac{1}{3}$. 7. $x=\frac{3}{4}, y=\frac{2}{5}$. 8. $x=\frac{1}{4}, y=-\frac{1}{5}$. 9. $x=-3, y=10$.

Ejercicio 178. 1. $x=1, y=3$. 2. $x=-2, y=-1$. 3. $x=7, y=-5$. 4. $x=-4, y=2$. 5. $x=3, y=-2$. 6. $x=1, y=1$. 7. $x=-2, y=5$. 8. $x=-2, y=2$. 9. $x=\frac{1}{2}, y=-1$. 10. $x=4, y=20$. 11. $x=-1, y=-2$. 12. $x=3, y=-4$.

Ejercicio 179. 1. $x=3, y=4$. 2. $x=5, y=3$. 3. $x=4, y=9$. 4. $x=9, y=-2$. 5. $x=4, y=-2$. 6. $x=6, y=8$. 7. $x=5, y=7$. 8. $x=1\frac{73}{89}, y=-\frac{30}{89}$. 9. $x=-1, y=-2$. 10. $x=2, y=3$. 11. $x=\frac{1}{2}, y=\frac{1}{4}$. 12. $x=-2, y=-6$.

Ejercicio 180. 1. $x=6, y=2$. 2. $x=12, y=-4$. 3. $x=14, y=9$. 4. $x=15, y=12$. 5. $x=5, y=4$. 6. $x=-3, y=-4$. 7. $x=-8, y=\frac{1}{2}$. 8. $x=7, y=-8$. 9. $x=2, y=4$.

10. $x=-3, y=6$. 11. $x=15, y=-1$. 12. $x=4, y=5$. 13. $x=6, y=8$. 14. $x=\frac{1}{2}, y=\frac{4}{3}$.
15. $x=7, y=8$. 16. $x=-9, y=11$. 17. $x=3, y=-1$. 18. $x=2, y=3$. 19. $x=\frac{3}{4}, y=\frac{1}{2}$.
20. $x=6, y=10$. 21. $x=4, y=3$. 22. $x=8, y=12$. 23. $x=1, y=2$. 24. $x=2, y=3$.
25. $x=-3, y=-4$. 26. $x=\frac{1}{2}, y=\frac{1}{4}$. 27. $x=4, y=8$. 28. $x=7, y=9$. 29. $x=\frac{1}{2}, y=\frac{1}{3}$.
30. $x=3, y=9$. 31. $x=40, y=-60$. 32. $x=-\frac{2}{3}, y=-\frac{3}{4}$. 33. $x=2, y=4$.

Ejercicio 181. 1. $x=a, y=b$. 2. $x=1, y=b$. 3. $x=2a, y=a$. 4. $x=1, y=a$. 5. $x=ab$, $y=b$. 6. $x=b, y=a$. 7. $x=a, y=b$. 8. $x=\frac{1}{a}, y=\frac{1}{b}$. 9. $x=m+n, y=m-n$. 10. $x=m^2$, $y=mn$. 11. $x=a+b, y=-b$. 12. $x=m, y=n$. 13. $x=-a, y=b$. 14. $x=a+c, y=c-a$. 15. $x=\frac{1}{a}, y=\frac{1}{b}$. 16. $x=ab^2, y=a^2b$. 17. $x=\frac{m}{n}, y=\frac{n}{m}$. 18. $x=a-b, y=a$. 19. $x=a-b, y=a+b$. 20. $x=\frac{1}{b}, y=\frac{1}{a}$.

Ejercicio 182. 1. $x=2, y=3$. 2. $x=3, y=4$. 3. $x=1, y=2$. 4. $x=-3, y=-2$. 5. $x=\frac{1}{2}, y=\frac{1}{3}$. 6. $x=\frac{2}{3}, y=\frac{1}{4}$. 7. $x=-1, y=-5$. 8. $x=-2, y=-3$. 9. $x=-\frac{1}{2}, y=-\frac{3}{5}$. 10. $x=3, y=7$. 11. $x=\frac{2}{3}, y=\frac{1}{4}$. 12. $x=\frac{2}{a+b}, y=\frac{2}{a-b}$. 13. $x=a, y=b$. 14. $x=2m, y=2n$.

Ejercicio 183. 1. 2. 2. -11. 3. -26. 4. -59. 5. -46. 6. 30. 7. -17. 8. -95. 9. 79. 10. -47. 11. 6. 12. -367.

Ejercicio 184. 1. $x=3, y=1$. 2. $x=-5. y=-7$. 3. $x=-6, y=8$. 4. $x=\frac{1}{3}, y=\frac{1}{4}$. 5. $x=2\frac{1}{4}, y=-2$. 6. $x=\frac{3}{a}, y=\frac{4}{b}$. 7. $x=9, y=8$. 8. $x=\frac{1}{a}, y=\frac{1}{2}$. 9. $x=-8, y=-12$. 10. $x=a, y=\frac{1}{a}$. 11. $x=-1, y=-1$. 12. $x=2, y=\frac{1}{2}$. 13. $x=5, y=7$. 14. $x=5, y=3$. 15. $x=a+b, y=a-b$. 16. $x=-10, y=-20$.

Ejercicio 185. 1. $x=4, y=3$. 2. $x=2, y=-4$. 3. $x=-3, y=-5$. 4. $x=4, y=-3$. 5. $x=1, y=3$. 6. $x=4, y=-2$. 7. Equivalentes. 8. $x=5, y=-4$. 9. $x=-1, y=-1$. 10. Incompatibles. 11. Equivalentes. 12. $x=4, y=-6$. 13. $x=4, y=5$. 14. $x=2, y=3$. 15. $x=-3, y=5$. 16. $x=-2, y=-3$.

Ejercicio 186. 1. $x=1, y=2, z=3$. 2. $x=3, y=4, z=5$. 3. $x=-1, y=1, z=4$. 4. $x=1, y=3, z=2$. 5. $x=-2, y=3, z=-4$. 6. $x=3, y=-2, z=5$. 7. $x=5, y=-3, z=-2$. 8. $x=5, y=-4, z=-3$. 9. $x=\frac{1}{2}, y=\frac{1}{4}, z=\frac{1}{3}$. 10. $x=5, y=-6, z=-8$. 11. $x=1, y=-10, z=3$. 12. $x=3, y=3, z=-3$. 13. $x=\frac{1}{3}, y=\frac{1}{4}, z=-\frac{1}{5}$. 14. $x=\frac{1}{5}, y=-2, z=6$. 15. $x=-2$, $y=3, z=-4$. 16. $x=3, y=-2, z=4$. 17. $x=6, y=-5, z=-3$. 18. $x=2, y=3, z=-4$. 19. $x=1, y=4, z=5$. 20. $x=6, y=3, z=-1$. 21. $x=-2, y=-3, z=-4$. 22. $x=10, y=7$, $z=6$. 23. $x=2, y=4, z=5$. 24. $x=6, y=12, z=18$. 25. $x=30, y=12, z=24$. 26. $x=10, y=12, z=6$. 27. $x=8, y=6, z=3$. 28. $x=10, y=8, z=4$. 29. $x=6, y=4, z=2$. 30. $x=\frac{1}{2}, y=\frac{1}{3}, z=\frac{1}{4}$. 31. $x=3, y=2, z=4$. 32. $x=\frac{1}{3}, y=-\frac{1}{2}, z=-2$.

Ejercicio 187. 1. 7. 2. −45. 3. 14. 4. −44. 5. 115. 6. −65. 7. −171. 8. 0. 9. 0. 10. 847. 11. −422. 12. 378.

Ejercicio 188. 1. $x=2, y=4, z=5$. 2. $x=-1, y=-2, z=-3$. 3. $x=\frac{1}{2}, y=\frac{1}{3}, z=\frac{1}{4}$. 4. $x=\frac{1}{2}, y=3, z=5$. 5. $x=-2, y=-3, z=5$. 6. $x=8, y=-5, z=-2$. 7. $x=5, y=-1, z=-3$. 8. $x=-2, y=6, z=7$. 9. $x=-6, y=6, z=3$. 10. $x=-5, y=-7, z=-8$. 11. $x=6, y=8, z=4$. 12. $x=9, y=8, z=4$.

Ejercicio 191. 1. $x=1, y=2, z=3$. 2. $x=1, y=1, z=3$. 3. $x=2, y=2, z=5$. 4. $x=3, y=3, z=4$. 5. $x=4, y=2, z=3$. 6. $x=2, y=3, z=5$.

Ejercicio 192. 1. $x=-2, y=-3, z=4, u=5$. 2. $x=1, y=2, z=3, u=4$. 3. $x=2, y=-3, z=1, u=-4$. 4. $x=-3, y=4, z=-2, u=5$. 5. $x=4, y=-5, z=3, u=-2$. 6. $x=3, y=-4, z=1, u=-2$. 7. $x=-2, y=2, z=3, u=-3$. 8. $x=3, y=-1, z=2, u=-2$.

Ejercicio 193. 1. 64 y 24. 2. 104 y 86. 3. 815 y 714. 4. 96 y 84. 5. 63 y 48. 6. 90 y 60. 7. 81 y 48. 8. 64 y 16. 9. 45 y 15.

Ejercicio 194. 1. T., 800 nuevos soles; somb., 60 nuevos soles. 2. V., $5,500; *c*., $4,200. 3. Adulto, $35; niño, $18. 4. 31 y 23. 5. *A*, 21 a.; *B*, 16 a. 6. *A*, 45 a.; *B*, 40 a. 7. *A*, 55 a.; *B*, 42 a. 8. *A*, 65 a.; *B*, 36 a.

Ejercicio 195. 1. $\frac{3}{5}$. 2. $\frac{7}{15}$. 3. $\frac{9}{7}$. 4. $\frac{7}{11}$. 5. $\frac{15}{23}$. 6. $\frac{5}{8}$. 7. $\frac{2}{3}$.

Ejercicio 196. 1. 25 y 30. 2. 22 y 33. 3. 45 y 50. 4. *A*, 30 a.; *B*, 42 a. 5. *A*, 40 a.; *B*, 50. 6. *A*, 14 años; *B*, 21 a. 7. *A*, con 50,000 bs.; *B*, con 65,000 bs. 8. Menor, 70,000 h.; mayor, 90,000.

Ejercicio 197. 1. 54 y 25. 2. 57 y 19. 3. 27 y 17. 4. 27 y 5. 5. 20 m × 4 m.

Ejercicio 198. 1. 75. 2. 59. 3. 94. 4. 83. 5. 97. 6. 34. 7. 45.

Ejercicio 199. 1. 35 de 20¢ y 43 de 10¢. 2. 40 de $5 y 51 de $4. 3. 300 adultos, 400 niños. 4. De 20¢ 21; de 25¢ 23. 5. 155 de $1 y 132 de $2. 6. 16 de 300 colones; 18 de 700 colones. 7. 13 trajes y 41 somb.

Ejercicio 200. 1. *A*, $5; *B*, $3. 2. *A*, 10 nuevos soles; *B*, 14 nuevos soles. 3. P, $13; J, $7. 4. *A*, 30; *B*, 20 años. 5. *A*, 42; *B*, 24 años. 6. *A*, 35; *B*, 25 años. 7. Hombre, 36; esposa, 20 años. 8. *A*, 135 lempiras; *B*, 85 lempiras. 9. Padre, 51; hijo, 15 años. 10. *P*., $35; *J*., $25. 11. *A*, $1.50; *B*; $3.00. 12. E., 24 años; her., 18 años.

Ejercicio 201. 1. Bote, 7 km/h; río, 3 km/h. 2. Bote, 12 km/h; río, 4 km/h. 3. Ida, 2 h.; vuelta, 3 h. 4. Bote, 12 km/h; río, 4 km/h. 5. Ida, 2 h; vuelta, 4 h. 6. Bote, 10 km/h; río, 6 km/h.

Ejercicio 202. 1. 10, 12, 15. 2. Azúcar, $6; café. $20; frijol, $7 kilo. 3. 726. 4. 40, 42, 45. 5. 123. 6. 80°, 55°, 45°. 7. 40 v., 45 cab., 25 t. 8. 523. 9. 70°, 65°, 45°. 10. *A*, bs. 60,000; *B*, bs. 50,000 y *C*, bs. 30,000. 11. *A*, $9; *B*, $8; *C*, $7. 12. 321. 13. *A*, Q. 16; *B*, Q. 12; *C*, Q. 10. 14. 441. 15. *A*, 15; *B*, 12; *C*, 10 a.

Ejercicio 203. 1. 5 m × 4 m. 2. *A*, 48 balboas; *B*, 24 balboas. 3. 20 m × 5 m. 4. Carro, \$80,000; cab., \$90,000; arreos, \$30,000. 5. 48, 60, 90. 6. 51. 7. 40 km/h; 15 km/h. 8. 15 a \$80. 9. Café, \$30; té, \$45 kilo. 10. 32 de \$400 y 18 de \$350. 11. $\frac{5}{12}$. 12. 115, 85 nuevos soles. 13. Caballo, \$1,000; sombrero, \$400. 14. 54. 15. 30 y 20,000 bs. 16. *A*, 6,000,000 sucres; *B*, 4,800,000 sucres. 17. Ayer, \$60; hoy, \$50. 18. 30 y 50. 19. *A*, 24; *B*, 32 lempiras. 20. 60 y 40. 21. Bote, 12 km/h; río, 4 km/h. 22. *A*, 45; *B*, 15 a. 23. *A*, 8; *B*, 9 km. 24. 15. 25. 25 m × 4 m. 26. 16 m × 12 m.

Ejercicio 204. 1. 120. 2. 120. 3. 21. 4. 30. 5. 60. 6. 792. 7. 5,040. 8. 35. 9. 24. 10. 720. 11. 720; 5,040. 12. 720, 120. 13. 504. 14. 6. 15. 10. 16. 6. 17. 60. 18. 3,628,800. 19. 56. 20. 120. 21. 40,320; 120. 22. 24.

Ejercicio 205. 1. $16a^4$. 2. $-125a^3$. 3. $27x^3y^3$. 4. $36a^4b^2$. 5. $-8x^6y^9$. 6. $64a^6b^9c^{12}$. 7. $36x^8y^{10}$. 8. $-343a^3b^9c^{12}$. 9. $a^{mx}b^{nx}$. 10. $16x^{12}y^{20}z^{24}$. 11. $-27m^9n^3$. 12. $a^{2m}b^{3m}c^m$. 13. $m^8n^4x^{12}$. 14. $-243a^{10}b^5$. 15. $49x^{10}y^{12}z^{16}$. 16. $\frac{x^2}{4y^2}$. 17. $-\frac{8m^3}{n^6}$. 18. $\frac{a^3b^6}{125}$. 19. $\frac{9x^4}{16y^2}$. 20. $\frac{16a^4b^8}{81m^{12}}$. 21. $\frac{32m^{15}n^5}{243x^{20}}$. 22. $\frac{9}{16}a^6b^4$. 23. $\frac{1}{81}m^4n^8$. 24. $-\frac{1}{32}a^{10}b^{20}$.

Ejercicio 206. 1. $a^{10}+14a^5b^4+49b^8$. 2. $9x^8-30x^5y^3+25x^2y^6$. 3. $a^4b^6-2a^7b^3+a^{10}$. 4. $49x^{10}-112x^8y^4+64x^6y^8$. 5. $81a^2b^4+90a^3b^5+25a^4b^6$. 6. $9x^4y^6-42x^5y^5+49x^6y^4$. 7. $x^2y^2-2a^2b^2xy+a^4b^4$. 8. $\frac{1}{4}x^2+\frac{2}{3}xy+\frac{4}{9}y^2$. 9. $\frac{9}{16}a^4-\frac{3}{5}a^2b^2+\frac{4}{25}b^4$. 10. $\frac{25}{36}x^6+x^4y^2+\frac{9}{25}x^2y^4$. 11. $\frac{1}{81}a^{10}-\frac{2}{21}a^8b^7+\frac{9}{49}a^6b^{14}$. 12. $\frac{4}{25}m^8-m^4n^3+\frac{25}{16}n^6$. 13. $\frac{1}{9}x^2+\frac{1}{6}xy^2+\frac{1}{16}y^4$. 14. $\frac{4}{9}x^2-\frac{4}{5}xy+\frac{9}{25}y^2$. 15. $\frac{1}{64}a^6+\frac{a^5}{7b}+\frac{16a^4}{49b^2}$. 16. $\frac{9}{4x^2}-2x^3+\frac{4x^8}{9}$. 17. $\frac{25x^{14}}{36y^8}-\frac{x^5y^2}{2}+\frac{9y^{12}}{100x^4}$. 18. $\frac{9}{64}a^{12}-\frac{a^8}{3b^5}+\frac{16a^4}{81b^{10}}$.

Ejercicio 207. 1. $8a^3+36a^2b+54ab^2+27b^3$. 2. $64a^3-144a^2b^2+108ab^4-27b^6$. 3. $125x^6+450x^4y^3+540x^2y^6+216y^9$. 4. $64x^9-144x^7y^2+108x^5y^4-27x^3y^6$. 5. $343a^{12}-735a^{10}b^3+525a^8b^6-125a^6b^9$. 6. $a^{24}+27a^{21}x^4+243a^{18}x^8+729a^{15}x^{12}$. 7. $512x^{12}-1{,}344x^{10}y^4+1{,}176x^8y^8-343x^6y^{12}$. 8. $27a^6b^3-135a^7b^4+225a^8b^5-125a^9b^6$. 9. $\frac{1}{8}a^3+\frac{1}{2}a^2b^2+\frac{2}{3}ab^4+\frac{8}{27}b^6$. 10. $\frac{27}{64}a^6-\frac{27}{20}a^4b^2+\frac{36}{25}a^2b^4-\frac{64}{125}b^6$. 11. $\frac{125}{216}a^6b^3-\frac{5}{8}a^4b^6+\frac{9}{40}a^2b^9-\frac{27}{1{,}000}b^{12}$. 12. $\frac{343}{512}x^{15}-\frac{21}{16}x^{10}y^6+\frac{6}{7}x^5y^{12}-\frac{64}{343}y^{18}$. 13. $\frac{x^3}{8y^3}+\frac{9}{4y}+\frac{27y}{2x^3}+\frac{27y^3}{x^6}$. 14. $\frac{8a^6}{125}-\frac{6a^4}{5b^3}+\frac{15a^2}{2b^6}-\frac{125}{8b^9}$. 15. $64x^{12}-\frac{144x^9}{y^3}+\frac{108x^6}{y^6}-\frac{27x^3}{y^9}$. 16. $\frac{27a^3}{8b^3}+\frac{27a^2}{5}+\frac{72ab^3}{25}+\frac{64b^6}{125}$. 17. $\frac{343}{512}-\frac{147}{64}x^4y^5+\frac{21}{8}x^8y^{10}-x^{12}y^{15}$. 18. $\frac{1}{216}m^9-\frac{1}{2}m^4n^2+\frac{18n^4}{m}-\frac{216n^6}{m^6}$.

Ejercicio 208. 1. $x^4-4x^3+6x^2-4x+1$. 2. $4x^4+4x^3+5x^2+2x+1$. 3. $x^4-10x^3+29x^2-20x+4$. 4. $x^6-10x^5+25x^4+12x^3-60x^2+36$. 5. $16a^8-24a^6+49a^4-30a^2+25$. 6. $x^2+4y^2+z^2+4xy-2xz-4yz$. 7. $9-6x^3-5x^6+2x^9+x^{12}$. 8. $25x^8-70x^6+30x^5+49x^4-42x^3+9x^2$. 9. $4a^4+8a^3b-8a^2b^2-12ab^3+9b^4$. 10. $m^6-4m^5n+4m^4n^2+4m^3n^4-8m^2n^5+4n^8$. 11. $\frac{a^2}{4}+b^2+\frac{c^2}{16}-ab+\frac{ac}{4}-\frac{bc}{2}$. 12. $\frac{x^2}{25}-2xy+\frac{2x}{3}+25y^2-\frac{50y}{3}+\frac{25}{9}$. 13. $\frac{1}{4}x^4-x^3+\frac{5}{3}x^2-\frac{4x}{3}+\frac{4}{9}$.

14. $\frac{a^2}{x^2}-\frac{2a}{3x}+2\frac{1}{9}-\frac{2x}{3a}+\frac{x^2}{a^2}$. 15. $\frac{9a^4}{16}-\frac{3a^3}{4}+\frac{29a^2}{20}-\frac{4a}{5}+\frac{16}{25}$. 16. $\frac{a^4}{16}-\frac{3a^2}{10}+\frac{a^2b^2}{18}+\frac{9}{25}-\frac{2b^2}{15}+\frac{b^4}{81}$. 17. $x^6-2x^5+3x^4-x^2+2x+1$. 18. $x^6-6x^5+5x^4+16x^3-8x^2-8x+4$. 19. $x^8+6x^6-8x^5+19x^4-24x^3+46x^2-40x+25$. 20. $x^8-8x^7+16x^6+4x^5-22x^4+24x^3+4x^2-12x+9$. 21. $9-36a+42a^2-18a^3+13a^4-2a^5+a^6$. 22. $\frac{1}{4}x^6-x^5+\frac{5}{3}x^4+\frac{2}{3}x^3-\frac{32}{9}x^2+\frac{8}{3}x+4$. 23. $\frac{1}{4}a^6-\frac{2}{3}a^5+\frac{43}{36}a^4-\frac{3}{2}a^3+\frac{59}{48}a^2-\frac{3}{4}a+\frac{1}{4}$. 24. $x^{10}-2x^9+3x^8-4x^7+5x^6-8x^5+7x^4-6x^3+5x^2-4x+4$.

Ejercicio 209. 1. $x^6+3x^5+6x^4+7x^3+6x^2+3x+1$. 2. $8x^6-12x^5-6x^4+11x^3+3x^2-3x-1$. 3. $1-9x+33x^2-63x^3+66x^4-36x^5+8x^6$. 4. $8-36x+66x^2-63x^3+33x^4-9x^5+x^6$. 5. $x^9-6x^8+12x^7-20x^6+48x^5-48x^4+48x^3-96x^2-64$. 6. $x^{12}-3x^{10}-3x^8+11x^6+6x^4-12x^2-8$. 7. $a^9+\frac{3}{2}a^8-\frac{1}{4}a^7-\frac{7}{8}a^6+\frac{1}{12}a^5+\frac{1}{6}a^4-\frac{1}{27}a^3$. 8. $\frac{1}{8}x^6-\frac{1}{4}x^5+\frac{5}{3}x^4-\frac{55}{27}x^3+\frac{20}{3}x^2-4x+8$. 9. $a^9-3a^8+6a^7-10a^6+12a^5-12a^4+10a^3-6a^2+3a-1$. 10. $x^9-6x^8+15x^7-29x^6+51x^5-60x^4+64x^3-63x^2+27x-27$. 11. $x^9-12x^8+54x^7-112x^6+180x^5-228x^4+179x^3-144x^2+54x-27$. 12. $1-3x^2+9x^4-16x^6+24x^8-27x^{10}+23x^{12}-15x^{14}+6x^{16}-x^{18}$.

Ejercicio 210. 1. $x^4-8x^3+24x^2-32x+16$. 2. $a^4+12a^3+54a^2+108a+81$. 3. $32-80x+80x^2-40x^3+10x^4-x^5$. 4. $16x^4+160x^3y+600x^2y^2+1{,}000xy^3+625y^4$. 5. $a^6-18a^5+135a^4-540a^3+1{,}215a^2-1{,}458a+729$. 6. $64a^6-192a^5b+240a^4b^2-160a^3b^3+60a^2b^4-12ab^5+b^6$. 7. $x^{10}+10x^8y^3+40x^6y^6+80x^4y^9+80x^2y^{12}+32y^{15}$. 8. $x^{18}+6x^{15}+15x^{12}+20x^9+15x^6+6x^3+1$. 9. $32a^5-240a^4b+720a^3b^2-1{,}080a^2b^3+810ab^4-243b^5$. 10. $x^{24}-30x^{20}y^3+375x^{16}y^6-2{,}500x^{12}y^9+9{,}375x^8y^{12}-18{,}750x^4y^{15}+15{,}625y^{18}$. 11. $64x^6-96x^5y+60x^4y^2-20x^3y^3+\frac{15}{4}x^2y^4-\frac{3}{8}xy^5+\frac{1}{64}y^6$. 12. $243-135x^2+30x^4-\frac{10}{3}x^6+\frac{5}{27}x^8-\frac{1}{243}x^{10}$. 13. $64m^{18}-576m^{15}n^4+2{,}160m^{12}n^8-4{,}320m^9n^{12}+4{,}860m^6n^{16}-2{,}916m^3n^{20}+729n^{24}$. 14. $x^{14}-21x^{12}+189x^{10}-945x^8+2{,}835x^6-5{,}103x^4+5{,}103x^2-2{,}187$. 15. $243a^5-135a^4b^2+30a^3b^4-\frac{10}{3}a^2b^6+\frac{5}{27}ab^8-\frac{1}{243}b^{10}$. 16. $x^{14}+14x^{12}y^2+84x^{10}y^4+280x^8y^6+560x^6y^8+672x^4y^{10}+448x^2y^{12}+128y^{14}$. 17. $x^{24}-8x^{21}+28x^{18}-56x^{15}+70x^{12}-56x^9+28x^6-8x^3+1$. 18. $x^{18}-\frac{9}{2}x^{16}y+9x^{14}y^2-\frac{21}{2}x^{12}y^3+\frac{63}{8}x^{10}y^4-\frac{63}{16}x^8y^5+\frac{21}{16}x^6y^6-\frac{9}{32}x^4y^7+\frac{9}{256}x^2y^8-\frac{1}{512}y^9$.
19. $128m^{21}-448m^{18}n^4+672m^{15}n^8-560m^{12}n^{12}+280m^9n^{16}-84m^6n^{20}+14m^3n^{24}-n^{28}$.
20. $\frac{1}{32}x^{10}+\frac{5}{24}x^8y^2+\frac{5}{9}x^6y^4+\frac{20}{27}x^4y^6+\frac{40}{81}x^2y^8+\frac{32}{243}y^{10}$.
21. $\frac{1}{15{,}625}-\frac{3}{625}a+\frac{3}{20}a^2-\frac{5}{2}a^3+\frac{375}{16}a^4-\frac{1{,}875}{16}a^5+\frac{15{,}625}{64}a^6$.

Ejercicio 211. 1. $a^6+12a^5b+60a^4b^2+160a^3b^3+240a^2b^4+192ab^5+64b^6$. 2. $32m^{10}-240m^8n^3+720m^6n^6-1{,}080m^4n^9+810m^2n^{12}-243n^{15}$. 3. $x^{12}+6x^{10}y^3+15x^8y^6+20x^6y^9+15x^4y^{12}+6x^2y^{15}+y^{18}$. 4. $2{,}187-5{,}103y^7+5{,}103y^{14}-2{,}835y^{21}+945y^{28}-189y^{35}+21y^{42}-y^{49}$. 5. $64x^{18}-576x^{15}y^4+2{,}160x^{12}y^8-4{,}320x^9y^{12}+4{,}860x^6y^{16}-2{,}916x^3y^{20}+729y^{24}$. 6. $\frac{1}{32}x^{10}+\frac{5}{16}x^8y^3+\frac{5}{4}x^6y^6+\frac{5}{2}x^4y^9+\frac{5}{2}x^2y^{12}+y^{15}$.
7. $\frac{1}{729}a^6-\frac{2a^5}{27b}+\frac{5a^4}{3b^2}-\frac{20a^3}{b^3}+\frac{135a^2}{b^4}-\frac{486a}{b^5}+\frac{729}{b^6}$. 8. $1-8x^4+28x^8-56x^{12}+70x^{16}-56x^{20}+28x^{24}-8x^{28}+x^{32}$.
9. $\frac{128}{2{,}187x^7}-\frac{224}{243x^6y}+\frac{56}{9x^5y^2}-\frac{70}{3x^4y^3}+\frac{105}{2x^3y^4}-\frac{567}{8x^2y^5}+\frac{1{,}701}{32xy^6}-\frac{2{,}187}{128y^7}$.
10. $\frac{128}{m^7}-\frac{224}{m^4}+\frac{168}{m}-70m^2+\frac{35}{2}m^5-\frac{21}{8}m^8+\frac{7}{32}m^{11}-\frac{m^{14}}{128}$. 11. $x^{24}+8x^{21}mn+28x^{18}m^2n^2+56x^{15}m^3n^3+70x^{12}m^4n^4+56x^9m^5n^5+28x^6m^6n^6+8x^3m^7n^7+m^8n^8$. 12. $19{,}683-19{,}683b^2+8{,}748b^4-2{,}268b^6+378b^8-42b^{10}+\frac{28b^{12}}{9}-\frac{4b^{14}}{27}+\frac{b^{16}}{243}-\frac{b^{18}}{19{,}683}$. 13. $1-\frac{10}{x}+\frac{45}{x^2}-\frac{120}{x^3}+\frac{210}{x^4}-\frac{252}{x^5}+\frac{210}{x^6}-\frac{120}{x^7}+\frac{45}{x^8}-\frac{10}{x^9}+\frac{1}{x^{10}}$.

14. $64m^{12} - 960m^{10}n^5 + 6{,}000m^8n^{10} - 20{,}000m^6n^{15} + 37{,}500m^4n^{20} - 37{,}500m^2n^{25} + 15{,}625n^{30}$.

15. $16{,}384 - 7{,}168x^5 + 1{,}344x^{10} - 140x^{15} + \frac{35}{4}x^{20} - \frac{21}{64}x^{25} + \frac{7}{1{,}024}x^{30} - \frac{1}{16{,}384}x^{35}$.

Ejercicio 212. 1. $10x^3y^2$. 2. $-2{,}240a^4b^3$. 3. $330x^4$. 4. $-4{,}320x^3y^3$. 5. $2{,}016a^{10}b^4$. 6. $-14a^3b^5$. 7. $13{,}440x^8y^6$. 8. $-330x^4y^{14}$. 9. $5{,}005a^{12}b^9$. 10. $495x^{16}$. 11. $-12ab^{10}$. 12. $5{,}670x^8y^8$.

Ejercicio 213. 1. $\pm 2ab^2$. 2. $\pm 5x^3y^4$. 3. $3ab^3$. 4. $-2ab^2x^4$. 5. $\pm 8x^4y^5$. 6. $\pm 2a^2b^4$. 7. $x^3y^4z^5$. 8. $-4ax^2y^6$. 9. $-3mn^3$. 10. $\pm 9x^3y^4z^{10}$. 11. $10x^3y^6$. 12. $\pm 3a^3b^6$. 13. $\pm 2a^2b^3c^5$. 14. $\pm 7a^nb^{2n}$. 15. $-x^ny^{2x}$. 16. $\pm\frac{3a}{5x^2}$. 17. $-\frac{3a}{4x^3}$. 18. $-\frac{ab^2}{2x^3}$. 19. $\pm\frac{a^2}{3bc^3}$. 20. $\frac{2}{x^2}$. 21. $\pm\frac{x^m}{11y^{2n}}$. 22. $-\frac{5x^3}{6m^4}$. 23. $\frac{a^2}{bc^3}$. 24. $\pm\frac{x^2}{2y^3}$.

Ejercicio 214. 1. $4x - 3y^2$. 2. $5a^2 - 7ax$. 3. $x^2 - 2x + 1$. 4. $2a^2 + a + 1$. 5. $n^2 - 5n + 2$. 6. $x^3 - 5x^2 + 6$. 7. $4a^4 - 3a^2 + 5$. 8. $x + 2y - z$. 9. $3 - x^3 - x^6$. 10. $5x^4 - 7x^2 + 3x$. 11. $2a^2 + 2ab - 3b^2$. 12. $x^3 - x^2 + x + 1$. 13. $x^3 - 3x^2 - 2x + 2$. 14. $x^4 + 3x^2 - 4x + 5$. 15. $x^4 - 4x^3 + 2x - 3$. 16. $3 - 6a + a^2 - a^3$. 17. $3x^3 - 4x^2 + 2x - 1$. 18. $4x^3 - 5x^2 + 6x - 3$. 19. $m^3 - 2m^2n + 2n^4$. 20. $3x^3 - x^2y + 2xy^2 - 2y^3$. 21. $4a^3 - 3a^2b + 2ab^2 - b^3$. 22. $6x^4 - 3x^2y^2 + 4xy^3 - 2y^4$. 23. $5a^3 - 4a^2x + ax^2 - 2x^3$. 24. $2a^4 - 3a^3 + 2a^2 - a + 1$. 25. $x^5 - x^4 + x^3 - x^2 + x - 2$.

Ejercicio 215. 1. $\frac{x^2}{2} - x + \frac{2}{3}$. 2. $\frac{a}{x} - \frac{1}{3} + \frac{x}{a}$. 3. $\frac{a}{2} - b + \frac{c}{4}$. 4. $\frac{3a^2}{4} - \frac{a}{2} + \frac{4}{5}$. 5. $\frac{a^2}{4} + ab - \frac{b^2}{2}$. 6. $\frac{x}{5} + \frac{5}{3} - 5y$. 7. $\frac{x^2}{3} - 2xy + \frac{y^2}{5}$. 8. $\frac{a^2}{4} - \frac{3}{5} + \frac{b^2}{9}$. 9. $x + 2 - \frac{1}{x}$. 10. $\frac{x}{3} - 5 + \frac{2}{x}$. 11. $\frac{a^2}{2} - 5 + \frac{3}{a^2}$. 12. $\frac{a^2}{3} + \frac{a}{x} - \frac{x}{a}$. 13. $\frac{3a}{x} - \frac{1}{4} + \frac{2x}{3a}$. 14. $3x^2 + 5 + \frac{5}{x^2}$. 15. $\frac{2a}{5x} - \frac{1}{2} + \frac{5x}{3a}$. 16. $\frac{x^2}{4} - \frac{xy}{2} - \frac{y^2}{5}$. 17. $\frac{2ab}{7xy} - \frac{1}{2} + \frac{7xy}{5ab}$. 18. $\frac{3ax}{5mn} - \frac{1}{5} + \frac{2mn}{9ax}$. 19. $\frac{1}{2}x^3 - x^2 + \frac{2}{3}x + 2$. 20. $\frac{1}{2}a^3 - \frac{2}{3}a^2 + \frac{3}{4}a - \frac{1}{2}$.

Ejercicio 216. 1. $2 - 3y$. 2. $4a^2 + 5b^2$. 3. $x^2 + x + 1$. 4. $2x^2 - x - 1$. 5. $1 - 3x + 2x^2$. 6. $2 - 3x + x^2$. 7. $x^3 - 2x^2 - 4$. 8. $x^4 - x^2 - 2$. 9. $2x^2 - 3x + 1$. 10. $3a^2 - 5a - 4$. 11. $a^2 - 2ab + b^2$. 12. $x^2 - 3xy + 5y^2$. 13. $a^4 - a^2 + 4$. 14. $a^3 - 3a^2x + 2x^3$. 15. $a^3 - a^2 + a - 1$. 16. $x^3 - 4x^2 + 2x - 3$.

Ejercicio 217. 1. $\frac{x^2}{2} - \frac{x}{3} + 2$. 2. $a^3 + \frac{a^2}{2} - \frac{a}{3}$. 3. $\frac{x}{2} - 3 + \frac{2}{x}$. 4. $\frac{a}{2b} - 1 + \frac{b}{2a}$. 5. $\frac{2a}{3x} - \frac{1}{2} - \frac{x}{3a}$. 6. $\frac{2a}{3b} + 1 + \frac{3b}{4a}$.

Ejercicio 218. 1. $\sqrt[3]{x}$. 2. $\sqrt[5]{m^3}$. 3. $4\sqrt[4]{a^3}$. 4. $x\sqrt{y}$. 5. $b\sqrt[5]{a^4}\sqrt{b}$. 6. $x\sqrt{x}\sqrt[4]{y}\sqrt[5]{z}$. 7. $2b^2\sqrt[5]{a^4}\sqrt{b}$. 8. $3\sqrt[7]{x^2}\sqrt[5]{y^4}\sqrt[7]{z^2}$. 9. $bc\sqrt[4]{abc^3}$. 10. $8mn^2\sqrt[3]{n^2}$. 11. $4a^2b^2\sqrt[3]{b}\sqrt[6]{c^5}$. 12. $5\sqrt[5]{m^2n^3x^4}$. 13. $a^{\frac{5}{2}}$. 14. $x^{\frac{7}{3}}$. 15. $x^{\frac{1}{2}}$. 16. $m^{\frac{1}{3}}$. 17. $2x^{\frac{5}{4}}$. 18. $a^{\frac{3}{2}}b^{\frac{5}{3}}$. 19. $3x^{\frac{7}{2}}y^{\frac{6}{5}}$. 20. $2a^{\frac{1}{4}}b^{\frac{3}{4}}c^{\frac{5}{4}}$. 21. $5ax^{\frac{2}{5}}y^{\frac{3}{5}}z^{\frac{9}{5}}$. 22. $3m^{\frac{7}{6}}n^{\frac{8}{5}}$. 23. $3a^{\frac{m}{2}}b^{\frac{n}{3}}$. 24. $a^{\frac{1}{m}}b^{\frac{3}{n}}c^{\frac{x}{r}}$.

Ejercicio 219. 1. $\frac{a^2}{b^3}$. 2. $\frac{3}{x^5}$. 3. $\frac{1}{a^4b^{\frac{1}{2}}}$. 4. $\frac{3}{x^2y^{\frac{1}{3}}}$. 5. $\frac{1}{m^{\frac{1}{2}}n^5}$. 6. $\frac{a^2c}{b}$. 7. $\frac{4x^2}{y^{\frac{3}{5}}}$. 8. $\frac{5}{a^{\frac{1}{3}}b^{\frac{3}{4}}c}$. 9. $\frac{x^2}{2}$. 10. $3xy^5$. 11. $\frac{2a^2c}{b^3}$. 12. $\frac{a^2b^5c^8}{xy^2z^3}$. 13. $\frac{3n^{\frac{7}{2}}}{8m}$. 14. $\frac{4a^{\frac{9}{2}}c^{\frac{2}{3}}}{7b^2}$. 15. $\frac{2}{a^2m^8n^3}$.

16. $\frac{y}{3a^{\frac{7}{2}}x^4}$. 17. $\frac{b^{\frac{1}{2}}c^2}{4x^3}$. 18. $\frac{a^{\frac{3}{4}}b^{\frac{2}{5}}}{3c^4}$. 19. $3a^5m^{\frac{3}{2}}n^{\frac{7}{4}}$. 20. $\frac{z^{\frac{1}{2}}}{x^{\frac{8}{3}}y^{\frac{5}{4}}}$.

Ejercicio 220. 1. $\frac{1}{a^{-2}b^2}$. 2. $\frac{3}{xy^2}$. 3. $\frac{4}{m^{-1}n^{-2}x^3}$. 4. $\frac{1}{3ab^3}$. 5. $\frac{3}{7c^{\frac{2}{3}}}$. 6. $\frac{2}{5x^{-\frac{1}{4}}y^2}$. 7. $\frac{1}{5m^3}$.
8. $\frac{3}{a^2b^{-3}c^4}$. 9. $\frac{1}{x^{\frac{1}{2}}y^{-2}}$. 10. $\frac{1}{a^{\frac{2}{3}}b^{-3}c^2}$. 11. $\frac{3}{xy^{\frac{7}{2}}}$. 12. $\frac{2}{9m^2n^{-\frac{1}{2}}}$. 13. $2a^{-1}$. 14. $3ab^{-2}$. 15. x^2y^3.
16. $4x^{\frac{1}{2}}y^{-2}$. 17. $\frac{3a^5x^5y^{\frac{3}{4}}}{7}$. 18. $a^4b^{\frac{1}{3}}$. 19. $\frac{2m^5n^{\frac{1}{4}}}{3}$. 20. $a^3x^{-2}y^{\frac{1}{2}}$. 21. $3a^3b^3x^{-1}$. 22. $3x^2y^4z^6$.
23. $m^2n^4x^{\frac{3}{2}}$.

Ejercicio 221. 1. $\frac{1}{\sqrt{x}}$. 2. $\frac{\sqrt{a}}{\sqrt[3]{b^2}}$. 3. $\frac{5\sqrt[7]{a^5}}{\sqrt[3]{b}}$. 4. $\frac{3}{\sqrt{x}}$. 5. $\frac{2\sqrt[4]{n^3}}{\sqrt[5]{m^2}}$. 6. $\frac{1}{4\sqrt[3]{x}}$. 7. $\sqrt[5]{x^3}\,\sqrt[3]{y^2}$.
8. $\frac{3}{a\sqrt{a}\sqrt[4]{x}}$. 9. $\frac{1}{4a^2\sqrt{a}}$. 10. $\frac{\sqrt[5]{y^3}}{\sqrt[3]{x^2}\,\sqrt[7]{z^4}}$. 11. $\frac{1}{x^2m^3\sqrt[5]{n^2}}$. 12. $\frac{1}{a\sqrt{a}}$. 13. $\frac{1}{x\sqrt[3]{x}}$. 14. $\frac{b}{a}\sqrt{\frac{b}{a}}$. 15. $\frac{1}{\sqrt[6]{x}}$.
16. $\frac{1}{a^{\frac{3}{2}}}$. 17. $\frac{2}{x^{\frac{3}{2}}y^2}$. 18. $a^{\frac{2}{3}}x^{\frac{5}{2}}$. 19. $\frac{3m^{\frac{2}{3}}n^{\frac{3}{4}}}{5}$. 20. $\frac{1}{a^{\frac{3}{5}}b^{\frac{3}{4}}}$. 21. $x^{\frac{3}{2}}$. 22. $a^{\frac{7}{2}}b^3$. 23. $\frac{3y^2}{x^{\frac{2}{3}}}$. 24. $\frac{1}{m^{\frac{1}{2}}n}$.
25. 64. 26. 4. 27. 27. 28. $\frac{1}{243}$. 29. 9. 30. 4. 31. $\frac{1}{343}$. 32. $\frac{32}{243}$. 33. $1\frac{1}{2}$. 34. $1\frac{1}{5}$.
35. $1\frac{1}{2}$. 36. $1\frac{7}{9}$. 37. 729. 38. $7\frac{19}{32}$. 39. $2\frac{1}{4}$. 40. $\frac{27}{125}$. 41. $\frac{2}{3}$. 42. 32. 43. 81. 44. $2\frac{2}{3}$.

Ejercicio 222. 1. $1\frac{7}{9}$. 2. $18\frac{1}{2}$. 3. $\frac{13}{16}$. 4. $512\frac{1}{8}$. 5. $86\frac{1}{27}$. 6. $27\frac{1}{8}$. 7. $36\frac{13}{18}$.
8. $3\frac{5}{6}$. 9. $126\frac{1}{3}$.

Ejercicio 223. 1. x^{-1}. 2. a^{-5}. 3. 1. 4. $a^{\frac{3}{2}}$. 5. $x^{\frac{3}{4}}$. 6. a. 7. $3m^{-\frac{1}{5}}$. 8. $2a^{\frac{1}{4}}$.
9. $x^{-\frac{7}{3}}$. 10. $3n^{\frac{4}{3}}$. 11. $4a^{-\frac{5}{2}}$. 12. 1. 13. x^{-5}. 14. 6. 15. ab^{-3}. 16. b. 17. $m^{-1}n$.
18. $2b^{-\frac{5}{4}}$.

Ejercicio 224. 1. $a^{-8}+2a^{-6}+a^{-2}+2$. 2. $x^4+x^2-2+3x^{-2}-x^{-4}$. 3. $x^{\frac{4}{3}}-2x^{\frac{2}{3}}+1$.
4. $2a+a^{\frac{3}{4}}-a^{\frac{1}{2}}+3a^{\frac{1}{4}}-2$. 5. $3a^{\frac{2}{3}}-5+10a^{-\frac{4}{3}}-8a^{-2}$. 6. $x^{\frac{5}{4}}-4x^{\frac{1}{4}}+4x^{-\frac{1}{4}}-x^{-\frac{3}{4}}$. 7. $b^{-3}+a^{-2}b^{-1}+a^{-4}b$.
8. $x^{-12}y^{-11}+x^{-8}y^{-7}+x^{-4}y^{-3}$. 9. $a^{\frac{5}{4}}b^{-4}-a^{\frac{3}{4}}b^{-3}+5a^{-\frac{1}{4}}b^{-1}-3a^{-\frac{3}{4}}$. 10. $a^{-2}+a^{-\frac{3}{2}}b^{-\frac{1}{2}}+a^{-1}b^{-1}+2b^{-2}$.
11. $4x^{\frac{5}{2}}+3x^2y^{\frac{1}{2}}-x^{\frac{1}{2}}y^2$. 12. $x^{\frac{7}{3}}-7ax^{\frac{4}{3}}-3a^{\frac{4}{3}}x-9a^{\frac{5}{3}}x^{\frac{2}{3}}$. 13. $15a^3+a^2-19a+17-24a^{-1}+10a^{-2}$.
14. $2-7x^{-1}+9x^{-2}-x^{-3}-7x^{-4}+4x^{-5}$. 15. $m^{\frac{3}{2}}+m^{\frac{1}{2}}n-n^{\frac{3}{2}}-m^{-1}n^{\frac{5}{2}}$. 16. $a-6a^{\frac{1}{5}}+a^{-\frac{3}{5}}$.
17. $2m+4m^{\frac{2}{3}}+2+4m^{-\frac{1}{3}}$. 18. $x^{-2}y^2-11x^{-1}y+1$. 19. $x^{-1}y^2+4+13x^2y^{-4}+6x^3y^{-6}$.
20. $3+7a^{-\frac{2}{3}}b^{\frac{1}{2}}+a^{-2}b^{\frac{3}{2}}-a^{-\frac{8}{3}}b^2$.

Ejercicio 225. 1. a^4. 2. x^{-5}. 3. $m^{\frac{3}{4}}$. 4. a^{-3}. 5. x^4. 6. $a^{-\frac{1}{2}}$. 7. $x^{-\frac{1}{3}}$. 8. $a^{\frac{3}{5}}$.
9. $m^{-\frac{5}{4}}$. 10. $a^{-\frac{2}{3}}$. 11. $2x^{\frac{3}{5}}$. 12. $a^{-\frac{5}{4}}$. 13. xy. 14. $a^{-\frac{1}{2}}b^{-\frac{2}{3}}$. 15. a^3b^{-4}. 16. $y^{\frac{1}{3}}$.
17. $m^{\frac{5}{4}}n^{-\frac{3}{2}}$. 18. $2x^{-3}y^{\frac{3}{5}}$. 19. $a^{\frac{7}{12}}b^4$. 20. $x^{-6}y^{-4}$.

Ejercicio 226. 1. $x^{-4}+3x^{-2}+2$. 2. $a^{\frac{1}{3}}-2+a^{-\frac{1}{3}}$. 3. m^2+2-m^{-2}. 4. $2x^{\frac{3}{4}}-x^{\frac{1}{2}}+2x^{\frac{1}{4}}$.
5. $m^{\frac{2}{3}}-2+2m^{-\frac{2}{3}}$. 6. $a^{\frac{3}{4}}+2a^{\frac{1}{4}}-a^{-\frac{1}{4}}$. 7. $x^{-3}-2x^{-2}+x^{-1}$. 8. $a^{-5}b^{-5}+a^{-3}b^{-3}+a^{-1}b^{-1}$.
9. $n+m+m^2n^{-1}$. 10. $5a^2-3a+4-2a^{-1}$. 11. $a^{\frac{3}{4}}b^{-3}+a^{\frac{1}{4}}b^{-2}-a^{-\frac{1}{4}}b^{-1}$. 12. $x^{-1}+2x^{-\frac{1}{2}}y^{-\frac{1}{2}}+2y^{-1}$.

13. $m^{\frac{2}{5}}-2-m^{-\frac{2}{5}}$. 14. $2-2x^{-\frac{1}{3}}+2x^{-\frac{2}{3}}$. 15. $4x^2-x^{\frac{3}{2}}y^{\frac{1}{2}}+xy-x^{\frac{1}{2}}y^{\frac{3}{2}}$. 16. $x-2a^{\frac{1}{3}}x^{\frac{2}{3}}+a^{\frac{2}{3}}x^{\frac{1}{3}}-3a$.

17. $a-a^{\frac{1}{2}}b^{\frac{1}{2}}+b-a^{-\frac{1}{2}}b^{\frac{3}{2}}$. 18. $m^{-\frac{5}{4}}n^{\frac{1}{2}}-3m^{-\frac{3}{4}}-m^{-\frac{1}{4}}n^{-\frac{1}{2}}$. 19. $x^2y^{-1}+5x^3y^{-3}+2x^4y^{-5}$.

20. $a^{-\frac{2}{3}}b^{\frac{1}{2}}+2a^{-\frac{4}{3}}b-a^{-2}b^{\frac{3}{2}}$.

Ejercicio 227. 1. a^{-2}. 2. $a^{-6}b^{-3}$. 3. a^3. 4. $x^{\frac{9}{4}}$. 5. $m^{\frac{3}{2}}$. 6. a^{-2}. 7. $x^{-8}y^{\frac{1}{2}}$.

8. $4ab^{\frac{2}{3}}$. 9. $a^{-12}b^{-4}$. 10. x^4y^{-3}. 11. $243a^2b^{-15}$. 12. $8m^{-\frac{3}{2}}n^{-1}$.

Ejercicio 228. 1. $a+2a^{\frac{1}{2}}b^{\frac{1}{2}}+b$. 2. $x^{\frac{3}{2}}-2x^{\frac{3}{4}}y^{\frac{1}{3}}+y^{\frac{2}{3}}$. 3. $m^{-1}+4m^{\frac{1}{2}}+4m^2$.

4. $a^{-4}b^6-2ab+a^6b^{-4}$. 5. $a^{-2}-6a^{-1}b^{-\frac{3}{4}}+9b^{-\frac{3}{2}}$. 6. $a^{-4}+2a^{-2}b^{\frac{1}{2}}+b$. 7. $x^{\frac{3}{2}}-2x^{\frac{3}{4}}y^{-\frac{1}{2}}+y^{-1}$.

8. $m^{-4}n^{\frac{1}{2}}-2m^{-\frac{3}{2}}n^{-\frac{3}{4}}+mn^{-2}$. 9. $a+3a^{\frac{2}{3}}b^{\frac{1}{3}}+3a^{\frac{1}{3}}b^{\frac{2}{3}}+b$. 10. $x^2-9x^{\frac{4}{3}}y^{-1}+27x^{\frac{2}{3}}y^{-2}-27y^{-3}$.

11. $m^2+12m^{\frac{4}{3}}n^{-\frac{3}{2}}+48m^{\frac{2}{3}}n^{-3}+64n^{-\frac{9}{2}}$. 12. $8a^{-12}-36a^{-8}b^{-\frac{1}{2}}+54a^{-4}b^{-1}-27b^{-\frac{3}{2}}$.

13. $x^{\frac{3}{2}}-3xy^{\frac{1}{3}}+3x^{\frac{1}{2}}y^{\frac{2}{3}}-y$. 14. $a^2+4a^{\frac{3}{2}}b^{\frac{2}{3}}+6ab^{\frac{4}{3}}+4a^{\frac{1}{2}}b^2+b^{\frac{8}{3}}$.

15. $x^{-8}-4x^{-6}y^{-\frac{1}{3}}+6x^{-4}y^{-\frac{2}{3}}-4x^{-2}y^{-1}+y^{-\frac{4}{3}}$. 16. $x^{\frac{5}{3}}+5x^{\frac{4}{3}}y^{-\frac{3}{4}}+10xy^{-\frac{3}{2}}+10x^{\frac{2}{3}}y^{-\frac{9}{4}}+5x^{\frac{1}{3}}y^{-3}+y^{-\frac{15}{4}}$.

17. $m^{\frac{5}{2}}-5m^2n^{\frac{1}{3}}+10m^{\frac{3}{2}}n^{\frac{2}{3}}-10mn+5m^{\frac{1}{2}}n^{\frac{4}{3}}-n^{\frac{5}{3}}$.

18. $a^{12}-12a^{10}m^{\frac{1}{2}}+60a^8m-160a^6m^{\frac{3}{2}}+240a^4m^2-192a^2m^{\frac{5}{2}}+64m^3$.

19. $x^{-15}+5x^{-12}y^{\frac{1}{4}}+10x^{-9}y^{\frac{1}{2}}+10x^{-6}y^{\frac{3}{4}}+5x^{-3}y+y^{\frac{5}{4}}$. 20. $a^{-4}+6a^{-3}+13a^{-2}+12a^{-1}+4$.

21. $x-2x^{\frac{3}{4}}+x^{\frac{1}{2}}+4x^{\frac{1}{4}}-4+4x^{-\frac{1}{2}}$. 22. $a+6a^{\frac{1}{2}}+11+6a^{-\frac{1}{2}}+a^{-1}$. 23. $m^2+4m^{\frac{7}{4}}-2m^{\frac{3}{2}}-12m^{\frac{5}{4}}+9m$.

24. $ab^{-\frac{2}{3}}-4a^{\frac{1}{2}}b^{-\frac{1}{3}}+6-4a^{-\frac{1}{2}}b^{\frac{1}{3}}+a^{-1}b^{\frac{2}{3}}$. 25. $x^{\frac{3}{2}}+3x^{\frac{5}{4}}-5x^{\frac{3}{4}}+3x^{\frac{1}{4}}-1$.

26. $a^2-6a^{\frac{4}{3}}+15a^{\frac{2}{3}}-20+15a^{-\frac{2}{3}}-6a^{-\frac{4}{3}}+a^{-2}$. 27. $m^{\frac{3}{2}}+6m^{\frac{4}{3}}+15m^{\frac{7}{6}}+20m+15m^{\frac{5}{6}}+6m^{\frac{2}{3}}+m^{\frac{1}{2}}$.

Ejercicio 229. 1. $x^{-2}+3x^{-1}+2$. 2. $m^{\frac{1}{2}}+3+m^{-\frac{1}{2}}$. 3. $3a^{\frac{2}{3}}-a^{\frac{1}{3}}+4$. 4. $a+2a^{\frac{3}{4}}-3a^{\frac{1}{2}}$.

5. $m^{\frac{1}{2}}n^{-\frac{1}{3}}-2+m^{-\frac{1}{2}}n^{\frac{1}{3}}$. 6. $a^{\frac{2}{5}}-4a^{\frac{1}{5}}-3$. 7. $a^{-1}-2a^{-\frac{1}{2}}+3$. 8. $x^{\frac{2}{3}}-2+x^{-\frac{2}{3}}$. 9. $a^{\frac{1}{2}}+a^{\frac{1}{4}}-1$.

Ejercicio 230. 1. $ax^{-1}-\frac{1}{3}+a^{-1}x$. 2. $x-2x^{-1}+x^{-2}$. 3. $a^2-5a^{-1}+2a^{-2}$. 4. $\frac{m^2}{2}-5+3m^{-2}$.

5. $\frac{2}{5}xy^{-1}-\frac{1}{2}+\frac{5}{3}x^{-1}y$. 6. $\frac{a^2}{3}+ax^{-1}-a^{-1}x$. 7. $3m^2+5+5m^{-2}$. 8. $\frac{2}{7}abx^{-1}y^{-1}-\frac{1}{2}+\frac{7}{5}a^{-1}b^{-1}xy$.

9. $a^{\frac{1}{2}}b^{-\frac{1}{3}}-2+a^{-\frac{1}{2}}b^{\frac{1}{3}}$. 10. $a^2b^2+3-a^{-2}b^{-2}$. 11. $x^{\frac{1}{2}}y^{\frac{1}{3}}-4+x^{-\frac{1}{2}}y^{-\frac{1}{3}}$.

Ejercicio 231. 1. $3\sqrt{2}$. 2. $12\sqrt{3}$. 3. $2\sqrt[3]{2}$. 4. $2\sqrt[3]{2}$. 5. $6\sqrt[4]{3}$. 6. $5a\sqrt{2b}$.

7. $27xy^2\sqrt{x}$. 8. $3a^2b^3\sqrt{3ab}$. 9. $3n^3\sqrt{5m}$. 10. $4a^2b^3c^4\sqrt{11abc}$. 11. $4y^2\sqrt[3]{2x^2y}$.

12. $2n^2\sqrt[3]{m^2n^2}$. 13. $10ax^2y^3z^4\sqrt[3]{20xz}$. 14. $2abc^3\sqrt[4]{5b}$. 15. $3x^2y^3z^4\sqrt[4]{5y^2}$. 16. $\frac{4y^2}{5}\sqrt[5]{x^2y}$.

17. $8xy^3\sqrt[3]{2x^2y^2}$. 18. $m^3\sqrt{3am}$. 19. $\frac{3a^2}{x}\sqrt[3]{3a^2b}$. 20. $a\sqrt[4]{b}$. 21. $3\sqrt{a+2b}$. 22. $ab\sqrt{3a-3}$.

23. $2y^2\sqrt{2x^2+4x}$. 24. $(x-y)\sqrt{2}$. 25. $(a-b)\sqrt{a+b}$. 26. $(m+n)\sqrt{2a}$. 27. $(3a-6)\sqrt{a}$.

Ejercicio 232. 1. $\frac{1}{5}\sqrt{5}$. 2. $\frac{1}{4}\sqrt{6}$. 3. $\sqrt{2}$. 4. $\frac{1}{2}\sqrt{6}$. 5. $\frac{1}{6}\sqrt{6}$. 6. $\frac{a}{4x}\sqrt{2x}$.

7. $\frac{a}{3y^2}\sqrt{3y}$. 8. $\frac{3}{m^2}\sqrt{5mn}$. 9. $\frac{a}{2x}\sqrt{30a}$. 10. $\frac{1}{3}\sqrt[3]{18}$. 11. $\sqrt[3]{25}$. 12. $\frac{2}{3x}\sqrt[3]{3x}$. 13. $5\sqrt[3]{2b}$.

14. $\frac{1}{2ab^2}\sqrt[3]{4ab^2x^2}$. 15. $3\sqrt[4]{4a^2xy^3}$.

Ejercicio 233. 1. $\sqrt{3}$. 2. $\sqrt[3]{2}$. 3. $\sqrt[3]{3}$. 4. $\sqrt{2}$. 5. $3\sqrt{2}$. 6. $\sqrt{5ab}$. 7. $5\sqrt[3]{7ab^2}$.

8. $y\sqrt{3x}$. 9. $xy\sqrt{2y}$. 10. $n\sqrt{2mn}$. 11. $ax^2\sqrt{7a}$. 12. $nx\sqrt[3]{m^2x}$.

Ejercicio 234. 1. $\sqrt{12}$. 2. $\sqrt{45}$. 3. $\sqrt{25a^2b}$. 4. $\sqrt{\frac{1}{2}}$. 5. $\sqrt{18a^4}$. 6. $\sqrt{75x^4y^2}$.

7. $\sqrt[3]{a^5b^7}$. 8. $\sqrt[3]{128m^5}$. 9. $\sqrt[4]{128a^5b^3}$. 10. $\sqrt{a^2+ab}$. 11. $\sqrt{2x^2+2x}$. 12. $\sqrt{x^2-3x+2}$.

Ejercicio 235. 1. $\sqrt[6]{125}$, $\sqrt[6]{4}$. 2. $\sqrt[4]{4}$, $\sqrt[4]{3}$. 3. $\sqrt[12]{729}$, $\sqrt[12]{256}$, $\sqrt[12]{512}$.

4. $\sqrt[12]{64}$, $\sqrt[12]{81}$, $\sqrt[12]{125}$, $\sqrt[12]{49}$. 5. $\sqrt[6]{125x^3}$, $\sqrt[6]{16x^4y^2}$, $\sqrt[6]{7a^3b}$. 6. $\sqrt[15]{32a^5b^5}$, $\sqrt[15]{27a^6x^3}$, $\sqrt[15]{5a^3x^2}$.

7. $\sqrt[12]{512a^6x^9}$, $\sqrt[12]{9a^{10}m^8}$. 8. $\sqrt[18]{x^{12}}$, $\sqrt[18]{8y^9}$, $\sqrt[18]{25m^{14}}$. 9. $\sqrt[20]{243a^5}$, $\sqrt[20]{16b^8}$, $\sqrt[20]{49x^6}$.

10. $2\sqrt[12]{a^4}$, $3\sqrt[12]{64b^6}$, $4\sqrt[12]{125x^6}$. 11. $3\sqrt[18]{a^{12}}$, $\frac{1}{2}\sqrt[18]{b^9}$, $4\sqrt[18]{x^{10}}$. 12. $\sqrt[10]{32m^5}$, $3\sqrt[10]{a^6x^8}$, $2\sqrt[10]{x^7y^2}$.

Ejercicio 236. 1. $\sqrt{5}$, $\sqrt[3]{2}$. 2. $\sqrt[4]{7}$, $\sqrt[6]{15}$. 3. $\sqrt[3]{43}$, $\sqrt{11}$. 4. $\sqrt[6]{32}$, $\sqrt{3}$, $\sqrt[3]{5}$.

5. $\sqrt[5]{4}$, $\sqrt[4]{3}$, $\sqrt[10]{15}$. 6. $\sqrt[9]{9}$, $\sqrt[3]{2}$, $\sqrt[6]{3}$.

Ejercicio 237. 1. $-8\sqrt{2}$. 2. $3\sqrt{3}$. 3. $-29\sqrt{5}$. 4. $-18\sqrt{2}$. 5. $\frac{1}{4}\sqrt{2}$. 6. $-\frac{2}{5}\sqrt{3}$.

7. $\frac{9}{4}\sqrt{5}$. 8. $\frac{41}{8}\sqrt{3}$. 9. $5a\sqrt{b}$. 10. $a\sqrt{y}$. 11. $2x\sqrt{3}$. 12. $\frac{5}{3}\sqrt[3]{2}$. 13. $\frac{31}{60}\sqrt[3]{2}$. 14. $a\sqrt[3]{a^2}$.

Ejercicio 238. 1. $\sqrt{5}-3\sqrt{3}$. 2. $2\sqrt{7}-\sqrt{3}$. 3. $\sqrt{5}-12\sqrt{7}$. 4. $5\sqrt{2}-20\sqrt{5}$. 5. $4\sqrt{3}$.

6. $4\sqrt{11}-\sqrt{5}$. 7. $10\sqrt{3}-\frac{9}{5}\sqrt{7}$. 8. $\frac{5}{6}\sqrt{3}-\frac{1}{2}\sqrt{2}$. 9. $\frac{1}{2}\sqrt{5}+\frac{5}{6}\sqrt{6}$. 10. $\frac{1}{4}\sqrt{3}$. 11. $5\sqrt{2}$.

12. $12\sqrt{7}$. 13. $2x\sqrt{a}+7\sqrt{b}$. 14. $2n\sqrt{m}-m\sqrt{n}$. 15. $4b\sqrt{5x}$. 16. 0. 17. $4a^2\sqrt{x+3y}$.

18. $2\sqrt{a+1}$. 19. $2\sqrt{a-b}$.

Ejercicio 239. 1. $\sqrt[3]{2}-2\sqrt[3]{3}$. 2. $7\sqrt[3]{3}-3\sqrt[3]{5}$. 3. $\sqrt[3]{3}-2\sqrt[3]{2}$. 4. $2\sqrt[3]{6}+\sqrt[3]{5}$. 5. $7\sqrt[3]{2}$.

6. $4\sqrt[3]{3}-3\sqrt[3]{2}$. 7. $4\sqrt[3]{5}-9\sqrt[3]{3}$. 8. $\frac{1}{6}\sqrt[3]{2}+\frac{1}{3}\sqrt[3]{9}$. 9. $\sqrt[3]{9}-\frac{3}{10}\sqrt[3]{5}$. 10. $\frac{3}{4}\sqrt[3]{4}$. 11. $\sqrt[3]{2}$.

12. $11\sqrt[3]{3}$. 13. $4\sqrt[3]{5}-18\sqrt[3]{2}$. 14. 0. 15. $2b\sqrt[3]{3a}$.

Ejercicio 240. 1. $3\sqrt{2}$. 2. $30\sqrt{7}$. 3. $\sqrt{6}$. 4. $3\sqrt[3]{4}$. 5. $50\sqrt[3]{6}$. 6. $x\sqrt{10}$. 7. 450. 8. $18a\sqrt[3]{b}$. 9. $84\sqrt{15}$. 10. $6\sqrt{11}$. 11. $30\sqrt[3]{4}$. 12. $\frac{1}{4}\sqrt{2}$. 13. $\frac{3}{ax}\sqrt{ax}$. 14. $\frac{2}{y^2}\sqrt{2xy}$.

Ejercicio 241. 1. $2-\sqrt{6}$. 2. $30+14\sqrt{15}$. 3. $20\sqrt{3}+24\sqrt{5}-20\sqrt{30}$. 4. $\sqrt{6}-4$. 5. $55+13\sqrt{15}$. 6. $54+7\sqrt{21}$. 7. $3a-2x-5\sqrt{ax}$. 8. $791-111\sqrt{35}$. 9. $\sqrt{10}-\sqrt{15}-1$. 10. $5\sqrt{15}-\sqrt{6}-21$. 11. $15+3\sqrt{2}+7\sqrt{15}-2\sqrt{30}$. 12. $3a+2+3\sqrt{a^2+a}$. 13. $3a+3b-7\sqrt{a^2-ab}$. 14. $1+x^2+3x\sqrt{1-x^2}$. 15. $3a-1+3\sqrt{a^2-1}$. 16. $2x+10-8\sqrt{x+2}$. 17. $5\sqrt{a^2+ax}-6x$. 18. $3a-x-3\sqrt{a^2-x^2}$.

Ejercicio 242. 1. $x\sqrt[6]{4x}$. 2. $24a\sqrt[4]{2ab^2}$. 3. $3x\sqrt[6]{9x^3y^2}$. 4. $2a\sqrt[12]{27a^5b^{11}}$. 5. $5\sqrt[12]{x^{10}y^9}$. 6. $m\sqrt[15]{128m^7n^3}$. 7. $\frac{1}{2}\sqrt[6]{8x}$. 8. $\sqrt{2x}$. 9. $\frac{1}{8b}\sqrt[6]{32ab^5}$. 10. $\frac{1}{4}\sqrt[3]{9}$.

Ejercicio 243. 1. $2\sqrt{2}$. 2. $\frac{1}{5}\sqrt{3}$. 3. $\frac{2}{3}\sqrt{3y}$. 4. $y\sqrt{x}$. 5. $\frac{3a}{2}$. 6. $\frac{1}{8}\sqrt{3}$. 7. $2\sqrt{ax}$. 8. $2x\sqrt[3]{x^2}$. 9. $\sqrt[3]{12}$.

Ejercicio 244. 1. $\frac{1}{2}\sqrt[6]{32}$. 2. $\frac{1}{x}\sqrt[6]{81x^5}$. 3. $\sqrt[6]{8a^3b^2}$. 4. $\frac{1}{x}\sqrt[6]{32x^5}$. 5. $\frac{1}{n}\sqrt[15]{3{,}125mn^{14}}$. 6. $\sqrt[12]{12y^2z}$. 7. $m\sqrt[9]{m}$. 8. $\frac{8}{a}\sqrt[6]{2a^2b^2}$.

Ejercicio 245. 1. 32. 2. 12. 3. 175. 4. $8\sqrt[3]{2}$. 5. $162a^2b\sqrt[3]{2a^2b}$. 6. $2x\sqrt{2x}$. 7. $9b\sqrt[5]{9a^3b^4}$. 8. $3\sqrt{2}$. 9. $32a^2x$. 10. $4x+4$. 11. $9x-9a$. 12. $192ab^2\sqrt{a}$. 13. $5-2\sqrt{6}$. 14. $35+8\sqrt{6}$. 15. $12-2\sqrt{35}$. 16. $211-60\sqrt{7}$. 17. $2x-1+2\sqrt{x^2-x}$. 18. $17x+1-8\sqrt{x^2+x}$. 19. $2a-2\sqrt{a^2-1}$. 20. $10x-3+4\sqrt{4x^2-1}$.

Ejercicio 246. 1. $\sqrt[3]{a}$. 2. $\sqrt{2}$. 3. $\sqrt{3}$. 4. $\sqrt[4]{3a}$. 5. $\sqrt[3]{2a}$. 6. $\sqrt{2}$. 7. $\sqrt[4]{5a}$. 8. $\sqrt[4]{3a}$. 9. $\sqrt[5]{27}$. 10. $\sqrt[4]{a^2b^3}$. 11. $\sqrt[3]{x^2}$. 12. $\sqrt[3]{a+b}$.

Ejercicio 247. 1. $\frac{1}{3}\sqrt{3}$. 2. $\frac{5}{2}\sqrt{2}$. 3. $\frac{3}{20}\sqrt{5}$. 4. $\frac{1}{x}\sqrt{2ax}$. 5. $\frac{5}{2a}\sqrt[3]{2a}$. 6. $\frac{1}{3x}\sqrt[3]{3x^2}$. 7. $\frac{1}{a}\sqrt[4]{9a^3}$. 8. $\frac{2}{5x}\sqrt[3]{9x^2}$. 9. $\frac{1}{3}\sqrt[4]{3x^2}$. 10. $\frac{1}{2a}\sqrt[5]{4a}$. 11. $\frac{5n}{3m}\sqrt{mn}$. 12. $\frac{1}{25ax}\sqrt[4]{25x}$.

Ejercicio 248. 1. $4\sqrt{2}-5$. 2. $2+\sqrt{3}$. 3. $\frac{2\sqrt{10}-7}{3}$. 4. $\frac{17+3\sqrt{35}}{2}$. 5. $\frac{19-7\sqrt{10}}{3}$. 6. $\frac{95\sqrt{2}+76\sqrt{3}}{2}$. 7. $-\frac{9\sqrt{6}+21}{5}$. 8. $\frac{6\sqrt{21}-29}{17}$. 9. $-\frac{14+9\sqrt{6}}{5}$. 10. $97-11\sqrt{77}$. 11. $\frac{\sqrt{5}-\sqrt{2}}{3}$. 12. $\frac{16\sqrt{3}+3\sqrt{2}}{10}$. 13. $\frac{2a-x+\sqrt{ax}}{4a-x}$. 14. $2x-1-2\sqrt{x^2-x}$. 15. $2\sqrt{a^2+a}-2a-1$. 16. $\frac{x+4+2\sqrt{2x+4}}{x}$. 17. $\frac{a+2-\sqrt{a^2+4a}}{2}$. 18. $\frac{a-\sqrt{a^2-b^2}}{b}$.

Ejercicio 249. 1. $\frac{2+\sqrt{6}+\sqrt{10}}{4}$. 2. $\frac{14-12\sqrt{2}-2\sqrt{3}+5\sqrt{6}}{23}$. 3. $\frac{2\sqrt{3}+8\sqrt{5}-5\sqrt{15}-1}{22}$. 4. $\frac{3+\sqrt{15}-\sqrt{6}}{6}$. 5. $\frac{24\sqrt{2}-4\sqrt{3}+10\sqrt{6}-5}{23}$. 6. $\frac{5\sqrt{2}-14\sqrt{5}-6\sqrt{10}-9}{31}$.

Ejercicio 250. 1. $\sqrt{6}-2$. 2. $-\frac{3+2\sqrt{15}}{17}$. 3. $-\frac{7+3\sqrt{5}}{4}$. 4. $-\frac{7+2\sqrt{10}}{3}$. 5. $\frac{3\sqrt{21}-13}{4}$. 6. $\frac{22+5\sqrt{30}}{19}$. 7. $-\frac{66+29\sqrt{6}}{30}$. 8. $\frac{36-5\sqrt{77}}{17}$.

Ejercicio 251. 1. 12. 2. 8. 3. 2. 4. 1. 5. 5. 6. 4. 7. 9. 8. 10. 9. 6. 10. 15. 11. 20. 12. 11. 13. 15. 14. 17. 15. 2. 16. 9. 17. 5. 18. 1. 19. 6. 20. 4. 21. 9. 22. 6. 23. –5. 24. a. 25. $(a+b)^2$. 26. $(a-1)^2$.

Ejercicio 252. 1. 4. 2. 9. 3. 16. 4. 25. 5. 1. 6. 7. 7. 9. 8. 3. 9. 9. 10. 11.

Ejercicio 253. 1. ai. 2. $i\sqrt{2}$. 3. $6i$. 4. $9i$. 5. $i\sqrt{6}$. 6. $3b^2i$. 7. $i2\sqrt{3}$. 8. $i\sqrt{7}$. 9. $3\sqrt{3}i$. 10. $2m^2i$. 11. $\frac{1}{4}i$. 12. $i\sqrt{a^2+b^2}$.

Ejercicio 254. 1. $6i$. 2. $7i$. 3. $36i$. 4. $22i$. 5. $(2a+a^2+a^3)i$. 6. $15\sqrt{2}i$. 7. $15\sqrt{5}i$. 8. $7a^2i$.

Ejercicio 255. 1. –20. 2. –63. 3. –960. 4. $-\sqrt{6}$. 5. $-6\sqrt{35}$. 6. –15. 7. –84. 8. $-42i$. 9. $-30i$. 10. 360. 11. $15\sqrt{xy}$. 12. –5. 13. 86. 14. $56+3\sqrt{6}$.

Ejercicio 256. 1. 2. 2. $\sqrt{5}$. 3. $3\sqrt{3}$. 4. $3\sqrt{2}$. 5. $5\sqrt{2}$. 6. 6. 7. $2\sqrt{3}$. 8. $3\sqrt{5}$. 9. $\sqrt{3}$. 10. $\sqrt{5}$.

Ejercicio 257. 1. $7+i$. 2. $-6+3i$. 3. $20-4i$. 4. $21+10i$. 5. $-2+3i$. 6. $(5+\sqrt{2})+7i$. 7. $6+(\sqrt{2}-\sqrt{3})i$. 8. $(3+\sqrt{2})+(1+\sqrt{5})i$.

Ejercicio 258. 1. 14. 2. –10. 3. 18. 4. –14. 5. 16. 6. $2\sqrt{2}$.

Ejercicio 259. 1. $-2-5i$. 2. $5+14i$. 3. $6+7i$. 4. $-1-4i$. 5. $7+3i$. 6. $8+130i$. 7. $2-11i$. 8. $2+(\sqrt{5}-\sqrt{3})i$. 9. $(\sqrt{2}-\sqrt{3})-11i$. 10. $15-(\sqrt{7}+\sqrt{3})i$.

Ejercicio 260. 1. $-2i$. 2. $6i$. 3. $-14i$. 4. $2\sqrt{2}i$. 5. $2\sqrt{3}i$. 6. $-8\sqrt{2}i$.

Ejercicio 261. 1. $3-29i$. 2. $2-29i$. 3. $41+11i$. 4. $103+7i$. 5. $17+2\sqrt{2}i$. 6. $(20+\sqrt{6})+(5\sqrt{3}-4\sqrt{2})i$. 7. $(\sqrt{6}-\sqrt{10})+(2+\sqrt{15})i$. 8. $-1+3\sqrt{15}i$.

Ejercicio 262. 1. 2. 2. 13. 3. 27. 4. 28. 5. 27. 6. 86.

Ejercicio 263. 1. i. 2. $\frac{4+3i}{5}$. 3. $\frac{3-29i}{25}$. 4. $\frac{26-83i}{85}$. 5. $\frac{8+21\sqrt{3}i}{73}$. 6. $\frac{-2+9\sqrt{10}i}{37}$.

Ejercicio 265. 1. $1, \frac{2}{3}$. 2. $2, -\frac{11}{4}$. 3. –3, –8. 4. 7, 9. 5. $\frac{2}{3}$. 6. $5, -3\frac{3}{5}$. 7. $-6, 6\frac{1}{6}$.

8. $-1, 1\frac{1}{10}$. 9. $\frac{5}{7}$. 10. $4, -2\frac{2}{7}$. 11. $-7, -8$. 12. $\frac{1}{2}, -1\frac{1}{16}$. 13. $1\frac{3}{8}$. 14. $\frac{1}{2}, -\frac{5}{18}$.
15. $\frac{1}{3}, -\frac{7}{9}$. 16. $\frac{1}{5}, \frac{2}{5}$. 17. $\frac{3}{4}, -\frac{1}{2}$. 18. $7, -7\frac{1}{2}$.

Ejercicio 266. 1. $3, -1$. 2. $2, -11$. 3. $-1, 5$. 4. $7, \frac{1}{3}$. 5. $-2, -2\frac{3}{4}$. 6. 5. 7. 1.
8. $7, -3\frac{1}{2}$. 9. $3, -1\frac{4}{15}$. 10. $3, -4$. 11. $-\frac{1}{2}, -\frac{1}{3}$. 12. $-1, -6$.

Ejercicio 267. 1. 1, 2. 2. $5, -3$. 3. 8, 11. 4. $15, -19$. 5. $-1, -8$. 6. $13, -5$.
7. $17, -12$. 8. $9, -2$. 9. $11, -1$. 10. $3, -8$.

Ejercicio 268. 1. $3, -\frac{1}{2}$. 2. $2, -1\frac{5}{8}$. 3. 6, 15. 4. $8, -4\frac{3}{4}$. 5. $1+\sqrt{11}, 1-\sqrt{11}$. 6. $1, -5$.
7. $1, -1\frac{3}{7}$. 8. $4, -1$. 9. $5, -18$. 10. $10, -\frac{3}{4}$. 11. $\frac{9+\sqrt{41}}{5}, \frac{9-\sqrt{41}}{5}$. 12. $3, -\frac{1}{23}$. 13. $2, \frac{3}{10}$.
14. $4, 2\frac{1}{2}$. 15. $5, -\frac{2}{3}$. 16. $2, -11$. 17. $3, -11$. 18. $-3, 1\frac{10}{29}$. 19. $3, -1\frac{2}{3}$. 20. $3+\sqrt{13}, 3-\sqrt{13}$.

Ejercicio 269. 1. $3, -2$. 2. $2, -9$. 3. $5, -13$. 4. $9, -12$. 5. $-4, \frac{1}{2}$. 6. $\frac{2}{3}, -2\frac{1}{2}$.
7. $1\frac{3}{4}, -\frac{2}{5}$. 8. $\frac{3}{5}, -\frac{5}{6}$. 9. $-20, \frac{3}{8}$. 10. 2, 4. 11. $3, -8\frac{1}{3}$. 12. $6, \frac{3}{4}$. 13. $8, -9$. 14. $-2, -1\frac{1}{3}$. 15. 3, 10. 16. $12, -3\frac{1}{5}$. 17. $6, -1$. 18. $-3, -4$. 19. $\frac{1}{2}, -\frac{4}{5}$. 20. $\frac{1}{3}, 4\frac{2}{3}$.

Ejercicio 270. 1. $5a, -7a$. 2. $\frac{4a}{5}, -\frac{9a}{2}$. 3. $\frac{b}{a}, -\frac{2b}{a}$. 4. $\frac{2b}{7}, \frac{11b}{6}$. 5. $4a, -5a$.
6. $\frac{3ab}{2}, -ab$. 7. $\frac{a}{b}, -\frac{3a}{b}$. 8. $-a, b$. 9. $2a, -3b$. 10. $\frac{m}{2}, -\frac{2n}{3}$. 11. $-a, a+b$. 12. $\frac{1}{a}, -\frac{2}{b}$.
13. $a-b, a+b$. 14. $\frac{b}{2}-m, \frac{b}{2}+m$. 15. $2a-b, 2a+b$. 16. $a, 2$. 17. $-8, 6a$. 18. $-m, m+2$.
19. $2m^2, -m^3$. 20. $\frac{5a}{2}, \frac{b}{3}$. 21. $2a, -\frac{a}{2}$. 22. $\frac{2b}{3}, \frac{b}{2}$. 23. $2a, -3a$. 24. $\frac{a}{2}, \frac{a}{a-2}$. 25. $\frac{1}{a}, 2a$.
26. $b, -\frac{2b}{3}$.

Ejercicio 271. 1. ± 4. 2. $\pm\sqrt{11}$. 3. $\pm i\sqrt{2}$. 4. $\pm\frac{a}{3}$. 5. $\pm 3\sqrt{2}$. 6. ± 6.
7. $\pm\sqrt{14}$. 8. $\pm\frac{2}{3}$. 9. $\pm i\sqrt{7}$. 10. ± 2. 11. $\pm\sqrt{3}$. 12. ± 3. 13. ± 3. 14. ± 1.

Ejercicio 272. 1. 0, 5. 2. $0, -8$. 3. $0, \frac{1}{2}$. 4. $0, \frac{2}{5}$. 5. $0, -8\frac{2}{3}$. 6. $0, \frac{1}{2}$. 7. $0, -1\frac{1}{7}$.
8. $0, -1$.

Ejercicio 273. 1. 2. 2. 5. 3. 1. 4. 4. 5. 1. 6. 4. 7. 2. 8. 0, 5. 9. 3.
10. 1, 6. 11. 1, 16. 12. 9. 13. 1. 14. 2.

Ejercicio 274. 1. 1, 3. 2. 2, 4. 3. $-1, 3$. 4. $-1, -3$. 5. $2, -3$. 6. 1. 7. -4.
8. $2, -2$. 9. $-2, 5$. 10. 2. 11. $2, 2\frac{1}{2}$. 12. $-1, 3\frac{1}{2}$.

Ejercicio 275. 1. 7 y 2. 2. 60 y 36. 3. A, 14; B, 11 años. 4. 45 y 15. 5. 7. 6. 8 y 9. 7. 12 m × 8 m. 8. 40 sacos, 25,000 bs. 9. Caballo, 9,000,000 sucres; arreos, 2,250,000 sucres. 10. 15 y 8. 11. 17 y 6 años. 12. 36 libros, $50. 13. 10 filas de 18 soldados. 14. 50 nuevos soles. 15. 6. 16. 16, $12. 17. 30, $50. 18. 10. 19. 8, a $3. 20. 6 h. 21. 10 cab., $20,000. 22. 4, 5, 6. 23. 12 y 15. 24. 30 a $5. 25. Q. 90. 26. 32 y 11. 27. 15 m y 5 m. 28. 40 km por hora. 29. 12 días; 70,000 colones. 30. 18, $500. 31. 7. 32. 10 años. 33. 10, $40.

Ejercicio 276. 1. Reales y desiguales, racionales. 2. Reales y desiguales, irracionales. 3. Reales e iguales. 4. Complejas conjugadas. 5. Reales e iguales. 6. Reales y desiguales, irracionales. 7. Reales y desiguales, racionales. 8. Reales e iguales. 9. Complejas conjugadas. 10. Reales y desiguales, irracionales. 11. Complejas conjugadas. 12. Reales y desiguales, racionales.

Ejercicio 277. 1. Sí. 2. No. 3. Sí. 4. Sí. 5. No. 6. Sí. 7. No. 8. Sí. 9. Sí. 10. No.

Ejercicio 278. 1. $x^2-7x+12=0$. 2. $x^2-2x-3=0$. 3. $x^2+12x+35=0$. 4. $x^2-x-110=0$. 5. $2x^2-3x+1=0$. 6. $5x^2+11x+2=0$. 7. $3x^2-7x-6=0$. 8. $2x^2+7x+6=0$. 9. $8x^2-2x-3=0$. 10. $7x^2+33x-10=0$. 11. $3x^2-13x-30=0$. 12. $8x^2+17x+2=0$. 13. $x^2+34x-936=0$. 14. $x^2+26x+165=0$. 15. $x^2-2x=0$. 16. $3x^2+x=0$. 17. $x^2-25=0$. 18. $4x^2-1=0$. 19. $x^2-14x+49=0$. 20. $3x^2-13x-88=0$. 21. $12x^2+64x+45=0$. 22. $14x^2+73x-22=0$. 23. $x^2-ax-2a^2=0$. 24. $12x^2+5bx-2b^2=0$. 25. $2x^2-mx-m^2=0$. 26. $x^2-ax+ab-b^2=0$. 27. $6x^2-(3a-2b)x-ab=0$. 28. $x^2-2x-1=0$. 29. $x^2-4x-1=0$. 30. $x^2-6x+10=0$.

Ejercicio 279. 1. 5 y 6. 2. −13 y −20. 3. 17 y −18. 4. −7 y −42. 5. −13 y 19. 6. 2 y $-\frac{1}{2}$. 7. −6 y $-\frac{4}{3}$. 8. $\frac{3}{4}$ y $-\frac{1}{2}$. 9. −14 y $\frac{3}{7}$. 10. −3 y $-\frac{1}{3}$. 11. $\frac{2}{5}$ y $\frac{3}{8}$. 12. $\frac{2}{3}$ y $-\frac{5}{6}$. 13. $\frac{3}{4}$ y $-\frac{2}{5}$. 14. 5 y $-\frac{4}{5}$. 15. $\frac{3}{8}$ y $\frac{4}{9}$. 16. $1+\sqrt{5}$ y $1-\sqrt{5}$. 17. $\frac{1}{2}+\sqrt{3}$ y $\frac{1}{2}-\sqrt{3}$. 18. $-\frac{2}{3}+\sqrt{7}$ y $-\frac{2}{3}-\sqrt{7}$. 19. $2a$ y $-a$. 20. $-2b$ y $-5b$. 21. $\frac{2m}{3}$ y $-\frac{m}{6}$.

Ejercicio 280. 1. $(x-7)(x-9)$. 2. $(x+11)(x+13)$. 3. $(x-31)(x+5)$. 4. $(2x-3)(x+2)$. 5. $(4x-1)(3x+2)$. 6. $(5x+1)(x+8)$. 7. $(6x-5)(x+2)$. 8. $(4x-3)(3x-4)$. 9. $(4x+7)(2x+9)$. 10. $(9x+7)(3x+1)$. 11. $(6x-5)(5x-6)$. 12. $(11x+12)(x-15)$. 13. $(3+x)(2-x)$. 14. $(5+x)(1-2x)$. 15. $(3+2x)(5-2x)$. 16. $(1+4x)(4-3x)$. 17. $(8x-7)(9x+1)$. 18. $(6x+1)(6-5x)$. 19. $(10x-3)(x+21)$. 20. $(20+x)(5-x)$. 21. $(x-1)(18x+49)$. 22. $(3x-2a)(2x+a)$. 23. $(5x-3y)(x+5y)$. 24. $(3x-7m)(5x+m)$.

Ejercicio 282. 1. $1, -1, i, -i$. 2. $-1, \frac{1+i\sqrt{3}}{2}, \frac{1-i\sqrt{3}}{2}$. 3. $3, -3, 3i, -3i$. 4. $4, -4, 4i, -4i$. 5. $-2, 1+i\sqrt{3}, 1-i\sqrt{3}$. 6. $5, -5, 5i, -5i$. 7. $-4, 2+2\sqrt{3}i, 2-2\sqrt{3}i$. 8. $3, -3, \frac{3+3\sqrt{3}i}{2}, \frac{3-3\sqrt{3}i}{2}, \frac{-3+3\sqrt{3}i}{2}, \frac{-3-3\sqrt{3}i}{2}$. 9. $2, -1+i\sqrt{3}, -1-i\sqrt{3}$. 10. $2\sqrt{2}, -2\sqrt{2}, 2\sqrt{2}i, -2\sqrt{2}i$.

Ejercicio 283. 1. $\pm 1, \pm 3$. 2. $\pm 2, \pm 3$. 3. $\pm 2, \pm 5$. 4. $\pm 5, \pm 6$. 5. $\pm 1, \pm 2i$. 6. $\pm 3, \pm 5i$. 7. $\pm 7, \pm 2i$. 8. $\pm 1, \pm\sqrt{5}$. 9. $\pm 3, \pm\frac{1}{2}$. 10. $\pm 2, \pm\frac{2}{3}$. 11. $\pm\frac{4}{5}, \pm i$. 12. $\pm\frac{1}{2}, \pm i\sqrt{3}$. 13. $\pm 2, \pm\frac{1}{3}\sqrt{66}i$. 14. $\pm 1, \pm\frac{1}{3}\sqrt{3}i$.

Ejercicio 284. 1. $-1, 2$. 2. $-3, -\sqrt[3]{3}$. 3. $\frac{1}{2}, -\sqrt[3]{2}$. 4. $\pm\sqrt{5}, \pm 2$. 5. 1, 2. 6. $\pm\frac{1}{2}, \pm\frac{1}{3}$. 7. $-\frac{1}{2}, -\frac{1}{3}$. 8. $\frac{1}{3}, -1$. 9. 1, 4. 10. 4, 9. 11. $25, \frac{1}{9}$. 12. $16, \frac{1}{16}$.

Ejercicio 285. 1. $\sqrt{2}+\sqrt{3}$. 2. $\sqrt{5}-\sqrt{3}$. 3. $1+\sqrt{7}$. 4. $5-\sqrt{7}$. 5. $\sqrt{3}+\sqrt{11}$. 6. $\sqrt{2}+\sqrt{11}$. 7. $\sqrt{5}+\sqrt{6}$. 8. $9-\sqrt{3}$. 9. $\sqrt{6}+\sqrt{15}$. 10. $\sqrt{7}+\sqrt{21}$. 11. $2\sqrt{3}-\sqrt{2}$. 12. $3\sqrt{5}+\sqrt{10}$. 13. $3\sqrt{5}-2\sqrt{7}$. 14. $15-2\sqrt{7}$. 15. $5\sqrt{11}-3\sqrt{2}$. 16. $\frac{1}{2}\sqrt{2}+\frac{1}{3}\sqrt{3}$. 17. $\frac{1}{2}\sqrt{2}-\frac{1}{2}$. 18. $\frac{1}{4}+\frac{1}{2}\sqrt{2}$. 19. $2+\sqrt{2}$. 20. $2+\sqrt{3}$. 21. $1+\sqrt{7}$. 22. $\sqrt{3}+\sqrt{7}$. 23. $\sqrt{3}+\sqrt{15}$. 24. $\sqrt{13}-\sqrt{11}$. 25. $2\sqrt{5}-\sqrt{10}$. 26. $\sqrt{3}+\sqrt{6}$. 27. $3\sqrt{10}-2\sqrt{2}$.

Ejercicio 286. 1. 31. 2. 60. 3. 150. 4. 437. 5. –44. 6. –170. 7. –45. 8. –416. 9. 113. 10. 152. 11. $3\frac{1}{4}$. 12. $3\frac{1}{3}$. 13. $2\frac{3}{8}$. 14. $10\frac{1}{12}$. 15. 49. 16. $-14\frac{7}{9}$. 17. $-1\frac{27}{28}$. 18. $-7\frac{4}{15}$. 19. $-24\frac{1}{4}$. 20. $8\frac{1}{6}$. 21. $-20\frac{1}{3}$. 22. $-1\frac{1}{5}$. 23. $21\frac{9}{10}$. 24. 56. 25. $-158\frac{1}{2}$.

Ejercicio 287. 1. 16. 2. –111. 3. –1. 4. $4\frac{1}{3}$. 5. 1. 6. $-\frac{1}{3}$. 7. $-\frac{7}{128}$. 8. –5. 9. 12. 10. 14. 11. 40. 12. 17.

Ejercicio 288. 1. 232. 2. 1,786. 3. –1,752. 4. 11,840. 5. –17,040. 6. –10,050. 7. $22\frac{1}{2}$. 8. $13\frac{3}{10}$. 9. $142\frac{1}{2}$. 10. $-139\frac{2}{5}$. 11. $69\frac{2}{3}$. 12. $563\frac{1}{2}$. 13. 272. 14. $-35\frac{1}{4}$.

Ejercicio 289. 1. $\div 3 . 5 . 7 . 9 . 11$. 2. $\div 19 . 16 . 13 . 10 . 7 . 4 . 1 . -2 . -5$. 3. $\div -13 . -23 . -33 . -43 . -53 . -63 . -73$. 4. $\div -42 . -23 . -4 . 15 . 34 . 53$. 5. $\div -81. -69 . -57 . -45 . -33 . -21 . -9$. 6. $\div 1 . 1\frac{1}{2} . 2 . 2\frac{1}{2} . 3$. 7. $\div 5 . 6\frac{2}{5} . 7\frac{4}{5} . 9\frac{1}{5} . 10\frac{3}{5} . 12$.

8. $\div -4 . -2\frac{5}{6} . -1\frac{2}{3} . -\frac{1}{2} . \frac{2}{3} . 1\frac{5}{6} . 3$. 9. $\div\frac{3}{4} . \frac{31}{48} . \frac{13}{24} . \frac{7}{16} . \frac{1}{3} . \frac{11}{48} . \frac{1}{8}$.

10. $\div -1 . -\frac{3}{7} . \frac{1}{7} . \frac{5}{7} . 1\frac{2}{7} . 1\frac{6}{7} . 2\frac{3}{7} . 3$. 11. $\div\frac{2}{3} . \frac{77}{144} . \frac{29}{72} . \frac{13}{48} . \frac{5}{36} . \frac{1}{144} . -\frac{1}{8}$.

12. $\div -2 . -2\frac{3}{8} . -2\frac{3}{4} . -3\frac{1}{8} . -3\frac{1}{2} . -3\frac{7}{8} . -4\frac{1}{4} . -4\frac{5}{8} . -5$.

13. $\div\frac{1}{2} . \frac{11}{30} . \frac{7}{30} . \frac{1}{10} . -\frac{1}{30} . -\frac{1}{6} . -\frac{3}{10} . -\frac{13}{30} . -\frac{17}{30} . -\frac{7}{10}$.

Ejercicio 290. 1. 1,470. 2. 16,200. 3. 9,417. 4. 10,100. 5. 10,800. 6. \$40,750. 7. \$13,120. 8. 33,660. 9. 54,300,000 bs. 10. 7.75 m; 55 m. 11. 4,000,000; 8,000,000 y 12,000,000 sucres. 12. 2º 8, 3º 11, 4º 14, 7º 23. 13. \$164,800. 14. 246 km. 15. $53\frac{1}{2}$. 16. –27. 17. 8. 18. \$50,000. 19. 42,000 nuevos soles. 20. 402.5 p. 21. 165,024. 22. 80. 23. 16,500,000 colones.

Ejercicio 291. 1. 192. 2. 729. 3. $\frac{1}{32}$. 4. $\frac{32}{3{,}125}$. 5. $\frac{64}{243}$. 6. $\frac{16}{3{,}125}$. 7. $16\frac{208}{243}$. 8. 96. 9. $\frac{1}{2{,}187}$. 10. $\frac{27}{250}$. 11. $-\frac{1}{1{,}024}$. 12. $-\frac{32}{729}$. 13. $-23\frac{7}{16}$. 14. $-\frac{1}{26{,}244}$.

Ejercicio 292. 1. 1. 2. $\frac{3}{4}$. 3. 5. 4. 2. 5. ±3. 6. –2. 7. $\frac{1}{3}$. 8. $\pm\frac{1}{4}$. 9. $\pm\frac{2}{5}$. 10. $-\frac{2}{3}$.

Ejercicio 293. 1. $11\frac{5}{8}$. 2. –84. 3. $17\frac{241}{243}$. 4. $255\frac{3}{4}$. 5. $6\frac{473}{972}$. 6. $-4\frac{3}{10}$.

7. $-11\frac{253}{256}$. 8. $1\frac{21}{64}$. 9. $4\frac{17}{162}$. 10. $6\frac{20}{27}$.

Ejercicio 294. 1. $\div 5: \pm 25: \pm 125: \pm 625: 3{,}125$. 2. $\div -7: -14: -28: -56: -112: -224$.
3. $\div 128: \pm 64: 32: \pm 16: 8: \pm 4: 2$. 4. $\div 4\frac{1}{2}:3:2:1\frac{1}{3}:\frac{8}{9}:\frac{16}{27}$. 5. $\div 2:3:4\frac{1}{2}:6\frac{3}{4}:10\frac{1}{8}:15\frac{8}{16}:22\frac{25}{32}:34\frac{11}{64}$.
6. $\div \frac{4}{9}:\frac{1}{3}:\frac{1}{4}:\frac{3}{16}:\frac{9}{64}:\frac{27}{256}$. 7. $\div 8:\pm 4:2:\pm 1:\frac{1}{2}\pm\frac{1}{4}:\frac{1}{8}\pm\frac{1}{16}:\frac{1}{32}$.

Ejercicio 295. 1. $2\frac{2}{3}$. 2. $\frac{3}{4}$. 3. $-8\frac{1}{3}$. 4. -12. 5. $1\frac{1}{8}$. 6. $1\frac{1}{6}$. 7. $1\frac{2}{3}$. 8. $-24\frac{1}{2}$.

Ejercicio 296. 1. $\frac{2}{3}$. 2. $\frac{4}{33}$. 3. $\frac{53}{333}$. 4. $\frac{32}{99}$. 5. $\frac{16}{111}$. 6. $\frac{16}{45}$. 7. $\frac{163}{900}$. 8. $\frac{7}{22}$. 9. $\frac{24}{11}$.

Ejercicio 297. 1. 6,400; 12,600 lempiras. 2. \$1,048,575. 3. 2,187 balboas. 4. $\frac{1}{216}$.
5. $\frac{1}{2}$. 6. $\frac{1}{16}$. 7. \$2,110,000. 8. $\frac{10}{9}$. 9. 36,400,000 bs. 10. \$7,174,453.

Ejercicio 298. 1. 97.888. 2. 82,814.4. 3. 0.00819. 4. 214,992. 5. 210.857.
6. 13.1577. 7. 8.7141. 8. 619.55. 9. 75.982. 10. 455,700. 11. 1,024. 12. 0.003375.
13. 120,980.56. 14. 0.028224. 15. 139,313.183. 16. 1.73205. 17. 1.25992.
18. 1.49535. 19. 2.29017. 20. 2.60543.

Ejercicio 299. 1. 6,569. 2. 2.63890. 3. 16.9235. 4. 5.1062. 5. 76.464. 6. –2,205.14.
7. 0.054327. 8. –2.13734. 9. 0.3888. 10. 4.6512. 11. 6.6526. 12. 1.19132. 13. 0.00075182.
14. 0.4888. 15. 7.9988. 16. 61.591. 17. 12.6564. 18. –11.6101. 19. 2.60614.
20. 1.20766. 21. 0.086551. 22. 0.77958. 23. 1.20782. 24. –1.10756. 25. 0.56893.
26. 0.69241. 27. 0.80434. 28. 5.23685. 29. 8.9943. 30. 5.95366.

Ejercicio 300. 1. 1.556302. 2. 1.875061. 3. 1.477121. 4. 1.681241. 5. 2.079181.
6. 1.991226. 7. $\bar{1}.535294$. 8. 1.352182. 9. 0.292256. 10. $\bar{1}.942008$. 11. 2.306424.
12. 1.651278. 13. 0.397940. 14. 0.176091. 15. 0.146128. 16. 0.367977.
17. 1.113943. 18. 1.397940.

Ejercicio 301. 1. 0.6826. 2. 3.2059. 3. 4. 4. –0.25107. 5. 5. 6. 6. 7. 2.
8. 4. 9. 1.42186.

Ejercicio 302. 1. 5. 2. 6. 3. 8. 4. 6. 5. 5.

Ejercicio 303. 1. \$595.51. 2. 4,908.94 nuevos soles. 3. 19,251,401 bs.
4. \$1,183.21. 5. \$15,812.33. 6. 35,182,870 sucres. 7. \$65,266.27. 8. \$849.09.
9. \$936.54. 10. \$800.16. 11. \$1,454.02. 12. Q. 31,624. 13. 5 a. 14. 7 a. 15. 7%.
16. 3%. 17. \$108.52.

Ejercicio 304. 1. \$5,180.21. 2. 8,540.43 nuevos soles. 3. \$48,146. 4. 363,245 bs.
5. 712,189 bolívares. 6. 1,510,824 bolívares. 7. 127,320,676 sucres. 8. 57,743.90 nuevos soles. 9. 6,438,935.5 bolívares. 10. 5,060,636 bolívares. 11. 62,173,960 sucres.
12. 2,648.61 nuevos soles.

Ejercicio 305. 1. \$2,462.38. 2. 2,906,113 sucres. 3. \$1,576.79. 4. \$687.79.

ÍNDICE

Durante más de diez siglos la cultura matemática de Europa padeció de un completo aletargamiento. Salvo muy esporádicas manifestaciones entre las que se pueden destacar la de los musulmanes, el progreso de las ciencias en general se mostró paralizado. A partir del siglo XVI, en Alemania, Francia e Inglaterra comenzó a prepararse un ambiente favorable para el gran avance de los siglos siguientes, el cual fundamentó el nacimiento de la ciencia moderna. Nombres como los de Cardano, Tartaglia, Neper y Vieta, inician la corriente que iba a tener sus más altos exponentes en hombres como Descartes, Newton y Leibniz.

Inglaterra comenzó en esta época a brindar su contribución al engrandecimiento de las ciencias. El inglés Francis Bacon, en el siglo XVI, dio el primer paso para establecer el método científico al obtener la primera reforma de la lógica desde los tiempos de Aristóteles. En las universidades de Oxford y Cambridge se formaron generaciones de científicos y filósofos que habrían de incorporar el imperio inglés a las corrientes culturales de Europa. Infinidad de sabios ingleses cruzaron el mar para estudiar en las universidades de París, Bolonia, Toledo, etc.

Con Newton comienza la era de la Matemática moderna aplicada a establecer la ley de gravitación universal. Los trabajos de Newton tuvieron su base en las tres leyes descubiertas por Johannes Kepler, quien pudo llegar a dichas leyes gracias a la invención de los logaritmos de John Napier o Neper. Estudia la relación que existe entre las progresiones aritméticas y geométricas y determinó las propiedades de los logaritmos, las cuales abrevian considerablemente el cálculo numérico. Gracias a este nuevo instrumento de cálculo astronómico. Kepler y Newton pudieron dar una nueva y moderna visión del mundo sideral.

John Neper, nació en el Castillo de Merchiston, cerca de Edimburgo, Escocia, en 1550; y murió en el mismo lugar en 1617. No era lo que hoy suele llamarse un matemático profesional. En 1614 dio a conocer la naturaleza de los logaritmos. Su invención se divulgó de manera rápida en Inglaterra y en el Continente. Cuando un amigo le dijo a Neper que Henry Briggs, profesor de Gresham Collage de Londres, lo visitaría, éste contestó: "Ah, Mr. Briggs no vendrá". En ese mismo momento Briggs tocaba a la puerta y hacía su entrada en el castillo. Durante más de un cuarto de hora, Briggs y Neper se miraron sin pronunciar una sola palabra. Briggs inició la conversación para reconocer los méritos del escocés. Así nació una de las amistades más fructíferas para la Matemática. La guarda nos ilustra el largo viaje de Briggs (unos 600 km) desde Londres a Edimburgo. Puede verse la diligencia en que Briggs realiza el viaje y se acerca al Castillo de Merchiston.

NEPER